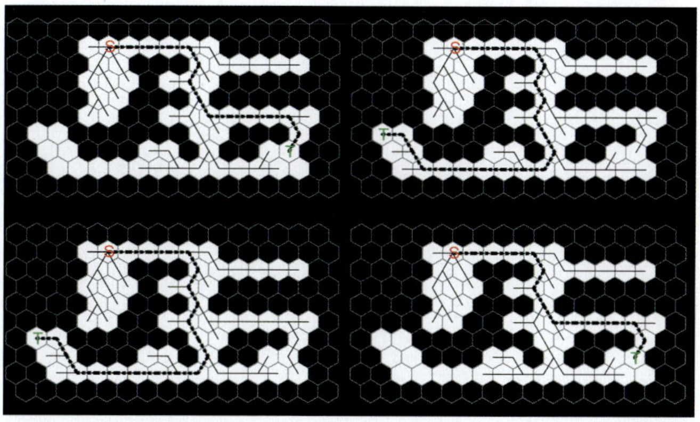

第 8 章　路径搜索

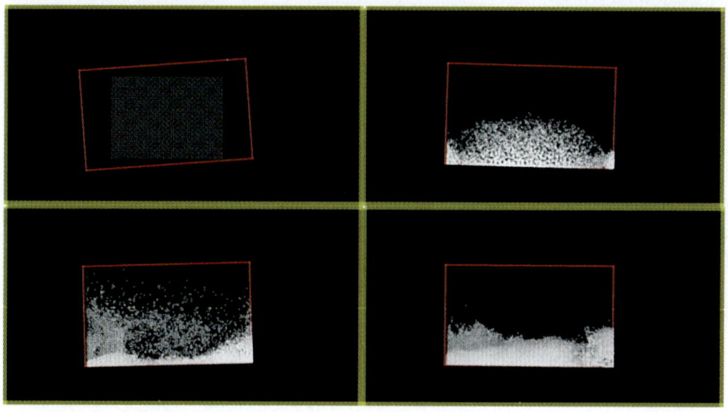

第 10 章　波浪制造机

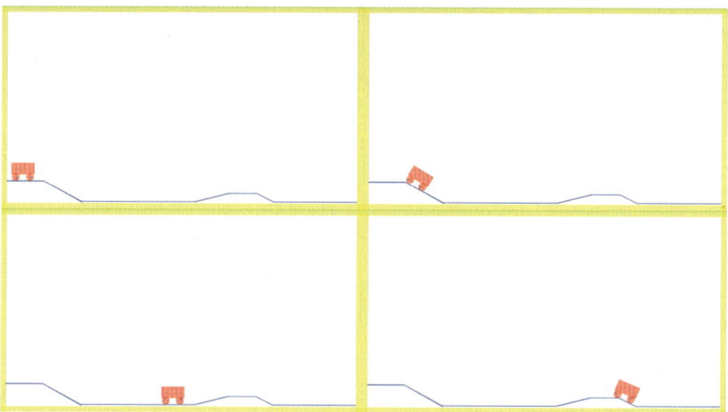

第 10 章　车轮关节

第 10 章　木块金字塔被撞击

第 5 章　百度地图

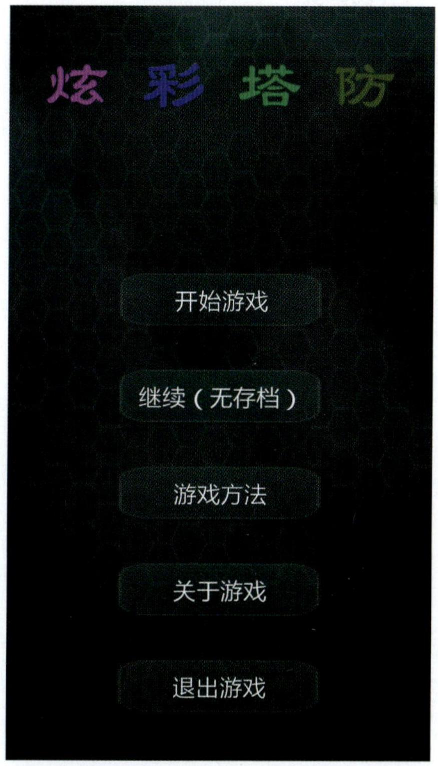

第 15 章　炫彩塔防 1

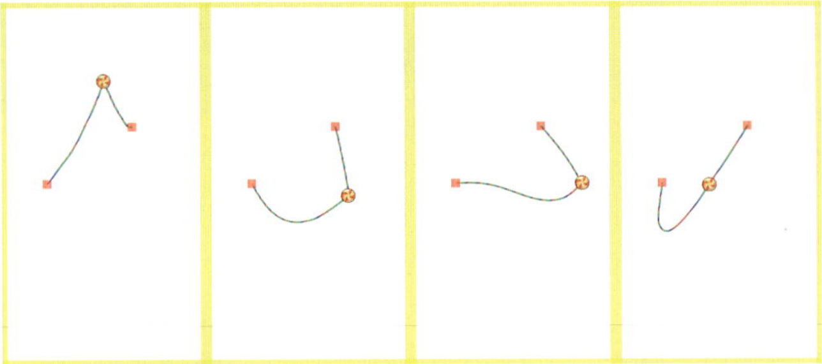

第 10 章绳索关节

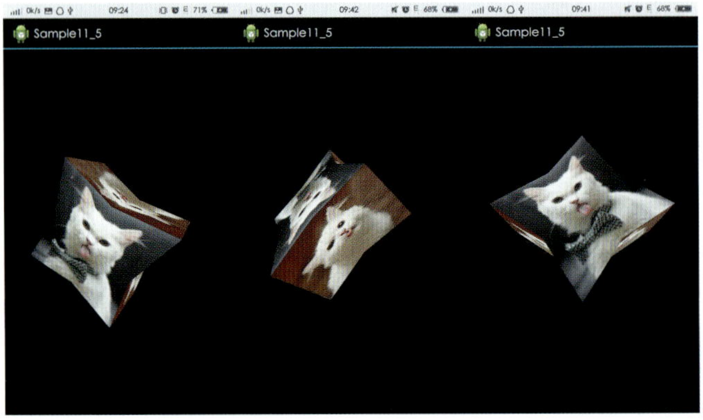

第 11 章　OpenGL ES1.x 纹理映射

第 11 章　OpenGL ES2.0 流体绘制

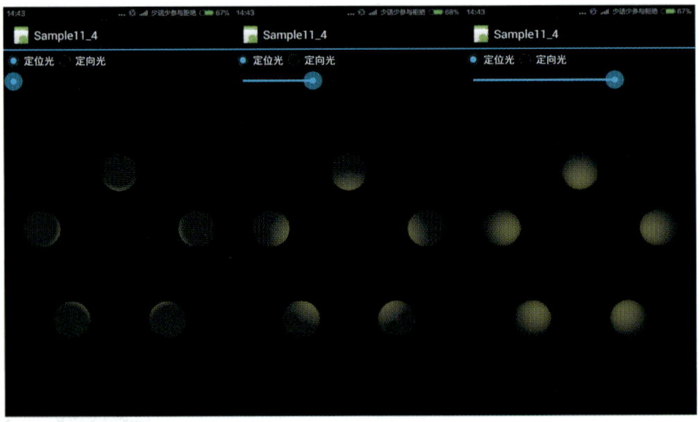

第 11 章　OpenGL ES 1.x 定位光

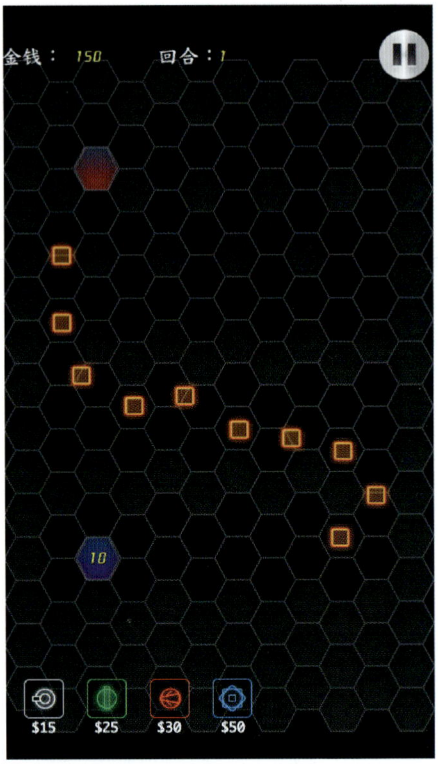

第 15 章　炫彩塔防 2

第 17 章　切切乐 1

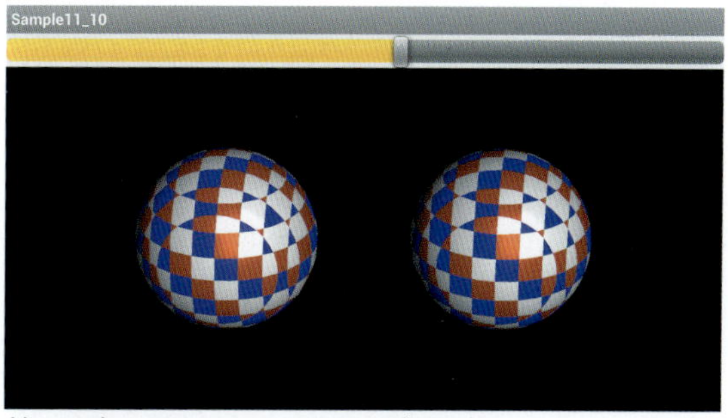

第 11 章　OpenGL ES 2.0 定向光

第 12 章　坦克大战 1

第 12 章　坦克大战 2

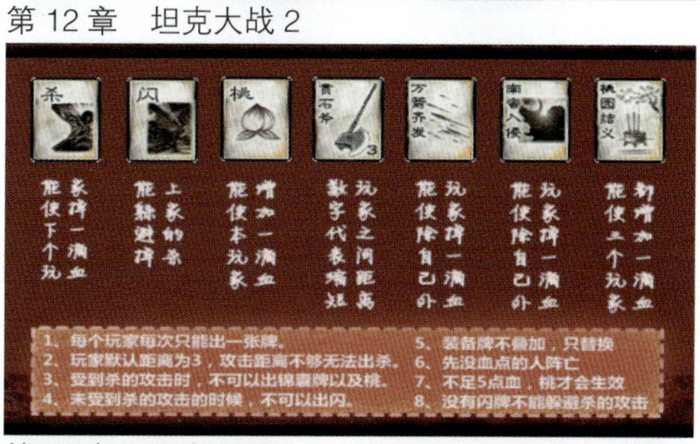

第 13 章　风火三国 1

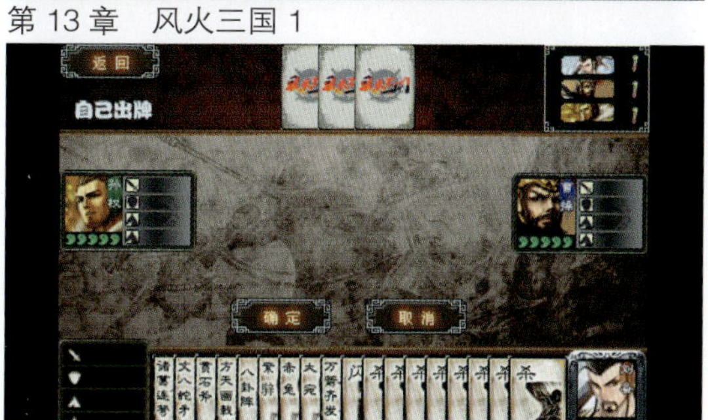

第 13 章　风火三国 2

第 17 章　切切乐 2

第 18 章　3D 冰球 1

第 14 章　重力球 1

第 14 章　重力球 2

第 16 章　大富翁 1

第 16 章　大富翁 2

第 16 章　大富翁关卡设计器

第 18 章　3D 冰球 2

第 18 章　3D 冰球 3

Android 游戏开发大全

（第3版）

吴亚峰 苏亚光 于复兴 编著

百纳科技 审校

人民邮电出版社

北京

图书在版编目（C I P）数据

Android游戏开发大全 / 吴亚峰，苏亚光，于复兴编著. -- 3版. -- 北京 : 人民邮电出版社，2015.10
ISBN 978-7-115-40169-4

Ⅰ. ①A… Ⅱ. ①吴… ②苏… ③于… Ⅲ. ①移动电话机－游戏程序－程序设计 Ⅳ. ①TN929.53②TP311.5

中国版本图书馆CIP数据核字(2015)第204353号

内 容 提 要

本书是讲解 Android 游戏案例开发的专业书籍，全书分两部分共 18 章，前半部分为 Android 游戏开发核心技术，主要包括 Android 游戏开发的前台渲染、交互式通信、数据存储和传感器、网络编程、游戏背后的数学与物理、游戏地图开发、游戏开发小秘技、JBox2D 物理引擎、3D 应用开发基础等；后半部分为 Android 游戏开发实战综合案例，包括现在流行的多种游戏类型，如滚屏动作类游戏——坦克大战、网络游戏开发——风火三国网络对战游戏、物理传感器游戏——哇！重力球、塔防游戏——炫彩塔防、策略游戏——大富翁、休闲类游戏——切切乐、休闲类游戏——3D 冰球。

本书适合 Android 初学者、有 Java 基础的读者、在职开发人员、游戏开发爱好者、程序员阅读参考，也可作为大中专院校相关专业的学习用书和培训学校的教材。

◆ 编　　著　吴亚峰　苏亚光　于复兴
审　　校　百纳科技
责任编辑　张　涛
责任印制　张佳莹　焦志炜

◆ 人民邮电出版社出版发行　　北京市丰台区成寿寺路 11 号
邮编　100164　　电子邮件　315@ptpress.com.cn
网址　http://www.ptpress.com.cn
固安县铭成印刷有限公司印刷

◆ 开本：787×1092　1/16　　彩插：2
印张：46.75　　2015 年 10 月第 3 版
字数：1302 千字　　2024 年 7 月河北第 6 次印刷

定价：99.00 元（附光盘）

读者服务热线：(010)81055410　印装质量热线：(010)81055316
反盗版热线：(010)81055315
广告经营许可证：京东市监广登字20170147号

前　言

为什么要写一本这样的书

Android 正以前所未有的速度聚集着来自世界各地的开发者，越来越多的创意被应用到Android应用程序的开发中，大有席卷整个手机产业的趋势。

面对如此火爆的 Android 大潮，不少有关 Android 的技术书籍也开始出现在图书市场。但是纵观这些种类繁多的 Android 书籍，却很少是关于 Android 游戏开发专题的，而手机游戏历来是移动开发中最重要的部分。

本书正是在这种情况下应运而生的，作为国内第一本讲解 Android 游戏案例开发的专业书籍，作者为这本书倾注了很多的心血。书中既有对 Android 应用程序框架的介绍，也有对游戏开发相关知识的讲解，同时还有多个 Android 平台下的实际游戏案例。希望可以帮助读者快速提高在Android 平台下进行游戏开发的能力。

内容导读

本书内容分为两部分，前半部分主要介绍 Android 平台下应用程序的框架和基础开发知识，同时还介绍了游戏开发的相关知识，主要内容安排如下。

章　名	主 要 内 容
第 1 章　Android 平台简介	介绍 Android 的来龙去脉，并介绍 Android 应用程序的框架，然后对 Android 的开发环境进行搭建和调试
第 2 章　Android 游戏开发中的前台渲染	对 Android 的用户界面进行详细介绍，同时讲解图形、动画、音频、视频的实现，并对图像采集技术进行讲述
第 3 章　Android 游戏开发中的交互式通信	简要介绍应用程序的基本组件，详细介绍应用程序内部或组件之间的通信方式
第 4 章　Android 游戏开发中的数据存储和传感器	通过实例介绍 Android 平台下 SQLite 数据库与几种传感器的原理及使用方法
第 5 章　Android 游戏开发中的网络编程	首先对 Socket（套接字）及 HTTP 进行介绍，然后通过一个实例讲百度地图应用的实现，接着介绍了蓝牙互连的相关知识，最后介绍了简单的多用户并发网络游戏编程架构
第 6 章　不一样的游戏，一样的精彩应用	介绍不同类型游戏的特色及开发特点
第 7 章　游戏背后的数学与物理	介绍游戏开发过程中所涉及数学与物理的相关知识，并简要讲解了碰撞检测技术的实现方式，最后详细介绍了计算几何开源库——GeoLib 的使用
第 8 章　游戏地图必知必会	介绍了游戏开发中与地图相关的几个方面的知识，包括不同的地图单元形状、地图设计器，以及智能路径搜索等，最后还介绍了如何开发自适应不同屏幕分辨率的游戏应用
第 9 章　游戏开发小技巧	介绍了游戏开发中常用的一些小技巧，包括有限状态机、模糊逻辑、代码的基本优化技巧、多点触控技术的使用等

续表

章　名	主 要 内 容
第 10 章　JBox2D 物理引擎	通过对风靡全球的物理引擎游戏“愤怒的小鸟”所采用的物理引擎 Box2D 的 Java 版 Jbox2D 的详细介绍，带领读者进入游戏物理引擎的世界，最后还介绍了流体的模拟
第 11 章　3D 应用开发基础	通过对在 Android 平台下进行 3D 开发的 OpenGL ES（包括 OpenGL ES 1.x 以及 OpenGL ES 2.0）必知必会知识的讲解，带领读者进入酷炫的 3D 手机应用开发的世界

本书后半部分主要内容为 7 个大的游戏案例，其中包括休闲游戏、益智游戏、动作游戏、塔防游戏、策略游戏等不同的游戏类型，每种游戏类型的案例开发都有其独特的地方，具体内容安排如下。

章　名	主 要 内 容
第 12 章　滚屏动作类游戏——坦克大战	通过联网坦克大战游戏的开发，详细讲解滚屏动作类游戏的开发思路及对此类游戏的基本开发流程
第 13 章　网络游戏开发——风火三国网络对战游戏	通过风火三国网络棋牌对战游戏的开发，讲解网络类棋牌游戏的开发思路及网络对战游戏的基本开发流程
第 14 章　物理传感器游戏——哇！重力球	详细讲解物理传感器游戏“哇！重力球”的开发，介绍 Android 平台特有传感器模块的使用
第 15 章　塔防游戏——炫彩塔防	通过一个具体的案例，详细介绍了非常流行的塔防类游戏的开发流程及技术要点
第 16 章　策略游戏——大富翁	通过介绍策略类游戏大富翁的开发，详细讲解此类游戏的设计模式，并综合应用了之前介绍过的很多知识
第 17 章　休闲类游戏——切切乐	详细介绍了切切乐游戏的开发，讲解了休闲类游戏的开发思路及计算几何等工具的使用
第 18 章　休闲类游戏——3D 冰球	通过休闲类游戏 3D 冰球的开发，详细深入地介绍了如何在 Android 平台上使用 OpenGL ES 技术开发出具有炫酷画面的 3D 游戏

本书特点

1. 内容充实，由浅入深

本书内容既包括 Android 平台下开发的基础知识，也有游戏编程的实用技巧，同时还有多个游戏实际案例等供读者学习。在知识的层次上由浅入深，真正地将 Android 和游戏开发结合起来。

2. 实例丰富，讲解详细

本书在介绍 Android 基础内容时，每个知识点都配有相应的实例，通过这些实例，读者可以更好地理解书中所介绍的知识。同时在实例的讲解上也尽量做到条理清楚，读者可以按照书中列出的步骤非常容易地实现实例中的功能。

3. 案例经典，含金量高

本书中的游戏案例均是作者精心挑选的，不同类型的游戏有着其独特的开发方式。本书中的案例囊括了不同的游戏类型，以及不同的游戏开发技巧，以期让读者全面掌握手机游戏的开发技术，具有很高的含金量，非常适合各类游戏开发者学习。

4. 附带光盘，内容实用

为了便于读者学习，本书附赠的光盘中包含了书中所有案例的完整源代码，读者可以直接导入运行仔细体会其效果，能最大限度地帮助读者快速掌握开发技术。

本书面向的读者

- Android 初学者

对于 Android 的初学者，可以通过本书前半部分的内容巩固 Android 的知识，并了解与游戏开发相关的如人工智能和物理引擎等基础知识。然后在此基础上学习本书后半部分的游戏案例，这样可以全面掌握 Android 平台下游戏开发的技巧。

- 有 Java 基础的读者

Android 平台下的开发基于 Java 语言，所以对于有 Java 基础的读者来说，阅读本书将不会感觉到困难。读者可以通过前半部分的基础内容迅速熟悉 Android 平台下应用程序的框架和开发流程，然后通过后半部分的游戏案例提高自己在游戏开发方面的能力。

- 在职开发人员

本书中的游戏案例都是作者精心挑选的，其中涉及的与游戏开发相关的知识均是作者多年来积累的经验与心得体会。具有一定开发经验的在职开发人员可以通过阅读本书进一步提高开发水平，并迅速转行成为 Android 的游戏开发人员。

关于作者

吴亚峰，毕业于北京邮电大学，后留学澳大利亚卧龙岗大学取得硕士学位。1998 年开始从事 Java 应用的开发，有 10 多年的 Java 开发与培训经验。主要的研究方向为 OpenGL ES、手机游戏、Java EE 及搜索引擎。同时为手机游戏、Java EE 独立软件开发工程师，并兼任百纳科技 Java 培训中心首席培训师。近 10 年来为多家著名企业培养了上千名高级软件开发人员，曾编写过《Android 3D 游戏开发技术宝典——OpenGL ES 2.0》《Android 游戏开发大全》（第 1 版及第 2 版）《OpenGL ES 2.0 游戏开发（上下卷）》《Cocos2d—X 案例开发大全》《Cocos2d—X 3.0 游戏开发实战详解》《Unity 4 3D 开发实战详解》等多本畅销技术书籍。2008 年年初开始关注 Android 平台下的 3D 应用开发，并开发出一系列优秀的 Android 应用程序与 3D 游戏。

苏亚光，哈尔滨理工大学硕士，从业于计算机软件领域 10 多年，在软件开发和计算机教学方面有着丰富的经验，曾编写过《Android 游戏开发大全》《Android 3D 游戏开发技术详解与典型案例》《Android 应用案例开发大全》等多本畅销技术书籍。2008 年年初开始关注 Android 平台下的应用开发，参与开发了多款手机 2D/3D 游戏应用。

于复兴，北京科技大学硕士，从业于计算机软件领域 10 余年，在软件开发和计算机教学方面有着丰富的经验。工作期间曾主持科研项目“PSP 流量可视化检测系统研究与实现”，主持研发了省市级项目多项，同时为多家企事业单位设计开发了管理信息系统，并在各种科技刊物上发表多篇相关论文。2008 年开始关注 Android 平台下的应用开发，参与开发了多款手机 3D 游戏应用。

致谢

本书在编写过程中得到了唐山百纳科技有限公司 Java 培训中心的大力支持，同时于庭龙、魏鹏飞、李腾飞、王旅波、李胜杰、郭超、王思维、仇磊、夏学良、冯儒韬、郑培阳、郭小月、李雪晴、宋盼盼、梁宇、黄建勋、蒋科、任俊刚、金亮、李玲玲、张双彐、刘佳、张月月、贺蕾红、陆小鸽、吴硕、王海涛、李世尧、王海峰及作者的家人为本书的编写提供了很多帮助，在此表示衷心感谢！

由于编者水平有限，书中疏漏之处在所难免，欢迎广大读者批评指正，本书读者 QQ 交流群：277435906。

编辑联系邮箱：zhangtao@ptpress.com.cn。

编　者

目　录

第1章　Android平台简介

Android 是 Google 公司于 2007 年 11 月 5 日发布的基于 Linux 内核的移动平台，该平台由操作系统、中间件、用户界面和应用软件组成，是一个真正开放的移动开发平台。

本章将介绍 Android 系统的起源、特点、应用程序框架及开发环境的搭建，让读者对 Android 平台有个初步的了解，之后将开发第一个 Android 程序 Hello Android，并通过对该程序的简单分析，带领读者步入 Android 开发的大门。

1.1 Android 的来龙去脉

Android 的创始人 Andy Rubin 是硅谷著名的“极客”，他离开 Danger 移动计算公司后不久便创立了 Android 公司，并开发了 Android 平台，他一直希望将 Android 平台打造成完全开放的移动终端平台。之后 Android 公司被 Google 公司看中并将其收购。这样，号称全球最大的搜索服务商 Google 大举进军移动通信市场，并推出自主品牌的移动终端产品。

2007 年 11 月初，Google 正式宣布与其他 33 家手机厂商、软硬件供应商、手机芯片供应商、移动运营商联合组成开放手机联盟（Open Handset Alliance），并发布名为 Android 的开放手机软件平台，希望建立标准化、开放式的移动电话软件平台，在移动行业内形成一个开放式的生态系统。

1.2 掀起 Android 的盖头来

自从 Android 发布以来，越来越多的人关注 Android 的发展，越来越多的开发人员在 Android 系统平台上开发应用，是什么使 Android 备受青睐，在众多移动平台中脱颖而出呢？

1.2.1　选择 Android 的理由

与其他手机平台上的操作系统相比，Android 具有如下优点：

- 开放性；
- 平等性；
- 无界性；
- 方便性；
- 硬件的丰富性。

下面将对以上各个优点进行简单介绍。

1. 开放性

提到 Android 的优势，首先想到的一定是其真正的开放，其开放性包含底层的操作系统及上层的应用程序等。Google 与开放手机联盟合作开发 Android 的目的就是建立标准化、开放式的移动软件平台，在移动产业内形成一个开放式的生态系统。

Android 的开放性也同样会使大量的程序开发人员投入 Android 程序的开发中，这将为 Android 平台带来大量新的应用。

2. 平等性

在 Android 的系统上，所有的应用程序完全平等，系统默认自带的程序与自己开发的程序没有任何区别，程序开发人员可以开发个人喜爱的应用程序来替代系统的程序，构建个性化的 Android 手机系统，这些功能在其他的手机平台是没有的。

在开发之初，Android 平台就被设计成由一系列应用程序组成的平台，所有的应用程序都运行在一个虚拟机上面。该虚拟机提供了系列应用程序之间和硬件资源通信的 API。

3. 无界性

Android 平台的无界性表现在应用程序之间的无界，开发人员可以很轻松地将自己开发的程序与其他应用程序进行交互，如应用程序需要播放声音的模块，而正好你的手机中已经有一个成熟的音乐播放器，此时就不需要再重复开发音乐播放功能，只需简单地加上几行代码即可将成熟的音乐播放功能添加到自己的程序中。

4. 方便性

在 Android 平台中开发应用程序是非常方便的，如果对 Android 平台比较熟悉，想开发一个功能全面的应用程序并不是什么难事。Android 平台为开发人员提供了大量的实用库及方便的工具，同时也将 Google Map 等强大的功能集成了进来，只需简单的几行调用代码即可将强大的地图功能添加到自己的程序中。

5. 硬件的丰富性

由于平台的开放，众多的硬件制造商推出了各种各样的产品，但这些产品功能上的差异并不影响数据的同步与软件的兼容，例如，原来在诺基亚手机上的应用程序，可以很轻松地被移植到摩托罗拉手机上使用，且联系人、短信息等资料更是可以方便地转移。

1.2.2　Android 的应用程序框架

从软件分层的角度来说，Android 平台由应用程序、应用程序框架、Android 运行时库层及 Linux 内核共 4 部分构成，本节将分别介绍各层的功能，分层结构如图 1-1 所示。

▲图 1-1　Android 平台架构图

1. 应用程序层

本层的所有应用程序都是用 Java 编写的，一般情况下，很多应用程序都是在同一系列的核心应用程序包中一起发布的，主要有拨号程序、浏览器、音乐播放器、通讯录等。该层的程序是完全平等的，开发人员可以任意将 Android 自带的程序替换成自己的应用程序。

2. 应用程序框架层

对于开发人员来说，接触最多的就是应用程序框架层。该应用程序的框架设计简化了组件的重用，其中任何一个应用程序都可以发布自身的功能供其他应用程序调用，这也使用户可以很方便地替换程序的组件而不影响其他模块的使用。当然，这种替换需要遵循框架的安全性限制。

该层主要包含以下 9 部分，如图 1-2 所示。

▲图 1-2　应用程序框架

- 活动管理（Activity Manager）。用来管理程序的生命周期，以及提供最常用的导航回退功能。
- 窗口管理（Window Manager）。用来管理所有的应用程序窗口。
- 内容供应商（Content Providers）。通过内容供应商，可以使一个应用程序访问另一个应用程序的数据，或者共享数据。
- 视图系统（View System）。用来构建应用程序的基本组件，包括列表、网格、按钮、文本框，甚至是可嵌入的 Web 浏览器。
- 包管理（Package Manager）。用来管理 Android 系统内的程序。
- 电话管理（Telephony Manager）。所有的移动设备的功能统一归电话管理器管理。
- 资源管理（Resource Manager）。资源管理器可以为应用程序提供所需要的资源，包括图片、文本、声音、本地字符串，甚至是布局文件。
- 位置管理（Location Manager）。该管理器是用来提供位置服务的，如 GPRS 定位等。
- 通知管理（Notification Manager）。主要是对手机顶部状态栏的管理，开发人员在开发 Android 程序时会经常使用，如来短信提示、电量低提示，还有后台运行程序的提示等。

3. Android 运行时库

该层包含两部分，程序库及 Android 运行时库。

程序库为一些 C/C++库，这些库能够被 Android 系统中不同的应用程序调用，并通过应用程序框架为开发者提供服务。而 Android 运行时库包含了 Java 编程语言核心库的大部分功能，提供了程序运行时所需调用的功能函数。

程序库主要包含的功能库如图 1-3 所示。

- libc。是一个从 BSD 继承来的标准 C 系统函数库，专门针对移动设备优化过的。
- Media Framework。基于 PacketVideo 公司的 OpenCORE。支持多种常用音频、视频格式回放和录制，并支持多种图像文件，如 MPEG-4、H.264、MP3、AAC、AMR、JPG、PNG 等。
- Surface Manager。Surface Manager 主要管理多个应用程序同时执行时，各个程序之间的显示与存取，并且为多个应用程序提供了 2D 和 3D 图层无缝的融合。
- SQLite。所有应用程序都可以使用的轻量级关系型数据库引擎。

- WebKit。是一套最新的网页浏览器引擎。同时支持 Android 浏览器和一个可嵌入的 Web 视图。
- OpenGLIES。是基于 OpenGL ES 1.0 API 标准来实现的 3D 绘制函数库。该函数库支持软件和硬件两种加速方式执行。
- FreeType。提供位图（bitmap）和矢量图（vector）两种字体显示。
- SGL。提供了 2D 图形绘制的引擎。

Android 运行时库包括核心库及 Dalivik 虚拟机，如图 1-4 所示。

▲图 1-3　程序库框架

▲图 1-4　Android 运行时库

- 核心库（Core Libraries）。该核心库包括 Java 语言所需要的基本函数及 Android 的核心库。与标准 Java 不一样的是，系统为每个 Android 的应用程序提供了单独的 Dalvik 虚拟机来执行，即每个应用程序拥有自己单独的线程。
- Dalvik 虚拟机（Dalvik Virtual Machine）。大多数的虚拟机（包括 JVM）都是基于栈的，而 Dalvik 虚拟机则是基于寄存器的，它可以支持已转换为.dex 格式的 Java 应用程序的运行。.dex 格式是专门为 Dalvik 虚拟机设计的，更适合内存和处理器速度有限的系统。

4. Linux 内核

Android 平台中操作系统采用的是 Linux 2.6 内核，其安全性、内存管理、进程管理、网络协议栈和驱动模型等基本依赖于 Linux。对于程序开发人员，该层为软件与硬件之间增加了一层抽象层，使开发过程中不必时时考虑底层硬件的细节。而对于手机开发商而言，对此层进行相应的修改即可将 Android 平台运行到自己的硬件平台之上。

1.3 Android 开发环境的搭建

本节主要讲解基于 Eclipse 的 Android 开发环境的搭建（包括 SDK 的下载和 SDK 的配置）、模拟器的创建和运行，以及 Android 开发环境搭建好之后，对其开发环境进行测试并创建第一个 Android 应用程序 Hello Android 等相关知识。

1.3.1　Android SDK 的下载

前面已经对 Android 平台进行了简单的介绍，从本节开始，将向读者介绍如何逐步搭建自己的开发环境。Android SDK 是开发 Android 应用程序的基础开发环境，其本身是免费的，下面将向读者介绍 Android SDK 的下载，其具体步骤如下。

（1）首先在浏览器中输入 http://developer.android.com/sdk/index.html，打开 Android SDK 的官方下载网站，如图 1-5 所示。点击网页右下角被椭圆圈中的内容为“Download the SDK…”的区域，进入 SDK 的下载页面，如图 1-6 所示。

（2）进入到 SDK 的下载页面后，按照图 1-6 中被红色椭圆圈中的区域进行下载项选择（作者选择的是 Windows 下的 32 位版本），然后点击网页正下方被椭圆圈出的内容为“Download the SDK…”的区域进行下载，此时浏览器会弹出下载对话框（这一点不同的浏览器会有所不同），如图 1-7 所示。

▲图 1-5 SDK 官方下载首页

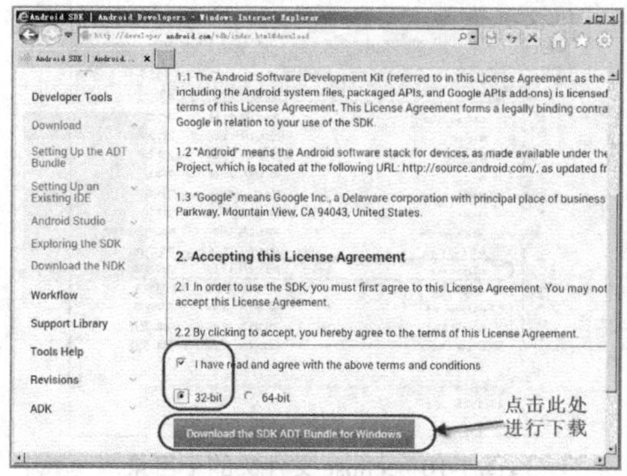

▲图 1-6 下载页面

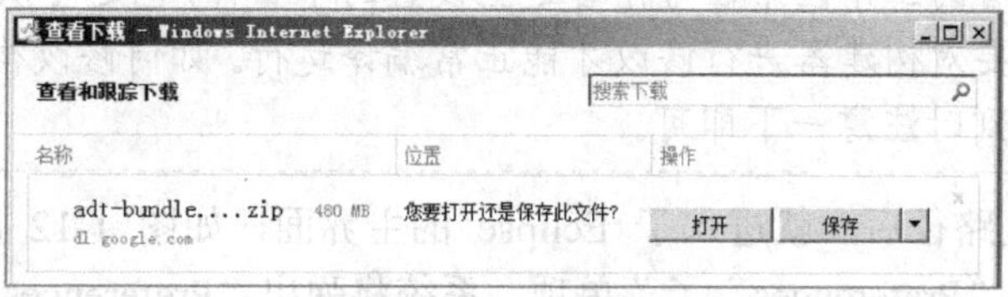

▲图 1-7 下载对话框

完成以上步骤，等待 Android SDK 下载完成，就可以进行环境搭建的下一步工作了，也就是对 Android SDK 进行相关的配置，这些内容将在下一节中向读者介绍。

1.3.2 Android SDK 的配置

下载完成后，就可以对 Android SDK 进行解压和配置了，主要步骤如下。

（1）Android SDK 下载成功后，会得到一个名称为“adt-bundle-windows-x86-20140702”的压缩包（随选择下载版本的不同，此名称可能不同）。将此压缩包解压得到同名文件夹，如图 1-8 所示。

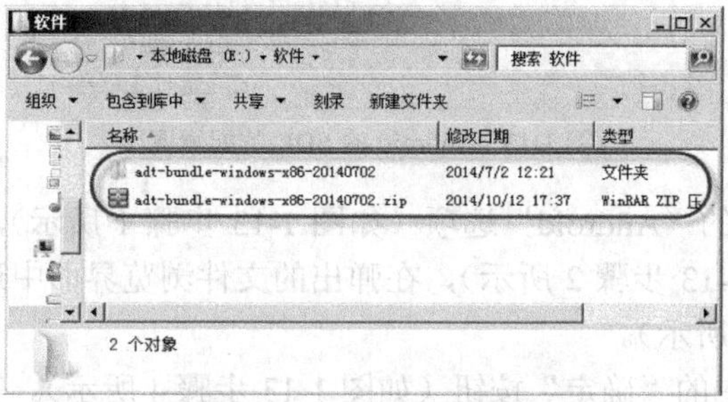

▲图 1-8 下载后得到的压缩包及解压后的文件夹

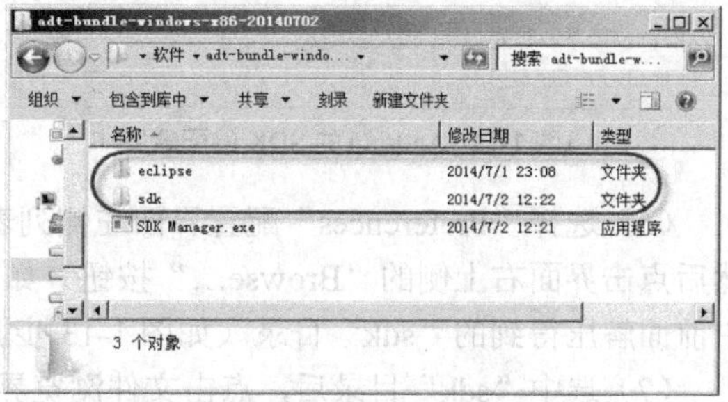

▲图 1-9 解压后的文件夹的子目录

（2）打开解压后的文件夹，如图 1-9 所示。其中名称为“eclipse”的子文件夹为绑定了 ADT 插件的用于 Android 应用程序开发的集成开发环境——Eclipse。另外一个名称为“sdk”的子文件夹则是要进行配置的 Android SDK。

（3）打开“eclipse”子文件夹，如图 1-10 所示。接着点击其中的“eclipse.exe”，启动 Eclipse 集成开发环境，此时会出现如图 1-11 所示的界面。

（4）图 1-11 所示界面是提醒读者设置自己的项目工作区路径，作者采用的是“E: \软件\workspace”。建议读者的工作区路径设置和作者的保持一致，这样在进行后继案例的学习时可能会方便不少，当然读者也可以采用自己特定的工作区路径。

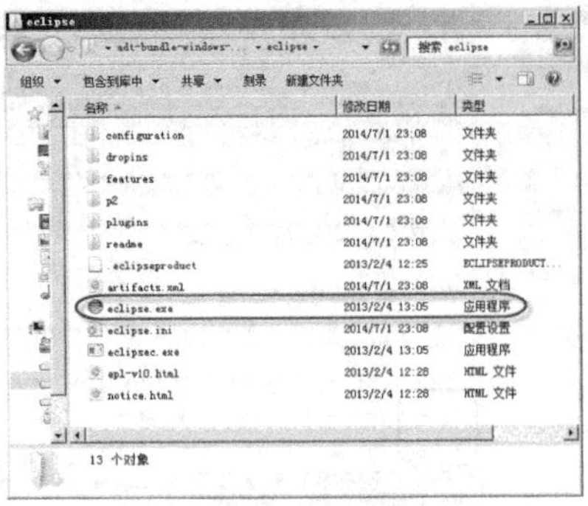

▲图 1-10　eclipse 文件夹的子目录

▲图 1-11　Android 工作区的选择

> **提示**　若读者的工作区路径与作者这里设置的不一样，也是可以的。但导入的 Android 项目都需要对构建器进行修改才能正常编译运行。如何修改构建器会在后面进行介绍，读者到时注意一下即可。

（5）指定完工作区路径后，就进入了 Eclipse 的主界面，如图 1-12 所示。在此界面中选择“Window”菜单下面的“Preferences”子菜单项，系统将弹出“Preferences”配置界面，如图 1-13 所示。

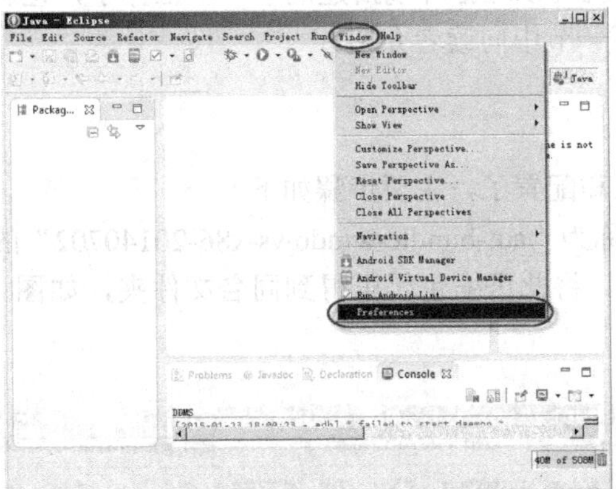

▲图 1-12　Android 的 SDK 的配置图 1

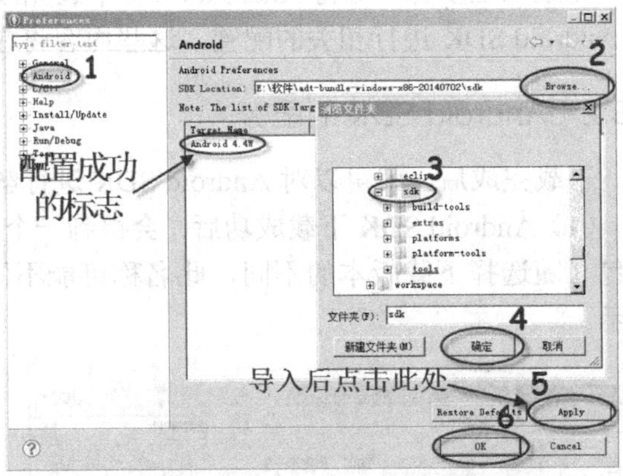

▲图 1-13　Android 的 SDK 的配置图 2

（6）选择“Preferences”配置界面左侧列表中的“Android”选项（如图 1-13 步骤 1 所示），然后点击界面右上侧的“Browse…”按钮（如图 1-13 步骤 2 所示），在弹出的文件浏览界面中选中前面解压得到的“sdk”目录（如图 1-13 步骤 3 所示）。

（7）选中“sdk”目录后，点击文件浏览界面中的“确定”按钮（如图 1-13 步骤 4 所示）。等文件浏览界面消失后，再点击“Preferences”配置界面中右下侧的“Apply”按钮（如图 1-13 步骤 5 所示），若此时看到图 1-13 中列出了多个 Android 版本的信息（如图 1-13 中“配置成功的标志”框所圈中的部分），则说明配置成功。

（8）最后点击“Preferences”配置界面中右下侧的“OK”按钮（如图 1-13 步骤 6 所示）即完成了整个 Android SDK 的配置。

（9）图 1-13 中只有“Android 4.4W”版本，如果需要其他的版本，可点击 Eclipse 主界面中的（Android SDK Manager）按钮，进入加载界面，如图 1-14 所示。加载完成后，进入 Android SDK Manager 界面，如图 1-15 所示，在该界面勾选需要下载的 SDK 版本，再单击“Install…”进行下载、安装即可。

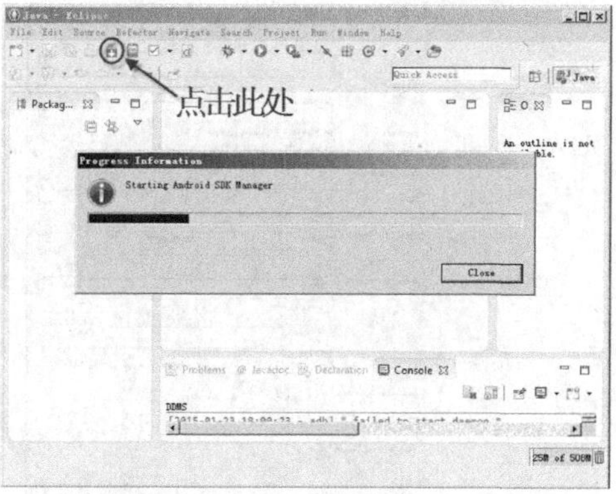

▲图 1-14 单击 Android SDK Manager

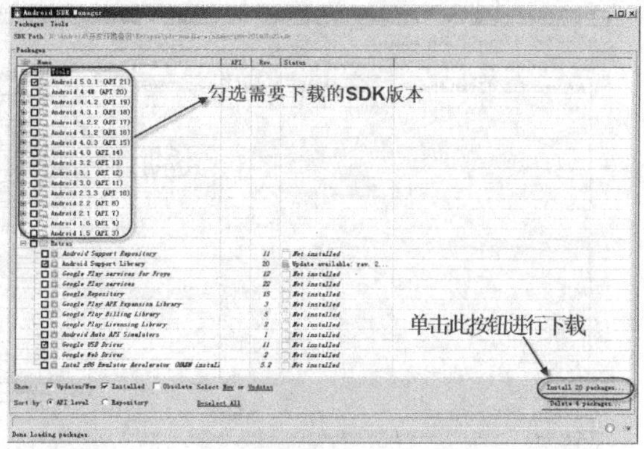

▲图 1-15 SDK 下载界面

> **提示** 在图 1-15SDK 下载界面中单击“Install...”进行下载安装 SDK 版本时，需要联网下载，且下载速度较慢，请读者耐心等待。

至此，用于开发 Android 应用程序的 Android 开发环境的搭建及相关环境的配置就完成了，读者此时就可以正式开始 Android 应用开发之旅了。

1.3.3 创建并启动模拟器

开发环境搭建基本完成后，在正式开发 Android 应用程序之前，还有一个很重要的工作就是创建模拟器。模拟器可以在初学者没有实际设备的情况下在 PC 上对应用程序进行简单的运行测试，很大程度上降低了学习的成本。且模拟器的创建很简单，其具体步骤如下。

（1）首先在 Eclipse 中单击（Android Virtual Device Manager）按钮，如图 1-16 所示。

（2）单击按钮后，系统将弹出 Android Virtual Device Manager 对话框，如图 1-17 所示。

▲图 1-16 “Android SDK and AVD Manager”按钮

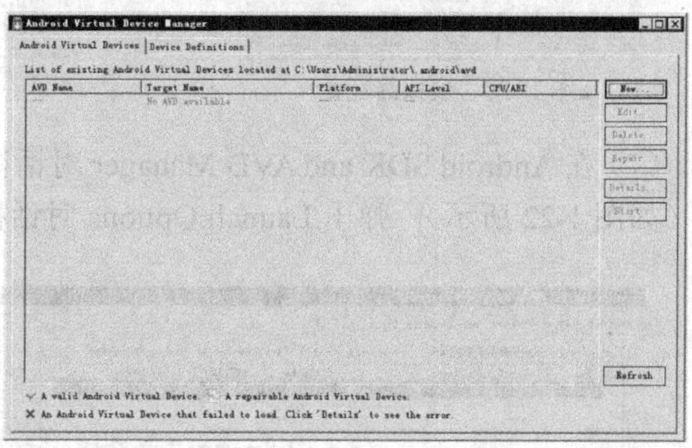

▲图 1-17 Android SDK and AVD Manager 对话框

（3）在弹出的 Android SDK and AVD Manager 对话框中单击“New”按钮（如图 1-18 所示），系统将弹出 Create new Android Virtual Device(AVD)对话框，如图 1-19 所示。

（4）在 Create new Android Virtual Device(AVD)对话框中输入模拟器的名称（这里输入的是 android4.2.2），下拉 Target 列表选中 Android4.2.2-API Level 17，在 Internal Storage 面板中输入 100（代表内部存储容量为 100MB），在 SD Card 面板中的 Size 文本框中输入 100（代表 SD 卡容量为 100MB），如图 1-20 所示。

（5）然后设置模拟器显示屏分辨率为 5.1WVGA(480*800)，最后勾选 Use Host GPU 开启本地 GPU 渲染支持，如图 1-20 所示。模拟器配置完成后，单击“OK”按钮，即可完成创建指定版本的 Android 模拟器。

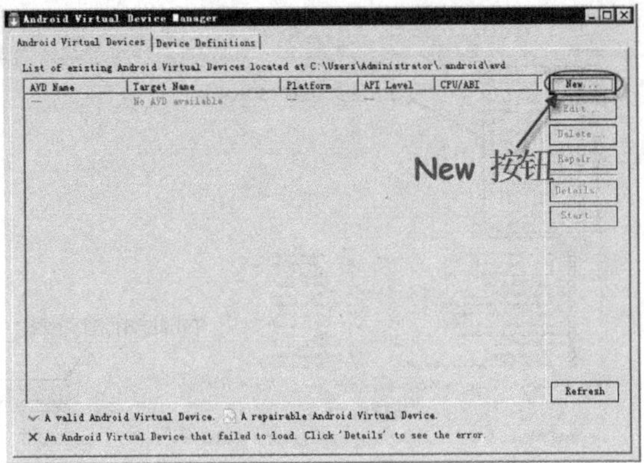

▲图 1-18　New 按钮

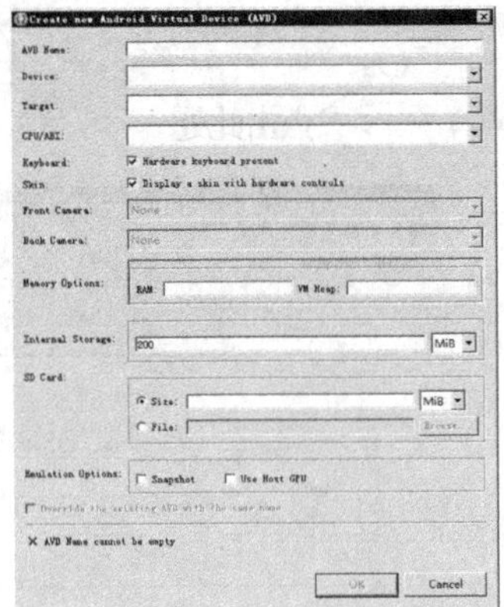

▲图 1-19　Create new Android Virtual Device(AVD)对话框

（6）创建完 Android SDK 的模拟器后，在 Android SDK and AVD Manager 对话框中就可以显示出创建的 Android SDK 模拟器了，如图 1-21 所示。

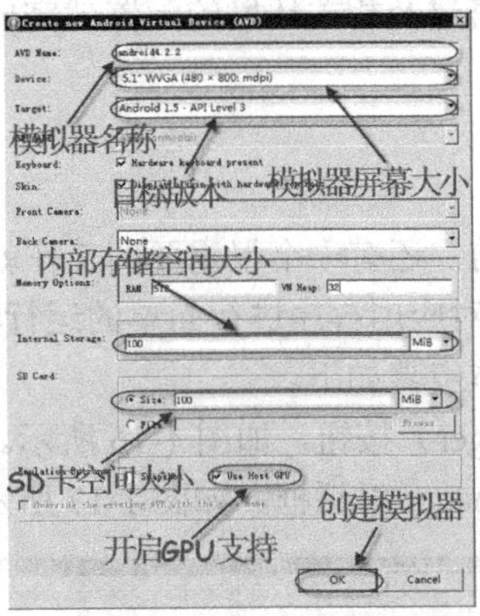

▲图 1-20　模拟器配置

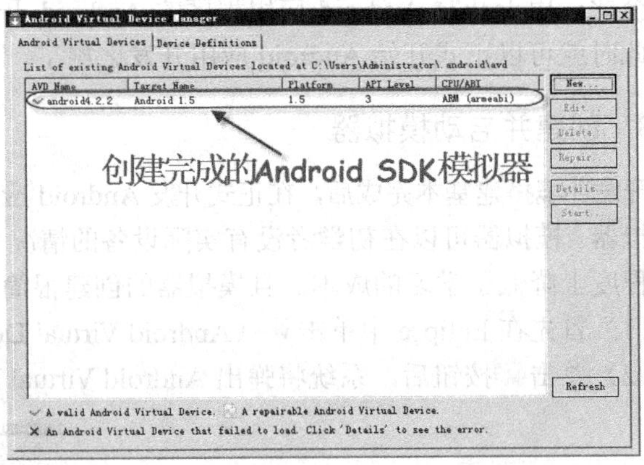

▲图 1-21　创建完成的 Android SDK 模拟器

（7）在 Android SDK and AVD Manager 对话框中选中创建的 Android 模拟器，单击“Start”按钮（如图 1-22 所示），弹出 Launch Options 对话框，如图 1-23 所示。

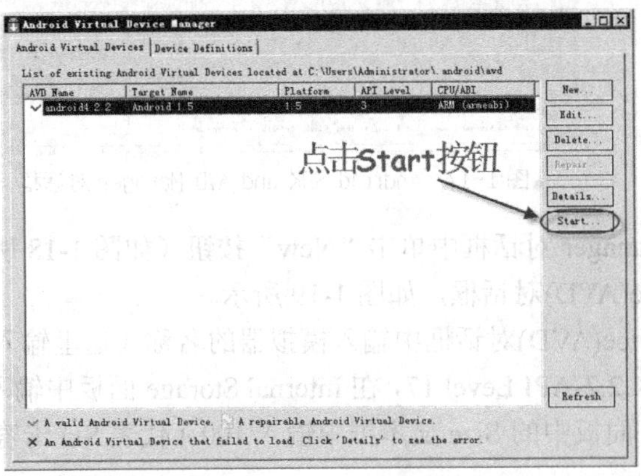

▲图 1-22　Start 按钮

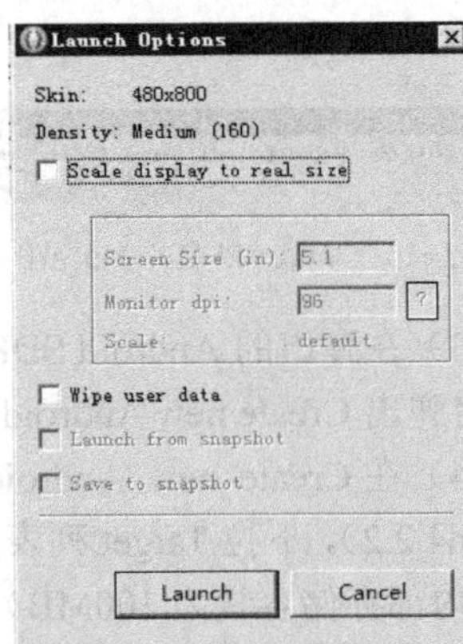

▲图 1-23　Launch Options 对话框

（8）在弹出的 Launch Options 对话框中单击“Launch”按钮（如图 1-24 所示）系统将启动 Android SDK 模拟器，启动完成后的效果如图 1-25 所示。

▲图 1-24　Launch 按钮

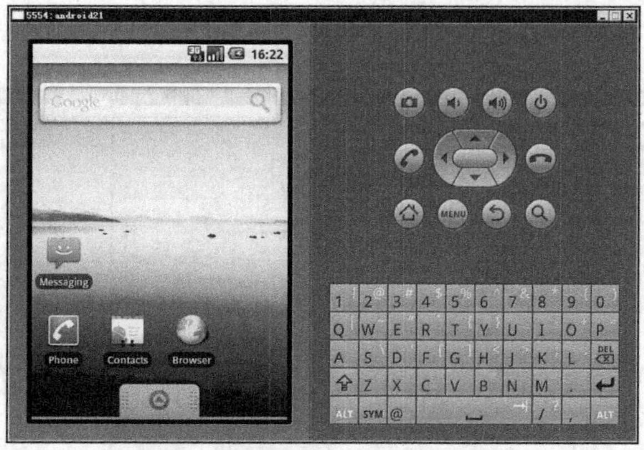

▲图 1-25　启动完成的 Android SDK 模拟器

提示　运行模拟器时可能会很慢，有时甚至可能达到几分钟时间，如果没有报错，请读者耐心等待。

1.3.4　第一个 Android 程序

前面 3 节已经介绍了 Android SDK 的下载、Android SDK 的配置和创建及启动模拟器等重要内容，接下来将带领读者构建第一个 Android 应用程序并对该程序进行简单的讲解，其具体内容如下。

1. 创建第一个 Android 应用程序

（1）点击 eclipse.exe，启动 Eclipse，依次选择“File/New/Android Application Project”，如图 1-26 所示。或者点击按钮后，系统将弹出新建项目对话框，如图 1-27 所示。

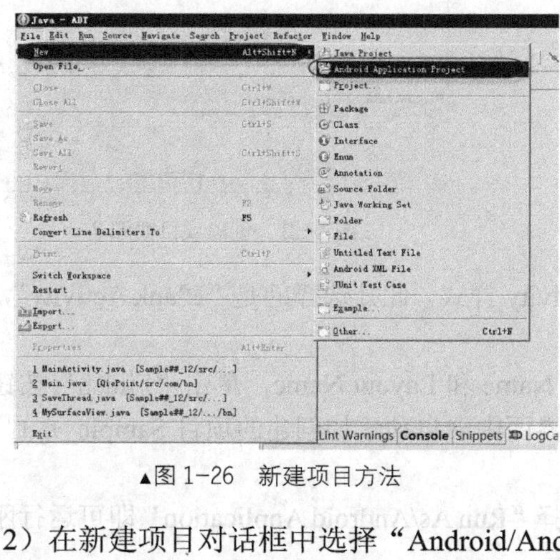

▲图 1-26　新建项目方法

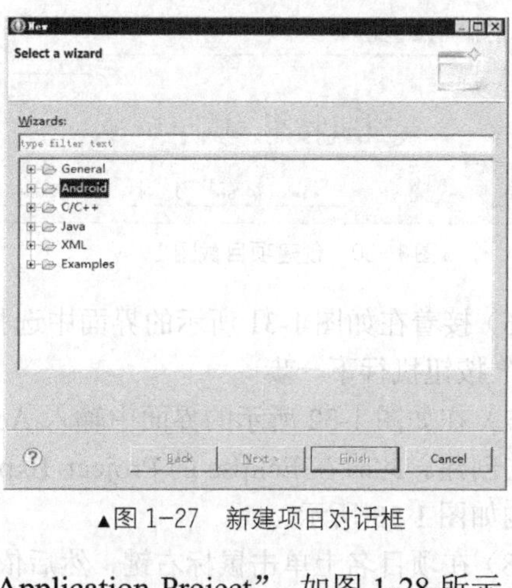

▲图 1-27　新建项目对话框

（2）在新建项目对话框中选择“Android/Android Application Project”，如图 1-28 所示，然后单击“Next”按钮，执行下一步，即弹出 New Android Application 对话框，如图 1-29 所示。

（3）在 New Android Application 对话框中输入应用程序的名称（在这里输入的是 Sample_1_1），然后在 Project Name 中输入项目名称（这里输入的名称与 Application Name 中的相同，当然也可以不同），同时在 Package Name 中输入应用程序的包名（这里输入的是 wyf.ytl），如图 1-29 所示。

（4）接着在 Minimum Required SDK 中选择应用程序最低版本（这里选择的是 Android 2.2 版

本），最后在 Target SDK 中选择应用程序的目标版本，都填完后，整体情况如图 1-29 所示。

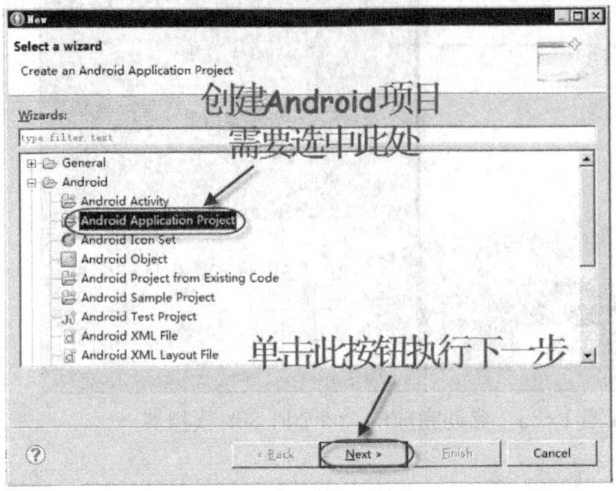

▲图 1-28　选择 Android Project 创建 Android 应用程序

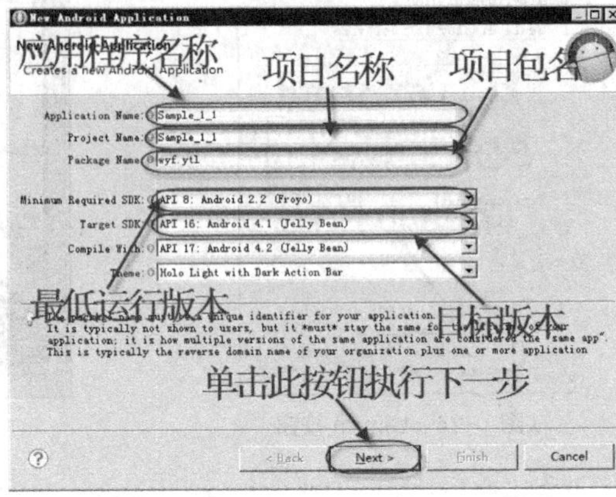

▲图 1-29　New Android Application 对话框

提示　创建项目时输入项目包名时，需要至少使用二级包名，否则在该对话框上方会显示“Package name must have at least two identifiers.”的错误信息。

（5）单击“Next”按钮后进入如图 1-30 所示的界面，根据需要勾选是否创建自定义图标，勾选“Create activity”，根据需要也可更改默认的项目路径，最后单击“Next”按钮执行下一步。

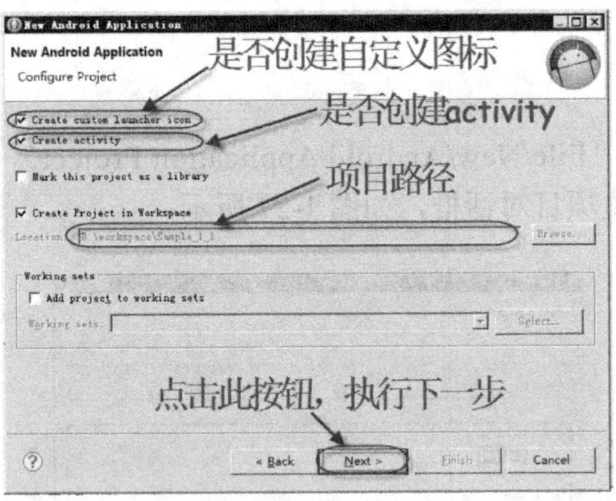

▲图 1-30　创建项目截图 1

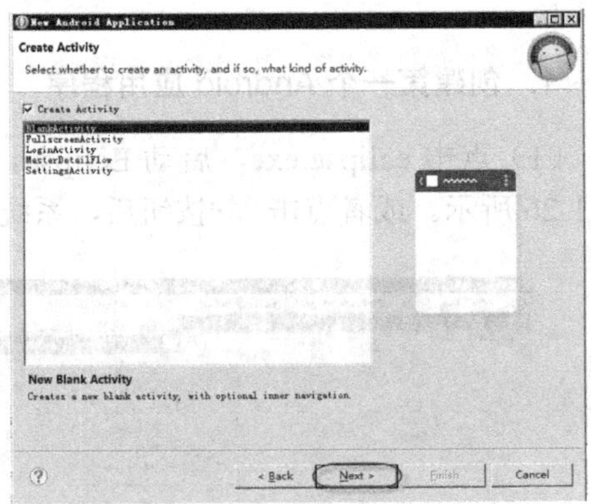

▲图 1-31　创建项目截图 2

（6）接着在如图 1-31 所示的界面中选择 Activity 样式，此处选择的是“Blank Activity”，单击“Next”按钮执行下一步。

（7）在如图 1-32 所示的界面中输入 Activity Name 和 Layout Name，单击“Finish”按钮完成项目的创建。此时在 Eclipse 的 Project Explorer 界面中会自动添加创建的项目 Sample_1_1，其目录结构如图 1-33 所示。

（8）在项目名上单击鼠标右键，然后依次选择“Run As/Android Application”即可运行刚才创建的 HelloAndroid 项目，运行效果如图 1-34 所示。

提示　因为有很多程序或者游戏是横屏模式的，所以在程序调试过程中，可能需要将模拟器切换成横屏模式，读者可以通过使用快捷键 Ctrl+F12 来切换模拟器的横、竖屏模式，HelloAndroid 程序在横屏模拟器中运行效果如图 1-35 所示。

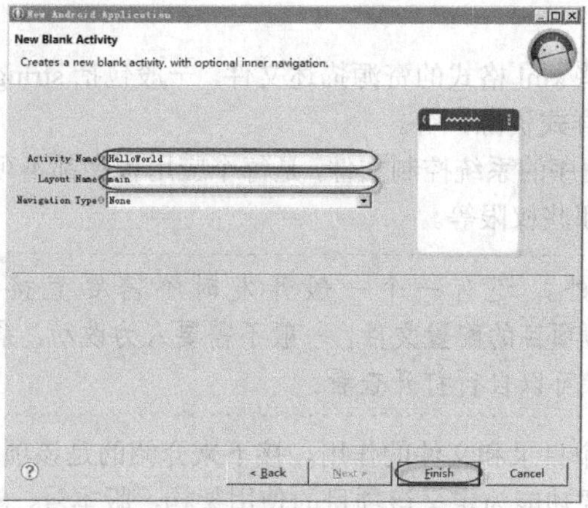

▲图 1-32　单击 Finish 按钮创建项目

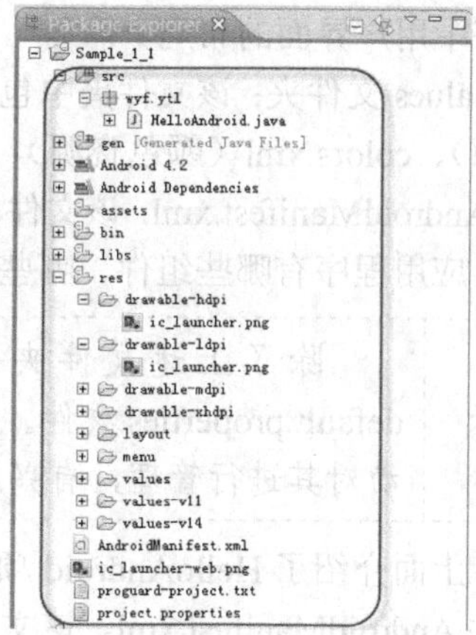

▲图 1-33　创建完成的 Android 项目

▲图 1-34　HelloAndroid 项目竖屏效果

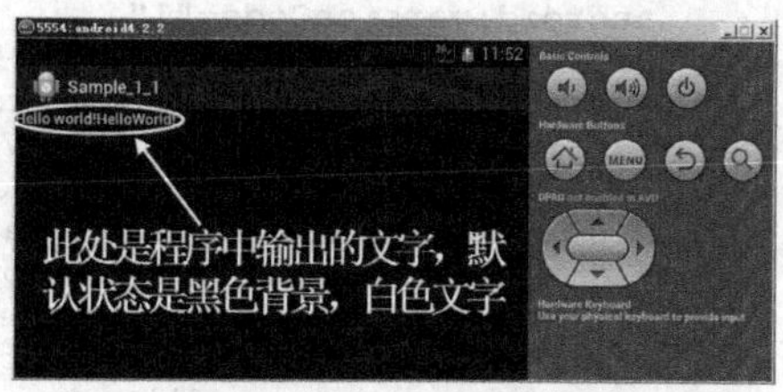

▲图 1-35　HelloAndroid 项目横屏效果

2. HelloAndroid 的简单讲解

通过前面的学习，读者已经能够创建并运行简单的 Android 程序了，但可能对 Android 项目还不够了解，接下来将通过对 HelloAndroid 程序的详细介绍使读者了解 Android 项目的目录结构及 HelloAndroid 的运行机理。

（1）先来看看 HelloAndroid 项目中各个目录和文件的作用。

● src 目录：该目录用来存放应用程序中所有的源代码，代码的源文件一般是存放在相应的包下面，在开发 Android 应用程序时，大部分时间都是在编写 src 中的源代码。

● gen 目录：该目录下一般只有一个文件，即 R 文件。该文件是由 ADT 自动产生的，存放的是应用程序中所使用的全部资源文件的 ID，在应用程序开发过程中只是使用 R 文件，一般不需人工修改该文件。

● assets 目录：该目录存放应用程序中使用的外部资源文件，如音频、视频、数据文件等。在程序中可以通过输入/输出流对该目录中的文件进行读写。

● res 资源目录：该目录下一般有 drawable 系列、layout 及 values 等文件，下面将对这些文件夹逐一进行介绍。

● drawable 系列文件夹：一般有 drawable-hdpi、drawable-mdpi、drawable-ldpi 三个文件夹，这 3 个文件夹分别用来存放不同分辨率目标设备的图片资源。当应用程序在目标设备上运行时，系统会自动根据目标设备的分辨率选择对应文件夹下的图片使用。

● layout 文件夹：该文件夹下包含了所有使用 xml 格式的界面描述文件，这些文件用于表述应用程序中用户界面的布局。

- values 文件夹：该文件夹中包含了一些 xml 格式的资源描述文件，一般包括 string.xml（字符串资源）、colors.xml（颜色资源）、style（样式资源）等。
- AndroidManifest.xml：该文件是整个程序的系统控制文件，是每个应用程序都不可缺少的。其描述了应用程序有哪些组件、哪些资源、哪些权限等。

> **提示** 除了上述文件夹及文件外，还有一个一般开发时不需要直接使用的 default.properties 文件。此文件为项目的配置文件，一般不需要人为改动，系统会自动对其进行管理，有兴趣的读者可以自行打开查看。

（2）上面介绍了 HelloAndroid 项目中各个目录和文件的作用，接下来介绍的是该项目的系统控制文件 AndroidManifest.xml，该文件的主要功能为定义该项目的使用架构、版本号、SDK 的版本以及声明 Activity 组件等，其具体代码如下。

代码位置：见随书光盘中源代码/第 1 章/Sample_1_1 目录下的 AndroidManifest.xml。

```
1   <?xml version="1.0" encoding="utf-8"?><!--XML 的版本以及编码方式-->
2   <manifest xmlns:android="http://schemas.android.com/apk/res/android"
3        package="wyf.ytl"
4        android:versionCode="1"
5        android:versionName="1.0" > <!--该标记定义了该项目的使用架构，所在的包以及版本号-->
6        <uses-sdk   android:minSdkVersion="14"
7             android:targetSdkVersion="17" /><!-- 声明 SDK 的版本 -->
8        <application android:icon="@drawable/ic_launcher"
9           android:label="@string/app_name"
10          android:theme="@style/AppTheme" ><!-- 定义了该项目在手机中的图标以及名称 -->
11            <activity android:name="wyf.ytl.MainActivity"
12               android:label="@string/app_name" ><!-- 声明 Activity 组件 -->
13               <intent-filter>
14                    <action android:name="android.intent.action.MAIN" />
15                 <category android:name="android.intent.category.LAUNCHER" />
16               </intent-filter><!-- 声明 Activity 可以接受的 Intent -->
17            </activity>
18       </application>
19  </manifest>
```

- 第 1～5 行定义了程序的版本、编码方式、用到的架构以及该程序所在的包与版本号。
- 第 6～7 行定义了程序的 SDK 版本。
- 第 8～10 行定义了程序在手机上的显示图标、显示名称以及显示风格。
- 第 11～17 行定义了一个名为 HelloAndroid 的 Activity 以及该 Activity 能够接受的 intent。

（3）上面介绍了 HelloWorld 项目的系统控制文件 AndroidManifest .xml，接下来介绍的是该项目的布局文件 main.xml，该文件的主要功能为声明 XML 文件的版本以及编码方式、定义布局并添加控件 TextView，其具体代码如下。

代码位置：见随书光盘中源代码/第 1 章/Sample_1_1/res/Layout 目录下的 main.xml。

```
<?xml version="1.0" encoding="utf-8"?>  <!-- XML 的版本以及编码方式 -->
< RelativeLayout xmlns:android="http://schemas.android.com/apk/res/android"
    android:orientation="vertical"
    android:layout_width="fill_parent"
    android:layout_height="fill_parent"
    >                                   <!--定义了一个布局，布局方式是垂直的-->
<TextView
    android:layout_width="fill_parent"
    android:layout_height="wrap_content"
    android:text="@string/hello"
    />                                  <!--向布局中添加一个 TextView 控件-->
</ RelativeLayout >
```

- 第 2～6 行定义了布局方式为 RelativeLayout，且左右和上下的填充方式为 fill_parent。
- 第 7～11 行中向该布局中添加了一个 TextView 控件，其宽度和高度模式分别为 fill_parent、wrap_content，在 TextView 控件显示的内容为 string.xml 中的 hello 的内容。

（4）上面介绍了本项目的布局文件 main.xml，接下来将为读者介绍的是项目的主控制类 HelloAndroid，本类为继承自 Android 系统 Activity 的子类，其主要功能为调用父类的 onCreate 方法，并切换到 main 布局，其具体代码如下。

代码位置：见随书光盘中源代码/第 1 章/Sample_1_1/src/wyf/ytl 目录下的 HelloAndroid.java。

```
1   package wyf.ytl;
2     import android.app.Activity;                              //引入相关类
3     import android.os.Bundle;
4     public class HelloAndroid extends Activity {              //定义一个 Activity
5       @Override
6       public void onCreate(Bundle savedInstanceState) {    //重写的 onCreate 回调方法
7           super.onCreate(savedInstanceState);              //调用基类的 onCreate 方法
8           setContentView(R.layout.main);                   //指定当前显示的布局
9       }
10    }
```

- 第 4 行是对继承自 Activity 子类的声明。
- 第 6～9 行重写了 Activity 的 onCreate 回调方法，在 onCreate 方法中先调用基类的 onCreate 方法，然后指定用户界面为 R.layout.main，对应的文件为 res/layout/main.xml。

1.3.5 Android 程序的监控与调试

前面几个小节已经对 Android 应用程序的创建进行了详细讲解，本小节将介绍 Eclipse 中的工具 DDMS（Dalvik Debug Monitor Service）。DDMS 是一个非常强大的调试并监控 Android 应用程序的工具，打开 DDMS 的常用方法有两种，具体如下。

（1）一般情况下，在 Eclipse 中安装了 ADT 插件后，Eclipse 窗口的右上角会有 DDMS 的选项按钮 DDMS，如图 1-36 所示。单击此按钮即可切换到 DDMS 界面，如图 1-37 所示。

▲图 1-36　DDMS 按钮

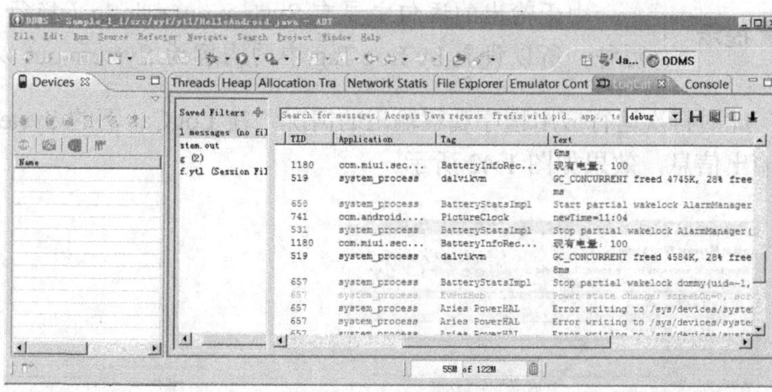

▲图 1-37　DDMS 界面

（2）若 DDMS 按钮 DDMS 是隐藏的，读者可以通过 Eclipse 窗口界面右上角的（Open Perstective）按钮来打开 DDMS，如图 1-38 所示。

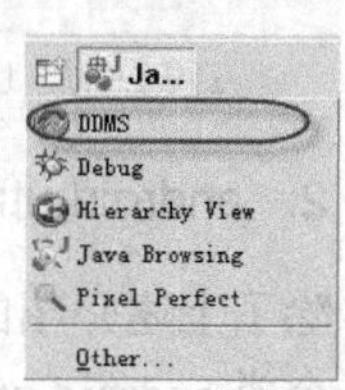

▲图 1-38　使用 Open Perstective 按钮打开 DDMS

从上面的介绍中可以看出，DDMS 的一大功能就是查看应用程序运行时的后台输出信息。实际的应用程序开发中既可以使用传统的 System.out.println 方法来打印输出调试信息，也可以使用 Android 特有的 android.util.Log 类来输出调试信息，这两种方法的具体使用方式如下。

1. System.out.println 方法

首先介绍 Java 开发人员十分熟悉的 System.out.println 方法，其在 Android 应用程序中的使用方法与传统 Java 相同，具体步骤如下。

> **提示**　在这里就不再创建新的 Android 项目了，直接使用的是上一小节已经创建的 Hello Android 项目（Sample_1_1）。

（1）首先在 Eclipse 中打开 src 文件夹下的 wyf.ytl 包中的 HelloAndroid.java 文件。

（2）然后在“setContentView(R.layout.main);”语句后添加代码“System.out.println("the first");”。待修改完成后，再次运行本应用程序。

（3）应用程序运行后打开 DDMS，找到 LogCat 面板，更改为 debug 界面，如图 1-39 所示。在 LogCat 面板下的 Log 选项卡中可以看到输出的打印语句，如图 1-40 所示。

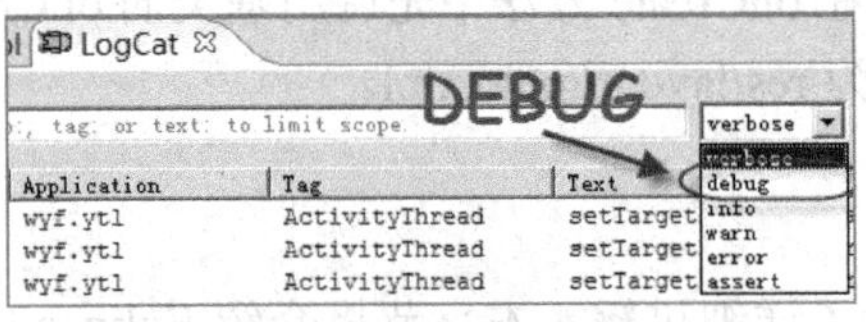

▲图 1-39　DEBUG 界面

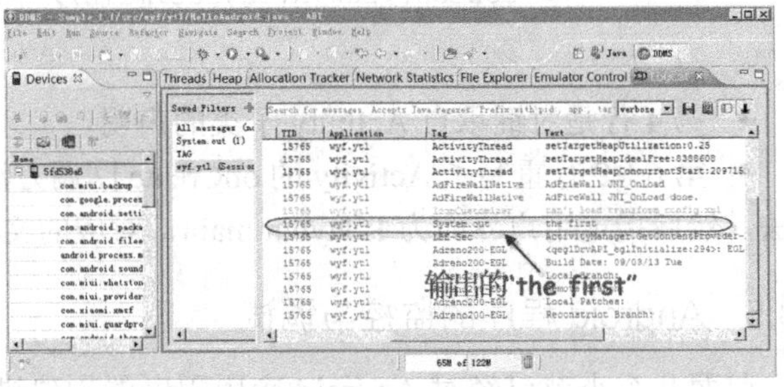

▲图 1-40　Log 选项卡

有时在 Log 中的输出信息太多，不便于查看。这时可在 LogCat 中添加一个专门输出 System.out 信息的面板。单击右边区域的 +（Create Filter）按钮，系统会弹出 Log Filter 对话框，在 Filter Name 输入框中输入过滤器的名称，在 by Log Tag 中输入用于过滤的标志，如图 1-41 所示。

> **提示**　由于输出的语句主要有 System.out.println（换行），System.out.print（不换行）两种，所以设置 by Log Tag 中的内容为 System.out 以进行过滤。

此时再次运行应用程序观察输出的情况，在 LogCat 下的 System 面板中将会只存在 System.out 的输出信息，效果如图 1-42 所示。

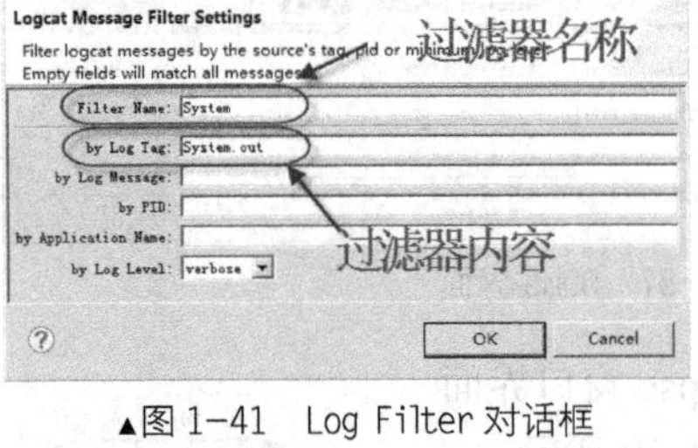

▲图 1-41　Log Filter 对话框

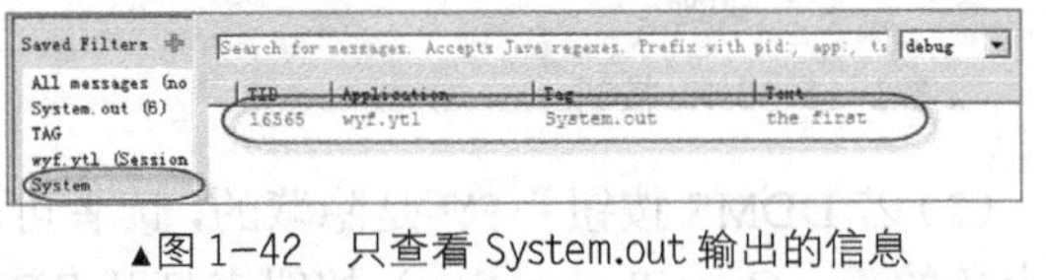
▲图 1-42　只查看 System.out 输出的信息

2. android.util.Log 类

除了上述介绍的 Java 开发人员所熟知的 System.out.println 方法外，Android 还专门提供了另外一个类 android.util.Log 来进行调试信息的输出。下面将介绍 Log 类的使用，具体步骤如下。

（1）在 HelloAndroid.java 中注释掉前面已经添加的打印输出语句“System.out.println("the first");"，然后在后面添加代码"Log.d("Log", "This is message!");"。

（2）运行本应用程序，在 DDMS 中找到 LogCat 面板，切换到 All messages 页面，观看打印的内容，如图 1-43 所示。

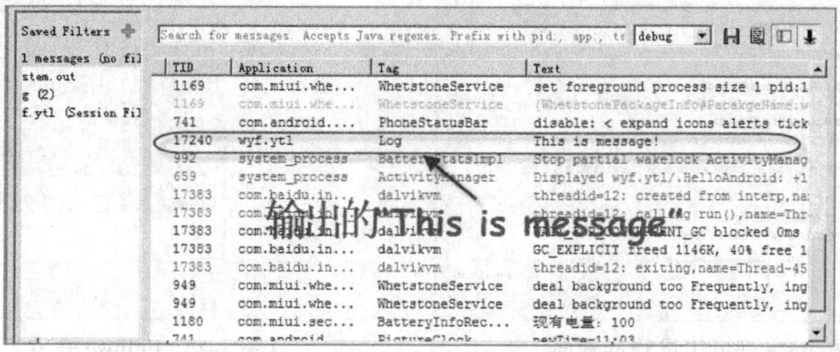

▲图 1-43 使用 Log 输出的信息

> 提示
>
> 使用 Log 类时需要使用"import android.util.Log;"语句进行导入，使用 System.out.println 方法或 android.util.Log 类输出调试信息各有优缺点，读者可以在开发项目时自行体会，选择自己所需要的方式。同时需要注意的是，DDMS 还有很多强大的功能，这里只介绍了其最基本的用法，有兴趣的读者可以参考 2013 年 7 月人民邮电出版社出版的《Android 应用案例开发大全（第二版）》一书的 1.4 节"DDMS 的灵活应用"或参考其他技术资料。

1.4 已有 Android 项目的导入与运行

上一节介绍了如何搭建 Android 开发环境，如何开发 Hello Android 应用程序以及如何监控与调试 Android 的应用程序，接下来将为读者详细地介绍已有 Android 项目的导入与运行，其具体内容如下。

1.4.1 项目的导入

首先为读者介绍的是怎样将已有的 Android 项目导入 Eclipse，此处以本书后面章节中关于流体的游戏大案例"Wo!Water!"为例进行讲解，具体步骤如下。

（1）首先将随书光盘中源代码目录下的第 19 章子目录下的 Wo!Water!项目复制到开发用 PC 机的"E: \软件\workspace"路径下。

> 提示
>
> "E: \软件\workspace"路径是前面配置 Eclipse 时设置的工作区目录，若读者对 Android 项目相关配置不甚了解，请严格按照作者的路径进行配置，若对其非常了解，则可自行配置。

（2）点击"eclipse.exe"，启动 Eclipse 集成环境，如图 1-44 所示。一般第一次使用时 Eclipse 都会显示欢迎界面，此时若不需要将其关闭即可。

（3）关闭欢迎界面后，将进入 Eclipse 的主界面，如图 1-45 所示。接着选择"File"菜单项，并点击其下的"Import"子菜单项，如图 1-46 所示。

（4）点击"Import"子菜单项后系统将弹出"Import"对话框，此时选择"General"项目下的"Existing Projects into Workspace"子项，并按"Next"按钮，如图 1-47 所示。

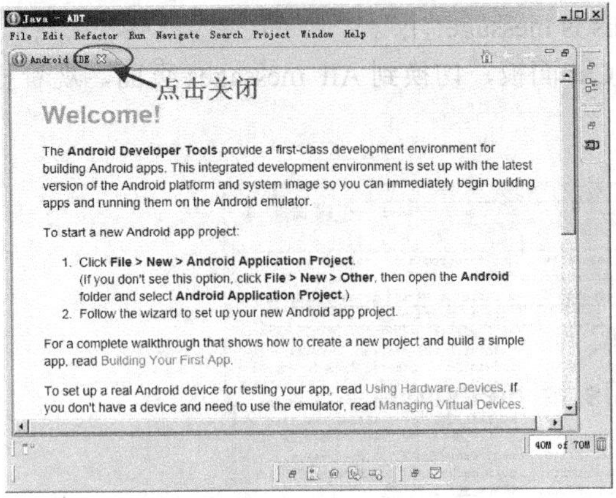

▲图 1-44　Eclipse 开发工具欢迎界面

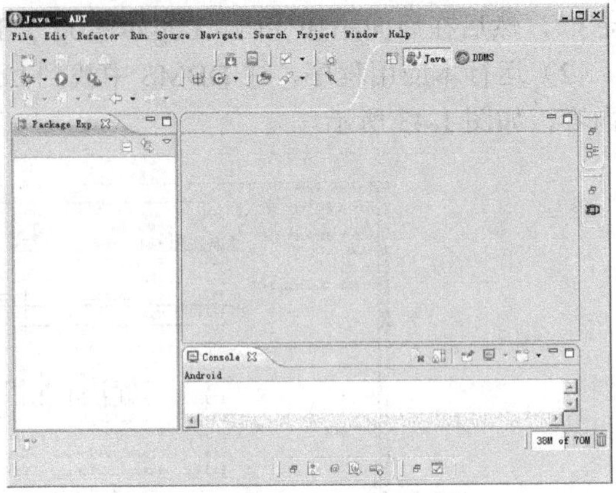

▲图 1-45　Eclipse 开发工具主界面

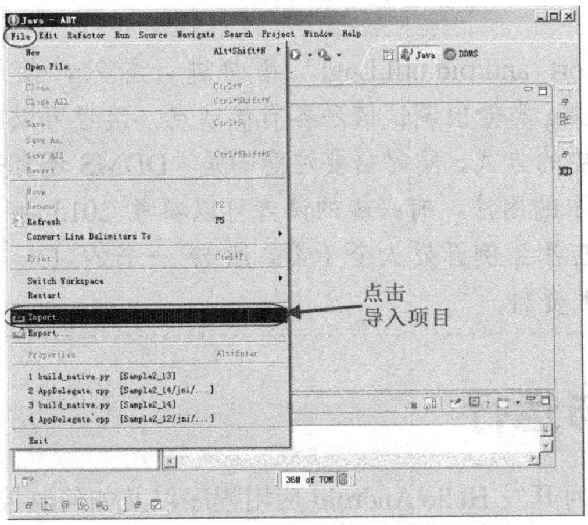

▲图 1–46　项目导入图 1

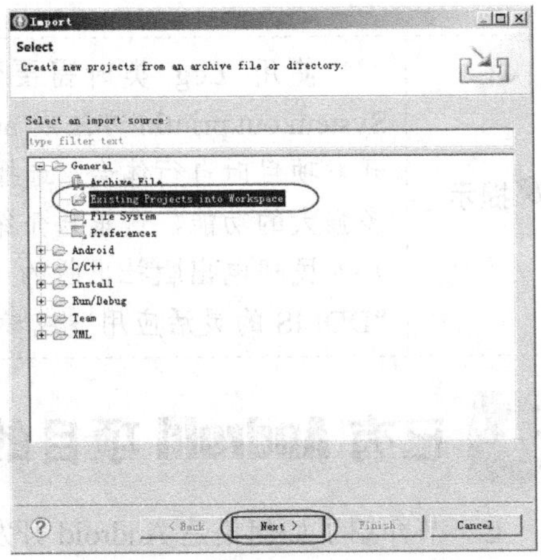

▲图 1–47　项目导入图 2

（5）按“Import”对话框中的“Next”按钮，系统将弹出项目导入对话框，如图 1-48 所示。

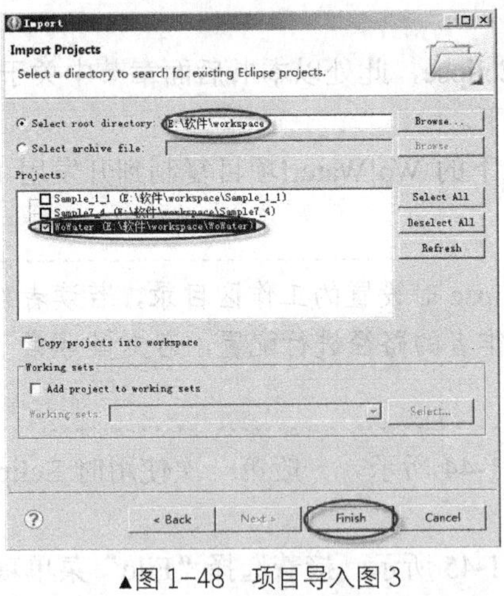

▲图 1–48　项目导入图 3

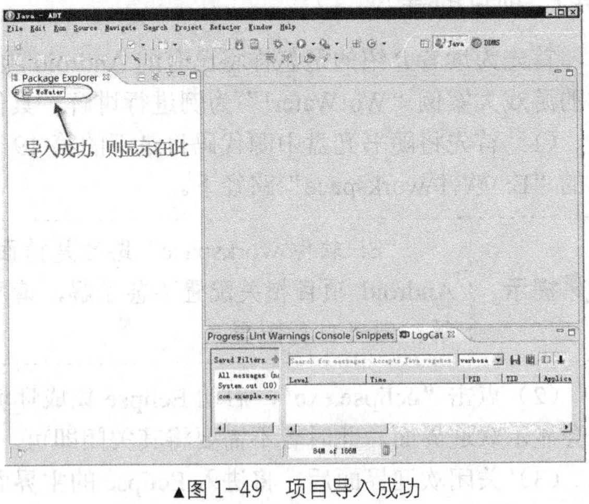

▲图 1–49　项目导入成功

（6）在项目导入对话框中首先点击右上侧的“Browse...”按钮，找到工作区“E:\软件\workspace”，系统将工作区中的所有项目导入到“Projects”，选中“WoWater”项目，并按“Finish”按钮，即可完成项目的导入。

（7）项目导入成功后，系统将自动关闭项目导入对话框，回到 Eclipse 主界面，如图 1-49 所示。此时在界面左侧的项目列表中可以看到导入的 WoWater 项目，从图 1-49 中可以看出。

（8）此时可以用鼠标点击左侧的“WoWater”，待其展开后再点击其下的“src”子目录便可查看 src 的目录结构，如图 1-50 所示。

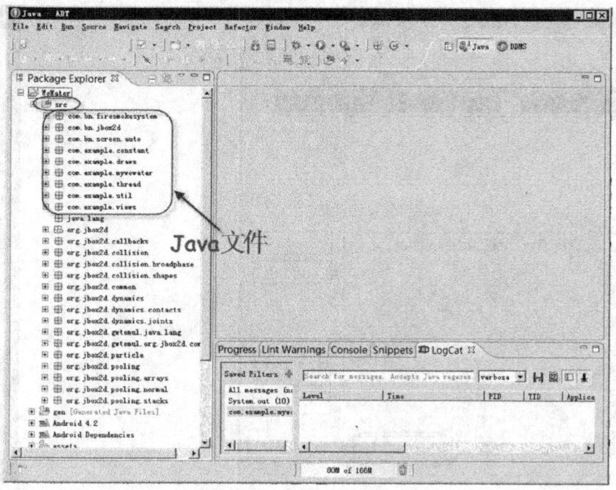

▲图 1-50　项目的 src 目录

1.4.2 项目的运行

上一小节已经为读者详细地介绍了已有 Android 项目的导入，相信读者已经掌握了项目的导入。接下来将为读者介绍的是 Android 项目的运行，此处 Android 项目是运行在移动设备上。其具体内容如下。

> **提示** 由于模拟器的性能低、兼容性差，所以此处作者在实际移动设备上运行 WoWater！案例。此外，本书中其他大案例可能也会出现由于模拟器性能问题或兼容性问题导致运行效果不佳或不正确的情况，此时读者可在真机上运行查看。

（1）将 Android 设备连接到运行 Eclipse 的 PC 机上，打开 Android 设备的 USB 调试功能。然后点击主界面右上侧的“DDMS”按钮（如图 1-51 步骤 1 所示），在“Devices”列表中即可看到自己连接的 Android 设备，并可以看到设备的名称。若希望切换回原来的界面，仅仅需要按下主界面右上侧的“Java”按钮（如图 1-51 步骤 2 所示）即可。

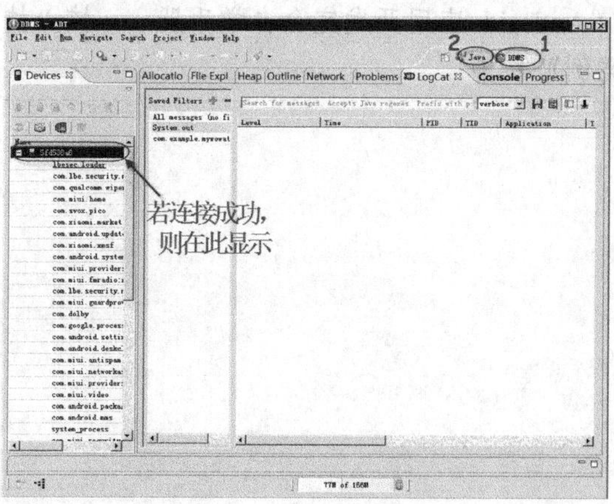

▲图 1-51　移动设备的连接

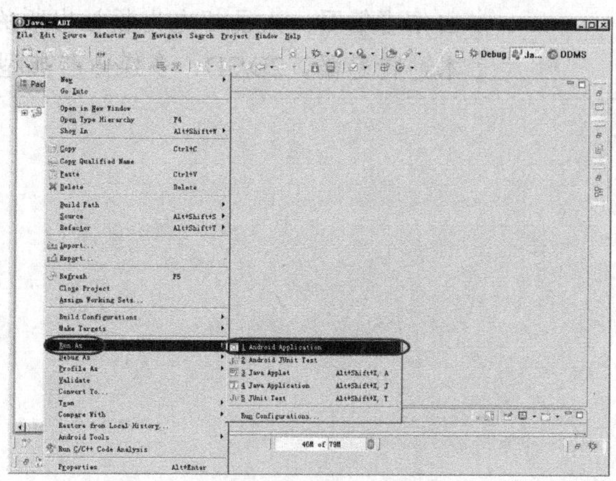

▲图 1-52　项目的运行 1

（2）用鼠标选中主界面左侧项目列表中的“WoWater”项目，点击鼠标右键，在弹出的右键菜单中选择“Run As”选项，接着选择其下的“Android Application”子项，如图 1-52 所示。

（3）点击“Android Application”子项，界面中会弹出如图 1-53 所示的界面。选中当前连接的 Android 设备，并点击“OK”按钮，即可将项目运行到所连接的 Android 设备，如图 1-54 所示。

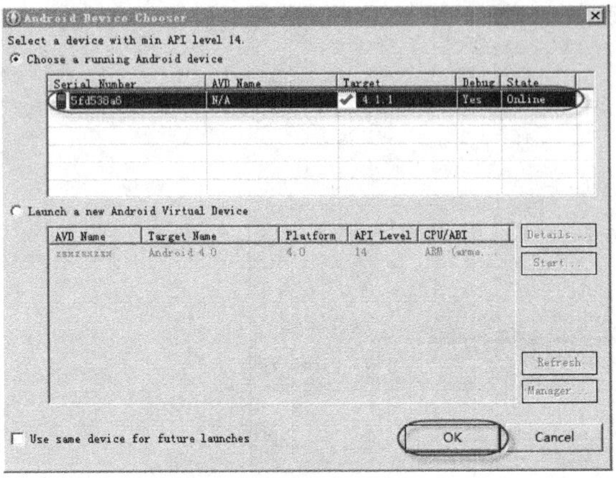

▲图 1-53　项目的运行 2

▲图 1-54　项目运行界面

> **提示**　能按照上述步骤运行成功还有一个关键点，那就是读者采用的各个目录路径与作者使用的必须严格一致。如果读者很熟悉开发环境的配置，则不受此限制，自行根据需要进行即可。

1.5 小结

本章介绍了 Android 平台的来源及优点，并详细介绍了在 Eclipse 中如何构建 Android 的开发环境，然后创建了第一个 Android 的应用程序，最后介绍了已有 Android 项目的导入与运行。通过本章的学习，读者应该已经对 Android 平台下应用程序的开发步骤有了初步的了解。

> **提示**　由于本书的定位是对 Android 应用开发有一定基础的读者，故本书中对 Android 应用程序开发的基本知识并没有进行非常详细的介绍，主要的篇幅都是介绍和游戏开发相关的知识。若读者希望学习到 Android 平台开发的更多基本知识，可以参考由作者编写，人民邮电出版社出版的《Android 应用开发完全自学手册——核心技术、传感器、2D/3D、多媒体与典型案例》一书。

第 2 章　Android 游戏开发中的前台渲染

正式动手开发游戏之前，有必要先对 Android 的前台渲染技术进行学习，掌握了这些知识，才能更好地学习游戏的开发。本章将对 Android 游戏开发的前台渲染技术进行详细介绍，为以后各章节的游戏开发做好技术储备。

2.1 创建 Android 用户界面

任何程序都少不了用户界面，游戏也不例外，本节将对 Android 应用中常用的用户界面、布局管理以及简单的事件处理进行介绍。

2.1.1　布局管理

Android 的控件有很多种，需要使用 Layout 对这些控件进行管理，以使这些控件显示在屏幕的正确位置。Android SDK 中已经内置了 5 种布局模型，开发人员通过对这几种布局模型进行组合便可构建出各种复杂的用户界面。下面将对这 5 种布局模型进行详细的讲解。

1. 线性布局

线性布局（LinearLayout）是 Android 应用程序中最简单的布局方式，有水平和竖直两种排列方式，通过对参数的设置可以控制各个控件在布局中的相对大小。接下来将通过一个简单的例子来介绍线性布局的使用方法，该例子最终的效果如图 2-1 所示，其开发步骤如下。

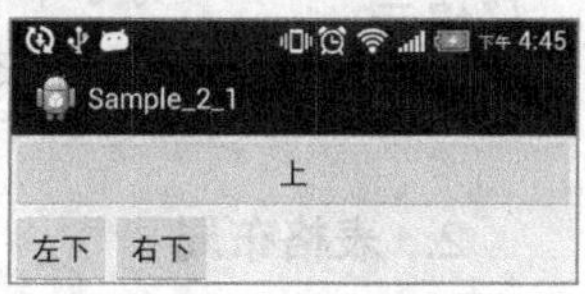

▲ 图 2-1　线性布局

（1）创建一个新项目 Sample_2_1，然后在 res/layout 下创建 XML 布局文件 my_layout.xml，并在其中输入如下代码。

代码位置：见随书光盘中源代码/第 2 章/Sample_2_1/res/layout 目录下的 my_layout.xml。

```
<?xml version="1.0" encoding="utf-8"?>        <!-- XML 的版本以及编码方式 -->
<LinearLayout xmlns:android="http://schemas.android.com/apk/res/android"
   android:orientation="vertical"
   android:layout_width="fill_parent"
   android:layout_height="wrap_content"
   >                                          <!--定义了一个线性布局，方式是垂直的-->
     <Button
          android:layout_width="fill_parent"
          android:layout_height="fill_parent"
          android:text="上"
     />                                       <!-- 向线性布局中添加一个普通按钮控件-->
     <LinearLayout xmlns:android="http://schemas.android.com/apk/res/android"
          android:orientation="horizontal"
          android:layout_width="wrap_content"
          android:layout_height="wrap_content"
     >                                        <!-- 向线性布局中添加一个水平的线性布局-->
          <Button
```

```
18                 android:layout_width="wrap_content"
19                 android:layout_height="wrap_content"
20                 android:text="左下"
21             />                                  <!-- 向水平的线性布局中添加一个普通按钮控件-->
22             <Button
23                 android:layout_width="wrap_content"
24                 android:layout_height="wrap_content"
25                 android:text="右下"
26             />                                  <!-- 向水平的线性布局中添加一个普通按钮控件-->
27     </LinearLayout>
28 </LinearLayout>
```

- 第 2～6 行是一个垂直的线性布局，宽度填满整个屏幕，高度自动适应子控件的大小。
- 第 7～11 行向线性布局中添加一个按钮控件，宽度和高度全部填满父控件。
- 第 12～16 行向外层的线性布局中添加一个水平的线性布局，高度和宽度全部适应子控件。
- 第 17～26 行往水平的线性控件中依次添加两个按钮控件。

（2）打开 src/wyf/ytl 目录下的 Sample_2_1.java，将其代码修改为如下代码。

代码位置：见随书光盘中源代码/第 2 章/Sample_2_1/src/wyf/ytl 目录下的 Sample_2_1.java。

```
1  package wyf.ytl;
2  import android.app.Activity;                              //引入相关类
3  import android.os.Bundle;
4  public class Sample_2_1 extends Activity{                 //定义一个 Activity
5      public void onCreate(Bundle savedInstanceState){      //重写 onCreate 回调方法
6          super.onCreate(savedInstanceState);               //调用父类的 onCreate 方法
7          setContentView(R.layout.my_layout);               //设置当前用户界面
8  }}
```

- 第 5～8 行重写 Activity 的 onCreate 方法，该方法在 Activity 创建时被系统调用。
- 第 7 行指定当前显示的主界面为 my_layout.xml。

> **提示**　为了不干扰读者的思路，本章例子中按钮上的文字全部写在程序中，读者可以将这些文字提取到 strings.xml 文件中，为以后程序的维护与修改提供便利。

2. 表格布局

表格布局（TableLayout）是以行列的形式来管理子控件的，在表格布局中的每一行可以是一个 View 控件或者是一个 TableRow 控件。而 TableRow 控件中还可以添加子控件。下面通过一个简单的例子来说明表格布局的使用方法，运行效果如图 2-2 所示，其开发步骤如下。

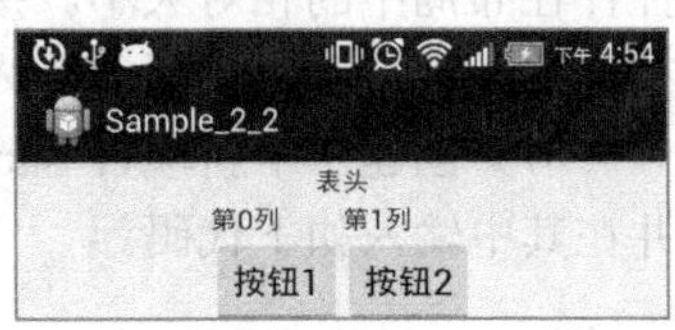

▲图 2-2　表格布局

（1）创建一个新项目 Sample_2_2，然后在 res/layout 下创建 XML 布局文件 my_layout.xml，并在其中输入如下代码。

代码位置：见随书光盘中源代码/第 2 章/Sample_2_2/res/layout 目录下的 my_layout.xml。

```
<?xml version="1.0" encoding="utf-8"?>          <!-- XML 的版本以及编码方式 -->
<TableLayout xmlns:android="http://schemas.android.com/apk/res/android"
    android:layout_width="fill_parent"
    android:layout_height="fill_parent"
    >                                            <!-定义一个表格布局，宽高全部填满父控件-->
    <TextView
        android:layout_width="fill_parent"
        android:layout_height="wrap_content"
        android:gravity="center"
        android:text="表头"
    >                                            <!-在表格的第一行填充一个文本控件-->
    <TableRow
        android:gravity="center"
    >                                            <!-再向表格中添加一行-->
```

```
15              <TextView
16                   android:layout_width="wrap_content"
17                   android:layout_height="wrap_content"
18                   android:text="第 0 列"
19              >                                   <!—在该行的第一列添加一个文本控件-->
20              </TextView>
21              <TextView
22                   android:layout_width="wrap_content"
23                   android:layout_height="wrap_content"
24                   android:text="第 1 列"
25              >                                   <!—在该行的第二列添加一个文本控件-->
26              </TextView>
27          </TableRow>
28          <TableRow
29              android:gravity="center"
30          >                                       <!-- 向表格中添加一行，对齐方式为居住-->
31              <Button
32                   android:layout_width="wrap_content"
33                   android:layout_height="wrap_content"
34                   android:text="按钮 1"
35              />                                  <!—往该行第一列添加一个按钮控件-->
36              <Button
37                   android:layout_width="wrap_content"
38                   android:layout_height="wrap_content"
39                   android:text="按钮 2"
40              />                                  <!-- 向第二列添加一个按钮控件-->
41          </TableRow>
42      </TableLayout>
```

- 第 2～5 行定义了一个宽高全部填满屏幕的 TableLayout。
- 第 6～11 行向 TableLayout 中的第一行添加一个 TextView 控件，并且设置对齐方式为居中。
- 第 22～27 行添加 TableRow 控件并继续添加两个自适应宽高的 TextView 控件。
- 第 28～41 行再向 TableLayout 中添加一行，并直接向该行中添加两列，每列一个按钮。

> **提示**　表格布局中，每行可以是其他控件，而每列也可以是其他控件，在程序的开发过程中常常使用表格布局来排版。

（2）和前面的例子一样，编写完布局文件后，应该将该布局文件设为当前显示的用户界面，设置方法与线性布局的例子一样，因本书篇幅有限，就不再赘述，读者可以参考线性布局的例子自行更改。

3. 相对布局

相对布局（RelativeLayout）也比较简单，其子控件是根据所设置的参照控件来进行布局的，设置的参照控件可以是父控件，也可以是其他的子控件。下面通过一个简单的例子来介绍相对布局的使用方法，该例子运行的效果如图 2-3 所示，其开发步骤如下。

（1）创建项目 Sample_2_3，在 res/layout 下添加布局文件 my_layout.xml，代码如下。

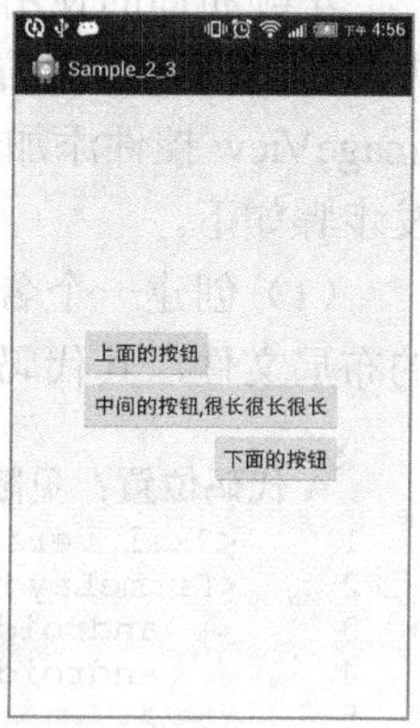

▲图 2-3　相对布局

代码位置：见随书光盘中源代码/第 2 章/Sample_2_3/res/layout 目录下的 my_layout.xml。

```
<?xml version="1.0" encoding="utf-8"?>    <!-- XML 的版本以及编码方式 -->
<RelativeLayout xmlns:android="http://schemas.android.com/apk/res/android"
   android:layout_width="fill_parent"
   android:layout_height="fill_parent"
   >                                      <!-- 定义一个相对布局，宽高填满整个窗口 -->
   <Button
          android:id="@+id/button1"
          android:layout_width="wrap_content"
```

```
9              android:layout_height="wrap_content"
10             android:text="中间的按钮,很长很长很长"
11             android:layout_centerInParent="true"
12         >
13         </Button>                   <!-- 添加一个 id 为 button1 的按钮，位于屏幕的正中间-->
14         <Button
15             android:id="@+id/button2"
16             android:layout_width="wrap_content"
17             android:layout_height="wrap_content"
18             android:text="上面的按钮"
19             android:layout_above="@id/button1"
20             android:layout_alignLeft="@id/button1"
21         >                           <!-- 添加一个按钮，位于 button1 的左上方-->
22         </Button>
23         <Button
24             android:id="@+id/button3"
25             android:layout_width="wrap_content"
26             android:layout_height="wrap_content"
27             android:text="下面的按钮"
28             android:layout_below="@id/button1"
29             android:layout_alignRight="@id/button1"
30         >
31         </Button>               <!-- 添加一个按钮，位于 button1 的右下方-->
32     </RelativeLayout>
```

- 在第 2～5 行定义了一个相对布局，宽高全部填满父控件，即填满整个屏幕。
- 第 6～12 行定义了一个参照按钮控件，宽高自适应，位置为父控件的正中间。
- 第 14～22 行添加一个按钮控件，宽高自适应，位于参照控件的左上方。
- 第 23～31 行继续添加一个按钮控件，宽高仍然是自适应，位于参照控件的右下方。

（2）接下来是更改 Sample_2_3.java 源代码，将刚刚编写的布局设为当前用户界面，设置方法同线性布局的例子一样，在此不再赘述，读者可查看随书光盘中源代码/第 2 章/Sample_2_3/src/wyf/ytl 下的 Sample_2_3.java 文件。

▲图 2-4　单帧布局

4. 单帧布局

单帧布局的使用方法更为简单，不需要任何特殊的配置，布局中的所有控件都被放置在布局的左上角。下面的例子是将 3 个 ImageView 控件添加到一个单帧布局中，效果如图 2-4 所示，其开发步骤如下。

（1）创建一个名为 Sample_2_4 的新项目，在该项目的 res/layout 下添加名为 my_layout.xml 的布局文件，其代码如下。

代码位置：见随书光盘中源代码/第 2 章/Sample_2_4/res/layout 目录下的 my_layout.xml。

```
<?xml version="1.0" encoding="utf-8"?>    <!-- XML 的版本以及编码方式 -->
<FrameLayout xmlns:android="http://schemas.android.com/apk/res/android"
    android:layout_width="fill_parent"
    android:layout_height="fill_parent"
    >                                     <!-- 添加一个占满全屏幕的单帧布局 -->
    <ImageView
        android:layout_width="wrap_content"
        android:layout_height="wrap_content"
        android:src="@drawable/big"
    >                                     <!-- 往单帧布局中添加一个 ImageView 控件-->
    </ImageView>
    <ImageView
        android:layout_width="wrap_content"
        android:layout_height="wrap_content"
        android:src="@drawable/center"
    >                                     <!-- 往单帧布局中添加一个 ImageView 控件-->
    </ImageView>
```

```
18        <ImageView
19            android:layout_width="wrap_content"
20            android:layout_height="wrap_content"
21            android:src="@drawable/small"
22        >                                          <!-- 往单帧布局中添加一个 ImageView 控件--
23        </ImageView>
24    </FrameLayout>
```

- 在第 2～5 行定义了一个单帧布局，宽高全部填满父控件，即填满整个屏幕。
- 第 6～23 行向单帧布局中顺序添加 3 个 ImageView 控件。这些控件将全部对齐到布局的左上角，ImageView 控件的 android:src="@drawable/big"属性设置为 res/drawable-mdpi 下的图片文件。

> **提示** Android 平台中，图片等资源文件不支持大写字母，读者如希望使自己的资源图片名称更简洁、清晰，可以使用下画线来分割资源名中的单词。

（2）最后，同样是将刚编写的单帧布局设为当前显示的用户界面，设置方法同前面的例子完全相同，读者可以自行开发。

5. 网格布局

下面介绍最后一个布局——网格布局。该布局自 Android 4.0 开始应用，其中所有控件的位置是排列在一个指定的网格中的，GridLayout 布局使用虚细线将布局划分为行、列和单元格，也支持一个控件在行、列上都有交错排列，下面的例子介绍了该布局的使用方法，运行效果如图 2-5 所示。

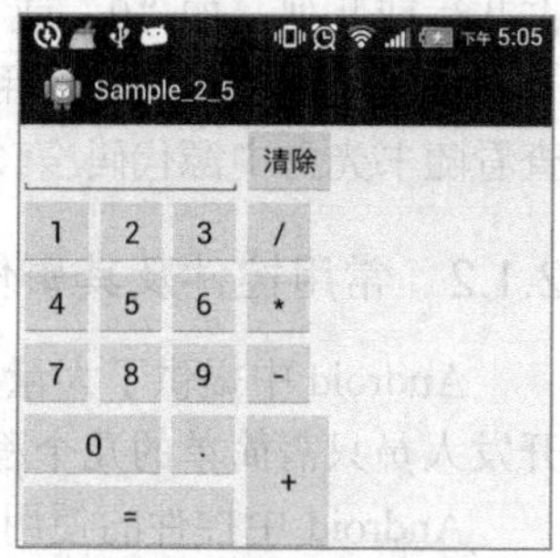

▲图 2-5 网格布局

（1）创建新项目 Sample_2_5，在 res/layout 下的 main.xml 进行布局，其代码如下。

代码位置：见随书光盘中源代码/第 2 章/Sample_2_5/res/layout 目录下的 main.xml。

```
<?xml version="1.0" encoding="utf-8"?>          <!-- XML 的版本以及编码方式 -->
<GridLayout xmlns:android="http://schemas.android.com/apk/res/android"
   android:layout_width="wrap_content"
   android:layout_height="wrap_content"
   android:columnCount="4"                        <!-- 表示网格布局有 4 列-->
   android:orientation="horizontal" >             <!-- 定义一个水平排列的网格布局 -->
   <EditText
      android:layout_columnSpan="3"               <!-- 控件占 3 列 -->
      android:layout_gravity="fill" >             <!-- 控件充满 3 列 -->
      <requestFocus />
   </EditText>                                    <!-- 添加一个 EditText 控件-->
   <Button
      android:layout_width="wrap_content"
      android:layout_column="3"                   <!-- 控件在第 4 列 -->
      android:layout_row="0"
      android:text="清除" />                      <!-- 添加一个 Button 控件 -->
   <Button
      android:layout_width="50dp"
      android:text="1" />                         <!-- 添加一个 Button 控件 -->
   ……//该处省略了部分相似的代码，读者可自行查看随书光盘中源代码
   <Button
      android:layout_width="50dp"
      android:text="-" />                         <!-- 添加一个 Button 控件 -->
   <Button
      android:layout_width="50dp"
      android:layout_column="0"
      android:layout_row="4"
      android:layout_columnSpan="2"
      android:layout_gravity="fill"
      android:text="0" />                         <!-- 添加一个 Button 控件 -->
   <Button
      android:layout_width="50dp"
```

```
33            android:text="." />                    <!-- 添加一个 Button 控件 -->
34        <Button
35            android:layout_rowSpan="2"             <!-- 控件占两行 -->
36            android:layout_gravity="fill"          <!-- 控件充满两行 -->
37            android:text="+" />                    <!-- 添加一个 Button 控件 -->
38        <Button
39            android:layout_columnSpan="3"          <!-- 控件占 3 列 -->
40            android:layout_gravity="fill"          <!-- 控件充满 3 列 -->
41            android:text="=" />                    <!-- 添加一个 Button 控件 -->
42    </GridLayout>
```

- 第 2～6 行定义了一个网格布局，设置该布局为水平排列、共 4 列。
- 第 7～16 行向网格布局添加一个占 3 列的 EditText 和一个名为“清除”的 Button。
- 第 17～23 行向网格布局添加了 12 个 Button，第 24～41 行向网格布局中添加了 5 个 Button，其中，控件可以指定在网格布局的哪个网格，网格布局的行、列从 0 开始，也可以指定某个控件占几行或几列，如“0”或“+”。

（2）设置当前显示的用户界面为刚编写的布局界面，设置的方法与前面的例子相同，读者可查看随书光盘中源代码/第 2 章/Sample_2_5/src/com/bn/sample_2_5 下的 Sample_2_5.java 文件。

2.1.2　常用控件及其事件处理

Android 中提供了大量丰富多彩的常用控件，Android 平台已经完整地实现了这些控件功能，开发人员只需简单的几个程序语句调用或参数设置的语句即可用其构建完整的用户界面。

Android 中控件的使用方法一般有两种，一种是在 XML 中配置，而另一种是在 Java 程序中直接调用。在游戏开发过程中，很少使用在 XML 中配置的方法，一般都是在 Java 源代码中直接使用。

常用的控件有 TextView、ImageView、CheckBox、RadioButton、Button、ImageButton、EditText、ToggleButton、AnalogClock、DigitalClock 等。这些控件的使用方法基本相同，接下来将通过一个简单的例子讲解控件的使用方法，以及 Android 平台的事件处理，具体开发步骤如下。

（1）创建一个名为 Sample_2_6 的新项目。

（2）打开 main.xml 布局文件，将其中的代码替换成下列代码。

代码位置：见随书光盘中源代码/第 2 章/Sample_2_6/res/layout 目录下的 main.xml。

```
<?xml version="1.0" encoding="utf-8"?>    <!-- XML 的版本以及编码方式 -->
<LinearLayout xmlns:android="http://schemas.android.com/apk/res/android"
    android:orientation="vertical"
    android:layout_width="fill_parent"
    android:layout_height="fill_parent"
    >                                     <!-- 定义一个垂直的线性布局并填满这个屏幕 -->
  <TextView
      android:id="@+id/textView"
      android:layout_width="fill_parent"
      android:layout_height="wrap_content"
      android:text="您没有单击任何按钮"
  />                                      <!-- 先添加一个文本控件-->
  <Button
      android:id="@+id/button"
      android:layout_width="wrap_content"
      android:layout_height="wrap_content"
      android:text="普通按钮"
  >                                       <!-- 添加一个普通按钮控件 -->
  </Button>
  <ImageButton
      android:id="@+id/imageButton"
      android:layout_width="wrap_content"
      android:layout_height="wrap_content"
      android:src="@drawable/img"
```

```
25      >                                       <!-- 添加一个 ImageButton 按钮控件 -->
26      </ImageButton>
27      <ToggleButton
28          android:id="@+id/toggleButton"
29          android:layout_width="wrap_content"
30          android:layout_height="wrap_content"
31      >                                       <!-- 添加一个 ToggleButton 按钮控件 -->
32      </ToggleButton>
33    </LinearLayout>
```

- 第 2～5 行定义了一个垂直的线性布局，宽高全部填满整个屏幕。
- 第 7～12 行向线性布局中添加一个文本控件，宽度填满父控件，高度自适应子控件，用于显示被单击的按钮。
- 第 13～32 行为依次向布局中添加 3 种按钮，每个控件的宽度和高度全部设置为自适应子控件，并指定其控件的 ID，使 Java 程序可以找到该控件。

> **提示** 该程序中用到了图片资源，在使用图片之前，应该先将用到的图片资源放到 Sample_2_6/res/drawable-mdpi 文件夹下。

（3）打开系统自动创建的 Sample_2_6.java 文件，将其内容改为如下代码。

代码位置：见随书光盘中源代码/第 2 章/Sample_2_6/src/wyf/ytl 目录下的 Sample_2_6.java。

```
1   package wyf.ytl;                                          //声明包语句
2   import android.app.Activity;                              //引入相关类
3   import android.os.Bundle;                                 //引入相关类
4   import android.view.View;                                 //引入相关类
5   import android.view.View.OnClickListener;                 //引入相关类
6   import android.widget.Button;                             //引入相关类
7   import android.widget.ImageButton;                        //引入相关类
8   import android.widget.TextView;                           //引入相关类
9   import android.widget.ToggleButton;                       //引入相关类
10  public class Sample_2_6 extends Activity implements OnClickListener{
11      Button button;                                        //普通按钮
12      ImageButton imageButton;                              //图片按钮
13      ToggleButton toggleButton;                            //开关按钮
14      TextView textView;                                    //文本控件
15      /** Called when the activity is first created. */
16      @Override
17      public void onCreate(Bundle savedInstanceState){      //回调方法
18          super.onCreate(savedInstanceState);
19          setContentView(R.layout.main);                    //设置显示的 View
20          textView = (TextView) this.findViewById(R.id.textView);//得到文本控件的引用
21          button = (Button) this.findViewById(R.id.button);
22          toggleButton = (ToggleButton) this.findViewById(R.id.toggleButton);
23          imageButton = (ImageButton) this.findViewById(R.id.imageButton);
24          imageButton.setOnClickListener(this);             //为 imageButton 添加监听器
25          button.setOnClickListener(this);                  //为 button 添加监听器
26          toggleButton.setOnClickListener(this);            //为 toggleButton 添加监听器
27      }
28      public void onClick(View v){                          //重写的事件处理回调方法
29        if(v == button){                                    //单击的是普通按钮
30          textView.setText("您单击的是普通按钮");
31        }
32        else if(v == imageButton){                          //单击的是图片按钮
33          textView.setText("您单击的是图片按钮");
34        }
35        else if(v == toggleButton){                         //单击的是开关按钮
36          textView.setText("您单击的是开关按钮");
37  }}}
```

- 第 11～14 行声明了 3 种按钮及文本控件的引用。
- 第 19 行是将 main 布局文件设置为当前显示的 View。

- 第 20～23 行通过布局文件中控件的 ID 得到各个控件的引用。
- 第 24～26 行为各个控件添加监听。
- 第 28～37 行重写了事件监听器的回调方法。当单击不同控件时分别做不同的处理。

（4）运行本例子，将看到如图 2-6 所示的效果，当用户单击按钮时，文本的内容会随之改变。

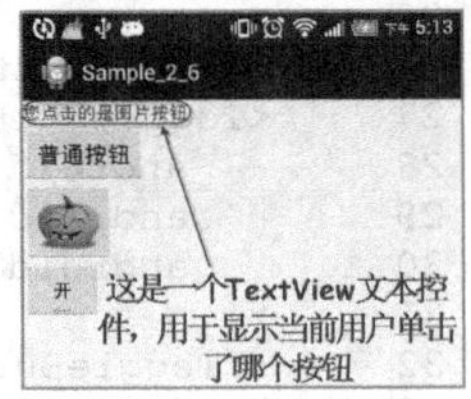

▲图 2-6　控件及事件监听

> **提示**　在此通过 3 种按钮控件来讲解 Android 中控件的使用方法以及控件事件的处理方法，Android 中各个控件的使用方法基本相同，读者可以模仿本例学习其他控件的使用。

2.2 图形与动画在 Android 中的实现

程序开发过程中，图形、动画是必不可少的，本节将详细讲解图形、动画在 Android 中的实现，通过对本节的学习，使读者能够构建出简单的图形用户界面。

2.2.1　简单图形的绘制

上一节介绍了 Android 用户界面的创建，本节将详细讲解图形、动画在 Android 中的实现。其具体内容如下。

（1）创建一个新项目 Sample_2_7，然后在 src/wyf/ytl 目录下创建文件 MyView.java，并在其中输入下面的代码。

代码位置：见随书光盘中源代码/第 2 章/Sample_2_7/src/wyf/ytl 目录下的 MyView.java。

```
1    package wyf.ytl;
2    ……//该处省略了部分类的引入代码，读者可自行查阅随书光盘中的源代码
3    public class MyView extends View{
4         public MyView(Context context, AttributeSet attrs){          //构造器
5              super(context, attrs);
6         }
7         protected void onDraw(Canvas canvas){                        //重写的绘制方法
8              super.onDraw(canvas);
9              canvas.drawColor(Color.BLACK);                          //绘制黑色背景
10             Paint paint = new Paint();                              //创建画笔
11             paint.setColor(Color.WHITE);                            //设置画笔颜色为红色
12             canvas.drawRect(10, 10, 330, 330, paint);               //绘制矩形
13             paint.setTextSize(50);                                  //设置字体大小
14             canvas.drawText("这是字符串", 10, 450, paint);           //字符串
15             RectF rf1 = new RectF(10, 530, 210, 730);               //定义一个矩形
16             canvas.drawArc(rf1, 0, 45, true, paint);                //画弧，顺时针
17             canvas.drawLine(350, 10,550, 210, paint);               //画线
18             RectF rf2 = new RectF(450,550 , 650,750);               //定义一个矩形
19             canvas.drawOval(rf2, paint);                            //画圆
20   }}
```

- 第 4～6 行为该类的构造器，View 下构造器有 3 种重载方式，如需在 XML 中配置应用该 View，必须实现该构造器。
- 第 7 行重写负责绘制的 onDraw 方法，第 9 行绘制 View 的背景色为黑色，而第 10～11 行创建并设置画笔。
- 第 12 行向 View 中绘制矩形，drawRect 的前 4 个参数分别为左上角的 x、y 和右下角的 x、y。
- 第 14 行向 View 中绘制字符串，需要注意的是，之后的两个参数为字符串所占矩形的左下角 x、y。

● 第 15～16 行先创建一个矩形对象，然后根据矩形对象的大小和位置绘制弧形，给出起始的角度和终止的角度。

● 第 17 行绘制直线，前 4 个参数为起始点的 x、y 以及终点的 x、y。第 18～19 行同样创建一个矩形对象，并根据矩形绘制圆。

（2）上面介绍了继承自系统 View 的子类 MyView，接下来将介绍本应用的布局文件 main.xml，其功能为添加垂直的线性布局，并在线性布局中添加自定义的 View。将 res/layout 下的 main.xml 文件的代码改为如下代码。

代码位置：见随书光盘中源代码/第 2 章/Sample_2_7/res/layout 目录下的 main.xml。

```
1   <?xml version="1.0" encoding="utf-8"?>      <!-- XML 的版本以及编码方式 -->
2   <LinearLayout xmlns:android="http://schemas.android.com/apk/res/android"
3     android:orientation="vertical"
4     android:layout_width="fill_parent"
5     android:layout_height="fill_parent"
6     >                                         <!--添加一个垂直的线性布局，并填满屏幕-->
7     <wyf.ytl.MyView
8       android:id="@+id/myView"
9       android:layout_width="fill_parent"
10      android:layout_height="fill_parent"
11    />                                        <!-- 添加自定义的 View 到线性布局中-->
12  </LinearLayout>
```

说明 代码的第 7～11 行在垂直的线性布局中添加自定义的 View，并为它指定 ID，宽度和高度全部填充父控件。

（3）在移动设备上运行该项目，观察的效果如图 2-7 所示。

提示 在 XML 中配置自定义的 View 需要使用全称类名，在该例子中，也可以使用除线性布局之外其他布局，效果是一样的。

2.2.2 贴图的艺术

前面的小节介绍了在 Android 平台下如何绘制基本的图形，但是只有这些图形往往是不能满足应用开发需求的，接下来将通过一个贴图的小例子，使读者学会如何在 Android 平台下绘制图片，其详细步骤如下。

（1）创建一个新项目，取名为 Sample_2_8。

（2）将程序中用到的图片 img.png 放到 Sample_2_8/res/drawable-mdpi 文件夹下。

（3）在该项目的 src 下创建文件 MyView.java，并输入如下代码。

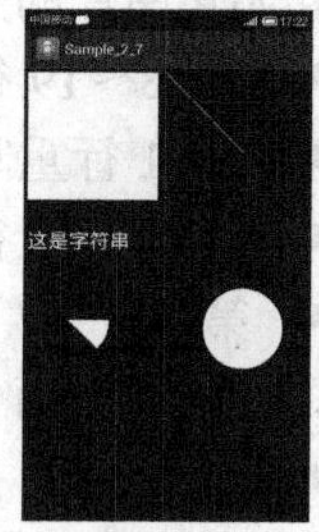

▲图 2-7 简单的图形绘制

代码位置：见随书光盘中源代码/第 2 章/Sample_2_8/src/wyf/ytl 目录下的 MyView.java。

```
package wyf.ytl;                                        //声明包语句
import android.content.Context;                         //引入 Context 类
import android.graphics.Bitmap;                         //引入 Bitmap 类
import android.graphics.BitmapFactory;                  //引入 BitmapFactory 类
import android.graphics.Canvas;                         //引入 Canvas 类
import android.graphics.Color;                          //引入 Color 类
import android.graphics.Paint;                          //引入 Paint 类
import android.util.AttributeSet;                       //引入 AttributeSet 类
import android.view.View;                               //引入 View 类
public class MyView extends View{                       //继承自 View
  Bitmap myBitmap;                                      //图片的引用
  Paint paint;                                          //画笔的引用
  public MyView(Context context, AttributeSet attrs){   //构造器
    super(context, attrs);
```

```
15        this.initBitmap();                                          //调用初始化图片的方法
16     }
17     public void initBitmap(){
18        paint = new Paint();                                        //创建一个画笔
19        myBitmap=BitmapFactory.decodeResource(getResources(),R.drawable.img);
20     }
21     protected void onDraw(Canvas canvas){                          //重写的绘制方法
22        super.onDraw(canvas);
23        paint.setAntiAlias(true);                                   //打开抗锯齿
24        paint.setColor(Color.WHITE);                                //设置画笔的颜色
25        paint.setTextSize(15);
26        canvas.drawBitmap(myBitmap, 10, 10, paint);                 //绘制图片
27        canvas.save();                                              //保存画布状态
28        Matrix m1=new Matrix();                                     //创建 Matrix 对象
29        m1.setTranslate(500, 10);                                   //平移矩阵
30        Matrix m2=new Matrix();                                     //创建 Matrix 对象
31        m2.setRotate(15);                                           //以一定的角度旋转矩阵
32        Matrix m3=new Matrix();                                     //创建 Matrix 对象
33        m3.setConcat(m1, m2);
34        m1.setScale(0.8f, 0.8f);                                    //缩放矩阵
35        m2.setConcat(m3, m1);
36        canvas.drawBitmap(myBitmap, m2, paint);                     //绘制图片
37        canvas.restore();                                           //恢复画布状态
38        canvas.save();                                              //保存画布状态
39        paint.setAlpha(180);                                        //设置透明度
40        m1.setTranslate(200,100);                                   //平移矩阵
41        m2.setScale(1.3f, 1.3f);                                    //缩放矩阵
42        m3.setConcat(m1, m2);
43        canvas.drawBitmap(myBitmap, m3,  paint);                    //绘制图片
44        paint.reset();                                              //恢复画笔设置
45        canvas.restore();                                           //恢复画布
46        paint.setTextSize(40);                                      //设置字体大小
47        paint.setColor(0xffFFFFFF);                                 //设置画笔颜色
48        canvas.drawText("图片的宽度:"+myBitmap.getWidth(),20,220,paint);
49        canvas.drawText("图片的高度:"+myBitmap.getHeight(),150,220,paint);
50        paint.reset();                                              //恢复画笔设置
51  }}
```

- 第 10 行自定义一个继承自 View 的子类。第 13～17 行为 MyView 的构造器，在构造器中调用初始化图片的方法来初始化需要用到的图片。
- 第 18～19 行创建一个画笔，获取图片资源。
- 第 21 行重写了 onDraw 方法，用于绘制 View 中需要显示的内容。
- 第 23～24 行打开抗锯齿功能，并设置画笔的颜色为白色，第 25 行设置字体的大小。
- 第 27～37 行首先保存画布状态，然后设置相应的平移、旋转以及缩放，调用 setConcat 方法，将对应的两个 Matrix 对象连接起来并绘制，最后恢复画布状态。
- 第 38～45 行首先保存画布状态，然后调用 setTranslate 方法平移矩阵，调用 setScale 方法缩放矩阵，调用 setConcat 方法链接两个 Matrix 对象并绘制图片，最后恢复画布状态。
- 第 46～50 行首先设置字体的大小和画笔的颜色，然后绘制两个字符串“图片的宽度”以及“图片的高度”，最后恢复画笔设置。

（4）打开/res/layout 下的 main.xml 文件，将其代码替换为如下代码。

代码位置：见随书光盘中源代码/第 2 章/Sample_2_8/res/layout 目录下的 main.xml。

```
<?xml version="1.0" encoding="utf-8"?>      <!-- XML 的版本以及编码方式 -->
<LinearLayout xmlns:android="http://schemas.android.com/apk/res/android"
   android:orientation="vertical"
   android:layout_width="fill_parent"
   android:layout_height="fill_parent"
   >                                         <!-- 定义一个线性布局 -->
<wyf.ytl.MyView
   android:id="@+id/myView"
   android:layout_width="fill_parent"
   android:layout_height="fill_parent"
```

```
11      />                                          <!--将自定义的 View 添加到布局中 -->
12   </LinearLayout>
```

- 第 2～6 行定义一个垂直的线性布局，宽度和高度填满整个屏幕。
- 第 7～11 行向线性布局中添加一个自定义的 View 并填满父控件。

（5）运行该项目其效果如图 2-8 所示。

▲图 2-8　贴图实例

2.2.3　剪裁功能

上面介绍了贴图的艺术的知识，接下来将向读者介绍关于剪裁的知识。游戏或应用中经常需要将图片等剪裁成特殊的形状，而类 Canvas 提供了剪裁的功能。因此本小节将详细地介绍 Canvas 的剪裁功能，主要内容包括其基本知识以及一个简单的应用程序案例。

1. 基本知识

剪裁是指在特定的区域显示想要显示的内容，类 Canvas 提供了 ClipPath、ClipRect 以及 ClipRegion 等方法来裁剪，常用的剪裁方法如表 2-1 所列。

表 2-1　常用的剪裁方法

方　法	含　义
public boolean clipPath(Path path)	根据给定的路径剪裁一定的图形
public boolean clipRect(int left,int top,int right,int bottom)	根据给定的坐标剪裁出矩形。left 和 top 为矩形左上顶点的坐标，right 和 bottom 为右下顶点的坐标
public boolean clipRect(float left,float top,float right,float bottom,Region.Op op)	修改指定的矩形。left 和 top 为矩形左上顶点的坐标，right 和 bottom 为右下顶点的坐标，op 指定了运算种类

提示　对于 Canvas 类中的其他剪裁方法，由于篇幅有限，作者将不再一一赘述，需要的读者请自行查阅相关的 API。

通过 Path、Rect 以及 Region 的不同组合，Android 可以裁剪出很多不同形状的区域。其中，Path 提供了各种基本几何图形，Rect 提供了矩形的定义方法，Region 则支持区域的多种逻辑运算，Region.Op 定义了 Region 支持的区域间的运算种类，其运算种类如表 2-2 所列。

表 2-2　Region.Op 运算种类

逻辑运算	含　义
DIFFERENCE	求 A 和 B 的差集范围，即 A-B，只有在此范围内绘制的内容才会被显示
REVERSE_DIFFERENCE	求 B 和 A 的差集范围，即 B-A，只有在此范围内绘制的内容才会被显示
REPLACE	无论 A 和 B 的集合状况如何，B 的范围将全部进行显示，如果 B 和 A 有交集，则覆盖交集范围
INTERSECT	A 和 B 的交集范围，只有在此范围内绘制的内容才会被显示
UNION	A 和 B 的并集范围，即两者所包括的范围内绘制的内容都会被显示
XOR	A 和 B 的补集范围，即 A 除去 B 以外的范围，只有在此范围内绘制的内容才会被显示

说明　为了方便说明 Region.Op 逻辑运算的含义，作者简称第一次绘制的范围为 A，第二次绘制的范围为 B。

2. 一个简单的案例

通过前面的介绍，相信读者对 Canvas 的剪裁功能已经有了一个基本的了解，下面将通过一个简单的案例 Sample_2_9 使读者进一步掌握其应用。在正式介绍此案例的开发之前，首先请读者了解一下此案例的运行效果，如图 2-9、图 2-10 和图 2-11 所示。

▲图 2-9　Sample_2_9 效果 1

▲图 2-10　Sample_2_9 效果 2

▲图 2-11　Sample_2_9 效果 3

说明　图 2-9 是设置画布为黑色时的效果图，图 2-10 是设置画布为灰色时的效果图，图 2-11 是设置画布为绿色时的效果图。图中剪裁处理矩形、圆形、平行四边形以及矩形的并集等图形。

了解了案例的运行效果后，下面将开始介绍本案例的开发，其具体步骤如下。

（1）首先为读者介绍的是此案例的界面显示类 MySurfaceView，本类为继承自系统 SurfaceView 的子类，本类的主要功能为初始化 Path 对象、Paint 对象、绘制矩形、圆形以及平行四边形等图形，其具体代码如下。

代码位置：见随书光盘中源代码/第 2 章/Sample_2_9/src/com/bn 目录下的 MySurfaceView.java。

```
package com.bn;
……//该处省略了部分类的引入代码，读者可自行查阅随书光盘中的源代码
public class MySurfaceView extends SurfaceView implements SurfaceHolder.Callback{
      ……//该处省略了成员变量声明的代码，读者可自行查阅随书光盘中的源代码
      public MySurfaceView(Context context){
            super(context);
            this.activity=(Sample_2_9)context;                    //初始化 Activity 对象
            this.getHolder().addCallback(this);                  //设置回调接口
            paint=new Paint();                                   //创建画笔
            paint.setAntiAlias(true);                            //打开抗锯齿
            mPath=new Path();
            ……//该处省略了设置路径的代码，读者可自行查阅随书光盘中的源代码
      }
      protected void onDraw(Canvas canvas){                      //重写 onDraw 方法
            ……//该处省略了 onDraw 方法的代码，将在下面介绍
      }
      @Override
      public void surfaceChanged(SurfaceHolder holder,int format,int width,
                  int height){}                                  //改变时调用
      @Override
      public void surfaceCreated(SurfaceHolder holder){          //创建时调用
            Canvas canvas=holder.lockCanvas();                   //获取画布
            try{
                  synchronized(holder){
```

```
25                  onDraw(canvas);                          //绘制
26          }}catch(Exception e){
27              e.printStackTrace();
28          }finally{
29              if(canvas!=null){                            //如果画布不为空
30                  holder.unlockCanvasAndPost(canvas);  //结束
31      }}}
32      @Override
33      public void surfaceDestroyed(SurfaceHolder holder){ //销毁时调用
34  }}
```

- 第 5～13 行为 MySurfaceView 类的含参构造器，主要功能为初始化 Activity 对象、设置回调接口、创建并设置画笔以及设置路径等。
- 第 17～34 行是实现 SurfaceHolder.Callback 需要重写的三个方法。surfaceChanged 方法在 surface 改变时调用；surfaceCreated 方法为 surface 创建时调用；surfaceDestroyed 方法为销毁时调用。surfaceCreated 方法的主要功能为获取画布，并绘制图形；当画布不为空，解锁表示绘制完毕。

（2）上面介绍了 MySurfaceView 类的主要功能和基本框架，接下来将要介绍的是上面省略的 onDraw 方法，本方法的功能主要设置画布颜色，并在画布中绘制矩形、圆形、平行四边形以及矩形的交集和矩形的差集等，其具体代码如下。

代码位置：见随书光盘中源代码/第 2 章/Sample_2_9/src/com/bn 目录下的 MySurfaceView.java。

```
1   protected void onDraw(Canvas canvas){                           // onDraw 方法
2       super.onDraw(canvas);
3       canvas.drawARGB(0,0,0,0);                                   //设置画布黑色
4       //canvas.drawARGB(128,128,128,128);                         //设置画布灰色
5       //canvas.drawARGB(255,122,255,0);                           //设置画布绿色
6       canvas.save();
7       canvas.clipRect(30, 20,280, 250);                           //裁剪一个矩形
8       canvas.drawColor(Color.WHITE);                              //画布设置为白色
9       paint.setColor(Color.RED);
10      canvas.drawCircle(85, 75, 50, paint);                       //绘制红色圆形
11      paint.setColor(Color.BLUE);
12      canvas.drawRect(170,150, 260, 240, paint);                  //绘制蓝色矩形
13      paint.setColor(Color.BLACK);
14      paint.setStyle(Style.STROKE);
15      canvas.drawPath(mPath1, paint);                             //绘制黑色平行四边形边框
16      canvas.restore();                                           //恢复至前的保存状态
17      canvas.save();                                              //保存当前状态
18      canvas.clipPath(mPath);                                     //根据路径裁剪出平行四边形
19      Bitmap bm=BitmapFactory.decodeResource(
20              activity.getResources(),R.drawable.tubiao);
21      canvas.drawBitmap(bm, 10, 20, paint);                       //贴图
22      canvas.restore();
23      canvas.save();
24      canvas.clipRect(30, 300, 180, 450);                         //绘制矩形
25      canvas.clipRect(55, 325, 155, 425, Region.Op.DIFFERENCE);//裁剪出回字形
26      canvas.drawBitmap(bm, 33, 130, paint);                      //贴图
27      canvas.restore();
28      canvas.save();
29      mPath.reset();                                              //重置路径
30      mPath.addCircle(470, 479, 240, Path.Direction.CCW);      //设置圆形
31      canvas.clipPath(mPath, Region.Op.REPLACE);                  //根据路径剪裁出圆形
32      canvas.drawBitmap(bm, 130, 150, paint);                     //绘制图片
33      canvas.restore();
34      canvas.save();
35      canvas.clipRect(80, 790, 600, 960);                         //绘制矩形
36      canvas.clipRect(270, 790, 430, 1200, Region.Op.UNION);   //连接两个矩形
37      canvas.drawColor(Color.RED);                                //超出图片的部分绘制成红色
38      canvas.drawBitmap(bm, 110, 450, paint);                     //绘制图片
39      canvas.restore();
40  }
```

- 第 3～5 行功能为设置画布的颜色，包括黑色、灰色和绿色。

- 第 6～16 行功能为剪裁一个指定大小的矩形，将矩形区域的画布设置为白色；设置画笔颜色为红色，并绘制指定大小的红色圆形；设置画笔颜色为蓝色，并绘制指定大小的蓝色矩形。
- 第 17～22 行功能为根据路径剪裁出一个平行四边形，并初始化 Bitmap 对象和绘制图片，最后绘制图片中剪裁的平行四边形区域。
- 第 23～27 行功能为首先剪裁一个指定大小的矩形，然后再剪裁一个指定大小的矩形，将以上两个矩形进行差集计算，最后绘制出回字形区域。
- 第 28～33 行功能为重置路径，将路径设置为圆形，剪裁出圆形区域并绘制。
- 第 34～39 行功能为首先剪裁一个指定大小的矩形，然后再剪裁一个指定大小的矩形，将以上两个矩形进行并集计算，最后绘制出 T 型区域。

2.2.4　自定义动画的播放

Android 中主要有两种动画模式，一种是 tweened animation（渐变动画），即通过对场景里的对象不断做图像变换产生动画效果；另一种是 frame by frame（帧动画），即按顺序播放事先配置好的动画帧。

渐变动画有 4 种动画类型，alpha（透明度）、scale（尺寸伸缩）、translate（位置变换）和 rotate（图形旋转）。接下来通过一个动画播放的例子来介绍，如何在 Android 中构建并播放自己的动画，详细步骤如下。

（1）创建新项目 Sample_2_10，然后将项目中用到的图片 img.png 放到 res/drawable-mdpi 下。

（2）在 res 目录中新建 anim 文件夹，如图 2-12 所示。

（3）在新建的 anim 文件夹中新建文件 myanim.xml，如图 2-13 所示。

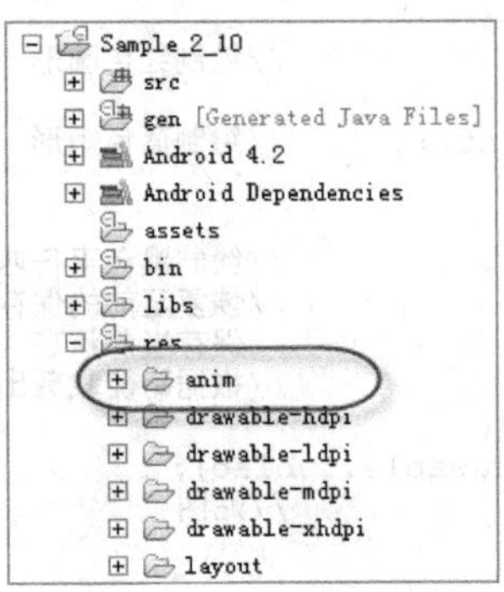

▲图 2-12　anim 文件夹

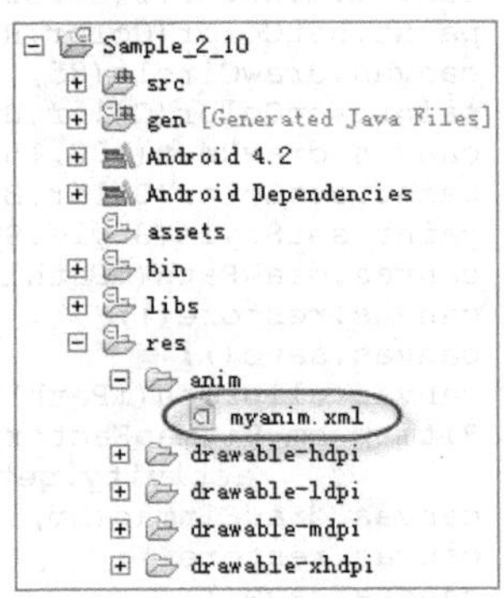

▲图 2-13　myanim.xml 文件

（4）打开 myanim.xml 文件，输入如下代码。

代码位置：见随书光盘中源代码/第 2 章/Sample_2_10/res/anim 目录下的 myanim.xml。

```
<?xml version="1.0" encoding="utf-8"?>              <!-- XML 的版本以及编码方式 -->
<set xmlns:android="http://schemas.android.com/apk/res/android">
 <alpha
  android:fromAlpha="0.1"
  android:toAlpha="1.0"
  android:duration="2000"
 />                                                 <!-- 透明度的变换 -->
 <scale
  android:interpolator= "@android:anim/accelerate_decelerate_interpolator"
  android:fromXScale="0.0"
  android:toXScale="1.4"
  android:fromYScale="0.0"
  android:toYScale="1.4"
  android:pivotX="50%"
```

```
15      android:pivotY="50%"
16      android:fillAfter="false"
17      android:duration="3000"
18     />                                                      <!-- 尺寸的变换 -->
19     <translate
20      android:fromXDelta="30"
21      android:toXDelta="0"
22      android:fromYDelta="30"
23      android:toYDelta="50"
24      android:duration="3000"
25     />                                                      <!-- 位置的变换 -->
26     <rotate
27      android:interpolator="@android:anim/accelerate_decelerate_interpolator"
28      android:fromDegrees="0"
29      android:toDegrees="+350"
30      android:pivotX="50%"
31      android:pivotY="50%"
32      android:duration="3000"
33     />                                                      <!-- 旋转变换 -->
34   </set>
```

- 第 1 行定义了 XML 的版本以及编码方式。第 3～7 行定义透明度控制动画效果，fromAlpha 属性为动画起始时透明度，toAlpha 属性为动画结束时的透明度，duration 为动画持续的时间。
- 第 8～18 行定义了尺寸变换动画，interpolator 指定一个动画的插入器，fromXScale 属性为动画起始时 x 坐标上的伸缩尺寸，toXScale 属性为动画结束时 x 坐标上的伸缩尺寸，fromYScale 属性为动画起始时 y 坐标上的伸缩尺寸，toYScale 属性为动画结束时 y 坐标上的伸缩尺寸，pivotX 和 pivotY 设置动画相对于自身的位置，fillAfter 表示动画的转换在动画结束后是否被应用。
- 第 19～25 行定义了位置的变换动画，fromXDelta 属性为动画起始时 x 坐标上的位置，toXDelta 属性为动画结束时 x 坐标上的位置，fromYDelta 属性为动画起始时 y 坐标上的位置，toYDelta 属性为动画结束时 y 坐标上的位置。
- 第 26～33 行定义了旋转动画，interpolator 同样为一个动画的插入器，fromDegrees 属性为动画起始时物件的角度，toDegrees 属性为动画结束时物件旋转的角度。

（5）打开 res/layout 下的 main.xml 文件，将其中的代码改为如下代码。

代码位置：见随书光盘中源代码/第 2 章/Sample_2_10/res/layout 目录下的 main.xml。

```
1    <?xml version="1.0" encoding="utf-8"?>     <!-- XML 的版本以及编码方式 -->
2    <LinearLayout xmlns:android="http://schemas.android.com/apk/res/android"
3        android:orientation="vertical"
4        android:layout_width="fill_parent"
5        android:layout_height="fill_parent"
6    >                                            <!-- 定义一个垂直的线性布局-->
7    <ImageView
8      android:id="@+id/myImageView"
9      android:layout_width="fill_parent"
10     android:layout_height="fill_parent"
11     android:src="@drawable/img"
12   />                                  <!--添加一个 id 为 myImageView 的 ImageView 控件-->
13   </LinearLayout>
```

- 第 2～6 行定义一个垂直的线性布局，且填满整个屏幕。
- 第 7～12 行添加一个 id 为 myImageView 的 ImageView 控件到线性布局中，并设置其填充方式为填满整个父控件。

（6）将 src/wyf/ytl 下的 Sample_2_10.java 文件代码改为如下代码。

代码位置：见随书光盘中源代码/第 2 章/Sample_2_10/src/wyf/ytl 目录下的 Sample_2_10.java。

```
package wyf.ytl;                                        //声明包语句
import android.app.Activity;                            //引入 Activity 类
import android.os.Bundle;                               //引入 Bundle 类
```

```
4    import android.view.animation.Animation;                //引入 Animation 类
5    import android.view.animation.AnimationUtils;           //引入 AnimationUtils 类
6    import android.widget.ImageView;                        //引入 ImageView 类
7    public class Sample_2_10 extends Activity{
8      Animation myAnimation;                                //动画的引用
9      ImageView myImageView;                                //ImageView 的引用
10       /** Called when the activity is first created. */
11       @Override
12       public void onCreate(Bundle savedInstanceState){    //重写的 onCreate 回调方法
13           super.onCreate(savedInstanceState);
14           setContentView(R.layout.main);                  //设置当前显示的 View
15           myAnimation= AnimationUtils.loadAnimation(this,R.anim.myanim);//加载动画
16           myImageView =(ImageView)this.findViewById(R.id.myImageView);
17           myImageView.startAnimation(myAnimation);        //启动动画
18   }}
```

- 第 8 行声明一个动画的引用，第 12 行重写了 onCreate 回调方法，该方法会在 Activity 第一次被创建时被调用。
- 第 15 行加载之前编写的动画。
- 第 16～17 行得到 main 中 ImageView 的引用并对其使用动画。

（7）运行该项目，运行效果如图 2-14、图 2-15 和图 2-16 所示。

▲图 2-14　刚开始启动动画

▲图 2-15　动画运行过程中

▲图 2-16　动画结束后

2.3 Android 平台下的多媒体开发

前面的小节对 Android 中图形与动画进行了介绍，可是只有图形界面并不能满足游戏开发的需求，音频、视频在游戏开发过程中往往也会用得上，本节将对 Android 平台下的多媒体开发进行详细介绍。

2.3.1　音频的播放

Android 平台中关于音频的播放有两种方式，一种是 SoundPool，另一种是 MediaPlayer。SoundPool 适合短促但对反应速度要求较高的情况（如游戏中的爆炸声），而 MediaPlayer 则适合较长但对时间要求不高的情况。读者可以根据具体需求自行选择，下面将通过一个音频播放的例子详细介绍这两种声音播放的方式，具体步骤如下。

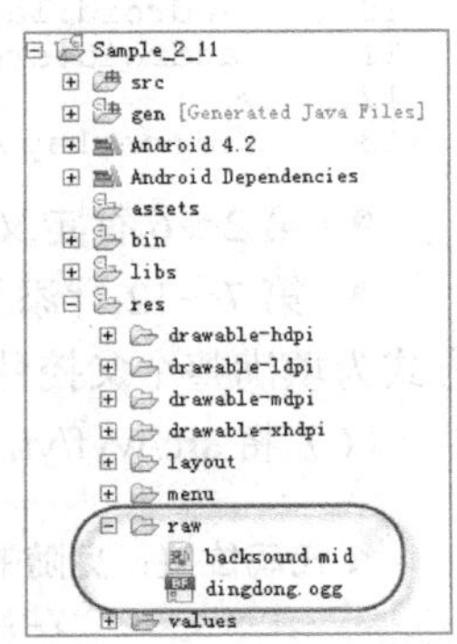

▲图 2-17　raw 文件夹

（1）创建一个新的 Android 项目，起名为 Sample_2_11。

（2）在 res 目录下创建名为 raw 的文件夹，然后将程序中所用到的声音资源全部放进该文件夹，如图 2-17 所示。

（3）打开 res/layout 下的 main.xml，用下面的代码替代之前的代码。

代码位置：见随书光盘中源代码/第 2 章/Sample_2_11/res/layout 目录下的 main.xml。

```
1    <?xml version="1.0" encoding="utf-8"?>          <!-- XML 的版本以及编码方式 -->
2    <LinearLayout xmlns:android="http://schemas.android.com/apk/res/android"
3        android:orientation="vertical"
4        android:layout_width="fill_parent"
5        android:layout_height="fill_parent"
6    >                                                <!--定义一个垂直的线性布局 -->
7        <TextView
8            android:id="@+id/textView"
9            android:layout_width="fill_parent"
10           android:layout_height="wrap_content"
11           android:text="没有播放任何声音"
12       />                                           <!-- 向线性布局中添加一个 TextView 控件 -->
13           <Button
14               android:id="@+id/button1"
15               android:layout_width="wrap_content"
16               android:layout_height="wrap_content"
17               android:text="使用 MediaPlayer 播放声音"
18           />                                       <!-- 向线性布局中添加一个 Button 控件 -->
19           <Button
20               android:id="@+id/button2"
21               android:layout_width="wrap_content"
22               android:layout_height="wrap_content"
23               android:text="暂停 MediaPlayer 声音"
24           />                                       <!-- 向线性布局中添加一个 Button 控件 -->
25           <Button
26               android:id="@+id/button3"
27               android:layout_width="wrap_content"
28               android:layout_height="wrap_content"
29               android:text="使用 SoundPool 播放声音"
30           />                                       <!-- 向线性布局中添加一个 Button 控件 -->
31           <Button
32               android:id="@+id/button4"
33               android:layout_width="wrap_content"
34               android:layout_height="wrap_content"
35               android:text="暂停 SoundPool 声音"
36           />                                       <!-- 向线性布局中添加一个 Button 控件 -->
37   </LinearLayout>
```

- 第 2～6 行定义一个垂直的线性布局，并将宽和高设置成自动填满父控件。
- 第 7～12 行向线性布局中添加一个 TextView 控件，并为其添加 ID。
- 第 13～36 行为向线性布局中添加 4 个按钮控件，并分别为其添加 ID、设置按钮上需要显示的文字。

（4）打开 src/wyf/ytl 下的 Sample_2_11.java 文件，将其代码替换成下面的代码。

代码位置：见随书光盘中源代码/第 2 章/ Sample_2_11/src/wyf/ytl 目录下的 Sample_2_11.java。

```
package wyf.ytl;                                    //声明包语句
import java.util.HashMap;                           //引入 HashMap 类
import android.app.Activity;                        //引入 Activity 类
import android.content.Context;                     //引入 Context 类
import android.media.AudioManager;                  //引入 AudioManager 类
import android.media.MediaPlayer;                   //引入 MediaPlayer 类
import android.media.SoundPool;                     //引入 SoundPool 类
import android.os.Bundle;                           //引入 Bundle 类
import android.view.View;                           //引入 View 类
import android.view.View.OnClickListener;           //引入 OnClickListener 类
import android.widget.Button;                       //引入 Button 类
import android.widget.TextView;                     //引入 TextView 类
```

```
13  public class Sample_2_11 extends Activity implements OnClickListener{
14          Button button1;                                          //四个按钮的引用
15          Button button2;
16          Button button3;
17          Button button4;
18          TextView textView;                                       //TextView 的引用
19      MediaPlayer mMediaPlayer;                                    // MediaPlayer 的引用
20      SoundPool soundPool;                                         // SoundPool 的引用
21      HashMap<Integer, Integer> soundPoolMap;
22        /** Called when the activity is first created. */
23        @Override
24        public void onCreate(Bundle savedInstanceState){                //重写 onCreate 回调方法
25            super.onCreate(savedInstanceState);
26            initSounds();                                               //初始化声音
27            setContentView(R.layout.main);                              //设置显示的用户界面
28            textView = (TextView) this.findViewById(R.id.textView);//得到 TextView 的引用
29            button1 = (Button) this.findViewById(R.id.button1);//得到 button1 的引用
30            button2 = (Button) this.findViewById(R.id.button2);//得到 button2 的引用
31            button3 = (Button) this.findViewById(R.id.button3);//得到 button3 的引用
32            button4 = (Button) this.findViewById(R.id.button4);//得到 button4 的引用
33            button1.setOnClickListener(this);                           //为按钮添加监听
34            button2.setOnClickListener(this);                           //为按钮添加监听
35            button3.setOnClickListener(this);                           //为按钮添加监听
36            button4.setOnClickListener(this);                           //为按钮添加监听
37          }
38      public void initSounds(){                                         //初始化声音的方法
39            mMediaPlayer = MediaPlayer.create(this, R.raw.backsound);//初始化MediaPlayer
40            soundPool = new SoundPool(4, AudioManager.STREAM_MUSIC, 100);
41            soundPoolMap = new HashMap<Integer, Integer>();
42            soundPoolMap.put(1, soundPool.load(this, R.raw.dingdong, 1));
43      }
44      public void playSound(int sound, int loop){            //用 SoundPoll 播放声音的方法
45        AudioManager mgr=(AudioManager)this.getSystemService(Context.AUDIO_SERVICE);
46          float streamVolumeCurrent = mgr.getStreamVolume(AudioManager.STREAM_MUSIC);
47          float streamVolumeMax = mgr.getStreamMaxVolume(AudioManager.STREAM_MUSIC);
48          float volume = streamVolumeCurrent/streamVolumeMax;
49          soundPool.play(soundPoolMap.get(sound),volume,volume,1,loop,1f);//播放声音
50      }
51      public void onClick(View v){                            //实现接口中的方法
52          // TODO Auto-generated method stub
53          if(v == button1){                                   //单击使用 MediaPlayer 播放声音按钮
54                textView.setText("使用 MediaPlayer 播放声音");
55                if(!mMediaPlayer.isPlaying()){                //如果当前没有音乐正在播放
56                      mMediaPlayer.start();                   //播放声音
57                }
58          }
59          else if(v == button2){                              //单击暂停 MediaPlayer 声音按钮
60                textView.setText("暂停了 MediaPlayer 播放的声音");
61                if(mMediaPlayer.isPlaying()){                 //如果当前有音乐正在播放
62                      mMediaPlayer.pause();                   //暂停声音
63                }
64          }
65          else if(v == button3){                              //单击使用 SoundPool 播放声音按钮
66                textView.setText("使用 SoundPool 播放声音");
67                this.playSound(1, 0);                         //播放声音
68          }
69          else if(v == button4){                              //单击暂停 SoundPool 声音按钮
70                textView.setText("暂停了 SoundPool 播放的声音");
71                soundPool.pause(1);                           //暂停 SoundPool 的声音
72    }}}
```

- 第 24 行为 onCreate 回调方法的开始，该方法在 Activity 第一次创建时被调用。
- 第 28～32 行得到程序中会用到的 TextView 及 Button 的引用，第 33～36 行为各个按钮添加监听。
- 第 38～43 行初始化所有声音资源，使用 SoundPool 时一般将声音放进一个 HashMap 中，便于声音的管理与操作。

● 第 44～50 行为用 SoundPool 播放声音的方法，程序的其他地方需要播放声音时，只需调用该方法即可。在该方法中，先对声音设备进行配置，然后调用 SoundPool 的 play 方法来播放声音。

● 第 51～72 行是对各个按钮被按下的事件进行处理，其中第 53～58 行为单击“使用 MediaPlayer 播放声音”按钮的处理代码，先判断当前 mMediaPlayer 是否正在播放，当没有在播放时，播放声音。

> **提示** SoundPool 初始化的过程是异步的，也就是说，当对 SoundPool 初始化时系统会自动启动一个后台线程来完成初始化工作。因此，并不会影响前台其他程序的运行，但也带来一个问题，调用初始化操作后不能立即播放，需要等待一下，否则可能会出错。另外，SoundPool 可以同时播放多个音频文件，但 MediaPlayer 同一时间却只能播放一个。

（5）运行该程序得到的效果如图 2-18 所示，根据单击按钮的不同采用不同的声音播放方式播放声音。

2.3.2 视频的播放

前面已经介绍了音频的播放，本节将对 Android 中视频的播放进行简单的介绍，同样是通过一个例子来讲解视频的播放方法，详细步骤如下。

（1）运行模拟器，然后将 Eclipse 切换到 DDMS 视图，找到 File Explorer 窗口，通过右上角的“Push a file onto the device”按钮向 sdcard 中添加程序中用到的视频文件 bbb.3gp，如图 2-19 所示。

▲图 2-18　声音播放示例

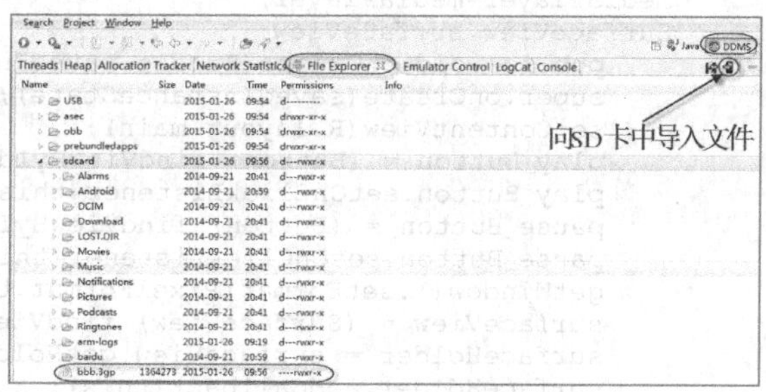

▲图 2-19　DDMS 视图

（2）创建一个名为 Sample_2_12 的项目。

（3）打开 res/layout 下的 main.xml 文件，更改其代码为下面的代码。

代码位置：见随书光盘中源代码/第 2 章/Sample_2_12/res/layout 目录下的 main.xml。

```
<?xml version="1.0" encoding="utf-8"?>     <!-- XML 的版本以及编码方式 -->
<LinearLayout xmlns:android="http://schemas.android.com/apk/res/android"
    android:orientation="vertical"
    android:layout_width="fill_parent"
    android:layout_height="fill_parent"
    >                                         <!--添加一个垂直的线性布局 -->
      <SurfaceView
            android:id="@+id/surfaceView"
            android:layout_width="320px"
            android:layout_height="200px"
    />                                        <!--添加一个 SurfaceView 用于播放视频 -->
    <LinearLayout xmlns:android="http://schemas.android.com/apk/res/android"
            android:layout_width="fill_parent"
            android:layout_height="wrap_content"
    >                                         <!--添加一个线性布局 -->
      <Button
```

```
17            android:id="@+id/play2_Button"
18            android:layout_width="wrap_content"
19            android:layout_height="wrap_content"
20            android:text="播放"
21            />                                    <!--添加一个按钮 -->
22            <Button
23                android:id="@+id/pause2_Button"
24                android:layout_width="wrap_content"
25                android:layout_height="wrap_content"
26                android:text="暂停"
27            />                                    <!--添加一个按钮 -->
28        </LinearLayout>
29    </LinearLayout>
```

- 第 7～11 行向线性布局中添加一个 SurfaceView 控件。
- 第 12～28 行在一个线性布局中添加两个按钮。

（4）打开 src/wyf/ytl 下的 Sample_2_12.java 文件，改为如下代码。

代码位置：见随书光盘中源代码/第 2 章/ Sample_2_12/src/wyf/ytl 目录下的 Sample_2_12.java。

```
package wyf.ytl;                                                    //声明包语句
import android.app.Activity;                                        //引入 Activity 类
……//该处省略了部分类的引入代码，读者可自行查阅随书光盘中的源代码
import android.widget.Button;                                       //引入 Button 类
public class Sample_2_12 extends Activity
          implements OnClickListener,SurfaceHolder.Callback{
   String path = "/sdcard/bbb.3gp";                                 //视频的路径
   Button play_Button;                                              //按钮的引用
   Button pause_Button;
   boolean isPause = false;
   SurfaceHolder surfaceHolder;
   MediaPlayer mediaPlayer;                                         //MediaPlayer 的引用
   SurfaceView surfaceView;
      public void onCreate(Bundle savedInstanceState){              //重写的方法
      super.onCreate(savedInstanceState);
      setContentView(R.layout.main);                                //设置当前显示的用户界面
      play_Button = (Button) findViewById(R.id.play2_Button);
      play_Button.setOnClickListener(this);                         //添加监听
      pause_Button = (Button) findViewById(R.id.pause2_Button);
      pause_Button.setOnClickListener(this);                        //添加监听
      getWindow().setFormat(PixelFormat.UNKNOWN);
      surfaceView = (SurfaceView) findViewById(R.id.surfaceView);
      surfaceHolder = surfaceView.getHolder();
      surfaceHolder.addCallback(this);                              //添加回调
      surfaceHolder.setFixedSize(176,144);
      surfaceHolder.setType(SurfaceHolder.SURFACE_TYPE_PUSH_BUFFERS);
      mediaPlayer = new MediaPlayer();                              //创建 MediaPlayer
   }
   public void onClick(View v){
      if(v == play_Button){                                         //按下播放电影按钮
          isPause = false;
          playVideo(path);
      }
      else if(v == pause_Button){                                   //按下暂停按钮
          if(isPause == false){                                     //如果正在播放则将其暂停
              mediaPlayer.pause();
              isPause = true;
          }
          else{                                                     //如果暂停中怎么继续播放
              mediaPlayer.start();
              isPause = false;
          }
      }
   }
   private void playVideo(String strPath){                          //自定义播放影片函数
      if(mediaPlayer.isPlaying()==true){
          mediaPlayer.reset();
      }
```

```
49          mediaPlayer.setAudioStreamType(AudioManager.STREAM_MUSIC);
50          mediaPlayer.setDisplay(surfaceHolder);//设置 Video 影片以 SurfaceHolder 播放
51          try{
52               mediaPlayer.setDataSource(strPath);              //设置路径
53               mediaPlayer.prepare();
54          }
55          catch (Exception e){
56               e.printStackTrace();                              //打印异常信息
57          }
58          mediaPlayer.start();                                   //开始播放视频
59     }
60     public void surfaceChanged(SurfaceHolder arg0,int arg1,int arg2,int arg3){}
61     public void surfaceCreated(SurfaceHolder arg0){}
62     public void surfaceDestroyed(SurfaceHolder arg0){}
63  }
```

- 第 14～28 行重写 onCreate 方法，在方法中得到所需要使用的控件的引用。
- 第 29～44 行为事件响应的方法，当单击“播放”按钮时播放视频，当单击“暂停”按钮时暂停播放视频。
- 第 45～59 行为自定义的视频播放方法，如果视频正在播放则重置视频，设置一些视频的参数后开始播放视频。
- 第 60～62 行为接口中方法的空实现。

（5）运行该项目可在模拟器中看到如图 2-20 所示的效果。

▲图 2-20 视频播放

2.3.3 Camera 图像采集

本节将介绍如何制作一个简单的相机，步骤如下。

（1）创建一个名为 Sample_2_13 的新项目。

（2）为照相添加权限，添加方法是在 AndroidManifest.xml 文件中的</manifest>之前加上<uses-permission android:name="android.permission.CAMERA"/>即可。

（3）打开 res/layout 下的 main.xml 文件，更改其代码为下面的代码。

代码位置：见随书光盘中源代码/第 2 章/Sample_2_13/res/layout 目录下的 main.xml。

```
<?xml version="1.0" encoding="utf-8"?>          <!-- XML 的版本以及编码方式 -->
<LinearLayout xmlns:android="http://schemas.android.com/apk/res/android"
   android:orientation="vertical"
   android:layout_width="fill_parent"
   android:layout_height="fill_parent"
   >                                            <!--添加一个垂直的线性布局 -->
     <SurfaceView
          android:id="@+id/surfaceView"
          android:layout_width="320px"
          android:layout_height="240px"
   />                                           <!--添加一个 SurfaceView 用于浏览 -->
   <LinearLayout xmlns:android="http://schemas.android.com/apk/res/android"
          android:layout_width="fill_parent"
          android:layout_height="wrap_content"
   >                                            <!--添加一个线性布局 -->
      <Button
          android:id="@+id/button1"
          android:layout_width="wrap_content"
          android:layout_height="wrap_content"
          android:text="打开"
     />                                         <!--添加一个按钮 -->
      <Button
          android:id="@+id/button2"
          android:layout_width="wrap_content"
          android:layout_height="wrap_content"
          android:text="关闭"
     />                                         <!--添加一个按钮 -->
   </LinearLayout>
```

```
29  </LinearLayout>
```

- 第 2～6 行定义一个垂直的线性布局。
- 第 12 行向垂直的线性布局内部添加一个线性布局。
- 第 16～27 行向线性布局中添加两个按钮。

（4）上面介绍了 Sample_2_13，打开 src/wyf/ytl 下的 Sample_2_13.java 文件，改为如下代码。

代码位置：见随书光盘中源代码/第 2 章/Sample_2_13/src/wyf/ytl 目录下的 Sample_2_13.java。

```
package wyf.ytl;
import java.io.IOException;                                  //引入相关类
import android.app.Activity;                                 //引入相关类
import android.hardware.Camera;                              //引入相关类
import android.os.Bundle;                                    //引入相关类
import android.view.SurfaceHolder;                           //引入相关类
import android.view.SurfaceView;                             //引入相关类
import android.view.View;                                    //引入相关类
import android.widget.Button;                                //引入相关类
public class Sample_2_13 extends Activity implements SurfaceHolder.Callback{
    Camera myCamera;                                         //Camera 的引用
    SurfaceView mySurfaceView;                               //SurfaceView 的引用
    SurfaceHolder mySurfaceHolder;                           //SurfaceHolder 的引用
    Button button1;                                          //按钮的引用
    Button button2;
    boolean isPreview = false;                               //是否在浏览中
      public void onCreate(Bundle savedInstanceState){       //重写的 onCreate 方法
          super.onCreate(savedInstanceState);
          setContentView(R.layout.main);                     //设置显示的用户界面
          mySurfaceView = (SurfaceView) findViewById(R.id.surfaceView);
          button1 = (Button) findViewById(R.id.button1);
          button2 = (Button) findViewById(R.id.button2);     //得到两个按钮的应用
          mySurfaceHolder = mySurfaceView.getHolder();       //获得 SurfaceHolder
          mySurfaceHolder.addCallback(this);
          mySurfaceHolder.setType(SurfaceHolder.SURFACE_TYPE_PUSH_BUFFERS);
          button1.setOnClickListener(new Button.OnClickListener(){ //打开的按钮监听
                public void onClick(View arg0){              //单击事件
                    initCamera();                            //调用初始化方法
                }
          });
          button2.setOnClickListener(new Button.OnClickListener(){//关闭的按钮监听
                public void onClick(View arg0){
                    if(myCamera != null && isPreview){       //正在显示时
                          myCamera.stopPreview();
                          myCamera.release();                //释放 myCamera
                          myCamera = null;
                          isPreview = false;                 //设成 false
                    }
                }
          });
      }
      public void initCamera(){                              //初始化相机资源
                if(!isPreview){
                    myCamera = Camera.open();                //打开 Camera
          }
                if(myCamera != null && !isPreview){
                  try {
                          myCamera.setPreviewDisplay(mySurfaceHolder);
                          myCamera.startPreview();           //立即运行 Preview
                      } catch (IOException e){
                          e.printStackTrace();               //打印错误信息
                      }
                      isPreview = true;                      //将标记位设置成 true
                  }
    }
  public void surfaceChanged(SurfaceHolder holder,int format,int width,int height){}
  public void surfaceCreated(SurfaceHolder holder){//实现接口中的方法}
  public void surfaceDestroyed(SurfaceHolder holder){//实现接口中的方法}
}
```

- 第 17～41 行为重写的 onCreate 回调方法。
- 第 20～22 行得到所需要的控件的引用。
- 第 23～25 行得到 SurfaceHolder 并对其进行类型设置。
- 第 26～41 行为按钮添加监听器。
- 第 44 行打开 Camera，所调用的 open 方法的返回值是一个 Camera 的对象。
- 第 48～49 行将 Preview 画面呈现在 SurfaceView 里。

（5）运行该项目，在模拟器中得到的效果如图 2-21 所示。

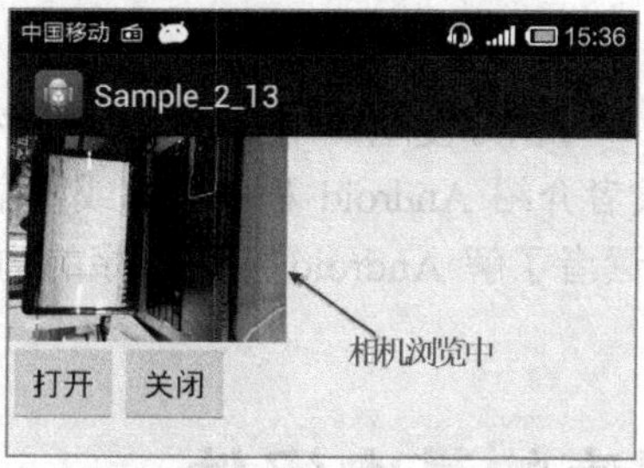

▲图 2-21　图像采集

2.4 小结

本章对 Android 游戏开发的前台渲染技术进行了详细介绍，通过本章的学习，读者应该能够构建出简单的图形界面。读者可以通过调试和编写本章的示例程序加深对前台渲染技术的理解，从而熟练掌握 Android 中图形的绘制、剪裁以及声音的播放。

第 3 章　Android 游戏开发中的交互式通信

应用程序在 Android 平台下，可以方便地调用其他应用程序的功能来实现自己的功能，这是 Android 的特性之一。本章将向读者介绍 Android 程序内部或程序之间进行交互式通信的方式，在介绍这些通信方式之前，首先让读者了解 Android 应用程序的构成框架，了解各个组件的特性以及使用方式。

3.1 Android 应用程序的基本组件

一个 Android 应用程序可以由几个不同的组件构成，本节就对 Android 应用程序的结构做一个完整的解析。同时，本节还将对体现各个组件之间关系的 AndroidManifest.xml 配置文件进行简单介绍。

Android 应用程序的基本组件包括 Activity、Service、BroadcastReceiver 和 ContentProvider 等，不同组件具有不同的特性以及各自的生命周期，下面就对每个组件做一个简单的介绍。

3.1.1 Activity 组件

Activity 是最常见的一种 Android 组件，每个 Activity 都相当于一个屏幕，其为用户提供了进行交互的可视界面。应用程序可以根据需要包含一个或多个 Activity，这些 Activity 一般都继承自 android.app 包下的 Activity 类，并且这些 Activity 之间的运行是相互独立的。

Activity 的生命周期主要包含 3 个阶段。

- 运行态（running state）

此时 Activity 显示在屏幕前台，并且具有焦点，可以和用户的操作动作进行交互，如向用户提供信息、捕获用户单击按钮的事件并做处理。

- 暂停态（paused state）

此时 Activity 失去了焦点，并被其他的运行态的 Activity 取代在屏幕前台显示。如果掩盖暂停态 Activity 的运行态，Activity 并不能铺满整个屏幕窗口或者具有透明效果，则该暂停态的 Activity 对用户仍然可见，但是不可以与其进行交互。

暂停态的 Activity 仍然保留其状态和成员等其他信息，当系统的内存非常匮乏时，暂停态的 Activity 会被结束掉以获得更多的资源。

- 停止态（stopped state）

停止态的 Activity 不仅没有焦点，而且是完全不可见的，虽然其也保留状态和成员等信息，停止态的 Activity 会在系统需要的时候被结束。

当 Activity 在不同的状态之间切换时，可以通过重写相应的回调方法来编写状态改变时应该执行的动作，这些状态和相应的回调方法如图 3-1 所示。

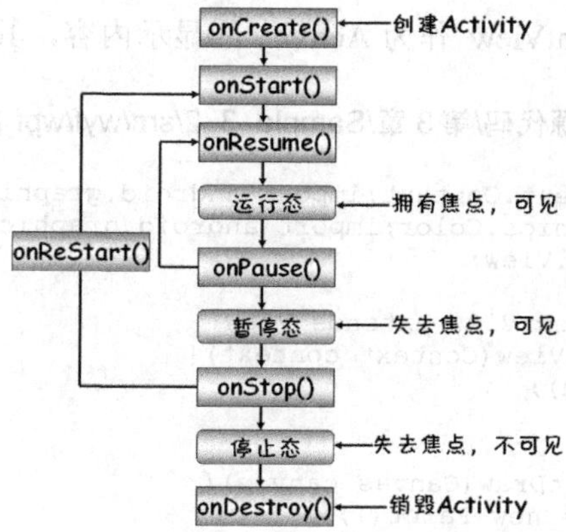

▲图 3-1　Activity 的生命周期

Activity 显示的内容可以有两种声明方式，第一种是通过 XML 配置文件来声明，第二种则是将屏幕设置为某一个继承自 View 类的对象。下面分别对这两种方式做一个简单介绍。

- 通过 XML 配置文件声明

Activity 的配置文件位于 res 目录下的 layout 目录中，一个配置文件就相当于一个 View 容器，其中可以添加 Android 平台下的一些内置的 View，如 TextView、ImageView 等，也可以添加继承自 View 类的子类对象，还可以继续添加 View 容器。

布局文件还指定了 View 对象在 View 容器中的排布方式，如线性布局（LinearLayout）、表格布局（TableLayout）等。以下给出了一个简单地通过 XML 配置文件实现 Activity 显示的代码。

代码位置：见随书光盘中源代码/第 3 章/Sample_3_1/src/wyf/wpf 目录下的 Sample_3_1.java。

```
1    package wyf.wpf;                                          //声明包语句
2    import android.app.Activity;                              //引入相关类
3    import android.os.Bundle;                                 //引入相关类
4    public class Sample_3_1 extends Activity {
5        @Override
6        public void onCreate(Bundle savedInstanceState) {     //重写 onCreate 方法
7            super.onCreate(savedInstanceState);               //调用父类 onCreate 方法
8            setContentView(R.layout.main);                    //设置所要显示的 XML 配置文件
9    }}
```

第 8 行调用 setContentView 方法将屏幕设定为 R.layout.main，其代表位于 res\layout 目录下的 main.xml 文件，由于篇幅有限，该文件代码不予列出，读者可以自行查阅随书光盘中的源代码。

- 通过 View 的子类对象声明

通过 XML 配置文件将不同的 View 整合到一起非常方便，但是留给开发人员的自主性不够，尤其是当进行游戏编程时，往往 Android 系统中已经存在的 View 无法满足要求，这种情况下一般会通过继承和扩展 View 来开发自己想要的用户界面。下面的例子给出了通过 View 的子类对象来决定 Activity 显示内容的示例，首先给出的是本例中 Activity 的代码。

代码位置：见随书光盘中源代码/第 3 章/Sample_3_2/src/wyf/wpf 目录下的 Sample_3_2.java。

```
package wyf.wpf;                                               //声明包语句
import android.app.Activity;                                   //引入相关类
import android.os.Bundle;                                      //引入相关类
public class Sample_3_2 extends Activity{
    @Override
    public void onCreate(Bundle savedInstanceState){
        super.onCreate(savedInstanceState);                    //调用父类 onCreate 方法
        MyContentView mcv = new MyContentView(this);           //创建 View 对象
        setContentView(mcv);                                   //设置当前屏幕
}}
```

上述代码中使用 MyContentView 作为 Activity 的显示内容，其具体代码如下。

代码位置：见随书光盘中源代码/第 3 章/Sample_3_2/src/wyf/wpf 目录下的 MyContentView.java。

```
package wyf.wpf;                                                          //声明包
import android.content.Context;import android.graphics.Canvas;           //引入相关类
import android.graphics.Color;import android.graphics.Paint;             //引入相关类
import android.view.View;                                                 //引入相关类
//继承自 View 的子类
public class MyContentView extends View{
    public MyContentView(Context context){                                //构造器
        super(context);
    }
    @Override
    protected void onDraw(Canvas canvas){                   //重写 View 类绘制时的回调方法
        Paint paint = new Paint();                          //创建画笔
        paint.setTextSize(18);                              //设置字体大小
        paint.setAntiAlias(true);                           //设置抗锯齿
        paint.setColor(Color.RED);                          //设置字体颜色
        canvas.drawText("这是通过继承和扩展 View 类来显示的。",  //绘制字体到屏幕
                    0, 50, paint);
}}
```

尽管一个 Android 应用程序中可以包含多个 Activity，但一般都选择一个作为程序启动后第一个显示在屏幕上的 Activity，其他的 Activity 可以通过当前 Activity 中的 startActivity 方法来启动，这个在之后的小节中将会详细讲解。

3.1.2　Service 组件

与 Activity 不同的是，Service 没有提供与用户进行交互的表示层。Service 是运行在后台的一种 Android 组件，当应用程序需要进行某种不需要前台显示的计算或数据处理时，就可以启动一个 Service 来完成，每个 Service 都继承自 android.app 包下的 Service 类。

Service 一般由 Activity 或其他 Context 对象来启动，当启动 Service 之后，该 Service 将会在后台运行，即使启动这个 Service 的 Activity 或其他组件的生命周期已经结束，Service 仍然会继续运行，直到自己的生命周期结束为止。每个 Service 都应该在 AndroidManifest.xml 中进行声明。Service 的启动方式有两种，对应的生命周期也各不相同。

- 通过 startService 方法启动。当系统调用 startService 方法时，如果该 Service 还未启动，则依次调用其 onCreate 方法和 onStart 方法来启动。当其他 Context 对象调用 stopService 方法、Service 调用自身的 stopSelf 或 stopService 方法时才会停止 Service 的执行。
- 通过 bindService 方法启动。当系统调用 bindService 方法时，如果该 Service 未启动，则会调用其 onCreate 方法完成初始化工作，然后会将该 Service 和 Context 对象（如 Activity）进行绑定，当被绑定的 Context 对象被销毁时，与之绑在一起的 Service 也会停止运行。

通过不同的方式启动 Service，其生命周期也不尽相同，两种启动 Service 的方式以及相应阶段会涉及的回调方法如图 3-2 和图 3-3 所示。

需要注意的是，尽管存在两种方式启动 Service，但是无论 Service 是通过什么方式启动的，都可以将其与 Context 对象进行绑定。在 Android 平台下启动服务需要涉及 Intent 等方面的知识，本书将在稍后的小节中做详细的介绍。

3.1.3　Broadcast Receiver 组件

Broadcast Receiver 同 Service 一样，并不提供与用户交互的表示层，其是一种负责接收广播消息并对消息做出反应的组件。在 Android 的系统中就存在许多这样的广播，比如电池电量过低或信号过低时，系统就会发出广播进行通知。

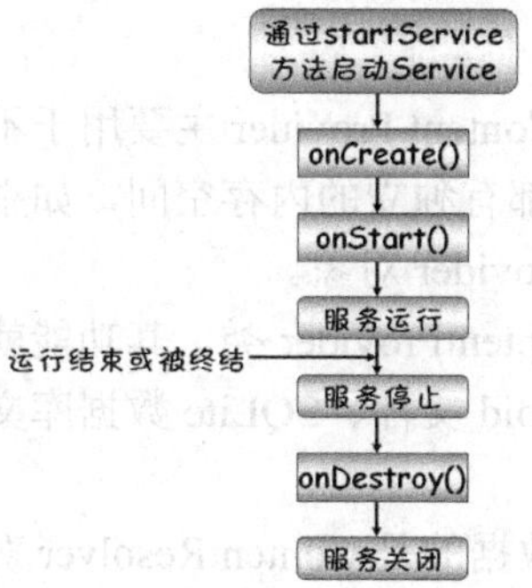

▲图 3-2 通过 startService 方法启动 Service

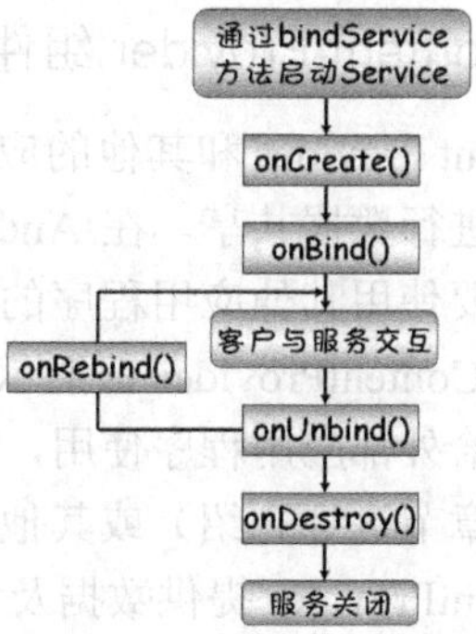

▲图 3-3 通过 bindService 方法启动服务

应用程序如果需要响应某一个广播消息，应该注册对应的BroadcastReceiver对象，该对象继承自BroadcastReceiver类，该类位于android.content包下。这样一来，当系统或另外的应用程序发出特定广播时，该应用程序就可以接收并做出回应，如启动Activity等。

1. BroadcastReceiver发布广播的方式

发布一个广播比较容易，在需要的地方创建一个Intent对象，将信息的内容和用于过滤的信息封装起来，通过调用Context.sendBroadcast方法、Context.sendOrderedBroadcast方法或者Context.sendStickyBroadcast方法将该Intent对象广播出去，3种发布广播方式的区别如下。

（1）通常，使用sendBroadcast或sendStickyBroadcast发送出去的Intent，所有满足条件的BroadcastReceiver都会执行其onReceive方法。但若有多个满足条件的BroadcastReceiver，其执行onReceive方法的顺序是没有保证的。而通过sendOrderedBroadcast方法发送出去的Intent，会根据BroadcastReceiver注册时IntentFilter设置的优先级的顺序来执行onReceive方法，相同优先级的BroadcastReceiver执行onReceive方法的顺序是没有保证的。

（2）sendStickyBroadcast主要的不同是，Intent在发送后会一直存在，并且在以后调用registerReceiver注册相匹配的Receiver时会把这个Intent对象直接返回给新注册的Receiver。

2. BroadcastReceiver接收广播的方式

发布的广播实体是Intent，那么接收广播的时候就需要通过IntentFilter对象来进行过滤。Broadcast Receiver的生命周期比较简单，只有一个回调方法——onReceive，该方法在应用程序接收到发给自己广播时候调用，所以Broadcast Receiver的使用方法也相对简单，只需要对onReceive方法进行合理重写，在适当的地方注册该Broadcast Receiver即可。

注册BroadcastReceiver对象的方式有以下两种。

（1）在AndroidManifest.xml文件中声明。注册信息包含在<receiver></receiver>标签中，并在<intent-filter>标签内设定过滤规则。

（2）在代码中创建并设置IntentFilter对象。该IntentFilter对象包含了对广播的过滤规则，然后在需要的地方调用Context.registerReceiver方法和Context.unregisterReceiver方法进行注册和取消注册，如果采用这种方式注册，当Context对象被销毁时，该BroadcastReceiver也就不复存在了。

> **提示** 发布广播和使用BroadcastReceiver对象注册监听广播的内容涉及了后面的Intent对象的知识，将在稍后的小节进行详细探讨。

3.1.4 Content Provider 组件

Content Provider 和其他的应用程序组件有很大的不同，Content Provider 主要用于不同的应用程序之间进行数据共享。在 Android 平台下，每个应用程序都有独立的内存空间，如果某一个应用程序需要使用其他应用程序的数据，就必须采用 ContentProvider 对象。

每个 ContentProvider 都继承自 android.content 包下的 ContentProvider 类，其功能就是提供自己的数据给外部应用程序使用，提供的数据可以存储为 Android 文件、SQLite 数据库文件（将会在后面的章节进行介绍）或其他合法的格式。

ContentProvider 提供数据及访问数据的接口，真正访问数据的是 ContentResolver 对象，该对象可以与 ContentProvider 对象进行通信，以达到共享数据的目的。

> **提示** ContentProvider 组件所涉及的知识超过了本章涵盖的范围，将会在随后的章节进行详细介绍。

3.1.5 AndroidManifest.xml 文件简介

前面的小节介绍了 Android 平台下应用程序的基本组件，这些组件要想被应用程序使用，需要在 AndroidManifest.xml 配置文件中进行声明。但 AndroidManifest.xml 文件的作用远不止这些，每个 Android 应用程序都必须包含一个 AndroidManifest.xml 配置文件，而且文件名称不可改变。

除了 Broadcast Receiver 组件既可以在 AndroidManifest.xml 文件中声明，也可以在代码中直接创建之外，其他的应用程序组件必须在 AndroidManifest.xml 文件中进行声明，否则系统将无法使用该组件。AndroidManifest.xml 文件的主要内容包括以下几点。

（1）声明应用程序的 Java 包名，该包名将作为该应用程序的唯一标识符。

（2）描述应用程序所包含的组件，如 Activity 等。除了描述实现某种组件的类的名称外，还需要声明该组件对于 Intent 对象的过滤规则，即告知系统在何种状态下该组件可以被启动。

（3）指出应用程序组件运行在哪个进程，默认情况下所有的组件都运行在主进程中，如果需要让其运行在别的线程，需要在 AndroidManifest.xml 中设置。

（4）声明应用程序必须具有的用来访问受保护的 API 或与其他应用程序交互的权限。

（5）声明其他应用程序必须具有的用来访问自己组件的权限。

（6）列出该应用程序中的 Instrumentation 对象，Instrumentation 的用途是对应用程序的运行进行监控，其只在应用程序的开发过程中起作用，在程序发布前会被移除。

（7）声明应用程序所要求的最低 Android API 版本。

（8）声明应用程序需要链接到的默认 Android 类库之外的库。

以下代码给出了一个普通项目的 AndroidManifest.xml 文件的结构。由于本书篇幅有限，故只将 AndroidManifest.xml 文件的代码列出。

代码位置：见随书光盘中源代码/第 3 章/Sample_3_3 目录下的 AndroidManifest.xml。

```
<?xml version="1.0" encoding="utf-8"?>
<manifest xmlns:android="http://schemas.android.com/apk/res/android"
     package="wyf.wpf"
     android:versionCode="1"
     android:versionName="1.0">              <!-- 标记，记录应用程序的包及版本等信息 -->
   <application android:icon="@drawable/icon" android:label="@string/app_name">
    <activity android:name="wyf.wpf.Sample_3_3" android:theme="@style/AppTheme"
            android:label="@string/app_name"> <!-- 声明 Activity 组件 -->
        <intent-filter>
           <action android:name="android.intent.action.MAIN" />
           <category android:name="android.intent.category.LAUNCHER" />
```

```
            </intent-filter>                    <!-- 为Activity设置IntentFilter -->
        </activity>
        <service android:name=".MyService"
            android:process=":remote" >
        </service>                              <!-- 声明Service组件 -->
    </application>
    <uses-sdk android:minSdkVersion="14"   <!-- 指定应用程序运行的最低 SDK 版本 -->
        android:targetSdkVersion="17"/><!-- 指定应用程序运行的目标 SDK 版本 -->
    <uses-permission android:name="android.permission.INTERNET" />
                                                <!-- 指定应用程序的权限 -->
</manifest>
```

从上边的代码可以看出 AndroidManifest.xml 文件的基本结构，所有的信息写在根标记<manifest>中，<manifest>标记所包含的属性及说明如表 3-1 所列。

在根标记<manifest>中必须包含<application>标记，所有的组件如 Activity 等均在<application>标记中声明。除了<application>标记外，<manifest>标记中还可以包含<uses-permission>等标记。<manifest>标记中所包含的子标记及其属性和说明如表 3-2 所列。

表 3-1　AndroidManifest.xml 文件主要标记及其说明

标　记	属　性	说　明
<manifest>	package	应用程序的全称包名
	versionCode	内部版本号，值越大版本越新
	versionName	提供给用户的版本号
	sharedUserId	与其他应用程序共享的 Linux 用户 ID，默认每个应用程序拥有唯一的 ID，如果两个应用程序的 ID 相同，则其可以相互访问彼此的数据
	sharedUserLabel	sharedUserId 的可读形式，只有在 sharedUserId 被设置的情况下此属性才有效

表 3-2　<manifest>的子标记及其属性说明

标　记	属　性	说　明
<application>	icon	应用程序的图标，其值必须为 drawable 资源的引用
	label	应用程序的可读名称，其值可以为 string 资源的引用，也可以为原始字符串
	theme	应用程序内部所有 Activity 组件的主题风格，其值为 style 资源的引用
	persistent	是否应用程序应该一直运行，默认为 false，一般对此不设置，该模式只用来描述系统级应用程序
	process	应用程序中所有组件运行的进程名，每个组件可以设置自己的 process 属性来覆盖掉此属性。默认情况下，应用程序在运行第一个组件时创建一个进程，之后其他的组件均运行在此进程中 可以设置该属性使两个应用程序的组件运行在同一个进程中，这两个应用程序必须具有相同的用户 ID 和 certificate
	permission	应用程序的调用者与应用程序交互所必须具有的权限
<uses-permission>	name	保证应用程序正常运行所必须授予给的权限，该权限在应用程序安装时被授予，并不是运行时
<uses-sdk>	minSdkVersion	应用程序运行的最低 API 版本，默认值为“1”，即与所有的 API 版本兼容
	targetSdkVersion	指明应用程序的目标版本
	maxSdkVersion	应用程序运行的最高 API 版本，如果系统的版本比该属性值高，应用程序将不会被安装

<application>组件中包含了应用程序包含的各种组件的标记，如<activity>、<service>等，这些组件的标记中很多属性值和<application>标记中的属性名称相同，如果进行了设置将会覆盖掉<application>中的同名属性值，如果未设置则取<application>中的同名属性值。<application>标记包含的子标记及其属性说明如表 3-3 所列。

表 3-3　　<application>标记所包含的子标记及属性

标　记	属　性	说　明
<activity>、<service>、<receiver>、<provider>共有的属性	name	实现组件类的子类名称，其值可以为子类的全称类名，也可以以“.”开头省略掉应用程序的包名，后面直接加上子类的类名
<activity>、<service>、<receiver>、<provider>共有的属性	process	组件应该运行在哪个进程中，一般情况下不设置时，所有的组件均运行在同一个进程中，如果该值以“:”开头，则会为该组件创建一个私有的新进程，若以小写字母开头将是一个全局的新进程
	permission	启动组件所必须具有的权限，如果该属性未设置，则以<application>标记中的 permission 属性为组件的权限
<activity>	screenOrientation	屏幕方向，其可以取的值为 unspecified、landscape、portrait、user、behind、sensor、nosensor
<provider>	readPermission	应用程序的调用者查询 content provider 中数据所必须具有的权限
	writePermission	应用程序的调用者修改 content provider 中数据所必须具有的权限
<uses-library>	name	指明应用程序会链接到的除默认 Android 类库之外的库

在<activity>、<service>和<receiver>等标记中，还可以包含<intent-filter>标记，该标记指明了组件的 intent 过滤规则，<intent-filter>标记的属性及其说明如表 3-4 所列。

表 3-4　　<intent-filter>标记的属性及说明

标　记	属　性	说　明
<intent-filter>	icon	代表父组件的图标，必须为 drawable 资源的引用
	label	代表父组件的可读名称，可以为 string 资源的引用，也可以是原始字符串
	priority	在处理 Intent 时具有的优先级，对 Activity 和 broadcast receiver 有效。该属性值越高，优先级越高 当一个 Intent 可以被多个优先级不同的 Activity 响应时，Android 只会将优先级最高的那些 activity 列入考虑范围。也就是若优先级最高的有多个，则列出来让用户选择，而优先级低的不会列出 当一个 Intent 可以被多个 broadcast receiver 响应时，将会按照优先级从高到低的顺序执行 onReceive 方法，而相同优先级的 broadcast receiver 执行 onReceive 方法的顺序则没有保证

<intent-filter>标记中的子标记有<action>、<category>和<data>，其中<action>标记是必须包含的，并且可以为多个。这些子标记的属性值如表 3-5 所列。

表 3-5　　<intent-filter>标记包含的子标记及其属性说明

标　记	属　性	说　明
<action>	name	为 intent filter 添加一个 action，其值可以为 Intent 类的系统常量，如果为自定义的 action，应该在 action 前加上包名作为前缀
<category>	name	为 intent filter 添加一个 category，其值可以为 Intent 类的系统常量，如果为自定义的 category，应该在 category 前加上包名作为前缀
<data>	scheme	URI 中的 scheme 部分，必须至少设置一个 scheme 属性，否则其他的 URI 属性将会无效
	host	URI 中的 host 部分，必须为小写字母，该属性需要设置了 scheme 属性才有效
	port	URI 中的 port 部分，该属性需要设置了 scheme 和 host 属性才有效

以上为 AndroidManifest.xml 配置文件中常见的一些标记及其属性值说明，其中<intent-filter>标记中涉及的一些知识将会在随后的小节详细介绍。

3.2 应用程序的内部通信

内部通信在 Android 应用程序中，简单来讲是指主线程和自己开发的子线程之间的通信。在前面的小节中已经提到，在 Android 应用程序运行时，默认情况下会为第一个启动的组件创建一个进程，之后启动的组件都运行在这个进程中。

当为应用程序创建了一个进程后，一个主线程将会被创建。这个主线程主要负责维护组件对象和应用程序创建的所有窗口，如果应用程序中创建了自己的线程，这些线程将无法对主线程控制的内容进行修改，此时就需要使用 Handler 来同主线程进行交互，本节就来简单介绍 Handler 类及其基本的用法。

3.2.1 消息的处理者——Handler 类简介

Handler 类主要用于应用程序的主线程同用户自己创建的线程进行通信，应用程序在主线程中维护一个消息队列。Handler 机制使得线程间的通信通过 Message 和 Runnable 对象来传递和处理。

每个 Handler 对象都与一个线程及其消息队列相关联。当创建一个 Handler 对象时，其便与创建这个 Handler 对象的线程的消息队列绑定，之后该 Handler 对象将会向消息队列传递 message 或 runnable 并处理执行队列中的元素。

Handler 最主要的用法就是安排 Message 和 Runnable 对象使其在未来的某个时刻被处理或运行。

1. 传递消息对象

使用 Handler 传递消息时将消息内容封装到一个 Message 对象中，Message 类中包含了消息的描述和任何形式的可以被 Handler 发送的数据对象。一个 Message 对象中主要的字段如表 3-6 所列。

表 3-6　Message 对象中主要字段及说明

字　段	说　明
arg1	int 类型，当传递的消息只包含整数时，可以填充该字段以降低成本，该字段可以通过成员方法 setData 和 getData 方法访问或修改
arg2	
obj	Object 类型，可以为任意类型
what	int 类型，由用户定义的消息类型码，接收方可以根据该字段值来确定收到的消息是关于什么的

提示　getData 和 setData 返回和接收的都是 Bundle 对象，该对象是以 String 为键、以任意可封装的类型为值的 map。

Handler 发出消息时，既可以指定消息到达后立即被处理，也可以指定其经过特定的时间间隔后被处理，还可以指定一个绝对时间让消息在那之前被处理。不同的发送消息的方法如表 3-7 所列。

表 3-7　不同的发送消息的方法及说明

方 法 名	说　明
sendEmptyMessage(int what)	发送一个空的消息，只指定 Message 的 what 字段
sendMessage(Message message)	发送一个消息对象
sendMessageAtTime(Message message,long time)	在指定时间之前发送一个消息
sendMessageDelayed(Message message,long time)	在指定时间间隔之后发送一个消息

无论消息以何种方式发出，接受并处理消息的方法都是 handleMessage 方法，该方法接受的参数为一个 Message 对象，在其中可以根据程序需要对不同的消息进行不同的处理。

> **提示**　虽然 Message 类提供了公有的构造方法，但是最好的获得一个 Message 对象的途径是调用 Message 类的静态方法 obtain 或者是 Handler 类的一系列方法，如 obtainMessage，这样创建的 Message 对象是可复用的。

2. 传递 Runnable 对象

传递 Runnable 对象与传递 Message 对象类似，Runnable 对象为实现了 Runnable 接口的对象，Handler 在传递 Runnable 对象时也可以设置其经过指定的时间间隔或在指定的绝对时间之前被处理。由于篇幅有限，本书在此不再赘述，有兴趣的读者可以自行查阅相关书籍。

3.2.2　使用 Handler 进行内部通信

前面的小节对 Handler 类进行了一个简单的介绍，本小节就来举一个简单的例子说明 Handler 的具体用法。在本例中，用户通过单击屏幕上的按钮，启动一个线程与主线程通过 Handler 进行通信以更新显示数据。运行效果如图 3-4 所示。

本应用程序中只包含 Activity 一个组件，接收用户单击按钮事件和发送 Handler 等功能都在 Activity 中实现。整个程序分为如下 3 个步骤来完成。

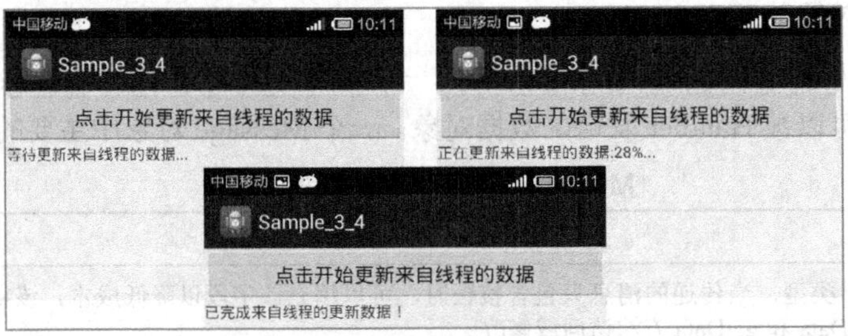

▲图 3-4　Sample_3_4 运行效果图

（1）Activity 的主要代码。程序运行后的屏幕中包含一个 Button 和一个 TextView 对象，单击按钮后会在新启动的线程中向主线程发 Handler 消息，主线程收到消息后会根据消息的内容修改 TextView 的显示内容。Activity 的主要代码如下。

代码位置：见随书光盘中源代码/第 3 章/Sample_3_4/src/wyf/wpf 目录下的 Sample_3_4.java。

```
package wyf.wpf;                                          //声明包语句
import android.app.Activity;                              //引入相关类
import android.os.Bundle;                                 //引入相关类
import android.os.Handler;                                //引入相关类
import android.os.Message;                                //引入相关类
import android.view.View;                                 //引入相关类
import android.widget.Button;                             //引入相关类
import android.widget.TextView;                           //引入相关类
//继承自 Activity 的子类
public class Sample_3_4 extends Activity {
  public static final int UPDATE_DATA = 0;                //常量，代表更新数据
  public static final int UPDATE_COMPLETED = 1;           //常量，代表更新数据
  TextView tv;                                            //TextView 对象的引用
  Button btnStart;                                        //Button 对象的引用
    ……//此处省略创建 Handler 对象的相关代码，将在后面的步骤中补全
    @Override
    public void onCreate(Bundle savedInstanceState) {
```

```
18          super.onCreate(savedInstanceState);
19          setContentView(R.layout.main);          //设置当前屏幕为 R.layout.main 布局文件
20          tv = (TextView)findViewById(R.id.tv);  //获得屏幕中 TextView 对象引用
21          btnStart = (Button)findViewById(        //获得屏幕中 Button 对象引用
22                  R.id.btnStart);
23          ……//此处省略为按钮添加单击事件监听器的相关代码，将在后面的步骤中补全
24     }}
```

- 代码第 11～12 行定义了用来表示消息类别的静态常量，这样代码的可读性和可维护性都好，建议读者在开发的过程中也采用这种写法。
- 代码第 17～24 行为重写 Activity 的 onCreate 方法，该方法在创建 Activity 组件时被调用。
- 代码第 20～21 行通过调用 findViewById 方法获取布局文件中 Button 和 TextView 对象的引用，以便在后续的代码中修改其属性值。

（2）采用匿名内部类的方式声明并创建一个继承自 Handler 类的子类对象，并在该内部类中重写 handleMessage 方法，下述创建 Handler 对象的代码来自于步骤（1）代码中的第 15 行省略的部分。

代码位置：见随书光盘中源代码/第 3 章/Sample_3_4/src/wyf/wpf 目录下的 Sample_3_4.java。

```
Handler myHandler = new Handler(){
  @Override
  public void handleMessage(Message msg){                 //重写处理消息方法
     switch(msg.what){                                    //判断消息类别
     case UPDATE_DATA:                                    //消息为更新的数据
          tv.setText("正在更新来自线程的数据：              //更新 TextView 显示的内容
                    "+msg.arg1+"%...");
          break;
     case UPDATE_COMPLETED:                               //消息为更新完毕
          tv.setText("已完成来自线程的更新数据！");          //改变 TextView 显示的内容
          break;
}}};
```

> **说明** 上述代码创建了一个与主线程绑定的 Handler 对象，其中重写了 handleMessage(Message msg)方法用来接收和处理消息，主要是采用判断 Message 对象的 what 字段来确定消息类别。

（3）为按钮 btnStart 添加单击事件监听器。在步骤（1）中代码的第 23 行省略的部分添加如下代码，为按钮添加单击事件监听器。

代码位置：见随书光盘中源代码/第 3 章/Sample_3_4/src/wyf/wpf 目录下的 Sample_3_4.java。

```
btnStart.setOnClickListener(new View.OnClickListener(){//添加单击事件监听器
   @Override
   public void onClick(View v){
        new Thread(){                                      //启动一个新线程
             public void run(){
                  for(int i=0;i<100;i++){
                       try{                                //睡眠一段时间
                            Thread.sleep(150);
                       }
                       catch(Exception e){
                            e.printStackTrace();
                       }
                       Message m = myHandler.obtainMessage();  //创建 Message 对象
                       m.what = UPDATE_DATA;                   //为 what 字段赋值
                       m.arg1=i+1;                             //为 arg1 字段赋值
                       myHandler.sendMessage(m);               //发出 Message 对象
                  }
                  myHandler.sendEmptyMessage(UPDATE_COMPLETED);//发更新完毕消息
             }
```

```
20              }.start();
21      }
22   });
```

● 代码第 3～21 行重写了 onClick(View view)方法，该方法主要的工作是在单击事件发生后启动一个线程，该线程的主要工作是每隔一段时间向主线程发送 Handler 消息，主线程收到消息后会根据其内容修改 TextView 的值。

● 代码第 16 行和第 18 行都是发送 Handler 消息的方法，当所发送的消息内容只需要 what 属性就可以时，可以采用 sendEmptyMessage 方法。

3.3 应用程序组件之间的通信

3.1 节介绍了 Android 应用程序的基本组件，这些基本组件除了 Content Provider 之外，几乎全部都是依靠 Intent 对象来激活和通信的。本节就来介绍 Intent 类的相关知识，并通过示例来说明 Intent 的一般用法。

3.3.1 Intent 类简介

Intent 类的对象是组件间通信的载体，组件之间进行通信就是一个个 Intent 对象在不断地传递。Intent 对象主要作用于运行在相同或不同应用程序的 Activity、Service 和 Broadcast Receiver 组件之间，对于这 3 种组件，其作用机制也不相同。

（1）对于 Activity 组件，Intent 主要通过调用 Context.startActivity、Context.startActivityForResult 等方法实现传递，其结果是启动一个新的 Activity 或者使当前的 Activity 开始新的任务。

（2）对于 Service 组件，Intent 主要通过调用 Context.startService 和 Context.bindService 方法实现传递，其作用结果是初始化并启动一个服务或者绑定服务到 Context 对象。

（3）对于 Broadcast Receiver 组件，Intent 主要通过 sendBroadcast 等一系列发送广播的方法实现传递，其作用结果是将 Intent 组件以广播的形式发出以便合适的组件接收。

一个 Intent 对象就是一组信息，其包含接收 Intent 组件所关心的信息（如 Action 和 Data）和 Android 系统关心的信息（如 Category 等），一般来讲，一个 Intent 对象包含如下内容。

1. Component Name 部分

组件名称指明了未来要处理 Intent 的组件，组件名称封装在一个 ComponentName 对象中，该对象用于唯一标识一个应用程序组件，如 Activity、Service、Content Provider 等。ComponentName 类包含两个 String 成员，分别代表组件的全称类名和包名，包名必须和 AndroidManifest.xml 中<application>标记中的对应信息一致。

对于 Intent 对象来说，组件名称不是必需的，如果添加了组件名称则该 Intent 为“显式 Intent”，这样 Intent 在传递的时候会直接根据 ComponentName 对象的信息去寻找目标组件。如果不设置组件名称，则为“隐式 Intent”，Android 会根据 Intent 中的其他信息来确定响应该 Intent 的组件是哪个。

2. Action 部分

Action 为一个字符串对象，其描述了该 Intent 会触发的动作。Android 系统中已经预先定义好了一些表征 Action 的常量，如 ACTION_CALL、ACTION_MAIN 等，同时，开发人员也可以自己定义 Intent 的动作描述，一般来讲，自己定义的 Action 字符串应该以应用程序的包名为前缀，如可以定义一个 Action 为“wyf.wpf.StartService”。

因为 Action 很大程度上决定了一个 Intent 的内容（主要是 Data 和 Extras 部分），所以定义自己的 Action 时应该做到见名知义，同时，如果应用程序比较复杂，应该为其定义一个整体的 Action 协议，使所有的 Action 集中管理。

3. Data 部分

Data 描述 Intent 的动作所操作到的数据的 URI 及类型，不同的 Action 对应不同的操作数据，如 Action 为 ACTION_VIEW 的 Intent 的 Data 应该是“http:”格式的 URI。当为组件进行 Intent 的匹配检查时，正确设置 Data 的 URI 资源和数据类型很重要。

4. Category 部分

Category 为字符串对象，其包含了可以处理 Intent 的组件的类别信息，Intent 中可以包含任意个 Category。同 Action 一样，Android 系统预先定义了一些 Category 常量，但是不可以自行定义 Category。

调用方法 addCategory 用来为 Intent 添加一个 Category，方法 removeCategory 用来移除一个 Category，getCategories 方法返回已定义的 Category。

5. Extras 部分

Extras 是一组键值对，其包含需要传递给目标组件并由其处理的一些额外信息。

6. Flags 部分

一些有关系统如何启动组件的标志位，所有的标志位都已在 Android 系统中预先定义。

3.3.2 应用程序组件——IntentFilter 类简介

当 Intent 在组件之间进行传递时，组件如果需要告知 Android 系统自己能够响应和处理哪些 Intent，就需要使用 IntentFilter 对象。顾名思义，IntentFilter 对象负责过滤掉组件无法响应和处理的 Intent，只将自己关心的 Intent 接收进来进行处理。

IntentFilter 实行“白名单”管理，即只列出组件能接收的 Intent，IntentFilter 只会过滤隐式 Intent，显式的 Intent 会被直接传递到目标组件，一个隐式的 Intent 只有通过了组件的某一个 IntentFilter 的过滤，才可以被组件接收并处理。

如 Activity、Service、Broadcast Receiver 这些组件可以有一个或多个 IntentFilter，每个 IntentFilter 相互独立，只需要通过一个即可。每个 IntentFilter 都是 android.content 包下的 IntentFilter 类的对象，除了用于过滤广播的 IntentFilter 可以在代码中动态创建外，其他组件的 IntentFilter 必须在 AndroidManifest.xml 文件中进行声明。

IntentFilter 中具有与 Intent 对应的用于过滤 Action、Data 和 Category 的字段，一个 Intent 对象要想被一个组件处理，必须通过这 3 个环节的检查。

1. 检查 Action

尽管一个 Intent 只可以设置一种 Action，但一个 IntentFilter 却可以持有一个或多个 Action 用于过滤，到达的 Intent 对象只需要匹配其中一个 Action 即可。但是 IntentFilter 的 Action 部分不可以为空，如果 Action 部分为空则会阻塞掉所有的 Intent。相反，如果 Intent 的 Action 字段未设置，其将通过所有的 IntentFilter 的 Action 检查。

2. 检查 Data

同 Action 一样，IntentFilter 中的 Data 部分也是可以为一个或多个，而且可以没有。每个 Data 包含的内容为 URI 和数据类型，进行 Data 检查时主要也是对这两点进行比较，比较规则如下。

（1）如果 Intent 对象没有设置 Data，只有 IntentFilter 也未做设置时才可通过检查。

（2）如果 Intent 对象只设置了 URI 而没有指定数据类型，只有当其匹配 IntentFilter 的 URI，并且 IntentFilter 也没有设置数据类型时该 Intent 对象才可以通过检查。

（3）如果 Intent 对象只指定了数据类型而没有设置 URI，只有当其匹配 IntentFilter 的数据类型并且也没有设置 URI 时该 Intent 对象才可以通过检查。

（4）如果 Intent 对象既包含 URI 又包含数据类型，只有当其数据类型匹配 IntentFilter 中的数据类型并且通过了 URI 检查时该 Intent 对象才可以通过检查。

3. 检查 Category

IntentFilter 中可以设置多个 Category，检查 Category 时，只有当 Intent 对象中所有的 Category 都匹配 IntentFilter 中的 Category 时该 Intent 对象才可以通过检查，并且 IntentFilter 中的 Category 可以比 Intent 中的 Category 多，但是必须都包含 Intent 对象中所有的 Category。如果一个 Intent 没有设置 Category，则其将通过所有 IntentFilter 的 Category 检查。

IntentFilter 既可以在 AndroidManifest.xml 中声明，也可以在代码中动态创建。如果是在 AndroidManifest.xml 中声明 IntentFilter，需要使用<intent-filter>标记。该标记包含<action>、<data>、<category>子标记，每个子标记中包含的属性以及对应的方法如表 3-8 所列。

表 3-8 <intent-filter>子标记及其属性说明

子 标 记	属 性	说 明	对 应 方 法
<action>	name	字符串，系统预定义或由自己定义	addAction(String)
<category>	name	字符串	addCategory(String)
<data>	mimeType	数据类型，可使用通配符	addDataType(String)
	scheme	这 4 个部分共同组成了 URI，其格式为 scheme://host:port/path，例如 content://wyf.wpf:200/files	addDataScheme(String) addDataAuthority(String) addDataPath(String)
	host		
	port		
	path		

如果一个到来的 Intent 对象通过了不止一个组件（如 Activity、Service 等）的 IntentFilter 的检查，那么系统将会弹出提示，让用户选择激活哪个组件。

3.3.3 示例 1：与 Android 系统组件通信

前面的小节简单介绍了 Intent 类和 IntentFilter 类的相关知识，本节将通过一个小例子来说明其用法，本例使用 Intent 和 IntentFilter 与 Android 系统预定义组件拨号程序进行通信。首先，通过 Intent 调用系统的拨号程序，程序的主要代码如下。

代码位置：见随书光盘中源代码/第 3 章/Sample_3_5/src/wyf/wpf 目录下的 Sample_3_5.java。

```
package wyf.wpf;                                          //声明包
import android.app.Activity;                              //引入相关类
import android.content.Intent;                            //引入相关类
import android.os.Bundle;                                 //引入相关类
import android.view.View;                                 //引入相关类
import android.widget.Button;                             //引入相关类
```

```java
7    //继承自 Activity 的子类
8    public class Sample_3_5 extends Activity{
9      Button btnDial;
10       @Override
11       public void onCreate(Bundle savedInstanceState){        //重写 onCreate 方法
12         super.onCreate(savedInstanceState);
13         setContentView(R.layout.main);                        //设置屏幕显示内容
14         btnDial = (Button)this.findViewById(R.id.btDial);   //获得屏幕上按钮对象引用
15         btnDial.setOnClickListener(                        //为按钮添加单击事件的监听器
16           new  Button.OnClickListener(){
17             @Override
18             public void onClick(View v){                     //重写 onClick 方法
19                 Intent myIntent = new Intent(              //创建 Intent 对象
20                                 Intent.ACTION_DIAL);
21                 //启动 Android 内置的拨号程序
22                 Sample_3_5.this.startActivity(myIntent);
23   }});}}
```

- 代码第 14 行获取屏幕上按钮对象的引用。
- 代码第 15～23 行为按钮添加单击事件的监听器，其中第 18～23 行为重写的 onClick 方法，在其中创建了一个 Intent 并设定其 Action 为 Android 的拨号程序。

以上代码运行后单击按钮前后的屏幕如图 3-5 和图 3-6 所示。

下面继续完善这个程序，在 AndroidManifest.xml 中的<activity>标记中添加如下代码。

代码位置：见随书光盘中源代码/第 3 章/Sample_3_5 目录下的 AndroidManifest.xml。

```xml
<activity android:name="wyf.wpf.Sample_3_5" android:label="@string/app_name">
    ……<!--  省略不必要的代码，读者可以自行查阅随书光盘  -->
    <intent-filter>                                      <!-- 声明一个 IntentFilter -->
        <action android:name="android.intent.action.CALL_BUTTON" />
                                                         <!-- 设定 Action -->
        <category android:name="android.intent.category.DEFAULT" />
                                                         <!-- 设定 Category -->
    </intent-filter>
</activity>
```

> **说明**　上述代码的作用是为 Activity 添加一个 IntentFilter，即该 Activity 将会对系统按下拨号键进行响应。

▲图 3-5　程序运行效果图

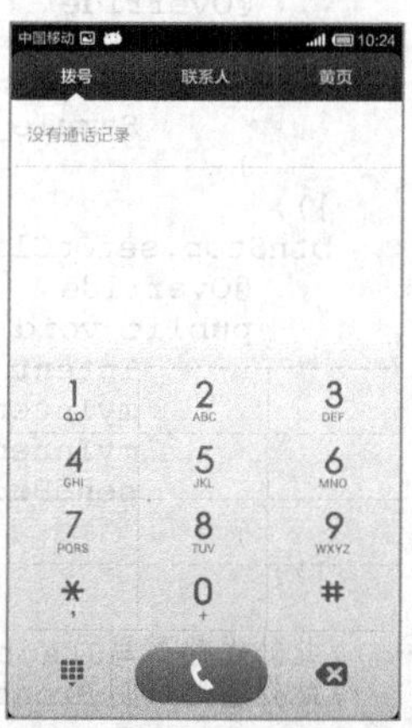

▲图 3-6　单击按钮后调用系统拨号程序

3.3.4　示例 2：应用程序组件间通信示例 Activity 部分的开发

前面的例子主要的功能是通过 Intent 来启动系统的拨号程序，以及在 AndroidManifest.xml 中设置应用程序的 IntentFilter 来使应用程序可以响应手机拨号键按下的行为。下面将会是一个应用程序内部组件之间通过 Intent 和 Broadcast Receiver 组件通信的例子。

本例中在 Activity 组件中通过单击按钮启动一个 Service，Service 将会启动一个线程，该线程的工作是定时产生一个随机数，并将其封装到 Intent 对象中传递给 Activity，Activity 接收到 Intent 后提取其中的信息将其显示到 TextView 控件中。在服务运行的时候，可以单击 Activity 上的停止按钮来停止服务。

首先来开发应用程序的 Activity 部分。Activity 的开发通过以下 3 个步骤来完成。

（1）开发 Activity 的主要代码。在 Activity 中定义引用指向屏幕上的 Button 等控件，并为 Button 添加单击事件的监听器，Activity 的主要代码如下。

代码位置：见随书光盘中源代码/第 3 章/Sample_3_6/src/wyf/wpf 目录下的 Sample_3_6.java。

```
1   package wyf.wpf;                                          //声明包语句
2   import android.app.Activity;                              //引入相关类
3   import android.content.BroadcastReceiver;                 //引入相关类
4   import android.content.Context;                           //引入相关类
5   import android.content.Intent;                            //引入相关类
6   import android.content.IntentFilter;                      //引入相关类
7   import android.os.Bundle;                                 //引入相关类
8   import android.view.View;                                 //引入相关类
9   import android.view.View.OnClickListener;                 //引入相关类
10  import android.widget.Button;                             //引入相关类
11  import android.widget.TextView;                           //引入相关类
12  //继承自 Activity 的子类
13  public class Sample_3_6 extends Activity{
14    public static final int CMD_STOP_SERVICE = 0;
15    Button btnStart;                                        //开始服务 Button 对象应用
16    Button btnStop;                                         //停止服务 Button 对象应用
17    TextView tv;                                            //TextView 对象应用
18    DataReceiver dataReceiver;                              //BroadcastReceiver 对象
19    @Override
20      public void onCreate(Bundle savedInstanceState) {     //重写 onCreate 方法
21          super.onCreate(savedInstanceState);
22          setContentView(R.layout.main);                    //设置显示的屏幕
23          btnStart = (Button)findViewById(R.id.btnStart);
24          btnStop = (Button)findViewById(R.id.btnStop);
25          tv = (TextView)findViewById(R.id.tv);
26            btnStart.setOnClickListener(new OnClickListener(){//为按钮添加单击事件监听
27              @Override
28              public void onClick(View v) {                 //重写 onClick 方法
29                  Intent myIntent = new Intent(Sample_3_6.this, wyf.wpf.MyService.class);
30                  Sample_3_6.this.startService(myIntent);//发送 Intent 启动 Service
31              }
32          });
33          btnStop.setOnClickListener(new OnClickListener(){  //为按钮添加单击事件监听
34              @Override
35              public void onClick(View v){                  //重写 onClick 方法
36                  Intent myIntent = new Intent();           //创建 Intent 对象
37                  myIntent.setAction("wyf.wpf.MyService");
38                  myIntent.putExtra("cmd", CMD_STOP_SERVICE);
39                  sendBroadcast(myIntent);                  //发送广播
40              }
41          });
42      }
43    ……//此处省略重写的 Activity 的 onStart 和 onStop 方法，将在后面的步骤中补全
44    ……//此处省略声明 BroadcastReceiver 子类的代码，将在后面的步骤中补全
45  }
```

- 上述代码声明了 Activity 中按钮等控件的引用，同时重写了 onCreate 方法为控件对象的引用赋值并为按钮的单击事件添加监听器。
- 代码的第 29 行和第 36～38 行分别创建了用于启动和停止 Service 的 Intent 对象，并通过 startService 方法和 sendBroadcast 方法发出去。

（2）服务启动后也会向 Activity 发 Intent，所以 Activity 也必须注册一个 Broadcast Receiver 组件用于接收 Intent，注册之前需要编写实现了 BroadcastReceiver 的子类，下面代码即是来自于步骤（1）中代码第 44 行省略的部分。

代码位置：见随书光盘中源代码/第 3 章/Sample_3_6/src/wyf/wpf 目录下的 Sample_3_6.java。

```
1    private class DataReceiver extends BroadcastReceiver{//继承BroadcastReceiver的子类
2        @Override
3        public void onReceive(Context context, Intent intent){  //重写onReceive方法
4            double data = intent.getDoubleExtra("data", 0);
5            tv.setText("Service的数据为:"+data);    //将收到的数据显示在屏幕上
6    }}
```

说明 实现 Broadcast 组件最重要的是重写 onReceive 方法，上述代码的第 4～5 行从接收到的 Intent 对象中提取出 Extra 部分的信息并将其作为 TextView 的显示内容。

（3）编写好 Broadcast Receiver 组件类的代码后就应该在合适的地方对其进行注册和取消注册了。注册和取消 Broadcast Receiver 组件的代码写在 Activity 的 onStart 和 onStop 方法中，下面代码即是步骤（1）中代码第 43 行省略的部分。

代码位置：见随书光盘中源代码/第 3 章/Sample_3_6/src/wyf/wpf 目录下的 Sample_3_6.java。

```
1    @Override
2    protected void onStart(){                              //重写onStart方法
3        dataReceiver = new DataReceiver();
4        IntentFilter filter = new IntentFilter();          //创建IntentFilter对象
5        filter.addAction("wyf.wpf.Sample_3_6");
6        registerReceiver(dataReceiver, filter);            //注册Broadcast Receiver
7        super.onStart();
8    }
9    @Override
10   protected void onStop(){                               //重写onStop方法
11       unregisterReceiver(dataReceiver);                  //取消注册Broadcast Receiver
12       super.onStop();
13   }
```

说明 上述代码第 5 行定义了 IntentFilter 的 Action 为自定义的字符串，该字符串必须和发送 Intent 时定义的 Action 字符串一致。

3.3.5 示例 3：应用程序组件间通信示例 Service 部分的开发

到这里 Activity 部分的功能已经开发完毕，下面开发 Service 部分的代码，Service 部分的开发主要分为以下 3 个步骤。

（1）在 Service 的 onCreate 方法中进行一些初始化的工作，在 onStartCommand 和 onDestroy 方法中注册和取消注册 Broadcast Receiver 组件。Service 类中的主要代码如下。

代码位置：见随书光盘中源代码/第 3 章/Sample_3_6/src/wyf/wpf 目录下的 MyService.java。

```
package wyf.wpf;                                     //声明包语句
import android.app.Service;                          //引入相关类
import android.content.BroadcastReceiver;            //引入相关类
import android.content.Context;                      //引入相关类
import android.content.Intent;                       //引入相关类
import android.content.IntentFilter;                 //引入相关类
import android.os.IBinder;                           //引入相关类
//继承自Service的子类
public class MyService extends Service{
    CommandReceiver cmdReceiver;                     //继承自BroadcastReceiver的子类
```

```
11      boolean flag;                                  //线程执行的标志位
12      @Override
13      public void onCreate(){                        //重写 onCreate 方法
14            flag = true;                             //线程执行的标志位置为 true
15            cmdReceiver = new CommandReceiver();    //创建 BroadcastReceiver 子类的对象
16            super.onCreate();
17      }
18      @Override
19      public IBinder onBind(Intent intent){                   //重写 onBind 方法
20            return null;
21      }
22      @Override
23      public int onStartCommand(Intent intent,                //重写 onStartCommand 方法
24                        int flags, int startId){
25            IntentFilter filter = new IntentFilter();  //创建 IntentFilter 对象
26            filter.addAction("wyf.wpf.MyService");
27            registerReceiver(cmdReceiver, filter);     //注册 Broadcast Receiver
28            doJob();                                   //调用方法启动线程
29            return super.onStartCommand(intent, flags, startId);
30      }
31      @Override
32      public void onDestroy(){                                //重写 onDestroy 方法
33            this.unregisterReceiver(cmdReceiver);     //取消注册 CommandReceiver
34            super.onDestroy();
35      }
36      ……//此处省略定义 doJob 方法的代码，将在后面的步骤中补全
37      ……//此处省略继承自 BroadcastReceiver 类的 CommandReceiver 类的代码，将在后面的步骤中补全
38  }
```

说明　代码第 26 行 IntentFilter 定义的 Action 为自定义的字符串，其必须和 Activity 端发送 Intent 时设定的 Action 字符串一致。

（2）在步骤（1）中的代码第 28 行调用了 doJob 方法，该方法将启动一个新的线程定时发送 Intent，步骤（1）中代码第 36 行省略的 doJob 方法代码如下。

代码位置：见随书光盘中源代码/第 3 章/Sample_3_6/src/wyf/wpf 目录下的 MyService.java。

```
1   public void doJob(){
2         new Thread(){                                          //新建一个线程
3               public void run(){                               //重写线程的 run 方法
4                     while(flag){
5                           try{                                 //睡眠一段时间
6                                 Thread.sleep(1000);
7                           }
8                           catch(Exception e){
9                                 e.printStackTrace();           //捕获并打印异常
10                          }
11                          Intent intent = new Intent();        //创建 Intent 对象
12                          intent.setAction("wyf.wpf.Sample_3_6");
13                          intent.putExtra(                     //以 data 为键以随机数为值
14                                "data", Math.random());
15                          sendBroadcast(intent);               //发送广播
16                    }}
17        }.start();
18  }
```

- 在新启动的线程中，每隔 1s 就向 Activity 发一个 Intent，并将其 Action 设置为"wyf.wpf.Sample_3_6"，与 Activity 注册的 IntentFilter 中所包含的 Action 字符串对应。
- 代码第 13 行和第 14 行产生一个随机数并将其赋值给 Intent 的 Extra 部分，代码第 15 行调用 sendBroadcast 方法将广播发出。

（3）为了让 Activity 可以启动和停止 Service，必须为 Service 注册 Broadcast Receiver 组件，需要开发继承自 BroadcastReceiver 的子类，步骤（1）中代码第 37 行省略的代码如下。

代码位置：见随书光盘中源代码/第 3 章/Sample_3_6/src/wyf/wpf 目录下的 MyService.java。

```
1    private class CommandReceiver extends                 //继承自 BroadcastReceiver 的子类
2              BroadcastReceiver{
3         @Override
4         public void onReceive(Context context, Intent intent){//重写 onReceive 方法
5              int cmd = intent.getIntExtra("cmd", -1);   //获取 Extra 信息
6              if(cmd == Sample_3_6.CMD_STOP_SERVICE){    //如果发来的消息是停止服务
7                   flag = false;                         //停止线程
8                   stopSelf();                           //停止服务
9    }}}
```

说明 代码第 5 行从 Intent 对象中的 Extra 部分提取出以 cmd 为键的值，并判断是否为停止服务的消息，如果是则设线程执行标志位为 false 并调用 stopSelf 方法停止服务。

程序运行后未启动服务时程序界面如图 3-7 所示，服务正在运行时程序界面如图 3-8 所示。

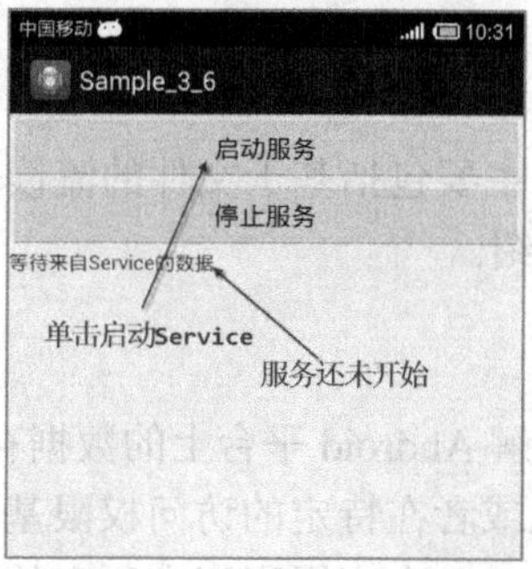

▲图 3-7 未启动服务时程序界面

▲图 3-8 服务运行时程序界面

需要注意的是，开发完 Activity 和 Service 部分的代码，还需要在 AndroidManifest.xml 文件中对组件进行声明，对于 Service，如果希望其在 Activity 退出后还能继续运行，需要在<service>标记中添加如下内容。

代码位置：见随书光盘中源代码/第 3 章/Sample_3_6 目录下的 AndroidManifest.xml。

```
……//省略掉不必要的代码，读者可以自行查阅随书光盘
<service android:name=".MyService"         <!-- 让 Service 运行在远端进程中 -->
     android:process=":remote" >
……//省略掉不必要的代码，读者可以自行查阅随书光盘
```

这样就可以保证当管理并运行 Activity 等组件的主线程停止后，Service 仍然可以继续在后台运行。

3.4 小结

本章主要介绍了 Android 应用程序交互式通信的原理，首先介绍了 Android 应用程序的基本组件及程序中各线程和各组件之间是如何进行通信的，利用这些交互式通信机制，就可以开发出功能各异的 Android 应用程序。

第 4 章　Android 游戏开发中的数据存储和传感器

本章将向读者介绍 Android 平台下的应用程序如何对数据进行存储和读取，这些知识对于开发一个功能完备的应用程序非常有必要。同时，本章还将简单介绍 Android 平台的一个特色——传感器的相关知识，读者可以使用传感器开发出各种新奇的应用。

4.1 在 Android 平台上实现数据存储

本节将会对 Android 平台上的数据存取方式做简单介绍，主要包括基于文件的流读取、轻量级数据库 SQLite、Content Provider，以及 Preference 的应用介绍。

4.1.1　私有文件夹文件的写入与读取

在介绍如何在 Android 平台上进行文件读取之前，有必要了解 Android 平台上的数据存储规则。在其他的操作系统，如 Windows 平台上，应用程序可以自由地或者在特定的访问权限基础上访问或修改其他应用程序名下的文件等资源，而在 Android 平台上，一个应用程序中所有的数据都是私有的，只对自己是可见的。

当应用程序被安装到系统中后，其所在的包会有一个文件夹用于存放自己的数据，仅这个应用程序才具有对这个文件夹的写入权限，这个私有文件夹位于 Android 系统的/data/data/<应用程序包名>目录下，其他的应用程序都无法在这个文件夹中写入数据。除了存放私有数据的文件夹外，应用程序也具有 SD 卡的写入权限。

使用文件 I/O 方法可以直接往手机中储存数据，默认情况下，这些文件不可以被其他的应用程序访问。Android 平台支持 Java 平台下的文件 I/O 操作，主要使用 FileInputStream 和 FileOutputStream 这两个类来实现文件的存储与读取。获取这两个类对象的方式有两种。

- 第一种方式就是像 Java 平台下的实现方式一样，通过构造器直接创建，如果需要向打开的文件末尾写入数据，可以通过使用构造器 FileOutputStream（File file,boolean append）将 append 设置为 true 来实现。需要注意的是，采用这种方式获得 FileOutputStream 对象时，如果文件不存在或不可以写入，程序会抛出 FileNotFoundException 异常。
- 第二种获取 FileInputStream 和 FileOutputStream 对象的方式是调用 Context.openFileInput 和 Context.openFileOutput 两个方法来创建。除了这两个方法外，Context 对象还提供了其他几个用于对文件操作的方法，如表 4-1 所列。

表 4-1　Context 对象中文件操作的 API 及说明

方 法 名	说　明
openFileInput(String filename)	打开应用程序私有目录下的指定私有文件以读入数据，返回一个 FileInputStream 对象
openFileOutput(String name,int mode)	打开应用程序私有目录下的指定私有文件以写入数据，返回一个 FileOutputStream 对象，如果文件不存在就创建这个文件

续表

方 法 名	说 明
fileList()	搜索应用程序私有文件夹下的私有文件，返回所有文件名的 String 数组
deleteFile(String fileName)	删除指定文件名的文件，成功返回 true，否则返回 false

在使用 openFileOutput 方法打开文件用以写入数据时，需要指定打开模式。默认为零，即 MODE_ PRIVATE。不同的模式对应的含义如表 4-2 所列。

表 4-2 openFileOutput 方法打开文件时的模式

常 量	含 义
MODE_PRIVATE	默认模式，文件只可以被调用该方法的应用程序访问
MODE_APPEND	如果文件已存在就向该文件的末尾继续写入数据，而不是覆盖原来的数据
MODE_WORLD_READABLE	赋予所有的应用程序对该文件读的权限
MODE_WORLD_WRITEABLE	赋予所有的应用程序对该文件写的权限

下面通过一个例子来说明 Android 平台上的文件 I/O 操作方式，本例主要的功能是在应用程序私有的数据文件夹下创建一个文件，并读取其中的数据显示到屏幕的 TextView 中。本例中应用程序的开发分为以下 4 个步骤。

（1）首先，在应用程序的布局文件 main.xml 中声明屏幕中要显示的 TextView 控件，其代码如下。

代码位置：见随书光盘中源代码/第 4 章/Sample_4_1/res/layout 目录下的 main.xml。

```
1   <?xml version="1.0" encoding="utf-8"?>
2   <LinearLayout xmlns:android="http://schemas.android.com/apk/res/android"
3       android:orientation="vertical"
4       android:layout_width="fill_parent" android:layout_height="fill_parent"
5       >                              <!-- 声明一个 LinearLayout 线性布局 -->
6     <TextView android:id="@+id/tv"
7       android:layout_width="fill_parent" android:layout_height="wrap_content"
8       />                             <!-- 声明一个 TextView 控件，id 为 tv -->
9   </LinearLayout>
```

说明 默认情况下，当新建一个工程时，会在 main.xml 中自动声明一个 TextView，不过该 TextView 是没有 ID 的，所以需要添加第 6 行的代码进行 ID 的声明。

（2）Activity 主要代码的开发。在 Activity 中主要进行的工作是，调用自己开发的文件写入和读取方法来获得数据信息，并将其内容显示在 TextView 中，其主要的代码如下。

代码位置：见随书光盘中源代码/第 4 章/Sample_4_1/src/wyf/wpf 目录下的 Sample_4_1.java。

```
package wyf.wpf;                                          //声明包语句
import java.io.FileInputStream;                           //引入相关类
import java.io.FileOutputStream;                          //引入相关类
import org.apache.http.util.EncodingUtils;                //引入相关类
import android.app.Activity;                              //引入相关类
import android.os.Bundle;                                 //引入相关类
import android.widget.TextView;                           //引入相关类
//继承自 Activity 的子类
public class Sample_4_1 extends Activity {
    public static final String ENCODING = "UTF-8";        //常量，为编码格式
    String fileName = "test.txt";                         //文件的名称
    String message = "你好，这是一个关于文件 I/O 的示例。";  //写入和读出的数据信息
    TextView tv;                                          //TextView 对象引用
     @Override
     public void onCreate(Bundle savedInstanceState) {    //重写 onCreate 方法
```

```
16          super.onCreate(savedInstanceState);
17          setContentView(R.layout.main);                  //设置当前屏幕
18        writeFileData(fileName, message);                 //创建文件并写入数据
19          String result = readFileData(fileName);         //根据 id 获取 TextView 对象
                                                            //的引用
20          tv = (TextView)findViewById(R.id.tv);           //设置 TextView 的内容
21          tv.setText(result);                             //获得从文件读入的数据
22      }
23    ……//此处省略 writeFileData 方法的代码，将在后面的步骤补全
24    ……//此处省略 readFileData 方法的代码，将在后面的步骤补全
25  }
```

- 程序的第 10 行定义了一个常量“ENCODING”，该常量代表编码格式，在随后的读入文件数据并转换成字符串对象时会用到。
- 代码第 11～12 行为需要操作的文件名和要写入的数据信息。
- 代码 18～19 行分别调用了 writeFileData 和 readFileData 方法用于向文件中写入数据和从文件中读取数据，在下面的步骤中将会编写这两个方法的具体代码。

（3）编写对文件进行写入的方法代码，步骤（1）代码第 23 行省略的 writeFileData 方法的代码如下。

```
//方法：向指定文件中写入指定的数据
public void writeFileData(String fileName,String message){
  try{
    FileOutputStream fout = openFileOutput(fileName, MODE_PRIVATE);
                                              //获得 FileOutputStream
    byte [] bytes = message.getBytes();       //将要写入的字符串转换为 byte 数组
    fout.write(bytes);                        //将 byte 数组写入文件
    fout.close();                             //关闭 FileOutputStream 对象
  }
  catch(Exception e){
    e.printStackTrace();                      //捕获异常并打印
  }
}
```

说明　writeFileData 方法所做的工作比较简单，其接收表示文件名和数据信息的字符串，通过 Context.openFileOutput 方法打开输出流，将字符串转换成 byte 数组写入文件。

（4）最后来编写从文件中读取数据的 readFileData 方法的代码，该方法在 Activity 的 onCreate 方法中被调用，下面代码即是步骤（1）中代码中第 24 行省略的 readFileData 方法的代码。

```
1   //方法：打开指定文件，读取其数据，返回字符串对象
2   public String readFileData(String fileName){
3     String result="";
4       try{
5           FileInputStream fin = openFileInput(fileName);
                                              //获得 FileInputStream 对象
6           int length = fin.available();     //获取文件长度
7           byte [] buffer = new byte[length]; //创建 byte 数组用于读入数据
8           fin.read(buffer);                 //将文件内容读入到 byte 数组中
9           result = EncodingUtils.getString(buffer, ENCODING);
                                              //将 byte 数组转换成指定格式的字符串
10      fin.close();                          //关闭文件输入流
11      }
12      catch(Exception e){
13          e.printStackTrace();              //捕获异常并打印
14      }
15      return result;                        //返回读到的数据字符串
16  }
```

- 代码第 5 行调用 Context.openFileInput 打开指定文件名的文件，获取 FileInputStream 对象，并在第 6 行调用其 available 方法获取文件的字节数。available 方法返回文件输入流中从当前位置

算起所剩的字节数。

- 代码第 7 行根据获取的字节数创建一个与之大小相等的 byte 数组，在第 8 行通过调用 FileInputStream 的 read 方法将文件中的数据读入到 byte 数组中。
- 代码第 9 行调用了 EncodingUtils 类的静态方法 getString，将接收到的 byte 转换成指定编码格式的字符串。EncodingUtils 中封装了用于字符串编码的一些静态方法。

程序运行后界面如图 4-1 所示。本例采用的是调用 Context 的 openFileInput 和 openFileOutput 方法来获取文件的输入/输出流对象，读者也可以采用构造器的方式来获取文件的输入/输出流对象，在此不再赘述。

▲图 4-1 程序运行界面

4.1.2 读取 Resources 和 Assets 中的文件

在 Android 平台上，除了对应用程序的私有文件夹中的文件进行操作之外，还可以从资源文件和 Assets 中获得输入流读取数据，这些文件分别存放在应用程序的 res/raw 目录和 assets 目录下，这些文件将会在编译的时候和其他文件一起被打包。

需要注意的是，来自 Resources 和 Assets 中的文件只可以读取而不能够进行写操作，下面就通过一个例子来说明如何从 Resource 和 Assets 中的文件中读取信息。首先，分别在 res/raw 和 assets 目录下新建两个文本文件“test1.txt”和“test2.txt”用以读取。

为避免字符串转码带来的麻烦，可以将这两个文本文件的编码格式设置为 UTF-8。设置编码格式的方法有多种，比较简单的一种是用 Windows 的记事本打开文本文件，在另存为对话框中的编码格式中选择“UTF-8”，如图 4-2 所示。

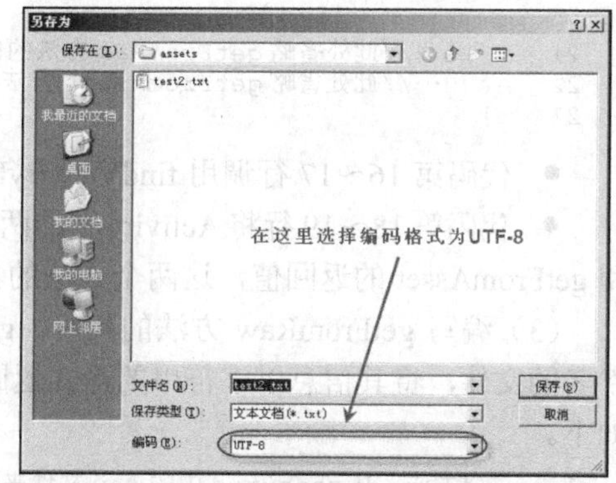

▲图 4-2 在记事本的另存为对话框中选择编码格式

设置好文件的编码格式后，就可以开发源代码了，本例中的程序只包含一个 Activity，其开发步骤如下。

（1）首先，在应用程序的 main.xml 中声明两个 TextView 控件，具体代码如下。

代码位置：见随书光盘中源代码/第 4 章/Sample_4_2/res/layout 目录下的 main.xml。

```
<?xml version="1.0" encoding="utf-8"?>
<LinearLayout xmlns:android="http://schemas.android.com/apk/res/android"
    android:orientation="vertical"
    android:layout_width="fill_parent" android:layout_height="fill_parent"
    >                                   <!-- 声明一个 LinearLayout 线性布局 -->
  <TextView android:id="@+id/tv1"
    android:layout_width="fill_parent" android:layout_height="wrap_content"
    />                                  <!-- 声明一个 TextView 控件，id 为 tv1 -->
    <TextView android:id="@+id/tv2"
    android:layout_width="fill_parent" android:layout_height="wrap_content"
    />                                  <!-- 声明一个 TextView 控件，id 为 tv2 -->
</LinearLayout>
```

说明 上述代码声明了 2 个 TextView 控件，将来在程序中将会分别显示读取自 res/raw 目录下的和读取自 assets 目录下的文件数据。

（2）开发 Activity 的主要代码。Activity 的主要功能是调用方法分别读取来自 res/raw 目录下和 assets 目录下的文件的数据。其主要代码如下。

代码位置：见随书光盘中源代码/第 4 章/Sample_4_2/src/wyf/wpf 目录下的 Sample_4_2.java。

```
1   package wyf.wpf;                                          //声明包语句
2   import java.io.InputStream;                               //引入相关类
3   import org.apache.http.util.EncodingUtils;                //引入相关类
4   import android.app.Activity;                              //引入相关类
5   import android.os.Bundle;                                 //引入相关类
6   import android.widget.TextView;                           //引入相关类
7   //继承自 Activity 的子类
8   public class Sample_4_2 extends Activity {
9     public static final String ENCODING = "UTF-8";          //常量，代表编码格式
10    TextView tv1;                                           //TextView 的引用
11    TextView tv2;                                           //TextView 的引用
12      @Override
13      public void onCreate(Bundle savedInstanceState) {
14          super.onCreate(savedInstanceState);
15          setContentView(R.layout.main);                    //设置显示屏幕
16          tv1 = (TextView)findViewById(R.id.tv1);
17          tv2 = (TextView)findViewById(R.id.tv2);
18          tv1.setText(getFromRaw("test1.txt"));             //将 tv1 的显示内容设置为
                                                              //Resource 中的 raw 文件夹的文件
19          tv2.setText(getFromAsset("test2.txt"));           //将 tv2 的显示内容设置为 Asset
                                                              //中的文件
20      }
21    ……//此处省略 getFromRaw 方法的代码
22    ……//此处省略 getFromAsset 方法的代码
21  }
```

- 代码第 16～17 行调用 findViewById 方法获得屏幕上两个 TextView 控件的对象引用。
- 代码第 18～19 行将 Activity 中的两个 TextView 的显示内容设置为了两个方法 getFromRaw 和 getFromAsset 的返回值，这两个方法的具体代码将在后面的步骤中详细介绍。

（3）编写 getFromRaw 方法的代码。getFromRaw 方法的功能是从 res/raw 目录下读取指定文件名的文件，将其信息以字符串的形式返回，其代码为步骤（1）中第 21 行省略掉的部分，代码如下。

```
1   //方法：从 resource 中的 raw 文件夹中获取文件并读取数据
2   public String getFromRaw(String fileName){
3       String result = "";
4           try{
5            InputStream in = getResources().openRawResource(R.raw.test1);
                                                              //从 raw 中的文件获取输入流
6            int length = in.available();                     //获取文件的字节数
7            byte [] buffer = new byte[length];               //创建 byte 数组
8            in.read(buffer);                                 //将文件中的数据读取到 byte 数组中
9            result = EncodingUtils.getString(buffer, ENCODING);
                                                              //将 byte 数组转换成指定格式的字符串
10          }
11          catch(Exception e){
12           e.printStackTrace();                             //捕获异常并打印
13          }
14      return result;
15    }
```

- 代码第 5 行通过调用 Resources 的.openRawResource 方法从 raw 目录下的指定文件获取 InputStream 对象。
- 程序的第 6～9 行与 4.1.1 小节的代码比较类似，都是先获取文件的字节数，然后创建相同长度的 byte 数组，并将输入流中的数据读入到 byte 数组中，最后通过指定的编码格式将 byte 数组转换为字符串并将其返回。

（4）编写 getFromAsset 方法的代码。在步骤（1）代码中第 22 行省略的 getFromAsset 方法的代码与 getFromRaw 方法类似，只是获取输入流对象 InputStream 的方式不同，将步骤（2）代码的第 5 行改为以下代码就是 getFromAsset 方法的代码了。

```
InputStream in = getResources().getAssets().open(fileName);//从 Assets 中的文件获
                                                            //取输入流
```

程序运行后，会通过这两个方法读取文件中的数据显示到屏幕上，如图 4-3 所示。

4.1.3 轻量级数据库 SQLite 简介

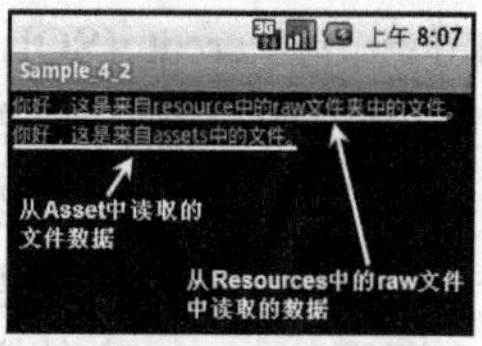

▲图 4-3 程序运行后效果图

SQLite 是一款开源的嵌入式数据库引擎，其对多数的 SQL92 标准都提供了支持。相比于同样开源的 MySQL 和 PostgreSQL 来说，SQLite 具有以下独特的地方。

（1）处理速度快。传统的数据库引擎采用的是客户端-服务端的访问方式，SQLite 的数据库引擎嵌入到程序中作为其一部分，所以运行的速度要快很多。

（2）占用资源少。SQLite 源代码总共不到 3 万行，运行时所占内存不超过 250KB，而且不需要安装部署，并支持多线程访问。

（3）SQLite 中所有的数据库信息，如表、索引等全部集中存放在一个文件中，SQLite 支持事务，在开始一个新事务时会将整个数据库文件加锁。

（4）支持 Windows、Linux 等主流操作系统，可以采用多种语言进行操作，如 Java、PHP 等。

总之，SQLite 的这些特性都非常适合作为移动设备的数据存储。Android 平台提供了对创建和使用 SQLite 数据库的支持，其装载了 SQLite3 组件，任何一个 SQLite 数据库对于创建该数据库的应用程序来说都是私有的，SQLite 的数据库文件位于/data/data/package-name/databases 目录下。

下面介绍在 Android 平台上如何对 SQLite 数据库进行操作，本书把对数据库的操作分成了 3 个步骤，分别是创建数据库对象、操作数据和检索数据。

1．创建数据库对象

要想对数据库进行操作，首先要获得 SQLiteDatabase 对象，SQLiteDatabase 类提供了一些静态方法用于创建或打开一个数据库。这些方法及说明如表 4-3 所列。

表 4-3 SQLiteDatabase 类提供的创建或打开数据库的方法

方 法	说 明
openDatabase(String path,SQLiteDatabase.CusorFactory factory,int flags)	以指定的模式打开指定路径名的数据库文件，使用指定的 Cusor 对象用于在查询中返回，如果传入 null 则使用默认
openOrCreateDatabase(File file, SQLiteDatabase.CusorFactory factory)	相当于 openDatabase(file.getPath(),factory, CREATE_IF_NECESSARY)
openOrCreateDatabase(String path, SQLiteDatabase.CusorFactory factory)	相当于 openDatabase(path,factory, CREATE_IF_NECESSARY)

其中 openDatabase 方法中可以通过参数 flags 指定打开的模式，不同的模式及其说明如表 4-4 所列。

表 4-4 openDatabase 可指定的打开模式及其说明

模 式 名 称	说 明
OPEN_READONLY	打开数据库的方式为只读
OPEN_READWRITE	打开数据库的方式为可读/可写
CREATE_IF_NECESSARY	如果指定的数据库文件不存在，就创建新的数据库
NO_LOCALIZED_COLLAORS	打开数据库时，不对数据进行基于本地化语言的排序

同在 4.1.1 小节文件 I/O 操作类似，Context 对象也提供了用于打开数据库的方法：openOrCreate Database (Sting name,int mode,SQLiteDatabase.CursorFactory factory)，该方法打开/创建指定名称的

数据库文件，不过这里传入的 mode 并不是表 4-4 中的几种模式之一，而是 4.1.1 小节中表 4-2 中的几种模式之一。

除了基于文件系统的数据库外，在 Android 中还可以创建内存数据库。调用 SQLiteDatabase 的静态方法 create(SQLiteDatabase.CursorFactory factory)创建内存数据库，如果对数据库的操作速度要求较高，可以考虑采用内存数据库来实现。

除了上述几种创建或打开数据库的方式外，在实际开发过程中，为方便起见，还可以开发一个数据库辅助类来创建或打开数据库，这个辅助类继承自 SQLiteOpenHelper 类，在该类的构造器中，调用 Context 中的方法创建并打开一个指定名称的数据库对象。继承和扩展 SQLiteOpenHelper 类主要做的工作就是重写以下两个方法。

onCreate(SQLiteDatabase db)：当数据库被首次创建时执行该方法，一般将创建表等初始化操作放在该方法中执行。

onUpgrade(SQLiteDatabase dv,int oldVersion,int newVersion)：当打开数据库时传入的版本号与当前版本号不同时会调用该方法。

说明　除了上述两个实现的方法外，还可以选择性地使用 onOpen 方法，该方法会在每次打开数据库时被调用。

SQLiteOpenHelper 类的基本用法是，当需要创建或打开一个数据库并获得数据库对象时，首先根据指定的文件名创建一个辅助对象，然后调用该对象的 getWritableDatabase 或 getReadable Database 方法获得 SQLiteDatabase 对象。

提示　调用 getReadableDatabase 方法返回的并不总是只读的数据库对象，一般来说该方法和 getWritableDatabase 方法的返回情况相同，只有在数据库仅开放只读权限或磁盘已满时才会返回一个只读的数据库对象。

2. 操作数据

对数据库的操作一般来讲就是增、删、改、查，SQLiteDatabase 类提供了很多方法用来对数据库进行操作，其中既含有直接接收 SQL 语句作为执行参数的方法，也含有专门用于增、删、改、查的方法。常用的数据库操作方法如表 4-5 所列。

表 4-5　**常用的数据库操作方法及参数说明**

方　法	方法说明	参数说明
(1) void execSQL(String sql) (2) void execSQL(String sql,Object[] bindArgs)	执行指定的 SQL 语句，不可以为查询语句，不可以传入以“;”隔开的多条 SQL 语句	sql：要执行的 SQL 语句 bindArgs：将来替换 SQL 表达式中“?”的参数列表，目前只支持 byte 数组、String、long 和 double 类型
(1) long insert (String table,String nullColumnHack, ContentValues values) (2) long insertOrThrow (String table,String nullColumnHack, ContentValues values)	向表中插入一行数据，返回插入行的 id。 方法 insertOrThrow 会抛出 SQLException 异常	table：要操作的表名 nullColumnHack：如果传入的 values 参数为 null 或空时，该参数所指定的列将会被赋值为 NULL 插入到表中 values：要插入的数据以“列名-列值”的键值对方式封装到 ContentValues 对象中
int update (String table,ContentValues values, String whereClause,String[] whereArgs)	向表中更新数据，返回更新的行数	table：要操作的表名 values：更新后的“列名-列值”的键值对 whereClause：指明更新位置的 where 子句，如果为 null 则更新表中所有行 whereArgs：将来用于替换 whereClause 中“?”的参数列表

续表

方　法	方法说明	参数说明
int delete (String table,String whereClause, String[] whereArgs)	删除表中满足指定条件的行，返回删除的个数	table：要操作的表名 whereClause：指明删除位置的 where 子句，如果传入“1”则会删除表中所有的行 whereArgs：将来用于替换 whereClause 中的“?”的参数列表

3. 检索数据

对数据的检索涉及的内容稍微多一些，所以在此单独介绍。SQLiteDatabase 中提供了直接解析 SQL 语句的查询方法和专门用于查询的方法，这些方法及说明如表 4-6 所列。

表 4-6　　　　用于查询数据的方法及说明

方　法	方法说明	参数说明
（1）Cursor rawQuery(String sql,String [] args) （2）Cursor rawQueryWithFactory(SQLiteDatabase .CursorFactory factory,String sql,String [] args, String editable)	执行指定的 SQL 查询语句，返回 Cursor 对象作为查询结果	sql：要执行的 SQL 查询语句 args：用于替换 SQL 查询语句中“?”的参数列表 factory：构造 Cursor 对象时所使用的 CursorFactory 对象，为 null 则使用默认 editTable：首个可编辑表的名称
（1）Cursor query(boolean distinct,String table, String[] columns,String selection,String[] selectionArgs, String groupBy,String having, String orderBy,String limit) （2）Cursor query (String table,String[] columns, String selection,String[] selectionArgs,String groupBy,String having,String orderBy) （3）Cursor query(String table,String[] columns, String selection,String[] selectionArgs,String groupBy, String having,String orderBy,String limit) （4）Cursor queryWithFactory(SQLiteDatabase. CursorFactory cursorFactory,boolean distinct, String table,String[] columns,String selection, String[] selectionArgs,String groupBy,String having,String orderBy,String limit)	查询指定的表，返回 Cursor对象作为查询结果	distinct：是否要求每一行具有唯一性，true 表示要求 table：要操作的表名 columns：指明查询结果中需要返回的列，如果传入 null 则返回所有列 selection：对应 SQL 语句中 where 子句，指明查询结果需要返回的行数，传入 null 会返回所有行 selectionArgs：用于替换 selection 参数中的“?”的参数列表 groupBy：对应SQL 语句中的group by 子句，对查询结果分组，传入 null 表示不分类 having：对应 SQL 语句中的 having 子句，需要与 groupBy 参数配合使用，传入 null 表示不对分组结果附加条件 orderBy：对应 SQL 语句中的 order by 语句，传入 null 为默认排序 limit：对应 SQL 语句中的 limit 语句，对查询返回的行数进行限制，传入 null 表示不作限制

> **说明**　表 4-6 列出的一系列的 query 方法，其实是将 SQL 语句进行分解，让整个 SQL 语句的每个部分和子句都独立出来作为供调用者选择的参数。需要注意，如果这些参数对应 SQL 中的某个子句，在传入参数的时候不应该包含这些子句的关键字，如 selection 参数中不应该包含“where”关键字。

4.1.4　SQLite 的使用示例

前面的小节简单介绍了 SQLite 的相关知识，本小节将会举一个简单的例子来说明 SQLite 的用法。本例中使用数据库的辅助类创建和打开数据库，并在 Activity 中调用方法对数据库进行插入、更新和查询等操作，整个程序分以下 4 个步骤来完成。

（1）首先，在应用程序的 main.xml 中声明 TextView 控件。

代码位置：见随书光盘中源代码/第 4 章/Sample_4_3/res/layout 目录下的 main.xml。

```
1  <?xml version="1.0" encoding="utf-8"?>
2  <LinearLayout xmlns:android="http://schemas.android.com/apk/res/android"
3      android:orientation="vertical"
4      android:layout_width="fill_parent" android:layout_height="fill_parent"
5      >                     <!-- 声明一个 LinearLayout 线性布局 -->
6    <TextView android:id="@+id/tv"
7            android:layout_width="fill_parent" android:layout_height="wrap_content"
8      />                    <!-- 声明一个 TextView 控件，id 为 tv -->
9  </LinearLayout>
```

> **说明**　代码第 6～8 行声明的 TextView 控件将会在程序中负责显示从数据库中检索到的信息。

（2）创建数据库的辅助类。该类继承自 SQLiteOpenHelper 类，并将重写其 onCreate 等方法，其代码如下。

代码位置：见随书光盘中源代码/第 4 章/Sample_4_3/src/wyf/wpf 目录下的 MySQLiteHelper. java。

```
1   package wyf.wpf;                                              //声明包语句
2   import android.content.Context;                               //引入相关类
3   import android.database.sqlite.SQLiteDatabase;                //引入相关类
4   import android.database.sqlite.SQLiteOpenHelper;              //引入相关类
5   import android.database.sqlite.SQLiteDatabase.CursorFactory;  //引入相关类
6   //继承自 SQLiteOpenHelper 的子类
7   public class MySQLiteHelper extends SQLiteOpenHelper{
8       public MySQLiteHelper(Context context, String name, CursorFactory factory,
9               int version) {
10          super(context, name, factory, version);               //调用父类的构造器
11      }
12      @Override
13      public void onCreate(SQLiteDatabase db) {                 //重写 onCreate 方法
14          db.execSQL("create table if not exists hero_info("   //调用 execSQL 方法
                                                                  //创建表
15                  + "id integer primary key,"
16                  + "name varchar,"
17                  + "level integer)");
18      }
19      ……//在此省略重写的 onUpgrade 方法，读者可以自行查阅随书光盘
20  }
```

- 代码第 10 行调用了父类的构造器创建或打开数据库文件。
- 代码第 13～18 行为重写的 onCreate 方法，在该方法中创建了一张名为“hero_info”的表，表中有“id”、“name”和“level”3 个字段。onCreate 方法在第一次创建数据库文件时被调用。
- 代码第 14 行调用了 execSQL 方法，需要注意的是，传入的 SQL 语句字符串中不需要加上分号。

（3）开发 Activity 部分的代码。创建完数据库的辅助对象后，就需要在 Activity 中开发针对数据库具体操作的方法了，Activity 中主要代码如下。

代码位置：见随书光盘中源代码/第 4 章/Sample_4_3/src/wyf/wpf 目录下的 Sample_4_3.java。

```
package wyf.wpf;                        //声明包语句
import android.app.Activity;            //引入相关类
import android.content.ContentValues;   //引入相关类
import android.database.Cursor;         //引入相关类
```

```
5    import android.database.sqlite.SQLiteDatabase;          //引入相关类
6    import android.os.Bundle;                               //引入相关类
7    import android.widget.TextView;                         //引入相关类
8    //继承自 Activity 的子类
9    public class Sample_4_3 extends Activity {
10     MySQLiteHelper myHelper;                              //数据库辅助类对象的引用
11     TextView tv;                                          //TextView 对象的引用
12     @Override
13      public void onCreate(Bundle savedInstanceState) {
14          super.onCreate(savedInstanceState);
15          setContentView(R.layout.main);                   //设置显示的屏幕
16          tv = (TextView)findViewById(R.id.tv);            //获得 TextView 对象的引用
17          myHelper = new MySQLiteHelper(this, "my.db", null,1);
                                                             //创建数据库辅助类对象
18          insertAndUpdateData(myHelper);                   //向数据库中插入和更新数据
19          String result = queryData(myHelper);             //向数据库中查询数据
20          tv.setText("名字\t 等级\n"+result);               //将查询到的数据显示到屏幕上
21      }
22    ……//在此省略 insertAndUpdateData 方法的代码，将在随后补全
23    ……//在此省略 queryData 方法的代码，将在随后补全
24    @Override
25    protected void onDestroy () {
26        SQLiteDatabase db = myHelper.getWritableDatabase(); //获取数据库对象
27        db.delete("hero_info", "1", null);
                                              //删除 hero_info 表中的所有数据
28        super. onDestroy ();
29      }
30   }
```

- 代码第 17 行创建了数据库的辅助对象，其主要的作用是，在随后的代码中通过调用 getWritable Database 或 getReadableDatabase 方法来获得数据库对象。
- 代码第 25～29 行重写了 onDestroy 方法，即在程序退出时删除 hero_info 表中所有的数据。

（4）编写 insertAndUpdateData 和 queryData 方法的代码。在步骤（2）中的代码第 18 行和第 19 行分别调用了 insertAndUpdateData 和 queryData 方法，这两个方法的功能是对数据库进行各种操作，其代码如下。

```
//方法：向数据库中的表中插入和更新数据
public void insertAndUpdateData(MySQLiteHelper myHelper){
     SQLiteDatabase db = myHelper.getWritableDatabase(); //获取数据库对象
     //使用 execSQL 方法向表中插入数据
     db.execSQL("insert into hero_info(name,level) values('Hero1',1)");
     //使用 insert 方法向表中插入数据
     ContentValues values = new ContentValues();
                                    //创建 ContentValues 对象存储“列名-列值”映射
     values.put("name", "hero2");
     values.put("level", 2);
     db.insert("hero_info", "id", values);          //调用方法插入数据
     //使用 update 方法更新表中的数据
     values.clear();                                //清空 ContentValues 对象
     values.put("name", "hero2");
     values.put("level", 3);
     db.update("hero_info", values, "level = 2", null);
                                                    //更新表中 level 为 2 的那行数据
     db.close();                                    //关闭 SQLiteDatabase 对象
}
//方法：从数据库中查询数据
public String queryData(MySQLiteHelper myHelper){
     String result="";
     SQLiteDatabase db = myHelper.getReadableDatabase();       //获得数据库对象
     Cursor cursor = db.query("hero_info", null, null, null, null, null, "id asc");
                                                               //查询表中数据
     int nameIndex = cursor.getColumnIndex("name");            //获取 name 列的索引
     int levelIndex = cursor.getColumnIndex("level");          //获取 level 列的索引
     for(cursor.moveToFirst();!(cursor.isAfterLast());cursor.moveToNext()){
                                                         //遍历结果集，提取数据
          result = result + cursor.getString(nameIndex)+"     ";
```

```
27              result = result + cursor.getInt(levelIndex)+"     \n";
28          }
29          cursor.close();                                         //关闭结果集
30          db.close();                                             //关闭数据库对象
31          return result;
32      }
```

- 代码第 5、第 10 行分别采用不同的方式向表中插入数据，而代码第 15 行通过调用 update 方法将之前插入 level 为 2 的那行数据进行修改。
- 代码第 22 行调用了 query 方法对表进行查询，由于传入的各项条件（如 where 等子句）都为 null，该方法返回的将是表中的所有行，返回的结果按 id 列的升序排列。
- 代码第 25 行是对查询返回的 Cursor 对象进行遍历的代码，moveToFirst 方法将 Cursor 移动到数据的第一行，isAfterLast 方法判断 Cursor 是否已经位于最后一行之后，moveToNext 方法将 Cursor 移动到下一行。
- 代码第 29 行和第 30 行分别调用 Cursor 和 SQLiteDatabase 的 close 方法将其关闭。程序运行后如图 4-4 所示。

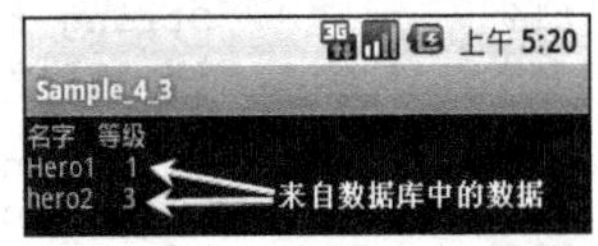

▲图 4-4　程序运行效果图

> **提示**　由于本例中只是说明 SQLite 的用法，所以数据库中涉及的表名、列名并没有使用将其定义为常量的做法，建议读者在开发的过程中将这些信息定义为常量，这样代码的可读性和可维护性都会得到提高。

4.1.5　数据共享者——Content Provider 的使用

Content Provider 属于 Android 应用程序的组件之一，这点在本书的第 3 章已经有所介绍。作为应用程序之间唯一的共享数据的途径，Content Provider 主要的功能就是存储并检索数据以及向其他应用程序提供访问数据的接口。

Android 系统为一些常见的数据类型（如音频、视频、图像、手机通信录联系人信息等）内置了一系列的 Content Provider，这些都位于 android.provider 包下。持有特定的许可，可以在自己开发的应用程序中访问这些 Content Provider。

让自己的数据和其他应用程序共享有两种方式，即创建自己的 Content Provider（即继承自 ContentProvider 的子类）或者是将自己的数据添加到已有的 Content Provider 中去，后者需要保证现有的 Content Provider 和自己的数据类型相同，并且具有该 Content Provider 的写入权限。对于 Content Provider，最重要的就是数据模型（data model）和 URI。

1. 数据模型（data model）

Content Provider 将其存储的数据以数据表的形式提供给访问者，在数据表中每一行为一条记录，每一列为具有特定类型和意义的数据。每一条数据记录都包括一个“_ID”数值字段，该字段唯一标识一条数据。

2. URI

URI，每一个 Content Provider 都对外提供一个能够唯一标识自己数据集（data set）的公开 URI，如果一个 Content Provider 管理多个数据集，其将会为每个数据集分配一个独立的 URI。所有的 Content Provider 的 URI 都以“content://”开头，其中“content:”是用来标识数据是由 Content Provider 管理的 scheme。

在几乎所有的 Content Provider 的操作中都会用到 URI，因此，如果是自己开发 Content Provider，最好将 URI 定义为常量，这样在简化开发的同时也提高了代码的可维护性。

首先来介绍如何访问 Content Provider 中的数据，访问 Content Provider 中的数据主要通过 ContentResolver 对象，ContentResolver 类提供了成员方法可以用来对 Content Provider 中的数据进行查询、插入、修改和删除等操作。以查询为例，查询一个 Content Provider 需要掌握如下的信息。

- 唯一标识 Content Provider 的 URI。
- 需要访问的数据字段名称。
- 该数据字段的数据类型。

提示 如果需要访问特定的某条数据记录，只需该记录的 ID 即可。

查询 Content Provider 的方法有两个，即 ContentResolver 的 query()和 Activity 对象的 managedQuery()，二者接收的参数相同，返回的都是 Cursor 对象，唯一的不同是使用 managedQuery 方法可以让 Activity 来管理 Cursor 的生命周期。

被管理的 Cursor 会在 Activity 进入暂停态的时候调用自己的 deactivate 方法自行卸载，而在 Activity 回到运行态时会调用自己的 requery 方法重新查询生成 Cursor 对象。如果一个未被管理的 Cursor 对象想被 Activity 管理，可以调用 Activity 的 startManagingCursor 方法来实现。

下面通过一个例子来说明访问 Content Provider 的方式，本例中通过 ContentResolver 对象访问 Android 中存储了联系人信息的 Content Provider 并将数据显示到 TextView 上，其开发步骤如下。

（1）首先在手机模拟器上运行“联系人(Contacts)”程序，在其中添加两个联系人“Tom”和“Jerry”，添加成功后如图 4-5 所示。

▲图 4-5 联系人（Contacts）程序中存在的联系人信息

（2）在应用程序的 main.xml 文件中声明 TextView 控件，代码如下。

代码位置：见随书光盘中源代码/第 4 章/Sample_4_4/res/layout 目录下的 main.xml。

```
1  <?xml version="1.0" encoding="utf-8"?>
2  <LinearLayout xmlns:android="http://schemas.android.com/apk/res/android"
3      android:orientation="vertical"
4      android:layout_width="fill_parent" android:layout_height="fill_parent"
5      >                              <!-- 声明一个 LinearLayout 线性布局 -->
6    <TextView android:id="@+id/tv"
7          android:layout_width="fill_parent" android:layout_height="wrap_content"
8      />                             <!-- 声明一个 TextView 控件，id 为 tv -->
9  </LinearLayout>
```

说明 代码第 6～8 行声明的 TextView 控件将会在程序中负责显示从 Content Provider 中查询到的信息。

（3）开发 Activity 的代码。本程序中 Activity 的主要功能是得到持有联系人信息的 Content Provider 中的数据，其代码如下。

代码位置：见随书光盘中源代码/第 4 章/Sample_4_4/src/wyf/wpf 目录下的 Sample_4_4.java。

```
package wyf.wpf;                                         //声明包语句
import android.app.Activity;                             //引入相关类
import android.content.ContentResolver;                  //引入相关类
import android.database.Cursor;                          //引入相关类
import android.net.Uri;                                  //引入相关类
import android.os.Bundle;                                //引入相关类
import android.provider.Contacts.People;                 //引入相关类
import android.widget.TextView;                          //引入相关类
//继承自 Activity 的子类
public class Sample_4_4 extends Activity {
```

```
11        String [] columns = {                    //查询 Content Provider 时希望返回的列
12            People._ID,
13            People.NAME,
14        };
15        Uri contactUri = People.CONTENT_URI;     //访问 Content Provider 需要的 Uri
16        TextView tv;                              //TextView 对象引用
17         @Override
18         public void onCreate(Bundle savedInstanceState) {    //重写 onCreate 方法
19             super.onCreate(savedInstanceState);
20                 setContentView(R.layout.main);
21                 tv = (TextView)findViewById(R.id.tv);  //获得 TextView 对象引用
22                 String result = getQueryData();        //调用方法访问 Content Provider
23                 tv.setText("ID\t 名字\n"+result);       //将查询到的信息显示到 TextView 中
24         }
25        //方法：获取联系人列表信息，返回 String 对象
26        public String getQueryData(){
27        String result = "";
28        ContentResolver resolver = getContentResolver();
                                                      //获取 ContentResolver 对象
29          Cursor cursor = resolver.query(contactUri, columns, null, null, null);
                                                      //调用方法查询 Content Provider
30            int idIndex = cursor.getColumnIndex(People._ID);
                                                      //获得_ID 字段的列索引
31            int nameIndex = cursor.getColumnIndex(People.NAME);
                                                      //获得 NAME 字段的列索引
32            for(cursor.moveToFirst();(!cursor.isAfterLast());cursor.moveToNext()){
                                                      //遍历 Cursor，提取数据
33                result = result + cursor.getString(idIndex)+ "\t";
34                result = result + cursor.getString(nameIndex)+ "\t\n";
35            }
36            cursor.close();                         //关闭 Cursor 对象
37            return result;
38        }
39    }
```

- 代码第 11 行定义了一个 String 数组，该数组中包含了查询 Content Provider 时希望返回的列，其将会作为 ContentResolver 的 query 方法的一个参数传入。
- 代码第 15 行获取了存储联系人信息的 Content Provider 的数据表的 URI。URI 对于 Content Provider 很重要，ContentResolver 中几乎所有方法的第一个参数都是一个 URI 对象，URI 对象告诉了 ContentResolver 应该和哪个 Content Provider 交互、应该与其中的哪个数据表关联。
- 代码第 22 行调用了 getQueryData 方法，该方法在代码的第 25～38 行定义，在 getQueryData 方法中首先获得 ContentResolver 对象，然后调用其 query 方法查询给定 URI 的数据表，最后遍历返回的 Cursor 对象，将内容提取并存储到一个字符串中并返回。

（4）最后还需要在 AndroidManifest.xml 中为应用程序声明访问联系人信息的权限，否则在运行时会抛出异常，声明权限的代码如下。

代码位置：见随书光盘中源代码/第 4 章/Sample_4_4 目录下的 AndroidManifest.xml。

```
……  //此处省略不相关代码，读者可以自行查阅随书光盘
<uses-permission android:name="android.permission.READ_CONTACTS" />
……  //此处省略不相关代码，读者可以自行查阅随书光盘
```

程序运行后如图 4-6 所示。

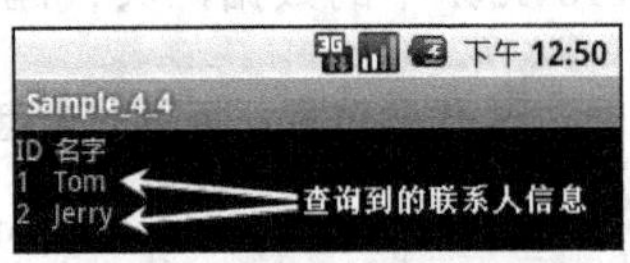

▲图 4-6　程序运行后效果图

由上面的程序不难看出，访问一个 Content Provider 并不复杂，只需要牢牢掌握 3 个要素，即 URI、数据字段、数据类型即可。

> **提示**　对于向 Content Provider 中添加新的数据记录以及修改、删除数据记录，其实现方式同查询类似，只不过需要用到 ContentValues 对象来存放数据表的“列名-列值”的映射，在此不再赘述。

如果需要创建一个 Content Provider，则需要进行的工作主要分为以下 3 个步骤。

（1）建立数据的存储系统。

数据的存储系统可以由开发人员任意决定，一般来讲，大多数的 Content Provider 都通过 Android 的文件存储系统或 SQLite 数据库建立自己的数据存储系统。

（2）扩展 ContentProvider 类。

开发一个继承自 ContentProvider 类的子类代码来扩展 ContentProvider 类，这个步骤主要的工作是将要共享的数据包装并以 ContentResolver 和 Cursor 对象能够访问到的形式对外展示。具体来说需要实现 ContentProvider 类中的 6 个抽象方法。

- Cursor query(Uri uri,String[] projection,String selection,String[] selectionArgs,String sortOrder)：将查询的数据以 Cursor 对象的形式返回。
- Uri insert(Uri uri,ContentValues values)：向 Content Provider 中插入新数据记录，ContentValues 为数据记录的列名和列值的映射。
- int update(Uri uri,ContentValues values,String selection,String[] selectionArgs)：更新 Content Provider 中已存在的数据记录。
- int delete(Uri uri,String selection,String[] selectionArgs)：从 Content Provider 中删除数据记录。
- String getType(Uri uri)：返回 Content Provider 中数据的（MIME）类型。
- boolean onCreate( )：当 Content Provider 启动时被调用。

以上方法将会在 ContentResolver 对象中被调用，所以很好地实现这些抽象方法会为 ContentResolver 提供一个完善的外部接口。除了实现抽象方法外，还可以做一些提高可用性的工作。

- 定义一个 URI 类型的静态常量，命名为 CONTENT_URI。必须为该常量对象定义一个唯一的 URI 字符串，一般的做法是将 ContentProvider 子类的全程类名作为 URI 字符串，如“content://wyf.wpf.MyProvider”。
- 定义每个字段的列名，如果采用的数据存储系统为 SQLite 数据库，数据表列名可以采用数据库中表的列名。不管数据表中有没有其他的唯一标识一条记录的字段，都应该定义一个“_id”字段来唯一标识一条记录。一般将这些列名字符串定义为静态常量，如“_id”字段名定义为一个名为“_ID”值为“_id”的静态字符串对象。

（3）在应用程序的 AndroidManifest.xml 文件中声明 Content Provider 组件。

创建好一个 Content Provider 必须要在应用程序的 AndroidManifest.xml 中进行声明，否则该 Content Provider 对于 Android 系统将是不可见的。声明一个 Content Provider 组件的方法在第 3 章已经有所介绍，如果有一个名为 MyProvider 的类扩展了 ContentProvider 类，声明该组件的代码如下。

```
<provider name="wyf.wpf.MyProvider"
     authorities="wyf.wpf.myprovider"
     ....../>              <!-- 为<provider>标记添加 name、authorities 属性 -->
</provider>
```

其中 name 属性为 ContentProvider 子类的全称类名，authorities 属性唯一标识了一个 ContentProvider。除了这些，还有设置读写权限等内容，在此将不赘述，读者可以查阅第 3 章的相关知识或其他书籍。

> **提示** 创建一个 Content Provider 所要进行的工作比较复杂，涉及的代码量较多，且不属于本书的研究范畴，由于篇幅有限，便不对 Content Provider 的创建进行举例。

4.1.6 简单的数据存储——Preferences 的使用

Preferences 是一种应用程序内部轻量级的数据存储方案。Preferences 主要用于存储和查询简单数据类型的数据，这些简单数据类型包括 boolean、int、float、long 以及 String 等，存储方式为以键值对的形式存放在应用程序的私有文件夹下。

Preferences 一般用来存储应用程序的设置信息，如应用程序的色彩方案、文字字体等。在应用程序中获取 Preferences 的方式有如下两种。

（1）调用 Context 对象的 getSharedPreferences 方法获得 SharedPreferences 对象。需要传入 SharedPreferences 的名称和打开模式，名称为 Preferences 文件的名称，如果不存在则创建一个以传入名称为名的新的 Preferences 文件；打开模式为 PRIVATE、MODE_WORLD_ READABLE 和 MODE_WORLD_WRITEABLE 其中之一。

（2）调用 Activity 对象的 getPreferences 方法获得 SharedPreferences 对象。需要传入打开模式，打开模式为 PRIVATE、MODE_WORLD_READABLE 和 MODE_WORLD_WRITEABLE 其中之一。

通过两种不同途径获得的 SharedPreferences 对象并不是完全相同的，区别如下所列。

（1）通过 Context 对象的 getSharedPreferences 方法获得的 SharedPreferences 对象可以被同一应用程序中的其他组件共享。

（2）使用 Activity 对象的 getPreferences 方法获得的 SharedPreferences 对象只能在相应的 Activity 中使用。

SharedPreferences 对象中提供了一系列的 get 方法用于接收键返回对应的值。如果需要对 Preferences 文件中存储的键值对进行修改，首先需要调用 SharedPreferences 的 edit 方法获得一个 Editor 对象，该对象可以用来修改 Preferences 文件中存储的内容。下面将通过一个小例子来说明 Preferences 的用法，整个例子的开发分为如下几个步骤。

（1）本例的 Activity 中有一个 EditText 控件，需要在布局文件 main.xml 中声明它，实现代码如下。

代码位置：见随书光盘中源代码/第 4 章/Sample_4_5/res/layout 目录下的 main.xml。

```
<?xml version="1.0" encoding="utf-8"?>
<LinearLayout xmlns:android="http://schemas.android.com/apk/res/android"
  android:orientation="vertical"
  android:layout_width="fill_parent" android:layout_height="fill_parent"
  >                                         <!-- 创建一个线性布局 LinearLayout  -->
 <EditText android:id="@+id/et"
    android:layout_width="fill_parent" android:layout_height="wrap_content"
    />                                      <!-- 创建一个 EditText 控件，id 为 "et"  -->
</LinearLayout>
```

说明 上述代码在线性布局中声明了一个 EditText 控件，并为 EditText 控件指定 id，以便在 Activity 的代码中可以通过 id 找到该 EditText 控件。

（2）每次启动 Activity 时，会从应用程序的 Preferences 文件中读取数据并显示出来；每次退出 Activity 时，将 EditText 控件当前的内容存储到 Preferences 文件中，程序的 Activity 代码如下。

代码位置：见随书光盘中源代码/第 4 章/Sample_4_5/src/wyf/wpf 目录下的 Sample_4_5.java。

```
package wyf.wpf;                                      //声明包语句
import android.app.Activity;                          //引入相关类
import android.content.SharedPreferences;             //引入相关类
import android.os.Bundle;                             //引入相关类
import android.widget.EditText;                       //引入相关类
//继承自 Activity 的子类
public class Sample_4_5 extends Activity {
    EditText etPre;                                   //EditText 对象的引用
```

```
9       SharedPreferences sp;                          //SharedPreference 对象的引用
10      public final String EDIT_TEXT_KEY = "EDIT_TEXT"; //定义 Preferences 文件中的键
11     @Override
12     public void onCreate(Bundle savedInstanceState) { //重写 onCreate 方法
13         super.onCreate(savedInstanceState);
14         setContentView(R.layout.main);
15         etPre = (EditText)findViewById(R.id.et);   //获得屏幕中 EditText 对象引用
16         sp = getPreferences(MODE_PRIVATE);          //获得 SharedPreferences 对象
17         String result = sp.getString(EDIT_TEXT_KEY, null);
18         if(result != null){                       //判断获取的值是否为空
19         etPre.setText(result);                    //EditText 对象显示的内容设置为读取的数据
20         }
21       }
22     @Override
23     protected void onDestroy() {                  //重写 onDestroy 方法
24         SharedPreferences.Editor editor = sp.edit();
                                                     //获得 SharedPreferences 的 Editor 对象
25         editor.putString(EDIT_TEXT_KEY, String.valueOf(etPre.getText()));
                                                     //修改数据
26         editor.commit();                          //必须调用该方法以提交修改
27         super.onDestroy();
28     }
29  }
```

- 代码第 9 行声明了 SharedPreferences 对象的引用，第 10 行定义了 String 类型的常量，用来表示 Preferences 中的一个键。
- 代码第 16 行调用 Activity 的 getPreferences 方法获得 SharedPreferences 对象，这种方式获得的 SharedPreferences 对象只能被 Activity 使用。
- 代码第 17 行调用 SharedPreferences 对象的 getString 方法读取以 EDIT_TEXT_KEY 为键的值，第二个参数 null 表示如果该键值对不存在则返回 null。
- 代码第 23～28 行重写了 Activity 的 onDestroy 方法，在该方法中首先获得 Editor 对象，然后使用 Editor 对象修改 Preferences 中的数据。数据修改完毕后一定要调用 Editor 对象的 commit 方法类提交修改。

启动应用程序后，在 EditText 控件中输入一些内容，然后关闭程序，再次启动程序，EditText 控件中显示的内容为上次退出时的内容。两次启动程序时屏幕的显示内容如图 4-7 和图 4-8 所示。

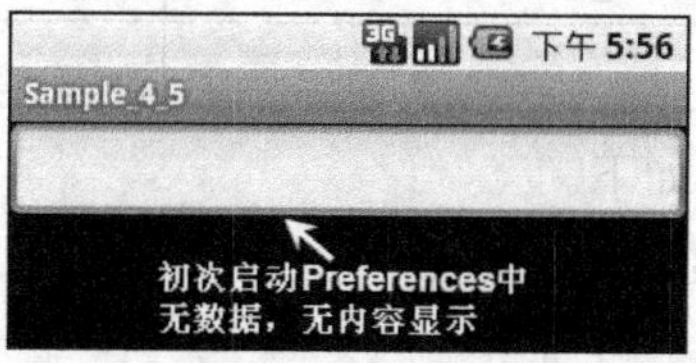

▲图 4-7　第一次启动程序时屏幕的显示

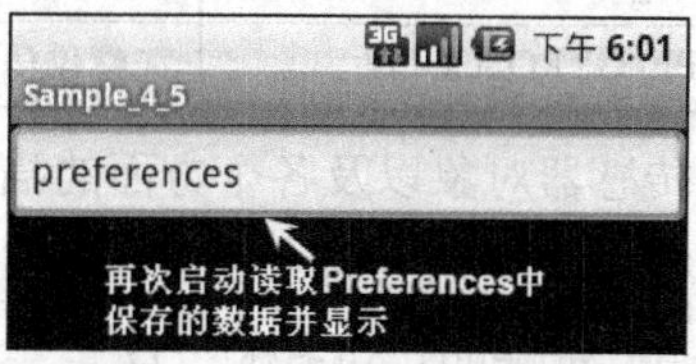

▲图 4-8　第二次启动程序时屏幕的显示

> **说明**　其实对于每个 SharedPreferences 对象，Android 都在应用程序的私有文件夹下建立了一个以 SharedPreferences 对象名称命名的 XML 文件（对于通过 Activity 的 getPreferences 创建的 Preferences 文件，其文件名为 Activity 的名称），键值对都存放在相应的标记中。

4.2 Android 平台下传感器应用的开发

Android 平台之所以吸引人，最重要的原因之一便是传感器的应用能带给人们奇妙的体验。

开发者能够利用传感器探测到的外界变化的物理量开发出各种更人性化的软件。Android 平台支持很多种传感器，本节将一一介绍光传感器、温度传感器、接近传感器、加速度传感器、磁场传感器、姿态传感器以及陀螺仪传感器。

4.2.1 基本开发步骤

虽然 Android 平台下有很多不同类型的传感器，这些传感器在应用程序开发中的使用细节各有不同，但无论哪种传感器其开发的基本流程都是一致的。因此，在对 Android 平台下各种传感器进行详细介绍之前，首先对传感器的总体开发流程进行一下简单介绍，主要步骤如下。

1. 获取 SensorManager 对象

开发传感器的应用第一步是获取 SensorManager 对象，其具体代码如下。

```
SensorManager mysm = (SensorManager)getSystemService(SENSOR_SERVICE);
```

说明 从上述代码可以看出，只要调用 API 中提供的 Context 对象（包括 Activity 对象、Service 对象）下的 getSystemService 方法就可以获取 SensorManager 对象，可见其使用方法很简单。调用时传入的参数 SENSOR_SERVICE 是 Context 类下的常量。

2. 获取 Sensor 对象

获取 SensorManager 对象后就可以通过调用其 getDefaultSensor 方法来获取某种具体类型的传感器对象，调用 getDefaultSensor 方法时需要传入一个描述指定传感器类型的常量，常用的几个常量如表 4-7 所列。

表 4-7 常用描述传感器类型的常量

常　量	传感器类型	常　量	传感器类型
Sensor.TYPE_MAGNETIC_FIELD	磁场传感器	Sensor.TYPE_ACCELEROMETER	加速度传感器
Sensor.TYPE_TEMPERATURE	温度传感器	Sensor.TYPE_LIGHT	光传感器
Sensor.TYPE_ORIENTATION	姿态传感器	Sensor.TYPE_PROXIMITY	接近传感器
Sensor.TYPE_GYROSCOPE	陀螺仪传感器		

获取传感器对象以及各个方面的描述信息的基本代码如下。

```
Sensor myS=mySm.getDefaultSensor(Sensor.TYPE_LIGHT);
StringBuffer str=new StringBuffer();                  //创建 StringBuffer 对象
str.append("\n 名称: ");
str.append(myS.getName());                            //获取名称
str.append("\n 耗电量 (mA): ");
str.append(myS.getPower());                           //获取耗电量
str.append("\n 类型编号: ");
str.append(myS.getType());                            //获取编号
str.append("\n 版本: ");
str.append(myS.getVersion());                         //获取版本
str.append("\n 最大测量范围:");
str.append(myS.getMaximumRange());                    //获取最大测量范围
```

说明 该代码是以光传感器为例开发的，读者可以参照此例获取其他类型的传感器各个方面的描述性信息。

3. 实现 SensorEventListener 接口

完成传感器对象的获取后，就要为传感器注册监听器了。注册监听器后，当监听的传感器所测量的物理量发生变化时，系统就会自动回调监听器中的特定方法。因此在介绍注册监听器之前，首先要介绍的是实现 SensorEventListener 接口的监听器的开发，主要是该接口中的两个方法。

（1）onAccuracyChanged 方法

此方法的签名为“public void onAccuracyChanged(Sensor sensor, int accuracy)”，该方法在传感器精度发生变化时被回调，第一个参数为 Sensor 对象，第二个参数为当前的精度。从第二个参数类型可以看出其类型是整型。实际开发中精度有 4 种可能的取值，都是 SensorManager 类下属的常量，按照精度由高到底的顺序如表 4-8 所列。

表 4-8　　SensorManager 下属的常量

常　量	含　义
SENSOR_STATUS_ACCURACY_HIGH	高精度
SENSOR_STATUS_ACCURACY_MEDIUM	中等精度
SENSOR_STATUS_ACCURACY_LOW	低精度
SENSOR_STATUS_UNRELIABLE	精度不可靠

（2）onSensorChanged 方法

此方法的签名为“public void onSensorChanged (SensorEvent event)”，该方法在传感器所测量的物理量发生变化时被回调，传入的参数为传感器事件对象的引用。通过此方法可以获取当前传感器测量值的数组 value。

根据传感器类型的不同，value 数组的长度也不尽相同。例如，光传感器对应的 value 数组长度为 1，如下面代码所示。

```
private SensorEventListener mySel=new SensorEventListener(){ //传感器监听器
    public void onAccuracyChanged(Sensor sensor,int accuracy){}
                                                    //省略精度发生变化的代码
    public void onSensorChanged(SensorEvent event){
        float[] value=event.values;                 //获取 value 数组
        tvl.setText("光照强度为："+value[0]);        //数组长度为 1，获取光照值
}}
```

说明　以上代码的功能就是获得传感器的 value 值，并放在 TextView 中显示出来。

4. 注册与注销监听器

完成了监听器的开发后就可以注册监听器了，这项工作一般在 Activity 中的 onResume 方法中实现，具体代码如下。

```
protected void onResume(){
    super.onResume();
    mySm.registerListener(                          //注册监听器
        mySel,                                      //监听器引用
        myS,                                        //传感器的引用
        SensorManager.SENSOR_DELAY_NORMAL);         //传感器的采样频率
}
```

提示　传感器采样频率都是用 SensorManager 类下的常量来表示的，一共有 4 种，具体信息如表 4-9 所列。

表 4-9　　SensorManager 下属的常量

常　量	含　义
SENSOR_DELAY_FASTEST	最快频率
SENSOR_DELAY_GAME	适合游戏的频率
SENSOR_DELAY_UI	适合普通用户界面的频率
SENSOR_DELAY_NORMAL	默认频率，适合屏幕横竖状态的自动切换

传感器是比较耗电的设备之一，因此，当不使用时要及时注销监听器来减少耗电量。注销监听器的工作一般在 Activity 中的 onPause 方法中进行，具体代码如下。

```
protected void onPause(){                          //重写 onPause()方法
      super.onPause();
      mySm.unregisterListener(mySel);              //注销传感器监听器
}
```

提示　以上给出的示例代码均来自光传感器案例 Sample4_6。此外，本节给出的传感器应用案例需要在真机上有对应的硬件才能正常运行，在没有相应传感器硬件的机器上，案例可能不能正常运行。

4.2.2　光传感器

本节将介绍光传感器，主要内容包括光传感器的一些基本知识，以及一个简单的应用案例 Sample4_6。

1．光传感器简介

光传感器主要是用来探测手机所处环境的光照强度，此传感器的返回值是一个长度为 1 的数组（value），单位为勒克斯（lux）。灵活运用光传感器可以开发出非常人性化的应用程序。

设想如下场景，为了适应不同光照强度，应用程序的显示模式分为两种：白天和黑夜。当应用程序不够人性化时可能需要用户手动设定应用程序的工作模式。若采用光传感器，则可以根据当前光照情况自动切换工作模式，大大提高程序对用户的吸引力。

2．案例的开发

通过基本知识的介绍，读者对光传感器已经有了基本的了解。下面将通过一个简单的案例 Sample4_6，使读者进一步掌握光传感器的相关开发。进行代码的开发之前，请读者先了解一下本案例的运行效果，如图 4-9 所示。

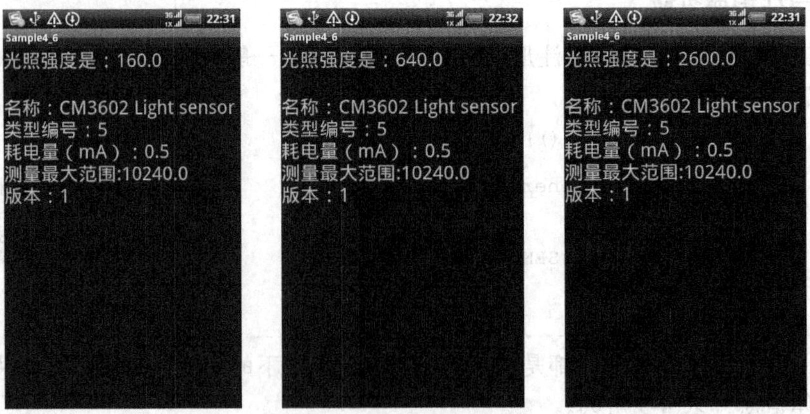

▲图 4-9　Sample4_6 运行效果图

说明 从图 4-9 中可以看出，随着手机所处环境光照强度的不同，光传感器返回的数值也不断变化。同时，该案例也获取了手机中光传感器的名称、类型编号、版本、耗电量等属性信息。

了解了本小节案例的运行效果后，下面将进一步介绍此案例的相关代码。由于本案例涉及的传感器功能简单，仅有一个返回值，因此案例的核心代码很短，其具体内容如下。

代码位置：见本书随书光盘中的源代码/第 4 章/Sample4_6/src/com/bn/sample4_6 目录下的 Sample4_6Activity.java。

```
1     package com.bn.sample4_6;                                  //声明包
2     ……//该处省略部分类的导入代码
3     public class Sample4_6Activity extends Activity{
4         SensorManager mySm;                                    //声明 SensorManager 对象引用
5         Sensor myS;                                            //声明 Sensor 对象引用
6         TextView tv1;                                          //声明 TextView 对象 tv1
7         TextView tv2;                                          //声明 TextView 对象 tv2
8         @Override                                              //重写 onCreate 方法
9         public void onCreate(Bundle savedInstanceState){
10            super.onCreate(savedInstanceState);
11            setContentView(R.layout.main);                     //设置布局文件
12            //获取 SensorManager 对象
13            mySm=(SensorManager)this.getSystemService(SENSOR_SERVICE);
14            myS=mySm.getDefaultSensor(Sensor.TYPE_LIGHT);          //获取 Sensor 对象
15            tv1=(TextView)this.findViewById(R.id.textView1);       //获取 tv1 对象引用
16            tv2=(TextView)this.findViewById(R.id.textView2);       //获取 tv2 对象引用
17            StringBuffer str=new StringBuffer();  //声明并初始化 StringBuffer 对象 str
18            str.append("\n 名称：");
19            str.append(myS.getName());                             //获取名称
20            str.append("\n 类型编号：");
21            str.append(myS.getType());                             //获取类型编号
22            str.append("\n 耗电量（mA）：");
23            str.append(myS.getPower());                            //获取耗电量
24            str.append("\n 测量最大范围:");
25            str.append(myS.getMaximumRange());                     //获取测量最大范围
26            str.append("\n 版本：");
27            str.append(myS.getVersion());                          //获取版本
28            tv2.setText(str);                                      //设置 tv2 显示的文字
29            tv2.setTextSize(25); }                                 //设置字的大小
30        //实现 SensorEventListener 接口
31        private SensorEventListener mySel=new SensorEventListener(){
32            @Override                                  //重写 onAccuracyChanged 方法
33            public void onAccuracyChanged(Sensor sensor,int accuracy){}
34            @Override                                  //重写 onSensorChanged 方法
35            public void onSensorChanged(SensorEvent event){
36                float[] value=event.values;                        //获取 value 数组
37                tv1.setText("\n 光照强度是："+value[0]);            //设置 tv1 显示的文字
38                tv1.setTextSize(25);} };                           //设置字的大小
39        @Override
40        protected void onResume(){
41            super.onResume();
42            mySm.registerListener(                                 //注册监听器
43             mySel,
44             myS,
45             SensorManager.SENSOR_DELAY_NORMAL );}
46        @Override
47        protected void onPause(){
48            super.onPause();
49            mySm.unregisterListener(mySel);}}                      //注销监听器
```

- 第 4~7 行是声明开发过程中要用到的对象的引用。
- 第 10~11 行设置全屏、设置布局文件。
- 第 13~16 行是获得开发过程中用到的对象的引用。
- 第 17~27 行是创建 StringBuffer 对象 str，并把获得各种传感器信息添加到 str 中。

- 第 28～38 行功能为设置 TextView 和实现 SensorEventListener 监听器并重写 onAccuracyChanged 方法和 onSensorChanged 方法。
- 第 42～45 行注册监听器，第 49 行注销监听器。

4.2.3 温度传感器

上一小节介绍了光传感器，本小节将介绍温度传感器，主要内容包括温度传感器的一些基本知识，以及一个简单的应用案例 Sample4_7。

1. 温度传感器简介

温度传感器主要用于探测手机所处环境的温度，其返回值是一个长度为 1 的数组（value），单位为摄氏度。应用温度传感器可以开发出更人性化、实用化的程序，如温度计、与温度相关的健康指南等，读者可以充分发挥想象力来创造出各种各样有价值的应用程序。

2. 案例的开发

了解了温度传感器的基本知识后，读者对温度传感器已经有了大致的了解。下面通过一个应用案例 Sample4_7 的介绍，使读者进一步掌握温度传感器的相关开发。进行代码开发之前，请读者先了解本案例的运行效果，如图 4-10 所示。

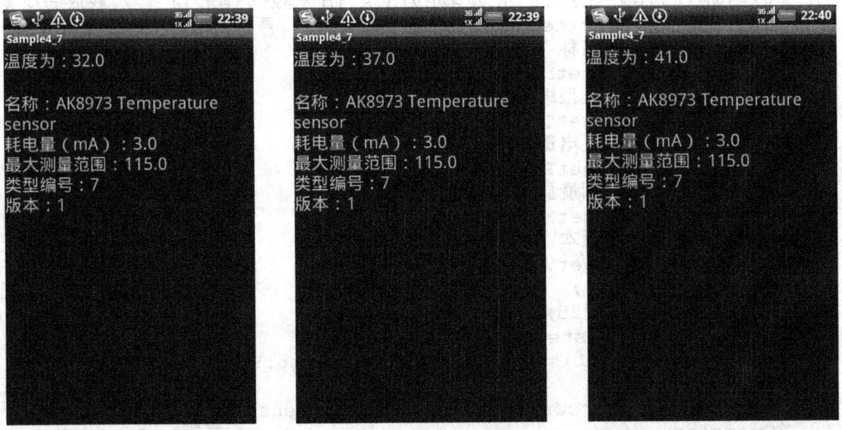

▲图 4-10 Sample4_7 运行效果

> **说明** 从图 4-10 中 3 幅图可以看出，随着手机所处环境温度的不同，获得相应的温度值不断变化。同时，该案例也给出了手机中传感器的名称、耗电量、版本等信息。

了解完本小节案例的运行效果后，下面将介绍具体的开发步骤。由于本小节案例的基本套路与前面小节案例的基本一致，因此，这里仅着重讲解有区别的两处，具体步骤如下。

（1）首先给出的是案例中 Sample4_7Activity 类中的 onCreate 方法，具体代码如下。

代码位置：见本书随书光盘中的源代码/第 4 章/Sample4_7/src/com/bn/sample4_7 目录下 Sample4_7Activity.java。

```
public void onCreate(Bundle savedInstanceState){                      //重写 onCreate 方法
      super.onCreate(savedInstanceState);
      setContentView(R.layout.main);                                  //切换到主界面
      //获取 SensorManager 对象
      mySm=(SensorManager)this.getSystemService(SENSOR_SERVICE);
      myS=mySm.getDefaultSensor(Sensor.TYPE_TEMPERATURE);             //获取 Sensor 对象
      tv1=(TextView)this.findViewById(R.id.textView1);                //获取 tv1 对象引用
```

```
        tv2=(TextView)this.findViewById(R.id.textView2);            //获取 tv2 对象引用
        StringBuffer str=new StringBuffer();     //声明并初始化 StringBuffer 对象 str
        ……//该处省略了一些与前面案例相似的代码，读者可自行查看随书附带光盘中的源代码
    }
```

> **说明** 相比前面的案例，主要区别就是调用 getDefaultSensor 方法时获取传感器对象传入的参数改成 Sensor. TYPE_TEMPERATURE。

（2）接下来开发实现 SensorEventListener 接口的传感器监听器，具体代码如下。

代码位置：见本书随书光盘中的源代码/第 4 章/ Sample4_7/src/com/bn/sample4_7 目录下 Sample4_7Activity.java。

```
1    //实现 SensorEventListener 接口
2    private SensorEventListener mySel=new SensorEventListener(){
3            @Override                                      //重写 onAccuracyChanged 方法
4            public void onAccuracyChanged(Sensor sensor, int accuracy){}
5            @Override                                      //重写 onSensorChanged 方法
6            public void onSensorChanged(SensorEvent event){
7                    float[] value=event.values;            //获取 value 数组
8                    tv1.setText("\n 温度为: "+value[0]);    //设置 tv1 显示的文字
9                    tv1.setTextSize(22);                   //设置字的大小
10   }};
```

> **说明** 从代码 7~8 行可以看出温度传感器返回值只有一个，就是温度值（以摄氏度衡量），与前面光传感器相同。

4.2.4 接近传感器

本小节将介绍的是接近传感器，主要内容包括接近传感器的一些基本知识和一个简单的应用案例 Sample4_8。

1. 接近传感器简介

接近传感器用于探测是否有物体离手机屏幕非常近（在 1 厘米左右的范围内），其返回值是一个长度为 1 的数组（value），表示物体距手机屏幕的距离。返回值随着手机型号的不同会有所差异，但总的来说只有两种可能，一种表示有物体在离手机屏幕近的范围内，另一种表示不在近的范围内。

如作者使用的小米 2S 型号手机用 0 表示在近的范围内，用 5.000305 表示不再近的范围内。而有些型号的手机是用 9.0 表示不在近的范围内，用 0 表示在近的范围内。

巧妙地应用接近传感器可以开发出很人性化的应用程序，如手机上的通话程序就是如此。当拿着手机贴近耳朵时，接近传感器探测到在近的范围内，则关闭手机屏幕以节约用电；当结束通话手机屏幕离开耳朵时，接近传感器探测到不在近的范围内，则自动打开手机屏幕。

> **提示** 有些资料中将此传感器错误地解释为距离传感器是不完全准确地，因为此传感器不能用于测量连续的距离值，仅可以返回两个离散值代表接近与非接近两种状态。另外，此传感器一般位于屏幕的左上侧。

2. 案例的开发

了解了接近传感器的基本知识后，就可以进行本小节案例 Sample4_8 的开发了。进行代码的开发之前，请读者先了解一下本案例的运行效果，如图 4-11 所示。

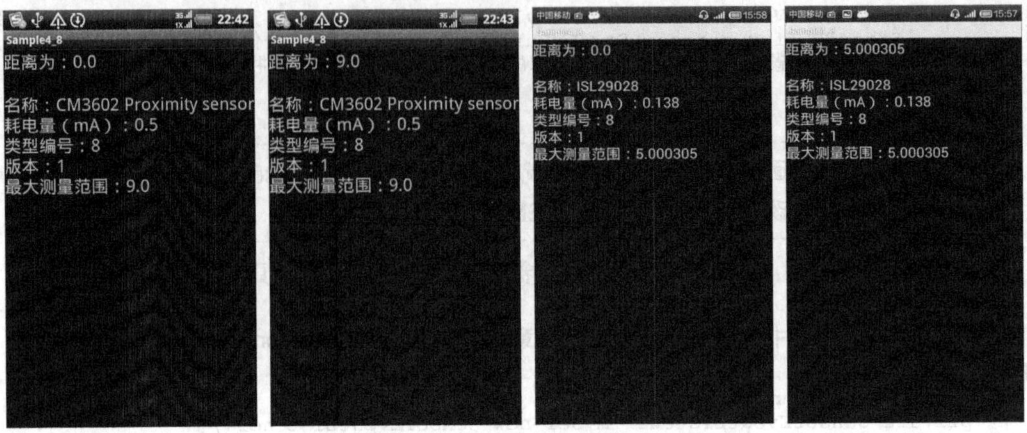

▲图 4-11　Sample4_8 运行效果

说明 从图 4-11 中可以看出随物体离手机距离的不同，接近传感器的返回值也不同，同一手机只可能有两个值。不同型号的手机返回值也不相同，前两幅为 htc 纵横手机的运行效果，后两幅为小米 2S 手机的运行效果。

了解完本节案例的运行效果后，下面将介绍具体的开发步骤。由于本节案例的基本套路与前面两个小节案例的基本一致，因此，这里仅着重讲解有区别的两处，具体步骤如下。

（1）首先给出的是该案例中 Sample4_8Activity 类的 onCreate 方法，具体代码如下。

代码位置：见本书随书光盘中的源代码/第 4 章/Sample4_8/src/com/bn/sample4_8 目录下的 Sample4_8Activity.java。

```
public void onCreate(Bundle savedInstanceState){
        super.onCreate(savedInstanceState);
        setContentView(R.layout.main);                              //设置布局文件
        //获取 SensorManager 对象
        mySm=(SensorManager)this.getSystemService(SENSOR_SERVICE);
        myS=mySm.getDefaultSensor(Sensor.TYPE_PROXIMITY);           //获取 Sensor 对象
        tv1=(TextView)this.findViewById(R.id.textView1);            //获取 tv1 对象引用
        tv2=(TextView)this.findViewById(R.id.textView2);            //获取 tv2 对象引用
        //声明并初始化 StringBuffer 对象 str
        StringBuffer str=new StringBuffer();
```

说明 相比前面的案例，主要区别就是调用 getDefaultSensor 方法时获取传感器对象传入的参数改成 Sensor. TYPE_PROXIMITY。

（2）接下来开发实现 SensorEventListener 接口的传感器监听器，具体代码如下。

代码位置：见本书随书光盘中的源代码/第 4 章/Sample4_8/src/com/bn/sample4_8 目录下的 Sample4_8Activity.java。

```
//实现 SensorEventListener 接口的传感器监听器
private SensorEventListener mySel=new SensorEventListener(){
        @Override                                      //重写 onAccuracyChanged 方法
        public void onAccuracyChanged(Sensor sensor, int accuracy){}
        @Override                                      //重写 onSensorChanged 方法
        public void onSensorChanged(SensorEvent event){
              float[] value=event.values;              //获取 value 数组
              tv1.setText("\n 距离为: "+value[0]);     //设置 tv1 显示的文字
              tv1.setTextSize(22);                     //设置字的大小
}};
```

说明 从上述代码的第 7～8 行可以看出，与前面的光传感器、温度传感器相同，接近传感器仅有一个返回值，那就是距离。不过正像前面特别强调的那样，这里的距离仅仅是两个离散值，一个表示接近状态，另一个表示非接近状态。

4.2.5 加速度传感器

本节主要介绍加速度传感器的使用，首先给出加速度传感器的一些基本知识，然后给出一个简单的案例 Sample4_9。

1. 加速度传感器简介

本节介绍的所有传感器中，加速度传感器是与游戏开发人员关系比较密切的一个了。很多智能手机中的体感游戏，如都市赛车、极品飞车等，都是采用加速度传感器进行操控的。具体来说就是玩家在游戏过程中，根据操控的需要改变手机的姿态，加速度传感器获得相应数据后传递给应用程序进行分析、计算，得出车辆等被操控物体的运动情况。

加速度传感器是用来感应手机加速度的，其返回值是一个长度为 3 的数组（value），数组中的 3 个元素（value[0]～value[2]）分别代表手机的加速度在 x 轴、y 轴、z 轴上的分量，单位均为 m/s^2，具体情况如表 4-10 所列。

表 4-10　加速度传感器中 value 值的意义

value 中的元素	含　义
value[0]	x 轴方向上的加速度减去重力加速度在 x 轴上的分量
value[1]	y 轴方向上的加速度减去重力加速度在 y 轴上的分量
value[2]	z 轴方向上的加速度减去重力加速度在 z 轴上的分量

上面表 4-10 中的介绍用到了基于手机的空间坐标系，这里简单介绍一下，基本情况如图 4-12 所示。

▲图 4-12　手机空间坐标系

说明 从图 4-12 中可以看出，整个空间坐标系的原点位于手机屏幕的左下角。x 轴平行于屏幕短边，从左到右；y 轴平行于屏幕长边，从下到上；z 轴垂直于屏幕与 x 轴、y 轴正交。另外需要注意的是这 3 个坐标轴是绑定在手机上的，也就是说坐标轴不会随着手机姿态的变化而变化。

了解手机的空间坐标系后，下面举例说明各个坐标轴上加速度值的计算方法，如图 4-13 所示。

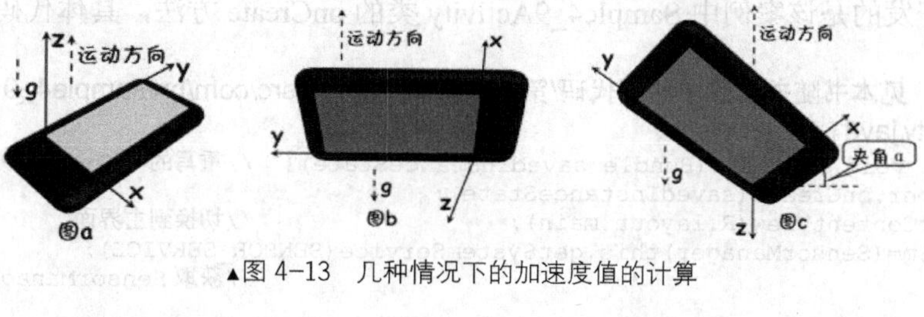

▲图 4-13　几种情况下的加速度值的计算

从图 4-13 中读者已经了解了手机不同的运动情况，接下来将详细介绍图 4-13 所示的不同运动状态下加速度的计算方法。

（1）图 4-13（a）所示的运动情况

当手机屏幕与重力加速度方向垂直时，以图 4-13（a）中的姿态以加速度 a 向上运动时，z 轴的加速度值为$(a+g)$ m/s^2。这是因为此时手机本身在 z 轴的加速度为 a，重力加速度方向沿 z 轴负方向，也就是重力加速度在 z 轴上的分量为$-g$，而“$a-(-g)$”的结果为 $a+g$。

（2）图 4-13（b）所示的运动情况

当手机的短边与重力加速度方向平行时，以图 4-13（b）中的姿态以加速度 a 向上运动时，x 轴的加速度值为$(a+g)$ m/s^2。这是因为此时手机本身在 x 轴的加速度为 a，重力加速度方向沿着 x 轴负方向，也就是重力加速度在 x 轴上的分量为$-g$，而“$a-(-g)$”的结果为 $a+g$。

（3）图 4-13（c）所示的运动情况

当手机屏幕与重力加速度平行时，以图 4-13（c）中的姿态以加速度 a 向上运动时，x 轴的加速度值为（$a\sin\alpha+g\sin\alpha$）m/s^2，y 轴的加速度值为$(a\cos\alpha+g\cos\alpha)$ m/s^2。此情况下的加速度计算与前面两种情况类似，只需要将加速度 a 与重力加速度 g 沿 x 轴与 y 轴两个方向分解。

2. 案例的开发

通过前面的介绍，读者对加速度传感器已经有了一个基本的了解，下面将通过一个简单的案例 Sample4_9 使读者进一步掌握加速度传感器的相关开发，其案例运行效果如图 4-14 所示。

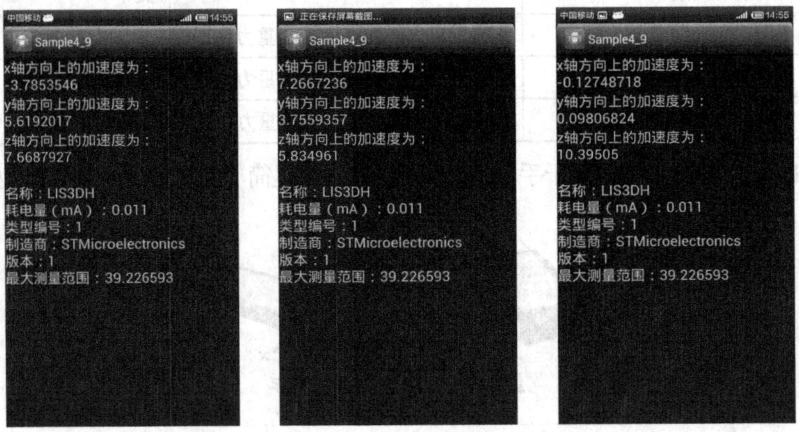

▲图 4-14　Sample4_9 运行效果

> **说明**　从图 4-14 中可以看出，随着手机与重力加速度方向之间的关系不同，随着手机加速度方向的不同，加速度在 x、y、z 坐标轴上的分量不断变化。

了解了本小节案例的运行效果后，就可以进行代码的开发了。由于本案例与本节前面的案例套路基本一致，只是细节有所不同。因此这里仅给出有特色的几处代码，具体如下所示。

（1）首先开发的是该案例中 Sample4_9Activity 类的 onCreate 方法，具体代码如下。

代码位置：见本书随书光盘中的源代码/第 4 章/Sample4_9/src/com/bn/sample4_9 目录下的 Sample4_9Activity.java。

```
public void onCreate(Bundle savedInstanceState){    //重写的 onCreate 方法
    super.onCreate(savedInstanceState);
    setContentView(R.layout.main);                  //切换到主界面
    mySm=(SensorManager)this.getSystemService(SENSOR_SERVICE);
                                                    //获取 SensorManager 对象
```

```
        myS=mySm.getDefaultSensor(Sensor.TYPE_ACCELEROMETER);//传感器的类型为加速度传感器
        tX=(TextView)this.findViewById(R.id.textViewX);//用于显示 x 轴方向的加速度值
        tY=(TextView)this.findViewById(R.id.textViewY);//用于显示 y 轴方向的加速度值
        tZ=(TextView)this.findViewById(R.id.textViewZ);//用于显示 z 轴方向的加速度值
        ……//省略了一些与前面案例相似的代码，读者可自行查阅随书光盘中的源代码
    }
```

说明 相比于前面的案例，主要的区别是在调用 getDefaultSensor 方法获取传感器对象时采用的参数变成了 Sensor.TYPE_ACCELEROMETER。

（2）接着给出的是实现了 SensorEventListener 接口的传感器监听器，具体代码如下。

代码位置：见本书随书光盘中的源代码/第 4 章/Sample4_9/src/com/bn/sample4_9 目录下的 Sample4_9Activity.java。

```
1    //实现 SensorEventListener 接口的传感器监听器
2    private SensorEventListener mel=new SensorEventListener(){
3        @Override                                              //重写 onAccuracyChanged 方法
4        public void onAccuracyChanged(Sensor sensor, int accuracy){}
5        @Override                                              //重写 onSensorChanged 方法
6        public void onSensorChanged(SensorEvent event){
7            float []values=event.values;                       //获取 3 个轴方向上得加速度值
8            tX.setText("x 轴方向上的加速度为: \n"+values[0]);   //显示 x 轴方向上的加速度值
9            tY.setText("y 轴方向上的加速度为: \n"+values[1]);   //显示 y 轴方向上的加速度值
10           tZ.setText("z 轴方向上的加速度为: \n"+values[2]);   //显示 z 轴方向上的加速度值
11   }};
```

说明 从上述代码的第 7～10 行中可以看出，与前面的光传感器与接近传感器不同，加速度传感器有 3 个返回值，分别为 x 轴方向上的加速度值，y 轴方向上的加速度值和 z 轴方向上的加速度值。

4.2.6 磁场传感器

本小节将介绍磁场传感器的开发，主要内容包括磁场传感器的一些基本知识，以及一个简单的应用案例 Sample4_10。

1. 磁场传感器简介

磁场传感器主要用于探测手机周围的磁场强度，其与加速度传感器类似，也是返回一个长度为 3 的数组（value），分别代表磁场强度在 x 轴、y 轴、z 轴上的分量。返回值的单位是 uT，即微特斯拉。

磁场传感器使用的坐标系与加速度传感器的一样，x 轴平行于屏幕短边，从左到右；y 轴平行于屏幕长边，从下到上；z 轴垂直于屏幕与 x 轴、y 轴正交（如图 4-12 所示）。3 个坐标轴是绑定在手机上的，即坐标轴不会随着手机姿态的改变而改变。

提示 由于每个轴磁场强度的计算方法与加速度传感器的基本一致，因此这里不再赘述。

2. 案例的开发

通过前面的介绍，读者对磁场传感器已经有了基本的了解，下面通过一个案例的介绍，使读者进一步掌握磁场传感器的相关开发，其运行效果如图 4-15 所示。

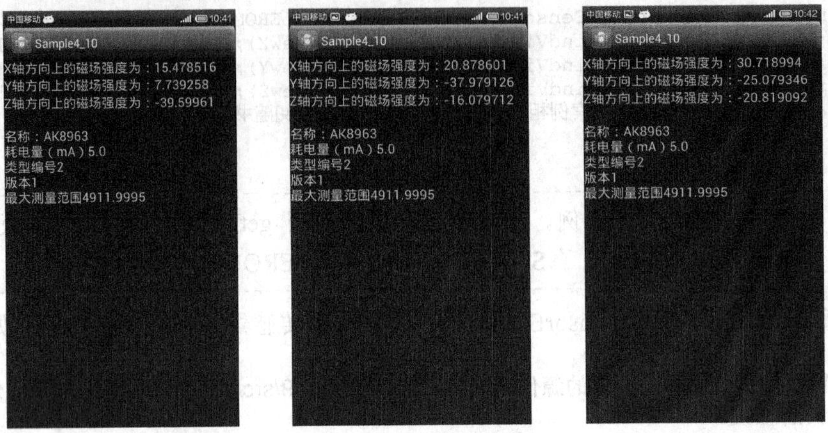

▲图 4-15　Sample4_10 运行效果

> **说明**　从图 4-15 中 3 幅图可以看出，随着手机姿态、朝向的变化，磁场在 *x*、*y*、*z* 坐标轴上的分量不断变化。同时，该案例也给出了手机中传感器的名称、耗电量、类型、版本等属性信息。

了解完本小节案例的运行效果后，下面将介绍具体的开发步骤。由于本小节案例的基本套路与前面小节案例的基本一致，因此，这里仅着重讲解有区别的两处，具体步骤如下。

（1）首先给出的是案例中 Sample4_10Activity 类中的 onCreate 方法，具体代码如下。

代码位置：见本书随书光盘中的源代码/第 4 章/Sample4_10/src/com/bn/sample4_10 目录下 Sample4_10Activity.java。

```java
public void onCreate(Bundle savedInstanceState){
    super.onCreate(savedInstanceState);
    setContentView(R.layout.main);                              //设置布局文件
    //获取 SensorManager 对象
    mySm=(SensorManager)this.getSystemService(SENSOR_SERVICE);
    myS=mySm.getDefaultSensor(Sensor.TYPE_MAGNETIC_FIELD);    //获取 Sensor 对象
    tvX=(TextView)findViewById(R.id.textView1);
    tvY=(TextView)findViewById(R.id.textView2);                //获取 Textview 对象
    tvZ=(TextView)findViewById(R.id.textView3);
    tv=(TextView)findViewById(R.id.textView4);
    ……//该处省略了一些与前面案例相似的代码，读者可自行查看随书附带光盘中的源代码
}
```

> **说明**　相比前面的案例，主要区别就是调用 getDefaultSensor 方法时获取传感器对象传入的参数改成 Sensor.TYPE_MAGNETIC_FIELD。

（2）接下来开发实现 SensorEventListener 接口的传感器监听器，具体代码如下。

代码位置：见本书随书光盘中的源代码/第 4 章/Sample4_10/src/com/bn/sample4_10 目录下 Sample4_10Activity.java。

```java
//实现 SensorEventListener 接口
private SensorEventListener mySel=new SensorEventListener(){
    @Override                                                   //重写 onAccuracyChanged 方法
    public void onAccuracyChanged(Sensor sensor, int accuracy){}
    @Override                                                   //重写 onSensorChanged 方法
    public void onSensorChanged(SensorEvent event){
        float []values=event.values;
        tvX.setText("X 轴方向上的磁场强度为："+values[0]);//设置 Textview 显示的文字
        tvY.setText("Y 轴方向上的磁场强度为："+values[1]);
        tvZ.setText("Z 轴方向上的磁场强度为："+values[2]);
}};
```

> **说明** 从第7～10行可以看出磁场传感器的返回值有3个，分别表示 x、y、z 三个轴方向上的磁场强度。

4.2.7 姿态传感器

本节将介绍姿态传感器，主要内容包括姿态传感器的一些基本知识，以及一个简单的应用案例Sample4_11。

1. 姿态传感器简介

本节介绍的所有传感器中，姿态传感器也是与游戏开发人员关系比较密切的一个，有些智能手机中的体感游戏、应用就是采用姿态传感器进行操控的。具体来说就是玩家在玩游戏过程中，根据操控的需要改变手机的姿态，姿态传感器获得姿态数据后传递给应用程序进行分析、计算，得出具体的操控数据。

从上述介绍可以看出，姿态传感器主要用于感知手机姿态的变化，其每次读取的都是静态的状态值，表示当前的姿态。每组姿态值包括3个值（value），分别代表手机在Yaw、Pitch、Roll轴的旋转角度。Yaw、Pitch、Roll轴与手机的关系比较复杂，详细情况如图4-16所示。

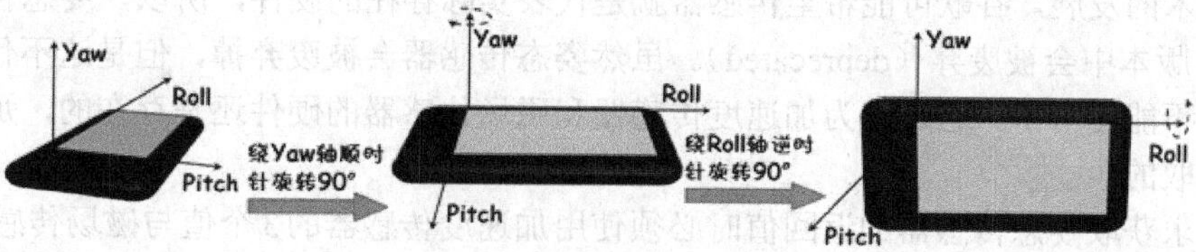

▲图4-16 手机姿态传感器

> **说明** 图4-16中从左到右分别为手机在原始姿态，手机绕Yaw轴顺时针旋转90°后的姿态，再绕Roll轴逆时针旋转90°姿态。从几幅图的对比中可以看出，Yaw、Pitch、Roll三个轴与手机之间的关系不都是固定的。

Yaw、Pitch、Roll三个轴的详细情况如下所列。

（1）Yaw轴

无论手机处于何种姿态，此轴都是与重力加速度方向相反，竖直向上。即此轴是固定不变的，因此姿态传感器工作时，获得此轴的角度表示的是手机方位。

具体情况为0°时手机指向北方，90°时指向东方，180°时指向南方，270°时指向西方，其他的方位都可以以此类推。因此，在原始状态时手机屏幕水平向上（即屏幕的法向量与重力加速度方向相反），指向北方。

（2）Pitch轴

Pitch轴的方向与当前手机的方位角度密切相关，原始情况下Pitch轴指向东方。当手机绕Yaw轴旋转一定角度后，Pitch轴也绕Yaw轴旋转相同的角度。如图4-16中间的小图所示，当手机绕Yaw轴顺时针旋转90°后，Pitch轴也绕Yaw轴旋转90°，指向南方。

简单来说，可以将Pitch轴理解为焊死在Yaw轴上的。另外需要注意的是，Pitch轴与手机之间的关系是不固定的。如图4-16中右小图所示，当手机又绕Roll轴旋转后，Pitch轴与手机之间的关系就发生了变化。

（3）Roll轴

从图4-16中可以看出，Roll轴的方向依赖于手机绕Yaw轴和Pitch轴旋转的情况，但是Roll

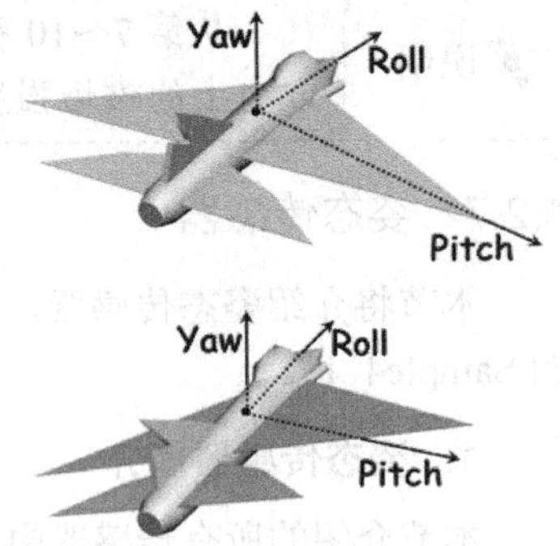

▲图 4-17　用欧拉角表示手机姿态

轴的确定并不复杂。细心观察一下就可以看出 Roll 轴与手机之间的关系是固定的，就像焊死在手机上一样。

看完上面的介绍，读者可能会认为这 3 个轴很古怪，其实不然，这 3 个轴是来自数学上的欧拉角。欧拉角是一种表示物体姿态的方法，在飞机飞行中很常用，具体情况如图 4-17 所示。

从图 4-17 中可以看出，Yaw 轴角度是飞机的方位角，Pitch 轴角度为飞机的俯仰角，Roll 轴角度为飞机左右的倾角。知道了这 3 个角度后，飞机的姿态就被唯一确定了。上述说法是从飞机的角度出发的，乘客也是如此，坐过飞机的读者可以很容易理解。

早期姿态传感器是 Android 手机上一种非常重要的传感器，但其实并不存在一个硬件传感器称为姿态传感器。姿态传感器并不是一个硬件，而是一个逻辑传感器，其返回值是由加速度传感器 3 个轴的值和磁场传感器 3 个轴的值 6 轴联算得到的。

说明　Yaw 轴在较新版本中已经更名为 Azimuth 轴了，Pitch 轴和 Roll 轴名称不变，所代表的含义也没有变化。

随着技术的发展，谷歌可能希望传感器就是代表实际存在的硬件，所以，姿态传感器在较新的 Android 版本中会被废弃（deprecated）。虽然姿态传感器会被废弃掉，但是这不代表姿态传感器的功能就不能使用了。这是因为加速度传感器和磁场传感器的硬件还是存在的，那 6 个轴的值还是可以获取的。

这就要求获取姿态传感器的返回值时必须使用加速度传感器的3个值与磁场传感器的3个值，这 6 轴联算计算出姿态传感器的返回值。庆幸的是，在 SensorManager 类中提供了很多工具方法，其中比较重要的两个为 getRotationMatrix 方法和 getOrientation 方法，具体情况如表 4-11 所列。

表 4-11　SensorManager 类提供的重要工具方法

方法签名	参数名称	方法说明
public static boolean getRotationMatrix(float[] R,float[] I,float[] gravity,float[] gromagnetic)	R 参数用于储存此方法计算出的世界坐标系恢复旋转矩阵；I 参数用于存储此方法计算出的将磁场传感器 3 个轴值所代表的向量变换到重力加速度坐标系中的旋转矩阵；返回值表示计算是否成功	根据传入的加速度传感器与磁场传感器的值数组计算出两个变换旋转矩阵
public static float[] getOrientation(float[] R,float[] values)	R 参数为旋转矩阵，由 getRotationMatrix 方法计算得到；values 参数为计算出的姿态传感器 3 个轴值的数组；返回值为传入的 values 数组元素值组成的数组	根据传入的参数计算出姿态传感器 Yaw、Pitch、Roll 轴的值

说明　表 4-11 中所列的只是两种重要的方法，辅助计算的工具方法还有其他，这里只用到以上两种方法，其他的方法在这里不做详细说明，感兴趣的读者可自行查阅 API。

2. 案例的开发

通过了解姿态传感器的知识后，读者对姿态传感器已经有了基本的了解，下面通过介绍案例 Sample4_11，使读者更进一步掌握姿态传感器的相关开发，其运行效果如图 4-18 所示。

说明　图 4-18 所示的 3 幅图中，随着手机姿态的改变，姿态传感器的返回值不同。

了解完本节案例的运行效果后，下面将介绍具体的开发步骤。由于本节案例的基本套路与磁场传感器案例的基本一致，因此，这里仅着重讲解有区别的两处，具体步骤如下。

▲图 4-18 Sample4_11 运行效果

（1）首先给出的是案例中 Sample4_11Activity 类中的 onCreate 方法，具体代码如下。

代码位置：见本书随书光盘中的源代码/第 4 章/Sample4_11/src/com/bn/sample4_11 目录下 Sample4_11Activity.java。

```
public void onCreate(Bundle savedInstanceState) {
        super.onCreate(savedInstanceState);
        setContentView(R.layout.main);                                    //设置布局文件
        //获取 SensorManager 对象
        mySm=(SensorManager)this.getSystemService(SENSOR_SERVICE);
        myS=mySm.getDefaultSensor(Sensor.TYPE_ORIENTATION); //获取 Sensor 对象
        tvX=(TextView)findViewById(R.id.textView1);
        tvY=(TextView)findViewById(R.id.textView2);             //获取 Textview 对象
        tvZ=(TextView)findViewById(R.id.textView3);
        tv=(TextView)findViewById(R.id.textView4);
        ……//该处省略了一些与前面案例相似的代码，读者可自行查看随书附带光盘中的源代码
}
```

说明 相比前面的案例，主要区别就是调用 getDefaultSensor 方法时获取传感器对象传入的参数改成 Sensor. TYPE_ORIENTATION。

（2）接下来开发实现 SensorEventListener 接口的传感器监听器，具体代码如下。

代码位置：见本书随书光盘中的源代码/第 4 章/Sample4_11/src/com/bn/sample4_11 目录下 Sample4_11Activity.java。

```
1   //实现 SensorEventListener 接口
2   private SensorEventListener mySel=new SensorEventListener() {
3       @Override                                          //重写 onAccuracyChanged 方法
4       public void onAccuracyChanged(Sensor sensor, int accuracy) {}
5       @Override                                          //重写 onSensorChanged 方法
6       public void onSensorChanged(SensorEvent event){
7           float []values=event.values;
8               tvX.setText("Yaw 轴的旋转角度: "+values[0]);//设置 Textview 显示的文字
9               tvY.setText("Picth 轴的旋转角度: "+values[1]);
10              tvZ.setText("Roll 轴的旋转角度: "+values[2]);
11  }};
```

说明 从第 7～10 行可以看出姿态传感器的返回值有 3 个，分别表示 Yaw、Picth、Roll 三个轴方向上的值。

4.2.8　陀螺仪传感器

上一小节介绍了姿态传感器，本节将介绍了陀螺仪传感器，主要内容包括陀螺仪传感器的一些基本知识，以及一个简单的应用案例 Sample4_12。

1. 陀螺仪传感器简介

陀螺仪传感器主要用于探测手机绕各个轴旋转的角速度，其使用的坐标轴与加速度传感器一样，*x* 轴平行于屏幕的短边，从左到右，*y* 轴平行于屏幕的长边，从下到上，*z* 轴垂直于屏幕与 *x* 轴与 *y* 轴正交（见图 4-12 所示）。3 个坐标轴也是绑定在手机上的，也就是说坐标轴与手机之间的关系不随着手机姿态的变化而变化。

陀螺仪传感器的返回值是一个长度为 3 的数组（value），数组中的 3 个元素（value[0]～value[2]）分别表示手机绕 *x*、*y*、*z* 这 3 个轴旋转的角速度，单位为 rad/s，即弧度每秒。

2. 案例的开发

通过介绍陀螺仪传感器的知识后，读者对陀螺仪传感器已经有了基本的了解，下面通过介绍案例 Sample4_12，使读者更进一步掌握陀螺仪传感器的相关开发，其效果如图 4-19 所示。

▲图 4-19　Sample4_12 运行效果

> **说明**　图 4-19 所示的 3 幅图中，随着手机的转动，陀螺仪传感器侦测出手机绕 *x*、*y*、*z* 轴旋转的角速度不断变化。同时，该案例还获取了手机中传感器的名称、类型、版本、耗电量等属性信息。

了解完本节案例的运行效果后，下面将介绍具体的开发步骤。由于本节案例的基本套路与姿态传感器案例的基本一致，因此，这里仅着重讲解有区别的两处，具体步骤如下。

（1）首先给出的是案例中 Sample4_12Activity 类中的 onCreate 方法，具体代码如下。

代码位置：见本书随书光盘中的源代码/第 4 章/Sample4_12/src/com/bn/sample4_12 目录下 Sample4_12Activity.java。

```
public void onCreate(Bundle savedInstanceState){
    super.onCreate(savedInstanceState);
    setContentView(R.layout.main);                          //设置布局文件
    //获取 SensorManager 对象
    mySm=(SensorManager)this.getSystemService(SENSOR_SERVICE);
    myS=mySm.getDefaultSensor(Sensor.TYPE_GYROSCOPE);       //获取 Sensor 对象
    tvX=(TextView)findViewById(R.id.textView1);
    tvY=(TextView)findViewById(R.id.textView2);             //获取 Textview 对象
    tvZ=(TextView)findViewById(R.id.textView3);
```

```
        tv=(TextView)findViewById(R.id.textView4);
        ……//该处省略了一些与前面案例相似的代码，读者可自行查看随书附带光盘中的源代码
    }
```

说明 相比前面的案例，主要区别就是调用 getDefaultSensor 方法时获取传感器对象传入的参数改成 Sensor. TYPE_GYROSCOPE。

（2）接下来开发实现 SensorEventListener 接口的传感器监听器，具体代码如下。

代码位置：见本书随书光盘中的源代码/第 4 章/Sample4_12/src/com/bn/sample4_12 目录下 Sample4_12Activity.java。

```
1   //实现 SensorEventListener 接口
2   private SensorEventListener mySel=new SensorEventListener(){
3       @Override                                          //重写 onAccuracyChanged 方法
4       public void onAccuracyChanged(Sensor sensor,int accuracy){}
5       @Override                                          //重写 onSensorChanged 方法
6       public void onSensorChanged(SensorEvent event){
7           float []values=event.values;          //获取 x、y、z 三个轴方向上的角速度的值
8           tvX.setText("绕 x 轴旋转的角速度为: \n"+values[0]);//设置 Textview 显示的文字
9           tvY.setText("绕 y 轴旋转的角速度为: \n"+values[1]);
10          tvZ.setText("绕 z 轴旋转的角速度为: \n"+values[2]);
11  }};
```

说明 从第 7～10 行可以看出陀螺仪传感器的返回值有 3 个，分别表示绕 x、y、z 这 3 个轴旋转的角速度值。

4.2.9 加速度传感器综合案例

实际的游戏开发中，加速度传感器用到的情况比较多，通过前面内容的学习，读者对如何获取加速度传感器 3 个轴的值应该都已经有所掌握了。但对于如何通过这些值来操控游戏场景中的物体可能还不熟悉。

因此，本小节将通过一个案例向读者介绍，如何在实际开发中通过加速度传感器操控物体，其运行效果如图 4-20 所示。

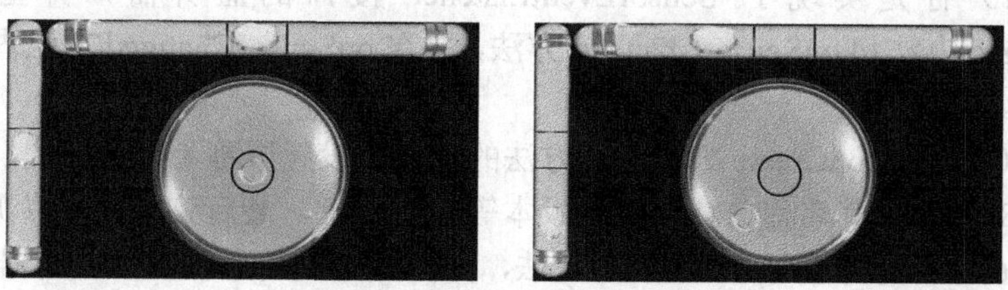

▲图 4-20 Sample4_13 运行效果

说明 从图 4-20 中可以看出，本案例是一个水平仪，水平放置和竖直放置的管子里面的水滴分别显示加速度传感器测量值在 x 方向和 y 方向的分量，中间的圆形区域中的水滴显示的是 x 轴、y 轴叠加后的情况。

了解了本小节案例的运行效果后，下面将介绍案例具体的开发步骤，具体步骤如下。

（1）首先开发的是案例 Sample4_13Activity 类，具体代码如下。

代码位置：见本书随书光盘中的源代码/第 4 章/Sample4_13/src/com/bn/sample4_13 目录下 Sample4_13Activity.java。

```
package com.bn.sample4_13;
……//该处省略了部分类的导入代码，读者可以自行查阅随书光盘中源代码
```

```
3     public class Sample4_13Activity extends Activity {
4         ……//该处省略了声明成员变量的代码，读者可以自行查阅随书光盘中源代码
5           private SensorEventListener mel=new SensorEventListener(){
6               //实现 SensorEventListener 接口
7               @Override                                  //重写 onAccuracyChanged 方法
8               public void onAccuracyChanged(Sensor sensor, int accuracy){}
9               @Override                                  //重写 onSensorChanged 方法
10              public void onSensorChanged(SensorEvent event){
11                  float []values=event.values;//获得加速度传感器的测量值
12                  mv.dx=values[0];                                  //为 dx 赋值
13                  mv.dy=values[1];                                  //为 dy 赋值
14                  mv.dz=values[2];                                  //为 dz 赋值
15          }};
16          @Override
17          public void onCreate(Bundle savedInstanceState){
18              super.onCreate(savedInstanceState);
19              requestWindowFeature(Window.FEATURE_NO_TITLE);//全屏
20              getWindow().setFlags(WindowManager.LayoutParams.FLAG_FULLSCREEN ,
21                          WindowManager.LayoutParams.FLAG_FULLSCREEN);
22              setRequestedOrientation(ActivityInfo.SCREEN_ORIENTATION_LANDSCAPE);
                                                                   //设置横屏
23              //获得 SensorManager 对象
24              mySensorManager= (SensorManager)getSystemService(SENSOR_SERVICE);
25              sensor=mySensorManager.getDefaultSensor(Sensor.TYPE_ACCELEROMETER);
26              yuan = BitmapFactory.decodeResource(getResources(), R.drawable.yuan);
27              ……//该处省略了 5 个获取图片资源的代码，读者可以自行查阅随书光盘中源代码
28              mv = new MyView(this);                            //初始化 MyView 对象
29              this.setContentView(mv);
30          }
31          @Override
32          protected void onResume(){                        //重写 onResume 方法注册监听器
33      mySensorManager.registerListener(mel, sensor, SensorManager.SENSOR_DELAY_UI);
34              mv.mvdt.pauseFlag=false;
35              super.onResume();
36          }
37          @Override
38          protected void onPause(){                         //重写 onPause 方法
39              mySensorManager.unregisterListener(mel);      //取消注册监听器
40              mv.mvdt.pauseFlag=true;
41              super.onPause();
42      }}
```

- 第 5～15 行是实现了 SensorEventListener 接口的监听器，并重写了该接口的 onAccuracyChanged 方法和 onSensorChanged 方法，并在 onSensorChanged 方法内获取加速度传感器的 3 个测量值。
- 第 17～30 行重写 onCreate 方法，本方法的功能为设置屏幕为全屏模式，并创建传感器对象，通过传感器对象获取其名称、耗电量、版本等属性信息，最后获取图片资源。
- 第 32～36 行功能为重写 onResume 方法，并为加速度传感器注册监听器。
- 第 38～42 行功能为重写 onPause 方法，并注销监听器。

（2）完成 Sample4_13Activity 的开发后，下面将介绍绘图类 MyView 的开发，具体代码如下。

代码位置：见本书随书光盘中的源代码/第 4 章/Sample4_13/src/com/bn/sample4_13 目录下 MyView.java。

```
package com.bn.sample4_13;
……//该处省略了部分类的导入代码，读者可以自行查阅随书光盘中源代码
public class MyView extends SurfaceView implements SurfaceHolder.Callback{
    ……//该处省略了声明本类成员变量的代码，读者可以自行查阅随书光盘中源代码
    public MyView(Sample4_13Activity activity){                //构造器
        super(activity);
        this.activity = activity;
        this.getHolder().addCallback(this);
        paint = new Paint();                                   //创建画笔
        paint.setColor(Color.WHITE);                           //设置颜色
        paint.setTextSize(30);                                 //设置字体颜色
```

```
12          paint.setAntiAlias(true);                          //打开抗锯齿
13          mvdt=new MyViewDrawThread(this);}                //实例化 MyViewDrawThread
14      @Override
15      public void draw(Canvas canvas){                         //重写 draw 方法
16          super.draw(canvas);
17          canvas.drawBitmap(activity.shang, 105, 0,paint);    //画上面的管子
18          canvas.drawBitmap(activity.yuan, 400, 150,paint);   //画中间圆形区域
19          canvas.drawBitmap(activity.zuo, 0, 0,paint);        //画左面的管子
20          x=dx*34;                                             //对在 x 轴上的位移赋值
21          if(x>200){x=200;}                                //如果位移大于 170, x 值不再变化
22          if(x<-200){x=-200;}                              //如果位移小于-170, x 值不再变化
23          canvas.drawBitmap(activity.qiuzuo, 10, 300+x,paint);   //画左面水滴
24          y=dy*34;                                         //对在 y 轴上的位移赋值
25          if(y>550){y=550;}                                //如果位移大于 170, y 值不再变化
26          if(y<-550){y=-550;}                              //如果位移小于-170, y 值不再变化
27          canvas.drawBitmap(activity.qiushang, 610+y,3,paint);   //画上面水滴
28          juli=(float) Math.sqrt((dx*34)*(dx*34)+(dy*34)*(dy*34));
                                                             //求得坐标点到原点的距离
29          juli2=juli/170;                                  //单位化距离
30          if(juli2<=1){                                    //如果小于 1, 直接赋值
31              rx=(dy*34)/170;
32              ry=(dx*34)/170;
33          }else{                                           //如果大于 1, 求与单位圆的交点
34              if(dy>0){                                    //再赋值
35                  rx=(float) Math.sqrt(2*dy*dy/(dx*dx+dy*dy));
36              }else{rx=-(float) Math.sqrt(2*dy*dy/(dx*dx+dy*dy));}
37              ry=dx/dy*rx;
38          }
39          canvas.drawBitmap(activity.qiuzhong,630+rx*110,380+ry*110,paint);
                                                                     //画中间水滴
40      public void surfaceChanged(SurfaceHolder arg0,int arg1,int arg2,int arg3){}
41      public void surfaceCreated(SurfaceHolder holder){
42          mvdt.start();}                                           //启动线程
43      public void surfaceDestroyed(SurfaceHolder arg0){}
44  }
```

- 第 5～13 行为本类的构造器，功能为初始化本类的成员变量，并创建画笔，设置画笔颜色、字体大小，设置抗锯齿等属性。
- 第 15～38 行重写 draw 方法，功能为绘制场景中左面水滴、右面水滴等图片与绘制加速度传感器信息。

（3）最后要开发的是绘制图形的线程 MyViewDrawThread 类，具体代码如下。

代码位置：见本书随书光盘中的源代码/第 4 章/Sample4_13/src/com/bn/sample4_13 目录下 MyViewDrawThread.java。

```
package com.bn.sample4_13;
//定时重新绘制画面的线程
public class MyViewDrawThread extends Thread{
    boolean flag = true;                                      //声明标志位
    boolean pauseFlag=false;                                  //声明标志位
    MyView mv;                                                //声明 MyView 引用
    SurfaceHolder surfaceHolder;                      //声明 SurfaceHolder 引用
    public MyViewDrawThread(MyView mv){                       //创建构造器
        this.mv = mv;
        this.surfaceHolder = mv.getHolder();
}
    public void run(){
      Canvas c;                                               //声明画布的引用
       while (this.flag){
          c = null;
          f(!pauseFlag){
              try{
                  c = this.surfaceHolder.lockCanvas(null);
                  synchronized (this.surfaceHolder){
                      mv.draw(c);                             //绘制
              }finally {
                  if (c != null){                             //并释放锁
```

```
23                   this.surfaceHolder.unlockCanvasAndPost(c); //睡眠指定毫秒数
24                   try{
25                        Thread.sleep(50);                     //睡眠 50 毫秒
26                   }catch(Exception e){
27                        e.printStackTrace();                  //打印堆栈信息
28   }}}
```

- 第 8～11 行是 MyViewDrawThread 构造器，在其他 Java 类创建该类对象时调用。
- 第 11～28 行重写 run 方法，其实现的功能是根据标志位来实时绘制图形，并在绘制过程中休眠 50 毫秒。

4.2.10　传感器的坐标轴问题

如果有 Android Pad 的读者可能会发现，在很多型号的 Pad 上，案例 Sample4_13 并不能正常运行。此案例在手机上运行时，水平仪中的水滴是一直向低处移动的。但在很多 Pad 上却不是如此，左右转动 Pad 水滴将上下移动，前后转动 Pad 水滴将左右移动。

这主要是由于两个原因造成的，具体如下所示。

（1）手机的初始姿态是竖屏的，很多品牌 Pad 的初始姿态是横屏的。

（2）重力传感器的坐标轴是与设备默认初始姿态绑定的，并不以设备当前显示状态（横屏或竖屏）的变化而变化，如图 4-21 所示。

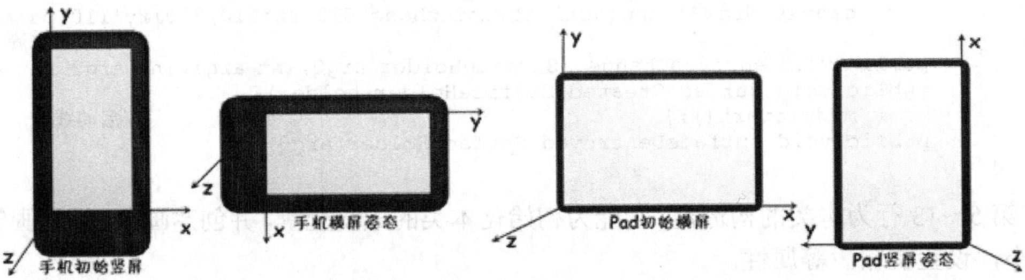

▲图 4-21　加速度传感器的坐标轴

这就造成了一个问题，同一种显示状态（横屏或竖屏）下，初始姿态不同的设备上小水滴同一运动方向对应的加速度传感器的坐标轴是不同的，如图 4-22 所示。

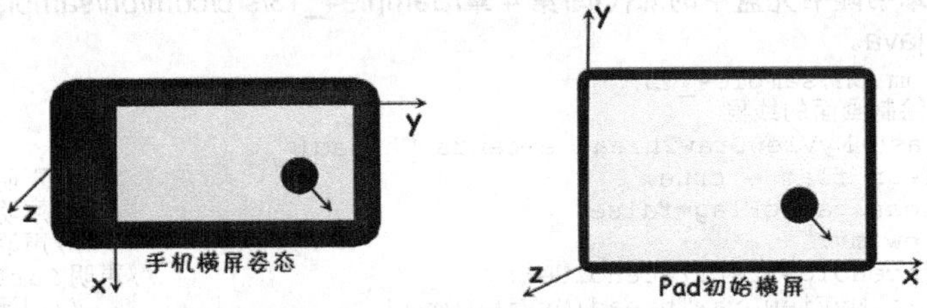

▲图 4-22　水滴运动对应的加速度传感器的坐标轴

从图 4-22 中可以看出：对于用户而言，感觉都是水滴向右下角运动；但对于开发人员而言，手机上水滴的运动方向应该是 x 轴正方向、y 轴正方向，Pad 上水滴运动方向应该是 x 轴正方向、y 轴负方向。另外，手机上 x 轴负责水滴的上下移动，y 轴负责水滴的左右移动，而 Pad 上 x 轴负责水滴的左右移动，y 轴负责水滴的上下移动。

从上面的讲解中可以看出，如果希望水平仪的案例 Sample4_13 能够在这些 Pad 上正常运行，只需要修改此案例中加速度传感器监听器的两行代码即可。也就是将加速度传感器监听器中重写的 onSensorChanged 方法的代码修改为如下内容即可。

```
1   public void onSensorChanged(SensorEvent event){      //重写onSensorChanged方法
2       float []values=event.values;                     //获取加速度传感器的测量值
3       mv.dx=values[1];                                 //为dx赋值
4       mv.dy=(-1)*values[0];                            //为dy赋值
5       mv.dz=values[2];                                 //为dz赋值
6   }
```

说明 从上述代码中可以看出，主要就是修改了第 3～4 行的赋值语句，使得原来适应于手机初始姿态对应坐标系的代码可以适应于 Pad 初始姿态对应的坐标系了。

到了这里，问题看似顺利解决了，但是开发人员需要给不同的设备提供不同版本的软件，这并不是很好的解决方案，最好能够采用一套通用的代码。读者可能会想到，读取设备的初始姿态，根据初始姿态的不同用 if 语句进行判断并运行不同的代码片段即可。

但不幸的是，Android 平台下并没有直接提供能够读取设备初始姿态是横屏还是竖屏的 API。作者经过研究发现，Android 平台下提供了读取当前显示状态相对于初始姿态旋转了多少角度的 API。同时，Android 平台下还提供了获取当前显示状态下屏幕宽度及高度的 API。组合使用上述两个 API 可以达到需要的效果。

为了读者开发的方便，作者专门开发了两个工具类服务于解决这个问题，相关代码如下。

（1）首先给出的是表示结果的枚举类 DefaultOrientation 的代码，具体内容如下。

代码位置：见本书随书光盘中的源代码/第 4 章/ Sample4_14/src/com/bn/orign/orientation/util 目录下的 DefaultOrientation.java。

```
package com.bn.orign.orientation.util;          //声明包
public enum DefaultOrientation{
    LANDSCAPE,                                  //初始姿态为横屏的对应枚举值
    PORTRAIT                                    //初始姿态为竖屏的对应枚举值
}
```

（2）接着给出的是自动计算获取设备初始姿态的 DefaultOrientationUtil 类，其具体代码如下。

代码位置：见本书随书光盘中的源代码/第 4 章/ Sample4_14/src/com/bn/orign/orientation/util 目录下的 DefaultOrientationUtil.java。

```
public class DefaultOrientationUtil{
    public static DefaultOrientation defaultOrientation;
                                        //声明DefaultOrientation引用
    public static void calDefaultOrientation(Activity activity){
     Display display;                   //创建Display对象
       display = activity.getWindowManager().getDefaultDisplay();
                                        //获取Display对象
       int rotation = display.getRotation();//读取当前显示状态相对于初始姿态的旋转角度
       int widthOrign=0;                //初始姿态屏幕宽度存储变量
       int heightOrign=0;               //初始姿态屏幕高度存储变量
       DisplayMetrics dm = new DisplayMetrics();//创建DisplayMetrics对象
       display.getMetrics(dm);          //将显示设备信息存入DisplayMetrics对象
       switch (rotation){
           case Surface.ROTATION_0:     //若当前显示状态相对于初始姿态旋转了0°
           case Surface.ROTATION_180:   //若当前显示状态相对于初始姿态旋转了180°
             widthOrign=dm.widthPixels;
             heightOrign=dm.heightPixels;
           break;
           case Surface.ROTATION_90:    //若当前显示状态相对于初始姿态旋转了90°
           case Surface.ROTATION_270:   //若当前显示状态相对于初始姿态旋转了270°
             widthOrign=dm.heightPixels;
             heightOrign=dm.widthPixels;
           break;
       }
       if(widthOrign>heightOrign){      //若初始姿态下屏幕宽度大于高度则初始为横屏
         defaultOrientation=DefaultOrientation.LANDSCAPE;
       }
```

```
26    else{                                              //若初始姿态下屏幕宽度不大于高度则初始为竖屏
27        defaultOrientation=DefaultOrientation.PORTRAIT;
28    }}}
```

- 第 4～10 行功能为获取 Display 对象，读取当前显示状态相对于初始姿态的旋转角度，创建 DisplayMetrics 对象，将显示设备信息存入 DisplayMetrics 对象。
- 第 11～22 行功能为根据当前显示状态相对于初始姿态的旋转角度以及当前显示状态的屏幕宽度、高度计算出初始姿态的屏幕宽度、高度。
- 第 23～27 行为根据初始姿态屏幕的宽度和高度判断初始姿态是横屏还是竖屏，并记录结果。

> **提示**　如果当前显示状态相对于初始姿态旋转了 0° 或者 180° 则存放到 DisplayMetrics 对象中的屏幕宽、高度信息与初始姿态是一致的；如果当前显示状态相对于初始姿态旋转了 90° 或者 270° ，则存放到 DisplayMetrics 对象中的屏幕宽、高度信息相对于初始姿态是宽度、高度互换的。

通过学习上面的两个工具类，读者对由于 Pad 和手机加速度坐标轴不同而导致的水滴不能正常移动问题的原因与解决方案有了进一步的认识，下面将通过一个具体的案例 Sample4_14 进一步介绍如何在实际项目中应用上述两个工具类。

案例 Sample4_14 修改自案例 Sample4_13，主要是在项目中增加了上述两个工具类，并修改了 Sample4_13Activity 类中不多的几行代码。两个工具类的代码在前面已经详细给出，因此，这里仅介绍本案例中被修改的 Sample4_14Activity 类，相关代码如下。

代码位置：见本书随书光盘中的源代码/第 4 章/Sample4_14/src/com/bn/sample4_14 目录下的 Sample4_14Activity. java。

```
package com.bn.sample4_14;                                        //包声明
……//此处省略部分相关类的引入代码，读者可自行查看随书光盘中的源代码
public class Sample4_14Activity extends Activity{
……//此处省略一些成员变量的声明的引入代码，读者可自行查阅随书光盘中的源代码
    private SensorEventListener mel=new SensorEventListener(){//重力传感器的监听器
        @Override
        public void onAccuracyChanged(Sensor sensor, int accuracy){}
        @Override
        public void onSensorChanged(SensorEvent event){
                                                          //重写 onSensorChanged 方法
            float []values=event.values;                  //获取加速度传感器的测量值
            //若初始姿态是横屏 （指部分 Pad 设备）
if(DefaultOrientationUtil.defaultOrientation==DefaultOrientation.LANDSCAPE){
                mv.dx=values[1];                          //为 dx 赋值
                mv.dy=(-1)*values[0];                     //为 dy 赋值
                mv.dz=values[2];                          //为 dz 赋值
            }else{                         //若原始姿态是竖屏 （指手机及另一部分 Pad 设备）
                mv.dx=values[0];                          //为 dx 赋值
                mv.dy=values[1];                          //为 dy 赋值
                mv.dz=values[2];                          //为 dz 赋值
        }}};
        @Override
        public void onCreate(Bundle savedInstanceState){
            ……//此处省略了部分代码，与前面案例的基本相同，读者可自行查阅随书光盘中的源代码
            DefaultOrientationUtil.calDefaultOrientation(this);//计算设备原始屏幕姿态
            ……//此处省略了部分代码，与前面案例的基本相同，读者可自行查阅随书光盘中的源代码
        }
        @Override
        protected void onResume(){                        //重写 onResume 方法
            ……//此处省略了部分代码，与前面案例的基本相同，读者可自行查阅随书光盘中的源代码
        }
        @Override
        protected void onPause(){                         //重写 onPause 方法
            ……//此处省略了部分代码，与前面案例的基本相同，读者可自行查阅随书光盘中的源代码
}}
```

> **说明** 从上述代码中可以看出，主要变化是修改了第 12～19 行的赋值语句，使得此案例能自适应于手机初始竖屏姿态对应的坐标系与 Pad 初始横屏姿态对应的坐标系，并且增加了第 24 行的代码用于计算设备的初始屏幕姿态。读者在不同的设备上运行本案例时，就会发现在所有的设备上水平仪中的水滴都可以正常移动了，问题顺利解决了。

4.3 小结

本章主要介绍了 Android 平台下数据的存储与共享以及 Android 平台下 7 种传感器的使用。在 7 种传感器中与游戏开发关系最为密切的是加速度传感器，本章 4.2 节也针对该传感器给出了一个较为完整的案例。掌握该案例后，读者可以应对游戏开发中各种体感操控的需求。

第 5 章　Android 游戏开发中的网络编程

如今的游戏基本上已经离不开网络了，手机游戏也逐步向网络型发展，网络编程能力对于一个游戏开发人员来说是必不可少的。本章将对 Android 平台下的网络编程进行简单介绍，希望通过本章的学习，读者能够了解到 Android 平台下网络开发的特点。

5.1 基于 Socket 套接字的网络编程

说到网络开发，首先想到的一定是 Socket 编程，在游戏开发中，应用最多的网络编程技术也是 Socket，本节将通过一个简单的实例，讲解如何在 Android 平台下完成基于 Socket 的网络应用开发，其具体开发步骤如下。

（1）首先是服务器端的开发，在 Eclipse 中新建一个名为 Sample_5_1Server 的普通 Java 项目，创建方法是在 Eclipse 中依次单击菜单“File/New/Java Project”。

（2）在新建的项目下的 src 上单击鼠标右键，在弹出的菜单中依次单击“New/Class”，在弹出的新建类的窗口中填入文件名 Sample_5_1Server 及包名 wyf.ytl，单击“Finish”按钮，如图 5-1 所示。

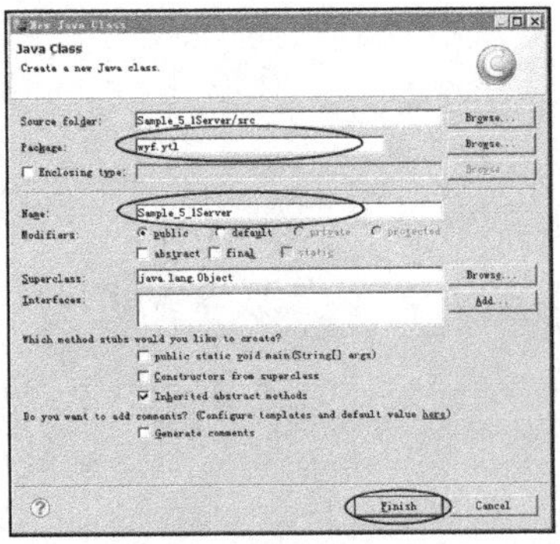

▲图 5-1　新建 Java 类

（3）开发 Sample_5_1Server 类，其代码如下。

代码位置：见随书光盘源代码/第 5 章/Sample_5_1Server/src/wyf/ytl 目录下的 Sample_5_1Server.java。

```
package wyf.ytl;                                        //声明包语句
import java.io.DataInputStream;                         //引入相关类
import java.io.DataOutputStream;                        //引入相关类
import java.net.ServerSocket;                           //引入相关类
import java.net.Socket;                                 //引入相关类
public class Sample_5_1Server{
      public static void main(String[] args){           //主方法
            ServerSocket ss = null;                     //ServerSocket 的引用
            Socket s = null;                            //Socket 的引用
            DataInputStream din = null;
            DataOutputStream dout = null;
            try{
                  ss = new ServerSocket(8888);          //监听到 8888 端口
                  System.out.println("已监听到 8888 端口！ ");
            }
            catch(Exception e){
                  e.printStackTrace();                  //打印异常信息
            }
            while(true){
                  try{
                        s = ss.accept();                //等待客户端连接
                        din = new DataInputStream(s.getInputStream());
```

```
23                     dout = new DataOutputStream(s.getOutputStream());
24                     String msg = din.readUTF();       //读一个字符串
25                     System.out.println("ip: " + s.getInetAddress());//打印 IP
26                     System.out.println("msg: " + msg);  //打印客户端发来的消息
27                     System.out.println("====================");
28                     dout.writeUTF("Hello Client!"); //向客户端发送消息
29                 }
30                 catch(Exception e){
31                     e.printStackTrace();              //打印异常信息
32                 }
33                 finally{                              //用 finally 语句块确保动作执行
34                     try{
35                         if(dout != null){
36                             dout.close();             //关闭输出流
37                         }
38                         if(din != null){
39                             din.close();              //关闭输入流
40                         }
41                         if(s != null){
42                             s.close();                //关闭 Socket 连接
43                         }
44                     }
45                     catch(Exception e){
46                         e.printStackTrace();          //打印异常信息
47   }}}}}
```

- 第 9～11 行声明后面用到的 DataInputStream 和 DataOutputStream 等对象的引用。
- 第 13 行创建一个 ServerSocket 并监听到 8888 端口。第 19 行进入死循环，等待接收客户端的连接请求。
- 第 21～23 行接收客户端的连接请求并根据连接的 Socket 创建输入/输出流。
- 第 24～26 行接收客户端发来的消息并打印，第 27 行打印分割线。
- 第 28 行向客户端发送字符串“Hello Client!”。
- 第 33～47 行关闭输入/输出流以及 Socket。

（4）接下来是客户端的开发，首先新建一个名为 Sample_5_1 的 Android 项目。

（5）为新建的 Sample_5_1 项目添加网络权限，打开 AndroidManifest.xml，在其</manifest>标记之前添加语句<uses-permission android:name="android.permission.INTERNET"/>。

（6）开发 main.xml，其代码如下。

代码位置：见随书光盘源代码/第 5 章/Sample_5_1/res/layout 目录下的 main.xml。

```
<?xml version="1.0" encoding="utf-8"?>                <!-- XML 的版本以及编码方式 -->
<LinearLayout xmlns:android="http://schemas.android.com/apk/res/android"
   android:orientation="vertical"
   android:layout_width="fill_parent"
   android:layout_height="fill_parent"
 >                                                    <!--添加一个垂直的线性布局-->
 <EditText
     android:id="@+id/editText"
         android:layout_width="fill_parent"
         android:layout_height="wrap_content"
         android:text="Hello Server!"
 />                                                   <!--添加一个输入文本框-->
 <Button
         android:id="@+id/button1"
         android:layout_width="wrap_content"
         android:layout_height="wrap_content"
         android:text="发送信息到服务器"
/>                                                    <!--添加一个发送按钮 -->
     <TextView
         android:id="@+id/textView"
         android:layout_width="wrap_content"
         android:layout_height="wrap_content"
         android:text="服务器发来的消息："
```

```
24        />                        <!--添加一个文本控件显现服务器发来的信息-->
25    </LinearLayout>
```

- 第 2～6 行添加一个垂直的线性布局。
- 第 7～24 行向线性布局中添加 3 个控件，并为各个控件指定 ID。

（7）开发 Sample_5_1.java，用下面的代码代替 Sample_5_1.java 中原有的代码。

代码位置：见随书光盘源代码/第 5 章/Sample_5_1/src/wyf/ytl 目录下的 Sample_5_1. java。

```
1   package wyf.ytl;                                      //引入包
2   ……//该处省略了部分类的导入代码，读者可自行查看随书光盘中源代码
3   public class Sample_5_1 extends Activity implements OnClickListener{
4       ……//此处省略了声明成员变量的代码，可自行查阅随书附带光盘中的源代码
5       public void onCreate(Bundle savedInstanceState){//重写的 onCreate 回调方法
6           super.onCreate(savedInstanceState);
7           setContentView(R.layout.main);               //设置当前的用户界面
8           button1 = (Button) findViewById(R.id.button1);//得到布局中的按钮引用
9           editText = (EditText) findViewById(R.id.editText);
10          textView = (TextView) findViewById(R.id.textView);
11          button1.setOnClickListener(this);            //添加监听
12          this.handler=new Handler();                  //创建属于主线程的 handler
13      }
14      public Runnable runnableUi=new  Runnable(){//构建 Runnable 对象，在 runnable 中更新界面
15         public void run(){                            //更新界面
16             textView.setText("服务器发来的消息: "+str);  //设置 textView 中的内容
17      }};
18      public void onClick(View v){
19         if(v==button1){                               //点击的是按钮
20             new Thread(){
21                 boolean flag=false;                   //启动线程的标志位
22                public void run(){
23                    try{
24                        s = new Socket("192.168.191.1", 8888);//连接服务器
25                       flag=true;                      //启动线程
26                    }catch (Exception e){
27                       e.printStackTrace();            //打印异常信息
28                    }
29                    while(flag){
30                     try{
31                         dout = new DataOutputStream(s.getOutputStream());//得到输出流
32                         din = new DataInputStream(s.getInputStream());//得到输入流
33                         dout.writeUTF(editText.getText().toString());//向服务器发送消息
34                         str=din.readUTF();           //接收服务器发来的消息
35                         if(dout!= null){
36                             dout.close();            //关闭输入流
37                         }
38                         if(din != null){
39                             din.close();             //关闭输入流
40                         }
41                         flag=false;                  //停止线程
42                         if(s!=null){
43                             s.close();               //关闭 Socket 连接
44                         }
45                     Sample_5_1.this.handler.post(Sample_5_1.this.runnableUi);//更新界面
46                     }catch(Exception e){
47                         e.printStackTrace();         //打印异常信息
48             }}}}.start();
49  }}}
```

- 第 5～13 行重写了 onCreate 方法，在该方法中得到各个控件的引用、为按钮添加监听器并创建了属于主线程的 handler。
- 第 14～17 行构建了 Runnable 对象，在 runnaable 中更新界面。主要功能为更新界面中的 textView 控件中的文本信息。
- 第 18 行实现了接口中的 onClick 方法。
- 第 24～25 行为单击按钮时，连接服务器的 8888 端口，并将线程标志位设置为 true，即启

动线程。

- 第 31～34 行为得到输入/输出流，先向服务器发送 editText 中的文本信息，再接收服务器发来过来的消息，在 textView 控件中显示。
- 第 35～45 行关闭输入/输出流及 Socket 连接，并停止线程以及通过 handler 更新界面。

（8）先运行 Sample_5_1Server，在 Console 窗口中会看到“已监听到 8888 端口！”的字样，说明服务器已经启动完毕，如图 5-2 所示。

（9）再运行 Sample_5_1，在模拟器中可看到如图 5-3 的效果，当单击按钮后，便观察到从服务器发送过来的信息，如图 5-4 所示，而在服务器端的 Console 窗口中可看到客户端发来的消息，如图 5-5 所示。

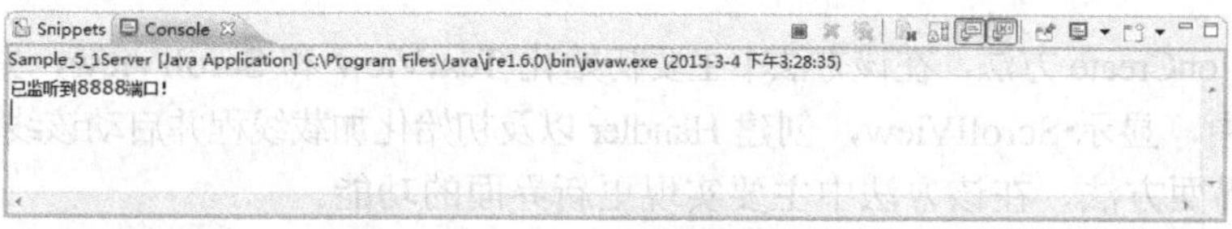

▲图 5-2　Console 窗口

▲图 5-3　网络编程

▲图 5-4　客户端接收到服务器的消息

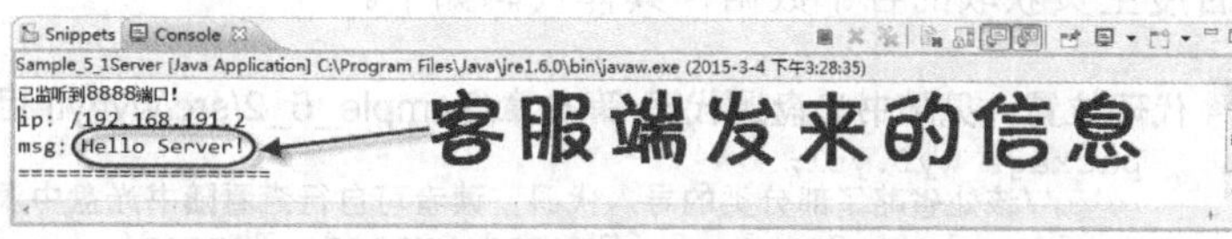

▲图 5-5　服务端的打印信息客户端效果图

5.2 基于 HTTP 的网络编程

前一节已经对 Android 平台的 Socket 编程进行了介绍，本节将对另一种网络编程技术 HTTP 协议进行简单介绍。

5.2.1　通过 URL 获取网络资源

HTTP 协议最简单的应用就是通过 URL 获取网络资源，下面的例子是在 Android 平台下，通过 URL 获取百度主页的源代码并显示在可滚动的 View 中，该例子的开发过程如下。

（1）新建一个名为 Sample_5_2 的 Android 项目。

（2）为该项目添加网络权限，打开 AndroidManifest.xml 文件，在</manifest>标记之前加上<uses-permission android:name="android.permission.INTERNET"/>。

（3）开发 Sample_5_2.java 文件，打开 src/wyf/ytl 目录下的 Sample_5_2.java 文件，将原有代码替换成如下代码。

代码位置：见随书光盘源代码/第 5 章/Sample_5_2/src/wyf/ytl 目录下的 Sample_5_2.java。

```
package wyf.ytl;
……//该处省略了部分类的导入代码，读者可自行查看随书光盘中源代码
public class Sample_5_2 extends Activity{
    TextView textView = null;                   //声明一个 TextView 的引用
    ScrollView scrollView = null;               //声明一个 ScrollView 的引用
    Sample_5_2Thread th;                        //加载线程对象
    public Handler handler=null;                //声明 Handler 对象
    public String str=null;                      //文本信息
    public void onCreate(Bundle savedInstanceState){//重写的 onCreate 方法
        super.onCreate(savedInstanceState);
        textView = new TextView(this);          //初始化 textView
        scrollView = new ScrollView(this); //初始化 scrollView
```

```
13              textView.setText("正在加载……");     //设置文本信息
14              scrollView.addView(textView);      //将 textView 添加到 scrollView 中
15              this.setContentView(scrollView);   //设置当前显示的用户界面为 scrollView
16              this.handler=new Handler();        //创建属于主线程的 handler
17              th=new Sample_5_2Thread(this);     //初始化加载线程
18              th.start();                        //启动加载线程
19          }
20          public Runnable runnableUi=new  Runnable(){
                                            // 构建 Runnable 对象，在 runnable 中更新界面
21              public void run(){                 //更新界面
22                  textView.setText(str);         //设置 textView 中的内容
23          }};
24      }
```

● 第 4～8 行声明 TextView 和 ScrollView 的引用以及声明加载线程对象、Handler 对象和文本信息变量。

● 第 9～19 行为重写的 onCreate 方法，在该方法中主要初始化 TextView 和 ScrollView，并将 TextView 添加到 ScrollView 中，显示 ScrollView，创建 Handler 以及初始化加载线程并启动该线程。

● 第 20～23 行为更新界面方法，在该方法中主要实现更新界面的功能。

（4）开发完 Sample_5_2.java 文件后，接下来开发加载线程类 Sample_5_2Thread。该类用于加载从百度主页获取的各个数据，具体代码如下。

代码位置：见随书光盘源代码/第 5 章/Sample_5_2/src/wyf/ytl 目录下的 Sample_5_2Thread.java。

```
1   package wyf.ytl;
2   ……//该处省略了部分类的导入代码，读者可自行查看随书光盘中源代码
3   public class Sample_5_2Thread extends Thread{               //加载线程
4       Sample_5_2 sp;                                          //Sample_5_2 对象
5       URLConnection ucon = null;
6       BufferedInputStream bin = null;                         //创建输入流
7       ByteArrayBuffer bab = null;
8       boolean flag=false;                                     //是否启动线程标志位
9       public Sample_5_2Thread(Sample_5_2 sp){                 //构造器
10          this.sp=sp;                                         //获取 Sample_5_2 对象
11       }
12      public void run(){
13          try{
14              URL myURL = new URL("http://www.baidu.com/");//初始化 URL
15              ucon = myURL.openConnection();              //打开连接
16              flag=true;                                  //启动线程
17          }catch(Exception e){
18              e.printStackTrace();                        //打印异常信息
19          }
20          while(flag){
21              try{
22                  bin = new BufferedInputStream(ucon.getInputStream());
                                                            //通过连接得到输入流
23                  int current = 0;
24                  bab = new ByteArrayBuffer(1000);
25                  while((current=bin.read())!= -1){
26                      bab.append((char)current);
                                    //将收到的信息添加到 ByteArrayBuffer 中
27                  }
28                  if(bin!= null){
29                      bin.close();                        //关闭输入流
30                  }
31                  flag=false;                             //停止线程
32                  sp.str=EncodingUtils.getString(bab.toByteArray(),"UTF-8");
                                                            //textView 中要显示的内容
33                  sp.handler.post(sp.runnableUi);         //更新界面
34              }catch(Exception e){
35                  e.printStackTrace();                    //打印异常信息
36  }}}}
```

● 第 4～8 行为声明该类中的各个变量。

● 第 14～16 行功能为初始化 URL 资源，在构造器中传入的参数为百度主页的 URL 地址；打开连接，并通过连接获得输入流以及设置启动线程标志位为 true。

● 第 22～27 行为通过输入流接收数据，并将接收到的数据添加到 ByteArrayBuffer 中。

● 第 28～30 行为关闭并释放输入流。

● 第 31～33 行为设置启动线程标志位为 false，将 ByteArrayBuffer 中的数据转换成 UTF-8 编码形式后赋值给 Sample_5_2 对象中的文本信息变量 str，更新界面。

（5）运行该项目，在真实手机中观察其运行效果，如图 5-6 所示，可通过手指上下触摸屏幕来滚动 scrollView 来查看更多信息。

> 提示　因为该例子需要通过网络获取主页的信息，所以在运行该例子时，应该保证所使用计算机的网络是良好的。

该例子中并没有像之前各章节的例子使用 XML 布局文件进行布局，而是直接在 Java 源代码中初始化各个 View，直接将初始化后的 View 设置成当前显示的用户界面。在游戏的开发过程中，这种方式使用较普遍，这种方式更灵活、更简单。

▲图 5-6　获取百度主页源代码

5.2.2　在 Android 中解析 XML

前面已经对如何获取网络资源进行了讲解，接下来将介绍在 Android 中如何对在网络上获取的 XML 文件的内容进行解析，得到所需要的内容。

XML 是一种通用的数据交换格式，它的平台无关性、语言无关性、系统无关性为数据集成与交换带来了很大的方便，XML 文件的解析对 Android 来说必不可少。

Android 中解析 XML 的方式有两种，一种叫 DOM，另一种叫 SAX，下面将对这两种解析方式进行简单的介绍。

（1）DOM 方式。DOM 是一种基于 XML 文档树结构的解析，解析之前通常需要加载整个 XML 文档和构造树结构，之后的解析就是在 Java 代码中通过 DOM 接口操作之前构造的树结构。DOM 方式解析 XML 的优点是，整个 XML 的树结构存在于内存中，可以很方便地操作，而且可以很轻松地删除和修改 XML 树结构。但是 DOM 方式每次必须将整个 XML 文档调入内存，而往往只是对其中很小一部分进行操作，这就浪费了很多资源。

（2）SAX 方式。SAX 是一种基于事件流的解析方式，解析之前不需要加载整个 XML 文档，而是当解析器遇到某些标记时触发一些事件，开发人员编写响应这些事件的代码来做相应的处理。所以 SAX 方式解析 XML 比较迅速，而且节省资源。但因为在解析过程中并没有加载整个 XML，所以 SAX 方式解析的数据不持久，如果没有及时保存，很容易丢失。又因为 SAX 方法得到的文本并不知道属于哪个元素下的，所以操作有些局限。

> 提示　因为在游戏开发中，基本不会使用到 XML 的解析技术，所以在此并没有深入地讲解，有兴趣的读者可以查看相关资料进行学习与研究。

5.3　Android 平台下的百度地图

百度地图 Android SDK 是一套基于 Android 2.1 及以上版本设备的应用程序接口。开发人员可以使用该套 SDK 开发适用于 Android 系统移动设备的地图应用，通过调用地图 SDK 接口，可以轻松访问百度地图服务和数据，构建功能丰富、交互性强的地图类应用程序。本节将详细介绍在 Android 平台中如何开发带有 Baidu Map 的应用程序。

5.3.1　准备工作

本节为读者介绍的是在 Android 平台下开发带有 Baidu Map 应用程序之前的准备工作。开发人员只有熟练掌握了前期的准备工作才能更好地开发应用程序，具体步骤如下。

> **提示**　百度地图 Android SDK 提供的所有服务是免费的，接口使用无次数限制，任何非营利性产品可直接免费使用。同时，本节介绍的是 Android SDK v3.1.1 版本，因此申请百度地图键值时采用的是全新的键值验证体系。

1. 申请百度地图键值（也称 ak 值）

（1）启动 CMD 命令行，输入“path=本机 jdk 下 bin 的安装目录 keytool -list -v –keystore“C:\Users\Administrator\.android\debug.keystore”-alias androiddebugkey -storepass android -keypass android –v”，回车即可获得 SHA1，如图 5-7 所示。

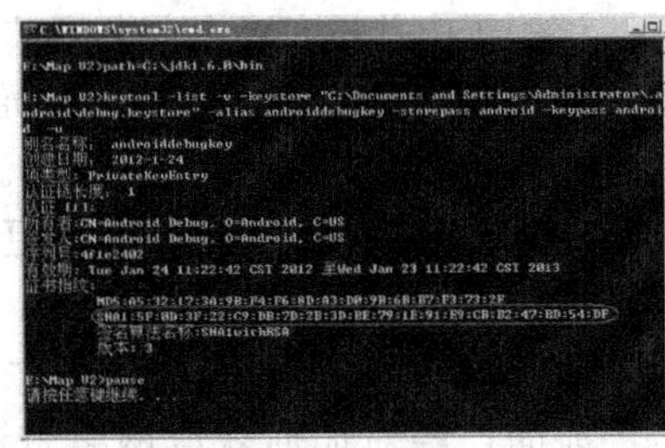

▲图 5-7　获得 SHA1

（2）用浏览器登录到申请百度地图键值（也称 ak 值）的网站：http://developer.baidu.com/map/ android-mobile-apply-key.htm，进入如图 5-8 所示的界面。

> **提示**　对于“C:\Users\Administrator\.android\debug.keystore”是默认操作系统装于 C 盘的路径，读者可根据自身计算机操作系统安装路径进行更改。

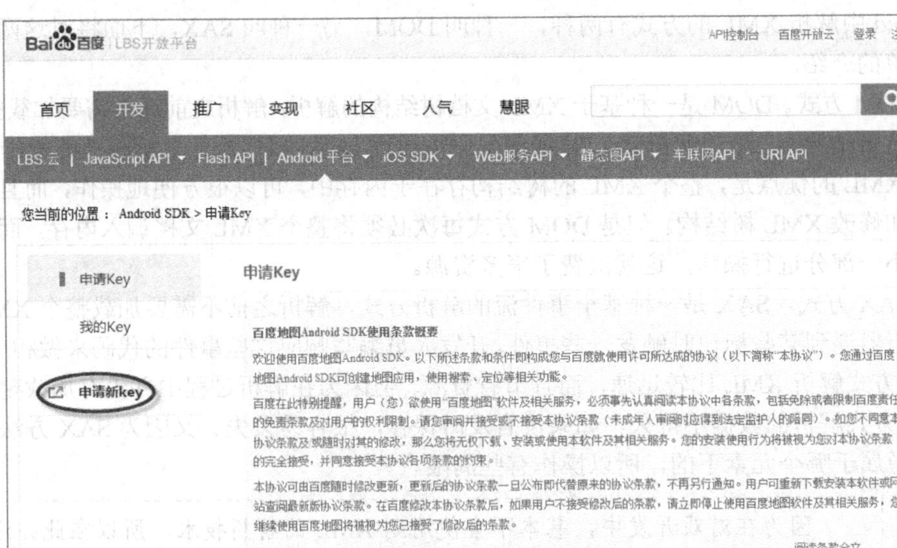

▲图 5-8　申请键值界面

（3）按图 5-8 中的“申请新 key”则进入如图 5-9 所示的界面。在图 5-9 所示界面按“创建应用（1/20）”项，则进入如图 5-10 所示的界面。

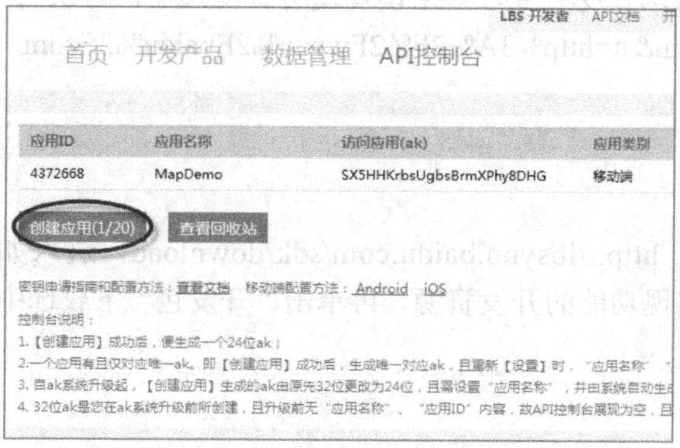

▲图 5-9　按“申请新 key”的界面

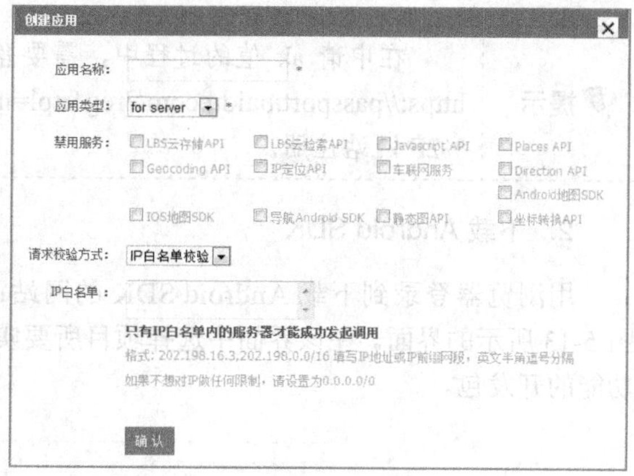

▲图 5-10　按“创建应用（1/20）”的界面

（4）在图 5-10 所示界面中，在“应用名称”项填入要开发的项目名，在“应用类型”项选择“for mobile”后，则界面变成如图 5-11 所示。

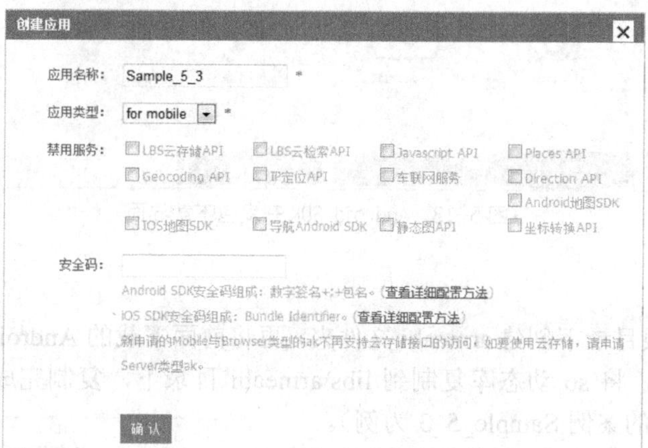

▲图 5-11　选中“for mobile”的界面

（5）在图 5-11 所示界面的“安全码”中输入获得的 SHA1、英文分号和应用程序的包名，例如，88:BD:4B:42:94:96:44:39:82:D1:DF:CD:6B:6D:2F:ED:CD:F7:08:8C; com.example.mapdemo，然后单击选项“确定”，则获得如图 5-12 所示的 ak 值。

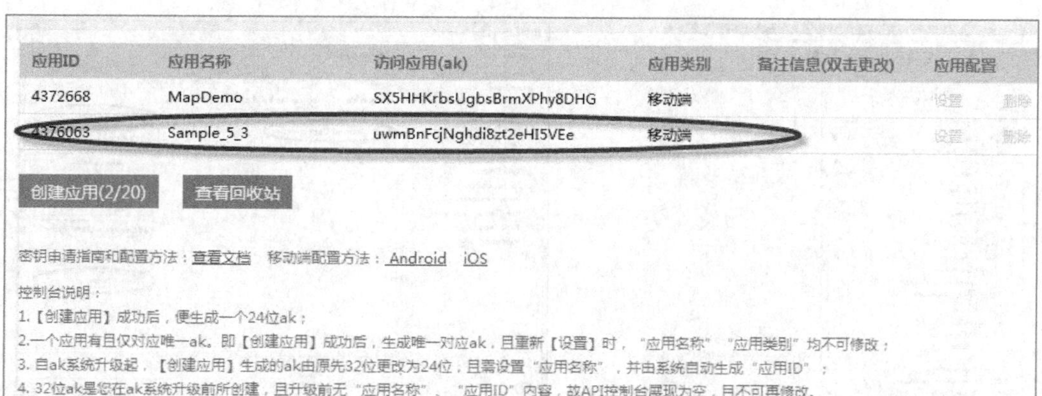

▲图 5-12　获得键值

提示　在申请 ak 值的过程中，需要登录百度账号，如果读者没有百度账号，可以到 https://passport.baidu.com/?reg&tpl=mn&u=http%3A%2F%2Fwww%2Ebaidu%2Ecom%2F 网站注册。

2. 下载 Android SDK

用浏览器登录到下载 Android SDK 的网站：http://lbsyun.baidu.com/sdk/download，进入如图 5-13 所示的界面。在该界面中选择项目所要实现功能的开发资源，再单击“开发包”下载选中功能的开发包。

▲图 5-13　Android SDK 开发包下载界面

3. 导入开发包

（1）首先在 libs 根目录下创建 armeabi 文件夹，再将前面下载的 Android SDK 中的各个 jar 包复制到 libs 根目录下，将 so 动态库复制到 libs\armeabi 目录下，复制完成后的项目 libs 目录如图 5-14 所示（以本节的案例 Sample_5_3 为例）。

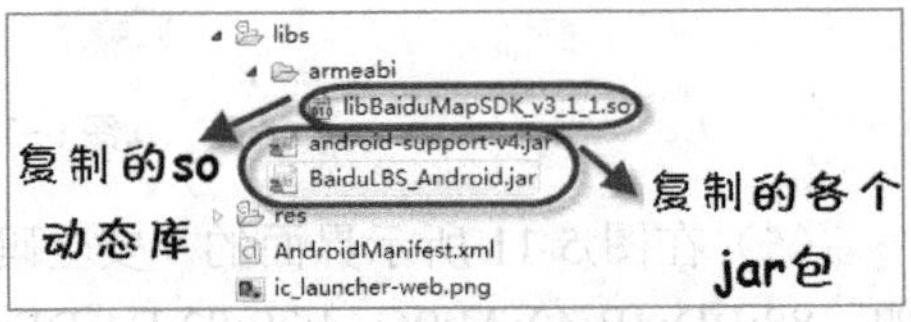

▲图 5-14　libs 目录结构

（2）复制完 jar 包和 so 动态库后，就需要将 libs 目录下的 jar 包挂载到项目上。首先在项目上右键点击“Properties”，效果如图 5-15 所示。然后在弹出的窗口中找到“Java Build Path”并点击，进入如图 5-16 所示的界面。

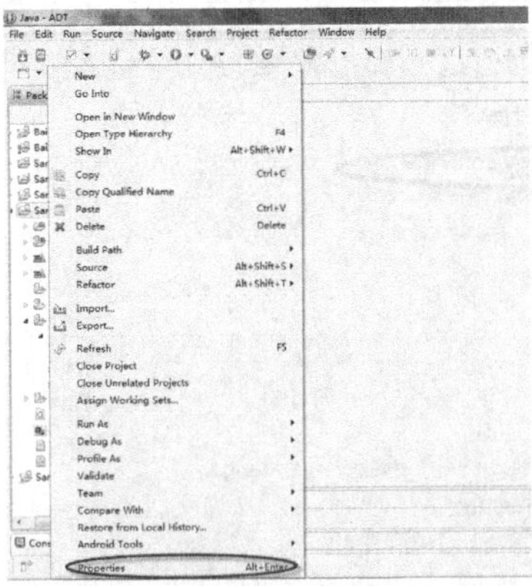

▲图 5-15　项目 jar 包挂载图 1

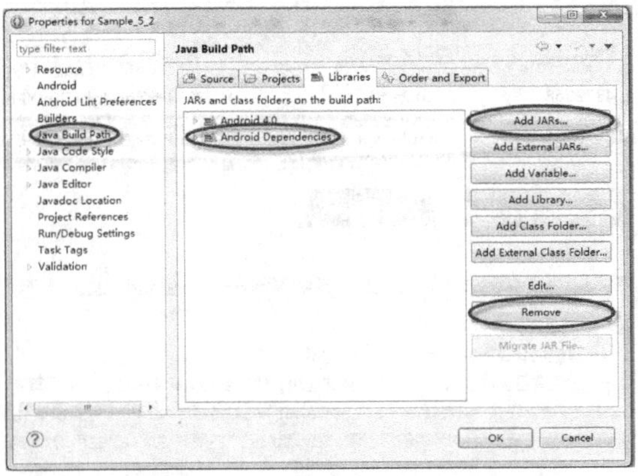

▲图 5-16　项目 jar 包挂载图 2

（3）在图 5-16 界面中选中“Android Dependencies”，再点击“Remove”移除，然后点击“Add JARs...”进入如图 5-17 所示的界面，在该界面中选中项目 libs 目录下百度地图相关的 jar 包，再点击“OK”。最后在图 5-16 中点击“Order and Export”进入如图 5-18 所示的界面，在该界面中将相应 jar 包勾选，点击“OK”。

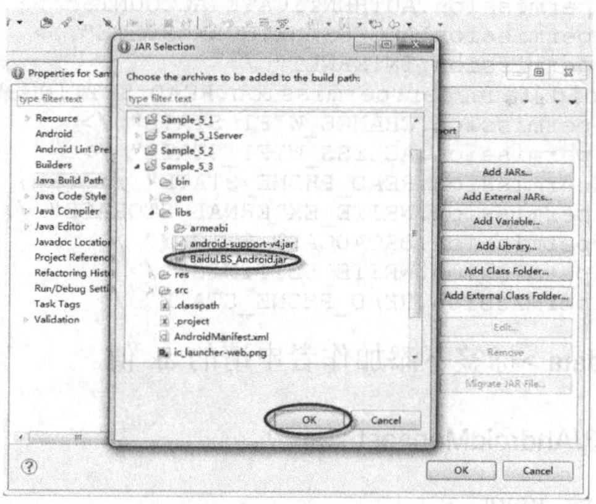

▲图 5-17　项目 jar 包挂载图 3

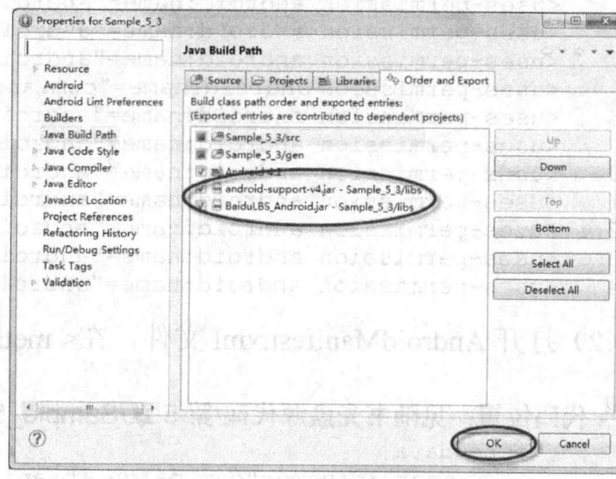

▲图 5-18　项目 jar 包挂载图 4

5.3.2　简单的案例

前面已经介绍了开发带有 Baidu Map 应用程序的前期准备工作，接下来为读者介绍具体案例 Sample_5_3 的开发。该案例实现的功能是显示 Baidu Map，并且在手指点击的位置将显示气球，如果点击气球则显示该位置的经纬度信息框，其运行效果如图 5-19 和图 5-20 所示。

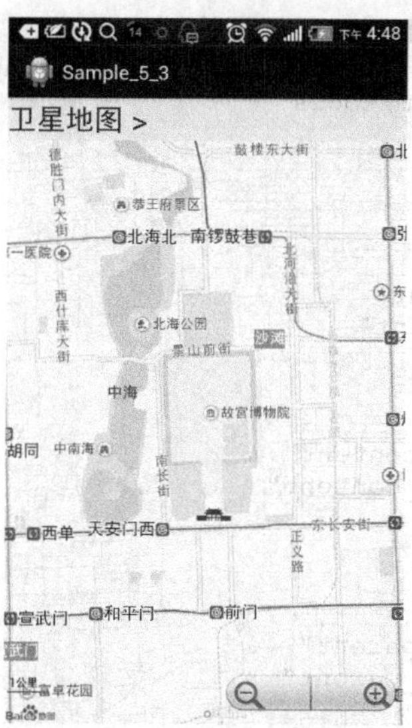

▲图 5-19　普通百度地图

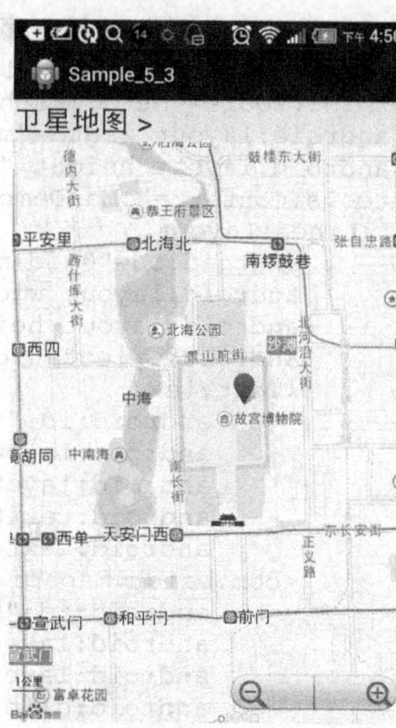

▲图 5-20　普通地图显示气球

> **说明**　图 5-19 为案例开始运行时的普通百度地图效果图，图 5-20 为点击普通地图添加气球的效果图。

了解完本案例的运行效果后，下面将介绍本案例的开发。主要向读者介绍开发百度地图时需要在程序的 AndroidManifest.xml 文件中加入的权限和申请的 ak 值，在程序的 res/layout 目录下 main.xml 文件中加入的百度地图控件以及案例的关键代码等，其具体步骤如下。

（1）首先打开本案例中的 AndroidManifest.xml 文件，在< manifest >标签中添加以下权限。

代码位置：见随书光盘源代码/第 5 章/Sample_5_3/AndroidManifest.xml。

```
<uses-permission android:name="android.permission.GET_ACCOUNTS" />
<uses-permission android:name="android.permission.USE_CREDENTIALS" />
<uses-permission android:name="android.permission.MANAGE_ACCOUNTS" />
<uses-permission android:name="android.permission.AUTHENTICATE_ACCOUNTS" />
<uses-permission android:name="android.permission.ACCESS_NETWORK_STATE" />
<uses-permission android:name="android.permission.INTERNET" />
<uses-permission android:name="com.android.launcher.permission.READ_SETTINGS" />
<uses-permission android:name="android.permission.CHANGE_WIFI_STATE" />
<uses-permission android:name="android.permission.ACCESS_WIFI_STATE" />
<uses-permission android:name="android.permission.READ_PHONE_STATE" />
<uses-permission android:name="android.permission.WRITE_EXTERNAL_STORAGE" />
<uses-permission android:name="android.permission.BROADCAST_STICKY" />
<uses-permission android:name="android.permission.WRITE_SETTINGS" />
<uses-permission android:name="android.permission.READ_PHONE_STATE" />
```

（2）打开 AndroidManifest.xml 文件，在< meta-data >标签下添加作者申请的 ak 值。

代码位置：见随书光盘源代码/第 5 章/Sample_5_3/AndroidManifest.xml。

```
<meta-data
    android:name="com.baidu.lbsapi.API_KEY"
    android:value="uwmBnFcjNghdi8zt2eHI5VEe" />
```

提示　android:value= "uwmBnFcjNghdi8zt2eHI5VEe" 中的 uwmBnFcjNghdi8zt2eHI5VEe 为读者自己申请到的百度地图的 ak 值。

（3）打开 res/layout 下的 main.xml 文件，将其代码替换成下列代码。

代码位置：见随书光盘源代码/第 5 章/Sample_5_4/res/layout 目录下的 main.xml。

```
1   <RelativeLayout xmlns:android="http://schemas.android.com/apk/res/android"
2       xmlns:tools="http://schemas.android.com/tools"
3       android:layout_width="match_parent"
4       android:layout_height="match_parent"
5       tools:context=".MapDemoActivity" >
6       <LinearLayout
7           android:id="@+id/mapPop"
8           android:layout_width="match_parent"
9           android:layout_height="match_parent"
10          android:orientation="vertical" >
11          <TextView
12              android:id="@+id/textView1"
13              android:layout_width="wrap_content"
14              android:layout_height="wrap_content"
15              android:textSize="28dip"
16              android:text="TextView" />
17          <com.baidu.mapapi.map.MapView
18              android:id="@+id/bmapView"
19              android:layout_width="fill_parent"
20              android:layout_height="fill_parent"
21              android:clickable="true" />
22      </LinearLayout>
23  </RelativeLayout>
```

- 第 11～16 行功能为向垂直的线性布局中添入控件 TextView，并设置其 id、layout_width、layout_height、textSize 及 text 属性等。
- 第 17～21 行功能为向垂直的线性布局中添加一个 MapView，并设置其 id、layout_width、layout_height 及 clickable 属性等。

（4）下面向读者介绍本案例的 MapDemoActivity 类，该类的主要功能为获取百度普通地图或者百度卫星地图，并且为该地图添加 OnMapClickListener 监听和 OnMarkerClickListener 监听等，其具体代码如下。

代码位置：见随书光盘源代码/第 5 章/Sample_5_3/src/com/example/mapdemo 目录下的 MapDemoActivity.java。

```
package com.example.mapdemo;                              //导入包
……//该处省略了部分类的导入代码，读者可自行查看随书光盘中源代码
public class MapDemoActivity extends Activity
  implements BaiduMap.OnMapClickListener,OnMarkerClickListener{
  MapView mMapView = null;                               //地图显示面
  BaiduMap mBaiduMap;                                    //百度地图
  public InfoWindow mInfoWindow;                         //信息窗口
  public TextView tv;                                    //普通地图与卫星地图的切换
  public boolean ispt=false;                             //是否为普通地图
  protected void onCreate(Bundle savedInstanceState){
    super.onCreate(savedInstanceState);                  //调用父类方法
    //在使用 SDK 各组件之前初始化 context 信息，传入 ApplicationContext
    SDKInitializer.initialize(getApplicationContext());
    setContentView(R.layout.main);                       //切换布局
    mMapView = (MapView) findViewById(R.id.bmapView);//获取地图控件引用
    mBaiduMap = mMapView.getMap();                       //获取百度地图
    mBaiduMap.setMapType(BaiduMap.MAP_TYPE_NORMAL);//普通地图
    mBaiduMap.setOnMapClickListener(this);               //给地图添加点击监听器
    mBaiduMap.setOnMarkerClickListener(this);            //给地图添加气球点击监听器
    tv=(TextView) findViewById(R.id.textView1);          //获取文本控件
    tv.setText("卫星地图 >");                             //设置文本信息
    tv.setOnClickListener(                               //为文本控件添加触控监听
      new OnClickListener(){
        public void onClick(View arg0){                  //点击事件
          ispt=!ispt;                                    //是否为普通地图
          if(ispt){                                      //不为普通地图时
            mBaiduMap.setMapType(BaiduMap.MAP_TYPE_NORMAL);
                                                         //切换到普通地图
            tv.setText("卫星地图 >");
          }else{                                         //为普通地图时
            mBaiduMap.setMapType(BaiduMap.MAP_TYPE_SATELLITE);
                                                         //切换到卫星地图
            tv.setText("< 普通地图");
    }}});
  }
  public void setMaker(LatLng point){                    //添加气球
    BitmapDescriptor bitmap = BitmapDescriptorFactory
      .fromResource(R.drawable.ballon);                  //构建 Marker 图标
    OverlayOptions option = new MarkerOptions()
      .position(point).icon(bitmap); //构建 MarkerOption，用于在地图上添加 Marker
    mBaiduMap.addOverlay(option);                        //在地图上添加 Marker，并显示
  }
  protected void onDestroy(){
    super.onDestroy();                                   //调用父类方法
    mMapView.onDestroy();                                //撤销地图
  }
  protected void onResume(){
    super.onResume();                                    //调用父类方法
    mMapView.onResume();                                 //启动地图
  }
  protected void onPause(){
    super.onPause();                                     //调用父类方法
    mMapView.onPause();                                  //暂停地图
  }
  public void onMapClick(LatLng arg0){                   //地图被点击监听器的实现
    mBaiduMap.clear();                                   //清空地图上的所有气球
    setMaker(arg0);                                      //在地图被点击的位置添加气球
  }
  public boolean onMapPoiClick(MapPoi arg0){return false;}
  ……//此处省略了气球被点击的监听事件的代码，下面将详细介绍
}
```

- 第 5～9 行为声明程序中用到的各个对象的引用。
- 第 13～19 行功能为在使用 SDK 各组件之前初始化 context 信息，传入 ApplicationContext，并且注意该方法要在 setContentView 方法之前实现，再切换布局，最后获取百度地图，并设置该地图类型为普通地图，为其添加 OnMapClickListener 监听和 OnMarkerClickListener 监听。
- 第 20～32 行功能为获取文本控件 TextView、设置其文本信息以及为其添加了触控监听事件，在该监听事件中实现了百度地图的普通地图与卫星地图的切换功能。
- 第 34～40 行为给地图添加气球的方法，在该方法中实现了地图被点击时在该位置添加气球的功能。
- 第 41～52 行为继承系统 Activity 所重写的 3 个方法，在 onDestroy 方法中撤销地图，在 onResume 方法中启动地图，在 onPause 方法中暂停地图。
- 第 53～56 行为地图点击监听事件，在该监听事件中先清空地图上所有添加的图标，再通过调用 setMaker 方法在地图被点击的位置处添加气球。

（5）上面第 58 行省略的气球被点击的监听事件的代码，下面将为读者进行详细的介绍。在该监听事件的代码中实现了点击气球则显示该位置的经纬度信息框等功能，其具体代码如下。

代码位置：见随书光盘源代码/第 5 章/Sample_5_3/src/com/example/mapdemo 目录下的 MapDemoActivity.java。

```
1   public boolean onMarkerClick(final Marker arg0){ //气球被点击的监听器
2       Button button = new Button(getApplicationContext());//创建地图上的显示信息按钮
3       button.setBackgroundResource(R.drawable.popup);//按钮的背景图
4       final LatLng ll = arg0.getPosition();          //获取地图上的位置
5       OnInfoWindowClickListener listener = null;  //创建地图上信息窗口的点击监听事件
6       if(arg0.equals(arg0)){
7           String text="地理坐标为：\n"+
8               "纬度："+(double)(Math.round(ll.latitude*10000)/10000.0)+
9               "经度："+(double)(Math.round(ll.longitude*10000)/10000.0);
                                                       //坐标位置信息
10          button.setText(text);                      //设置按钮显示信息
11          button.setTextColor(0xFF000000);           //设置按钮文本的颜色
12          listener = new OnInfoWindowClickListener(){
                                               //初始化地图上信息窗口的点击监听事件
13              public void onInfoWindowClick(){ //点击事件
14                  LatLng llNew = new LatLng(ll.latitude + 0.005,
15                      ll.longitude + 0.005);     //重新获取地图被点击的位置坐标
16                  arg0.setPosition(llNew);       //重新设置气球的位置
17                  mBaiduMap.hideInfoWindow(); //隐藏信息窗口
18          }};
19      }
20      mInfoWindow = new InfoWindow(                  //初始化信息窗口
21                  BitmapDescriptorFactory.fromView(button),
22                  ll,-47,listener);
23      mBaiduMap.showInfoWindow(mInfoWindow);         //显示信息窗口
24      return true;
25  }
```

- 第 2～5 行功能为创建地图上的显示信息按钮并为其设置背景图，获取地图上的经纬度，创建地图上信息窗口的点击监听事件。
- 第 7～18 行功能为设置按钮 button 的显示信息，即该处的位置信息和初始化地图上信息窗口的点击监听事件，在该监听中实现了隐藏信息窗口的功能。
- 第 20～23 行功能为初始化信息窗口 mInfoWindow，并在地图上显示该信息窗口。

> **提示**　在运行本案例之前，读者首先应该重新申请百度地图的 ak 值，并将主配置文件（AndroidManifest.xml）的 meta-data 属性中的 ak 值替换成读者自己申请到的 ak 值，运行即可。

5.4 蓝牙通信

Android 平台除了之前介绍过的网络通信方式以外，还有一种网络通信方式使用的比较频繁，基于蓝牙的网络通信，本节将对这种技术进行简单介绍。

5.4.1 基础知识

本节为读者介绍的是蓝牙的基础知识，读者只有掌握了这些基础知识才能更好地开发有关蓝牙的应用程序。

蓝牙是一种支持设备短距离通信（一般为 10m 之内）的无线技术，数据传输时不需要连线，且传输速率也比传统手持设备的红外模式更加迅速、高效，其优势主要如下所列。

（1）免费

蓝牙无线技术规格供全球的成员公司免费使用。除了设备费用外，制造商不需要为使用蓝牙技术再支付任何知识产权费用，这大大降低了蓝牙技术的普及门槛。

（2）应用范围广

蓝牙技术得到广泛的应用，集成该技术的产品从手机、汽车到医疗设备等应有尽有，使用该技术的用户从消费、工业市场到企业等，不一而足。

（3）易于使用

蓝牙是一项即时技术，其不要求固定的基础设施，且易于安装和设置，而且不需要电缆即可实现连接，使用起来非常方便。

（4）全球通用的规格

蓝牙无线技术是当今市场上支持范围最广泛，功能最丰富且安全的无线标准之一，全球范围内的资格认证程序可以测试成员的产品是否符合标准。

介绍完蓝牙技术的特点与优势之后，接下来简单介绍一下蓝牙设备的使用步骤，具体如下所列。

- 开启要搜索的设备的蓝牙功能，开始搜索设备。
- 在一个设备中开启搜索设备的功能，开始搜索设备。
- 当搜索到其他设备后，会将搜索的设备显示在本设备的列表中。
- 选择列表中的某一设备，请求匹配。
- 被选中的设备收到匹配请求后，经双方验证同意，设备匹配成功。
- 设备匹配成功后就可以建立连接，并收发数据了。

> **提示** 蓝牙通信与 Socket 网络通信的基本思想非常类似，都是连接成功后建立双向数据流收发数据，但开发起来要比 Socket 复杂一些。这主要因为蓝牙设备搜索功能和配对列表的显示需要开发人员自行编写代码实现，下面的案例将会对此进行详细介绍。

5.4.2 简单的案例

通过前面小节的介绍，相信读者对蓝牙技术的基础知识已经有了一个基本的了解，本节为读者介绍的是两个设备使用蓝牙技术连接并发送字符串的简单案例。

在正式介绍案例的开发步骤之前，请读者先了解一些该案例的运行效果，有助于读者对本案例开发的理解，其主要效果如下所列。

（1）准备两部手机，打开蓝牙并设置可发现性，在两部手机上分别运行该程序，在其中一部手机上按“Menu”键，效果如图 5-21 所示。

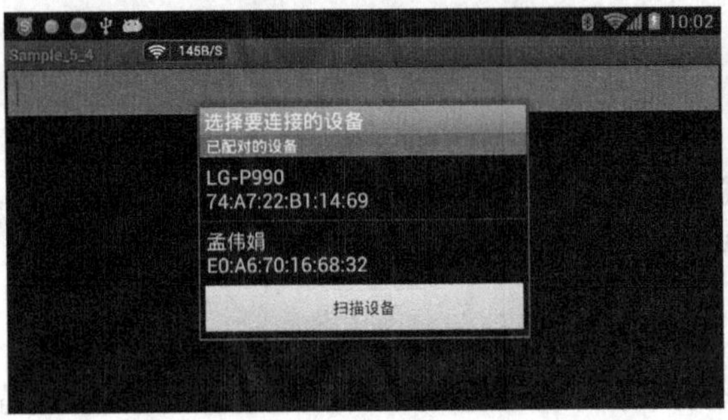

▲图 5-21　效果图 1

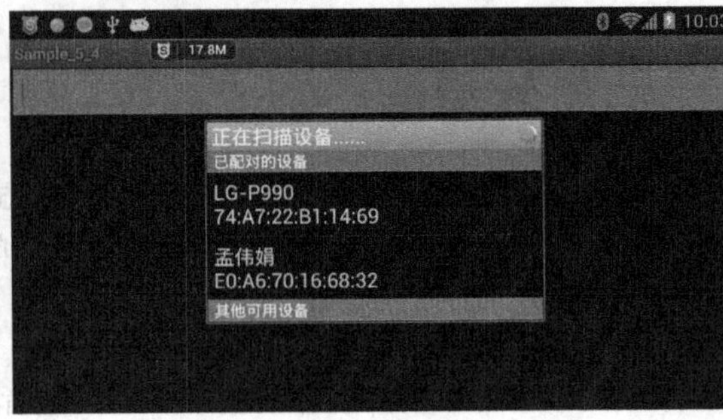

▲图 5-22　效果图 2

（2）按“扫描设备”按钮，进入扫描界面，如图 5-22 所示，搜索结果如图 5-23 所示。按其中的 LG-P990 设备，连接后的提示信息如图 5-24 所示。

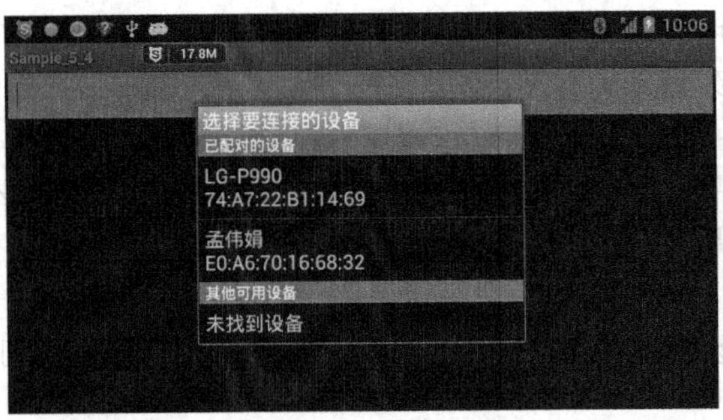

▲图 5-23　效果图 3

▲图 5-24　效果图 4

（3）在编辑框编辑信息，按“发送”按钮，在另一部手机上可收到信息，ME860 向 LG P990 发送信息的接收效果如图 5-25 所示，LG P990 向 ME860 发送信息的接收效果如图 5-26 所示。

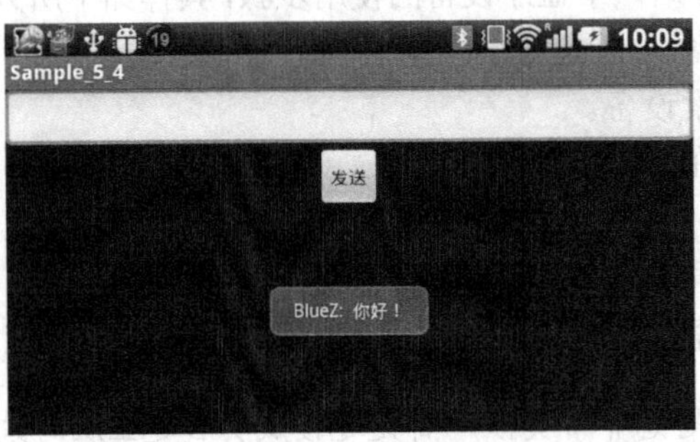

▲图 5-25　效果图 5

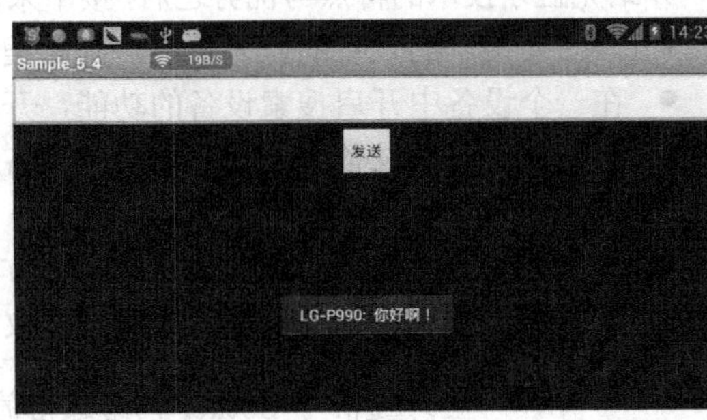

▲图 5-26　效果图 6

> **提示**　作者使用的两部手机分别是摩托罗拉的 ME860 和 LG P990，其他支持蓝牙功能的 Android 手机均可使用。

了解了该案例的运行效果之后，读者对该案例的功能应该有了一个大概的了解，接下来介绍案例的开发，其具体步骤如下。

（1）新建一个名为 Sample_5_4 的 Android 项目。

（2）为该项目添加权限，打开 AndroidManifest.xml 文件，在</manifest>标记之前加上<uses-permission android:name="android.permission.BLUETOOTH_ADMIN" /> 和 <uses-permission android:name="android.permission.BLUETOOTH" />。

（3）开发 main.xml，此布局文件是主界面的布局文件，其代码如下。

代码位置：见随书光盘源代码/第 5 章/Sample_5_4/res/layout 目录下的 main.xml。

```
1   <?xml version="1.0" encoding="utf-8"?>            <!-- XML 的版本以及编码方式 -->
2   <LinearLayout
3       xmlns:android="http://schemas.android.com/apk/res/android"
4       android:layout_width="fill_parent"
5       android:layout_height="fill_parent"
6       android:orientation="vertical" >                <!--添加一个垂直的线性布局-->
7       <EditText
8           android:id="@+id/editText"
9           android:layout_width="match_parent"
10          android:layout_height="wrap_content"/>      <!--添加一个输入文本框-->
11      <Button
12          android:id="@+id/btn_send"
13          android:layout_width="wrap_content"
14          android:layout_height="wrap_content"
15          android:text="发送"
16          android:layout_gravity="center" />          <!--添加一个发送按钮-->
17  </LinearLayout>
```

- 第 2～6 行添加了一个垂直的线性布局。
- 第 7～16 行为向线性布局中添加了输入文本框和发送按钮两个控件，并为两个控件设置了 ID 等属性。

（4）开发 device_list.xml，该布局文件为按 Menu 键后显示设备列表的布局文件，其代码如下。

代码位置：见随书光盘源代码/第 5 章/Sample_5_4/res/layout 目录下的 device_list.xml。

```
<?xml version="1.0" encoding="utf-8"?>                <!-- XML 的版本以及编码方式 -->
<LinearLayout
    xmlns:android="http://schemas.android.com/apk/res/android"
    android:orientation="vertical"
    android:layout_width="match_parent"
    android:layout_height="match_parent" >            <!--添加一个垂直的线性布局-->
    <TextView android:id="@+id/title_paired_devices"
        android:layout_width="match_parent"
        android:layout_height="wrap_content"
        android:text="已配对的设备"
        android:visibility="gone"
        android:background="#666"
        android:textColor="#fff"
        android:paddingLeft="5dp"/>                   <!--添加一个 TextView -->
    <ListView android:id="@+id/paired_devices"
        android:layout_width="match_parent"
        android:layout_height="wrap_content"
        android:stackFromBottom="true"
        android:layout_weight="1"/>                   <!--添加一个 ListView -->
    <TextView android:id="@+id/title_new_devices"
        android:layout_width="match_parent"
        android:layout_height="wrap_content"
        android:text="其他可用设备"
        android:visibility="gone"
        android:background="#666"
        android:textColor="#fff"
        android:paddingLeft="5dp" />                  <!--添加一个 TextView -->
    <ListView android:id="@+id/new_devices"
        android:layout_width="match_parent"
        android:layout_height="wrap_content"
        android:stackFromBottom="true"
        android:layout_weight="2"/>                   <!--添加一个 ListView -->
    <Button android:id="@+id/button_scan"
        android:layout_width="match_parent"
        android:layout_height="wrap_content"
        android:text="扫描设备"/>                     <!--添加一个 Button -->
</LinearLayout>
```

- 第 2～6 行添加了一个竖直的线性布局。
- 第 7～36 行添加了 5 个控件，并设置了控件的 ID 等属性。

（5）开发 device_name.xml，该布局文件是显示设备列表的 ListView 中的每一项的布局，其布局简单，只有一个 TextView，由于篇幅所限，这里不再赘述，读者可自行查阅随书光盘中的源代码。

（6）开发 Constant.java，该类是案例中的常量类，其代码如下。

代码位置：见随书光盘源代码/第 5 章/Sample_5_4/src/com/bn/sample_5_4 目录下的 Constant.java。

```
1    package com.bn.sample_5_4;
2    public class Constant {
3        public static final int MSG_READ = 2;
4        public static final int MSG_DEVICE_NAME = 4;
6                                            // 由 Service 中的 Handler 发送的消息类型
7        public static final String DEVICE_NAME = "device_name";
8                                            // 从 Service 中的 Handler 发来的主键名
9        public static final int REQUEST_CODE=1;          //requestCode 标识
10   }
```

- 该类定义了一些常用的常量，其提供了案例中各个类用到的常量。
- 第 3～9 行为 Service 中的 Handler 发送的消息类型。

（7）开发 MyService.java，该类是蓝牙技术的后台服务类，首先介绍该类的整体框架，其代码如下所示。

代码位置：见随书光盘源代码/第 5 章/Sample_5_4/src/com/bn/sample_5_4 目录下的 MyService.java。

```
1    package com.bn.sample_5_4;
2    ……//该处省略了部分类的导入代码，读者可自行查看随书光盘中源代码
3    public class MyService {
4        // 本应用的唯一 UUID,全局唯一标识
5        private static final UUID MY_UUID = UUID.
6                    fromString("fa87c0d0-afac-11de-8a39-0800200c9a66");
7        // 成员变量
8        private final BluetoothAdapter btAdapter;
9        private final Handler myHandler;
10       private AcceptThread myAcceptThread;
11       private ConnectThread myConnectThread;
12       private ConnectedThread myConnectedThread;
13       private int myState;
14       // 表示当前连接状态的常量
15       public static final int STATE_NONE = 0;            // 什么也没做
16       public static final int STATE_LISTEN = 1;          // 正在监听连接
17       public static final int STATE_CONNECTING = 2;      // 正在连接
18       public static final int STATE_CONNECTED = 3;       // 已连接到设备
19       // 构造器
20       public MyService(Context context, Handler handler) {
21           btAdapter = BluetoothAdapter.getDefaultAdapter();
22           myState = STATE_NONE;
23           myHandler = handler;
24       }
25   ……//该处省略了该类的部分方法，将在下面进行介绍
26   ……//该处省略了该类的部分线程，将在下面进行介绍
27   }
```

- 第 4～18 行为该类用到的一些常量和成员变量的声明与定义。
- 第 20～24 行为该类的构造方法，在其他 Java 类创建该类对象时调用。

（8）开发第（7）步中省略的部分方法，其代码如下。

代码位置：见随书光盘源代码/第 5 章/Sample_5_4/src/com/bn/sample_5_4 目录下的 MyService.java。

```
    private synchronized void setState(int state) {    //设置当前连接状态的方法
        myState = state;
    }
    public synchronized int getState() {               //获取当前连接状态的方法
```

```
5        return myState;
6      }
7      public synchronized void start() {                    //开启 Service 的方法
8          if (myConnectThread != null) {                    // 关闭不必要的线程
9              myConnectThread.cancel(); myConnectThread = null;}
10         if (myConnectedThread != null) {                  // 关闭不必要的线程
11             myConnectedThread.cancel(); myConnectedThread = null;}
12         if (myAcceptThread == null) {                     // 开启线程监听连接
13             myAcceptThread = new AcceptThread();
14             myAcceptThread.start();
15         }
16         setState(STATE_LISTEN);
17     }
18     public synchronized void connect(BluetoothDevice device) {//连接设备的方法
19         if (myState == STATE_CONNECTING) {                // 关闭不必要的线程
20             if (myConnectThread != null) {
21             myConnectThread.cancel(); myConnectThread = null;}
22         }
23         if (myConnectedThread != null) {                  // 关闭不必要的线程
24             myConnectedThread.cancel(); myConnectedThread = null;}
25         // 开启线程连接设备
26         myConnectThread = new ConnectThread(device);
27         myConnectThread.start();
28         setState(STATE_CONNECTING);
29     }
30     //开启管理和已连接的设备间通话的线程的方法
31     public synchronized void connected(BluetoothSocket socket,
32                 BluetoothDevice device) {
33         // 关闭不必要的线程
34         if (myConnectThread != null) {
35             myConnectThread.cancel(); myConnectThread = null;}
36         if (myConnectedThread != null) {
37             myConnectedThread.cancel(); myConnectedThread = null;}
38         if (myAcceptThread != null) {
39             myAcceptThread.cancel(); myAcceptThread = null;}
40         // 创建并启动 ConnectedThread
41         myConnectedThread = new ConnectedThread(socket);
42         myConnectedThread.start();
43         // 发送已连接的设备名称到主界面 Activity
44         Message msg = myHandler.obtainMessage(Constant.MSG_DEVICE_NAME);
45         Bundle bundle = new Bundle();
46         bundle.putString(Constant.DEVICE_NAME, device.getName());
47         msg.setData(bundle);
48         myHandler.sendMessage(msg);
49         setState(STATE_CONNECTED);
50     }
51     public synchronized void stop() {          //停止所有线程的方法
52         if (myConnectThread != null) {
53             myConnectThread.cancel(); myConnectThread = null;}
54         if (myConnectedThread != null) {
55             myConnectedThread.cancel(); myConnectedThread = null;}
56         if (myAcceptThread != null) {
57             myAcceptThread.cancel(); myAcceptThread = null;}
58         setState(STATE_NONE);
59     }
60     public void write(byte[] out) {            //向 ConnectedThread 写入数据的方法
61         ConnectedThread tmpCt;                 // 创建临时对象引用
62         synchronized (this) {                  // 锁定 ConnectedThread
63             if (myState != STATE_CONNECTED) return;
64             tmpCt = myConnectedThread;
65         }
66         tmpCt.write(out);                      // 写入数据
67     }
```

- 第 1～6 行为设置当前连接状态 setState 和获得当前连接状态的方法 getState。
- 第 7～29 行为开启 Service 的方法 start 和连接设备的方法 connect。
- 第 31～50 行是方法 Connected，其功能是管理已连接的设备间通话。第 51～59 行是方法 stop，其功能是停止所有线程。第 60～67 行是方法 write，其功能是向 ConnectedThread 写入数据。

（9）开发第（7）步中省略的部分线程中用于监听连接的线程 AcceptThread，其代码如下。

代码位置：见随书光盘源代码/第 5 章/Sample_5_4/src/com/bn/sample_5_4 目录下的 MyService.java。

```
1   private class AcceptThread extends Thread { //用于监听连接请求的线程
2       // 本地服务器端 ServerSocket
3       private final BluetoothServerSocket mmServerSocket;
4       public AcceptThread() {
5           BluetoothServerSocket tmpSS = null;
6           try {                                  // 创建用于监听的服务器端 ServerSocket
7               tmpSS = btAdapter.
8               listenUsingRfcommWithServiceRecord("BluetoothChat", MY_UUID);
9           } catch (IOException e) {
10              e.printStackTrace();
11          }
12          mmServerSocket = tmpSS;
13      }
14      public void run() {
15          setName("AcceptThread");
16          BluetoothSocket socket = null;
17          while (myState != STATE_CONNECTED) {  //如果没有连接到设备
18              try {
19                  socket = mmServerSocket.accept();  //获取连接的 Sock
20              } catch (IOException e) {
21              e.printStackTrace();
22                  break;
23              }
24              if (socket != null) {                 // 如果连接成功
25                  synchronized (MyService.this){
26                      switch (myState) {
27                      case STATE_LISTEN:
28                      case STATE_CONNECTING:
29                          // 开启管理连接后数据交流的线程
30                          connected(socket, socket.getRemoteDevice());
31                          break;
32                      case STATE_NONE:
33                      case STATE_CONNECTED:
34                          try {                        // 关闭新 Socket
35                              socket.close();
36                          } catch (IOException e){
37                          e.printStackTrace();
38                          }
39                          break;
40                      }}}}}
41      public void cancel(){
42          try {
43              mmServerSocket.close();
44          } catch (IOException e){
45              e.printStackTrace();
46          } }
47  }
```

- 第 4～13 行是构造方法 AcceptThread，创建该线程对象时调用此方法。
- 第 14～40 行是重写的 run 方法，其在开启线程后由系统自动调用。
- 第 41～46 行是方法 cancel，其实现的功能是关闭监听的服务器端 ServerSocket。

（10）开发第（7）步中省略的部分线程中用于尝试连接其他设备的线程 ConnectThread，其代码如下。

代码位置：见随书光盘源代码/第 5 章/Sample_5_4/src/com/bn/sample_5_4 目录下的 MyService.java。

```
private class ConnectThread extends Thread {     //用于尝试连接其他设备的线程
    private final BluetoothSocket myBtSocket;
    private final BluetoothDevice mmDevice;
    public ConnectThread(BluetoothDevice device) {
        mmDevice = device;
        BluetoothSocket tmp = null;
        try {                                 // 通过正在连接的设备获取 BluetoothSocket
```

```
8            tmp = device.createRfcommSocketToServiceRecord(MY_UUID);
9         } catch (IOException e) {
10           e.printStackTrace();
11        }
12        myBtSocket = tmp;
13     }
14     public void run() {
15        setName("ConnectThread");
16        btAdapter.cancelDiscovery();          // 取消搜索设备
17        try {                                 // 连接到 BluetoothSocket
18           myBtSocket.connect();             //尝试连接
19        } catch (IOException e) {
20           setState(STATE_LISTEN);           //连接断开后设置状态为正在监听
21           try {                             // 关闭 socket
22              myBtSocket.close();
23           } catch (IOException e2) {
24              e.printStackTrace();
25           }
26           MyService.this.start();           //如果连接不成功，重新开启 service
27           return;
28        }
29        synchronized (MyService.this) {       // 将 ConnectThread 线程置空
30           myConnectThread = null;
31        }
32        connected(myBtSocket, mmDevice);      // 开启管理连接后数据交流的线程
33     }
34     public void cancel() {
35        try {
36           myBtSocket.close();
37        } catch (IOException e) {
38           e.printStackTrace();
39        }}}
```

- 第 4～13 行是构造方法 ConnectThread，创建该线程对象时调用此方法。
- 第 14～33 行是重写的 run 方法，其在开启线程后由系统自动调用。
- 第 34～39 行是方法 cancel，其实现的功能是关闭监听的服务器端 ServerSocket。

（11）开发第（7）步中省略的部分线程中用于管理连接后数据交流的线程 ConnectedThread，其代码如下。

代码位置：见随书光盘源代码/第 5 章/Sample_5_4/src/com/bn/sample_5_4 目录下的 MyService.java。

```
private class ConnectedThread extends Thread {   //用于管理连接后数据交流的线程
    private final BluetoothSocket myBtSocket;
    private final InputStream mmInStream;
    private final OutputStream myOs;
    public ConnectedThread(BluetoothSocket socket) {
       myBtSocket = socket;
       InputStream tmpIn = null;
       OutputStream tmpOut = null;
       // 获取 BluetoothSocket 的输入、输出流
       try {
          tmpIn = socket.getInputStream();
          tmpOut = socket.getOutputStream();
       } catch (IOException e) {
          e.printStackTrace();
       }
       mmInStream = tmpIn;
       myOs = tmpOut;
    }
    public void run() {
       byte[] buffer = new byte[1024];
       int bytes;
       while (true) {                                   // 一直监听输入流
          try {
             bytes = mmInStream.read(buffer);     // 从输入流中读入数据
             //将读入的数据发送到主 Activity
             myHandler.obtainMessage(Constant.MSG_READ, bytes, -1, buffer)
```

```
27                  .sendToTarget();
28          } catch (IOException e) {
29          e.printStackTrace();
30          setState(STATE_LISTEN);                    //连接断开后设置状态为正在监听
31             break;
32          } }}
33      public void write(byte[] buffer) {             //向输出流中写入数据的方法
34         try {
35            myOs.write(buffer);
36         } catch (IOException e) {
37            e.printStackTrace();
38         }}
39      public void cancel() {
40         try {
41            myBtSocket.close();
42         } catch (IOException e) {
43            e.printStackTrace();
44         }}}
```

- 第 5～18 行是构造方法 ConnectedThread，创建该线程对象时调用此方法。
- 第 19～32 行是重写的 run 方法，其在开启线程后由系统自动调用，实现的功能是从输入流获得数据并发送给主 Activity。
- 第 33～38 行是方法 write，其实现的功能是向输出流中写入数据。第 39～44 行是方法 cancel，其实现的功能是关闭 BluetoothSocket。

（12）开发 Sample_5_4Activity.java，这里先介绍该类中的重写方法，其代码如下。

代码位置：见随书光盘源代码/第 5 章/Sample_5_4/src/com/bn/sample_5_4 目录下的 Sample_5_4Activity.java。

```
package com.bn.sample_5_4;
……//该处省略了部分类的导入代码，读者可自行查看随书光盘中源代码
public class Sample_5_4Activity extends Activity {
   private BluetoothAdapter btAdapter = null;    // 本地蓝牙适配器
   private MyService myService = null;           // Service 引用
   private EditText outEt;                       // 布局中的控件引用
   private Button sendBtn;
   private String connectedNameStr = null;       // 已连接的设备名称
   @Override
   public void onCreate(Bundle savedInstanceState) {
      super.onCreate(savedInstanceState);
      setContentView(R.layout.main);
      // 获取本地蓝牙适配器
      btAdapter = BluetoothAdapter.getDefaultAdapter();
   }
   @Override
   protected void onStart() {
     super.onStart();
     // 如果蓝牙没有开启，提示开启蓝牙，并退出 Activity
     if(!btAdapter.isEnabled()){
          Toast.makeText(this, "请先开启蓝牙！", Toast.LENGTH_LONG).show();
               finish();
     }else{                                       //否则初始化聊天控件
          if(myService==null){
               initChat();
          }
     }
   }
   @Override
   public synchronized void onResume() {
     super.onResume();
     if (myService == null) {                     // 创建并开启 Service
          // 如果 Service 为空状态
          if (myService.getState() == MyService.STATE_NONE) {
               myService.start();                 // 开启 Service
          }
     }
```

```
38         }
39         @Override
40         public void onDestroy() {
41           super.onDestroy();
42           if (myService != null) {                    // 停止 Service
43                myService.stop();
44           }
45         }
46         @Override
47         public void onActivityResult(int requestCode, int resultCode, Intent data) {
48           switch (requestCode) {
49           case Constant.REQUEST_CODE:                 //data 包含了返回数据
50                // 如果设备列表 Activity 返回一个连接的设备
51                if (resultCode == Activity.RESULT_OK) {
52                     // 获取设备的 MAC 地址
53                     String address = data.getExtras().getString(
54                          MyDeviceListActivity.EXTRA_DEVICE_ADDR);
55                     // 获取 BLuetoothDevice 对象,根据给出的 address
56                     BluetoothDevice device = btAdapter.getRemoteDevice(address);
57                     myService.connect(device);// 连接该设备
58                }
59                break;
60           }
61         }
62         @Override
63         public boolean onPrepareOptionsMenu(Menu menu) {
64           // 启动设备列表 Activity 搜索设备
65           Intent serverIntent = new Intent(this, MyDeviceListActivity.class);
66           startActivityForResult(serverIntent, Constant.REQUEST_CODE);
67           return true;
68         }
69     }
```

● 第 9～15 行是重写方法 onCreate，其实现的功能是设置布局文件并获得本地蓝牙适配器。第 16～28 行是重写方法 onStart，其实现的功能是在蓝牙没有开启时提示开启蓝牙并退出程序、蓝牙开启时调用方法 initChat。

● 第 29～38 行是重写方法 onResume，其实现的功能是创建并开启 Service。第 39～45 行是重写方法 onDestroy，其实现的功能是停止 Service。

● 第 46～61 行是重写方法 onActivityResult，其实现的功能是与另一个 Activity 实现数据交流。第 62～68 行是方法 onPrepareOptionsMenu，其实现的功能是启动设备列表 Activity 搜索设备。

（13）开发 Sample_5_4Activity.java，这里介绍第（12）步用到的方法和处理消息的 Handler，其代码如下。

代码位置：见随书光盘源代码/第 5 章/Sample_5_4/src/com/bn/sample_5_4 目录下的 Sample_5_4 Activity.java。

```
private void initChat(){
      outEt=(EditText)this.findViewById(R.id.editText);    //获取编辑文本框的引用
      sendBtn=(Button)this.findViewById(R.id.btn_send);    //获取按钮的引用
      sendBtn.setOnClickListener(new OnClickListener(){    //为发送按钮添加监听器
           @Override
           public void onClick(View v) {
                //获得编辑文本框的文本内容，并发送消息
                String msg=outEt.getText().toString();
                sendMessage(msg);
      }});
      myService = new MyService(this, mHandler);            // 创建 Service 对象
 }
private void sendMessage (String msg){
      // 先检查是否已经连接到设备
      if (myService.getState() != MyService.STATE_CONNECTED) {
           Toast.makeText(this, "未连接到设备! ", Toast.LENGTH_SHORT)
                     .show();
           return;
```

```
19            }
20            if(msg.length()>0){//设备已经连接
21                 byte[] send = msg.getBytes();                    // 获取发送消息的字节数组
22                 myService.write(send);                           //发送
23                 outEt.setText("");                               //清空编辑框
24            }
25       }
26       // 处理从 Service 发来的消息的 Handler
27       private final Handler mHandler = new Handler() {
28            @Override
29            public void handleMessage(Message msg) {
30                 switch(msg.what){
31                 case Constant.MSG_READ:
32                      byte[] readBuf = (byte[]) msg.obj;
33                      // 创建接收的信息的字符串
34                      String readMessage = new String(readBuf, 0, msg.arg1);
35                      Toast.makeText(Sample_5_4Activity.this,
36                                connectedNameStr + ":  " + readMessage,
37                                Toast.LENGTH_LONG).show();
                                              //显示从哪个设备接收的什么样的字符串
38                      break;
39                 case Constant.MSG_DEVICE_NAME:
40                      // 获取已连接的设备名称，并弹出提示信息
41                      connectedNameStr = msg.getData().getString(
42                                Constant.DEVICE_NAME);
43                      Toast.makeText(getApplicationContext(),
44                                "已连接到 " + connectedNameStr, Toast.LENGTH_SHORT)
45                                .show();
46                      break;
47                 }
48            }
49       };
```

- 第 1～10 行是方法 initChat，其实现的功能是创建 Service 对象并获得编辑框的信息调用方法发送。
- 第 13～25 行是方法 sendMessage，在方法 initChat 中发送信息时调用，其实现的功能是在未连接设备时显示提示信息、已经连接到设备时发送信息。
- 第 27～49 行是处理从 Service 发来的消息的 Handler，收到的消息为另一个设备发来信息时，则显示收到的信息，收到的消息为已连接的设备名称则弹出提示信息。

（14）开发 MyDeviceListActivity.java，这里先介绍该类的重写方法，其代码如下。

代码位置：见随书光盘源代码/第 5 章/Sample_5_4/src/com/bn/sample_5_4 目录下的 MyDeviceListActivity.java。

```
package com.bn.sample_5_4;
……//该处省略了部分类的导入代码，读者可自行查看随书光盘中源代码
public class MyDeviceListActivity extends Activity {
     public static String EXTRA_DEVICE_ADDR = "device_address";//extra 信息名称
     private BluetoothAdapter myBtAdapter;               //蓝牙适配器
     private ArrayAdapter<String> myAdapterPaired;       //已配对的
     private ArrayAdapter<String> myAdapterNew;          //新发现的
     @Override
     protected void onCreate(Bundle savedInstanceState) {
          super.onCreate(savedInstanceState);
          // 设置窗口
          requestWindowFeature(Window.FEATURE_INDETERMINATE_PROGRESS);
          setContentView(R.layout.device_list);
          // 设置为当结果是 Activity.RESULT_CANCELED 时，返回到该 Activity 的调用者
          setResult(Activity.RESULT_CANCELED);
          // 初始化搜索按钮
          Button scanBtn = (Button) findViewById(R.id.button_scan);
          scanBtn.setOnClickListener(new OnClickListener() {
               public void onClick(View v) {
                    doDiscovery();
                    v.setVisibility(View.GONE);      // 使按钮不可见
```

```
22              }
23          });
24          // 初始化适配器
25          myAdapterPaired = new ArrayAdapter<String>(this,
26                  R.layout.device_name);              // 已配对的
27          myAdapterNew = new ArrayAdapter<String>(this,
28                  R.layout.device_name);              // 新发现的
29          // 将已配对的设备放入列表中
30          ListView lvPaired = (ListView) findViewById(R.id.paired_devices);
31          lvPaired.setAdapter(myAdapterPaired);
32          lvPaired.setOnItemClickListener(mDeviceClickListener);
33          // 将新发现的设备放入列表中
34          ListView lvNewDevices = (ListView) findViewById(R.id.new_devices);
35          lvNewDevices.setAdapter(myAdapterNew);
36          lvNewDevices.setOnItemClickListener(mDeviceClickListener);
37          // 注册发现设备时的广播
38          IntentFilter filter = new IntentFilter(BluetoothDevice.ACTION_FOUND);
39          this.registerReceiver(mReceiver, filter);
40          // 注册搜索完成时的广播
41          filter= new IntentFilter(BluetoothAdapter.ACTION_DISCOVERY_FINISHED);
42          this.registerReceiver(mReceiver, filter);
43          // 获取本地蓝牙适配器
44          myBtAdapter = BluetoothAdapter.getDefaultAdapter();
45          // 获取已配对的设备
46          Set<BluetoothDevice> pairedDevices = myBtAdapter.getBondedDevices();
47          // 将所有已配对设备信息放入列表中
48          if (pairedDevices.size() > 0) {
49              findViewById(R.id.title_paired_devices).
50                  setVisibility(View.VISIBLE);//设置 TextView 可见
51              for (BluetoothDevice device : pairedDevices) {
52                  myAdapterPaired.add(device.getName() + "\n"
53                          + device.getAddress());
54              }
55          } else {
56              String noDevices = "没有配对的设备";
57              myAdapterPaired.add(noDevices);
58          }
59      }
60      @Override
61      protected void onDestroy() {
62          super.onDestroy();
63          if (myBtAdapter != null) {                   // 确保不再搜索设备
64              myBtAdapter.cancelDiscovery();
65          }
66          this.unregisterReceiver(mReceiver);          // 取消广播监听器
67      }
68  }
```

- 第 8～59 行是重写方法 onCreate，其实现的功能是初始化显示设备名的 Activity 界面，并注册发现设备时的广播与搜索完成时的广播。
- 第 60～67 行是重写方法 onDestroy，其实现的功能是取消广播监听器。

（15）开发 MyDeviceListActivity.java，这里介绍该类的其他方法，其代码如下。

代码位置：见随书光盘源代码/第 5 章/Sample_5_4/src/com/bn/sample_5_4 目录下的 MyDeviceListActivity.java。

```
private void doDiscovery() {                       // 使用蓝牙适配器搜索设备的方法
    setProgressBarIndeterminateVisibility(true);   // 在标题上显示正在搜索的标志
    setTitle("正在扫描设备……");
    // 显示搜索到的新设备的副标题
    findViewById(R.id.title_new_devices).setVisibility(View.VISIBLE);
    if (myBtAdapter.isDiscovering()) {             // 如果正在搜索，取消本次搜索
        myBtAdapter.cancelDiscovery();
    }
    myBtAdapter.startDiscovery();                  // 开始搜索
}
// 列表中设备按下时的监听器
```

```
12  private OnItemClickListener mDeviceClickListener = new OnItemClickListener() {
13       public void onItemClick(AdapterView<?> av, View v, int arg2, long arg3) {
14            myBtAdapter.cancelDiscovery();          // 取消搜索
15            // 获取设备的 MAC 地址
16            String msg = ((TextView) v).getText().toString();
17            String address = msg.substring(msg.length() - 17);
18            // 创建带有 MAC 地址的 Intent
19            Intent intent = new Intent();
20            intent.putExtra(EXTRA_DEVICE_ADDR, address);
21            // 设备结果并退出 Activity
22            setResult(Activity.RESULT_OK, intent);
23            finish();
24  }};
25  // 监听搜索到的设备的 BroadcastReceiver
26  private final BroadcastReceiver mReceiver = new BroadcastReceiver() {
27       @Override
28       public void onReceive(Context context, Intent intent) {
29            String action = intent.getAction();
30            // 如果找到设备
31            if (BluetoothDevice.ACTION_FOUND.equals(action)) {
32                 // 从 Intent 中获取 BluetoothDevice 对象
33                 BluetoothDevice device = intent
34                          .getParcelableExtra(BluetoothDevice.EXTRA_DEVICE);
35                 // 如果没有配对，将设备加入新设备列表
36                 if (device.getBondState() != BluetoothDevice.BOND_BONDED) {
37                      myAdapterNew.add(device.getName() + "\n"
38                                + device.getAddress());
39                 }
40                 // 当搜索完成后，改变 Activity 的标题
41            } else if (BluetoothAdapter.ACTION_DISCOVERY_FINISHED
42                      .equals(action)) {
43                 setProgressBarIndeterminateVisibility(false);
44                 setTitle("选择要连接的设备");
45                 if (myAdapterNew.getCount() == 0) {
46                      String noDevices = "未找到设备";
47                      myAdapterNew.add(noDevices);
48                 }}}};
```

- 第 1～10 行是方法 doDiscovery，其实现的功能是使用蓝牙适配器搜索设备。
- 第 12～24 行是设备列表中按下设备时的监听器，其实现的功能是取消搜索，并创建与发送带有 MAC 地址的 Intent，最后调用方法 setResult 与 finish，实现与主 Activity 的交互。
- 第 26～48 行是监听搜索到的设备的 BroadcastReceiver，其实现的功能是，如果没有配对，将设备加入新设备列表，并且当搜索完成后，改变 Activity 的标题等。

5.5 简单的多用户并发网络游戏编程架构

随着移动互联网的发展和游戏技术的日益成熟，网络游戏逐渐成为游戏开发商争相参与的热点领域。因此如何开发出一款新颖、实时性强的网络游戏成为游戏开发人员能否在这个领域占有一席之地的重要因素。

本节将为读者详细地介绍一种简单的多用户并发网络游戏编程架构，掌握了此架构后对于网络并发游戏的开发可以有一个基本的了解，为读者以后进一步的发展打下坚实的基础。

5.5.1 基本知识

本节给出的简单多用户并发网络游戏编程架构并不复杂，其核心思想是多个在线客户端同时向服务器端发送操控动作请求，由服务器端不断地从动作队列中读取动作并根据动作要求修改相关数据，进而向每一个在线客户端发送修改后的数据，保证了不同客户端之间的数据一致性。其具体结构如图 5-27 所示。

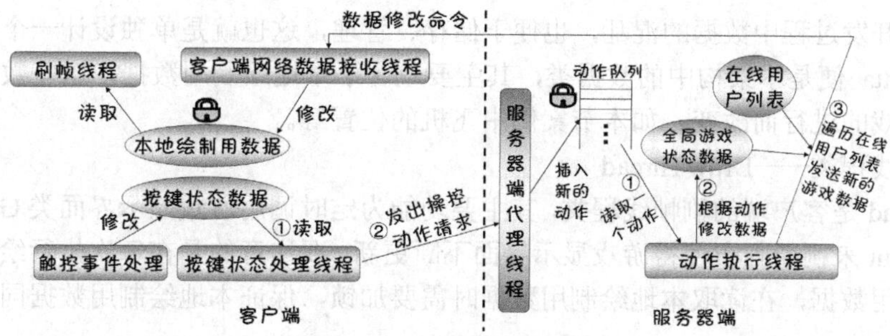

▲图 5-27 网络游戏架构

说明 本网络游戏架构支持多个客户端同时在线操作，但本书由于篇幅原因，作者只在架构图中展示了一个客户端与服务器端的交互，有兴趣的读者可自行完善。

1. 服务器端简介

服务器端的功能是根据客户端发送的操控动作请求执行相应动作，并更新全局游戏状态数据，将更新后的数据通过网络连接传送到客户端。游戏中的全局状态数据存储在服务器端且只被服务器端修改，保证了不同客户端之间画面的完整性和一致性。服务器端主要由以下几部分组成。

（1）动作执行线程——ActionThread 类

ActionThread 是服务器端的动作执行线程类，其主要负责以下 3 项工作：不断从动作队列中取出动作对象（获取动作对象时，需要为动作队列加锁，保证动作队列在同一时刻只被一个线程操作）；执行获取动作对象的 doAction 方法，根据动作要求修改服务器端的全局游戏状态数据；遍历在线用户列表并向每一个在线用户发送新的游戏数据。

（2）服务器端代理线程——ServerAgentThread 类

ServerAgentThread 是服务器端的代理线程类，其主要功能是接收来自客户端的动作数据。接收数据时，先判断数据标识，然后进行数据处理。如果传送的是动作请求数据，则创建一个动作对象并将其添加进动作队列（添加进动作队列时，需要为动作队列加锁，保证动作队列在同一时刻只被一个线程操作）。

（3）服务器端主线程——ServerThread 类

ServerThread 是服务器端的主线程类，其主要功能为建立指定端口的网络监听，启动动作执行线程，接收客户端的连接请求并启动相应的代理线程等。

2. 客户端简介

客户端主要负责游戏的显示和与用户的交互，其通过网络获取服务器端传送过来的绘制用数据，再通过刷帧线程根据绘制用数据定时地刷新游戏的显示界面。同时，其还可以根据用户的操控（如对屏幕的触摸）修改按键状态，并定时将按键状态数据根据需要发送给服务器。客户端主要是由以下几部分构成。

（1）客户端网络数据接收线程类——NetworkThread

NetworkThread 是客户端的网络数据接收线程类，其功能为与服务器端建立连接，连接成功后通过流对象不断地获取服务器端传送的数据并进行本地绘制用数据的更新（数据更新包括更新游戏的状态标志值、物体的坐标值等）。此外，在更新本地绘制用数据时需要加锁，保证本地绘制用数据同一时刻仅被一个线程操作。

（2）数据类——GameData

一般的游戏都包含许多方面的数据，作为开发人员，游戏数据一定要放在统一的位置，这可以有效地避免开发过程中数据的混乱，也便于储存、管理，这也就是单独设计一个数据类的意义所在。GameData 便是本架构中的数据类，其主要包含了本地绘制用数据，这些数据的主要特征是时刻随着游戏的进行而改变，如本节案例中飞机的位置等。

（3）刷帧线程类——DrawThread

DrawThread 是客户端的刷帧线程类，其主要功能为定时调用游戏显示界面类 GameView 的重绘制方法 repaint 来刷新画布使得游戏显示界面不断更新。要注意的是在每次执行绘制前都首先要读取本地绘制用数据，在读取本地绘制用数据时需要加锁，保证本地绘制用数据同一时刻仅被一个线程操作。

（4）游戏显示界面类——GameView

GameView 是客户端的游戏显示界面类，其包含了触控事件处理方法、重绘制方法等。其中触控事件处理方法负责与用户的交互，重绘制方法负责绘制游戏画面。

（5）按键状态处理线程类——KeyThread

KeyThread 是客户端的按键状态处理线程类，其主要功能为定时读取按键状态数据并将读取的数据整理为动作数据根据需要通过网络传送到服务器端。

5.5.2　双人联网操控飞机案例

通过上一小节对网络游戏架构的介绍，相信读者对于服务器端和客户端以及各自的功能有了一定的了解，本小节将给出一个具体的案例，便于读者正确理解和掌握 Android 平台下基于 Socket 套接字的网络游戏开发，具体内容如下。

> **提示**　本案例为 Android 平台下的网络游戏案例，因此在运行此案例时，读者应该准备两部可以连接同一局域网的 Android 手机，作者使用的两部手机分别是小米 2S 和 HTC One Mini，其他支持网络连接的 Android 手机均可使用。

1. 案例运行效果

该案例演示的是，两个玩家分别点击各自手机上的菜单连接同一局域网，当网络连接成功后，两个手机的屏幕上同时呈现两架飞机，每个玩家控制一架飞机。当任一玩家移动摇杆操控自己控制的飞机时，两个手机屏幕都会同步更新飞机的位置，效果如图 5-28、图 5-29 和图 5-30 所示。

▲图 5-28　游戏开始界面

▲图 5-29　黄飞机移动

▲图 5-30　红飞机移动

说明 图 5-28 为游戏开始时的效果图，图 5-29 为玩家在小米 2S 手机上通过滑动摇杆使黄飞机移动的效果图，图 5-30 为玩家在 HTC One Mini 手机上通过滑动摇杆使红飞机移动的效果图。此外，图中飞机的移动范围为手机屏幕的大小。

2. 服务器端的实现

了解了该案例的运行效果之后，读者对该案例的功能应该有了一个大致的了解，接下来将为读者详细地介绍本案例服务器端的开发，其具体内容如下。

（1）首先介绍服务器端主线程类 ServerThread 的开发，本类的代码比较短，却是服务器端的核心，主要用于创建服务器，启动动作执行线程以及接收来自每一个客户端的数据信息等。其具体代码如下。

代码位置：见随书光盘源代码/第 5 章/PlaneGameServer/src/com/bn/server 目录下的 ServerThread.java。

```
1   package com.bn.server;                                   //声明包语句
2   import java.net.*;                                       //引入相关类
3   public class ServerThread extends Thread{                //服务器线程（接收客户端的端口号）
4       boolean flag=false;                                  //是否启动服务器标志位
5       ServerSocket ss;                                     // ServerSocket 类引用
6       public void run(){
7           try{
8               ss=new ServerSocket(9999);                   //创建服务器,并开放 9999 端口
9               System.out.println("Server Listening on 9999...");
                                                             //打印服务器端口号
10              flag=true;                                   //启动服务器
11              new ActionThread().start();                  //启动动作执行线程
12          }catch(Exception e){
13              e.printStackTrace();                         //打印异常信息
14          }
15          while(flag){
16              try{
17                  //监听服务器端口，一旦有数据发送过来，那么就将数据封装成 socket 对象
18                  //如果没有数据发送过来，那么这时处于线程阻塞状态，不会向下继续执行
19                  Socket sc=ss.accept();                   //接收端口号
20                  System.out.println(sc.getInetAddress()+" connect...");
                                                             //打印是哪台客服端连接上了
21                  new ServerAgentThread(sc).start();
                                      //启动该台客户端的 SA 向服务器发动操控动作的线程
22              }catch(Exception e){
23                  e.printStackTrace();                     //打印异常信息
24      }}}
25      public static void main(String args[]){
26          new ServerThread().start();                      //启动服务器线程
27  }}
```

- 第 4～5 行功能为声明本类的成员变量，包括 ServerSocket 类引用和 boolean 值。
- 第 6～24 行功能为创建服务器，开放 9999 端口，启动动作执行线程并不断监听服务器端口接收来自客户端的数据等。
- 第 25～27 行为本类的 main 方法，功能为创建并启动服务器端主线程。

（2）经过上面的介绍，读者了解了服务器端主线程类的基本开发。下面将介绍服务器端动作类 Action 的开发。本案例中所有的动作均为 Action 类对象，服务器端每次接收到来自客户端的操控动作请求时，都会创建一个 Action 类对象，并将其插入动作队列，其具体代码如下。

代码位置：见随书光盘源代码/第 5 章/PlaneGameServer/src/com/bn/server 目录下的 Action.java。

```
package com.bn.server;                                        //声明包名
public class Action {                                         //动作(修改游戏中的数据)
    int redOrYellow;                                          //0-red 1-yellow
```

```
4       float keyX;                                                    //键 x 的状态值
5       float keyY;                                                    //键 y 的状态值
6       int span=20;                                                   //移动步进
7       public Action(int redOrYellow,float keyX,float keyY){          //构造器
8           this.redOrYellow=redOrYellow;                //给是红色飞机还是黄色飞机变量赋值
9           this.keyX=keyX;                                            //给键 x 的状态赋值
10          this.keyY=keyY;                                            //给键 y 的状态赋值
11      }
12      public void doAction(){                                        //做出的动作方法
13          float xx=0;
14          float yy=0;
15          if(Math.sqrt(keyX*keyX+keyY*keyY)!=0){                     //转化为单位向量值
16              xx= (float)(keyX/Math.sqrt(keyX*keyX+keyY*keyY));
17              yy=(float)(keyY/Math.sqrt(keyX*keyX+keyY*keyY));
18          }
19          if(redOrYellow==0){                                        //红色飞机
20          if(ServerAgentThread.ry+yy*span>=0&&ServerAgentThread.ry+yy*span<=1100){
                                                                       //设置飞机移动范围
21                  ServerAgentThread.ry+=yy*span;                     //红飞机 y 坐标改变
22          }
23          if(ServerAgentThread.rx+xx*span>=0&&ServerAgentThread.rx+xx*span<=600){
24                  ServerAgentThread.rx+=xx*span;                     //红飞机 x 坐标改变
25          }}else{                                                    //黄色飞机
26          if(ServerAgentThread.gy+yy*span>=0&&ServerAgentThread.gy+yy*span<=1100){
                                                                       //设置飞机移动范围
27                  ServerAgentThread.gy+=yy*span;                     //黄飞机 y 坐标改变
28          }
29          if(ServerAgentThread.gx+xx*span>=0&&ServerAgentThread.gx+xx*span<=600){
30                  ServerAgentThread.gx+=xx*span;                     //黄飞机 x 坐标改变
31  }}}}
```

- 第 3～6 行功能为声明本类的成员变量，包括标识飞机类型的 redOrYellow 变量、表示按键状态的值 keyX 和 keyY 以及飞机移动步进 span 等。
- 第 21～31 行功能为开发飞机执行动作的方法。首先将按键状态值 keyX、keyY 单位化，然后判断 redOrYellow 的值。若 redOrYellow 为 0，则将红飞机的 x 和 y 坐标根据按键状态值 keyX 和 keyY 改变；若 redOrYellow 为 1，则将黄飞机的 x 和 y 坐标根据按键状态值 keyX 和 keyY 改变。

（3）上面介绍了动作类 Action 的开发，接下来将介绍动作执行线程类 ActionThread 的实现，其主要功能是扫描动作队列，按先进先出的顺序从中读取一个动作并调用 doAction 方法。待动作执行完毕后，向每一个在线客户端发送修改后的数据信息。其具体代码如下。

代码位置：见随书光盘源代码/第 5 章/PlaneGameServer/src/com/bn/server 目录下的 ActionThread.java。

```
package com.bn.server;                                  //声明包语句
public class ActionThread extends Thread{               //动作执行线程（提取动作）
      static final int SLEEP=20;                        //休眠时间
      boolean flag=true;                                //是否启动线程标志位
      public void run()
         while(flag){
               Action a=null;                           //创建动作类对象
               synchronized(ServerAgentThread.lock){//加锁
                    a=ServerAgentThread.aq.poll();      //获取并移除动作元素
               }
               if(a!=null){                             //动作对象不为空时
                    a.doAction();                       //作出相应的动作（修改数据）
                    ServerAgentThread.broadcastState();//修改全局数据
               }else{
                    try{
                         Thread.sleep(SLEEP);           //休眠
                    }catch(Exception e){
                         e.printStackTrace();           //打印异常信息
}}}}}
```

> **说明** 本类的功能是从动作队列中获取一个动作（Action 类）对象，并调用 doAction 方法。通过调用 ServerAgentThread 类中的 broadcastState 方法向每一个在线客户端发送新数据。

（4）上面介绍了服务器端动作线程类的开发，下面将介绍服务器端的代理线程 ServerAgentThread 类的实现。其主要功能为确定在线客户端的数量，并根据接收来自客户端的操控动作请求创建动作对象，将动作对象插入动作队列。其具体代码如下。

代码位置：见随书光盘源代码/第 5 章/PlaneGameServer/src/com/bn/server 目录下的 ServerAgentThread.java。

```java
package com.bn.server;                                  //声明包语句
……//该处省略了部分类的导入代码，读者可自行查看随书光盘中源代码
public class ServerAgentThread extends Thread{
    static int count=0;                                 //客户端计数器
    static List<ServerAgentThread> ulist=new ArrayList<ServerAgentThread>();
                                                        //客户端列表
    //全局数据
    static int rx=150;
    static int ry=750;
    static int gx=460;
    static int gy=750;
    static Queue<Action> aq=new LinkedList<Action>();//动作队列
    static Object lock=new Object();                    //动作队列锁
    Socket sc;                                          //端口号
    DataInputStream din;                                //读取数据对象
    DataOutputStream dout;                              //写入数据对象
    int redOrYellow;                                    //是红色飞机还是黄色飞机
    boolean flag=true;                                  //是否启动线程
    public static void broadcastState(){               //修改全局数据方法
        for(ServerAgentThread sa:ulist){               //循环遍历客户端列表
            try{
                sa.dout.writeUTF("<#GAME_DATA#>"+rx+"|"+ry+"|"+gx+"|"+gy);
                        //写入游戏中要改变的飞机坐标数据，以"|"分开
            }catch(Exception e){
                e.printStackTrace();                    //打印异常信息
    }}}
    public ServerAgentThread(Socket sc){               //构造器
        this.sc=sc;                                     //获取端口号
        try{
            din=new DataInputStream(sc.getInputStream());//初始化读取数据对象
            dout=new DataOutputStream(sc.getOutputStream());
                                                        //初始化写入数据对象
        }catch(Exception e){
            e.printStackTrace();                        //打印异常信息
    }}
    public void run(){
        while(flag){
            try{
                String msg=din.readUTF();   //读取数据信息
                if(msg.startsWith("<#CONNECT#>")){
                                            //如果读取的信息以"CONNECT"开始
                    if(count==0){           //客户端计数为 0 时
                        dout.writeUTF("<#OK#>");//写入"OK"
                        redOrYellow=0;      //是红色飞机
                        ulist.add(this);    //添加到客户端列表中
                        count++;            //客户端计算器加一
                        System.out.println("==red connect...");
                                            //打印红色飞机连接
                    }else if(count==1){     //客户端计数为 1 时
                        dout.writeUTF("<#OK#>");//写入"OK"
                        redOrYellow=1;      //是黄色飞机
                        ulist.add(this);    //添加到客户端列表中
                        count++;            //客户端计算器加一
                        System.out.println("==yellow connect...");
                                            //打印黄色飞机连接
```

```
50                    for(ServerAgentThread sa:ulist){
                                              //循环遍历客户端列表
51                        sa.dout.writeUTF("<#BEGIN#>");
                                              //各个客服端都写入"BEGIN"
52                }}else
53                    dout.writeUTF("<#FULL#>");//写入"FULL"
54                    break;
55            }}else if(msg.startsWith("<#KEY#>")){
                                              //如果读取的信息以"KEY"开始
56                String iStr=msg.substring(7);//读取操控动作信息
57                String[] str=iStr.split("\\|");//转化为数组
58                synchronized(lock){    //加锁
59            aq.offer(new Action(this.redOrYellow,Integer.parseInt(str[0]),
60                    Integer.parseInt(str[1])));//将新动作加入队列
61            }}}catch(Exception e){
62                e.printStackTrace();        //打印异常信息
63        }}
64        try{
65            din.close();                    //关闭数据
66            dout.close();                   //关闭写入数据文件
67            sc.close();                     //关闭 Socket 连接
68        }catch(Exception e){
69            e.printStackTrace();            //打印异常信息
70    }}}
```

- 第 4～17 行功能为声明本类的成员变量，包括存放 ServerAgentThread 对象的列表、存放 Action 对象的队列以及表示游戏中的全局状态数据等。
- 第 18～24 行为静态方法 broadcastState，其功能为遍历在线客户端列表 ulist，并向每一个在线的客户端发送飞机的坐标数据等。
- 第 25～32 行为本类的构造器，其功能为初始化 Socket 对象，并创建 DataInputStream 对象和 DataOutputStream 对象。
- 第 35～63 行功能为获取来自客户端的数据信息并进行相应处理。若数据以“<#CONNECT#>”开始，当 count 为 0 表示本游戏中有一个客户端与服务器端连接成功并控制红色飞机。当 count 为 1 表示两个客户端均与服务器端连接成功，并向每个客户端发送“<#BEGIN#>”信息。若数据以“<#KEY#>”开始，则获取按键状态数据，并创建动作对象将其添加进动作队列。
- 第 64～69 行功能为在数据获取及处理完毕后，关闭所有流对象和 Socket 连接。

3. 客户端的实现

经过上面的介绍，读者应该对整个服务器端的开发有了一定的了解。下面将为读者详细地介绍客户端的功能实现，其具体内容如下。

（1）首先介绍的是本案例主控制类 MainActivity 的开发，本类的主要功能是初始化成员变量、切换界面布局、获取图片资源以及在 MainActivity 中添加选项菜单并为菜单添加监听方法等，其具体代码如下。

代码位置：见随书光盘源代码/第 5 章/PlaneGameClient/src/com/example/client 目录下的 MainActivity.java。

```
package com.example.client;                                   //声明包名
……//此处省略了导入类的代码，读者可自行查阅随书附带光盘中的源代码
public class MainActivity extends Activity {                  //继承系统 Activity
    public int KeyDispX=0;                                    //按键 x 状态值
    public int KeyDispY=0;                                    //按键 y 状态值
    public Bitmap planer;                                     //获取图片的 Bitmap 对象
    public Bitmap planeg;                                     //获取图片的 Bitmap 对象
    public GameData gd=new GameData();                        //数据类对象
    public KeyThread kt=new KeyThread(this);                  //扫描键的线程对象
    public NetworkThread nt;                                  //网络数据接收线程对象
    GameView gv;                                              //界面显示类对象
```

```
12          @Override
13          protected void onCreate(Bundle savedInstanceState){        //重写父类方法
14              super.onCreate(savedInstanceState);
15              setContentView(R.layout.main);                         //切换布局
16              planer=BitmapFactory.decodeResource(getResources(), R.drawable.red);
                                                                       //获取红飞机图片
17              planeg=BitmapFactory.decodeResource(getResources(), R.drawable.yellow);
                                                                       //获取黄飞机 图片
18              gv=(GameView)this.findViewById(R.id.mf1);              //初始化 GameView 对象
19          }
20          @Override
21          public boolean onCreateOptionsMenu(Menu menu){             //创建选项菜单
22              getMenuInflater().inflate(R.menu.activity_main, menu);//初始化 Menu 对象
23              return true;
24          }
25          @Override
26          public boolean onOptionsItemSelected(MenuItem item) {  //菜单项的监听方法
27              if(item.getItemId()==R.id.menu_connect){           //判断 item 是否表示连接的选项
28                  if(this.nt==null){
29                      this.nt=new NetworkThread(MainActivity.this);
                                                                   //创建网络数据接收线程对象
30                      this.nt.start();                           //启动线程
31              }}
32              return true;
33      }}
```

- 第 4～11 行功能是声明本类的成员变量。
- 第 13～19 行是重写父类方法，功能为切换布局，获取图片资源并初始化 GameView 类对象。
- 第 21～24 行功能为重写的 onCreateOptionsMenu 方法，此方法用于初始化菜单，其中 menu 参数就是即将要显示的 Menu 实例，返回 true，表示显示该菜单选项。
- 第 26～33 行功能为重写的 onOptionsItemSelected 方法，此方法在菜单项被点击时调用，其功能是创建客户端网络数据接收线程对象，并启动该线程。

（2）上面介绍了本案例主控制类 MainActivity 的开发，下面将向读者介绍本案例的数据类 GameData，本类主要记录程序中用到的全局变量，其具体代码如下。

代码位置：见随书光盘源代码/第 5 章/PlaneGameClient/src/com/example/util 目录下的 GameData.java。

```
package com.example.util;                         //声明包名
public class GameData {
      public static int state=0;                  //0--未连接  1---成功连接  2--游戏开始
      public Object lock=new Object();            //表示锁的对象
      public int rx=150;                          //第一架飞机的 x 坐标
      public int ry=750;                          //第一架飞机的 y 坐标
      public int gx=460;                          //第二架飞机的 x 坐标
      public int gy=750;                          //第二架飞机的 y 坐标
}
```

说明　本类记录了客户端的场景中飞机的坐标数据和表示游戏状态的变量等，数据类的建立方便了程序员对数据的统一管理和维护。

（3）上面介绍了数据类 GameData 的开发，接下来为读者介绍本案例的显示界面类 GameView 的开发，本类功能主要是绘制场景中的物体，并通过滑动摇杆来改变按键状态数据（按键状态数据表示物体将要运行的方向）。其具体代码如下。

代码位置：见随书光盘源代码/第 5 章/PlaneGameClient/src/com/example/clinet/view 目录下的 GameView.java。

```
package com.example.clinet.view;                            //声明包名
……//此处省略了导入类的代码，读者可自行查阅随书附带光盘中的源代码
```

```
3     public class GameView extends SurfaceView implements SurfaceHolder.Callback{
4         ……//此处省略了声明成员变量的代码，可自行查阅随书附带光盘中的源代码
5         public GameView(Context context){                         //构造器
6             super(context);
7         }
8         public GameView(Context context, AttributeSet attrs){     //构造器
9             super(context, attrs);
10            this.activity=(MainActivity)context;             //初始化MainActivity 类对象
11            this.getHolder().addCallback(this);              //设置生命周期回调接口的实现者
12            this.drawThread=new DrawThread(this.getHolder(),this); //创建刷帧线程对象
13            this.paint=new Paint();                              //创建画笔
14            this.mJoystick=new Joystick(this,this.activity,xJoystick,yJoystick);
                                                                   //创建摇杆
15        }
16        ……//此处省略了屏幕的绘制方法 onDraw，将在后面给出
17        public boolean onTouchEvent(MotionEvent event){
18            float x=event.getX();                                //获取触点 x 值
19            float y=event.getY();                                //获取触点 y 值
20            switch(event.getAction()){
21                case MotionEvent.ACTION_DOWN:                    //按下
22                    this.mJoystick.change(x-20, y-20);           //移动摇杆
23                    break;
24                case MotionEvent.ACTION_MOVE:                    //滑动
25                    this.mJoystick.change(x-20, y-20);           //移动摇杆
26                break;
27                case MotionEvent.ACTION_UP:                      //抬起
28                    this.activity.KeyDispX=0;                    //KeyDispX 为 0
29                    this.activity.KeyDispY=0;                    //KeyDispY 为 0
30                    this.mJoystick.x=this.pCenter.x;             //回到中心点
31                    this.mJoystick.y=this.pCenter.y;
32                    break;
33            }
34            return true;
35        }
36        public void surfaceChanged(SurfaceHolder arg0, int arg1, int arg2, int arg3){}
37        public void surfaceCreated(SurfaceHolder holder) {       //在创建当前 View 时调用
38            this.drawThread.setFlag(true);                       //标志位置为 true
39            if(!drawThread.isAlive() ){                    //如果后台重绘线程没起来,就启动它
40                try{
41                    drawThread.start();                          //启动线程
42                }catch(Exception e){
43                    e.printStackTrace();                         //打印栈信息
44        }}}
45        public void surfaceDestroyed(SurfaceHolder holder) {     //在摧毁当前 View 时调用
46            this.drawThread.setFlag(false);                      //标志位置为 false
47    }}
```

- 第 4～14 行为本类的两个构造器，其主要功能为创建成员变量并设置生命周期回调接口的实现者。
- 第 16～28 行为重写的触控方法，功能是根据摇杆的移动修改按键状态数据 KeyDispX 和 KeyDispY。当手指按下时，调用 change 方法移动摇杆；当手指滑动时，也调用 change 方法移动摇杆；当手指抬起时，将键状态数据均修改为 0，并为摇杆的 x、y 坐标重新赋值。
- 第 39～49 行为实现 SurfaceHolder.Callback 接口必须重写的 3 个方法，surfaceCreated 方法在创建当前 View 时调用，其主要功能是启动刷帧线程。surfaceDestroyed 方法在摧毁当前 View 时调用，其主要功能是将刷帧线程中的标志位置为 false，用于暂停刷帧线程。

（4）上面省略了显示界面类中的绘制方法 onDraw，在此将为读者进行详细地介绍。onDraw 方法主要负责界面的绘制工作，包括场景中飞机的摆放、摇杆等。其具体代码如下。

代码位置：见随书光盘源代码/第 5 章/PlaneGameClient/src/com/example/clinet/view 目录下的 GameView.java。

```
1     public void onDraw(Canvas canvas){
2         if(canvas==null){                                  //如果 canvas 为空
```

```
3            return;                                   //返回
4        }
5        if(GameData.state==0){                        //游戏未连接
6            canvas.drawColor(Color.BLACK);            //设置背景颜色
7            paint.setColor(Color.WHITE);              //设置画笔颜色
8            paint.setTextSize(50);
9            canvas.drawText(str2,200,700,paint);     //绘制字符串
10       }else if(GameData.state==1){                  //游戏未开始
11           canvas.drawColor(Color.BLACK);            //设置背景颜色
12           paint.setColor(Color.WHITE);              //设置画笔颜色
13           paint.setTextSize(100);                   //设置字体大小
14           str2="等待开始……";
15           canvas.drawText(str2,150,700,paint);     //绘制字符串
16       }else if(GameData.state==2){                  //复制数据，准备绘制
17           int rx=0;                                 //局部变量
18           int gx=0;
19           int ry=0;
20           int gy=0;
21           synchronized(this.activity.gd.lock){      //获取锁
22               rx=this.activity.gd.rx;               //获取红飞机坐标数据
23               ry=this.activity.gd.ry;
24               gx=this.activity.gd.gx;               //获取黄飞机坐标数据
25               gy=this.activity.gd.gy;
26           }
27           canvas.drawColor(Color.BLACK);            //设置画布颜色
28           canvas.drawBitmap(this.activity.planer, rx, ry, paint);//绘制飞机
29           canvas.drawBitmap(this.activity.planeg, gx, gy, paint);
30           this.mJoystick.drawJoystick(canvas);//绘制摇杆
31   }}
```

- 第 5～9 行功能为当 state 值为 0 时，设置背景颜色、画笔颜色等，并在屏幕中绘制字符串。
- 第 10～15 行功能为当 state 值为 1 时，重新设置背景颜色、画笔颜色、字体大小等，并在屏幕指定位置绘制字符串。
- 第 16～30 行功能为当 state 值为 2 时，重新设置画笔颜色，分别获取红黄飞机的坐标位置，并在屏幕的指定位置绘制两架飞机，绘制摇杆。

（5）上面介绍了界面显示类中的绘制方法 onDraw，接下来将介绍客户端比较重要的一个线程——刷帧线程 DrawThread，该线程用于定时调用 GameView 类的 onDraw 方法刷新显示界面，其具体代码如下。

代码位置：见随书光盘源代码/第 5 章/PlaneGameClient/src/com/example/client/thread 目录下的 DrawThread.java。

```
package com.example.client.thread;                          //声明包名
……//此处省略了导入类的代码，读者可自行查阅随书附带光盘中的源代码
public class DrawThread extends Thread{
    private int SLEEP_SPAN =50;                              //睡眠的毫秒数
    private SurfaceHolder surfaceHolder;
    private GameView view;
    private boolean flag = true;
    public DrawThread(SurfaceHolder surfaceHolder, GameView view) {//构造器
        this.surfaceHolder = surfaceHolder;                  //为 SurfaceHolder 类对象赋值
        this.view = view;
    }
    public void setFlag(boolean flag) {                      //设置循环标记位
        this.flag = flag;
    }
    public void run(){                                       //重写 run 方法
        Canvas c;
        while(flag){
            c = null;
            try {// 锁定整个画布，在内存要求比较高的情况下，建议参数不要为 null
                c = this.surfaceHolder.lockCanvas(null);//获取 Canvas 对象
                synchronized (this.surfaceHolder){           //加锁
                    this.view.onDraw(c);                     //调用绘制方法
                }} finally {
```

```
24                  if (c != null) {                   //更新屏幕显示内容
25                          this.surfaceHolder.unlockCanvasAndPost(c);
26          }}
27          try{
28                  Thread.sleep(SLEEP_SPAN);           //睡眠指定毫秒数
29              }catch(Exception e) {
30                  e.printStackTrace();                //打印栈信息
31  }}}}
```

- 第 4～7 行功能为声明本类的成员变量，包括 SurfaceHolder 类对象、GameView 类对象以及睡眠毫秒数等。
- 第 8～11 行为本类的构造器，功能是初始化成员变量。
- 第 15～30 行为重写的 run 方法，功能是获取画布对象，并定时加锁调用 onDraw 方法刷新界面，待画面更新后解锁。如果出现异常，则捕获异常并打印栈信息。

（6）上面介绍了定时刷新界面的刷帧线程，下面将继续介绍客户端的按键状态处理线程类 KeyThread，本类主要功能是在游戏进行时，定时扫描游戏中按键状态数据并通过流对象向服务器端发送按键状态数据，其具体代码如下。

代码位置：见随书光盘源代码/第 5 章/PlaneGameClient/src/com/example/client/thread 目录下的 KeyThread.java。

```
package com.example.client.thread;                     //声明包名
……//此处省略了导入类的代码，读者可自行查阅随书附带光盘中的源代码
public class KeyThread extends Thread{
      static final int TIME_SPAN=100;                  //睡眠的毫秒数
      MainActivity father;                             //MainActivity 对象
      boolean flag=true;
      public KeyThread(MainActivity father){           //构造器
            this.father=father;
      }
      public void run(){                               //重写 run 方法
            while(flag){
                  try{
                        if(GameData.state==2){         //游戏进行时
      father.nt.dout.writeUTF("<#KEY#>"+father.KeyDispX+"|"+father.KeyDispY);
                        }
                        Thread.sleep(TIME_SPAN);       //睡眠
                  }catch(Exception e){
                        e.printStackTrace();           //打印栈信息
}}}}
```

> **说明**　本类主要功能为当 GameData 类中 state 值为 2 时，定时通过流对象向服务器端发送客户端的操控动作请求。

（7）上面介绍了用于定时向服务器端发送操控动作请求的按键状态处理线程类 KeyThread，接下来将为读者介绍本案例的最后一个线程类——客户端网络数据接收线程 NetworkThread 类，本类主要功能是与服务器端建立连接，并接收来自服务器端的数据信息。其具体代码如下。

代码位置：见随书光盘源代码/第 5 章/PlaneGameClient/src/com/example/client/thread 目录下的 NetworkThread.java。

```
package com.example.client.thread;                           //声明包名
……//此处省略了导入类的代码，读者可自行查阅随书附带光盘中的源代码
public class NetworkThread extends Thread{
      MainActivity activity;
      Socket sc;
      DataInputStream din;
      DataOutputStream dout;
      public boolean flag=true;
      public NetworkThread(MainActivity activity){           //构造器
```

```
10          this.activity=activity;
11      }
12      public void run(){
13          try{
14              sc=new Socket("192.168.191.1",9999);       //与服务端建立连接
15              din=new DataInputStream(sc.getInputStream());
                                                   //创建 DataInputStream 对象
16              dout=new DataOutputStream(sc.getOutputStream());
                                                   //创建 DataOutputStream 对象
17              dout.writeUTF("<#CONNECT#>");              //写入标识字符串
18          }catch(Exception e){
19              e.printStackTrace();                       //打印栈信息
20              return;
21          }
22          while(flag){
23              try{
24                  String msg=din.readUTF();              //获取数据信息
25                  if(msg.startsWith("<#OK#>")){
26                      GameData.state=1;                  //将 state 置为 1
27                  }else if(msg.startsWith("<#BEGIN#>")){
28                      GameData.state=2;                  //将 state 置为 2
29                      this.activity.kt.start();
30                  }else if(msg.startsWith("<#FULL#>")){
31                      break;                             //客户端数量已达上限，退出
32                  }else if(msg.startsWith("<#GAME_DATA#>")){
33                      String nr=msg.substring(13);    //获取子串
34                      String[] strA=nr.split("\\|"); //转化为数组
35                      int temprx=Integer.parseInt(strA[0]);
36                      int tempry=Integer.parseInt(strA[1]);
37                      int tempgx=Integer.parseInt(strA[2]);
38                      int tempgy=Integer.parseInt(strA[3]);
39                      synchronized(this.activity.gd.lock){//获取锁
40                          this.activity.gd.rx=temprx;
41                          this.activity.gd.ry=tempry;
42                          this.activity.gd.gx=tempgx;
43                          this.activity.gd.gy=tempgy;
44              }}}catch(Exception e){                     //捕获异常
45                  e.printStackTrace();                   //打印栈信息
46              }}
47              try{
48                  din.close();                           //关闭数据输入流
49                  dout.close();                          //关闭数据输出流
50                  sc.close();                            //关闭 socket
51              }catch(Exception e){
52                  e.printStackTrace();
53  }}}
```

- 第 4～8 行功能为声明本类的成员变量，包括 DataInputStream 类对象、Socket 类对象等。
- 第 13～21 行功能为与服务器端建立连接，创建数据输入流对象和数据输出流对象，并将标识字符串“<#CONNECT#>”写入流对象，表示一个客户端与服务器端连接成功。如果出现异常，则在后台打印栈信息。
- 第 23～46 行功能为不断判断来自服务器端的标识字符串，并进行相应处理。如果标识字符串以“<#OK#>”开始，则将游戏状态值 state 置为 1；如果以“<#BEGIN#>”开始，则将游戏状态值 state 置为 2；如果以“<#FULL#>”开始，表示客户端数量达到上限并退出循环；如果以“<#GAME_DATA#>”开始，则获取两架飞机的坐标数据。
- 第 47～52 行功能为若数据接收完毕，关闭所有流对象。当捕获异常时，打印栈信息。

说明 学习完整个案例后读者可能会注意到一点，此案例中加锁同步的代码每次都不多，在每一个位置都仅仅包含了写入或读取数据的少量代码。这是为了尽量降低加锁对性能的影响，读者自己开发时也要注意这一点，可以不加锁执行的代码都不应该加锁，以免降低性能。

5.6 小结

本章对 Android 的网络编程的相关知识进行了简单介绍，通过本章的学习，读者应该了解了开发网络应用程序的基本思路。基于 Socket 的网络编程技术一般应用于开发网络游戏、简单的商业程序等。基于 HTTP 协议的网络编程技术则主要应用于从网络服务器获取信息的应用程序，如手机浏览器等。

本章还介绍了百度地图应用程序的开发，让读者学会运用百度地图技术构建属于自己的 LBS 应用程序。同时，本章还对非常有用的蓝牙技术进行了简要介绍，并给出了实用案例。此外，本章还为读者介绍了简单的多用户并发网络游戏编程架构，并给出了具体实例。

第 6 章 不一样的游戏，一样的精彩应用

前面的章节介绍了 Android 应用程序开发的相关知识，而在形形色色的手机应用中，游戏占了很大的比重。目前，随着手持设备的性能逐步提升和移动网络的不断完善，手机游戏带给玩家的体验也越来越好，手机游戏已经成长为和电脑游戏同等重要的产业。

当今市面上流行的手机游戏类型繁多，不同类型的游戏自然有其独特的设计方式以及独到的吸引玩家的地方，本章将结合目前手机游戏产业的现状，介绍一些与游戏开发相关的知识，对主要的几种游戏类型做一个简单的介绍。

6.1 射击类游戏

射击类游戏（Shooting Game）是一种比较古老的游戏类型，手机游戏中的射击游戏也很流行，目前市面上的射击类游戏最多的是飞行射击游戏，比较著名的有雷电系列，还有一些是如坦克大战之类的操作性要求较高的射击游戏，本小节就来简单介绍一下射击类手机游戏的相关知识。

6.1.1 游戏玩法

下面从玩家人数、操作方式和取胜条件等几个方面分析射击类游戏的玩法。

（1）玩家人数

射击类游戏通常为单人游戏，很少以二人对战或多人在线的方式进行，而且一般来说，射击游戏节奏比较快，要求玩家通过快速的反应与游戏进行交互，所以射击游戏大都属于单机游戏。

（2）操作方式

射击类游戏的操作方式比较单一，主要是控制游戏角色的行走方向以及向目标开火或施放特殊技能，有些射击游戏为了提高游戏速度，会让玩家控制的角色自动射击或提供选项让玩家选择是否开启自动射击，自动射击尤其在飞行类射击游戏中比较普遍。

（3）取胜条件

射击类游戏一般在游戏开始时会为玩家分配若干条生命用以进行后续的游戏，当耗费光所给的生命数目后就会结束游戏。射击类游戏多数为关卡类游戏，即玩家用有限的生命挑战难度不断提升的关卡，关卡一般也是有限的，但是有些游戏的关卡可以在程序中生成。

6.1.2 视觉效果

1. 视角问题

对于占多数的飞行类射击游戏来说，其视角几乎都是 2D 视角，玩家从高空俯瞰整个游戏界面，如著名的雷电系列（如图 6-1 所示）的游戏就是这样。还有一些游戏会像“永远的坦克大战”（如图 6-2 所示）这样采用 2.5D 视角进行游戏。

还有一些射击类游戏为第一人称视角的射击游戏即 FPS（如图 6-3 所示），FPS 起源于早期苹果机上的迷宫游戏和游戏机上的 ACT 游戏。在融合了两类的特点后，通过引入第一视角和三维图形使得游戏的表现力得到极大提高。三维世界和第一视角的应用使得玩家第一次能够感到他们“面对”着一个真实的三维世界。其次三维地图使得玩家们摆脱了 ACT 游戏由一个路线前进的限制，玩家可以沿多种路径到达终点，更增加了搜索前行的乐趣和不确定性。

▲图 6-1　飞行射击游戏“雷电”的 2D 视角

2. 游戏背景

为射击游戏提供的最简单的游戏背景就是滚动的卷轴式背景，刚才提到的雷电等许多飞行射击类游戏都是采用的这种背景显示模式。卷轴式背景实现方法就是使用一幅比游戏屏幕长的图片首尾相接作为游戏背景，在游戏的过程中通过不断循环滚动显示来达到背景变换的效果。

▲图 6-2“永远的坦克大战”的 2.5D 视角

对于飞行类射击游戏之外的射击游戏，其游戏背景由多个小图片拼接而成，如代表房子、树木的小图片，这些小图片被称为图元，采用图元技术可以轻易地搭建出 2D、斜 45° 2.5D（如图 6-2 所示的游戏屏幕）、90° 2.5D 的游戏场景。对于第一视角射击游戏来说，整个游戏由一系列关卡组成，每个关卡有自己独特的 3D 游戏场景（如图 6-3 所示的游戏屏幕）。

6.1.3　游戏内容设计

1. 剧情设计

虽然射击类游戏要求玩家快速反应、游戏的快节奏发展、眼花缭乱的爆炸效果以及随之而来的音效，但是如果射击类游戏千篇一律地都是开枪“打兔子”，那么肯定不会吸引大批的玩家，所以为射击游戏设计合理的剧情也显得非常重要。

设计剧情的方式有很多，如增加一段背景故事，塑造一个游戏主人公，在游戏中适当地出现人物的对话等，也可以把相互独立的关卡用背景故事串联起来。

▲图 6-3“反恐精英”的第一视角画面

2. 游戏规则

由于射击类游戏的玩法比较单一，所以游戏规则也相对简单，除了限制玩家的生命数目之外，还要在游戏运行的过程中不断出现一些奖励，如增加生命数目、增加玩家控制角色的伤害输出等。同时对于这种操作比较简单的游戏，设置积分机制也是激励玩家不错的方法。

6.2　竞速类游戏

竞速类游戏不同于其他类型的游戏，竞速类游戏的内容比较单一，就是驾驶一种交通工具进行比赛。竞速游戏主要吸引玩家的地方在于令玩家体会到高速移动时所带来的视觉和听觉上的享受，以及冲破重重障碍到达终点的成就感。

对于目前手机平台下的竞速游戏来说，大部分使用的比赛交通工具为赛车，很少有竞速游戏会采用宇宙飞船或是舰艇等作为比赛工具。

6.2.1 游戏玩法

1. 玩家个数

手机平台下的竞速游戏不能像电脑游戏那样方便地进行局域网互联，所以主要以单机版的竞速游戏为主，这也使得手机平台下的竞速游戏不像其他游戏类型那样火爆。

2. 游戏模式

竞速游戏的趣味性不仅仅存在于驾驶，不同游戏模式下的竞速游戏也会给玩家带来不一样的体验，下面列举几个常见的游戏模式。

（1）夹杂打斗的竞速游戏，有些竞速游戏在进行中会允许玩家和其他的选手进行简单的战斗，这样可以使游戏更加紧张刺激。

（2）以模拟各种比赛为主的竞速游戏，如比赛杯赛、耐力赛、短程加速赛等，玩家每成功赢得一场比赛，其等级就会提升，高等级可以参加高级的比赛以获取更多的金钱和等级。如在手机游戏“真实赛车 3”（如图 6-4 所示）中就采用比赛的模式来进行游戏。

（3）以任务为驱动的竞速游戏，这种模式下的竞速游戏由任务系统来控制游戏流程，很多时候因为任务之间的前后关系，玩家并不能随心所欲地选择比赛。

3. 取胜条件

要想在竞速游戏中取胜，方法只有一个，即获得比赛的胜利，不过也有一些竞速游戏并不要求玩家的名次，只要完成了比赛就算获胜。

▲图 6-4“真实赛车 3”游戏画面

6.2.2 视觉效果

1. 游戏视角

竞速游戏的视角最初为从正上方俯视赛场，这种方式很适合躲避障碍物。不过目前大部分的竞速游戏都将数据显示成为了第一人称视角，这样更容易给玩家身临其境的感觉（如图 6-4 所示）。

2. 游戏画面

竞速游戏的画面一般分为两个部分，第一部分就是游戏的主画面，游戏的主画面渲染了赛场的情景，如驾驶赛车时屏幕不断后撤的效果；第二部分就是用来模拟特定交通工具的操纵界面的控制面板。除了这两个部分，还有些竞速游戏会把任务列表或缩略地图也显示到屏幕上。

6.2.3 游戏内容设计

1. 交通工具的设计

交通工具的选择决定了整个游戏的发展方向，目前市面上以赛车为题材的竞速游戏较多，但是游戏的设计者不应该只看到赛车这一种交通工具，其他交通工具可能会更加具有可玩性。

（1）水上交通工具。水上的交通工具有很多，如摩托艇、机动艇、帆船等，而且船类交通工具的驾驶对于玩家来说可能也会更加新鲜。对于赛道的设计也可以更具特色，为其添加一些有趣的障碍，如漩涡、台风甚至是水怪等。

（2）空中交通工具，主要是飞机和飞船两种，驾驶交通工具在赛道上不会有太多文章可做（除非驾驶飞船遇到小行星群），倒是这两种交通工具的驾驶方式可以好好设计一下，因为驾驶飞机尤其是飞船的方式比较复杂，可以将操作方式简化一下展示给玩家。

2. 剧情设计

虽然竞速类游戏大部分时间都让玩家处于高度紧张的驾驶状态，但是，在游戏中适当地穿插剧情也会为整个游戏加分不少，尤其是对于那些任务驱动型的竞速游戏。

6.3 益智类游戏

益智游戏（Puzzle Game）是另外一种深受用户欢迎的游戏类型，很多人把益智游戏称作休闲游戏，但实际上很多益智游戏玩起来并不会很“休闲”，如一些需要频繁思考的诸如数独之类的游戏。而休闲游戏中很大一部分游戏并不属于“益智”的范畴，如后面会提到的养成类游戏一般也划为休闲游戏。

益智类游戏的特色就是，游戏中会更多地依靠智力去解决问题，而现实生活中能够锻炼智力的游戏有很多，如纸牌类游戏、棋类游戏等都属于益智类游戏。

▲图 6-5　火热游戏“消灭星星”

6.3.1　游戏玩法

不同的益智类游戏由于设计的内容差很多，所以各自有各自的玩法，下面主要来谈谈益智类游戏中相同的地方。

（1）玩家个数

一般来讲，益智解谜类的游戏大都为单人游戏，如目前比较火的游戏“消灭星星”（如图 6-5 所示）、“节奏大师”、“1024 数字拼图”和迷宫等，这类单人版游戏也有一个共同点，那就是都以关卡作为提升难度的手段。关卡可以是有限的，也可以是由程序自动生成的，如生成迷宫游戏中的地图就有很多成熟的算法。

▲图 6-6　经典游戏“大富翁”

还有一些益智类游戏要求多人对战的模式，如各种棋牌类游戏，经典游戏“大富翁”（如图 6-6 所示）就是多人联网进行，这里的“人”不一定非得是玩家，也可以是电脑。

（2）取胜条件

益智游戏的取胜条件一般很简单，逃出迷宫、在棋（牌）局中赢得胜利等，很多的益智游戏都会有限时功能，或者把消耗的时间作为计算积分时考量的因素。不过也有一些益智类游戏取胜条件虽然简单，但是很难实现，如大富翁系列的游戏，很难在短时间内取得游戏的胜利。

6.3.2　视觉效果

1. 游戏视角

很少有益智游戏的视角为第一人称，一般的益智游戏的视角可以看到整个游戏场景，通常都是平面游戏，近来很多平面游戏都被改造成为了具有 3D 效果的益智游戏，如 3D 版的手机推箱子，游戏视角的改变可以提高玩家的体验，相比于其他吸引玩家的手段，改变视角更容易实现。

2. 游戏画面设计

除了刚才提到的手机大富翁系列，普通的益智游戏的场景不会很大，一般为手机屏幕大小，如各种棋牌游戏的画面基本不需要滚屏，多数的关卡型益智游戏的关卡场景也不会超过手机屏幕的大小，如火热游戏“消灭星星”。当然也有例外，如曾风靡一时的“掘金者”（Gold Runner）游戏的每一关的场景都需要进行滚屏，这也和游戏节奏的快慢有关。

益智游戏场景比较固定（尤其是棋牌游戏），为了提高玩家的体验，在画面的变换上就应该多下工夫，应该根据手机平台的性能，尽量让画面为整个游戏加分，如欢迎动画、游戏中出现的各种提示和动作都可以尽量漂亮些。例如，“消灭星星”中在玩家消灭星星的过程中不仅有漂亮的画面而且还出现各种时下流行词语“帅呆了”等（如图 6-5 所示）。

6.3.3 游戏内容设计

1. 剧情设计

前面也已经提到，益智游戏最大的魅力在于对智力的挑战，所以玩益智游戏的玩家往往对游戏的剧情并不是非常的感兴趣，就连经典游戏“大富翁”也没有在剧情上花太多工夫。

2. 难度调节

益智类游戏的难度等级必须是可调节的，这样才可以吸引玩家勇攀高峰。对于关卡类的益智游戏，一般通过关卡提升难度就足够了。而对于不设关卡的益智游戏来说，通常在游戏开始的时候提示玩家选择一个难度等级，如棋牌类游戏等。

3. 游戏规则

益智游戏的游戏规则设计需要把握好 3 个方面：一是入门难易程度，游戏开始时不能让玩家感觉到太简单，也不能让玩家太沮丧；二是趣味性，益智游戏吸引人的地方不仅在于对智力的挑战，还必须在趣味性上大作文章；三是耐玩度，怎样让玩家愿意再玩一次，也是需要在设计的时候多做考虑的。

6.4 角色扮演游戏

角色扮演游戏（Role Playing Game）是手机游戏中的另外一个大阵营，角色扮演游戏所构造的情感世界是所有类型的游戏中最为强大的，能带给我们深刻的体验感。这种体验感来源于每个人内心深处对人生的感悟和迷茫、无奈与苛求、失意与希望，所有这些都可以在 RPG 游戏所构造的虚拟人生的情感世界中得到共鸣。

6.4.1 游戏玩法

1. 玩家人数

电脑平台下的角色扮演游戏即有单机版的，也有局域网对战版和网络多人在线形式的，手机平台下角色扮演游戏也不局限于单人模式，很多的大型网络在线手机游戏都是角色扮演性质的，但是论数量，还是单击模式的 RPG 游戏占多数。

2. 游戏主线

单机版的角色扮演游戏的主线比较明朗，单机模式的 RPG 往往会把玩家控制的角色定义成为“救世主”的形象，所以整个游戏都会围绕这个角色展开，由玩家控制的角色来串接故事情节并影响游戏的发展方向，任务系统在角色扮演游戏中比较常见，好的任务系统可以对游戏剧情起到推动的作用。

▲图 6-7　“EverQuest”

网络版的角色扮演游戏一般对单个玩家没有这么高的定位，所以对于玩家来说，主要游戏主线在于控制自己的玩家进行各种探险、战斗并以此来提升自己属性，网络游戏中也可以通过复杂的任务系统来让玩家体会到整个游戏剧情发展。

近几年随着网络游戏的兴起，一种新的 RPG 子类型出现了。这种新类型叫作大规模多用户网上 RPG。这种 RPG 游戏的故事性已经被极度弱化，因为在网上那么多人玩基本上无法控制故事情节。而交互性则得到了提高，包括玩家与玩家之间的交互。例如，天晴数码公司出品的奇幻武侠类型的“征服”和奇幻宠物类型的“幻灵游侠”，如图 6-7 和图 6-8 所示。

▲图 6-8　“幻灵游侠”

3. 取胜条件

网络版的角色扮演游戏一般没有取胜条件，而单机版的角色扮演游戏的取胜条件由剧情来决定，通常是以解除危机、打败最终魔王为游戏胜利的条件，有些角色扮演游戏还会有不同的结局。

6.4.2　视觉效果

1. 游戏视角

▲图 6-9　“仙剑奇侠传”的游戏视角

角色扮演游戏基本上不会以 2D 的视角来呈现，通常游戏视角都是 2.5D 或者 3D，而对于 2.5D 又有斜 45° 俯视和正 90° 俯视两种。如一款移植自电脑游戏的“仙剑奇侠传”采用的就是斜 45° 俯视视角，如图 6-9 所示，而手机游戏“游戏仙侣情缘之麒麟劫”的视角则是正 90° 俯视，如图 6-10 所示。

不管是斜 45° 和正 90°，都是采用图元技术加上多个图层叠加实现的，所以这类角色扮演游戏中地图设计将会是一个非常重要的环节。目前的角色扮演游戏以正 90° 俯视视角居多，实现方式也比斜 45° 俯视要简单一些。

由于 2.5D 视角更容易让玩家习惯，很多 3D 视角的角色扮演游戏也会在其中穿插 2.5D 的场景。

▲图 6-10　“仙侣情缘之麒麟劫”的游戏视角

2. 游戏界面

角色扮演游戏的界面不应该只有游戏场景和菜单这么简单，出于剧情和玩家需要，必须为游戏创建不同用途的界面，如对于常见的武侠题材的 RPG 游戏，就需要为玩家创建角色属性面板、物品及装备面板、技能面板等界面。

6.4.3　游戏内容设计

1. 情节设计

对于角色扮演游戏，故事情节的好坏在很大程度上影响了游戏带给玩家的体验，所以在游戏设计初期必须选好一个题材。

通常角色扮演游戏的题材背景会选择在一个不同于普通人生活的世界，比较多的是来自武侠文学如金庸等大师的作品，或者是西方的玄幻文学如指环王或吸血鬼题材，还有一批游戏是来自于电影或其他科幻小说。

确定了题材，还需要丰富整个游戏的剧情，一般来说，角色扮演的游戏方式主要包括探险、接收任务以及战斗，合理地分配这 3 种游戏方式，可使游戏的可玩性达到最高。

2. 角色设计

角色扮演游戏中，尤其是单机模式下的角色扮演游戏，角色设计的重要性是不容忽视的，除了玩家控制的“救世主”角色，还要设计其他的辅助角色，如用来指引“救世主”走向强大的导师，一起进行探险的伙伴，要消灭的最终 Boss 等。

对于主要的角色，还需要设计其详细的属性，如为玩家控制的“救世主”以及并肩作战的伙伴设计战斗时用的属性。以武侠题材的 RPG 为例，需要为主要角色设计的属性有技能、血量、法力、等级等，对于大型的 RPG，还需要设计职业及装备等。

3. 主角成长

玩家控制的角色在游戏中不断成长是游戏的趣味性之一，同时也是游戏情节发展的主线。所以在设计游戏时需要根据故事情节让主角不断成长，这种成长包括个人属性的提升以及游戏剧情的逐步铺开，主角的成长方向同时也是吸引玩家坚持玩到底的原因之一。

4. 游戏存储

对于一般玩家来讲，角色扮演游戏很少能够在短时间内通关，所以必须为游戏增加存储功能。游戏中可以采用到指定地方才可以存储的模式，也可以用菜单选项让玩家随时存储。

▲图 6-11 手机游戏“超级玛丽”游戏画面

6.5 闯关动作类游戏

这里要介绍的闯关动作类游戏，是区别于射击类游戏和格斗游戏的，它侧重于手眼协调和条件反射。每一关的敌人都是从固定的地方跳出来，按固定的轨迹运动，可以说没有任何智能可言。因此，玩家如果玩了足够多次之后，对整个游戏可以说是成竹在胸。这也是此类 游戏的乐趣所在，通过不断的训练达到某种技巧上的娴熟，并培养出一定的条件反射，然后在玩游戏时达到下意识或者无意识的高超水平——一种行云流水似的流畅感觉。

▲图 6-12 手机游戏“古墓丽影”游戏画面

闯关类动作游戏的设计重点不在战斗，而是在闯关，这样适应的玩家人群会更广，例如，不少玩家的启蒙之作、经典的闯关类动作游戏——“超级玛丽”（如图 6-11 所示），更有综合射击游戏和冒险游戏特点的 3D 视角游戏“古墓丽影”系列（如图 6-12 所示）等。

6.5.1 游戏玩法

1. 玩家人数

玩家玩闯关动作类游戏的主要目标一般都在于过关斩将，并不十分需要别的玩家的阻挠或协助，所以通常都为单机游戏。

2. 操作方式

闯关动作类游戏一般为老少皆宜的游戏，所以其操作方式不会太复杂，只是简单地控制游戏角色移动和释放技能即可。对于有些闯关类动作游戏，玩家大部分时间都在命令游戏角色不停地跳跃，如“超级玛丽”等游戏。

3. 取胜条件

闯关动作类游戏的取胜条件就是将一个个的关卡挑战成功，一般最后的关卡中会出现游戏的最终 Boss，打败这个 Boss，就宣告玩家成功通关。

6.5.2　视觉效果

对于闯关类动作游戏来说，其背景最为经典的游戏画面就是横向滚动式，这种游戏的视角可以让玩家做到“旁观者清”，能够较早地看到前面可能要遇到的障碍和挑战。当游戏的节奏比较快时，玩家可以有时间做好准备。

6.5.3　游戏内容设计

1. 剧情设计

闯关动作类游戏一般并不会大费周章地以华丽的背景故事去吸引玩家，但是也会有一个简单的背景故事，在背景故事中会向玩家简单介绍闯关的动机和玩家所要追求的终极目标。

2. 关卡设计

前面也曾提到，闯关动作类游戏的操作方式不会特别复杂，游戏剧情也不会特别引人入胜，那么要想让玩家在简单的游戏中获得乐趣，关卡的设计就显得尤为重要。

提到关卡设计，肯定要考虑其难易度的把握，增加难度的方式有多种，除了重新设计高难度的关卡之外，对游戏进行微小的改动也可以实现难易程度的改变，如给玩家更短的时间来通过挑战、将游戏中的奖励物品放置在更危险的地方等。

除了在关卡的难易程度上做文章外，还可以根据关卡的不同制定不同的游戏规则，这样不容易使玩家产生游戏疲劳感，如第一关中，游戏角色在森林中进行跑跳，而第二关就可以把场景设到水下，玩家可以在水中自由移动，但是要记得到水面上换气。

6.6　冒险游戏

冒险游戏（Adventure Game）是另外一种需要故事情节的游戏，冒险游戏与角色扮演游戏类似，不同的是冒险游戏是在故事中添加了游戏元素，而角色扮演或其他游戏是在游戏中穿插故事。冒险游戏一般也不需要什么策略或技巧，玩冒险游戏就像是读历险记一样。

6.6.1　游戏玩法

1. 冒险模式

传统的冒险游戏坚持的原则主要是“说故事”，其曾是非常热门的游戏类型。在传统的冒险游戏中，玩家主要任务是在充满了悬念的故事情节的指引下，一步步探索游戏中的未知世界，在探索过程中合理地使用道具，解开各种谜题，最终破解了整个故事的秘密。

随着游戏类型的不断衍变，很多其他类型的游戏中都会或多或少地添加一些冒险的成分，而冒险游戏中也出现了一些其他游戏类型的元素，如动作类冒险游戏就是一种，动作类冒险游戏在冒险过程中增加了快节奏的打斗等场景，使游戏更加刺激和紧张。

2. 面临的挑战

不像动作游戏那样，玩家在冒险游戏中控制的角色不会具有太强的侵略性，而是更注重故事的流畅性和悬念，游戏节奏比较慢，但仍然会遇到一些冲突或阻碍。这些困难不会让玩家手忙脚乱、应接不暇，但也会使玩家将思绪投入其中，乐此不疲。

不管是解谜类的冒险游戏，如“黑暗沼泽庄园”（如图 6-13 所示），还是逃脱类的冒险游戏，如“密室逃脱”（如图 6-14 所示），游戏中遇到的困难基本上类似，如打开一扇需要钥匙的门、需要完成 NPC 的任务、需要找齐全套的物品用于组合等。在冒险游戏中，玩家通常不是靠快速反应或长时间思考来解决问题的，而是依靠已获得的游戏线索或物品道具甚至技能来排除阻碍的。

提示	冒险类游戏有一个其他类型游戏所没有的特点，那就是很难让玩过一次的玩家再去经历一次冒险，就像是很少有人会去把看过的电影再看一遍一样。这也体现了故事情节对于冒险游戏的重要性，一旦故事情节已经了然于胸，冒险游戏就再也无法给人以刺激和惊奇了。

3. 取胜条件

既然冒险游戏就像是在讲故事，故事讲完也就尘埃落定了。除非是为续集留悬念，一般的冒险游戏在最后会出现类似大团圆的结局，如逃出困境、解救了爱人或朋友、找到了丢失的宝藏等。

▲图 6-13 “黑暗沼泽庄园”游戏画面

6.6.2 视觉效果

1. 游戏视角

冒险游戏的视角很多情况下与角色扮演游戏的视角类似，如正 90°俯视的 2.5D 的视角，这样玩家可以对整个游戏场景有充分的掌握。不过也有很多手机上的冒险游戏以第一人称视角来呈现，前面曾提到的“黑暗沼泽庄园”就是，为的是增强玩家身临其境的感觉。

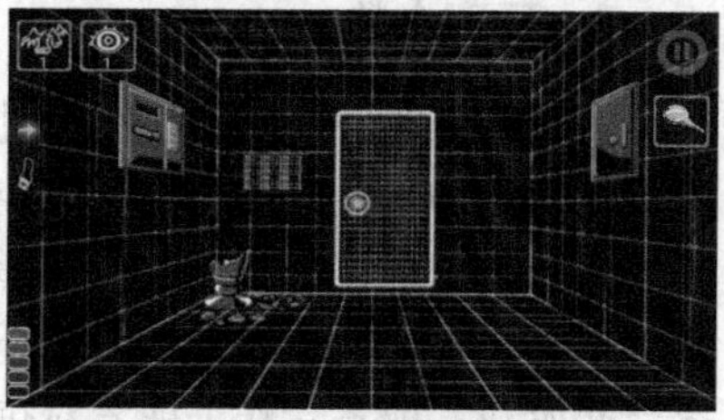

▲图 6-14 “密室逃脱”游戏画面

2. 画面和地图

一个冒险游戏就是一个历险故事，而讲述这个故事时除了文字，还有画面，所以，游戏的画面不应该拖故事情节的后腿，应该尽量提高玩家的空间感。另外，不管是 2.5D 的俯视视角还是第一人称视角，在冒险游戏中增加一个缩略地图都不失为一种不错的选择，这样玩家不至于迷路，也不会重复探索已经走过的地方。

6.6.3 游戏内容设计

1. 故事发展

冒险游戏如果没有跌宕起伏的故事内容，就基本失去了可玩性，而如果只是像念书那样讲故事，也会大大降低可玩性。游戏中展示的是场景而不是故事，所以在将故事改编成游戏或为游戏增加故事情节时，要注意规划游戏的故事结构，把各种剧情插入不同的场景之中，场景和场景之间又相互关联，最后形成相互串连的游戏场景。

2. 关卡设计

如果冒险故事情节比较漫长，通常要将故事切成若干个关卡，或者称为章节。这些关卡的连接方式有多种，如单线索方式是将所有关卡连成一条线循序渐进地向玩家铺开；多线索方式则是在进入新关卡前让玩家选择，或者根据玩家现在的游戏状态进入相应的关卡。

3. 对话设计

在游戏中主要的对话对象是 NPC，一般来说游戏中加入对话主要是为了增加趣味性，使玩家更能体会到游戏的互动性。而在冒险游戏中，对话还有另外的用途，那就是为玩家提供重要的游戏线索，所以在设计冒险游戏时应该对对话进行合理地设计。

6.7 策略游戏

手机平台下的策略游戏来源于电脑端的策略游戏，其最初是模拟类游戏的一个分支。随着策略游戏的不断发展，其也衍生出了很多其他不同的形式，如回合制策略游戏和实时策略游戏。通常，即时战略游戏也被认为是从策略游戏发展而来。

所谓策略，包括两个含义。从广义的角度来说，策略是指运用政治、经济、军事手段来实现国家意志和维护国家利益。对游戏来说，一般是通过资源采集、生产、后勤、开拓和战争来振兴本种族或国家。从狭义角度讲，策略是指用来击败敌人的各种军事指挥手段。

6.7.1 游戏玩法

1. 玩家个数

在其他游戏中，玩家往往通过在游戏中控制一个角色来参与游戏，而在策略游戏中，玩家常常没有具体的角色，或者说玩家控制不止一个角色。在策略游戏中玩家扮演的角色是统筹各个方面的总司令。这在一定程度上也增加了游戏的复杂度。

电脑平台下的策略游戏一般不会限制玩家的个数，玩家既可以同电脑对战，也可以和其他玩家一起游戏，或者合作，或者对抗。而在手机平台下，大部分策略游戏都是单人模式的，玩家主要和电脑中的敌人或朋友一起游戏。

2. 操作方式

策略游戏的玩法非常简单，那就是探索、发展、征服。所以不管是回合制策略游戏、实时策略游戏还是即时战略游戏，玩家的目标和实现目标的方式都比较单一。简单地讲就是，在初期探索未知的世界，然后建立自己的基地并不断发展扩大，当然在发展的过程中也伴随着进攻和防守。

3. 取胜条件

不同于其他类型的游戏，策略游戏更偏重于思考和谋划，因此，策略游戏所消耗的时间有可能会很长，要显示的信息量也很大。同时有些即时战略游戏包含任务系统，这些连续的任务也不是短时间内能够完成的。

按照策略游戏的原则，策略游戏的取胜条件在于征服，即完全消灭掉游戏中的敌人或者不幸地被敌人消灭掉则宣告游戏结束。

6.7.2 视觉效果

1. 游戏视角

电脑平台下的策略游戏一般为 2.5D 视角，或者是可以在 2.5D 视角和第一人称视角之间切换。手机平台下的策略游戏由于不容易变换视角，所以通常都采用 2.5D 俯视视角，这样不仅玩家的视野会比较开阔，操作游戏中不同对象也比较容易，如“部落冲突”（如图 6-15 所示）采用的就是 2.5D 俯视视角。

▲图 6-15 手机游戏“部落冲突”的视角

2. 缩略地图

策略游戏中的地图都非常大，这样能够保证开展游戏的多方阵营能够在初期平稳地生存。在这种情况下缩略地图对于玩家来说就是一个非常有用的工具了。利用缩略地图，玩家可以迅速把镜头从一个地方切换到另一个地方，同时也可以迅速了解游戏局势。

6.7.3 游戏内容设计

1. 题材设计

策略游戏的题材形式并不多，一般都与战争有关，只是选择的背景不同，除了选用历史题材外，通常魔幻和玄幻题材的故事也比较多。往往一个成功的策略游戏，其引人入胜的背景故事功不可没，一些策略游戏的背景故事甚至还会改编成电影或其他文学作品。

2. 游戏类型

随着策略游戏的发展除了上面介绍的类型，目前最火的是塔防 TD 类策略游戏。这类游戏主要要求玩家开动脑筋，用一种思考、排放方法达到最终胜利，其中的代表作如“植物大战僵尸”（如图 6-16 所示）、“保卫萝卜”等。

▲图 6-16 “植物大战僵尸”游戏画面

3. 游戏平衡设计

策略游戏中往往会出现许多的阵营，如移植自电脑同名游戏的“文明”，不同的阵营之间所具有的游戏角色和发展路线也不一样，否则游戏的可玩性将会大大降低。而如何让不同阵营在游戏的进行中保持平衡就是需要好好考虑的问题了，一款失衡的策略游戏将会失去大批的玩家。

6.8 养成类游戏

养成类游戏是目前手机游戏中的新贵，养成类游戏来自于曾经风靡的电子宠物，但后来随着手机软硬件性能的不断提升，加上手机这种随身携带的特性，养成类游戏慢慢成为了手机平台下不可忽视的一类游戏。

6.8.1　游戏玩法

1. 玩家个数

养成类游戏一般强调主人（即玩家自己）同被养者之间的关系亲密程度，所以一般这类游戏都是单人模式。不过有些养成类游戏为了给玩家一个展示成果的机会，增加了联网的模块来让不同的玩家带着自己的宠物进行各个方面的 PK。

2. 游戏过程

养成类游戏一般不要求玩家费过多的脑筋，而且其游戏节奏也很慢，因为一个优秀的宠物不是一朝一夕就培养出来的。玩家玩这类游戏主要的乐趣来源于宠物在自己的照料下一点一点地成长，接受训练并且能够和玩家进行一些简单的情感交流等。

3. 取胜条件

除了网络版的养成类游戏时不时地会把宠物搬出来进行 PK，一般情况下养成类游戏没有获胜的概念，这点是和其他类型游戏的最大不同。不过还是会有失败的情况，比如在培养的过程中一时疏忽使宠物死掉了。

6.8.2　视觉效果

1. 宠物造型

养成游戏中玩家基本上不会出现在游戏中，所以主要显示的内容就是宠物，对于宠物的造型就需要多花些工夫雕琢了。在养成游戏中的宠物不一定是现实中能直接找到的宠物，宠物或者是一些经过改造的地球生物，或者干脆是科幻的产物，有些养成类游戏的被养对象还可能是人。

2. 游戏画面

通常情况下养成类游戏的显示元素比较单一，主要为被养的对象，所以为了提高玩家的视觉体验，应该把游戏的画面做好规划。同时在游戏中还需要设计管理面板等界面，如宠物属性面板的布局等。图 6-17 显示的是养成类手机游戏“晴天小狗”的游戏主界面。

▲图 6-17　“晴天小狗”的主界面

6.8.3　游戏内容设计

1. 宠物设计

宠物的设计是养成类游戏的设计重点，因为其相当于是整个游戏的招牌。设计宠物时除了要设计其外在形象，还需要设计其各种属性，如宠物所具有的技能和宠物的成长路线等。

2. 培养方式设计

养成类游戏的培养方式设计也很重要，否则玩家就会发现其宠物过于迟钝或是聪明，无法从中体会到成就感。一般来说游戏通过以下几种方式来留住玩家。

（1）把事件变复杂，这里并不是把事件变得困难，只是将其分解得更细致一些。如想要提高宠物的快乐值，游戏并不会提供一个菜单选项叫作“提高快乐值”那样简单，相反，玩家可能需要先喂饱宠物，给宠物洗个澡再和宠物聊天玩耍……这么做不仅会让玩家有事可做，同时也会丰富游戏的内容。

（2）用时间控制游戏过程，如要让宠物学会一项技能，宠物不可能马上就学会，而是需要经过一定的时间后才能学会，这样用时间也可以留住玩家。

（3）多让玩家介入游戏，有了时间来控制游戏过程，游戏的过程中也不应该把玩家晾在一边太长时间，应该尽量让玩家参与更多的决策，可以设计宠物不同的成长路线来让玩家来选择，这样让玩家深度介入，会更容易留住玩家。

3. AI 设计

游戏中的人工智能（AI）也是不得不考虑的设计内容，宠物如何在玩家不干涉的情况下自动衰减自身的如饥饿、心情等属性，如何响应主人（玩家）的如问候之类的交互等，这些都需要开发相应的人工智能算法。

4. 其他游戏元素的设计

看了上面的介绍，读者朋友可能会觉得对于玩家来讲，养成游戏或许显得太简单了。的确是这样，但是目前，市面上的一些养成游戏会在游戏中加入其他的游戏元素，如带领宠物和怪物进行战斗、与宠物一起玩益智游戏等。这样一来养成类游戏的可玩性就会大大提高。

6.9 经营类游戏

经营类游戏是另外一种需要玩家长时间关注的游戏，经营类游戏一般模拟现实世界中的某种行业。如餐馆、公司或城镇等。如手机游戏“模拟城市”（如图 6-18 所示）。

▲图 6-18 “模拟城市”游戏画面

模拟城市中玩家最大的任务就是在一个固定范围的土地上，满足城市内所有市民的日常生活所需。从规划住宅、商业及工业用地，建到税金及各种公共设施支出的分配都由玩家自行设计。游戏中除了要妥善规划各种区域，还要考虑到人、经济、生存及政治等多项因素。玩家可以从经营和管理自己现实中很少接触的事物中获得乐趣。

6.9.1 游戏玩法

1. 玩家个数

随着移动互联网的发展现在手机平台下的经营类游戏大多是网络模式，在有些经营类游戏中玩家主要关心的是如何管理好自己，并通过与网络中的其他玩家比拼来增加游戏性。而比拼的内容包括游戏中的金钱、等级或者建筑的规模等。

2. 获胜条件

对于一些不太具有侵略性的经营类游戏（如经营餐馆），往往没有一个确定的取胜条件，玩家的乐趣在于经营中的收获。有些经营类游戏则需要向策略类游戏那样不断发展扩张自己的势力，最后打败其他的竞争对手赢得胜利。

6.9.2 视觉效果

1. 游戏视角

经营类游戏中，玩家要关注的地方很多，所以在手机平台下一般都采用 45°（或 90°）的 2D 俯视视角来呈现游戏的画面。

2. 游戏界面

不管是侵略性的经营游戏还是简单管理类的经营游戏，都需要为玩家提供一个可以浏览其所经营项目的运作情况的界面，一般来说这些界面就是一些游戏属性的展示。同时还要为玩家提供一个管理面板来对其所掌握的资源进行分配等操作。

6.9.3 游戏内容设计

1. 游戏流程的发展

不同于策略游戏，在经营类游戏中玩家对于整个游戏进程的影响不是特别大（除非是到了玩家已经很强大的时候），所以游戏中大部分时间需要在程序中控制游戏的发展流程，如调动 AI 去和玩家竞争或随机产生突发事件。

2. 资源的平衡设计

经营类游戏从本质上讲，就是玩家不断收集资源发展自己的过程，所以每个经营类游戏内部都会有一个资源系统，这种资源可以是最普通的金钱，也可以是人（如“实况俱乐部”），还可以是土地（如“地产大亨”）等其他东西。

有些资源会在游戏中被玩家消耗掉，然后产生新的，有点则是在不同人的手中来回交换或交易，还有的则是自动产生自动消耗。所以在设计游戏的时候需要对涉及的资源进行详细分类，并在游戏进行中进行合理的管理。

6.10 体育类游戏

体育类游戏（Sports Game）是面向体育爱好者的一类游戏，其可以涵盖三个层次，即管理、战术、技能。技能方面，单纯的模拟某项运动，如滑雪。战术，如足球的团队配合和排兵布阵。管理，包括俱乐部的管理和球员的培训。该类型游戏虽然拥有的玩家群体不如角色扮演或益智类游戏多，但是体育类游戏还是在众多的手机游戏种类中因独特的内容题材占有一席之地。

6.10.1 游戏玩法

1. 玩家人数

由于手机平台下的局限性，一般的体育类游戏都为单机模式，即玩家进行体育竞技的对象是电脑 AI，这时游戏的可玩性很大程度上取决于 AI 的真实程度。

2. 取胜方式

体育类游戏主要是模仿现实中体育竞技运动，所以取胜方式就是赢得比赛的胜利，或根据剧情需要赢得一系列比赛的胜利，如“NBA2k14”（如图 6-19 所示）。在这类游戏中玩家主要操控的对象是一个或多个运动员。

▲图 6-19 “NBA2k14”游戏画面

有一种体育类游戏融合了经营管理类游戏的元素，使游戏的乐趣不在于取得竞技上的胜利，而是把一个俱乐部经营管理好，玩家扮演的角色，也不再是运动员，而是教练或经理之类的管理职务，如“实况俱乐部”（如图 6-20 所示）这样的游戏。

▲图 6-20 “实况俱乐部”游戏画面

6.10.2 视觉效果

1. 游戏视角

体育类游戏的视角应该取决于竞技项目，如果是一对一的比赛，如网球或摔跤等，那么既可以取第一人称视角，也可以取其他视角，因为只要能够看到对手就行。但是对于团队竞技项目（如篮球、足球等），一般不会选择第一人称视角，因为玩家需要实时掌握场上的局面。

而对于一些竞速性质或带有跑道的竞技项目（如滑雪、游泳等），一般采用背后视角来设计游戏，有一些也会采用类似闯关类动作游戏的横向滚屏式。

2. 动画设计

对于需要模拟真实竞技场景的体育类游戏，对于人物造型和人物动作的设计也很重要，否则玩家会因为生硬的人物线条和扭曲的人物动作提前放弃游戏。

6.10.3 游戏内容设计

1. 操作游戏的设计

在体育类游戏中，由于竞技方式的多样化，往往需要向所控制角色下达很多命令。而手机的操作接口是有限的，只有方向键或其他数字按键等，所以在设计游戏时需要对游戏的操作接口进行详细的研究，确保玩家能够感觉到完整的运动体验。

2. 人工智能设计

对于单机模式下的体育类游戏，除了模仿真实运动场景的动画外，人工智能的设计也算是比较重要的环节。对于体育类游戏的 AI，可以采用记录状态的方式来设计 AI，如在多人球类竞技比赛中，当电脑控制的角色处于不同的状态时（如进攻态和防守态），所采取的对策也不一样。

6.11 小结

本章对目前流行的手机游戏类型逐一进行了介绍。希望读者对这些游戏的主要玩法和不同于其他游戏类型的独到之处有所了解，以便自己在开发相应类型的手机游戏时能够做到心中有数。

虽然本章将各种游戏类型分开介绍，其实随着手机产业的不断发展，一些手机游戏类型之间的分类也越来越模糊，很多手机游戏中融合了不同游戏类型的风格。还有一些新的游戏类型在悄然出现，读者在实际开发中也需要注意这些问题。

总之，游戏类型的分类是一种习惯和约定俗成，不是 100%科学的，其实用性大于理论性。正如任何行业都有自己的行话一样，游戏类型及其各种古怪的缩写的主要作用是有利于业界人士之间以及业界和玩家之间的沟通。

第7章 游戏背后的数学与物理

本章将会对游戏中的数学和物理知识做一个简单介绍。在游戏开发中除了要对开发语言、设计模式等知识熟悉外，还必须对数学和物理方面的知识有所了解，因为决定一款游戏视觉效果和玩家体验的，恰恰是这些看似和编程毫不相关的理论知识。

7.1 编程中经常用到的数理知识

数学和物理知识对于程序开发人员尤其是游戏开发人员来说是不可或缺的，开发人员不需要做到精通，只需要掌握游戏开发中经常会遇到的数学和物理方面的知识即可，本节就来简单介绍一下在编程中经常用到的一些数学和物理方面的知识。

7.1.1 数学方面

造就一款优秀的游戏，仅仅依靠新奇的创意和缜密的业务逻辑还是不够的，数学知识在游戏编程中也起到了不容忽视的作用，本节就来简单列举一些游戏开发中经常用到的数学知识。

1. 坐标系

如果读者曾经写过简单的小游戏，对于坐标系这个概念肯定不会感到陌生。不论采用什么开发语言，通过写程序在屏幕上绘制图形都必须使用坐标，这些坐标代表所绘制元素在屏幕上的位置，其将会对应到屏幕的坐标系。

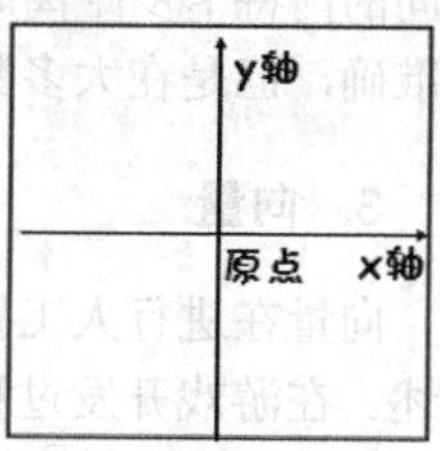

▲图 7–1 笛卡尔二维坐标系

这些坐标系有一个共同的名字：笛卡尔坐标系。在游戏编程中，常用到的笛卡尔坐标系统就是二维坐标系（如图 7-1 所示）和三维坐标系（如图 7-2 所示）。二维坐标系是两条交于一点的垂直数轴，而三维坐标系则在二维坐标系中增加了一条垂直于 x、y 轴所确定的平面且过原点的数轴 z。

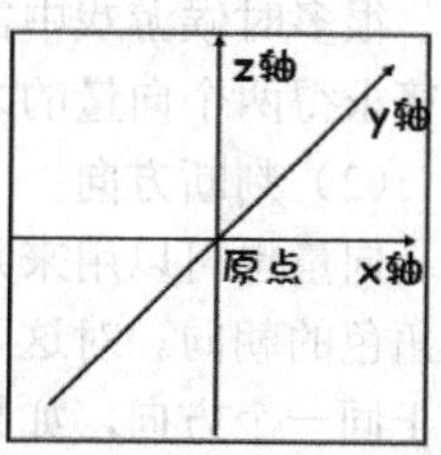

▲图 7–2 笛卡尔三维坐标系

笛卡尔二维坐标系确定了一个平面，如 2D 游戏中的游戏屏幕就是一个平面。当需要表达一个三维的立体空间时就需要采用笛卡尔三维坐标系了。二维坐标系中需要两个坐标值(x,y)来唯一确定平面上的一点，三维坐标系则需要 3 个坐标值(x,y,z)。

在一个游戏场景中，往往有一个绝对的坐标系系统，所有的元素都在其中有唯一的位置。这看似已经满足开发需要了，但是很多情况下绝对坐标系统使用起来并不方便。例如，如图 7-3 所示的一个游戏场景，方块代表玩家控制的角色，方块上的箭头指向代表人物朝向，三角形代表敌人。玩家需要检测在其前方有无敌人以及敌人的方位。

如果在检测前方敌人的算法中使用绝对坐标系，那么计算起来将会非常繁琐，这时候如果建立一个局部的坐标系，以玩家中心为原点，分别以玩家的朝向和过原点且垂直于朝向的向量为 y 轴和 x 轴，如图 7-4 所示。使用这个局部坐标系进行计算将会简化很多工作，而且这个局部坐标系可以和绝对坐标系进行变换。

使用局部坐标系可以在很多场合下简化计算，其与绝对坐标系之间的转换也比较简单，可以利用向量的知识来完成。

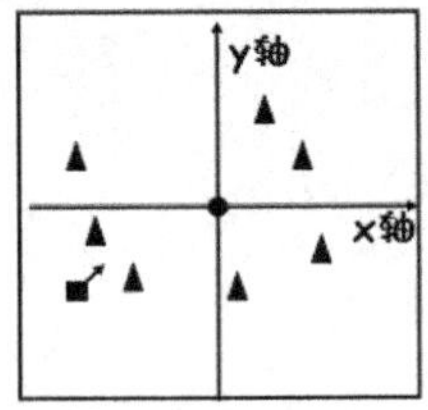

▲图 7-3 玩家需要侦测附近敌人的方位

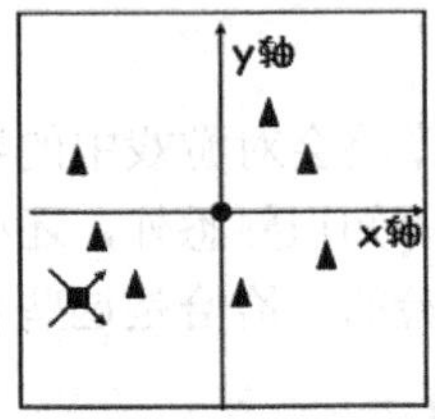

▲图 7-4 以玩家为原点建立局部坐标系

2. 距离的计算

在游戏编程中肯定少不了一种计算就是两个物体之间的距离，距离计算应用于很多诸如碰撞检测和搜索路径等场合。在距离计算中，比较常用的就是两点间坐标公式，即 $\sqrt{(x_1-x_2)^2+(y_1-y_2)^2}$，该公式由勾股定理推导而来，如图 7-5 所示。

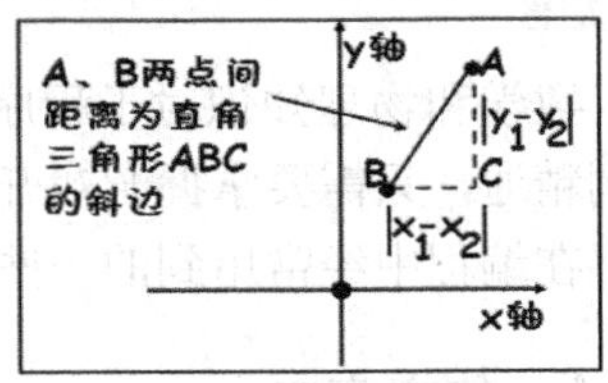

▲图 7-5 两点间距离公式计算图示

但是一般情况下，为了节省开销，通常编程计算到最后一步时不进行开方操作而是直接对平方值进行比较得出结果，这样简化了计算，在运算频度高的情况下对性能有一定的优化作用。有些时候距离计算的目的只是用于比较，这时候就可以使用更省力的办法，那就是门特卡罗距离。

门特卡罗距离不需要平方，如图 7-5 中所示计算 A、B 两点间的门特卡罗距离时只需要对直角三角形 ABC 的两个直角边求和即可。这种算法虽然并不是很准确，但是在大多数情况下这种算法还是可以很好地满足游戏编程要求的。

3. 向量

向量在进行人工智能的设计时经常会用到，向量的概念想必读者朋友们都很熟悉，这里不再赘述。在游戏开发过程中，用到向量的地方主要有以下几种情况。

（1）计算投影和夹角

很多时候游戏中需要的向量操作就是将向量投影到某个特定的平面上，或者对两个向量进行计算求得两个向量的之间的夹角。

（2）判断方向

向量也可以用来判断方向，如在游戏中也经常将两个向量相乘，这两个向量分别代表两个游戏角色的朝向。对这两个向量进行点乘，如果结果为正，则说明二者之间的夹角小于 90°，大致位于同一个方向，如果结果为负，说明两个游戏角色之间面朝不同的方向。

（3）参与复杂计算

向量的另外一个重要作用就是参与复杂的数学计算，在有些游戏编程中，需要进行大规模的矩阵运算，而向量在矩阵运算中所扮演的角色也是很重要的。

4. 设计游戏中的各种公式

往往一个具有一定规模的游戏都会需要设计游戏公式。例如，一款以古代战争为题材的策略游戏就需要设计很多的公式，这些公式包括军队战斗力计算公式、军队防御力计算公式、战斗胜负计算公式、玩家经验等属性增长公式等。

要想设计好这些游戏公式，除了对游戏的业务逻辑了解透彻之外，数学的功底如果不够扎实，那么设计出来的公式肯定会闹出笑话。

5. 其他数学公式

数学中（尤其是几何类数学）有着数不清的公式和定理，有些重要的公式是通过集中学习掌握的，也有一些有用的公式或定理主要靠自己平时的积累。如判断一个点是否在多边形内部可以采用射线法，即从待测点向任意方向发出一条射线，如果射线与多边形的交点为奇数，则该点在多边形内部，否则点在多边形的外部。

数学天才高斯曾说过："数学是科学的女王"，从本节介绍的内容也可以看出，数学知识的确在开发过程中必不可少。本节只是将一些常见的数学知识列举出来，希望各位读者多多注意积累和实践。

7.1.2 物理方面

在介绍了游戏中经常用到的数学知识后，本小节就来讲讲物理知识在游戏中的表现形式，之所以先介绍数学知识，就是因为数学是物理的基础，物理公式都是依赖数学实现的。

物理研究的是客观世界的各种规律，而游戏中不管题材如何，对于客观世界的模拟肯定不会少，而模拟客观世界的画面，就必须用到物理方面的知识。具体说来，游戏开发中主要运用的是物理学中与运动有关的内容。

（1）速度、加速度、位移

速度是表征物体运动快慢的物理量，其是有方向的，该方向代表物体的运动方向，而加速度则是表征速度变化快慢的物理量，其也是有方向的，代表物体速度是增加还是减少。速度与时间的乘积形成位移。这些知识想必读者朋友们都非常熟悉。

真正在游戏中运用的，还是那些物理公式，如计算位移的公式 $2aS = v_t^2 - v_o^2$ 和 $S = v_0 t + 1/2at^2$，计算加速度的公式 $a = F/m$ 和 $a = \Delta v/\Delta t$ 等。

（2）游戏中的物理运动

游戏中经常会出现的物理运动除了简单的匀速直线运动外，还有抛物运动，如平抛、上抛等。在现实世界中会采用重力加速度 g 来计算，在编程中由于各个物理量的单位不同等原因，重力加速度在数值上并不一定和 g 相等。

对于非直线类的运动的处理方式也很简单，采用笛卡尔坐标系，将运动分解到两个方向轴上，在计算位移时分别进行，最后求得的坐标自然是合成后的运动轨迹。

（3）"非物理"现象

虽然在游戏中应用物理知识会收到很好的效果，但是物理引擎过于模仿现实也并不总是好事，应该适当允许"非物理"现象的出现，"非物理"现象指的是那些游戏中明显违背常理的运动方式。

例如，让玩家控制的角色在下落的时候可以在空中改变方向水平移动，或者是允许玩家在跳跃的时候在最高点二次起跳等。这些现象显然已经违反了物理学的定理，但是加入到游戏中却会收到更好的效果，这点读者需要注意。

7.2 碰撞检测技术

上一节介绍了游戏开发中常用的一些数学、物理的简单知识，本节将进一步介绍游戏开发中常用的一些碰撞检测技术。碰撞检测对于大部分游戏而言必不可少，如玩家是否捡到了地图中的宝物、怪物发射的子弹是否击中了玩家等这些功能都需要使用碰撞检测。

碰撞检测技术的实现是基于数学和物理方面的知识来进行计算和判断的。实际在游戏开发中，不同的场合有不同的碰撞检测方式，本节将主要讲解碰撞检测在游戏中的使用方式以及使用碰撞检测时的基本原则，最后会具体地介绍几种常用的碰撞检测技术。

> **提示**　本节介绍的碰撞检测技术主要是用于没有采用独立物理引擎（如后面的章节中要介绍的 JBox2D 物理引擎）的游戏中。对于采用独立物理引擎的游戏，游戏过程中的碰撞检测一般直接由物理引擎完成计算。

7.2.1　碰撞检测技术基础

一般情况下，碰撞检测只会发生在游戏中实体对象的位置发生了变化之后，如怪物走动、炮弹沿轨道移动、玩家跳起等。不同的碰撞检测其目的也不尽相同，如怪物走动后检测是否遇到玩家，炮弹移动后检测是否打中目标等。

对于移动之后进行碰撞检测的场合，程序中通常按照以下的流程来应用碰撞检测：

（1）更新实体对象的位置；

（2）进行碰撞检测；

（3）如果碰到了，进行相应处理。

> **说明**　上述流程是针对单个实体对象来说的，即每个实体在自己位置更新了之后就进行碰撞检测。还有一种方法是在一类实体的位置全部更新完毕之后，再逐个进行碰撞检测。如将屏幕中所有炮弹全部移动位置，然后判断每个炮弹是否碰到目标，这种方法并不能适用于所有场合。

上述流程中的第三步是对碰撞检测进行处理，最简单的一种处理就是让实体对象后退回到原来的位置，除去这种简单的情况，通常碰撞检测环节和处理碰撞环节是结合在一起的。实现碰撞检测所涉及的内容主要有如下 3 个方面。

（1）确定检测对象

游戏在运行中会产生很多实体对象，在进行碰撞检测时并不需要对所有的实体对象都检测一遍，如玩家没必要检测是否和自己发出的子弹碰撞，静止的宝箱也没必要检测是否和另外的宝箱碰撞。所以在开始碰撞检测之前，首先要确定检测的对象是什么。

（2）检测是否碰撞

这是碰撞检测的核心环节，在这个环节需要综合考虑游戏本身需求和运行平台的性能问题，合理地选择碰撞检测的算法。

（3）处理碰撞

当检测到有碰撞发生时，就需要根据碰撞的类型进行相应的处理，如炮弹在碰到目标后会爆炸并给目标造成伤害。

考虑到游戏的最佳用户体验问题，通常在开发游戏的碰撞检测模块时需要遵循以下几个原则。

（1）尽量避免碰撞检测，如果无法避免就尽量减少检测的次数。由于进行碰撞检测基本上都会进行一些数学计算，所以应该尽量少用，减少检测的机会。

（2）采用不影响游戏性能的算法尽快检测。对于碰撞检测来说，精确和速度就像是算法设计中的空间复杂度和时间复杂度，二者很难达到两全。所以在游戏开发时要多做衡量，选择一种对于精确程度和执行速度来说都比较适中的算法。

（3）碰撞处理要柔和，不要让玩家感到不适应。碰撞检测的处理不能过于生硬，如物体从地面抛向远处，在飞行的时候如果检测到与地面发生了碰撞，不应该立刻让其停止运动，而是就着惯性向前滑动一段距离。

> **提示** 对于以上所介绍的碰撞检测时需要遵循的原则，在随后的小节中将会在需要的位置具体地讲解。

7.2.2 游戏中实体对象之间的碰撞检测

具体来讲，碰撞检测主要分为游戏实体对象（如玩家控制的英雄、怪物、发射的炮弹等）之间的碰撞检测以及游戏实体对象与环境（如游戏场景中的墙、台阶、树等）之间的碰撞检测。本小节将介绍有关游戏中实体对象间碰撞检测的技术。

游戏中实体对象与环境之间的碰撞检测无法偷工减料（否则将会出现怪物穿墙而过的奇怪现象），但是实体间的碰撞检测可以稍加优化。所以在研究实体间碰撞的算法前，需要考虑如何减少待检测实体的个数，一般有如下几种可考虑的方案。

（1）静止的实体不负责碰撞检测

如游戏中静止的宝箱不应该定时检测玩家控制的英雄有没有与自己发生碰撞，这项工作应该交给二者中进行移动的一方即玩家自己来负责。

（2）只进行单向碰撞检测

如射击游戏中，不应该出现这样的检测算法：敌人射出的子弹会在移动中检测是否遇到了玩家控制的英雄，而玩家控制的英雄在移动中也会检测是否有子弹打中了自己。这种算法首先是多此一举，降低游戏的性能；其次还会出现玩家被一颗子弹打中，受到双倍伤害（进行了两次碰撞处理）的奇怪现象。

一般来说，碰撞检测应该由两个实体对象中主动的一方来进行。如对于子弹和英雄，是子弹击中英雄而不是英雄迎接子弹，所以应该由子弹负责二者的碰撞检测，而不是“被碰撞”的英雄。

（3）距离远的实体对象不进行碰撞检测

在游戏中，如果某两个实体之间的距离太远，在检测碰撞时会将较远的实体忽略，这样会对游戏的执行速度提高不少，实现这种策略主要有如下两种方式。

（1）划分网格法。

将游戏地图划分为若干个格子，每个实体隶属于一个格子单元（如果有横跨多个格子的实体，其隶属格子也只能有一个，如中心点所在的格子）。这样进行碰撞检测时，实体对象只需要检测隶属格子及相邻格子中的实体对象是否与自己发生碰撞即可，如图 7-6 所示。

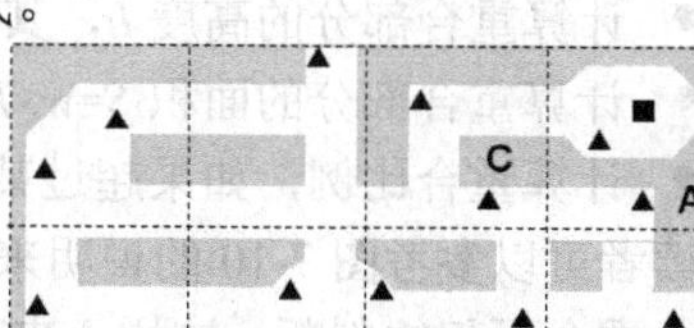

▲图 7-6 采用划分网格法对游戏地图进行划分

在图 7-6 中所示的游戏地图中，方块代表需要进行碰撞检测的实体，三角形代表被检测的实体，采用网格划分法对游戏地图进行划分后。方块所在的格子为 A，与其相邻的格子为 B 和 C，那么方块在进行碰撞检测的时候只需要与格子 A、B 和 C 中的三角进行碰撞检测即可。

（2）实体排序法。

这种方法的实现途径首先是保持被检测实体是有序的，如按照实体某个方向轴的坐标大小排列，这样在对实体序列中某一个实体进行碰撞检测时，只需要检测与该实体在实体序列中相邻的实体即可。不过这种方式需要消耗一定的性能来维护实体的有序性。

在尽可能减少了碰撞检测的次数后，下面将会讲解必须要进行碰撞检测时通常采用的检测算法，主要有矩（圆柱）形检测和圆（球）形检测两种。

（1）矩（圆柱）形检测

这种检测算法是给实体外层套上矩形（二维游戏中采用）或圆柱形（三维游戏中采用），下面以二维游戏为例说明矩形检测的用法。首先为实体套上一个外接矩形框，如图 7-7 所示，在进行实体间碰撞检测时，只需要检测两个实体的外接矩形是否发生了碰撞，如图 7-8 所示。

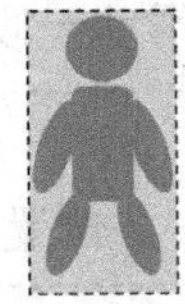

▲图 7-7　为实体套上矩形框

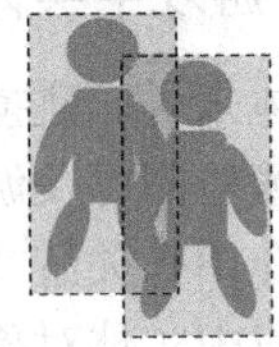

▲图 7-8　对实体进行矩形检测

具体检测的算法可描述为如下。

- 取两个实体的左上角坐标(x_1,y_1)和(x_2,y_2)及实体宽度 w 和高度 h。
- 声明 4 个变量 max$X$、min$X$、max$Y$ 和 min$Y$，并将其分别赋值为两实体中 x 坐标的较大值、x 坐标较小值、y 坐标较大值和 y 坐标较小值。
- 判断是否 $\max X<\min X+w$，且 $\max Y<\min Y+h$。如果满足这两个条件，则说明两个实体发生了碰撞，进行碰撞处理。

上述算法实现比较简单，但是前提条件是进行检测的两个实体的宽度和高度必须相同，有一些游戏中并不满足这个前提条件。那么就应该在上述第二个步骤中多记录几个变量 maxWidth、minWidth、maxHeight 和 minHeight。或者应该采用下面的第二种算法。

- 取两个实体的左上角坐标(x_1,y_1)和(x_2,y_2)以及二者的宽度 w_1、w_2 和高度 h_1、h_2。
- 判断是否 $x_1<x_2+w_2$，且 $x_2<x_1+w_1$，且 $y_1<y_2+h_2$，且 $y_2<y_1+h_1$。如果满足这 4 个条件，则说明两个实体发生了碰撞，进行碰撞处理。

对于二维游戏中的矩形检测，又可以称为边界检测，这种检测在大多数情况能够很好地满足游戏的需要。但是有些情况下两个实体的边界发生碰撞后，实体并没有发生碰撞，如图 7-12 所示。

解决图 7-9 出现的误差问题的一个办法就是，在发生碰撞后计算重合面积，即当检测到实体的矩形框碰撞时，计算两个矩形框的重合面积，只有重合比例（即重合部分面积占整个矩形框面积的百分比）达到一定数值时才认定两个实体发生了碰撞。以上面介绍的第一种矩形框碰撞检测算法为例，检测到矩形框碰撞后重合面积的计算可以按照如下的步骤来进行。

- 计算重合部分的宽度 w，其值为 min$X$+w–max$X$。
- 计算重合部分的高度 h，其值为 min$Y$+h–max$Y$。
- 计算重合部分的面积 $S=w\times h$。
- 计算重合比例，如果超过某个值，则说明两个实体之间发生了碰撞，进行碰撞处理。

读者可以参考图 7-10 的说明来理解上述的算法步骤中公式的含义。在矩形框碰撞检测的基础上加入重合面积的判断，这样一来碰撞检测就会比较真实可靠，本书后面要讲解的游戏案例中有一部分正是采用这种算法。

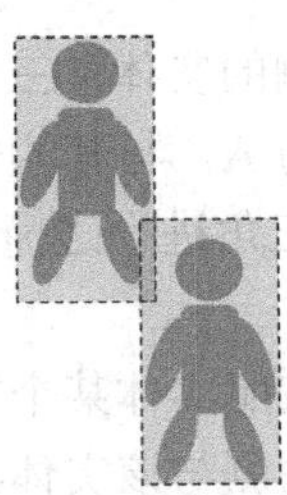

▲图 7-9　矩形碰撞产生的误差

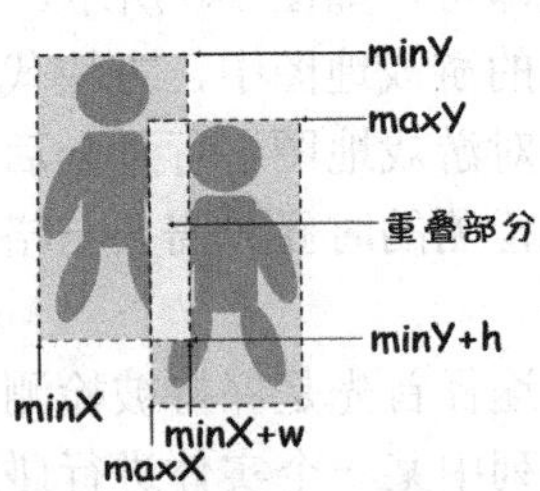

▲图 7-10　计算重合面积示意图

（2）圆（球）形检测

另外一种碰撞检测的算法是给实体对象套上圆形（二维游戏中采用）或球形（三维游戏中采用）的边框，下面以二维游戏为例说明圆形检测的用法。圆形检测就是在需要进行检测的实体上套上一个外接圆，如图 7-11 所示。

进行碰撞检测时，只需要对相关实体的圆形框进行检测，如果两个圆相交，则这两个实体就发生了碰撞，如图 7-12 所示。圆形检测的碰撞检测算法可描述为如下。

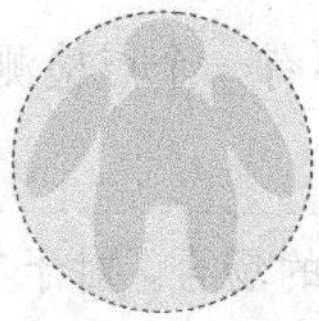

▲图 7–11　为实体外层套上圆框

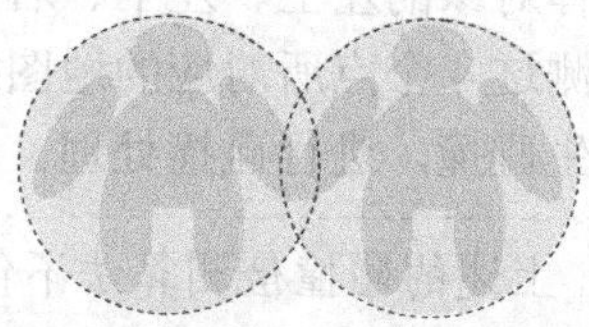

▲图 7–12　对实体间进行圆形检测

- 取两个实体的中心点坐标(x_1,y_1)和(x_2,y_2)。
- 取两个实体的半径，求其和为 R。
- 计算两个实体中心点间的距离 D，使用$\sqrt{(x_1-x_2)^2+(y_1-y_2)^2}$ 公式。
- 将 D 与 R 对比，如果 D 小于 R，则二者发生了碰撞，进行碰撞处理。

在实际开发中，为了提高性能，往往比较 D 和 R 的平方，这样免去了开方的计算。圆形检测实现起来比较简单，速度也够快，但是不够准确。例如，有一类如图 7-13 所示形状特殊的实体，当对这些实体进行碰撞检测时会出现如图 7-14 的误差。

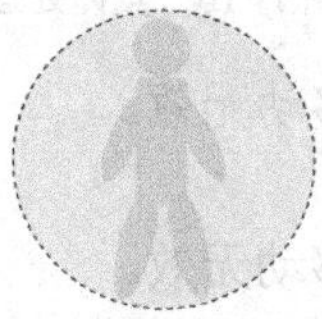

▲图 7–13　为特殊实体外层套上圆框

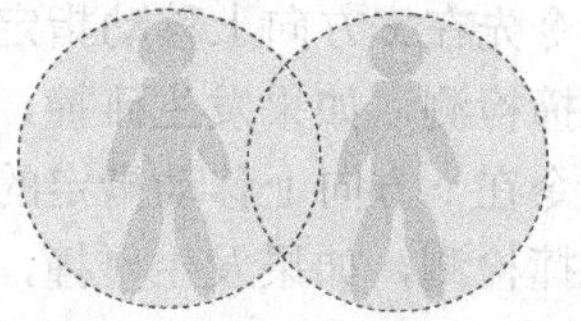

▲图 7–14　使用圆形检测出现的误差

在图 7-14 中，两个实体的圆框已经碰上，但是实体之间并没有发生碰撞，这样就产生了误差。这种误差可能会带给玩家比较糟糕的体验，如游戏中玩家还没有碰到怪物可能就已经受到伤害了。解决这种误差带来的问题，可以在使用圆形检测到碰撞后进行更深入、全面的碰撞检测。

7.2.3　游戏实体对象与环境之间的碰撞检测

前面的小节介绍了游戏中常见的实体对象之间的碰撞检测技术，游戏中的实体对象不但要检测是否与其他实体对象发生碰撞，还需要检测是否与游戏环境发生碰撞。本小节简单介绍一些常用的游戏实体与环境的碰撞检测技术。

很多时候游戏的地图都是由图元（Tile）组成，而游戏中的实体对象与环境的检测即是与所遇到的地图中的图元进行判断。一般的做法是为实体对象设定一个定位点（如定位点在实体中心位置），在与地图进行碰撞检测时，先计算并获得定位点所在的位置对应地图中的那个格子，然后判断该格子是否属于不可通过的图元对象，如果是，则发生碰撞，进行碰撞处理。

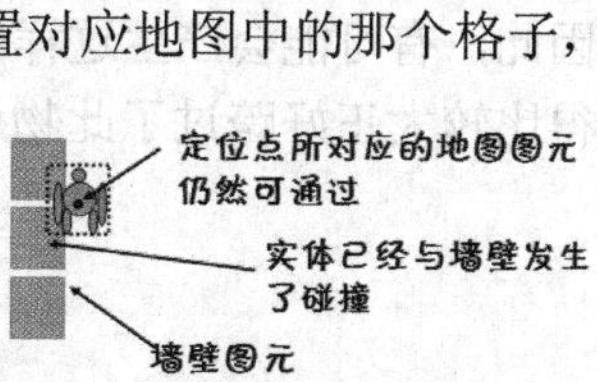

▲图 7–15　采用定位点的方式产生的误差

这种算法有一个缺点，就是碰撞检测的可靠程度完全取决于定位点的选取，例如，将定位点选在实体的中心位置，那么可能会出现如图 7-15 所示的情况。实体明明都已经陷入到墙里面了，但是由于定位点隶属的地图图元仍然还是可通过的，碰撞检测的结果将会是没有发生碰撞。

如果将实体对象的定位点设置为左上角，则其在判断左上方向上的墙壁时会比较灵敏，而在其他方向上就变得不可靠了。因此，这种碰撞检测方式不适合所有的场合，如果希望实体与环境之间的碰撞检测足够真实，就得采用如下的解决方案了。

（1）移动实体对象的位置。

（2）求出实体对象的左上、左下、右下、右上 4 个角的坐标。

（3）分别检测这 4 个点所对应的地图图元是否可以通过。只要有一个点检测到了不可通过的地图图元，则发生碰撞，进行碰撞处理。

> **说明**　上述的碰撞检测算法不仅适合于地图由图元构成的场合，对于其他场合也是适用的。有些情况下是不必对 4 个角上的点都进行检测的（如向左上运动），所以该算法还可以进行优化。

一般情况下，实体对象与环境发生碰撞之后，实体对象的处理方式通常是退回到移动前的位置，这种算法并不十分完美。如实体对象当前的位置靠在墙边，运动方向为向左下方运动，那么其在移动单位距离时必然会与墙壁发生碰撞，如图 7-16 所示。

这时如果让实体退回到移动前的位置就显得太不合逻辑了，正确的处理方式是让实体沿着墙壁向下移动一段距离。要想实现这种处理方式，在碰撞检测时就必须将 x、y 方向的判断单独进行。其检测步骤如下所示。

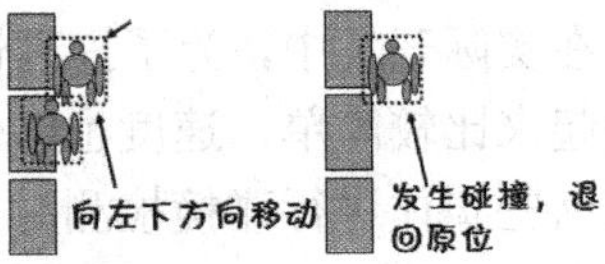

▲图 7-16　实体处理碰撞时产生的误差

（1）根据指令先在 x 方向上移动指定的距离。

（2）进行碰撞检测，如果发生碰撞，退回原位，x 方向上的移动无效。

（3）根据指令在 y 方向上移动指定的距离。

（4）进行碰撞检测，如果发生碰撞，退回原位，y 方向上的移动无效。

采用上述算法来处理图 7-16 中的情况，实体在检测到 x 方向上无法向左移动后，并不影响其在 y 方向上的移动，实体会沿着墙壁向下滑动，而不是留在原位。对于实体不紧靠墙壁但是仍然会在一个单位移动距离内与墙壁发生碰撞的情况，其处理方式与实体紧靠墙壁时比较类似，只是需要对 x 方向上的位置进行修正使其在本次移动过程结束后 x 方向上紧靠墙壁。

7.2.4　穿透效应问题

前面介绍的碰撞检测技术都是基于离散的位置进行计算的，若速度等参数设置不合理时就可能会产生穿透效应，本小节将对这方面的内容进行简单介绍。

现实世界中是不可能出现像神话故事“茅山道士”里的穿墙术，但在虚拟的游戏世界中若计算参数设置不合理，则可能会产生被称之为“穿透效应”的不合理效应。产生该效应的根本原因是，虽然应用程序运行时物体看起来是连续的，但实际上貌似连续的过程是由一系列离散的位置组成的。

因此，有可能会产生这样的情况，两次离散位置之间有需要进行碰撞检测的物体，由于步进设置得比较大正好跨过了此物体，如图 7-17 所示。

▲图 7-17　穿透效应的成因

因此，在开发中要特别注意与步进相关的一些参数的设置，如速度、每一步的时间等，只要设置合理就不会产生穿透效应，如图 7-18 所示。

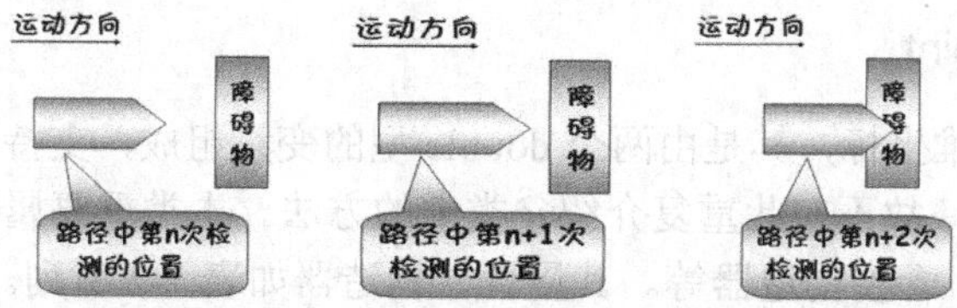

▲图 7-18　步进变小后不再有穿透效应

7.3 必知必会的计算几何

上一节介绍了游戏开发中常用的碰撞检测技术，本节将向读者介绍游戏开发中经常可能涉及的计算几何相关技术，最近比较热门的休闲游戏快刀切木等就使用了计算几何。

由于计算几何本身的数学知识相对学习周期较长，理解掌握起来较难，因此本节并不直接介绍与计算几何相关的数学知识及算法，而是向读者介绍一个可以方便地用于游戏开发的计算几何开源库——GeoLib。

提示　由于本书主要是介绍使用 Android SDK 进行游戏开发，因此本节介绍的是 GeoLib 的 Java 版本。期望使用 C++版本的读者不用担心，GeoLib 也有 C++实现，感兴趣的读者可自行下载，网址为 http://www.geolib.co.uk/downloads.html。

7.3.1 GeoLib 库中常用基础类的介绍

俗话说得好——基础不牢，地动山摇。在学习新技术时，首先要学习的就是该技术的一些基本知识，这对于顺利使用相关技术有非常重要的作用。因此本小节将首先向读者介绍一些 GeoLib 库中常用的基础类，主要内容如下。

说明　由于 GeoLib 库中的类非常多，故本节中仅仅能列出作者觉得重要的一些。如果读者想进一步了解其他的类可以去查看 GeoLib 库中的源代码，作者自己通过阅读源代码就学到了很多有用的知识。

1. 基础父类——C2DBase

C2DBase 类是 GeoLib 库中点、线、向量等所有类的父类。此类为抽象类，其方法均为抽象方法，且均在非抽象子类中实现。在此介绍本类中的方法之后，相同的方法便不在其子类中重复介绍，所以请读者务必认真学习，其方法如表 7-1 所列。

表 7-1　C2DBase 类的方法

方 法 签 名	含　义
public abstract void Move(C2DVector Vector)	根据给定的向量移动 C2DBase 子类对象，vector 参数为指定的向量
public abstract void RotateToRight(double dAng, C2DPoint Origin)	C2DBase 子类对象绕指定点逆时针旋转指定角度，dAng 参数表示旋转角，单位为弧度。Origin 参数为指定点
public abstract void Grow(double dFactor, C2DPoint Origin)	绕指定点将 C2DBase 子类对象大小变为原来的 dFactor 倍，dFactor 参数表示变化的倍数，Origin 参数为指定点
public abstract void Reflect(C2DPoint Point)	将 C2DBase 子类对象关于指定点对称，Point 参数为指定点
public abstract void Reflect(C2DLine Line)	将 C2DBase 子类对象关于指定线对称，Line 参数为指定线
public abstract double Distance(C2DPoint Point)	获取 C2DBase 子类对象到指定点的最短距离，返回值为计算出的最短距离。Point 参数为指定点
public abstract void GetBoundingRect (C2DRect Rect)	获取 C2DBase 子类对象的包围边框。Rect 参数为 C2DRect 类对象，表示获取的矩形边框

2. 点类——C2DPoint

C2DPoint 类表示二维坐标，其是由两个 double 型的变量组成，支持+=、–=、×=和/=操作符。本类继承自 C2DBase 类，故不在此重复介绍父类中的方法。本类重要属性包括 *x* 坐标和 *y* 坐标，构造器含有无参构造器、含参构造器等。其属性、构造器如表 7-2 所列。

表 7-2　　　　　　　　　　C2DPoint 类的属性、构造器

属性或构造器	含　义	类　型
double x	表示点在坐标系中的 x 坐标值	属性
double y	表示点在坐标系中的 y 坐标值	属性
public C2DPoint ()	创建 C2DPoint 类对象	构造器
public C2DPoint(C2DPoint Other)	创建 C2DPoint 类对象。Other 参数表示另一个 C2DPoint 类对象	构造器
public C2DPoint(C2DVector Vector)	创建 C2DPoint 类对象。Vector 参数表示向量对象	构造器
public C2DPoint(double dx,double dy)	创建 C2DPoint 类对象，dx（dy）参数为 C2DPoint 类对象的 x（y）值	构造器

上面介绍了 C2DPoint 类的属性以及构造器，下面将向读者介绍本类的常用方法，如获取两点之间距离的方法、测试两个点是否是同一个点的方法、将点移动的方法以及将一个点绕着某一点旋转的方法等，其具体方法如表 7-3 所列。

表 7-3　　　　　　　　　　C2DPoint 类的常用方法

方 法 签 名	含　义
public void Set (double dx, double dy)	设置 x、y 值，dx（dy）参数为 C2DPoint 类对象的 x（y）值
public void Set(C2DPoint pt)	设置 C2DPoint 类对象，参数 pt 表示另一个 C2DPoint 类对象
public C2DPoint GetMidPoint(C2DPoint Other)	计算两个点的中点，返回值为计算出的两点的中点。Other 参数表示另一个 C2DPoint 类对象
public C2DVector MakeVector(C2DPoint PointTo)	计算两点之间的向量，返回值为计算出的两点之间的向量，PointTo 参数表示另一个 C2DPoint 类对象
public C2DPoint GetPointTo(C2DVector V1)	获取点与向量运算之后的点，返回值为 C2DPoint 类对象，V1 参数表示与 C2DPoint 类对象进行运算的向量
public static C2DPoint Add(C2DPoint P1, C2DPoint P2)	计算两点相加之后的点，返回值为 C2DPoint 类对象，P1 参数表示第一个点，P2 参数表示第二个点
public static C2DPoint Minus(C2DPoint P1, C2DPoint P2)	计算两点相减之后的点，返回值为 C2DPoint 类对象，P1 参数表示第一个点，P2 参数表示第二个点
public void Multiply(double dFactor)	点对象的 x、y 坐标均乘以 dFactor，dFactor 参数表示 x、y 值变化的倍数
public void Divide(double dFactor)	点对象的 x、y 坐标均除以 dFactor，dFactor 参数表示除数
public boolean PointEqualTo(C2DPoint Other)	判断两个点是否相同，如果相同返回 true，否则返回 false。Other 参数表示另一个 C2DPoint 类对象
public void ReflectY()	将点的 x 坐标关于 y 轴对称
public void ReflectX()	将点的 y 坐标关于 x 轴对称

3. 向量类——C2DVector

前面介绍了 C2DPoint 类中的构造器以及方法，接下来将为读者介绍 C2DPoint 类中提到的向量 C2DVector 类。本类表示二维向量或者二维笛卡尔坐标，其是由两个 double 类型的数组成，支持+=、–=和×=等操作符。该类的构造器与属性如表 7-4 所列。

表 7-4　　　　C2DVector 类的属性、构造器

属性或构造器	含　义	类　型
public double i	表示 x 方向分量	属性
public double j	表示 y 方向分量	属性
public C2DVector()	创建 C2DVector 类对象	构造器
public C2DVector(double di, double dj)	创建 C2DVector 类对象。di 参数被赋值给 i，dj 参数被赋值给 j	构造器
public C2DVector(C2DVector Other)	创建 C2DVector 类对象。Other 参数表示另一个 C2DVector 类对象	构造器
public C2DVector(C2DPoint PointFrom, C2DPoint PointTo)	创建 C2DVector 类对象。PointFrom 参数表示向量起点，PointTo 参数表示向量终点	构造器
public C2DVector(C2DPoint Point)	创建 C2DVector 类对象。Point 参数被赋值给向量对象	构造器

上面介绍了 C2DVector 类的属性和五个构造器，接下来将为读者继续介绍本类常用的方法，如旋转向量、获取向量长度以及向量的加减运算等方法，该类的常用方法如表 7-5 所列。

表 7-5　　　　C2DVector 类的常用方法

方 法 签 名	含　义
public void Set(C2DVector Other)	设置向量，Other 参数表示另一个 C2DVector 类对象，被赋值给当前向量
public void Reverse()	逆转方向向量，即 i=–i，j=–j
public void TurnRight()	将向量顺时针旋转 90°
public void TurnRight(double dAng)	将向量顺时针旋转指定角度，dAng 参数表示旋转角，单位为弧度
public void TurnLeft()	将向量逆时针旋转 90°
public void TurnLeft(double dAng)	将向量逆时针旋转指定角度，dAng 参数表示旋转角，单位为弧度
public double GetLength()	获取向量长度，返回值为向量长度
public void SetLength(double dDistance)	设置向量长度。dDistance 参数表示指定长度
public void MakeUnit()	向量单位化
public static C2DVector Add(C2DVector V1, C2DVector V2)	将两个向量进行加法运算，返回值为和向量，V1 参数表示第一个向量，V2 参数表示第二个向量
public static C2DVector Minus(C2DVector V1, C2DVector V2)	将两个向量进行减法运算，返回值为差向量，V1 参数表示第一个向量，V2 参数表示第二个向量
public void Multiply(double dFactor)	向量与数值进行乘法运算，dFactor 参数表示被乘的数值
public double Dot(C2DVector Other)	向量的点乘，即当前 C2DVector 类对象与指定向量点乘。Other 参数表示指定向量
public boolean VectorEqualTo(C2DVector Other)	判断两个向量是否相等，如果相等，则返回 true，否则返回 false。Other 参数表示另一个 C2DVector 类对象
public double AngleFromNorth()	获取向量角，返回值为弧度。竖直向上为 0 度，顺时针方向为正

4. 各种线型的父类——C2DLineBase

GeoLib 库中除了点类之外，还有直线、弧等线型类。在此首先为读者介绍直线、弧等线型类的父类 C2DLineBase，本类为抽象类，其方法均为抽象方法，并且其方法均在其子类中具体实现。该类中的方法主要有判断线型子类对象与点，线是否相交等，具体方法如表 7-6 所列。

表 7-6　　C2DLineBase 类的方法

方法签名	含　义
public abstract boolean Crosses(C2DLineBase Other, ArrayList<C2DPoint> IntersectionPts)	判断当前 C2DLineBase 子类对象与另一个 C2DLineBase 子类对象是否相交。如果相交，则返回 true，并将交点存入 IntersectionPts 对象中；否则返回 false。Other 参数表示另一个 C2DLineBase 子类对象，IntersectionPts 参数为 ArrayList<C2DPoint>对象，用于存储两个 C2DLineBase 子类对象的交点
public abstract boolean Crosses(C2DLineBase Other)	判断当前 C2DLineBase 子类对象与另一个 C2DLineBase 子类对象是否相交。如果相交，则返回 true，否则返回 false。Other 参数表示另一个 C2DLineBase 子类对象
public abstract double Distance(C2DPoint TestPoint, C2DPoint ptOnThis)	计算 C2DLineBase 子类对象与指定点之间的最短距离，返回值为计算的最短距离。TestPoint 参数为指定点，ptOnThis 参数为输出值，表示 C2DLineBase 子类对象上到指定点最近的点
public abstract double Distance(C2DLineBase Other, C2DPoint ptOnThis, C2DPoint ptOnOther)	计算 C2DLineBase 子类对象与另一个 C2DLineBase 子类对象之间的最短距离，返回值为计算的最短距离。Other 参数为另一个 C2DLineBase 子类对象，ptOnThis 参数表示当前 C2DLineBase 子类对象上的点，ptOnOther 参数为 Other 上的点，此两点均为输出值，表示两点之间的距离最短
public abstract C2DPoint GetPointFrom()	获取 C2DLineBase 子类对象的起点，返回值为 C2DPoint 类对象
public abstract C2DPoint GetPointTo()	获取 C2DLineBase 子类对象的终点，返回值为 C2DPoint 类对象
public abstract double GetLength()	获取 C2DLineBase 子类对象的长度，返回值为获取的长度
public abstract void ReverseDirection()	反转方向线，即将原来的起点作为终点，原来的终点作为起点
public abstract void GetSubLines(ArrayList <C2DPoint> PtsOnLine, ArrayList<C2DLineBase> LineSet)	根据 PtsOnLine 获取其子线，PtsOnLine 参数为输入值，表示线的点集合，LineSet 参数为输出值，表示子线的集合
public abstract C2DLineBase CreateCopy()	创建 C2DLineBase 子类对象的副本，返回值为 C2DLineBase 子类对象

5. 线段类——C2DLine

前面介绍了父类 C2DLineBase，下面将介绍其子类 C2DLine。本类含有含参构造器、无参构造器和常用方法等，父类中提到的方法将不再其子类中继续介绍，需要的读者可认真查看 C2DLineBase 类中的相关方法。C2DLine 类构造器和常用方法如表 7-7 所列。

表 7-7　　C2DLine 类的构造器和常用方法

构造器或方法签名	含　义	类　型
public C2DLine()	创建 C2DLine 类对象	构造器
public C2DLine(double dPt1x, double dPt1y, double dPt2x, double dPt2y)	创建 C2DLine 类对象，dPt1x 参数表示线段起点的 x 值，dPt1y 参数表示线段起点的 y 值，dPt2x 参数表示线段终点的 x 值，dPt2y 参数表示线段终点的 y 值	构造器
public C2DLine(C2DPoint PointFrom, C2DVector VectorTo)	创建 C2DLine 类对象，PointFrom 参数表示线段的起点，VectorTo 参数表示线段终点的矢量	构造器
public C2DLine(C2DPoint PointFrom, C2DPoint PointTo)	创建 C2DLine 类对象，PointFrom 参数表示线段的起点，PointTo 参数表示线段终点	构造器
public C2DLine(C2DLine Other)	创建 C2DLine 类对象，Other 参数表示另一个 C2DLine 对象	构造器
public void Set(C2DLine Other)	设置线段，Other 参数表示另一个 C2DLine 对象	方法
public void Set(C2DPoint PointFrom, C2DPoint PointTo)	设置线段的起点和终点，PointFrom 参数表示线段的起点，PointTo 参数表示线段的终点	方法

续表

构造器或方法签名	含　义	类　型
public void Set(C2DPoint PointFrom, C2DVector VectorTo)	设置线段的起点和终点，PointFrom 参数表示线段的起点，VectorTo 参数表示线段终点的矢量	方法
public void SetPointTo(C2DPoint PointTo)	将线段的终点设置为 PointTo，PointTo 参数表示 C2DPoint 类对象	方法
public void SetPointFrom(C2DPoint PointFrom)	将线段的起点设置为 PointFrom，PointFrom 参数表示 C2DPoint 类对象	方法
public boolean IsOnRight(C2DPoint OtherPoint)	判断 OtherPoint 点是否在线段的右侧，如果是，返回 true；否则返回 false。OtherPoint 参数表示测试点	方法

C2DLine 类中除了前面提到的几种常见构造器和常用方法之外，还有诸多方法，如设置线段长度、计算两条线之间距离、移动线段及获取线段的点等，这对于设置 C2DLine 类对象的姿态、获取其状态等起着重要作用，其主要方法如表 7-8 所列。

表 7-8　　C2DLine 类的常用方法

方 法 签 名	含　义
public double DistanceAsRay(C2DPoint TestPoint)	假设当前 C2DLine 类对象为射线，计算线与指定点之间的最短距离。返回值为计算出的线与点之间的最短距离，TestPoint 参数为指定点
public double DistanceAsRay(C2DPoint TestPoint, C2DPoint ptOnThis)	假设当前 C2DLine 类对象为射线，计算线与指定点之间的最短距离。返回为计算出的线与指定点之间的最短距离，TestPoint 参数为指定点，ptOnThis 参数为输出值，表示计算出最短距离时所对应线上的点
public double Distance(C2DPoint TestPoint)	计算线与点之间的最短距离，返回值为计算出的最短距离。TestPoint 参数表示指定点
public void SetLength (double dLength)	将线段长度设置为 dLength，此时线段的起点位置不变，dLength 参数为 double 型
public C2DPoint GetMidPoint()	获取线段的中点，返回值为 C2DPoint 对象
public double GetY(double dx)	假设线无限长，根据 dx 获取对应的 y 值，返回值为获取的 y 值，dx 参数为 double 型
public C2DPoint GetPointFrom()	获取线段的起点，返回值为 C2DPoint 类对象
public void Move(C2DVector vector)	根据给定的向量移动线段，vector 参数为指定的向量
public void Grow(double dFactor, C2DPoint Origin)	以 Origin 为固定点，线段长度变为原来的 dFactor 倍，dFactor 参数表示变化的倍数，Origin 参数表示固定点
public void GrowFromCentre(double dFactor)	表示线段从中心开始变化，dFactor 参数表示变化的倍数

该类除了表 7-8 中所列的常用方法外，还有其他诸多方法。这些方法对于判断线与线是否相交、设置线段旋转以及获取最小包围边框等有着很大的帮助，其中主要的方法如表 7-9 所列。

表 7-9　　C2DLine 类的其他方法

方 法 签 名	含　义
public boolean WouldCross(C2DLine Other)	判断当前线段与一条无限长的线是否会相交，如果是，则返回 tre；否则返回 false。Other 参数表示 C2DLine 类对象
public boolean Crosses(C2DLine Other, ArrayList<C2DPoint> IntersectionPts , boolean bOnThis, boolean bOnOther, boolean bAddPtIfFalse)	判断两条线段是否相交，如果相交，则返回 true；否则返回 false。Other 参数表示另一条线段，IntersectionPts 参数表示 ArrayList 对象，用于存储交点，bOnThis 参数为输出值，如果交集会在当前线上，则 bOnThis 为 true，否则为 false。bOnOther 参数为输出值，如果交集会在另一条线段上，则 bOnOther 为 true，否则为 false。bAddPtIfFalse 参数为输入值，用于表示当两条直线不平行时是否添加交点

续表

方法签名	含义
public boolean CrossesRay(C2DLine Ray, ArrayList<C2DPoint> IntersectPts)	判断当前线段是否与 Ray 相交，如果相交，则返回 true，并将交点存入 IntersectPts 中；否则返回 false。Ray 参数为射线，IntersectPts 参数为 ArrayList<C2DPoint>对象，用于存储交点
public void GetBoundingRect(C2DRect Rect)	获取边界矩形。Rect 参数为输出值，表示边界矩形
public void RotateToRight(double dAng, C2DPoint Origin)	线段绕指定点逆时针旋转指定角度，dAng 参数表示旋转角，单位为弧度。Origin 参数表示指定点
public void Reflect(C2DPoint Point)	将线段关于指定点对称，Point 参数表示指定点
public void Reflect(C2DLine Line)	将线段关于指定线对称，Line 参数表示指定线

6. 圆弧类——C2DArc

前面详细地介绍了 C2DLineBase 类的子类 C2DLine，接下来将继续介绍 C2DLineBase 类的另一个子类 C2DArc。C2DArc 类可用于设置圆弧弧长，判断弧与指定线的关系等，其具体属性、构造器以及常见方法如表 7-10 所列。

表 7-10　　C2DArc 类的属性、构造器和常见方法

属性、构造器或方法签名	含义	类型
public double Radius	圆弧半径	属性
public boolean CentreOnRight	判断相关圆的中心是否在线的右侧	属性
public boolean ArcOnRight	判断圆弧是否在线的右侧	属性
protected C2DLine line	被用来定义圆弧起点和终点的直线	属性
public C2DArc()	创建 C2DArc 类对象	构造器
public C2DArc(C2DArc Other)	创建 C2DArc 类对象。Other 参数表示另一个 C2DArc 类对象	构造器
public C2DArc(C2DPoint PtFrom, C2DPoint PtTo, double dRadius, boolean bCentreOnRight, boolean bArcOnRight)	创建 C2DArc 类对象。PtFrom 参数表示圆弧的起点，PtTo 参数表示圆弧的终点，dRadius 参数为圆弧对应圆的半径，bCentreOnRight 参数表示圆弧对应圆的圆心是否在直线右侧，bArcOnRight 参数表示圆弧是否在直线右侧	构造器
public C2DArc(C2DPoint PtFrom, C2DVector Vector, double dRadius, boolean bCentreOnRight, boolean bArcOnRight)	创建一个 C2DArc 类对象。PtFrom 参数表示圆弧的起点，Vector 参数定义圆弧终点的向量，dRadius 参数表示圆弧对应圆的半径，bCentreOnRight 参数表示圆弧对应圆的圆心是否在直线右侧，bArcOnRight 参数表示圆弧是否在直线右侧	构造器
public C2DArc(C2DLine Arcline, double dRadius, boolean bCentre OnRight, boolean bArcOnRight)	创建一个 C2DArc 类对象。Arcline 参数表示定义圆弧起点和终点的直线，dRadius 参数表示圆弧对应圆的半径，bCentreOnRight 参数表示圆弧对应圆的圆心是否在直线右侧，bArcOnRight 参数表示圆弧是否在直线右侧	构造器
public void Set(C2DArc other)	设置当前 C2DArc 类对象。other 参数为另一个 C2DArc 类对象	方法
public void Set(C2DPoint PtFrom, C2DPoint PtTo, double dRadius, boolean bCentreOnRight, boolean bArcOnRight)	设置当前 C2DArc 类对象。PtFrom 参数表示圆弧的起点，PtTo 参数表示圆弧的终点，dRadius 参数为圆弧对应圆的半径，bCentreOnRight 参数表示对应圆的中心是否在直线的右侧，bArcOnRight 参数表示是否在直线的右侧	方法
public void Set(C2DPoint PtFrom, C2DVector Vector, double dRadius, boolean bCentreOnRight , boolean bArcOnRight)	设置当前 C2DArc 类对象。PtFrom 参数表示圆弧的起点，Vector 参数表示定义圆弧终点的向量，dRadius 参数表示圆弧对应圆的半径，bCentreOnRight 参数表示圆弧对应圆的圆心是否在直线右侧，bArcOnRight 参数表示圆弧是否在直线右侧	方法

续表

属性、构造器或方法签名	含　义	类　型
public void Set(C2DLine Arcline, double dRadius, boolean bCentreOnRight, boolean bArcOnRight)	设置当前 C2DArc 类对象。Arcline 参数表示定义圆弧起点和终点的直线，dRadius 参数表示圆弧对应圆的半径，bCentreOnRight 参数表示圆弧对应圆的圆心是否在直线右侧，bArcOnRight 参数表示圆弧是否在直线右侧	方法
public void Set(C2DLine Arcline, C2DPoint ptOnArc)	设置当前 C2DArc 类对象。Arcline 参数表示定义圆弧起点和终点的直线，ptOnArc 参数表示圆弧边缘上的点	方法

上面介绍了圆弧类 C2DArc 的构造器、属性及几个常用方法，接下来将继续介绍本类的一些方法。本类是 C2DLineBase 类的子类，故 C2DLineBase 类含有的方法就不在其子类中重复介绍。如果不清楚被省略父类中的方法，读者可自行参考前面的介绍。其具体方法如表 7-11 所列。

表 7-11　　C2DArc 类的其他方法

方 法 签 名	含　义
public boolean IsValid()	判断半径是否足够长，以至于连接弧的终点。如果是，则返回 true；否则返回 false
public C2DPoint GetCircleCentre()	获取圆弧对应圆的圆心，返回值为 C2DPoint 类对象
public double GetSegmentAngle()	获取最小的角，单位为弧度，返回值为 double 型
public C2DPoint GetPointFrom()	获取圆弧的起点，返回值为 C2DPoint 类对象
public C2DPoint GetPointTo()	获取圆弧的终点，返回值为 C2DPoint 类对象
public boolean CrossesRay(C2DLine Ray, ArrayList<C2DPoint> IntersectionPts)	判断当前 C2DArc 类对象与指定线是否相交，如果相交，则返回 true，并将交点存入 IntersectionPts 中；否则返回 false。Ray 参数为指定线，且此时该对象为射线，IntersectionPts 参数为用于存储交点的列表
public C2DPoint GetMidPoint()	获取圆弧中点，返回值为 C2DPoint 类对象
public C2DPoint GetPointOn(double dFactorFromStart)	获取曲线上的点，返回值为 C2DPoint 类对象。dFactorFromStart 参数用于具体确定圆弧的某一点
public void Reflect(C2DPoint point)	将圆弧关于指定点进行对称操作，point 参数表示指定点
public void Reflect(C2DLine Testline)	将圆弧关于指定线进行对称操作，Testline 参数表示指定线
public void GetBoundingRect(C2DRect Rect)	获取圆弧的矩形边框，Rect 参数为 C2DRect 类对象，表示圆弧的矩形边框

7．圆形类——C2DCircle

C2DCircle 类为继承自 C2DBase 类的子类，本类用于设置圆形半径、创建圆形对象、获取圆的半径与圆心等。本类中常用的属性为 double 型的变量，表示圆的半径。常见方法包含设置圆对象、判断圆与圆、圆与线的关系等，其具体属性、构造器以及常用方法如表 7- 12 所列。

表 7-12　　C2DCircle 类的属性、构造器和方法

属性、构造器或方法签名	含　义	类　型
public double Radius	圆的半径	属性
public C2DCircle()	创建 C2DCircle 类对象	构造器
public C2DCircle(C2DCircle Other)	创建 C2DCircle 类对象，Other 参数为另一个 C2DCircle 类对象	构造器
public C2DCircle(C2DPoint Point, double NewRadius)	创建 C2DCircle 类对象，Point 参数表示圆心，NewRadius 参数表示圆的半径	构造器

续表

属性、构造器或方法签名	含　义	类　型
public boolean Contains(C2DPoint pt)	判断指定点是否被包含在圆内，如果是，则返回 true；否则返回 false，Pt 参数为指定点，表示参考点	方法
public void Set(C2DCircle Other)	设置圆，Other 参数表示另一个 C2DCircle 类对象。	方法
public void Set(C2DPoint Point, double NewRadius)	设置圆的圆心和半径，Point 参数表示圆心，NewRadius 参数表示圆半径	方法
public boolean Crosses(C2DCircle Other, ArrayList<C2DPoint> IntersectionPts)	判断圆是否与指定圆相交，如果相交，返回 true，并将交点存入 IntersectionPts 中；否则返回 false，Other 参数表示指定圆，IntersectionPts 参数用于存储交点	方法
public boolean Crosses(C2DLine Line, ArrayList<C2DPoint> IntersectionPts)	判断圆是否与指定线相交，如果相交，返回 true，并将交点存入 IntersectionPts 中；否则返回 false，Line 参数表示指定线，IntersectionPts 参数用于存储交点	方法
public boolean CrossesRay(C2DLine Ray, ArrayList<C2DPoint> IntersectionPts)	判断圆是否与指定射线相交，如果相交，返回 true，并将交点存入 IntersectionPts 中；否则返回 false，Ray 参数表示指定射线，IntersectionPts 参数用于存储交点	方法

本类除了表 7-12 所列方法之外，还有一些方法对于设置圆形类对象属性有着重要作用。例如，用于计算圆与圆、圆与直线和圆与点之间的最短距离的方法，设置内切圆、外接圆的方法等。其中主要的方法如表 7- 13 所列。

表 7-13　　　　C2DCircle 类的其他方法

方 法 签 名	含　义
public double Distance(C2DCircle Other, C2DPoint ptOnThis, C2DPoint ptOnOther)	计算圆与另一个圆之间的最短距离，返回值为计算出的最短距离，Other 参数表示另一个圆，ptOnThis 参数表示当获取最短距离时当前圆上的点，ptOnOther 参数表示当获取最短距离时另一个圆上的点
public double Distance(C2DLine Line, C2DPoint ptOnThis, C2DPoint ptOnOther)	计算圆与指定线之间的最短距离，返回值为计算出的最短距离。Line 参数表示指定线，ptOnThis 参数表示当获取最短距离时当前圆上的点，ptOnOther 参数表示当获取最短距离时指定线上的点
public double Distance(C2DPoint TestPoint, C2DPoint ptOnThis)	计算圆到指定点的最短距离，返回值为计算出的最短距离。TestPoint 参数表示指定点，ptOnThis 参数表示当获取最短距离时圆上的点
public double GetArea()	获取圆的面积，返回值为圆的面积
public C2DPoint getCentre()	获取圆的圆心，返回值为圆心
double GetPerimeter()	获取圆的周长，返回值为周长
public boolean IsWithinDistance(C2DPoint pt, double dRange)	判断指定点到圆心的距离是否小于圆的半径与 dRange 之和，如果小于，则返回 true，否则返回 false。pt 参数表示指定点，dRange 为 double 型
public boolean SetCircumscribed(C2DPoint Point1, C2DPoint Point2, C2DPoint Point3)	设置外接圆，如果 Point1、Point2 和 Point3 三个点可以组成三角形，则返回 true，并设置三角形的外接圆；否则返回 false。Point1、Point2 和 Point3 参数为三角形的三个点
public boolean SetCircumscribed (C2DTriangle Triangle)	设置三角形的外接圆，判断三角形的三个点是否共线，如果共线，则返回 false；否则返回 true。Triangle 参数表示指定三角形
public void SetInscribed(C2DPoint Point1, C2DPoint Point2, C2DPoint Point3)	设置内切圆，Point1、Point2 和 Point3 参数为三角形的三个点
public void SetInscribed(C2DTriangle Triangle)	设置三角形的内切圆，Triangle 参数为指定三角形

8. 三角形类——C2DTriangle

前面介绍了继承自 C2DBase 类的子类——点和圆，下面将继续介绍继承自 C2DBase 类的另一个子类——三角形，本类的重要属性为组成三角形的三个点，其常用方法包含获取三角形面积、判断三角形三个点是否共线等。C2DTriangle 类的属性、构造器以及常见方法如表 7-14 所列。

表 7-14　　C2DTriangle 类的属性、构造器和常见方法

属性、构造器或方法签名	含　义	类　型
public C2DPoint p1	表示三角形的第一个点	属性
public C2DPoint p2	表示三角形的第二个点	属性
public C2DPoint p3	表示三角形的第三个点	属性
public C2DTriangle()	创建 C2DTriangle 类对象	构造器
public C2DTriangle(C2DPoint pt1, C2DPoint pt2, C2DPoint pt3)	创建 C2DTriangle 类对象，pt1、pt2 和 pt3 三个参数表示构成三角形的三个点	构造器
public double GetArea()	获取三角形的面积，返回值为三角形的面积	方法
public boolean Collinear()	判断三角形的三个点是否共线，如果共线返回 true；否则返回 false	方法
public boolean Contains(C2DPoint ptTest)	判断指定点是否被包含在三角形中，如果是，则返回 true；否则返回 false。ptTest 参数表示指定点	方法
public double Distance(C2DPoint ptTest, C2DPoint ptOnThis)	计算三角形到指定点的最短距离，返回值为计算出的最短距离。ptTest 参数为指定点，ptOnThis 参数表示当获得最短距离时三角形上的点	方法
public double Distance(C2DTriangle Other, C2DPoint ptOnThis, C2DPoint ptOnOther)	计算当前三角形与另一个三角形之间的最短距离，返回值为计算出的最短距离。Other 参数表示另一个三角形，ptOnThis 参数表示当获取最短距离时，当前三角形上的点，ptOnOther 参数表示当获取最短距离时，另一个三角形上的点	方法
public boolean IsClockwise()	判断三角形的三个点是否是顺时针顺序，如果是，则返回 true；否则返回 false	方法
public C2DPoint GetCircumCentre()	获取三角形的外心，返回值为 C2DPoint 类对象	方法
public C2DPoint GetFermatPoint()	获取三角形的费尔马点，即到三角形的三个顶点的距离之和最短的点。返回值为 C2DPoint 类对象	方法
public C2DPoint GetInCentre()	获取三角形的内心，返回值为 C2DPoint 类对象	方法
public double GetPerimeter()	获取三角形的周长，返回值为三角形周长	方法
public C2DPoint getp1()	获取三角形的第一个点	方法
public C2DPoint getp2()	获取三角形的第二个点	方法
public C2DPoint getp3()	获取三角形的第三个点	方法
public void Set(C2DPoint pt1, C2DPoint pt2, C2DPoint pt3)	设置三角形的三个点，pt1、pt2 和 pt3 参数表示组成三角形的三个点	方法

7.3.2　无孔多边形的相关知识

上一小节介绍了 GeoLib 库中的各个基础类，下面就向读者详细介绍 GeoLib 库中的各个无孔多边形类。该库中包含了无孔多边形基础类、无孔多边形类等，具体内容如下。

1. 无孔多边形基础类——C2DPolyBase

首先向读者介绍的是 GeoLib 库中的无孔多边形基础类 C2DPolyBase。该类为无孔多边形类的父类，包含了基本方法、基本属性以及自身的构造器，下面将介绍该类的构造器和属性。该类的构造器及属性如表 7-15 所列。

表 7-15　　C2DPolyBase 类的属性及构造器

属性或构造器	含　义	类　型
protected C2DLineBaseSet Lines	表示基础线条	属性
protected C2DRect BoundingRect	表示包围矩形对象	属性
protected ArrayList<C2DRect> LineRects	表示包围矩形中的各个小矩形对象列表	属性
public C2DPolyBase()	创建 C2DPolyBase 对象	构造器
public C2DPolyBase(C2DPolyBase Other)	创建 C2DPolyBase 对象，Other 为另一个 C2DPolyBase 对象	构造器

介绍完了无孔多边形基础类 C2DPolyBase 的构造器和属性后，下面就向读者详细介绍无孔多边形基础类 C2DPolyBase 中的常用方法，首先要介绍的是无孔多边形基础类 C2DPolyBase 中物体之间的关系方法，如物体之间的最短距离，关于点或线的对称等方法。这些方法如表 7-16 所列。

表 7-16　　C2DPolyBase 类中物体之间的关系方法

方 法 签 名	含　义
public void Reflect(C2DPoint Point)	物体关于点对称，Point 为对称点
public void Reflect(C2DLine Line)	物体关于线对称，Line 为对称线
public double Distance(C2DPoint pt)	获取指定点到物体的最短距离，pt 为指定点，返回值为最短距离
public double Distance(C2DLineBase Line)	获取指定线到物体的最短距离，Line 为指定线，返回值为最短距离
public double Distance(C2DPolyBase Other, C2DPoint ptOnThis, C2DPoint ptOnOther)	获取当前物体到指定物体的最短距离，Other 为指定物体，ptOnThis 为接收当前物体上的最近点，ptOnOther 为接收 Other 物体上的最近点，最短距离即为该两点间的距离，返回值为最短距离
public boolean IsWithinDistance(C2DPoint pt, double dRange)	判断指定点到物体的距离是否在指定的范围内，若是则返回 true，否则返回 false，pt 为指定点，dRange 为指定的距离范围
public boolean Contains(C2DPoint pt)	判断物体是否包含指定点，若是则返回 true，否则返回 false，pt 为指定点
public boolean Contains(C2DLineBase Line)	判断物体是否包含指定直线，若是则返回 true，否则返回 false，Line 为指定的直线
public boolean Contains(C2DPolyBase Other)	判断物体是否包含指定物体，若是则返回 true，否则返回 false，Other 为指定的物体
public boolean Contains(C2DRect rect)	判断物体是否包含指定矩形，若是则返回 true，否则返回 false，rect 为指定的矩形
public void GetOverlaps(C2DPolyBase Other, ArrayList<C2DHoledPolyBase> Polygons,CGrid grid)	获取物体与指定物体的重叠部分，Other 为指定的物体，Polygons 参数为存储重叠部分的列表，grid 为 CGrid 对象
public void GetNonOverlaps(C2DPolyBase Other, ArrayList<C2DHoledPolyBase> Polygons, CGrid grid)	获取物体与指定物体的未重叠部分，Other 为指定的物体，Polygons 参数为存储未重叠部分的列表，grid 为 CGrid 对象
public void GetUnion(C2DPolyBase Other, ArrayList<C2DHoledPolyBase> Polygons, CGrid grid)	获取物体与指定物体合并的部分，Other 为指定的物体，Polygons 参数为存储合并部分的列表，grid 为 CGrid 对象
public boolean Overlaps(C2DPolyBase Other)	判断物体与指定物体是否重叠，若是则返回 true，否则返回 false，Other 为指定物体
public boolean Crosses(C2DLineBase Line)	判断指定直线是否穿过物体，若是则返回 true，否则返回 false，Line 为指定直线
public boolean Crosses(C2DPolyBase Other)	判断物体是否穿过指定物体，若是则返回 true，否则返回 false，Other 为指定物体

介绍完了无孔多边形基础类 C2DPolyBase 中的物体之间的关系方法后，下面就向读者详细介绍无孔多边形基础类 C2DPolyBase 中剩下的常用方法，其包含了计算物体的周长，物体的移动、

旋转、缩放、对称等方法，这些方法如表 7-17 所列。

表 7-17　　C2DPolyBase 类的其他常用方法

方 法 签 名	含　义
public void Set(C2DPolyBase Other)	设置当前对象为指定对象，Other 为指定的多边形基础类对象
public void Clear()	清空所有物体对象
public void RotateToRight(double dAng, C2DPoint Origin)	绕指定点逆时针旋转指定的角度，dAng 为指定的旋转角，单位为弧度，Origin 为指定点
public void Move(C2DVector vector)	以指定方向向量移动，vector 为移动的方向向量
public void Grow(double dFactor, C2DPoint Origin)	以指定中心点使物体大小变为原来的 dFactor 倍，dFactor 为物体变化的倍数，Origin 为指定的中心点
public double GetPerimeter()	获取物体的周长，返回值为物体的周长
public boolean HasCrossingLines()	判断是否有交叉线，若有则返回 true，否则返回 false
public void GetBoundingRect(C2DRect Rect)	获取物体的包围矩形，Rect 为接收获取的包围矩形
public C2DRect getBoundingRect()	获取物体的包围矩形，返回值为物体的包围矩形
public ArrayList<C2DRect> getLineRects()	获取包围矩形中的各个小矩形对象列表，返回值为存放各个小矩形的列表
public boolean IsClosed()	判断物体是否封闭，若是则返回 true，否则返回 false
public void RandomPerturb()	使物体按很小的随机向量移动
public C2DLineBaseSet getLines()	获取基础线条，返回值为获取的线条

2. 无孔多边形类——C2DPolygon

无孔多边形类 C2DPolygon 是应用广泛的类，该类继承了无孔多边形基础类 C2DPolyBase。下面将向读者具体介绍该类，该类中与 C2DPolyBase 类中相同的方法就不再介绍。首先介绍该类的构造器及属性，其具体构造器和属性如表 7-18 所列。

表 7-18　　C2DPolygon 类的属性及构造器

属性或构造器	含　义	类　型
protected C2DPolygon subArea1	表示当前多边形的凸子区域 1	属性
protected C2DPolygon subArea2	表示当前多边形的凸子区域 2	属性
public C2DPolygon()	创建 C2DPolygon 对象	构造器
public C2DPolygon(ArrayList<C2DPoint> Points, boolean bReorderIfNeeded)	创建 C2DPolygon 对象，Points 为用于存储多边形点数据的列表，bReorderIfNeeded 表示是否重新排列 Points 中的各个点的顺序	构造器
public C2DPolygon(C2DPolygon Other)	创建 C2DPolygon 对象，Other 为另一个 C2DPolygon 对象	构造器
public C2DPolygon(C2DPolyBase Other)	创建 C2DPolygon 对象，Other 为 C2DPolyBase 对象	构造器

介绍完了无孔多边形类 C2DPolygon 的构造器和属性后，下面就向读者详细介绍无孔多边形类 C2DPolygon 中的常用方法，包含了计算多边形的面积，多边形的旋转、缩放、移动以及关于点或者线的对称等方法，其常用方法如表 7-19 所列。

表 7-19　　C2DPolygon 类的常用方法

方 法 签 名	含　义
public void Set(C2DPolygon Other)	设置该多边形对象为指定的多边形对象，Other 为指定的多边形对象
public boolean Create(ArrayList<C2DPoint> Points, boolean bReorderIfNeeded)	判断是否能构建多边形，若能则创建多边形，并返回 true，否则返回 false，Points 为用于存储该多边形点数据的列表，bReorderIfNeeded 表示是否需要重新排列各个点的顺序

续表

方法签名	含义
public boolean CreateRegular(C2DPoint Centre, double dDistanceToPoints, int nNumberSides)	判断是否能构建规则多边形，若能则创建规则多边形，并返回 true，否则返回 false，Centre 为多边形的中心点，dDistanceToPoints 为多边形上相邻两点之间的距离，即边长。nNumberSides 为多边形的边数
public boolean CreateConvexHull(C2DPolygon Other)	判断是否能构建指定多边形凸包，若能则创建多边形凸包，并返回 true，否则返回 false，Other 为要构建凸包的多边形对象
public boolean CreateConvexSubAreas()	当前多边形为凸多边形时，返回 true；否则创建当前凹多边形的凸子区域，并返回 false
public void ClearConvexSubAreas()	除去当前多边形的凸子区域
public boolean IsConvex()	判断当前多边形是否为凸多边形，若是则返回 true，否则返回 false
public void RotateToRight(double dAng)	以多边形的中心点逆时针旋转指定角度，dAng 为指定角，单位为弧度
public void Grow(double dFactor)	使物体大小变为原来的 dFactor 倍，dFactor 为物体变化的倍数
boolean HasRepeatedPoints()	判断是否有重复点，若有则返回 true，否则返回 false
public boolean IsClockwise()	判断当前多边形的点序列是否按顺时针方向卷绕，若是则返回 true，否则返回 false
public void GetConvexSubAreas(ArrayList<C2DPolygon> SubAreas)	获取多边形的凸子区域，SubAreas 为存放凸子区域的列表
public void Avoid(C2DPolygon Other)	避免当前多边形与指定多边形重叠，Other 为指定的多边形
public C2DPoint GetCentroid()	获取当前多边形的重心，返回值为获取的重心
public double GetArea()	获取当前多边形的面积，返回值为获取的面积
public void GetPointsCopy(ArrayList<C2DPoint> PointCopy)	将当前多边形的各个顶点数据复制到指定的点集列表中，PointCopy 为指定的点列表，用于存放复制顶点数据
public int GetLeftMostPoint()	获取多边形最左边的顶点的索引值，返回值为获取的索引值
public void Smooth()	使多边形平滑
public void GetBoundingCircle(C2DCircle Circle)	获取包围圆，Circle 为获取的包围圆的对象
public boolean CanPointsBeJoined(int nStart, int nEnd)	判断在连接多边形时，是否产生了交叉线，若是则返回 true，否则返回 false，nStart 为起始点的索引值，nEnd 为最后一个点的索引值
public boolean Reorder()	判断是否能减少顶点数来使周长变短，若能则返回 true，否则返回 false
public C2DPolygon getSubArea1()	获取当前多边形的凸子区域 1，返回值为获取的凸子区域 1
public C2DPolygon getSubArea2()	获取当前多边形的凸子区域 2，返回值为获取的凸子区域 2

7.3.3 有孔多边形的相关知识

上一小节介绍了 GeoLib 库中的各个无孔多边形类，下面就要向读者详细介绍 GeoLib 库中的各个有孔多边形类。该库中包含了有孔多边形基础类、有孔多边形类等，具体内容如下。

1. 有孔多边形基础类——C2DHoledPolyBase

首先向读者介绍的是 GeoLib 库中的有孔多边形基础类 C2DHoledPolyBase。该类为有孔多边形类的父类，包含了基本方法、基本属性以及自身的构造器，下面将介绍该类的构造器和属性。该类的构造器及属性如表 7-20 所列。

表 7-20　　C2DHoledPolyBase 类的属性及构造器

属性或构造器	含　义	类　型
protected C2DPolyBase Rim	表示多边形基础类对象	属性
protected ArrayList<C2DPolyBase> Holes	表示多边形基础类列表	属性
public C2DHoledPolyBase()	创建 C2DHoledPolyBase 对象	构造器
public C2DHoledPolyBase(C2DHoledPolyBase Other)	创建 C2DHoledPolyBase 对象，Other 为另一个 C2DHoled PolyBase 对象	构造器
public C2DHoledPolyBase(C2DPolyBase Other)	创建 C2DHoledPolyBase 对象，Other 为 C2DPolyBase 对象	构造器

上面介绍了有孔多边形基础类 C2DHoledPolyBase 的构造器和属性后，下面就向读者详细介绍有孔多边形基础类 C2DHoledPolyBase 的常用方法，首先介绍 C2DHoledPolyBase 类中物体之间的关系方法，如物体之间的最短距离，关于点或线的对称等方法。这些方法如表 7-21 所列。

表 7-21　　C2DHoledPolyBase 类中物体之间的关系方法

方 法 签 名	含　义
public void Reflect(C2DPoint Point)	物体关于指定点对称，Point 为指定的对称点
public void Reflect(C2DLine Line)	物体关于指定直线对称，Line 为指定的指定直线
public double Distance(C2DPoint TestPoint)	获取指定点到物体的最短距离，TestPoint 为指定点，返回值为最短距离
public double Distance(C2DLineBase Line)	获取指定线到物体的最短距离，Line 为指定线，返回值为最短距离
public double Distance(C2DPolyBase Poly, C2DPoint ptOnThis, C2DPoint ptOnOther)	获取当前物体到指定物体的最短距离，Poly 为指定物体，ptOnThis 参数为接收当前物体上的最近点，ptOnOther 参数为接收 Poly 物体上的最近点，最短距离即为该两点间的距离，返回值为获取的最短距离
public boolean IsWithinDistance(C2DPoint TestPoint, double dDist)	判断指定点到物体的距离是否在指定的长度内，若是则返回 true，否则返回 false，TestPoint 为指定点，dDist 为指定长度
public boolean Contains(C2DPoint pt)	判断物体是否包含指定点，若是则返回 true，否则返回 false，pt 为指定点
public boolean Contains(C2DLineBase Line)	判断物体是否包含指定直线，若是则返回 true，否则返回 false，Line 为指定直线
public boolean Contains(C2DPolyBase Polygon)	判断物体是否包含指定物体，若是则返回 true，否则返回 false，Polygon 为指定物体
public void GetOverlaps(C2DHoledPolyBase Other, ArrayList<C2DHoledPolyBase> HoledPolys, CGrid grid)	获取当前物体与指定物体的重叠部分，Other 为指定物体，HoledPolys 参数为存储重叠部分的列表，grid 为 CGrid 对象
public void GetNonOverlaps(C2DHoledPolyBase Other, ArrayList<C2DHoledPolyBase> HoledPolys,CGrid grid)	获取当前物体与指定物体的未重叠部分，Other 为指定物体，HoledPolys 参数为存储未重叠部分的列表，grid 为 CGrid 对象
public void GetUnion(C2DHoledPolyBase Other, ArrayList<C2DHoledPolyBase> HoledPolys,CGrid grid)	获取当前物体与指定物体的合并部分，Other 为指定物体，HoledPolys 参数为存储合并部分的列表，grid 为 CGrid 对象
public boolean Overlaps(C2DPolyBase Other)	判断当前物体与指定物体是否重叠，若是则返回 true，否则返回 false，Other 为指定物体
public boolean Crosses(C2DLineBase Line)	判断指定直线是否穿过当前物体，若是则返回 true，否则返回 false，Line 为指定直线
public boolean Crosses(C2DPolyBase Poly)	判断当前物体是否穿过指定物体，若是则返回 true，否则返回 false，Poly 为指定物体

介绍完了有孔多边形基础类 C2DHoledPolyBase 中的物体之间的关系方法后，下面就向读者详细介绍有孔多边形基础类 C2DHoledPolyBase 中剩下的常用方法，包含了计算物体的周长，物体的移动、缩放、旋转等方法，这些方法如表 7-22 所列。

表 7-22　　C2DHoledPolyBase 类的其他常用方法

方法签名	含　义
public void Set(C2DHoledPolyBase Other)	设置多边形基础类对象，Other 为 C2DHoledPolyBase 对象
public int GetLineCount()	获取该类中所有多边形基础类对象的线条数量，返回值为总线条数
public void Clear()	清空所有多边形基础类对象
public void RotateToRight(double dAng, C2DPoint Origin)	以指定点为中心逆时针旋转指定角度，dAng 为指定的旋转角度，单位为弧度，Origin 为指定的旋转中心点
public void Move(C2DVector Vector)	以指定的方向向量移动，Vector 为指定的方向向量
public void Grow(double dFactor, C2DPoint Origin)	以固定点使物体大小变为原来的 dFactor 倍，dFactor 为物体变化的倍数，Origin 为固定点
public double GetPerimeter()	获取该类中所有多边形基础类对象的周长，返回值为周长
public boolean HasCrossingLines()	判断是否有交叉线，若有则返回 true，否则返回 false
public void GetBoundingRect(C2DRect Rect)	获取物体的包围矩形，Rect 为 C2DRect 类对象，表示获取的包围边框
public void RemoveHole(int i)	列表中移除与指定索引值相对应的多边形基础类对象，i 为索引值
public void AddHole(C2DPolyBase Poly)	将指定的 C2DPolyBase 对象添加到 Holes 列表中，Poly 为指定的 C2DPolyBase 对象
public void SetHole(int i, C2DPolyBase Poly)	在 Holes 列表的指定索引值处插入或替换多边形基础类对象，i 为指定的索引值，Poly 为 C2DPolyBase 对象
public C2DPolyBase GetHole(int i)	获取 Holes 列表中索引为 i 的多边形基础类对象，i 为索引值，返回值为 C2DPolyBase 对象
public int getHoleCount()	获取 Holes 列表的长度，返回值为 Holes 列表的长度
public void setRim(C2DPolyBase rim)	设置多边形基础类对象，rim 为 C2DPolyBase 对象
public C2DPolyBase getRim()	获取多边形基础类对象对象，返回值为 C2DPolyBase 对象

2. 有孔多边形类——C2DHoledPolygon

有孔多边形类 C2DHoledPolygon 是使用较多的类，该类继承了有孔多边形基础类 C2DHoledPolyBase。下面将向读者具体介绍该类，该类的常用方法有获取物体的重心、面积以及添加物体等。其构造器与常用方法如表 7-23 所列。

表 7-23　　C2DHoledPolygon 类的构造器与常用方法

方法签名或构造器	含　义	类　型
public C2DHoledPolygon()	创建 C2DHoledPolygon 对象	构造器
public C2DHoledPolygon(C2DHoledPolyBase Other)	创建 C2DHoledPolygon 对象，Other 为 C2DHoledPolyBase 对象	构造器
public C2DHoledPolygon(C2DHoledPolygon Other)	创建 C2DHoledPolygon 对象，Other 为另一个 C2DHoledPolygon 对象	构造器
public C2DHoledPolygon(C2DPolyBase Other)	创建 C2DHoledPolygon 对象，Other 为 C2DPolyBase 对象	构造器
public C2DHoledPolygon(C2DPolygon Other)	创建 C2DHoledPolygon 对象，Other 为 C2DPolygon 对象	构造器
public void Set(C2DHoledPolygon Other)	设置多边形基础类对象，Other 为 C2DHoledPolygon 对象	方法
public void RotateToRight(double dAng)	绕中心点逆时针旋转 dAng 角度，dAng 为指定的旋转角，单位为弧度	方法
public void Grow(double dFactor)	使物体大小变为原来的 dFactor 倍，dFactor 为物体变化的倍数	方法
public C2DPoint GetCentroid()	获取有孔多边形的重心，返回值为重心	方法

续表

方法签名或构造器	含　义	类　型
public double GetArea()	获取有孔多边形的面积，返回值为面积	方法
public void SetHole(int i, C2DPolygon Poly)	在 Holes 列表的指定索引值处插入或替换指定多边形对象，i 为指定的索引值，Poly 为指定的 C2DPolygon 对象	方法
public void AddHole(C2DPolygon Poly)	将指定多边形对象添加到 Holes 列表中，Poly 为多边形对象	方法

7.3.4 有孔多边形案例

学习完有孔多边形的相关知识之后，这里将给出使用有孔多边形开发的案例 GeoLib_S0，以便于读者能够正确地使用有孔多边形，同时也利于读者加深对有孔多边形的理解。其运行效果如图 7-19 所示。

▲图 7-19　有孔多边形案例的运行效果

说明　图 7-19 为有孔多边形案例的运行效果图，从图中可看出，在手机屏幕上放有一个有孔多边形，有孔多边形中的孔是由三角形、五角星、五边形组成。有孔多边形中的孔可以为任意形状，读者可自行设置孔的形状。

1. 案例的基本框架结构

详细介绍本案例之前，首先需要向读者介绍本案例的框架结构，理解本案例的框架结构有助于读者对本案例的学习。本案例的框架结构如图 7-20 所示。

（1）MyGeoDraw 类

此类为本案例的绘制类。此类的主要功能为绘制几何形状，该类中包含了创建多边形的各个点序列，绘制实心的有孔多边形以及真实坐标点与屏幕坐标点的转换等方法。

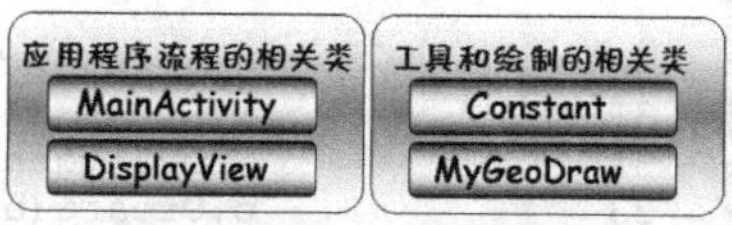

▲图 7-20　框架结构

（2）Constant 类

此类为本案例自定义的常量类，包含诸多常用方法。其主要是声明屏幕的大小、屏幕到现实的比例和屏幕自适应方法、要创建的几何形状的各个顶点数据数组、创建无孔多边形以及创建测试用的有孔多边形方法等。

（3）MainActivity 类

此类为本案例的主控制类。案例运行开始时首先调用此类中的 onCreate 方法，在该方法中主要是初始化 DisplayView 对象以及初始化程序中需要的各个多边形对象。

（4）DisplayView 类

此类为本案例要显示的界面类。此类的主要功能是创建画笔，获得画布，创建和初始化 MyGeoDraw 类对象，并且调用 MyGeoDraw 类中相应的绘制方法来绘制案例中的场景物体以及创建刷帧线程对象，并启动刷帧线程来定时刷帧更新界面。

2. 常量类——Constant

此常量类的主要作用是声明本案例中使用到的常量以及常用方法，包括声明目标屏幕的大小、屏幕到现实世界的比例和屏幕自适应方法、几何形状的顶点数据数组以及创建测试用的多边形方法等，这样有利于开发人员对常量类数据的维护与管理。其具体代码如下。

代码位置：见随书光盘中源代码/第 7 章/GeoLib_S0/com/example/util 目录下的 Constant.java。

```
package com.example.util;                    //声明包名
……//此处省略了导入类的代码，需要的读者请查看光盘中的源代码
```

```
3   public class Constant {
4       public static int SCREEN_WIDTH=720;        //目标屏幕宽度
5       public static int SCREEN_HEIGHT=1280;      //目标屏幕高度
6       public static float x;                     //声明当前屏幕左上方 X 值的变量
7       public static float y;                     //声明当前屏幕左上方 Y 值的变量
8       public static float ratio;                 //声明缩放比例的变量
9       public static ScreenScaleResult screenScaleResult;
                                                   //声明 ScreenScaleResult 类的引用
10      public static void ScaleSR(){              //屏幕自适应方法
11      screenScaleResult=ScreenScaleUtil.calScale(SCREEN_WIDTH,SCREEN_HEIGHT);
                                                   //屏幕自适应
12          x=screenScaleResult.lucX;              //获取当前屏幕左上方的 X 值
13          y=screenScaleResult.lucY;              //获取当前屏幕左上方的 Y 值
14          ratio=screenScaleResult.ratio;         //获取缩放比例
15      }
16      public static float[] polyData={
17                200,200,300,100,1100,100,1100,600,300,600,200,500};
                                                   //测试用的有孔多边形的顶点数据
18      ……//此处省略了其他无孔多边形的顶点数据代码，请自行查阅随书附带光盘中的源代码
19      public static C2DHoledPolygon createHoledPoly(float[] polyData){
                                                   //创建测试用的有孔多边形
20          C2DHoledPolygon chp=new C2DHoledPolygon(createPoly(polyData));
                                                   //创建有孔多边形
21          C2DPolygon cp=createPoly(polyData0);//创建无孔多边形
22          chp.AddHole(cp);                       //将无孔多边形添加到有孔多边形中
23          ……//此处省略了其他无孔多边形的创建和添加，请自行查阅随书附带光盘中的源代码
24          return chp;                            //返回该有孔多边形
25      }
26      public static C2DPolygon createPoly(float[] polyData){//创建无孔多边形
27          ArrayList<C2DPoint> al=new ArrayList<C2DPoint>();
                                               //创建并初始化存放多边形的各个顶点的列表
28          for(int i=0;i<polyData.length/2;i++){//循环遍历多边形的顶点数组
29              C2DPoint tempP=new C2DPoint(polyData[i*2],polyData[i*2+1]);
                                                   //初始化多边形的顶点
30              al.add(tempP);                     //将该顶点添加到列表中
31          }
32          C2DPolygon p = new C2DPolygon();       //创建多边形对象
33          p.Create(al, true);                    //创建多边形
34          return p;                              //返回该多边形
35  }}
```

- 第 4～17 行为规定目标屏幕的宽度和高度，通过屏幕自适应方法计算出缩放比例，获得实际屏幕左上方的 X、Y 坐标值，实现屏幕自适应和声明测试用的有孔多边形的各个顶点数据。
- 第 19～25 行为创建测试用的有孔多边形方法，该方法主要功能为创建有孔多边形并且向该有孔多边形中加入无孔多边形，作为多边形的孔。
- 第 26～35 行为创建无孔多边形方法，该方法中先将多边形顶点数据转换成 C2DPoint 对象，并且存入到点的列表中，再通过调用多边形类 C2DPolygon 中的 Create 方法来创建了一个新的多边形对象，并将其返回。

3. 绘制类——MyGeoDraw

绘制类 MyGeoDraw 是该案例中不可缺少的类，在该类中实现了对不同物体的绘制。当绘制几何物体时，便可通过调用该类中相对应的绘制方法来绘制该物体。该类包含了绘制实心有孔多边形、创建多边形的各个点序列以及真实坐标点与屏幕坐标点的转换等方法，具体代码如下。

代码位置：见随书光盘中源代码/第 7 章/GeoLib_S0/com/example/util 目录下的 MyGeoDraw.java。

```
package com.example.util;                          //声明包名
……//此处省略了导入类的代码，读者可自行查看光盘中的源代码
public class MyGeoDraw {
    public Path CreatePath(C2DPolyBase Poly){      //创建多边形的各个点序列
        Path gp = new Path();//创建并初始化路线对象
        if(Poly.getLines().size()==0){             //线条为 0 时
```

```
7          return gp;                              //返回空路线
8      }
9      C2DPoint firstPt=Poly.getLines().get(0).GetPointFrom();
                                                   //第一条线的起始点
10     ScaleAndOffSet(firstPt);                    //坐标转换
11     gp.moveTo((float)firstPt.x,(float)firstPt.y);//移到起始点
12     for(int i=0;i<Poly.getLines().size();i++){//循环遍历各个线条
13         C2DLineBase line=Poly.getLines().get(i);//获取线条
14         if(line instanceof C2DLine){            //该线条属于 C2DLine 类时
15             C2DPoint ptTo=line.GetPointTo();//获取该线条的终止点
16             ScaleAndOffSet(ptTo);               //坐标转换
17             gp.lineTo((float)ptTo.x,(float)ptTo.y);//添加该线条的终止点
18         }else if(line instanceof C2DArc){//该线条属于 C2DArc 类时
19             C2DArc arc=(C2DArc)line;            //创建圆弧
20             C2DPoint mid=arc.GetMidPoint();//获取曲线上的点
21             C2DPoint ptTo=arc.GetMidPoint();//获取曲线上的点
22        gp.quadTo((float)mid.x,(float)mid.y,(float)ptTo.x,(float)ptTo.y);
23     }}
24     gp.close();                                 //关闭路线对象
25     return gp;                                  //返回该路线对象
26 }
27 public void DrawFilled(C2DHoledPolyBase Poly,int color,Canvas canvas){
                                                   //绘制实心的多边形
28     Paint paint=new Paint();                    //创建并初始化画笔
29     paint.setColor(ColorUtil.getColor(color));//设置画笔颜色
30     if(Poly.getRim().getLines().size()==0)//线条为 0 时
31         return;                                 //返回
32     Path gp=CreatePath(Poly.getRim());          //获取路线对象
33     for(int h=0; h<Poly.getHoleCount();h++){//循环遍历 C2DHoledPolygon
34         if(Poly.GetHole(h).getLines().size()>2){//该对象的线条数大于 2 时
35             gp.addPath(CreatePath(Poly.GetHole(h)));//添加路线
36     }}
37     gp.setFillType(Path.FillType.EVEN_ODD);//设置路线对象的样式
38     canvas.drawPath(gp,paint);                  //绘制实心多边形
39 }
40 private void ScaleAndOffSet(C2DPoint pt){   //真实坐标转换为屏幕上的坐标方法
41     pt.x=(pt.x+Constant.x)*Constant.ratio;//转换 x 坐标
42     pt.y=(pt.y+Constant.y)*Constant.ratio;//转换 y 坐标
43 }
44 public C2DPoint Scale = new C2DPoint(1, 1);//缩放比例
45 }
```

- 第 4～26 行为创建多边形的各个点序列方法，在该方法中主要是创建并初始化 Path 对象，多边形的线条为 0 时，则返回空 Path 对象，获取多边形线条上的各个点，通过坐标转换为屏幕上的坐标，并且添加到 Path 对象中，关闭 Path 对象，并返回 Path 对象等。
- 第 27～39 行为绘制实心有孔多边形方法，在该方法中主要是创建并初始化画笔，设置画笔的颜色，获取 Path 对象，循环遍历有孔多边形中的孔，即无孔多边形，并将其线路添加到 Path 对象中，设置 Path 对象的绘制样式并绘制该无孔多边形。
- 第 40～43 行为真实坐标转换为屏幕上的坐标方法，在该方法中主要是将现实中的坐标 x、y 转换为手机屏幕上的坐标 x、y，转换后的 x、y 坐标用于绘制方法中来绘制相应物体。
- 第 44 行功能为声明并初始化缩放比例 Scale，Scale 为 C2DPoint 对象。

说明　绘制类 MyGeoDraw 中设置画笔颜色时，调用了 com.example.util 包下 ColorUtil 工具类的 getColor 方法来获取颜色，因为 ColorUtil 工具类主要就是创建一个存储颜色的二维数组，通过数字索引返回颜色的 RGB 组合，代码比较简单，且与 GeoLib 库中相关类关系不大，所以在此不再单独讲解，读者可自行查看光盘中的源代码。

4. 主控制类——MainActivity

介绍完绘制类 MyGeoDraw 后，下面将向读者具体介绍主控制类 MainActivity，其主要功能为

创建场景对象。包括调用屏幕自适应的方法，由于屏幕自适应已经封装好，只需调用 Constant 类的 ScaleSR 方法即可，此处不再具体介绍，读者可自行查看光盘中的源代码。其具体代码如下。

代码位置：见随书光盘中源代码/第 7 章/GeoLib_S0/com/example/holedpoly 目录下的 MainActivity.java。

```
1    package com.example.convexhull;                              //声明包名
2    ……//此处省略了导入类的代码，需要的读者请查看光盘中的源代码
3    public class MainActivity extends Activity{
4        DisplayView view;                                        //显示界面
5        @Override
6        protected void onCreate(Bundle savedInstanceState){
7            super.onCreate(savedInstanceState);                  //调用父类
8            requestWindowFeature(Window.FEATURE_NO_TITLE);
9            getWindow().setFlags(WindowManager.LayoutParams. FLAG_FULLSCREEN ,
10                   WindowManager.LayoutParams. FLAG_FULLSCREEN);//设置为全屏
11           setRequestedOrientation(ActivityInfo.SCREEN_ORIENTATION_LANDSCAPE);
                                                                  //设置为横屏模式
12           DisplayMetrics dm=new DisplayMetrics();
13           getWindowManager().getDefaultDisplay().getMetrics(dm);//获取屏幕尺寸
14           if(dm.widthPixels<dm.heightPixels){                  //屏幕宽度小于屏幕高度时
15               SCREEN_WIDTH=dm.widthPixels;                     //重新设置屏幕宽度
16               SCREEN_HEIGHT=dm.heightPixels;                   //重新设置屏幕高度
17           }else{
18               SCREEN_WIDTH=dm.heightPixels;                    //重新设置屏幕宽度
19               SCREEN_HEIGHT=dm.widthPixels;                    //重新设置屏幕高度
20           }
21           ScaleSR();                                           //屏幕自适应
22           setContentView(R.layout.activity_main);              //切换布局
23           view=(DisplayView)this.findViewById(R.id.View01);//初始化 DisplayView 对象
24           view.cpg=createHoledPoly(polyData);                  //创建有孔多边形
25   }}
```

- 第 4～21 行为声明显示界面 DisplayView 的对象 view，设置屏幕为全屏和屏幕的自适应。设置屏幕显示方式为全屏显示并且为横屏模式，然后获得屏幕尺寸并设置屏幕的宽度和高度，最后调用 ScaleSR 方法实现屏幕的自适应。
- 第 22～24 行功能为切换布局、初始化 DisplayView 对象和创建有孔多边形。

5. 显示界面类——DisplayView

上面介绍了案例中的 MainActivity 类，下面将详细介绍上面 MainActivity 类中声明的显示界面类 DisplayView，该界面的功能为对本案例中的场景进行渲染。该类需要继承 Android 系统中的 SurfaceView 类，实现 SurfaceHolder.Callback 接口，并自带有刷帧线程。其具体代码如下。

代码位置：见随书光盘中源代码/第 7 章/GeoLib_S0/com/example/view 目录下的 DisplayView.java。

```
package com.example.view;                                  //声明包名
……//此处省略了导入类的代码，读者可自行查阅随书附带光盘中的源代码
public class DisplayView extends SurfaceView implements SurfaceHolder.Callback{
    ……//此处省略变量定义的代码，请自行查看源代码
    public DisplayView(Context context,AttributeSet attrs){//构造器
        super(context, attrs);                             //调用父类
        paint=new Paint();                                 //初始化画笔
        getHolder().addCallback(this);                     //设置生命周期回调接口的实现者
        this.thread=new TutorialThread(getHolder(),this);//初始化刷帧线程
    }
    public void onDraw(Canvas canvas){                     //绘制方法
        if(canvas==null){                                  //画笔为空时
            return;                                        //返回
        }
        canvas.drawRect(0,0,SCREEN_WIDTH,SCREEN_HEIGHT,paint);//绘制包围框
        MyGeoDraw drawer = new MyGeoDraw();                //创建并初始化绘制物体对象
        drawer.DrawFilled(cpg,10,canvas);                  //绘制多边形
    }
```

```
19        public class TutorialThread extends Thread{//刷帧线程
20            ……//此处省略变量定义的代码，请自行查看源代码
21     public TutorialThread(SurfaceHolder surfaceHolder,DisplayView displayView){
                                                    //构造器
22              this.surfaceHolder=surfaceHolder;//得到回调接口的对象
23              this.displayView=displayView;     //初始化显示界面对象
24          }
25          public void run(){                    //重写 run 方法
26              Canvas c;                         //创建画布对象
27              while (this.flag){
28                  c = null;                     //初始化画布
29                  try{
30                      c=this.surfaceHolder.lockCanvas(null);//锁定整个画布
31                      synchronized(this.surfaceHolder){//同步处理
32                      displayView.onDraw(c);//绘制
33                  }} finally{
34                      if(c!=null){              //判断 canvas 是否为空
35                      this.surfaceHolder.unlockCanvasAndPost(c);//解锁
36                  }}
37                  try{
38                      Thread.sleep(span);       //线程睡眠
39                  }catch(Exception e){          //捕获异常
40                      e.printStackTrace();      //打印堆栈信息
41      }}}}
42      public void surfaceChanged(SurfaceHolder holder,int format,
43                          int width,int height){}
44      public void surfaceCreated(SurfaceHolder holder){//创建时被调用
45          this.thread.flag=true;                //设置启动线程标志位为 true
46          this.thread.start();                  //启动线程
47      }
48      public void surfaceDestroyed(SurfaceHolder holder){//销毁时被调用
49          this.thread.flag=false;               //停止线程
50  }}
```

- 第 5～10 行为显示界面类的构造器，在该类的构造器中主要是设置了生命周期回调接口的实现者，初始化画笔和初始化刷帧线程等。
- 第 11～18 行为绘制方法，在该方法中主要是绘制包围框，创建并初始化绘制物体对象并绘制有孔多边形。
- 第 25～41 行为刷帧线程重写的 run 方法，在该方法中主要是创建并初始化画布对象，然后使用同步控制绘制方法。如果画布不为空，则需要为画布解锁，最后不断地定时刷帧更新界面。
- 第 42～50 行为创建实现回调接口类的必须重写的 3 个方法，在创建 SurfaceView 界面需调用的方法中设置启动线程标志位为 true 并启动刷帧线程，在销毁 SurfaceView 界面需调用的方法中停止刷帧线程。

7.3.5 显示凸壳案例

介绍完有孔多边形案例后，相信读者对于有孔多边形的基本知识及方法的使用有了一定的了解，下面将给出计算多边形凸壳的案例，该案例用到了多边形类中的 CreateConvexHull 方法和 ClearConvexSubAreas 方法等，具体内容如下。

> **提示** 简单来说，凸多边形的凸壳就是其自身，凹多边形的凸壳是可以紧紧包裹其的一个凸多边形。这一点从后面案例的运行效果图中可以很容易地看出，同时读者若对凸壳的严格数学定义感兴趣可以去查阅相关的技术资料。

1. 案例的运行效果

显示凸壳案例主要演示的是，在屏幕上放有一个五角星和一个五边形，当用户选中屏幕上的显示凸壳复选框后，五角星和五边形则会显示各自的凸壳，其中五边形的凸壳是自身，五角星的

凸壳是其五个顶点组成的五边形。其运行效果如图 7-21、图 7-22 和图 7-23 所示。

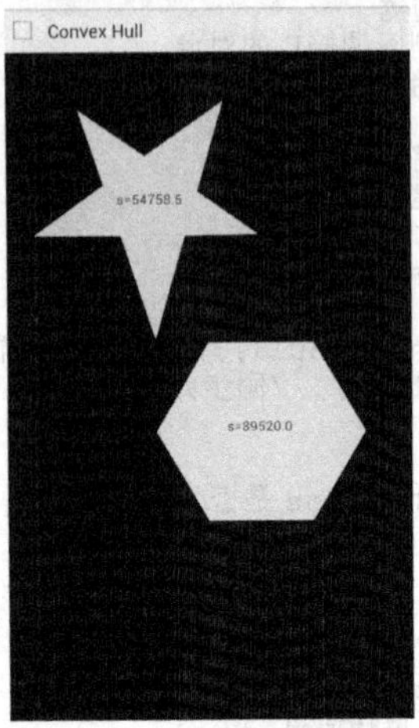

▲图 7-21　案例运行开始

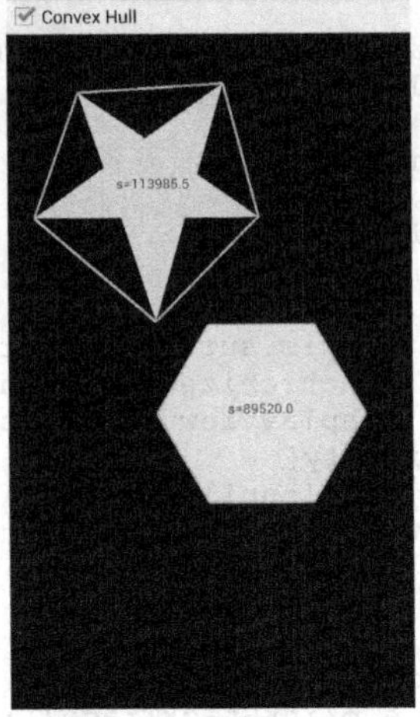

▲图 7-22　显示凸壳

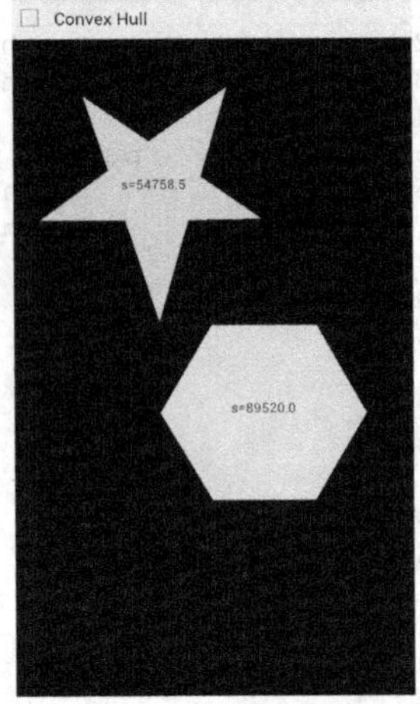

▲图 7-23　不显示凸壳

说明　图 7-21 为案例刚开始运行时的效果图，图 7-22 为用户选中显示凸壳复选框后，五角星和五边形显示其凸壳，其中五边形的凸壳为其本身的效果图，图 7-23 为用户未选中显示凸壳复选框时，五角星和五边形没有凸壳的效果图。

2. 主控制类——MainActivity

下面将向读者具体介绍主控制类 MainActivity，其主要功能为创建场景对象。在该类中创建并初始化 DisplayView 对象，创建程序中所要的多边形对象，创建并初始化复选框对象并为其添加监听事件等。其具体代码如下。

代码位置：见随书光盘中源代码/第 7 章/GeoLib_S1/com/example/convexhull 目录下的 MainActivity.java。

```
package com.example.convexhull;                          //声明包名
……//此处省略了导入类的代码，需要的读者请查看光盘中的源代码
public class MainActivity extends Activity{
    DisplayView view;                                    //显示界面
    @Override
    protected void onCreate(Bundle savedInstanceState){
        super.onCreate(savedInstanceState);              //调用父类
        ……//此处省略了屏幕自适应的相关代码，需要的读者请查看光盘中的源代码
        setContentView(R.layout.activity_main);          //切换布局
        view=(DisplayView)this.findViewById(R.id.View01);//初始化 DisplayView 对象
        C2DPolygon cp=createPoly(polyData0);             //创建多边形
        view.alP.add(cp);                                //将该多边形添加到列表中
        cp=createPoly(polyData1);                        //创建多边形
        view.alP.add(cp);                                //将该多边形添加到列表中
        final CheckBox cb=(CheckBox) this.findViewById(R.id.checkBox1);
                                                         //创建并初始化复选框对象
        cb.setOnClickListener(                           //为复选框添加监听事件
            new OnClickListener(){
                @Override
                public void onClick(View v){             //触控事件
                    view.isCheck=!view.isCheck;          //为是否选中的标志位赋值
                    if(cb.isChecked()){                  //选中复选框
                        for(C2DPolygon chp:view.alP){    //循环遍历存放多边形的列表
                            C2DPolygon c1=new C2DPolygon();//创建多边形对象
                            if(chp!= null){
                                c1.CreateConvexHull(chp); //创建凸壳
                            }
```

```
27                  view.cH.add(c1);                    //加入列表
28              }}else{
29                  for(C2DPolygon chp:view.cH){ //循环遍历存放凸壳多边形的列表
30                      if(chp!= null){                 //多边形对象不为空时
31                          chp.ClearConvexSubAreas();//清除凸壳
32              }}
33              view.cH.clear();                    //清空存放凸壳多边形的列表
34      }}});
35  }}
```

● 第 9～10 行功能为切换布局和初始化 DisplayView 对象。

● 第 11～14 行功能为创建程序中使用的多边形对象。创建了一个五角星和一个五边形，并将其添加到存放多边形的列表中，用于在显示界面 DisplayView 中绘制。

● 第 15～34 行功能为创建并初始化复选框对象，并且为其添加监听事件。在监听事件中实现了当用户选中复选框时，循环遍历多边形列表，为列表中的各个多边形添加凸壳，并添加到存放凸壳对象的列表中，当用户未选中复选框时，则清除各个多边形的凸壳。

3. 显示界面类——DisplayView

上面介绍了案例中的 MainActivity 类，下面将详细介绍上面 MainActivity 类中声明的显示界面类 DisplayView，该界面的功能为对本案例中的场景进行渲染。该类需要继承 Android 系统中的 SurfaceView 类，实现 SurfaceHolder.Callback 接口，并自带有刷帧线程。其具体代码如下。

代码位置：见随书光盘中源代码/第 7 章/GeoLib_S1/com/example/view 目录下的 DisplayView.java。

```
package com.example.view;                                      //声明包名
……//此处省略了导入类的代码，读者可自行查阅随书附带光盘中的源代码
public class DisplayView extends SurfaceView implements SurfaceHolder.Callback{
    ……//此处省略变量定义的代码，请自行查看源代码
    public DisplayView(Context context, AttributeSet attrs){//构造器
        super(context, attrs);                                 //调用父类
        paint=new Paint();                                     //初始化画笔
        getHolder().addCallback(this);              //设置生命周期回调接口的实现者
        this.thread = new TutorialThread(getHolder(), this);//初始化刷帧线程
    }
    public void onDraw(Canvas canvas){                         //绘制方法
        if(canvas==null){                                      //画布为空时
            return;                                            //返回
        }
        MyGeoDraw drawer=new MyGeoDraw();              //创建并初始化绘制物体对象
        drawer.Draw(rect,22,true,canvas);                      //绘制包围框
        int i=0;                                               //颜色数组的索引
        for(C2DPolygon chp:alP){                               //循环遍历多边形列表
            drawer.DrawFilled(chp,cIndext[i], canvas);         //绘制多边形
            if(!isCheck){                                      //不显示多边形凸壳时
                drawString(canvas,chp.GetCentroid(),"s="+chp.GetArea());
                                                               //绘制多边形的面积
            }
            i++;                                               //颜色数组的索引加 1
        }
        for(C2DPolygon chp:cH){                                //循环遍历凸壳多边形列表
            drawer.Draw(chp,0, canvas);                        //绘制凸壳
            drawString(canvas,chp.GetCentroid(),"s="+chp.GetArea());
                                                    //绘制凸壳多边形的面积字符串
    }}
    public void drawString(Canvas canvas,C2DPoint point,String string){
                                                    //绘制给定的字符串到物体上
        paint.setARGB(255, 42, 48, 103);                       //设置字体颜色
        paint.setAntiAlias(true);                              //打开抗锯齿
        paint.setTextSize(24*ratio);                           //设置文字大小
        canvas.drawText(string,((float)point.x-60+x)*ratio,
                        ((float)point.y+y)*ratio, paint);      //绘制文字
    }
    ……//此处刷帧线程类的代码与前面案例中的相似，故省略，请自行查看源代码
```

```
37        ……//此处省略了创建实现回调接口类的必须重写的 3 个方法，请自行查看源代码
38    }
```

● 第 5～10 行为显示界面类的构造器，在该类的构造器中主要是设置了生命周期回调接口的实现者，初始化画笔和初始化刷帧线程等。

● 第 18～27 行功能为循环遍历多边形列表并绘制各个多边形，如果不显示凸壳，则绘制多边形的真实面积，并将颜色索引值加一。此后循环遍历凸壳多边形列表并绘制各个凸壳多边形和绘制该凸壳多边形的面积。

● 第 29～35 行为绘制给定的字符串到物体上的方法，在该方法中主要是设置字体颜色、打开抗锯齿、设置文字大小以及绘制文字等。

7.3.6　多边形切分案例

介绍完多边形凸壳案例后，相信读者对于 GeoLib 库中相关类有了一定了解。下面将给出另外一个关于多边形切分的案例 GeoLib_S2，便于读者能够正确使用多边形切分的方法，同时也利于读者对多边形切分原理的理解，具体内容如下。

1. 案例运行效果

本案例主要演示的是，通过手指在屏幕上滑动将屏幕中央的多边形切分为颜色不同的几部分，并且随着手指滑动在屏幕上会显示用于切分多边形的割线。效果如图 7-24、图 7-25 和图 7-26 所示。

▲图 7-24　案例运行开始

▲图 7-25　切分为两部分

▲图 7-26　切分为三部分

> **说明**　图 7-24 为案例运行开始时多边形的效果图，图 7-25 为手指在屏幕上滑动将多边形切分为两部分时的效果图，图 7-26 为多手指在屏幕上滑动将多边形切分为三部分时的效果图。

2. 常量类——Constant

在详细介绍本案例前，需要向读者介绍本案例的一个重要类——常量类 Constant。本类主要用于设置屏幕自适应、创建多边形对象以及切分多边形等，其具体代码如下。

代码位置：见随书光盘中源代码/第 7 章/GeoLib_S2/src/com/bn/util 目录下的 Constant.java。

```
package com.bn.util;                              //声明包名
……//此处省略了导入类的代码，读者可自行查阅随书附带光盘中的源代码
```

```
3    public class Constant{
4        public static C2DPolygon createPoly(float[] polyData){//创建测试用的多边形
5            ArrayList<C2DPoint> al=new ArrayList<C2DPoint>();
                                                  //创建 ArrayList<C2DPoint>对象
6            for(int i=0;i<polyData.length/2;i++){
7                C2DPoint tempP=new C2DPoint(polyData[i*2],polyData[i*2+1]);
                                                       //创建 C2DPoint 类对象
8                al.add(tempP);                        //将 C2DPoint 对象放入 al 中
9            }
10           C2DPolygon p = new C2DPolygon();          //创建 C2DPolygon 对象
11           p.Create(al, true);                //创建可选的重新排序的多边形点
12           return p;                                 //返回多边形对象
13       }
14       public static ArrayList<ArrayList<float[]>> calParts(float xmin,float
15           xmax,float ymin,float ymax,float sx,float sy,float ex,float ey){
16           int currIndex=0;                          //点索引值，表示计算点数量
17           ArrayList<float[]> al=new ArrayList<float[]>();//用于存放点的列表
18           al.add(new float[]{xmin,ymin});           //将点加入 al 集合中
19           currIndex++;                              //点索引值自加
20           int jd1Index=-1;                          //索引值 jd1Index
21           int jd2Index=-1;                          //索引值 jd2Index
22           //求 0-1 线段与传入切割线的交点 X=xmin
23           float t=(xmin-sx)/(ex-sx);
24           float y=(ey-sy)*t+sy;                     //计算交点的 y 值
25           if(y>ymin&&y<ymax){                       //交点的 y 值在指定区间内
26               jd1Index=currIndex;
27               al.add(new float[]{xmin,y});          //将交点添加进列表
28               currIndex++;                          //点数量加 1
29           }
30           al.add(new float[]{xmin,ymax});           //将点加入 al 列表中
31           currIndex++;                              //总索引值自加
32   ……//此处省略计算传入割线与其他三条线段交点的代码，读者可自行查阅随书附带光盘中的源代码
33           //卷绕第一个多边形
34           ArrayList<float[]> p1=new ArrayList<float[]>();//创建存储多边形点的列表
35           int startIndex=jd1Index;                     //索引值
36           while(true){
37               p1.add(al.get(startIndex));              //获取第一个多边形的点
38               if(startIndex==jd2Index){
39                   break;                               //退出循环
40               }
41               startIndex=(startIndex+1)%al.size();     //索引值加 1
42           }
43           ……//此处省略了卷绕第二个多边形的代码，读者可自行查阅随书附带光盘中的源代码
44           ArrayList<ArrayList<float[]>>result=
45                   new ArrayList<ArrayList<float[]>>();//创建 ArrayList 对象
46           result.add(p1);                  //将第一个多边形的点集合存入 result
47           result.add(p2);                  //将第二个多边形的点集合存入 result
48           return result;                               //返回多边形列表
49       }
50       public static C2DPolygon[] createPolys(
51                   ArrayList<ArrayList<float[]>> alIn){//创建切割后的多边形
52           C2DPolygon[] cps=new C2DPolygon[2];          //创建多边形数组
53           int index=0;                        //索引值,记录多边形个数
54           for(ArrayList<float[]> p:alIn){
55               cps[index]=new C2DPolygon(); //创建 C2DPolygon 类对象
56               ArrayList<C2DPoint> al=new ArrayList<C2DPoint>();
                                             //创建存放 C2DPoint 的集合
57               for(float[] fa:p){
58                   C2DPoint tempP=new C2DPoint(fa[0],fa[1]);
                                                      //创建 C2DPoint 对象
59                   al.add(tempP);                   //将点添加进列表
60               }
61               cps[index].Create(al, true); //创建可选的重新排序的多边形点
62               index++;                             //多边形个数加 1
63           }
64           return cps;                      //返回 C2DPolygon 数组
65   }}
```

- 第 4～13 行功能为根据点序列创建多边形对象。通过创建 ArrayList<C2DPoint>对象 al，

遍历点序列，并将所有的点添加进 al 列表中。根据 al 对象创建多边形对象，并将其返回。

- 第 14～49 行主要功能为切分多边形，返回值为多边形点集合的列表。首先构造矩形框，四个点的顺序按逆时针顺序排列，左上角为零号点，右上角为三号点。然后计算传入的割线与矩形四条边的交点，并将交点添加进点列表。最后将两个多边形的点存入对应的点集合 p1 和 p2 中，将 p1 和 p2 添加进 ArrayList<ArrayList<float[]>>对象，并将其返回。
- 第 50～65 行主要功能为创建切割后的多边形，返回值为多边形对象数组。遍历多边形点集合 ArrayList<ArrayList<float[]>>对象，根据点集合创建对应多边形对象，最后将多边形数组返回。

说明　在此只给出了割线与第一条边交点的计算代码，而割线与矩形框其他三条边交点的计算原理与计算第一个交点的原理类似，因此不再重复介绍，需要的读者可自行查看随书附带光盘中的源代码。

3. 绘制类——MyGeoDraw

开发完本案例的常量类，接下来就是开发本案例的绘制类 MyGeoDraw，本类含有绘制多边形的方法。其方法为根据多边形对象的点构建路径，通过画笔绘制在画布上，在屏幕上显示。其具体代码如下。

代码位置：见随书光盘中源代码/第 7 章/GeoLib_S2/src/com/bn 目录下的 MyGeoDraw.java。

```
1    package com.bn;                                              //声明包名
2    ……//此处省略了导入类的代码，读者可自行查阅随书附带光盘中的源代码
3    public class MyGeoDraw{
4         public void drawPoly(C2DPolygon cp,int index,Canvas canvas){//绘制单个多边形
5              Paint p=new Paint();                                 //创建画笔
6              p.setColor(ColorUtil.getColor(index));               //设置画笔颜色
7              ArrayList<C2DPoint> al=new ArrayList<C2DPoint>();//创建列表
8              cp.GetPointsCopy(al);                                //复制点序列
9              if(al.size()>0){
10                  int[] xs=new int[al.size()];                    //创建存储 x 的数组
11             int[] ys=new int[al.size()];                         //创建存储 y 的数组
12             for(int i=0;i<al.size();i++){
13                  xs[i]=(int)(al.get(i).x);                       //获取点的 x 坐标
14                  ys[i]=(int)(al.get(i).y);                       //获取点的 y 坐标
15             }
16             Path path=new Path();                                //用于绘制多边形路径
17             path.moveTo(xs[0], ys[0]);                           //移动到此点作为起点
18             for(int i=1;i<al.size();i++){
19                  path.lineTo(xs[i], ys[i]);                      //移动到当前点
20             }
21             path.close();                                        //形成闭合图形
22             canvas.drawPath(path, p);                            //绘制路径
23   }}}
```

- 第 5～8 行功能为创建画笔并设置画笔颜色，创建 ArrayList<C2DPoint>对象，并将多边形的点序列存入集合对象。
- 第 16～23 行功能为创建 Path 对象，遍历所有的点并调用 moveTo 方法和 lineTo 方法形成线段，最后调用 close 方法将开始的点和最后的点连接在一起，构成一个封闭图形，通过画笔绘制图案。

4. 显示界面类——DisplayView

依次介绍了本案例常量类、绘制类的开发，接下来将为读者介绍显示界面类的开发。本类功能主要为显示场景对象、添加触控等。其与显示凸壳案例显示界面类结构大致类似，因此这里不再赘述重复的内容，在此只介绍本类的绘制方法和触控回调事件。其具体开发代码如下。

代码位置：见随书光盘中源代码/第 7 章/GeoLib_S2/src/com/bn 目录下的 DisplayView.java。

```
1    package com.bn;                                              //声明包名
2    ……//此处省略了导入类的代码，读者可自行查阅随书附带光盘中的源代码
3    public class DisplayView extends SurfaceView implements SurfaceHolder.Callback{
4         ……//此处省略了本类的全局变量的代码，读者可自行查阅随书附带光盘中的源代码
5         public void onDraw(Canvas canvas){                      //绘制方法
6              if(canvas==null){                                  //如果 canvas 为空
7                   return;
8              }
9              canvas.drawRGB(0, 0, 0);                           //设置画布颜色为黑色
10             mgd.drawPoly(cpMain,index,canvas);                 //绘制被切割的主多边形
11             for(C2DHoledPolygon chp:alP){                      //绘制切割后的多边形，并绘制
12                  mgd.drawPoly(chp.getRim(),Math.abs(random.nextInt()),canvas);
13             }
14             Paint paint=new Paint();                           //创建画笔
15             paint.setColor(Color.WHITE);                       //设置颜色
16             canvas.drawLine((float)start.x,(float)start.y,
17                       (float)end.x, (float)end.y, paint);//绘制线段
18             paint.reset();                                     //重置画笔
19        }
20        public boolean onTouchEve;                              //获取触控点 x 坐标
22             float y=event.getY();                              //获取触控点 y 坐标
23             switch(event.getAction()){
24                  case MotionEvent.ACTION_DOWN:                 //按下
25                       alP.clear();                             //清空列表
26                       start=new C2DPoint(x,y);                 //起点
27                  break;
28                  case MotionEvent.ACTION_MOVE:                 //移动
29                       end=new C2DPoint(x,y);                   //终点
30                  break;
31                  case MotionEvent.ACTION_UP:                   //抬起
32                       ArrayList<ArrayList<float[]>> tal=Constant.calParts(
                                                                  //获取切分后多边形的点集合
33                            xmin,xmax,ymin,ymax,(float)start.x,(float)start.y,
34                                 (float)end.x,(float)end.y);
35                       C2DPolygon[] cpA=Constant.createPolys(tal);//创建多边形
36                       index=Math.abs(random.nextInt());//获取随机数
37                       alP.clear();                             //清除列表
38                       for(C2DPolygon cpTemp:cpA){
39                            ArrayList<C2DHoledPolygon> polys =
40                                      new ArrayList<C2DHoledPolygon>();
41                            cpTemp.GetOverlaps(cpMain, polys, new CGrid());
                                                                  //获取多边形
42                            for(C2DHoledPolygon chp:polys){
43                                 alP.add(chp);                  //将多边形添加进列表
44                       }}
45                  break;
46             }
47             return true;                                       //返回 true
48        }
49        ……//此处省略了内部线程类和 Callback 接口中方法的代码，请自行查阅随书附带光盘中的源代码
50   }
```

- 第 5～19 行为本类的绘制方法。首先判断画布是否为空，如果为空，则不在绘制场景；否则设置画布背景颜色，绘制未被切分的多边形。然后遍历 alP 集合中 C2DHoledPolygon 对象，并在场景中绘制显示。此外通过设置画笔，在场景中绘制分割线。
- 第 20～48 行为重写父类的触控方法。首先获取触控点的 x 和 y 坐标并记录，然后判断触控的方式，如果是 ACTION_DOWN，则清除 alP 列表并记录触控起点。如果是 ACTION_MOVE，则记录触控终点。如果是 ACTION_UP，则根据起点和终点获取割线切分多边形并将切分后的多边形点数据添加进 tal 列表。此外，创建多边形数组，通过多边形的 GetOverlaps 方法获取 cpTemp 与 cpMain 重叠的多边形，并将其添加进 polys 列表。

> **说明**　由于篇幅有限，本案例中还有部分类没有介绍，这些类基本与 GeoLib 库中相关类方法的使用关系不大，只是起到辅助控制的作用，因此这里就不再介绍了，读者可自行查阅随书附带光盘中的源代码学习。

7.3.7　显示包围框以及多边形的矩形组合案例

游戏开发中经常会用到碰撞检测技术，本章前面也已经有所介绍。在碰撞检测的时候，用到了包围框，但是对于某些特殊形状，简单包围框检测就不是很精确，这就要用到多边形的矩形组合碰撞检测，其具体情况如下。

（1）在粗略计算多边形碰撞时，可以采用多边形的包围矩形，如果两个包围框矩形相交，则认为这两个多边形发生了碰撞。这种策略进行碰撞检测的计算误差较大，如图 7-27 所示。

（2）在需要较为精确计算多边形碰撞时，就要采用多边形的矩形组合，只有当一个多边形的矩形组合与另一个多边形的矩形组合相交时，才表明这两个多边形发生了碰撞。这种碰撞检测策略比包围框矩形碰撞检测更为精准，如图 7-28 所示。

▲图 7-27　外接矩形碰撞

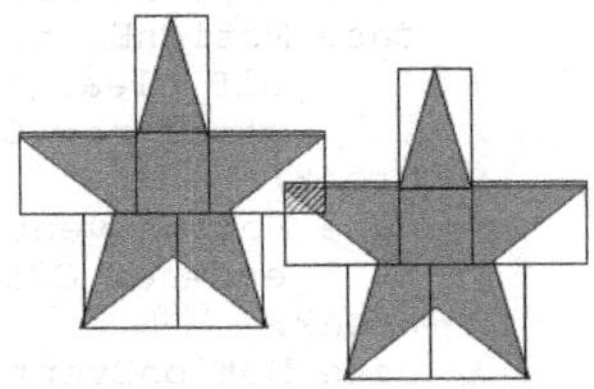

▲图 7-28　矩形组合碰撞

幸运的是，GeoLib 库中的多边形类提供了获取多边形包围框的方法和获取多边形矩形组合的方法，这对以上两种碰撞检测技术的开发有着重要的辅助作用。下面就向读者介绍显示几何形状的包围框以及多边形矩形组合的案例，具体内容如下。

1. 案例运行效果

本案例主要演示的是，当按下显示包围圆按钮后，五角星则会显示其外接圆；当按下显示包围矩形后，五角星和圆弧则会显示各自的包围矩形；当按下显示矩形组合按钮后，五角星则会显示其矩形组合。其运行效果如图 7-29、图 7-30 和图 7-31 所示。

▲图 7-29　按中显示外接圆按钮

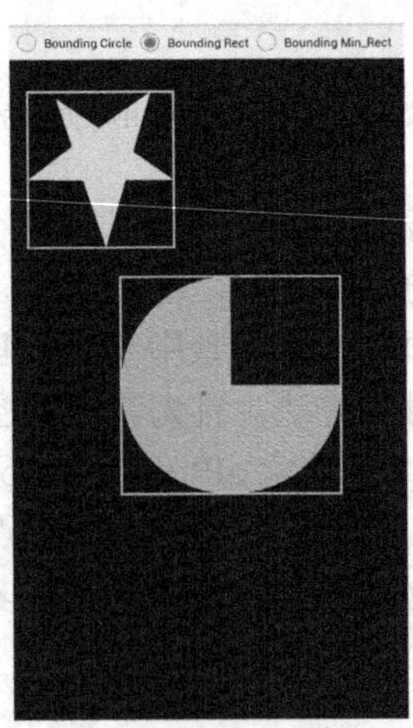

▲图 7-30　按中显示外接矩形按钮

▲图 7-31　按中显示矩形组合按钮

> **说明** 图 7-29 为用户按下显示外接圆按钮时，五角星则显示其外接圆的效果图，图 7-30 为用户按下显示外接矩形按钮时，五角星和圆弧则显示各自的外接矩形的效果图，图 7-31 为用户按下显示矩形组合按钮时，五角星则显示矩形组合的效果图。

2. 显示界面类——DisplayView

下面将向读者详细介绍本案例中的显示界面类 DisplayView，该类的功能为对本案例中的场景进行渲染，且与前面介绍的显示凸壳案例中的显示界面类 DisplayView 的结构大致类似，因此这里不再赘述重复的内容。其具体代码如下。

代码位置：见随书光盘中源代码/第 7 章/GeoLib_S3/com/example/view 目录下的 DisplayView.java。

```
1    package com.example.view;                                  //导入包
2    ……//此处省略了导入类的代码，读者可自行查阅随书附带光盘中的源代码
3    public class DisplayView extends SurfaceView implements SurfaceHolder.Callback{
4        ……//此处省略变量定义的代码，请自行查看源代码
5        public DisplayView(Context context, AttributeSet attrs){//构造器
6            super(context, attrs);                             //调用父类
7            paint=new Paint();                                 //初始化画笔
8            getHolder().addCallback(this);                     //设置生命周期回调接口的实现者
9            this.thread = new TutorialThread(getHolder(), this);//初始化刷帧线程
10       }
11       public void onDraw(Canvas canvas){                     //绘制方法
12           if(canvas==null){                                  //画笔为空时
13               return;                                        //返回
14           }
15           MyGeoDraw drawer=new MyGeoDraw();                  //创建并初始化绘制物体对象
16           drawer.Draw(rect, 22, true, canvas);               //绘制包围框
17           drawer.DrawFilled(cpg,cIndext[0],canvas);  //绘制多边形
18           drawer.Draw(ca,cIndext[1], canvas);                //绘制圆弧
19           if(isBoundingCircle){                              //显示外接圆时
20               if(cpg != null){                               //多边形不为空时
21                   C2DCircle c = new C2DCircle();             //创建并初始化圆对象
22                   cpg.GetBoundingCircle(c);                  //获取多边形的外接圆
23                   drawer.Draw(c, 0,false,canvas);            //绘制外接圆
24           }}
25           if(isBoundingRect){                                //显示外接矩形时
26               if (cpg != null){                              //多边形不为空时
27                   drawer.Draw(cpg.getBoundingRect(),0,false, canvas);//绘制外接矩形
28               }
29               if (ca != null){                               //圆弧不为空时
30                   C2DRect Rect=new C2DRect();                //创建并初始化矩形
31                   ca.GetBoundingRect(Rect);                  //获取外接矩形
32                   drawer.Draw(Rect,0,false,canvas);          //绘制外接矩形
33           }}
34           if(isBoundingMinRect){                             //显示多边形的矩形组合
35               if(cpg != null){                               //多边形不为空时
36                   for(C2DRect rect:cpg.getLineRects()){//循环遍历矩形组合中的各个小矩形
37                       drawer.Draw(rect,0,false,canvas);//绘制各个小矩形
38       } } } }
39       ……//此处刷帧线程类的代码与前面案例中的相似，故省略，请自行查看源代码
40       ……//此处省略了创建实现回调接口类的必须重写的 3 个方法，请自行查看源代码
41   }
```

- 第 5～10 行为显示界面类的构造器，在该类的构造器中主要是设置了生命周期回调接口的实现者，初始化画笔和初始化刷帧线程等。
- 第 19～24 行功能为判断是否绘制外接圆，若是则创建并初始化圆对象，然后五角星调用 GetBoundingCircle 方法获取外接圆，圆对象为获取的外接圆，最后绘制该外接圆。
- 第 25～33 行功能为判断是否绘制外接矩形。若是则五角星调用 getBoundingRect 方法获取外接矩形并绘制，圆弧则先创建矩形对象，再调用 GetBoundingRect 方法获取外接矩形，矩形对象为获取的外接矩形，并绘制该矩形。

- 第 34～38 行功能为判断是否绘制多边形的矩形组合，若是则五角星调用 getLineRects 方法获取矩形组合中的各个小矩形并绘制。

7.3.8　旋转与凸子区域案例

游戏开发中使用到的几何形状有可能是凸多边形也有可能是凹多边形，但在很多情况下直接使用凹多边形进行计算、绘制会比较困难。此时就需要将一个凹多边形拆分成多个凸多边形的组合来处理问题。

> **提示**　所谓凸多边形就是把一个多边形任意一边向两方无限延长成为一条直线，如果多边形的其他各边均在此直线的同旁，那么这个多边形就叫作凸多边形，如三角形、正五边形、正六边形等都是凸多边形。一个非凸的多边形被称作凹多边形，如五角星就是凹多边形。

GeoLib 在设计时也考虑到了这种需要，其提供了获取多边形凸子区域的功能，在开发中若善加利用可以取得很好的效果。关于任意多边形的凸子区域，具体情况如下。

（1）若某一个多边形是凸多边形，则其凸子区域是其本身，效果如图 7-32 所示。

（2）若某一个多边形是凹多边形，则其凸子区域是多个不重叠的子区域的组合（多个不重叠子区域正好组成该多边形，且任意子区域都是凸多边形），效果如图 7-33 所示。

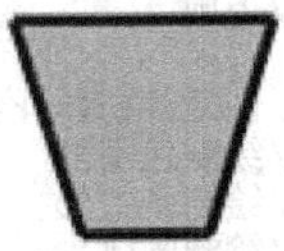

▲图 7-32　凸多边形的凸子区域

▲图 7-33　凹多边形的凸子区域

介绍完了关于凸子区域的基本知识，下面将给出一个旋转多边形和获取多边形凸子区域的案例——旋转与凸子区域，便于读者能够在开发中正确使用多边形旋转和获取凸子区域的方法，同时也利于读者加深理解，具体内容如下。

1. 案例运行效果

本案例给出的是一个类似松树的多边形物体，通过点击屏幕上的按钮对多边形进行旋转以及计算多边形的凸子区域。当点击 Rotate 按钮时多边形逆时针旋转 45°；当点击另一按钮时屏幕会显示该多边形凸子区域的轮廓。具体运行效果如图 7-34、图 7-35 及图 7-36 所示。

▲图 7-34　案例运行开始

▲图 7-35　多边形旋转

▲图 7-36　多边形凸子区域

> **说明** 图 7-34 为案例运行开始时多边形物体的效果图，该多边形为颜色多边形。图 7-35 为多边形物体旋转时的效果图，通过点击 Rotate 按钮将多边形物体逆时针旋转 45°。图 7-36 为多边形物体获取凸子区域的效果图，通过点击 Convex Sub-areas 按钮获取该多边形的凸子区域，并将其轮廓绘制在屏幕中。

2. 显示界面类——DisplayView

由于本案例中的显示界面类与前面其他案例的基本一致，因此这里不再赘述。这里主要介绍显示界面类的绘制方法、触控方法以及获取多边形凸子区域的方法，即 DisplayView 类中 onDraw 方法、toggleConvexSubAreas 方法的开发，其具体代码如下。

代码位置：见随书光盘中源代码/第 7 章/GeoLib_S4/src/zsx/geolib 目录下的 DisplayView.java。

```
1   package zsx.geolib;                                          //声明包名
2   ……//此处省略了导入类的代码，读者可自行查阅随书附带光盘中的源代码
3   public class DisplayView extends SurfaceView implements SurfaceHolder.Callback{
4       ……//此处省略了声明全局变量的代码，读者可自行查阅随书附带光盘中的源代码
5           public DisplayView(Context context, AttributeSet attrs) {//构造器
6           super(context, attrs);                             //调用父类方法
7           this.getHolder().addCallback(this);      //设置生命周期回调接口的实现者
8           drawThread=new DrawThread(this.getHolder(),this);//创建线程对象
9           color=Math.abs(new Random().nextInt());//随即产生颜色数组
10          cpMain=Constant.createPoly(polyData); //创建多边形对象
11          cpMain.Move(new  C2DVector((100+x)*ratio,(270+y)*ratio));//移动多边形
12          mgd=new MyGeoDraw();                               //创建绘制类对象
13      }
14      ……//此处省略了单个参数构造器代码，读者可自行查阅随书附带光盘中的源代码
15      public void onDraw(Canvas canvas){                     //绘制方法
16          ……//此处省略了与前面案例中相似的代码，读者可自行查阅随书附带光盘中的源代码
17          if(isRotate){                                      //Rotate 按钮被点击
18              subAreas.clear();                              //清空列表
19              this.cpMain.RotateToRight(Math.PI/4);//旋转 45°
20              isRotate=false;                                //标志位置 false
21          }
22          if(isSubAreas){                                    //Convex Sub-areas 按钮被点击
23              toggleConvexSubAreas(cpMain);                  //调用 toggleConvexSubAreas 方法
24              for(int i=0;i<subAreas.size();i++){
25                  mgd.drawPoly(subAreas.get(i),2,true,canvas);//绘制子多边形
26          }}else{
27              subAreas.clear();                              //清空列表
28              mgd.drawPoly(cpMain,color,false,canvas);              //绘制多边形 1
29      }}
30  ……//此处省略了内部线程类和 Callback 接口中方法的代码，请自行查阅随书附带光盘中的源代码
31      private void toggleConvexSubAreas(C2DPolygon polygon) {//获取凸子区域的方法
32          if (polygon != null&&isSubAreas) {//如果 polygon 不为空且 isSubAreas 为 true
33              polygon.GetConvexSubAreas(subAreas);//获取子区域并存入 subAreas 中
34              if (subAreas.size() > 1) {
35                  polygon.ClearConvexSubAreas();                    //移除
36              }else{
37                  polygon.CreateConvexSubAreas();                   //创建
38  }}}
```

- 第 5～13 行为本类含两个参数的构造器，其功能为初始化本类的成员变量并设置生命周期回调接口的实现者。
- 第 15～29 行为本类的绘制方法，其功能为绘制场景的多边形物体，并根据其对应标志位设置多边形姿态等。如果 isRotate 为 true，则清空凸子区域列表，并将多边形逆时针旋转 45°。如果 isSubAreas 为 true，则调用获取凸子区域的方法，并将子区域绘制在屏幕中。
- 第 31～38 行功能为获取指定多边形的凸子区域，如果 polygon 不为空且 isSubAreas 为 true，则调用多边形对象的 GetConvexSubAreas 方法获取凸子区域列表。

7.3.9　平滑与计算最短距离案例

上一小节介绍了旋转与凸子区域案例，本小节将向读者介绍多边形的平滑与计算最短距离案例，便于读者能够正确地使用平滑与计算最短距离的方法，同时也利于读者加深对以上方法的理解，具体内容如下。

1. 案例运行效果

本案例中屏幕上将绘制出两个多边形，通过手指拖动可以改变多边形的位置，通过点击 Smooth 按钮可以将多边形平滑化，通过点击 Min-Dis 按钮可以计算出两个多边形的最短距离并绘制出来。具体运行效果如图 7-37、图 7-38 及图 7-39 所示。

▲图 7-37　案例运行开始

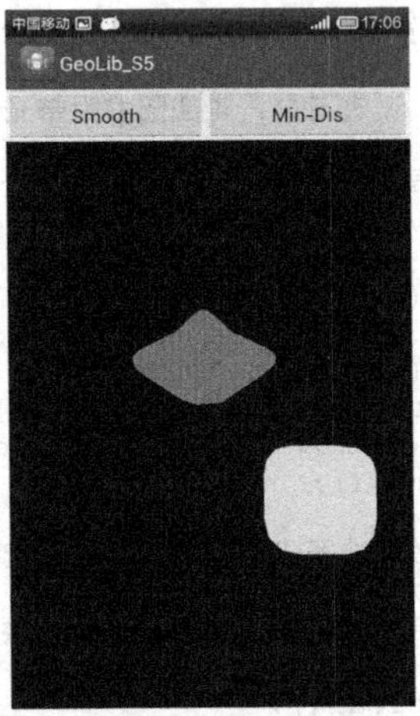

▲图 7-38　平滑

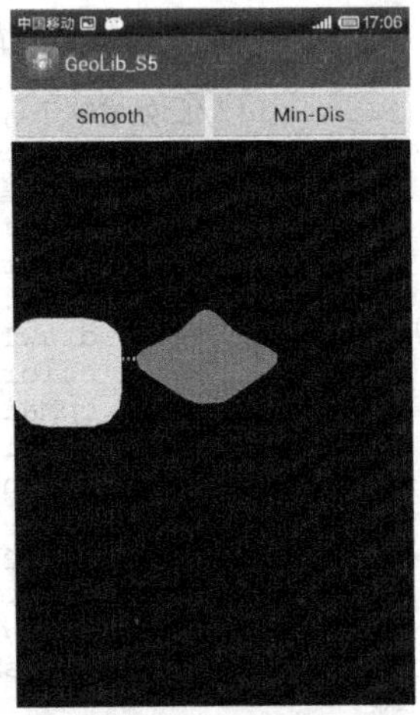

▲图 7-39　最短距离

说明　图 7-37 为案例运行开始时的情况，图 7-38 是点击了 Smooth 按钮后两个多边形被平滑化以后的情况，图 7-39 是点击了 Min-Dis 按钮后计算并绘制出了两个多边形的最短距离的情况。

2. 绘制类——MyGeoDraw

本类与多边形切分案例的主绘制类结构和功能大致类似，因此这里不再赘述重复的内容，需要的读者可自行查看随书附带光盘中的源代码。这里主要介绍本案例 MyGeoDraw 类中绘制 C2DLine 类对象的方法，其具体代码如下。

代码位置：见随书光盘中源代码/第 7 章/GeoLib_S5/src/com/bn/geolib 目录下的 MyGeoDraw.java。

```
public void drawLine(C2DLine Line, int color, Canvas canvas){
     Paint paint=new Paint();                                    //创建画笔
     paint.setColor(ColorUtil.getColor(color));                 //设置画笔颜色
     PathEffect effect = new DashPathEffect(new float[]{5,5,5,5},1);
                                                                //用于设置虚线
     paint.setAntiAlias(true);                                  //打开抗锯齿
     paint.setPathEffect(effect);                               //开启虚线
     paint.setStrokeWidth(6);                                   //设置线条宽度
     C2DPoint pt1 = Line.GetPointFrom();                        //获取线的起点
     C2DPoint pt2 = Line.GetPointTo();                          //获取线的终点
     canvas.drawLine((float)pt1.x,(float)pt1.y,
                    (float)pt2.x,(float)pt2.y,paint);           //绘制线段
}
```

> **说明** 本类中用于绘制单个多边形的方法和旋转与凸子区域案例绘制类中绘制单个多边形的方法一致，故不再进行重复介绍，需要的读者可自行查看随书附带光盘中的源代码。

3. 显示界面类——DisplayView

本案例的显示界面类和旋转与凸子区域案例的绘制界面类的结构和功能大致类似，因此这里不再赘述重复的内容，需要的读者可自行查看随书附带光盘中的源代码。这里主要介绍本类中的构造器和绘制方法，具体的代码如下。

代码位置：见随书光盘中源代码/第 7 章/GeoLib_S5/src/com/bn/geolib 目录下的 DisplayView.java。

```
1    public DisplayView(Context context, AttributeSet attrs){  //构造器
2        super(context, attrs);                                   //调用父类方法
3        this.getHolder().addCallback(this);               //设置生命周期回调接口的实现者
4        this.drawThread=new DrawThread(this.getHolder(),this);//创建内部线程对象
5        this.cpMain[0]=Constant.createPoly(polyData);           //创建第一个多边形
6        this.cpMain[1]=Constant.createPoly(polyData2);          //创建第二个多边形
7        mgd=new MyGeoDraw();                                     //创建绘制类对象
8        for(int i=0;i<2;i++){
9            colors[i]=Math.abs(new Random().nextInt());         //创建两种颜色
10   }}
11   public void onDraw(Canvas canvas){                          //绘制方法
12       if(canvas==null){                                        //如果 canvas 为空
13           return;                                              //返回
14       }
15       canvas.drawRGB(0, 0, 0);                                 //设置背景颜色
16       mgd.drawPoly(cpMain[0],colors[0],canvas);                //绘制多边形 1
17       mgd.drawPoly(cpMain[1],colors[1],canvas);                //绘制多边形 2
18       if(isMinDis){                                            //若 true,计算最短距离
19           cpMain[0].Distance(cpMain[1], cp1, cp2);             //获取最短距离
20           C2DLine l = new C2DLine(cp1, cp2);                   //创建 C2DLine 对象
21           mgd.drawLine(l, colors[1]+100, canvas);              //调用绘制线段方法
22       }
23       if(isSmooth){                                            //若 true，使多边形平滑
24           this.cpMain[0].Smooth();                             //使第一个多边形平滑
25           this.cpMain[1].Smooth();                             //使第二个多边形平滑
26   }}
```

- 第 1～10 行为显示界面类的构造器，其主要功能为创建本类的成员变量并设置生命周期回调接口的实现者。
- 第 11～26 行功能为本类的绘制方法，首先设置屏幕的背景颜色，通过绘制类对象 mgd 的 drawPoly 方法将两个多边形绘制在屏幕中。然后判断 isMinDis 标志位的真值，如果 isMinDis 为 true，则通过 Distance 方法计算两个多边形之间的最短距离，并将最短线段绘制在屏幕中。再判断 isSmooth 标志位的真值，如果 isSmooth 为 true，则调用 Smooth 方法使多边形趋于平滑。

7.3.10 多边形缩放与不重叠案例

上一小节介绍了多边形的平滑与计算最短距离案例，接下来将为读者介绍多边形缩放与不重叠案例，以便于读者能够正确地使用缩放和避免多边形重叠的方法，同时也利于读者加深对以上方法的理解，具体内容如下。

1. 案例运行效果

本案例中屏幕上会绘制出两个多边形，可以通过手指拖动改变多边形的位置。当点击 Grow 按钮时多边形被放大，当点击 Littile 按钮时多边形被缩小，当点击 Avoid 按钮时多边形会自动避免发生重叠。具体运行效果如图 7-40、图 7-41 及图 7-42 所示。

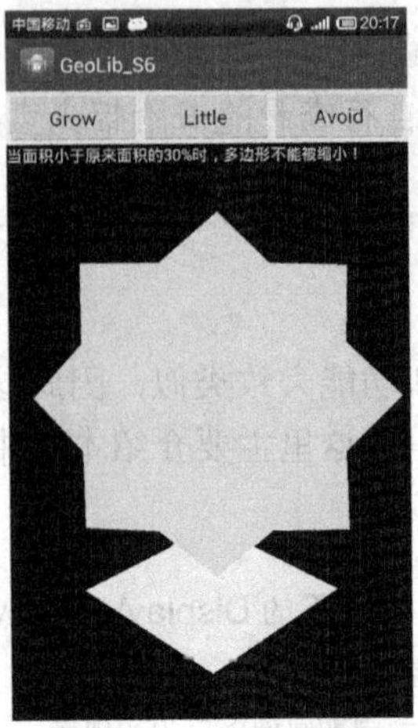

▲图 7-40　多边形放大

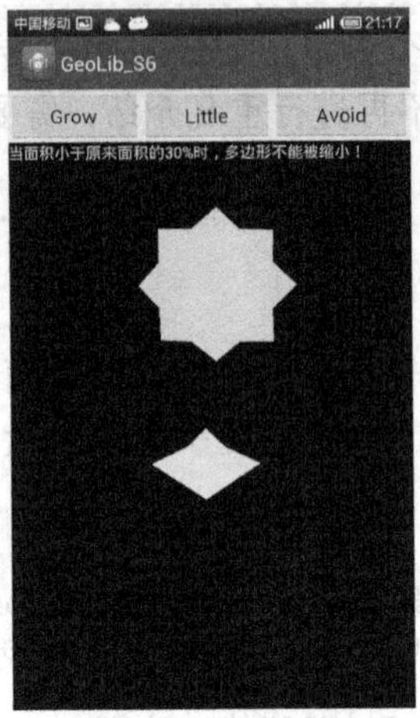

▲图 7-41　多边形缩小

▲图 7-42　不可重叠

说明　图 7-40 为案例运行后点击 Grow 按钮放大多边形的情况，图 7-41 为点击 Little 按钮后多边形被缩小的情况，图 7-42 为点击 Avoid 按钮后两个多边形自动避免重叠的情况（在点击 Avoid 按钮前读者需要拖动多边形使之发生重叠才能看到效果）。

2. 显示界面类——DisplayView

本案例和平滑与最短距离案例的显示界面类结构大致类似，因此这里不再赘述重复的内容。这里主要介绍本案例中的 DisplayView 类的 avoid 方法和 onDraw 方法。具体的代码如下。

代码位置：见随书光盘中源代码/第 7 章/GeoLib_S6/src/com/example 目录下的 DisplayView.java。

```
public void onDraw(Canvas canvas){                        //绘制方法
     if(canvas==null){                                    //如果画布为空
          return;
     }
     canvas.drawRGB(0, 0, 0);                             //设置背景颜色
     if(isGrow){                                          //增大
          cp1.Grow(1.11);                                 //整体变为原来的 1.11 倍
          cp2.Grow(1.11);                                 //整体变为原来的 1.11 倍
          mgd.drawPoly(cp1,Color.YELLOW,canvas);          //绘制多边形
          mgd.drawPoly(cp2,Color.LTGRAY,canvas);          //绘制多边形
          isGrow=false;                                   //标志位置 false
     }else{
          mgd.drawPoly(cp1,Color.YELLOW,canvas);          //绘制多边形
          mgd.drawPoly(cp2,Color.LTGRAY,canvas);          //绘制多边形
     }
     if(isDecrease){                                      //减小
          cp1.Grow(0.65);                                 //整体变为原来的 0.65 倍
          cp2.Grow(0.65);                                 //整体变为原来的 0.65 倍
          mgd.drawPoly(cp1,Color.YELLOW,canvas);          //绘制多边形
          mgd.drawPoly(cp2,Color.LTGRAY,canvas);          //绘制多边形
          isDecrease=false;                               //标志位置 false
     }
     if(isAvoid){
          avoid();                                        //调用方法
 }}
 public void setSelectedPolygon(C2DPolygon p){
     selectedPolygon=p;                                   //确定被选中的多边形
 }
 public C2DPolygon getSelectedPolygon() {
     return selectedPolygon;                              //返回被选中的多边形
 }
 public void avoid(){                                     //避免多边形重叠的方法
     if (isAvoid) {                                       //如果 isAvoid 为 true
```

```
34              if(getSelectedPolygon()==cp1 && cp2!=null){
35                  cp2.Avoid(getSelectedPolygon());        //调用多边形的 Avoid 方法
36              }else if(getSelectedPolygon()==cp2&&cp1!=null){
37                  cp1.Avoid(getSelectedPolygon());        //调用多边形的 Avoid 方法
38      }}}
```

- 第 1～25 行功能为绘制方法，首先设置屏幕的背景颜色，再判断 isGrow 和 isDecrease 的真值，根据 isGrow 和 isDecrease 的值判断多边形的大小是否变化，最后判断 isAvoid 的真值，若为 true，则调用避免多边形重叠的方法。
- 第 26～28 行功能为确定当前被选中的多边形对象。
- 第 29～31 行功能为返回当前被选中的多边形对象。
- 第 32～38 行功能为避免多边形重叠的方法，如果 isAvoid 为 true，获取当前被选中的多边形对象并调用 Avoid 方法使两个多边形避免重叠。

7.3.11　求多边形对称案例

上一小节介绍了多边形缩放与不重叠案例，下面将向读者介绍求多边形对称的案例 GeoLib_S7。该案例用到了 GeoLib 库中的点类、线类和多边形类以及其关于点或线对称的方法 Reflect 等，实现了求多边形关于点或线对称后的图形，具体内容如下。

1. 案例运行效果

本案例中屏幕上会首先绘制出一个多边形，当选中 Point Symmetry 选项时程序将自动求出多边形关于指定点的对称图形并绘制出来，当选中 Line Symmetry 选项时程序将自动求出多边形关于指定直线的对称图形并绘制出来。具体运行效果如图 7-43、图 7-44 和图 7-45 所示。

▲图 7-43　案例运行开始

▲图 7-44　关于点对称

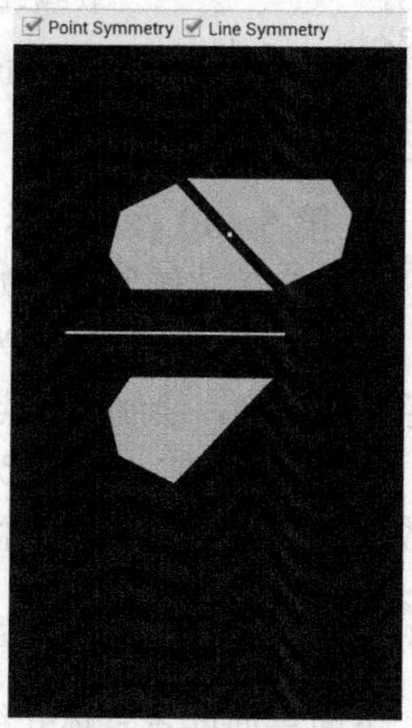

▲图 7-45　关于线对称

说明　图 7-43 为案例开始运行时的情况，图 7-44 是选中了 Point Symmetry 选项后程序求出多边形关于指定点的对称图形的情况，图 7-45 是选中了 Line Symmetry 选项后程序求出多边形关于指定直线的对称图形的情况。

2. 显示界面类——DisplayView

下面将向读者详细介绍本案例中的显示界面类 DisplayView，该类的功能为对本案例中的场景进行渲染，且与前面介绍的显示凸壳案例中的显示界面类 DisplayView 的结构大致类似，因此这里不再赘述重复的内容。其具体代码如下。

代码位置：见随书光盘中源代码/第 7 章/GeoLib_S7/com/example/view 目录下的 DisplayView.java。

```
1     package com.example.view;                                          //导入包
2     ……//此处省略了导入类的代码，读者可自行查阅随书附带光盘中的源代码
3     public class DisplayView extends SurfaceView implements SurfaceHolder.Callback{
4         ……//此处省略变量定义的代码，请自行查看源代码
5         public DisplayView(Context context, AttributeSet attrs){//构造器
6             super(context, attrs);                                     //调用父类
7             paint=new Paint();                                         //初始化画笔
8             getHolder().addCallback(this);                             //设置生命周期回调接口的实现者
9             this.thread = new TutorialThread(getHolder(), this);//初始化刷帧线程
10        }
11        public void onDraw(Canvas canvas){                             //绘制方法
12            if(canvas==null){                                          //画笔为空时
13                return;                                                //返回
14            }
15            MyGeoDraw draw=new MyGeoDraw();                            //绘制类对象
16            draw.Draw(rect, 22, true, canvas);                         //绘制包围框
17            draw.DrawFilled(cp, 4, canvas);                            //绘制实心多边形
18            if(isPoint){                                               //若 isPoint 为 true
19                C2DPoint point=new C2DPoint(pointData[0],pointData[1]);
                                                                         //创建并初始化对称点
20                paint.setColor(Color.YELLOW);                          //设置画笔颜色
21                paint.setStrokeWidth(8);                               //设置画笔的粗细度
22         canvas.drawPoint((pointData[0]+x)*ratio,(pointData[1]+y)*ratio,paint);
                                                                         //绘制对称点
23                C2DPolygon cpp=new C2DPolygon(cp);                     //创建并初始化多边形对象
24                cpp.Reflect(point);                                    //多边形关于对称点对称
25                draw.DrawFilled(cpp, 4, canvas);                       //绘制对称后多边形
26            }
27            if(isLine){                                                //若 isLine 为 true
28                draw.Draw(line, 12, canvas);                           //绘制对称线
29                C2DPolygon cpp=new C2DPolygon(cp);                     //创建并初始化多边形对象
30                cpp.Reflect(line);                                     //多边形关于对称线对称
31                draw.DrawFilled(cpp, 4, canvas);                       //绘制对称后多边形
32        }}
33        ……//此处刷帧线程类的代码与前面案例中的相似，故省略，请自行查看源代码
34        ……//此处省略了创建实现回调接口类的必须重写的 3 个方法，请自行查看源代码
35    }
```

- 第 5～10 行为显示界面类的构造器，在该类的构造器中主要是设置了生命周期回调接口的实现者，初始化画笔和初始化刷帧线程等。
- 第 18～26 行功能为判断是否显示点对称后的图像，若是则创建并初始化对称点，设置画笔颜色、粗细度，绘制对称点，创建新的三角形接收原三角形调用 Reflect 方法后得到的图像并绘制。
- 第 27～32 行功能为判断是否显示线对称后的图像，若是则绘制对称线和创建新的三角形接收原三角形对称后的图像并绘制。

7.3.12　多边形集合运算案例

下面将向读者具体介绍多边形集合运算案例 GeoLib_S8，该案例用到了 GeoLib 库中的矩形类 C2DRect、点类 C2DPoint、向量类 C2DVector、有孔多边形类 C2DHoledPolygon 和多边形类 C2DPolygon 及其相对应的各个不同相交方法等，具体内容如下。

1. 案例运行效果

本案例中屏幕上将绘制出两个多边形，可以通过手指拖动改变多边形的位置。当选中 Union 选项时，程序求出两个多边形并操作后的图形并用一种颜色绘制出来。当选中 Difference 选项时，程序求出两个多边形减操作后的图形并用不同颜色绘制出来。

当选中 Include 选项时，程序计算出两个多边形相交的部分，并用不同颜色绘制出来。具体运行效果如图 7-46、图 7-47 与图 7-48 所示。

▲图 7-46 选中 Union 选项

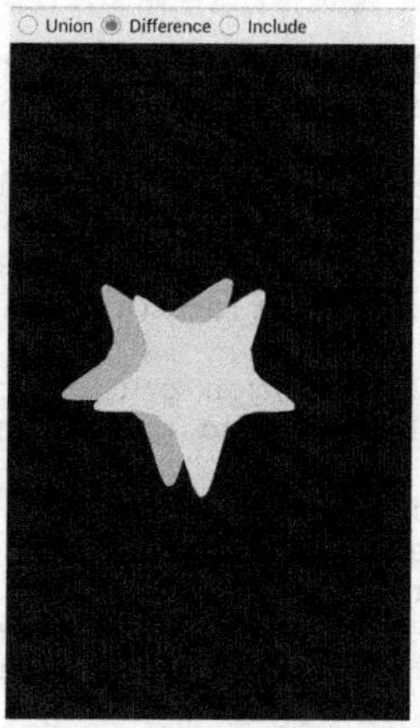

▲图 7-47 选中 Difference 选项

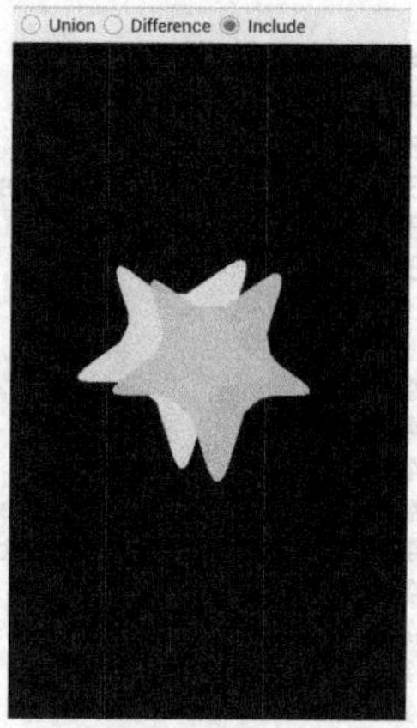

▲图 7-48 选中 Include 选项

说明 图 7-46 是选中 Union 选项后两个多边形求并的情况，图 7-47 是选中 Difference 选项后两个多边形求减的情况，图 7-48 是选中 Include 选项后两个多边形求交的情况。另外，由于本书正文中的插图采用的是灰度印刷，本案例看起来可能不是很清楚，此时请读者用真机运行查看，效果会好很多。

2. 显示界面类——DisplayView

下面将向读者详细介绍本案例中的显示界面类 DisplayView，该类的功能为对本案例中的场景进行渲染，且与前面介绍的显示凸壳案例中的显示界面类 DisplayView 的结构大致类似，因此这里不再赘述重复的内容。其具体代码如下。

代码位置：见随书光盘中源代码/第 7 章/ GeoLib_S8/com/example/view 目录下的 DisplayView.java。

```
package com.example.view;                                   //导入包
……//此处省略了导入类的代码，读者可自行查阅随书附带光盘中的源代码
public class DisplayView extends SurfaceView implements SurfaceHolder.Callback{
    ……//此处省略变量定义的代码，请自行查看源代码
    public DisplayView(Context context, AttributeSet attrs){ //构造器
        super(context, attrs);                              //调用父类
        paint=new Paint();                                  //初始化画笔
        draw=new MyGeoDraw();                               //初始化绘制物体对象
        getHolder().addCallback(this);                      //设置生命周期回调接口的实现者
        this.thread = new TutorialThread(getHolder(), this);//初始化刷帧线程
    }
    public void onDraw(Canvas canvas){                      //绘制方法
        if(canvas==null){                                   //画笔为空时
            return;                                         //返回
        }
        draw.Draw(rect, 22, true, canvas);                  //绘制包围框
        int i=0;                                            //颜色数组的索引值
        for(C2DPolygon chp:alP){                            //循环遍历多边形列表
            draw.DrawFilled(chp,cIndext[i],canvas);//绘制实心多边形
            i++;                                            //颜色数组的索引值加 1
        }
        if (type.trim().equals("Union")){                   //物体相交为合并时
            ArrayList<C2DHoledPolygon> polys =
                        new ArrayList<C2DHoledPolygon>();//临时列表
            alP.get(0).GetUnion(alP.get(1), polys, new CGrid());
                                                            //设置两个物体的相交为合并
            for (C2DHoledPolygon p : polys){                //循环遍历临时多边形列表
                draw.DrawFilled(p.getRim(),6,canvas);//绘制多边形
            }
        }else if (type.trim().equals("Difference")){//物体相交为不同时
            ArrayList<C2DHoledPolygon> polys =
                        new ArrayList<C2DHoledPolygon>();
            alP.get(0).GetNonOverlaps(alP.get(1), polys, new CGrid());
```

```
                                                    //设置两个物体的相交为不同
33              for (C2DHoledPolygon p : polys){      //循环遍历临时多边形列表
34                  draw.DrawFilled(p.getRim(),4,canvas);//绘制多边形
35              }
36          }else if (type.trim().equals("Include")){ //物体相交为包含时
37              ArrayList<C2DHoledPolygon> polys =
38                          new ArrayList<C2DHoledPolygon>();
39              alP.get(0).GetOverlaps(alP.get(1), polys, new CGrid());
                                                    //设置两个物体的相交为包含
40              for (C2DHoledPolygon p : polys){      //循环遍历临时多边形列表
41                  draw.DrawFilled(p.getRim(),8,canvas);//绘制多边形
42      }}}
43      public boolean onTouchEvent(MotionEvent event){ //触控方法
44          switch (event.getAction()){
45              case MotionEvent.ACTION_DOWN:         //当按下时
46                  oldPoint=new C2DPoint((event.getX()/ratio-x),
47                          (event.getY()/ratio-y));//获取触控点
48              break;
49              case MotionEvent.ACTION_MOVE:         //当移动时
50              case MotionEvent.ACTION_UP:           //当抬起时
51                  newPoint=new C2DPoint((event.getX()/ratio-x),
52                          (event.getY()/ratio-y));//获取触控点
53                  C2DVector v = new C2DVector(oldPoint, newPoint);//移动方向
54                  for(C2DPolygon chp:alP){          //循环遍历多边形列表
55                      if(chp.Contains(oldPoint)){//判断多边形是否包含点
56                          chp.Move(v);              //移动该多边形
57                          break;
58                  }}
59                  oldPoint=newPoint;                //给触屏时的点赋新值
60              break;
61          }
62          return true;
63      }
64      ……//此处刷帧线程类的代码与前面案例中的相似，故省略，请自行查看源代码
65      ……//此处省略了创建实现回调接口类的必须重写的 3 个方法，请自行查看源代码
66  }
```

- 第 5～11 行为显示界面类的构造器，在该类的构造器中主要是设置了生命周期回调接口的实现者，初始化画笔，初始化绘制物体对象和初始化刷帧线程等。
- 第 22～28 行功能为判断物体相交时是否为合并，若是，则创建临时存放多边形列表，第一个五角星调用 GetUnion 方法设置两物体的相交为合并，循环遍历临时列表来绘制各个多边形。
- 第 29～35 行为判断物体相交时是否为不同，若是，则创建临时存放多边形列表，第一个五角星调用 GetNonOverlaps 方法设置两物体的相交为不同，循环遍历临时列表来绘制各个多边形。
- 第 36～42 行功能为判断物体相交时是否为包含，若是，则创建临时存放多边形列表，第一个五角星调用 GetOverlaps 方法设置两物体的相交为包含，循环遍历临时列表来绘制各个多边形。
- 第 43～63 行为触控方法，在该方法中实现了通过触屏来移动物体的功能。

提示

由于本书正文中的插图采用灰度印刷，因此，本节案例中的运行效果图不是很好，请读者用真机自行运行本节中的案例，效果会更好。同时，本节部分案例中没有介绍到的类与本节的第一个案例显示凸壳中相对应的类基本相似，因此就没有重复介绍。如果需要查看这些类的代码，读者可自行查阅随书附带光盘中的源代码。

7.4 小结

本章主要介绍了在游戏开发中需要了解并掌握的数学和物理方面的知识，希望读者在以后的学习和工作中注意积累。同时不仅要明白这些数学、物理知识，还要懂得如何在开发过程中正确地使用这些知识，使开发的游戏效果更加逼真。

第 8 章　游戏地图必知必会

当前移动互联网发展迅速，人们的生活趋于多元化，手机游戏越来越受到人们的追捧，而地图是游戏开发中非常重要的一个环节，了解游戏地图的开发成为了手机游戏开发人员必备的能力。本章将介绍一些地图开发中必知必会的知识，以便读者在以后的开发中能轻松应对。

8.1 两种不同单元形状的地图

读者都知道很多游戏都不是单场景游戏，如小时候玩的魂斗罗和后来流行的仙剑奇侠传。这些大场景游戏中的地图都是由多个地图单元拼接而成的，例如仙剑奇侠传中的地面单元就是如此，细心的玩家和读者应该能发现这些单元是按照需要重复出现的。

而在实际开发中，一般地图单元的形状有两种选择——正方形和正六边形，原因是正方形和正六边形都能够无缝地铺满整个屏幕，而其他形状的图形却很难做到这点，本节将对这两种不同单元形状的地图进行介绍。

8.1.1　正方形单元地图

前面已经提过常用的地图单元形状有正方形和正六边形两种，本小节将对正方形单元地图进行介绍。用正方形单元地图进行开发时计算规则很简单，通常是一个典型的选择。流行的游戏中有不少就是采用的正方形单元地图，如地产大亨、经典版的超级玛丽等。

1. 基本知识

对于一个正方形地图单元，有两种常见的邻居定义规则。邻居要么必须有一条共同的边（4-邻居，如图 8-1 中左图所示），要么有共用的一个顶点或一条边（8-邻居，如图 8-1 中右图所示）。以一个基于正方形单元地图的策略游戏为例，任何人物或怪的行动将被分解成一系列的步骤，其中的每个步骤意味着从一个地图单元到另一个邻居地图单元的移动。

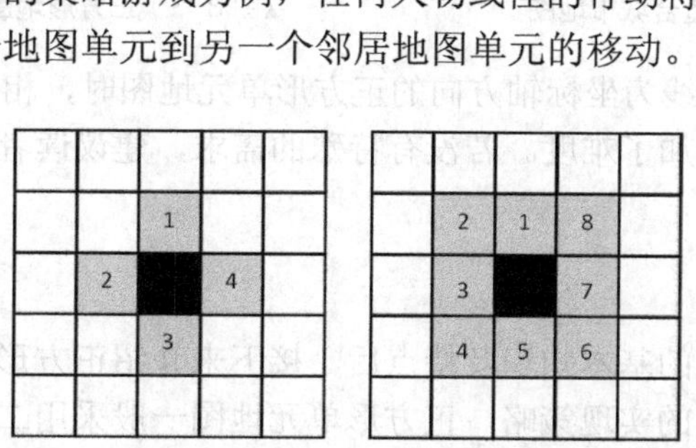

▲图 8-1　正方形单元地图 4-邻居和 8-邻居示意图

（1）4 邻居的移动距离分析

对于采用 4 邻居规则的游戏，只允许玩家以及怪在上下左右 4 个方向上进行移动。虽然这种策略可以一定程度上降低游戏开发的难度，但是当需要移动到当前所处地图单元左斜上、左斜下、右斜上、右斜下的地图单元时，沿纵向加横向轴移动将比直接沿对角线移动多走 41%的距离。

有些情况下多走 41%的距离并不影响游戏的整体效果，但是有些情况下这 41%的距离可能使游戏的可玩性打一些折扣，开发人员需要在设计时考虑到这个问题。

（2）8 邻居的移动距离分析

对于采用 8 邻居规则的游戏，可以允许玩家以及怪在 8 个方向上进行移动。此时要注意到的一个问题是，从当前所处的地图单元出发，到达 8 个邻居地图单元的距离是不一致的，到达左斜上、左斜下、右斜上、右斜下地图单元的距离比到达上下左右地图单元的距离远 41%。

如果在 8 个方向上移动的速度一致则移动到斜向的地图单元会多用 41%的时间，若希望移动的时间一致，则需要在斜向移动时将速度提高到垂直或水平方向移动速度的 141%。这个问题开发人员在设计时需要考虑到。

2. 两个特点

前面介绍了正方形单元地图的基本知识，为了使读者更加深入地了解正方形单元地图，接下来将从两个方面来介绍正方形地图的特点。

（1）外观

游戏中网格往往用来代表游戏场，这对外观模拟有重大的影响。正方形单元的地图网格适合于模拟城市和室内场景，在地图中通过切分正方形网格可以很容易地实现街道和商店等一系列的场景效果，如图 8-2 所示。

（2）自然轴对称

正方形地图单元网格可以很容易地被映射到一个普通的笛卡尔坐标系，如图 8-3 所示，可以用二维数组的索引替代网格的坐标位置。由图 8-3 所示可以知道正方形单元地图的坐标轴方向有平行于正方形两侧的两个方向，以及两个对角线方向（在实践中很少见到，但对角线方向也可以用作坐标轴）。

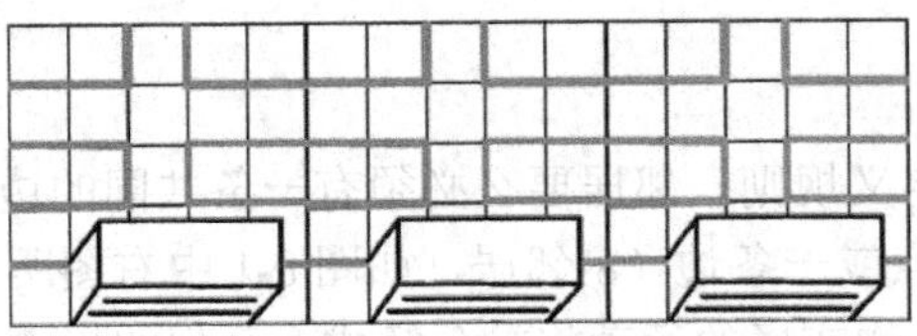

▲图 8-2　正方形贴片适合城市地图

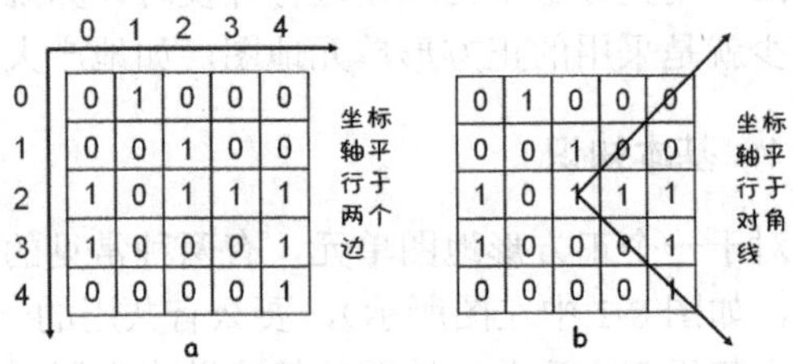

▲图 8-3　正方形地图网格映射到笛卡尔坐标系

当开发人员选择以对角线为坐标轴方向的正方形单元地图时，相关的各项计算将会变得复杂不少，为后续游戏的开发增加了难度。若没有特殊的需求，建议读者不要采用此类坐标轴方式。

3. 实现策略

了解了正方形单元地图的基本知识及特点后，接下来介绍正方形单元地图在实际游戏开发中的实现策略。正方形单元地图一般采用二维数组存储地图数据，图 8-3 中，0 代表该地图单元采用白色方块绘制，1 代表该地图单元采用黑色方块绘制，绘制出来的对应效果如图 8-4 所示。

▲图 8-4　采用黑白色块绘制正方形单元地图

提示 上述是最简单的情况，地图单元可能有很多种不同的外观，如草皮、石子路、沙土地、池塘等。这时只要将地图单元对应的数字取值范围扩大即可，如 0 代表草皮、1 代表石子路、2 代表沙土地、3 代表池塘。实际上大部分策略游戏的地图都是用这种方式完成的。

实际开发中可以很方便地根据地图单元的行列号计算出地图单元的绘制用 X、Y 坐标，具体计算公式如下。

x=span×i　　y=span×j

说明 上述公式中 i 代表地图单元的列号，j 代表地图单元的行号，span 代表正方形地图单元的边长。

8.1.2　正方形单元地图案例

上面详细讲解了正方形单元地图的基本知识、特点及实现策略，本小节将开发一个小案例来呈现正方形单元地图。此案例中地图单元为画笔绘制的黑白色块（如图 8-4 所示），读者掌握后可以改为用贴图来呈现更丰富的地图内容，其详细开发步骤如下。

（1）首先开发的是存放正方形单元地图信息的地图类，该类中包含地图的可行走方格与障碍物，即数组中 0 代表该方格可以通过，1 代表该方格不可以通过，其详细开发代码如下。

代码位置：见本书随书光盘中源代码/第 8 章/Sample_8_1/wyf/hl 目录下的 MapList.java。

```
1   package wyf.hl;                                   //类所在包
2   public class MapList {                            //该类为地图类
3       static int[][] map = new int[][]{             //地图数组
4           {0,1,0,0,0},                              //数字 1 代表障碍物
5           {0,0,1,0,0},                              //数字 0 代表可以通过
6           {0,0,1,1,1},                              //数组中可以随时根据需要，增加其他数字
7           {0,0,0,0,1},                              //来丰富地图显示的内容，这里读者只需要知道
8           {0,0,0,0,1}                 //一个数字对应于地图的一个方格，如图 8-3 所示，后面会
9       };                                            //列出详细开发步骤
10  }
```

说明 第 3～9 行为呈现地图的二维数组，数组中可以随时根据需要，增加其他数字来丰富地图显示的内容，这里读者只需要知道一个数字对应于地图的一个方格，如图 8-3 所示，后面将会列出详细开发步骤。

（2）接下来开发的是用于呈现正方形单元地图的 MapView 类，这里只讲解开发该类的 onDraw 方法，其他详细代码读者自行查阅源程序光盘。

代码位置：见本书随书光盘中源代码/第 8 章/Sample_8_1/wyf/hl 目录下的 MapView.java。

```
protected void onDraw(Canvas canvas) {                      //实现绘制方法
    super.onDraw(canvas);                                   //实现父类方法
    canvas.drawColor(Color.GRAY);                           //绘制背景色
    paint.setColor(Color.BLACK);                            //设置画笔颜色
    paint.setStyle(Style.STROKE);                           //设置画笔风格
    canvas.drawRect(5, 5, 436, 436, paint);                 //绘制矩形
    for(int i=0; i<row; i++){                               //绘制地图块
        for(int j=0; j<col; j++){
            switch(map[i][j]){                              //得到地图数组中对应值
            case 0:                                         //当为 0 时，绘制该方格为白色
                paint.setColor(Color.WHITE);                //设置画笔颜色
                paint.setStyle(Style.FILL);                 //设置画笔风格
                canvas.drawRect(6+j*(span+1), 6+i*(span+1), 6+j*(span+1)+span,
                        6+i*(span+1)+span, paint);
```

```
15                    break;
16                    case 1:                              //当为 1 时，绘制该方格为黑色
17                          paint.setColor(Color.BLACK);   //设置画笔颜色
18                          paint.setStyle(Style.FILL);    //设置画笔风格
19        canvas.drawRect(6+j*(span+1), 6+i*(span+1), 6+j*(span+1)+span,
          6+i*(span+1)+span,paint);
20                    break;
21                    default:   //以后根据需要加入其他数据来控制地图的显示内容，这里只给出两种
22                    break;
23    } } } }
```

> **说明**　第 3～6 行为设置背景相关代码，第 7～23 行为地图的绘制，其中第 7、8 行为循环地图数组，第 9～23 行为根据数组中数据绘制相关方格。

8.1.3　正六边形单元地图

前面了解了正方形单元地图的基本知识、特点及实现策略，接下来介绍正六边形单元地图的相关知识。正六边形单元地图在计算时比正方形单元地图要复杂一些，但实际开发中用得也很多。流行的游戏中有不少就是采用正六边形单元地图的，如炫光塔防、天使帝国、文明等。

1. 基本知识

对于一个正六边形地图单元，基本上只有一种邻居定义规则，那就是邻居之间必须有一条共同的边，如图 8-5 所示。

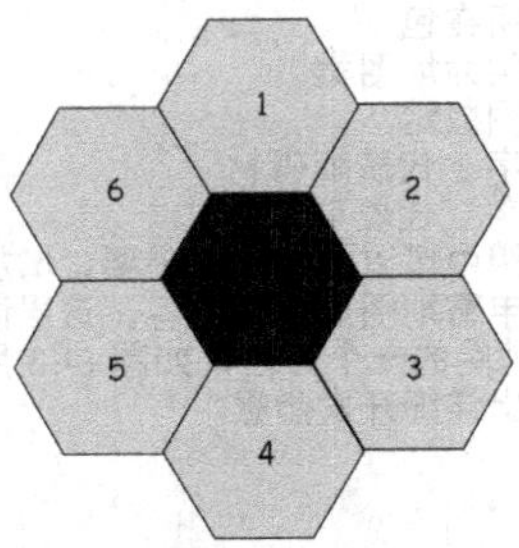

▲图 8-5　正六边形地图单元的 6 邻居

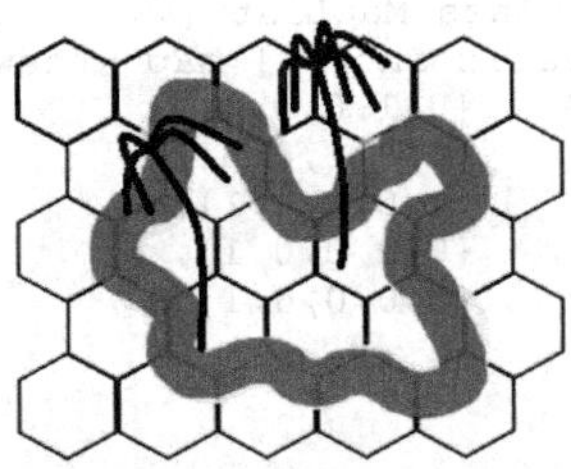

▲图 8-6　正六边形地图单元更适合海岛等自然形状

从图 8-5 中可以看出，在使用正六边形单元的地图上，每个地图单元有 6 个邻居。在这种情况下，从一个地图单元到其 6 个邻居的距离是相等的。

2. 几个特点

前面介绍了正六边形单元地图的基本知识，接下来将从 3 个方面介绍正六边形单元地图的特点，使读者更加深入地了解正六边形单元地图。

（1）堆积密度大

由于正六边形地图单元紧凑的形状，正六边形可以用最高的堆积密度来覆盖指定的面积。例如，一个放在正方形之内的圆盘占有其面积的 79%，而放在正六边形中的圆盘占其面积的 91%。因此，用一个正六边形网格可以用少 10%的单元达到方形网格的准确性，这不仅可以减少内存的消耗，还能提高基于网格的相关算法的执行速度。

（2）各向同性

所有可以作为二维地图单元的形状中，覆盖同样的面积时正六边形的周长最小，这意味着没有比其“更圆”的地图单元形状了。因此，每当一个网格要代表一个连续且没有内在首选方向的

结构时，正六边形地图单元往往是最好的。

（3）适合描述自然外观

由于正六边形的边形成 120 度的钝角，所以可以达到更加平滑连接的效果。由于没有平行线段被直接连接，正六边形地图单元集合的轮廓具有轻微的锯齿状外观。正是由于此特性以及没有锋利的边，使正六边形单元地图更适合于模拟自然场景，如图 8-6 所示。

（4）单元锯齿分布

正六边形单元地图有两种基本的布局，分别是水平缩进和垂直缩进（偶数排或列比奇数排或列缩进半个地图单元的宽度或高度），如图 8-7 与图 8-8 所示。

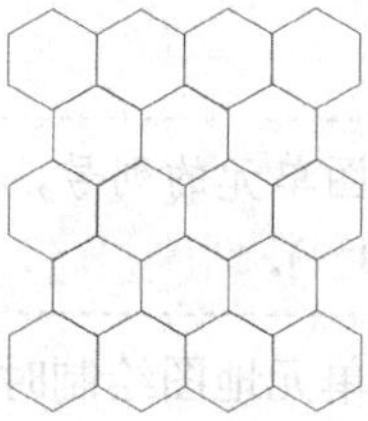

▲图 8-7　水平缩进

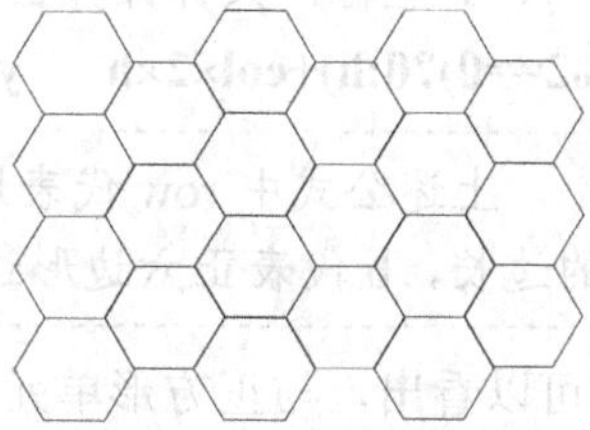

▲图 8-8　垂直缩进

（5）相关坐标轴不能都是直线

从图 8-7 与图 8-8 中可以看出，正六边形单元地图的网格根据其行列号很难直接被映射到普通的笛卡尔坐标系中。一般对于图 8-7 的情况使得 X 轴为直线而 Y 轴需要采用折线，而对于图 8-8 的情况一般使得 Y 轴为直线而 X 轴需要采用折线，如图 8-9 所示。

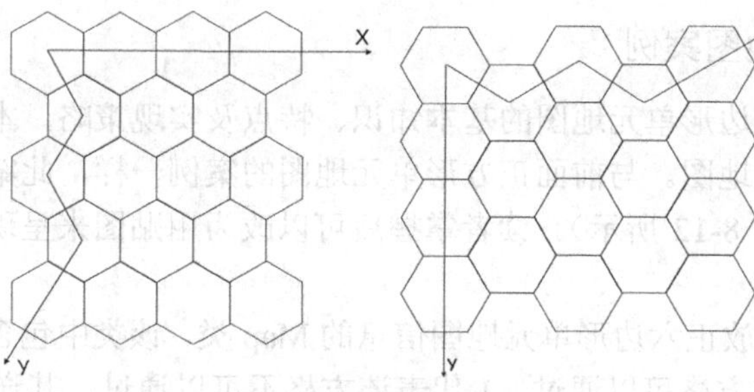

▲图 8-9　水平缩进与垂直缩进的坐标轴选择

3. 实现策略

介绍完正六边形单元地图的基本知识及特点后，接下来介绍正六边形单元地图在实际游戏开发中的实现策略。正六边形单元地图同样可以使用二维数组存储地图数据，如图 8-10 所示。另外，二维数组中的元素与地图单元的对应情况如图 8-11 所示。

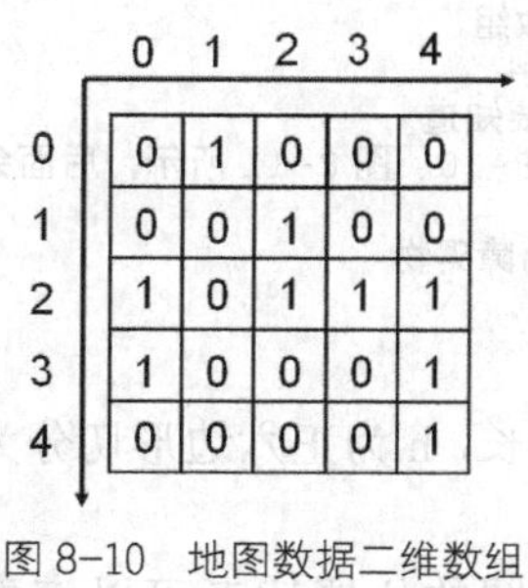

▲图 8-10　地图数据二维数组

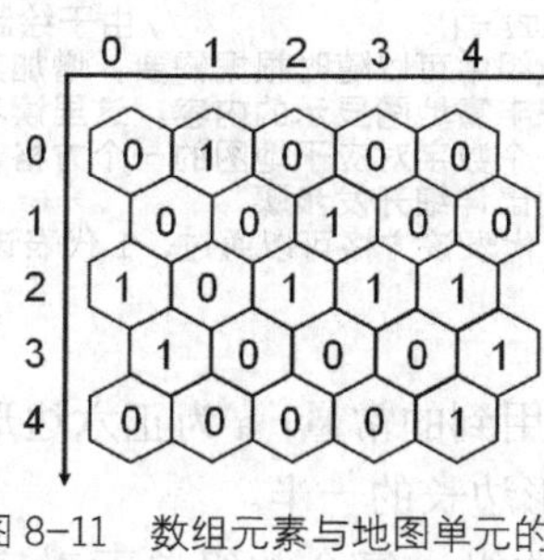

▲图 8-11　数组元素与地图单元的对应

▲图 8-12　采用黑白色块绘制

如图 8-10 与图 8-11 所示，0 代表该地图单元采用白色方块绘制，1 代表该地图单元采用黑色方块绘制，则绘制出来的对应效果如图 8-12 所示。

> **提示**　上述是最简单的只有两种图元的情况，地图单元可能有很多种不同的外观，如草皮、石子路、沙土地、池塘等。这时只要将地图单元对应的数字取值范围扩大即可，如 0 代表草皮、1 代表石子路、2 代表沙土地、3 代表池塘。实际上大部分策略游戏的地图都是用这种方式完成的。

从图 8-11 与图 8-12 中可以看出，实际开发中可以根据六边形地图单元的行列号计算出地图单元的绘制用 X、Y 坐标，具体计算公式如下。

x=((row%2==0)?0:h)+col×2×h　　y= row×(a+b)+a

> **说明**　上述公式中 row 代表地图单元的行号，col 代表地图单元的列号，a 为正六边形的边长，b 代表正六边形边长的一半，h 代表 a×cos(30°)。

从公式中可以看出，与正方形单元地图的绘制不同，正六边形单元地图绘制时会因为奇数行和偶数行不同而产生不同的 X 偏移量，奇数行的 X 偏移量为 0，偶数行的 X 偏移量为 h（以六边形边长为边长的正三角形的高），这样绘制出的正六边形地图就会交错排列。

> **说明**　由于水平缩进与垂直缩进的原理是一样的，因此这里只给出了水平缩进的实现策略，有兴趣的读者可以根据需要自行推导出垂直缩进的实现策略。后面本章中给出的案例也都是以水平缩进为例的，需要采用垂直缩进方式的读者也请自行修改。

8.1.4　正六边形单元地图案例

上面详细讲解了正六边形单元地图的基本知识、特点及实现策略，本小节将为读者开发一个案例来呈现正六边形单元地图。与前面正方形单元地图的案例一样，此案例中地图单元为使用画笔绘制的黑白色块（如图 8-12 所示）。读者掌握后可以改为用贴图来呈现更丰富的地图内容，其详细开发步骤如下。

（1）首先开发的是存放正六边形单元地图信息的 Map 类，该类中包含地图的可行走方格与障碍物，即数组中 0 代表该方格可以通过，1 代表该方格不可以通过，其详细开发代码如下。

代码位置：见本书随书光盘中源代码/第 8 章/Sample_8_2/com/wyf/hl 目录下的 Map.java。

```
1    package com.wyf.hl;
2    public class Map {
3      final static float a=50;                              //正六边形的边长
4      final static float h=(float) (a*Math.cos(Math.toRadians(30)));
5                                                            //六边形切分为 6 个正三角形后，三角形的高
6      final static float b=(float) (a*Math.sin(Math.toRadians(30)));
7                                                            //六边形边长的一半
8      final static int[][] MAP_DATA={                       //由于绘制地图数组
9           {0,1,0,0,0},            //数组中可以随时根据需要，增加其他数字
10          {0,0,1,0,0},            //来丰富地图显示的内容，这里读者只需要知道
11          {1,0,1,1,1},            //一个数字对应于地图的一个方格，如图 8-10、图 8-11 所示，后面会
12          {1,0,0,0,1},            //列出详细开发步骤
13          {0,0,0,0,1}             //0 代表该方格可以通过，1 代表该方格为障碍物
14        };
15   }
```

- 第 3～7 行为绘制正六边形网格时用到的常量，a 为正六边形的边长，h 为正六边形切分为 6 个正三角形时三角形的高，b 为正六边形边长的一半。
- 第 8～14 行为正六边形网格的数组，每个数组单元对应于地图的位置读者可以查看

图 8-11，绘制步骤后面将会详细讲解。

（2）接下来开发的是用于绘制正六边形单元地图的 LBX 类，这里开发了正六边形单元地图的绘制方法和得到数组中某个元素对应于屏幕的像素点位置，其详细开发代码如下。

代码位置：见本书随书光盘中源代码/第 8 章/Sample_8_2/com/wyf/hl 目录下的 LBX.java。

```
1    package com.wyf.hl;
     ...//此处省略相关包的导入代码，读者可以自行查阅随光盘附赠的源程序
2    public class LBX {//表示六边形的类
3          final float yGlobalOffset=8;              //地图全局总 y 偏移量
4          final float xGlobalOffset=200;
5          final float xStartA=0;                    //六边形奇数行的偏移
6          final float xStartB=0+h;                  //六边形偶数行的偏移
7          Path mPatha = new Path();                 //多边形路径-六边形
8          public LBX(){                             //初始化六边形路径
9              mPatha.moveTo(0, -a);                 //       (0,a)
10             mPatha.lineTo(h, -b);                 //         *
11             mPatha.lineTo(h, b);                  // (-h, b)*        *( h, b)
12             mPatha.lineTo(0, a);                  //(-h, -b)*        *( h, -b)
13             mPatha.lineTo(-h, b);                 //         *
14             mPatha.lineTo(-h, -b);                //       (0, -a)
15             mPatha.lineTo(0, -a);
16         }
17         public void drawSelf(Canvas canvas,Paint paint,float xOffset,float yOffset,int[]
           color){
18             canvas.save();                            //保存画布
19             canvas.translate(xOffset, yOffset);       //移动画布
20             //绘制多边形
21             paint.setARGB(color[0], color[1], color[2], color[3]);//设置画笔颜色
22             paint.setStyle(Style.FILL);               //设置画笔风格
23             canvas.drawPath(mPatha, paint);           //绘制六边形
24             paint.setARGB(255, 128, 128, 128);        //设置画笔颜色
25             paint.setStyle(Style.STROKE);             //设置画笔风格
26             paint.setStrokeWidth(2);                  //设置画笔粗度
27             canvas.drawPath(mPatha, paint);           //绘制六边形框
28             canvas.restore();                         //恢复画布
29         }
30         public void drawMap(Canvas canvas,Paint paint){
31             int[] colorBlack=new int[]{255,0,0,0};          //黑色
32             int[] colorWhite=new int[]{255,255,255,255};    //白色
33             for(int row=0;row<MAP_DATA.length;row++){
34                 float yOffset=row*(a+b)+a+yGlobalOffset;//计算对应六边形 y 坐标偏移量
35                 float xStart=(row%2==0)?xStartA:xStartB;
                                                  //计算六边形对应行的 x 坐标偏移量
36                 for(int col=0;col<MAP_DATA[row].length;col++){
37                     float xOffset=xStart+col*2*h+xGlobalOffset;
                                                  //计算六边形的 x 坐标偏移量
38                     int[] color=null;
39                     if(MAP_DATA[row][col]==1){   //根据数组数据给予颜色
40                         color=colorBlack;
41                     }else{
42                         color=colorWhite;
43                     }                            //调用绘制方法
44                     drawSelf(canvas,paint,xOffset,yOffset,color);
45         } } }
46         //根据行、列给定六边形中心点坐标
47         public float[] getPosition(int row,int col){
48             float yOffset=row*(a+b)+a+yGlobalOffset;//由 row 得到 y 坐标偏移
49             float xStart=(row%2==0)?xStartA:xStartB;///计算六边形对应行的 x 坐标偏移量
50             float xOffset=xStart+col*2*h+xGlobalOffset;      //由 col 得到 x 坐标偏移
51             return new float[]{xOffset,yOffset};              //返回屏幕位置
52   }}
```

- 第 4～7 行为计算正六边形位置用到的常量。第 8～16 行为该类构造器，作用是初始化正六边形路径。
- 第 17～29 行为在画布的相应位置绘制正六边形的方法，首先保存画布，平移后绘制实心

正六边形，绘制正六边形框，最后恢复画布。

- 第 30～45 行为绘制整个地图的方法，执行过程为循环地图数组，分别计算每个正六边形对应于屏幕的像素位置，并进行绘制。
- 第 46～51 行为对给定数组位置的格子进行屏幕位置的计算，返回值为该正六边形的屏幕位置，这里的计算实际上就是前面介绍开发正六边形位置计算公式的逆运算。

（3）接下来开发的是用于呈现正六边形单元地图的 MySurfaceView 类，这里只详细介绍 onDraw 方法的开发，对其他程序的开发感兴趣的读者可以自行查阅源程序。

代码位置：见本书随书光盘中源代码/第 8 章/Sample8_2/com/wyf/hl 目录下的 MySurfaceView.java。

```
1    public void onDraw(Canvas canvas){
2        lbx.drawMap(canvas, paint);                    //绘制地图
3        paint.setPathEffect(null);                     //绘制结束将路径绘制设置为空
4    }
```

说明　第 2 行为传入画布与画笔，调用 LBX 类中的绘制地图的方法，第 3 行为将画笔的路径绘制设置为空，避免影响后续画笔操作。

8.1.5　正方形单元和正六边形单元地图的比较

学习完正方形单元和正六边形单元地图后，读者已经大致了解了这两种不同形状单元地图的优缺点。下面将集中对正方形单元地图和正六边形单元地图进行一些比较，以帮助读者进一步加深理解，具体内容如下。

（1）在一个平面中，只有正三角形、正方形、正六边形这 3 种正多边形可以完全填满平面，既不互相重叠，也不留下空隙。但是在这 3 种图形中，如果同样的周长，正六边形所占的面积最大。也就是说，正六边形具有“完全填充”和“最具效率”的双重优势。

（2）正方形单元地图通过水平或垂直缩进也可以进行六向寻路，这样的地图布局比正六边形构造简单不少，但效果却基本相同。当然，市面上六向的 SLG 游戏大多还是采用传统的正六边形单元形状，如经典的《天使帝国》和《文明》。当然，具体地图类型的选择还要看实际开发的需要。

（3）基于正方形地图单元的地图具有局限性，从每个单元格的中心到相邻单元格的中心距离不尽相等，沿纵、横方向上相同，但不同于对角线方向上的距离，即对角线移动比直线移动更快，从策略上讲这是非常不公平的。

（4）使用正六边形单元形状的地图，从一个地图单元到其相邻单元的距离都是相同的，这一特点使得游戏可以更加真实。基于此类单元形状地图的游戏能体现单元与其临接单元之间绝对公平的相互作用关系。

（5）正六边形单元地图是最饱满，且边、角交汇最省的单元地图，加上前文所述完全填充且最具效率的双重优势，游戏中使用六向网格结构比传统正方形网格结构更具立体层次感。且比基于四边八向地形更能体现游戏的公平性，因此其构建的地图最贴近真实世界。

（6）当然，SLG 中的正六边形蜂窝结构地图并非是十全十美的，其在移动及战斗(范围)方面的灵活性与趣味性表现相对较差。这也是开发人员在以后的游戏开发中选择地图单元形状时需要考虑的重要因素。

8.2　正六边形单元地图的路径搜索

前面小节介绍了正方形单元地图、正六边形单元地图的基本知识、特点及实现策略，接下来运用人工智能方法着重开发正六边形单元地图中怪物寻找路线的算法，以增加游戏的可玩性。本

节将通过一个完整的演示程序，对游戏中能够让怪物聪明运动的各种算法进行详细介绍。

8.2.1　路径搜索示例基本框架的搭建

在正式介绍搜索算法之前，需要先将示例的框架搭建出来，这样在介绍各个搜索算法时才能够看到算法的运行效果，具体各个相关类的详细开发步骤如下。

（1）新建一个名为 Sample_8_3 的项目，并创建 SurfaceViewExampleActivity 类，将程序中用到的 3 张图片 a.png、t.png 和 dialog.9.png 放入到 drawable-mdpi 目录下。

代码位置：见本书随书光盘中源代码/第 8 章/Sample_8_3/src/wyf/hl 目录下的 SurfaceViewExampleActivity.java。

```
package com.wyf.hl;
……//此处省略了部分类的引入代码，读者可以自行查阅随书光盘的源代码
public class SurfaceViewExampleActivity extends Activity {
    MySurfaceView mv;
    public void onCreate(Bundle savedInstanceState) {
        super.onCreate(savedInstanceState);        //实现父类方法
        ……//此处省略设置为横屏模式且全屏的程序
        mv = new MySurfaceView(this);
        this.setContentView(mv);                   //设置当前显示界面
    }
    static final int MAIN_GROUP=0;                  //menu 中编号用到的常量
    ……//此处省略其他常量的编号
    static final int MENU_ALGORITHM_5=8;
    public boolean onCreateOptionsMenu(Menu menu) {
        //目标单选菜单项组,以下是为主菜单添加子菜单
        SubMenu subMenuTarget = menu.addSubMenu(MAIN_GROUP,
                                    MENU_TARGET,0,"目标选择");
        subMenuTarget.setIcon(R.drawable.t);   //子菜单的显示图片设置
        MenuItem target=subMenuTarget.add(TARGET_GROUP,
                                    MENU_TARGET_A, 0, "目标 1");
        target.setChecked(true);               //目标菜单的子菜单设置，以下是设置监听
        target.setOnMenuItemClickListener(new OnMenuItemClickListener(){
            public boolean onMenuItemClick(MenuItem item) {
                item.setChecked(true);         //此菜单项设置为默认选中
                mv.targetId=0;                 //选择目标 0
                mv.game=new Game(mv);          //创建 game 对象
                mv.repaint();                  //重绘界面
                mv.doSearch();                 //算法开始
                return true;
            }});
        ……//此处省略其他目标的添加代码
        subMenuTarget.setGroupCheckable(TARGET_GROUP, true,true);//目标组是可选择、互斥
        ……//此处省略算法单选菜单项组代码
        return true;
    }
    Handler hd=new Handler() {                         //创建 handler 对象
        public void handleMessage(Message msg){        //实现接收消息后调用的方法
        switch(msg.what){
            case 0:                                    //返回到菜单主界面
                showDialog(RESULT_DIALOG_ID);
            break;
    } } };
    static final int RESULT_DIALOG_ID=0;               //Dialog 编号
    Dialog resultdialog;
    String msg="";
    @Override
    public Dialog onCreateDialog(int id) {             //创建对话框
        Dialog result=null;
        switch(id){
            case RESULT_DIALOG_ID:                     // MyDialog 对话框
                resultdialog=new MyDialog(this);
                result=resultdialog;
            break;
        }
```

```
55        return result;                                    //返回该 Dialog 对象
56    }
57      //每次弹出对话框时被回调以动态更新对话框内容的方法
58    public void onPrepareDialog(int id, final Dialog dialog){
59        switch(id){
60           case RESULT_DIALOG_ID:                         // MyDialog 对话框
61          ……//此处省略为按钮增加监听代码
62           break;
63    } } }
```

- 第 3～10 行是一些常规的设置。第 11～13 行是一些常量的声明。
- 第 14～35 行是设置 menu 单击之后产生的菜单选项，这里代码设置是，首先产生目标和算法两个选项，然后用户单击这两个选项会接着弹出相应的菜单，进行目标点和算法的选择。
- 第 36～41 行是 handler 的设置，用于更新界面，本段程序用于产生一个 Dialog，显示算法最后生成的路径长短。
- 第 43～56 行是 Dialog 产生系统调用的方法的实现。第 57～62 行是 Dialog 弹出时被回调以动态更新对话框内容的方法。

（2）上面介绍了本案例的 SurfaceViewExampleActivity 类，下面将介绍用于呈现正六边形地图的绘制类 MySurfaceView 的框架代码，详细代码如下。

代码位置：见本书随书光盘中源代码/第 8 章/Sample_8_3/src/wyf/hl 目录下的 MySurfaceView.java。

```
package com.wyf.hl;
……//此处省略了部分类的引入代码，读者可以自行查阅随书光盘的源代码
public class MySurfaceView extends SurfaceView
implements SurfaceHolder.Callback  {                       //实现生命周期回调接口
     SurfaceViewExampleActivity activity;
     Paint paint;                                          //画笔
     LBX lbx=new LBX();                                    //地图绘制类
     int sfId=0;//0-深度优先算法，1-广度优先算法、2-广度优先 A*算法、3-Dijkstra 算法、
     4-Dijkstra A*算法
     int targetId=2;                                       //目标编号
     Game game=new Game(this);                             //game 引用
     public MySurfaceView(SurfaceViewExampleActivity activity){
          super(activity);                                 //实现父类方法
          this.activity = activity;
          this.getHolder().addCallback(this);              //设置生命周期回调接口的实现者
          paint = new Paint();                             //创建画笔
          paint.setAntiAlias(true);                        //打开抗锯齿
     }
     public void onDraw(Canvas canvas){                    //实现绘制方法
          ...//此处省略相关绘制的代码
     }
     public void surfaceChanged(SurfaceHolder arg0, int arg1, int arg2, int arg3){ }
     public void surfaceCreated(SurfaceHolder holder){    //创建时被调用
          repaint();
     }
     public void doSearch(){
          game.algorithmId=sfId;                           //设置算法
          game.runAlgorithm();                             //开始运行算法
     }
     public void repaint(){                                //重绘界面
          SurfaceHolder holder=this.getHolder();//获取画布
          Canvas canvas = holder.lockCanvas();             //锁定画布
          try{
               synchronized(holder){
                    onDraw(canvas);                        //执行绘制
          }}catch(Exception e){
                    e.printStackTrace();
          }finally{
               if(canvas != null){                         //如果画布非空则解锁画布
                    holder.unlockCanvasAndPost(canvas);
     } } }
     public void surfaceDestroyed(SurfaceHolder arg0){ } //销毁时被调用
}
```

● 第 5～10 行是该类用到的成员变量。第 11～17 行是 SurfaceView 创建时调用的方法，作用是设置生命周期回调接口的实现者并设置画笔。

● 第 18～28 行是实现父类方法，分别为绘制界面、窗体变化和界面创建时调用的方法，这里根据需要实现即可。

● 第 29～41 行是开始运行算法和重新绘制界面的方法，doSearch 方法的执行后续给予介绍，repaint 方法首先得到 SurfaceHolder，然后锁定画布进行画布的操作，之后解锁画布。

（3）接下来完善 MySurfaceView 类中的 onDraw 方法，用于绘制本案例中的地图及路径搜索过程路线，其详细开发代码如下。

代码位置：见本书随书光盘中源代码/第 8 章/Sample_8_3/src/wyf/hl 目录下的 MySurfaceView.java。

```
1   public void onDraw(Canvas canvas){
2       lbx.drawMap(canvas, paint);                                //绘制地图
3       ArrayList<int[][]> searchProcess=game.searchProcess; //绘制寻找过程
4       for(int k=0;k<searchProcess.size();k++){                  //循环路径列表
5           int[][] edge=searchProcess.get(k);                     //得到边
6           paint.setARGB(255,0, 0, 0);                            //设置画笔颜色
7           float[] p1=lbx.getPosition(edge[0][1], edge[0][0]);//得到屏幕坐标
8           float[] p2=lbx.getPosition(edge[1][1], edge[1][0]); //得到屏幕坐标
9           canvas.drawLine(p1[0],p1[1], p2[0], p2[1], paint);  //绘制直线
10      }
12      if(sfId==0||sfId==1||sfId==2){                            //绘制结果路径
13          if(game.pathFlag){          //"深度优先"、"广度优先"、"广度优先 A*" 绘制
14              paint.setPathEffect(PathUtil.getDirectionDashEffect());
15              HashMap<String,int[][]> hm=game.hm;              //结果路径集合
16              int[] temp=game.target;                          //目标点
17              int count=0;                                     //路径长度计数器
18              while(true){
19                  int[][] tempA=hm.get(temp[0]+":"+temp[1]);//得到点
20                  paint.setARGB(255,0, 0, 0);                  //以下设置画笔
21                  paint.setStrokeWidth(9);
22                  paint.setStrokeCap(Cap.ROUND);
23                  paint.setStrokeJoin(Join.ROUND);             //得到屏幕坐标
24                  float[] p1=lbx.getPosition(tempA[0][1], tempA[0][0]);
25                  float[] p2=lbx.getPosition(tempA[1][1], tempA[1][0]);
26                  canvas.drawLine(p2[0], p2[1],p1[0],p1[1],paint);
27                  count++;                                     //计数器自加
28                  //判断有否到出发点
29          if(tempA[1][0]==game.source[0]&&tempA[1][1]==game.source[1]){
30                      break;                                   //找到则退出循环
31                  }
32                  temp=tempA[1];
33              }
34              if(!activity.msg.contains("\n")){
35                  activity.msg=activity.msg+"\n 路径长度: "+count;
36                  activity.hd.sendEmptyMessage(0);            /发送消息
37          }}
38      }else if( sfId==3||sfId==4){
39          //此处省略"Dijkstra"绘制的代码，读者可以查阅源程序
40      }
41      paint.setPathEffect(null);                                 //设置画笔
42      paint.setARGB(255, 255, 0, 0);                             //绘制起点
43      float[] position=lbx.getPosition(source[1], source[0]);  //得到屏幕坐标
44      paint.setStyle(Style.FILL);                                //设置画笔
45      paint.setTextSize(40);
46      canvas.drawText("S",position[0]-10, position[1]+12, paint);
47      paint.setARGB(255, 0, 255, 0);                             //绘制终点
48      position=lbx.getPosition(target[targetId][1], target[targetId][0]);
                                                                   //得到屏幕坐标
49      paint.setStyle(Style.FILL);                                //设置画笔
50      paint.setTextSize(40);
51      canvas.drawText("T",position[0]-10, position[1]+14, paint);//绘制字体
52  }
```

● 第 2～10 行为绘制地图与绘制寻找路径。

● 第 12～40 行为绘制结果路径：首先得到结果路径集合，将每个点定位于屏幕坐标，然后进行绘制路径并更新界面。

● 第 41～51 行为绘制起始点与目标点，分别为字母 S 与 T。

（4）接下来开发结果路径绘制类 PathUtil，用该类绘制的结果路径将会呈现类似于箭头的效果，读者可以运行该项目之后加以体会。

代码位置：见本书随书光盘中源代码/第 8 章/Sample_8_3/src/wyf/hl 目录下的 PathUtil.java。

```
package com.wyf.hl;
……//此处省略了部分类的引入代码，读者可以自行查阅随书光盘的源程序
public class PathUtil {
     static  Path makePathDash() {                    //创建用于绘制虚线的单元路径的方法
          Path p = new Path();                        //创建路径对象并进行路径设置
          p.moveTo(4, 0); p.lineTo(0, -4); p.lineTo(8, -4);
          p.lineTo(12, 0); p.lineTo(8, 4); p.lineTo(0, 4);
          return p;                                   //返回路径单元
     }
     static PathEffect  getDirectionDashEffect(){
          PathEffect result=null;
          result=new PathDashPathEffect(      //设置形状间距首绘制偏移量
                    makePathDash(),13, 0,PathDashPathEffect.Style.ROTATE);
          return result;
} }
```

提示　本工具类中两个静态方法，第一个创建用于绘制虚线的单元路径，第二个返回单元路径，并且执行相关设置。

（5）接下来开发前面用到的 MyDialog 类，这个类继承自 Dialog，用来显示路径搜索完成之后的行走步数等，这里用到的配置文件 dialog_name_input.xml 和 styles.xml 比较简单，读者自行查阅源程序。

代码位置：见本书随书光盘中源代码/第 8 章/Sample_8_3/src/wyf/hl 目录下的 MyDialog.java。

```
package com.wyf.hl;
……//此处省略了部分类的引入代码，读者可以自行查阅随书光盘的源代码
public class MyDialog extends Dialog {
     public MyDialog(Context context) {                          //构造方法
               super(context,R.style.FullHeightDialog);
     }
     @Override
     public void onCreate (Bundle savedInstanceState) {   //重写 onCreate 方法
          this.setContentView(R.layout.dialog_name_input);
     }
     @Override
     public String toString() {                                  //重写 toString 方法
          return "MyDialog";
} }
```

提示　该类中实现父类的构造器，调用父类构造器按照配置文件来创建窗口，界面创建时调用 onCreate 方法，界面内容按照配置文件 dialog_name_input.xml 呈现。

（6）前面已经将该案例的基本框架搭建完成，但是还有部分控件没有内容，接下来创建算法类的框架，地图绘制相关类前面小节已经有介绍，这里不再赘述，读者可以自行查阅源程序。

代码位置：见本书随书光盘中源代码/第 8 章/Sample_8_3/src/wyf/hl 目录下的 Game.java。

```
package com.wyf.hl;
……//此处省略了部分类的引入代码，读者可以自行查阅随书光盘的源代码
public class Game{
```

```
4         MySurfaceView gp;
5         int algorithmId=0;                          //算法代号，0--深度优先
6         ArrayList<int[][]> searchProcess=new ArrayList<int[][]>();   //搜索过程
7         Stack<int[][]> stack=new Stack<int[][]>();     //深度优先所用栈
8         Queue<int[][]> queue=new LinkedList<int[][]>();
                                                 //广度优先所用队列，下面为 A*，用优先级队列
9         PriorityQueue<int[][]> astarQueue=new PriorityQueue<int[][]>
10                                        (100,new AStarComparator(this));
11        HashMap<String,int[][]> hm=new HashMap<String,int[][]>();   //结果路径记录
12        int[][] visited=new int[MAP_DATA.length][MAP_DATA[0].length];
                                                            //0 代表未去过，1 代表去过
13        int[][] length=new int[MAP_DATA.length][MAP_DATA[0].length];
                                                    //Dijkstra 算法记录路径长度
14        // Dijkstra 算法记录到每个点的最短路径
15      HashMap<String,ArrayList<int[][]>> hmPath=new HashMap<String,ArrayList<int[]
        []>>();
16       boolean pathFlag=false;                                //true 表示找到了路径
17       int timeSpan=10;                                       //时间间隔
18       int[][] map=Map.MAP_DATA;                              //需要搜索的地图
19       int[] source=Map.source;                               //出发点：col、row
20       int[] target;                                          //目标点：col、row
21       int[][][] sequenceZ={                                  //col,row
22            {{-1,-1},{0,-1},{1,0},{-1,0},{-1,1},{0,1}},       //偶数行
23            {{0,-1},{1,-1},{-1,0},{1,0},{0,1},{1,1}}};        //奇数行
24       public Game(MySurfaceView gp){
25            this.gp=gp;
26            target=Map.target[gp.targetId];                   //目标点：col、row
27       }
28       public void clearState(){
29            searchProcess.clear();                            //清空所有集合中数据
30            stack.clear();
31            queue.clear();
32            astarQueue.clear();
33            hm.clear();
34            visited=new int[MAP_DATA.length][MAP_DATA[0].length];
35            pathFlag=false;
36            hmPath.clear();
37            for(int i=0;i<length.length;i++){                 //循环数组
38                 for(int j=0;j<length[0].length;j++){
39                      length[i][j]=9999;       //初始路径长度为最大距离都不可能的那么大
40       } } }
41      public void runAlgorithm(){                             //运行算法
42           clearState();
43           switch(algorithmId){
44                case 0:
45           ...//此处省略了所有算法的执行方法，之后会详细介绍
46   } } }
```

- 第 4～22 行为案例算法中用到的集合数组等成员变量，用来存放搜索路径及结果路径、搜索方向等。第 23～26 行是构造器。
- 第 27～39 行是清空所有集合及数组的方法，为下次调用算法做准备。第 41～46 行是执行算法的方法，决定具体调用的算法。

（7）运行该项目得到的效果如图 8-13 所示，单击菜单键效果如图 8-14 所示。

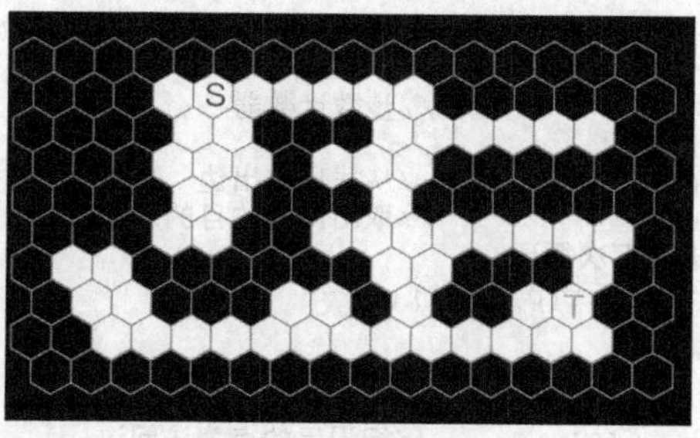

▲图 8-13　运行效果

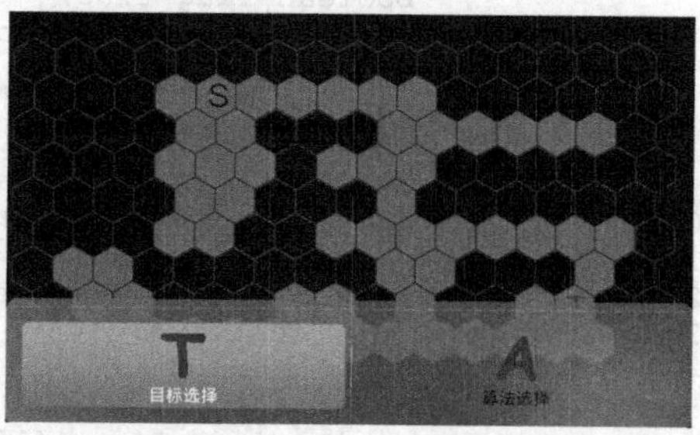

▲图 8-14　单击菜单效果

8.2.2　深度优先路径搜索 DFS

深度优先路径搜索 DFS 在搜索过程中不考虑各个边的开销，只考虑路径的选择。其思路是站在一个连通图的节点上，然后尽可能地沿着一条边深入，当遇到死胡同时进行回溯，然后继续搜索，直到找到目标为止。

下面将通过图 8-15 来介绍深度优先的搜索过程，首先出发点是节点 1，搜索过程如下。

（1）从节点 1 出发，按人为规定的顺序选择一条路径到达节点 2，如图 8-15 中 A 所示。

（2）在节点 2 处按之前的规定选择一条路径到达节点 3，如图 8-15 中 B 所示。

（3）在节点 3 处仍然继续深入搜索到达节点 4，如图 8-15 中 C 所示。

（4）当到达节点 4 时发现没有路可以走了，则回溯到节点 3 查看，当发现节点 3 仍然没有路可以走时继续回溯到节点 2，在节点 2 发现通往节点 5 的边且没有访问过，所以访问节点 5，如图 8-15 中 D 所示。

（5）在节点 5 处无路可走回溯到节点 2，经过判断后再回溯到节点 1，此时发现节点 6 没有访问过，则访问节点 6，如图 8-15 中 E 所示。

（6）接着因节点 6 没有子节点，所以从节点 6 回溯到节点 1，之后发现节点 7 没有访问过，则访问节点 7，此时图中所有节点全部访问完成，搜索结束，如图 8-15 中 F 所示。

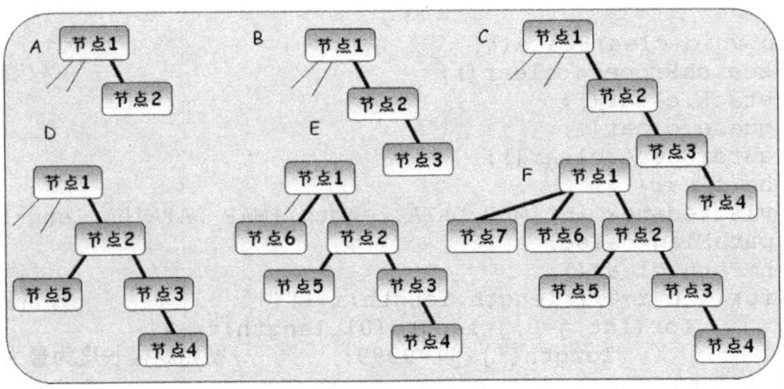

▲图 8-15　深度优先示例图

深度优先算法在程序中一般用栈来存储待访问的边，接下来运用之前开发的搜索示例框架实现 Android 平台中的深度搜索算法，实现步骤如下。

（1）打开 src/wyf/hl 下的 Game 类，为该类添加一个表示深度优先算法的方法，其具体的开发代码如下所示。

代码位置：见本书随书光盘中源代码/第 8 章/Sample_8_3/src/wyf/hl 目录下的 Game.java。

```
public void DFS(){                                            //深度优先算法
  new Thread(){                                               //创建一个线程
      public void run(){
            boolean flag=true;
            int[][] start={{source[0],source[1]},{source[0],source[1]}};//开始状态
            stack.push(start);
            int count=0;                                      //步数计数器
            while(flag){
            int[][] currentEdge=stack.pop();                  //从栈顶取出边
            int[] tempTarget=currentEdge[1];                  //取出此边的目的点
            //判断目的点是否去过，若去过则直接进入下次循环
            if(visited[tempTarget[1]][tempTarget[0]]==1){
                  continue;
            }
            count++;
            visited[tempTarget[1]][tempTarget[0]]=1;          //标识目的点为访问过
            searchProcess.add(currentEdge);                   //将临时目的点加入搜索过程中
```

```
18              //记录此临时目的点的父节点
19              hm.put(tempTarget[0]+":"+tempTarget[1],new int[][]{currentEdge[1],
                currentEdge[0]});
20              gp.repaint();
21              try{Thread.sleep(timeSpan);}catch(Exception e){e.printStackTrace();}
22              if(tempTarget[0]==target[0]&&tempTarget[1]==target[1]){
                                                             //判断是否找到目的点
23                  break;
24              }
25              int currCol=tempTarget[0];                  //将所有可能的边入栈
26              int currRow=tempTarget[1];
27              int[][] sequence=null;
28              if(currRow%2==0){
29                  sequence=sequenceZ[0];
30              }else{
31                  sequence=sequenceZ[1];
32              }
33              for(int[] rc:sequence){                     //对 sequence 进行循环
34                  int i=rc[1];int j=rc[0];
35                  if(i==0&&j==0){continue;}               //都为零时跳出本次循环
36              if(currRow+i>=0&&currRow+i<MAP_DATA.length&&currCol+j>=0
37                  &&currCol+j<MAP_DATA[0].length&&map[currRow+i][currCol+j]!=1){
38                  int[][] tempEdge={                      //都为 1 时
39                      {tempTarget[0],tempTarget[1]},
40                      {currCol+j,currRow+i}};
41                      stack.push(tempEdge);
42                  }}}
43              pathFlag=true;                              //设置标志位的值
44              gp.activity.msg="使用步数: "+count;
45              gp.repaint();                               //重绘
46              } }.start();
47      }
```

- 第 5～6 行在算法开始之前先将起始点到起始点作为第一条边入栈。
- 第 8～42 行为深度优先算法的主要代码，思路与之前介绍过的相同，通过对栈进行操作，逐渐将遇到的边入栈，然后从栈顶取出边查看是否去过，去过则跳出本次循环继续下一次循环，没去过的则访问该边，如此循环直到找到目标点为止。

> **提示** 因为此算法运行可能需要很长时间，为了使用户界面能够正常响应，故将耗时的算法代码放到单独的线程中执行。

（2）在 src/wyf/hl 下 Game 类的第 77～93 行的 runAlgorithm 方法中的 switch 中添加如下几行代码（见 8.2.1 小节 Game 类代码的第 45 行）来调用深度优先算法。

代码位置：见本书随书光盘中源代码/第 8 章/Sample_8_3/src/wyf/hl 目录下的 Game.java。

```
    case 0:                                  //深度优先算法
        DFS();                               //调用深度优先算法计算
    break;
```

> **说明** 上述代码功能为调用刚开发的深度优先算法，计算从出发点到目标点的路径。

（3）运行该案例，选择目标 1，得到的运行效果如图 8-16 所示，粗线为搜索结果，细线为搜索过程。之后再选择目标 2，运行结果如图 8-17 所示。

8.2.3 广度优先路径搜索 BFS

广度优先路径搜索 BFS 是游戏中使用较多的一种搜索算法，其基本思路是站在一个节点上，先将所有连接到该节点的节点访问到，然后再继续访问下一层，直到找到目标为止。下面同样通过几个简单的示意图来介绍广度优先搜索的过程，出发点节点 1，具体步骤如下。

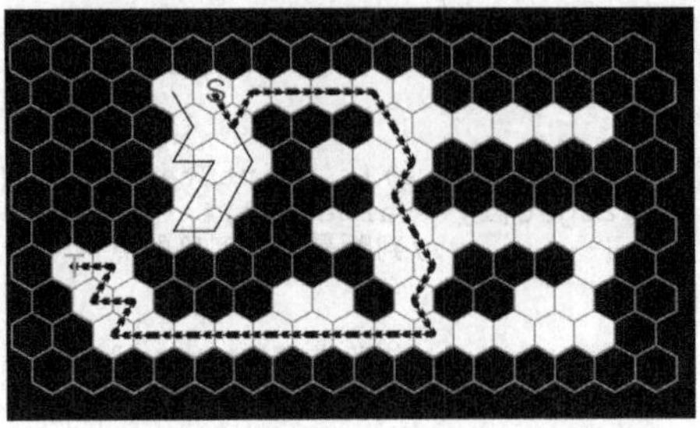

▲图 8–16　搜索目标 1 的深度优先

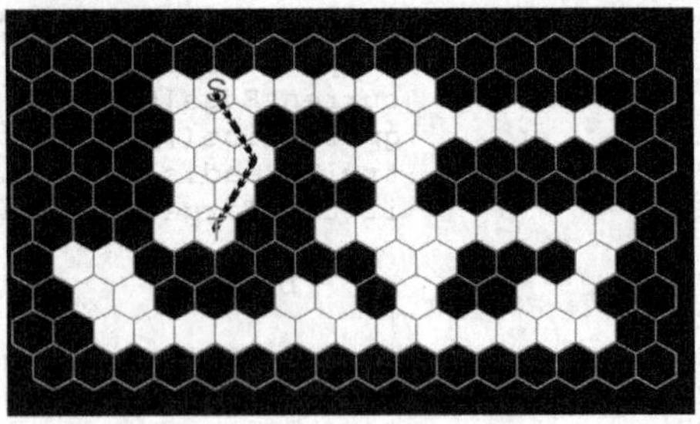

▲图 8–17　搜索目标 2 的深度优先

（1）站在节点 1 处，检测所有与节点 1 相连的边，按一定规则访问到节点 2，检测并记录所有与节点 2 相连的边，如图 8-18 中 A 所示。

（2）之后再访问节点 3，同样检测并记录所有与节点 3 相连的节点，如图 8-18 中 B 所示。

（3）接下来访问节点 4，如图 8-18 中 C 所示。

（4）然后访问节点 5，并记录与节点 5 相连的边，如图 8-18 中 D 所示。

（5）同样原理依次再访问节点 6、节点 7 和节点 8，如图 8-18 中 E、F、G 所示。

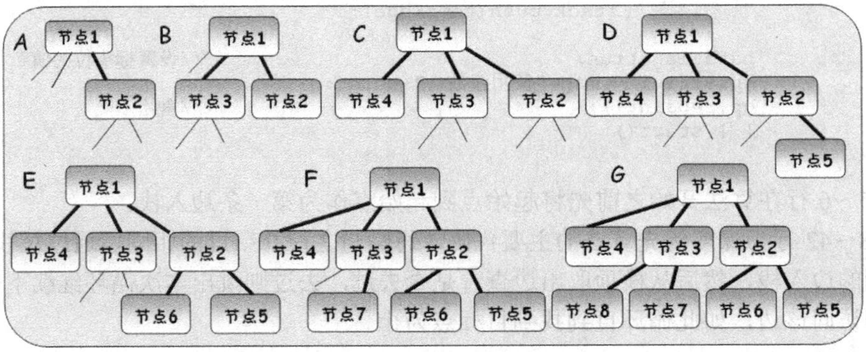

▲图 8–18　广度优先算法搜索过程

广度优先在编程方面与深度优先基本相同，只是深度优先使用的是栈存储待访问的边，而广度优先使用的是队列。接下来继续对之前的例子进行改善，加上广度优先算法的实现，具体步骤如下。

（1）打开 src/wyf/hl 下的 Game 类，在该类中添加一个名为 BFS 的方法，该方法将实现广度优先搜索算法，其代码如下。

代码位置：见本书随书光盘中源代码/第 8 章/Sample_8_3/src/wyf/hl 目录下的 Game.java。

```
public void BFS(){                                                  //广度优先算法
    new Thread(){
        public void run(){
            int count=0;                                            //步数计数器
            boolean flag=true;
            int[][] start={                                         //开始状态
                {source[0],source[1]},
                {source[0],source[1]}};
            queue.offer(start);
            while(flag){
                int[][] currentEdge=queue.poll();         //从队首取出边
                int[] tempTarget=currentEdge[1];          //取出此边的目的点
                //判断目的点是否去过，若去过则直接进入下次循环
                if(visited[tempTarget[1]][tempTarget[0]]==1){continue;}
                count++;
                visited[tempTarget[1]][tempTarget[0]]=1; //标识目的点为访问过
```

```
17                    searchProcess.add(currentEdge); //将临时目的点加入搜索过程中
18                    //记录此临时目的点的父节点
19                    hm.put(tempTarget[0]+":"+tempTarget[1],
20                        new int[][]{currentEdge[1],currentEdge[0]});
21                    gp.repaint();
22           try{Thread.sleep(timeSpan);}catch(Exception e){e.printStackTrace();}
23                    //判断是否找到目的点
24                if(tempTarget[0]==target[0]&&tempTarget[1]==target[1]){break;}
25                    int currCol=tempTarget[0];              //将所有可能的边入队列
26                    int currRow=tempTarget[1];
27                    int[][] sequence=null;
28                    if(currRow%2==0){                       //偶数行的操作
29                        sequence=sequenceZ[0];
30                    }else{
31                        sequence=sequenceZ[1];              //奇数行的操作
32                    }
33                    for(int[] rc:sequence){                 //对 sequence 进行循环
34                        int i=rc[1];
35                        int j=rc[0];
36                        if(i==0&&j==0){continue;}
37                        if(currRow+i>=0&&currRow+i<MAP_DATA.length&&
38                            currCol+j>=0&&currCol+j<MAP_DATA[0].length&&
39                        map[currRow+i][currCol+j]!=1){ //都为 1 时
40                        int[][] tempEdge={
41                            {tempTarget[0],tempTarget[1]},
42                            {currCol+j,currRow+i}
43                        };
44                        queue.offer(tempEdge);
45                    }}}
46                pathFlag=true;                              //设置标志位的相关值
47                gp.activity.msg="使用步数: "+count;
48                gp.repaint();                               //重绘
49        }}.start();                                         //启动线程
50    }
```

- 第 6～9 行为算法开始之前先将起始点到起始点当作第一条边入队列。
- 第 10～42 行为广度优先算法的主要代码，算法思路已经介绍过了，操作与深度优先基本相同，只是此处不再使用栈来存储待访问的边，使用的是队列。

提示　同深度优先算法相同，此处也需要将耗时的算法代码放在单独的线程中执行。

（2）在 src/wyf/hl 下 Game 类中的第 77～93 行的 runAlgorithm 方法中的 switch 中添加如下几行代码（见 8.2.1 小节 Game 类中代码的第 45 行）。

代码位置：见本书随书光盘中源代码/第 8 章/Sample_8_3/src/wyf/hl 目录下的 Game.java。

```
case 1:                                         //广度优先算法
BFS();                                          //调用广度优先算法计算
break;
```

（3）最后运行该示例，选择广度优先算法，得到的运行效果如图 8-19 和图 8-20 所示，粗线为搜索结果，细线为搜索过程。读者可以再选择其他目标点比较搜索的过程。

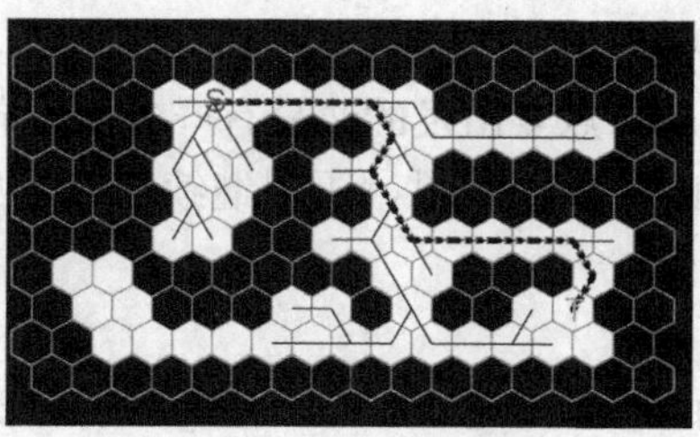

▲图 8-19　广度优先搜索过程 1

▲图 8-20　广度优先搜索过程 2

8.2.4　路径搜索算法——Dijkstra

Dijkstra 算法是典型的最短路径算法，一般用于求出从一点出发到达另一点的最优路径，由于其遍历运算的节点较多，所以运行效率较低。

下面将详细介绍 Dijkstra 路径搜索算法的执行思路，出发点（源节点）为节点 1，如图 8-21 所示。

（1）首先将节点 1 加入到最短路径树中，并且将从它出发的所有边加到搜索边界中，如图 8-22 所示。

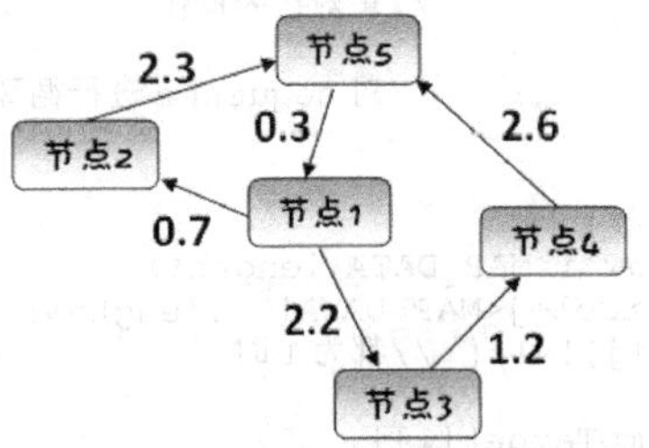

▲图 8-21　Dijkstra 示例图 1

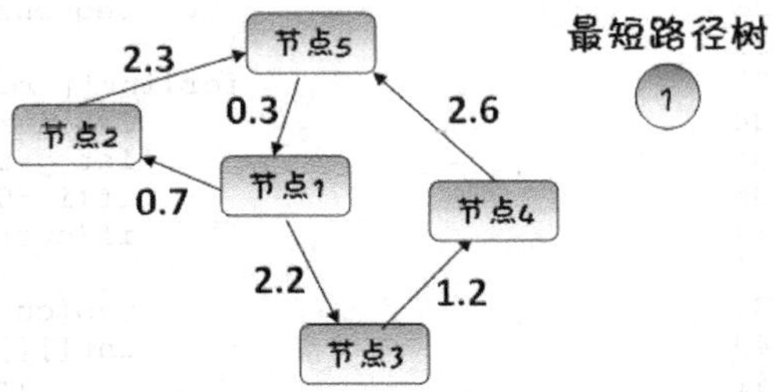

▲图 8-22　Dijkstra 示例图 2

（2）然后查找所有在计算搜索边界中的各个边所指向的节点中到源节点距离最近的点（节点 2），将节点 2 加入到最短路径树，然后将由节点 2 出发且到达点不在最短路径树上的边加入到搜索边界，如图 8-23 所示。

（3）再检查搜索边界上的边所指向的点，计算各点到源节点的距离，节点 5 距离是 3 ，节点 3 距离是 2.2，因此，将节点 3 加入到最短路径树，同时将节点 3 出发的边加入到搜索边界中，如图 8-24 所示。

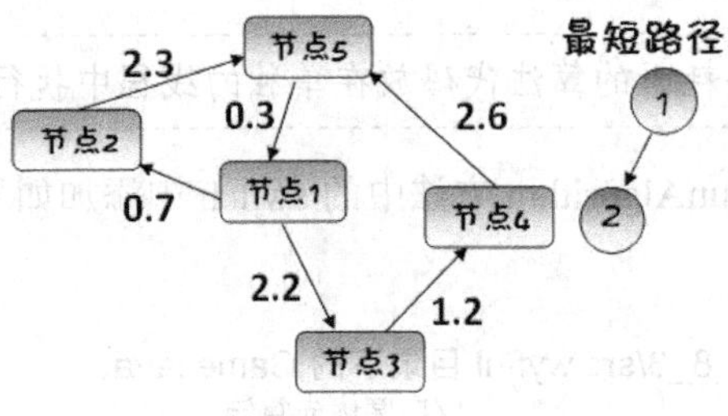

▲图 8-23　Dijkstra 示例图 3

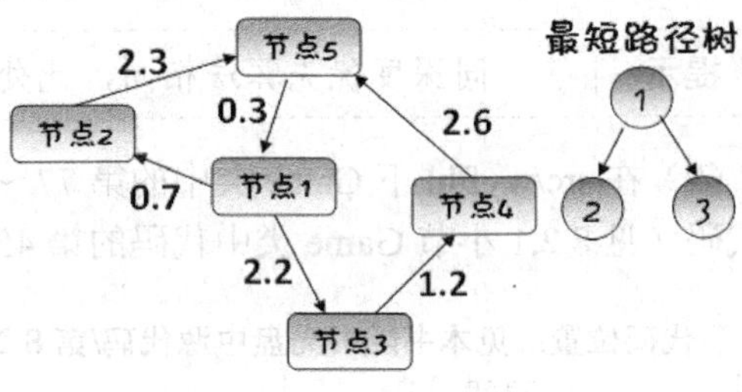

▲图 8-24　Dijkstra 示例图 4

（4）再检查搜索边界上的边所指向的点，节点 5 到源节点的距离是 3，节点 4 到源节点的距离是 3.4，因此，将节点 5 加入到最短路径树，从节点 5 出发的边只有一条，但是，这条边指向的节点为节点 1，所以，不需要加入到搜索边界中，如图 8-25 所示。

（5）此时再检测搜索边界中的边所指向的点，发现只有节点 4 没有访问，且节点 4 到源节点的距离是 3.4，所以，将节点 4 加入到最短路径树，而从节点 4 出发的边只有一条，指向节点 5，而距源节点的距离为 6，比最短路径树中到节点 5 的距离大，所以，不用继续考虑，如图 8-26 所示。

（6）此时已经访问到所有节点，搜索完成。

接下来，根据上面的原理，继续对之前的案例进行完善，添加一个表示 Dijkstra 算法的方法，操作步骤如下。

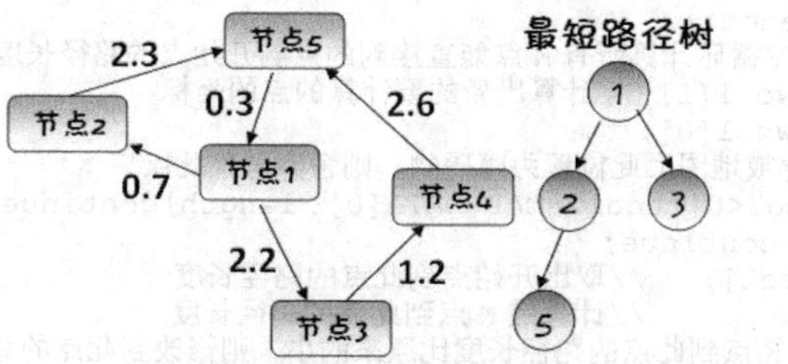

▲图 8-25　Dijkstra 示例图 5

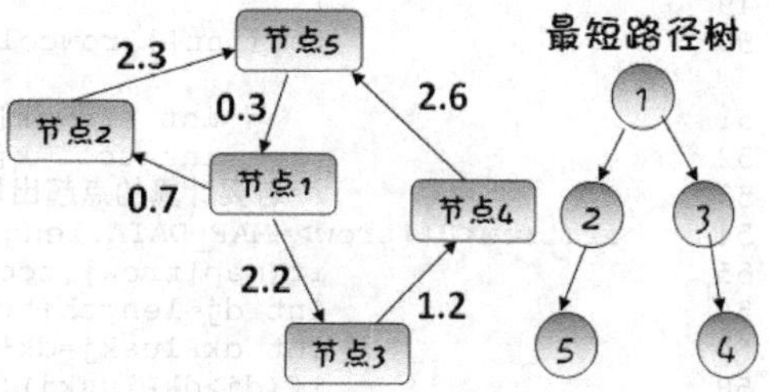

▲图 8-26　Dijkstra 示例图 6

（1）打开 src/wyf/hl 下的 Game 类，在该类中添加一个新方法，该方法即为 Dijkstra 搜索算法，其具体代码如下。

代码位置：见本书随书光盘中源代码/第 8 章/Sample_8_3/src/wyf/hl 目录下的 Game.java。

```
public void Dijkstra(){                                       //Dijkstra 算法
  new Thread(){
      public void run(){
            int count=0;                                     //步数计数器
            boolean flag=true;                               //搜索循环控制
            int[] start={source[0],source[1]};               //开始点
            visited[source[1]][source[0]]=1;
            int[][] sequence=null;                           //计算此点所有可以到达点的路径及长度
            if(start[1]%2==0){
                  sequence=sequenceZ[0];
            }else{
                  sequence=sequenceZ[1];
            }
            for(int[] rowcol:sequence){
                  int trow=start[1]+rowcol[1];
                  int tcol=start[0]+rowcol[0];
  if(trow<0||trow>=MAP_DATA.length||tcol<0||tcol>=MAP_DATA[0].length)continue;
                  if(map[trow][tcol]!=0)continue;
                  length[trow][tcol]=1;                      //记录路径长度
                  String key=tcol+":"+trow;                  //计算路径
                  ArrayList<int[][]> al=new ArrayList<int[][]>();
                  al.add(new int[][]{{start[0],start[1]},{tcol,trow}});
                  hmPath.put(key,al);
                  searchProcess.add(new int[][]{{start[0],start[1]},{tcol,trow}});
                                                             //将去过的点记录
                  count++;
            }
            gp.repaint();
            outer:while(flag){
            //找到当前扩展点 K，要求扩展点 K 为从开始点到此点目前路径最短且此点未考察过
                  int[] k=new int[2];
                  int minLen=9999;
                  for(int i=0;i<visited.length;i++){
                        for(int j=0;j<visited[0].length;j++){
                              if(visited[i][j]==0){
                                    if(minLen>length[i][j]){
                                          minLen=length[i][j];
                                          k[0]=j;//col
                                          k[1]=i;//row
                  }}}}
                  visited[k[1]][k[0]]=1;                     //设置去过的点
                  gp.repaint();                              //重绘
                  int dk=length[k[1]][k[0]];                 //取出开始点到 K 的路径长度
                  ArrayList<int[][]> al=hmPath.get(k[0]+":"+k[1]);
                                                             //取出开始点到 K 的路径
                  sequence=null;
                  if(k[1]%2==0){
                        sequence=sequenceZ[0];
                  }else{
                        sequence=sequenceZ[1];
```

```
49                  }
50                  for(int[] rowcol:sequence){
                                        //循环计算所有 K 点能直接到的点到开始点的路径长度
51                      int trow=k[1]+rowcol[1];//计算出新的要计算的点的坐标
52                      int tcol=k[0]+rowcol[0];
53                  //若要计算的点超出地图边界或地图上此位置为障碍物，则舍弃考察此点
54      if(trow<0||trow>=MAP_DATA.length||tcol<0||tcol>=MAP_DATA[0]. length)continue;
55                  if(map[trow][tcol]!=0)continue;
56                  int dj=length[trow][tcol];    //取出开始点到此点的路径长度
57                  int dkPluskj=dk+1;            //计算经 K 点到此点的路径长度
58                  if(dj>dkPluskj){//若经 K 点到此点的路径长度比原来的小，则修改到此点的路径
59                      String key=tcol+":"+trow;
60                      @SuppressWarnings("unchecked")//克隆开始点到 K 的路径
61                      ArrayList<int[][]> tempal=(ArrayList<int[][]>)al.clone();
62                  tempal.add(new int[][]{{k[0],k[1]},{tcol,trow}});
                                                //将路径中加上一步从 K 到此点
63                      hmPath.put(key,tempal);     //将此路径设置为从开始点到此点的路径
64                      length[trow][tcol]=dkPluskj;     //修改从开始点到此点的路径长度
65                  //若此点从未计算过路径长度，则将此点加入考察过程记录
66                  if(dj==9999){                       //将去过的点记录
67                      searchProcess.add(new int[][]{{k[0],k[1]},{tcol,trow}});
68                      count++;
69                  }}
70                  if(tcol==target[0]&&trow==target[1]){//看是否找到目的点
71                      pathFlag=true;
72                      gp.activity.msg="使用步数: "+count;
73                      gp.repaint();                       //重绘
74                      break outer;
75                  }}
76              try{Thread.sleep(timeSpan);}catch(Exception e){e.printStackTrace();}
77            }}}.start();                              //启动线程
78      }
```

● 第 14～26 行计算源节点到所有可以到达点路径及长度。

● 第 28 行开始检测找到当前扩展点，要求扩展点为从开始点到此点的路径是最短，且此点尚未被考察过。

● 第 31～39 行计算点与点之间的距离。第 50～68 行为循环计算所有 K 点能直接到的点到开始点的路径的长度。

● 第 70～74 行为查看到达是否是目的点，如果找到目的点，则设置 pathFlag 为 true，记录相应的步数，并且重新绘制界面。

（2）在 src/wyf/hl 下 Game 类中的第 77～93 行的 runAlgorithm 方法中的 switch 中添加如下几行代码（见 8.2.1 小节 Game 类中代码的第 45 行）。

代码位置：见本书随书光盘中源代码/第 8 章/Sample_8_3/src/wyf/hl 目录下的 Game.java。

```
case 3:                                   //Dijkstra 算法
    Dijkstra();                           //调用 Dijkstra 算法计算
break;
```

（3）再运行该示例，选择 Dijkstra 算法，可得到如图 8-27 和图 8-28 所示的运行效果，粗线为搜索结果，细线为搜索过程。读者可以再选择其他目标点比较搜索的过程。

▲图 8-27　Dijkstra 搜索过程 1

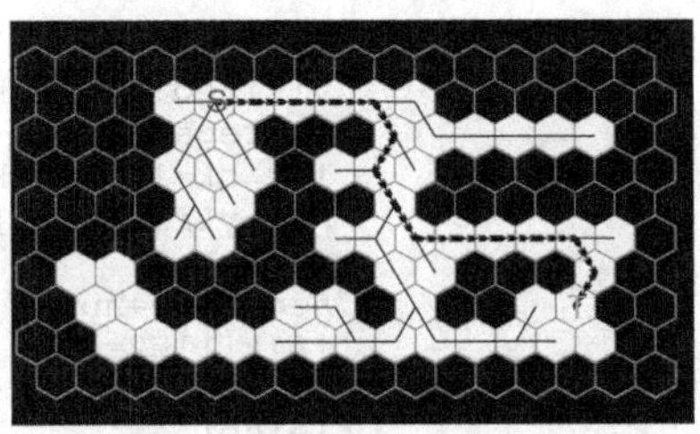

▲图 8-28　Dijkstra 搜索过程 2

8.2.5 用 A*算法优化算法

A*算法是一种启发式搜索，所谓启发式搜索就是利用一个启发因子评估每次寻找的路线的优劣，再决定往哪个节点走。实际上，A*只是一种思想，可以运用这种思想对之前实现的搜索算法进行优化。之前已经开发出启发因子 AStarComparator 类，为优先级队列设置比较器 AStarComparator 即可。

下面将给出 AStarComparator 类的开发的代码，具体代码如下所示。

代码位置：见本书随书光盘中源代码/第 8 章/Sample_8_3/src/wyf/hl 目录下的 AStarComparator.java。

```
1     package com.wyf.hl;
2     import java.util.*;
3     public class AStarComparator implements Comparator<int[][]>{
4           Game game;                                                //Game 类引用
5           public AStarComparator(Game game){                        //构造器
6                 this.game=game;
7           }
8           public int compare(int[][] o1,int[][] o2){
9                 int[] t1=o1[1];                                     //col
10                int[] t2=o2[1];                                     //row
11                int[] target=game.target;
12                //直线物理距离
13  int a=(t1[0]-target[0])*(t1[0]-target[0])+(t1[1]-target[1])*(t1[1]- target[1]);
14  int b=(t2[0]-target[0])*(t2[0]-target[0])+(t2[1]-target[1])*(t2[1]- target[1]);
15                return a-b;                                         //返回距离值
16          }
17          public boolean equals(Object obj){
18                return false;
19    }}
```

说明　第 8～16 行为实现了 Comparator 的 compare 方法，进行节点比较时调用。这里比较的是当前节点与目标点的距离。

介绍完 AStarComparator 类的开发，接下来将用 A*算法对广度优先、Dijkstra 算法进行优化。

1. 用 A*算法优化广度优先算法

运用 A*算法对广度优先算法优化很简单，只需将广度优先中使用的广度优先队列改为 A*优先级队列即可，具体步骤如下。

（1）之前已经将 A*优先级队列创建，下面对其进行简单介绍，其代码如下。

```
priorityQueue<int[][]> astarQueue = new PriorityQueue<int[][]>(100,new AStarComparator
(this));
```

该句为 Game 类的成员变量，创建优先级队列并将创建的比较器 AStarComparator 传入。

（2）打开 src/wyf/ytl 下的 Game 类，为该类添加一个名为 BFSAStar 的方法。

（3）将之前开发的 BFS 方法中的代码复制到 BFSAStar 方法内，然后将其中使用到的队列全部替换成 astarQueue 即可，读者可以查看光盘中的该方法程序。

（4）还需在 src/wyf/hl 下 Game 类的第 77～93 行的 runAlgorithm 方法中的 switch 中添加如下几行代码（见 8.2.1 小节 Game 类中代码的第 45 行）。

代码位置：见本书随书光盘中源代码/第 8 章/Sample_8_3/src/wyf/hl 目录下的 Game.java。

```
      case 2:                                                  //广度优先 A*算法
            BFSAStar();                                        //调用广度优先 A*算法计算
      break;
```

（5）再运行该程序选择广度优先 A*算法，得到的运行效果如图 8-29 和图 8-30 所示。

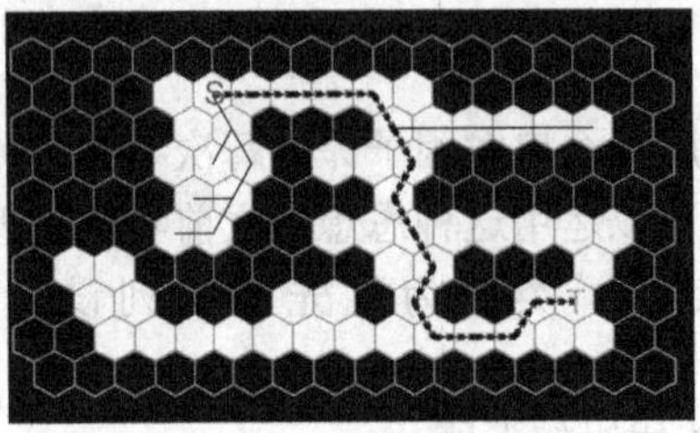

▲图 8-29　广度优先 A*效果 1

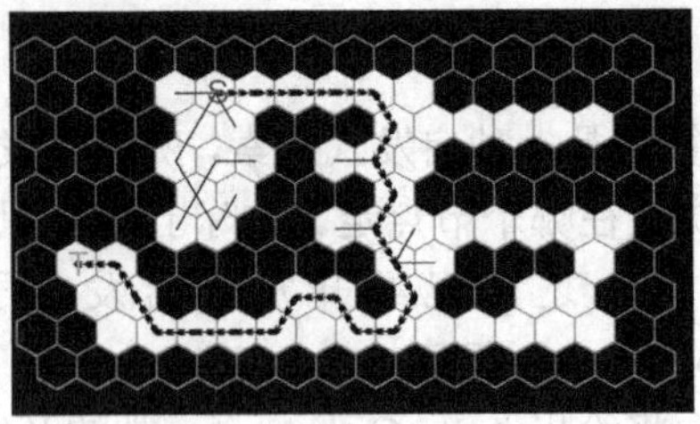

▲图 8-30　广度优先 A*效果 2

> **提示**　用 A*优化的广度优先搜索算法得到的路径基本上是最优路径，但是并不能保证一定是最优路径，其执行效率较高，所以在游戏中引用较多。

2. 用 A*算法优化 DIjkstra 算法

前面已经对广度优先算法进行了 A*优化，明显看到运行效率有所提升，接下来将继续对 Dijkstra 算法进行优化，具体步骤如下。

（1）打开 src/wyf/ytl/hl 下的 Game 类，为该类添加一个名为 DijkstraAStar 的方法。

（2）将 8.2.4 小节开发的 Dijkstra 方法中的内容复制到 DijkstraAstar 中。

（3）将 8.2.4 小节代码中的第 34～39 行代码替换成下列代码。

代码位置：见本书随书光盘中源代码/第 8 章/Sample_8_3/src/wyf/hl 目录下的 Game.java。

```
if(length[i][j]!=9999){
     if(iniFlag){                                      //第一个找到的可能点
          minLen=length[i][j]+                         //第一个找到的可能点
     (int)Math.sqrt((j-target[0])*(j-target[0])+(i-target[1])*(i-target[1]));
          k[0]=j;                                      //col
          k[1]=i;                                      //row
          iniFlag=!iniFlag;
     }else{                                            //不是第一个找到的可能点
          int tempLen=length[i][j]+
     (int)Math.sqrt((j-target[0])*(j-target[0])+(i-target[1])*(i-target[1]));
          if(minLen>tempLen){                          //当 minLen 大于 tempLen 时
               minLen=tempLen;
               k[0]=j;                                 //col
               k[1]=i;                                 //row
} } }
```

（4）还需在 src/wyf/hl 下 Game 类的第 77～93 行的 runAlgorithm 方法中的 switch 中添加如下几行代码（见 8.2.1 小节 Game 类中代码的第 45 行）。

代码位置：见本书随书光盘中源代码/第 8 章/Sample_8_3/src/wyf/hl 目录下的 Game.java。

```
     case 4:                                           //Dijkstra A*算法
          DijkstraAstar();                             //调用 Dijkstra A*算法计算
     break;
```

（5）再运行该程序，选择 Dijkstra A*算法，并且选择不同目标点即得到运行效果，如图 8-31 和图 8-32 所示。

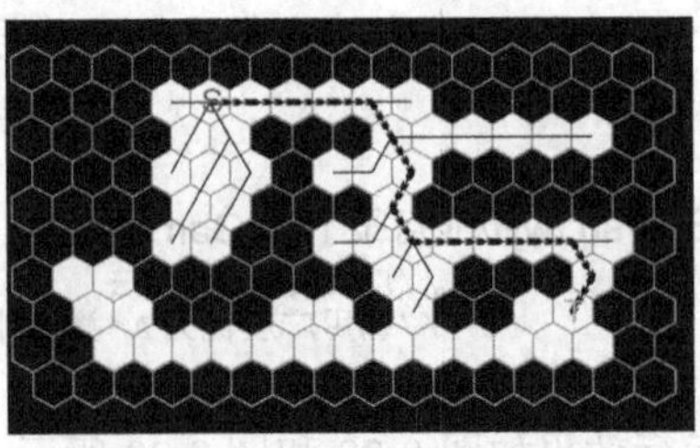

▲图 8-31　Dijkstra A*效果图 1

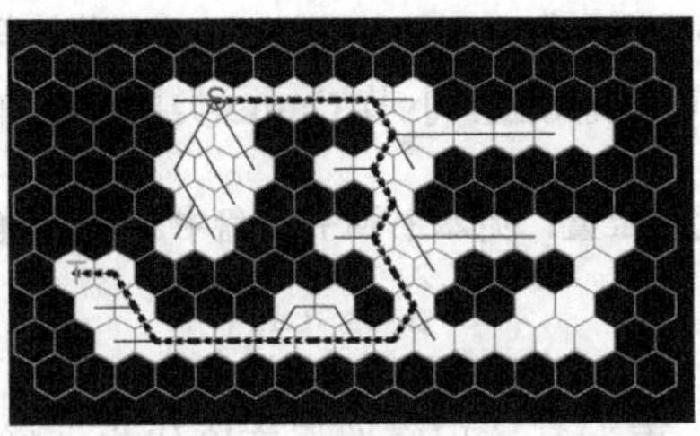

▲图 8-32　Dijkstra A*效果图 2

提示　用 A*优化的 Dijkstra 搜索算法得到的路径一定是最优路径，在真正的游戏开发中，应用该算法的次数比较多。

8.3 正六边形单元地图的网格定位

前面两节分别介绍了两种不同单位形状的地图以及正六边形单元地图路径搜索的几种算法，本节将对正六边形单元地图的网格定位算法进行介绍，并通过一个简单的案例向读者讲解正六边形单元地图的网格定位算法的使用。

8.3.1　基本知识

由前面介绍的知识可知，在正方形网格中知道了一个点的坐标后，可以非常方便地通过除法计算出此点对应的正方形网格中的行列号。但是对于正六边形网格而言，想要确定坐标点所在网格的行列号就没有那么简单了。

在计算坐标点在正六边形网格中的行列号之前，先为读者介绍一下在正六边形网格中各个六边形行列号的排布情况，如图 8-33 所示。

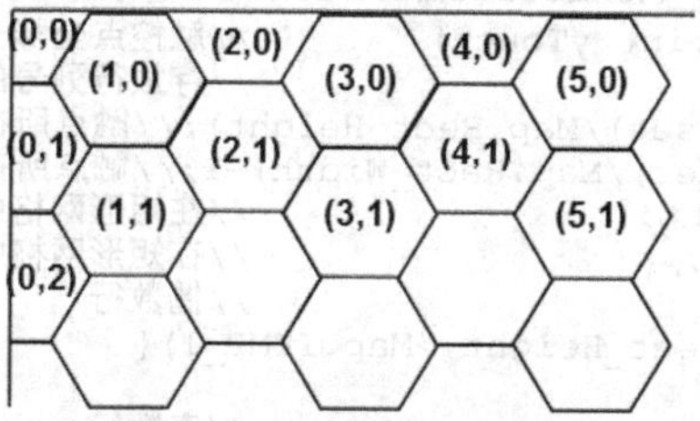

▲图 8-33　正六边形网格坐标系

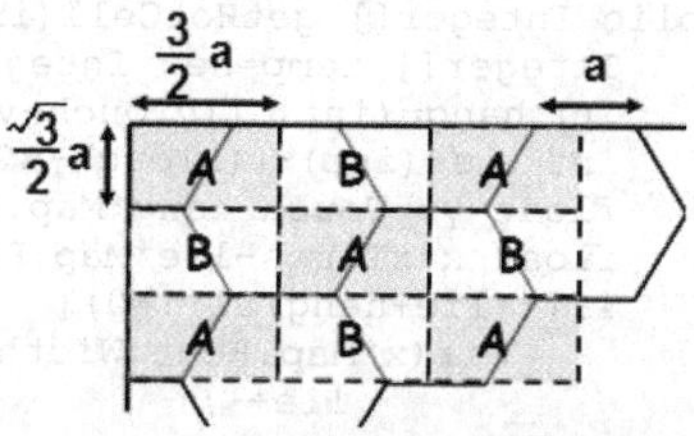

▲图 8-34　正六边形网格坐标系

根据图 8-33 所示的排布情况，可将正六边形网格分成边长如图 8-34 所示的小矩形网格。由观察图 8-34 可知，这些矩形分为 A 和 B 两种类型，并且每个小矩形都关联了两个正六边形，效果如图 8-35 和图 8-36 所示。

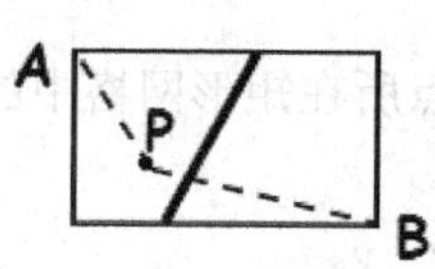

▲图 8-35　A 类型矩形

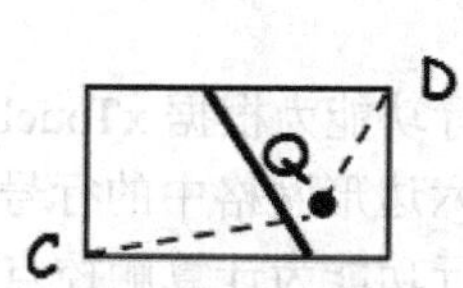

▲图 8-36　B 类型矩形

（1）对于 A 类型矩形来说，左上角 A 顶点和右下角 B 顶点分别是其关联的正六边形的中心点，而中间的分割线正好是两个正六边形中心点连接线的垂直平分线。因此只要计算出给定坐标点距离哪个中心点近，则给定坐标点就在哪个正六边形中。

（2）对于 B 类型矩形而言，左下角 C 顶点和右上角 D 顶点分别是其关联的正六边形的中心点。计算给定坐标点在哪个正六边形的方法与 A 类型的相同。

8.3.2　简单的案例

上面详细地介绍了正六边形单元地图的网格定位的算法，接下来将给出一个具体的案例，便于读者正确理解和掌握该定位算法的应用，其运行效果如图 8-37、图 8-38 所示。

▲图 8-37　案例开始运行时的效果图

▲图 8-38　手指点击屏幕时的效果图

说明　图 8-37 为案例开始运行时的效果图，图 8-38 为手指点击屏幕时的效果图。此外，本案例支持多点触控事件。

了解完本案例的运行效果后，下面将进一步介绍本案例代码的开发。由于本案例的基本套路与本章 Sample_8_2 案例的基本一致，因此只着重讲解有区别的代码片段，具体步骤如下。

（1）由于本案例着重介绍正六边形单元地图的网格定位算法的应用，因此首先向读者介绍正六边形单元地图的网格定位算法的代码实现，即 getHotCell 方法，该方法的主要功能为根据触控点的 x、y 坐标获取该点所在正六边形网格中的行列号，其具体代码如下。

代码位置：见随书光盘中源代码/第 8 章/Sample_8_HexLocation/src/com/bn 目录下的 LBX.java。

```
1   public Integer[] getHotCell(int xTouch,int yTouch){              //触控点坐标
2         Integer[] temp=new Integer[2];                              //存放行列号的数组
3         int hang=(int) ((yTouch-yGlobalOffset)/Map.Rect_Height);//触点所在矩形网格行号
4         int lie=(int) ((xTouch-xGlobalOffset)/Map.Rect_Width)-1;//触点所在矩形网格列号
5         float y=yTouch-hang*Map.Rect_Height;                        //在矩形网格中的 y 偏移量
6         float x=xTouch-lie*Map.Rect_Width;                          //在矩形网格中的 x 偏移量
7         if(((lie+hang)&1)!=0){                                      //偶数行
8               if(x*Map.Rect_Width -y*Map.Rect_Height >Map.TEMP_1){
9                     lie++;
10        }}else{                                                     //奇数行
11              if(x*Rect_Width+y* Map.Rect_Height>Map.TEMP_2){
12                    lie++;
13        }}
14        lie=(lie+(1-(hang&1)))/2;                                   //计算列号
15        temp[0]=hang;                                               //从第 0 行开始
16        temp[1]=lie-1;                                              //从第 0 列开始
17        return temp;
18  }
```

- 第 3～4 行功能为根据 xTouch、yTouch 坐标值计算该点所在矩形网格中的行列号，矩形网格中的行号即正六边形网格中的行号。
- 第 5～6 行功能为计算触控点在矩形网格内部的坐标 x、y。
- 第 7～13 行功能为判断触控点的行号是奇数还是偶数，并计算触控点在正六边形网格中的列号，最后将行列号存放在数组中，将数组返回。

（2）上面介绍了正六边形单元地图的网格定位的方法 getHotCell，下面将介绍 MySurfaceView 类中实现多点触控的方法 onTouchEvent，其具体代码如下。

代码位置：见随书光盘中源代码/第 8 章/Sample_8_HexLocation/src/com/bn 目录下的 MySurfaceView.java。

```
public boolean onTouchEvent(MotionEvent event){                       //触控事件
      int action=event.getAction()&MotionEvent.ACTION_MASK;           //获取触控的动作编号
      int index=(event.getAction()&MotionEvent.ACTION_POINTER_INDEX_MASK)
            >>>MotionEvent.ACTION_POINTER_INDEX_SHIFT; //>>>的意思是无符号右移
      int id=event.getPointerId(index);                               //获取主、辅点 id
      switch(action){
            case MotionEvent.ACTION_DOWN:                             //主点 down
```

```
8            Integer[]temp=lbx.getHotCell((int)event.getX(id), (int)event.getY(id));
9                 hml.put(id, temp);                        //向 Map 中记录一个新点的行列号
10            break;
11            case MotionEvent.ACTION_POINTER_DOWN:                      //辅点 down
12          Integer[]temp1=lbx.getHotCell((int)event.getX(id), (int)event.getY(id));
13                 hml.put(id, temp1);                       //向 Map 中记录一个新点的行列号
14            break;
15            case MotionEvent.ACTION_MOVE:                              //主/辅点 move
16                 int count=event.getPointerCount();
17                 for(int i=0;i<count;i++){      //不论主/辅点 Move 都更新其位置的行列号
18                      int tempId=event.getPointerId(i);                //获取点的 id 号
19            hml.put(tempId, lbx.getHotCell((int)event.getX(i), (int)event.getY(i)));
20                 }
21            break;
22            case MotionEvent.ACTION_UP:                                //主点 up
23                 hml.clear();                                          //清空 Map
24            break;
25            case MotionEvent.ACTION_POINTER_UP:                        //辅点 up
26                 hml.remove(id);                   //从 Map 中删除对应 id 的辅点的行列号
27                 break;
28       }
29       return true;
30    }
```

- 第 2～5 行功能为获取触控的动作编号和主、辅点的 id 号。
- 第 7～10 行功能为当主点 down 时，获取主点在正六边形网格中的行列号，并将行列号加入 Map 对象 hml 中。
- 第 11～14 行功能为当辅点 down 时，获取辅点在正六边形网格中的行列号，并将行列号加入 Map 对象 hml 中。
- 第 15～21 行功能为当主点或辅点 move 时，获取点的 id 号并更新其行列号。
- 第 22～27 行功能为当主点或辅点 up 时，删除点对应的行列号。

8.4　地图编辑器与关卡设计

前面分别介绍了两种不同单位形状的地图、正六边形单元地图路径搜索的几种算法以及正六边形单元地图的网格定位算法，本节将对关卡、地图的重要性进行说明，之后再介绍地图编辑器的设计与使用，并通过一个简单的地图编辑器的开发实例向读者讲解地图编辑器的开发要领。

8.4.1　关卡地图的重要性

对于一个可玩性好的游戏来说，关卡地图的好坏是最关键的，下面通过一些成功游戏的例子来说明，关卡地图设计是多么重要。

举例为大家耳熟能详的超级玛丽游戏，该游戏的地图和关卡绝对是非常优秀的，如图 8-39 和图 8-40 所示。

▲图 8-39　超级玛丽游戏画面 1

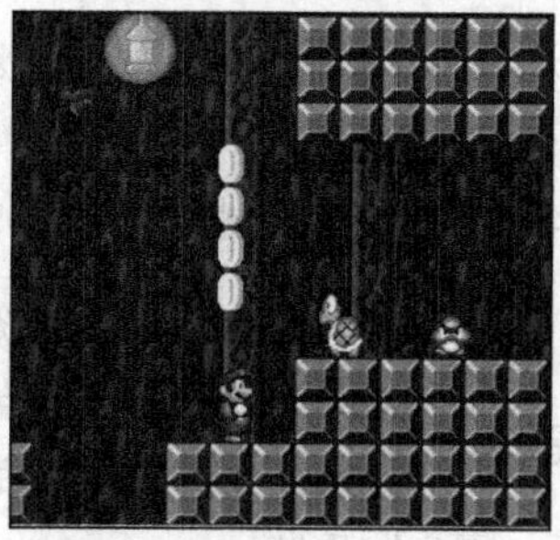

▲图 8-40　超级玛丽游戏画面 2

益智类游戏大富翁的地图也是典型的例子，如图 8-41 和图 8-42 所示。

经典 RPG 游戏三国英雄传的地图设计也是比较美观、合理的，如图 8-43 所示。

▲图 8-41　手机大富翁游戏截图

▲图 8-42　超级大富翁游戏截图

▲图 8-43　三国英雄传截图

读者可能很想知道像这些成熟游戏的地图是怎么设计出来的，其实任何一款具有较大地图的游戏，在开发之前一定会开发适合自己的地图编辑器，即地图设计器，有了地图编辑器才能使游戏的开发事半功倍。现在网上有很多成熟的游戏地图编辑器，如果是简单游戏的开发可以直接使用，而稍复杂一些的则必须自己开发或者基于成熟的地图编辑器进行改进。

优秀的地图编辑器有很多，下面列出其中几种。

（1）Mappy 地图编辑器（如图 8-44 所示）是最出名的地图编辑器，其功能强大，可以编辑 2D 和 3D 地图，官方网站是 http://www.tilemap.co.uk/mappy.php。

（2）Tiled 地图编辑器也非常有名，但其只能编辑 2D 地图。Tiled 完全由 Java 语言写成，小巧玲珑且功能强大，最重要的是可以免费使用，是本书推荐的地图编辑器，官方网站为 http://mapeditor.org/index.html，其程序运行截图如图 8-45 所示。

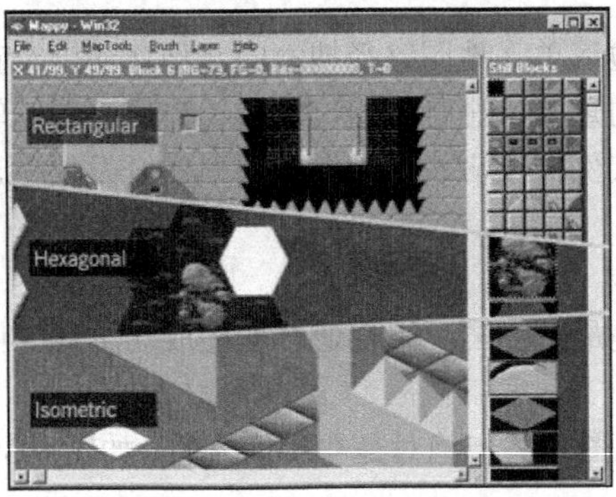

▲图 8-44　Mappy 地图编辑器

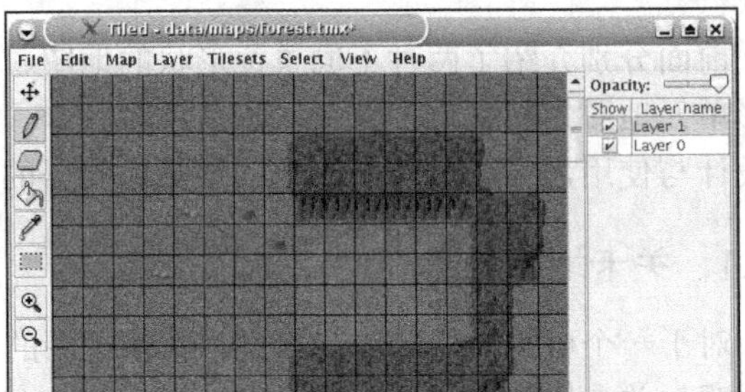

▲图 8-45　Tiled 地图编辑器

（3）Tile Studio 也是一个不错的地图编辑器，它不但具有自定义地图的输出格式，而且还能对图片进行简单编辑，官方网站是 http://tilestudio.sourceforge.net/，其界面如图 8-46 所示。

（4）还有很多其他的地图编辑器，如 Open tUME、Games Factory Pack 3.1 等。

> **提示**　在一个游戏开发时，如果现存的地图编辑器能够满足该游戏的地图设计需求，建议使用已经存在的地图编辑器，而大多数情况下并不能满足设计需求，这就需要单独开发满足需求的地图编辑器，但开发时可以参考或基于成熟的地图编辑器来简化开发。

8.4.2 图片分割界面的实现

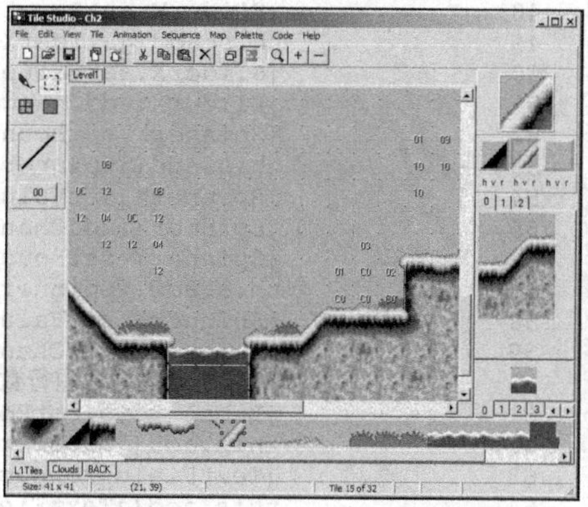

▲图 8-46 Tile Studio 地图编辑器

在很多时候，别人的地图编辑器并不适合自己，基本上所有的带有地图的游戏，在开发之前都会开发专用的地图编辑器，接下来将带领读者开发一个简单的地图编辑器，开发步骤如下。

（1）启动 Eclipse，创建新的 Java Project 名为 Sample_8_4。

（2）在 src 目录下创建 MapEditor 类，创建时添加的包为 wyf.ytl。

（3）打开刚创建的 MapEditor 类，用下列代码替换已有的代码。

代码位置：见随书光盘中源代码/第 8 章/Sample_8_4/src/wyf/ytl 目录下的 MapEditor.java。

```
package wyf.ytl;                                          //声明包语句
import java.awt.event.ActionEvent;                        //引入相关类
……//此处省略了各个类的引用代码，读者可自行查看光盘中的代码
import javax.swing.event.ChangeListener;                  //引入相关类
public class MapEditor extends JFrame implements ActionListener,ChangeListener{
    private JMenu[] jMenu = {                             //菜单项
        new JMenu("文件"),
    };
    private JMenuItem[] jFileItem = {                         //子菜单项
        new JMenuItem("打开"),
    };
    private JMenuBar jMenuBar = new JMenuBar();               //菜单栏
    JFileChooser jFileChooser = new JFileChooser();           //文件选择窗口
    JSlider jSliderX = new JSlider(JSlider.HORIZONTAL,10,70,60);
                                                              //创建两个 JSlider 控件
    JSlider jSliderY = new JSlider(JSlider.VERTICAL,10,70,60);
    JLabel jLabel_rows = new JLabel("地图行数:");              //文本
    JTextField jTextField_rows = new JTextField("10");        //输入框
    JLabel jLabel_cols = new JLabel("地图列数:");              //文本
    JTextField jTextField_cols = new JTextField("10");        //输入框
    JButton jButton = new JButton("确定");                 //确定按钮
    JSpinner jSpinnerX = new JSpinner();                   //创建两个 JSpinner 控件
    JSpinner jSpinnerY = new JSpinner();
    JScrollPane jsp;                                       //滚动窗口
    //SplitPanel sp;
    public MapEditor(){                                    //构造器
        for(JMenuItem item : jFileItem){                   //将子菜单添加到文件菜单下
            jMenu[0].add(item);
            item.addActionListener(this);
        }
        for(JMenu temp: jMenu){                            //将菜单项添加到菜单栏
            jMenuBar.add(temp);
        }
        this.setJMenuBar(jMenuBar);
        //初始化垂直分割拖拉条
        jSliderY.setBounds(560,10,40,100);                 //设置位置和大小
        jSliderY.setMinorTickSpacing(2);
        jSliderY.setMajorTickSpacing(20);
        jSliderY.setPaintTicks(true);
        jSliderY.setPaintLabels(true);
        this.add(jSliderY);                                //添加到窗口中
        jSliderY.setValue(30);                             //设置初始值
        jSliderY.addChangeListener(this);                  //添加监听
        //初始化水平分割拖拉条
        jSliderX.setBounds(10,410,100,40);                 //设置位置和大小
        jSliderX.setMinorTickSpacing(2);
        jSliderX.setMajorTickSpacing(20);
        jSliderX.setPaintTicks(true);
```

```
48          jSliderX.setPaintLabels(true);
49          this.add(jSliderX);                          //添加到窗口中
50          jSliderX.setValue(30);                       //设置初始值
51          jSliderX.addChangeListener(this);            //添加监听
52          jSpinnerX.setBounds(120, 410, 50, 20);       //设置位置和大小
53          this.add(jSpinnerX);                         //添加到窗口中
54          jSpinnerX.setValue(30);                      //设置初始值
55          jSpinnerX.addChangeListener(this);           //添加监听
56          jSpinnerY.setBounds(560,120,40,20);          //设置大小和位置
57          this.add(jSpinnerY);                         //添加到窗口中
58          jSpinnerY.setValue(30);                      //设置初始值
59          jSpinnerY.addChangeListener(this);           //添加监听
60          //输入自定义地图行数的文本框
61          jLabel_rows.setBounds(190,410,60,20);        //设置大小和位置
62          this.add(jLabel_rows);                       //添加到窗口中
63          jTextField_rows.setBounds(245,410,60,20);    //设置大小和位置
64          this.add(jTextField_rows);                   //添加到窗口中
65          //输入自定义地图列数的文本框
66          jLabel_cols.setBounds(320,410,60,20);        //设置大小和位置
67          this.add(jLabel_cols);                       //添加到窗口中
68          jTextField_cols.setBounds(375,410,60,20);    //设置大小和位置
69          this.add(jTextField_cols);                   //添加到窗口中
70          jButton.setBounds(450,410,60,20);            //确定按钮
71          this.add(jButton);                           //添加按钮到窗口
72          jButton.addActionListener(this);             //为按钮添加监听
73          this.setTitle("地图设计器 V0.1");            //设置标题
74          this.setLayout(null);                        //设置窗口的布局
75          this.setDefaultCloseOperation(JFrame.EXIT_ON_CLOSE);  //关闭按钮
76          this.setBounds(100, 100, 640, 500);              //设置窗口的大小和位置
77          this.setVisible(true);                           //设置窗口的可见性
78      }
79      public void actionPerformed(ActionEvent e){          //实现接口中的方法
80          ……//该处省略了方法的实现，将在之后给出
81      }
82      public void stateChanged(ChangeEvent e){             //实现接口中的方法
83          ……//该处省略了方法的实现，将在之后给出
84      }
85      public static void main(String[] args){              //主方法，整个程序的入口
86          new MapEditor();
87      }}
```

● 第 6～11 行创建两个数组，分别表示菜单项以及菜单子项，通过数组管理以后再添加新的菜单是很方便的，直接添加即可，并不需要修改其他代码。

● 第 12～13 行创建一个菜单栏及文件选择窗口，第 14～15 行创建一个水平、一个竖直的滑块 JSlider 控件，第 16～29 行创建两个文本控件、两个文本框控件以及一个按钮。

● 第 24 行因为 SplitPanel 类没有开发，所以先将此处注释掉，以后会在适当的地方取消注释。

● 第 26～33 行初始化窗口的菜单栏。第 34～42 行初始化垂直分割拖拉条，第 44～51 行初始化水平分割拖拉条。

● 第 61～67 行定义了用于输入自定义地图行列数的文本框。

● 第 75 行设置窗口的关闭按钮的事件处理，第 79 行为单击按钮和菜单的事件处理方法，其内容将在之后的步骤中进行开发。

● 第 80 行为滑块 JSlider 与 JSpinner 控件状态改变的监听方法，同样稍后进行开发。此时运行该项目将得到如图 8-47 所示的效果。

▲图 8-47　地图编辑器

（4）在 src/wyf/ytl 下创建 SplitPanel 类，并在其中输入如下代码。

代码位置：见随书光盘中源代码/第 8 章/Sample_8_4/src/wyf/ytl 目录下的 SplitPanel.java。

```
1   package wyf.ytl;                                              //声明包语句
2   import java.awt.Color;                                        //引入相关类
3   import java.awt.Dimension;                                    //引入相关类
4   import java.awt.Graphics;                                     //引入相关类
5   import java.awt.Image;                                        //引入相关类
6   import javax.swing.ImageIcon;                                 //引入相关类
7   import javax.swing.JPanel;                                    //引入相关类
8   public class SplitPanel extends JPanel{
9       Image bigImage;                                           //图元总图片
10      MapEditor father;                                         //MapEditor 的引用
11      public SplitPanel(String path,MapEditor father){          //构造器
12          this.father=father;
13          //加载图元总图片
14          ImageIcon ii=new ImageIcon(path);
15          bigImage=ii.getImage();
16          //设置面板大小为图元总图片大小
17          this.setPreferredSize(
18              new Dimension(
19                  bigImage.getWidth(this),                      //图片的宽度
20                  bigImage.getHeight(this)                      //图片的高度
21              )
22          );
23      }
24      public void paint(Graphics g){                            //重写的绘制方法
25          //在面板中绘制图元总图片
26          g.drawImage(bigImage,0,0,Color.white,this);
27          int imageWidth=bigImage.getWidth(this);               //图元总图片宽度
28          int imageHeight=bigImage.getHeight(this);             //图元总图片高度
29          int xSpan=father.jSliderX.getValue();                 //图元宽度
30          int ySpan=father.jSliderY.getValue();                 //图元高度
31          //自动绘制竖线
32          g.setColor(Color.green);
33          int countS=imageWidth/xSpan+((imageWidth%xSpan==0)?0:1)+1;
34          for(int i=0;i<countS;i++){                            //循环绘制
35              if(xSpan*i<=imageWidth){
36                  g.drawLine(xSpan*i,0,xSpan*i,imageHeight);    //画线
37              }
38          }
39          //自动绘制横线
40          g.setColor(Color.green);
41          int countH=imageHeight/ySpan+((imageHeight%ySpan==0)?0:1)+1;
42          for(int i=0;i<countH;i++){                            //循环绘制
43              if(ySpan*i<=imageHeight){
44                  g.drawLine(0,ySpan*i,imageWidth,ySpan*i);//画线
45              }
46  }}}
```

- 第 14～15 行加载程序中所用到的图元的总图片。
- 第 17～22 行设置面版大小为图元总图片的大小。
- 第 32～38 行设置画笔的颜色，然后根据图元的宽度和高度循环绘制各条竖线。
- 第 40～46 行设置画笔的颜色，然后根据图元的宽度和高度循环绘制各条横线。

（5）接下来开发开始菜单按下的事件响应，首先需要将第（3）步代码中第 24 行注释取消，然后将下列代码添加到第（3）步代码中的第 80 行。

代码位置：见随书光盘中源代码/第 8 章/Sample_8_4/src/wyf/ytl 目录下的 MapEditor.java。

```
if(e.getSource() == jFileItem[0]){                                  //单击打开菜单项
    jFileChooser.showOpenDialog(this);
    if(jFileChooser.getSelectedFile() != null){
        String path=jFileChooser.getSelectedFile().getAbsolutePath();
        sp=new SplitPanel(path,this);                                //创建 SplitPanel
        //将图片分割线面板摆放到滚动窗体中
        jsp=new JScrollPane(sp);
        jsp.setBounds(5,5,550,400);                                  //设置 SplitPanel 的大小和位置
```

```
9       this.add(jsp);                                        //添加到窗口
10      this.setVisible(true);                                //设置可见性
11    }
12  }
```

说明　第 1 行当单击菜单中的打开菜单时，先显示一个文件选择窗口，第 4 行根据选择的文件得到路径，然后创建 SplitPanel 并将其显示在 JScrollPane 中。

（6）接下来开发拖动滑块后的事件响应，同样需要将下列代码加入到第（3）步代码中的第 83 行。

代码位置：见随书光盘中源代码/第 8 章/Sample_8_4/src/wyf/ytl 目录下的 MapEditor.java。

```
if(sp!= null){                                                 //当 SplitePanel 引用不为空时
     if(e.getSource() == jSliderX){
          sp.repaint();
          jSpinnerX.setValue(jSliderX.getValue());                  //设置 jSpinnerX 的值
     }
     else if(e.getSource() == jSliderY){                            //拖动的是 jSliderY
          sp.repaint();
          jSpinnerY.setValue(jSliderY.getValue());                  //设置 jSpinnerY 的值
     }
     else if(e.getSource() == jSpinnerX){                           //拖动的是 jSpinnerX
          sp.repaint();
          jSliderX.setValue((Integer)jSpinnerX.getValue());      //设置 jSliderX 的值
     }
     else if(e.getSource() == jSpinnerY){                           //拖动的是 jSpinnerY
          sp.repaint();
          jSliderY.setValue((Integer)jSpinnerY.getValue());      //设置 jSliderY 的值
     }
}
else{
     if(e.getSource() == jSliderX){                                 //拖动的是 jSliderX
          jSpinnerX.setValue(jSliderX.getValue());                  //设置 jSpinnerX 的值
     }
     else if(e.getSource() == jSliderY){                            //拖动的是 jSliderY
          jSpinnerY.setValue(jSliderY.getValue());                  //设置 jSpinnerY 的值
     }
     else if(e.getSource() == jSpinnerX){
          jSliderX.setValue((Integer)jSpinnerX.getValue());      //设置 jSliderX 的值
     }
     else if(e.getSource() == jSpinnerY){
          jSliderY.setValue((Integer)jSpinnerY.getValue());      //设置 jSliderY 的值
     }
}
```

说明　该段代码很简单，只是将表示宽度的 JSlider 控件与表示宽度的 JSpinner 中的数值同步。当 SplitePanel 不为空时，需要重新绘制 SplitePanel，也让 SplitePanel 中的横线和竖线的间隔与 JSlider 的数值同步。

（7）此时运行该项目，在界面中依次单击文件/打开菜单项，然后选择一张图元图片，调整线条的间隔后得到的效果如图 8-48 所示。

8.4.3　地图设计界面的实现

前一小节已经将地图编辑器的前一部分开发完毕，接下来将继续对地图编辑器进行完善，加上地图设计功能及代码生成功能。

1．地图设计界面的实现

首先应该为项目增加地图设计界面，主要步骤如下。

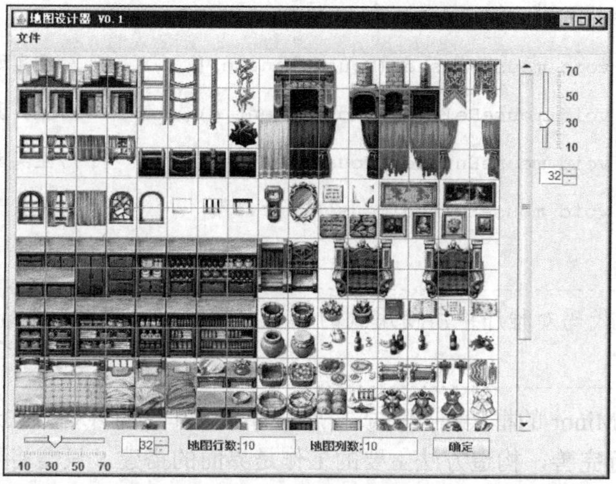

▲图 8-48 选择图片后的效果图

（1）在 src/wtf/ytl 下创建 MapEditorMinor 类，然后先开发 MapEditorMinor 类的框架，其框架的代码如下。

代码位置：见随书光盘中源代码/第 8 章/Sample_8_4/src/wyf/ytl 目录下的 MapEditorMinor.java。

```
package wyf.ytl;                                          //声明包语句
import java.awt.Color;                                    //引入相关类
……//该处省略了部分类的引入代码，读者可自行查阅随书光盘中的源代码
import javax.swing.JSplitPane;                            //引入相关类
public class MapEditorMinor extends JFrame
            implements MouseListener, ActionListener{ //实现监听接口
    Image imageZ;                                         //图元总图片
    Image imageTemp;                                      //临时图片引用
    int xSpan;                                            //图元宽度
    int ySpan;                                            //图元高度
    int imageWidth;                                       //图元总图片宽度
    int imageHeight;                                      //图元总图片高度
    int countCols;                                        //图元列表列数
    int countRows;                                        //图元列表行数
    int rows;                                             //地图行数
    int cols;                                             //地图列数
    Icon tempii;                                          //Icon 临时引用
    JPanel jps;                                           //上侧显示自定义地图的面板
    JPanel jpx;                                           //下侧显示图元列表的面板
    JScrollPane jsps;                                     //上侧的滚动窗体
    JScrollPane jspx;                                     //下侧的滚动窗体
    JSplitPane jspz;                                      //总分割窗体
    JLabel jpas[][];                                      //上侧地图块数组
    JLabel jpax[][];                                      //下侧图元块数组
    int result[][];
    int tempNumber;
    private JMenu[] jMenu = {                             //菜单项数组
        new JMenu("文件"),
    };
    private JMenuItem[] jFileItem = {                     //文件菜单中的子菜单
        new JMenuItem("生成"),
    };
    private JMenuBar jMenuBar = new JMenuBar();          //菜单栏
    public MapEditorMinor(Image imageZ,int xSpan,int ySpan,int rows,int cols){
                                                          //构造器
        ……//该处省略了方法的实现，将在之后的步骤中给出
    }
    public void mouseClicked(MouseEvent e){               //单击鼠标键方法
        ……//该处省略了方法的实现，将在之后的步骤中给出
    }
    public void actionPerformed(ActionEvent e){
```

```
41              ……//该处省略了方法的实现，将在之后的步骤中给出
42          }
43          public void mousePressed(MouseEvent e){             //空实现接口中的方法
44          }
45          public void mouseReleased(MouseEvent e){            //空实现接口中的方法
46          }
47          public void mouseEntered(MouseEvent e){             //空实现接口中的方法
48          }
49          public void mouseExited(MouseEvent e){              //空实现接口中的方法
50          }}
```

说明　该段代码对程序中所使用到的各个对象进行了声明，并给出了该类中各个方法的框架。

（2）在 MapEditorMinor 的框架搭建完成之后，需要对其中的各个方法进行完善，接下来首先对该类的构造方法进行完善，构造方法主要的工作是界面的搭建，只需将下列代码添加到第（1）步代码中的第 35 行即可。

代码位置：见随书光盘中源代码/第 8 章/Sample_8_4/src/wyf/ytl 目录下的 MapEditorMinor.java。

```
this.imageZ=imageZ;                                              //图片的引用
this.xSpan=xSpan;
this.ySpan=ySpan;
this.cols=cols;                                                  //列
this.rows=rows;                                                  //行
for(JMenuItem item : jFileItem){                                 //将子菜单添加到文件菜单下
      jMenu[0].add(item);
      item.addActionListener(this);                              //添加监听
}
for(JMenu temp: jMenu){
      jMenuBar.add(temp);                                        //将菜单添加到菜单栏
}
this.setJMenuBar(jMenuBar);                                      //设置窗口的菜单栏
imageWidth=imageZ.getWidth(this);                                //得到图片的宽
imageHeight=imageZ.getHeight(this);                              //得到图片的高
countCols=imageWidth/xSpan+((imageWidth%xSpan==0)?0:1);
countRows=imageHeight/ySpan+((imageHeight%ySpan==0)?0:1);
//初始化上边界面
jps=new JPanel();
jps.setPreferredSize(new Dimension((xSpan+2)*cols,(ySpan+2)*rows));
jps.setLayout(null);                                             //设置布局为 null
jpas=new JLabel[rows][cols];                                     //创建 JLabel 数组
result = new int[rows][cols];                                    //创建 int 型数组
for(int i=0;i<rows;i++){
      for(int j=0;j<cols;j++){
            jpas[i][j]=new JLabel();                             //创建一个 JLabel 对象
            jpas[i][j].setBackground(Color. RED);                //设置 JLabel 的背景色
            jpas[i][j].setOpaque(true);
            jpas[i][j].setBounds(j*(xSpan+2),i*(ySpan+2),xSpan,ySpan);
                                                                 //设置大小和位置
            jpas[i][j].addMouseListener(this);                   //为刚创建的 JLabel 添加监听
            jps.add(jpas[i][j]);                                 //添加到 jps 中
      }
}
jsps=new JScrollPane(jps);
//初始化下边界面
jpx=new JPanel();
jpx.setPreferredSize(new Dimension((xSpan+2)*countCols,(ySpan+2)*countRows));
jpx.setLayout(null);
jpax=new JLabel[countRows][countCols];
for(int i=0;i<countRows;i++){
      for(int j=0;j<countCols;j++){
            jpax[i][j]=new JLabel();                             //创建 JLabel 对象
            jpax[i][j].setBackground(Color.BLUE);                //设置背景色
            jpax[i][j].setBounds(j*(xSpan+2),i*(ySpan+2),xSpan,ySpan);
                                                                 //设置位置和大小
```

```
45              jpax[i][j].addMouseListener(this);              //添加监听
46              jpx.add(jpax[i][j]);                            //添加到 jpx 中
47          }
48      }
49      jspx=new JScrollPane(jpx);
50      //总界面
51      jspz=new JSplitPane(JSplitPane.VERTICAL_SPLIT,jsps,jspx); //创建 JSplitPane 控件
52      jspz.setDividerLocation(250);                           //设置分割位置
53      jspz.setDividerSize(4);                                 //设置分割线的宽度
54      this.add(jspz);                                         //添加到窗口
55      //窗体
56      this.setTitle("地图设计器 V0.1");
57      this.setBounds(10,10,640,500);                          //设置窗口的大小和位置
58      this.setVisible(true);                                  //设置窗口的可见性
59      this.setDefaultCloseOperation(JFrame.EXIT_ON_CLOSE); //关闭按钮
60      //初始化图片
61      for(int i=0;i<countRows;i++){
62          for(int j=0;j<countCols;j++){
63              imageTemp=this.createImage(xSpan,ySpan);        //创建图片
64              Graphics g=imageTemp.getGraphics();             //得到图片的画笔
65              g.drawImage(imageZ,0,0,xSpan,ySpan,j*xSpan,i*ySpan,(j+1)*xSpan,
                (i+1)* ySpan,this);
66              ImageIcon ii=new ImageIcon(imageTemp);//通过 imageTemp 创建 ImageIcon
67              jpax[i][j].setIcon(ii);
68      }}
```

- 第 6~13 行设置了窗口菜单栏的内容。
- 第 18~34 行初始化上边的界面，先创建一个 JPanel，然后对其大小和布局进行设置，再创建一个 JLabel 的数组，添加到窗口的上半部分。
- 第 35~49 行初始化下边的界面，同样是先创建一个 JPanle，对其大小和布局进行设置，然后将新建的 JLabel 数组中的 JLabel 添加到 JPanle。
- 第 50~54 行设置总体界面，通过一个 JSplitPane 控件将界面分成上、下两部分。
- 第 55~59 行设置窗口的属性，包括标题、大小、位置、可见性，以及窗口关闭按钮的使用。
- 第 60~68 行初始化所有的图片，然后根据图片创建出各个 ImageIcon 并显示到 JLabel 上。

（3）用户界面搭建完成之后应该观察一下其运行效果，所以应该为图片分割界面的确定按钮添加事件响应，当单击确定按钮后会创建并显示该界面。在 MapEditor 类的 actionPerformed 方法中添加下列代码。

代码位置：见随书光盘中源代码/第 8 章/Sample_8_4/src/wyf/ytl 目录下的 MapEditor.java。

```
else if(e.getSource() == jButton){                          //单击“确定”按钮
    if(sp != null){
        this.dispose();                                     //释放此界面
        new MapEditorMinor(                                 //创建一个 MapEditorMinor 窗口
            sp.bigImage,                                    //图元的引用
            jSliderX.getValue(),
            jSliderY.getValue(),
            Integer.parseInt(jTextField_rows.getText()),   //行
            Integer.parseInt(jTextField_cols.getText())    //列
);}}
```

说明 该段代码的作用是，当单击“确定”按钮时，将图片分割界面释放，紧接着创建地图设计界面并将其显示。

（4）此时即可再次运行该项目，在图片分割界面中依次单击文件/打开菜单项，通过文件选择窗口选择一张图片，然后单击“确定”按钮即可切换到地图设计界面，其运行效果如图 8-49 所示。

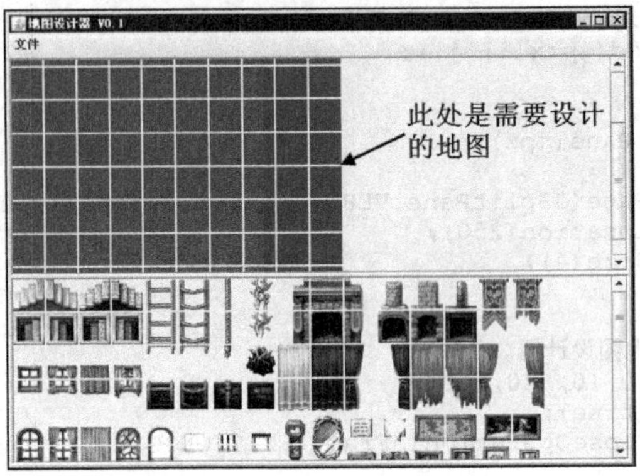

▲图 8-49 地图设计界面的效果图

（5）前面已经将地图设计界面搭建完成，接下来需要为上半部分界面和下半部分界面加上鼠标监听，只需要在第（1）步代码中的第 53 行处加入如下代码。

代码位置：见随书光盘中源代码/第 8 章/Sample_8_4/src/wyf/ytl 目录下的 MapEditorMinor.java。

```
1   Object o=e.getSource();
2   if(o instanceof JLabel){                                  //如果单击的是 JLabel
3       boolean iss=false;                                    //单击的是上面的地图元素
4       //判断是否为地图元素
5       for(int i=0;i<rows;i++){
6           for(int j=0;j<cols;j++){                          //循环
7               if(jpas[i][j]==o){
8                   iss=true;                                 //将 iss 设成 true
9       } } }
10      if(iss){                                              //单击上面地图元素
11          if(tempii!=null){
12              ((JLabel)o).setIcon(tempii);                  //为选中的 JLable 设置 Icon
13              tempii=((JLabel)o).getIcon();                 //得到选择 JLable 的 Icon
14              for(int i=0;i<rows;i++){
15                  for(int j=0;j<cols;j++){                  //循环
16                      if(jpas[i][j]==o){
17                          result[i][j] = tempNumber;
18      } } } }
19      else{                                                 //单击下面图元元素
20          tempii=((JLabel)o).getIcon();                     //得到选择 JLable 的 Icon
21          for(int i=0;i<countRows;i++){
22              for(int j=0;j<countCols;j++){                 //循环
23                  if(jpax[i][j]==o){
24                      tempNumber = i*countCols + j + 1;     //得到单击的格数
25  } } } } }
```

- 第 3 行为一个布尔类型的变量，表示单击的是否是上半部分的地图元素。
- 第 5～9 行通过对上半部分的元素循环，来判断单击的是否是上半部分的元素。
- 第 10～18 行为单击上半部分元素后的处理代码，先判断之前是否选中过下半部分的元素，当选中时，将之前选中的下半部分的图标赋给刚选中的 JLable，然后将结果存储在存放结果数组中。
- 第 19～25 行为单击下半部分元素的处理代码，先得到选中的 JLbale 的图标，然后计算表示该位置的数值。

2. 生成代码界面的实现

前面已经将地图设计的基本功能开发完成，但是使用地图编辑器的目的是生成地图文件或者是生成地图代码，所以，还需要为地图编辑器添加上生成代码的功能。在整个项目的开发之前就已经考虑到了地图的保存操作，所以，已经将表示地图元素的数组存储到了一个结果数组中，现在只需根据结果数组生成特定格式的代码即可，具体步骤如下。

（1）在 src/wyf/ytl 下创建 ResultFrame 类。

（2）打开刚创建的 ResultFrame 类，将下列代码添加到该类中去。

代码位置：见随书光盘中源代码/第 8 章/Sample_8_4/src/wyf/ytl 目录下的 ResultFrame.java。

```
package wyf.ytl;
import javax.swing.JFrame;                                       //添加相关类
import javax.swing.JScrollPane;                                  //添加相关类
import javax.swing.JTextArea;                                    //添加相关类
public class ResultFrame extends JFrame{
     JTextArea jta = new JTextArea();                            //创建一个文本区控件
     JScrollPane jsp = new JScrollPane(jta);                     //创建一个可滚动窗口
     public ResultFrame(int[][] result){
          this.setTitle("结果");                                  //设置标题
          jta.setText("int map[][] = \n {");                     //添加到文本区控件
          for(int i=0;i<result.length;i++){
               String temp = "";                                 //创建临时变量
               jta.setText(jta.getText()+"\n\t{");               //向文本区添加内容
               for(int j=0;j<result[0].length;j++){
                    temp += result[i][j] + ",";
               }
               temp = temp.substring(0, temp.length()-1);//将最后的逗号去掉
               jta.setText(jta.getText()+temp);
               jta.setText(jta.getText()+"}");
          }
          jta.setText(jta.getText()+"\n);");
          this.add(jsp);                                         //添加到窗口中
          this.setBounds(100,50,400,500);                        //设置窗口的大小和位置
          this.setVisible(true);                                 //设置窗口的可见性
          this.setDefaultCloseOperation(JFrame.DISPOSE_ON_CLOSE); //关闭按钮
     }
}
```

说明 该类比较简单，根据之前生成的结果数组组织成指定格式的字符串显示在文本区中，然后将文本区放在可滚动的 JScrollPane 中显示出来。

（3）为地图设计界面的菜单添加响应，使得单击生成菜单后显示结果窗口。打开 src/wyf/ytl 下的 MapEditorMinor 类，在其 actionPerformed 方法中（8.4.3 小节地图设计界面的实现中第（1）步的 actionPerformed 方法中）加入下列代码。

代码位置：见随书光盘中源代码/第 8 章/Sample_8_4/src/wyf/ytl 目录下的 MapEditorMinor.java。

```
if(e.getSource() == jFileItem[0]){                     //单击打开菜单项
     new ResultFrame(result);                          //创建结果界面
}
```

说明 在单击打开菜单项时创建一个 ResultFrame 界面即可。

（4）再次运行该项目，选择一张图片后进入地图设计界面，然后随便设计一些地图用来调试，依次单击文件/生成菜单项，将看到弹出的结果界面，如图 8-50 所示。

到此，整个地图编辑器就已经开发完成，使用此地图编辑器可以可视化地设计简单的地图，然后生成需要的地图矩阵。

提示 该地图编辑器只是将生成的地图代码显示在文本区中，有兴趣的读者可以运用之前讲过的 I/O 技术将生成的地图信息存储到文件中。

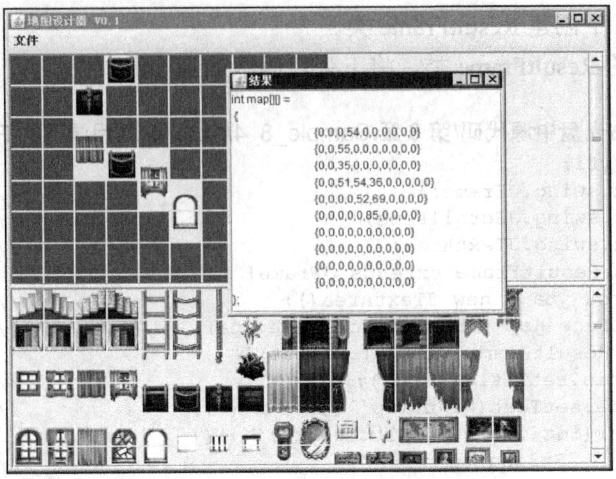

▲图 8-50　生成结果代码效果图

8.5 多分辨率屏幕的自适应

上一节介绍了地图编辑器及关卡设计的相关知识，读者对于如何使用地图设计器有了一定的了解。本节将着重介绍如何使游戏自适应多分辨率屏幕的知识。

不同平台的手机分辨率很多都不一样，而且就算是同一平台的手机分辨率也不尽相同。为了使游戏能够有自动适应多种不同分辨率屏幕的能力，作者提出了几种解决方案。本节将对这几种解决方案的原理进行介绍，并给出相应的案例，便于读者理解和掌握这几种解决方案。

8.5.1　非等比例缩放

最简单的一种不同屏幕分辨率的自适应策略就是非等比例缩放，这种策略将画面横向和纵向进行拉伸以填满整个屏幕。使用这种策略可能会造成画面变形，具体情况如图 8-51、图 8-52 所示。

▲图 8-51　原始效果

▲图 8-52　缩放后产生变形

> **说明**　左侧的图 8-51 给出的是在目标分辨率手机上运行时画面不变形充满整个屏幕的情况，右侧的图 8-52 是在窄屏手机上运行时进行横向和纵向非等比例拉伸充满屏幕后画面产生变形的情况。

从图 8-51 和图 8-52 中可以看出，此自适应策略在屏幕长宽比不同的手机上会产生画面变形的效果。如果产生变形后对游戏的体验没有太大的影响，可以采用此策略。如热门游戏“极品钢琴”采用的就是这种策略，具体效果如图 8-53、图 8-54 所示。

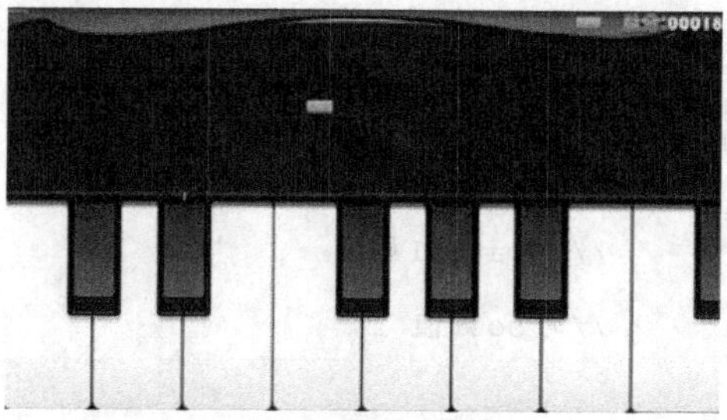

▲图 8-53 宽屏幕效果

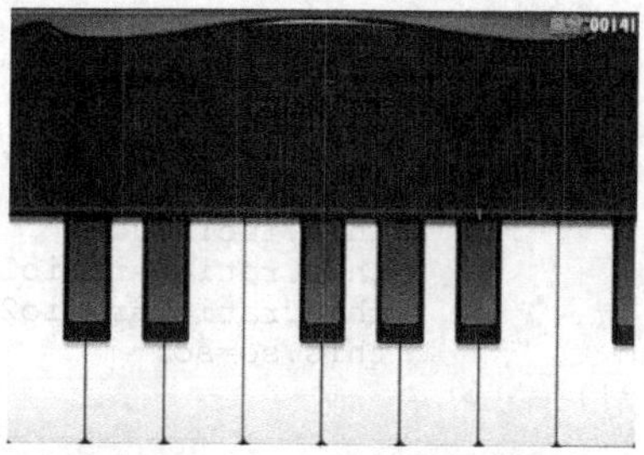

▲图 8-54 窄屏幕效果

说明 左侧的图 8-53 是在宽屏幕手机上运行的效果，右侧的图 8-54 是在窄屏幕手机上运行的效果。虽然有变形，但是在两部不同手机上并不会影响用户的体验，这种情况下开发人员就可以考虑采用此策略。

8.5.2 非等比例缩放案例

上一小节介绍了非等比例缩放的基本知识，本小节将给出一个具体的实现案例 Sample_8_5，便于读者正确理解和掌握非等比例缩放策略的使用，其运行效果如图 8-55、图 8-56 所示。

▲图 8-55 原始效果

▲图 8-56 非等比例缩放产生变形

说明 图 8-55 为在目标分辨率手机上全屏显示时的效果图，图 8-56 为在长宽比较小的手机上非等比例缩放产生变形时的效果图。

了解完本小节案例的运行效果后，下面将进一步介绍本案例代码的开发。由于本案例主要介绍非等比例缩放策略在程序中的开发与使用，因此只着重介绍该策略的开发及使用的代码，具体步骤如下。

（1）首先给出的是本案例中屏幕自适应的工具类 ScreenScaleResult，其主要功能是为当前屏幕左上方 x 值、当前屏幕左上方 y 值、高度缩放比 ratio1、宽度缩放比 ratio2 以及枚举变量 so 等赋值，其具体代码如下。

代码位置：见随书光盘中源代码/第 8 章/Sample_8_5/src/com/bn/util 目录下的 ScreenScaleResult.java。

```
package com.bn.util;                                    //声明包名
enum ScreenOrien{
    HP,                                                 //横屏
    SP                                                  //竖屏
}
public class ScreenScaleResult{
    public int lucX;                                    //当前屏幕左上方 x 值的变量
    public int lucY;                                    //当前屏幕左上方 y 值的变量
    public float ratio1;                                //高度缩放比
```

```
    public float ratio2;                    //宽度缩放比
    ScreenOrien so;                         //枚举变量
    public ScreenScaleResult(int lucX,int lucY,float ratio1,
            float ratio2,ScreenOrien so){
        this.lucX=lucX;                     //为 lucX 赋值
        this.lucY=lucY;
        this.ratio1=ratio1;                 //为 ratio1 赋值
        this.ratio2=ratio2;
        this.so=so;                         //为 so 赋值
}}
```

说明　本类主要功能是为变量 lucX、lucY、ratio1、ratio2 以及枚举变量 so 赋值。

（2）接下来介绍屏幕自适应的另外一个工具类 ScreenScaleUtil，本类主要用于计算当前分辨率手机在横屏或竖屏模式下的宽、高分别与目标分辨率手机在横屏或者竖屏模式下的宽、高比值以及当前屏幕左上方的 x、y 值，其具体代码如下。

代码位置：见随书光盘中源代码/第 8 章/Sample_8_5/src/com/bn/util 目录下的 ScreenScaleUtil.java。

```
1   package com.bn.util;
2   public class ScreenScaleUtil{
3       static final float sHpWidth=1280;                     //横屏宽度
4       static final float sHpHeight=720;                     //横屏高度
5       static final float whHpRatio=sHpWidth/sHpHeight;//横屏下的缩放比
6       static final float sSpWidth=720;                      //竖屏宽度
7       static final float sSpHeight=1280;                    //竖屏高度
8       static final float whSpRatio=sSpWidth/sSpHeight;//竖屏下的缩放比
9       public static ScreenScaleResult calScale(float targetWidth,
10              float targetHeight){
11          ScreenScaleResult result=null;          //声明 ScreenScaleResult 类变量
12          ScreenOrien so=null;                          //声明 ScreenOrien 变量
13          if(targetWidth>targetHeight){
14              so=ScreenOrien.HP;                        //横屏
15          }else{
16              so=ScreenOrien.SP;                        //竖屏
17          }
18          if(so==ScreenOrien.HP){                       //横屏情况下
19              float ratio1=targetHeight/sHpHeight;  //计算高度缩放比
20              float ratio2=targetWidth/sHpWidth;    //计算宽度缩放比
21              int lucX=0;                           //计算当前屏幕左上方 x
22              int lucY=0;                           //计算当前屏幕左上方 y
23              result=new ScreenScaleResult(lucX,lucY,ratio1,ratio2,so);
24          }
25          if(so==ScreenOrien.SP){                       //竖屏情况下
26              float ratio1=targetHeight/sSpHeight;  //计算高度缩放比
27              float ratio2=targetWidth/sSpWidth;    //计算宽度缩放比
28              int lucX=0;                           //计算当前屏幕左上方 x
29              int lucY=0;                           //计算当前屏幕左上方 y
30              result=new ScreenScaleResult(lucX,lucY,ratio1,ratio2,so);
31          }
32          return result;
33  }}
```

- 第 3～8 行声明本类的成员变量，并计算目标分辨率手机在横竖屏情况时的长宽比。
- 第 13～17 行功能为判断当前分辨率手机是横屏还是竖屏，并为枚举变量 so 赋值。
- 第 18～24 行为横屏情况下，分别计算高度缩放比和宽度缩放比以及当前屏幕左上方 x、y 值，并创建 ScreenScaleResult 类对象。
- 第 25～32 行为竖屏情况下，分别计算高度缩放比和宽度缩放比以及当前屏幕左上方 x、y 值，创建 ScreenScaleResult 类对象，并将其返回。

（3）前面介绍了屏幕自适应的两个工具类，下面将介绍本案例的常量类 Constant，本类主要用于声明本案例所用的静态常量以及静态方法 ScaleSR 等，便于程序员对各个常量的管理和维护，其具体代码如下。

代码位置：见随书光盘中源代码/第 8 章/Sample_8_5/src/com/bn/util 目录下的 Constant.java。

```
package com.bn.util;
public class Constant {
    public static int MAP_ROWS=16;                    //行数
    public static int MAP_COLS=21;                    //列数
    public static int TILE_SIZE_X=64;                 //地图格子宽度
    public static int TILE_SIZE_Y=48;                 //地图格子高度
    public static int SCREEN_WIDTH=720;               //目标屏幕宽度
    public static int SCREEN_HEIGHT=1280;             //目标屏幕高度
    public static float x;                            //声明当前屏幕左上方 X 值的变量
    public static float y;                            //声明当前屏幕左上方 Y 值的变量
    public static float ratio;                        //声明缩放比例的变量
    public static ScreenScaleResult screenScaleResult;
                                                      //声明 ScreenScaleResult 类的引用
    public static void ScaleSR(){
        screenScaleResult=ScreenScaleUtil.calScale(SCREEN_WIDTH,
            SCREEN_HEIGHT);                           //屏幕自适应
        x=screenScaleResult.lucX;                     //获取当前屏幕左上方的 X 值
        y=screenScaleResult.lucY;                     //获取当前屏幕左上方的 Y 值
        ratio=screenScaleResult.ratio;                //获取缩放比例
}}
```

说明 本类主要用于声明地图及屏幕自适应相关的静态常量，例如，目标屏幕宽度、目标屏幕高度、当前屏幕左上方的 x、y 值以及缩放比例值 ratio 等。ScaleSR 方法为静态方法，功能是为 x、y、ratio 等赋值。

（4）前面介绍了屏幕自适应工具类 ScreenScaleResult 和 ScreenScaleUtil 以及常量类 Constant 的开发，接下来将向读者介绍屏幕自适应在主控制类 MainActivity 的 onCreate 方法中的具体实现，其具体代码如下。

代码位置：见随书光盘中源代码/第 8 章/Sample_8_5/src/com/sample_8_5 目录下的 MainActivity.java。

```
protected void onCreate(Bundle savedInstanceState){
   super.onCreate(savedInstanceState);
   requestWindowFeature(Window.FEATURE_NO_TITLE);      //全屏
   getWindow().setFlags(WindowManager.LayoutParams.FLAG_FULLSCREEN ,
        WindowManager.LayoutParams.FLAG_FULLSCREEN);
   setRequestedOrientation(ActivityInfo.SCREEN_ORIENTATION_LANDSCAPE);//设置横屏
   DisplayMetrics dm=new DisplayMetrics();             //获取屏幕尺寸
   getWindowManager().getDefaultDisplay().getMetrics(dm);
   Constant.SCREEN_WIDTH=dm.widthPixels;               //获取当前分辨率手机的宽度
   Constant.SCREEN_HEIGHT=dm.heightPixels;             //获取当前分辨率手机的高度
   Constant.ScaleSR();                                 //屏幕自适应方法
   ……//此处省略了加载地图层的代码，读者可自行查看随书附带光盘中的源代码
   view=new MySurfaceView(this);                       //初始化 view
   setContentView(view);                               //切换界面
}
```

说明 在 onCreate 方法中，首先通过 DisplayMetrics 类对象获取当前分辨率手机的宽度值和高度值，然后调用工具类 Constant 的 ScaleSR 方法计算屏幕的缩放比值和当前屏幕左上方的 x、y 值等，实现了屏幕自适应功能。

（5）上面介绍了实现屏幕自适应时需在 MainActivity 类中必须开发的代码，下面将继续介绍实现屏幕自适应时需要在显示界面类 MySurfaceView 的绘制方法 onDraw 中必须添加的几行代码，其具体代码如下。

代码位置：见随书光盘中源代码/第 8 章/Sample_8_5/src/com/bn/view 目录下的 MySurfaceView.java。

```
public void onDraw(Canvas canvas){
    if(canvas==null){                                          //如果 canvas 为空
        return;                                                //返回
    }
    canvas.save();                                             //保存画布
    canvas.translate(Constant.x, Constant.y);                  //移动画布
    canvas.scale(Constant.ratio, Constant.ratio);              //将画布按比例缩放
    canvas.clipRect(0,0,1280,720);                             //绘制目标分辨率大小的矩形
    ……//此处省略了绘制地图层的代码，读者可自行查看随书附带光盘中的源代码
}
```

说明　在 onDraw 方法中将画布移动到 x、y 处，将画布按比例值缩放，并绘制目标分辨率大小的矩形用于显示画面。此外，本方法省略了绘制地图底层和上层的代码，读者可自行查看光盘中的源代码。

8.5.3　等比例缩放并剪裁

上一小节介绍了非等比例缩放策略在程序中的使用，虽然很方便，但是对于画面变形比较敏感的游戏来说就不太合适了。本小节将介绍的是等比例缩放并剪裁的策略，这种策略不会造成画面的变形，但是有可能会减少玩家看见的游戏区域，具体情况如图 8-57、图 8-58 所示。

▲图 8-57　原始效果

▲图 8-58　按宽度缩放

说明　左侧的图 8-57 是在目标分辨率下运行能看到设定区域全部的情况，右侧的图 8-58 是在屏幕长宽比小一些的手机上运行按照宽度进行等比例缩放后的效果，此时画面被裁减掉了一部分。

很显然，这种自适应方案很容易影响用户的体验，因此并不适合所有的游戏类型。但是对于一些滚屏类的游戏，采用这种策略比较合适。如热门游戏“跳跃忍者 NinJump ”就是采用了这种策略，具体情况如图 8-59、图 8-60 所示。

说明　左侧的图 8-59 是在宽屏幕手机上看到的场景，此时能见到的内容较多。右侧的图 8-60 是在非宽屏幕手机上运行的效果，此时场景中最上面的部分内容被剪裁掉了。但是由于此游戏是滚屏游戏，被剪裁掉的部分随着英雄的爬升会陆续出现，因此对用户体验的影响不大。

从图 8-59 和图 8-60 中可以看出，此游戏是按照屏幕宽度进行等比例缩放，在任何一部手机上都可以让游戏场景正好充满场景。实际开发中有类似情况时，可以采用此种策略。

▲图 8-59　宽屏幕手机

▲图 8-60　非宽屏幕手机

8.5.4　等比例缩放并剪裁案例

上一小节介绍了等比例缩放并剪裁策略的理论知识，本小节将给出一个具体的实现案例 Sample_8_6，便于读者正确理解和掌握等比例缩放并剪裁策略的使用，其运行效果如图 8-61、图 8-62 所示。

▲图 8-61　原始效果

▲图 8-62　等比例缩放并剪裁效果

> **说明**　图 8-61 为在目标分辨率手机上全屏显示时的效果图，图 8-62 为在屏幕长宽比较小的手机上按照高度进行等比例缩放后的效果，此时画面左侧被裁减掉了一部分。

了解完本小节案例的运行效果后，下面将进一步向读者介绍本案例核心代码的开发。由于本案例的基本套路与前面非等比例缩放案例的基本一致，因此只着重讲解有区别的两部分，其具体内容如下。

（1）首先给出的是本案例的屏幕自适应工具类 ScreenScaleResult，其主要功能是为当前屏幕左上方 *x* 值、当前屏幕左上方 *y* 值、高度缩放比 ratio 以及枚举变量 so 等赋值，其具体代码如下。

代码位置：见随书光盘中源代码/第 8 章/Sample_8_6/src/com/bn/util 目录下的 ScreenScaleResult.java。

```
package com.bn.util;                                            //声明包名
enum ScreenOrien{                                               //枚举类型
    HP,                                                         //横屏
    SP                                                          //竖屏
}
public class ScreenScaleResult{
    public int lucX;                                            //当前屏幕左上方 X 值的变量
    public int lucY;                                            //当前屏幕左上方 Y 值的变量
    public float ratio;                                         //缩放比例的变量
    ScreenOrien so;                                             //枚举变量
    public ScreenScaleResult(int lucX,int lucY,float ratio,ScreenOrien so){
        this.lucX=lucX;                                         //为 lucX 赋值
        this.lucY=lucY;
```

```
            this.ratio=ratio;                               //为 ratio 赋值
            this.so=so;
    }}}
```

说明　相比于非等比缩比例案例中的 ScreenScaleResult 类，本类只有一个 float 型变量 ratio，表示当前宽度或高度的缩放比例值。

（2）接下来介绍屏幕自适应的另一个工具类 ScreenScaleUtil，本类主要用于计算当前分辨率手机在横屏或竖屏模式下的宽、高分别与目标分辨率手机在横屏或者竖屏模式下的宽、高比值以及当前屏幕左上方的 *x*、*y* 值，其具体代码如下。

代码位置：见随书光盘中源代码/第 8 章/Sample_8_6/src/com/bn/util 目录下的 ScreenScaleUtil.java。

```
1    public static ScreenScaleResult calScale(float targetWidth,float targetHeight){
2         ScreenScaleResult result=null;                     //声明 ScreenScaleResult 类引用
3         ScreenOrien so=null;                                //声明 ScreenOrien 类引用
4         if(targetWidth>targetHeight){
5              so=ScreenOrien.HP;                             //横屏
6         }else{
7              so=ScreenOrien.SP;                             //竖屏
8         }
9         if(so==ScreenOrien.HP){                             //横屏情况下
10             float ratio=targetHeight/sHpHeight;            //计算当前高度与目标高度的比值
11             float realTargetWidth=sHpWidth*ratio;          //计算宽度值
12             float lcuX=0;                                  //计算当前屏幕左上方 x
13             float lcuY=0;                                  //计算当前屏幕左上方 y
14             if(targetWidth<realTargetWidth){               //若当前宽度小于计算出的宽度
15                  lcuX=targetWidth-realTargetWidth;         //重新计算左上方 x
16             }
17             result=new ScreenScaleResult((int)lcuX,(int)lcuY,ratio,so);
18        }
19        if(so==ScreenOrien.SP){                             //竖屏情况下
20             float ratio=targetWidth/sSpWidth;              //计算当前宽度与目标宽度的比值
21             float realTargetHeight=sSpHeight*ratio;        //计算高度值
22             float lcuX=0;                                  //计算当前屏幕左上方 x
23             float lcuY=0;                                  //计算当前屏幕左上方 y
24             if(targetHeight<realTargetHeight){             //若当前高度小于计算出的高度
25                  lcuY=targetHeight-realTargetHeight;       //重新计算当前屏幕左上方 y
26             }
27                result=new ScreenScaleResult((int)lcuX,(int)lcuY,ratio,so);
28        }
29        return result;                                     //返回 ScreenScaleResult 类对象
30   }
```

- 第 4～8 行功能为判断当前屏幕为横屏模式还是竖屏模式。
- 第 9～18 行表示在横屏情况下，计算当前高度与目标高度的比值以及左上方的 x、y 值，并创建 ScreenScaleResult 类对象。
- 第 19～29 行表示在竖屏情况下，计算当前宽度与目标宽度的比值以及左上方的 *x*、*y* 值，并创建 ScreenScaleResult 类对象，将其返回。

8.5.5　等比例缩放并留白

前两个小节中介绍的自适应策略适应的范围都比较窄，本小节将介绍一个适应范围更大的策略，这就是等比例缩放并留白。此策略是将画面按照不同的情况进行等比例缩放，然后再在不同屏幕分辨率的手机上采用上下或左右留白的方式来显示，如图 8-63、图 8-64 所示。

说明　左侧的图 8-63 是在目标分辨率手机上全屏显示的情况，右侧的图 8-64 是在长宽比较大的手机上等比例缩放后左右留白显示的情况。

▲图 8-63　原始效果

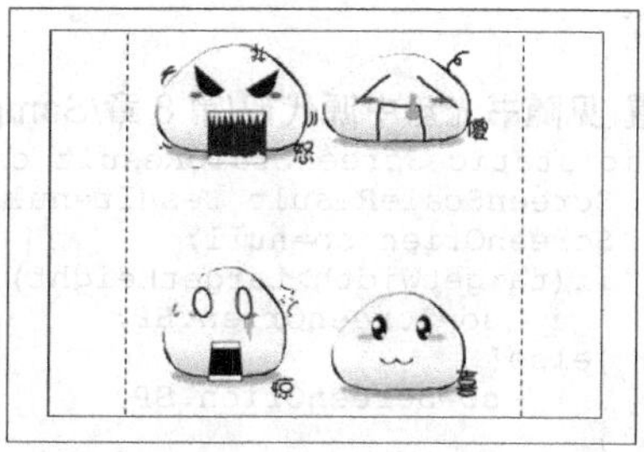

▲图 8-64　长、宽比较大的手机效果图

这种策略的好处是在任何分辨率的手机上都可以不变形地显示画面，如作者自己开发的“3D 极品桌球”采用的就是这种策略，如图 8-65、图 8-66 所示。

▲图 8-65　原始屏幕

▲图 8-66　目标屏幕比原始屏幕窄

说明　左侧的图 8-65 是在目标分辨率手机上全屏显示的情况，右侧的图 8-66 是在长宽比较小的手机上等比例缩放后上下留白显示的情况，很多的视频播放器也是采用的此种策略。

从前面的几幅图中可以看出，这种策略的适应范围比较广泛，对游戏类型没有特殊要求。但这种策略也不是很完美，最大的一个缺点就是不能完全利用屏幕的所有面积，有浪费的情况。实际开发中，读者应该根据游戏的类型等方面确定采用哪一种具体的策略完成多分辨率屏幕自适应。

8.5.6　等比例缩放并留白案例

上一小节介绍了等比例缩放并留白的基本知识，本小节将给出一个具体的实现案例 Sample_8_7，便于读者正确理解和掌握等比例缩放并留白策略的使用，其运行效果如图 8-67、图 8-68 所示。

▲图 8-67　原始效果

▲图 8-68　等比例缩放并留白效果

说明　图 8-67 为在目标分辨率手机上全屏显示时的效果图，图 8-68 为在长宽比较小的手机上等比例缩放后显示上下留白的效果图。

了解完本小节案例的运行效果后，下面将进一步向读者介绍本案例核心代码的开发。由于本案例的基本套路与前面等比例缩放并剪裁案例的基本一致，因此只着重讲解有区别的一部分，其具体代码如下。

代码位置：见随书光盘中源代码/第 8 章/Sample_8_7/src/com/bn/util 目录下的 ScreenScaleUtil.java。

```
1     public static ScreenScaleResult calScale(float targetWidth,float targetHeight){
2          ScreenScaleResult result=null;          //声明 ScreenScaleResult 类变量
3          ScreenOrien so=null;                              //声明 ScreenOrien 变量
4          if(targetWidth>targetHeight){
5               so=ScreenOrien.HP;                                       //横屏
6          }else{
7               so=ScreenOrien.SP;                                       //竖屏
8          }
9          if(so==ScreenOrien.HP){                                      //若为横屏
10              float targetRatio=targetWidth/targetHeight; //计算当前分辨率的宽高比
11              if(targetRatio>whHpRatio){          //若 targetRatio 大于 whHpRatio
12                   float ratio=targetHeight/sHpHeight;            //计算高度缩放比
13                   float realTargetWidth=sHpWidth*ratio;          //计算宽度
14                   float lcuX=(targetWidth-realTargetWidth)/2.0f;//计算左上方 x
15                   float lcuY=0;                                  //计算左上方 y
16                   result=new ScreenScaleResult((int)lcuX,(int)lcuY,ratio,so);
17              }else{
18                   float ratio=targetWidth/sHpWidth;              //计算宽度缩放比
19                   float realTargetHeight=sHpHeight*ratio;        //计算高度
20                   float lcuX=0;                                  //计算左上方 x
21                   float lcuY=(targetHeight-realTargetHeight)/2.0f; //计算左上方 y
22                   result=new ScreenScaleResult((int)lcuX,(int)lcuY,ratio,so);
23         }}
24         if(so==ScreenOrien.SP){                                      //若为竖屏
25              float targetRatio=targetWidth/targetHeight; //计算当前分辨率的宽高比
26              if(targetRatio>whSpRatio){          //若 targetRatio 大于 whHpRatio
27                   float ratio=targetHeight/sSpHeight;            //计算高度缩放比
28                   float realTargetWidth=sSpWidth*ratio;          //计算宽度
29                   float lcuX=(targetWidth-realTargetWidth)/2.0f; //计算左上方 x
30                   float lcuY=0;                                  //计算左上方 y
31                   result=new ScreenScaleResult((int)lcuX,(int)lcuY,ratio,so);
32              }else{
33                   float ratio=targetWidth/sSpWidth;              //计算宽度缩放比
34                   float realTargetHeight=sSpHeight*ratio;        //计算高度
35                   float lcuX=0;                                  //计算左上方 x
36                   float lcuY=(targetHeight-realTargetHeight)/2.0f; //计算左上方 y
37                   result=new ScreenScaleResult((int)lcuX,(int)lcuY,ratio,so);
38         }}
39         return result;
40    }
```

- 第 4～8 行功能为判断当前分辨率手机是横屏还是竖屏，并为枚举变量 so 赋值。
- 第 8～23 行为若当前屏幕为横屏模式时，计算当前分辨率手机的宽高比。若该比值大于 whHpRatio，计算高度缩放比以及左上角的 x、y 值，此时会出现左右留白现象。若该比值小于 whHpRatio，计算宽度缩放比以及左上角的 x、y 值，此时会出现上下留白现象。
- 第 24～38 行为若当前屏幕为竖屏模式时，计算当前分辨率手机的宽高比。若该比例值大于 whSpRatio，计算高度缩放比以及左上角的 x、y 值，此时会出现左右留白现象。若该比值小于 whSpRatio，计算宽度缩放比以及左上角的 x、y 值，此时会出现上下留白现象。

8.6 小结

本章介绍了游戏中用到的地图相关知识，主要介绍了正方形单元地图与正六边形单元地图的知识。同时还以正六边形地图为例，介绍了地图的路径搜索。此外，还向读者简单介绍了正六边形单元地图的网格定位算法及其使用和地图编辑器的使用以及关卡的设计。

本章最后向读者介绍了多分辨率屏幕自适应的三种解决方案，这些都是作为游戏开发人员必知必会的知识，通过本章的学习，读者可以了解并学会地图的相关开发知识。

第9章　游戏开发小秘技

本章主要介绍游戏开发的一些技巧，包括有限状态机、模糊逻辑、一些游戏的优化技巧，以及多点触控等。这些问题对于游戏开发者来说非常重要。

9.1 有限状态机

本节将对人工智能的有限状态机进行简单介绍，并通过几个案例介绍有限状态机在 Android 中是如何实现的。

9.1.1　何为有限状态机

有限状态机就是一个具有有限数量状态，并且能够根据相应的操作从一个状态变换到另一个状态，而在同一时刻只能处在一种状态下的智能体。

下面通过一个电视机的状态迁移来介绍什么是有限状态机，如图 9-1 所示。

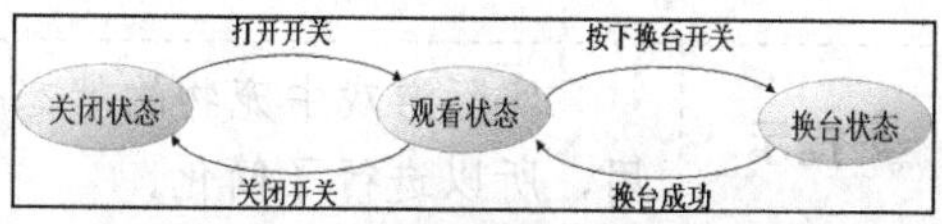

▲图 9-1　电视机的简单状态迁移

例如，读者在家学习累了想看电视时，会先打开电视开关才能观看，那么，这时电视的状态会因为打开开关的操作从关闭状态变换成观看状态。

当想看其他节目时又会按下换台开关，电视的状态会从观看状态变换成换台状态（黑屏一瞬间），而当换台成功时，又会从换台状态变换成观看状态。此时读者就会想了，这变来变去的真讨厌索性不看了，那么就需要按下关闭开关，将电视机的状态从观看状态切换到关闭状态。

这不断切换状态的电视就是一个有限状态机，当然，一个游戏中的智能体的行为往往要比电视换台复杂得多，但所体现的有限状态机原理是一样的。

> **提示**　当然，现在电视的实际状态要比这个多，这里只是为了解释说明什么是有限状态机，从而进行了简化。

在游戏的开发过程中有很多地方会应用有限状态机，下面是一些应用了有限状态机的游戏例子。

（1）魔兽世界中的 NPC 就应用了有限状态机，它会根据不同的情况具有移动到位、巡逻、沿路前进等状态。

（2）QQ 宠物也是一个典型的有限状态机的例子，很久没有喂食，它会饥饿，很久没有理它，它会心情不好，而如果饲养不好，它还会生病。

（3）雷电中的导弹也可以理解成是一个有限状态机，具有移动、碰撞、消失等状态。

（4）冒险类游戏中的怪物也应用了有限状态机，当与玩家战斗时，当玩家比较强时怪物会选择逃跑，而当玩家比较弱时，怪物会选择攻击。

9.1.2　有限状态机的简单实现

首先看一个有限状态机简单实现的案例，该案例是一个养成游戏简化版，完成后运行效果如图 9-2 所示。

游戏中的宠物有 3 种状态，分别为高兴、普通以及出走，玩家可通过按钮完成相关操作，宠物会根据玩家相关操作与自身的状态综合情况来改变状态，当长时间无人搭理宠物，宠物会自动切换到出走状态，出走状态下只能对其执行寻找操作，该案例的有限状态机原理如图 9-3 所示。

▲图 9-2　宠物饲养程序

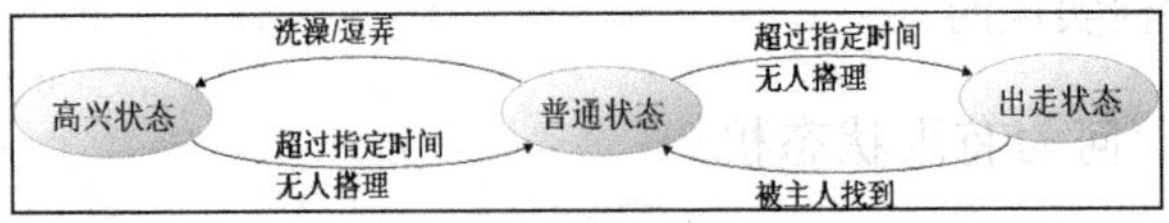

▲图 9-3　养成游戏宠物的状态迁移

> **提示**　实际游戏中宠物的状态会比这个多得多，在这里只是为了介绍有限状态机的应用，所以进行了简化。

该例子的开发步骤如下。

（1）新建一个名为 Sample_9_1 的 Android 项目。

（2）将所需要的 3 张表情图片放到 res/drawable-mdpi 目录下。

（3）打开 res/layout 下的 main.xml 文件，将其代码替换成如下代码。

代码位置：见随书光盘中源代码/第 9 章/Sample_9_1/res/layout 下的 main.xml。

```
<?xml version="1.0" encoding="utf-8"?>                <!-- XML 的版本以及编码方式 -->
<LinearLayout xmlns:android="http://schemas.android.com/apk/res/android"
    android:orientation="vertical"
    android:layout_width="fill_parent"
    android:layout_height="fill_parent"
    >                                                  <!-- 添加一个线性布局 -->
    <ImageView
            android:id="@+id/myImageView"
            android:layout_width="wrap_content"
            android:layout_height="wrap_content"
            android:src="@drawable/common"
            android:layout_gravity="center"
    />                                                 <!-- 添加一个 ImageView 控件 -->
    <TextView
            android:id="@+id/myTextView"
            android:layout_width="wrap_content"
            android:layout_height="wrap_content"
            android:layout_gravity="center"
            android:textSize="40px"
            android:text="状态：普通"
    />                                                 <!-- 添加一个 TextView 文本控件 -->
    <LinearLayout xmlns:android="http://schemas.android.com/apk/res/android"
```

```
23             android:orientation="horizontal"
24             android:layout_width="fill_parent"
25             android:layout_height="fill_parent"
26             android:layout_gravity="center"
27         >                                             <!--添加一个水平的线性布局 -->
28             <Button
29                 android:id="@+id/bath"
30                 android:layout_width="240px"
31                 android:layout_height="wrap_content"
32                 android:layout_gravity="bottom"
33                 android:textSize="40px"
34                 android:text="洗澡"
35             />                                        <!-- 添加"洗澡"按钮-->
36             <Button
37                 android:id="@+id/engage"
38                 android:layout_width="240px"
39                 android:layout_height="wrap_content"
40                 android:text="逗弄"
41                 android:textSize="40px"
42                 android:layout_gravity="bottom"
43             />                                        <!-- 添加"逗弄"按钮-->
44             <Button
45                 android:id="@+id/find"
46                 android:layout_width="240px"
47                 android:layout_height="wrap_content"
48                 android:text="寻找"
49                 android:textSize="40px"
50                 android:layout_gravity="bottom"
51             />                                        <!-- 添加"寻找"按钮-->
52         </LinearLayout>
53     </LinearLayout>
```

- 第 2～6 行添加一个垂直的线性布局，第 7～13 行在线性布局中添加一个 ImageView 控件，并设置其对齐方式为居中。
- 第 14～21 行添加一个文本控件，设置对齐方式居中，字体大小为 40px。
- 第 22～27 行再添加一个水平的线性布局，对齐方式为居中。
- 第 28～51 行依次添加 3 个按钮控件，并分别设置了对齐方式及按钮上文字的大小等属性。

（4）定义两个表示状态和表示主人动作的枚举类型，定义方法是在 src/wyf/ytl 下的 Sample_9_1.java 文件中定义两个枚举类，即在 Sample_9_1 的最后加上下列代码。

代码位置：见随书光盘中源代码/第 9 章/Sample_9_1/src/wyf/ytl 下的 Sample_9_1.java。

```
enum DogState {                                  //表示状态的枚举类型
    HAPPY_STATE,                                 //高兴状态
    COMMON_STATE,                                //普通状态
    AWAY_STATE;                                  //出走状态
}
enum MasterAction {                              //表示主人动作的枚举
    BATH_ACTION,                                 //洗澡
    ENGAGE_ACTION,                               //逗弄
    FIND_ACTION,                                 //寻找
    ALONE_ACTION;                                //无人搭理
}
```

提示 在正常的游戏开发中，应该将枚举类型单独放在一个文件中，此处考虑到演示的简单，将其放在了 Activity 的文件中。

（5）在 src/wyf/ytl 下创建 GameDog 类，并实现其代码如下。

代码位置：见随书光盘中源代码/第 9 章/Sample_9_1/src/wyf/ytl 下的 GameDog.java。

```
package wyf.ytl;                                 //声明包语句
public class GameDog {
```

```
3          Sample_9_1 activity = null;                    //activity 的引用
4          private DogState currentState=DogState.COMMON_STATE; //设置宠物
5          public GameDog(Sample_9_1 activity){           //构造器
6               this.activity = activity;
7          }
8          public boolean updateState(MasterAction ma){      //接收条件，更新状态的方法
9               boolean result=true;
10              switch(currentState){
11                   case HAPPY_STATE:                        //当前为高兴状态
12                      switch(ma){
13                        case ALONE_ACTION:                   //超过指定时间无人搭理
14                           currentState=DogState.COMMON_STATE;   //切换状态
15                           activity.myImageView.setImageResource(  //换图
16                                         R.drawable.common);
17                           activity.myTextView.setText("状态：普通");
18                        break;
19                        default:
20                           result=false;                     //返回 false 表示状态切换出错
21                      }
22                   break;
23                   case COMMON_STATE:                        //当前为普通状态
24                      switch(ma){
25                        case ALONE_ACTION:                   //超过指定时间无人搭理
26                           currentState=DogState.AWAY_STATE;  //切换状态
27                           activity.myImageView.setImageResource//换图
28                                          (R.drawable.away);
29                           activity.myTextView.setText("状态：出走");
30                        break;
31                        case BATH_ACTION:                         //洗澡
32                        case ENGAGE_ACTION:                       //逗弄
33                           currentState=DogState.HAPPY_STATE;//切换状态
34                           activity.myImageView.setImageResource    //换图
35                                      (R.drawable.happy);
36                           activity.myTextView.setText("状态：高兴");
37                        break;
38                        default:
39                           result=false;                     //返回 false 表示状态切换出错
40                      }
41                   break;
42                   case AWAY_STATE:                          //当前为出走状态
43                      switch(ma){
44                        case FIND_ACTION:                    //寻找
45                           currentState=DogState.COMMON_STATE;     //切换状态
46                           activity.myImageView.setImageResource   //换图
47                                      (R.drawable.common);
48                           activity.myTextView.setText("状态：普通");
49                        break;
50                        default:
51                           result=false;                     //返回 false 表示状态切换出错
52                      }
53                   break;
54              }
55              return result;                                 //返回 true 表示状态切换成功
56         }}
```

- 第 4～5 行设置宠物的当前初始状态为普通状态。
- 第 8 行为接收玩家的动作，更新状态的方法开始运行。
- 第 10～20 行当前状态为高兴状态时，只能接收无人搭理动作，而当接收到无人搭理动作后，切换宠物状态到普通，然后改变图片和文字的内容。
- 第 23～41 行表示当前状态为普通状态时，当接收无人搭理动作时，切换宠物状态为出走，然后改变图片和文字；当接收挑逗或洗澡动作时，切换宠物状态为高兴，然后改变图片和文字。
- 第 42～53 行表示当前状态为出走状态时，只能接收寻找动作。而当接收到寻找动作时，切换宠物状态为普通，然后改变图片和文字。

（6）再开发 Activity 的代码，打开 src/wyf/ytl 下的 Sample_9_1.java 文件，将 Activity 类的代

码替换成如下的代码，但之前添加的枚举类不需替换。

代码位置：见随书光盘中源代码/第 9 章/Sample_9_1/src/wyf/ytl 下的 Sample_9_1.java。

```
1   package wyf.ytl;                                                   //声明包语句
2   import android.app.Activity;                                       //引入相关类
3   import android.os.Bundle;                                          //引入相关类
4   import android.os.Handler;                                         //引入相关类
5   import android.os.Message;                                         //引入相关类
6   import android.view.View;                                          //引入相关类
7   import android.view.View.OnClickListener;                          //引入相关类
8   import android.widget.Button;                                      //引入相关类
9   import android.widget.ImageView;                                   //引入相关类
10  import android.widget.TextView;                                    //引入相关类
11  public class Sample_9_1 extends Activity implements OnClickListener{
12       ImageView myImageView = null;                                 //ImageView 控件的引用
13       TextView myTextView = null;                                   //TextView 控件的引用
14       Button bath = null;                                           //洗澡按钮
15       Button engage = null;                                         //逗弄按钮
16       Button find = null;                                           //寻找按钮
17       GameDog gameDog = null;                                       //GameDog 的引用
18       //ActionThread actionThread = null;                           //后台线程的引用
19       Handler myHandler = new Handler(){                            //用来更新 UI 线程中的控件
20            public void handleMessage(Message msg){
21                 switch(msg.what){
22                 case 1:                                             //为后台线程发来的消息
23                      gameDog.updateState(                           //长时间无人搭理
24                                MasterAction.ALONE_ACTION);
25                      break;
26                 }
27            }
28       };
29     public void onCreate(Bundle savedInstanceState) {               //重写的 onCreate 方法
30        super.onCreate(savedInstanceState);
31        setContentView(R.layout.main);
32        myImageView = (ImageView) this.findViewById(                 //得到 myImageView 的引用
33                      R.id.myImageView);
34        myTextView = (TextView) this.findViewById(                   //得到 myTextView 的引用
35                      R.id.myTextView);
36        bath = (Button) this.findViewById(R.id.bath);                //得到 bath 的引用
37        engage = (Button) this.findViewById(R.id.engage);            //得到 engage 的引用
38        find = (Button) this.findViewById(R.id.find);                //得到 find 的引用
39        bath.setOnClickListener(this);                               //添加监听
40        engage.setOnClickListener(this);                             //添加监听
41        find.setOnClickListener(this);                               //添加监听
42        gameDog = new GameDog(this);
43        //actionThread = new ActionThread(this);
44        //actionThread.start();                                      //启动后台线程
45     }
46     public void onClick(View v){                                    //实现监听器中的方法
47        if(v == bath){                                               //按的是“洗澡”按钮
48            gameDog.updateState(MasterAction.BATH_ACTION);
49        }
50        else if(v == engage){                                        //按的是“逗弄”按钮
51            gameDog.updateState(MasterAction.ENGAGE_ACTION);
52        }
53        else if(v == find){                                          //按的是“查找”按钮
54            gameDog.updateState(MasterAction.FIND_ACTION);
55  }}}
```

- 第 12～18 行声明了各个对象的引用。第 19～27 行定义一个 Handler，用来根据接收到的后台线程发来的消息，来更改前台宠物的状态值。
- 第 29～45 行为重写的 onCreate 方法，设置当前用户界面，然后得到各个控件的引用并为按钮控件添加监听器。
- 第 43～44 行因为后台线程 ActionThread 类此时还没有开发，所以先将其注释掉。
- 第 46～55 行实现了监听接口中的 onClick 方法，根据触发的按钮不同执行不同的动作。

（7）接下来最后一步，就是开发后台线程 ActionThread.java 类，后台线程的作用是每隔一段时间对宠物的状态更新一次，例如，在高兴状态长时间无人搭理时，会变成普通状态，而在普通状态又长时间无人搭理时则会变成出走状态，后台线程类的代码如下。

代码位置：见随书光盘中源代码/第 9 章/Sample_9_1/src/wyf/ytl 下的 ActionThread.java。

```
package wyf.ytl;                                              //声明包语句
public class ActionThread extends Thread{
    private int sleepSpan = 5000;                             //睡眠的毫秒数
    boolean flag = true;                                      //循环标记位
    Sample_9_1 activity;                                      //activity 的引用
    public ActionThread(Sample_9_1 activity){                 //构造器
        this.activity = activity;
    }
    public void run(){                                        //重写的 run 方法
        while(flag){                                          //循环
            try{
                Thread.sleep(sleepSpan);                      //睡眠指定毫秒数
            }
            catch(Exception e ){
                e.printStackTrace();                          //打印异常信息
            }
        activity.myHandler.sendEmptyMessage(1);//向activity发送handler消息
}}}
```

说明　该类非常简单，只是定时向 activity 的 myHandler 发送类型为 1 的消息即可。

（8）最后将第（6）步的代码中的第 18、第 43、第 44 行注释取消。

到此，整个例子已经开发完成，运行该案例，得到的运行效果如图 9-4 和图 9-5 所示。

▲图 9-4　出走状态下的宠物

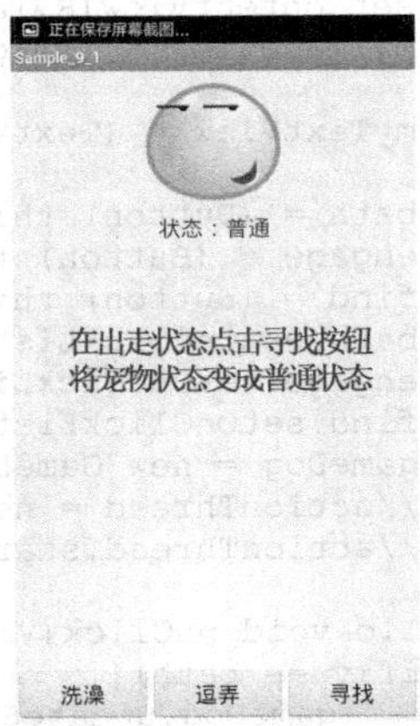

▲图 9-5　普通状态下的宠物

说明　这种实现方式的优点是状态转移很简单时开发简单，但缺点也很明显，所有状态转移的管理都在一个方法中，若状态很多转移复杂则维护困难。

9.1.3　有限状态机的 OO 实现

前一节已将对有限状态机的简单实现进行了介绍，读者可能已经发现，宠物的状态越多，开发和维护的难度也随之越大。想象一下，如果宠物的状态有几十种，那么 GameDog 类的 updateState 方法就会有几十种分支，而在真实的游戏中，每次状态的改变还会再伴随着一系列的操作，那么 updateState 方法将会长得难以为继，这就需要使用新的设计模式来进行开发。

这种新的有限状态机是通过 OO（Object Oriented）来实现的，在面向对象的设计模式中，将宠物的状态封装成单个类，状态的切换由状态类来决定，这样结构更清晰，也更好管理。

下面通过一个案例来说明如何采用 OO 思想实现有限状态机，因本书篇幅有限，本小节只给出了与前一节案例的不同之处，如有需要，读者可自行查阅随书光盘中的源代码，案例的具体开发步骤如下。

（1）首先需要新建一个名为 Sample_9_2 的 Android 项目。

（2）接着将案例中用到的 3 张表情图片放到 res/drawable-mdpi 目录下。

（3）编写 main.xml 布局文件，其代码与前一节的完全相同。

（4）打开 Sample_9_2.java 文件，在其最后加入动作的枚举类型以及各个状态类，代码如下。

代码位置：见随书光盘中源代码/第 9 章/Sample_9_2/src/wyf/ytl 下的 Sample_9_2.java。

```
1   enum MasterAction{                                          //表示主人动作的枚举
2       BATH_ACTION,                                            //洗澡
3       ENGAGE_ACTION,                                          //逗弄
4       FIND_ACTION,                                            //寻找
5       ALONE_ACTION;                                           //无人搭理
6   }
7   abstract class State{                                       //所有状态类型的基类
8       public Sample_9_2 activity;
9       public State(Sample_9_2 activity){                      //构造器
10          this.activity = activity;
11      }
12      public abstract State toNextState(MasterAction ma);
13  }
14  class HappyState extends State{                             //表示高兴状态的类
15      ......      //省略了该类的全部代码。其实现与 CommonState 的实现方式相同，读者可自行开发
16        //或者查看随书光盘中的代码
17  }
18  class CommonState extends State{                            //表示普通状态的类
19      public CommonState(Sample_9_2 activity){                //构造器
20          super(activity);
21      }
22      public State toNextState(MasterAction ma){              //进入下一状态
23          State result=this;
24          switch(ma){
25          case ALONE_ACTION:                                  //超过指定时间无人搭理
26              result= new AwayState(activity);
27              activity.myImageView.setImageResource(R.drawable.away);   //换图
28              activity.myTextView.setText("状态：出走");        //设置文本内容
29          break;
30          case BATH_ACTION:                                   //洗澡
31          case ENGAGE_ACTION:                                 //逗弄
32              result= new HappyState(activity);
33              activity.myImageView.setImageResource(R.drawable.happy);//换图
34              activity.myTextView.setText("状态：高兴");  //设置文本内容
35          break;
36          }
37          return result;
38      }
39  }
40  class AwayState extends State {                             //表示出走状态的类
41      ......      //省略了该类的全部代码。其实现与 CommonState 的实现方式相同，读者可自行开发
42    //或者查看随书光盘中的代码
43  }
```

- 第 1～6 行与前一小节的相同，定义表示主人动作的枚举类型。
- 第 7～13 行定义所有状态类型的基类。
- 第 18～39 行定义表示宠物普通状态的类，其中只有一个方法 toNextState，根据得到的动作创建新状态并做换图等相关操作。

（5）在 src/wyf/ytl 下创建 GameDog 类，并实现其代码如下。

代码位置：见随书光盘中源代码/第 9 章/Sample_9_2/src/wyf/ytl 下的 GameDog.java。

```
1    package wyf.ytl;                                   //声明包语句
2    public class GameDog {
3        Sample_9_2 activity = null;                    //activity 的引用
4        private State currentState;                    //宠物的初始当前状态
5        public GameDog(Sample_9_2 activity){           //构造器
6            this.activity = activity;
7            currentState=new CommonState(activity);//设置宠物的初始当前状态为普通状态
8        }
9        public boolean updateState(MasterAction ma){//接收条件，更新状态的方法
10           State beforeState=currentState;
11           currentState=currentState.toNextState(ma);
12           return !(beforeState==currentState);    //返回 true 表示状态切换成功
13   }}
```

- 第 7 行初始化宠物的当前状态为普通状态。
- 第 9～13 行一样是接收动作改变状态，只是改变状态的操作不在此处出来，而是全部交给当前状态对象自身。

（6）之后的 3 步与前一小节案例的最后 3 步完全相同，读者可参考前一小节案例的步骤来完成开发。

到此，有限状态机的 OO 实现案例也已经开发完成，虽然运行效果与简单实现没有任何区别，但是后台所应用的设计模式是完全不同的。

> **提示**　这种实现方式的好处是，游戏中的智能体不需要管理状态转移，状态的转移由状态对象自己管理，增加新状态也比较简单。

9.2　游戏中的模糊逻辑

本节主要对游戏中经常应用的模糊逻辑进行介绍，并通过简单的案例，介绍如何在 Android 中将游戏模糊化以及模糊化所带来的好处。

9.2.1　模糊的才是真实的

“模糊逻辑”是 1965 年美国工程师扎得在其改进计算机程序的论著“模糊集合理论”中提出的一个概念。日常生活中，人们经常将事物划分为难易、长短、好坏、高矮、远近等。而对于传统的计算机而言，只能识别是与否、对与错、0 与 1，对这些模糊的概念就无能为力了。

一般来讲，模糊是相对于精准而言的，在一些受多因素影响的复杂状况下，模糊往往能够显示出更高层次的“精准”。有时，过于硬性精准则会导致过于刻板、缺乏灵活性。实际上，日常生活中有很多事情都是模糊的。例如，进行满意度的调查，如果只给出“满意”与“不满意”这种绝对精准的选项是很不科学的。这种情况下，表面上精准了，实际上结果是没有太大意义的。

而如果给出一定的“模糊度”，增加“一般”、“有待改进”等不是很精准的选项，就可以在精准和效率之间做出平衡，达到更好的调查效果。

下面通过小强的年龄分段简单介绍什么是模糊逻辑。首先，人的年龄可以分为少年、青年、中年、老年，而小强的年龄是 29 岁，那么小强算是青年还是中年呢？如果没有模糊逻辑，小强应该算是青年，可如果小强今天过生日，难道过完生日就突然变成中年吗？这显然不是很合理，在现实生活中，对于青年和中年的分界也没有那么精准。

首先看图 9-6 中 A，其表示的是青年阶段人的年龄分布。如果一个人的年龄在 20 岁左右，那么一定是青年人，可随着岁数的增大，其属于青年的隶属度就越来越低，到达一定程度后就完全不属于青年。

再看图 9-6 中 B 小强的年龄为 29 岁，即图中的虚线位置，其隶属于青年的隶属度为 0.6，隶属于中年的隶属度为 0.4，也就是说，大部分人们认为小强是青年，而少许人认为小强是中年。而如果没有应用模糊逻辑的情况如图 9-7 所示，如果小强是 29 岁就一定属于青年，而当其到 30 岁时（过了那一秒），马上就变成了中年，这显然过于生硬，不太科学。

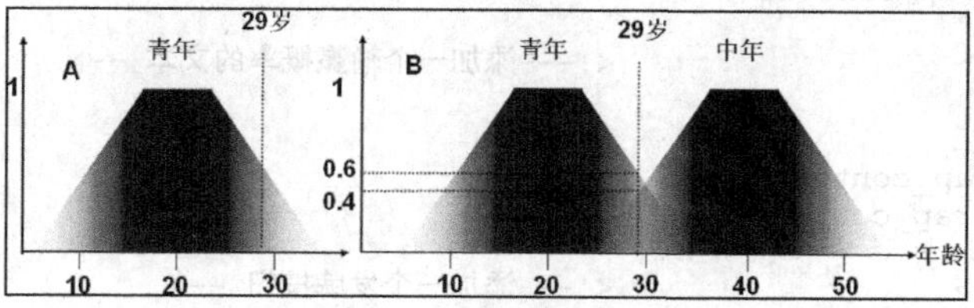

▲图 9-6　模糊逻辑示意图

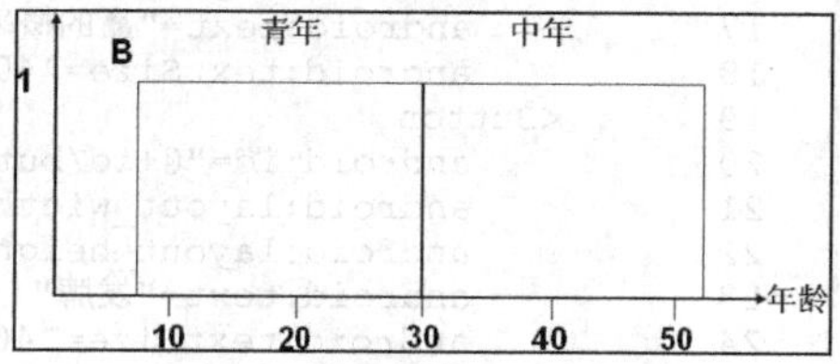

▲图 9-7　传统情况年龄段示意图

说明　所谓模糊逻辑，一般来说只是让事物分类不那么生硬、绝对，就像小强所属的年龄段一样，不会这一秒是青年，下一秒就变成了中年。在这变化期间，需要一个过渡的灰色时段。

一般情况下，在游戏中应用模糊逻辑的过程如下，如图 9-8 所示。

（1）得到游戏中的一个普通值，然后通过模糊集合分类规则将这个值分配到近似的集合。

（2）使用这个模糊值，计算机就能够根据设定的规则产生一个结果。

（3）这个结果可能是普通的，但更多的情况下仍然是模糊的，这时可以通过一定规则进行模糊化以得到一个普通值。

（4）在游戏中应用得到的这个普通值。

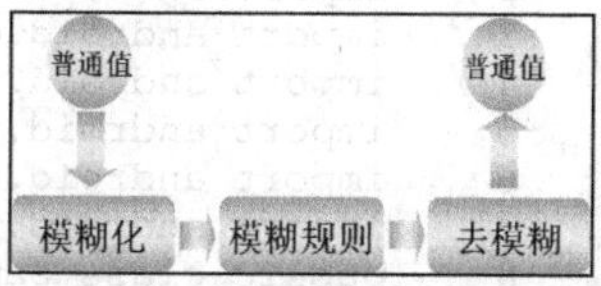

▲图 9-8　基于规则的模糊逻辑

9.2.2　如何在 Android 中将游戏模糊化

前面介绍了模糊逻辑的原理，接下来通过一个简单的例子来说明模糊逻辑在 Android 中的实现。本案例是砸金花游戏的简化，每次只发一张扑克牌。游戏开始时系统随机发一张扑克牌，然后根据所发的牌自动判断输赢的概率（隶属度）。为了使读者的思路清晰，此处不考虑平局和花色的情况，且假设扑克牌的值的大小从 2～A 逐渐增大。

首先看一下各张扑克牌的输赢隶属度，如图 9-9 所示。随着所发扑克牌值的增大，玩家输的概率就越小、赢的概率就越大。例如，玩家所发的牌为 7，则隶属于输集合的隶属度为 0.59，而隶属于赢集合的隶属度为 0.41。

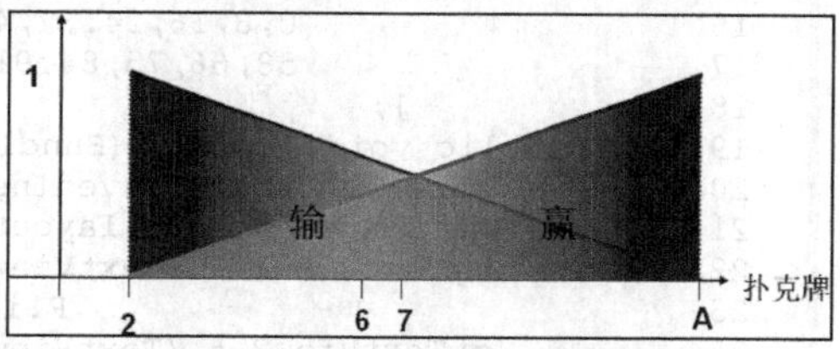

▲图 9-9　扑克牌的输赢隶属度

下面就根据上述简化的砸金花模型开发一个小应用，步骤如下。

（1）创建一个名为 Sample_9_3 的 Android 项目。

（2）然后打开 main.xml 文件，用下列代码代替已有的代码。

代码位置：见随书光盘中源代码/第 9 章/Sample_9_3/res/layout 目录下的 main.xml。

```
<?xml version="1.0" encoding="utf-8"?>                    <!-- XML 的版本以及编码方式 -->
<LinearLayout xmlns:android="http://schemas.android.com/apk/res/android"
    android:orientation="vertical"
    android:layout_width="fill_parent"
    android:layout_height="fill_parent"
    >                                                     <!-- 添加一个垂直的线性布局 -->
   <TextView
        android:id="@+id/myTextView1"
```

```
9         android:layout_width="fill_parent"
10        android:layout_height="wrap_content"
11        android:text="请通过发牌按钮发牌"
12        android:textSize="40px"/>                    <!-- 添加一个表示扑克牌的文本 -->
13    <TextView
14        android:id="@+id/myTextView2"
15        android:layout_width="fill_parent"
16        android:layout_height="wrap_content"
17        android:text="赢的概率为："
18        android:textSize="40px"/>                    <!-- 添加一个输赢概率的文本 -->
19    <Button
20        android:id="@+id/button"
21        android:layout_width="wrap_content"
22        android:layout_height="wrap_content"
23        android:text="发牌"
24        android:textSize="40px"/>                    <!-- 添加一个发牌按钮 -->
25 </LinearLayout>
```

- 第 2～6 行定义一个垂直的线性布局。
- 第 7～18 行向垂直的线性布局中添加两个文本控件，分别用来显示扑克牌和输赢的概率。
- 第 19～24 行添加一个发牌按钮。

（3）开发完布局文件之后，接下来开发 Activity，打开 src/wyf/ytl 下的 Sample_9_3.java 文件，用下列代码代替原有代码。

代码位置：见随书光盘中源代码/第 9 章/Sample_9_3/src/wyf/ytl 目录下的 Sample_9_3. java。

```
1   package wyf.ytl;                                        //声明包语句
2   import android.app.Activity;                            //引入相关类
3   import android.os.Bundle;                               //引入相关类
4   import android.view.View;                               //引入相关类
5   import android.view.View.OnClickListener;               //引入相关类
6   import android.widget.Button;                           //引入相关类
7   import android.widget.TextView;                         //引入相关类
8   public class Sample_9_3 extends Activity implements OnClickListener{
9     TextView myTextView1;                                 //表示扑克牌的
10    TextView myTextView2;                                 //表示输赢的概率
11    Button button;                                        //发牌按钮
12    String[] puKePai = new String[]{                      //表示扑克牌的数组
13      "2","3","4","5","6","7","8","9","10","J","Q","K","A"
14    };
15    int[] liShuDu = new int[]{                            //表示胜利的隶属度
16              0,8,16,24,32,41,49,
17              58,66,75,84,91,100
18        };
19    public void onCreate(Bundle savedInstanceState){   //重写的 onCreate 回调方法
20      super.onCreate(savedInstanceState);
21      setContentView(R.layout.main);
22      myTextView1 = (TextView) this.findViewById(      //得到文本控件的引用
23                  R.id.myTextView1);
24      myTextView2 = (TextView) this.findViewById(      //得到文本控件的引用
25                  R.id.myTextView2);
26      button = (Button) this.findViewById(R.id.button);  //得到按钮的引用
27      button.setOnClickListener(this);
28    }
29    public void onClick(View v){
30          if(v == button){                                  //单击了发牌按钮
31              int temp = (int)(Math.random()*puKePai.length);     //得到随机数
32              myTextView1.setText("您的牌为："+puKePai[temp]);     //取扑克牌
33              myTextView2.setText("赢的概率为："+liShuDu[temp]+"%");   //取隶属度
34  }}}
```

- 第 12 行初始化扑克牌数组，用来表示 13 张扑克牌。
- 第 15 行初始化各张牌的胜利的隶属度数组，考虑到演示的目的，此隶属度事先已经算好，而在实际的游戏开发中，可能需要非常复杂的算法来计算隶属度。
- 第 22～25 行得到各个控件的引用。

- 第 29～34 行为监听方法，当单击发牌按钮时得到 0～12 的随机数，然后根据随机数得到扑克牌与赢的隶属度。

（4）运行该项目，单击发牌按钮将得到如图 9-10 所示的效果。

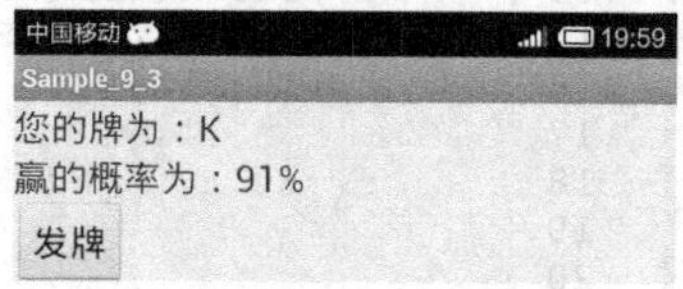

▲图 9-10 简单的模糊逻辑示例

9.3 游戏的基本优化技巧

本节先介绍游戏开发过程中的一些编程技巧以及针对 Android 平台下游戏开发的一些常用的优化技术，然后对游戏的感知性能进行讨论，希望读者在学习本节之后在代码开发方面能更上一层楼。

9.3.1 代码上的小艺术

代码也有其独有的艺术，而且每个开发人员都有其独特的编程风格，在程序员中流行一句话叫“欣赏高人写的代码也是一种享受”。要想编写出优美的代码也不是一件容易的事情，下面列出一些编程过程中最应该注意的问题。

（1）代码格式

在项目开发过程中保持代码格式的整齐是一个良好的编程习惯。

（2）添加注释

为代码添加适当的注释是非常必要的，就算非常简单代码也应该加上适当的注释，这样才能保证在日后对代码进行维护时快速理解代码的意图。

（3）编程要严谨

在项目的开发过程中，严谨的思维是很重要的，往往许多初学者并不注重此点，例如下列代码，读者可能不会发现什么不妥的地方。

```
1   public void test(){                                                  //方法
2       File f = new File("c:\\test1.txt");                              //初始化 File 对象
3       int msg = 0;                                                     //创建临时变量
4       try {
5           FileOutputStream fout = new FileOutputStream(f);             //输出流
6           FileInputStream fin = new FileInputStream(f);                //输入流
7           fout.write(1);                                               //向文件写入 1
8           msg = fin.read();                                            //从文件中读取数据
9           System.out.println(msg);                                     //将读取的数据打印
10          fin.close();                                                 //关闭输入流
11          fout.close();                                                //关闭输出流
12      } catch (FileNotFoundException e){                               //捕获异常
13          e.printStackTrace();                                         //打印异常信息
14      } catch(IOException e){
15          e.printStackTrace();                                         //打印异常信息
16  }}
```

其实，上面的代码是不太严谨的。可以想象，如果代码的第 8 行抛出异常，那么输入/输出流将永远不会被关闭。因此，实际开发时应该编写类似下列具有严谨风格的代码。

```
public void test(){                                               //方法
    File f = new File("c:\\test1.txt");                           //初始化 File 对象
    FileOutputStream fout = null;                                 //声明输出流的引用
    FileInputStream fin = null;                                   //声明输入流的引用
    int msg = 0;                                                  //创建临时变量
    try{
        fout = new FileOutputStream(f);                           //初始化文件输出流
        fin = new FileInputStream(f);                             //初始化文件输入流
        fout.write(1);                                            //向文件写入 1
        msg = fin.read();                                         //从文件中读取数据
        System.out.println(msg);                                  //将读取的数据打印
    }catch(FileNotFoundException e){                              //捕获异常
```

```
        e.printStackTrace();                                  //打印异常信息
    }catch(IOException e){
        e.printStackTrace();                                  //打印异常信息
    }finally{
        try{
            if(fin != null){                                  //当输入流不为空时
                fin.close();                                  //关闭流
                fin = null;                                   //并将输入流的引用置空
            }
        }catch(IOException e){
            e.printStackTrace();                              //打印异常信息
        }
        try{
            if(fout!= null){                                  //当输出流不为空时
                fout.close();                                 //关闭输出流
                fout = null;                                  //将输出流的引用置空
            }
        }catch(IOException e){                                //捕获异常
            e.printStackTrace();                              //打印异常信息
}}}
```

提示　读者可能会发现，正确严谨的代码会比普通的代码长出很多，但只有这样代码才是最安全的。

（4）尽量使用常量而非字面常量

开发过程中应该尽量避免直接重复使用同样的字面常量，需要时应该将其声明为常量（由 public static final 修饰）。一般的项目中，都应该设计一个常量类，将项目中所有类用到的常量放在其中统一管理。

提示　开发一段实现指定功能的代码很容易，但是要想开发出既优美又严谨的代码就不那么容易了，只有在平时练习时养成良好的编程习惯，才有可能在真正的项目中开发出优秀的、易维护的代码。

9.3.2　Android 中的查找表技术

前一节介绍了一些关于代码风格的问题，而本节将针对 Android 平台介绍在游戏开发中最常用的优化技巧——查找表技术。

查找表是一个比较古老的优化技巧，其基本思想是，事先对需要大量计算的算法进行运算并将结果存放在一个表中。在游戏中使用时，只要直接从表中取值，而不是每次重新运算，这样就可以大大提高运行速度。

例如，在游戏开发中，会经常需要计算三角函数值。这时，就可以通过查找表技术对游戏进行优化，提高游戏的运行速度。下面给出一个正弦三角函数查找表应用的例子，其详细步骤如下。

（1）首先确定查找表的长度，即事先需要计算出多少个正弦三角函数值。本例中计算一周 8 个正弦值，如图 9-11 所示。

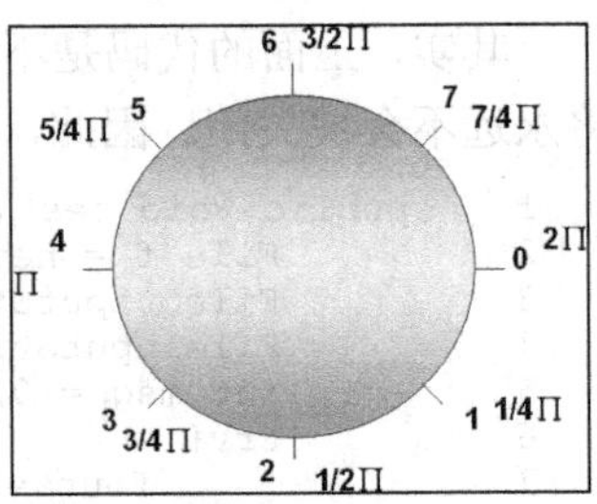

▲图 9-11　查找表示意图

（2）为每个正弦三角函数计算其值并填写查找表，为了程序中使用方便，给 8 个值编上号，之后便可按编号顺序生成相应的数组代码，new double[]{0,0.707,1,0.707,0,–0.707,–1,–0.707}。

（3）新建名为 Sample_9_4 的 Android 项目。

（4）打开 res/layout 下的 main.xml 文件，用下列代码代替已有代码。

代码位置：见随书光盘中源代码/第 9 章/Sample_9_4/res/layout 目录下的 main.xml。

```
1   <?xml version="1.0" encoding="utf-8"?>              <!-- XML 的版本以及编码方式 -->
2   <LinearLayout xmlns:android="http://schemas.android.com/apk/res/android"
3       android:orientation="vertical"
4       android:layout_width="fill_parent"
5       android:layout_height="fill_parent"
6       >                                                 <!-- 添加一个垂直的线性布局 -->
7    <TextView
8           android:layout_width="fill_parent"
9           android:layout_height="wrap_content"
10          android:text="请输入需要计算的角度"
11          android:textSize="40px"/>                     <!-- 添加一个文本控件 -->
12     <EditText
13            android:id="@+id/myEditText1"
14            android:layout_width="150px"
15            android:layout_height="wrap_content"
16     />                                                 <!-- 添加一个 EditText 控件 -->
17    <Button
18            android:id="@+id/myButton"
19            android:layout_width="wrap_content"
20            android:layout_height="wrap_content"
21            android:text="计算正弦"
22            android:textSize="40px"/>                   <!-- 添加一个 Button 控件 -->
23    <TextView
24            android:id="@+id/myEditText2"
25            android:layout_width="fill_parent"
26            android:layout_height="wrap_content"
27            android:text="运算结果为："
28            android:textSize="40px"/>                   <!-- 添加一个文本控件 -->
29  </LinearLayout>
```

- 第 2～6 行添加一个垂直的线性布局。
- 第 7～28 行向垂直的线性布局中添加几个控件并为其设置 ID。

（5）开发完布局文件之后，应该开发 Activity 的代码，打开 src/wyf/ytl 下的 Sample_9_4.java 文件，在其中输入如下代码。

代码位置：见随书光盘中源代码/第 9 章/Sample_9_4/src/wyf/ytl 目录下的 Sample_9_4.java。

```
package wyf.ytl;                                          //声明包语句
import android.app.Activity;                              //引入相关类
import android.os.Bundle;                                 //引入相关类
import android.view.View;                                 //引入相关类
import android.view.View.OnClickListener;                 //引入相关类
import android.widget.Button;                             //引入相关类
import android.widget.TextView;                           //引入相关类
public class Sample_9_4 extends Activity implements OnClickListener{
    TextView myTextView1;                                 //TextView 的引用
    TextView myTextView2;                                 //TextView 的引用
    Button myButton;//Button 的引用
    double[] values = new double[]{0,0.707,1,             //查找表数组
            0.707,0,-0.707,-1,-0.707};
    public void onCreate(Bundle savedInstanceState) {  //重写的 onCreate 方法
        super.onCreate(savedInstanceState);
        setContentView(R.layout.main);
        myTextView1 = (TextView) findViewById(            //得到 myTextView1 的引用
                R.id.myEditText1);
        myTextView2 = (TextView) findViewById(            //得到 myEditText2 的引用
                R.id.myEditText2);
        myButton = (Button) findViewById(R.id.myButton); //得到 myButton 的引用
        myButton.setOnClickListener(this);                //添加监听
    }
    public void onClick(View v){
        if(v == myButton){                                //按下计算按钮
            int temp = 0;                                 //用户输入角度
            int index = 0;
            try{
            temp = Integer.parseInt(     //将 myTextView1 中的值转换成整数
```

```
30                              myTextView1.getText().toString());
31                  }
32                  catch(Exception e){}                    //如果不能转换成整数则不转换
33                  temp = temp%360;                        //将角度换算成 0° ~360°
34                  index = temp/45                         //得到索引值
35                  myTextView2.setText("运算结果为: "+values[index]);
36      }}}
```

- 第 12～13 行为之前生成的查找表数组。
- 第 14～23 行先得到各个控件的引用，然后为按钮控件添加监听器。
- 第 25～35 行先得到用户输入的角度，然后根据输入的角度计算出所属范围的编号，从查找表的数组中直接取得结果。

（6）最后运行该项目，在文本框中输入角度后单击“计算正弦”按钮，得到的结果如图 9-12 所示。

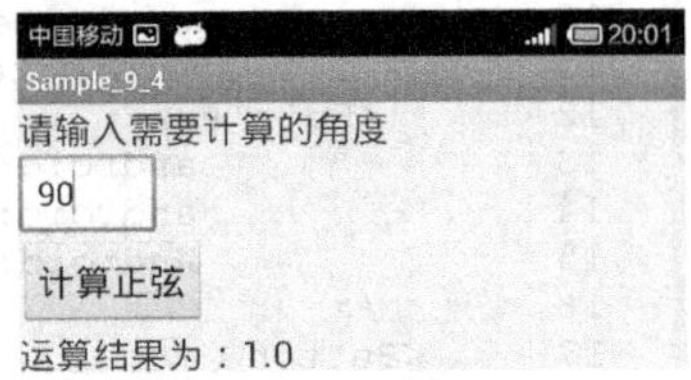

▲图 9-12　查找表例子的运行效果

9.3.3　游戏的感觉和性能问题

游戏开发中主要影响可玩性的问题就是感觉和性能的问题，可往往这两个问题最不容易解决。因为一个游戏可玩性的高低不只与程序员开发的代码有关，同时与美工设计、音效设计以及情节设计都有很大关系，而且还与游戏的类型、性能有关，下面列举了几种可能的情况。

（1）棋牌类的游戏可玩性的高低主要取决于程序员采用的 AI 算法，也就是说机器要有恰当的“智商”，太聪明或太笨都不合适。

（2）RPG 游戏程序员编程所起的作用要相对小一些，反而情节设计和美工设计占据的重要性要相对大一些。

（3）实时对战类游戏不但要有精美的画面，恰当的音效、性能也是决定其可玩性的重要方面。玩家显然不希望在大量对战的游戏中看到很卡的画面，因为画面中绘制的元素增多后，FPS（Frames Per Second，帧速率）就急速下降。

其实，性能中直接影响用户感觉的主要就是游戏的 FPS，因为 FPS 的设置直接影响视觉效果，而往往这些参数的设置需要多年的经验以及反复的尝试。下面来通过一个 FPS 设置的例子简单介绍人眼对动画的感觉问题。

后面章节的太空战役游戏中，背后需要有一个大场景淡入/淡出的动画，而飞机飞行时需要在屏幕中按指定路线移动。如果采用相对较低的 FPS，后面大场景的效果看起来会很好，而移动的飞机则会有些停顿。其实有经验的游戏开发人员都知道，淡入/淡出的动画在帧频很低时（10FPS 左右）效果就不错，而移动物体的帧频则必须较高时（25FPS 左右）才足以让人眼感觉不到生硬。

下面列出了一些游戏中常用的优化技术。

（1）进度条的使用

在游戏适当的地方添加上进度条，如后台需要长时间加载某些资源时，不应该使画面停顿，而是应该先将屏幕切换成进度条状态，然后在后台去加载需要的资源，当加载完成后通知前台界面切换屏幕至需要的屏幕。

（2）后台线程的使用

这种技术的目的也是使用户感觉到程序的流畅，将耗时的工作从主线程中提取出来，放到后台线程中，使前台的用户界面不会失去响应，以提高用户体验。

（3）对图片文件进行合并

该技术对于内存较小、性能较低的移动设备尤其有用。将图片文件合并为一个大图文件会节省内存，在加载图片时，先将图元图片加载进内存，然后按照一定规则将图片分成适当的大小并存储在图片数组中，再将大图片释放掉。

（4）只绘制有用部分

该技术提高游戏性能的效果是最明显的，按照一定的规则，每次需要绘制屏幕时只绘制有用的部分，而没有用的地方一律不绘制。如屏幕外的图片不需绘制，绘制多层的场景时下层中被上层遮住的部分不需要绘制等。

提示　很多情况下“性能”的好坏与原始数据和编程使用的算法关系不大，而是与用户的感觉有很大关系。例如，上述将耗时的工作放在后台线程进行，让前台线程能快速满足用户界面响应的策略，并不一定提高了系统的实际整体性能。但用户体验变好了，“性能”也就提高了。

9.4　多点触控技术的使用

多点触控技术在日常生活中经常用到，如众所周知的动态切水果游戏就是利用多点触控技术实现的。本节将为读者介绍的是直接重写 View 类中的 onTouchEvent 方法实现多点触控。主要内容包括多点触控的一些基本知识以及一个简单的应用程序案例。

9.4.1　基本知识

首先需要说明的是多点触控需要 LCD 和应用软件两个支持才能实现，所以 Android2.0 以后的新款机型固件才在屏幕驱动中支持，同时模拟器无法实现多点触控的测试。

本小节介绍的 View 类中的方法 onTouchEvent 签名为 public boolean onTouchEvent(MotionEvent e)，参数 MotionEvent 继承树如图 9-13 所示。

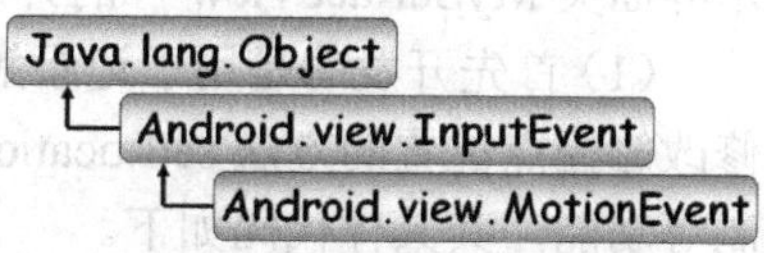

▲图 9-13　MotionEvent 继承树

在开发中首先需要说明的是应用程序是多点触控还是单点触控，Android 2.2 以后可以用 event.getActionMasked()表示用于多点触控检测点，而在 Android 1.6 和 Android 2.1 中并没有 getActionMasked 方法，而是用 event.getAction()&MotionEvent.Action_Mask 表示的。

多点触控在开发的过程中需要使用 MotionEvent 类中的常量，其中常用的如表 9-1 所列。

表 9-1　　MotionEvent 中常用的常量

属 性 名 称	描　述
ACTION_DOWN	触屏按下动作，表示触屏开始，单点触控与多点触控共用常量
ACTION_POINTER_DOWN	非主点触屏按下动作，表示触屏开始，多点触控常量
ACTION_MOVE	触屏按下并移动，单点触控与多点触控共用常量
ACTION_UP	离开屏幕，表示触屏结束，单点触控与多点触控共用常量
ACTION_POINTER_UP	一个非主点离开屏幕，表示触屏结束，多点触控常量

提示　对于 MotionEvent 中的一些方法以及其他常量，由于篇幅有限，作者将不再赘述，请读者自行查阅相关的 API。

9.4.2　一个简单的案例

通过前面的介绍，读者对多点触控已经有了一个基本的了解，下面将通过一个简单的案例 Sample_9_5 使读者进一步掌握多点触控的开发。在正式介绍此案例的开发步骤之前，首先请读者了解一下此案例的运行效果，如图 9-14、图 9-15 和图 9-16 所示。

▲图 9-14　案例运行效果图 1

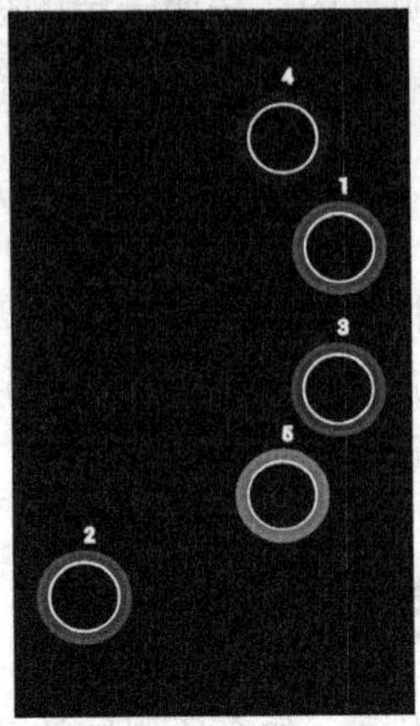

▲图 9-15　案例运行效果图 2

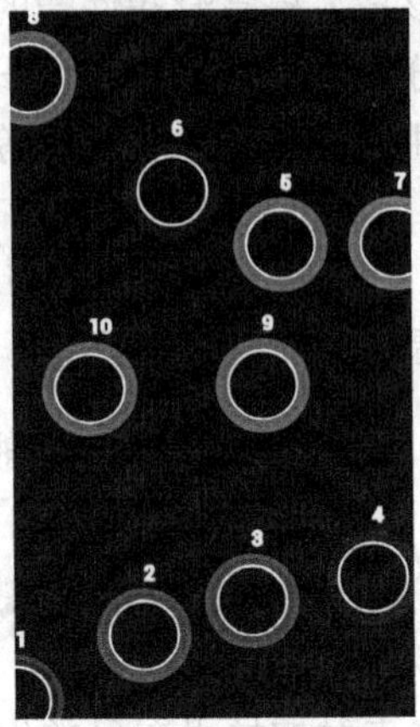

▲图 9-16　案例运行效果图 3

> **说明**　图 9-14 为运行本案例后的初始界面效果图，图 9-15 是初始放上 5 个手指后的效果图，图 9-16 是再放上 5 个手指后的效果图。

了解了本案例的运行效果之后，下面将向读者详细介绍本案例的具体开发，包括了对记录触控点坐标及绘制触控点的 BNPoint 类、主控制类 Sample_9_5Activity 以及用于实现多点触控的显示界面类 MySurfaceView 等的开发，其具体步骤如下。

（1）首先开发的是用于记录触控点坐标及绘制触控点的 BNPoint 类，该类包含了有参构造器、修改触控点位置的方法 setLocation 以及绘制触控点的方法 drawSelf，实现了对触控点的记录与绘制等功能，其具体代码如下。

代码位置：见随书光盘中源代码/第 9 章/Sample_9_5/com/bn/sample_9_5 目录下的 BNPoint.java。

```
1   package com.bn.sample_9_5;                                   //引入包
2   ……          //此处省略了导入类的代码，读者可自行查阅随书附带光盘中的源代码
3   public class BNPoint{                          //用于记录触控点坐标及绘制触控点的类
4       static final float RADIS=80;                             //触控点绘制半径
5       float x;                                                 //触控点 x 坐标
6       float y;                                                 //触控点 y 坐标
7       int color[];                       //颜色 Alpha 通道、红色、绿色与蓝色值
8       int countl;                                              //记录按下的是第几个点
9       public BNPoint(float x,float y,int color[],int countl){//构造器
10          this.x=x;                                            //为触控点 x 坐标赋值
11          this.y=y;                                            //为触控点 y 坐标赋值
12          this.color=color;                                    //为颜色数组赋值
13          this.countl=countl;                                  //为记录点计数器赋值
14      }
15      public void setLocation(float x,float y){                //修改触控点位置的方法
16          this.x=x;                                            //重新为触控点 x 坐标赋值
17          this.y=y;                                            //重新为触控点 y 坐标赋值
18      }
19      public void drawSelf(Paint p,Paint p1,Canvas c){         //绘制触控点的方法
20          p.setARGB(180,color[1],color[2],color[3]);           //设置画笔颜色
21          c.drawCircle(x,y,RADIS,p);                           //绘制最外层的圆环
22          p.setARGB(150,color[1],color[2],color[3]);           //设置画笔颜色
23          c.drawCircle(x,y,RADIS-10,p);                        //绘制中间的圆环
24          c.drawCircle(x,y,RADIS-18,p1);                       //绘制最里面的圆环
25          c.drawText(countl+1+"",x,y-100,p1);                  //绘制数字
26  }}
```

- 第 9～14 行为 BNPoint 类的有参构造器，在构造器中主要是为触控点的 x、y 坐标赋值，为颜色数组赋值以及为记录点计数器赋值。

- 第 15～18 行为修改触控点位置的方法，该方法主要作用为修改触控点的 x、y 坐标的值。
- 第 19～26 行为绘制方法，该方法主要作用为设置画笔颜色，绘制最外层的、中间的、最里面的各个圆环并绘制其对应的数字。

（2）上面完成了记录触控点坐标及绘制触控点的 BNPoint 类的开发后，下面将要开发的是本案例中 Activity 对应的主控制类 Sample_9_5Activity，该类的主要功能为设置当前屏幕为全屏并为竖屏模式、获取当前屏幕的尺寸以及创建 MySurfaceView 对象等，其具体代码如下。

代码位置：见随书光盘中源代码/第 9 章/Sample_9_5/com/bn/sample_9_5 目录下的 Sample_9_5Activity.java。

```
1   package com.bn.sample_9_5;                             //声明包
2   ……//此处省略了导入类的代码，读者可自行查阅随书附带光盘中的源代码
3   public class Sample_9_5Activity extends Activity{
4       static float screenHeight;                          //屏幕高度
5       static float screenWidth;                           //屏幕宽度
6       public void onCreate(Bundle savedInstanceState){  //重写 onCreate 方法
7          super.onCreate(savedInstanceState);
8          //设置为全屏
9          requestWindowFeature(Window.FEATURE_NO_TITLE);
10         getWindow().setFlags(WindowManager.LayoutParams.FLAG_FULLSCREEN,
11                  WindowManager.LayoutParams.FLAG_FULLSCREEN);
12         //设置为竖屏模式
13         setRequestedOrientation(ActivityInfo.SCREEN_ORIENTATION_PORTRAIT);
14         DisplayMetrics dm=new DisplayMetrics();
15         getWindowManager().getDefaultDisplay().getMetrics(dm); //获取屏幕尺寸
16         screenHeight=dm.heightPixels;                       //获取显示屏幕的高度
17         screenWidth=dm.widthPixels;                         //获取显示屏幕的宽度
18         MySurfaceView mySurfaceView=new MySurfaceView(this);//创建显示界面类对象
19         this.setContentView(mySurfaceView);                 //设置要显示的 View
20  }}
```

说明 Sample_9_5Activity 类的开发相当简单，第 8～11 行设置为全屏显示，第 12～13 行设置为竖屏模式，第 14～17 行为获得当前屏幕的尺寸，第 18 行为创建 MySurfaceView 对象，第 19 行设置该 MySurfaceView 为显示的 View。

（3）开发完了 Sample_9_5Activity 类之后，接下来将要开发的就是实现多点触控的 MySurfaceView 类，该类包含了有参构造器、重新绘制的 repaint 方法、重写 View 类中的 onDraw 方法以及获取颜色编号的 getColor 方法等，其具体代码如下。

代码位置：见随书光盘中源代码/第 9 章/Sample_9_5/com/bn/sample_9_5 目录下的 MySurfaceView.java。

```
package com.bn.sample_9_5;                                  //声明包
……//此处省略了导入类的代码，读者可自行查阅随书附带光盘中的源代码
public class MySurfaceView extends SurfaceView implements SurfaceHolder.Callback{
  ……//此处省略变量定义的代码，请自行查看源代码
     public MySurfaceView(Sample_9_5Activity activity){//构造器
          super(activity);
          this.activity = activity;                  //初始化 Sample_9_5Activity 对象
          this.getHolder().addCallback(this);        //设置生命周期回调接口的实现者
          paint = new Paint();                            //创建画笔 paint
          paint.setAntiAlias(true);                       //打开抗锯齿
          paint1=new Paint();                             //创建画笔 paint1
          paint1.setAntiAlias(true);                      //打开抗锯齿
          paint1.setTextSize(35);                         //设置绘制字的大小
     }
     public void onDraw(Canvas canvas){                   //绘制方法
          canvas.drawColor(Color.BLACK);                  //绘制背景颜色
          paint.setStrokeWidth(10);                       //设置画笔 paint 的粗细度
          paint.setStyle(Style.STROKE);                   //设置画笔 paint 的风格
          ……//此处省略了对画笔 paint1 的设置代码，请自行查看源代码
```

```
20         Set<Integer> ks=hm.keySet();                    //获取 HashMap 对象 hm 键的集合
21         for(int i:ks){                          //遍历触控点 Map,对触控点一一进行绘制
22             bp=hm.get(i);                               //取出第 i 个元素
23             bp.drawSelf(paint,paint1, canvas);          //绘制触控点
24     }}
25     ……//此处省略了 onTouchEvent 方法，下面将详细介绍
26     public int[] getColor(){                            //获取颜色编号的方法
27         int[] result=new int[4];                        //创建存放颜色 RGBA 的数组
28         result[0]=(int)(Math.random()*255);             //随机获取颜色的 R 值
29         result[1]=(int)(Math.random()*255);             //随机获取颜色的 G 值
30         result[2]=(int)(Math.random()*255);             //随机获取颜色的 B 值
31         result[3]=(int)(Math.random()*255);             //随机获取颜色的 A 值
32         return result;                                  //返回数组
33     }
34     public void repaint(){                      //自己为 SurfaceView 写的重绘方法
35         SurfaceHolder holder=this.getHolder();
36         Canvas canvas = holder.lockCanvas();            //获取画布
37         try{
38             synchronized(holder){                       //上锁
39                 onDraw(canvas);                         //绘制
40         }}catch(Exception e){                           //捕获异常
41             e.printStackTrace();                        //打印异常信息
42         }
43         finally{
44             if(canvas != null){                         //画布不为 null 时
45                 holder.unlockCanvasAndPost(canvas); //解锁
46     }}}
47     public void surfaceChanged(SurfaceHolder arg0,int arg1,int arg2,int arg3){
48         this.repaint();                                 //重绘画面
49     }
50     public void surfaceCreated(SurfaceHolder holder){//创建时被调用}
51     public void surfaceDestroyed(SurfaceHolder arg0){//销毁时被调用}
52 }
```

- 第 5～14 行为 MySurfaceView 类的有参构造器，该构造器的主要作用为设置生命周期回调接口的实现者、初始化 Sample_9_5Activity 对象以及创建画笔并打开抗锯齿等。
- 第 15～24 行为重写 View 类中的 onDraw 方法，该方法的主要作用为绘制背景颜色、设置画笔 paint 的粗细度和风格、获取 HashMap 对象 hm 键的集合并循环遍历触控点 Map，对触控点一一进行绘制。
- 第 26～33 行为获取颜色编号的 getColor 方法，该方法的主要作用为创建存放颜色 RGBA 的数组，随机获取颜色的 RGBA 值并返回该数组。
- 第 34～46 行为重新绘制的 repaint 方法，该方法实现的功能主要为获取画布并锁上该画布，然后调用 onDraw 方法进行绘制，绘制结束后为画布解锁。
- 第 47～51 行为重写 SurfaceHolder.Callback 生命周期回调接口中的抽象方法，在改变时被调用的 surfaceChanged 方法中调用了 repaint 方法进行界面绘制。

（4）下面将向读者开发的是上面代码中第 25 行省略的 onTouchEvent 方法，该方法为 MySurfaceView 类中的重要方法之一，是本案例的重点，请读者详细解读下面的开发，进一步加深对多点触控的了解与掌握，其具体代码如下。

代码位置：见随书光盘中源代码/第 9 章/Sample_9_5/com/bn/sample_9_5 目录下的 MySurfaceView.java。

```
public boolean onTouchEvent(MotionEvent e){                   //触控方法
    int action=e.getAction()&MotionEvent.ACTION_MASK;     //获取触控的动作编号
    //获取主、辅点 id（down 时主辅点 id 皆正确，up 时辅点 id 正确）
    int id=(e.getAction()&MotionEvent.ACTION_POINTER_ID_MASK)
            >>>MotionEvent.ACTION_POINTER_ID_SHIFT;      //>>>的意思是无符号右移
    switch(action){
        case MotionEvent.ACTION_DOWN:                       //主点 down
            //向 Map 中记录一个新点
            hm.put(id, new BNPoint(e.getX(id),e.getY(id),getColor(),count1++));
```

```
10              break;
11              case MotionEvent.ACTION_POINTER_DOWN:              //辅点 down
12                  if(id<e.getPointerCount()-1){
13                  HashMap<Integer,BNPoint> hmTemp=new HashMap<Integer,BNPoint>();
14                      Set<Integer> ks=hm.keySet();//获取 HashMap 对象 hm 键的集合
15                      for(int i:ks){                    //遍历触控点 Map,对点进行排序
16                          if(i<id){                     //当前触控点大于 i
17                              hmTemp.put(i, hm.get(i)); //点保持不变
18                          }else{                               //当前触控点小于等于 i
19                              hmTemp.put(i+1, hm.get(i));//点向后移一位
20                      }}
21                      hm=hmTemp;                               //重新为 hm 赋值
22                  }
23              //向 Map 中记录一个新点
24              hm.put(id, new BNPoint(e.getX(id),e.getY(id),getColor(),count1++));
25              break;
26              case MotionEvent.ACTION_MOVE:                    //主/辅点 move
27                  Set<Integer> ks=hm.keySet();    //获取 HashMap 对象 hm 键的集合
28                  for(int i:ks){                  //遍历触控点 Map，更新其位置
29                      hm.get(i).setLocation(e.getX(i), e.getY(i));//更新点的位置
30                  }
31              break;
32              case MotionEvent.ACTION_UP:                      //主点 up
33                  hm.clear();                                  //清空 hm
34                  count1=0;                                    //计数器为 0
35              break;
36              case MotionEvent.ACTION_POINTER_UP:              //辅点 up
37                  hm.remove(id);                  //从 Map 中删除对应 id 的辅点
38                  HashMap<Integer,BNPoint> hmTemp=new HashMap<Integer,BNPoint>();
39                  ks=hm.keySet();                 //获取 HashMap 对象 hm 键的集合
40                  for(int i:ks){              //遍历触控点 Map，将编号往前顺，不空着
41                      if(i>id){                                //当前触控点小于 i
42                          hmTemp.put(i-1, hm.get(i));          //点向前移一位
43                      }else{                                   //当前触控点大于等于 i
44                          hmTemp.put(i, hm.get(i));            //点位置不变
45                  }}
46                  hm=hmTemp;                                   //重新为 hm 赋值
47              break;
48          }
49          repaint();                                           //重绘画面
50          return true;                                         //返回 true
51      }
```

- 第 2~5 行为首先获取触控的动作编号，然后获取主、辅点 id，其中 down 时主辅点 id 皆正确，up 时辅点 id 正确，主点 id 要查询 Map 中剩下的一个点的 id。
- 第 7~10 行为获取的触控动作编号为主点 down 时，向 Map 中记录一个新点。
- 第 11~25 行为获取的触控动作编号为辅点 down 时，首先将 Map 中的编号往后顺，即相当于给触控点进行排序，然后向 Map 中记录一个新点。
- 第 26~31 行为获取的触控动作编号为主/辅点 move 时，更新 Map 中触控点的位置。
- 第 32~35 行为获取的触控动作编号为主点 up 时，清空 Map，并将计数器设置为 0。
- 第 36~47 行为获取的触控动作编号为辅点 up 时，首先从 Map 中删除对应 id 的辅点，然后将 Map 中的编号往前顺，不空着。
- 第 49~50 行为调用重新绘制的 repaint 方法进行界面绘制，并返回 true。

9.5 小结

本章主要介绍了游戏开发的几个小秘技，包括有限状态机的开发实现、模糊逻辑、游戏的性能优化以及多点触控，使读者了解到游戏开发所涉及的几个重要领域。同时提醒读者，开发一款优秀的游戏是需要对游戏相关各个领域知识进行综合运用的。

第10章 JBox2D 物理引擎

汽车引擎是汽车的心脏，其决定了汽车的性能和稳定性，是人们在购车时最关注的。而游戏中物理引擎就如汽车的引擎一样，占据了非常重要的位置。一款好的物理引擎可以非常真实地模拟现实世界，使得游戏更加逼真，提供更好的娱乐体验。

10.1 物理引擎很重要

经过前面章节的学习，读者可能对物理引擎已经有所了解，但那是远远不够的。本节将为读者简单介绍物理引擎的一些基本概念，如什么是物理引擎、常见的物理引擎有哪些以及涉及的基本物理学概念有哪些等，请读者仔细阅读后面的内容。

10.1.1 什么是物理引擎

物理引擎通过给物体赋予真实的物理属性来模拟物体的运动，包括碰撞、移动、旋转等。并不是所有的游戏都必须使用独立的物理引擎，一些简单的游戏的物理功能可以通过自行开发碰撞检测及实现力学公式来实现对刚体及质点的模拟，就像前面的某些案例。

当游戏需要实现比较复杂的刚体碰撞、滚动或者弹跳时，通过全部自行编程的方式实现就非常困难，成本也很高。遇到这种情况时就可以使用独立的物理引擎来模拟物体的运动，使用物理引擎不仅可以得到更加真实的结果，对于开发人员来说也比自行开发要耗时短、效率高。

一款好的物理引擎不仅会帮助实现碰撞检测、力学公式模拟，而且还会提供很多机械结构的实现，如滑轮、齿轮、铰链等。这些主要是通过关节来实现的，详细内容在后续部分进行介绍。更高级的物理引擎不但可以提供刚体的模拟，甚至还可以提供软件及流体的模拟，这些都能帮助游戏大大提升真实感和吸引力。

10.1.2 常见的物理引擎

市面上存在的物理引擎数量是很多的，著名的物理引擎有 Havok、Bullet、PhysX、ODE 以及 Box2D 等。其中 ODE、Bullet、Box2D 是开源的物理引擎，而 PhysX 的前身是 Novodex，当被 Ageia 收购之后改名为 PhysX，是一款可以免费用于非商业用途的引擎，商业用途及源代码需要付费，Havok 在许可方面也是如此。上述几种物理引擎的基本信息如表 10-1 所列。

表 10-1 知名物理引擎的基本信息

物理引擎名称	Havok	PhysX	Bullet	Box2D	ODE
持有公司/人员	Intel	Nvidia	AMD	Erin Catto	Russell Smith
是否开源	否	否	是	是	是
是否支持 C/C++	是	是	是	是	是
最新版本	5.5	9.13.1220	2.82	2.3.0	2.1
文档情况	详细	详细	尚可	尚可	一般

> **提示** 三大 3D 物理引擎为 Havok、PhysX 和 Bullet。另外 2008 年 2 月 4 日，NVIDIA 成功收购 AGEIA，支援 CUDA 技术的显卡，就可以启动硬件 PhysX 加速。

（1）Havok

Havok 成立于 1998 年，总部位于都柏林。在 2000 年游戏开发者大会上发布了 Havok 1.0，最新版本为 Havok 5.5，该引擎基于 C/C++。2007 年 9 月，Intel 宣布成功收购 Havok。之后，Intel 宣布 Havok 引擎开放源代码并允许游戏开发人员免费用于非商业用途。

因为 Havok 全面为多线程与多平台优化，所以 Havok 对各种先进的游戏平台提供了全面的支持，其中包括 XBOX360 数字游戏娱乐系统、PlayStation3 娱乐系统、Windows 系列、iOS 以及 Mac OS 与 Linux 等顶尖的平台。另外 2011 年 3 月 6 日，Intel 宣布 Havok 引擎开始支持 Android 平台。

由于 Havok 的开放性和不依赖于特定硬件的特点，很多大型游戏均使用 Havok 引擎。其中著名的有“星际争霸 2”、“暗黑破坏神 3”等，效果分别如图 10-1 和图 10-2 所示。

▲图 10-1 星际争霸 2

▲图 10-2 暗黑破坏神 3

（2）PhysX

PhysX 不仅可以由 CPU 计算，而且其程序本身在设计上可以使用独立的浮点处理器来计算（如 PhysX 技术可利用 GPU 的处理能力来执行复杂的物理特效计算）。正是由于这个原因，其可以非常轻松地完成像流体力学那样计算量非常大的物理模拟计算。该引擎可以在 Windows、Linux、XBOX360、Playstation3 以及 Mac 等多种平台上运行。

“无知之地 2”以及“地铁：最后光芒”等流行游戏均采用 PhysX 技术。该技术可为游戏带来充满动感的爆炸、撞击破坏效果，基于粒子的流体效果以及逼真的动画，令游戏场景仿真度极高，给玩家身临其境的感觉。脍炙人口的游戏“雪域危机”和“虚幻竞技场 3”采用的就是 PhysX 引擎，其运行效果如图 10-3 和图 10-4 所示。

▲图 10-3 雪域危机

▲图 10-4 虚幻竞技场 3

（3）Bullet

Bullet 是一款开源的 3D 物理引擎，是 AMD 开放物理计划的成员之一。同时其也是一个跨平台的物理引擎，支持 Windows、Linux、MAC、PlayStation3、XBOX360 以及 Nintendo wii 等主流游戏平台。主要特色包括支持滚动摩擦、齿轮约束、力和力矩的联合反馈、可选的科里奥利力以及快速移动物体的投机性接触等，便于进行高质量的物理模拟。

使用 Bullet 物理引擎开发的游戏主要有“激流 GP2”，其运行效果如图 10-5 所示。同时使用该引擎制作的电影也不乏好莱坞大作，如电影《2012》就是使用的该引擎，其效果如图 10-6 所示。

▲图 10-5 激流 GP2

▲图 10-6 电影《2012》场景

（4）ODE

ODE（Open Dynamic Engine）是一款免费的具有工业品质的刚体动力学引擎。其可以非常好地仿真现实中物体的移动、旋转等，具有快速、强健和可移植性的特点，并且内置碰撞检测系统。

ODE 目前可以支持球窝、铰链、滑块、定轴、角电机和 hinge-2 等连接类型，还可以支持各种碰撞形式（如球面碰撞和平面碰撞）和多个碰撞空间。使用 ODE 来进行物理模拟的游戏有“泰坦之旅”、“粘粘世界”等，其运行效果如图 10-7 和图 10-8 所示。

▲图 10-7 泰坦之旅

▲图 10-8 粘粘世界

（5）Box2D

Box2D 是一款非常著名的 2D 物理引擎，主要用于 2D 刚体仿真，有 C++、Flash 和 Java 等版本，其可以使物体的运动更加真实可信，让世界看起来更具有交互性。Box2D 最早是用可移植的 C++开发的，后来随着需求的变化陆续推出了 Java 与 Flash 的版本。同时，Box2D 也是本书准备详细介绍的物理引擎。

出自于法国设计师之手的游戏“搬运鼠”，一经推出便风靡欧洲，其就是基于该物理引擎开发的。此外，由 RovioMobile 开发的“愤怒的小鸟”，相对于前者更是风靡全球，其物理引擎同样是 Box2D。两者运行效果如图 10-9 和图 10-10 所示。

▲图 10-9 搬运鼠

▲图 10-10 愤怒的小鸟

10.2 2D 的王者 JBox2D

JBox2D 是一款开源的 2D 物理引擎（可以理解为 Box2D 的 Java 版），其能够根据开发人员设定的参数，如重力、密度、摩擦系数和恢复系数等，自动地进行 2D 刚体物理运动的全方位模拟。

学习物理引擎时，首先需要弄明白的就是其中需要用到的一些基本概念。因此，本节将首先复习一些物理学中的基本概念。回顾了几个基本的物理学概念后，还会介绍一些 JBox2D 中的常用类，为后面在实际应用中使用 JBox2D 打下基础。

10.2.1 基本的物理学概念

很多游戏都是对现实世界的仿真，其中用到了许多物理学知识，如密度、质量、质心、摩擦力、扭矩以及恢复系数等。接下来，本小节将简要介绍用 JBox2D 开发游戏时经常涉及的一些物理学概念。

（1）密度

物理学中密度指的是单位体积的质量，符号为“ρ”，常用单位为 kg/m^3。其是物质的一种物理属性，不随物体形状和空间地理位置的变化而变化，但会随着物质的状态、温度和压强的变化而变化。不同物质的密度一般不同，而同种物质在相同状态下的密度则是相同的。

（2）质量

质量指的是物体中所含物质的量，即物体惯性的大小，国际单位为 kg。同一物体的质量通常是个常量，不因高度、经度或者纬度的变化而变化。但是根据爱因斯坦的相对论，同一物体的质量会随着速度的改变而改变。只有运动接近光速才能感觉到这种变化，因此在游戏中一般不考虑速度对质量的影响。

（3）质心

物体（或物体系）的质量中心，是研究物体（或物体系）机械运动的一个重要参考点。当作用力（或合力）通过该点时，物体只做移动而不发生转动；否则在发生移动的同时物体将绕该点转动。研究质心的运动时，可将物体的质量看作集中于质心。理论上，质心是对物体的质量分布用“加权平均法”求出的平均中心。

（4）摩擦力

当两个互相接触的物体，如果要发生或者已经发生相对运动，就会在接触面上产生一种阻碍该相对运动的力，这种力就称为摩擦力。其基本情况如图 10-11 所示。

（5）扭矩

扭矩在物理学中就是力矩的大小，等于力与力臂的乘积，国际单位是 Nm（牛米）。在力臂不变的情况下，力越大，扭矩越大。基本情况如图 10-12 所示。

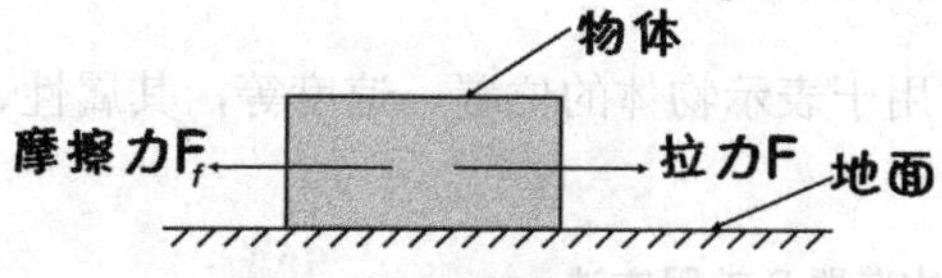

▲图 10-11　摩擦力示意图

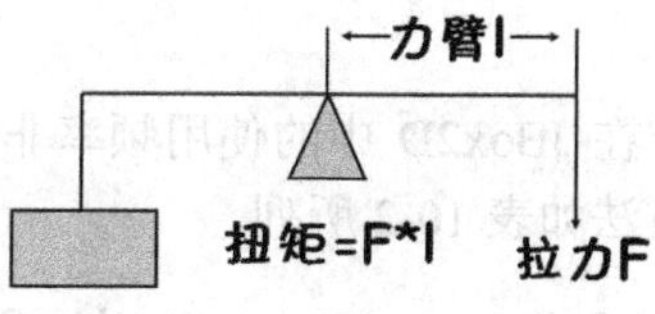

▲图 10-12　扭矩示意图

（6）恢复系数

两物体碰撞后的总动能与碰撞前的总动能之间的比称为恢复系数，其取值范围为 0～1。如果恢复系数为 1，则碰撞为完全弹性碰撞，满足机械能守恒；如果恢复系数小于 1 并且大于 0，则为非完全弹性碰撞，不满足机械能守恒，这种情况是最常见的；如果恢复系数为 0，则为完全非弹性碰撞，两个物体会粘在一起。基本情况如图 10-13 所示。

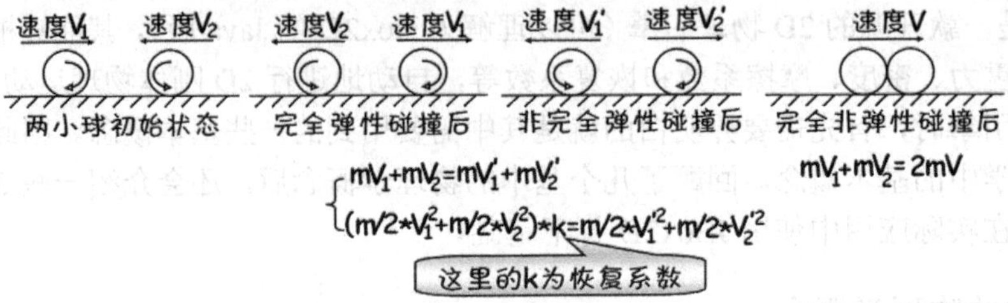

▲图 10-13　各种碰撞情况

说明	在图 10-13 中，两个小球质量相等，小球的初速度 V_1 大于 V_2。

10.2.2　JBox2D 中常用类的介绍

俗话说得好“基础不牢，地动山摇”。在学习新技术时，首先要学习的就是该技术的一些基本概念和知识，这对于使用 JBox2D 物理引擎有着非常重要的作用，因此本小节将主要介绍 JBox2D 中一些必知必会的类。

提示	由于 JBox2D 中的类非常多，故本节中仅仅能列出作者觉得重要的一些。如果读者想进一步了解其他的类可以去查看 JBox2D 源代码，这也是开源项目的一大好处。作者自己通过阅读源代码就学到了很多有用的知识。

1．二维向量——Vec2 类

Vec2 类表示二维向量或者二维笛卡尔坐标，其是由两个 float 类型的数组成，支持+=、-=和*=操作符。同时其还包括了一些方法，如获取向量长度的方法、将向量设置为零向量的方法等。二维向量 Vec2 类的基本含义如图 10-14 所示。

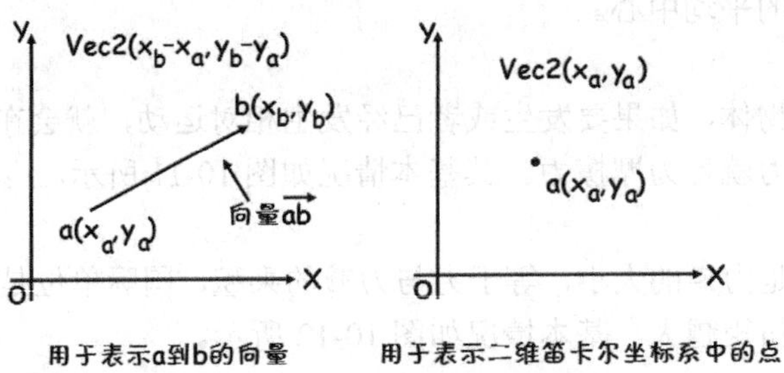

▲图 10-14　二维向量示意图

该类在 JBox2D 中的使用频率非常高，通常用于表示物体的位置、速度等，其属性、构造器及常用方法如表 10-2 所列。

表 10-2　Vec2 类的属性、构造器及常用方法

属性、构造器或方法签名	含　义	类型
float x	表示向量的 x 轴分量或坐标系中的 x 坐标值	属性
float y	表示向量的 y 轴分量或坐标系中的 y 坐标值	属性

续表

属性、构造器或方法签名	含　义	类型
Vec2()	创建 Vec2 类对象	构造器
Vec2 (float x, float y)	创建 Vec2 类对象，x（y）参数表示向量的 x（y）轴分量或坐标系中的 x（y）坐标值	构造器
void setZero()	将向量设置为零向量	方法
Vec2 set (float x, float y)	设置两个分量值，x 参数为向量的 x 轴分量或坐标系中的 x 坐标值，y 参数为向量的 y 轴分量或坐标系中的 y 坐标值	方法
float length()	计算向量的长度，返回值为计算出的长度值	方法
float lengthSquared()	计算向量长度的平方，返回值为计算出的长度的平方	方法
float normalize()	将此向量转化为单位向量，返回值为原向量的长度值	方法
Vec2 skew()	计算向量的垂直向量，返回值为向量的垂直向量（其 X 分量为原向量的–y，Y 分量为原向量的 x 值）	方法
boolean isValid()	检测向量的数据是否合法，若合法则返回 true，否则返回 false	方法

2. 包围盒——AABB 类

该类表示轴对齐的包围盒，也就是边界盒子。所谓的轴对齐是指盒子左、右边界与 y 轴平行，同时上、下侧边界与 x 轴平行，基本情况如图 10-15 所示。因为其主要功能为加速碰撞检测，所以包围盒应该永远大于等于物体实际所占的区域。

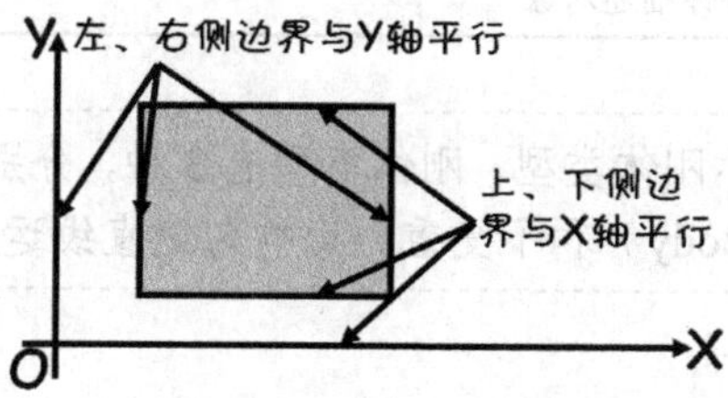

▲图 10-15　轴对齐示意图

该类中除了包括包围盒的左下角顶点坐标和右上角顶点坐标，同时也包括了计算中心点坐标的方法、计算包围盒周长的方法等，其属性及常用方法如表 10-3 所列。

表 10-3　AABB 类的属性及常用方法

属性或方法签名	含　义	类型
Vec2 lowerBound	表示包围盒的左下角顶点	属性
Vec2 upperBound	表示包围盒的右上角顶点	属性
Vec2 getCenter()	计算包围盒的中心点坐标，返回值为计算出的中心点坐标值	方法
Vec2 getExtents()	计算出从包围盒中心点指向包围盒右上角的向量，返回值为计算出的向量	方法
float getPerimeter()	计算包围盒的周长，返回值为计算出的周长值	方法
boolean isValid()	判断包围盒的数据是否合法，合法则返回 true，否则返回 false	方法

3. 刚体描述——BodyDef 类

该类的实例主要用于存储一些刚体的属性信息，在创建刚体时一般要通过该类的实例给出刚体的相关属性信息。这些属性信息主要包括刚体位置的坐标值、线速度值、角速度值、线性阻尼值以及角度阻尼值等，常用属性及构造器如表 10-4 所列。

表 10-4　　BodyDef 类的属性及构造器

属性或构造器	含　义	类型
BodyType type	表示刚体类型，默认值是静态的（staticBody）	属性
Vec2 position	表示刚体位置的坐标值，默认值是 Vec2 (0.0f,0.0f)	属性
float angle	表示姿态（弧度值），默认值是 0.0f	属性
Vec2 linearVelocity	表示线速度值，默认值是 Vec2 (0.0f, 0.0f)	属性
float angularVelocity	表示角速度值，默认值是 0.0f	属性
float linearDamping	表示线性阻尼值，默认值是 0.0f	属性
float angularDamping	表示角度阻尼值，默认值是 0.0f	属性
boolean allowSleep	表示是否允许休眠，默认值是 true	属性
boolean awake	表示是否被唤醒，默认值是 true	属性
boolean fixedRotation	表示是否锁定旋转，默认值是 false	属性
boolean bullet	表示刚体是否充当类似子弹等运行速度很快的物体，默认值是 false。此属性只应被动态物体设置	属性
boolean active	表示是否被激活，默认值是 true	属性
float gravityScale	表示加在刚体上的重力值系数，默认值是 1.0f	属性
Object userData	用来存储用户数据，默认值是 NULL	属性
BodyDef()	用于创建刚体描述对象	构造器

说明　BodyType 表示刚体类型。刚体类型有 3 种，分别是静态物体（staticBody）、动态物体（dynamicBody）和不受重力影响匀速直线运动的物体（kinematicBody）。

4. 世界——World 类

该类在 JBox2D 中表示的是物理世界。一个物理世界就是物体、形状和约束相互作用的集合，开发人员可以在该物理世界中创建或者删除所需的刚体或关节以实现所需的物理模拟。要注意的是，创建一个物理世界对象，必须要给出其重力向量（若没有重力可以给 0 值）。

World 类的构造器及常用方法如表 10-5 所列。

表 10-5　　World 类的构造器及常用方法

构造器或方法签名	含　义	类型
World (Vec2 gravity)	创建 World 对象，gravity 参数表示要设置的重力向量	构造器
Body createBody (BodyDef def)	创建刚体，返回值为刚体对象，def 参数表示对应刚体描述类的引用	方法
void destroyBody (Body body)	删除刚体，body 参数表示要删除刚体对象的引用	方法
Joint createJoint (JointDef def)	创建一个关节，返回值表示所创建关节的对象，def 参数表示对应关节描述类的引用	方法
void destroyJoint (Joint joint)	删除指定关节，joint 参数表示要删除关节对象的引用	方法
Body getBodyList()	获取刚体的列表，返回值为刚体列表第一个元素的引用	方法
Joint getJointList()	获取关节的列表，返回值为关节列表第一个元素的引用	方法
Contact getContactList()	获取碰撞的列表，返回值为碰撞列表第一个元素的引用	方法

续表

构造器或方法签名	含　义	类型
int getProxyCount()	获取代理的数量，返回值为获取的代理数量值	方法
int getBodyCount()	获取刚体的数量，返回值为获取的刚体数量值	方法
int getJointCount()	获取关节的数量，返回值为获取的关节数量值	方法
int getContactCount()	获取碰撞的数量，返回值为获取的碰撞数量值	方法
int getTreeHeight()	获取嵌入树的高度，返回值为获取的嵌入树的高度值	方法
int getTreeBalance()	获取嵌入树的平衡值，返回值为获取的嵌入树的平衡值	方法
float getTreeQuality()	获取嵌入树的质量，返回值为获取的嵌入树的质量值	方法
void setGravity (Vec2 gravity)	设置物理世界的重力向量	方法
Vec2 getGravity()	获取物理世界的重力向量，返回值为获取的重力向量值	方法
Profile getProfile()	获取当前配置	方法
void step (float timeStep, int velocityIterations, int positionIterations)	进行一轮迭代模拟，timeStep 参数为模拟的时间步进，velocityIterations 参数为速度模拟计算的迭代次数，positionIterations 参数为位置模拟计算的迭代次数	方法

该类除了表 10-5 所列的常用方法，还有其他诸多方法。这些方法对于注册监听器和过滤器、实现开发人员特定的功能有着很大的帮助，其中主要的如表 10-6 所列。

表 10-6　　World 类的其他常用方法

方　法	含　义
void setDestructionListener (DestructionListener listener)	注册摧毁监听器，listener 参数表示要设置的摧毁监听器对象的引用
void setContactFilter (ContactFilter filter)	注册碰撞过滤器，filter 参数表示要设置的碰撞过滤器对象的引用
void setContactListener (ContactListener listener)	注册碰撞监听器，listener 参数表示要设置的碰撞监听器对象的引用
void clearForces()	清除作用力
void setAllowSleeping (boolean flag)	开启/禁用物体休眠，flag 参数为 true 则表示开启，否则表示禁用
boolean getAllowSleeping()	查看是否开启物体休眠，若开启了物体休眠则返回 true，否则返回 false
void setWarmStarting (boolean flag)	开启/禁用用于测试的热启动，flag 参数为 true 则表示开启，否则表示禁用
boolean getWarmStarting()	查看是否开启了用于测试的热启动，若开启了热启动则返回 true，否则返回 false
void setContinuousPhysics (boolean flag)	开启/禁用连续物理模拟，flag 参数为 true 则表示开启，否则表示禁用
boolean getContinuousPhysics()	查看是否开启了连续物理模拟，若开启则返回 true，否则返回 false
void setSubStepping (boolean flag)	开启/禁用连续单步物理模拟，flag 参数为 true 则表示开启，否则表示禁用。这个仅用于测试，不应该在正式发布的产品中使用
boolean getSubStepping()	查看是否开启了连续单步物理模拟，若开启了则返回 true，否则返回 false
void setAutoClearForces (boolean flag)	设置每一个时间步后是否自动清除力，flag 参数为 true 表示自动清除力，为 false 则表示不自动清除力
boolean getAutoClearForces()	获取在每个时间步之后是否自动清除力，若是则返回 true，否则返回 false
boolean isLocked()	检测世界是否被锁定，若被锁定则返回 true，否则返回 false

续表

方　法	含　义
void shiftOrigin(Vec2 newOrigin)	改变世界的原点坐标，newOrigin 参数为新的坐标原点
ContactManager getContactManager()	获取碰撞管理器，返回值为获得的碰撞管理器对象
void queryAABB(QueryCallback callback, AABB aabb)	查询物理世界中所有可能与指定 AABB 包围盒重叠的刚体，callback 参数表示查询回调对象的引用，aabb 参数为指定的 AABB 包围盒
void rayCast(RayCastCallback callback, Vec2 point1, Vec2 point2)	查询物理世界中所有可能被指定射线射中的刚体，callback 参数表示查询回调对象的引用，point1 为射线的起点坐标，point2 为射线的终点坐标

5. 形状——Shape 类

JBox2D 物理引擎中，刚体都需要有指定的形状。形状有四种可能的选择，包括圆形、多边形、线段形、链形。这四种形状对应的实现类都继承自 Shape，相关继承树如图 10-16 所示。

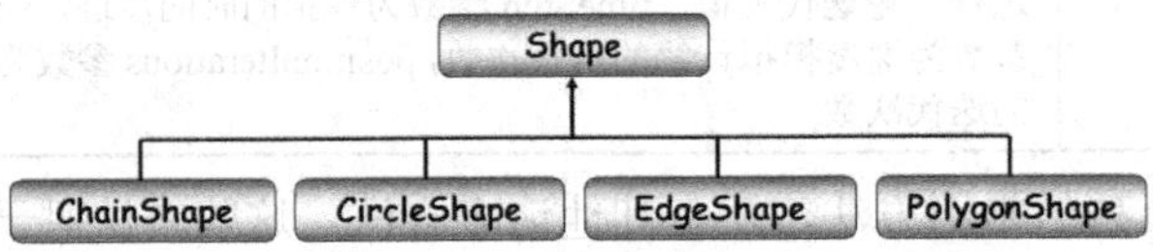

▲图 10-16　Shape 类的继承树

从图 10-16 中可以看出，圆形、多边形、线段形、链形对应的形状实现类分别为 CircleShape、PolygonShape、EdgeShape 和 ChainShape。可以推测出，Shape 类中包含了一些四种形状类都需要的属性和方法，常用的如表 10-7 所列。

表 10-7　Shape 类的常用属性及方法

属性或方法签名	含　义	类型
ShapeType m_type	表示形状类型	属性
float m_radius	表示形状的半径	属性
Shape clone ()	使用分配器来克隆形状，返回值为克隆的形状对象的引用	方法
ShapeType getType()	获取当前形状的类型，返回值为形状类型	方法
int getChildCount()	获取孩子顶点元素的数量，返回值为获取的孩子顶点元素的数量	方法
boolean testPoint(final Transform xf, final Vec2 p)	判断指定点是否在形状包含的区域范围内，若在则返回 true，否则返回 false。xf 参数为给定的变换，p 参数为指定的点	方法
boolean rayCast(RayCastOutput output, RayCastInput input, Transform transform, int childIndex)	判断形状是否与指定的射线相交，若是则返回 true，否则返回 false。output 参数为计算结果类对象的引用，此类中包含了交点对应的射线参数方程参数值以及射线与形状相交的法线。input 参数为射线的相关信息类的对象，其中包含了射线的起点、终点以及允许的相交时射线参数方程的最大参数值。transform 为给定的变换，childIndex 参数为孩子的索引值	方法
void computeAABB(AABB aabb, Transform xf, int childIndex)	计算形状的 AABB 包围盒，aabb 参数为计算结果对象的引用，xf 参数为给定的变换，childIndex 参数为孩子的索引值	方法
void computeMass(MassData massData, float density)	计算形状的质量，massData 参数为计算结果对象的引用，density 为给定的密度值	方法

6. 圆形——CircleShape 类

圆形的实现类是 CircleShape，其对象主要用于存储描述圆形形状所需的一些信息，同时其中还提供了一些实用方法，常用的方法和属性如表 10-8 所列。

表 10-8　　CircleShape 类属性、构造器及常用方法

属性、构造器或方法签名	含　义	类型
Vec2 m_p	表示位置坐标	属性
CircleShape()	创建圆形类的对象	构造器
int getVertexCount()	获取顶点的数量，对于圆形返回值总为 1	方法
Vec2 getVertex (int index)	根据指定索引值获取对应顶点的坐标，返回值为获取的顶点坐标，index 参数表示要获取顶点的索引值	方法
int getSupport (Vec2 d)	根据给出的方向向量获取指定方向上的支撑点索引，参数 d 为给定的方向向量	方法
Vec2 getSupportVertex (Vec2 d)	根据给出的方向向量获取指定方向上的支撑点，返回值为支撑点的坐标，参数 d 为给定的方向向量	方法

7. 多边形——PolygonShape 类

多边形的实现类是 PolygonShape，其对象主要用于存储描述多边形形状所需的一些信息，同时其中还提供了一些实用方法，常用的方法和属性如表 10-9 所列。

表 10-9　　PolygonShape 类属性、构造器及常用方法

属性、构造器或方法签名	含　义	类型
Vec2 m_centroid	表示多边形的质心坐标	属性
Vec2 m_vertices[]	表示构成多边形的顶点数组	属性
Vec2 m_normals[]	表示多边形的法线数组	属性
int m_count	表示多边形的顶点总数	属性
PolygonShape()	创建多边形类的对象	构造器
void set (Vec2 points, int3 count)	根据给定的顶点序列和顶点数量创建多边形对象，points 参数表示顶点序列中第一个顶点坐标的引用，count 参数表示顶点的数量	方法
void setAsBox (float hx, float hy)	将多边形设置为矩形，hx 参数表示矩形的半宽，hy 参数表示矩形的半高	方法
void setAsBox (float hx, float hy, Vec2 center, float angle)	将多边形设置为指定位置、姿态的矩形，hx 参数表示矩形的半宽，hy 参数表示矩形的半高，center 参数表示矩形的中心点坐标（以局部坐标系计），angle 参数表示矩形的旋转角度（以局部坐标系计）	方法
int getVertexCount()	获取顶点数量，返回值为获取的顶点数量	方法
Vec2 getVertex (int index)	获取给定索引对应顶点的坐标，返回值为获取的顶点坐标，index 参数为给定的顶点索引值	方法
boolean validate()	检测是否为凸多边形，若是则返回 true，否则返回 false	方法

> **提示**　需要特别注意的是，多边形的顶点数在 3 ~ maxPolygonVertices 的范围内，maxPolygonVertices 是 JBox2D 中预定义的一个静态常量，其值为 8。如果觉得 8 不够，可以通过 org.jbox2d.common 包下的 Settings 类中静态常量 maxPolygonVertices 自行修改。另外需要注意的是，此值在满足需要的情况下越小越好，否则会增加很多计算量。

了解了多边形实现类的一些常用方法和属性后，还需要强调的一个问题就是，JBox2D 中支持的多边形必须是凸多边形，不可以是凹多边形，否则不能进行正确的碰撞计算。凸多边形是指任意两个顶点的连线不会划过多边形外部区域的多边形，基本情况如图 10-17 所示。

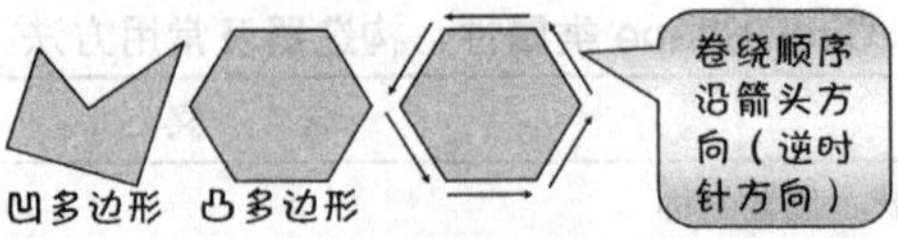

▲图 10-17　凹凸多边形及凸多边形的卷绕顺序

另外需要注意的一点就是，在初始化多边形时给出的多边形顶点坐标需要按照逆时针的顺序进行卷绕（如图 10-17 所示），否则也会影响计算的正确性，请读者多加注意。

8. 线段形状——EdgeShape 类

线段形状的实现类是 EdgeShape，其对象主要用于存储描述线段形状所需的一些信息，同时其中还提供了一些实用方法，常用的方法和属性如表 10-10 所列。

表 10-10　EdgeShape 类属性、构造器及常用方法

属性、构造器或方法签名	含　义	类型
Vec2 m_vertex0	表示可选的相邻顶点 1，其用于平滑碰撞检测	属性
Vec2 m_vertex1	表示线段的一个端点	属性
Vec2 m_vertex2	表示线段的另一个端点	属性
Vec2 m_vertex3	表示可选的相邻顶点 2，其用于平滑碰撞检测	属性
boolean m_hasVertex0	表示是否有相邻顶点 1，为 true 则表示有，为 false 则表示没有	属性
boolean m_hasVertex3	表示是否有相邻顶点 2，为 true 则表示有，为 false 则表示没有	属性
EdgeShape()	创建线段形状类的对象	构造器
void set (Vec2 v1, Vec2 v2)	设置线段的两个端点，v1、v2 参数分别表示两个端点的坐标	方法

9. 链形——ChainShape 类

链形是一个自由形式的线段序列，就像链条这一类由多段首尾相连构成的形状。JBox2D 中的链形是可以首尾相连构成闭环的，支持双面碰撞，利用其可以开发出闭环内部和外部都有碰撞的应用。

链形的实现类是 ChainShape，其对象主要用于存储描述链形所需的一些信息，同时其中还提供了一些实用方法，常用的方法和属性如表 10-11 所列。

表 10-11　ChainShape 类属性、构造器及常用方法

属性、构造器或方法签名	含　义	类型
Vec2 m_vertices	表示链形顶点序列中第一个顶点	属性
int m_count	表示顶点的数量	属性
Vec2 m_prevVertex	表示第一个顶点的前导顶点	属性
Vec2 m_nextVertex	表示最后一个顶点的后继顶点	属性
boolean m_hasPrevVertex	表示是否存在第一个顶点的前导顶点	属性
boolean m_hasNextVertex	表示是否存在最后一个顶点的后继顶点	属性
ChainShape()	创建链形状类的对象	构造器
void createLoop (Vec2 vertices, int count)	将链条对象创建为环，vertices 参数表示链形顶点序列中第一个顶点的坐标，count 参数表示顶点的数量	方法
void createChain (Vec2 vertices, int count)	将链条对象创建为非闭环的链，vertices 参数表示链形顶点序列中第一个顶点的坐标，count 参数表示顶点的数量	方法

续表

属性、构造器或方法签名	含 义	类型
void setPrevVertex (Vec2 prevVertex)	设置第一个顶点的前导顶点，prevVertex 参数表示前导顶点坐标	方法
void setNextVertex (Vec2 nextVertex)	设置最后一个顶点的后继顶点，nextVertex 参数表示后继顶点的坐标	方法
void getChildEdge (EdgeShape edge, int index)	根据给定的索引获取链中对应的线段。edge 参数表示线段形状对象的引用，此对象用于存储获取的结果。index 参数表示给定的索引值	方法

提示　关于链形有一点请读者注意，初始给出的顶点数据不能形成自身交叉的情况，也就是说给出的顶点数据构成的线段相互之间不可以有交叉。

10. 刚体——Body 类

刚体在 JBox2D 中是最重要的一个概念，其由 Body 类实现。使用 JBox2D 进行物理模拟时主要是通过刚体进行的，其常用方法如表 10-12 所列。

表 10-12　Body 类的常用方法

方法签名	含 义
Fixture createFixture (FixtureDef def)	创建刚体物理信息对象，返回值为刚体物理信息的对象，def 参数表示刚体物理描述类对象的引用
Fixture createFixture (Shape shape, float density)	创建刚体物理信息对象，返回值为刚体物理信息的对象，shape 参数表示形状类对象的引用，density 参数表示密度值
void destroyFixture (Fixture fixture)	销毁刚体物理信息对象，fixture 参数表示要摧毁的刚体物理信息对象的引用
Vec2 getPosition()	获取位置坐标，返回值为获取的位置坐标
float getAngle()	获取刚体的姿态角（以弧度计），返回值为获取的姿态角弧度值
void setLinearVelocity (Vec2 v)	设置线速度，v 参数表示要设置的线速度向量
Vec2 getLinearVelocity()	获取线速度，返回值为获取的线速度向量
void setAngularVelocity (float omega)	设置角速度，omega 参数表示要设置的角速度
float getAngularVelocity()	获取角速度，返回值为获取的角速度
float getMass()	获取刚体的质量，返回值为获取的刚体质量值
void setMassData (MassData data)	设置刚体的质量数据，data 参数为质量数据类对象的引用
void getMassData (MassData data)	获取刚体的质量数据，data 参数为质量数据类对象的引用
void resetMassData()	重置刚体的质量数据
float getInertia()	获取刚体的转动惯量，返回值为获取的转动惯量值
float getGravityScale()	获取重力比例值，返回值为获取的重力比例值
void setGravityScale (float scale)	设置重力比例，scale 参数表示要设置的重力比例值
void setType (BodyType type)	设置刚体类型，type 参数表示要设置的刚体类型
BodyType getType()	获取刚体类型，返回值为获取的刚体类型的对象
Object getUserData()	获取用户数据，返回值为获取的用户数据类的对象
void setUserData (Object data)	设置用户数据，data 参数表示要设置的用户数据对象的引用
Vec2 getWorldCenter()	获取刚体质心在世界坐标系中的位置，返回值为获取的世界坐标系中的位置坐标
Vec2 getLocalCenter()	获取在刚体局部坐标系中的质心坐标，返回值为获取的质心坐标

该类除了表 10-12 中所列的常用方法，还有其他诸多方法。这些方法对于设置或获取刚体物

理属性和诸多状态有着很大的帮助，其中主要的如表 10-13 所列。

表 10-13　　Body 类的其他方法

方法签名	含　义
void setTransform (Vec2 position, float angle)	设置刚体位置和姿态角，position 参数表示要设置的位置坐标，angle 参数表示要设置的姿态角（以弧度计）
Transform getTransform()	获取刚体的变换信息，返回值为获取的变换信息类的对象
float getLinearDamping()	获取线性阻尼值，返回值为获取的线性阻尼值
void setLinearDamping (float linearDamping)	设置线性阻尼值，linearDamping 参数表示要设置的线性阻尼值
float getAngularDamping()	获取角度阻尼值，返回值为获取的角度阻尼值
void setAngularDamping (float angularDamping)	设置角度阻尼值，angularDamping 参数表示要设置的角度阻尼值
void setBullet (boolean flag)	设置刚体是否充当类似子弹等运行速度很快的物体，flag 参数为 true 时，表示充当，为 false 则表示不充当
boolean isBullet()	获取刚体是否充当类似子弹等运行速度很快的物体，返回值为 true 时，表示充当，为 false 则表示不充当
void setSleepingAllowed (boolean flag)	设置是否允许休眠，flag 参数为 true 表示允许休眠，为 false 表示不允许休眠
boolean isSleepingAllowed ()	获取是否允许休眠，若允许休眠则返回 true，否则返回 false
void setAwake (boolean flag)	设置是否唤醒，flag 参数为 true 表示唤醒，否则表示不唤醒
boolean isAwake()	获取唤醒状态，若唤醒则返回 true，否则返回 false
void setActive (boolean flag)	设置是否激活，flag 参数为 true 表示激活，为 false 表示未激活
boolean isActive()	查看是否激活，若激活则返回 true，否则返回 false
void setFixedRotation (boolean flag)	设置是否锁定旋转，flag 参数为 true 表示锁定，为 false 表示不锁定
boolean isFixedRotation()	查看是否锁定旋转，若锁定旋转则返回 true，否则返回 false
void applyTorque(float torque, boolean wake)	给刚体施加力矩，torque 参数表示要施加的力矩，wake 参数表示是否唤醒刚体，其为 true 则表示唤醒，为 false 则表示不进行唤醒
void applyLinearImpulse(Vec2 impulse, Vec2 point, boolean wake)	给刚体施加冲量，impulse 参数表示要施加的冲量，point 参数表示施加冲量点的坐标（以世界坐标系计），wake 参数表示是否唤醒刚体，其为 true 则表示唤醒，为 false 则表示不进行唤醒
void applyAngularImpulse(float impulse, boolean wake)	给刚体施加角冲量，impulse 参数表示要施加的角冲量，wake 参数表示是否唤醒刚体，其为 true 则表示唤醒，为 false 则表示不进行唤醒
Fixture getFixtureList()	获取刚体物理信息对象列表，返回值为刚体物理信息列表中的第一个对象
JointEdge getJointList()	获取关节列表，返回值为关节列表中的第一个对象
ContactEdge getContactList()	获取碰撞列表，返回值为碰撞列表中的第一个对象
Body getNext()	获取世界刚体列表中的下一个刚体对象，并将其返回
void applyForce (Vec2 force, Vec2 point, boolean wake)	给刚体施加力，force 参数表示要施加的力，point 参数表示施加力的点的坐标（以世界坐标系计），wake 参数表示是否唤醒刚体，其为 true 则表示唤醒，为 false 则表示不进行唤醒
void applyForceToCenter(Vec2 force, boolean wake)	给刚体的质心施加力，force 参数表示要施加的力，wake 参数表示是否唤醒刚体，其为 true 则表示唤醒，为 false 则表示不进行唤醒

实际开发中，还经常有将相关的向量、坐标点等在世界坐标系和刚体自己的局部坐标系中进行转换的需求。Box2D 在设计时也考虑到了这一点，这些相关的方法如表 10-14 所列。

表 10-14　世界坐标系和局部坐标系转换的相关方法

方法签名	含　义
Vec2 getWorldPoint (Vec2 localPoint)	获取提供的局部坐标点在世界坐标系中的位置，返回值为世界坐标系中的位置，localPoint 参数为提供的局部坐标点
Vec2 getWorldVector (Vec2 localVector)	获取提供的局部向量在世界坐标系中的对应向量，localVector 参数为局部向量
Vec2 getLocalPoint (Vec2 worldPoint)	获取提供的世界坐标系中的坐标点在局部坐标系中对应的坐标点，worldPoint 参数为在世界坐标系中的坐标点
Vec2 getLocalVector (Vec2 worldVector)	获取提供的世界坐标系中的向量在局部坐标系中对应的向量，worldVector 参数为在世界坐标系中的向量
Vec2 getLinearVelocityFromWorldPoint (const Vec2 worldPoint)	获取关联到此刚体的指定点在世界坐标系中的线速度，worldPoint 参数表示世界坐标系中的坐标点
Vec2 getLinearVelocityFromLocalPoint (const Vec2 localPoint)	获取关联到此刚体的指定点在世界坐标系中的线速度，localPoint 参数表示刚体局部坐标系中的坐标点

通过上面的三个表格，读者应该对 Body 类提供的方法有了一定的了解。但细心的读者会发现，上述三个表格中并没有给出创建刚体对象的工具方法或构造器。确实如此，这是因为刚体的创建需要用到 World 类对象的 CreateBody 方法，关于此方法的细节请参考前面介绍 World 类时给出的表格，以上所有方法的参考点都是 Body 类对象的相关坐标值。

11. 刚体物理描述——FixtureDef 类

刚体物理描述的实现是由 FixtureDef 类完成的，其中主要是包含一些记录不同物理属性的成员，如摩擦系数、恢复系数以及密度等。该类的常用属性及构造器如表 10-15 所列。

表 10-15　FixtureDef 类的常用属性及构造器

属性或构造器	含　义	类型
Shape shape	表示刚体的形状，默认值为 null	属性
void userData	表示用户数据，默认值为 null	属性
float friction	表示刚体的摩擦系数值，默认值为 0.2f	属性
float restitution	表示刚体的恢复系数值，默认值为 0.0f	属性
float density	表示刚体的密度值，默认值为 0.0f	属性
boolean isSensor	表示刚体碰撞后是否由 JBox2D 进行物理模拟，还是采用自定义物理模拟。默认值为 false，表示由 JBox2D 进行物理模拟。若此属性值为 true，则表示仅仅由 JBox2D 进行碰撞检测，而不模拟碰撞后的物理运动。通过将此属性设置为 true，开发人员就可以自定义刚体碰撞后的物理模拟方式了	属性
Filter filter	表示刚体过滤信息	属性
FixtureDef()	创建刚体物理描述类的对象	构造器

12. 刚体物理信息——Fixture 类

刚体相关的一些物理信息的管理组织工作是由 Fixture 类完成的，如设置刚体的密度、摩擦系数值和恢复系数等。该类的常用方法如表 10-16 所列。

表 10-16　Fixture 类的常用方法

方法签名	含　义
ShapeType getType()	获取刚体的形状，返回值为形状类型类的对象
Shape getShape()	获取刚体的形状，返回值为形状类的对象

续表

方法签名	含　义
void setSensor (boolean sensor)	设置刚体碰撞后是否由 JBox2D 进行物理模拟。sensor 参数为 true 时表示仅仅由 JBox2D 进行碰撞检测，而不模拟碰撞后的物理运动；为 false 时表示完全由 JBox2D 进行物理模拟
boolean isSensor()	获取刚体碰撞后是否由 JBox2D 进行物理模拟，返回值为 true 时表示不完全由 JBox2D 进行物理模拟，为 false 则表示完全由 JBox2D 进行物理模拟
void setFilterData(Filter filter)	设置刚体的碰撞过滤信息，filter 参数为刚体过滤信息
Filter getFilterData()	获取刚体的碰撞过滤信息，返回值为获取的刚体过滤信息
void refilter()	当希望把先前由 ContactFilter 接口中 ShouldCollide 方法禁用的碰撞重新建立时可以调用此方法
Body getBody()	获取刚体的父刚体，返回值为父刚体的对象
Fixture getNext()	获取刚体物理信息列表的下一刚体物理信息对象，返回值为下一刚体物理信息类的对象
Object getUserData()	获取用户数据，返回值为获取的用户数据类的对象
void setUserData (Object data)	设置用户数据，data 参数表示要设置的用户数据类对象的引用
void getMassData (MassData massData)	获取刚体的质量数据，data 参数为指向质量数据的引用
void setDensity (float density)	设置密度，density 参数表示要设置的密度值
float getDensity()	获取密度，返回值为获取的密度值
void setFriction (float friction)	设置摩擦系数，friction 参数表示要设置的摩擦系数值
float getFriction()	获取摩擦系数，返回值为获取的摩擦系数值
void setRestitution (float restitution)	设置恢复系数，restitution 参数表示要设置的恢复系数值
float getRestitution()	获取恢复系数，返回值为获取的恢复系数值
boolean testPoint(Vec2 p)	判断指定点是否在此对象包含的区域范围内，p 参数为指定的点坐标
boolean rayCast(RayCastOutput output, RayCastInput input, int childIndex)	判断形状是否与指定的射线相交，若是则返回 true，否则返回 false。output 参数为计算结果类对象的引用，此类中包含了交点对应的射线参数方程参数值以及射线与形状相交的法线。input 参数为射线的相关信息类对象的引用，其中包含了射线的起点、终点以及允许的相交时射线参数方程的最大参数值。childIndex 参数为孩子的索引值
AABB getAABB(int childIndex)	获取此对象的 AABB 包围盒，childIndex 参数为孩子的索引值

提示　通过本节的学习，读者应该对 JBox2D 中的一些常用类有了一定的了解，但是对很多概念及其实际用法读者可能还是不太理解。不用担心，有些问题后面还需要进一步讲解，有些问题通过后面的相关案例就可以掌握。这里可以先了解一下，等学习了后面的内容后有需要读者还可以进一步回看本节内容，以加深理解。

10.3 木块金字塔被撞击案例

上一节主要介绍的是 JBox2D 的一些基本类，但是只讲这些就像是纸上谈兵。而且考虑到大篇幅的方法介绍会使本章显得枯燥，特此准备了几个小案例，以供参考。物理世界中物体与物体之间难免会发生相互碰撞，因此首先给出一个基本碰撞的例子——木块金字塔被撞击案例。

10.3.1　案例运行效果

本小节给出的是一个木块金字塔被撞击的案例。案例演示的是，从屏幕上方有一个钢球按照一定的加速度以一定的初速度开始下落，并撞击下方的金字塔，组成金字塔的木块被撞飞。其运行效果如图 10-18、图 10-19、图 10-20 及图 10-21 所示。

▲图 10-18　案例开始运行

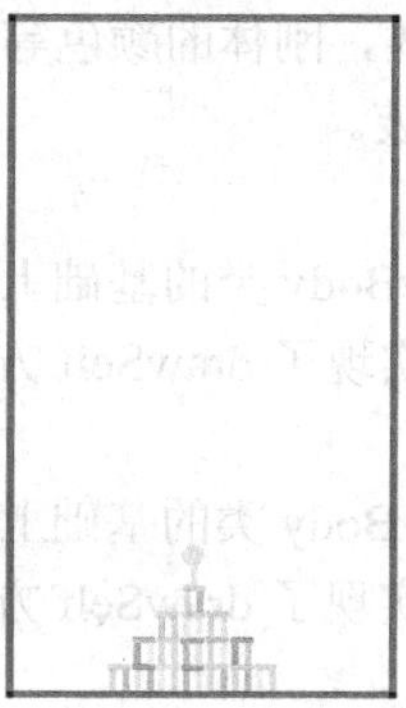

▲图 10-19　开始碰撞

▲图 10-20　碰撞至中间

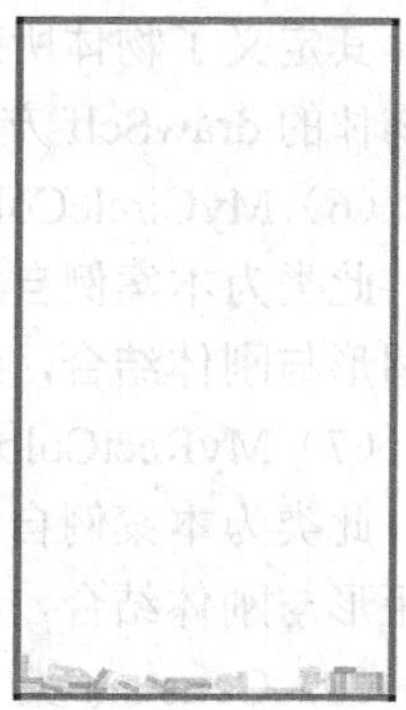

▲图 10-21　碰撞至最后

> **提示**　图 10-18 为随机颜色的钢球即将自由落体的效果图。图 10-19 为随机颜色的钢球向下运动，即将与木块金字塔发生碰撞的效果图。图 10-20 为随机颜色钢球碰撞至木块金字塔中间，木块被撞飞的效果图。图 10-21 为随机颜色钢球碰撞至木块金字塔底层的效果图。另外，由于本书正文中的插图都是采用灰度印刷，因此有些细节可能看不清楚，效果会比实际运行差一些。建议读者采用真机运行本章的案例进行观察，效果会更好。

10.3.2　案例的基本框架结构

介绍本案例之前，首先需要介绍本案例的框架结构，理解本案例的框架结构有助于读者对本案例的学习。本案例的框架结构如图 10-22 所示。

▲图 10-22　框架结构

（1）DrawThread 类

此类为本案例的线程类，该类在继承 Thread 类的基础上，重写了 run 方法。当程序运行启动该线程后调用该 run 方法，进行数据模拟和画面的实时绘制。

（2）MyBox2dActivity 类

此类为本案例的主控制类。案例运行开始时首先调用此类中的 onCreate(Bundle savedInstanceState)方法，在该方法中主要是生成 MyRectColor 类与 MyCircleColor 类的对象，并存入 ArrayList<MyBody>集合中，最后跳转至 GameView 界面。

（3）GameView 类

此类为本案例要显示的界面类。此类的主要功能是创建画笔、获得画布以及开启刷帧线程，并绘制案例中的场景物体等。

（4）Box2DUtil 类

此类为本案例自定义的生成物体形状的工具类，包括自定义的创建矩形物体的 createBox 方法和创建圆形物体的 createCircle 方法。其中 createBox 方法定义了矩形物体的所有信息，包括物体中心点的坐标，物体的半宽和半高，是否为静止的标志位，物理世界和颜色。createCircle 方法定义了圆形物体的所有信息，包括圆心的坐标、半径，物理世界和颜色。

（5）MyBody 类

此类为本案例自定义的抽象物体类，其有两个子类，分别为 MyCircleColor 类及 MyRectColor 类。其定义了物体所有的信息，包括物体对应的刚体，刚体的颜色等物理属性。此外还包括了绘制物体的 drawSelf 方法，为其子类进行了极好的封装。

（6）MyCircleColor 类

此类为本案例自定义的圆形类。该类在继承 MyBody 类的基础上，定义了自己的构造器。其将圆形与刚体结合，给予刚体特定的物理信息，并实现了 drawSelf 方法。

（7）MyRectColor 类

此类为本案例自定义的矩形类。该类在继承 MyBody 类的基础上，定义了自己的构造器。其将矩形与刚体结合，给予刚体特定的物理信息，并实现了 drawSelf 方法。

（8）Constant 类

此类为本案例自定义的常量类。其主要是声明屏幕的大小、物理数据模拟的频率、迭代次数、绘制线程的标志位、屏幕到现实的比例和屏幕自适应方法等。

10.3.3　常量类——Constant

此常量类的主要作用是声明本案例中使用到的常量，包括声明目标屏幕的大小、物理数据模拟的频率、迭代次数、绘制线程的标志位、屏幕到现实世界的比例和屏幕自适应方法等，这样有利于开发人员对常量类数据的调整。其具体代码如下。

代码位置：见随书光盘中源代码/第 10 章/Sample10_1/src/com/bn/box2d/bheap 目录下的 Constant.java。

```
package com.bn.box2d.bheap;                                  //声明包名
……//此处省略了导入类的代码，需要的读者请查看光盘中的源代码
public class Constant{
      public static final float RATE = 10;                   //屏幕到现实世界的比例 10px：1m;
      public static final boolean DRAW_THREAD_FLAG=true;     //绘制线程工作标志位
      public static final float TIME_STEP = 2.0f/60.0f;      //模拟的频率
      public static final int ITERA = 10;                    //迭代数
      public static int SCREEN_WIDTH=720;                    //目标屏幕宽度
      public static int SCREEN_HEIGHT=1280;                  //目标屏幕高度
      public static float x;                                 //声明当前屏幕左上方 X 值的变量
      public static float y;                                 //声明当前屏幕左上方 Y 值的变量
      public static float ratio;                             //声明缩放比例的变量
      public static ScreenScaleResult screenScaleResult;//声明 ScreenScaleResult 类的引用
      public static void ScaleSR(){                          //屏幕自适应
            screenScaleResult=ScreenScaleUtil.calScale(SCREEN_WIDTH, SCREEN_HEIGHT);
            x=screenScaleResult.lucX;                        //获取当前屏幕左上方的 X 值
            y=screenScaleResult.lucY;                        //获取当前屏幕左上方的 Y 值
            ratio=screenScaleResult.ratio;                   //获取缩放比例
}}
```

> **说明**　此常量类中规定了目标屏幕的宽度和高度，通过计算出缩放比例，获得实际屏幕左上方的 X、Y 坐标值，实现屏幕自适应。同时值得说明的就是，迭代数越大，模拟越精确，但性能越低，请读者根据自己的需求自行设置。

10.3.4 物体类——MyBody

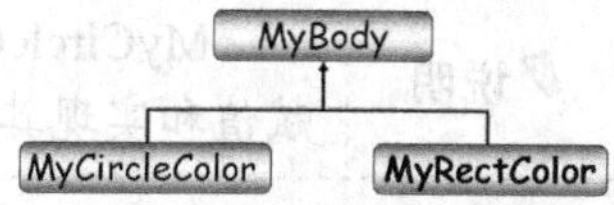

▲图 10-23 MyBody 类的继承树

该类是所有自定义物体类的基类，对物体和绘制进行了极好封装。其有两个自定义的子类，分别为 MyCircleColor 类（圆形物体类）和 MyRectColor 类（矩形物体类）。其继承关系如图 10-23 所示。

开发物体父类 MyBody 类，需要声明物体的所有信息，其中不仅仅需要声明对应物理引擎中刚体对象的引用和表示刚体颜色的变量，还要声明抽象的绘制 drawSelf 方法。drawSelf 方法是 MyBody 类及其两个子类中最重要的部分，具体开发步骤如下。

代码位置：见随书光盘中源代码/第 10 章/Sample10_1/src/com/bn/box2d/bheap 目录下的 MyBody.java。

```
package com.bn.box2d.bheap;                                  //声明包名
……//此处省略了导入类的代码，需要的读者请查看光盘中的源代码
public abstract class MyBody{                                //自定义刚体根类
      Body body;                                             //对应物理引擎中的刚体
      int color;                                             //刚体的颜色
      public abstract void drawSelf(Canvas canvas,Paint paint);//绘制方法
}
```

说明 此类是自定义的抽象物体类，其定义了物体所有的信息，包括物体对应的刚体，刚体的颜色等物理属性。此外还包括了绘制物体的 drawSelf 方法，为其子类进行了极好的封装。

10.3.5 圆形物体类——MyCircleColor

该类为物体类 MyBody 的子类——圆形物体类，其主要功能是将圆形物体与绘制进行封装。开发圆形物体类 MyCircleColor 需开发其构造器和实现 drawSelf 方法，其中 drawSelf 方法主要是根据现实世界刚体的坐标值画，圆具体的开发步骤如下。

代码位置：见随书光盘中源代码/第 10 章/Sample10_1/src/com/bn/box2d/bheap 目录下的 MyCircleColor.java。

```
1     package com.bn.box2d.bheap;                              //声明包名
2     ……//此处省略了导入类的代码，需要的读者请查看光盘中的源代码
3     public class MyCircleColor extends MyBody{               //自定义的圆形类
4           float radius;                                      //半径
5           public MyCircleColor(Body body,float radius,int color){  //构造器
6                 this.body=body;                              //给刚体引用赋值
7                 this.radius=radius;                          //给圆形物体半径变量赋值
8                 this.color=color;                            //给颜色变量赋值
9           }
10          public void drawSelf(Canvas canvas,Paint paint){//绘制方法
11                paint.setColor(color&0x8CFFFFFF);            //设置画笔颜色
12                float x=body.getPosition().x*RATE;           //获得现实世界刚体的 X 坐标
13                float y=body.getPosition().y*RATE;           //获得现实世界刚体的 Y 坐标
14                canvas.drawCircle(x, y, radius, paint);      //画圆
15                paint.setStyle(Paint.Style.STROKE);          //设置画笔类型
16                paint.setStrokeWidth(1);                     //设置线条宽度
17                paint.setColor(color);                       //设置画笔颜色
18                canvas.drawCircle(x, y, radius, paint);      //画圆
19                paint.reset();                               //重置画笔
20    }}
```

- 第 5～8 行为圆形物体类的构造器，主要是给变量赋值，包括给刚体引用的赋值、给圆形物体的半径赋值和给物体颜色赋值等。
- 第 10～19 行为实现父类的 drawSelf 方法，主要是设置画笔的颜色、类型和线条的宽度，获得现实世界刚体的坐标值，根据刚体的坐标值和半径值画圆，最后重置画笔。

> **说明**　MyCircleColor 类为 MyBody 类的子类，其功能主要是为其父类中声明的变量赋值和实现其中的抽象绘制方法，将圆形物体与绘制进行封装。

10.3.6　矩形物体类——MyRectColor

该类为物体类 MyBody 的子类——矩形物体类，其主要功能是将矩形物体与绘制进行封装。开发矩形物体类 MyRectColor 需开发其构造器和实现 drawSelf 方法，其与 MyCircleColor 类的结构一致，只是具体内容有所不同。具体的开发步骤如下。

代码位置：见随书光盘中源代码/第 10 章/Sample10_1/src/com/bn/box2d/bheap 目录下的 MyRectColor.java。

```
1    package com.bn.box2d.bheap;                                  //声明包名
2    ……//此处省略了导入类的代码，需要的读者请查看光盘中的源代码
3    public class MyRectColor extends MyBody{                     //自定义的矩形类
4        float halfWidth;                                         //半宽
5        float halfHeight;                                        //半高
6        public MyRectColor(Body body,float halfWidth,float halfHeight,int color){
         //构造器
7            this.body=body;                                      //给刚体引用赋值
8            this.halfWidth=halfWidth;                            //给矩形物体的半宽赋值
9            this.halfHeight=halfHeight;                          //给矩形物体的半高赋值
10           this.color=color;                                    //给颜色变量赋值
11       }
12       public void drawSelf(Canvas canvas,Paint paint){             //绘制方法
13           paint.setColor(color&0x8CFFFFFF);                        //设置画笔颜色
14           float x=body.getPosition().x*RATE;                       //获得现实世界刚体的X坐标
15           float y=body.getPosition().y*RATE;                       //获得现实世界刚体的Y坐标
16           float angle=body.getAngle();                             //获得刚体的旋转角度
17           canvas.save();                                           //保存画布的状态
18           Matrix m1=new Matrix();                                  //创建矩阵
19           m1.setRotate((float)Math.toDegrees(angle),x, y);         //设置变换矩阵
20           canvas.setMatrix(m1);                                    //根据矩阵设置画布状态
21           canvas.drawRect(x-halfWidth, y-halfHeight, x+halfWidth, y+halfHeight,
             paint);//画矩形
22           paint.setStyle(Paint.Style.STROKE);                      //设置画笔类型
23           paint.setStrokeWidth(1);                                 //设置线条宽度
24           paint.setColor(color);                                   //设置画笔颜色
25           canvas.drawRect(x-halfWidth, y-halfHeight, x+halfWidth, y+halfHeight,
             paint);//画矩形
26           paint.reset();                                           //重置画笔
27           canvas.restore();                                        //取出保存的状态
28   }}
```

- 第 4～10 行为声明变量并对其赋值，主要为声明矩形物体一半宽度的变量和一半高度的变量，并在构造器中为其赋值，同时也为刚体的引用赋值和对刚体颜色赋值。
- 第 12～27 行实现父类的 drawSelf 方法，主要功能包括设置画笔颜色、画笔类型、线条宽度，获得现实世界刚体的坐标值，获得刚体的旋转角度，保存、取出画布状态，创建并设置变换矩阵和根据矩阵设置画布状态等。

> **说明**　第 18～20 行为关于矩阵的操作，首先是创建变换矩阵，然后根据刚体的旋转角度和现实世界刚体的坐标值设置变换矩阵，最后根据设置好的变换矩阵设置画布状态。

10.3.7　生成物理形状工具类——Box2DUtil

该类为生成物理形状的工具类，其主要功能是创建矩形物体和圆形物体并返回对应类的对象。其中创建矩形物体的 createBox 方法会返回 MyRectColor 类的对象，创建圆形物体的 createCircle

方法则会返回 MyCircleColor 类的对象。本小节将介绍 Box2DUtil 类的实现，具体代码如下。

代码位置：见随书光盘中源代码/第 10 章/Sample10_1/src/com/bn/box2d/bheap 目录下的 Box2DUtil.java。

```
1   package com.bn.box2d.bheap;                                     //声明包名
2   ……//此处省略了导入类的代码，需要的读者请查看光盘中的源代码
3   public class Box2DUtil{                                         //生成物理形状的工具类
4       public static MyRectColor createBox(                        //创建矩形物体
5           float x,                                                //x 坐标
6           float y,                                                //y 坐标
7           float halfWidth,                                        //半宽
8           float halfHeight,                                       //半高
9           boolean isStatic,                                       //是否为静止的
10          World world,                                            //世界
11          int color                                               //颜色
12      ){
13          BodyDef bd=new BodyDef();                               //创建刚体描述
14          if(isStatic){                                           //判断是否为可运动刚体
15              bd.type=BodyType.STATIC;
16          }else{
17              bd.type=BodyType.DYNAMIC;
18          }
19          bd.position.set(x/RATE, y/RATE);                        //设置位置
20          Body bodyTemp= world.createBody(bd);                    //在世界中创建刚体
21          PolygonShape ps=new PolygonShape();                     //创建刚体形状
22          ps.setAsBox(halfWidth/RATE, halfHeight/RATE);           //设定边框
23          FixtureDef fd=new FixtureDef();                         //创建刚体物理描述
24          fd.density = 1.0f;                                      //设置密度
25          fd.friction = 0.05f;                                    //设置摩擦系数
26          fd.restitution = 0.6f;                                  //设置恢复系数
27          fd.shape=ps;                                            //设置形状
28          if(!isStatic){                                      //将刚体物理描述与刚体结合
29              bodyTemp.createFixture(fd);
30          }else{
31              bodyTemp.createFixture(ps, 0);
32          }
33          return new MyRectColor(bodyTemp,halfWidth,halfHeight,color);
            //返回 MyRectColor 类对象
34      }
35      public static MyCircleColor createCircle(                   //创建圆形
36          float x,                                                //x 坐标
37          float y,                                                //y 坐标
38          float radius,                                           //半径
39          World world,                                            //世界
40          int color                                               //颜色
41      ){
42          BodyDef bd=new BodyDef();                               //创建刚体描述
43          bd.type=BodyType.DYNAMIC;                               //设置为可运动刚体
44          bd.position.set(x/RATE, y/RATE);                        //设置位置
45          Body bodyTemp= world.createBody(bd);                    //在世界中创建刚体
46          CircleShape cs=new CircleShape();                       //创建刚体形状
47          cs.m_radius=radius/RATE;                                //获得物理世界圆的半径
48          FixtureDef fd=new FixtureDef();                         //创建刚体物理描述
49          fd.density = 2.0f;                                      //设置密度
50          fd.friction = 0.05f;                                    //设置摩擦系数
51          fd.restitution = 0.95f;                                 //设置恢复系数
52          fd.shape=cs;                                            //设置形状
53          bodyTemp.createFixture(fd);                         //将刚体物理描述与刚体结合
54          return new MyCircleColor(bodyTemp,radius,color);//返回 MyCircleColor 类对象
55  }}
```

- 第 5～11 行为创建矩形物体 createBox 方法的参数列表，包括矩形物体的中心点坐标、矩形物体的半宽和半高、是否为静止的标志位、物理世界和颜色等参数。
- 第 13～33 行创建矩形物体 createBox 方法功能的实现。首先是创建刚体描述对象并判断刚体是否为静止的，然后设置刚体的位置、在世界中创建刚体、设定其边框，其次创建刚体物理描

述对象并设置其密度、摩擦系数、恢复系数、形状等属性值，最后将刚体物理描述与刚体结合并返回 MyRectColor 类的对象。

● 第 36～40 行为创建圆形物体 createCircle 方法的参数列表，包括圆形物体的中心点坐标、圆形物体的半径、物理世界和颜色等参数。

● 第 42～54 行为创建圆形物体 createCircle 方法功能的实现。首先是创建刚体描述、设置为可运动刚体并设置刚体的位置，然后在世界中创建刚体并创建刚体形状，其次在获得物理世界圆的半径后创建刚体描述，设置其密度、摩擦系数、恢复系数和形状，将刚体物理描述与刚体结合，最后返回 MyCircleColor 类的对象。

说明 本类中创建矩形物体的 createBox 方法与创建圆形物体的 createCircle 方法的内容类似，都包括创建刚体物理描述，设置密度、摩擦系数、恢复系数、形状等参数值。

10.3.8 主控制类——MyBox2dActivity

了解完上述的常量类和物体类之后，接下来就是开发本案例的主控制类 MyBox2dActivity 了，其主要功能为创建场景对象。包括调用屏幕自适应的方法，由于屏幕自适应已经封装好，只需调用 Constant 类的 ScaleSR 方法即可，此处不再具体介绍，读者可自行查看光盘中的源代码。具体的开发步骤如下。

代码位置：见随书光盘中源代码/第 10 章/Sample10_1/src/com/bn/box2d/bheap 目录下的 MyBox2dActivity.java。

```
package com.bn.box2d.bheap;                                    //声明包名
……//此处省略了导入类的代码，需要的读者请查看光盘中的源代码
public class MyBox2dActivity extends Activity{
    World world;                                               //创建一个管理碰撞的世界
    Random random=new Random();                                //生成随机数
    ArrayList<MyBody> bl=new ArrayList<MyBody>();              //物体列表
    public void onCreate(Bundle savedInstanceState){
        super.onCreate(savedInstanceState);
        requestWindowFeature(Window.FEATURE_NO_TITLE);
        getWindow().setFlags(WindowManager.LayoutParams. FLAG_FULLSCREEN ,
        WindowManager.LayoutParams. FLAG_FULLSCREEN);  //设置为全屏
        setRequestedOrientation(ActivityInfo.SCREEN_ORIENTATION_PORTRAIT);
        //设置为横屏模式
        DisplayMetrics dm=new DisplayMetrics();
        getWindowManager().getDefaultDisplay().getMetrics(dm);//获取屏幕尺寸
        if(dm.widthPixels<dm.heightPixels){
            Constant.SCREEN_WIDTH=dm.widthPixels;
            Constant.SCREEN_HEIGHT=dm.heightPixels;
        }else{
            Constant.SCREEN_WIDTH=dm.heightPixels;
            Constant.SCREEN_HEIGHT=dm.widthPixels;
        }
        Constant.ScaleSR();                                    //屏幕自适应
        Vec2 gravity = new Vec2(0.0f,10.0f);                   //设置重力加速度
        world = new World(gravity);                            //创建世界
        //创建墙壁
        final int kd=40;//宽度或高度
        MyRectColor mrc=Box2DUtil.createBo(kd/4,Constant.SCREEN_HEIGHT/2,kd/4,
           Constant.SCREEN_HEIGHT/2,true,world,0xCD000000);//创建左边的矩形框
……//此处省略了创建其余三面墙壁的代码，其与创建左面的代码相似，需要的读者可参考光盘中的源代码
        bl.add(mrc);                                           //将墙壁添加进物体列表
        //创建砖块
        final int bs=20;                                       //行间距
        final int bw=10;                                       //模块宽度
        final int starW=(int)(720-4*kd-350)/2;
        for(int i=2;i<10;i++){
```

```
36              if((i%2)==0){
37                  for(int j=0;j<9-i;j++){                           //左侧蓝木块
38                      mrc=Box2DUtil.createBox(
39                          (starW+kd/2+bs+bw/2+i*(kd+5)/2+j*(kd+5)+3+
                            Constant.x)*Constant.ratio,
40                          (1280+bw-i*(bw+kd)/2+Constant.y)*Constant.ratio,
                            //x, y坐标
41                          (bw/2)*Constant.ratio,       //木块宽度
42                          (kd/2)*Constant.ratio,       //木块高度
43                          false,                       //是否静止
44                          world,                       //世界
45                          ColorUtil.getColor(Math.abs(random.nextInt()))
                            //颜色
46                      );
47                  bl.add(mrc);                                     //将砖块添加进物体列表
48                  }
49              ……//此处省略了创建右侧木块的代码，需要的读者可参考光盘中的源代码
50              }
51              if((i%2)!=0){
52                  for(int j=0;j<10-i;j++){
53                  ……//此处省略了创建右上面横放木块的代码，需要的读者可参考光盘中的源代码
54          }}}
55          ……//此处省略了创建最上面木块的代码，需要的读者可参考光盘中的源代码
56          MyCircleColor ball=Box2DUtil.createCircle((starW+5*kd+bs+20+
            Constant.x)*Constant.ratio,
57                  (kd+Constant.y)*Constant.ratio, (kd/2)*Constant.ratio,
58                  world,ColorUtil.getColor(Math.abs(random.nextInt())));
                    //创建球
59          bl.add(ball);                                            //将球添加进物体列表
60          ball.body.setLinearVelocity(new Vec2(0,60));              //添加监听
61          GameView gv= new GameView(this);                         //创建 GameView 类的对象
62          setContentView(gv);                                      //切换到 GameView
63  }}
```

- 第 4~6 行为变量的声明，包括对物理世界的声明，对产生随机数对象的声明、创建，对存放 MyBody 类对象的物体列表的声明和创建，因此在 GameView 中绘制的时候可以遍历物体列表。
- 第 9~21 行为设置屏幕为全屏和屏幕的自适应。设置屏幕显示方式为全屏显示，然后获得屏幕尺寸并设置屏幕的宽度和高度，最后调用 ScaleSR 方法实现屏幕的自适应。
- 第 23~59 为相关刚体的创建，其中包括重力加速度的设置和物体世界对象的创建。其中包括对四面墙壁的创建、被撞击木块的创建和最上面一个被撞击木块的创建、从屏幕上方下落的球的创建。因为四面墙壁的创建方法相似，被撞击木块的创建方法也相同，所以此处省略了重复的代码，有需要的读者请自行查看光盘中的源代码。同时，所创建的物体均添加进物体列表。
- 第 60~62 行为给球添加监听并切换到 GameView 界面。其中给从屏幕上方下落的球一个初速度，然后创建 GameView 类的对象并切换到 GameView 界面。

> **说明** MyBox2dActivity 类的主要功能是创建相应的场景对象，因为本案例是下落的球撞击下方的金字塔木块，所以要设置球下落的初速度和重力加速度。值得说明的一点，物体的颜色都是通过 ColorUtil 工具类的 getColor 方法随机获取的，因为 ColorUtil 工具类主要就是创建一个存储颜色的二维数组，通过数字索引返回颜色的 RGB 组合，代码比较简单，所以在此不再单独讲解，读者可自行查看光盘中的源代码。

10.3.9 显示界面类——GameView

开发完上述的主控制类 MyBox2dActivity 之后，接下来就是开发本案例的显示界面类 GameView。GameView 类主要是显示场景对象，其中包括设置生命周期回调接口的实现者、创建画笔、启动线程进行物理数据的模拟和画面的实时绘制等。具体开发步骤如下。

代码位置：见随书光盘中源代码/第 10 章/Sample10_1/src/com/bn/box2d/bheap 目录下的 GameView.java。

```
1    package com.bn.box2d.bheap;                                  //声明包名
2    ……//此处省略了导入类的代码，需要的读者请查看光盘中的源代码
3    public class GameView extends SurfaceView implements SurfaceHolder.Callback{
4        MyBox2dActivity activity;                               //MyBox2dActivity 类的引用
5        Paint paint;                                            //画笔
6        DrawThread dt;                                          //绘制线程
7        public GameView(MyBox2dActivity activity){
8            super(activity);
9            this.activity = activity;
10           this.getHolder().addCallback(this);                 //设置生命周期回调接口的实现者
11           paint = new Paint();                                //创建画笔
12           paint.setAntiAlias(true);                           //打开抗锯齿
13           dt=new DrawThread(this);                            //创建线程
14           dt.start();                                         //启动绘制线程
15       }
16       public void onDraw(Canvas canvas){
17           if(canvas==null){                                   //画布对象为空则返回
18               return;
19           }
20           canvas.drawARGB(255,255, 255, 255);                 //设置屏幕背景颜色
21           for(MyBody mb:activity.bl){                         //绘制场景中的物体
22               mb.drawSelf(canvas, paint);
23       }}
24       public void surfaceChanged(SurfaceHolder arg0, int arg1, int arg2, int arg3){
25       }
26       public void surfaceCreated(SurfaceHolder holder){       //创建时被调用
27           repaint();
28       }
29       public void surfaceDestroyed(SurfaceHolder arg0){       //销毁时被调用
30       }
31       public void repaint(){                                  //重绘
32           SurfaceHolder holder=this.getHolder();
33           Canvas canvas = holder.lockCanvas();                //获取画布
34           try{
35               synchronized(holder){                           //上锁
36                   onDraw(canvas);                             //绘制
37           }}catch(Exception e){
38               e.printStackTrace();
39           }finally{
40               if(canvas != null){
41                   holder.unlockCanvasAndPost(canvas);         //解锁
42   }}}}
```

- 第 7～14 行为布景类 GameView 的构造器。其功能是给 MyBox2dActivity 类的引用赋值，设置生命周期回调接口的实现者，创建画笔，打卡抗锯齿，创建并启动线程。
- 第 16～22 行为绘制场景中的物体。首先要判断画布对象是否为空，不为空则设置画布的背景颜色，通过遍历物体列表绘制场景中的物体。
- 第 24～30 行为与显示界面有关的方法。当显示界面被创建、销毁或改变的时候会调用相应的方法。本案例中当显示界面创建后会调用 repaint 方法进行绘制。
- 第 31～41 行为重绘 repaint 方法的实现。首先获得画布对象、上锁，保证任何时刻只有一个线程使用画布，然后调用 onDraw 方法进行绘制，最后解锁。

10.3.10 绘制线程类——DrawThread

该类为线程类，是本案例中重要的一个组成部分，其主要功能是进行物理数据的模拟和画面的重绘。因为本案例运行速度已经很快了，所以只有一个线程类，如果开发有大数据模拟的程序时，可以将物理数据的模拟和画面的重绘分开到两个线程类。具体开发步骤如下。

代码位置：见随书光盘中源代码/第 10 章/Sample10_1/src/com/bn/box2d/bheap 目录下的 GameView.java。

```
package com.bn.box2d.bheap;                                       //声明包名
……//此处省略了导入类的代码，需要的读者请查看光盘中的源代码
public class DrawThread extends Thread{                           //绘制线程
    GameView gv;                                                  //GameView 类的引用
    public DrawThread(GameView gv){
        this.gv=gv;                                               //赋值
    }
    @Override
    public void run(){                                            //重写 run 方法
        while(DRAW_THREAD_FLAG){
            gv.activity.world.step(TIME_STEP, ITERA,ITERA);//开始物理数据模拟
            gv.repaint();                                         //画面重绘
}}}
```

说明 此类的重点是重写 run 方法。当绘制线程的标志位为 true 时，开始物理数据模拟，然后调用 repaint 方法进行画面的绘制。如果开发的程序存在对大量数据的操作，应该将物理数据模拟和画面重绘分开到两个独立的线程，提高程序的运行效率。

提示 请读者特别注意一点，Box2D 物理引擎在设计时各方面的物理参数都是采用的国际度量衡，如长度单位为米，密度单位为千克/米^3，力的单位为牛顿等。而物理引擎的作用是在计算机当中对现实世界进行仿真，因此在开发应用程序时对于程序中的物体各项物理参数应该力求贴近所需模拟的真实世界。如果随意给出，很容易造成效果不真实的问题，这也是初学者易犯的错误之一。

10.4 简易打砖块案例

上一节中介绍了木块金字塔被撞击的例子，相信读者已经对 JBox2D 的开发有了一定的了解，但这是远远不够的。木块金字塔被撞击案例只是向读者讲解了基本碰撞，但是有些时候某些物体相互碰撞还需要做一些特殊的处理，这时就要用到碰撞监听。本节将通过简易打砖块案例向读者讲解碰撞监听。

10.4.1 案例运行效果

该案例主要演示的是，在一个平面内，钢球从下边缘中心点以一定的初速度撞向摆在上边缘的 4×4 排列的砖块，一旦钢球与砖块发生碰撞，砖块则立即消失。其运行效果如图 10-24、图 10-25、图 10-26 及图 10-27 所示。

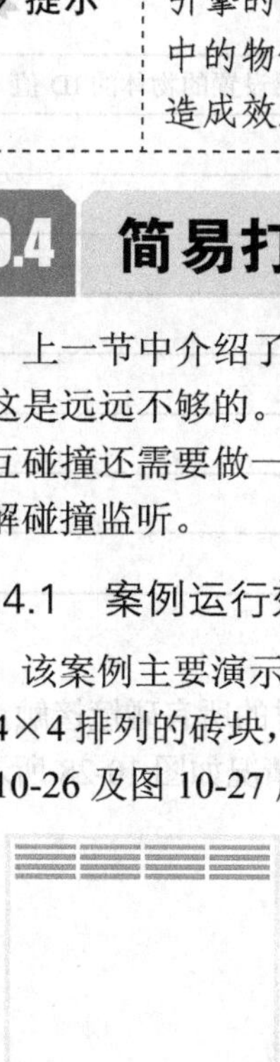
▲图 10-24 案例开始运行

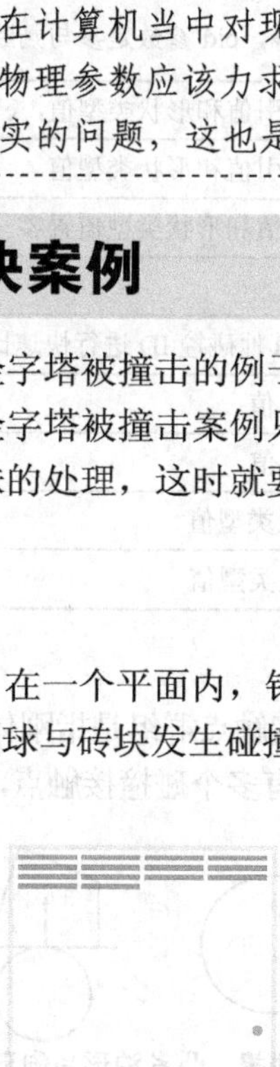
▲图 10-25 碰撞 10 秒

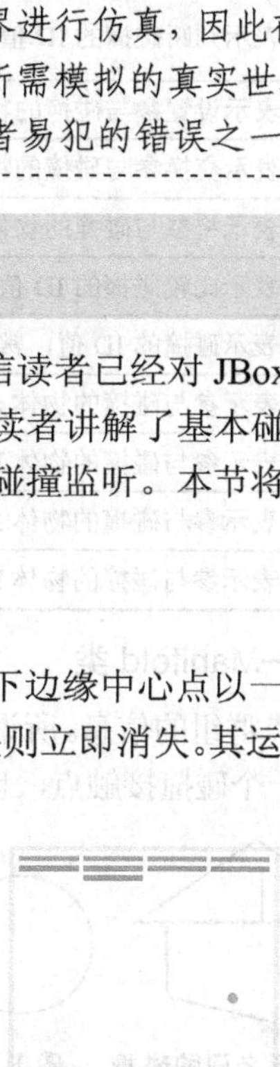
▲图 10-26 碰撞 35 秒

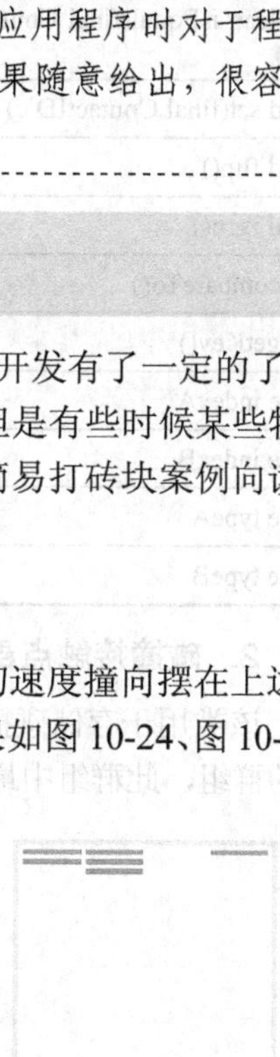
▲图 10-27 碰撞 50 秒

> **说明**　图 10-24 为案例开始运行的效果图，图 10-25 为碰撞已经持续 10 秒的效果图，图 10-26 为碰撞已经持续 35 秒的效果图，图 10-27 为碰撞已经持续 50 秒效果图。

10.4.2　需要了解的类

详细介绍本节案例之前，需要先了解与碰撞监听及处理相关的类，如 ContactFeature 类、Manifold 类、Contact 类、ContactListener 类等。本小节将对这些相关的类进行简要的介绍，具体内容如下。

1. 碰撞 ID——ContactID 联合

该联合用于存储碰撞的 ID 信息。JBox2D 的物理世界中，每一次碰撞都有其独特的 ID，采用 ContactID 联合的实例来存储，包括参与碰撞的两个物体的形状类型、参与碰撞的物体的索引等，其属性如表 10-17 所列。

表 10-17　ContactID 联合的属性

属性或方法	含　义
ContactID()	表示无参构造器
ContactID(final ContactID c)	表示有参构造器，c 参数为要设置的物体的 ID 值
boolean isEqual(final ContactID cid)	表示判断碰撞的 ID 值是否相等，cid 参数是参与判断的 ID 值
void set(final ContactID c)	表示设置参与碰撞的物体的索引值和形状类型值，c 参数为要设置的物体的 ID 值
void flip()	表示交换参与碰撞的物体的索引值和形状类型值
void zero()	表示将参与碰撞的物体的索引值和形状类型值置零
int compareTo()	表示比较碰撞的 ID 值
int getKey()	表示碰撞的 ID 值，常用于与其他碰撞 ID 进行快速比较
byte indexA	表示参与碰撞的物体 A 的索引值
byte indexB	表示参与碰撞的物体 B 的索引值
byte typeA	表示参与碰撞的物体 A 的形状类型值
byte typeB	表示参与碰撞的物体 B 的形状类型值

2. 碰撞接触点群组——Manifold 类

该类用于存储碰撞接触点群组的信息。所谓碰撞接触点群组是指刚体碰撞时的所有碰撞接触点组成的群组，此群组中最少有一个碰撞接触点，也可以有多个碰撞接触点，具体情况如图 10-28 所示。

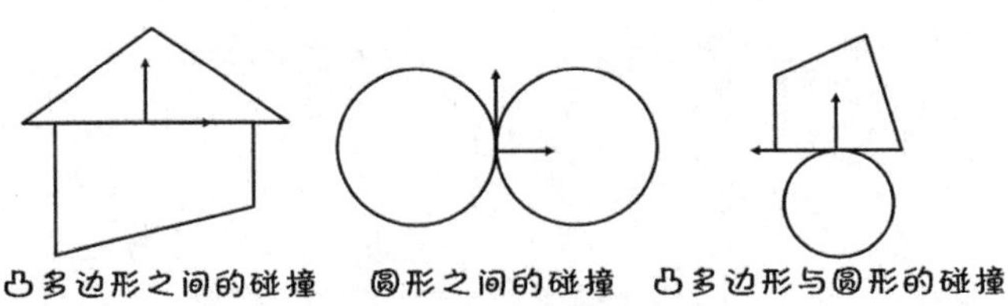

▲图 10-28　多种碰撞情况

> **说明**　从图 10-28 中可以看出，右侧的两个子图都是有圆形参与的碰撞，因此只有一个碰撞接触点。但最左侧的是两个多边形发生的碰撞，且碰撞发生在多边形的一条边上，因此碰撞接触点就不止一个。

接着需要了解的是碰撞时刚体受到的冲量，分为法向冲量和切向冲量。

（1）法向冲量是正对碰撞接触面的冲量，其是由碰撞时的法向力与时间步进相乘而计算出来的。所谓法向力是指正对碰撞接触面的作用力，现实世界中是由于碰撞物体被挤压产生的反作用力，JBox2D 中是由程序计算出来的，主要功能是防止一个物体穿透另一个物体。

（2）切向冲量是平行于碰撞面的冲量，其作用于碰撞接触点。切向冲量为切向力与时间步进的乘积，主要功能用于模拟摩擦。

> **说明** 上述法向冲量和切向冲量在图 10-28 中也有给出，都是使用箭头表示的，读者可以观察。

了解了上述基本概念后，下面就可以进一步介绍 Manifold 类的常用属性了，如表 10-18 所列。

表 10-18　Manifold 类的常用属性

属　性	含　义
Vec2 localNormal	表示碰撞法向量
Vec2 localPoint	实际开发中的具体含义取决于碰撞接触点群组类型
ManifoldType type	表示碰撞接触点群组类型
int pointCount	表示碰撞接触点群组中点的总数
ManifoldPoint[ ] points	表示碰撞接触点数组

对表 10-18 还有两个问题需要单独说明。

（1）碰撞接触点群组的类型有三种，分别为圆与圆之间的碰撞接触点群组，圆与多边形之间的碰撞接触点群组以及多边形与多边形之间的碰撞接触点群组。

（2）localPoint 属性根据碰撞类型的不同会有不同的含义：若是两个圆形物体的碰撞，则其为一个圆的局部中心点；若是圆形与多边形的碰撞，则其为圆的局部中心点或多边形的夹点（clip point）；若是两个多边形物体的碰撞，则其为一个多边形的夹点；读者不要误认为是碰撞点的坐标。

3. 碰撞接触点——ManifoldPoint 类

每一个该类的实例表示一个碰撞点，其中存储了与碰撞点相关的一些几何及动力学信息，如碰撞的法向冲量、切向冲量等。ManifoldPoint 类的常用属性如表 10-19 所列。

表 10-19　ManifoldPoint 类的属性

属　性	含　义
Vec2 localPoint	具体含义取决于碰撞类型
float normalImpulse	表示碰撞的法向冲量
float tangentImpulse	表示碰撞的切向冲量
ContactID id	表示碰撞的 ID

4. 碰撞冲量——ContactImpulse 类

该类实例用于存储碰撞中的一个或多个冲量信息，主要分为法向冲量和切向冲量两方面，其常用属性如表 10-20 所列。

表 10-20　ContactImpulse 类的属性

属　性	含　义
Float[ ] normalImpulses	表示碰撞法向冲量的数组
Float[ ] tangentImpulses	表示碰撞切向冲量的数组
int count	表示碰撞接触点的数量

提示　从前面的介绍中已经知道，一次碰撞中的碰撞点可能不止一个。因此 ContactImpulse 类中用于存储法向冲量、切向冲量的成员是两个数组。

5. 碰撞——Contact 类

该类是 JBox2D 物理引擎中用于获取碰撞相关信息的类，从其对象中可以获取多项与碰撞有关的重要信息。此类在与碰撞相关的应用开发中非常重要，其常用方法如表 10-21 所列。

表 10-21　Contact 类的常用方法

方　法	含　义
Manifold getManifold()	获取碰撞相关的碰撞接触点群组，返回值为碰撞接触点群组类的对象
boolean isTouching()	查看碰撞是否在接触中，若是则返回 true，否则返回 false
void setEnabled (boolean flag)	设置碰撞是否有效，flag 参数为 true 表示有效，为 false 则表示无效
boolean isEnabled()	查看碰撞是否有效，若有效则返回 true，否则返回 false
Contact getNext()	获取物理世界碰撞列表中的下一个碰撞，返回值为下一个碰撞的对象
Fixture getFixtureA()	获取参与碰撞的一个刚体的物理信息，返回值为获取的刚体物理信息类对象的引用
int getChildIndexA()	获取参与碰撞的一个刚体物理信息的索引值
Fixture getFixtureB()	获取参与碰撞的另一个刚体的物理信息，返回值为获取的刚体物理信息类对象的引用
int getChildIndexB()	获取参与碰撞的另一个刚体物理信息的索引值
void setFriction (float friction)	设置摩擦系数，friction 参数表示要设置的摩擦系数值
float getFriction()	获取摩擦系数，返回值获取的摩擦系数值
void resetFriction()	重置摩擦系数
void setRestitution (float restitution)	设置恢复系数，restitution 参数表示要设置的恢复系数值
float getRestitution()	获取恢复系数，返回值为获取的恢复系数值
void resetRestitution()	重置恢复系数
void setTangentSpeed(float speed)	设置像传送带那样情况对物体期望的切向作用速度，speed 参数为要设置的切线速度，单位为米/秒
float getTangentSpeed()	获取期望的切线方向的速度
void evaluate (Manifold manifold, Transform xfA, Transform xfB)	使用自定义的碰撞接触点群组以及变换来对碰撞进行计算，manifold 参数为自定义碰撞接触点群组类对象的引用，xfA 参数表示碰撞涉及的一个刚体的变换，xfB 参数表示碰撞涉及的另一个刚体的变换

6. 碰撞监听器——ContactListener 类

与碰撞处理有关的应用开发中，必然会用到 ContactListener 类，其子类对象用于充当物理世界的碰撞监听器。当有碰撞发生时，系统会回调其中的相应方法。因此开发时一般需要继承并重写此类当中的有关方法，具体内容如表 10-22 所列。

表 10-22 ContactListener 类的常用方法

方 法	含 义
void beginContact(Contact contact)	当两个物体开始碰撞时被回调，contact 参数为碰撞类对象的引用
void endContact(Contact contact)	当两个物体结束碰撞时被回调，contact 参数为碰撞类对象的引用
void preSolve (Contact contact, Manifold oldManifold)	当碰撞被更新后，在求解前被回调，开发人员可以在重写此方法时根据需要给出修改碰撞信息的代码。contact 参数为碰撞类对象的引用，oldManifold 参数为旧的碰撞接触点群组类对象的引用。通过新旧数据的比较可以判断出变化
void postSolve (Contact contact, ContactImpulse impulse)	当碰撞被求解后回调，可以用于检查冲量情况，contact 参数为碰撞类对象的引用，impulse 参数为碰撞冲量类对象的引用

10.4.3 碰撞监听器——MyContactListener 类

了解完了与碰撞监听及处理相关的一些类后，就可以进行本节案例的开发了。由于此案例的基本框架结构与前面木块金字塔被撞击案例的基本一致，因此这里不再赘述重复的内容。主要介绍本案例的重点，首先介绍的是继承自 ContactListener 的 MyContactListener 类，其充当碰撞监听器。具体代码如下。

代码位置：见随书光盘中源代码/第 10 章/Sample10_1/src/com/bn/box2d/bheap 目录下的 MyContactListener.java。

```
1    package com.bn.box2d.blockl;                              //声明包名
2    ……//此处省略了导入类的代码，需要的读者请查看光盘中的源代码
3    public class MyContactListener implements ContactListener{//实现 ContactListener 接口
4         @Override
5         public void beginContact(Contact contact){     //重写 beginContact 方法
6              BodySearchUtil.doAction(contact.m_fixtureA.getBody(),
contact.m_fixtureB.getBody(),
7                             MyBox2dActivity.bl,MyBox2dActivity.tempbl); //调用碰撞方法
8         }
9         @Override                              //实现 ContactListener 接口必须重写的方法
10        public void endContact(Contact contact){}
11        @Override                              //实现 ContactListener 接口必须重写的方法
12        public void preSolve(Contact contact, Manifold oldManifold){}
13        @Override                              //实现 ContactListener 接口必须重写的方法
14        public void postSolve(Contact contact, ContactImpulse impulse){}
15   }
```

- 第 4～8 行为重写 ContactListener 类中的 beginContact 方法，其功能为调用 BodySearchUtil 工具类的 doAction 方法实现碰撞检测，判断碰撞到的物体是否为矩形，若是则将该矩形设为不可见。
- 第 9～15 行为重写 ContactListener 类中的其他方法，由于本案例只用到 beginContact 方法，因此其他几个方法重写的内容均为空。

10.4.4 碰撞检测工具类——BodySearchUtil

在开发上面碰撞监听器的时候有用到 BodySearchUtil 工具类，其是本案例中重要的一部分，因此下面将详细介绍碰撞检测工具类 BodySearchUtil 类。此类是本案例中的重点，主要介绍的是实现对碰撞物体对象的检测和设置的 doAction 方法。具体的开发步骤如下。

代码位置：见随书光盘中源代码/第 10 章/Sample10_2/src/com/bn/box2d/bheap 目录下的 BodySearchUtil.java。

```
package com.bn.box2d.blockl;                                  //声明包名
……//此处省略了导入类的代码，需要的读者请查看光盘中的源代码
public class BodySearchUtil{
  public static void doAction(Body body1,Body body2,ArrayList<MyBody> bl,ArrayList
<MyBody> tempbl){
       for(MyBody mpi:bl){                                    //遍历物体列表
```

```
            if(body1==mpi.body||body2==mpi.body){
                 if(mpi instanceof MyRectColor){            //判断是否为矩形
                      MyRectColor mrc=(MyRectColor)mpi;//给 MyRectColor 类对象赋值
                      if(mrc.isBlock){                      //判断是否为砖块
                           mrc.isLive=false;                //将该矩形设为不可见
                           tempbl.add(mrc);                 //将该矩形放入删除集合中
}}}}}}
```

> **说明**　在此工具类中，主要是实现 doAction 方法，通过遍历物体列表，判断相撞的两物体是否都存在于物体列表中，如果存在继续判断被撞物体是否为矩形，确定为矩形则继续判断是否为砖块，最后将砖块设为不可见并添加进删除列表中。

10.4.5　绘制线程类——DrawThread

本线程类与木块金字塔被撞击案例中的 DrawThread 类似，都包括 GameView 类的对象的声明和赋值、物理数据的模拟和画面的重绘。但是由于本案例中被撞击的砖块会消失，所以本线程类增加了删除已经碰撞的砖块的部分。具体步骤如下。

代码位置：见随书光盘中源代码/第 10 章/Sample10_1/src/com/bn/box2d/bheap 目录下的 DrawThread.java。

```
1    package com.bn.box2d.blockl;                                   //声明包名
2    ……//此处省略了导入类的代码，需要的读者请查看光盘中的源代码
3    public class DrawThread extends Thread{                        //绘制线程
4         GameView gv;                                              //声明 GameView 类的对象
5         public DrawThread(GameView gv){
6              this.gv=gv;                                          //为 GameView 类对象赋值
7         }
8         @Override
9         public void run(){                                        //重写 run 方法
10             while(DRAW_THREAD_FLAG){
11                  gv.activity.world.step(TIME_STEP, ITERA,ITERA);  //开始模拟
12                  if(gv.activity.tempbl.size()>0){                //删除已经碰撞了的砖块
13                       for(MyBody bb:gv.activity.tempbl){          //遍历删除集合
14                            gv.activity.world.destroyBody(bb.body); //删除砖块
15                            bb=null;                              //将物体对象置空
16                       }
17                       gv.activity.bl.removeAll(gv.activity.tempbl);//移除删除集合
18                       gv.activity.tempbl.clear();                //清除删除集合
19                  }
20                  gv.repaint();                                   //画面重绘
21   }}}
```

- 第 4～6 行为声明 GameView 类的对象并为 GameView 类的对象赋值。
- 第 8～20 行为重写的 run 方法。首先判断绘制线程标志位是否为 true，为 true 则开始进行物理数据的模拟，然后遍历删除集合删除已经被撞击了的砖块，移除删除集合，最后进行画面重置。

> **说明**　本案例是将物理数据模拟、清除删除集合和实时画面重绘三部分放在了一个线程里，如果物理数据的模拟工作量比较繁重，应该将其拆分到两个线程，增加运行效率。

10.5　物体无碰撞下落案例

通过对上一节的简易打砖块案例的学习，相信读者已经对碰撞有了一定的了解。但在游戏中其实有些情况下某些物体之间是不需要碰撞的，这时就可以采用碰撞过滤来实现。本节将通过一个具体的案例来介绍碰撞过滤的使用，具体内容如下。

10.5.1 案例运行效果

该案例主要演示的是，从屏幕上方有多边形石块、钢球、矩形木块和椭圆形石块由静止下落，若这些物体发生了碰撞，则其各自不受到碰撞的影响，若这些物体与地面或两侧的墙壁发生碰撞，则其将受到碰撞的影响。其运行效果如图 10-29、图 10-30、图 10-31 和图 10-32 所示。

▲图 10-29 案例运行开始

▲图 10-30 物体碰撞过程中

▲图 10-31 物体碰撞过程中

▲图 10-32 物体静止在地面

> **说明** 图 10-29 为案例刚开始运行的效果图，演示的是物体从屏幕上方坠落。图 10-30 和图 10-31 为物体在碰撞过程中的效果图。图 10-32 为物体全部静止在地面的效果图。

10.5.2 碰撞过滤器——ContactFilter 类

在详细介绍本节物体无碰撞下落案例的开发之前，首先需要了解一下的是 ContactFilter 类，其对象可以充当物理世界内的碰撞过滤器。然后通过继承并重写该类中的 shouldCollide 方法即可以实现自定义的碰撞过滤，其详细信息如表 10-23 所列。

表 10-23 ContactFilter 类的方法

方 法	含 义
boolean shouldCollide(Fixture fixtureA, Fixture fixtureB)	判断物体是否允许碰撞，若两个物体允许碰撞则返回 true，否则返回 false。fixtureA 参数表示参与碰撞的物体 A 的刚体物理信息，fixtureB 参数表示参与碰撞的物体 B 的刚体物理信息

10.5.3 碰撞过滤类的开发

了解了与碰撞过滤相关类的基础知识后，就可以进行本节案例的开发了。由于此案例的基本框架结构与前面木块金字塔被撞击案例的基本一致，因此这里不再赘述重复的内容。这里主要介绍本案例中的重点，即碰撞监听器的实现类，具体代码如下。

代码位置：见随书光盘中源代码/第 10 章/Sample10_3/src/com/bn/box2d/util 目录下的 MyContactFilter.java。

```
package com.bn.box2d.util;                                    //声明包名
……//此处省略导入类的代码，读者可自行查阅随书附带光盘中的源代码
public class MyContactFilter extends ContactFilter{          //碰撞过滤相关类
    public MyContactFilter(Activity activity){}              //构造器
    @Override
    public boolean shouldCollide(Fixture fixtureA, Fixture fixtureB){
    //检验是否碰撞的方法
        Body bodyA= fixtureA.getBody();                       //获得碰撞刚体 A
        Body bodyB= fixtureB.getBody();                       //获得碰撞刚体 B
        if((Integer)(bodyA.getUserData())==-1||(Integer)(bodyB.
        getUserData())==-1){
```

```
            return true;                                        //允许碰撞
        }else{
            return false;                                       //不允许碰撞
}}}
```

> **说明** 本类主要是创建了 MyContactFilter 类的带参构造器，并且通过继承 ContactFilter 类的 shouldCollide 方法，来判断传入的参与碰撞的两个物体 fixtureA 和 fixtureB 是否允许碰撞。获得碰撞刚体后，根据刚体的属性进行相应的判断，如果允许碰撞，则返回 true；如果不允许碰撞，则返回 false。

10.5.4 多边形刚体类——MyPolygonColor

自定义的刚体抽象类 MyBody 在上述案例中已经进行了详细介绍，在这里不再赘述。本小节中主要介绍的是其子类 MyPolygonColor。该类的主要作用是对多边形刚体的功能进行封装，具体代码如下。

代码位置：见随书光盘中源代码/第 10 章/Sample10_3/src/com/bn/box2d/blockfall 目录下的 MyPolygonColor.java。

```
package com.bn.box2d.blockfall;                                 //声明包名
……//此处省略导入类的代码，读者可自行查阅随书附带光盘中的源代码
public class MyPolygonColor extends MyBody{                     //自定义多边形类
……//此处省略变量定义的代码，请自行查看源代码
    public MyPolygonColor(Body body,int color,int indext,float[][] points){
    //构造器
        this.body=body;                                         //给 Body 类对象赋值
        this.color=color;                                       //给 Color 对象赋值
        this.indext=indext;                                     //给索引值赋值
        this.body.setUserData(this.indext);                     //设置数据
        path=new Path();                                        //创建 Path 对象
        this.points=points;                                     //给点序列赋值
    }
    public void drawSelf(Canvas canvas,Paint paint){            //绘制多边形
        paint.setColor(color&0x8CFFFFFF);                       //给画笔设置颜色
        float x=body.getPosition().x*RATE;                      //获得刚体 x 坐标
        float y=body.getPosition().y*RATE;                      //获得刚体 y 坐标
        float angle=body.getAngle();
        canvas.save();                                          //保存画布
        Matrix m1=new Matrix();                                 //创建矩阵
        m1.setRotate((float)Math.toDegrees(angle),x, y);//矩阵设置旋转
        canvas.setMatrix(m1);                                   //给画布设置矩阵
        path.reset();                                           //画笔重置
        path.moveTo(x+points[0][0], y+points[0][1]);            //将路径移到起点
        for(int i=1;i<points.length;i++){                       //遍历点序列
            path.lineTo(x+points[i][0], y+points[i][1]);  //画线
        }
        path.lineTo(x+points[0][0], y+points[0][1]);            //将路径移到终点
        canvas.drawPath(path, paint);                           //画路径
        paint.setStyle(Paint.Style.STROKE);                     //画的是空心
        paint.setStrokeWidth(1);                                //设置空心线宽
        paint.setColor(color);                                  //设置画笔颜色
        canvas.drawPath(path, paint);                           //画路径
        paint.reset();                                          //画笔重置
        canvas.restore();                                       //保存画布
    }
    public void drawBitmap(Canvas canvas,GameView gv,Paint paint){   //贴图
        paint.setColor(color&0x8CFFFFFF);                       //设置画笔颜色
        float x=body.getPosition().x*RATE;                      //获得刚体 x 坐标
        float y=body.getPosition().y*RATE;                      //获得刚体 y 坐标
        float angle=body.getAngle();                            //获得刚体旋转角度
        canvas.save();                                          //保存画布
        Matrix m1=new Matrix();                                 //创建矩阵
        m1.setRotate((float)Math.toDegrees(angle),x, y);        //旋转矩阵
```

```
44            canvas.setMatrix(m1);                              //画布设置矩阵
45            canvas.drawBitmap(gv.activity.stones[indext],x,y,paint);//画图
46    }}
```

- 第 5～12 行为此类的构造器，其主要作用是初始化相关成员变量。
- 第 13～35 行为本类的多边形绘制方法。首先设置颜色，通过物体的 x、y 坐标和角度，找到起点，利用传进的点序列参数，确定路径，绘制多边形，接着设置画笔的样式和颜色为多边形绘制边框。最后恢复画笔的设置，以免影响后继的绘制。
- 第 36～46 行为本类的多边形贴图方法。首先设置画笔的颜色，然后通过获得物体的 x 坐标、y 坐标和角度，进行矩阵的变换，然后再对多边形进行贴图。

10.5.5 生成刚体性状的工具类——Box2DUtil

上一小节介绍了自定义的圆形刚体类，可以看出其中有一个成员变量 body 是 JBox2D 中的刚体。由于创建 Body 的代码并不十分简单，因此，为了使用方便，本案例中开发了一个工具类 Box2DUtil，它负责提供一个工厂方法，接受参数生成 MyPolygonColor 类的对象。具体代码如下。

代码位置：见随书光盘中源代码/第 10 章/Sample10_3/src/com/bn/box2d/util 目录下的 Box2DUtil.java。

```
1    package com.bn.box2d.util;                                  //声明包名
2    ……//此处省略导入类的代码，读者可自行查阅随书附带光盘中的源代码
3    public class Box2DUtil{                                     //生成物理形状的工具类
4         public static MyPolygonColor createPolygon(            //构造器
5              float x,                                          //x 坐标
6              float y,                                          //y 坐标
7              float[][] points,                                 //点序列
8              boolean isStatic,                                 //是否为静止的
9              World world,                                      //世界
10             int color,                                        //颜色
11             int indext                                        //物体索引
12        ){
13             BodyDef bd=new BodyDef();                         //创建刚体描述
14             if(isStatic){                                     //是否为可运动刚体
15                  bd.type=BodyType.STATIC;          //若 true，则将刚体状态设置为静止
16             }else{
17                  bd.type=BodyType.DYNAMIC;         //若 false，则将刚体状态设置为运动
18             }
19             bd.position.set(x/RATE, y/RATE);                  //设置位置
20             Body bodyTemp= world.createBody(bd);              //在世界中创建刚体
21             PolygonShape ps=new PolygonShape();               //创建刚体形状
22             Vec2[] vec=new Vec2[points.length];
23             for(int i=0;i<vec.length;i++){                    //遍历点序列
24                  vec[i] =new Vec2(points[i][0]/RATE,points[i][1]/RATE);
25             }
26             ps.set(vec, vec.length);
27             FixtureDef fd=new  FixtureDef();                  //创建刚体物理描述
28             fd.density = 1.0f;                                //设置密度
29             fd.friction = 0.05f;                              //设置摩擦系数
30             fd.restitution = 0.6f;                            //设置恢复系数
31             fd.shape=ps;                                      //设置形状
32             if(!isStatic){                            //将刚体物理描述与刚体结合
33                  bodyTemp.createFixture(fd);
34             }else{
35                  bodyTemp.createFixture(ps, 0);
36             }
37             return new MyPolygonColor(bodyTemp,color,indext,points);
               //生成 MyPolygonColor 类
38   }}
```

- 第 4～12 行为 createPolygon 方法的参数，主要有 x 坐标、y 坐标、点序列、是否静止标志、刚体所属 World 类对象、颜色及刚体的索引值等。

● 第 13～26 行为创建刚体描述，同时设置其是否为可运动刚体、位置等。在世界中创建刚体，并创建其形状，遍历点序列后，再对刚体的位置进行设置。

● 第 27～38 行为生成 MyPolygonColor 类对象，创建刚体物理描述，同时设置其密度、摩擦系数、恢复系数及形状，再将刚体物理描述与刚体结合，返回 MyPolygonColor 类对象。

10.5.6 主控制类——MyBox2dActivity

上一小节开发完本案例的多边形刚体类，接下来就要详细介绍本案例的主控制类 MyBox2dActivity 了，其与木块金字塔被撞击案例的主控制类结构大致类似，因此这里不再赘述重复的内容。下面主要介绍各个刚体的创建和游戏运行界面内图片的加载，具体代码如下。

代码位置：见随书光盘中源代码/第 10 章/Sample10_3/src/com/bn/box2d/blockfall 目录下的 MyBox2dActivity.java。

```
1  package com.bn.box2d.blockfall;                          //声明包名
2  ……//此处省略导入类的代码，读者可自行查阅随书附带光盘中的源代码
3  public class MyBox2dActivity extends Activity{           //主控制类
4      public World world;                                  //创建 World 对象
5      ArrayList<MyBody> bl=new ArrayList<MyBody>();//创建 ArrayList 对象放 MyBody 对象
6      public Bitmap[] stones=new Bitmap[3];                //创建 Bitmap 数组
7      public void onCreate(Bundle savedInstanceState){     //继承 Activity 需要重写的方法
8          super.onCreate(savedInstanceState);              //调用父类
9          ……//此处省略了与前面案例中相似的代码，请自行查看源代码
10         initBitmap(this.getResources());                 //初始化图片
11         Vec2 gravity = new Vec2(0.0f,10.0f);             //创建 Vec2 对象
12         world = new World(gravity);                      //创建世界
13         world.setContactFilter(new MyContactFilter(this));//给世界添加碰撞过滤相关类
14         final int kd=20;                                 //定义宽度或高度
15         MyPolygonColor mrc=Box2DUtil.createPolygon(      //创建最底部的包围框
16             0,                                           //x 坐标
17             SCREEN_HEIGHT-kd,                            //y 坐标
18             new float[][]{                               //点序列
19               {0,0},{SCREEN_WIDTH,0},{SCREEN_WIDTH,SCREEN_HEIGHT},
                 {0,SCREEN_HEIGHT}
20             },
21             true,                                        //静止
22             world,
23             Color.YELLOW,                                //颜色为黄色
24             -1);                                         //物体索引值为-1
25         bl.add(mrc);                                     //将包围框添加进 ArrayList 中
26         ……//此处其他包围框的创建与上述相似，故省略，请自行查阅随书光盘中的源代码
27         mrca=Box2DUtil.createPolygon(                    //创建石头 1
28             (200+x)*ratio,                               //x 坐标
29             (kd+62+y)*ratio,                             //y 坐标
30             new float[][]{                               //点序列
31               {0,18},{22,1},{75,31},{31,69}
32             },
33             false,                                       //非静止
34             world,
35             Color.WHITE,                                 //颜色为白色
36             0);
37         bl.add(mrca);                                    //将石头 1 添加进 ArrayList 中
38         ……// 此处其他多边形的创建与上述相似，故省略，请自行查阅随书光盘中的源代码
39         GameView gv= new GameView(this);                 //创建 GameView 对象
40         setContentView(gv);                              //跳转到 GameView 界面
41     }
42     public void initBitmap(Resources r){                 //初始化图片
43         stones[0]=BitmapFactory.decodeResource(r, R.drawable.stone);//加载石头 1 的图片
44         ……//此处省略了加载其他图片的代码，与上述代码相似，请自行查看源代码
45 }}
```

● 第 4～13 行为创建各个变量，并将屏幕设置为全屏且横屏，调用加载图片的方法，初始化需要的所有贴图，还创建了 World 类的对象，并给它添加了碰撞过滤的监听器。

● 第 14～26 行为创建游戏运行界面内的包围框以及矩形和三角形等多边形，通过设置其 x 坐标、y 坐标、点序列、是否静止和颜色等属性，即可确定各个多边形的状态以及对其进行绘制。生成多边形的工具类在上一小节已经进行了详细介绍，这里不再赘述。

● 第 27～38 行为创建游戏运行界面内的石头等多边形不规则物体，确定各个顶点后，还要进行贴图，使其更加生动。部分相似代码省略，读者可自行查阅随书附带光盘中的源代码。

● 第 39～40 行表示的是获得 GameView 类的对象，并跳转至 GameView 界面。

● 第 42～45 行为加载游戏中需要的所有图片方法，部分相似的代码进行了省略，读者可自行查阅随书附带光盘中的源代码。

10.5.7 显示界面类——GameView

上一小节中最后要跳转的目标是 GameView 界面，该界面功能为对本案例中的场景进行渲染。该类继承 Android 系统中的 SurfaceView 类，并实现了 SurfaceHolder.Callback 接口，具体代码如下。

代码位置：见随书光盘中源代码/第 10 章/Sample10_3/src/com/bn/box2d/blockfall 目录下的 GameView.java。

```
1   package com.bn.box2d.blockfall;
2   ……//此处省略导入类的代码，读者可自行查阅随书附带光盘中的源代码
3   public class GameView extends SurfaceView
4   implements SurfaceHolder.Callback{                          //实现生命周期回调接口
5        public MyBox2dActivity activity;                       //创建 MyBox2dActivity 对象
6        Paint paint;                                           //创建画笔
7        DrawThread dt;                                         //创建绘制线程
8        public GameView(MyBox2dActivity activity){             //构造器
9             super(activity);
10            this.activity = activity;                         //赋值
11            this.getHolder().addCallback(this);               //设置生命周期回调接口的实现者
12            paint = new Paint();                              //初始化画笔
13            paint.setAntiAlias(true);                         //打开抗锯齿
14            dt=new DrawThread(this);                          //创建绘制线程
15            dt.start();                                       //启动绘制线程
16       }
17       public void onDraw(Canvas canvas){                     //绘制方法
18            if(canvas==null){    return;    }                 //确认画布不为空
19            canvas.drawARGB(255, 255, 255, 255);              //设置画笔颜色
20            for(MyBody mb:activity.bl){                       //遍历场景中的物体
21                 if(mb.indext>=0){                            //如果物体索引值大于等于 0
22                      mb.drawBitmap(canvas, this, paint);     //绘制图片贴图
23                 }else{                                       //如果物体索引值小于 0
24                      mb.drawSelf(canvas, paint);             //直接绘制物体
25       }}}
26       public void surfaceChanged(SurfaceHolder arg0, int arg1, int arg2, int arg3){ }
27       public void surfaceCreated(SurfaceHolder holder) {repaint();}//创建时被调用
28       public void surfaceDestroyed(SurfaceHolder arg0) {} //销毁时被调用
29       public void repaint(){                                 //重新绘制
30            SurfaceHolder holder=this.getHolder();
31            Canvas canvas = holder.lockCanvas();              //获取画布
32            try{
33                 synchronized(holder){                        //同步
34                      onDraw(canvas);                         //调用绘制方法
35                 }
36            }catch(Exception e){                              //捕获异常
37                 e.printStackTrace();                         //打印栈信息
38            }finally{
39                 if(canvas != null){                          //如果画布不为空
40                      holder.unlockCanvasAndPost(canvas);  //释放画布
41  }}}}
```

● 第 8～16 行为该类的构造器，在该类的构造器中主要是初始化成员变量，同时创建画笔，打开抗锯齿，创建 DrawThread 类对象，并开启线程。

- 第 17～25 行为程序运行时需要的绘制方法，首先判断 canvas 是否为空，如果为空，则返回。然后设置背景颜色为白色。最后再绘制本案例中的其他物体，如果刚体的索引值大于等于 0，则对多边形进行贴图处理，如果小于 0，则直接绘制多边形。
- 第 26～28 行为创建实现回调接口的类必须重写的三个方法。并在创建 Surface 界面需调用的方法中，调用重新绘制的方法。此方法在下面详细介绍。
- 第 29～41 行为刷帧方法，首先获得 SurfaceHolder 的对象，并获取画布，然后使用同步控制绘制方法，最后如果画布不为空，则需要为画布解锁。

10.6 关节——Joint

前面的内容中已经讲解了 JBox2D 物理引擎的一些基本知识和案例，但是这对于学习 JBox2D 物理引擎是远远不够的。下面将讲解该引擎中的一个重要的概念：关节（Joint）。

简单来说，关节是两个物体之间的约束，其可以将两个物体以一定的方式约束在一起。有些关节提供了限制（limit），物体运动被限制在一定的范围。有些关节还提供了马达（motor），物体可以以指定的速度驱动关节运动，直到达到指定的最大力或最大扭矩来抵消这种运动。

合理地使用关节可以创造出许多有趣并且符合常理的运动，如旋转的风扇、摇摆的小球、转动的齿轮、转动的车轮等。

10.6.1 关节定义——JointDef 类

该类实例用于储存关节的属性信息，这些属性信息主要包括关节关联的两个刚体实例、是否允许关联的刚体发生碰撞等信息。但是在创建具体关节时，一般不直接使用该类来创建，因为每个具体的关节都有其自己的关节定义，都继承自父类 JointDef 类。其属性如表 10-24 所列。

表 10-24　JointDef 类的属性

属　　性	含　　义
Body bodyA	表示关节关联的刚体对象 A，默认值为 null
Body bodyB	表示关节关联的刚体对象 B，默认值为 null
boolean collideConnected	表示是否允许关联的两个刚体发生碰撞，为 true 表示允许碰撞，否则表示不允许碰撞，默认值为 false
JointType type	表示关节类型
void userData	用来存储用户数据，默认值是 null

10.6.2 距离关节描述——DistanceJointDef 类

介绍完上述的 JointDef 类后，接下来将要介绍各个具体的关节。首先要介绍的是较为简单的距离关节。距离关节是指两个刚体之间保持着固定不变的距离，同时刚体可以任意运动和旋转。这里说的保持固定不变的距离，是指关联着的两个刚体的锚点之间的距离，具体情况如图 10-33 所示。

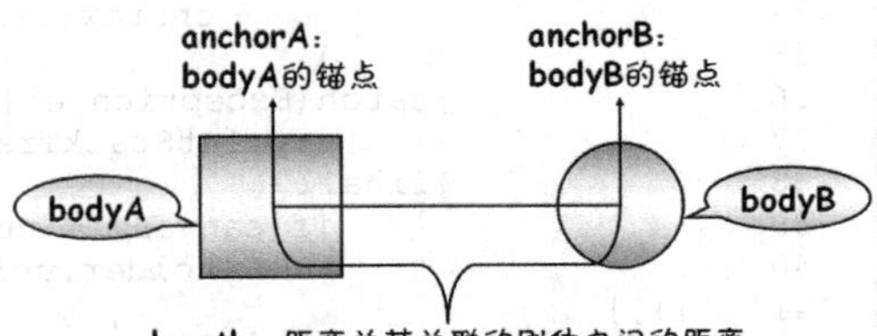

▲图 10-33　距离关节

距离关节描述的属性及方法如表 10-25 所列。

表 10-25　DistanceJointDef 类的属性及方法

属性或方法	含　义
Vec2 localAnchorA	表示关节关联的 bodyA 的本地锚点坐标，默认值为 Vec2(0.0f,0.0f)
Vec2 localAnchorB	表示关节关联的 bodyB 的本地锚点坐标，默认值为 Vec2(0.0f,0.0f)
float length	表示关联刚体之间的距离，默认值为 1.0f
float frequencyHz	表示关节频率，可以理解为柔韧度，值为 0 时表示禁用柔韧度，值越大柔韧度越大，默认值为 0.0f
float dampingRatio	表示阻尼系数，值为 0 时表示没有阻尼，值为 1 时表示临界阻尼，默认值为 0.0f
void initialize (Body bodyA, Body bodyB, Vec2 anchorA, Vec2 anchorB)	距离关节的初始化方法，参数 bodyA 表示关节关联的刚体 bodyA 的引用，参数 bodyB 表示关节关联的刚体 bodyB 的引用，参数 anchorA 表示刚体 bodyA 的锚点坐标，参数 anchorB 表示刚体 bodyB 的锚点坐标

10.6.3　距离关节案例——小球下摆

学习完距离关节基本知识之后，这里将给出使用距离关节开发的案例——小球下摆案例，以便于读者能够正确地使用距离关节，同时也利于读者加深对距离关节的理解。

1. 案例运行效果

该案例主要演示的是在一个平面内，两个不同位置的小球从同一高度下落，并且两个小球同时与同一固定点保持相同的距离，以实现小球下摆的效果。其运行效果如图 10-34、图 10-35、图 10-36 以及图 10-37 所示。

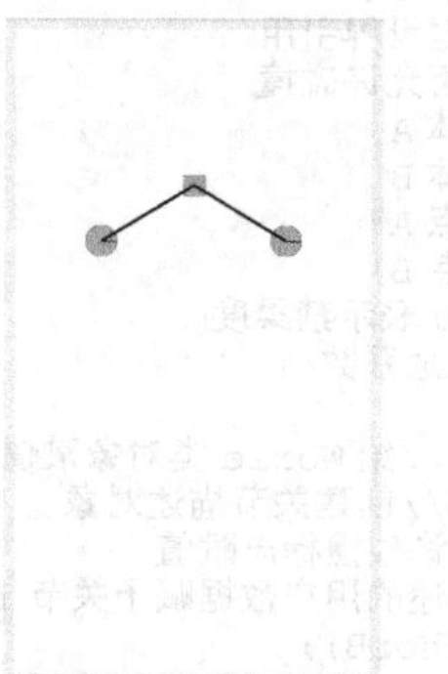
▲图 10-34　案例运行开始

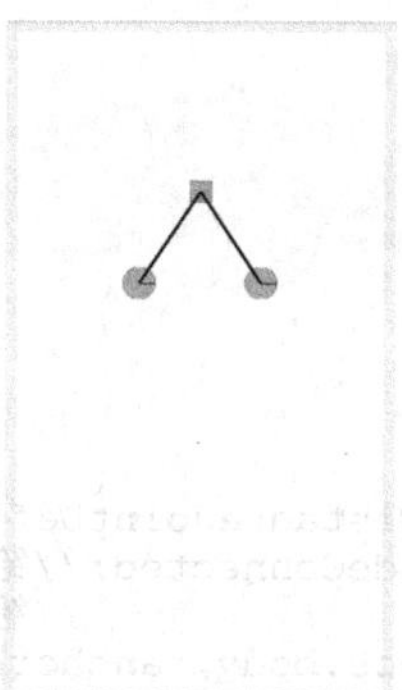
▲图 10-35　小球下落状态

▲图 10-36　小球碰撞反弹

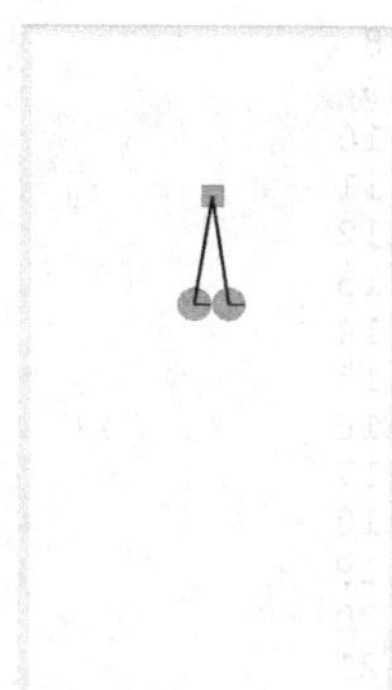
▲图 10-37　小球静止

说明　图 10-34 为案例开始运行的效果图，图 10-35 为小球下落时的效果图，图 10-36 为小球碰撞过后被反弹的效果图，图 10-37 为小球静止时的效果图。

2. 案例的基本框架结构

在介绍本案例之前，首先需要介绍本案例的框架结构，了解本案例的框架结构有助于读者对本案例的学习和理解。本案例的框架结构如图 10-38 所示。

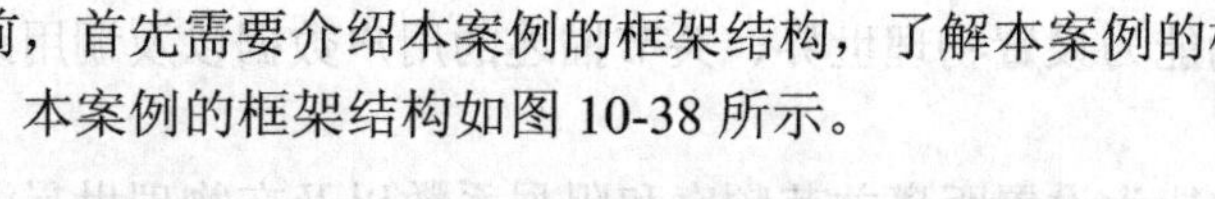

▲图 10-38　框架结构

MyBody 类、MyCircleColor 类、MyRectColor 类、MyPolygonColor 类、Constant 类、Box2DUtil

类以及 DrawThread 类的功能在木块金字塔被撞击案例中已经向读者介绍，这里不再赘述。这里重点介绍 MyDistanceJoint 类、MyBox2dActivity 类和 GameView 类。

MyDistanceJoint 类表示自定义的距离关节类，该类对距离关节进行了封装，定义了自身的构造器，以便于在物理世界中创建距离关节以及设置距离关节的属性。

MyBox2dActivity 类表示主控制类，该类主要功能为设置屏幕模式、设置屏幕自适应以及调用 Box2DUtil 类的相应方法在物理世界创建和添加刚体的功能。

GameView 类表示显示界面类，该类的功能为对本案例中的场景进行渲染。该类需要调用 Android 系统中的 SurfaceView 类，并实现 SurfaceHolder.Callback 接口。下面将为读者详细地介绍以上三个类的开发。

3. 距离关节类——MyDistanceJoint

了解完本案例的基本框架结构后，接下来将对距离关节类的开发进行详细介绍。该类主要包括声明物理世界类的引用、声明距离关节的引用以及通过构造器在物理世界添加距离关节等，具体代码如下。

代码位置：见随书光盘中源代码/第 10 章/Sample10_4/src/com/bn/box2d/ballfall 目录下的 MyDistanceJoint.java。

```
1     package com.bn.box2d.ballfall;                              //声明包
2     ...//此处省略了本类中导入类的代码，读者可自行查阅随书附带光盘中的源代码
3     public class MyDistanceJoint{                                //距离关节类
4         World world;                                             //物理世界引用
5         DistanceJoint dj;                                        //距离关节引用
6         public MyDistanceJoint(                                  //构造器
7             String id,                                           //关节 id
8             World world,                                         //物理世界引用
9             boolean collideConnected,                            //是否允许碰撞
10            MyBody poA,                                          //刚体 A
11            MyBody poB,                                          //刚体 B
12            Vec2 anchorA,                                        //锚点 A
13            Vec2 anchorB,                                        //锚点 B
14            float frequencyHz,                                   //为 0 表示禁柔度
15            loat dampingRatio                                    // 阻尼系数
16        ){
17            this.world=world;                                    //给 World 类对象赋值
18            DistanceJointDef djd=new DistanceJointDef();         //创建关节描述对象
19            djd.collideConnected=collideConnected;//给是否允许碰撞标志赋值
20            djd.userData=id;                                     //给关节描述的用户数据赋予关节 id
21            djd.initialize(poA.body, poB.body, anchorA, anchorB);
              //调用距离关节描述的初始化方法
22            djd.frequencyHz=frequencyHz;                         //给关节频率赋值
23            djd.dampingRatio=dampingRatio;                       //给关节阻尼赋值
24            dj=(DistanceJoint) world.createJoint(djd); //在物理世界里增添距离关节
25    }}
```

- 第 4～5 行功能为在 MyDistanceJoint 类中声明物理世界引用和距离关节引用。
- 第 6～16 行功能为 MyDistanceJoint 类中构造器的参数，分别表示关节 id、物理世界引用、是否允许碰撞、刚体 A 引用、刚体 B 引用、锚点 A、锚点 B、关节频率以及关节阻尼系数。
- 第 17～21 行功能为设置物理世界、关节描述的用户数据以及调用距离关节描述的初始化方法。
- 第 22～25 行功能为设置距离关节频率和阻尼系数以及在物理世界添加距离关节。

4. 主控制类——MyBox2dActivity

开发完本案例的距离关节类后，接下来就是介绍本案例的主控制类 MyBox2dActivity 的开发。该类的主要功能为设置屏幕模式、设置屏幕自适应以及调用 Box2DUtil 类中创建场景所需刚体的

方法，该类继承自 Android 系统中的 Activity 类，具体的开发代码如下。

代码位置：见随书光盘中源代码/第 10 章/Sample10_4/src/com/bn/box2d/ballfall 目录下的 MyBox2dActivity.java。

```
1   package com.bn.box2d.ballfall;                                  //声明包
2   ……//此处省略了导入类的代码，读者可自行查阅随书附带光盘中的源代码
3   public class MyBox2dActivity extends Activity{
4       World world;                                                //声明物理世界引用
5       ArrayList<MyBody> al=new ArrayList<MyBody>();               //创建存储物体的集合
6       @Override
7       protected void onCreate(Bundle savedInstanceState){//继承Activity需要重写的方法
8           super.onCreate(savedInstanceState);                     //调用父类
9           ……//此处省略设置屏幕模式以及设置屏幕自适应的代码，需要的读者可参考光盘中的源代码
10          Vec2 gravity=new Vec2(0.0f,10.0f);                      //创建重力加速度
11          world=new World(gravity);                               //创建世界
12          final int kd=20;                                        //宽度或高度
13          ……//此处省略了创建 4 个墙壁的代码，需要的读者可参考光盘中的源代码
14          MyRectColor mrcRect=Box2DUtil.createBox((360+x)*ratio, //创建长方形物体
15                  (320+y)*ratio,20*ratio,20*ratio,true,world, 0,0,0,Color.RED);
16          al.add(mrcRect);                                        //将物体添加进集合
17          MyCircleColor ballA=Box2DUtil.createCircle((180+x)*ratio,//创建左圆物体
18                      (420+y)*ratio, 30*ratio, world,0,0,0, Color.RED);
19          al.add(ballA);                                          //将左圆物体添加进集合
20          new MyDistanceJoint("one",world,false,mrcRect,ballA,//创建左圆关节对象
21                  mrcRect.body.getPosition(),ballA.body. getPosition(),0,0);
22          ……//此处省略了右圆物体以及关节的代码，需要的读者可参考光盘中的源代码
23          GameView gv=new GameView(this);                         //创建 GameView 类对象
24          setContentView(gv);                                     //跳转至 GameView 界面
25  }}
```

- 第 4～5 行为本类的成员变量，主要是声明 World 类的引用，并创建 ArrayList<MyBody> 的集合对象，该集合对象中存放 MyBody 及其子类的对象。
- 第 10～12 行功能为创建物理世界的重力加速度向量以及创建 World 类的对象。
- 第 13～22 行功能为通过调用 Box2DUtil 类中创建刚体的方法创建墙壁和左右圆，并将之存入 ArrayList<MyBody> 集合中，然后在物理世界创建添加距离关节。
- 第 23～24 行功能为创建 GameView 类的对象，并跳转至 GameView 界面。

5. 显示界面类——GameView

开发完本案例的主控制类，接下来就是开发本案例的显示界面类 GameView。启动物理模拟和绘制场景物体等功能都将在此类中声明和实现。此外，GameView 类中 repaint 方法的实现与木块金字塔被撞击案例的显示界面类中该方法的实现基本一致，这里不再重复讲解。具体代码如下。

代码位置：见随书光盘中源代码/第 10 章/Sample10_4/src/com/bn/box2d/ballfall 目录下的 GameView.java。

```
package com.bn.box2d.bheap;                                         //声明包
...//此处省略了本类中导入类的代码，读者可自行查阅随书附带光盘中的源代码
public class GameView extends SurfaceView implements SurfaceHolder.Callback {
    MyBox2dActivity activity;                                       //成员变量 activity
    Paint paint;                                                    //成员变量画笔
    DrawThread dt;                                                  //成员变量绘制线程
    public GameView(MyBox2dActivity activity) {
        super(activity);                                            //调用父类
        this.activity = activity;                                   //赋值 activity
        this.getHolder().addCallback(this);                         //设置生命周期回调接口的实现者
        paint = new Paint();                                        //创建画笔
        paint.setAntiAlias(true);                                   //打开抗锯齿
        dt=new DrawThread(this);                                    //创建线程对象
        dt.start();                                                 //启动绘制线程
```

```
15          }
16          public void onDraw(Canvas canvas){                           //绘制方法
17               if(canvas==null){                                       //判断 canvas 是否为空
18                    return;                                            //如果 canvas 为空，则返回
19               }
20               canvas.drawARGB(255,140, 140, 140);                     //设置背景颜色
21               for(MyBody mb:activity.bl){                             //遍历刚体列表
22                    mb.drawSelf(canvas, paint);                        //绘制刚体
23                    drawLine(canvas,activity.al.get(4),activity.al.get(5));
                      //更新线段位置
24                    drawLine(canvas,activity.al.get(4),activity.al.get(6));
                      //更新线段位置
25          }}
26          public void drawLine(Canvas canvas,MyBody mb1,MyBody mb2){    //绘制线段
27               Paint paint=new Paint();                                 //创建画笔
28               paint.setColor(Color.BLUE);                              //设置画笔颜色
29               paint.setStyle(Paint.Style.STROKE);                      //设置画笔风格
30               int width=(int) (6*Constant.ratio);                      //线段粗细
31               paint.setStrokeWidth(width);                             //设置画笔线条宽度
32               Vec2 start=mb1.body.getPosition();                       //获得刚体 mb1 的位置
33               Vec2 stop=mb2.body.getPosition();                        //获得刚体 mb2 的位置
34               canvas.drawLine(start.x*Constant.RATE, start.y*Constant.RATE, //绘制线段
35                         stop.x*Constant.RATE,stop.y*Constant.RATE, paint);
36          }
37          public void surfaceChanged(SurfaceHolder arg0, int arg1, int arg2, int arg3){
38          }
39          public void surfaceCreated(SurfaceHolder holder){      //创建时被调用
40               repaint();
41          }
42          public void surfaceDestroyed(SurfaceHolder arg0){      //销毁时被调用
43          }
44          public void repaint(){                                  //刷帧方法
45               ……//此处省略调用 onDraw 方法的代码，需要的读者可参考光盘中的源代码
46     }}
```

- 第 4～6 行主要功能为声明 activity 引用、画笔引用以及绘制线程 DrawThread 引用。
- 第 7～15 行为该类的构造器，在该类的构造器中主要是初始化成员变量，同时创建画笔，打开抗锯齿，创建 DrawThread 对象，并开启线程。
- 第 16～25 行功能为设置背景颜色、绘制场景刚体以及更新两条线段。
- 第 26～36 行功能为创建画笔，设置画笔颜色、风格以及画笔线条宽度，并获得两个圆形刚体的位置作为线段端点，更新线段姿态。
- 第 37～43 行为创建实现回调接口类的必须重写的 3 个方法。
- 第 44～45 行表示调用 onDraw 方法，此方法的实现与木块金字塔被撞击案例的显示界面类中的方法实现基本一致，故不在此详细介绍。

10.6.4　旋转关节描述——RevoluteJointDef 类

顾名思义，旋转关节就是约束两个刚体旋转的关节。该关节描述提供了旋转锚点、两个关联刚体的本地锚点坐标，两个刚体之间的角度差、旋转角度限制以及旋转马达。所谓旋转锚点，是指刚体发生旋转时所围绕的中心点，具体情况如图 10-39 所示。

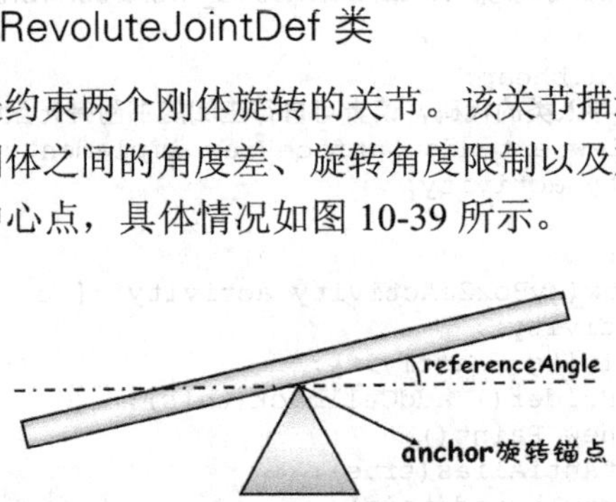

▲图 10-39　旋转关节

了解完旋转关节的旋转锚点，接下来将具体介绍旋转关节描述的属性及方法，具体如表 10-26 所列。

表 10-26　　RevoluteJointDef 类的属性及方法

属性或方法	含　义
Vec2 localAnchorA	表示关节关联的 bodyA 的本地锚点坐标，默认值为 Vec2(0.0f,0.0f)
Vec2 localAnchorB	表示关节关联的 bodyB 的本地锚点坐标，默认值为 Vec2(0.0f,0.0f)
float referenceAngle	表示 bodyB 与 bodyA 的角度差（弧度），默认值为 0.0f
boolean enableLimit	表示是否开启关节限制，为 true 表示开启，否则表示关闭，默认值为 false
float lowerAngle	表示关节限制的逆时针的最大弧度角，默认值为 0.0f（弧度制）
float upperAngle	表示关节限制的顺时针的最大弧度角，默认值为 0.0f（弧度制）
boolean enableMotor	表示是否开启马达，默认值为 false
float motorSpeed	表示马达转速，单位通常为弧度每秒，默认值为 0.0f
float maxMotorTorque	表示马达的最大力矩，单位通常为 N×m，默认值为 0.0f
void initialize(final Body b1, final Body b2, final Vec2 anchor)	旋转关节的初始化函数，参数 bodyA 表示关节关联的刚体 bodyA 对象的引用，参数 bodyB 表示关节关联的刚体 bodyB 对象的引用，参数 anchor 表示旋转锚点

说明　旋转关节限制的逆时针的最大弧度角 lowerAngle 是指若在开启旋转关节限制的前提下，刚体逆时针旋转时的最大弧度角。旋转关节限制的顺时针的最大弧度角 upperAngle 是指若在开启旋转关节限制的前提下，刚体顺时针旋转时的最大弧度角。

10.6.5　旋转关节案例——转动的风扇与跷跷板

学习完旋转关节之后，这里将给出使用旋转关节开发的案例——转动的风扇与跷跷板案例，以便于读者能够正确地使用旋转关节，同时也利于读者加深对旋转关节的理解。

1. 案例运行效果

该案例主要演示的是，在一个平面内，固定在墙上的风扇以一定的角速度转动，以及两个质量不同的小球从同一高度下落，两小球下落至跷跷板被弹起的物理效果。其运行效果如图 10-40、图 10-41、图 10-42 及图 10-43 所示。

▲图 10-40　案例运行开始

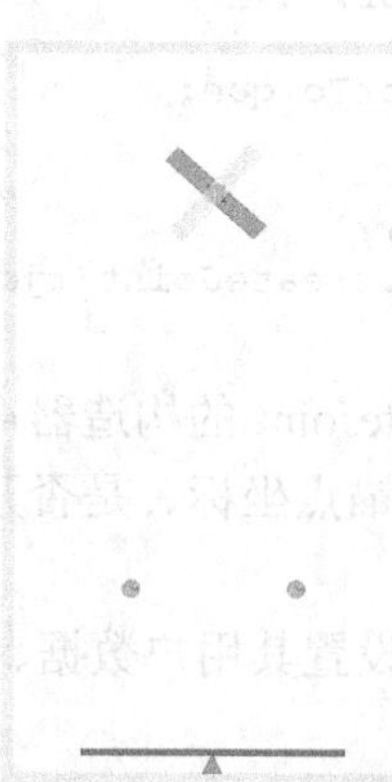
▲图 10-41　小球开始下落

▲图 10-42　小球被反弹

▲图 10-43　小球静止

> **说明**　图 10-40 为案例开始运行时的效果图，图 10-41 为风扇以一定角速度转动，小球开始下落并且未与跷跷板发生碰撞时的效果图，图 10-42 为风扇以一定角速度转动，小球被跷跷板反弹起来时的效果图，图 10-43 为风扇以一定角速度转动，小球静止时的效果图。

由于此案例的基本框架结构与前面小球下摆案例基本一致，因此这里不再赘述重复的内容。这里主要介绍本案例中的重点，包括旋转关节类 MyBox2DRevoluteJoint 和主控制类 MyBox2dActivity 的开发。

2. 旋转关节类——MyBox2DRevoluteJoint

下面将介绍旋转关节类 MyBox2DRevoluteJoint 的开发，主要包括物理世界的创建、旋转关节对象的创建以及旋转关节描述对象相关属性的设置，具体代码如下。

代码位置：见随书光盘中源代码/第 10 章/Sample10_5/src/com/bn/box2d/revolute 目录下的 MyBox2DRevoluteJoint.java。

```
1  package com.bn.box2d.revolute;                              //导入包
2  ……//此处省略导入类的代码，读者可自行查阅随书附带光盘中的源代码
3  public class MyBox2DRevoluteJoint {
4        World world;                                           //物理层里的物理世界
5        RevoluteJoint rjoint;                                  //创建旋转关节对象
6        public MyBox2DRevoluteJoint(String id,                 //关节id
7              World world,                                     //物理层里的物理世界
8              boolean collideConnected,                        //是否允许碰撞
9              Body A,                                          //刚体A
10             Body B,                                          //刚体B
11             Vec2 anchor,
12             boolean enableLimit,                             //是否开启限制
13             float lowerAngleScale,                           //底部角度，弧度制
14             float upperAngleScale,                           //顶部角度，弧度制
15             boolean enableMotor,                             //是否开启马达
16             float motorSpeed,                                //马达速度n*Math.PI
17             float maxMotorTorque                             //马达扭矩
18       ){
19             this.world=world;
20             RevoluteJointDef rjd=new RevoluteJointDef();//创建旋转关节描述对象
21             rjd.collideConnected=collideConnected;       //给是否允许碰撞标志赋值
22             rjd.userData=id;                         //给关节描述的用户数据赋予关节id
23             rjd.enableLimit = enableLimit;               //给是否开启旋转限制赋值
24             rjd.lowerAngle = (float) (lowerAngleScale*Math.PI);//给底部角赋值
25             rjd.upperAngle = (float) (upperAngleScale*Math.PI);//给顶部角赋值
26             rjd.enableMotor = enableMotor;                   //给是否开启旋转马达赋值
27             rjd.motorSpeed = motorSpeed;                     //给关节马达速度赋值
28             rjd.maxMotorTorque = maxMotorTorque;             //给关节马达的最大扭矩赋值
29             anchor.x=anchor.x / RATE;                        //更改锚点的x坐标
30             anchor.y=anchor.y / RATE;                        //更改锚点的y坐标
31             rjd.initialize(A, B, anchor);                    //调用旋转关节描述的初始化函数
32             rjoint=(RevoluteJoint)world.createJoint(rjd);//在物理世界里增添旋转关节
33 }}
```

- 第 7～17 行为旋转关节类 MyBox2DRevoluteJoint 的构造器声明的一些关节参数对象，主要有物理世界对象、是否开启碰撞、物体类对象、锚点坐标、是否开启限制和马达、限制底部角和顶部角、马达速度和扭矩等。
- 第 19～28 行为创建旋转关节描述对象，并设置其用户数据、碰撞标志、底部角、顶部角、是否开启旋转马达和最大扭矩。
- 第 29～32 行为将锚点坐标转换为物理世界坐标系下的锚点坐标，并调用旋转关节描述对象的初始化函数进行初始化，最后将此旋转关节添加到物理世界。

3. 主控制类——MyBox2dActivity

开发完本案例的旋转关节类，接下来介绍本案例的主控制类 MyBox2dActivity，在场景中所有刚体摆放位置都在该类中实现，具体代码如下。

代码位置：见随书光盘中源代码/第 10 章/Sample10_5/src/com/bn/box2d/revolute 目录下的 MyBox2dActivity.java。

```
package com.bn.box2d.revolute;                                          //导入包
……//此处省略导入类的代码，读者可自行查阅随书附带光盘中的源代码
public class MyBox2dActivity extends Activity{
   World world;                                                         //物理世界引用
   ArrayList<MyBody> bl=new ArrayList<MyBody>();                        //物体列表
   public void onCreate(Bundle savedInstanceState){
      ……//此处省略与前面案例中类似的代码，读者可自行查阅随书附带光盘中的源代码
        MyPolygonColor mrca=Box2DUtil.createPolygon (                   //创建三角形
              (720/2-16+x)*ratio,  (1280-kd-32+y)*ratio,//x、y坐标
              new float[][]{                                            //点序列
                          {(16+x)*ratio,(0+y)*ratio},                   //三角形边框的第一个坐标
                          {(32+x)*ratio,(32+y)*ratio},                  //三角形边框的第二个坐标
                          {(0+x)*ratio,(32+y)*ratio}},                  //三角形边框的第三个坐标
              true,                                                     //静止
              world,
              Color.RED,                                                //颜色为红色
              2.0f,                                                     //密度
              0.1f,                                                     //摩擦系数
              0.9f                                                      //恢复系数
        );
        bl.add(mrca);
        MyRectColor mrcb=Box2DUtil.createBox( (720/2+x)*ratio, (1280-kd-32-kd/4+y)
        *ratio, 223*ratio,
              kd/4*ratio, false, world, Color.BLUE, 0.5f,0.1f,0.9f);//创建板
        bl.add(mrcb);
        MyCircleColor ball2=Box2DUtil.createCircle(ratio*(720/2-140+x),
        ratio*(1280/2+50+y), ratio*15,
              world, Color.MAGENTA,3.0f,0.1f,0.9f);                     //创建球 1
        bl.add(ball2);
        MyCircleColor ball1=Box2DUtil.createCircle(ratio*(720/2+140+x),
        ratio*(1280/2+50+y), ratio*15,
              world, Color.MAGENTA,2.0f,0.1f,0.9f);                     //创建球 2
        bl.add(ball1);
        String id="MQ";                                                 //设置旋转关节 ID
        new MyBox2DRevoluteJoint(id,world,false,mrca.body,mrcb.body,new
        Vec2(ratio*(720/2+x),
              ratio*(1280-kd-32+y)),true,-0.05f,0.05f,false,0.0f,0.0f);
              //创建跷跷板旋转关节
        MyRectColor po=Box2DUtil.createBox((720/2+x)*ratio,(260+y)*ratio,
        15*ratio,15*ratio,
                   true, world, Color.RED,0.0f,0.0f,0.0f); //创建固定物(钉子)
        bl.add(po);
        MyRectColor mrcw1=Box2DUtil.createBox((720/2+x)*ratio,(260+y)*ratio,
        (100)*ratio,(15)*ratio,
                   false, world, Color.RED,0.01f,0.1f,0.9f); //创建风扇 1
        bl.add(mrcw1);
        id="W1";                                                        //设置旋转关节 ID
        //创建约束风扇 1 和固定物体的旋转关节对象
        new MyBox2DRevoluteJoint(id,world,false,po.body,mrcw1.body,new
        Vec2(ratio*(720/2+x),
        ratio*(260+y)),false, 0.0f, 0.0f, true,(float) (1.0f*Math.PI),
        5000.0f);MyRectColor mrcw2=Box2DUtil.createBox((720/2+x)*ratio,(260+y)*
        ratio,(15)*ratio,(100)*ratio,
                   false,world, Color.YELLOW,0.01f,0.1f,0.9f); //创建风扇 2
        bl.add(mrcw2);
        id="M2";                                                        //设置旋转关节 ID
        //创建约束风扇 2 和固定物体的旋转关节对象
        new MyBox2DRevoluteJoint(id,world,false,po.body,mrcw2.body,new Vec2
```

```
             (ratio*(720/2+x),
50                ratio*(260+y)),false,0.0f,0.0f,true,(float)(1.0f*Math.PI),5000.0f);
51           //创建约束风扇 1 和风扇 2 的旋转关节对象
52           id="MM";                                          //设置旋转关节 ID
53           new MyBox2DRevoluteJoint(id,world,false,mrcw1.body, mrcw2.body, new
             Vec2(ratio*(720/2+x),
54                      ratio*(260+y)),false,0.0f, 0.0f, false,0.0f, 0.0f);
55           GameView gv= new GameView(this);                  //创建 GameView 类对象
56           setContentView(gv);                               //跳转至 GameView 界面
57       }}
```

- 第 4～5 行为创建物理世界对象，声明一个 MyBody 类型的列表对象 bl，用于存放物理世界中创建的所有刚体对象。
- 第 8～24 行为创建跷跷板所需的基本组件即一个固定三角形对象和一个木板对象，通过对其基本数据的设置来实现，如初始坐标的设置，是否为静态刚体、刚体颜色、刚体密度、摩擦系数以及恢复系数的设置等。并将三角形以及木板刚体对象添加到 bl 列表里。
- 第 25～30 行为在跷跷板上的某一高度增添两个质量不同的小球，使小球能够下落至木板上实现跷跷板的效果。
- 第 31～33 行为先声明一个旋转关节 ID，然后创建跷跷板所需的旋转关节对象，通过对其一些属性如是否开启马达、最大扭矩等的设置，来获得所需要的旋转关节对象。
- 第 34～54 行为创建风扇所需的基本组件，声明相应的旋转关节 ID，并通过创建约束风扇的旋转关节对象来实现风扇转动的效果。

10.6.6　鼠标关节描述——MouseJointDef 类

鼠标关节是指给刚体设置一个世界目标点，刚体上的锚点自动与提供的世界目标点的坐标保持一致。使用该关节就可以实现拖动刚体的功能。其属性如表 10-27 所列。

表 10-27　MouseJointDef 类的属性

属　性	含　义
Vec2 target	表示刚体的世界目标点，默认值为 Vec2(0.0f,0.0f)
float maxForce	表示拖动刚体时允许的最大力，默认值为 0.0f
float frequencyHz	表示刚体的响应速度值，默认值为 5.0f
float dampingRatio	表示阻尼系数，值为 0 时表示没有阻尼，值为 1 时表示临界阻尼，默认值为 0.7f

10.6.7　鼠标关节案例——物体下落

学习完鼠标关节之后，这里将给出使用鼠标关节开发的案例——可触摸的下落物体案例，以便于读者能够正确地使用鼠标关节，同时也利于读者加深对鼠标关节的理解。

1. 案例运行效果

该案例主要演示的是，在一个平面内，几个形状不同的物体以一定的重力下落。用户可以在屏幕上任意拖拉这几个物体以改变其位置。其运行效果如图 10-44、图 10-45、图 10-46 及图 10-47 所示。

> **说明**　图 10-44 为案例运行开始时的效果图，图 10-45 为物体开始下落时的效果图，图 10-46 为拖动物体时的效果图，图 10-47 为物体静止时的效果图。

由于此案例的基本框架结构与前面小球下摆案例基本一致，这里不再重复。主要介绍本案例中的重点，包括鼠标关节类 MyMouseJoint 的开发、主控制类 MyBox2dActivity 的开发、显示界面类 GameView 的开发和绘制线程类 DrawThread 的开发。

▲图 10-44　案例运行开始

▲图 10-45　物体开始下落

▲图 10-46　拖动物体

▲图 10-47　物体静止

2. 鼠标关节类——MyMouseJoint

下面将介绍鼠标关节类 MyMouseJoint 的开发，主要包括物理世界的创建、鼠标关节对象的创建以及鼠标关节描述对象相关属性的设置，具体代码如下。

代码位置：见随书光盘中源代码/第 10 章/Sample10_6/src/com/bn/box2d/util 目录下的 MyMouseJoint.java。

```
package com.bn.box2d.util;                                  //声明包名
……//此处省略导入类的代码，读者可自行查阅随书附带光盘中的源代码
public class MyMouseJoint{                                  //鼠标关节类
    public MouseJoint mJoint;                               //声明鼠标关节对象
    public World mWorld;                                    //声明物理世界类对象
    public MyMouseJoint(
        String id,                                          //关节 id
        World world,                                        //物理世界对象
        boolean collideConnected,                           //是否允许两个刚体碰撞
        MyBody poA,                                         //指向物体类对象 A
        MyBody poB,                                         //指向物体类对象 B
        Vec2 target,                                        //刚体的世界目标点
        float maxForce,                                     //约束可以施加给移动候选体的最大力
        float frequencyHz,                                  //刚体的响应的速度
        float dampingRatio                                  //阻尼系数
    ){
        this.mWorld=world;                                  //给物理世界类对象赋值
        MouseJointDef mjd = new MouseJointDef();   //创建鼠标关节描述
        mjd.userData=id;                                    //设置用户数据
        mjd.collideConnected=collideConnected; //给是否允许碰撞标志赋值
        mjd.bodyA=poA.body;                                 //设置关节关联的刚体 bodyA
        mjd.bodyB=poB.body;                                 //设置关节关联的刚体 bodyB
        mjd.target=target;                                  //设置刚体世界目标点
        mjd.maxForce=maxForce;                              //设置拖动刚体时允许的最大力
        mjd.frequencyHz=frequencyHz;                        //设置刚体的响应速度
        mjd.dampingRatio=dampingRatio;                      //设置阻尼系数
        mJoint=(MouseJoint)world.createJoint(mjd); //物理世界里增添这个关节
}}
```

说明：该类主要声明了鼠标关节对象 mJoint、物理世界类对象 mWorld 和 MyMouseJoint 类的构造器。构造器的参数列表中主要提供了距离关节所需的关节 id、物理世界对象、物体类对象、世界目标点、最大力、响应速度和阻尼系数等。在构造器中创建了鼠标关节描述对象后，即对其各个变量进行相应的赋值，并在最后给物理世界添加了鼠标关节。

3. 主控制类——MyBox2dActivity

开发完本案例的鼠标关节类，接下来将介绍的是本案例的主控制类 MyBox2dActivity，其与小球下摆案例中的主控制类的结构大致类似，因此这里不再赘述重复的内容。这里主要介绍的是各个物体的创建和图片的加载，具体代码如下。

代码位置：见随书光盘中源代码/第 10 章/Sample10_6/src/com/bn/box2d/mousejoint 目录下的 MyBox2dActivity.java。

```
1     package com.bn.box2d.mousejoint;                              //声明包名
2     ……//此处省略导入类的代码，读者可自行查阅随书附带光盘中的源代码
3     public class MyBox2dActivity extends Activity{
4     ……//此处省略变量定义的代码，请自行查看源代码
5         public void onCreate(Bundle savedInstanceState){  //继承 Activity 需要重写的方法
6             ……//此处省略了与前面案例中相似的代码，请自行查看源代码
7             initBitmap(this.getResources());                      //初始化图片
8             Vec2 gravity = new Vec2(0.0f,10.0f);
9             world = new World(gravity);                           //创建世界
10            final int kd=20;                                      //定义宽度或高度
11            MyPolygonColor mrc=Box2DUtil.createPolygon(           //创建最底部包围框
12                0,                                                //x 坐标
13                SCREEN_HEIGHT-kd,                                 //y 坐标
14                new float[][]{                                    //点序列
15                  {0,0},{SCREEN_WIDTH,0},{SCREEN_WIDTH,SCREEN_HEIGHT},
                    {0,SCREEN_HEIGHT}
16                },
17                true,                                             //静止
18                world,                                            //世界
19                Color.YELLOW,                                     //颜色为黄色
20                -1                                                //索引值
21            );
22            bl.add(mrc);                                          //将物体加进 ArrayList 中
23            ……//此处其他包围框的创建与上述相似，故省略，请自行查阅随书光盘中的源代码
24            MyPolygonColor mrca=Box2DUtil.createPolygon(          //创建矩形
25                (150+x)*ratio,                                        //x 坐标
26                (kd+62+y)*ratio,                                      //y 坐标
27                new float[][]{                                        //点序列
28                {30,30},{90,30},{90,90},{30,90}
29                },
30                false,                                                //非静止
31                world,                                                //世界
32                Color.RED,                                            //颜色为红色
33                -2                                                    //索引值
34            );
35            bl.add(mrca);                                         //将物体加进 ArrayList 中
36            ……//此处其他物体的创建与上述相似，故省略，请自行查阅随书光盘中的源代码
37            GameView gv= new GameView(this);                      //创建 GameView 对象
38            setContentView(gv);                                   //跳转到 GameView 界面
39        }
40        public void initBitmap(Resources r){ ……/*此处省略的代码与前面案例的代码相似，故省
略*/}
41    }
```

- 第 6~9 行为初始化加载图片的方法，创建重力加速度向量，并创建 World 类的对象。
- 第 10~23 行为创建游戏运行界面内的包围框，通过设置其 x 坐标、y 坐标、点序列、是否静止、颜色和物体的索引值等属性，即可确定各个边框的状态以及对其进行相应的绘制，部分相似代码省略，读者可自行查阅随书附带光盘中的源代码。
- 第 24~36 行为创建游戏运行界面内的矩形、圆和石头等多边形物体，创建的代码和创建包围框的代码大致相同。部分相似代码省略，读者可自行查阅随书附带光盘中的源代码。
- 第 37~38 行表示的是获得 GameView 类的对象，并跳转至 GameView 界面。
- 第 40 行为加载游戏中需要的所有图片方法，因为此方法在上面的案例中已经详细介绍，所以在这里不再赘述，读者可自行查阅随书附带光盘中的源代码。

4. 显示界面类——GameView

上一小节中最后要跳转的目标是 GameView 界面，该界面功能为对本案例中的场景进行渲染。该类继承 Android 系统中的 SurfaceView 类，并实现了 SurfaceHolder.Callback 接口，本类中还重写了 onTouchEvent 方法，具体代码如下。

代码位置：见随书光盘中源代码/第 10 章/Sample10_6/src/com/bn/box2d/mousejoint 目录下的 GameView.java。

```
package com.bn.box2d.mousejoint;                              //声明包名
……//此处省略导入类的代码，读者可自行查阅随书附带光盘中的源代码
public class GameView extends SurfaceView
implements SurfaceHolder.Callback{                            //实现生命周期回调接口
    ……//此处省略变量定义的代码，请自行查看源代码
    public boolean istouch=false;                             //是否触控的判断标志位
    public GameView(MyBox2dActivity activity){
        ……//此处省略了与前面案例中相似的代码，请自行查看源代码
    }
    public void onDraw(Canvas canvas){
        ……//此处省略了与前面案例中相似的代码，请自行查看源代码
    }
   @Override
    public boolean onTouchEvent(MotionEvent event){
    float x=event.getX();                                     //获得触控的 x 坐标
    float y=event.getY();                                     //获得触控的 y 坐标
    switch (event.getAction()){
        case MotionEvent.ACTION_DOWN:                         //动作为按下
            istouch=true;                                     //允许触控
            Vec2 locationWorld0=new Vec2(x/RATE,y/RATE);
            //计算触控点在本地坐标系上的坐标
            for(MyBody bd:activity.bl){                       //遍历所有物体
                if(this.activity.mj==null&&bd.body.getFixtureList().
                testPoint(locationWorld0)){
                    activity.mj=new MyMouseJoint              //创建鼠标关节
                        (bd.indext+"",activity.world,true,activity.
                        bl.get(0),bd,
                        locationWorld0,1000.0f*bd.body.getMass(),
                        100.0f,0.7f);
            }}
        break;
        case MotionEvent.ACTION_MOVE:                         //动作为滑动
            istouch=true;                                     //允许触控
            Vec2 locationWorld1=new Vec2(x/RATE,y/RATE);
            //计算触控点在本地坐标系上的坐标
            for(int i=0;i<activity.bl.size();i++){
                if(activity.mj!=null){                        //判断鼠标关节是否为空
                    if(activity.mj.mJoint!=null){
                    activity.mj.mJoint.setTarget(locationWorld1);
                    //设置鼠标关节的世界目标点
            }}}
        break;
        case MotionEvent.ACTION_UP:                           //动作为抬起时
            for(int i=0;i<activity.bl.size();i++){//遍历 activity 中的集合 bl
                if(activity.mj!=null){                        //判断鼠标关节是否为空
                    if(activity.mj.mJoint!=null){
                        activity.world.destroyJoint(activity.mj.mJoint);
                        //删除鼠标关节对象
                        activity.mj.mJoint=null;
                        //将 activity.mj.mJoint 置为 null;
                    }
                    activity.mj=null;                         //给鼠标关节赋值为 NULL
            }}
            this.activity.mj=null;//将 this.activity.mj 置为 null
            istouch=false;                                    //不再触控
        break;
    }
        return true;                                          //返回 true
```

```
51          }
52          ……//此处省略的是继承类要重写的三个方法，与前面案例中相同，请自行查看源代码
53          public void repaint(){……/*此处省略了与前面案例中相似的代码，请自行查看源代码*/}
54   }}}
```

- 第 5～12 行为该类的构造器方法和绘制方法，构造器中主要是初始化成员变量、创建画笔、打开抗锯齿、创建线程、开启线程等。由于此处的代码和上述的案例均相同，因此在这里不再赘述，读者可自行查阅随书附带光盘中的源代码。
- 第 14～27 行为重写的 onTouchEvent 方法。当动作为按下时，将是否允许触摸的标志位设为 true，并计算出触控点在本地坐标系上的坐标，遍历所有物体并判断其是否在触摸范围内，如果有物体在触摸范围内，便给其创建鼠标关节。
- 第 28～36 行为当动作为滑动时，将是否允许触摸的标志位设为 true，并计算出触控点在本地坐标系上的坐标，遍历物体列表内的所有物体，同时判断其鼠标关节是否为空，如果鼠标关节不为空，便需要设置鼠标关节的世界目标点。
- 第 37～51 行为当动作为抬起时，遍历所有物体，判断鼠标关节是否为空，如果鼠标关节不为空，则需删除鼠标关节对象，将是否允许触摸的标志位设为 false。
- 第 52～54 行为省略的实现回调接口的类必须重写的三个方法和重新绘制的方法，由于此处代码和上述案例均相同，因此在这里不再赘述，读者可自行查阅随书附带光盘中的源代码。

5. 绘制线程类——DrawThread

上一小节介绍的是本案例中的场景渲染，在本小节中将为读者介绍如何使 JBox2D 的物理引擎动起来并实时控制鼠标关节事件。此任务主要由一个线程定时完成，具体代码如下。

代码位置：见随书光盘中源代码/第 10 章/Sample10_6/src/com/bn/box2d/thread 目录下的 DrawThread.java。

```
package com.bn.box2d.thread;
……//此处省略导入类的代码，读者可自行查阅随书附带光盘中的源代码
public class DrawThread extends Thread{                      //绘制线程
      GameView gv;                                           //定义 GameView 对象
      public DrawThread(GameView gv){this.gv=gv;}            //构造器 给 GameView 对象赋值
      @Override
      public void run(){                                     //重写方法
            while(DRAW_THREAD_FLAG){                         //判断标志位是否为 true
                  gv.activity.world.step(TIME_STEP, ITERA,ITERA);    //开始模拟
                  if(!gv.istouch){                           //不是触控时
                        while(gv.activity.world.getJointCount()>0){//还有鼠标关节事件
                              Joint jj = gv.activity.world.getJointList();
                              gv.activity.world.destroyJoint(jj); //销毁鼠标关节
                        }
                  }
                  gv.repaint();                              //重新绘制
}}}
```

> **说明**　DrawThread 类中主要是创建了本类的构造器，初始化相应的成员变量，还有继承了 Thread 类必须要重写的 run 方法，在该方法中需要调用 step(float dt,int iterations)方法使得 JBox2D 开始模拟，如果 GameView 类中是否允许触摸的标志位为 false，并且还有鼠标关节事件，则将对鼠标关节进行销毁，还要不断地定时刷帧更新画面。

10.6.8 移动关节描述——PrismaticJointDef 类

移动关节是约束刚体移动的关节，其能够将刚体约束到固定的轴上。也就是说，被移动关节

约束的刚体只能够在提供的轴上进行平移移动，不可以旋转，具体情况如图 10-48 所示。

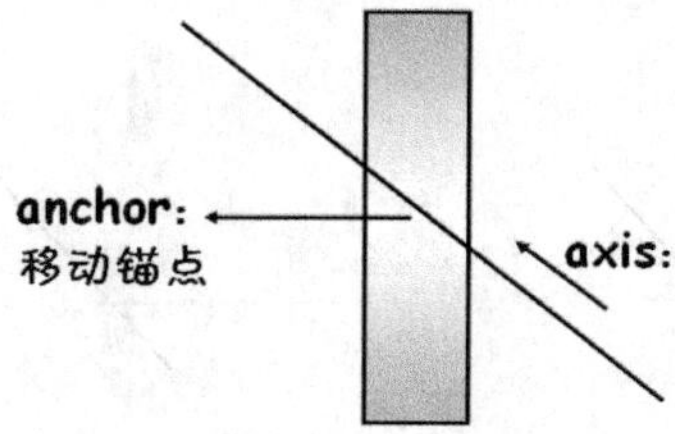

▲图 10-48　移动关节

移动关节描述的属性及方法如表 10-28 所列。

表 10-28　PrismaticJointDef 类的属性及方法

属性或方法	含　义
Vec2 localAnchorA	表示关节关联的 bodyA 的本地锚点坐标，默认值为 Vec2(0.0f,0.0f)
Vec2 localAnchorB	表示关节关联的 bodyB 的本地锚点坐标，默认值为 Vec2(0.0f,0.0f)
Vec2 localAxisA	表示刚体移动的轴向量，此向量为单位向量，默认值为 Vec2(1.0f,0.0f)
float referenceAngle	表示 bodyB 与 bodyA 的角度差（弧度），默认值为 0.0f
boolean enableLimit	表示是否开启关节限制，为 true 表示开启，否则表示关闭，默认值为 false
float lowerTranslation	表示关节限制的底部距离，默认值为 0.0f
float upperTranslation	表示关节限制的顶部距离，默认值为 0.0f
boolean enableMotor	表示是否开启马达，默认值为 false
float maxMotorForce	表示马达的最大力矩，默认值为 0.0f
float motorSpeed	表示马达转速，单位通常为弧度每秒，默认值为 0.0f
void initialize(Body b1, Body b2, Vec2 anchor, Vec2 axis)	移动关节的初始化函数，参数 bodyA 表示关节关联的刚体 bodyA 对象的引用，参数 bodyB 表示关节关联的刚体 bodyB 对象的引用，参数 anchor 表示移动刚体的锚点，参数 axis 表示移动的轴向量

10.6.9 移动关节案例——定向移动的木块

学习完移动关节之后，这里将给出使用移动关节开发的案例——定向移动的木块案例，以便于读者能够正确地使用移动关节，同时也利于读者加深对移动关节的理解。

1．案例运行效果

该案例主要演示的是在一个平面内，两个木块按照固定的轴运动，一个是受自身重力和移动关节的轴限制的影响而运动，另一个是受自身重力、移动关节轴限制和移动关节驱动的影响而运动。此外用户还可以拖动这两个木块以便观看其运动效果。运行效果如图 10-49、图 10-50、图 10-51 及图 10-52 所示。

> **说明**　图 10-49 为案例运行开始时的效果图，图 10-50 为经过 0.5 秒后木块移动的效果图，图 10-51 为经过 1 秒后木块移动的效果图，图 10-52 为木块静止时的效果图。

由于此案例的基本框架结构与前面讲述鼠标关节的物体下落案例基本一致，因此这里不再赘述重复的内容。这里主要介绍本案例中的重点，包括移动关节类 MyBox2DPrismaticJoint 的开发和主控制类 MyBox2dActivity 的开发。

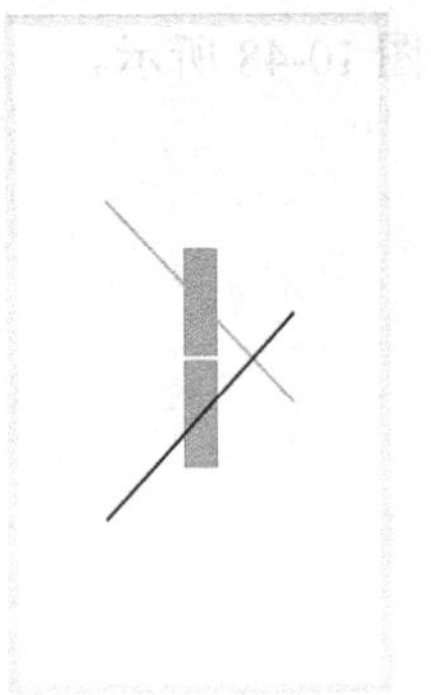

▲图 10-49　案例运行开始

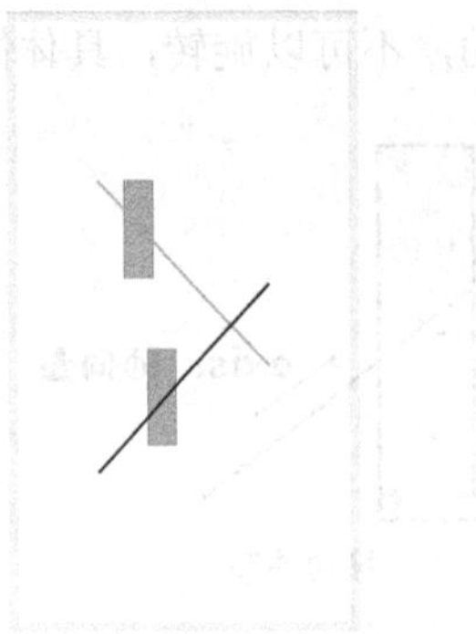

▲图 10-50　木块移动 0.5 秒

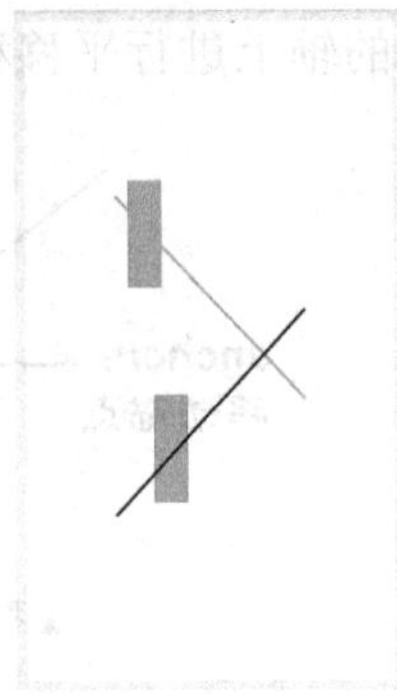

▲图 10-51　木块移动 1 秒

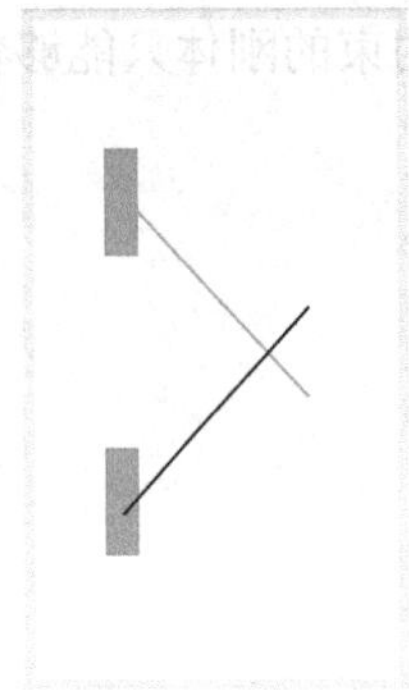

▲图 10-52　木块静止

2. 移动关节类——MyBox2DPrismaticJoint

下面将介绍移动关节类 MyBox2DPrismaticJoint 的开发，主要包括物理世界的创建、移动关节对象的创建以及移动关节描述对象相关属性的设置，具体代码如下。

代码位置：见随书光盘中源代码/第 10 章/Sample10_7/src/com/bn/box2d/prismatic 目录下的 MyBox2DPrismaticJoint.java。

```
package com.bn.box2d.prismatic;
……//此处省略导入类的代码，读者可自行查阅随书附带光盘中的源代码
public class MyBox2dActivity extends Activity{
   World world;                                          //物理层里的物理世界
   PrismaticJoint pjoint;                                //创建移动关节对象
   public MyBox2DPrismaticJoint(String id,World world,boolean collideConnected,
   Body A,Body B,
         Vec2 anchor,Vec2 localAxisA,float referenceAngle,boolean enableLimit,
         float lowerTranslation,
         float upperTranslation,boolean enableMotor,float motorSpeed,float
         maxMotorForce){
      this.world=world;
      PrismaticJointDef pjd=new PrismaticJointDef();        //创建移动关节描述对象
      pjd.userData=id;                                   //给关节描述的用户数据赋予关节 id
      pjd.collideConnected=collideConnected;             //给是否允许碰撞标志赋值
      localAxisA.normalize();                            //单位化
      pjd.localAxisA=localAxisA;                         //设置移动关节的轴向量
      pjd.referenceAngle=referenceAngle;                 //设置刚体 B 与刚体 A 的角度差
      pjd.enableMotor=enableMotor;                       //给是否开启移动马达赋值
      pjd.motorSpeed = motorSpeed;                       //给关节马达速度赋值
      pjd.maxMotorForce=maxMotorForce;                   //给关节马达的最大扭矩赋值
      pjd.lowerTranslation = lowerTranslation / RATE;           //最小变换
      pjd.upperTranslation = upperTranslation / RATE;           //最大变换
      pjd.enableLimit=enableLimit;                       //给是否开启关节限制赋值
      pjd.initialize(A, B, anchor, localAxisA); //调用移动关节描述对象的初始化函数
      pjoint=(PrismaticJoint)world.createJoint(pjd);//在物理世界里增添移动关节
}}
```

说明　该类中声明了移动关节对象 pjoint，物理世界类对象 world。在该类的构造器的参数列表中主要提供了移动关节所需的关节 id、物理世界对象、轴向量、限制的最小变换和最大变换以及马达速度和扭矩等。对于轴向量，需将其进行单位化。

3. 主控制类——MyBox2dActivity

开发完本案例的移动关节类，接下来介绍本案例的主控制类 MyBox2dActivity，在场景中所有刚体摆放位置都在该类中实现，具体代码如下。

代码位置：见随书光盘中源代码/第 10 章/Sample10_7/src/com/bn/box2d/prismatic 目录下的 MyBox2dActivity.java。

```
1   package com.bn.box2d.prismatic;                          //导入包
2   ……//此处省略导入类的代码，读者可自行查阅随书附带光盘中的源代码
3   public class MyBox2dActivity extends Activity{          //继承Android系统的Activity
4       World world;                                         //物理世界引用
5       ArrayList<MyBody> bl=new ArrayList<MyBody>();        //物体列表
6       public void onCreate(Bundle savedInstanceState){
7           ……//此处省略与前面案例中类似的代码，读者可自行查阅随书附带光盘中的源代码
8           MyRectColor  mrc1=Box2DUtil.createBox((720/2+x)*ratio,(1280/2+100+10+
    y)*ratio,
9               (30)*ratio,(100)*ratio,false,world,Color.RED,0.5f,0.1f,0.9f);
                //创建矩形 1--下面的
10          String mrc2ID="4";                               //移动关节 ID
11          Vec2 vanchor1=new Vec2(-1.0f,1.0f);              //创建轴向量
12          bl.add(mrc1);                                    //将矩形 1 添加进集合
13          new MyBox2DPrismaticJoint(mrc2ID, world, false, mrclow.body, mrc1.body,
14              mrc1.body.getPosition(), vanchor1, 0, true, (-250.0f)*ratio,
15                  250.0f*ratio, false, 0, 0.0f);//创建约束木板物体的移动关节对象
16          MyRectColor mrc2=Box2DUtil.createBox((720/2+x)*ratio, (1280/2-100+y)*
    ratio,
17              (30)*ratio,(100)*ratio,false,world,Color.RED,0.01f,0.1f,0.9f);
                //创建矩形 2
18          mrc2ID="5";                                      //移动关节 ID
19          bl.add(mrc2);                                    //将矩形 2 添加进集合
20          Vec2 vanchor2=new Vec2(-1.0f,-1.0f);             //创建锚点
21          new MyBox2DPrismaticJoint(mrc2ID, world, false, mrclow.body, mrc2.body,
22                  mrc2.body.getPosition(), vanchor2, 0, true, (-250.0f)*ratio,
23                  250.0f*ratio, true,10.0f,1000.0f);//创建约束木板物体的移动关节对象
24          GameView gv= new GameView(this);                 //创建 GameView 类
25          setContentView(gv);                              //跳转至 GameView 界面
26  }}
```

- 第 8～11 行为创建实现移动关节的下侧的木板，设置了其刚体的一些基本属性，声明了移动关节 ID 的引用并为其赋值，随后创建实现移动关节所需的轴向量。
- 第 13～15 行在创建约束下侧木块移动的移动关节对象时，对于其对象的参数设置中，开启移动马达，并为关节的马达速度和最大扭矩赋予一定的初始值。
- 第 21～23 行在创建约束上侧木块移动的移动关节对象时，对于其对象的参数设置中，不开启移动马达，并将马达速度和最大扭矩初始化为 0。

说明：在创建约束木块的移动关节对象时，在设置其一些基本参数时，其一个物体类对象为下（上）侧的木块，另一个为省略了的创建的地面刚体。其创建地面刚体的具体代码实现，读者若需要可自行查阅随书附带光盘中的源代码。

4. 绘制线程类——DrawThread

由于需滑动木块来实现移动关节的效果，所以本案例中也使用了鼠标关节，但之前的案例已对鼠标关节作了详细的介绍，在此将不再对鼠标关节进行叙述。只对绘制线程中重写的 run()方法进行介绍，其主要实现在滑动木块时对鼠标关节的删除功能。

代码位置：见随书光盘中源代码/第 10 章/Sample10_7/src/com/bn/box2d/prismatic 目录下的 DrawThread.java。

```
public void run(){
    while(DRAW_THREAD_FLAG){                                 //判断标志位是否为 true
        gv.activity.world.step(TIME_STEP, Vec_ITERA,POSITON_ITERA);//开始模拟
        if(!gv.isTouch){                                     //不是触控时
            if(gv.activity.world.getJointCount()>2){//存在鼠标关节时
                for(int i=0;i<gv.activity.world.getJointCount();i++){
                    Joint jj=gv.activity.world.getJointList();
```

```
                                    //从物理世界获得关节
                                    if(jj.getUserData().equals("M")){
                                    //根据 id 来判断是否为鼠标关节
                                         gv.activity.world.destroyJoint(jj);
                                         //从物理世界删除指定关节
                                    }
                                    jj=null;                              //将 jj 置为 null
              }}}
              gv.repaint();                                               //刷帧
    }}
```

> **说明** 在未滑动木块时，应将所有的鼠标关节删除以免木块在运动的过程中停止运动，但由于物理世界中还存在两个移动关节，所以在删除鼠标关节时应判断其是否为鼠标关节，即判断关节总数是否大于 2，并且其关节数据 ID 是否匹配于相应的鼠标关节数据 ID。

10.6.10 齿轮关节描述——GearJointDef 类

顾名思义，齿轮关节就是为了使两个物体实现齿轮滑动的效果。创建齿轮关节需要两个辅助关节，辅助关节既可以是移动关节，也可以是旋转关节，开发人员可以依据自己的需求来创建齿轮关节。具体情况如图 10-53 所示。

此外创建该关节还需要提供一个齿轮距离比，其用来将运动结合在一起。其满足一个刚体的锚点坐标与齿轮距离比的乘积加上另一刚体的锚点坐标为一个常量坐标，通过改变该距离比的大小来调整当一个刚体移动或旋转时，另一个刚体对应的移动距离或旋转角的大小。

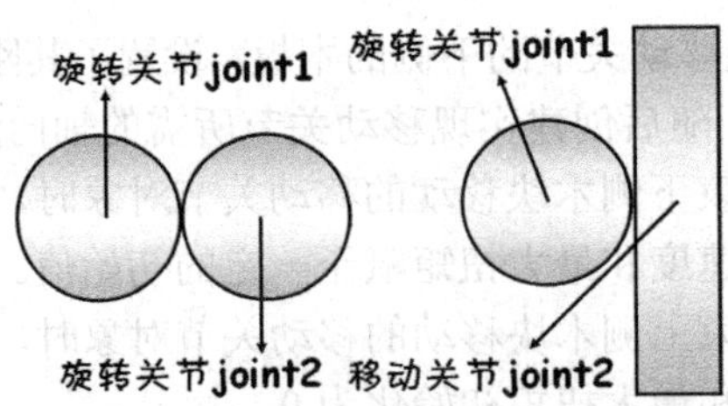

▲图 10-53 齿轮关节

齿轮关节描述的属性如表 10-29 所列。

表 10-29 GearJointDef 类的属性

属 性	含 义
Joint joint1	表示齿轮关节关联的关节 joint1
Joint joint2	表示齿轮关节关联的关节 joint2
float ratio	表示齿轮距离比

10.6.11 齿轮关节案例——转动的齿轮

学习完齿轮关节之后，这里将给出使用齿轮关节的案例——转动的齿轮案例，以便于读者能够正确地使用齿轮关节，同时也利于读者加深对齿轮关节的理解。

1. 案例运行效果

该案例主要演示的是，在一个平面内，固定着半径不同的两个齿轮和一块与大齿轮关联着的木板，当木块因其自身重力的影响而下落时，另外两个齿轮相应做出旋转。此外，用户还可以上下拖拉木块以便更改其位置。其运行效果如图 10-54、图 10-55、图 10-56 及图 10-57 所示。

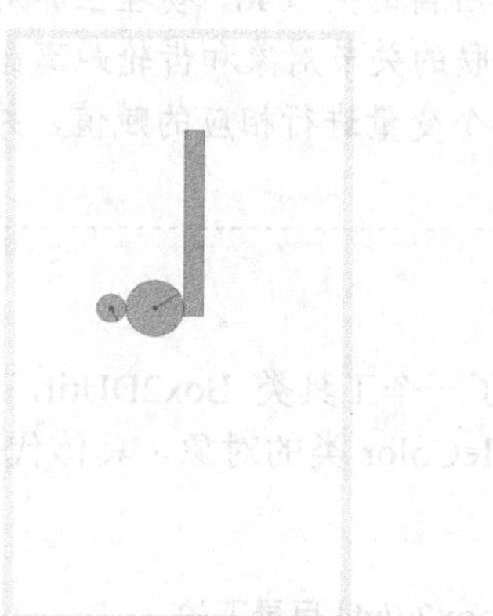

▲图 10-54 案例运行开始

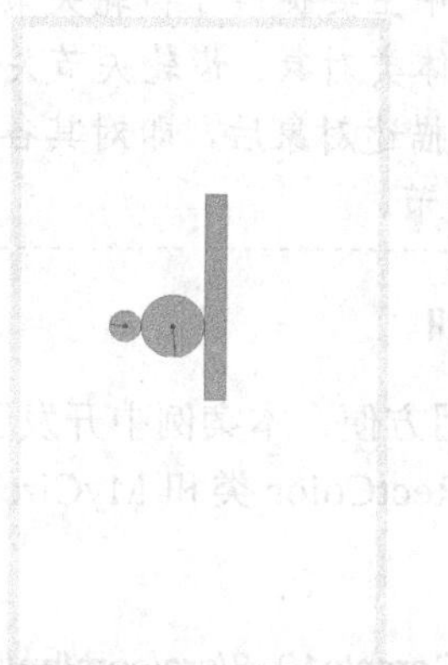

▲图 10-55 木块开始下落

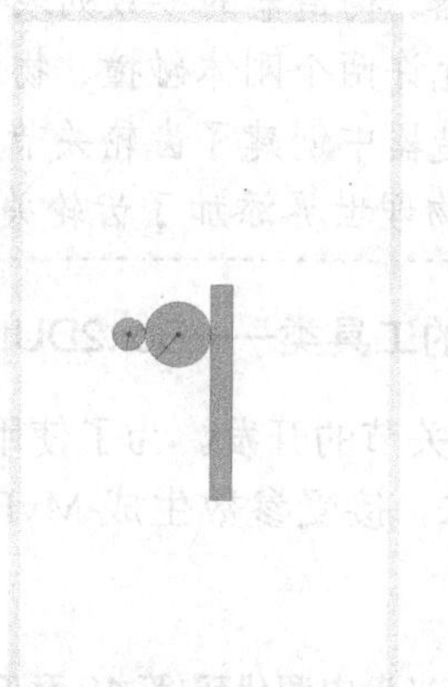

▲图 10-56 木块下落

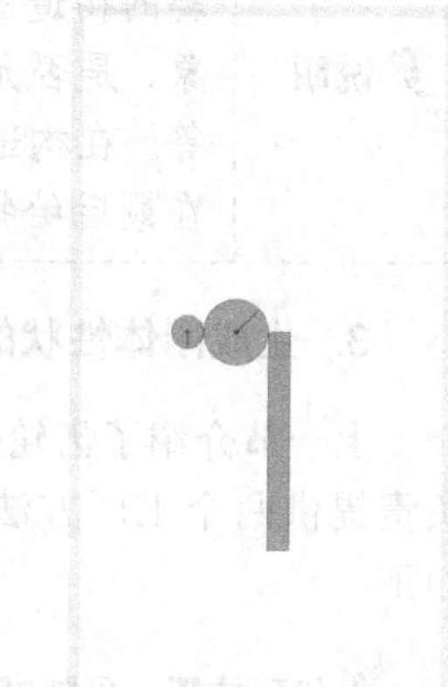

▲图 10-57 木块静止

说明 图 10-54 为案例运行开始时的效果图，图 10-55 为木块开始下落时的效果图，图 10-56 为木块下落时的效果图，图 10-57 为木块静止时的效果图。

由于此案例的基本框架结构与前面小球下摆案例基本一致，因此这里不再赘述重复的内容。这里主要介绍本案例中的重点，包括齿轮关节类 MyGearJoint 的开发、生成刚体性状的工具类 Box2DUtil 的开发和主控制类 MyBox2dActivity 的开发。

2. 齿轮关节类——MyGearJoint

开发齿轮关节，主要是通过构造器传进部分参数，创建齿轮关节描述后，并对其进行相应的赋值，然后在物理世界里增添齿轮关节，具体代码如下。

代码位置：见随书光盘中源代码/第 10 章/Sample10_8/src/com/bn/box2d/util 目录下的 MyGearJoint.java。

```
package com.bn.box2d.util;                          //声明包名
……//此处省略导入类的代码，读者可自行查阅随书附带光盘中的源代码
public class MyGearJoint{                            //齿轮关节类
      public GearJoint mJoint;                       //声明齿轮关节对象
      public World mWorld;                           //声明物理世界类对象
      public MyGearJoint(
            String id,                               //关节 id
            World world,                             //物理世界对象
            boolean collideConnected,                //是否允许两个刚体碰撞
            MyBody poA,                              //物体类对象 A
            MyBody poB,                              //物体类对象 B
            Joint joint1,                            //齿轮关节关联的关节 joint1
            Joint joint2,                            //齿轮关节关联的关节 joint2
            float ratio                              //齿轮距离比
      ){
            this.mWorld=world;                       //给物理世界类对象赋值
            GearJointDef gjd = new GearJointDef();//创建齿轮关节描述
            gjd.userData=id;                         //给关节描述的用户数据赋予关节 id
            gjd.collideConnected=collideConnected; //给是否允许碰撞标志赋值
            gjd.bodyA=poA.body;                      //给齿轮关节关联的刚体 bodyA 赋值
            gjd.bodyB=poB.body;                      //给齿轮关节关联的刚体 bodyB 赋值
            gjd.joint1=joint1;                       //给齿轮关节关联的关节 joint1 赋值
            gjd.joint2=joint2;                       //给齿轮关节关联的关节 joint2 赋值
            gjd.ratio=ratio;                         //给齿轮关节的齿轮距离比赋值
            mJoint=(GearJoint)world.createJoint(gjd); //在物理世界里增添齿轮关节
}}
```

说明

该类主要声明了齿轮关节对象 mJoint，物理世界类对象 mWorld 和 MyGearJoint 类的构造器。构造器的参数列表中主要提供了齿轮关节所需的关节 id、物理世界对象、是否允许两个刚体碰撞、物体类对象、齿轮关节关联的关节对象和齿轮距离比等。在构造器中创建了齿轮关节描述对象后，即对其各个变量进行相应的赋值，并在最后给物理世界添加了齿轮关节。

3. 生成刚体性状的工具类——Box2DUtil

上一节介绍了齿轮关节的开发。为了使用方便，本案例中开发了一个工具类 Box2DUtil，它负责提供两个工厂方法，接受参数生成 MyRectColor 类和 MyCircleColor 类的对象，具体代码如下。

代码位置：见随书光盘中源代码/第 10 章/Sample10_8/src/com/bn/box2d/util 目录下的 Box2DUtil.java。

```
package com.bn.box2d.util;                                      //声明包名
……//此处省略导入类的代码，读者可自行查阅随书附带光盘中的源代码
public class Box2DUtil{                                         //生成物理形状的工具类
      public static MyRectColor createBox(                      //创建矩形物体
            float x,                                            //x 坐标
            float y,                                            //y 坐标
            float halfWidth,                                    //半宽
            float halfHeight,                                   //半高
            boolean isStatic,                                   //是否为静止的
            World world,                                        //世界
            int color,                                          //颜色
            int indext,                                         //索引值
            float density,                                      //物体密度
            float friction,                                     //物体摩擦系数
            float restitution                                   //物体恢复系数
      ){
            ……//此处省略了与前面案例中相似的代码，请自行查看源代码
            FixtureDef fd=new  FixtureDef();                    //创建刚体物理描述
            fd.density =density;                                //设置密度
            fd.friction =friction;                              //设置摩擦系数
            fd.restitution =restitution;                        //设置能量损失率（反弹）
            fd.shape=ps;                                        //设置形状
            ……//此处省略了与前面案例中相似的代码，请自行查看源代码
            return new MyRectColor(bodyTemp,halfWidth,halfHeight,color,indext);
      }
      public static MyCircleColor createCircle(                 //创建圆形
            ……//此处省略的代码和上面创建矩形的相同，故省略
      ){    ……/*此处创建圆的代码和上面创建矩形的代码大致相同，请自行查看源代码*/
}}
```

说明

上述代码主要介绍了生成矩形和圆的工具类，通过参数列表中的物体密度、摩擦系数以及恢复系数，设置相应的刚体物理描述中的系数，并返回矩形类对象和圆形对象，由于代码大致相似，所以省略了一些代码，读者可自行查阅随书附带光盘中的源代码。

4. 主控制类——MyBox2dActivity

开发完本案例的工具类，接下来就是开发本案例的主控制类 MyBox2dActivity，其与小球下摆案例的主控制类结构大致类似，因此这里不再赘述重复的内容。这里主要介绍本案例中的重点，即各个物体的创建和各个物体间关节的创建，具体代码如下。

代码位置：见随书光盘中源代码/第 10 章/Sample10_8/src/com/bn/box2d/gearjoint 目录下的 MyBox2dActivity.java。

```
1     package com.bn.box2d.gearjoint;                               //声明包名
2     ……//此处省略导入类的代码，读者可自行查阅随书附带光盘中的源代码
3     public class MyBox2dActivity extends Activity{
4     ……//此处省略变量定义的代码，请自行查看源代码
5         public void onCreate(Bundle savedInstanceState) {
6             ……//此处省略了与前面案例中相似的代码，请自行查看源代码
7             final int kd=40;                                      //定义宽度或高度
8             MyRectColor mrc=Box2DUtil.createBox(kd/4,SCREEN_HEIGHT/2,kd/4,//创建包围框
9                         SCREEN_HEIGHT/2,true,world,Color.YELLOW, 0,0,0,0);
10            bl.add(mrc);                                          //将包围框加进物体列表
11            ……//此处其他包围框的创建与上述相似，故省略，请自行查阅随书光盘中的源代码
12            MyCircleColor ball=Box2DUtil.createCircle             //创建圆
13                        ((310+x)*ratio,(600+y)*ratio, 5*ratio,true, world,
                          Color.RED,4,0,0,0);
14            bl.add(ball);                                         //将圆加进物体列表
15            ……//此处其他圆的创建与上述相似，故省略，请自行查阅随书光盘中的源代码
16            MyRevoluteJoint r1 = new MyRevoluteJoint
17                    ("R1",world,false,bl.get(4),bl.get(7),new
                      Vec2((310+x)*ratio,(600+y)*ratio),
18                    false,0,0,false,0,0);//创建固定圆形物体和大齿轮之间的旋转关节
19            MyRevoluteJoint r2 = new MyRevoluteJoint
20                    ("R2",world,false,bl.get(5),bl.get(6),new
                      Vec2((220+x)*ratio,(600+y)*ratio),
21                    false,0,0,false,0,0);//创建固定圆形物体和小齿轮之间的旋转关节
22            MyPrismaticJoint p1 = new MyPrismaticJoint("P1",world,false,bl.get(3),
23                    bl.get(8),bl.get(8).body.getPosition(),new Vec2(0,1),0,
24                        true,0,400.0f*ratio,false,0,0);//创建约束木块的移动关节
25            new MyGearJoint("G1",world,false, bl.get(6),bl.get(7),
26                        r2.mJoint,r1.mJoint,2.0f); //创建约束两个齿轮的齿轮关节
27            new MyGearJoint("G2",world,false,bl.get(7),bl.get(8),
28                        r1.mJoint,p1.mJoint,1.0f/60.0f*RATE);
                          //创建约束大齿轮和木块齿轮关节
29            GameView gv= new GameView(this);                      //创建 GameView 对象
30            setContentView(gv);                                   //跳转到 GameView 界面
31    }}
```

- 第 6～15 行为创建游戏运行界面内的包围框和圆、矩形等，通过设置其 x 坐标、y 坐标、半宽、半高、是否静止和颜色、物体密度、物体摩擦系数和物体恢复系数等属性，即可确定各个边框的状态以及对其进行绘制，部分相似代码省略，读者可自行查阅随书附带光盘中的源代码。
- 第 16～24 行为创建固定圆形物体和小齿轮之间的旋转关节、创建固定圆形物体和小齿轮之间的旋转关节和创建约束木块的移动关节，旋转关节和移动关节在上面已经进行了详细介绍，这里不再赘述，读者可自行查阅随书附带光盘中的源代码。
- 第 25～31 行为创建约束两个齿轮之间的齿轮关节和创建约束大齿轮和木块之间的齿轮关节。齿轮关节在前面的小节已经进行了详细的介绍，这里不再进行赘述，读者可自行查阅随书附带光盘中的源代码。之后则获得 GameView 类的对象，并跳转至 GameView 界面。

10.6.12 焊接关节描述——WeldJointDef 类

焊接关节为实现两个物体能够焊接在一起，典型的例子是可以通过诸多物体相邻焊接，以实现跷跷板的物理效果。具体情况如图 10-58 所示。

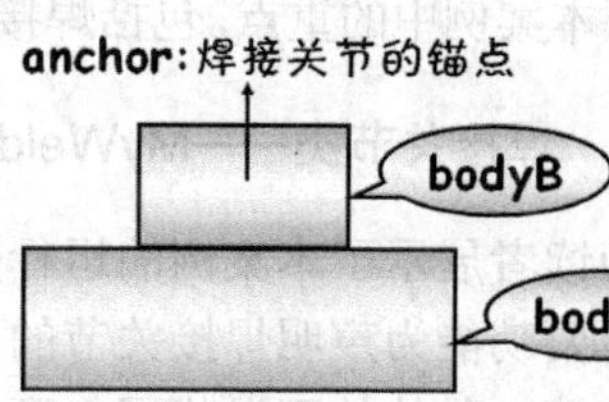

▲图 10-58　焊接关节

焊接关节描述的属性及方法如表 10-30 所列。

表 10-30　　WeldJointDef 类的属性及方法

属性或方法	含　义
Vec2 localAnchorA	表示关节关联的 bodyA 的本地锚点坐标
Vec2 localAnchorB	表示关节关联的 bodyB 的本地锚点坐标
float referenceAngle	表示 bodyB 与 bodyA 的角度差（弧度），默认值为 0.0f
float frequencyHz	表示关节频率，可以理解为柔韧度，值为 0 时表示禁用柔韧度，值越大柔韧度越大
float dampingRatio	表示阻尼系数，值为 0 时表示没有阻尼，值为 1 时表示临界阻尼
void initialize (Body bodyA, Body bodyB, Vec2 anchor)	焊接关节的初始化方法，参数 bodyA 表示关节关联的刚体 bodyA 对象的引用，参数 bodyB 表示关节关联的刚体 bodyB 对象的引用，参数 anchor 表示焊接关节的锚点坐标

10.6.13　焊接关节案例——有弹性的木板

学习完焊接关节的基本知识后，这里将给出使用焊接关节的案例——有弹性的木板案例，以便于读者能够正确地使用焊接关节，同时也利于读者加深对焊接关节的理解。

1. 案例运行效果

该案例主要演示的是在一个平面内固定着 3 个不同长度的有弹性的木板，一个小球从上空下落，分别与木板发生碰撞，小球因碰撞而发生反弹。运行效果如图 10-59、图 10-60、图 10-61 及图 10-62 所示。

▲图 10-59　案例运行开始

▲图 10-60　第一次与跳板碰撞

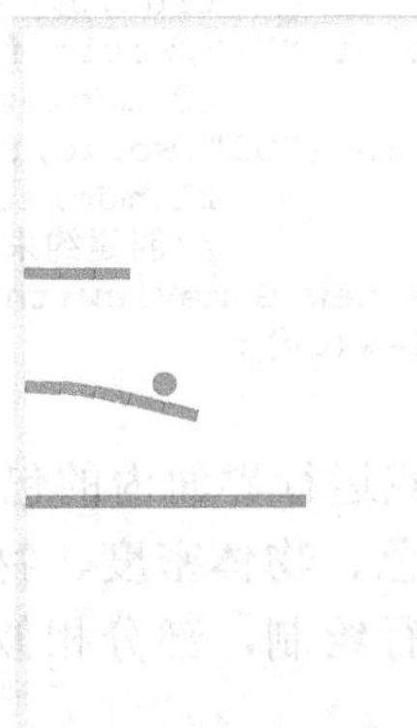

▲图 10-61　第二次与跳板碰撞

▲图 10-62　第三次与跳板碰撞

> **说明**　图 10-59 为案例运行开始时的效果图，图 10-60 为小球第一与跳板碰撞时的效果图，图 10-61 为小球第二次与跳板碰撞时的效果图，图 10-62 为小球第三次与跳板碰撞后被反弹时的效果图。

由于此案例的基本框架结构与本章前面小球下摆案例基本一致，因此这里不再重复。这里主要介绍本案例中的重点，包括焊接关节类 MyWeldJoint 的开发和主控制类 MyBox2dActivity 的开发。

2. 焊接关节类——MyWeldJoint

为读者展示了本案例的运行效果之后，下面将为读者详细地介绍焊接关节类 MyWeldJoint，该类主要功能为声明焊接关节的引用、声明物理世界类的引用以及通过构造器在物理世界添加焊接关节等，具体的开发代码如下。

代码位置：见随书光盘中源代码/第 10 章/Sample10_9/src/com/bn/box2d/gj/cl 目录下的 MyWeldJoint.java。

```
package com.bn.box2d.hj;                              //声明包
……//此处省略了导入类的代码，读者可自行查阅随书附带光盘中的源代码
public class MyWeldJoint{
    World world;                                      //声明物理世界对象
    WeldJoint wj;                                     //声明焊接关节对象
    public MyWeldJoint(                               //构造器
        String id,                                    //关节 id
        World world,                                  //物理世界对象
        boolean collideConnected,                     //是否允许两个刚体碰撞
        MyBody poA,                                   //刚体 A
        MyBody poB,                                   //刚体 B
        Vec2 anchor,                                  //焊接关节的锚点
        float frequencyHz,                            //关节频率
        float dampingRatio                            //阻尼系数
    ){
        this.world=world;                             //给物理世界类对象赋值
        WeldJointDef wjd=new WeldJointDef();  //声明焊接关节描述对象
        wjd.userData=id;                              //给关节描述的用户数据赋予关节 id
        wjd.collideConnected=collideConnected;//给是否允许碰撞标志赋值
        wjd.initialize(poA.body,poB.body,anchor);  //调用焊接关节的初始化方法
        wjd.frequencyHz = frequencyHz;                //给关节频率赋值
        wjd.dampingRatio = dampingRatio;  //给关节阻尼系数赋值
        wj=(WeldJoint) world.createJoint(wjd);//在物理世界添加焊接关节
}}
```

说明 该类声明了焊接关节引用 wj，物理世界类引用 world 和 WeldJoint 类的构造器。构造器的参数列表中主要提供了焊接关节所需的关节 id、物理世界对象引用、物体类对象引用、锚点坐标、角度差、关节频率、阻尼系数等。

3. 主控制类——MyBox2dActivity

开发完本案例的焊接关节类，接下来就是开发本案例的主控制类 MyBox2dActivity，该类的主要功能为设置屏幕模式、设置屏幕自适应以及创建场景所需的刚体等。其与小球下摆案例的主控制类结构大致类似，因此这里不再赘述重复的内容。具体的开发代码如下。

代码位置：见随书光盘中源代码/第 10 章/Sample10_9/src/com/bn/box2d/gj/cl 目录下的 MyBox2dActivity.java。

```
package com.bn.box2d.hj;                                      //声明包
……//此处省略了导入类的代码，读者可自行查阅随书附带光盘中的源代码
public class MyBox2dActivity extends Activity {
    World world;                                              //声明物理世界引用
    ArrayList<MyBody> al=new ArrayList<MyBody>();            //存储物体的集合
    String id;                                                //关节 id 引用
    @Override
    protected void onCreate(Bundle savedInstanceState) {
    //继承 Activity 需要重写的方法
        super.onCreate(savedInstanceState);                  //调用父类
        ……//此处省略了与前面案例中相似的代码，需要的读者可参考光盘中的源代码
        for(int i=0;i<3;i++){
            mrc=Box2DUtil.createBox((50+i*60+x)*ratio,( 450+y)*ratio,
            //创建木块物体类对象
                        30*ratio,10*ratio,false,world,0.5f-i*0.09f,0.0f,
                        0.9f,Color.RED);
            mrc.body.setAwake(false);                        //禁止唤醒
            al.add(mrc);                                     //将木块添加进集合
            id=i+"";                                         //设置焊接关节 id
            new MyWeldJoint(id,world,false,al.get(i+3),mrc,
            //创建约束木块和木块的焊接关节对象
                    mrc.body.getPosition(),17,0);
    }
```

```
20        for(int i=0;i<5;i++){
21            mrc=Box2DUtil.createBox((50+i*60+x)*ratio, (650+y)*ratio,
              //创建木块物体类对象
22                                    30*ratio,10*ratio,false,world,0.5f-i*0.09f,
                                      0.0f,0.9f, Color.RED);
23            mrc.body.setAwake(false);                         //禁止唤醒
24            al.add(mrc);                                      //将木块添加进集合
25            if(i==0){
26                id="ww";                                      //设置焊接关节 id
27                new MyWeldJoint(id,world,false,al.get(3),
                  //创建约束木块和木块的焊接关节对象
28                                        mrc,mrc.body.getPosition(),17,0);
29            }else{
30                id=i+6+"";                                    //设置焊接关节 id
31                new MyWeldJoint(id,world,false,    //创建约束木块和木块的焊接关节对象
32                            al.get(i+6),mrc,mrc.body. getPosition(),17,0);
33        }}
34        for(int i=0;i<8;i++){
35                mrc=Box2DUtil.createBox((50+i*60+x)*ratio,(850+y)*ratio,
                  //创建木块物体类对象
36                            30*ratio,10*ratio,false,world,1.25f-i*0.09f,
                              0.0f,0.9f,Color.RED);
37                mrc.body.setAwake(false);                     //禁止唤醒
38                al.add(mrc);                                  //将木块添加进集合
39                if(i==0){
40                    id="hh";                                  //设置焊接关节 id
41                    new MyWeldJoint(id,world,false,al.get(3),
                      //创建约束木块和木块的焊接关节对象
42                                        mrc,mrc.body.getPosition(),17,0);
43                }else{
44                    id=i+11+"";                               //设置焊接关节 id
45                    new MyWeldJoint(id,world,false,//创建约束木块和木块的焊接关节对象
46                                        al.get(i+11),mrc,mrc.body.
                                          getPosition(),17,0);
47        }}
48        MyCircleColor ballA=Box2DUtil.createCircle((183+x)*ratio,    //创建圆形刚体
49                    (235+y)*ratio,20*ratio, world, Color.RED);
50        al.add(ballA);                                        //将球添加进集合
51        GameView gameView=new GameView(this);                 //创建 GameView 类对象
52        setContentView(gameView);                             //跳转至 GameView 界面
53    }}
```

- 第 4～6 行为本类的成员变量，主要是声明 World 类的引用，并创建 ArrayList<MyBody> 的集合对象，该集合对象中存放 MyBody 及其子类的对象以及生命关节 id 引用。
- 第 11～19 行功能为创建三个木块对象，并且创建出木块与左壁或木块与木块之间的焊接关节，以实现最上侧的木板。
- 第 20～33 行功能为创建五个木块对象，并且创建出木块与左壁或木块与木块之间的焊接关节，以实现中间的木板。
- 第 34～47 行功能为创建八个木块对象，并且创建出木块与左壁或木块与木块之间的焊接关节，以实现最下侧的木板。
- 第 48～50 行功能为创建圆形物体对象，充当掉落的圆球，并将其添加进集合。
- 第 51～51 行功能为创建 GameView 类的对象，并跳转至 GameView 界面。

10.6.14 滑轮关节描述——PulleyJointDef 类

滑轮关节用于创建理想的滑轮，其可以通过约束两个物体，实现当一个物体上升时，另一个物体就会下降的效果。在创建滑轮关节时，除了需要提供两个刚体对象，还需要提供的是刚体的本地锚点坐标以及刚体的支撑点坐标。

此外，还需要提供两个刚体对应的滑轮长度和一个滑轮长度比。所谓滑轮长度比是为了调节

刚体发生移动时的上下移动比，具体情况如图 10-63 所示。

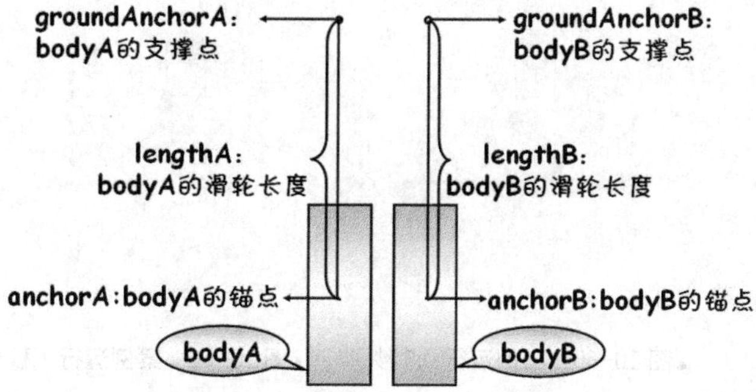

▲图 10-63　滑轮关节

滑轮关节描述属性及方法如表 10-31 所列。

表 10-31　　PulleyJointDef 类的属性及方法

属性或方法	含　义
Vec2 localAnchorA	表示关节关联的 bodyA 的本地锚点坐标，默认值为 Vec2(-1.0f,0.0f)
Vec2 localAnchorB	表示关节关联的 bodyB 的本地锚点坐标，默认值为 Vec2(1.0f,0.0f)
Vec2 groundAnchorA	表示关节关联的 bodyA 的支撑点的坐标，默认值为 Vec2(-1.0f,1.0f)
Vec2 groundAnchorB	表示关节关联的 bodyB 的支撑点的坐标，默认值为 Vec2(1.0f,1.0f)
float lengthA	表示关节关联的 bodyA 对应的滑轮长度，默认值为 0.0f
float lengthB	表示关节关联的 bodyB 对应的滑轮长度，默认值为 0.0f
float ratio	表示滑轮长度比
void initialize (Body b1, Body b2, Vec2 ga1, Vec2 ga2, Vec2 anchor1, Vec2 anchor2, float r);	滑轮关节的初始化函数，参数 bodyA 表示关节关联的刚体 bodyA，参数 bodyB 表示关节关联的刚体 bodyB，参数 groundAnchorA 表示刚体 bodyA 对应的支撑点坐标，参数 groundAnchorB 表示刚体 bodyB 对应的支撑点坐标，参数 anchorA 表示刚体 bodyA 对应的锚点坐标，参数 anchorB 表示刚体 bodyB 对应的锚点坐标，参数 ratio 表示滑轮长度比

10.6.15　滑轮关节案例——移动的木块

学习完滑轮关节之后，这里将给出使用滑轮关节的案例——移动的木块案例，以便于读者能够正确地使用滑轮关节，同时也利于读者加深对滑轮关节的理解。

1. 案例运行效果

该案例主要演示的是，在一个平面内，有两个质量不同的木块通过绳子连接着，质量相对大的木块自动下落，质量相对小的木块自动上升。其运行效果如图 10-64、图 10-65、图 10-66 及图 10-67 所示。

> **说明**　图 10-64 为案例运行开始时的效果图，图 10-65 为案例运行 0.5 秒时的效果图，图 10-66 为案例运行 1 秒时的效果图，图 10-67 为木块静止时的效果图。

由于此案例的基本框架结构与前面小球下摆案例基本一致，因此这里不再赘述重复的内容。这里主要介绍本案例中的重点，包括滑轮关节类 MyPulleyJoint 的开发和主控制类 MyBox2dActivity 的开发。

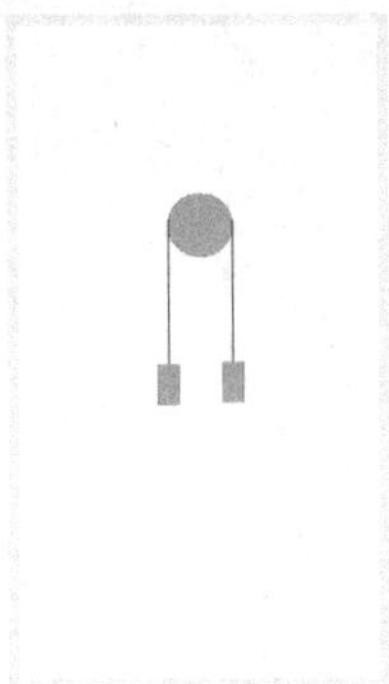

▲图 10-64 案例运行开始

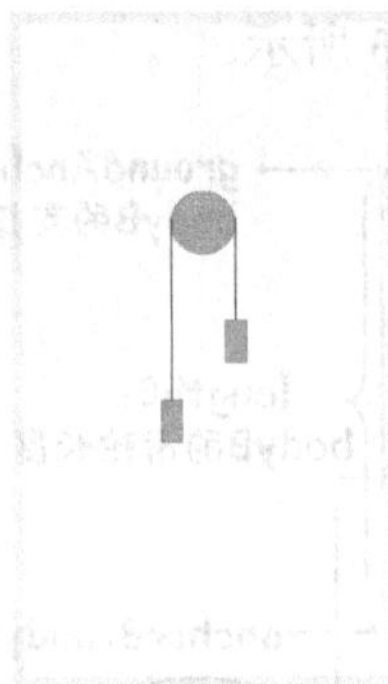

▲图 10-65 案例运行 0.5 秒

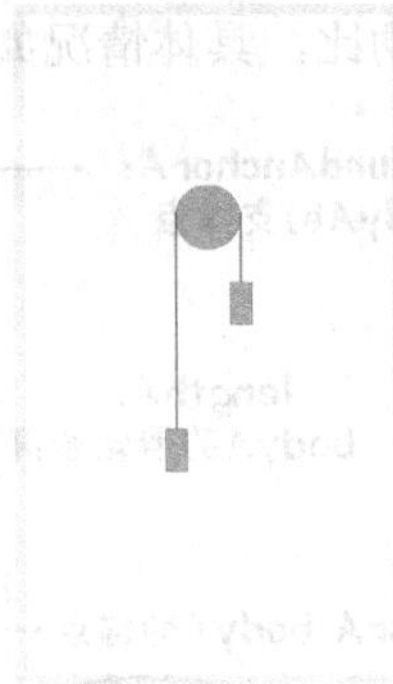

▲图 10-66 案例运行 1 秒

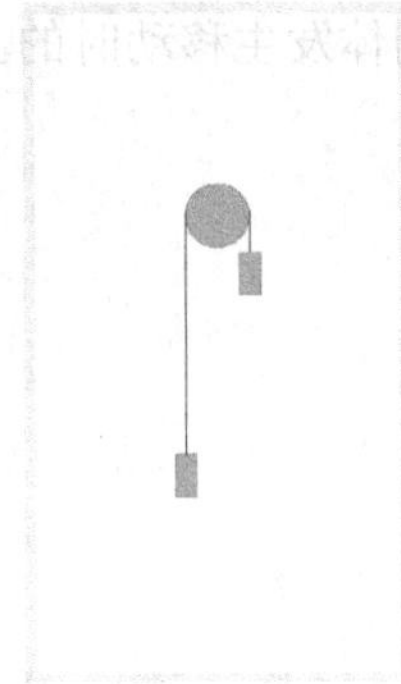

▲图 10-67 木块静止

2. 滑轮关节类——MyPulleyJoint

开发滑轮关节，主要是通过构造器传进部分参数，在创建滑轮关节描述后，并对其进行相应的赋值，最后在物理世界里添加滑轮关节，具体代码如下。

代码位置：见随书光盘中源代码/第 10 章/Sample10_10/src/com/bn/box2d/util 目录下的 MyPulleyJoint.java。

```
package com.bn.box2d.util;                                         //声明包名
……//此处省略导入类的代码，读者可自行查阅随书附带光盘中的源代码
public class MyPulleyJoint{                                        //滑轮关节类
      public PulleyJoint mJoint;                                   //声明滑轮关节对象
      public World mWorld;                                         //声明物理世界类对象
      public MyPulleyJoint(
            String id,                                             //关节 id
            World world,                                           //物理世界对象
            boolean collideConnected,                              //是否允许两个刚体碰撞
            MyBody poA,                                            //物体类对象 A
            MyBody poB,                                            //物体类对象 B
            Vec2 groundAnchorA,                                    //物体类对象 A 的支撑点坐标
            Vec2 groundAnchorB,                                    //物体类对象 B 的支撑点坐标
            Vec2 anchorA,                                          //物体类对象 A 的锚点坐标
            Vec2 anchorB,                                          //物体类对象 B 的锚点坐标
            float ratio                                            //滑轮长度比
      ){
            this.mWorld=world;                                     //给物理世界类对象赋值
            PulleyJointDef pjd = new PulleyJointDef(); //创建滑轮关节描述
            pjd.collideConnected=collideConnected;                 //给是否允许碰撞标志赋值
            pjd.userData=id;                                   //给关节描述的用户数据赋予关节 id
            groundAnchorA.x = groundAnchorA.x / RATE;//将锚点的 x 坐标改为物理世界下的 x 坐标
            groundAnchorA.y = groundAnchorA.y / RATE;//将锚点的 y 坐标改为物理世界下的 y 坐标
            groundAnchorB.x = groundAnchorB.x / RATE;//将锚点的 x 坐标改为物理世界下的 x 坐标
            groundAnchorB.y = groundAnchorB.y / RATE;//将锚点的 y 坐标改为物理世界下的 y 坐标
            anchorA.x = anchorA.x / RATE;        //将锚点的 x 坐标改为物理世界下的 x 坐标
            anchorA.y = anchorA.y / RATE;        //将锚点的 y 坐标改为物理世界下的 y 坐标
            anchorB.x = anchorB.x / RATE;        //将锚点的 x 坐标改为物理世界下的 x 坐标
            anchorB.y = anchorB.y / RATE;        //将锚点的 y 坐标改为物理世界下的 y 坐标
            pjd.initialize(poA.body, poB.body,groundAnchorA, groundAnchorB,
                        anchorA, anchorB, ratio);  //调用滑轮关节描述的初始化函数
            mJoint=(PulleyJoint)world.createJoint(pjd);//在物理世界里添加滑轮关节
 }}
```

说明 该类主要声明了滑轮关节对象 mJoint，物理世界类对象 mWorld 和 MyGearJoint 类的构造器。构造器的参数列表中主要提供了滑轮关节所需的关节 id、物理世界对象、是否允许两个刚体碰撞、物体类对象、支撑点坐标、锚点坐标和滑轮距离比等。在构造器中创建了滑轮关节描述对象后，即对其各个变量进行相应的赋值，并在最后给物理世界添加了滑轮关节。

3. 主控制类——MyBox2dActivity

开发完本案例的滑轮关节类，接下来就是开发本案例的主控制类 MyBox2dActivity，其与小球下摆案例的主控制类结构大致类似，因此这里不再赘述重复的内容。这里主要介绍本案例中的重点，即创建圆和矩形，并给其添加滑轮关节，实现的代码如下。

代码位置：见随书光盘中源代码/第 10 章/Sample10_10/src/com/bn/box2d/pulleyjoint 目录下的 MyBox2dActivity.java。

```
package com.bn.box2d.pulleyjoint;                          //声明包名
……//此处省略导入类的代码，读者可自行查阅随书附带光盘中的源代码
public class MyBox2dActivity extends Activity{           //继承Android系统的Activity
……//此处省略变量定义的代码，请自行查看源代码
    public void onCreate(Bundle savedInstanceState){  //继承Activity需要重写的方法
        ……//此处省略了与前面案例中相似的代码，请自行查看源代码
        Vec2 gravity = new Vec2(0.0f,8.0f);
        world = new World(gravity);                        //创建世界
        final int kd=40;                                    //定义宽度或高度
        MyRectColor mrc=Box2DUtil.createBox(kd/4,SCREEN_HEIGHT/2, kd/4,
                        SCREEN_HEIGHT/2,true,world,Color.YELLOW, 0,0,0,0);
        bl.add(mrc);                                        //将包围框添加进物体列表
        ……//此处其他包围框的创建与上述相似，故省略，请自行查阅随书光盘中的源代码
        MyCircleColor ball=Box2DUtil.createCircle((360+x)*ratio,(400+y)*ratio,
        60*ratio,
                                true, world,Color.RED,4,0,0,0);//创建固定圆
        bl.add(ball);                  //将圆添加进物体列表
        ……//此处其他矩形的创建与上述相似，故省略，请自行查阅随书光盘中的源代码
        new MyPulleyJoint("P1",world,false,bl.get(5),bl.get(6),
        //创建约束两个木块的滑轮关节
                new Vec2((300+x)*ratio,(430+y)*ratio),new Vec2((420+x)*ratio,
                (430+y)*ratio),
                new Vec2((300+x)*ratio,(620+y)*ratio),new Vec2((420+x)*ratio,
                (620+y)*ratio),1.0f);
        GameView gv= new GameView(this);                          //创建GameView界面
        setContentView(gv);                                       //跳转到GameView界面
}}
```

说明 本类中主要介绍了创建游戏运行界面内的包围框和圆、矩形等，由于代码大致相同，故省略，读者可自行查阅随书附带光盘中的源代码。然后创建约束两个木块的滑轮关节，滑轮关节类在上一小节已经进行了详细介绍，这里不再赘述，最后获得 GameView 类的对象，并跳转至 GameView 界面。

10.6.16 车轮关节描述——WheelJointDef 类

车轮关节是指一个刚体可以围绕着另一刚体的某个轴进行转动，其可以实现车轮旋转的效果。定义车轮关节时，除了需要提供两个刚体对象和车轮关节的锚点，还需要提供一个轴向量。具体情况如图 10-68 所示。

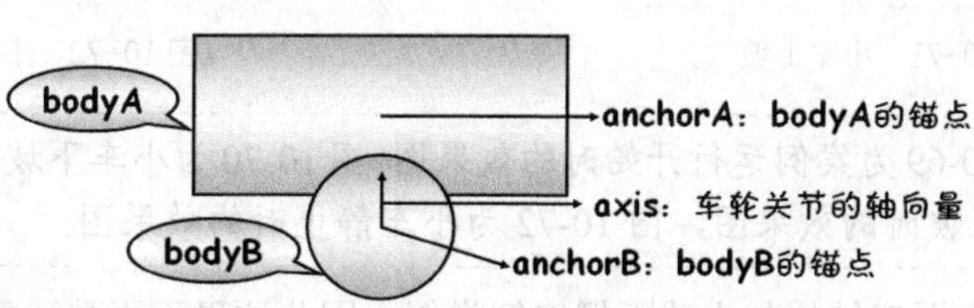

▲图 10-68 车轮关节

车轮关节描述的属性及方法如表 10-32 所列。

表 10-32　　WheelJointDef 类的属性及方法

属性或方法	含　义
Vec2 localAnchorA	表示关节关联的 bodyA 的本地锚点坐标
Vec2 localAnchorB	表示关节关联的 bodyB 的本地锚点坐标
Vec2 localAxisA	表示车轮关节的本地轴向量，此向量为单位向量，默认值为 Vec2(1.0f,0.0f)
boolean enableMotor	表示是否开启马达，默认值为 false
float maxMotorTorque	表示马达的最大力矩，默认值为 0.0f
float motorSpeed	表示马达转速，单位通常为弧度每秒，默认值为 0.0f
float frequencyHz	表示关节频率，可以理解为柔韧度，值为 0 时表示禁用柔韧度，值越大柔韧度越大
float dampingRatio	表示阻尼系数，值为 0 时表示没有阻尼，值为 1 时表示临界阻尼
void initialize (Body b1, Body b2, Vec2 anchor, Vec2 axis)	车轮关节的初始化方法，参数 b1 表示关节关联的刚体 bodyA 对象的引用，参数 b2 表示关节关联的刚体 bodyB 对象的引用，参数 anchor 表示车轮关节的锚点，参数 axis 表示车轮关节的轴向量

10.6.17　车轮关节案例——运动的小车

学习完车轮关节的基本知识后，这里将给出使用车轮关节的案例——运动的小车案例，以便于读者能够正确地使用车轮关节，同时也利于读者加深对车轮关节的理解。

1．案例运行效果

该案例主要演示的是，在一个平面内，一个开启着后轮驱动的小车从左侧高坡下落，一直运动到最右侧。其运行效果如图 10-69、图 10-70、图 10-71 及图 10-72 所示。

▲图 10-69　案例运行开始

▲图 10-70　小车下坡

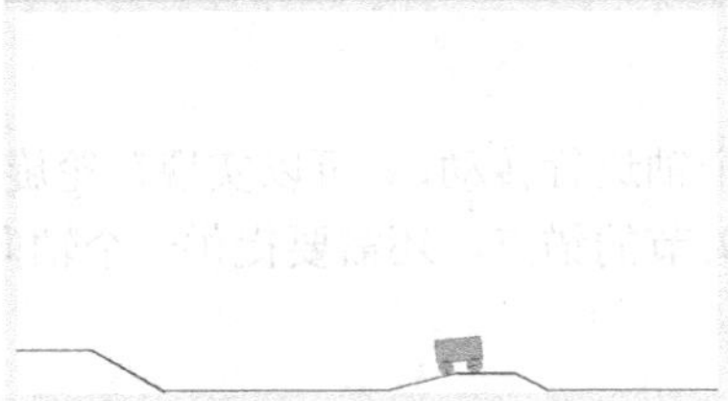

▲图 10-71　小车上坡

▲图 10-72　小车静止

> 说明　图 10-69 为案例运行开始时的效果图，图 10-70 为小车下坡时的效果图，图 10-71 为小车上坡时的效果图，图 10-72 为小车静止时的效果图。

由于此案例的基本框架结构与小球下摆案例类似，因此这里不再赘述重复的内容。在此主要为读者介绍本案例中的重点，即车轮关节类 MyWeldJoint 的开发和主控制类 MyBox2dActivity 的开发。

2. 车轮关节类——MyWeldJoint

上面为读者展示了本案例的运行效果，下面将为读者展示了本案例的运行效果读者介绍车轮关节类 MyWeldJoint，该车轮关节类主要功能为声明车轮关节的引用、物理世界类的引用以及通过构造器在物理世界添加车轮关节等，具体代码如下。

代码位置：见随书光盘中源代码/第 10 章/Sample10_11/src/com/bn/box2d/hj 目录下的 MyWeldJoint.java。

```
package com.bn.box2d.hj;                                     //声明包
……//此处省略了导入类的代码，读者可自行查阅随书附带光盘中的源代码
public class MyWeldJoint{
      World world;                                           //声明物理世界对象
      WeldJoint wj;                                          //声明焊接关节对象
      public MyWeldJoint(                                    //构造器
            String id,                                       //关节 id
            World world,                                     //物理世界对象
            boolean collideConnected,                        //是否允许两个刚体碰撞
            MyBody poA,                                      //刚体 A
            MyBody poB,                                      //刚体 B
            Vec2 anchor,                                     //焊接关节的锚点
            float frequencyHz,                               //关节频率
            float dampingRatio                               //阻尼系数
      ){
            his.world=world;                                     //给物理世界类对象赋值
            WeldJointDef wjd=new WeldJointDef();                 //声明焊接关节描述对象
            wjd.userData=id;                                 //给关节描述的用户数据赋予关节 id
            wjd.collideConnected=collideConnected;               //给是否允许碰撞标志赋值
            wjd.initialize(poA.body,poB.body,anchor);            //调用焊接关节的初始化方法
            wjd.frequencyHz = frequencyHz;                       //给关节频率赋值
            wjd.dampingRatio = dampingRatio;                     //给关节阻尼系数赋值
            wj=(WeldJoint) world.createJoint(wjd);               //在物理世界添加焊接关节
}}
```

说明 该类声明了车轮关节引用 wj，物理世界类引用 world 和 MyWeldJoint 类的构造器。构造器的参数列表中主要提供了车轮关节所需的关节 id、物理世界引用、物体类引用、锚点坐标、是否开启马达、马达速度和扭矩、关节频率、阻尼系数等。

3. 主控制类——MyBox2dActivity

开发完车轮关节类之后，接下来就是介绍本案例的主控制类 MyBox2dActivity。该类的主要功能为设置屏幕模式、设置屏幕自适应以及创建场景所需的刚体。MyBox2dActivity 类中部分刚体的创建与小球下摆案例中部分刚体的创建基本一致，这里不再重复讲解。具体的开发代码如下。

代码位置：见随书光盘中源代码/第 10 章/Sample10_11/src/com/bn/box2d/hj 目录下的 MyBox2dActivity.java。

```
package com.bn.box2d.gj.cl;                                          //声明包
……//此处省略了导入类的代码，读者可自行查阅随书附带光盘中的源代码
public class MyBox2DActivity extends Activity {
     World world;                                                    //声明物理世界引用
     ArrayList<MyBody> al=new ArrayList<MyBody>();                   //存储物体的集合
     @Override
     protected void onCreate(Bundle savedInstanceState){//继承 Activity 需要重写的方法
          super.onCreate(savedInstanceState);                        //调用父类方法
          ……//此处省略了与前面案例中相似的代码，需要的读者可参考光盘中的源代码
          MyPolygonColor mpc=Box2DUtil.createPolygon(        //创建多边形物体类对象
               (20+y)*ratio,                               //设置多边形物体类对象的起点 x 坐标
               (620+x)*ratio,                              //设置多边形物体类对象的起点 y 坐标
               new float[][]{                              //点序列
                    {(0+y)*ratio,(0+x)*ratio},         //多边形边框的第一个坐标
```

```
15                     {(130+y)*ratio,(0+x)*ratio},        //多边形边框的第二个坐标
16                     {(130+y)*ratio,(2+x)*ratio},        //多边形边框的第三个坐标
17                     {(0+y)*ratio,(2+x)*ratio}           //多边形边框的第四个坐标
18                 },
19                 true,                                   //isStatic 标志位
20                 world,                                  //World 类对象
21                 Color.BLUE                              //设置多边形物体类对象颜色
22             );
23             al.add(mpc);                                //将多边形类对象添加进集合
24             ……//此处省略了创建其他 6 个线性物体类对象的代码，需要的读者可参考光盘中的源代码
25             MyRectColor mrcB=Box2DUtil.createBox((70+y)*ratio,//创建矩形车身物体类对象
26                 (580+x)*ratio,40*ratio, 20*ratio, false, world, 0.2f,0.1f,0.9f,
                   Color.RED);
27             al.add(mrcB);                               //将矩形车身物体类对象添加进集合
28             MyCircleColor ballA=Box2DUtil.createCircle((45+y)*ratio,
               //创建圆形车轮物体类对象
29                                     (610+x)*ratio, 13*ratio, world, Color.RED);
30             al.add(ballA);                          //创建圆形车轮物体类对象
31             MyCircleColor ballB=Box2DUtil.createCircle((95+y)*ratio,
               //创建圆形车轮物体类对象
32                                     (610+x)*ratio, 13*ratio, world, Color.RED);
33             al.add(ballB);                              //创建圆形车轮物体类对象
34             new MyWheelJoint("one",world,false,mrcB,    //创建车轮关节
35                 ballA,ballA.body.getPosition(),new
                   Vec2(0,1),true,10.0f,7,4.0f,0.7f);
36             new MyWheelJoint("two",world,false,mrcB,    //创建车轮关节
37                 ballB,ballB.body.getPosition(),new
                   Vec2(0,1),false,0.0f,3,4.0f,0.7f);
38             GameView gv=new GameView(this);             //创建 GameView 类对象
39             setContentView(gv);                         //跳转至 GameView 界面
40         }}
```

- 第 4～5 行为本类的成员变量，主要是声明 World 类的引用，并创建 ArrayList<MyBody>的集合对象，该集合对象中存放 MyBody。
- 第 10～24 行主要功能为创建构建高地不平的地面所需的 7 个线性物体类对象。
- 第 25～27 行主要功能为创建矩形物体类对象，并将其添加进集合中，充当小车的车身。
- 第 28～30 行主要功能为创建圆形物体类对象，并将其添加进集合中，充当小车的后车轮。
- 第 31～33 行主要功能为创建圆形物体类对象，并将其添加进集合中，充当小车的前车轮。
- 第 34～37 行功能为创建两个车轮关节对象，以用来约束车身和两个车轮。
- 第 38～39 行功能为创建 GameView 类的对象，并跳转至 GameView 界面。

10.6.18　绳索关节描述——RopeJointDef 类

顾名思义，绳索关节就是为了实现两个物体之间有着像绳索一样的约束。创建绳索关节时比较简单，只需要提供两个指向刚体的指针和一个最大长度 maxLength。最大 maxLength 是指两个刚体之间最大的间隔距离，具体情况如图 10-73 所示。

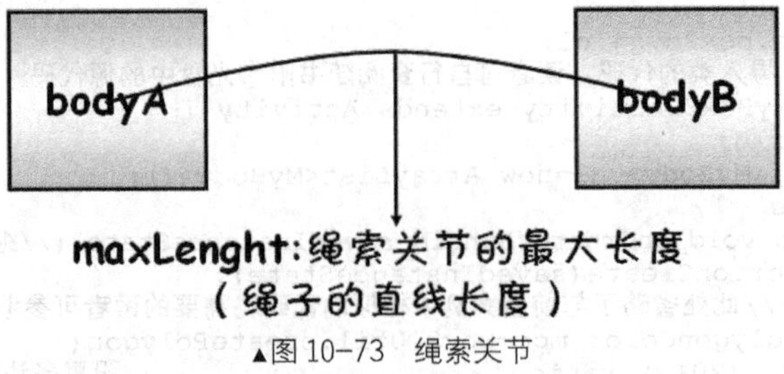

▲图 10-73　绳索关节

绳索关节描述的属性如表 10-33 所列。

表 10-33 RopeJointDef 类的属性

属 性	含 义
Vec2 localAnchorA	表示关节关联的 bodyA 的本地锚点坐标，默认值为 b2Vec2(-1.0f,0.0f)
Vec2 localAnchorB	表示关节关联的 bodyB 的本地锚点坐标，默认值为 b2Vec2(1.0f,0.0f)
float maxLength	绳索关节的最大距离，默认值为 0.0f

10.6.19 绳索关节案例——掉落的糖果

上一小节简要介绍了绳索关节的基本知识，本小节将给出一个使用了绳索关节的实际案例——掉落的糖果，以便于读者能够正确地使用滑轮关节，同时也利于读者加深对滑轮关节的理解。具体内容如下。

1. 案例运行效果

该案例主要演示两个固定在墙面上的木块，糖果与此两固定木块用绳索相连，由于糖果比木块高，糖果会受自身重力和两个绳索的牵引而运动。具体情况如图 10-74、图 10-75、图 10-76 及图 10-77 所示。

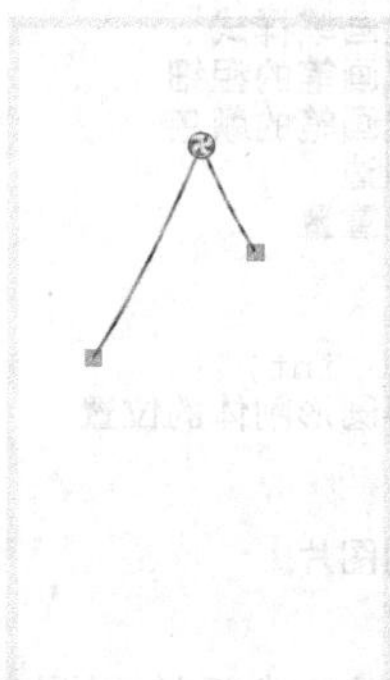
▲图 10-74 案例运行开始

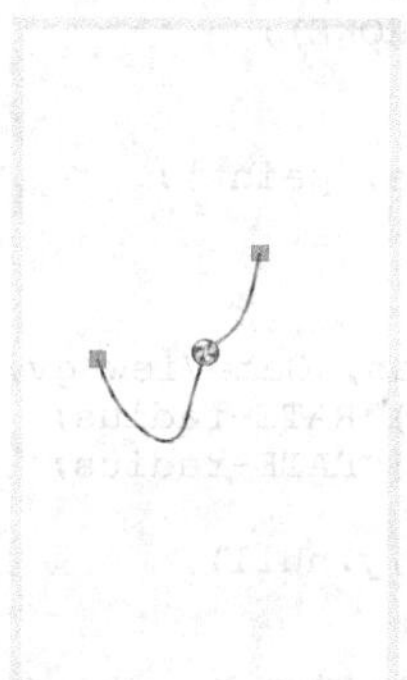
▲图 10-75 小球下落

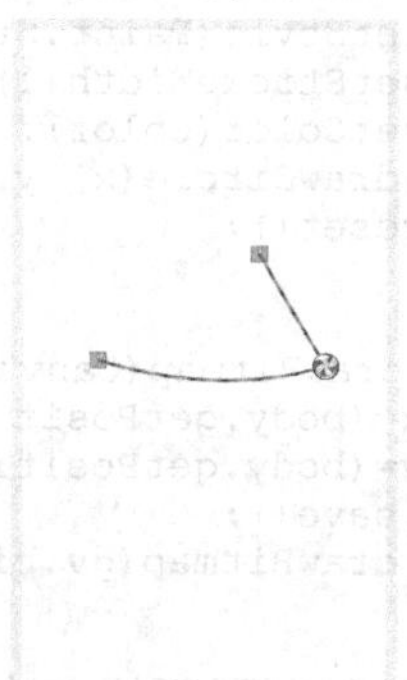
▲图 10-76 小球向右摇摆

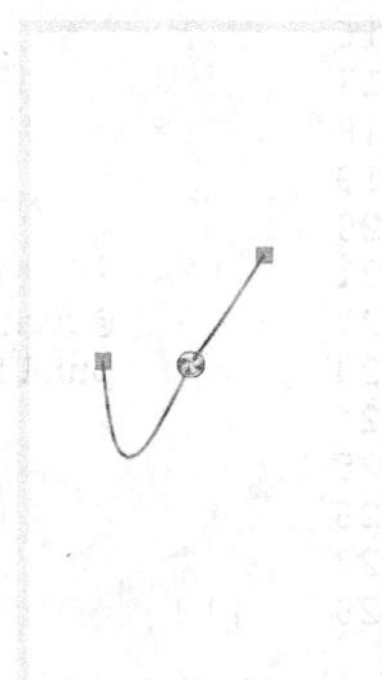
▲图 10-77 小球向左摇摆

说明 图 10-74 为案例运行开始时的效果图，图 10-75 为小球下落时的效果图，图 10-76 为小球向右摇摆时的效果图，图 10-77 为小球向左摇摆时的效果图。

2. 案例的基本框架结构

介绍本案例之前，首先需要介绍本案例的框架结构，理解本案例的框架结构有助于读者对本案例的学习。本案例的框架结构如图 10-78 所示。

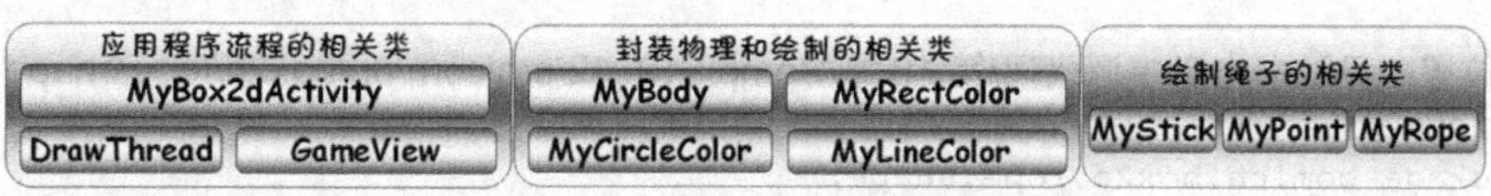

▲图 10-78 框架结构

DrawThread 类、MyBody 类、MyRectColor 类以及 MyLineColor 类的功能在木块金字塔被撞击案例中已经向读者介绍，这里不再重复赘述。其他的相关类将在接下来的小节中一一向读者介绍。MyRope 类为绳索类，其提供了不同的方法来实现绳索的绘制，其具体功能将在后文具体讲解。MyPoint 类和 MyStick 类为 MyRope 类所需要的工具类，其中 MyMath 类为封装的一个数学公式类。

3. 圆形刚体类——MyCircleColor

在木块金字塔被撞击案例中已经介绍过自定义的刚体抽象类 MyBody 及其子类的代码实现，但由于在本案例中，其子类——MyCircleColor 类的实现方式有所不同，则在本小节中将介绍 MyCircleColor 类的代码开发，具体代码如下。

代码位置：见随书光盘中源代码/第 10 章/Sample10_12/src/com/bn/box2d/rope/shape 目录下的 MyCircleColor.java。

```
1   package com.bn.box2d.rope.shape;
2   ……//此处省略导入类的代码，读者可自行查阅随书附带光盘中的源代码
3   public class MyCircleColor extends MyBody{                    //自定义的圆形类
4       float radius;                                             //半径
5       public MyCircleColor(Body body,float radius,int color){
6           this.body=body;                                       //刚体
7           this.radius=radius;                                   //给圆半径赋值
8           this.color=color;                                     //颜色
9       }
10      @Override
11      public void drawSelf(Canvas canvas,Paint paint){
12          paint.setColor(color&0x8CFFFFFF);                     //设置画笔的颜色
13          float x=body.getPosition().x*RATE;                    //获得圆形刚体的位置
14          float y=body.getPosition().y*RATE;
15          canvas.drawCircle(x, y, radius, paint);               //绘制圆
16          paint.setStyle(Paint.Style.STROKE);                   //设置画笔样式
17          paint.setStrokeWidth(1);                              //设置画笔的粗细
18          paint.setColor(color);                                //设置画笔的颜色
19          canvas.drawCircle(x, y, radius, paint);               //绘制边
20          paint.reset();                                        //画笔重置
21      }
22      @Override
23      public void drawBitmap(Canvas canvas, GameView gv, Paint paint) {
24          float x=(body.getPosition().x)*RATE-radius;          //获得圆形刚体的位置
25          float y=(body.getPosition().y)*RATE-radius;
26          canvas.save();
27          canvas.drawBitmap(gv.bitmap,x,y,null);                //绘制图片
28  }}
```

- 第 10～21 行为此类的绘制圆形的方法，首先设置颜色，并计算圆形位置，然后绘制图形，接着设置画笔的样式和颜色为圆形绘制边框。最后恢复画笔的设置，以免影响后继的绘制。
- 第 22～28 行为绘制圆形时贴糖果图片的方法，首先获得糖果刚体的位置，然后保存当前的画布状态，最后绘制从显示界面类获得的糖果图片。

4. 绳索绘制类——MyLineColor

上述详细讲解了圆形刚体类 MyCircleColor 的开发，下面将为读者介绍绳索绘制类 MyLineColor。由于本案例中的绳子需要色彩渲染效果，并且该绳子伴有一定的颜色渐变，所以将绳子绘制的方法单独封装成一个类，具体代码实现如下。

代码位置：见随书光盘中源代码/第 10 章/Sample10_12/src/com/bn/box2d/rope/shape 目录下的 MyLineColor.java。

```
package com.bn.box2d.rope.shape;
……//此处省略导入类的代码，读者可自行查阅随书附带光盘中的源代码
public class MyLineColor{
    float startX;float startY;                                    //起始点 x、y 坐标
    float endX;float endY;                                        //结束点 x、坐标
    public MyLineColor(float startX,float startY,float endX,float endY){
        this.startX=startX;                                       //给开始的 x 赋值
        this.startY=startY;                                       //给开始的 y 赋值
        this.endX=endX;                                           //给结束的 x 赋值
        this.endY=endY;                                           //给结束的 y 赋值
    }
    public void drawSelf(Canvas canvas, Paint paint){
```

```
            paint.setAntiAlias(true);                            //设置抗锯齿
            paint.setStyle(Style.STROKE);                        //平滑
            paint.setStrokeWidth(6*ratio);                       //线条粗细
            int colors[] = new int[3];                           //创建存放颜色数组
            float positions[] = new float[3];
            colors[0] = 0xFFFF0000;                              //渐变的第 1 个点
            positions[0] = 0;
            colors[1] = 0xFF00FF00;                              //渐变的第 2 个点
            positions[1] = 0.5f;
            colors[2] = 0xFF0000FF;                              //渐变的第 3 个点
            positions[2] = 1;
            LinearGradient shader = new LinearGradient           //创建梯度渲染对象
            (
                0, 0,                                            //渐变起始点 x、y 坐标
                30, 30,                                          //渐变结束点 x、坐标
                colors,                                          //颜色 的 int 数组
                positions,                                       //指定颜色数组的相对位置
                Shader.TileMode.REPEAT                           //渲染模式
            );
            paint.setShader(shader);                             //为画笔设置渲染对象
            canvas.drawLine(startX, startY, endX, endY, paint);  //绘制绳索
            paint.reset();                                       //重置画笔
    }}
```

> **说明** 该类中的 drawSelf()方法中通过创建一个长度为 3 的一维的颜色数组以及相对位置的颜色数组，赋予其相应的 int 值，并且创建一个 LinearGradient 线性渐变对象，然后通过画笔设置该渲染对象，最后呈现出来的就是具有一定颜色的渐变效果。

5. 绳索类——MyRope

（1）了解了本小节案例的运行效果及基本框架结构后，还有一个重要的问题需要解决，就是绳索采用什么方式绘制呈现。实际开发中自然会有很多不同的选择，本小节采用的是一个开源的工具类 MyRope，其构造器和功能方法如表 10-34 所列。

表 10-34　　MyRope 类的构造器及功能方法

构造器或功能方法	含　义	类型
MyRope()	创建 MyRope 类对象，无参数	构造器
MyRope(RopeJoint joint)	创建 MyRope 类对象，参数 joint 为创建的绳索关节对象	构造器
void update(float dt)	更新方法，参数 dt 为更新的间隔时间	功能方法
void createRope(MyPoint point1,MyPoint point2,float distance)	创建绳索对象的方法，参数 point1 为绳索关联的刚体上的点，参数 point2 为绳索关联的另一刚体上的点，参数 distance 为两个刚体之间的距离	功能方法
void updateWithPoints(MyPoint point1, MyPoint point2, float dt)	更新点方法，参数 point1 为绳索关联的刚体上的点，参数 point2 为绳索关联的另一刚体上的点，参数 dt 为更新的间隔时间	功能方法
void drawrope(Canvas canvas,Paint paint)	绘制绳索	功能方法

> **说明** 由于本案例中绘制的绳子的始末端是和绳索关联的两个刚体上的点，所以在创建绳子时只需要获得绳索关节对象即可。若读者想要绘制任意两个刚体间关联着的绳子，只需要提供两个刚体的初始位置(X 与 Y 坐标)就行，即在创建 MyRope 类对象时，其参数可为两个 MyPoint 类的对象。

（2）在对 MyRope 类的框架有一个基本的了解后，接下来将详细介绍 MyRope 类的具体实现，具体代码如下。

代码位置：见随书光盘中源代码/第 10 章/Sample10_12/src/com/bn/box2d/ropeutil 目录下的 MyRope.java。

```
package com.bn.box2d.ropeutil;                          //导入包
……//此处省略导入类的代码，读者可自行查阅随书附带光盘中的源代码
public class MyRope {
      ……//此处省略一些变量的声明，若需要的读者可自行查阅随书附带光盘中的源代码
      public MyRope(){}                                  //无参构造器
      public MyRope(RopeJoint joint){
            this.joint=joint;                            //给 joint 赋值
            MyPoint pointa=new MyPoint(joint.getBodyA().getPosition().x*rate,
                        joint.getBodyA().getPosition().y*rate);
                        //获得绳索关节关联的一个刚体坐标
            MyPoint pointb=new MyPoint(joint.getBodyB().getPosition().x*rate,
                        joint.getBodyB().getPosition().y*rate) ;
                        //获得绳索关节关联的另一个刚体坐标
            float distance=MyMath.MyDistance(pointa, pointb);   //两个刚体间的距离
            createRope(pointa,pointb,distance);    //创建绳索对象
      }
      public void createRope(MyPoint point1,MyPoint point2,float distance){
            int segments=20;                      //此参数越小节点数越多，绳子看起来更柔软
            numPoints=(int)distance/segments;      //绳子的节点数
            MyPoint pointA=new MyPoint(point2.x-point1.x,point2.y-point1.y);
            float multiplier = distance / (numPoints-1);    //绳子每一节的长度
            antiSagHack = 0.1f;                         //点的凹陷程度
            for(int i=0;i<numPoints;i++) {              //获得绳索的每个节点坐标值
                  MyPoint tmpVector =MyMath.MyAdd(point1, MyMath.MyMult(MyMath.
                        MyNormalize(pointA),multiplier*i*(1-antiSagHack)));
                  MyPoint tmpPoint = new MyPoint();     //创建 MyPoint 的对象
                  tmpPoint.setPos(tmpVector.x, tmpVector.y);     //设置点的 x、y 坐标值
                  vPoints.add(tmpPoint);            //将节点对象添加到 VPoints 列表里
            }
            for(int i=0;i<numPoints-1;i++){//一个 MyStick 对象由两个 MyPoint 对象组成
                  MyStick tmpStick = new MyStick(vPoints.get(i), vPoints.get(i+1));
                  vSticks.add(tmpStick);
      }}
      public void drawrope(Canvas canvas,Paint paint){      //绘制绳索
            for(int i=0;i<vSticks.size();i++){
                  MyPoint pointA = vSticks.get(i).getPointA();
                  //获得 MyStick 对象的一个端点
                  MyPoint pointB = vSticks.get(i).getPointB();
                  //获得 MyStick 对象的另一个端点
                  MyLineColor mc=new MyLineColor(pointA.x,pointA.y,pointB.x, pointB.y);
                  mc.drawSelf(canvas, paint);//用 MyLineColor 绘制类的方法来绘制绳索
            }
            paint.reset();                               //重置画笔
      }
      public void updateWithPoints(MyPoint point1, MyPoint point2, float dt){
      //更新组成绳子的节点位置
            for(int i=1;i<vSticks.size();i++) {    //更新 VPoints 值
              vPoints.get(i).applyGravity(dt);      //以 dt 时间单位来更新
              vPoints.get(i).update();
            }
            int iterations=4;                            //更新次数
            for(int j=0;j<iterations;j++) {
                  for(int i=0;i<vSticks.size();i++) {          //更新 VSticks 值
                  vSticks.get(i).contract();            //调用 MyStick 类的 contract()方法
            }}
            vPoints.get(0).setPos(point1.x, point1.y);       //设置绳索的第一个点
            vPoints.get(vSticks.size()).setPos(point2.x, point2.y);//设置绳索的最后一个点
      }
      public void update(float dt){                          //更新绳子的位置
            MyPoint pointsA=new MyPoint(joint.getBodyA().getPosition().x*rate,
                              joint.getBodyA().getPosition().y*rate);
                              //获得关节关联的一个刚体位置
            MyPoint pointsB=new MyPoint(joint.getBodyB().getPosition().x*rate,
                        joint.getBodyB().getPosition().y*rate);
                        //获得关节关联的另一个刚体位置
```

```
59          updateWithPoints(pointsA, pointsB, dt);     //调用更新绳索的方法
60  }}
```

● 第 6～14 行为 MyRope 类的构造器其参数为绳索关节的对象，通过该绳索关节对象来获得与之关联的两个刚体位置并将其转换为屏幕下的坐标，然后计算两个刚体间的距离，随后调用 createRope 方法创建绳索对象。

● 第 16～20 行为初始化一系列变量，对于 segments，其值越大绳子被分成的部分越少，而 multiplier 为每小段绳子的长度，antiSagHack 为组成每段绳子的点凹陷的最大值为 0.1。

● 第 22～23 行为创建的 MyPoint 对象的坐标是通过一系列计算获得，先将两个刚体间的距离组成一个 MyPoint 对象并将其单位化，然后乘以一个浮点数并加上第一个点的坐标值来获得组成绳子的另一点坐标，即在第一个点的基础上获得其他点的坐标值。

● 第 28～31 行为通过一个 for 循环语句来获得 MyStick 对象的值，然后将该对象添加到对应的列表里。一个 MyStick 对象由两个 MyPoint 对象组成。

● 第 32～40 行为绘制绳子的方法，通过创建的 MyStick 的对象来获得对应的两个 MyPoint 对象的点，然后调用 MyLineColor 类里的 drawSelf 方法将其绘制出来。

● 第 41～60 行为定时更新绳子位置的方法，对于 VPoints 列表里的对象通过调用 MyPoint 类里的 applyGravity()和 update()方法来更新其坐标值；VSticks 列表里的对象是通过调用 MyStick 类里的 contract()来更新相应的坐标值。

（3）由于 MyRope 类的实现少不了辅助工具类的开发，接下来将详细介绍 MyPoint 工具类的代码实现，具体代码如下。

代码位置：见随书光盘中源代码/第 10 章/Sample10_12/src/com/bn/box2d/ropeutil 目录下的 MyPoint.java。

```
package com.bn.box2d.ropeutil;
public class MyPoint{
     public float x=0.0f,y=0.0f;
     private float oldx=0.0f,oldy=0.0f;                    //先前的 x,y 值
     public float vPointGravityX = 0.0f;                   //x 方向的变化量
     public float vPointGravityY = 9.8f;                   //y 方向的变化量
     public MyPoint(){}                                    //无参构造器
     public MyPoint(float f,float g){
          x=f;                                             //初始化 x 变量
          y=g;                                             //初始化 y 变量
     }
     public void setPos(float ax,float ay){                //设置 x,y 坐标值
          x = oldx = ax;                                   //为 x,oldx 赋值
          y = oldy = ay;                                   //为 y,oldy 赋值
     }
     public void update(){                                 //更新 x,y 坐标值
          float tempx = x;                                 //获得当前的 x 值
          float tempy = y;                                 //获得当前的 y 值
          x += x - oldx;                                   //更新当前的 x 值
          y += y - oldy;                                   //更新当前的 y 值
          oldx = tempx;                                    //更新旧的 x 坐标值
          oldy = tempy;                                    //更新旧的 y 坐标值
     }
     public void applyGravity(float dt){       //定时根据 x,y 的变化量来更新 x,y 值
          x -= vPointGravityX*dt;                          //更新 x 值
          y += 2*vPointGravityY*dt;                        //更新 y 值
}}
```

说明 MyPoint 类为 MyRope 类实现的辅助工具类，提供组成一段绳子的节点对象，其包括设置点的位置（x、y 变量值）和定时更新每个点的 x、y 值等方法。对于 x、y 值的变化，在 MyRope 类里通过调用 update()和 applyGravity(float dt)方法来实现。

（4）接下来将继续介绍 MyRope 类的另一个辅助工具类 MyStick 类的开发，一个 MyStick 对象由两个 MyPoint 对象组成，具体代码实现如下。

代码位置：见随书光盘中源代码/第 10 章/Sample10_12/src/com/bn/box2d/ropeutil 目录下的 MyStick.java。

```
package com.bn.box2d.ropeutil;
public class MyStick{
    public MyPoint pointA;                                      //声明 pointA 对象的引用
    public MyPoint pointB;                                      //声明 pointB 对象的引用
    public float hypotenuse;                                    //两点之间的距离
    public MyStick(MyPoint argA, MyPoint argB){
        pointA=argA;                                            //初始化 pointA 变量
        pointB=argB;                                            //初始化 pointB 变量
        hypotenuse=MyMath.MyDistance(argA,argB);                //两点之间的距离
    }
    public void contract(){
        float dx = pointB.x - pointA.x;                         //获得两点间 x 的差值
        float dy = pointB.y - pointA.y;                         //获得两点间 y 的差值
        float h =MyMath.MyDistance(pointA, pointB);             //两点之间的距离
        float diff = hypotenuse - h;
        float offx = (diff * dx / h) * 0.5f;                    //x 变化率
        float offy = (diff * dy / h) * 0.5f;                    //y 变化率
        pointA.x-=offx;                                         //更新 pointA 的 x 坐标值
        pointA.y-=offy;                                         //更新 pointA 的 y 坐标值
        pointB.x+=offx;                                         //更新 pointB 的 x 坐标值
        pointB.y+=offy;                                         //更新 pointB 的 y 坐标值
    }
    public MyPoint getPointA(){                                 //获得 pointA 的坐标值
        return pointA;                                          //返回 pointA 对象
    }
    public MyPoint getPointB(){                                 //获得 pointB 的坐标值
        return pointB;;                                         //返回 pointB 对象
}}
```

说明　MyStick 类的一个对象主要用于表示一小段绳子的两端点，即一个 MyStick 对象由两个 MyPoint 对象组成，其 contract()方法用于同步更新两端点的坐标位置，getPointA()用于获得一小段绳子的一端点，而 getPointB()用于获得绳子的另一个端点。

（5）由于本案例中要涉及许多数学计算，例如，计算两点之间的距离、点坐标的单位化、点间的加减法等，所以在此封装了一个 MyMath 类，以便于使用。具体代码如下。

代码位置：见随书光盘中源代码/第 10 章/Sample10_12/src/com/bn/box2d/ropeutil 目录下的 MyMath.java。

```
package com.bn.box2d.ropeutil;
……//此处省略导入类的代码，读者可自行查阅随书附带光盘中的源代码
public class MyMath {
    public static MyPoint MyNormalize(MyPoint point){       //单位化
        float ax=point.x*point.x;                           //获得 x 的平方值
        float ay=point.y*point.y;                           //获得 y 的平方值
        float all=(float) Math.sqrt(ax+ay);                 //开平方
        return new MyPoint(point.x/all,point.y/all);//返回单位化后的 MyPoint 对象
    }
    public static MyPoint MyMult(MyPoint point ,float s){
    //向量乘法(一个向量乘以一个浮点数)
        float ax=point.x*s;                         //获得 x 乘以一个浮点数后的值
        float ay=point.y*s;                         //获得 y 乘以一个浮点数后的值
        return new MyPoint(ax,ay);                  //返回运用乘法运算后的 MyPoint 对象
    }
    public static MyPoint MyAdd(MyPoint point1,MyPoint point2){  //向量加法
      return new MyPoint(point1.x+point2.x,point1.y+point2.y);
```

```
        //返回运用加法运算后的 MyPoint 对象
    }
    public static MyPoint MySub(MyPoint point1,MyPoint point2){   //向量减法
      return new MyPoint(point1.x-point2.x,point1.y-point2.y);
      //返回运用减法运算后的 MyPoint 对象
    }
    public static float MyDistance(MyPoint pointa, MyPoint pointb){
    //通过点来获得两点间的距离
        float dx = pointa.x - pointb.x;                      //获得两点间的 x 差值
        float dy = pointa.y - pointb.y;                      //获得两点间的 y 差值
        float xdistance=dx*dx;                               //获得 x 差值的平方值
        float ydistance=dy*dy;                               //获得 y 差值的平方值
        float h =(float) Math.sqrt(xdistance+ydistance);//两点之间的距离
        return h;                                            //返回两点之间的距离
    }
    public static float MyDistance(Vec2 v1,Vec2 v2){//通过向量来获得两点间的距离
        float fx=v1.x-v2.x;                             //获得两向量间的 x 差值
        float fy=v1.y-v2.y;                             //获得两向量间的 y 差值
        float distance=(float) Math.sqrt(fx*fx+fy*fy);//通过开平方获得两向量间的距离
        return distance;                                //返回两向量间的距离
    }
    public static MyPoint MyMiddPoint(MyPoint point1,MyPoint point2){
    //两点间的中点
        return new MyPoint((point1.x+point2.x)/2,(point1.y+point2.y)/2);
        //返回两点间的中点
}}
```

说明 此 MyMath 类为封装的一些数学计算方法，有将点坐标单位化、获得两点间的中点、获得两点间的距离，向量乘法等方法。具体方法实现的功能请读者仔细阅读以上代码或查看随书附带的光盘中的源代码。

6. 绳索关节类——MyBox2DRopeJoint

下面将介绍绳索关节类 MyBox2DRopeJoint 的开发，主要包括物理世界的创建、绳索关节对象的创建以及对绳索关节描述对象一些属性的设置，具体代码如下。

代码位置：见随书光盘中源代码/第 10 章/Sample10_12/src/com/bn/box2d/ropejoint 目录下的 MyBox2DRopeJoint.java。

```
package com.bn.box2d.ropejoint;
……//此处省略导入类的代码，读者可自行查阅随书附带光盘中的源代码
public class MyBox2DRopeJoint {
    RopeJoint rjoint;                                        //创建绳索关节对象
    World world;                                             //创建的物理世界对象
    public MyBox2DRopeJoint(
            MyBox2dActivity activity,                        //主控制类对象
            World world,                                     //物理层里的物理世界
            String id,                                       //关节 ID
            Body bodyA,                                      //物体类对象 A
            Body bodyB,                                      //物体类对象 B
            Vec2 anchorA,                                    //锚点 A
            Vec2 anchorB,                                    //锚点 B
            float sag                                        //最大距离的系数
    ){
        this.world=world;                                    //给物理世界对象赋值
        RopeJointDef jd=new RopeJointDef();                  //创建绳索关节描述对象
        jd.userData=id;                                      //设置用户数据
        jd.bodyA = bodyA;                                    //物体类对象
        jd.bodyB = bodyB;
        jd.localAnchorA.set(anchorA.x*ratio,anchorA.y*ratio);
        //绳索关节关联的 bodyA 的本地锚点
        jd.localAnchorB.set(anchorB.x*ratio,anchorB.y*ratio);
        //绳索关节关联的 bodyB 的本地锚点
        jd.collideConnected=true;                        //允许关节关联的刚体发生碰撞
```

```
24            float ropeLength =(MyMath.MyDistance(bodyA.getWorldPoint(anchorA),
25                  bodyB.getWorldPoint(anchorB))) * sag; //计算两个刚体之间的绳索距离
26            jd.maxLength = ropeLength;                  //给关节关联的最大距离赋值
27            rjoint=(RopeJoint)world.createJoint(jd);    //在物理世界里增添绳索关节
28            //通过绳索关节对象来获得 MyRope 的对象并将其添加到 MyRope 类的对象列表中
39            activity.rope.add(new MyRope(rjoint));
30    }}
```

● 第 16～23 行为设置绳索关节描述对象的一些基本属性，如绳索关节关联的两个刚体的本地锚点的设置、允许关节关联的刚体发生碰撞等。

● 第 24～26 行为给关节关联的最大距离赋值，首先通过两个锚点来获得两个刚体在世界坐标系中的位置并且计算出其两点间的距离，然后通过乘以一个系数来获得与关节关联的最大距离。

● 第 27～30 行为首先在物理世界里增添绳索关节，然后通过绳索关节对象来获得 MyRope 的对象并将其添加到在主控制类 MyBox2dActivity 中声明的 MyRope 类对象的列表中。

7. 主控制类——MyBox2dActivity

开发完本案例的绳索关节类后，接下来就是介绍本案例的主控制类 MyBox2dActivity 的开发。该类的主要功能为设置屏幕模式、设置屏幕自适应以及调用 Box2DUtil 类中创建场景所需刚体的方法，该类继承自 Android 系统中的 Activity 类，具体的开发代码如下。

代码位置：见随书光盘中源代码/第 10 章/Sample10_12/src/com/bn/box2d/rope 目录下的 MyBox2dActivity.java。

```
1    package com.bn.box2d.rope;
2    ……//此处省略导入类的代码，读者可自行查阅随书附带光盘中的源代码
3    public class MyBox2dActivity extends Activity{
4         World world;                                               //物理世界类引用
5         ArrayList<MyBody> bl=new ArrayList<MyBody>();              //物体列表
6         public ArrayList<MyRope> rope=new ArrayList<MyRope>();     //存放绳索类对象
7         public void onCreate(Bundle savedInstanceState){//继承 Activity 需要重写的方法
8              ……//此处省略与前面案例中类似的代码，读者可自行查阅随书附带光盘中的源代码
9              MyRectColor mrc1=Box2DUtil.createBox((720/2-200+x)*ratio, (1280/2+y)*
10             ratio,15*ratio,15*ratio, true,world,Color.RED,0,0,0);  //定点 1  左下
11             bl.add(mrc1);                                   //将长方形物体添加进集合
12             MyRectColor mrc2=Box2DUtil.createBox((720/2+100+x)*ratio,(1280/2-200+
13             y)*ratio,15*ratio,15*ratio,true,world,Color.RED,0,0,0); //定点 2 右上
14             bl.add(mrc2);                                   //将长方形物体添加进集合
15             MyCircleColor mcc=Box2DUtil.createCircle((720/2+x)*ratio,
               (1280/2-400+y)* ratio, 25.0f*ratio,
16                       world, Color.WHITE, 0.5f,0.1f,0.8f); //创建糖果
17             bl.add(mcc);                                    //将糖果添加进集合
18             String str="R1";                                //绳索关节 ID
19             new MyBox2DRopeJoint(this,world,str,mrc1.body, mcc.body,
20                  mrc1.body.getLocalCenter(),mcc.body.getLocalCenter(),1.0f);
21             str="R2";                                       //绳索关节 ID
22             new MyBox2DRopeJoint(this,world,str, mrc2.body, mcc.body,
23                  mrc2.body.getLocalCenter(),mcc.body.getLocalCenter(),1.1f);
24             GameView gv= new GameView(this);                //创建 GameView 类对象
25             setContentView(gv);                             //跳转至 GameView 界面
26   }}
```

● 第 8 行省略的代码功能为设置屏幕自适应、创建物理世界、设置物理世界的相关属性，以及创建和增添物理世界中地面对象和其他墙壁对象等。

● 第 9～17 行为创建的一些物理对象，包括固定在墙面的两个木块对象以及掉落的糖果对象，并将其添加到 bl 物体类列表中。

● 第 8～23 行为创建绳索关节对象的方法，包括绳索关节关联刚体和相关属性的设置，通过

关联刚体的 getLocalCenter()方法来获得绳索关节关联刚体的本地锚点坐标。其最后一个参数表示绳子的下垂程度，用于设置绳子的最大长度，此参数越大绳子越长，下垂程度越明显。

8. 显示界面类——GameView

由于本案例中的显示界面类与其他案例基本一致，因此这里不再赘述重复的内容。这里主要介绍显示界面类的绘制方法，即 GameView 类里的 onDraw()方法开发，具体代码如下。

代码位置：见随书光盘中源代码/第 10 章/Sample10_12/src/com/bn/box2d/rope 目录下的 GameView.java。

```
public void onDraw(Canvas canvas){
    if(canvas==null){                                       //确认画布不为空
        return;
    }
    canvas.drawARGB(255, 255, 255, 255);
    for(MyRope mr:activity.rope){                           //绘制绳子
        MyRope mrope=mr;
        mrope.update(tt);                                   //定时更新绳子的位置
        mrope.drawrope(canvas, paint);                      //绘制绳索
    }
    for(MyBody mb:activity.bl){                             //绘制场景中的物体
        mb.drawSelf(canvas, paint);
        if(mb instanceof MyCircleColor){                    //如果物体为圆形类物体
            mb.drawBitmap(canvas, this, paint);             //绘制糖果图片
}}}
```

> **说明** 由于在绘制本案例的场景中的物体时，需要绘制绳索，所以在绘制场景中的物体之前先绘制绳索，并且定时更新绳索的位置，通过调用 MyRope 类的 update()方法来定时更新绳索的位置坐标。

10.7 模拟传送带案例

讲解完 JBox2D 中的关节之后，相信读者对 JBox2D 的大部分知识已经有所了解和掌握，这里还要介绍一个灵活运用 JBox2D 物理引擎的例子——模拟传送带案例。希望读者在今后的开发中能够灵活应用该物理引擎，以实现现实世界中有趣的运行效果。

10.7.1 案例运行效果

该案例主要演示的是，被放置在传送带上的五个小木块按照一定的速度滑动，因为传送带有高有低，所有小木块将会从低处被传送到高处，再从高处做平抛运动。其运行效果如图 10-79、图 10-80、图 10-81 和图 10-82 所示。

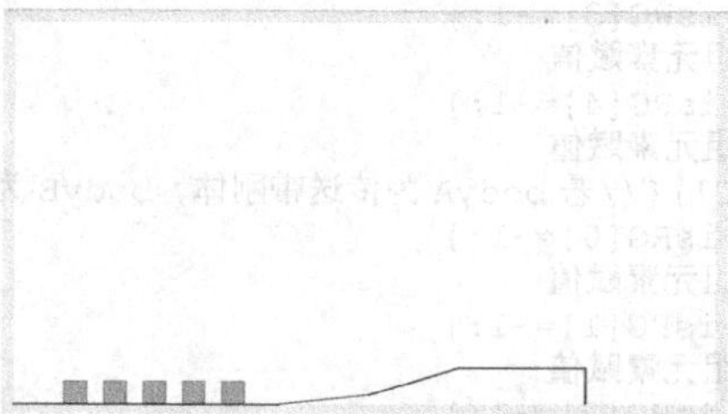

▲图 10-79 案例运行开始

▲图 10-80 木块上坡

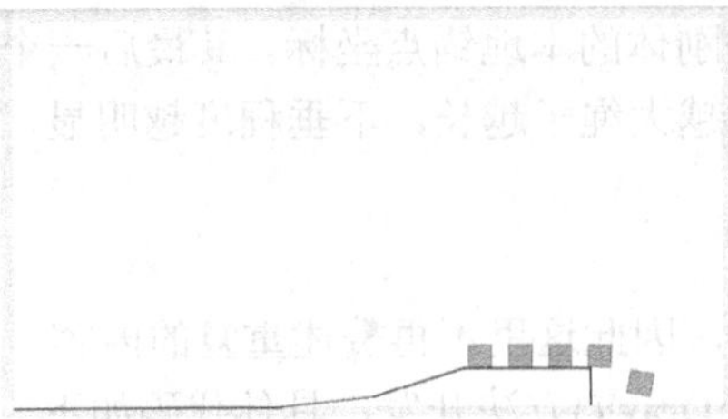

▲图 10-81 部分木块下落

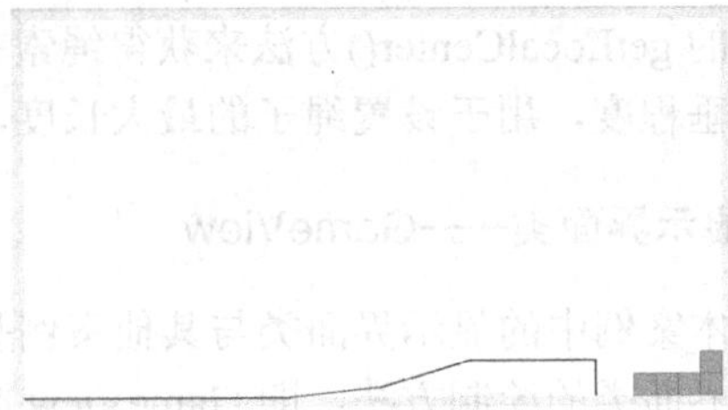

▲图 10-82 木块静止

说明 图 10-79 为案例运行开始时的效果图，图 10-80 为木块被传送带传送上坡的效果图，图 10-81 为部分木块下落时的效果图，图 10-82 为木块静止时的效果图。

由于此案例的基本框架结构与本章前面小球下摆案例基本一致，因此这里不再赘述重复的内容。这里主要介绍本案例中的重点，包括碰撞监听器 MyContactListener 的开发、主控制类 MyBox2dActivity 的开发以及线程类 DrawThread 的开发。

10.7.2 碰撞监听器——MyContactListener 类

由于此案例的基本框架结构与前面小球下摆案例的基本一致，因此这里不再赘述重复的内容。主要介绍本案例中的重点，首先介绍继承自 ContactListener 的 MyContactListener 类，其充当碰撞监听器，具体的开发代码如下。

代码位置：见随书光盘中源代码/第 10 章/Sample10_13/src/com/bn/box2d_mncsd 目录下的 MyContactListener.java。

```
package com.bn.box2d_mncsd;                         //声明包
……//此处省略了导入类的代码，读者可自行查阅随书附带光盘中的源代码
public class MyContactListener implements ContactListener{
    MyBox2DActivity activity;                        //声明 MyBox2DActivity 引用
    public MyContactListener(MyBox2DActivity activity){    //构造器
        this.activity=activity;                      //为 activity 赋值
    }
    @Override
    public void endContact(Contact contact){
        final Body bodyA=contact.getFixtureA().getBody();   //获取指向参与碰撞的刚体 A
        final Body bodyB=contact.getFixtureB().getBody();   //获取指向参与碰撞的刚体 B
        String aid=(String) bodyA.getUserData();            //获取指向刚体 A 的用户数据
        String bid=(String) bodyB.getUserData();            //获取指向刚体 B 的用户数据
        char preFixA = aid.charAt(0);               //获取用户数据 A 的第一个字符
        char preFixB = bid.charAt(0);               //获取用户数据 B 的第一个字符
        if((preFixB=='C'&&preFixA=='M')){      //若 bodyB 为传送带刚体，bodyA 为木块刚体
          if(aid.charAt(1)=='1'){activity.isRG[0]=-1;}
          //若 aid 的第二个字母为 1,则将对应的数组元素赋值
          if(aid.charAt(1)=='2'){activity.isRG[1]=-1;}
          //若 aid 的第二个字母为 2 则将对应的数组元素赋值
          if(aid.charAt(1)=='3'){activity.isRG[2]=-1;}
          //若 aid 的第二个字母为 3 则将对应的数组元素赋值
          if(aid.charAt(1)=='4'){activity.isRG[3]=-1;}
          //若 aid 的第二个字母为 4 则将对应的数组元素赋值
          if(aid.charAt(1)=='5'){activity.isRG[4]=-1;}
          //若 aid 的第二个字母为 5 则将对应的数组元素赋值
        }else if(preFixB=='M'&&preFixA=='C'){//若 bodyA 为传送带刚体，bodyB 为木块刚体
          if(bid.charAt(1)=='1'){activity.isRG[0]=-1;}
          //若 bid 的第二个字母为 1 则将对应的数组元素赋值
          if(bid.charAt(1)=='2'){activity.isRG[1]=-1;}
          //若 bid 的第二个字母为 2 则将对应的数组元素赋值
          if(bid.charAt(1)=='3'){activity.isRG[2]=-1;}
          //若 bid 的第二个字母为 3 则将对应的数组元素赋值
          if(bid.charAt(1)=='4'){activity.isRG[3]=-1;}
```

```
           //若 bid 的第二个字母为 4 则将对应的数组元素赋值
27         if(bid.charAt(1)=='5'){activity.isRG[4]=-1;}
           //若 bid 的第二个字母为 5 则将对应的数组元素赋值
28      }}
29      @Override
30      public void beginContact(Contact contact){
31          final Body bodyA=contact.getFixtureA().getBody();  //获取指向参与碰撞的刚体 A
32          final Body bodyB=contact.getFixtureB().getBody();  //获取指向参与碰撞的刚体 B
33          String aid=(String) bodyA.getUserData();       //获取指向刚体 A 的用户数据
34          String bid=(String) bodyB.getUserData();       //获取指向刚体 B 的用户数据
35          char preFixA = aid.charAt(0);                  //获取用户数据 A 的第一个字符
36          char preFixB = bid.charAt(0);                  //获取用户数据 B 的第一个字符
37          if((preFixB=='C'&&preFixA=='M')){      //若 bodyB 为传送带刚体,bodyA 为木块刚体
38            if(aid.charAt(1)=='1'){activity.isRG[0]=1;}
              //若 aid 的第二个字母为 1, 则将对应的数组元素赋值
39            if(aid.charAt(1)=='2'){activity.isRG[1]=2;}
              //若 aid 的第二个字母为 2, 则将对应的数组元素赋值
40            if(aid.charAt(1)=='3'){activity.isRG[2]=3;}
              //若 aid 的第二个字母为 3, 则将对应的数组元素赋值
41            if(aid.charAt(1)=='4'){activity.isRG[3]=4;}
              //若 aid 的第二个字母为 4, 则将对应的数组元素赋值
42            if(aid.charAt(1)=='5'){activity.isRG[4]=5;}
              //若 aid 的第二个字母为 5, 则将对应的数组元素赋值
43          }else if(preFixB=='M'&&preFixA=='C'){   //若 bodyA 为传送带刚体,bodyB 为木块刚体
44            if(bid.charAt(1)=='1'){activity.isRG[0]=1;}
              //若 bid 的第二个字母为 1, 则将对应的数组元素赋值
45            if(bid.charAt(1)=='2'){activity.isRG[1]=2;}
              //若 bid 的第二个字母为 2, 则将对应的数组元素赋值
46            if(bid.charAt(1)=='3'){activity.isRG[2]=3;}
              //若 bid 的第二个字母为 3, 则将对应的数组元素赋值
47            if(bid.charAt(1)=='4'){activity.isRG[3]=4;}
              //若 bid 的第二个字母为 4, 则将对应的数组元素赋值
48            if(bid.charAt(1)=='5'){activity.isRG[4]=5;}
              //若 bid 的第二个字母为 5, 则将对应的数组元素赋值
49      }}
50      @Override
51      public void preSolve(Contact contact, Manifold oldManifold){
52          contact.setTangentSpeed(-7);                   //设置切向速度
53      }
54      @Override
55      public void postSolve(Contact contact, ContactImpulse impulse){}
56  }
```

- 第 10～15 行主要功能为通过获取两个参与碰撞的刚体对象，进而获取两个刚体中的用户数组，得到用户数据中的第一个字符。
- 第 16～28 行主要功能为判断参与碰撞的两个物体的用户数据的第一个字符，对 MyBox2DActivity 类对象中的 isRG 数组中对应的元素赋值。
- 第 31～36 行主要功能为通过获取两个参与碰撞的刚体对象，进而获取两个刚体中的用户数组，得到用户数据中的第一个字符。
- 第 37～49 行主要功能为判断参与碰撞的两个物体的用户数据的第一个字符，对 MyBox2DActivity 类对象中的 isRG 数组中对应的元素赋值。
- 第 51～53 行为碰撞求解前被调用的方法，其主要功能为修改碰撞信息，即给碰撞设置切向速度，实现了木块在传送带上的移动。

10.7.3 主控制类——MyBox2DActivity

开发完碰撞监听器后，就可以来开发本案例中的主控制类 MyBox2DActivity 了，其与小球下摆案例中主控制类 MyBox2DActivity 的结构类似，因此这里不再重复。这里主要介绍本案例中的重点，包括场景中刚体的创建以及碰撞监听器的使用。具体的开发代码如下。

代码位置：见随书光盘中源代码/第 10 章/Sample10_13/src/com/bn/box2d_mncsd 目录下的 MyBox2DActivity.java。

```
1    package com.bn.box2d_mncsd;                                    //声明包
2    ……//此处省略了导入类的代码，读者可自行查阅随书附带光盘中的源代码
3    public class MyBox2DActivity extends Activity {
4        World world;                                               //声明物理世界引用
5        ArrayList<MyBody> al=new ArrayList<MyBody>();             //存储物体的集合
6        public int[] isRG={-1,-1,-1,-1,-1};         //声明起到标志作用的标志数组并初始化
7        public Map<String,MyBody> mp=new HashMap<String,MyBody>();//创建 map
8        String id;                                                 //声明 id
9        @Override
10       protected void onCreate(Bundle savedInstanceState){//继承 Activity 需要重写的方法
11           super.onCreate(savedInstanceState);                    //调用父类
12           ……//此处省略了与前面案例中相似的代码，需要的读者可参考光盘中的源代码
13           world=new World(gravity);                              //创建物理世界
14           MyContactListener mcl=new MyContactListener(this);//创建碰撞监听器
15           world.setContactListener(mcl);                         //在物理世界中增添碰撞监听器
16           id="1";                                                //设置墙壁 id
17           MyRectColor mrc=Box2DUtil.createBox(id, ratio*kd/2,SCREEN_WIDTH/2,
             //创建墙壁对象
18              ratio*kd/2, SCREEN_WIDTH/2, true, world, density, friction,
                restitution, Color.YELLOW);
19           al.add(mrc);                                  //将长方形物体类对象添加进集合
20           mp.put(id, mrc);                              //将长方形物体类对象及其数据添加进 map
21           ……//此处省略了 3 个长方形物体类对象的代码，需要的读者可参考光盘中的源代码
22           id="C1";                                           //设置传送带的 id
23           MyPolygonColor mpc=Box2DUtil.createPolygon( //创建传送带对象
24               id, (20+x)*ratio, (700+y)*ratio, //设置传送带对象的 id 以及起点坐标
25               new float[][]{                                 //点序列
26                   {(0+x)*ratio,(0+y)*ratio},   //传送带物体边框第一个点的坐标
27                   {(470+x)*ratio,(0+y)*ratio},//传送带物体边框第二个点的坐标
28                   {(470+x)*ratio,(2+y)*ratio},//传送带物体边框第三个点的坐标
29                   {(0+x)*ratio,(2+y)*ratio}    //传送带物体边框第四个点的坐标
30               },
31               true, world, Color.BLUE    //设置 isStatic 标志位、World 类对象以及颜色
32           );
33           mp.put(id, mpc);                                   //将传送带对象添加进集合
34           al.add(mpc);                                       //将传送带对象及其数据添加进 map
35           ……//此处省略了创建其他 3 个传送带对象的代码，需要的读者可参考光盘中的源代码
36           id="9";                                            //设置传送带的 id
37           mpc=Box2DUtil.createPolygon(                       //创建传送带对象
38               id,(1030+x)*ratio, (633+y)*ratio,//设置传送带对象的 id 以及起点坐标
39               new float[][]{                                 //点序列
40                   {(0+x)*ratio,(0+y)*ratio},        //传送带物体边框第一个点的坐标
41                   {(2+x)*ratio,(0+y)*ratio},        //传送带物体边框第二个点的坐标
42                   {(2+x)*ratio,(65+y)*ratio},       //传送带物体边框第三个点的坐标
43                   {(0+x)*ratio,(65+y)*ratio}        //传送带物体边框第四个点的坐标
44               },
45               true,world, Color.BLUE     //设置 isStatic 标志位、World 类对象以及颜色
46           );
47           mp.put(id, mpc);                              //将传送带对象添加进集合
48           al.add(mpc);                                  //将传送带对象及其数据添加进 map
49           id="M1";                                      //设置木块的 id
50           mrc=Box2DUtil.createBox(id, (50+x)*ratio, (690+y)*ratio, //创建木块对象
51                           20*ratio, 20*ratio, false, world, 0.8f, 0.1f, 0.25f,
                             Color.RED);
52           mp.put(id, mrc);                                   //将木块对象添加进集合
53           al.add(mrc);                                       //将木块对象及其数据添加进 map
54           ……//此处省略了创建其他 4 个木块对象的代码，需要的读者可参考光盘中的源代码
55           GameView gv=new GameView(this);                    //创建 GameView 类对象
56           setContentView(gv);                                //跳转至 GameView 界面
57   }}
```

- 第 4～8 行功能为本类的成员变量，主要是声明 World 类的引用，创建 ArrayList<MyBody> 的集合对象，该集合对象中存放 MyBody 及其子类对象，声明 int 型标志数组以及创建用于存储物体 id 和物体的 Map 类对象。

- 第 13～15 行功能为创建物理世界对象、碰撞监听器对象，并给物理世界增添碰撞监听器。
- 第 16～21 行功能为在物理世界中创建和增添地面对象和其他墙壁对象，并将其存入到 ArrayList 集合和 Map 类对象中。
- 第 22～48 行功能为在物理世界中创建和添加五段传送带对象，并将其添加进 ArrayList 集合和 Map 类对象中。
- 第 49～54 行功能为在物理世界中创建和添加五个木块对象对象，并将其添加进 ArrayList 集合和 Map 类对象中。
- 第 55～56 行功能为创建 GameView 类对象，并跳转至 GameView 界面。

10.7.4 线程类——DrawThread

上一小节介绍的是本案例中的主控制类 MyBox2DActivity 的开发，在本小节中将为读者介绍如何使 JBox2D 的物理引擎动起来、场景中刚体的绘制以及如何设置场景中木块的线速度等，此任务主要由一个线程来定时完成。具体的开发代码如下。

代码位置：见随书光盘中源代码/第 10 章/Sample10_13/src/com/bn/box2d_mncsd 目录下的 DrawThread.java。

```
1    package com.bn.box2d_mncsd;                                    //声明包
2    ……//此处省略了导入类的代码，读者可自行查阅随书附带光盘中的源代码
3    public class DrawThread extends Thread{                        //绘制线程
4        GameView gv;                                               //声明 GameView 类引用
5        public DrawThread(GameView gv){                            //构造器
6            this.gv=gv;                                            //初始化成员变量
7        }
8        @Override
9        public void run(){                                         //重写 run 方法
10           while(DRAW_THREAD_FLAG){                               //判断标志位是否为 trye
11               gv.activity.world.step(TIME_STEP, ITERA,ITERA);    //开始模拟
12               updateBody();                                      //调用更新刚体线速度的方法
13               gv.repaint();                                      //刷帧
14       }}
15       public void updateBody(){                                  //更新木块的线速度
16           for(int i=0;i<5;i++){                                  //遍历五个木块
17               if(gv.activity.isRG[i]==5){
18                   gv.activity.mp.get("M5").body.setLinearVelocity(new
                     Vec2(7,0));//给木块设置线速度
19               }else if(gv.activity.isRG[i]==4){
20                   gv.activity.mp.get("M4").body.setLinearVelocity(new
                     Vec2(7,0));//给木块设置线速度
21               }else if(gv.activity.isRG[i]==3){
22                   gv.activity.mp.get("M3").body.setLinearVelocity(new
                     Vec2(7,0));//给木块设置线速度
23               }else if(gv.activity.isRG[i]==2){
24                   gv.activity.mp.get("M2").body.setLinearVelocity(new
                     Vec2(7,0));//给木块设置线速度
25               }else if(gv.activity.isRG[i]==1){
26                   gv.activity.mp.get("M1").body.setLinearVelocity(new
                     Vec2(7,0));//给木块设置线速度
27   }}}}
```

- 第 5～7 行功能为本类的构造器，其主要作用是初始化相应成员变量。
- 第 9～14 行功能为继承 Thread 类必须重写的 run()方法，在该方法中需要调用 step(float dt,int iterations)方法使得 JBox2D 开始模拟，并不断地定时刷帧和更新场景中木块的线速度。
- 第 15～27 行功能为自定义更新木块线速度的方法。遍历场景中的五个木块并为每个木块设置相应的线速度。

10.8 光线投射案例

讲解完模拟传送带的案例之后，接下来将向读者讲解光线投射案例。该案例模拟的是现实世界中光线的真实投射反射效果，主要效果为光线遇到障碍物时会发生反射，入射线和反射线的对称效果等。具体内容如下。

10.8.1　案例运行效果

该案例主要演示的是，在屏幕正中心有一个圆形发射区域，从该区域发射出一条红色光线，并按照一定角速度逆时针旋转，当光线遇到障碍物时会发生反射。其运行效果如图 10-83、图 10-84、图 10-85 和图 10-86 所示。

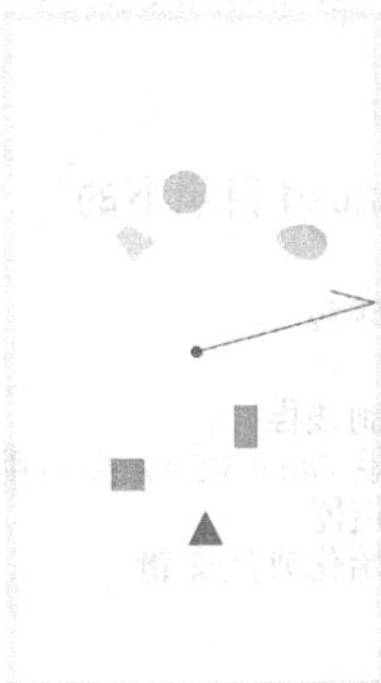

▲图 10−83　案例运行开始

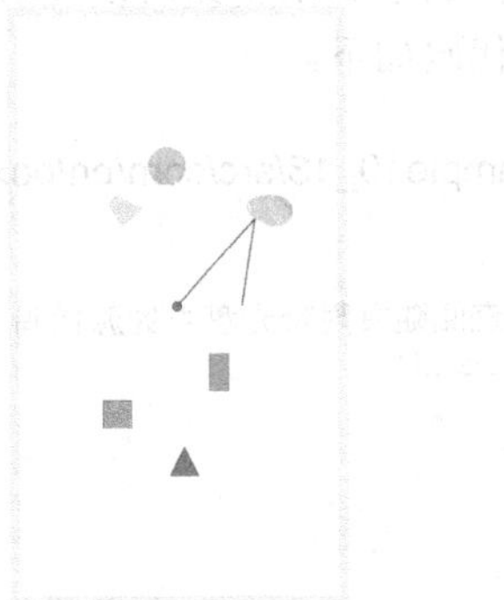

▲图 10−84　光线遇到多边形物体

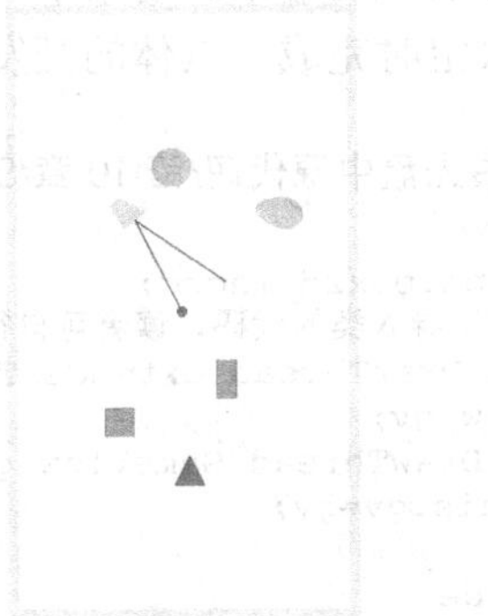

▲图 10−85　光线遇到四边形

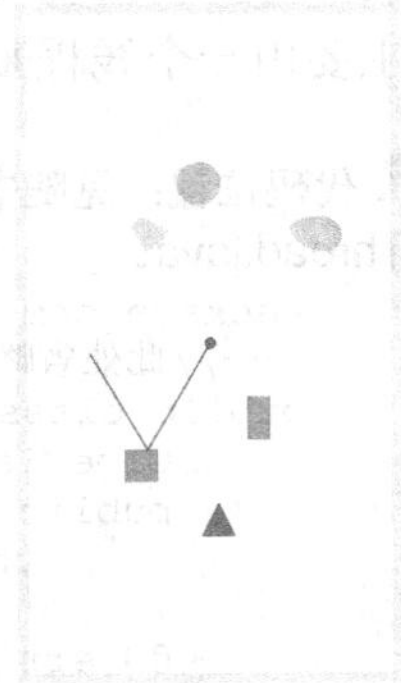

▲图 10−86　光线遇到正方形物体

说明　图 10-83 为案例刚开始运行时的效果图，图 10-84 为当光线遇到多边形物体时发生反射的效果图，图 10-85 为当光线遇到四边形物体时发生反射的效果图，图 10-86 为当光线遇到正方形物体时发生反射的效果图。

10.8.2　RayCastInput 类与 RayCastOutput 类

在介绍本案例之前，需要介绍关于光线检测的两个类，分别为光线输入类 RayCastInput 和光线输出类 RayCastOutput。RayCastInput 类的属性包括光线的起始点，终止点和最大距离参数。RayCastOutput 类的属性包括光线反射面上的单位法向量和距离参数。具体情况如图 10-87 所示。

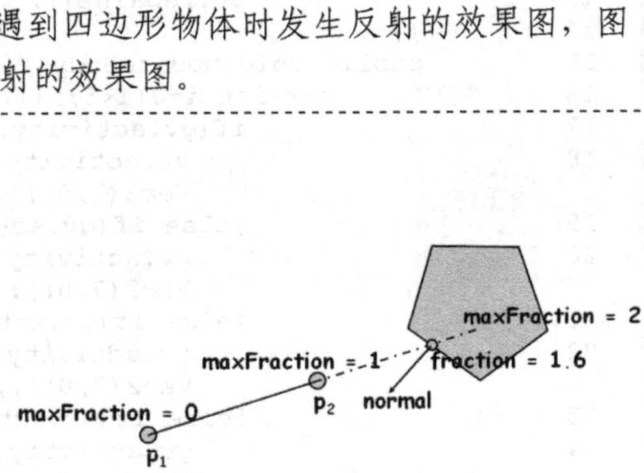

▲图 10−87　光线输入和输出

RayCastInput 类的属性如表 10-35 所列。

表 10-35　RayCastInput 类的属性

属　性	含　义
Vec2 p1	表示光线的起始点
Vec2 p2	表示光线的终止点
float maxFraction	最大距离系数

RayCastOutput 类的属性如表 10-36 所列。

表 10-36 RayCastOutput 类的属性

属 性	含 义
Vec2 normal	表示反射面上的单位法向量
float fraction	表示距离系数

10.8.3 光线检测类——MyRayCast

由于此案例的基本框架结构与前面木块金字塔被撞击案例的基本一致，因此这里不再赘述重复的内容。主要介绍本案例中的重点，这里首先讲解光线检测类——MyRayCast 类。该类实现了光线的反射效果，且提供了画线的 drawRay 方法和光线更新的 update 方法等，具体代码如下。

代码位置：见随书光盘源代码/第 10 章/Sample10_14/src/com/bn/box2d/util 目录下的 MyRayCast.java。

```
package com.bn.box2d.util;
……//此处省略了导入类的代码，读者可自行查阅随书附带光盘中的源代码
public class MyRayCast//光线检测类{
    ……//此处省略变量定义的代码，请自行查看源代码
    public MyRayCast(
        String idSTemp,                              //光线 id
        World worldTemp,                             //指向物理世界对象
        Vec2 p1Temp,                                 //光线的起始点
        float rayLengthTemp                          //光线的总线长
    ){
        this.idS=idSTemp;                            //给光线的 id 赋值
        this.world=worldTemp;                        //给物理世界对象赋值
        this.p1=p1Temp;                              //给光线起始点赋值
        this.p1.x/=RATE;                             //将光线起始点的 x 坐标改为物理世界的 X 坐标
        this.p1.y/=RATE;                             //将光线起始点的 y 坐标改为物理世界的 Y 坐标
        this.rayLength=rayLengthTemp/RATE;           //将光线长度改为物理世界下的长度
        this.currentRayAngle=0;                      //光线当前角度初始化为 0
    }
    public void drawRay(Vec2 p1,Vec2 p2,Canvas canvas){  //画线的方法
        Vec2 v1=p1;                                  //创建 v1 临时点存储光线起始点
        Vec2 v2=p2;                                  //创建 v2 临时点存储光线终止点
        Paint paint=new Paint();                     //创建画笔
        paint.setColor(Color.RED);                   //设置画笔颜色
        paint.setStyle(Paint.Style.STROKE);          //设置画笔风格
        paint.setStrokeWidth(3);                     //设置画笔粗细
        canvas.drawLine(v1.x*RATE,v1.y*RATE,v2.x*RATE,v2.y*RATE,paint); //绘制光线
    }
    public void update(Canvas canvas){                             //光线位置的更新方法
        Vec2 p2=p1.add(new Vec2((float)Math.sin(currentRayAngle),
            (float)Math.cos(currentRayAngle)).mul(rayLength));
            //光线在没有阻碍物时对应的终止点
        RayCastInput input=new RayCastInput();           //表示入射光线的输入类
        input.p1=p1;                                     //入射光线的默认起始点
        input.p2=p2;                                     //入射光线的默认终止点
        input.maxFraction=1;                             //光线最大距离系数
        float closestFraction=1;                         //光线最小距离系数
        Vec2 intersectionNormal=new Vec2(0,0);           //法向量
        for(Body b=world.getBodyList();b!=null;b=b.getNext()){
        //遍历物理世界中的每一个刚体
            for(Fixture f=b.getFixtureList();f!=null;f=f.getNext()){
            //遍历所有的刚体物理信息
                RayCastOutput output =new RayCastOutput();   //反射光线的输出类
                if(!f.raycast(output,input ,1)){         //判断光线是否被阻碍物阻挡
                    continue;                            //若没有被阻挡则进行内层循环
                }
                if(output.fraction<closestFraction ){
                    closestFraction=output.fraction;     //给光线最小距离系数赋值
                    intersectionNormal=output.normal;    //交点的法向量
            }}}
        Vec2 intersectionPoint=p1.add(p2.sub(p1).mul(closestFraction));
```

```
        //计算入射线的终止点
48      drawRay(p1,intersectionPoint,canvas);      //调用画线方法，绘制出入射线
49      Vec2 remainingRay=p2.sub(intersectionPoint);
        //计算交点和终止点之间的 remainingRay 向量
50      Vec2 projectedOntoNormal=intersectionNormal.mul(remainingRay.dot(
51              remainingRay,intersectionNormal));
                //计算 remainingRay 点与反射平面的垂直向量
52      Vec2 nextp2=p2.sub(projectedOntoNormal.mul(2));     //计算反射线的终止点
53      drawRay(intersectionPoint,nextp2,canvas);      //调用画线方法，绘制出反射线
54  }}
```

- 第 5～18 行为 MyRayCast 类中的构造器，其主要功能为对光线 id、物理世界对象、光线的起始点和光线当前角度进行赋值，并将光线的起始点坐标和光线长度改为物理世界下的长度。
- 第 19～27 行为 MyRayCast 类中的画线方法。该方法中创建了光线的起始点和终止点的临时存储点 v1 和 v2，同时也创建了画笔，并设置了该画笔的颜色、方式、粗细度等属性，最后绘制该光线。
- 第 29～36 行主要功能为计算出光线在没有任何阻碍物时对应的终止点 p2，创建了入射光线的输入对象，并且为该入射光线的起始点、终止点和光线的最大距离系数赋值。同时也声明了光线的最小距离系数和创建了该光线反射的法向量对象。
- 第 37～46 行主要功能为通过遍历所有的刚体物理信息，并创建了反射光线的输出对象，判断光线是否有障碍物阻挡，若有障碍物阻挡则给光线最小距离系数赋值和给交点的法向量赋值。
- 第 47～54 行的主要功能为计算光线的入射线和反射线的终止点位置，并调用画线方法来绘制出入射线和反射线。

10.8.4 主控制类——MyBox2dActivity

开发完光线检测类之后，就可以来开发本案例中的主控制类 MyBox2dActivity 了，其与木块金字塔被撞击案例的主控制类结构大致类似，因此这里不再赘述重复的内容。此类的主要任务为，初始化整个物理世界中的各个物体，并将物体放入列表中，其具体代码如下。

代码位置：见随书光盘中源代码/第 10 章/Sample10_14/src/com/bn/box2d/lightrefraction 目录下的 MyBox2dActivity.java。

```
package com.bn.box2d.lightrefraction;
……//此处省略了导入类的代码，读者可自行查阅随书附带光盘中的源代码
public class MyBox2dActivity extends Activity{
    ……//此处省略变量定义的代码，请自行查看源代码
    public void onCreate(Bundle savedInstanceState){  //继承 Activity 需要重写的方法
        super.onCreate(savedInstanceState);            //调用父类
        ……//此处省略了与前面案例中相似的代码，请自行查看源代码
        initBitmap(this.getResources());               //初始化图片
        Vec2 gravity = new Vec2(0.0f,0.0f);            //重力加速度向量
        world = new World(gravity);                    //创建世界
        final int kd=20;                               //宽度或高度
        MyPolygonColor mrc=Box2DUtil.createPolygon(    //最底部
            0,                                         //墙壁的左上角坐标 x
            SCREEN_HEIGHT-kd,                          //墙壁的左上角坐标 y
            new float[][]{
              {0,0},{SCREEN_WIDTH,0},{SCREEN_WIDTH,kd},{0,SCREEN_HEIGHT}},//墙壁的四点
            true,                                      //静止
            world,                                     //物理世界
            Color.YELLOW,                              //墙壁的颜色
            -1                                         //墙壁的索引值
        );
        bl.add(mrc);                                   //加入物体列表
        ……//此处其他墙壁的创建与上述相似，故省略，请自行查阅随书光盘中的源代码
        mrc=Box2DUtil.createPolygon(                   //设置木块 1
            (200+x)*ratio,                             //物体的左上角坐标 x
            (840+y)*ratio,                             //物体的左上角坐标 y
            new float[][]{
```

```
28          {0,0},{60,0},{60,60},{0,60}},           //物体的各个点
29          true,                                   //静止
30          world,                                  //物理世界
31          Color.RED,                              //物体的颜色
32          -1                                      //物体的索引值
33        );
34        bl.add(mrc);                              //加入物体列表
35        ……//此处其他物体的创建与上述相似，故省略，请自行查阅随书光盘中的源代码
36        MyCircleColor mcc=Box2DUtil.createCircle((360+x)*ratio,(640+y)*ratio,
37          10*ratio,true,world,Color.BLUE,-1,0,0,0);                    //创建圆
38        bl.add(mcc);                              //加入物体列表
39        .....//此处圆的创建与上述相似，故省略，请自行查阅随书光盘中的源代码
40        mrc1=new MyRayCast("M",world,new Vec2((360+x)*ratio,(640+y)*ratio),
          (440.0f)*ratio);
41        GameView gv= new GameView(this);          //初始化显示界面
42        setContentView(gv);                       //跳到显示界面
43      }
44      public void initBitmap(Resources r){        //图片加载方法
45        stones[0]=BitmapFactory.decodeResource(r, R.drawable.stone);//石头图片 1
46        stones[1]=BitmapFactory.decodeResource(r, R.drawable.stone2);//石头图片 2
47  }}
```

- 第 8～10 行为初始化程序中要用到的图片资源和创建物理世界，并设置了物理世界中重力加速度向量为 0。
- 第 11～23 行功能为在物理世界中创建和增添地面对象和其他墙壁对象，并设置了地面对象的绘制坐标、各个点坐标、是否静止、颜色、索引等属性。
- 第 24～35 行功能为创建了五个静态的多边形物体对象并添加到物体列表中。
- 第 36～39 行功能为创建了两个静态的圆形物体对象，设置了圆的中心点、半径、是否静止、颜色、索引、密度、摩擦系数、恢复系数等属性。
- 第 40～42 行功能为创建光线类对象和初始化显示界面并跳转到显示界面。
- 第 44～47 行为图片加载方法，该方法加载了两张石头图片，供程序在绘制贴图中使用。

10.8.5 显示界面类——GameView

上一小节介绍了案例中的主控制类 MyBox2dActivity，下面将详细介绍上一小节中主控制类 MyBox2dActivity 最后要跳转的 GameView 界面，该界面功能为对本案例中的场景进行渲染。该类需要继承 Android 系统中的 SurfaceView 类，并实现 SurfaceHolder.Callback 接口，其具体代码如下。

代码位置：见随书光盘中源代码/第 10 章/Sample10_14/src/com/bn/box2d/lightrefraction 目录下的 GameView.java。

```
package com.bn.box2d.lightrefraction;
……//此处省略了导入类的代码，读者可自行查阅随书附带光盘中的源代码
public class GameView extends SurfaceView
  implements SurfaceHolder.Callback{                    //实现生命周期回调接口
  ……//此处省略变量定义的代码，请自行查看源代码
  public GameView(MyBox2dActivity activity){            //构造器
    super(activity);                                    //调用父类
    this.activity = activity;
    this.getHolder().addCallback(this);                 //设置生命周期回调接口的实现者
    paint = new Paint();                                //创建画笔
    paint.setAntiAlias(true);                           //打开抗锯齿
    dt=new DrawThread(this);                            //创建绘制线程对象
    dt.start();                                         //启动绘制线程
  }
  public void onDraw(Canvas canvas){                    //绘制方法
    if(canvas==null){                                   //判断 canvas 是否为空
      return;                                           //canvas 为空则返回
    }
    canvas.drawARGB(255, 255, 255, 255);                //设置背景颜色
```

```
20          for(MyBody mb:activity.bl){                       //绘制场景中的物体
21             if(mb.indext>=0){
22                mb.drawBitmap(canvas, this, paint);          //绘制石头图片
23             }else {
24                mb.drawSelf(canvas, paint);                  //绘制多边形和圆
25          }}
26          activity.mrc1.currentRayAngle+=Math.PI/720.0f ;    //设置光线的旋转角度
27          activity.mrc1.update(canvas);                      //调用光线的更新方法
28       }
29       public void surfaceChanged(SurfaceHolder arg0,int arg1,int arg2,int arg3){}
30       public void surfaceCreated(SurfaceHolder holder){ //创建时被调用
31          repaint();
32       }
33       public void surfaceDestroyed(SurfaceHolder arg0){}    //销毁时被调用
34       public void repaint(){
35          SurfaceHolder holder=this.getHolder();             //得到回调接口的对象
36          Canvas canvas = holder.lockCanvas();               //获取画布
37          try{
38             synchronized(holder){                           //同步处理
39             onDraw(canvas);                                 //绘制
40          }}catch(Exception e){                              //捕获异常
41             e.printStackTrace();                            //打印堆栈信息
42          }finally{
43             if(canvas != null){                             //判断 canvas 是否为空
44             holder.unlockCanvasAndPost(canvas);             //解锁
45    }}}}
```

- 第 6～14 行为 GameView 类的构造器，该构造器中设置了生命周期回调接口的实现者，创建画笔，打开抗锯齿，创建绘制线程对象，并启动绘制线程。
- 第 15～25 行功能为绘制场景中物体。首先判断 canvas 是否为空，如果为空，则返回。然后设置背景颜色为白色。最后再绘制本案例中的墙壁、多边形以及圆，根据物体的索引值判断，有的物体则需要贴图。
- 第 24～35 行的功能为创建了五个静态的多边形物体对象并添加到物体列表中。
- 第 26～28 行为设置光线的旋转角度和调用光线的更新方法，在光线的更新方法中绘制光线。
- 第 29～33 行为创建实现回调接口的类必须重写的 3 个方法。
- 第 34～45 行为刷帧方法，首先获得 SurfaceHolder 的对象，并获取画布，然后使用同步控制绘制方法，最后如果画布不为空，则需要为画布解锁。

说明　本案例中还没有讲到的类，如常量类 Constant、抽象类 MyBody、圆形刚体类 MyCircleColor、多边形刚体类 MyPolygonColor、生成刚体形状的工具类 Box2DUtil 等，由于这些类与前面有的案例中相对应的类基本一致，因此，这里就不再重复介绍了。如果需要的话，读者可自行查阅随书附带光盘中的源代码。

10.9 模拟爆炸案例

本节将向读者介绍 JBox2D 中模拟爆炸的案例，事实上，模拟爆炸是研究到底有哪些刚体在爆炸范围内，并且若刚体在爆炸范围内，则给予这些刚体合理的冲量，使其向推离爆炸点的方向运动。

由于此案例的基本框架结构与前面鼠标关节案例基本一致，因此这里不再重复。这里主要介绍本案例中的重点，包括案例运行效果，光线投射回调接口 RayCastCallback 的介绍，自身的光线投射回调类 RayCastClosestCallback 的开发和主控制类 MyBox2dActivity 的开发。

10.9.1 案例运行效果

该案例主要演示的是，有一个表示爆炸物的小球，其有一定的爆炸范围，当有其他物体进入该爆炸物的爆炸范围后，会显示出一条线段连接爆炸物和进入爆炸范围的物体。其运行效果如图 10-88、图 10-89、图 10-90 和图 10-91 所示。

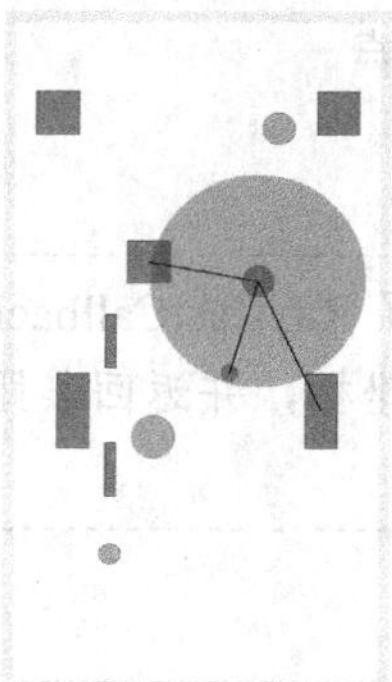

▲图 10-88 案例运行开始

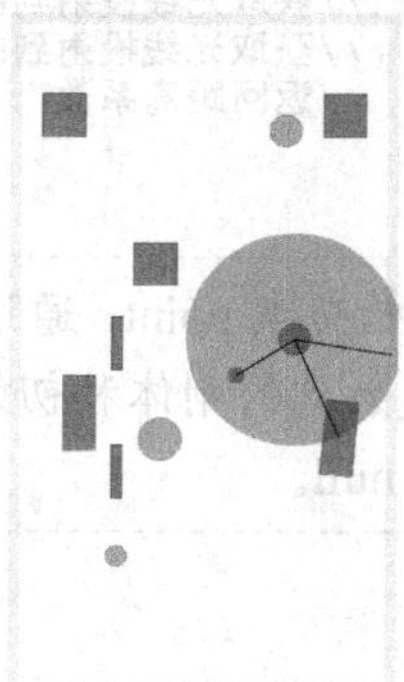

▲图 10-89 爆炸物运动

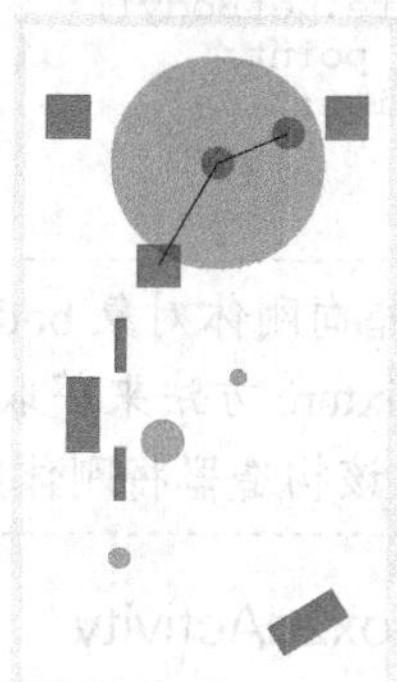

▲图 10-90 爆炸物继续运动

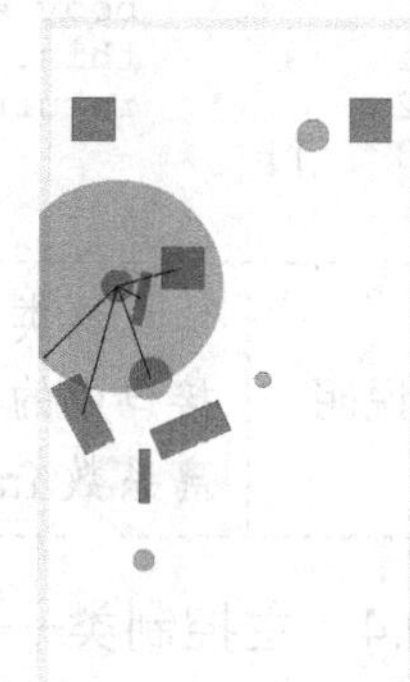

▲图 10-91 手动拖动爆炸物

> **说明** 图中淡粉红色的区域表示爆炸范围，线表示显示出受到爆炸影响的物体。图 10-88 为案例刚开始运行的效果图，图 10-89 为爆炸物运动时的效果图，图 10-90 为爆炸物继续运动时的效果图，图 10-91 为手动拖动爆炸物时的效果图。实际开发中掌握了此案例涉及的知识以后可以开发出爆炸效果的场景，简单来说从爆炸物指向在爆炸范围内物体的线段方向就是爆炸的冲量方向。

10.9.2 光线投射回调接口——RayCastCallback

在具体介绍该案例之前，首先需要介绍光线投射回调接口——RayCastCallback 接口。该接口提供了 reportFixture 方法，主要功能为对光线进行计算，且该方法返回一个浮点类型的常量，其具体的含义如表 10-37 所列。

表 10-37 RayCastCallback 接口的方法

方 法	含 义
float reportFixture (Fixture fixture, Vec2 point, Vec2 normal, float fraction)	对光线进行计算，参数 fixture 为指向光线投射到的刚体物理信息对象，参数 point 为光线投射到反射面的初始交点坐标，参数 normal 为反射面上的单位法向量，参数 fraction 若为–1，则表示光线忽略指定的刚体物理信息，为 0 则表示停止光线投射，为 1 则表示光线继续进行投射，否则表示光线投射起始点到交点的距离系数。返回值为–1，表示光线忽略指定的刚体物理信息，返回值为 0 表示停止光线投射，返回值为 1 表示光线继续进行投射，返回值为 fraction 表示光线投射起始点到交点的距离系数

10.9.3 自身的光线投射回调类——RayCastClosestCallback

上一小节介绍完了光线投射回调接口 RayCastCallback。下面将向读者讲解继承自 RayCastCallback 接口的 RayCastClosestCallback 类，该类重写了 RayCastCallback 接口中的 reportFixture 方法，实现了光线投射回调的效果，是本案例中的重点之一。其具体代码如下。

代码位置：见随书光盘中源代码/第 10 章/Sample10_15/src/com/bn/box2d/util 目录下的 RayCastClosestCallback.java。

```
package com.bn.box2d.util;
……//此处省略了导入类的代码，读者可自行查阅随书附带光盘中的源代码
public class RayCastClosestCallback implements RayCastCallback{
```

```
    //实现 RayCastCallback 接口
    ……//此处省略变量定义的代码，请自行查看源代码
    public RayCastClosestCallback(){
        body = null;                          //将刚体赋值为 null
    }
    @Override                                 //实现 RayCastCallback 接口必须重写的方法
    public float reportFixture(Fixture fixture,Vec2 point,Vec2 normal,float
    fraction){
        body = fixture.getBody();             //获取光线投射到的刚体
        this.point = point;                   //获取光线投射到的初始交点
        return fraction;                      //返回距离系数
}}
```

说明 该类声明了指向刚体对象 body 和初始交点 point，通过重写了 RayCastCallback 接口中的 reportFixture 方法来获取光线投射到的刚体和初始交点坐标，并返回其距离系数 fraction。该构造器将刚体赋值为 null。

10.9.4 主控制类——MyBox2dActivity

开发完自身的光线投射回调类之后，就可以来开发本案例中的主控制类 MyBox2dActivity 了，其与木块金字塔被撞击案例的主控制类结构大致类似，因此这里不再赘述重复的内容。这里主要介绍本案例中的重点，即更新圆和线的方法，该方法将在 GameView 类中被调用，其具体代码如下。

代码位置：见随书光盘中源代码/第 10 章/Sample10_15/src/com/bn/box2d/explode 目录下的 MyBox2dActivity.java。

```
package com.bn.box2d.explode;
……//此处省略了导入类的代码，读者可自行查阅随书附带光盘中的源代码
public class MyBox2dActivity extends Activity{
    ……//此处省略变量定义的代码，请自行查看源代码
    public void onCreate(Bundle savedInstanceState){  //继承 Activity 需要重写的方法
        super.onCreate(savedInstanceState);
        ……//此处省略了与前面案例中相似的代码，请自行查看源代码
        mrc=Box2DUtil.createBox((100+x)*ratio,(190+y)*ratio,40*ratio,40*ratio,
                false,world,Color.BLUE,4,1.0f,0.1f,0.9f);   //创建矩形
        bl.add(mrc);                                        //放入物体列表
        ……//此处其他矩形的创建与上述相似，故省略，请自行查阅随书光盘中的源代码
        MyCircleColor mccr=Box2DUtil.createCircle((360+x)*ratio,(280+y)*ratio,
        30*ratio,false,world,Color.RED,11,1.0f,0.1f,0.9f);//创建爆炸圆
        bl.add(mccr);                                 //放入物体列表
        mccr.body.setLinearVelocity(new Vec2(5,10));  //设置物体的线速度
        ……//此处其他圆的创建与上述相似，故省略，请自行查阅随书光盘中的源代码
        GameView gv= new GameView(this);              //初始化显示界面
        setContentView(gv);                           //跳到显示界面
    }
    public void update(Canvas canvas){               //更新检测各个刚体是否进入爆炸范围
        Vec2 center;                                 //爆炸中心点（光线的中心点）
        center=bl.get(11).body.getPosition();        //设置爆炸中心点
        int blastRadius=(int)(200/RATE);             //爆炸半径
        for(int i=0;i<numRays;i++){                  //遍历 numRays 条光线
            float angle=(i/(float)numRays)*360*0.01745329f;  //光线旋转角
            Vec2 rayDir=new Vec2((float)Math.sin(angle),(float)Math.cos(angle));
            Vec2 rayEnd =center.add(rayDir.mul(blastRadius));  //光线的终点
            RayCastClosestCallback callback=new RayCastClosestCallback();
            world.raycast(callback,center,rayEnd);   //物理世界调用光线投射方法
            if(callback.body!=null){                 //若光线遇到了刚体
                for(int iPom=0;iPom<bl.size();iPom++){   //遍历刚体
                    if(callback.body==bl.get(iPom).body){    //判断是否有对应刚体
                        edgeUpdateXian(center,callback.body.getPosition(),bl.get
                        (iPom),canvas);
                        break;
    }}}}}
    public void edgeUpdateXian(Vec2 v1,Vec2 v2,MyBody by,Canvas canvas){
    //更新线条并绘制
```

```
37          Paint paint=new Paint();                           //创建画笔
38          paint.setColor(Color.BLACK);                       //设置画笔颜色
39          paint.setStyle(Paint.Style.STROKE);
40          paint.setStrokeWidth(3);                           //设置画笔的粗细度
41          canvas.drawLine(v1.x*RATE, v1.y*RATE, v2.x*RATE, v2.y*RATE, paint);//绘制线条
42  }}
```

- 第 8～11 行为创建了七个动态的矩形物体对象，设置了矩形的中心点、半宽、半高、是否静止、颜色、索引、密度、摩擦系数、恢复系数等属性。
- 第 12～15 行功能为创建一个爆炸圆形刚体以及加入物体列表中，并且设置该圆的线速度。
- 第 17～19 行为初始化显示界面并跳转到显示界面。
- 第 11～16 行功能为创建圆形精灵和诸多线性精灵，并将其添加到布景中。
- 第 20～23 行功能为设置爆炸的中心点和设置爆炸范围的半径。
- 第 24～35 行主要功能为遍历所有的光线，若爆炸区域内有刚体接触，则调用更新光线的方法。
- 第 36～42 行为更新线条并绘制的方法。其主要功能为创建画笔和绘制线条。

说明　本案例中的圆形刚体类 MyCircleColor、矩形刚体类 MyRectColor 和生成刚体形状的工具类 Box2DUtil 与前面齿轮关节案例中相对应的类基本一致，因此，这里就不再重复介绍了。如果需要的话，读者可自行查阅随书附带光盘中的源代码。

10.10　流体模拟

经过本章节前面知识的学习，相信读者已经认识到 JBox2D 物理引擎的强大之处。但也有一点缺憾，那就是前面的知识仅仅涉及了刚体，对流体、软体没有涉及。幸运的是本章介绍的这一版本的 JBox2D 不但实现了 Box2D 物理引擎的刚体模拟功能，还进一步实现了 LiquidFun 流体物理引擎的功能。下面本节将向读者介绍如何使用 JBox2D 进行流体、软体的模拟，具体内容如下。

提示　LiquidFun 流体物理引擎是 Google 员工组成的团队对 Box2D 物理引擎进行的扩展，主要是提供了流体以及软体的模拟能力。LiquidFun 本身是采用 C++语言开发，本版的 JBox2D 开发团队在用 Java 实现 Box2D 时就顺便也实现了 LiquidFun 的功能，因此使用起来就方便多了。

10.10.1　流体模拟的相关知识

介绍具体的案例开发之前，有必要对 JBox2D 中涉及流体、软体的相关类做一个基本的了解。主要包括 ParticleDef 类、ParticleType 类、ParticleColor 类、ParticleSystem 类、ParticleGroupDef 类、ParticleGroupType 类等，具体内容如下。

1．粒子描述——ParticleDef 类

首先向读者介绍的是 org.jbox2d.particle 包下的粒子描述类 ParticleDef。粒子是组成物体的最小单位，同时也是粒子系统的最小单元。粒子描述类的属性包括了粒子的类型、粒子的位置、速率、颜色属性和存储用户数据等。其具体属性如表 10-38 所列。

表 10-38 ParticleDef 类的属性

属　　性	含　　义
int flags	表示粒子的类型，值为 b2_waterParticle 表示粒子具有水的属性，值为 b2_elasticParticle 表示具有弹性、易伸缩属性的粒子，更多取值见表 10-40 所列，默认值为 b2_waterParticle
Vec2 position	表示粒子的位置，默认值为 Vec2(0.0f,0.0f)
Vec2 velocity	表示粒子的速率，默认值为 Vec2(0.0f,0.0f)
ParticleColor color	表示粒子的颜色属性
Object userData	用来存储用户数据，默认值是 null

2. 粒子类型——ParticleType 类

介绍完了 ParticleDef 类的属性后，接下来就要具体向读者介绍 ParticleDef 类中提到的粒子类型 flags 属性的取值，粒子类型 flags 属性的取值范围只能是 org.jbox2d.particle 包下的 ParticleType 类中已经定义好的静态常量，常用的静态常量如表 10-39 所列。

表 10-39 ParticleType 类的常用静态常量

静态常量	含　　义
b2_waterParticle	表示具有水属性的粒子
b2_zombieParticle	表示静止具有无弹性、无重力、可被穿透属性的粒子
b2_wallParticle	表示静止具有弹性、无重力属性的粒子
b2_springParticle	表示具有弹簧属性的粒子
b2_elasticParticle	表示具有弹性、易伸缩属性的粒子
b2_viscousParticle	表示具有黏性属性的粒子
b2_powderParticle	表示具有面粉属性的粒子
b2_tensileParticle	表示具有拉伸属性的粒子
b2_colorMixingParticle	表示具有颜色混合属性的粒子

3. 粒子颜色——ParticleColor 类

介绍完 ParticleDef 类中粒子类型 flags 的属性后，接下来要具体介绍 ParticleDef 类中粒子颜色 color 的创建与设置。粒子颜色类 ParticleColor 属于 org.jbox2d.particle 包，其对象用于设置和存储粒子的颜色信息。该类的构造器与方法以及属性如表 10-40 所列。

表 10-40 ParticleColor 类的构造器与方法

方法、属性或构造器签名	含　　义	类型
public ParticleColor()	创建一个默认为灰色属性的 ParticleColor	构造器
public ParticleColor(byte r, byte g, byte b, byte a)	创建一个指定颜色的 RGBA 的 ParticleColor	构造器
public ParticleColor(Color3f color)	创建一个指定颜色值得 ParticleColor	构造器
public byte r, g, b, a	表示颜色的 RGBA 值	属性
public void set(Color3f color)	表示设置粒子颜色，被只有一个参数的构造器调用	方法
public void set(ParticleColor color)	表示设置粒子颜色，被 ParticleColor 对象调用	方法
public void set(byte r, byte g, byte b, byte a)	表示设置粒子颜色，被有四个参数的构造器调用	方法
public boolean isZero()	该方法将返回颜色是否为黑色的判断值，返回 true，则颜色为黑色，反之，则为其他色	方法

4. 粒子系统——ParticleSystem 类

下面将向读者介绍 org.jbox2d.particle 包下的粒子系统 ParticleSystem。粒子系统是由一堆属性已被定义好的粒子组成的系统，其描述了各种物理参数，以计算出粒子与其周围的世界是如何相互作用的。ParticleSystem 类中常用的方法如表 10-41 所列。

表 10-41　ParticleSystem 类的常用方法

方　　法	含　　义
int createParticle(ParticleDef def)	创建一个粒子，参数 ParticleDef 为粒子描述类实例，返回值为粒子的索引值
void destroyParticle(int index, boolean callDestructionListener)	删除一个粒子，参数 index 为所删粒子的索引值
ParticleGroup createParticleGroup (ParticleGroup Def groupDef)	创建一个属性已定义好的粒子群，参数 ParticleGroupDef 为粒子群描述类实例，返回值为创建的粒子群实例的对象
ParticleGroup[] getParticleGroupList()	获取粒子群列表，返回值为粒子群列表对象
int getParticleGroupCount()	获取粒子群的数量，返回值为粒子群的数量
int getParticleCount()	获取粒子数，返回值为获取的粒子数
void setParticleDensity(float density)	设置粒子的密度，参数 density 为要设置的粒子的密度
float getParticleDensity()	获取粒子的密度，返回值为获取的粒子密度
void setParticleGravityScale(float gravityScale)	设置重力系数，参数 gravityScale 表示重力系数
float getParticleGravityScale()	获取重力系数，返回值为获取的重力系数
void setParticleDamping(float damping)	设置潮湿因子，参数 damping 为要设置的潮湿因子
float getParticleDamping()	获取潮湿因子，返回值为获取的潮湿因子
void setParticleRadius(float radius)	设置粒子系统中粒子的半径，参数 radius 为要设置的粒子系统半径
float getParticleRadius()	获取粒子系统中粒子的半径，返回值为获取的粒子半径
Vec2[] getParticlePositionBuffer()	获取粒子系统中所有粒子的位置缓冲区，返回值为粒子系统中所有粒子的位置
Vec2[] getParticleVelocityBuffer()	获取粒子系统中所有粒子的速度缓冲区，返回值为粒子系统中所有粒子的速度
void raycast(ParticleRaycastCallback callback, final Vec2 point1, final Vec2 point2)	对粒子系统进行光线检测，参数 callback 为指向光线检测类对象，参数 point1 表示光线的起点，参数 point2 表示光线的终止点

5. 粒子群描述——ParticleGroupDef 类

介绍完粒子系统后，下面将向读者介绍 org.jbox2d.particle 包下的粒子群描述 ParticleGroupDef。顾名思义，粒子群由一组粒子构成的，所有的粒子都具有相同的属性。粒子群可以统一管理这些离散的粒子，比如设置其位置、线速度、角速度、颜色和凝聚强度等属性。其具体属性如表 10-42 所列。

表 10-42　ParticleGroupDef 类的属性

属　　性	含　　义
int flags	表示粒子的类型，值为 b2_waterParticle 表示粒子具有水的属性，值为 b2_elasticParticle 表示具有弹性、易伸缩属性的粒子，更多取值如表 10-40 所示，默认值为 b2_waterParticle
int groupFlags	表示粒子群的类型，默认值为 0
Vec2 position	表示粒子群的中心位置，默认值为 Vec2(0.0f,0.0f)

续表

属　性	含　义
float angle	表示粒子群的旋转角，默认值为 0.0f
Vec2 linearVelocity	表示粒子群的线速度，默认值为 Vec2(0.0f,0.0f)
float angularVelocity	表示粒子群的角速度，默认值为 0.0f
ParticleColor color	表示粒子群中粒子的颜色信息
float strength	表示粒子群中粒子的凝聚强度，默认值为 1.0f
Shape shape	表示粒子群的形状，默认值为 null
boolean destroyAutomatically	表示最后一个粒子被删除时是否删除该粒子群对象，默认值为 true
Object userData	用来存储用户数据，默认值是 null

6. 粒子群类型——ParticleGroupType 类

介绍完 ParticleGroupDef 类的属性后，接下来就要向读者具体介绍 ParticleGroupDef 类中粒子群的类型 groupFlags 属性的取值，该粒子群的类型取值范围只能是 org.jbox2d.particle 包下的 ParticleGroupType 类中已经定义好的静态常量，具体的静态常量如表 10-43 所列。

表 10-43　ParticleGroupType 类的静态常量

静态常量	含　义
b2_solidParticleGroup	表示防止粒子重叠或泄露的粒子群
b2_rigidParticleGroup	表示保持形状的粒子群

7. 粒子群——ParticleGroup 类

下面将向读者介绍 org.jbox2d.particle 包下的粒子群 ParticleGroup。顾名思义，粒子群是由一堆属性已经被定义好的粒子组成，其描述了各种物理参数，以计算出粒子群与其周围的世界是如何相互作用的。ParticleGroup 类中常用的方法如表 10-44 所列。

表 10-44　ParticleGroup 类的常用方法

方　法	含　义
ParticleGroup getNext()	获取下一个粒子群，返回值为粒子群对象
int getParticleCount()	获取粒子数，返回值为获取的粒子数
int getGroupFlags()	获取粒子群类型，返回值为粒子群的类型
setGroupFlags(int flags)	设置粒子群的类型，参数 flags 为要设置的粒子群类型
float getMass()	获取粒子群的质量，返回值为粒子群的质量值
Vec2 getCenter()	获取中心点，返回值为获取的中心点
Vec2 getLinearVelocity()	获取粒子群的线速度，返回值为粒子群的线速度
float getAngularVelocity()	获取粒子群的角速度，返回值为粒子群的角速度
Vec2 getPosition()	获取粒子群的位置，返回值为粒子群的位置
float getAngle()	获取粒子群的旋转角度，返回值为粒子群的旋转角度
void updateStatistics()	更新粒子群的状态
Object getUserData()	获取用户数据
setUserData(Object data)	存储用户数据

10.10.2 波浪制造机案例

介绍完 JBox2D 物理引擎中流体的相关知识后，这里将介绍波浪制造机案例，以便于读者能够灵活运用 JBox2D 物理引擎中的流体，进而在游戏中创建出生动的流体。该案例的主要效果为，一定体积的水从上自由下落到木箱中，落入木箱后水随着木箱的左右摇动而向左右晃动。

1. 案例运行效果

说明 图 10-92 为案例运行开始时水开始自由下落时的效果图，图 10-93 为水完全落入木箱中的效果图，图 10-94 为木箱向右摇动时水随之向右晃动时的效果图，图 10-95 为木箱向左摇动时水随之向左晃动时的效果图。

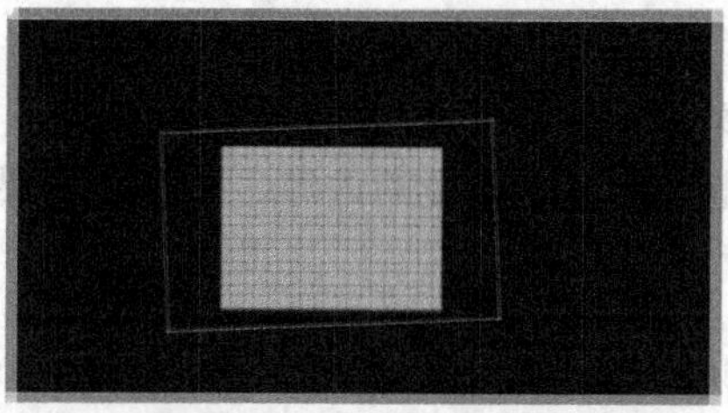

▲图 10-92 案例运行开始

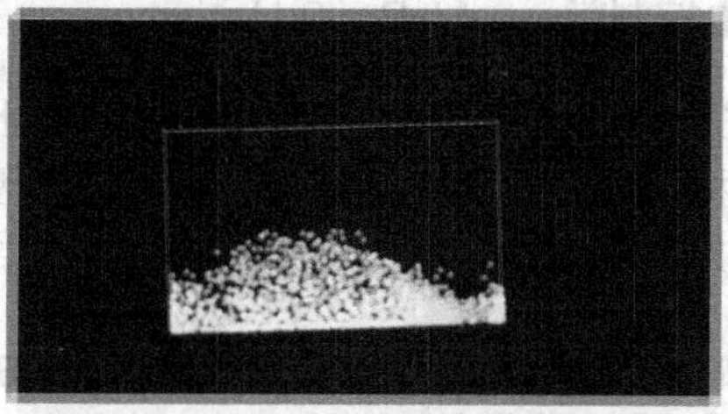

▲图 10-93 水完全落入木箱中

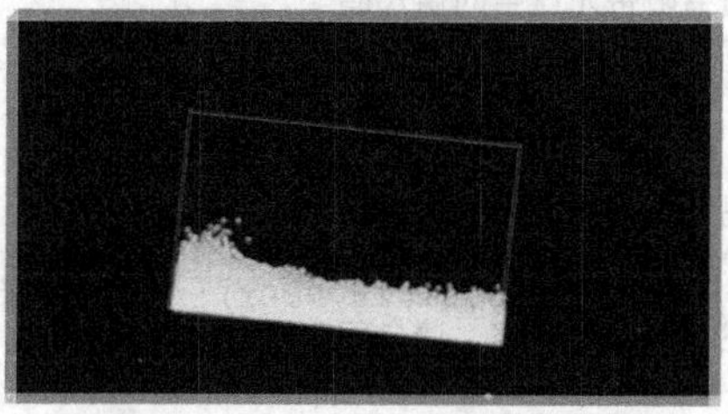

▲图 10-94 水向右摇摆

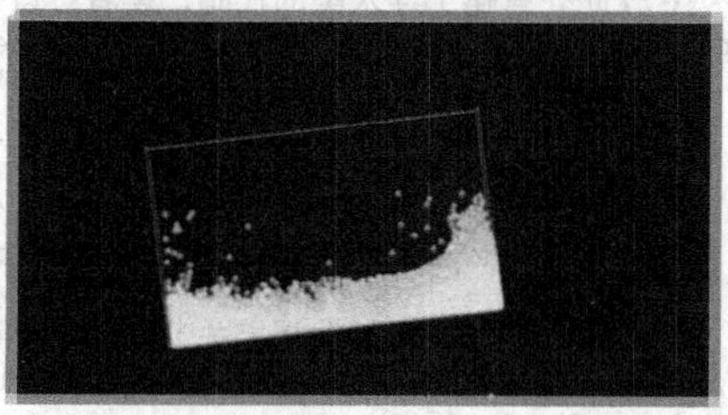

▲图 10-95 水向左摇摆

2. 水物体类——WaterObject

在详细介绍本案例前，需要向读者介绍被案例的重要类——水物体类 WaterObject。水物体类 WaterObject 的开发分为两部分，第一部分为开发圆形的水，第二部分为开发矩形的水。由于这两部分的代码基本一致，因此，下面只着重介绍圆形水的开发，具体代码如下。

代码位置：见随书光盘中源代码/第 10 章/Sample10_16/src/com/bn/box2d/util 目录下的 WaterObject.java。

```
package com.bn.box2d.util;
……//此处省略了导入类的代码，读者可自行查阅随书附带光盘中的源代码
public class WaterObject{
    public static void createWaterCycleObject(          //创建圆形的水
        float x,                                        //圆形的中心坐标 x
        float y,                                        //圆形的中心坐标 y
        float radis,                                    //圆形的半径
        float strength,                                 //粒子的凝聚强度
        int ptype,                                      //粒子群中粒子的类型
        int gtype,                                      //粒子群的类型
        ParticleSystem m_particleSystem                 //粒子系统
    ){
        CircleShape shape = new CircleShape();          //创建圆形
        shape.m_p.set(x/RATE, y/RATE);                  //设置圆形的中心位置
        shape.m_radius =radis/RATE;                     //设置圆形的半径
        ParticleGroupDef pd = new ParticleGroupDef();   //创建粒子群描述
```

```
17          pd.flags =ptype;                                    //设置粒子群中粒子的类型
18          pd.groupFlags=gtype;                                //设置粒子群的类型
19          pd.strength=strength;                               //设置粒子的凝聚强度
20          pd.shape =shape;                                    //设置粒子群的形状
21          m_particleSystem.m_groupList=m_particleSystem.createParticleGroup(pd);
            //创建粒子群对象
22      }
23      ……//此处矩形水的创建代码与上述相似，故省略，请自行查阅随书光盘中的源代码
24  }
```

- 第 5～11 行为创建圆形水方法的各个参数。
- 第 13～15 行主要功能为创建圆形，设置了圆形的中心位置和半径。
- 第 16～21 行主要功能为创建粒子群对象，设置了粒子群中粒子的类型和凝聚强度的属性和粒子群的类型和形状属性。

3. 主控制类——MyBox2dActivity

开发完本案例的水物体类，接下来就是开发本案例的主控制类 MyBox2dActivity，其与木块金字塔被撞击案例的布景类结构大致类似，因此这里不再赘述重复的内容。此类的主要任务为，创建各个焊接和旋转关节以及矩形水对象。其具体代码如下。

代码位置：见随书光盘中源代码/第 10 章/Sample10_16/src/com/bn/box2d/ wavemakingmachine 目录下的 MyBox2dActivity.java。

```
1   package com.bn.box2d.wavemakingmachine;                              //导入包
2   ……//此处省略了导入类的代码，读者可自行查阅随书附带光盘中的源代码
3   public class MyBox2dActivity extends Activity{
4     ……//此处省略变量定义的代码，请自行查看源代码
5     public void onCreate(Bundle savedInstanceState){//继承 Activity 需要重写的方法
6       super.onCreate(savedInstanceState);                              //调用父类
7       ……//此处省略了与前面案例中相似的代码，请自行查看源代码
8       new MyWeldJoint("W1",world,false,bl.get(4),bl.get(6),
9           new Vec2((290+x)*ratio,(210+y)*ratio),0.0f,15,0.0f);//创建焊接关节对象
10      ……//此处其他焊接关节的创建代码与上述相似，故省略，请自行查看源代码
11      rj=new MyRevoluteJoint("R1",world,false,bl.get(0),bl.get(5),new
        Vec2((590+x)*ratio,
12          (573+y)*ratio),false,0,0,true,(float)(-0.042f*Math.PI),1e8f);
            //创建旋转关节对象
13      m_particleSystem=world.m_particleSystem;                   //初始化流体粒子系统
14      m_particleSystem.setParticleRadius(0.28f);                 //设置粒子的半径
15      m_particleSystem.setParticleDamping(0.2f);                 //设置粒子的潮湿因子
16      WaterObject.createWaterRectObject((580+x)*ratio,(380+y)*ratio,200*ratio,
        150*ratio,1,
17          ParticleType.b2_waterParticle,0,m_particleSystem);  //创建矩形水对象
18      GameView gv= new GameView(this);                           //初始化显示界面
19      setContentView(gv);                                        //跳到显示界面
20    }
21    ……//此处图片加载方法的代码与前面案例中的相似，故省略，请自行查看源代码
22  }
```

- 第 8～10 行功能为创建四个焊接关节对象，以约束四个矩形，使其焊接为一个空心的矩形木箱。
- 第 11～12 行功能为创建一个旋转关节对象，以使得矩形木块能够旋转。
- 第 13～17 行功能为创建流体粒子系统描述，设置粒子的半径和潮湿因子，并创建出矩形水对象。
- 第 18～19 行功能为初始化显示界面并跳转到显示界面。

4. 绘制线程类——DrawThread

上一小节介绍了主控制类，在本小节中将为读者介绍绘制线程类 DrawThread。本案例的所有

绘制工作将在该绘制线程类中实现，该线程通过定时调用显示界面类 GameView 的重绘制方法来不断地刷新画布使得显示界面时时更新。其具体代码如下。

代码位置：见随书光盘中源代码/第 10 章/Sample10_16/src/com/bn/box2d/ thread 目录下的 DrawThread.java。

```
1   package com.bn.box2d.thread;
2   ……//此处省略了导入类的代码，读者可自行查阅随书附带光盘中的源代码
3   public class DrawThread extends Thread{                       //绘制线程
4       GameView gv;                                              //GameView 对象
5       public DrawThread(GameView gv){                           //构造器
6           this.gv=gv;                                           //初始化成员变量
7       }
8       @Override
9       public void run(){                                        //重写 run 方法
10          while(DRAW_THREAD_FLAG){
11              if(gv.point.length<=10){                          //创建一次后就不再创建
12                  gv.point=new MyPoint[gv.b2ps1.length];//声明临时存储各个粒子的位置数组
13                  for(int i=0;i<gv.point.length;i++){           //遍历数组
14                      gv.point[i]=new MyPoint();                //创建存储粒子位置的对象
15              }}
16              synchronized(gv.lock){                            //同步处理
17                  if(gv.b2ps1.length>10&&gv.flag){              //复制各个水粒子的位置
18                      for(int i=0;i<gv.b2ps1.length;i++){       //遍历所有水粒子的位置
19                          gv.point[i].x=gv.b2ps1[i].x;          //获取水粒子的 x 坐标
20                          gv.point[i].y=gv.b2ps1[i].y;          //获取水粒子的 y 坐标
21              }}}
22              gv.repaint();                                     //调用绘制方法
23              try{
24                  Thread.sleep(17);                             //线程睡眠
25              } catch (InterruptedException e){                 //异常处理
26                  e.printStackTrace();
27      }}}}
```

- 第 3～7 行为该线程类的构造器，其主要作用是初始化相应成员变量。
- 第 11～15 行功能为在满足条件时创建一个临时存储各个粒子的位置数组。
- 第 16～21 行功能为使用同步控制获取各个粒子的位置，使界面中各个粒子的位置随着物理世界中改变而不断改变。
- 第 22～26 行功能为不断地定时刷帧更新界面。

5. 物理模拟线程类——PhysicsThread

介绍完了绘制线程类，下面将介绍本案例中的第二个线程类——物理模拟线程类 PhysicsThread。该线程类的主要任务为模拟物理世界，改变旋转关节的角速度，缓存水粒子的各个点等，使画面更加符合现实世界，其具体代码如下。

代码位置：见随书光盘中源代码/第 10 章/Sample10_16/src/com/bn/box2d/ thread 目录下的 PhysicsThread.java。

```
package com.bn.box2d.thread;
……//此处省略了导入类的代码，读者可自行查阅随书附带光盘中的源代码
public class PhysicsThread extends Thread{                    //物理模拟线程
    GameView gv;                                              //GameView 对象
    public PhysicsThread(GameView gv){                        //构造器
        this.gv=gv;                                           //初始化成员变量
    }
    @Override
    public void run(){                                        //重写 run 方法
        while(DRAW_THREAD_FLAG){
            gv.activity.world.step(TIME_STEP, ITERA,ITERA);     //开始模拟
            if(gv.activity.rj.mJoint.getJointAngle()>(float)(Math.PI/24)){
                gv.activity.rj.mJoint.setMotorSpeed((float)(-0.042f*Math.PI));
                //改变旋转关节的角速度
```

```
14          }else if(gv.activity.rj.mJoint.getJointAngle()<(float)(-Math.PI/24)){
15              gv.activity.rj.mJoint.setMotorSpeed((float)(0.042f*Math.PI));
                //改变旋转关节的角速度
16          }
17          synchronized(gv.lock){                                   //缓存水粒子的各个点
18          gv.b2ps1=gv.activity.m_particleSystem.getParticlePositionBuffer();
            //获取粒子位置的缓冲区
19        }
20        try{
21          Thread.sleep(17);                                        //线程睡眠
22        }catch (InterruptedException e){
23          e.printStackTrace();                                     //异常处理
24    }}}}
```

- 第 3～7 行为该线程类的构造器，其主要作用是初始化相应成员变量。
- 第 11～16 行功能为开始模拟物理世界和改变旋转关节的角速度的值。
- 第 17～19 行功能为使用同步控制缓存各个水粒子的位置。
- 第 20～23 行功能为线程睡眠并异常捕获。

> **说明**　由于篇幅有限，还有部分工具类没有介绍，这些工具类基本与 LiquidFun 流体物理引擎的使用关系不大，只是起到辅助控制的作用，因此，这里就不再介绍了，读者可自行查阅随书附带光盘中的源代码学习。

10.10.3　软体案例

上一小节的案例中通过 JBox2D 物理引擎中的流体实现了波浪制造机，体现了 JBox2D 在流体模拟方面的强大能力。其实通过 JBox2D 物理引擎还可以方便地实现对 2D 软体的模拟。本小节将给出一个流体与软体结合的案例。

由于此案例的基本框架结构与波浪制造机案例基本一致，因此这里不再赘述重复的内容。下面主要介绍案例运行效果和本案例中的主控制类——MyBox2dActivity。如果需要查看其他类的代码，读者可自行查阅随书附带光盘中的源代码。

1．案例运行效果

本小节案例给出的是一个具有易伸缩性质的圆形软体、一个具有弹簧性质的圆形软体与一定体积的流体从空中开始自由下落直至容器底部的场景，实行了软体在流体中的运动效果。其运行效果如图 10-96、图 10-97、图 10-98 及图 10-99 所示。

▲图 10-96　案例运行开始

▲图 10-97　水开始下落

▲图 10-98　软体开始进入水中

▲图 10-99　软体静止

> **说明** 图 10-96 为案例运行开始时物体自由下落时的效果图，图 10-97 为水和两个软体继续下落并且水碰到容器底部时的效果图，图 10-98 为软体开始进入水中，并与水发生物理碰撞时的效果图，图 10-99 为软体静止在水中时的效果图。

2. 主控制类——MyBox2dActivity

本案例与本章前面木块金字塔被撞击案例的主控制类结构大致类似，因此这里不再赘述重复的内容。这里主要介绍本案例中的 MyBox2dActivity 类中创建粒子系统并设置各个粒子的属性，创建具有易伸缩性质的软体，创建具有弹簧性质的软体和创建具有水属性的流体的代码。具体的代码如下。

代码位置：见随书光盘中源代码/第 10 章/Sample10_17/src/com/bn/box2d/software 目录下的 MyBox2dActivity.java。

```
1   package com.bn.box2d.software;                               //导入包
2   ……//此处省略了导入类的代码，读者可自行查阅随书附带光盘中的源代码
3   public class MyBox2dActivity extends Activity{            //继承系统的 Activity
4     ……//此处省略变量定义的代码，请自行查看源代码
5     public void onCreate(Bundle savedInstanceState){      //继承 Activity 需要重写的方法
6       super.onCreate(savedInstanceState);                 //调用父类
7       ……//此处省略了与前面案例中相似的代码，请自行查看源代码
8       m_particleSystem=world.m_particleSystem;            //初始化流体粒子系统
9       m_particleSystem.setParticleRadius(0.37f);          //设置粒子的半径
10      m_particleSystem.setParticleDamping(0.2f);              //设置粒子的潮湿因子
11      WaterObject.createWaterCycleObject((540+x)*ratio,(250+y)*ratio,60*ratio,2,
12      ParticleType.b2_elasticParticle,ParticleGroupType.b2_solidParticleGroup,
        m_particleSystem,0);
13      WaterObject.createWaterCycleObject((200+x)*ratio,(250+y)*ratio,60*ratio,2,
14      ParticleType.b2_springParticle,ParticleGroupType.b2_solidParticleGroup,
        m_particleSystem,1);
15      WaterObject.createWaterRectObject((380+x)*ratio,(680+y)*ratio,200*ratio,
        200*ratio,2,
16      ParticleType.b2_waterParticle,ParticleGroupType.b2_solidParticleGroup,
        m_particleSystem,2);
17      GameView gv= new GameView(this);                           //初始化显示界面
18      setContentView(gv);                                        //跳到显示界面
19    }
20    ……//此处图片加载方法与前面案例中的相似，故省略，请自行查看源代码
21  }
```

- 第 8～10 行功能为创建粒子系统描述，设置了粒子的半径和潮湿因子。
- 第 11～14 行功能为创建具有易伸缩性质的、弹簧性质的圆形软体。
- 第 15～16 行功能为创建具有水属性的矩形流体。
- 第 17～18 行功能为初始化显示界面并跳转到显示界面。

10.10.4 固体案例

上一小节介绍了软体案例，下面将向读者介绍与之对应的固体案例。由于此案例的基本框架结构与波浪制造机案例基本一致，因此这里不再赘述重复的内容。下面主要介绍案例运行效果和案例中的主控制类 MyBox2dActivity。如果需要查看其他类的代码，读者可自行查阅随书附带光盘中的源代码。

1. 案例运行效果

本小节案例给出的是一个具有拉伸性质的圆形固体、一个具有黏性性质的圆形固体与一定体积的流体从空中自由下落至容器底部，并且容器底部中间放有一个静止具有弹性、无重力属性的

隔板，实行了固体在流体中的运动效果。其运行效果如图 10-100、图 10-101、图 10-102 及图 10-103 所示。

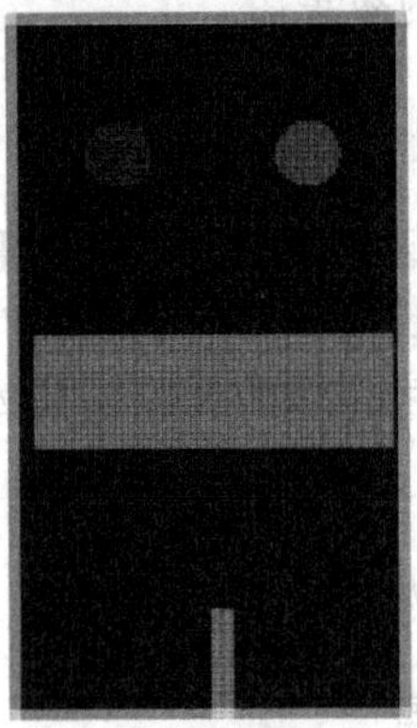

▲图 10-100　案例运行开始

▲图 10-101　水开始下落

▲图 10-102　固体进入水中

▲图 10-103　固体静止

> **说明**　图 10-100 为案例运行开始时物体自由下落时的效果图，图 10-101 为水和两个固体继续下落并且水碰到容器底部隔板时的效果图，图 10-102 为固体进入水中，并与水发生物理碰撞时的效果图，图 10-103 为固体静止在水中时的效果图。

2. 主控制类——MyBox2dActivity

本案例与本章前面木块金字塔被撞击案例的主控制类结构大致类似，因此这里不再赘述重复的内容。这里主要介绍本案例中的 MyBox2dActivity 类中创建粒子系统并设置各个粒子的属性，创建了两个固体和具有水属性的流体，实现了固体在水中运动的效果。具体的代码如下。

代码位置：见随书光盘中源代码/第 10 章/Sample10_18/src/com/bn/box2d/solid 目录下的 MyBox2dActivity.java。

```
package com.bn.box2d.software;                          //导入包
……//此处省略了导入类的代码，读者可自行查阅随书附带光盘中的源代码
public class MyBox2dActivity extends Activity{          //继承系统的 Activity
  ……//此处省略变量定义的代码，请自行查看源代码
   public void onCreate(Bundle savedInstanceState){    //继承 Activity 需要重写的方法
      super.onCreate(savedInstanceState);                //调用父类
      ……//此处省略了与前面案例中相似的代码，请自行查看源代码
      m_particleSystem=world.m_particleSystem;           //初始化流体粒子系统
      m_particleSystem.setParticleRadius(0.37f);         //设置粒子的半径
      m_particleSystem.setParticleDamping(0.2f);         //设置粒子的潮湿因子
      WaterObject.createWaterCycleObject((540+x)*ratio,(250+y*ratio,60*ratio,2,
      //创建拉伸性质固体
        ParticleType.b2_tensileParticle,ParticleGroupType.b2_rigidParticleGroup,
        m_particleSystem,0);
      WaterObject.createWaterCycleObject((200+x)*ratio,(250+y*ratio,60*ratio,2,
      //创建黏性性质固体
        ParticleType.b2_viscousParticle,ParticleGroupType.b2_rigidParticleGroup,
        m_particleSystem,1);
      WaterObject.createWaterRectObject((450+x)*ratio,(680+y*ratio,400*ratio,
      100*ratio,2,//创建流体
        ParticleType.b2_waterParticle,ParticleGroupType.b2_solidParticleGroup,
        m_particleSystem,2);
      WaterObject.createWaterRectObject((380+x)*ratio,(1180+y*ratio,20*ratio,
      100*ratio,2, //静止固体
        ParticleType.b2_wallParticle,ParticleGroupType.b2_solidParticleGroup,
        m_particleSystem,2);
      GameView gv= new GameView(this);                   //初始化显示界面
      setContentView(gv);                                //跳到显示界面
```

```
21      }
22      ……//此处图片加载方法的代码与前面案例中的相似，故省略，请自行查看源代码
23      }
```

- 第 8～10 行功能为创建粒子系统描述，设置了粒子的半径和潮湿因子。
- 第 11～14 行功能为创建具有拉伸性质的和具有黏性性质的两个圆形固体。
- 第 15～18 行功能为创建具有水属性的矩形流体和创建静止具有弹性、无重力属性的矩形固体。
- 第 17～18 行功能为初始化显示界面并跳转到显示界面。

10.10.5　粉尘案例

上一小节介绍了固体案例，下面将向读者具体介绍粉尘案例。由于此案例的基本框架结构与波浪制造机案例基本一致，因此这里不再赘述重复的内容。在此主要为读者介绍案例运行效果和案例中的主控制类 MyBox2dActivity。如果需要查看其他类的代码，读者可自行查阅随书附带光盘中的源代码。

1. 案例运行效果

本小节案例给出的是一个具有面粉属性的圆形粉团和一个具有黏性属性的圆形粉团从空中开始自由下落，并且发生碰撞，又与空中具有弹性、无重力属性的挡板发生碰撞，继续运动直至容器底部的场景效果。其运行效果如图 10-104、图 10-105、图 10-106 及图 10-107 所示。

▲图 10-104　案例运行开始

▲图 10-105　粉尘与障碍物碰撞

▲图 10-106　粉尘落入底部

▲图 10-107　粉尘继续运动

说明　图 10-104 为案例运行开始时物体自由下落，并且发生相互碰撞时的效果图，图 10-105 为粉尘和空中障碍物开始发生碰撞时的效果图，图 10-106 为粉尘落入容器底部时的效果图，图 10-107 为粉尘落入底部后继续运动的效果图。

2. 主控制类——MyBox2dActivity

本案例与本章前面木块金字塔被撞击案例的主控制类结构大致类似，因此这里不再赘述重复的内容。这里主要介绍本案例中的 MyBox2dActivity 类中创建粒子系统并设置各个粒子的属性，创建了两个固体和具有水属性的流体，实现了固体在水中运动的效果。具体的代码如下。

代码位置：见随书光盘中源代码/第 10 章/Sample10_19/src/com/bn/box2d/dust 目录下的 MyBox2dActivity.java。

```
package com.bn.box2d.dust;                              //导入包
……//此处省略了导入类的代码，读者可自行查阅随书附带光盘中的源代码
```

```
3    public class MyBox2dActivity extends Activity{          //继承系统的Activity
4      ……//此处省略变量定义的代码，请自行查看源代码
5      public void onCreate(Bundle savedInstanceState){     //继承Activity需要重写的方法
6        super.onCreate(savedInstanceState);                 //调用父类
7        ……//此处省略了与前面案例中相似的代码，请自行查看源代码
8        m_particleSystem=world.m_particleSystem;            //初始化流体粒子系统
9        m_particleSystem.setParticleRadius(0.37f);          //设置粒子的半径
10       m_particleSystem.setParticleDamping(0.2f);          //设置粒子的潮湿因子
11       WaterObject.createWaterCycleObject((300+x)*ratio,(80+y)*ratio,60*ratio,1,
         //创建面粉属性粉尘
12         ParticleType.b2_powderParticle,ParticleGroupType.b2_solidParticleGroup,
           m_particleSystem,0);
13       WaterObject.createWaterCycleObject((300+x)*ratio,(150+y)*ratio,60*ratio,2,
         //创建黏性属性粉尘
14         ParticleType.b2_viscousParticle,ParticleGroupType.b2_solidParticleGroup,
           m_particleSystem,1);
15       WaterObject.createWaterRectObject((350+x)*ratio,(850+y)*ratio,150*ratio,
         50*ratio,2,  //静止固体
16         ParticleType.b2_wallParticle,ParticleGroupType.b2_solidParticleGroup,
           m_particleSystem,0);
17       GameView gv= new GameView(this);                            //初始化显示界面
18       setContentView(gv);                                         //跳到显示界面
19     }
20   ……//此处图片加载方法的代码与前面案例中的相似，故省略，请自行查看源代码
21   }
```

- 第 8～10 行功能为创建粒子系统描述，设置了粒子的半径和潮湿因子。
- 第 11～14 行功能为创建具有面粉属性的粉尘和具有黏性属性的粉尘。
- 第 15～16 行功能为创建静止具有弹性、无重力、不可被穿透属性的固体。
- 第 17～18 行功能为初始化显示界面并跳转到显示界面。

10.11 小结

本章向读者介绍了 JBox2D 物理引擎的大部分基础知识，同时给出了一些简单易懂的案例，本章最后的一节简单介绍了扩展的 Box2D 物理引擎 LiquidFun，同样也给出了一些相应的简单的案例，方便了读者对物理引擎的开发的认识和理解。这些都对读者更好地认识物理引擎的丰富多彩的世界打下了良好的基础，对游戏的开发有着重要的作用和不可忽视的影响。

第 11 章　3D 应用开发基础

OpenGL ES（OpenGL for Embedded Systems）是 OpenGL 三维图形 API 的子集，针对手机、PDA 和游戏主机等嵌入式设备而设计。本部分将介绍其在 Android 平台上的简单应用。通过本章的学习，读者可以基本掌握 OpenGL ES 的开发。

11.1 OpenGL 及 OpenGL ES 简介

OpenGL 的前身是 SGI 公司为其图形工作站开发的 IRIS GL。IRIS GL 是一个工业标准的 3D 图形软件接口，功能虽然强大但移植性不好，于是 SGI 公司便在 IRIS GL 的基础上开发了 OpenGL。本节将简单介绍 OpenGL 及 OpenGL ES。希望通过本节的学习，读者可以对 OpenGL ES 有一个初步的认识。

OpenGL 具有体系结构简单、使用方便、与操作平台无关等优点，从而使其迅速成为一种 3D 图形接口的工业标准，并陆续在各种平台上得以实现。其主要有以下优越性。

（1）作为一个性能优越的图形应用程序编程接口，其适用于广泛的计算机环境。小到个人计算机，大到工作站和超级计算机，OpenGL 都能很好地实现高性能的 3D 图形运算。

（2）许多在 IT 界具有领导地位的公司都在采用 OpenGL 作为其 3D 图形应用程序编程接口，使得 OpenGL 应用程序具有非常好的可移植性。

OpenGL ES 是根据手持及移动设备平台的特点从 OpenGL 3D 图形 API 裁剪定制而来的。该 API 由 Khronos 集团定义推广，该集团关注手持及移动平台上 3D 应用的 API，并致力于为这些 API 建立无权限费用的标准。OpenGL ES 主要有以下优势。

（1）需要 3D UI 的移动嵌入式应用，对电能的要求较高，而移动设备的电能储备是有限的。如何以更低的功耗完成 3D 场景的渲染，是 OpenGL 必须要面对的问题。而 OpenGL ES 正是由此产生，其在高效渲染 3D 场景的同时，达到了降低功耗的效果。

（2）其 API 更加灵活，例如，现在一些用不到的功能可以暂时删除，当内嵌硬件发展到一定的水平后，相应的功能可以重新添加进来。

当前 OpenGL ES 主要有两个版本，分别是 OpenGL ES 1.x 以及 OpenGL ES 2.0。OpenGL ES 2.0，采用的是可编程的渲染管线，更加灵活，给了开发者很大的空间。

（1）OpenGL ES 1.x 采用的是固定的渲染管线，由硬件 GPU 支持或用软件模拟实现，渲染能力有限，在纯软件模拟情况下性能也较弱。OpenGL ES 1.x 主要包括 OpenGL ES 1.0 和 OpenGL ES 1.1 两个版本。

（2）OpenGL ES 2.0 采用的是可编程的渲染管线，大大地提高了渲染能力。OpenGL ES 2.0 是需要设备中的硬件 GPU 进行支持的，目前还不能在设备上用软件模拟实现。

OpenGL ES 可以开发出很多 3D 的游戏场景，由其渲染的场景真实感很强，如图 11-1、图 11-2 所示的游戏都是用 OpenGL ES 开发的。

▲图 11-1　作者开发的 WebGL 模拟飞行 2

▲图 11-2　极品飞车 14 热力追踪

> **说明** 图 11-1 为作者开发的 WebGL 模拟飞行 2 游戏，可以看到游戏场景是很细腻的，每座山在河中都呈现着倒影，山的形状不同，倒影也是姿态各异。图 11-2 为 EA 公司开发的极品飞车 14 热力追踪，该游戏中的路面，旁边的树木和围栏真实感都很强，足见 OpenGL ES 功能的强大。

OpenGL ES 2.0 在场景的渲染上比 OpenGL ES 1.x 更加细腻，真实感更强。下面将通过 EA 的两款游戏的对比，了解 OpenGL ES 1.x 与 OpenGL ES 2.0 功能的差距。

▲图 11-3　极品飞车 11 街头狂飙

▲图 11-4　极品飞车 17 的场景

> **说明** 图 11-3 为 OpenGL ES 1.x 渲染的极品飞车 11 街头狂飙的场景，在图中可以看到渲染的 3D 场景不够真实，如路面、两旁的山坡。图 11-4 为 OpenGL ES 2.0 渲染的极品飞车 17 的场景，可以看出渲染的路面、远处的建筑渲染效果更加真实。

下面向读者介绍两款深受玩家喜爱的 3D 游戏，地牢猎手 4 和穿越火线 2，这两款游戏都是用 OpenGL ES 2.0 开发的，其场景更加宏大，渲染更加细腻，如图 11-5 和图 11-6 所示。

▲图 11-5　地牢猎手 3

▲图 11-6　刺客信条 2

> **说明** 图 11-5 中的地牢猎手 3 以及图 11-6 中的刺客信条 2 在此说明了 OpenGL ES 2.0 渲染场景时的细腻与逼真，通过其渲染的游戏真实感已经很强了。

11.2 3D 基本知识

3D 是模拟现实世界的立体场景，本节将对 3D 基础知识进行介绍，逐渐向读者解开 3D 的神秘面纱。在此之前读者可能不太清楚虚拟 3D 世界中的立体物体是如何搭建出来的。其实这与现实世界搭建建筑物并没有本质区别，请读者观察图 11-7 和图 11-8 中的悉尼歌剧院远景和近景的图片。

从两幅图片中可以对比出，现实世界的某些建筑远看是平滑的曲面，其实近看是由一个个小的平面组成的。3D 虚拟世界中也是如此，任何立体物体都是由多个小平面搭建而成的。这些小平面切分得越小，越细致，搭建出来的物体就越平滑。

当然，OpenGL ES 的虚拟世界与现实世界还是有区别的，现实世界中可以用任意形状的多边形来搭建建筑物，例如，图 11-7 中的悉尼歌剧院就是用四边形搭建的，而 OpenGL ES 中仅仅允许采用三角形来搭建物体。其实这从构造能力上说并没有区别，因为多边形都可以拆分为多个三角形，只需开发时稍微注意一下即可。

▲图 11-7　悉尼歌剧院远景图

▲图 11-8　悉尼歌剧院近景图

说明　OpenGL ES 中之所以仅仅支持三角形而不支持任意多边形是出于性能的考虑，就目前移动嵌入式设备的硬件性能情况来看，这是必然的选择了。

了解了 OpenGL ES 中立体物体的搭建方式后，下面就需要了解 OpenGL ES 中的坐标系统了。OpenGL ES 采用的是三维笛卡尔坐标系，如图 11-9 所示。

在 OpenGL ES 中，通常将物体的 X、Y、Z 坐标值以顶点数组的形式给出。一个顶点数组包括场景中部分或所有顶点坐标数据。如场景中有 n 个顶点，则坐标值有 3n 个，顶点数组的大小为 3n。前面已经提过，OpenGL ES 中只允许使用三角形进行填充。图 11-10 给出了用平面三角形搭建立体图形的原理。

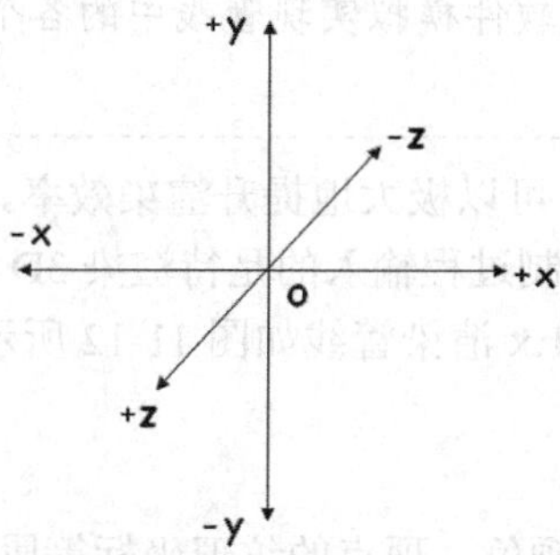

▲图 11-9　OpenGL ES 采用的三维笛卡尔坐标系

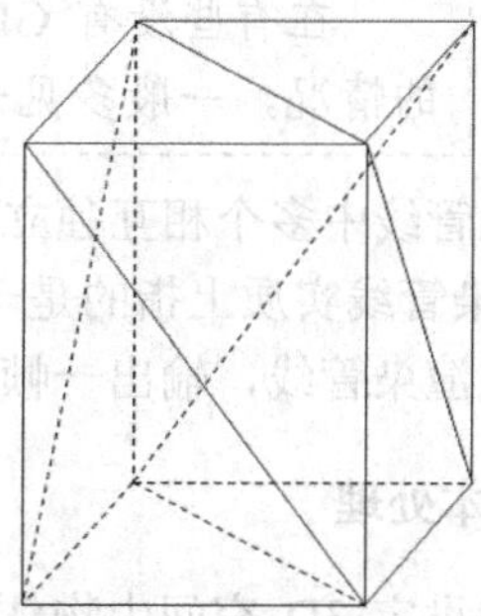

▲图 11-10　长方体的构建

> 说明　图 11-10 为一个长方体，一共 6 个面，每个面都是一个矩形，都可以分成两个三角形，因此在 OpenGL ES 中，长方体可以用 12 个三角形填充。

OpenGL ES 还有一项背景剪裁功能，打开背景剪裁后，视角在三角形的背面时不渲染此三角形，该功能可以提高渲染效率。

背面剪裁功能实现时要确定在观察者的角度渲染三角形，否则很可能看不到图形。因此要确定三角形的正反面。在三角形中顶点卷绕顺序为逆时针时则为三角形正面，反之则为反面，如图 11-11 所示。

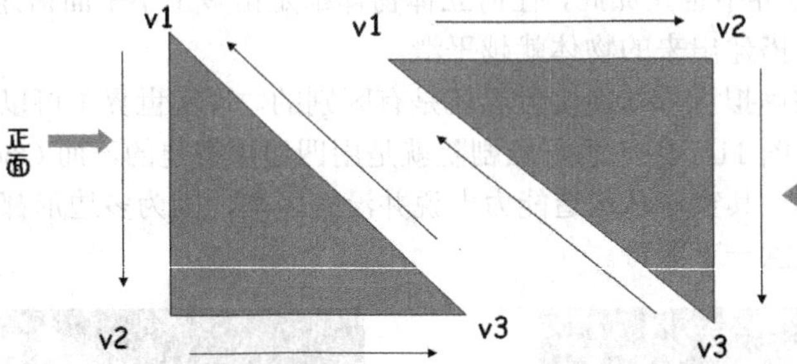

▲图 11-11　三角形的正反面

> 说明　图 11-11 中左侧三角形为逆时针卷绕，右侧三角形为顺时针卷绕，默认情况下，若打开了背面剪裁则左侧三角形可见，右侧三角形不可见，如果关闭了背面剪裁，则两个三角形均可见。

11.3 旧约——OpenGL ES 1.x

OpenGL ES 1.x 采用的是固定的渲染管线，由硬件 GPU 支持或用软件模拟实现。本节作者将向读者介绍 OpenGL ES 1.x 的一些主要功能以及在 Android 平台上的案例，通过本节的学习，读者可以在了解 OpenGL ES 1.x 的基础上掌握其基本的应用开发。

11.3.1　OpenGL ES 1.x 的渲染管线

渲染管线也称为渲染流水线、像素流水线或像素管线，是显示芯片内部处理图形信号相互独立的并行处理单元。这些并行处理单元两者之间是相互独立的，在不同型号的硬件上独立处理单元的数量也有很大的差异。一般越高端型号的硬件，其独立处理单元的数量也就越多。

> 说明　在有些没有 GPU 硬件的设备上也有采用软件模拟实现管线中的各个处理单元的情况，一般多见于廉价的低端设备。

用渲染管线中多个相互独立的处理单元进行并行处理，可以极大地提升渲染效率。OpenGL ES 1.x 中的渲染管线实质上指的是一系列的绘制过程。这些绘制过程输入的是待渲染 3D 物体的相关数据，经过渲染管线，输出一帧想要的图像。OpenGL ES 1.x 渲染管线如图 11-12 所示。

1. 基本处理

该阶段设定 3D 空间中物体的顶点坐标、顶点对应的颜色、顶点的纹理坐标等属性，并且指定绘制方式，如点绘制、线段绘制或者三角形绘制等。

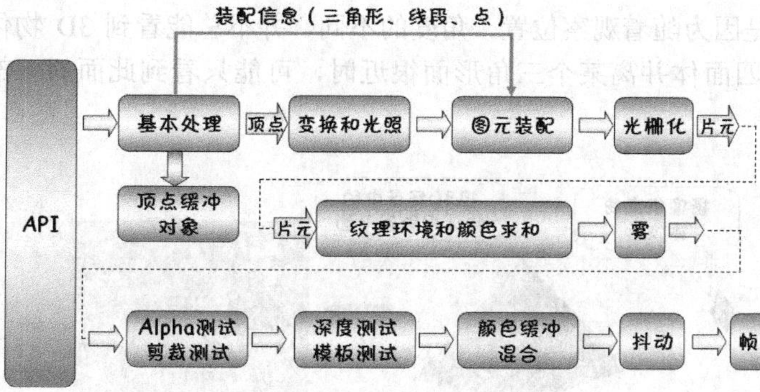

▲图 11-12　OpenGL ES 1.x 渲染管线

2. 顶点缓冲对象

该功能在应用程序中是可选的。可以在初始化阶段将顶点数据经过基本处理后送入顶点缓冲对象，在绘制每一帧想要的图像时可以直接从顶点缓冲对象中获取顶点数据。相比于每次绘制时单独将顶点数据送入 GPU 的方法，可以在一定程度上节省 GPU 的 IO 带宽，提高渲染效率。

3. 变换和光照

这一阶段的主要工作是进行顶点变换和根据程序中设置的光照属性对顶点进行光照计算。顶点变换的任务是对 3D 物体的各点进行平移、旋转或者缩放等操作。光照计算的任务是根据程序送入的光源位置、性质、各强度通道、物体材质等，同时再根据一定的光照数学模型计算各顶点的光照情况。

4. 图元装配

这一阶段主要有两个任务，一个是图元组装，另一个是图元处理。图元组装是指顶点数据根据设置的绘制方式被结合成完整的图元。例如，点绘制方式仅需要一个顶点，因此每个顶点为一个图元，线段绘制方式则是两个顶点构成一个图元。

图元处理最重要的工作是剪裁，其任务是消除位于半空间（half-space）之外的部分几何图元，这个半空间是由一个剪裁平面所定义的，如线段或多边形剪裁可能需要增加额外的顶点，具体取决于直线或者多边形与剪裁平面之间的位置关系，如图 11-13 所示。

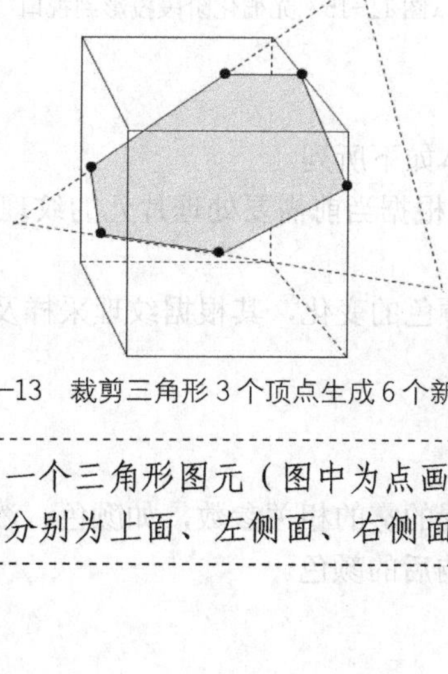

▲图 11-13　裁剪三角形 3 个顶点生成 6 个新的顶点

说明：图 11-13 给出了一个三角形图元（图中为点画线绘制）被 4 个剪裁平面剪裁的情况。4 个剪裁平面分别为上面、左侧面、右侧面和后面。

之所以进行剪裁是因为随着观察位置、角度的不同，并不总能看到 3D 物体某图元的全部。例如，当观察一个正四面体并离某个三角形面很近时，可能只看到此面的一部分，如图 11-14 所示。

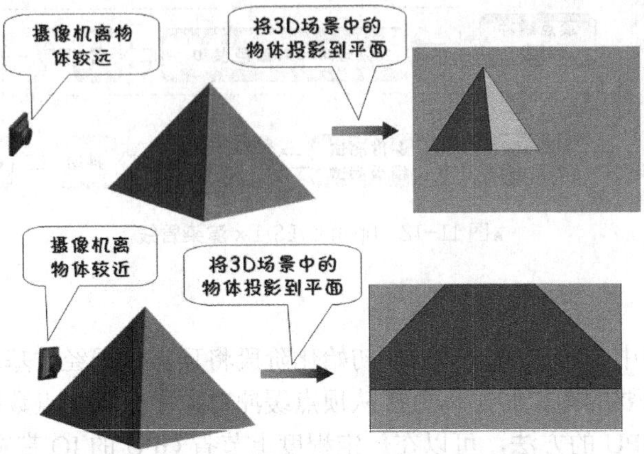

▲图 11-14　从不同角度和距离观察正四面体

5. 光栅化

虽然虚拟 3D 世界中的几何信息是三维的，但由于目前用于显示的设备都是二维的，因此在真正执行光栅化工作之前，首先要将虚拟 3D 世界中的物体投影到视平面上。需要注意的是，由于观察者位置的不同，相同物体投影到视平面可能会产生不同的效果，如图 11-15 所示。

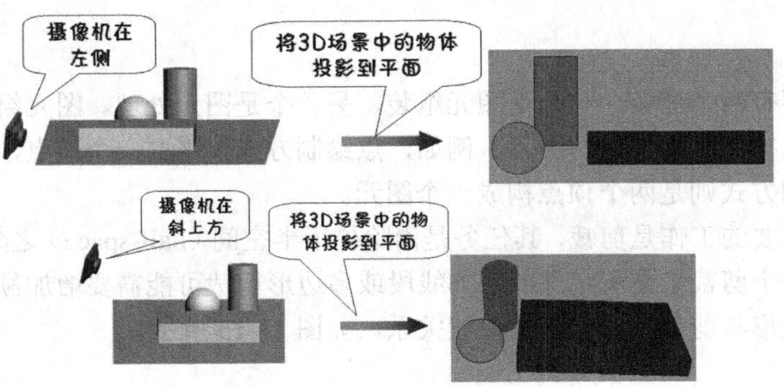

▲图 11-15　光栅化阶段投影到视口

6. 纹理颜色求和

该阶段主要有两个任务，具体如下所列。

（1）纹理采样任务，其主要是根据当前需要处理片元的纹理坐标及采用的纹理 id 对相应的纹理图进行纹理采样，获取采样值。

（2）颜色求和，主要是执行颜色的变化，其根据纹理采样及光照计算等的结果综合生成需要处理片元的颜色。

7. 雾

该阶段主要是根据程序中设置的雾的相关参数，如颜色、浓度、范围等，以及某种雾的数字模型计算当前处理的片元受雾影响后的颜色。

8. Alpha 测试

如果程序中启用了 Alpha 测试，OpenGL ES 1.x 会检查每个片元的 Alpha 值，只有 Alpha 值符合测试条件的片元才会送入下一阶段，不满足条件的片元则被丢弃。

9. 剪裁测试

如果程序中启用了剪裁测试，OpenGL ES 1.x 会检查每个片元的帧缓冲中对应的位置，若对应位置在剪裁窗口中，则将此片元送入下一阶段，否则丢弃此片元。

10. 深度测试和模板测试

深度测试是指将输入片元的深度值与帧缓冲区中存储的对应位置片元的深度进行比较，若输入片元的深度值小，则将输入片元送入下一阶段，准备覆盖帧缓冲中的原片元或与帧缓冲中的原片元混合，否则会丢弃输入片元。模板测试主要功能为将绘制区域限定在一定的范围内，一般用在湖面倒影等场合。

11. 颜色缓冲混合

若程序中开启了 Alpha 混合，则根据混合因子将上一阶段送来的片元与帧缓冲中对应位置的片元进行 Alpha 混合，否则送入的片元将覆盖帧缓冲中对应位置的片元。

12. 抖动

抖动是一个简单的操作，其允许只使用少量的颜色模拟出更宽的颜色显示范围，从而使颜色视觉效果更加丰富。例如，可以使用白色以及黑色模拟出一种过滤的灰色。

但是使用抖动也是有其固有缺点的，那就是会损失一部分分辨率，因此对于现在主流的原生颜色就很丰富的显示设备一般是不需要启动抖动的。

13. 帧缓冲

OpenGL ES 1.x 中的物体绘制并不是直接在屏幕上进行的，而是预先在帧缓冲区中进行绘制，每绘制完一帧再将绘制的结果呈现到屏幕上。因此，在每次绘制新的一帧时都需要清除缓冲区中的相关数据，否则有可能产生不正确的绘制效果。

同时需要了解的是为了应对不同方面的需要，帧缓冲是由一套组件组成的，主要包括颜色缓冲、深度缓冲以及模板缓冲，各组件的具体用途如下所列。

（1）颜色缓冲用于存储每个片元的颜色值，每个颜色值包括 RGBA（红、绿、蓝、透明度）4 个色彩通道，应用程序运行时在屏幕上看到的就是颜色缓冲区中的内容。

（2）深度缓冲用来存储每个片元的深度值。在启用深度测试的情况下，新片元想进入帧缓冲时要将自己的深度值与帧缓冲中对应位置片元的深度值进行比较，若新片元的深度值小于对应位置的深度值才有可能进入缓冲，否则被丢弃。

（3）模板缓冲用来存储每个片元的模板值，供模板测试使用。模板测试是几种缓冲测试中最为灵活和复杂的一种。

11.3.2 不同的绘制方式

OpenGL ES 1.x 针对不同的情况，支持的绘制方式大致分为 3 类，包括点、线段和三角形，每类中包括一种或多种具体的绘制方式，如 GL_POINTS、GL_LINES、GL_TRIANGLES 等，各种具体绘制方式的说明如下所列。

（1）GL_POINTS

把顶点数组中每个顶点作为一个点绘制，索引数组中第 n 个顶点即定义了点 n，共绘制 N 个点，例如，索引数组{0,1,2,3,4,5}，如图 11-16 所示。

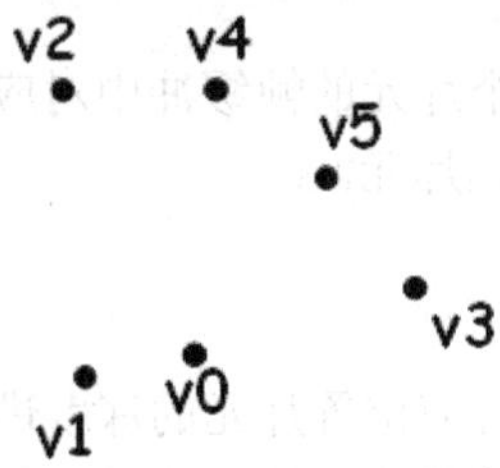

▲图 11-16　GL_POINTS 绘制方式

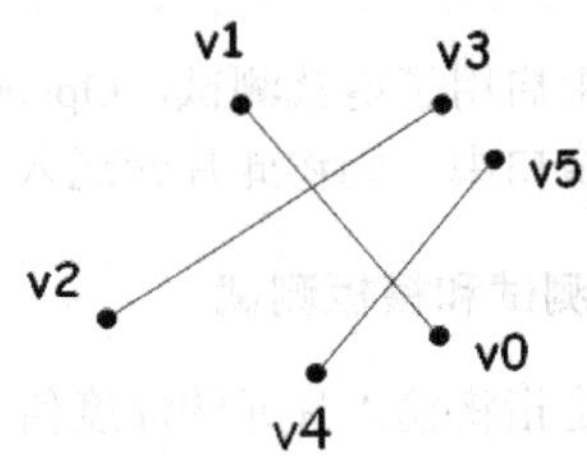

▲图 11-17　GL_LINES 绘制方式

> **说明**　在介绍 GL_POINTS 绘制方式这一部分时，提到了 n 和 N 两个量，这里的 n 表示顶点数组中第 n 个点，N 则表示顶点数组中的顶点数。

（2）GL_LINES

把两个顶点作为一条直线进行绘制，索引数组中第 2n 个顶点与第 2n+1 个顶点绘制第 n 条直线，共绘制 N/2 条直线，如果 N 为奇数，则忽略最后一个点。例如，索引数组{4,5,2,3,0,1}，如图 11-17 所示。

（3）GL_LINE_STRIP

把索引数组从第 0 个顶点到最后一个顶点，依次连接，则第 n 个顶点与第 n+1 个顶点定义了线段 n，共绘制 N-1 条直线。例如，索引数组{1,4,0,3,2}，如图 11-18 所示。

（4）GL_LINE_LOOP

类似 GL_LINE_STRIP，该方式把索引数组从第 0 个顶点开始依次连接，区别在于最后一个顶点与第 0 个顶点连接。第 n 个顶点与第 n+1 个顶点定义了线段 n，共绘制 N 条直线。例如，索引数组{0,1,2,3,4}，如图 11-19 所示。

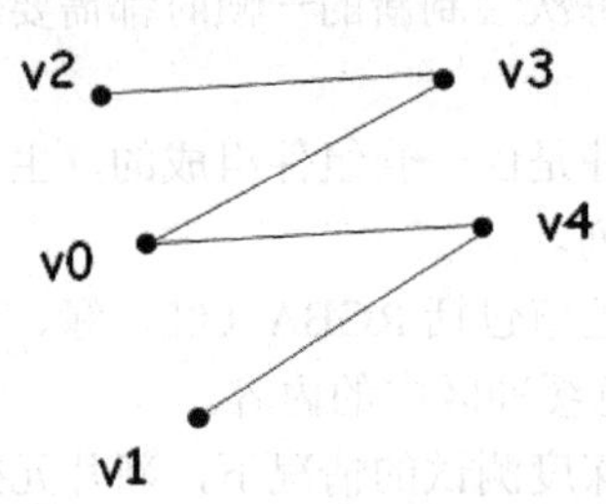

▲图 11-18　GL_LINE_STRIP 绘制方式

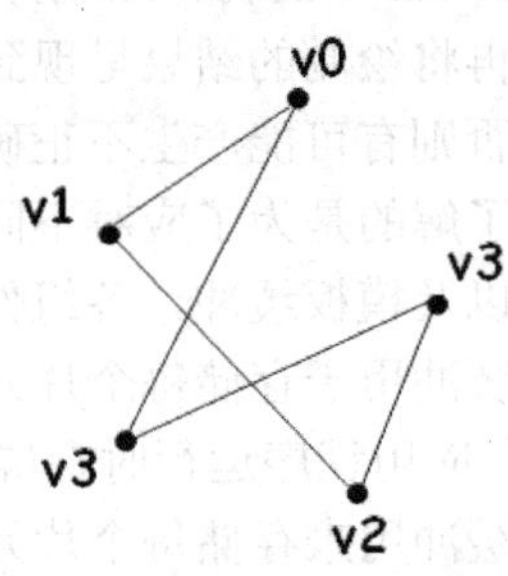

▲图 11-19　GL_LINE_LOOP 绘制方式

（5）GL_TRIANGLES

索引数组中每 3 个顶点定义一个三角形，也就是第 3n、3n+1 和 3n+2 个顶点构成第 n 个三角形，共绘制 N/3 个三角形。例如，索引数组{0,2,1,1,2,3}，如图 11-20 所示。

（6）GL_TRIANGLE_STRIP

索引数组中每连续的 3 个点定义一个三角形，对于第 n 个点，若 n 为偶数，则第 n、n+1 和 n+2 顶点定义第 n 个三角形；若 n 为奇数，则第 n+1、n 和 n+2 顶点定义第 n 个三角形。共绘制 N-2 个三角形。例如，索引数组{0,1,2,3,4}，如图 11-21 所示。

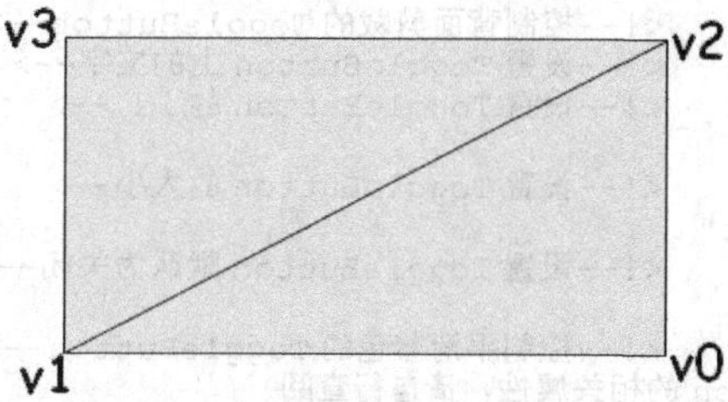

▲图 11-20 GL_TRIANGLES 绘制方式

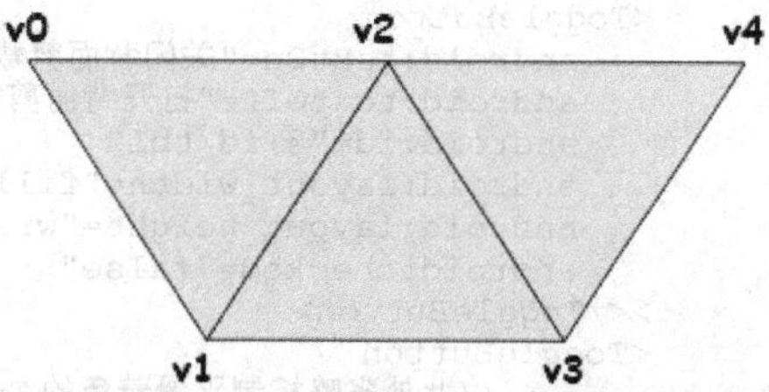

▲图 11-21 GL_TRIANGLE_STRIP 绘制方式

（7）GL_TRIANGLE_FAN

由索引数组第 0 个顶点及后面的顶点确定一系列相连的三角形。顶点 0、n+1 和 n+2 定义第 n 个三角形，共绘制 N-2 个三角形。例如，索引数组{0,1,2,3,4}，如图 11-22 所示。

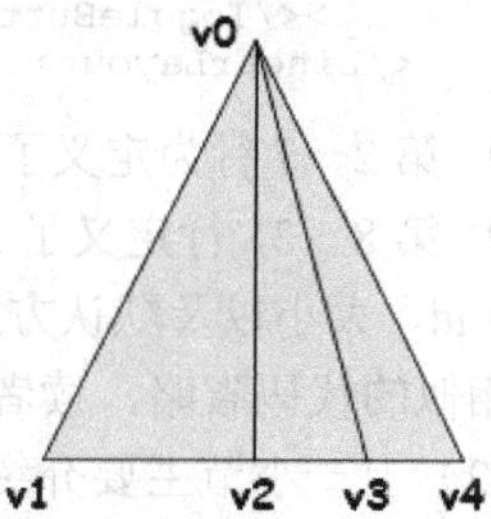

▲图 11-22 GL_TRIANGLE_FAN 绘制方式

11.3.3 索引法绘制案例

本小节介绍的不同的绘制方式用到的都是索引法。本小节将向大家介绍一个用索引法绘制五边形的案例 Sample11_1。案例的运行结果如图 11-23 所示。

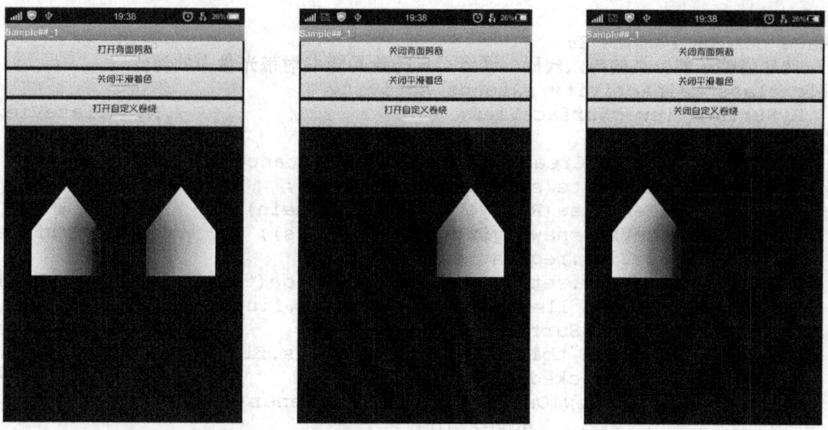

▲图 11-23 案例 Sample11-1 的运行效果图

> **说明** 图 11-23 为案例的运行效果图，其中从左到右依次为打开平滑着色、打开背景剪裁界面、打开背面剪裁界面并且打开自定义卷绕界面。

了解了案例的运行效果之后，下面开始介绍案例的开发，主要包括布局文件、主控制类 MainAcitivity、图形类 MyPentagonUtil 等，具体开发步骤如下。

（1）首先进行布局文件 activity_main.xml 的开发，该布局文件中设置了 3 个 ToggleButton，通过对其设置监听，进行相应的动作，具体代码如下。

代码位置：见随书光盘源代码/第 11 章/Sample11_1/res/layout 目录下的 activity_main.xml。

```
<?xml version="1.0" encoding="utf-8"?>          <!--版本号及编码方式-->
<LinearLayout xmlns:android="http://schemas.android.com/apk/res/android"
    android:layout_width="fill_parent"          <!--设置 LinearLayout 为全屏-->
    android:layout_height="fill_parent"
    android:orientation="vertical"              <!--设置 LinearLayout 为竖排-->
    android:id="@+id/LinearLayout01"            <!--设置 LinearLayout 的 id-->
    android:background="@color/black">          <!--设置 LinearLayout 的背景颜色-->
```

```
8       <ToggleButton                                   <!--控制背面剪裁的 ToggleButton-->
9           android:textOn="关闭背面剪裁"                 <!--设置 ToggleButton 上的文字-->
10          android:textOff="打开背面剪裁"                <!--设置 ToggleButton 的 id -->
11          android:id="@+id/tb1"
12          android:layout_width="fill_parent"         <!--设置 ToggleButton 的大小-->
13          android:layout_height="wrap_content"
14          android:checked="false"                    <!--设置 ToggleButton 默认为关闭-->
15      ></ToggleButton>
16      <ToggleButton                                   <!--控制平滑着色的 ToggleButton-->
17          ……//此处省略控制平滑着色的 ToggleButton 的相关属性，请自行查阅
18      ></ToggleButton>
19      <ToggleButton
20          ……// 此处省略控制自定义卷绕的 ToggleButton 的相关属性，请自行查阅
21      ></ToggleButton>
22  </LinearLayout>
```

- 第 2～7 行为定义了一个 LinearLayout 布局，并设置了其布局方向、方式、id 以及背景颜色。
- 第 8～31 行定义了 3 个 ToggleButton，其中，每个 ToggleButton 分别设置了布局、显示的文字、id、大小以及默认方式等属性。其用于设置本案例中的背面剪裁、平滑着色和自定义卷绕。部分相似的代码省略，读者可自行查阅随书附带光盘中的源代码。

（2）上一小节主要介绍了本案例的布局文件 activity_main.xml，接下来将要开发的是本案例中的主控制类 MainActivity，主要是给 ToggleButton 对象添加监听，具体的代码如下。

代码位置：见随书光盘源代码/第 11 章/Sample11_1/src/com/bn/sample_1 目录下的 MainActivity.java。

```
package com.bn.sample_1;                                    //声明包名
……//此处省略了部分类的导入代码，读者可自行查阅随书附带光盘中的源代码
public class MainActivity extends Activity {
    MySurfaceView mSurfaceView;                             //MySurfaceView 的引用
    @Override
    protected void onCreate(Bundle savedInstanceState) {
        super.onCreate(savedInstanceState);
        setContentView(R.layout.activity_main);     //导入主界面
        mSurfaceView=new MySurfaceView(this);       //创建 MySurfaceView
        mSurfaceView.requestFocus();                //获取焦点
        mSurfaceView.setFocusableInTouchMode(true);     //设置为可触控
        LinearLayout ll=(LinearLayout)this.findViewById(R.id.LinearLayout01);
        ll.addView(mSurfaceView);              //将创建的 SurfaceView 添加到最外层
        ToggleButton tb1=(ToggleButton)this.findViewById(R.id.tb1);
        tb1.setOnCheckedChangeListener(             //创建背面剪裁监听器
                new OnCheckedChangeListener(){      //创建监听器
                    @Override
                    public void onCheckedChanged(CompoundButton buttonView,
                            boolean isChecked) {
                        mSurfaceView.setBackFlag(!mSurfaceView.
                        isBackFlag());
        }});
        ToggleButton tb2=(ToggleButton)this.findViewById(R.id.tb2);
        tb2.setOnCheckedChangeListener(             //创建平滑着色监听器
                new OnCheckedChangeListener(){      //创建监听器
                    @Override
                    public void onCheckedChanged(CompoundButton buttonView,
                            boolean isChecked) {
                        mSurfaceView.setSmoothFlag(!mSurfaceView.
                        getSmoothFlag());
        }});
        ToggleButton tb3=(ToggleButton)this.findViewById(R.id.tb3);
        tb3.setOnCheckedChangeListener(             //创建自定义卷绕监听器
                new OnCheckedChangeListener(){      //创建监听器
                    @Override
                    public void onCheckedChanged(CompoundButton buttonView,
                            boolean isChecked) {
                        mSurfaceView.setSelfCulling(!mSurfaceView.
                        isSelfCulling());
        }});
```

```
38        }
39        @Override
40        protected void onResume(){                       //重写 onResume 方法
41            super.onResume();                            //实现 onResume 方法中的属性
42            mSurfaceView.onResume();                     //添加 mSurfaceView 的 onResume 方法
43        }
44        @Override
45        protected void onPause(){                        //重写 onPause 方法
46            super.onPause();                             //实现 onPause 方法中的属性
47            mSurfaceView.onPause();                      //添加 mSurfaceView 的 onPause 方法
48    }}
```

- 第 7～13 行将布局文件 main.xml 内容设置为主界面，获得最外层 LinearLayout 的引用，然后将自己创建的 MySurfaceView 类的对象加载到主界面中。
- 第 14～38 行为分别对 3 个 ToggleButton 添加监听器，实现每单击一次，使其对应的变量置反，进而带动图片属性的变化的功能。
- 第 39～47 行为重写 onResume 方法和 onPause 方法，实现了其属性后，并且实现了自己创建的 MySurfaceView 类的 onResume 方法和 onPause 方法。

（3）开发完主控制类 MainActivity 后，接下来开发的是图形类 MyPentagonUtil，该类中定义了两个颜色不同、卷绕方式相反的五边形，具体代码如下。

代码位置：见随书光盘源代码/第 11 章/Sample11_1/src/com/bn/sample_1 目录下的 MyPentagonUtil.java。

```
package com.bn.sample_1;                                           //声明包名
……//此处省略了部分类的导入代码，读者可自行查阅随书附带光盘中的源代码
public class MyPentagonUtil{
    ……//此处省略了成员变量声明的代码，读者可自行查阅随书附带光盘中的源代码
    public MyPentagonUtil(){
        vCount=18;
        final int UNIT_SIZE=10000;
        int vertices[]=new int[]{                                  //初始化顶点坐标数据
        -8*UNIT_SIZE,4*UNIT_SIZE,0,-2*UNIT_SIZE,0,0,-8*UNIT_SIZE,0,0,
        -2*UNIT_SIZE,4*UNIT_SIZE,0,-5*UNIT_SIZE,8*UNIT_SIZE,0,8*UNIT_SIZE,
        4*UNIT_SIZE,0,
        2*UNIT_SIZE,0,0,8*UNIT_SIZE,0,0,2*UNIT_SIZE,4*UNIT_SIZE,0,
        5*UNIT_SIZE,8*UNIT_SIZE,0
        };
        ByteBuffer vbb=ByteBuffer.allocateDirect(vertices.length*4);
        //顶点坐标数据缓冲
        vbb.order(ByteOrder.nativeOrder());                        //设置字节顺序
        myVertexBuffer=vbb.asIntBuffer();                          //转换为 int 型数据缓冲
        myVertexBuffer.put(vertices);                              //向缓冲区中放入顶点坐标数据
        myVertexBuffer.position(0);                                //设置缓冲区起始位置
        final int one=65535;
        int colors[]=new int[]{                                    //初始化顶点颜色数据
                one,one,one,0,0,0,one,0,one,one,one,0,     //每个顶点 4 个色彩
                0,0,one,0,one,one,0,0,one,one,one,0,
                one,0,0,0,one,one,one,0,one,0,0,0,one,one,0,0
        };
        ByteBuffer cbb=ByteBuffer.allocateDirect(colors.length*4);
        //顶点着色数据缓冲
        cbb.order(ByteOrder.nativeOrder());                        //设置字节顺序
        myColorBuffer = cbb.asIntBuffer();                         //转换为 int 型数据缓冲
        myColorBuffer.put(colors);                                 //向缓冲区中放入顶点着色数据
        myColorBuffer.position(0);                                 //设置缓冲区起始位置
        iCount=18;
        byte[] indices=new byte[]{                                 //初始化顶点索引数据
                   2,0,3,1,2,3,0,4,3,
                   7,5,8,6,7,8,5,9,8
        };
        myIndexBuffer=ByteBuffer.allocateDirect(indices.length);//顶点索引数据缓冲
        myIndexBuffer.put(indices);                                //向缓冲区中放入索引数据
        myIndexBuffer.position(0);                                 //设置缓冲区起始位置
    }
```

```
39          public void drawSelf(GL10 gl){
40                ……//此处省略了绘制图形的方法，将在下面详细介绍
41    }}
```

- 第 6～18 行为初始化顶点坐标数据。每个五边形 5 个顶点，共有两个五边形，一共是 10 个顶点，每个顶点都有 x、y、z 三个坐标分量。然后将其放入顶点坐标数据缓冲、设置字节顺序、转换成 int 型数据缓冲并且设置缓冲区的初始位置。
- 第 19～29 行为初始化顶点颜色数据。一共有 10 个顶点，每个顶点有 RGBA 四个色彩值。然后将其放入顶点着色数据缓冲、设置字节顺序、转换成 int 型数据缓冲并且设置缓冲区的初始位置。
- 第 30～38 行为初始化顶点索引数据，两个五边形的绘制共需要 6 个三角形，其中前 3 个和后 3 个的卷绕方式相反。将其放入顶点索引数据缓冲并设置缓冲区起始位置。

说明　上面主要介绍了初始化顶点坐标数据、初始化顶点颜色数据和初始化顶点索引数据。由于篇幅原因，将在下面的小节中介绍上面省略的绘制图形的方法。

（4）开发完图形类后，接下来将对五边形的 drawSelf 方法进行开发，其具体代码如下。

代码位置：见随书光盘源代码/第 11 章/Sample11_1/src/com/bn/sample_1 目录下的 MyPentagonUtil.java。

```
public void drawSelf(GL10 gl){                                   //绘制图形方法
      gl.glEnableClientState(GL10.GL_VERTEX_ARRAY);              //启用顶点坐标数组
      gl.glEnableClientState(GL10.GL_COLOR_ARRAY);               //启用顶点颜色数组
      gl.glRotatef(yAngle, 0, 1, 0);                             //绕 y 轴旋转
      gl.glRotatef(zAngle, 0, 0, 1);                             //绕 z 轴旋转
      gl.glVertexPointer(3, GL10.GL_FIXED,0,myVertexBuffer);//为画笔指定顶点坐标数据
      gl.glColorPointer(4, GL10.GL_FIXED, 0, myColorBuffer);//为画笔指定顶点颜色数据
      gl.glDrawElements(                                         //绘制图形
            GL10.GL_TRIANGLES,                                   //以三角形形式填充
            iCount,                                              //顶点值
            GL10.GL_UNSIGNED_BYTE,                               //索引值尺寸
            myIndexBuffer);                                      //索引值数据
}
```

说明　上面介绍的是该类的绘制方法。启动了顶点的坐标数组以及颜色数组，并设置了图形的旋转，可以绕 y 轴和 z 轴旋转。为画笔指定了顶点坐标数据和顶点颜色数据后，然后进行五边形的绘制，这里选择用三角形的方式进行填充，用到的都是索引数据。

（5）开发完五边形的 drawSelf 方法，下面将介绍主界面类 MySurfaceView 的开发。本类是案例的主界面类，负责主界面中资源的初始化以及各个对象的绘制工作，具体代码如下。

代码位置：见随书光盘源代码/第 11 章/Sample11_1/src/com/bn/sample_1 目录下的 MySurfaceView.java。

```
package com.bn.sample_1;                                        //声明包名
……//此处省略了部分类的导入代码，读者可自行查阅随书附带光盘中的源代码
public class MySurfaceView extends GLSurfaceView{
      private boolean backFlag=false;                       //是否打开背面剪裁的标志位
      private boolean smoothFlag=false;                     //是否打开平滑着色的标志位
      private boolean selfCulling=false;                    //是否采用自定义卷绕顺序的标志位
      ……//此处省略了成员变量声明的代码，读者可自行查阅随书附带光盘中的源代码
      public MySurfaceView(Context context) {
            super(context);
            render=new MySceneRenderer();                             //创建场景渲染器
            setRenderer(render);                                      //设置渲染器
            setRenderMode(GLSurfaceView.RENDERMODE_CONTINUOUSLY);//设置为主动渲染
```

```
13      }
14      public boolean onTouchEvent(MotionEvent e){
15           ……//此处省略触摸事件的回调方法，将在下面介绍
16      }
17      public void setBackFlag(boolean backFlag) {this.backFlag = backFlag;}
18      public boolean isBackFlag() {return backFlag;}
19      ……//此处省略获取和设置平滑着色、自定义卷绕的标志位的代码，与上述相似，请自行查阅
20      private class MySceneRenderer implements GLSurfaceView.Renderer{
21           MyPentagonUtil mtu=new MyPentagonUtil();
22           public MySceneRenderer(){}                              //构造器
23           @Override
24           public void onDrawFrame(GL10 gl) {
25                ……//此处省略了绘制图形的方法，将在下面介绍
26           }
27           @Override
28           public void onSurfaceChanged(GL10 gl, int width, int height) {
29                gl.glViewport(0, 0, width, height);           //设置视窗大小及位置
30                gl.glMatrixMode(GL10.GL_PROJECTION);          //设置当前矩阵为投影矩阵
31                gl.glLoadIdentity();                          //设置当前矩阵为单位矩阵
32                float ratio=(float)width/height;              //计算透视投影的比例
33                gl.glFrustumf(-ratio, ratio, -1, 1, 1, 10);
                  //调用此方法计算产生透视投影矩阵
34           }
35           @Override
36           public void onSurfaceCreated(GL10 gl, EGLConfig config) {
37                gl.glDisable(GL10.GL_DITHER);                 //关闭抗抖动
38                gl.glHint(GL10.GL_PERSPECTIVE_CORRECTION_HINT, GL10.GL_FASTEST);
39                gl.glClearColor(0, 0, 0, 0);                  //设置屏幕背景色黑色 RGBA
40                gl.glEnable(GL10.GL_DEPTH_TEST);              //启用深度测试
41   }}}
```

- 第 4~6 行为声明该类中的 3 个标志位，分别控制背面剪裁、平滑着色以及自定义卷绕。这些标志位由 Activity 中的 3 个 ToggleButton 控制。
- 第 8~13 行为该类的构造器，主要用来创建场景渲染器，以及对场景渲染器进行相应设置。
- 第 14~19 行是专为 3 个标志位而创建的方法，包括背面剪裁、平滑着色以及自定义卷绕 3 个标志位的设置以及获取。在 Activity 中调用这些方法可以很方便地获取标志位，由于篇幅原因，onTouch 方法将在下面的小节中进行介绍。
- 第 20~26 行为内部场景渲染器的定义，渲染场景的工作都是通过它来实现的。定义场景渲染器只需要实现 Renderer 接口和接口中的抽象方法。
- 第 27~41 行为场景绘制时的一些设置，包括视窗大小及位置、矩阵、关闭抗抖动、屏幕背景色、深度检测等一系列的设置。

（6）完成了主界面类框架的开发，接下来介绍上一步骤中省略的触摸事件回调方法 onTouchEvent，主要是记录两次的位置差，通过不断地重绘实现五边形的旋转，具体代码如下。

代码位置：见随书光盘源代码/第 11 章/Sample11_1/src/com/bn/sample_1 目录下的 MySurfaceView.java。

```
public boolean onTouchEvent(MotionEvent e){
     float x=e.getX();                                          //触碰的 x 坐标
     float y=e.getY();                                          //触碰的 y 坐标
     switch(e.getAction()){
     case MotionEvent.ACTION_MOVE:
          float dx=x-mPreviousX;                                //计算触控笔 x 位置
          float dy=y-mPreviousY;                                //计算触控笔 y 位置
          render.mtu.yAngle+=dx*TOUCH_SCALE_FACTOR;             //设置沿 y 轴旋转角度
          render.mtu.zAngle+=dy*TOUCH_SCALE_FACTOR;             //设置沿 z 轴旋转角度
          requestRender();                                      //重绘画面
     }
     mPreviousX=x;                                              //记录触控笔 x 坐标
     mPreviousY=y;                                              //记录触控笔 y 坐标
     return true;
}
```

> **说明** 这段代码是触摸事件回调方法的实现，该方法通过触控两次的位置差来计算旋转角度，然后通过不断地重绘来实现五边形的旋转。每当 ACTION_MOVE 事件发生时，执行滑动距离与图中物体旋转角度的换算。

（7）介绍完触摸事件回调方法后，接下来进行介绍的是 onDrawFrame 方法的开发，主要是根据背面剪裁、平滑着色以及自定义卷绕的标志位进行相应的设置，具体代码如下。

代码位置：见随书光盘源代码/第 11 章/Sample11_1/src/com/bn/sample_1 目录下的 MySurfaceView.java。

```
public void onDrawFrame(GL10 gl) {                          //绘制方法
    if(backFlag){
        gl.glEnable(GL10.GL_CULL_FACE);                      //打开背面剪裁
    }else{
        gl.glDisable(GL10.GL_CULL_FACE);                     //关闭背面剪裁
    }
    if(smoothFlag){
        gl.glShadeModel(GL10.GL_SMOOTH);                     //设置着色模型为平滑着色
    }else{
        gl.glShadeModel(GL10.GL_FLAT);                       //设置着色模型为不平滑着色
    }
    if(selfCulling){
        gl.glFrontFace(GL10.GL_CW);          //设置为自定义卷绕顺序——顺时针为正面
    }else{
        gl.glFrontFace(GL10.GL_CCW);         //设置为自定义卷绕顺序——逆时针为正面
    }
    gl.glClear(GL10.GL_COLOR_BUFFER_BIT|GL10.GL_DEPTH_BUFFER_BIT);
    gl.glMatrixMode(GL10.GL_MODELVIEW);                      //设置当前矩阵为模式矩阵
    gl.glLoadIdentity();                                     //设置当前矩阵为单位矩阵
    gl.glTranslatef(0,0f,-2f);
    mtu.drawSelf(gl);                                        //调用绘制方法
}
```

> **说明** 这段代码是内部场景类的绘制方法。根据标志位的值设置背面剪裁是否开启、模型是否是平滑着色和自定义卷绕的顺序，然后清除颜色缓冲和深度缓冲，设置模式矩阵、单位矩阵等。最后调用图形类中的 drawSelf 方法来进行五边形的绘制。

11.3.4 顶点法绘制案例

上一小节的案例在进行五边形绘制的时候用到了索引法，其实不使用顶点索引法而直接采用顶点数据也是可以绘制的，本小节将介绍一个使用顶点法绘制的案例。

由于本小节案例与上面的案例很相似，因此这里主要介绍一下与上一个例子不同的地方，也就是图形类 MyPentagonUtil，具体代码如下。

代码位置：见随书光盘源代码/第 11 章/Sample11_2/src/com/bn/sample_2 目录下的 MyPentagonUtil.java。

```
package com.bn.sample_2;                                          //声明包名
……//此处省略了部分类的导入代码，读者可自行查阅随书附带光盘中的源代码
public class MyPentagonUtil{
    ……//此处省略了成员变量声明的代码，读者可自行查阅随书附带光盘中的源代码
    public MyPentagonUtil(){
        vCount=18;                                                //顶点数量
        final int UNIT_SIZE=10000;
        int vertices[]=new int[]{                                 //初始化顶点坐标数据
        -8*UNIT_SIZE,4*UNIT_SIZE,0,-2*UNIT_SIZE,0,0,-8*UNIT_SIZE,0,0,
        -8*UNIT_SIZE,4*UNIT_SIZE,0,-2*UNIT_SIZE,4*UNIT_SIZE,0,
        -2*UNIT_SIZE,0,0,
        -8*UNIT_SIZE,4*UNIT_SIZE,0,-5*UNIT_SIZE,8*UNIT_SIZE,0,
```

```
        -2*UNIT_SIZE,4*UNIT_SIZE,0,
12      ……//此处省略创建与上面对称五边形的顶点坐标代码，请自行查阅
13      };
14      ByteBuffer vbb=ByteBuffer.allocateDirect(vertices.length*4);
        //顶点坐标数据缓冲
15      vbb.order(ByteOrder.nativeOrder());             //设置字节顺序
16      myVertexBuffer=vbb.asIntBuffer();               //转换为 int 型数据缓冲
17      myVertexBuffer.put(vertices);                   //向缓冲区中放入顶点坐标数据
18      myVertexBuffer.position(0);                     //设置缓冲区起始位置
19      final int one=65535;
20      int colors[]=new int[]{                         //初始化顶点颜色数据
21              one,0,0,0,0,0,one,0,0,0,one,0,
22              one,0,0,0,0,0,one,0,0,0,one,0,
23              one,0,0,0,0,0,one,0,0,0,one,0,
24              ……//此处省略创建与上面对称五边形的顶点颜色代码，请自行查阅
25      };
26      ByteBuffer cbb=ByteBuffer.allocateDirect(colors.length*4);
        //顶点着色数据缓冲
27      cbb.order(ByteOrder.nativeOrder());             //设置字节顺序
28      myColorBuffer = cbb.asIntBuffer();              //转换为 int 型数据缓冲
29      myColorBuffer.put(colors);                      //向缓冲区中放入顶点着色数据
30      myColorBuffer.position(0);                      //设置缓冲区起始位置
31   }
32   public void drawSelf(GL10 gl){                         //绘制图形方法
33      gl.glEnableClientState(GL10.GL_VERTEX_ARRAY);       //启用顶点坐标数组
34      gl.glEnableClientState(GL10.GL_COLOR_ARRAY);        //启用顶点颜色数组
35      gl.glRotatef(yAngle, 0, 1, 0);                      //绕 y 轴旋转
36      gl.glRotatef(zAngle, 0, 0, 1);                      //绕 z 轴旋转
37      gl.glVertexPointer(3, GL10.GL_FIXED, 0, myVertexBuffer);
        //为画笔指定顶点坐标数据
38      gl.glColorPointer(4, GL10.GL_FIXED, 0, myColorBuffer);
        //为画笔指定顶点颜色数据
39      gl.glDrawArrays(
40              GL10.GL_TRIANGLES,                          //以三角形方式填充
41              0,                                          //开始点编号
42              vCount);                                    //顶点的数量
43 }}
```

- 第 5～18 行为初始化顶点坐标数据。每个五边形 5 个顶点，每个五边形由 3 个三角形组成，共有 6 个三角形，一共是 18 个顶点，每个顶点都有 x、y、z 三个坐标分量。然后将其放入顶点坐标数据缓冲、设置字节顺序、转换成 int 型数据缓冲并且设置缓冲区的初始位置。
- 第 19～31 行为初始化顶点颜色数据。一共有 18 个顶点，每个顶点有 RGBA 四个色彩值。然后将其放入顶点着色数据缓冲、设置字节顺序、转换成 int 型数据缓冲并且设置缓冲区的初始位置。
- 第 32～43 行为该类的绘制图形方法。此方法中启用了顶点坐标数组、顶点颜色数组，设置其允许绕 y 轴和 z 轴旋转，为画笔指定了顶点坐标数据和顶点颜色数据，最后用顶点法进行绘制。

> **说明** 对比上一案例可以发现，上个例子中这两种数据都是有 10 个顶点，而本案例中均为 18 个顶点，因为共绘制 6 个三角形，而每个三角形的 3 个顶点都要定义。由于篇幅原因，右侧五边形的顶点数据和顶点颜色没有进行介绍，读者可自行查阅随书附带光盘中的源代码。

11.3.5 正交投影

OpenGL ES 1.x 中，根据应用程序中提供的投影参数，管线会确定一个可视空间区域，称为视景体。视景体是由 6 个平面确定的，这 6 个平面分别为上平面（up）、下平面（down）、左平面（left）、右平面（right）、远平面（far）和近平面（near）。

场景中处于视景体内的物体会被投影到近平面上，再将近平面上投影出来的内容映射到屏幕上的视口中。对于正交投影而言，视景体及近平面的情况如图 11-24 所示。

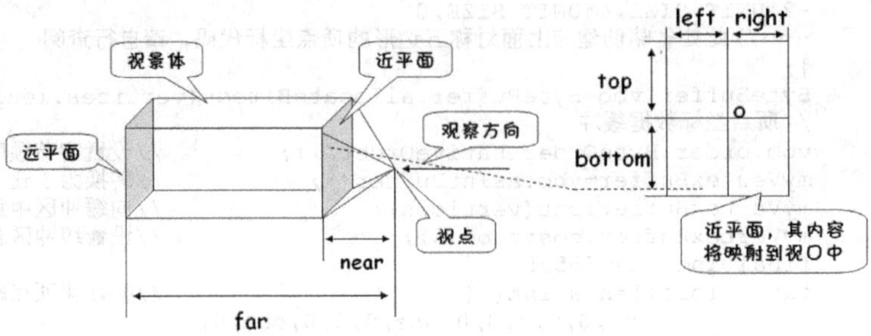

▲图 11-24　正交投影示意图

从图 11-24 可以看出，正交投影是平行投影的一种，物体的顶点与近平面上相应的投影点的连线是平行的，因此视景体是一个长方体。投影到近平面的图形不会产生真实世界中的“近大远小”效果，图 11-25 更好地说明了这个问题。

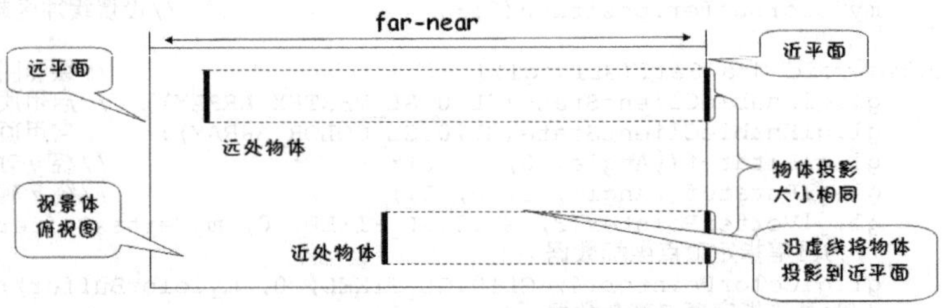

▲图 11-25　正交投影不产生“近大远小”效果的原理图

说明　通过图 11-25 可以看到，尽管大小相同的物体与近平面的距离不同，但其投影出来的物体的大小是相同的，并未产生真实世界中的“近大远小”的效果。

在设置投影模式之前先要加载投影矩阵，其代码如下。

```
gl.glMatrixMode(GL10.GL_PROJECTION);        //设置当前矩阵为投影矩阵
gl.glLoadIdentity();                        //设置当前矩阵为单位矩阵
```

设置正交投影的语句如下。

```
gl.glOrthof(left, right, bottom, top, near, far);   //设置当前投影模式为正交投影
```

上面代码中参数 left、right 为近平面左右侧对应的 x 坐标，bottom、top 为近平面上下侧对应的 y 坐标。参数 near、far 为视景体近平面与远平面距视点的距离，相当于 z 坐标。

说明　OpenGL ES 不支持无限可视区域，视口可以看作手机屏幕上的指定区域。

11.3.6　透视投影

相比于正交投影，透视投影能够模拟人眼观察事物时的“近大远小”效果，因此其能更好地模拟显示世界中的场景。透视投影不是平行的，投影线相交于视点。正因为其能更好地模拟现实世界，大部分游戏都采用透视投影。与正交投影的长方形视景体不同，透视投影的视景体为锥台形，如图 11-26 所示。

说明　视点为摄像机位置，距离视点 near 垂直于观察方向的平面为近平面，距离视点距离为 far 垂直于观察方向的平面为远平面。近平面距上下左右 4 条边的距离分别为 top、bottom、left、right。近平面与远平面之间的锥台形空间为视景体。

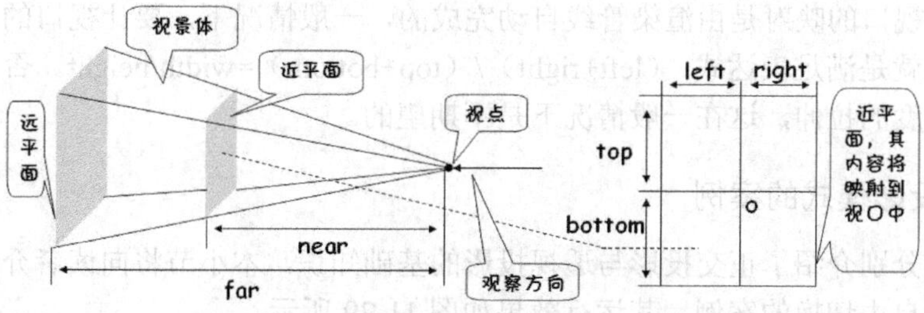

▲图 11-26　透视投影示意图

从图 11-26 我们看到，透视投影的投影线互不平行，全部相交于视点。因此同样大小的物体，距离近的投影出来的大，距离远的投影出来的小，图 11-27 更直观地说明了这个问题。

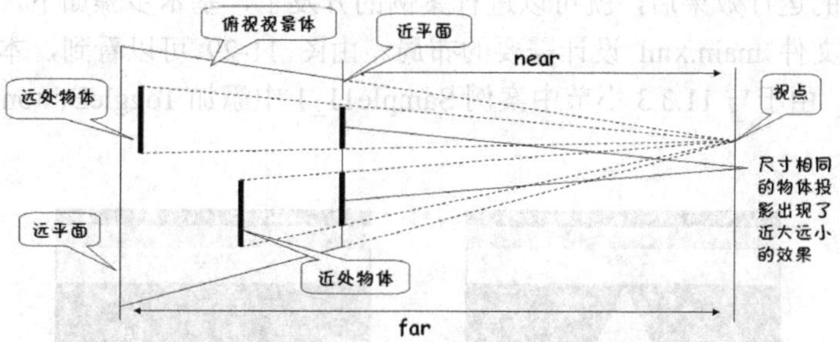

▲图 11-27　透视投影产生“近大远小”效果的原理图

> **说明**　通过图 11-27 我们可以很直观地看出，尽管物体的大小相同，但距离比较近的物体的投影明显大于距离较远的，说明产生了“近大远小”的效果。

与上面的正交投影相同，在设置投影模式之前先要加载投影矩阵，代码与上面所述完全相同，这里就不再赘述。下面是设置透视投影的语句。

```
gl.glFrustumf(left, right, bottom, top, near, far);  //设置当前投影模式为透视投影
```

上面代码中参数 left、right 为近平面左右侧对应的 x 坐标，bottom、top 为近平面上下侧对应的 y 坐标。参数 near、far 为视景体近平面与远平面距视点的距离，相当于 z 坐标。

> **说明**　OpenGL ES 1.x 中不支持无限远的可视区域。

前面的内容我们一直提到视口，视口也就是显示屏幕上指定的矩形区域。一般情况下，在游戏等娱乐程序中视口往往占满整个屏幕。设置视口的语句如下。

```
gl.glViewport(x, y, width, height);                    //设置视口
```

上述代码中参数 x、y 为视口矩形左下侧点在视口用屏幕坐标系内的坐标，width、height 为视口的宽度和高度，具体情况如图 11-28 所示。

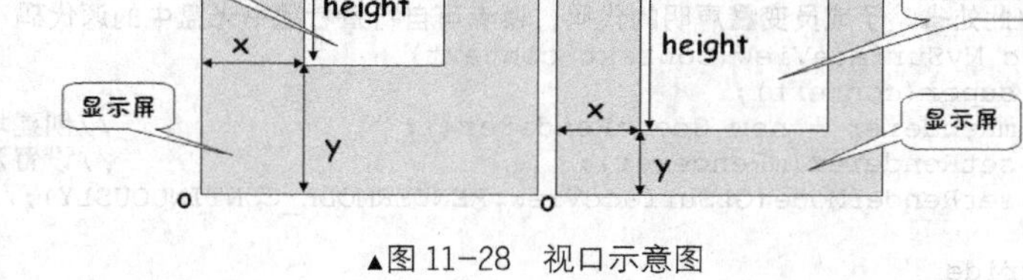

▲图 11-28　视口示意图

从近平面到视口的映射是由渲染管线自动完成的，一般情况下，要让视口的长宽比与屏幕的长宽比相等，也就是满足表达式：（left+right）/（top+bottom）=width/height。否则，显示在屏幕上会呈现不同程度的拉伸，这在一般情况下是不期望的。

11.3.7　两种投影模式的案例

前面的两节分别介绍了正交投影与透视投影的基础知识，本小节将向读者介绍一个包含两种投影模式，可以自由切换的案例。其运行效果如图 11-29 所示。

说明　图 11-29 中左图为正交投影的场景图，可以看到正交投影不会产生“近大远小”的效果。右图为透视投影的场景图，可以很明显地看到“近大远小”的效果。

了解了本案例的运行效果后，就可以进行案例的开发了，基本步骤如下。

（1）通过布局文件 main.xml 设计需要的布局。由图 11-29 可以看到，本案例只要添加一个 ToggleButton 即可。由于与 11.3.3 小节中案例 Sample11_1 中添加 ToggleButton 十分类似，这里不再赘述。

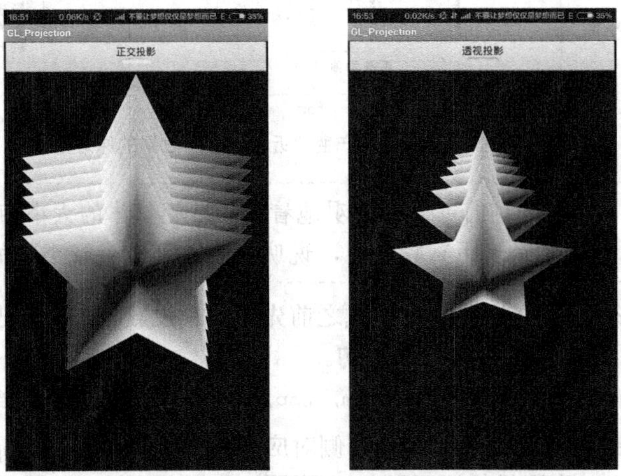

▲图 11-29　案例 Sample_3 的运行结果图

（2）进行主控制类 GLProjectionActivity 的开发。本案例中的 Activity 类与前面案例中的 Activity 类十分相似，这里不再赘述，有兴趣的读者可自行查看随书光盘中的源代码。

（3）Activity 开发结束后，将进行渲染 3D 场景的 MySurfaceView 类的开发，MySurfaceView 类主要是场景的渲染，其中包括实现五角星的旋转。其具体代码如下。

代码位置：见随书光盘源代码/第 11 章/Sample11_3/src/com/bn/sample_3 目录下的 MySurfaceView.java。

```
package com.bn.sample_3;                                        //声明包名
……//此处省略了部分类的导入代码，读者可自行查看随书光盘中的源代码
class MySurfaceView extends GLSurfaceView {
      private final float TOUCH_SCALE_FACTOR = 180.0f/320;      //角度缩放比例
      private SceneRenderer mRenderer;                          //场景渲染器
      ……//此处省略了成员变量声明的代码，读者可自行查看随书光盘中的源代码
      public MySurfaceView(Context context) {
            super(context);
            mRenderer = new SceneRenderer();                    //创建场景渲染器
            setRenderer(mRenderer);                             //设置渲染器
            setRenderMode(GLSurfaceView.RENDERMODE_CONTINUOUSLY);//设置模式为主动渲染
      }
      @Override
```

```
14        public boolean onTouchEvent(MotionEvent e) {         //触摸事件回调方法
15            ……//此处省略了触摸事件回调方法的方法体，读者可自行查看随书光盘中的源代码
16        }
17        private class SceneRenderer implements GLSurfaceView.Renderer{
18            Pentagram [] ha=new Pentagram []{                  //五角星数组
19                new Pentagram (0),
20            ……//此处省略了其余 6 个五角星对象的创建代码，读者可自行查看随书光盘中的源代码
21            };
22            public SceneRenderer(){}
23            public void onDrawFrame(GL10 gl) {
24                ……//此处省略了绘制图形的方法，将在下面介绍
25            }
26            public void onSurfaceChanged(GL10 gl, int width, int height) {
27                gl.glViewport(0, 0, width, height);          //设置视窗大小及位置
28            }
29            public void onSurfaceCreated(GL10 gl, EGLConfig config) {
30                gl.glDisable(GL10.GL_DITHER);                        //关闭抗抖动
31                gl.glHint(GL10.GL_PERSPECTIVE_CORRECTION_HINT,GL10.GL_FASTEST);
32                                                         //设置特定 Hint 项目的模式
33            gl.glClearColor(0,0,0,0);                  //设置屏幕背景色黑色 RGBA
34            gl.glEnable(GL10.GL_DEPTH_TEST);           //启用深度测试
35        }}}
```

- 第 4～6 行为成员变量的声明。第 14～16 行为触摸事件回调方法的实现，该方法通过触控两次的位置差来计算旋转角度，然后通过不断地重绘来实现五角星的旋转。
- 第 17～35 行为内部场景渲染器的定义，渲染场景的工作都是通过其来实现的。定义场景渲染器只需要实现 Renderer 接口和接口中的抽象方法。第 22～35 行为 onSurfaceChanged 方法和 onSurfaceCreated 方法的实现，这两个方法用来设置图像属性。

（4）介绍完渲染 3D 场景的类的开发，接下来开发上一步骤中省略的负责绘制的 onDrawFrame 方法，onDrawFrame 方法主要是循环绘制五角星数组中的五角星。其具体代码如下。

代码位置：见随书光盘源代码/第 11 章/Sample11_3/src/com/bn/sample_3 目录下的 MySurfaceView.java。

```
1     public void onDrawFrame(GL10 gl){
2         gl.glMatrixMode(GL10.GL_PROJECTION);          //设置当前矩阵为投影矩阵
3         gl.glLoadIdentity();                          //设置当前矩阵为单位矩阵
4         float ratio = (float) 320/480;                //计算透视投影的比例
5         if(isPerspective){
6             gl.glFrustumf(-ratio, ratio, -1, 1, 1f, 10);//调用此方法计算产生透视投影矩阵
7         }else{
8             gl.glOrthof(-ratio, ratio, -1, 1, 1, 10);//调用此方法计算产生正交投影矩阵
9         }
10        gl.glEnable(GL10.GL_CULL_FACE);               //设置为打开背面剪裁
11        gl.glShadeModel(GL10.GL_SMOOTH);              //设置着色模型为平滑着色
12        gl.glClear(GL10.GL_COLOR_BUFFER_BIT | GL10.GL_DEPTH_BUFFER_BIT);
13                                                      //清除颜色缓存与深度缓存
14        gl.glMatrixMode(GL10.GL_MODELVIEW);           //设置当前矩阵为模式矩阵
15        gl.glLoadIdentity();                          //设置当前矩阵为单位矩阵
16        gl.glTranslatef(0, 0f, -1.4f);                //沿 z 轴向远处推
17        gl.glRotatef(xAngle, 1, 0, 0);                //绕 x 轴旋转制定角度
18        for(Pentagram th:ha){                         //循环绘制五角星数组中的每个五角星
19            th.drawSelf(gl);
20    }}
```

- 第 2～9 行为设置矩阵和计算透视投影的相关信息。包括计算透视投影的比例，然后通过判断标志位来判断是使用透视投影还是正交投影，并对选中的投影模式进行设定。
- 第 10～11 行为设置背面剪裁和平滑着色。第 14～15 行为设置当前矩阵为模式矩阵和单位矩阵。第 18～19 行为循环绘制五角星数组中的每个五角星。

（5）开发完 MySurfaceView 后，将介绍用来绘制五角星的 Pentagram 类的开发，Pentagram 类主要是创建顶点坐标数据、顶点着色数据和三角形构造索引数据。其具体代码如下。

代码位置：见随书光盘源代码/第 11 章/Sample11_3/src/com/bn/sample_3 目录下的 Pentagram.java。

```
1   package com.bn.sample_3;                                        //声明包名
2   ……//此处省略了部分类的导入代码，读者可自行查看随书光盘中的源代码
3   public class Pentagram {
4       private IntBuffer mVertexBuffer;                           //顶点坐标数据缓冲
5       private IntBuffer mColorBuffer;                            //顶点着色数据缓冲
6       private ByteBuffer mIndexBuffer;                           //顶点构建索引数据缓冲
7       int vCount=0;                                              //图形顶点数量
8       int iCount=0;                                              //索引顶点数量
9       public Pentagram(int zOffset){
10          ……//此处省略了顶点坐标数据的初始化代码，读者可自行查看随书光盘中的源代码
11          ByteBuffer vbb = ByteBuffer.allocateDirect(vertices.length*4);
            //创建顶点坐标数据缓冲
12          vbb.order(ByteOrder.nativeOrder());                    //设置字节顺序
13          mVertexBuffer = vbb.asIntBuffer();                     //转换为 int 型缓冲
14          mVertexBuffer.put(vertices);                           //向缓冲区中放入顶点坐标数据
15          mVertexBuffer.position(0);                             //设置缓冲区起始位置
16          final int one = 65535;                                 //顶点着色数据的初始化
17          int colors[]=new int[]{                                //顶点颜色值数组
18              0,0,one,0,                                         //每个顶点 4 个色彩值 RGBA
19              ……//此处省略了其余 10 个顶点颜色数据的初始化代码，请自行查阅
20          };
21          ByteBuffer cbb = ByteBuffer.allocateDirect(colors.length*4);
            //创建顶点着色数据缓冲
22          cbb.order(ByteOrder.nativeOrder());                    //设置字节顺序
23          mColorBuffer = cbb.asIntBuffer();                      //转换为 int 型缓冲
24          mColorBuffer.put(colors);                              //向缓冲区中放入顶点着色数据
25          mColorBuffer.position(0);                              //设置缓冲区起始位置
26          iCount=30;
27          byte indices[]=new byte[]{                             //三角形构造索引数据初始化
28              0,2,1,
29              ……//此处省略了其余 9 个三角形索引数据的初始化，请自行查阅
30          };
31          mIndexBuffer = ByteBuffer.allocateDirect(indices.length);
            //创建三角形构造索引数据缓冲
32          mIndexBuffer.put(indices);                             //向缓冲区中放入三角形构造索引数据
33          mIndexBuffer.position(0);                              //设置缓冲区起始位置
34      }
35      public void drawSelf(GL10 gl){
36          ……//此处省略了绘制图形的方法，将在下面介绍
37  }}
```

- 第 4～8 行为成员变量的定义。包括顶点坐标数据缓冲的声明、顶点着色数据缓冲的声明、顶点构建索引数据缓冲的声明、图形顶点数量和索引顶点数量变量的声明。
- 第 10～15 行为初始化顶点坐标数据，然后将其放入缓冲区。五角星顶点坐标的初始化即是 1 个中心点及边上 10 个顶点坐标的初始化。第 16～25 行为初始化顶点着色数据，然后将其放入缓冲区。与上面顶点坐标数据类似，中间点为蓝色。
- 第 26～33 行为初始化顶点索引数据。因为是以三角形的方式绘制图形，所以顶点索引数据的初始化即构成图形的所有三角形的顶点的依次排序。

（6）介绍完图形类的开发，接下来将进行上一步骤中省略的绘制图形方法 drawSelf 的开发，drawSelf 方法主要是根据顶点坐标、颜色数组进行图形绘制。其具体代码如下。

代码位置：见随书光盘源代码/第 11 章/Sample11_3/src/com/bn/sample_3 目录下的 Pentagram.java。

```
public void drawSelf(GL10 gl){
    gl.glEnableClientState(GL10.GL_VERTEX_ARRAY);      //启用顶点坐标数组
    gl.glEnableClientState(GL10.GL_COLOR_ARRAY);       //启用顶点颜色数组
    gl.glVertexPointer(                                //为画笔指定顶点坐标数据
        3,                                             //每个顶点的坐标数量为 3 个
        GL10.GL_FIXED,                                 //顶点坐标值的类型为 GL_FIXED
        0,                                             //连续顶点坐标数据之间的间隔
```

```
            mVertexBuffer                              //顶点坐标数据
        );
        gl.glColorPointer(                             //为画笔指定顶点着色数据
            4,                                         //设置颜色的组成成分，必须为 4—RGBA
            GL10.GL_FIXED,                             //顶点颜色值的类型为 GL_FIXED
            0,                                         //连续顶点着色数据之间的间隔
            mColorBuffer                               //顶点着色数据
        );
        gl.glDrawElements(                             //绘制图形
            GL10.GL_TRIANGLES,                         //以三角形方式填充
            iCount,                          //一共 icount/3 个三角形，iCount 个顶点
            GL10.GL_UNSIGNED_BYTE,                     //索引值的尺寸
            mIndexBuffer                               //索引值数据
        );
        gl.glDisableClientState(GL10.GL_VERTEX_ARRAY);  //禁用顶点坐标数组
        gl.glDisableClientState(GL10.GL_COLOR_ARRAY);   //禁用顶点颜色数组
        gl.glPopMatrix();                               //释放矩阵
    }
```

说明 该方法中首先为画笔制定了顶点坐标数据以及顶点着色数据，其中分别用到了顶点坐标数组和顶点着色数组。然后设置以三角形方式绘制图形，其中用到了索引数组的数据。最后禁用两个数组和释放矩阵。其中禁用两个数组是很好的习惯，希望读者注意这一点。

11.3.8 光照的 3 种组成元素

现实世界中的光照是十分复杂的，很难用数学模型进行模拟，一方面这样的数学模型很复杂，另一方面计算量太大，影响 3D 场景的性能，这显然不能满足我们的需要。

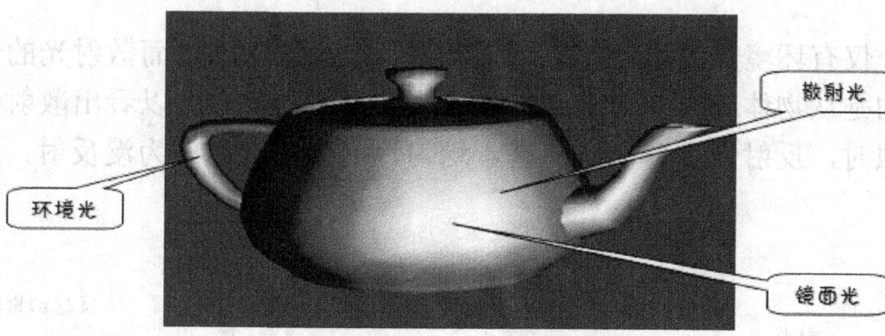

▲图 11-30　光的三种组成元素

OpenGL ES 1.x 采用的光照模型是对现实世界中光照效果的简化，将光照分为 3 种元素（或者称为 3 个通道），环境光、散射光以及镜面反射光，具体情况如图 11-30 所示。

说明 实际开发中，3 个光照通道是用不同的数学模型独立计算的，下面将详细介绍。

默认情况下，OpenGL ES 1.x 系统中灯光是关闭的，使用灯光前先要允许灯光，并打开相应编号的灯，具体代码如下。

```
gl.glEnable(GL10.GL_LIGHTING);                       //允许光照
gl.glEnable(GL10.GL_LIGHT0);                         //打开 0 号灯
```

说明 OpenGL ES 1.x 最多支持 8 盏灯，id 从 GL_LIGHT0 到 GL_LIGHT7。

1. 环境光

环境光指的是光从四面八方照射到物体上，全方位 360°都均匀的光。其模拟的是现实世界

中从光源射出，经过多次反射后，各个方面基本均匀的光。其最大的特点是不依赖于光源的位置，而且没有方向性。图 11-31 简单地说明了这个问题。

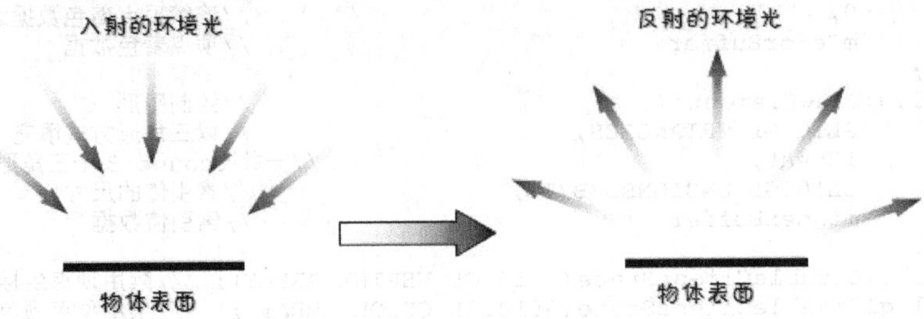

▲图 11-31　环境光的基本情况

从图 11-31 中可以看出，环境光不但入射是均匀的，反射也是均匀的。OpenGL ES 1.x 中每盏灯都支持环境光，其设置代码具体如下。

```
float[] ambientParams={0.05f,0.05f,0.05f,1.0f};                //设置环境光 RGBA
gl.glLightfv(GL10.GL_LIGHT0, GL10.GL_AMBIENT, ambientParams,0);   //设置环境光
```

> **说明**　GL10.GL_LIGHT0 是指灯泡 id，GL10.GL_AMBIENT 是指设置为环境光，数组 ambientParams 给出的是灯光颜色的 RGBA 四个色彩通道的值，0 是第一个色彩通道的值在数组中的偏移量。

2. 散射光

可以想象出，仅有环境光的场景效果是很差的，没有层次感。而散射光的光照效果的真实感要好很多，其指的是从物体表面向全方位 360 °均匀反射的光。可以看出散射光代表现实世界中粗糙的物体在光照时，反射光在各个方向基本均匀，这种情况也成为漫反射，如图 11-32 所示。

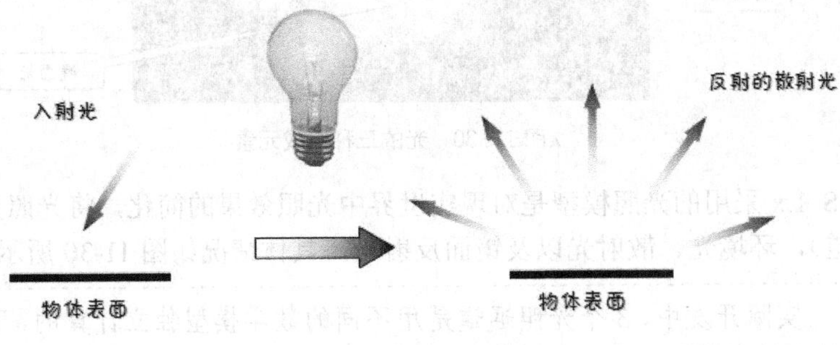

▲图 11-32　散射光示意图

如图 11-32 所示，与环境光相同，OpenGL ES 1.x 中每盏灯也都支持散射光，其设置代码如下。

```
float[] diffuseParams={0.05f,0.05f,0.05f,1.0f};                //设置散射光 RGBA
gl.glLightfv(GL10.GL_LIGHT0, GL10.GL_DIFFUSE, diffuseParams,0);   //设置散射光
```

> **说明**　GL10.GL_LIGHT0 是指灯泡 id，GL10.GL_DIFFUSE 是指设置为环境光，数组 diffuseParams 给出的是灯光颜色的 RGBA 四个色彩通道的值，0 是第一个色彩通道的值在数组中的偏移量。

3. 镜面反射光

使用了上面两种光效后，场景光照效果已经有了很大的提升。但在现实世界中当光滑的表面被照射时，会有方向很集中的反射光，这里就要用镜面反射了。镜面反射来自特定的方向，也会被反射到特定的方向。因此，镜面光的最终强度还依赖于观察者的位置，即如果从摄像机到被照射点的向量不在反射光方向集中的范围内，观察者就不会看到镜面反射光，具体情况如图 11-33 所示。

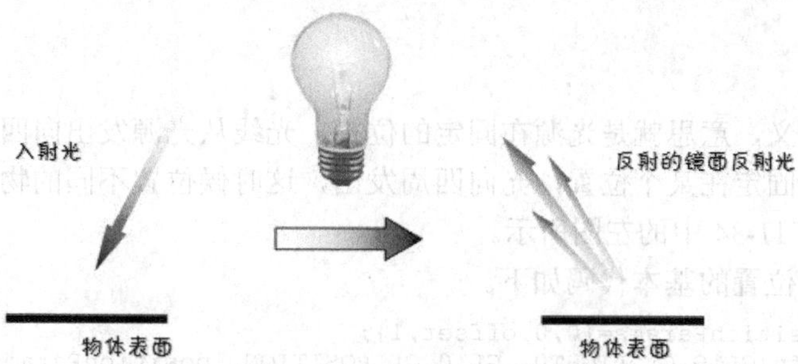

▲图 11-33　镜面反射光示意图

OpenGL ES 中每盏灯也都支持镜面反射光，其设置代码如下。

```
float[] specularParams={0.05f,0.05f,0.05f,1.0f};                //设置镜面反射光 RGBA
gl.glLightfv(GL10.GL_LIGHT0, GL10.GL_SPECULAR, specularParams,0);//设置镜面反射光
```

说明　GL10.GL_LIGHT0 是指灯泡 id，GL10.GL_SPECULAR 是指设置为环境光，数组 specularParams 给出的是灯光颜色的 RGBA 四个色彩通道的值，0 是第一个色彩通道的值在数组中的偏移量。

11.3.9　定向光与定位光

为光源设定 3 种光后就要设置光源的位置或光线的方向信息了。OpenGL ES 中光源分为两种，定向光（directional）和定位光（positional）。

1. 定向光

定向光对应的为光源在无穷远处的光，现实世界中的阳光就属于定向光。定向光的特点是，在场景中光照的位置是相同的。效果如图 11-34 所示。

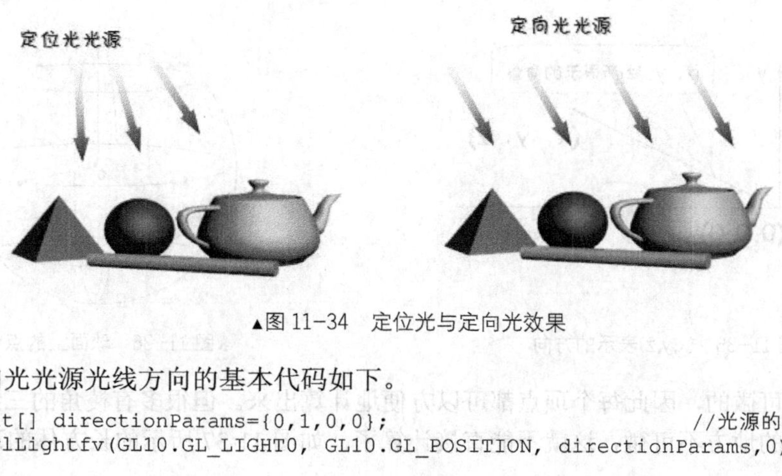

▲图 11-34　定位光与定向光效果

指定定向光光源光线方向的基本代码如下。

```
float[] directionParams={0,1,0,0};                           //光源的具体信息
gl.glLightfv(GL10.GL_LIGHT0, GL10.GL_POSITION, directionParams,0);//设置光源
```

● directionParams 数组中前 3 个值组成表示定向光方向的向量，光的方向为从向量点处向原点处照射，因此上述向量表示沿 y 轴负方向的光。数组中最后的 0 表示此光为定向光。若数组前 3 项为[0,0,0]，则光方向向量的起点与终点重合，此时不能确定光线方向，运行时灯不亮。

● glLightfv 方法中各个参数含义为，GL10.GL_LIGHT0 是指灯泡 id，GL10.GL_POSITION 表示是设置光源的位置或光线的方向，数组 directionParams 给出的是光源的具体信息，0 给出的是第一个值在数组中的偏移量。

2. 定位光

定位光，顾名思义，意思就是光源在固定的位置，光线从光源发出向四周照射。例如现实世界中的白炽灯灯泡，固定在某个位置，光向四周发出，这时候位置不同的物体其光线方向是不一样的。具体效果如图 11-34 中的左图所示。

指定定位光光源位置的基本代码如下。

```
float[] positionParams={0,0,offset,1};                              //光源的具体信息
gl.glLightfv(GL10.GL_LIGHT0, GL10.GL_POSITION, positionParams,0); //设置光源
```

● positionParams 数组中的前 3 个值表示定位光的 x、y、z 坐标，场景中任何地方的光照方向都是光源到这个地方的连线方向，所以在不同的位置，其光照效果也会不同。数组中最后的数字 1 表示此光为定位光。

● glLightfv 方法中各个参数含义为，GL10.GL_LIGHT0 是指灯泡 id，GL10.GL_POSITION 表示是设置光源的位置或光线的方向，数组 positionParams 给出的是光源的具体信息，0 给出的是第一个值在数组中的偏移量。

11.3.10 点法向量和面法向量

将光源的一系列参数设置完毕后，要让光照起作用还需要指定每个顶点的法向量。顶点的法向量决定了光照时的反射情况，如果没有设置顶点法向量，光照系统是不能工作的。

点的法向量指点所在物体表面的法向量方向，用向量来表示。OpenGL ES 中向量用三元组表示，格式为（x,y,z），表示从（0,0,0）到（x,y,z）点确定的方向，如图 11-35 所示。

说明　某个点的法向量三元组与坐标三元组是不同的，开发过程中不要混淆。

球上某点的法向量方向就是球心到这一点的连线构成的向量。若球心在原点，则球面上点的法向量与坐标数据是相同的，因此进行设计时都是将球心置于原点，方便计算，如图 11-36 所示。

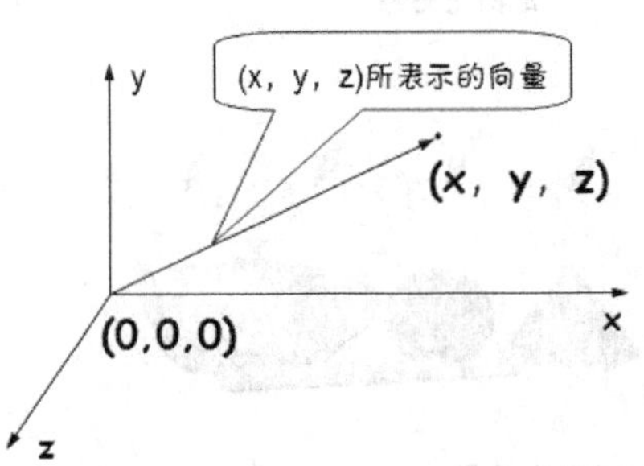

▲图 11-35　(x,y,z)表示的方向

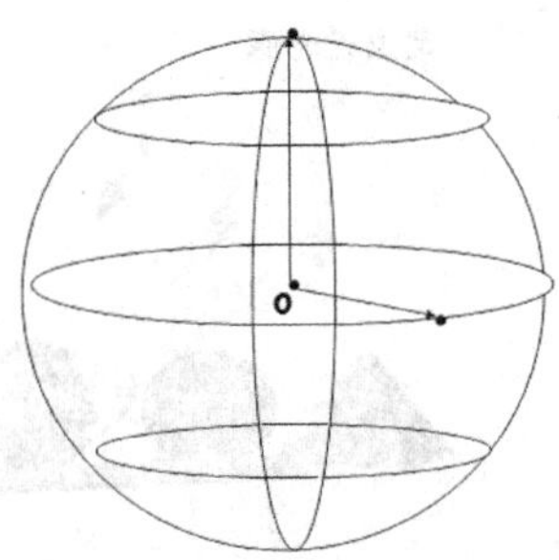

▲图 11-36　球面上的点

球面是处处可微的，因此每个顶点都可以方便地计算出来。但很多有棱角的三维物体虽然处处连续，但特定的地方不可微，这就不能直接计算了，如图 11-37 所示的长方体的顶点。

图 11-37 中的 k 点同时位于 3 个平面，这时候就不能直接计算了，开发中有两种方法来处理。

- 将 k 点处的 3 个法向量求平均值。
- 将 k 处看成 3 个点，分别位于不同面，分别计算法向量。

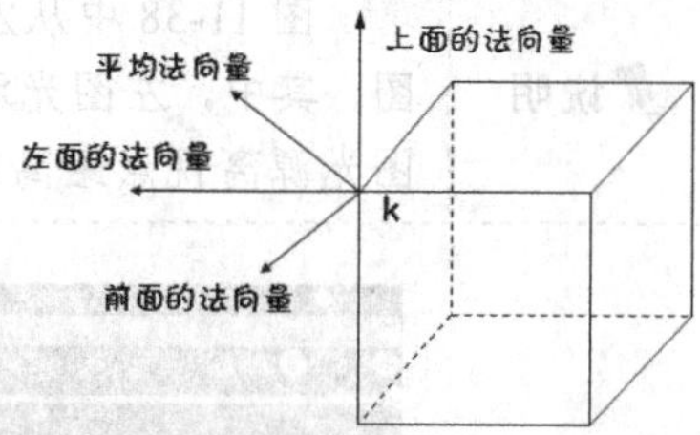

▲图 11-37　长方体角上的法向量

另外，需要注意的是，顶点向量尽量使用规范化向量，也就是长度为单位长度的向量。如果给出的不是规范化的向量，系统在运行时还要对其进行规范化，这样无形间对性能产生了影响。

将向量进行规范化很简单。例如，向量（x,y,z）要规范化为（x1,y1,z1），则规范化公式如下。

$length=\sqrt{(x^2+y^2+z^2)}$

x1=x/length　y1=y/length　z1=z/length

说明　开发中给出规范化向量要用 float 型，否则很可能不能正常工作。

11.3.11　材质

完成了光源的设置与法向量的计算，下面还要进行物体材质的设置，这样光照效果就可以出现了。设置材质的主要工作是设置材质对于环境光、散射光、镜面反射光的反射能力，也就是反射什么颜色的光。例如，白色材质反射所有颜色的光，红色材质只能反射红色光。

设置材质的核心代码如下。

```
float ambientMaterial[] = {0.4f, 0.4f, 0.4f, 1.0f};          //环境光为白色材质
gl.glMaterialfv(GL10.GL_FRONT_AND_BACK, GL10.GL_AMBIENT, ambientMaterial,0);
float diffuseMaterial[] = {1.0f, 1.0f, 0.0f, 1.0f};          //散射光为白色材质
gl.glMaterialfv(GL10.GL_FRONT_AND_BACK, GL10.GL_DIFFUSE, diffuseMaterial,0);
float specularMaterial[] = {1.0f, 1.0f, 1.0f, 1.0f};         //高光材质为白色
gl.glMaterialfv(GL10.GL_FRONT_AND_BACK, GL10.GL_SPECULAR, specularMaterial,0);
float shininessMaterial[] = {1.5f};  //高光反射区域，数越大，高亮区域越小越暗
gl.glMaterialfv(GL10.GL_FRONT_AND_BACK, GL10.GL_SHININESS, shininessMaterial,0);
```

说明　之所以将材质设置成白色，是因为白色材质的光能更好地反映各种颜色的光。

11.3.12　两种光源的案例

前面介绍了很多有关光照的知识，本小节将就前面讲述的知识为读者呈现一个使用两种不同光源的案例，案例运行效果如图 11-38 和图 11-39 所示。

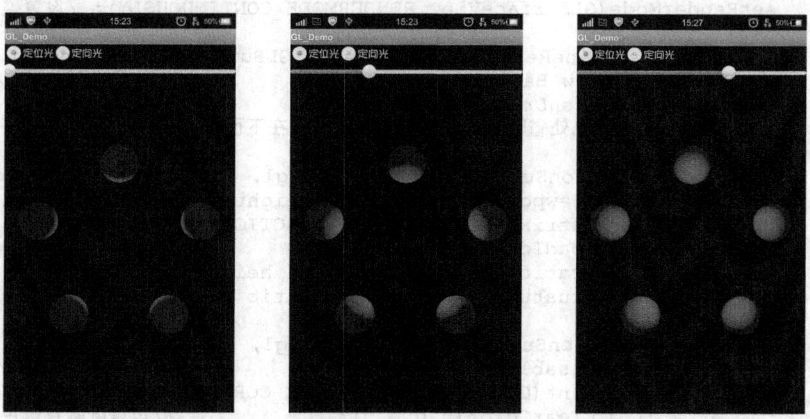
▲图 11-38　案例 Sample11_4 运行效果图 1

说明　图 11-38 中从左至右依次为在定位光情况下光源沿 z 轴位置变动而产生的效果图。其中，左图光源离视点距离比球远，中间的图的光源离视点距离和球相同，右图光源离视点距离比球近。

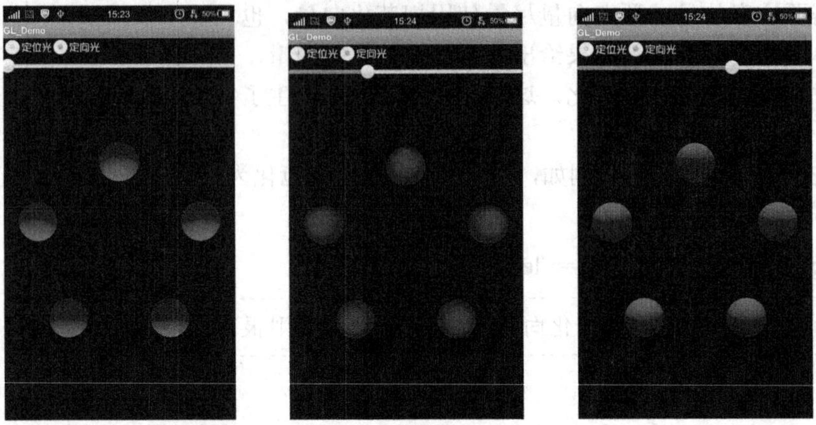

▲图 11-39　案例 Sample11_4 运行效果图 2

说明　图 11-39 中从左至右依次为光源为定向光时，光源沿 y 轴位置变动而产生的效果图。其中左图光源方向为沿 y 轴方向，中间图光源为（0,0,0），右图光源方向为沿 y 轴方向。

（1）了解了本案例的运行效果后，下面将介绍本案例的部分核心代码，这里只讲解有关光源的核心类 MySurfaceView，其具体代码如下。

代码位置：见随书光盘源代码/第 11 章/Sample11_4/src/com/bn/sample_4 目录下的 MySurfaceView.java。

```
package com.bn.sample_4;                                          //声明包名
……//此处省略了部分类的导入代码，读者可自行查阅随书附带光盘中的源代码
public class MySurfaceView extends GLSurfaceView {
    private SceneRenderer mRenderer;                          //场景渲染器
    public boolean isPosition=true;                           //初始化定位光的标志位默认为 true
    public float offset=-1f;                                  //灯光的位置或方向的偏移量
    public MySurfaceView(Context context) {
     super(context);                                          //实现父类的方法
     mRenderer = new SceneRenderer();                         //创建场景渲染器
     setRenderer(mRenderer);                                  //设置渲染器
     setRenderMode(GLSurfaceView.RENDERMODE_CONTINUOUSLY);//设置模式为主动渲染
    }
    private class SceneRenderer implements GLSurfaceView.Renderer {
        Ball ball=new Ball(3);                                    //创建小球，设置其大小
        public void onDrawFrame(GL10 gl) {
            ……//此处省略了图形绘制的方法，将在下面介绍
        }
        public void onSurfaceChanged(GL10 gl, int width, int height) {
            gl.glViewport(0, 0, width, height);   //设置视窗大小及位置
            gl.glMatrixMode(GL10.GL_PROJECTION);  //设置当前矩阵为投影矩阵
            gl.glLoadIdentity();                  //设置当前矩阵为单位矩阵
            float ratio = (float) width / height; //计算透视投影的比例
            gl.glFrustumf(-ratio*0.4f, ratio*0.4f, -1*0.4f, 1*0.4f, 1, 10);
        }
        public void onSurfaceCreated(GL10 gl, EGLConfig config) {
            gl.glDisable(GL10.GL_DITHER);                             //关闭抗抖动
            gl.glHint(GL10.GL_PERSPECTIVE_CORRECTION_HINT,GL10.GL_FASTEST);
            gl.glClearColor(0,0,0,0);                 //设置屏幕背景色黑色 RGBA
            gl.glShadeModel(GL10.GL_SMOOTH);          //设置着色模型为平滑着色
```

```
30              gl.glEnable(GL10.GL_DEPTH_TEST);          //启用深度测试
31              gl.glEnable(GL10.GL_CULL_FACE);           //设置为打开背面剪裁
32              gl.glEnable(GL10.GL_LIGHTING);            //允许光照
33              initGreenLight(gl);                       //初始化灯
34              initMaterial(gl);                         //初始化材质
35          }}
36      private void initGreenLight(GL10 gl){
37          ……//此处省略了初始化灯光的方法，将在下面进行介绍
38      }
39      private void initMaterial(GL10 gl){
40          ……//此处省略了初始化材质的方法，读者可自行查阅随书附带光盘中的源代码
41  }}
```

- 第 4～6 行为 MySurfaceView 的成员变量的定义，其中，mRenderer 为创建的内部渲染类的对象，isPosition 为定位光是否开启的标志位，默认为 true，offset 为灯光的位置以及偏移量。
- 第 13～24 行为内部场景渲染器的定义，渲染场景的工作都是通过它来实现的。定义场景渲染器只需要实现 Renderer 接口和接口中的抽象方法。
- 第 25～35 行为场景绘制时的一些设置，包括视窗大小及位置、矩阵、关闭抗抖动、屏幕背景色、深度检测、打开背面剪裁、允许光照、初始化灯和材质等一系列的设置。
- 第 36～40 行为初始化灯和初始化材质的方法。由于篇幅原因，初始化灯光的方法将在下面介绍，而初始化材质的方法则进行了省略，读者可自行查阅随书附带光盘中的源代码。

（2）介绍完 MySurfaceView 框架的开发，接下来将介绍上一步骤中省略的绘制图形的方法 onDrawFrame 的开发，具体代码如下。

代码位置：见随书光盘源代码/第 11 章/Sample11_4/src/com/bn/sample_4 目录下的 MySurfaceView.java。

```
public void onDrawFrame(GL10 gl){
     gl.glShadeModel(GL10.GL_SMOOTH);
     gl.glClear(GL10.GL_COLOR_BUFFER_BIT|GL10.GL_DEPTH_BUFFER_BIT);//清除颜色缓存
     gl.glMatrixMode(GL10.GL_MODELVIEW);                  //设置当前矩阵为模式矩阵
     gl.glLoadIdentity();                                 //设置当前矩阵为单位矩阵
     gl.glTranslatef(0, 0f, -5f);                         //整体向远处推
     float[] positionParams={0,0,offset,1};               //z 轴上的定位光
     float[] directionParams={0,offset,0,0};              //沿 y 轴某方向的定向光
     if(isPosition){
          gl.glLightfv(GL10.GL_LIGHT0, GL10.GL_POSITION, positionParams,0);
          //设定定位光位置
     }
     if(!isPosition){
          gl.glLightfv(GL10.GL_LIGHT0, GL10.GL_POSITION, directionParams,0);
          //设定定向光方向
     }
     float ballOffset=1f;
     gl.glPushMatrix();                                        //绘制左上侧球
     gl.glTranslatef(-(float)(ballOffset*Math.cos(Math.toRadians(18))),
                    (float)(ballOffset*Math.sin(Math.toRadians (18))), 0f);
     ball.drawSelf(gl);
     gl.glPopMatrix();
     ……//此处省略绘制部分球绘制的代码，读者可自行查阅随书附带光盘中的源代码
}
```

> **说明** 上述代码为场景渲染器的绘制方法，进行了清除颜色与深度缓冲、设置模式矩阵与单位矩阵、设置视点与视景体距离、根据标志位进行定位光或定向光的设置、绘制 5 个球体等工作，其中定位光设置在这 z 轴方向，定向光沿 y 轴方向。部分相似的代码省略，读者可自行查阅随书附带光盘中的源代码。

（3）介绍完场景渲染器内的 onDrawFrame 方法后，接下来开发初始化灯光的 initGreenLight

方法，主要对环境光、散射光以及镜面反射光进行了相应设置，具体代码如下。

代码位置：见随书光盘源代码/第 11 章/Sample11_4/src/com/bn/sample_4 目录下的 MySurfaceView.java。

```
private void initGreenLight(GL10 gl){                              //初始化灯光的方法
    gl.glEnable(GL10.GL_LIGHT0);                                   //打开 0 号灯
    float[] ambientParams={0.1f,0.1f,0.1f,1.0f};                   //光参数 RGBA
    gl.glLightfv(GL10.GL_LIGHT0, GL10.GL_AMBIENT, ambientParams,0);//环境光设置
    float[] diffuseParams={1.0f,1.0f,1.0f,1.0f};                   //光参数 RGBA
    gl.glLightfv(GL10.GL_LIGHT0, GL10.GL_DIFFUSE, diffuseParams,0);//散射光设置
    float[] specularParams={1.0f,1.0f,1.0f,1.0f};                  //光参数 RGBA
    gl.glLightfv(GL10.GL_LIGHT0, GL10.GL_SPECULAR, specularParams,0);//镜面反射光设置
}
```

说明 上述代码为初始化灯光的方法，初始化过程中首先要打开一盏灯，OpenGL ES 1.x 只支持八盏灯，从 0 到 7 号灯，然后分别对环境光、散射光以及镜面反射光进行设置。

11.3.13 纹理映射

前面已经介绍了变换、光照等方面的知识，已经能渲染出一定的 3D 场景了。但相对于现实世界而言，只有上面知识所构建的 3D 场景颜色太单调了，不能模拟现实中色彩丰富的景色。本节将向读者介绍纹理的相关知识，有了这些知识，我们做出的场景视觉效果就很好了。

纹理映射可以将指定的纹理素材映射到场景中指定的多边形上。但是 OpenGL ES 1.x 中只支持三角形，因此在指定纹理时要注意这点。纹理映射的基本原理如图 11-40 所示。

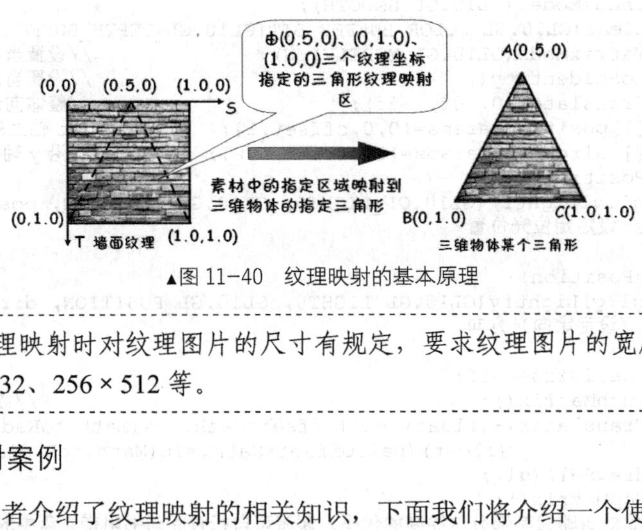

▲图 11-40 纹理映射的基本原理

说明 纹理映射时对纹理图片的尺寸有规定，要求纹理图片的宽度与高度必须为 2^n，即 32 × 32、256 × 512 等。

11.3.14 纹理映射案例

前面小节中向读者介绍了纹理映射的相关知识，下面我们将介绍一个使用了纹理映射的案例 Sample11_5，其运行效果如图 11-41 所示。

说明 图 11-41 为案例案例 Sample11_5 旋转不同视角的效果图，案例中的四角星自动绕 x 轴转动，通过滑动屏幕也能使物体转动，上下面为同一纹理图，四周为同一纹理图。

本案例中的 Activity 类以及物理类 FourStar 这里不再叙述，有兴趣的读者可自行查阅随书附带光盘中的源代码进行了解和学习。这里主要介绍本案例的核心类 MySurfaceView。其主要代码如下。

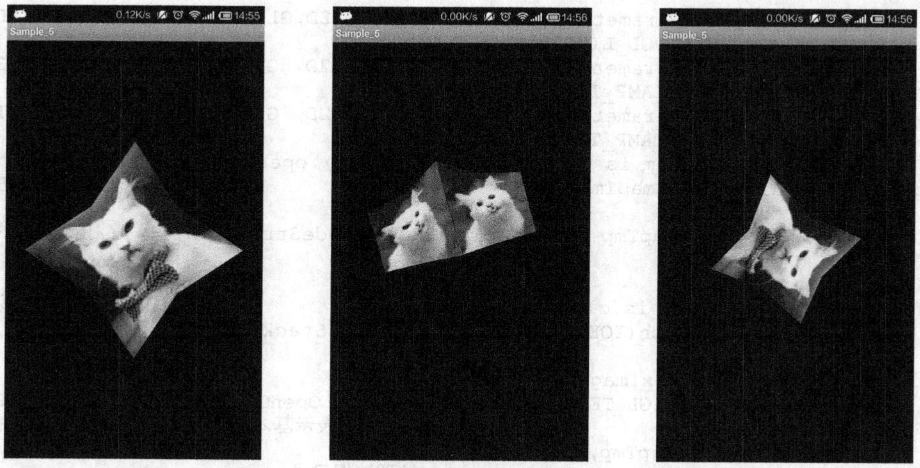

▲图 11-41　案例 Sample11_5 运行效果图

代码位置：见随书光盘中源代码/第 11 章/Sample11_5/src/com/bn/sample_5 目录下的 MySurfaceView.java。

```
package com.bn.sample_5;
……//此处省略了部分类的导入代码，请读者自行查阅随书附带光盘中的源代码
class MySurfaceView extends GLSurfaceView{
  ……//此处省略了一些成员变量声明的代码，请读者自行查阅随书附带光盘中的源代码
    public MySurfaceView(Context context){
      super(context);
      mRenderer = new SceneRenderer();                    //创建场景渲染器
      setRenderer(mRenderer);                             //设置渲染器
      setRenderMode(GLSurfaceView.RENDERMODE_CONTINUOUSLY);//设置模式为主动渲染
    }
   @Override
    public boolean onTouchEvent(MotionEvent e){           //触摸事件回调方法
      ……//此处省略了触摸回调方法，读者可自行查阅随书附带光盘中的源代码
    }
    private class SceneRenderer implements GLSurfaceView.Renderer {
        public SceneRenderer(){/*此处省略开启一个线程自动旋转四角星的代码，请自行查看*/}
        FourStar sp=new FourStar(MySurfaceView.this);
        @Override
        public void onDrawFrame(GL10 gl){
            gl.glClear(GL10.GL_COLOR_BUFFER_BIT | GL10.GL_DEPTH_BUFFER_BIT);
            gl.glMatrixMode(GL10.GL_MODELVIEW);   //设置当前矩阵为模式矩阵
            gl.glLoadIdentity();                 //设置当前矩阵为单位矩阵
            gl.glTranslatef(0f, 0f, -2.5f);      //向 z 轴平移
            gl.glPushMatrix();                   //让一个图形的绘制不影响其他的
            sp.drawSelf(gl);                     //绘制四角星
            gl.glPopMatrix();                    //恢复场景
        }
        @Override
        public void onSurfaceChanged(GL10 gl, int width, int height) {
            ……/*此处省略了方法体，请读者自行查看随书附带光盘中的源代码*/}
        @Override
        public void onSurfaceCreated(GL10 gl, EGLConfig config) {
            ……//此处省略了方法体，请读者自行查阅随书附带光盘中的源代码
    }}
    public void initTexture(GL10 gl){
        int[] textures = new int[1];                          //生成纹理 ID
        gl.glGenTextures(
                1,                                            //产生的纹理 id 的数量
                textures,                                     //纹理 id 的数组
                0                                             //偏移量
        );
        textureId=textures[0];
        gl.glBindTexture(GL10.GL_TEXTURE_2D, textureId);  //绑定纹理 id
        gl.glTexParameterf(GL10.GL_TEXTURE_2D, GL10.GL_TEXTURE_MIN_FILTER,
            GL10.GL_NEAREST);
```

```
46          gl.glTexParameterf(GL10.GL_TEXTURE_2D,GL10.GL_TEXTURE_MAG_FILTER,
47               GL10.GL_LINEAR);
48          gl.glTexParameterf(GL10.GL_TEXTURE_2D, GL10.GL_TEXTURE_WRAP_S,GL10.
49               GL_CLAMP_TO_EDGE);
50          gl.glTexParameterf(GL10.GL_TEXTURE_2D, GL10.GL_TEXTURE_WRAP_T,GL10.
51               GL_CLAMP_TO_EDGE);
52          InputStream is = this.getResources().openRawResource(R.drawable.cat);
53          Bitmap bitmapTmp;                                    //获得图片的引用
54          try{
55               bitmapTmp = BitmapFactory.decodeStream(is);     //由输入流生成纹理图
56          }finally{
57               try{
58                    is.close();                                //关闭输入流
59               }catch(IOException e){ e.printStackTrace(); }
60          }
61          GLUtils.texImage2D(                              //实际加载纹理
63               GL10.GL_TEXTURE_2D,//纹理类型：在 OpenGL ES 中必须为 GL10.GL_TEXTURE_2D
64               0,              //纹理的层次，0 表示基本图像层，可以理解为直接贴图
65               bitmapTmp,           //纹理图像
66               0                    //纹理边框尺寸
67          );
68          bitmapTmp.recycle();      //纹理加载成功后释放图片
69  }}
```

- 第 5～10 行为 MySurfaceView 类的构造器，实现父类的方法后，首先创建场景渲染器，然后设置渲染器，并将渲染模式设置为主动渲染。
- 第 16 行为内部场景渲染器 SceneRenderer 类的构造器，其中开启一个线程，使四角星绕 x 轴自行旋转，该内部场景渲染器完成了渲染场景的全部工作。
- 第 18～34 行为渲染场景需进行的工作，在 onDrawFrame 方法中，通过清除颜色缓存、设置当前矩阵为模式矩阵和单位矩阵，以及向 z 轴平移等操作来进行场景渲染。第 28～33 行省略的方法体，与前面章节介绍的内容类似，有兴趣的读者可自行查看随书光盘。
- 第 36～51 行为生成纹理 ID，通过调用 glGenTextures 的方法后获得纹理 ID，随后使用 glBindTexture 方法对纹理 ID 进行绑定，最后对纹理参数进行设置。
- 第 52～69 行为通过输入流来加载图片，第 55 行为由输入流生成纹理图片，第 61～67 行为实际加载纹理的过程，有设置纹理的类型、层次、图像以及边框尺寸的操作。其中设置纹理类型时，在 OpenGL ES 中必须为 GL10.GL_TEXTURE_2D。待纹理加载成功后释放图片。

11.4 新约——OpenGL ES 2.0

上节介绍的是 OpenGL ES 1.x 的渲染功能，因其渲染能力有限，随着时代的发展已经逐渐不能满足娱乐应用渲染的需要。因此本节将向读者介绍 OpenGL ES 的更新版本——OpenGL ES 2.0。

说明　OpenGL ES 2.0 博大精深，本节由于篇幅有限，介绍的都是些入门的基础知识，若是想对 OpenGL ES 2.0 进行深入研究，强烈建议读者阅读作者编写的《OpenGL ES 2.0 游戏开发（上、下卷）基础技术和典型案例》，该书对 OpenGL ES 2.0 进行了深入全面的讲解。

11.4.1 OpenGL ES 2.0 的渲染管线

旧约中介绍的 OpenGL ES 1.x 的渲染管线在运行过程中开发人员是不能直接干预的。因此，尽管 OpenGL ES 1.x 的渲染管线功能已经很强大了，但是程序员的发挥空间不大，很多特效也难以实现，而 OpenGL ES 2.0 则为程序员提供了更多的发挥空间。

基于 OpenGL ES 1.x，OpenGL ES 2.0 做出了一些改变，使得编程人员可以插入一些自己的特

殊操作来完成一些OpenGL ES 1.x难以完成的任务。OpenGL ES 2.0可编程渲染管线如图11-42所示。

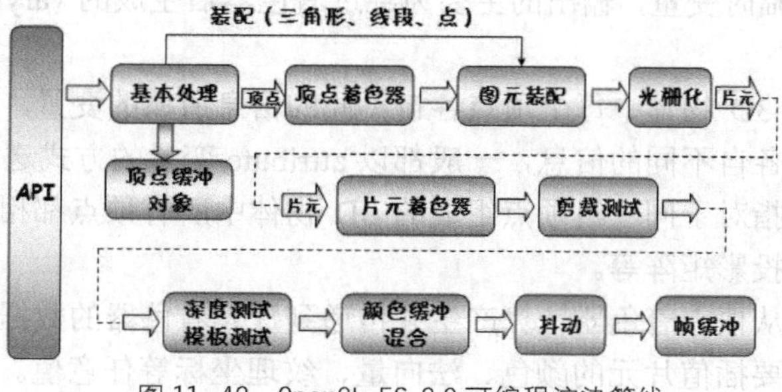

▲图11-42　OpenGL ES 2.0可编程渲染管线

从图11-42可以看出OpenGL ES 2.0的渲染管线与OpenGL ES 1.x有很多相似之处，但区别也是显而易见的，具体的不同点如下所列。

- OpenGL ES 2.0中的“顶点着色器”替代了OpenGL ES 1.x中的“变换和光照”阶段，这个改变使得开发中对顶点的变换、纹理坐标的变换、光照及材质的设置都可以由开发者使用着色器完成，大大增加开发的灵活性，可以轻松实现OpenGL ES 1.x难以完成的顶点处理任务。
- OpenGL ES 2.0中的“片元着色器”替代了OpenGL ES 1.x中的“纹理环境和颜色求和”、“雾”以及“Alpha测试”等阶段，使得这些效果都由开发者自行开发，大大增强了片元的处理能力，可以轻松实现很多OpenGL ES 1.x难以完成的片元处理任务。

说明　由于在上一旧约中已经详细介绍了OpenGL ES 1.x渲染管线的各个阶段，因此本小节中，OpenGL ES 2.0与OpenGL ES 1.x类似的内容这里不再赘述，只介绍与OpenGL ES 1.x有差异的部分。

根据上述内容，可以看出OpenGL ES 2.0与OpenGL ES 1.x渲染管线的区别主要集中在OpenGL ES 2.0采用可编程的顶点着色器和片元着色器替代了原渲染管线的很多内容，下面将对顶点着色器和片元着色器这两种重要的着色器进行介绍。

1．顶点着色器

顶点着色器是可编程的处理单元，其功能为执行顶点的变换，光照、材质的应用与计算等顶点的相关操作，每顶点执行一次。其工作时首先将顶点的几何信息以及其他属性传到顶点着色器，经过自己开发的顶点着色器处理产生纹理坐标、颜色、位置等各顶点属性信息，然后将其传递到图元装配阶段。

顶点着色器的使用大大增加了程序的灵活性，但同时也增加了开发的难度，这也是初学者感觉OpenGL ES 2.0不容易上手的原因。顶点着色器的工作原理如图11-43所示。

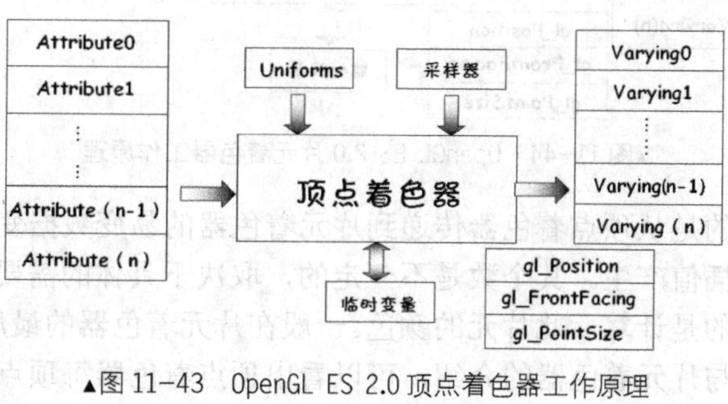

▲图11-43　OpenGL ES 2.0顶点着色器工作原理

● 顶点着色器输入的主要是待处理的顶点所对应的 attribute（属性）变量、uniform（全局）变量、采样器以及一些临时变量，输出的主要为经过着色器后生成的 varying（易变）变量及一些内建输出变量。

● attribute 变量指 3D 物体中每个顶点各自不同的信息所属的变量，例如，顶点的位置、颜色、法向量等每个顶点各自不同的信息，一般都以 attribute 变量的方式送入顶点着色器。

● uniform 变量是指对于同一组顶点组成的 3D 物体中所有顶点都相同的量。如场景中的光源位置、摄像机位置、投影矩阵等。

● varying 变量是从顶点着色器计算产生并传递到片元着色器的数据变量。顶点着色器可以使用易变变量来传递需要插值片元的颜色、法向量、纹理坐标等任意值。

● 内建输出变量有 gl_Position、gl_FrontFacing 和 gl_PointSize 等。gl_Position 是指经过变换矩阵变换、投影后顶点的最终位置，gl_FrontFacing 指的是片元所在面的朝向，gl_PointSize 指的是点的大小。

易变变量在顶点着色器赋值后并不是直接将赋的值送入后继的片元着色器中，而是在光栅化阶段由管线根据片元所属图元各个顶点对应的顶点着色器对此易变变量的赋值情况及片元与各顶点的位置关系插值产生。

> **说明**　有些读者可能会想到这个问题，对每个片元进行插值计算会非常耗费时间，严重影响性能。对于这个问题，OpenGL ES 2.0 设计时考虑到了这方面影响，这些插值操作都是由 GPU 中的专用硬件实现的，因此运行速度很快，不影响性能。

2．片元着色器

片元着色器是用来处理片元值及其相关数据的可编程单元，其可以执行纹理的采样、颜色的汇总、雾颜色的计算等操作，每片元执行一次。片元着色器主要功能为通过重复执行，将 3D 物体中的图元光栅化后产生的每个片元的颜色等属性计算出来送入后继阶段，如剪裁测试、深度测试、模板测试、颜色缓冲混合和抖动等。

从渲染管线的图中可以看到，可编程片元着色器替代了纹理、颜色求和、雾以及 Alpha 测试等阶段。与定点着色器类似，被替代的功能需要完全由开发人员用着色器语言编程完成。这在提高灵活性的同时也增加了开发的难度。片元着色器工作原理如图 11-44 所示。

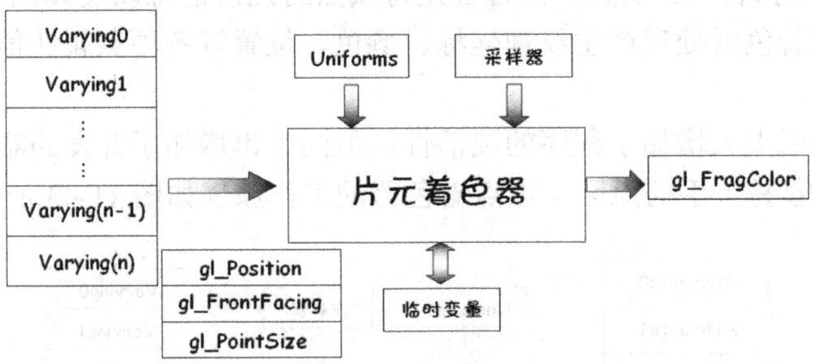

▲图 11-44　OpenGL ES 2.0 片元着色器工作原理

● Varying0～n 指的是从顶点着色器传递到片元着色器的易变数据变量，由系统在顶点着色器后的光栅化阶段自动插值产生。其个数是不一定的，取决于具体的需要。

● gl_FragColor 指的是计算后此片元的颜色。一般在片元着色器的最后都需要对其进行赋值。

经过对顶点着色器与片元着色器的介绍，可以看出顶点着色器每顶点一执行，片元着色器每片元一执行，片元着色器执行次数明显大于顶点着色器。因此，在开发中要尽量减少片元着色器的运算量，一些复杂的运算尽量放在顶点着色器中执行。

11.4.2 初识 OpenGL ES 2.0 应用程序

经过前面的讲解，读者已经对 OpenGL ES 2.0 有一些简单的了解。本小节将向大家介绍一个绕轴旋转的三角形的案例，向读者展现 OpenGL ES 2.0 的开发。该案例运行效果如图 11-45 所示。

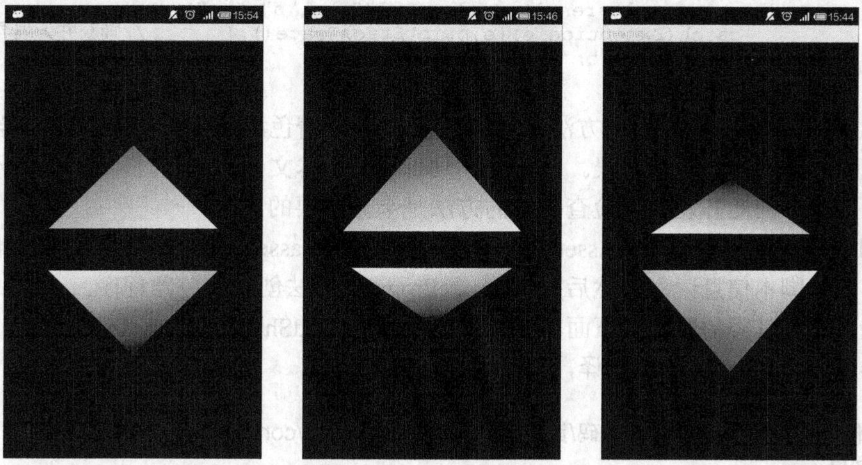

▲图 11-45　案例 Sample_6 运行效果图

> **说明**　图 11-45 中从左到右依次为程序初始状态图、绕 x 轴旋转大约 30º 效果图、绕 x 轴旋转大约 150º 效果图。读者要特别注意的是，基于 OpenGL ES 2.0 的 3D 程序目前还不能在模拟器上运行，必须要使用配置了 GPU 的真机才能运行。

前面介绍的是程序运行的效果图，接下来将介绍程序的具体开发步骤。其中包括案例中用到工具类、图形类、场景类、顶点着色器和片元着色器的开发。

（1）首先介绍的是本节案例用到的工具类——ShaderUtil，其功能是将着色器（Shader）脚本加载进显卡并编译，同时通过调用 checkGlError 方法检查每一步操作是否正确，其具体代码如下。

代码位置：见随书光盘中源代码/第 11 章/Sample11_6/src/com/bn/sample_6 目录下的 ShaderUtil.java。

```
package com.bn.sample_6;                                    //声明包名
……//此处省略了部分类的导入代码，读者可自行查看随书光盘中的源代码
public class ShaderUtil{                                    //加载 Shader 的工具类
    public static int loadShader(int shaderType,String source){//加载指定着色器的方法
        ……//此处省略了加载指定着色器的方法体，将在下面介绍
    }
    public static int createProgram(String vertexSource, String fragmentSource){//创建着色器程序的方法
        ……//此处省略了创建着色器程序的方法体，将在下面介绍
    }
    public static void checkGlError(String op){ //检查每一步操作是否有错误的方法
        int error;                          //error 变量
        while ((error = GLES20.glGetError()) != GLES20.GL_NO_ERROR) {
            Log.e("ES20_ERROR", op + ": glError " + error);   //后台打印错误
            throw new RuntimeException(op + ": glError " + error); //抛出异常
    }}
    public static String loadFromAssetsFile(String fname,Resources r){//从 sh 脚本中加载 shader 内容
        String result=null;                                 //声明 String 类型的变量
        try{
```

```
19              InputStream in=r.getAssets().open(fname); //从 assets 文件夹读取信息
20              int ch=0;                                    //定义 int 变量
21              ByteArrayOutputStream baos = new ByteArrayOutputStream();
                //创建字节数组输出流
22              while((ch=in.read())!=-1){
23                  baos.write(ch);                          //获取信息，写入输出流
24              }
25              byte[] buff=baos.toByteArray();              //将数据存入字节数组
26              baos.close();                                //关闭输出流
27              in.close();                                  //关闭输入流
28              result=new String(buff,"UTF-8");             //转化为 UTF-8 编码
29              result=result.replaceAll("\\r\\n","\n");
30          }catch(Exception e){e.printStackTrace();}        //捕获并处理异常
31          return result;                                   //返回结果
32  }}
```

- 第 10～15 行 checkGlError 方法的作用是在向 GPU 着色程序中加入顶点着色器或片元着色器时，检查每一步操作是否有错误。因为在开发着色器脚本文件的代码时，没有一个开发器实时地进行编译差错，因此开发一个检查错误的方法是十分必要的。
- 第 16～32 行的 loadFromAssetsFile 方法的作用为从 assets 文件夹下加载着色器代码脚本。其通过输入流将脚本信息读入，然后交给 createProgram 方法创建着色器程序。

（2）完成了工具类的开发，下面将介绍上面省略的 loadShader 方法。loadShader 方法主要是加载着色器编码进 GPU 并进行编译，具体开发代码如下。

代码位置：见随书光盘中源代码/第 11 章/Sample11_6/src/com/bn/sample_6 目录下的 ShaderUtil.java。

```
1   public static int loadShader(int shaderType,String source ){//加载制定 shader 的方法
2       int shader = GLES20.glCreateShader(shaderType); //创建一个新 shader
3       if (shader != 0){                               //若创建成功则加载 shader
4           GLES20.glShaderSource(shader, source);      //加载 shader 的源代码
5           GLES20.glCompileShader(shader);             //编译 shader
6           int[] compiled = new int[1];           //存放编译成功 shader 数量的数组
7           //获取 Shader 的编译情况
8           GLES20.glGetShaderiv(shader, GLES20.GL_COMPILE_STATUS, compiled, 0);
9           if (compiled[0] == 0){          //若编译失败则显示错误日志并删除此 shader
10              Log.e("ES20_ERROR", "Could not compile shader " + shaderType + ":");
11              Log.e("ES20_ERROR", GLES20.glGetShaderInfoLog(shader));
12              GLES20.glDeleteShader(shader);          //删除 shader
13              shader = 0;                             //shader 的 id 置零
14      }}
15      return shader;                                  //返回 shader 的 id
16  }
```

> **说明**　第 2 行通过调用 glCreateShader 方法创建了一个着色器。第 3～16 行为当着色器创建成功后，加载着色器的源代码，并编译着色器，同时检测编译的情况。若编译成功则返回着色器 id，反之则删除着色器并将着色器的 id 置零，打印错误信息。

（3）开发完 loadShader 方法后，接下来介绍的是 createProgram 方法。createProgram 方法主要是创建着色器程序，其具体开发代码如下。

代码位置：见随书光盘中源代码/第 11 章/Sample11_6/src/com/bn/sample_6 目录下的 ShaderUtil.java。

```
public static int createProgram(String vertexSource, String fragmentSource) {
//创建 shader 程序的方法
   int vertexShader = loadShader(GLES20.GL_VERTEX_SHADER, vertexSource);
   //加载顶点着色器
   if (vertexShader == 0){
       return 0;                                      //加载顶点着色器失败
```

```
5           }
6           int pixelShader = loadShader(GLES20.GL_FRAGMENT_SHADER, fragmentSource);
            //加载片元着色器
7           if (pixelShader == 0){
8                 return 0;                                        //加载片元着色器失败
9           }
10          int program = GLES20.glCreateProgram();                //创建程序
11          if (program != 0) {               //若程序创建成功则向程序中加入顶点着色器与片元着色器
12                GLES20.glAttachShader(program, vertexShader);   //向程序中加入顶点着色器
13                checkGlError("glAttachShader");
14                GLES20.glAttachShader(program, pixelShader);    //向程序中加入片元着色器
15                checkGlError("glAttachShader");
16                GLES20.glLinkProgram(program);                //链接程序
17                int[] linkStatus = new int[1];                //存放链接成功 program 数量的数组
18                //获取 program 的链接情况
19                GLES20.glGetProgramiv(program, GLES20.GL_LINK_STATUS, linkStatus, 0);
20                if (linkStatus[0] != GLES20.GL_TRUE) {       //若链接失败则报错并删除程序
21                      Log.e("ES20_ERROR", "Could not link program: ");
22                      Log.e("ES20_ERROR", GLES20.glGetProgramInfoLog(program));
23                      GLES20.glDeleteProgram(program);        //删除程序
24                      program = 0;
25          }}
26          return program;                                    //返回结果
27     }
```

● 第 2～9 行为调用 loadShader 方法。通过调用 loadShader 方法，分别加载顶点着色器与片元着色器的源代码进 GPU，并分别进行编译。如果加载不成功将直接返回 0。

● 第 10～27 行首先创建一个着色器程序，若着色器创建成功则向程序中加入顶点着色器与片元着色器。第 16～25 行为连接程序，最后将两个着色器链接为一个整体的着色器程序。

（4）完成了上面创建着色器程序的方法，下面将介绍用来创建图形的类 Triangle。其中包括顶点坐标数据的初始化、着色器的初始化和绘制方法，具体开发代码如下。

代码位置：见随书光盘中源代码/第 11 章/Sample11_6/src/com/bn/sample_6 目录下的 Triangle.java。

```
package com.bn.sample_6;                                          //声明包名
……//此处省略了部分类的导入代码，读者可自行查看随书光盘中的源代码
public class Triangle{                                            //三角形
     public static float[] mProjMatrix = new float[16];    //4x4 矩阵投影用
     public static float[] mVMatrix = new float[16];       //摄像机位置朝向 9 参数矩阵
     public static float[] mMVPMatrix;                     //最后起作用的总变换矩阵
     ……//此处省略了一些成员变量声明的代码，读者可自行查看随书光盘中的源代码
     public Triangle(MyTDView mv){
          initVertexData();                                 //调用初始化顶点数据的方法
          initShader(mv);                                   //调用初始化着色器的方法
     }
     public void initVertexData(){                          //初始化顶点数据的方法
          vCount=6;                                         //顶点数量为 6
          final float UNIT_SIZE=0.2f;                       //设置单位长度
          float vertices[]=new float[]{                     //创建顶点坐标数组
               -4*UNIT_SIZE,-UNIT_SIZE,0,0,-5*UNIT_SIZE,0,4*UNIT_SIZE,-UNIT_SIZE,0,
               -4*UNIT_SIZE,UNIT_SIZE,0,4*UNIT_SIZE,UNIT_SIZE,0,0,5* UNIT_SIZE,0
          };
          ByteBuffer vbb = ByteBuffer.allocateDirect(vertices.length*4);
          vbb.order(ByteOrder.nativeOrder());           //设置字节顺序为本地操作系统顺序
          mVertexBuffer = vbb.asFloatBuffer();          //将数组转换为浮点缓冲
          mVertexBuffer.put(vertices);                      //将数据写入缓冲区
          mVertexBuffer.position(0);                        //设置缓冲区起始位置
          float colors[]=new float[]{                              //创建顶点着色数组
               1,1,1,0,0,0,1,0,0,1,1,0,0,1,1,0,1,1,1,0,1,0,1,1
          };
          ByteBuffer cbb = ByteBuffer.allocateDirect(colors.length*4);
          cbb.order(ByteOrder.nativeOrder());           //设置字节顺序为本地操作系统顺序
          mColorBuffer = cbb.asFloatBuffer();           //将数组转换为浮点缓冲
          mColorBuffer.put(colors);                     //将数据写入缓冲区
          mColorBuffer.position(0);                     //设置缓冲区起始位置
```

```
32          }
33          ……//此处省略了初始化着色器的方法 initShader 和 drawSelf 方法，将在下面介绍
34          public static float[] getFianlMatrix(float[] spec){  //产生变换矩阵方法
35                mMVPMatrix=new float[16];                     //初始化总变换矩阵
36                Matrix.multiplyMM(mMVPMatrix, 0, mVMatrix, 0, spec, 0);
37                Matrix.multiplyMM(mMVPMatrix, 0, mProjMatrix, 0, mMVPMatrix, 0);
38                return mMVPMatrix;                                //返回总变换矩阵
39    }}
```

● 第 4～7 行为本类成员变量的声明，包括先关矩阵的引用、顶点位置和着色数据的引用、顶点的数量以及绕轴旋转的角度等，这里省略的变量的声明，读者可自行查看随书光盘中的源代码。

● 第 8～11 行为本类的构造器，在构造器中主要是调用 initVertexData 方法来初始化顶点的相关数据，调用 initShader 方法来初始化着色器。

● 第 12～32 行为初始化顶点数据的方法，该方法需要指定顶点坐标数据以及顶点着色数据，并将数据写入对应的缓冲区，并设置缓冲区的起始位置。

● 第 33～39 行为初始化总变换矩阵的方法，该方法首先初始化总变换矩阵，通过物体的 3D 变换矩阵、摄像机参数矩阵、投影矩阵产生最终总变换矩阵。

（5）开发完上面图形类的基本框架后，接下来将介绍上面创建图形 Triangle 类中省略的初始化着色器的方法 initShader 和绘制方法 drawSelf。具体开发代码如下。

代码位置：见随书光盘中源代码/第 11 章/Sample11_6/src/com/bn/sample_6 目录下的 Triangle.java。

```
1     public void initShader(MyTDView mv){                          //初始化 shader
2           //加载顶点着色器的脚本内容
3           mVertexShader=ShaderUtil.loadFromAssetsFile("vertex.sh",
            mv.getResources());
4           //加载片元着色器的脚本内容
5           mFragmentShader=ShaderUtil.loadFromAssetsFile("frag.sh",
            mv.getResources());
6           //基于顶点着色器与片元着色器创建程序
7           mProgram = ShaderUtil.createProgram(mVertexShader, mFragmentShader);
8           //获取程序中顶点位置属性引用 id
9           maPositionHandle = GLES20.glGetAttribLocation(mProgram, "aPosition");
10          //获取程序中顶点颜色属性引用 id
11          maColorHandle= GLES20.glGetAttribLocation(mProgram, "aColor");
12          //获取程序中总变换矩阵引用 id
13          muMVPMatrixHandle = GLES20.glGetUniformLocation(mProgram, "uMVPMatrix");
14    }
15    public void drawSelf(){
16          GLES20.glUseProgram(mProgram);                       //指定使用某套着色器程序
17          Matrix.setRotateM(mMMatrix,0,0,0,1,0);               //初始化变换矩阵
18          Matrix.translateM(mMMatrix,0,0,0,1);                 //设置沿 Z 轴正向位移 1
19          Matrix.rotateM(mMMatrix,0,xAngle,1,0,0);             //设置绕 x 轴旋转
20          GLES20.glUniformMatrix4fv(muMVPMatrixHandle, 1, false,
21                Triangle.getFianlMatrix(mMMatrix), 0);
22          GLES20.glVertexAttribPointer(                          //将顶点位置数据传送进渲染管线
23                maPositionHandle,3,GLES20.GL_FLOAT,false,3*4,mVertexBuffer
24          );
25          GLES20.glVertexAttribPointer(                          //将顶点颜色数据传送进渲染管线
26               maColorHandle,4,GLES20.GL_FLOAT,false,4*4,mColorBuffer
27          );
28          GLES20.glEnableVertexAttribArray(maPositionHandle);      //启用顶点坐标数据
29          GLES20.glEnableVertexAttribArray(maColorHandle);         //启用顶点着色数据
30          GLES20.glDrawArrays(GLES20.GL_TRIANGLES, 0, vCount);//绘制三角形
31    }
```

● 第 1～14 行为初始化着色器的方法，该方法中首先要加载相应的着色器脚本，然后创建自己定义的渲染管线着色器程序，并保留程序 id 到 mProgram 中。然后通过 GLES20 类调用相应的方法获取着色器中顶点坐标数据的引用、顶点颜色数据的引用及总变换矩阵的引用。

● 第 15～31 行为绘制图形方法。第 16～19 行为指定要使用的着色器程序，并初始化变换矩阵，设置 z 轴正向的位移值和绕 x 轴旋转的角度值。第 20～27 行为通过 GLES20 的 glVertexAttrib

Pointer 方法将顶点坐标数据和顶点着色数据送入渲染管线。

● 第 28～30 行为通过 GLES20 的 glEnableVertexAttribArray 方法来启用顶点坐标数据与顶点着色数据，最后通过 GLES20 类的 glDrawArrays 方法绘制三角形。

（6）介绍完三角形类 Triangle 后，接下来将介绍本案例中用于显示 3D 场景的类 MyTDView。在该类中通过内部类的形式创建了渲染器，其具体开发代码如下。

代码位置：见随书光盘中源代码/第 11 章/Sample11_6/src/com/bn/sample_6 目录下的 MyTDView.java。

```
1    package com.bn.sample_6;                                //声明包名
2    ……//此处省略了部分类的导入代码，读者可自行查看随书光盘中的源代码
3    public class MyTDView extends GLSurfaceView{
4         final float ANGLE_SPAN = 0.375f;                   //旋转角度
5         RotateThread rthread;                              //自定义 RotateThread 线程的引用
6         SceneRenderer mRenderer;                           //自定义 SceneRenderer 的引用
7         public MyTDView(Context context){                  //构造器
8              super(context);                               //实现父类的方法
9              this.setEGLContextClientVersion(2);//使用 OpenGL ES 2.0 时需要设置值为 2
10             mRenderer=new SceneRenderer();                //创建 SceneRenderer 类对象
11             this.setRenderer(mRenderer);                  //设置渲染器
12             //设置渲染模式为主动渲染
13             this.setRenderMode(GLSurfaceView.RENDERMODE_CONTINUOUSLY);
14        }
15        private class SceneRenderer implements GLSurfaceView.Renderer{
16             Triangle tle;                                      //声明 Triangle 类的引用
17             public void onDrawFrame(GL10 gl){                  //重写 onDrawFrame 方法
18                  GLES20.glClear( GLES20.GL_DEPTH_BUFFER_BIT |
19                       GLES20.GL_COLOR_BUFFER_BIT);             //清除深度缓冲与颜色缓冲
20                  tle.drawSelf();                               //绘制三角形对
21             }
22             public void onSurfaceChanged(GL10 gl, int width, int height){
23                  GLES20.glViewport(0, 0, width, height);   //设置视口大小及位置
24                  float ratio = (float) width / height; //计算 GLSurfaceView 的宽高比
25                  //调用此方法计算产生透视投影矩阵
26                  Matrix.frustumM(Triangle.mProjMatrix, 0, -ratio, ratio, -1, 1, 1, 10);
27                  //调用此方法产生摄像机 9 参数位置矩阵
28                  Matrix.setLookAtM(Triangle.mVMatrix, 0, 0,0,3,0f,0f,0f,0f,1.0f,
                    0.0f);
29             }
30             public void onSurfaceCreated(GL10 gl, EGLConfig config){
31                  GLES20.glClearColor(0,0,0,1.0f);           //设置屏幕背景色 RGBA
32                  tle=new Triangle(MyTDView.this);           //创建三角形对象
33                  GLES20.glEnable(GLES20.GL_DEPTH_TEST);     //打开深度检测
34                  rthread=new RotateThread();               //创建 RotateThread 类对象
35                  rthread.start();                          //启动线程
36        }}
37        public class RotateThread extends Thread{           //自定义线程
38             public boolean flag=true;                      //线程标志位
39             @Override
40             public void run(){                             //重写 run 方法
41                  while(flag){
42                       mRenderer.tle.xAngle=mRenderer.tle.xAngle+ANGLE_SPAN;
                         //实现图形绕 x 轴旋转
43                       try{
44                            Thread.sleep(20);                   //休息 20 毫秒
45                       }catch(Exception e){e.printStackTrace();}//捕获并处理异常
46   }}}}
```

● 第 4～6 行为本类中用到的成员变量。其中包括设置绕 x 轴每次的旋转角度、自定义 RotateThread 类引用的声明以及自定义 SceneRenderer 类引用的声明。第 7～14 行为本类的构造器，构造器中创建了 SceneRenderer 类的对象，设置了渲染器，并设置渲染模式为主动渲染。

● 第 17～21 行为重写的 onDrawFrame 方法，该方法中首先清除深度缓冲和颜色缓冲，然后调用 drawSelf 方法来绘制三角形对。第 22～29 行为重写的 onSurfaceChanged 方法，该方法中设

置了视口的大小、位置以及产生透视投影矩阵和产生摄像机 9 参数位置矩阵。第 30～36 行为重写的 onSurfaceCreated 方法，其中包括设置背景色、创建三角形对象、打开深度检测、启动线程。

- 第 37～46 行为自定义的线程。该线程主要是实现两个三角形的实时旋转。方法中重写了 run 方法，当线程标志位为 true 时，在原有旋转角度上增加一定角度，每个 20 毫秒转动一次。

（7）介绍完前面各个类的开发，下面我们将用着色器语言开发着色器，着色器语言可以写在后缀为.sh 的文件中，这些文件存放在项目的 assets 目录下。首先开发的是顶点着色器，主要作用为执行顶点变换、纹理坐标变换等顶点的相关操作，其代码如下。

代码位置：见随书光盘中源代码/第 11 章/Sample11_6/assets 目录下的 vertex.sh 文件。

```
uniform mat4 uMVPMatrix;                                   //总变换矩阵
attribute vec3 aPosition;                                  //顶点位置
attribute vec4 aColor;                                     //顶点颜色
varying  vec4 aaColor;                                     //用于传递给片元着色器的变量
void main(){
   gl_Position = uMVPMatrix * vec4(aPosition,1);//根据总变换矩阵计算此次绘制此顶点位置
   aaColor = aColor;                                       //将接收的颜色传递给片元着色器
}
```

说明 本段代码主要介绍的是顶点着色器，首先要初始化顶点位置数据与顶点颜色数据，然后创建 aaColor 变量用于传递给片元着色器的变量。根据总变换矩阵计算此次绘制的此顶点位置，最后将接收的颜色传递给片元着色器。

（8）开发完顶点着色器后，下面是片元着色器的开发，其主要作用为执行纹理的访问、颜色的汇总以及雾效果等操作，具体代码如下。

代码位置：见随书光盘中源代码/第 11 章/Sample11_6/assets 目录下的 frag.sh 文件。

```
precision mediump float;
varying  vec4 aaColor;                                     //接收从顶点着色器过来的参数
void main() {
  gl_FragColor = aaColor;                                  //给此片元颜色值
}
```

说明 本段代码介绍的是片元着色器，该段代码中主要是接收从顶点着色器传递过来的参数，然后在下面的代码中给这个片元设定颜色值。

11.4.3 着色语言

对于上一节的顶点着色器及片元着色器，读者可能比较生疏，本小节将介绍 OpenGL ES 2.0 的着色语言。OpenGL ES 2.0 的着色语言是一种高级的图形编程语言，其具有 RenderMan 以及其他着色语言的一些优良特性，易于被开发人员掌握。

与传统的通用编程语言不同，OpenGL ES 2.0 着色语言提供了更加丰富的原生类型，如向量、矩阵等。这些新特性的加入使得 OpenGL ES 2.0 着色语言在处理 3D 图形方面更加高效、易用。OpenGL ES 2.0 着色语言主要有以下特性。

（1）OpenGL ES 着色语言是一种高级的过程语言。

（2）对顶点着色器、片元着色器使用的是同样的语言。

（3）完美支持向量与矩阵的各种操作。

（4）通过类型限定符来管理输入与输出。

（5）拥有大量的内置函数来提供丰富的功能。

总之，OpenGL ES 着色语言是一种易于实现、功能强大、易于使用、完美支持硬件灵活性，并且可以高度并行处理、性能优良的高级图形编程语言。其可以使得开发人员在不浪费大量时间的基础上，开发出更加丰富多彩的 3D 游戏场景。

着色器程序主要由 3 个部分组成，包括全局变量声明、自定义函数、main 函数。下面将给出一个完整的顶点着色器程序的代码。

```
1    uniform mat4 uMVPMatrix;                          //总变换矩阵
2    attribute vec3 aPosition;                         //顶点位置
3    attribute vec4 aColor;                            //顶点颜色
4    varying vec4 aaColor;                             //用于传递给片元着色器的变量
5    void getPosition(){
6        gl_Position = uMVPMatrix * vec4(aPosition,1);//根据总变换矩阵计算此次绘制此顶点位置
7    }
8    void main(){
9          getPosition();                         //调用 getPosition 函数计算此次绘制的顶点位置
10         aaColor = aColor;                      //将接收的颜色传递给片元着色器
11   }
```

说明　第 1～4 行为全局变量的声明，根据情况的不同可能会增加或者减少。第 5～7 行为自定义的函数，在有些情况下可能没有自定义的函数。第 8～11 行为主函数，这在每个着色器中是必须存在的。

看完上述代码后读者可能在疑惑 uniform、attribute 以及 varying 是什么，这些都是着色器语言中的限定符，这些限定符大部分只能用来修饰全局变量，其功能主要如表 11-1 所列。

表 11-1　　4 种限定符及说明

限 定 符	说　明
attribute	一般用于每个顶点各不相同的量，如顶点坐标、颜色等
uniform	一般用于对同一组顶点组成的单个 3D 物体中所有顶点都相同的量，如当前光源位置
varying	用于从顶点着色器传递到片元着色器的量
const	用于声明常量

代码中的 vec3、vec4 都是指向量，其基本类型分别为 bool、int 及 float 三种。每个向量可以由 2 个、3 个或者 4 个相同的标量组成，具体如表 11-2 所列。

表 11-2　　各向量类型及说明

向量类型	说　明	向量类型	说　明
vec2	包含 2 个浮点数的向量	ivec4	包含 4 个整数的向量
vec3	包含 3 个浮点数的向量	bvec2	包含 2 个布尔数的向量
vec4	包含 4 个浮点数的向量	bvec3	包含 3 个布尔数的向量
ivec2	包含 2 个整数的向量	bvec4	包含 4 个布尔数的向量
ivec3	包含 3 个整数的向量		

代码中 mat4 是指矩阵，3D 场景中的位移、旋转缩放等都是由矩阵的运算来实现的。OpenGL ES 中提供了对矩阵类型的支持，大大方便了开发，免去了自建矩阵的麻烦。矩阵尺寸分别为 2×2 矩阵、3×3 矩阵和 4×4 矩阵，具体情况如表 11-3 所列。

着色语言是一门很深的学问，这里不进行深入探讨，有兴趣的读者可以通过作者的《OpenGL ES 2.0 游戏开发（上、下卷）基础技术和典型案例》来深入学习着色语言。

表 11-3　　各矩阵类型及说明

矩阵类型	说　明
mat2	2×2 浮点数矩阵
mat3	3×3 浮点数矩阵
mat4	4×4 浮点数矩阵

11.4.4　正交投影

OpenGL ES 2.0 中常用的投影模式有两种，分别为正交投影和透视投影，本小节将对正交投影进行简单介绍，主要包括基本知识与一个简单案例的讲解两部分。

1．基本知识

正交投影是平行投影的一部分，其投影线（物体的顶点与近平面上投影点的连线）是平行的，因此正交投影的视景体是长方体，投影到近平面上的图不会产生真实世界中“近大远小”的效果。

> **说明**　由于 OpenGL 2.0 与 OpenGL 1.x 的正交投影有很多类似的地方，对于这些相似的内容本小节将不再进行介绍，有兴趣的读者可以参照 11.3.5 小节的内容。

新约中案例都是通过 Matrix 类中的 orthoM 方法来设置正交投影，具体代码如下。

```
Matrix.orthoM(
    mProjMatrix,                    //存储生成矩阵元素的数组
    0,                              //起始偏移量
    left, right,                    //near 面的 left、right
    bottom, top,                    //near 面的 bottom、top
    near, far                       //near 面的 near、far
);
```

- Matrix 类中 orthoM 方法的功能为根据接收的 6 个相关参数产生投影矩阵，并将投影矩阵的元素填充到指定的数组中。
- orthoM 方法中的参数 left、right 为近平面左右侧对应的 x 坐标，参数 bottom、top 为近平面上下侧对应的 y 坐标，这 4 个参数实际上就是确定了视景体的左右面和上下面。near 为近平面与视点的距离，far 表示远平面与视点的距离。

视景体中的物体投影到近平面上后最终要映射到屏幕的视口中。视口是屏幕上指定的显示区域，设置视口的具体代码如下。

```
GLES20.glViewport(x, y, width, height);        //设置视口
```

> **说明**　上述代码中参数 x、y 为视口在屏幕坐标系的位置，width、height 为视口的大小。

2．一个简单的案例

介绍完正交投影的基本知识后，接下来向读者介绍一个使用正交投影的案例——Sample11_7，其运行效果如图 11-46 所示。

> **说明**　本案例中的图形为一组大小相等、离视点距离不同的五角星，由于本案例中采用的为正交投影，因此没有产生“近大远小”的效果。

了解了本案例的运行效果后，下面来进行案例的开发，主要包括场景渲染类 MySurfaceView、图形类 Hexagon 的开发，具体步骤如下。

▲图 11-46 Sample11_7 运行效果图

（1）首先进行渲染 3D 场景的 MySurfaceView 类的开发，主要包括触摸事件回调方法、继承场景渲染类需重写的三个方法，具体代码如下。

代码位置：见随书光盘源代码/第 11 章/Sample11_7/src/com/bn/sample_7 目录下的 MySurfaceView.java。

```
package com.bn.sample_7;                                    //声明包名
……//此处省略了部分类的导入代码，读者可自行查阅随书附带光盘中的源代码
class MySurfaceView extends GLSurfaceView{
    private final float TOUCH_SCALE_FACTOR = 180.0f/320;       //角度缩放比例
    private SceneRenderer mRenderer;                            //场景渲染器
    private float mPreviousY;                                   //上次的触控位置 Y 坐标
    private float mPreviousX;                                   //上次的触控位置 X 坐标
    public MySurfaceView(Context context) {                     //构造器
      super(context);
      this.setEGLContextClientVersion(2);                       //设置使用 OPENGL ES 2.0
      mRenderer = new SceneRenderer();                          //创建场景渲染器
      setRenderer(mRenderer);                                   //设置渲染器
      setRenderMode(GLSurfaceView.RENDERMODE_CONTINUOUSLY);//设置模式为主动渲染
    }
   @Override
    public boolean onTouchEvent(MotionEvent e){                 //触摸事件回调方法
      float y = e.getY();                                       //触摸时 x 坐标
      float x = e.getX();                                       //触摸时 y 坐标
      switch (e.getAction()) {
      case MotionEvent.ACTION_MOVE:
          float dy = y - mPreviousY;                        //计算触控笔 Y 位移
          float dx = x - mPreviousX;                        //计算触控笔 X 位移
          for(Hexagon h:mRenderer.ha){
                h.yAngle += dx * TOUCH_SCALE_FACTOR; //设置各个五角星绕 y 轴旋转角度
                h.xAngle+= dy * TOUCH_SCALE_FACTOR;  //设置各个五角星绕 x 轴旋转角度
      }}
      mPreviousY = y;                                       //记录触控笔位置
      mPreviousX = x;                                       //记录触控笔位置
      return true;
    }
    private class SceneRenderer implements GLSurfaceView.Renderer{
      Hexagon[] ha=new Hexagon[6];                          //创建五角星数组
      public void onDrawFrame(GL10 gl){
         GLES20.glClear(GLES20.GL_DEPTH_BUFFER_BIT|GLES20.GL_COLOR_BUFFER_BIT);
         for(Hexagon h:ha){
               h.drawSelf();                                //绘制各个五角星
         }
      }
      public void onSurfaceChanged(GL10 gl, int width, int height){
          GLES20.glViewport(0, 0, width, height);       //设置视窗大小及位置
          float ratio= (float) width / height;          //计算 GLSurfaceView 的宽高比
```

```
42         MatrixState.setProjectOrtho(-ratio, ratio, -1, 1, 1, 10);//设置正交投影
43         MatrixState.setCamera(              //调用此方法产生摄像机 9 参数位置矩阵
44             0, 0, 3f, 0, 0, 0f, 0f, 1.0f, 0.0f);
45     }
46     public void onSurfaceCreated(GL10 gl, EGLConfig config){
47         GLES20.glClearColor(0.5f,0.5f,0.5f, 1.0f);  //设置屏幕背景色 RGBA
48         for(int i=0;i<ha.length;i++){                //创建五角星数组中的各个对象
49             ha[i]=new Hexagon(MySurfaceView.this,-(float)i/2);
50         }
51         GLES20.glEnable(GLES20.GL_DEPTH_TEST);       //打开深度检测
52 }}}
```

● 第 4～7 行为本类中用到的成员变量的声明，包括角度缩放比例、对场景渲染器的引用以及上次触控时的 x、y 坐标。

● 第 8～14 行为本类的构造器方法，在构造器中主要设置使用 OPENGL ES 2.0 版本，创建并设置了场景渲染器，设置渲染模式为主动渲染。

● 第 15～30 行为触摸事件回调方法，该方法把触摸事件时触点沿 x、y 方向的位移转换成 y 轴、x 轴的旋转角度，实现五角星的绕轴旋转。

● 第 31～38 行为重写 onDrawFrame 方法，创建了五角星数组，用来设置场景中五角星的数量。绘制前清除深度缓冲与颜色缓冲，然后通过 for 循环依次绘制设置的数量的五角星。

● 第 39～52 行为重写的 onSurfaceChanged 方法和 onSurfaceCreated 方法。onSurfaceChanged 方法中设置了视窗大小及位置，计算 GLSurfaceView 的宽高比，然后设置正交投影并设置摄像机 9 参数位置矩阵。onSurfaceCreated 方法中创建了五角星数组中每个五角星对象。循环时使得每次绘制的图形相比上一个图形沿 z 轴负方向移动。

（2）完成了 MySurfaceView 类的开发，下面介绍图形类 Hexagon 的开发，主要包括初始化顶点数据、初始化着色器以及图形的绘制方法，具体代码如下。

代码位置：见随书光盘源代码/第 11 章/Sample11_7/src/com/bn/sample_7 目录下的 Hexagon.java。

```
package com.bn.sample_7;
……//此处省略了部分类的导入代码，读者可自行查阅随书附带光盘中的源代码
public class Hexagon{
    ……//此处省略了成员变量声明的代码，读者可自行查阅随书附带光盘中的源代码
    public Hexagon(MySurfaceView mv,float zOffset){
        initVertexData(zOffset);                    //调用初始化顶点数据方法
        initShader(mv);                             //调用初始化着色器方法
    }
    public void initVertexData(float zOffset){      //自定义初始化顶点数据方法
        ……//此处省略初始化顶点数据的方法，将在下面进行介绍
    }
    public void initShader(MySurfaceView mv){       //自定义初始化着色器方法
        ……//此处省略初始化着色器的方法，读者可自行查阅随书附带光盘中的源代码
    }
    public void drawSelf(){
        GLES20.glUseProgram(mProgram);              //指定使用某套 shader 程序
        Matrix.setRotateM(mMMatrix,0,0,0,1,0);          //初始化变换矩阵
        Matrix.translateM(mMMatrix,0,0,0,1);            //设置沿 Z 轴正向位移 1
        Matrix.rotateM(mMMatrix,0,yAngle,0,1,0);        //设置绕 y 轴旋转
        Matrix.rotateM(mMMatrix,0,xAngle,1,0,0);        //设置绕 z 轴旋转
        GLES20.glUniformMatrix4fv(muMVPMatrixHandle, 1, false,
            MatrixState.getFinalMatrix(mMMatrix),0);//将最终变换矩阵传入 shader 程序
        GLES20.glVertexAttribPointer (maPositionHandle,3,
                GLES20.GL_FLOAT,false,3*4,mVertexBuffer);//为画笔指定顶点位置数据
        GLES20.glVertexAttribPointer(maColorHandle,4,      //为画笔指定顶点着色数据
                GLES20.GL_FLOAT,false,4*4,mColorBuffer);
        GLES20.glEnableVertexAttribArray(maPositionHandle);//允许顶点位置数据数组
        GLES20.glEnableVertexAttribArray(maColorHandle);  //允许顶点颜色数据数组
        GLES20.glDrawElements(GLES20.GL_TRIANGLES, iCount,
                GL10.GL_UNSIGNED_BYTE, mIndexBuffer);//索引法绘制五角星
}}
```

● 第 5～8 行为本类的构造器，在此构造器中调用了初始化顶点数据的 initVertexData 方法以及初始化着色器的 initShader 方法。

● 第 9～14 行为初始化顶点数据的 initVertexData 方法以及初始化着色器的 initShader 方法。由于篇幅原因，initVertexData 方法将在下面进行介绍，initShader 方法则不再赘述，读者可自行查阅随书附带光盘中的源代码。

● 第 15～31 行为图形类的绘制方法，在该方法中指定使用了某套程序，初始化变换矩阵并设置其绕轴旋转，为画笔指定顶点数据，并允许顶点数据数组，最后用索引法绘制五角星。

（3）开发完图形类，下面对初始化顶点数据的 initVertexData 方法进行开发，主要包括初始化顶点坐标数据、初始化顶点颜色数据以及初始化顶点索引数据，具体代码如下。

代码位置：见随书光盘源代码/第 11 章/Sample11_7/src/com/bn/sample_7 目录下的 Hexagon.java。

```
1   public void initVertexData(float zOffset){                     //初始化顶点数据方法
2       vCount=11;                                                  //顶点数
3       float vertices[]=new float[]{
4           0*UNIT_SIZE,0*UNIT_SIZE,zOffset*UNIT_SIZE,      //第一个顶点的 x、y、z 坐标
5           0*UNIT_SIZE,0.4f*UNIT_SIZE,zOffset*UNIT_SIZE,   //第二个顶点的 x、y、z 坐标
6           0.2f*UNIT_SIZE*(float)Math.sin(Math.toRadians(36)),//第三个顶点的 x、y、z 坐标
7               0.2f*UNIT_SIZE*(float)Math.cos(Math.toRadians(36)), zOffset*
                UNIT_SIZE,
8           ……//此处省略定义其他顶点坐标 xyz 值的代码，请自行查阅
9       };
10      ByteBuffer vbb = ByteBuffer.allocateDirect(vertices.length*4);
        //创建顶点坐标数据缓冲
11      vbb.order(ByteOrder.nativeOrder());                     //设置字节顺序
12      mVertexBuffer = vbb.asFloatBuffer();                    //转换为 float 型缓冲
13      mVertexBuffer.put(vertices);                            //向缓冲区中放入顶点坐标数据
14      mVertexBuffer.position(0);                              //设置缓冲区起始位置
15      float colors[]=new float[]{          //顶点颜色值数组，每个顶点 4 个色彩值 RGBA
16          0,0,1,0,0,1,0,0,0,0,1,1,0,1,0,0,0,1,0,1,0,1,1,0,0,
17          1,1,1,0,1,0,0,0,1,0,1,0,1,1,0,0,1,1,1,0};
18      ByteBuffer cbb = ByteBuffer.allocateDirect(colors.length*4);
        //创建顶点着色数据缓冲
19      cbb.order(ByteOrder.nativeOrder());                     //设置字节顺序
20      mColorBuffer = cbb.asFloatBuffer();                     //转换为 float 型缓冲
21      mColorBuffer.put(colors);                               //向缓冲区中放入顶点着色数据
22      mColorBuffer.position(0);                               //设置缓冲区起始位置
23      iCount=30;
24      byte indices[]=new byte[]{                              //顶点索引数组
25              0,2,1,0,3,2,0,4,3,0,5,4,0,6,5,
26              0,7,6,0,8,7,0,9,8,0,10,9,0,1,10};
27      mIndexBuffer = ByteBuffer.allocateDirect(indices.length);
        //创建三角形构造索引数据缓
28      mIndexBuffer.put(indices);                          //向缓冲区中放入三角形构造索引数据
29      mIndexBuffer.position(0);                           //设置缓冲区起始位置
30  }
```

● 第 3～14 行为初始化五角星的顶点坐标数据，创建顶点坐标数据缓冲，设置字节顺序后转换为 float 型缓冲，并向缓冲区中放入顶点坐标数据，最后设置了缓冲区起始位置。

● 第 15～22 行为初始化五角星的顶点颜色数据，创建顶点着色数据缓冲，设置字节顺序后转换为 float 型缓冲，并向缓冲区中放入顶点着色数据，最后设置了缓冲区起始位置。

● 第 23～30 行为初始化五角星的顶点索引数据，创建三角形构造索引数据缓冲，然后向缓冲区中放入三角形构造索引数据，最后设置了缓冲区起始位置。

11.4.5 透视投影

上一小节主要介绍了与正交投影相关的知识，本小节则将对透视投影进行简单介绍，与上一小节相似，主要包括基本知识与一个简单案例的讲解两部分。

1. 基本知识

相比于前面介绍的正交投影，透视投影的投影线不是平行的，都相交于视点。在透视投影中，同样尺寸的物体，近处的投影出来的大，远处的投影出来的小，因此透视投影产生了现实世界中“近大远小”的效果，大部分 3D 游戏采用的都是透视投影。

> **说明** 由于 OpenGL 2.0 与 OpenGL 1.x 的透视投影有很多类似的地方，对于这些相似的内容本小节将不再进行介绍，有兴趣的读者可以参照 11.3.6 小节的内容。

新约中案例都是通过 Matrix 类中的 frustumM 方法来设置透视投影，具体代码如下。

```
Matrix. frustumM(
    mProjMatrix,                                    //存储生成矩阵元素的数组
    0,                                              //起始偏移量
    left, right,                                    //near 面的 left、right
    bottom, top,                                    //near 面的 bottom、top
    near, far                                       //near 面和 far 面与视点的距离
);
```

- Matrix 类中 frustumM 方法的功能为根据接收的 6 个相关参数产生投影矩阵，并将投影矩阵的元素填充到指定的数组中。
- frustumM 方法中的参数 left、right 为近平面左右侧对应的 x 坐标，参数 bottom、top 为近平面上下侧对应的 y 坐标，这四个参数实际上就是确定了视景体的左右面和上下面。near 为近平面与视点的距离，far 表示远平面与视点的距离。

2. 一个简单的案例

介绍完透视投影的基本知识后，接下来向读者介绍一个使用透视投影的案例——Sample11_8，其运行效果如图 11-47 所示。

▲图 11-47 Sample11_8 运行效果图

了解了本案例的运行效果后，读者可以看出本案例是由案例 Sample11-7 改写成的，因此有很大一部分代码都是相同的，下面仅介绍代码有区别的地方。

（1）首先，在 MatrixState 类中添加了设置透视投影的 setProjectFrustum 方法，该方法主要是设置透视投影的 6 个参数。其具体开发代码如下。

代码位置：见随书光盘源代码/第 11 章/Sample11_8/src/com/bn/sample_8 目录下的 MatrixState.java。

```
public static void setProjectFrustum(                    //设置透视投影参数
        float left,                                      // near 面的 left
        float right,                                     // near 面的 right
        float bottom,                                    // near 面的 bottom
        float top,                                       // near 面的 top
        float near,                                      // near 面距离
        float far                                        // far 面距离
){
        Matrix.frustumM(mProjMatrix, 0, left, right, bottom, top, near, far);
}
```

说明 本案例中设置透视投影的代码与前面案例 Sample11-7 中的设置正交投影的代码很类似，都是依据投影的 6 个参数对 Matrix 方法进行封装。

（2）在 MySurfaceView 类的 onSurfaceChanged 方法中，用设置透视投影的语句替换设置正交投影的语句，其具体开发代码如下。

代码位置：见随书光盘源代码/第 11 章/Sample11_8/src/com/bn/sample_8 目录下的 MySurfaceView.java。

```
1   public void onSurfaceChanged(GL10 gl, int width, int height) {
2       GLES20.glViewport(0, 0, width, height);              //设置视窗大小及位置
3       float ratio= (float) width / height;                  //计算 GLSurfaceView 的宽高比
4       MatrixState.setProjectFrustum(-ratio*0.4f, ratio*0.4f, -1*0.4f, 1*0.4f, 1,
50); //设置透视投影
5       MatrixState.setCamera(0,0,6,0f,0f,0f,0f,1.0f,0.0f);//调用此方法产生摄像机 9 参
数位置矩阵
6   }
```

说明 通过与前面例子的对比，读者可以发现，本案例中第 4 行的设置透视投影的语句代替了上一个案例中的设置正交投影的语句，其他内容基本不用变。

11.4.6 三种光照通道

OpenGL ES 2.0 中模拟现实中的光照，将光照分成了 3 种组成元素（也可以称为 3 种光照通道），包括环境光、散射光和镜面光。实际开发中，3 个光照通道是分别采用不同的数学模型独立计算的，下面的几个小节将对 3 种光照通道一一进行详细介绍。

1. 环境光

环境光（Ambient）指的是从四面八方照射到物体上，全方位 360° 都均匀的光。其代表的是现实世界中从光源射出，经过多次反射后，各方向基本均匀的光。环境光最大的特点是不依赖于光源的位置，而且没有方向性。计算环境光的数学模型很简单，其公式如下：

环境光照射效果=材质的反射系数×环境光强度

2. 散射光

仅有环境光效果肯定不能满足我们对 3D 场景的要求，因为仅有环境光是没有层次感。本节将介绍另外一种真实感好很多的光照效果——散射光（Diffuse），其指的是从物体表面向各个方向均匀反射的光。散射光具体代表的是现实世界中粗糙的物体表面被光照射时，反射光在各个方向基本均匀（也称为“漫反射”）的情况。

虽然反射后的散射光在各个方向是均匀的，但散射光反射的强度与入射光的强度以及入射的角度密切相关。因此当光源的位置发生变化时，散射光的效果会发生明显变化。主要体现为当光垂直地照射到物体表面时比斜照时要亮，其具体计算公式如下。

散射光照结果=材质的反射系数×散射光强度×max(cos(入射角),0)

实际开发中往往分两步进行计算，此时公式被拆解为如下情况。

散射光最终强度=散射光强度×max(cos(入射角),0)

散射光照射结果=材质的反射系数×散射光最终强度

> **说明**　材质的反射系数实际指的就是物体被照射处的颜色，散射光强度指的是散射光中 RGB（红、绿、蓝）3 个色彩通道的强度。

对比环境光与散射光的计算公式，可以看到，区别在于散射光多了“max(cos(入射角),0)”，其说明反射角越大，反射越弱，当入射角大于 90° 时，反射强度为 0，由于入射角为入射光与法向量的夹角，因此余弦值的计算不需要调用三角函数，只需要将两个向量进行规格化，然后计算点积即可。

3. 镜面光

使用了上一小节中介绍的散射光效果后，场景的整体效果将会有较大的提升，但这并不是光照的全部，现实世界中当光滑表面被照射是会有方向很集中的反射光——镜面光。下面将对镜面光的计算模型进行详细的介绍，具体公式如下。

镜面光照射结果=材质的反射系数×镜面光强度×max(0, [cos(半向量与法向量的夹角)]^{粗糙度}**)**

实际开发中往往分两步进行计算，此时公式被拆解为如下情况。

镜面光最终强度=镜面光强度×max(0, (cos(半向量与法向量的夹角))^{粗糙度}**)**

镜面光照射结果=材质的反射系数×镜面光最终强度

从上述公式中可以看出，与散射光计算公式主要有两点区别，首先是计算余弦值时对应的角不再是入射角，而是半向量与法向量的夹角。半向量指的是从被照射点到光源的向量与从被照射点到观察点向量的平均向量。

11.4.7　定位光

定位光光源类似于现实世界中的白炽灯灯泡，其在某个固定的位置，发出的光向四周发散。定位光照射的一个明显特点就是，在给定光源的情况下，对不同位置的物体产生的光照效果不同。

下面将介绍一个采用定位光光源的案例，加深读者对 OpenGL ES 2.0 中定位光的理解，案例运行效果如图 11-48 所示。

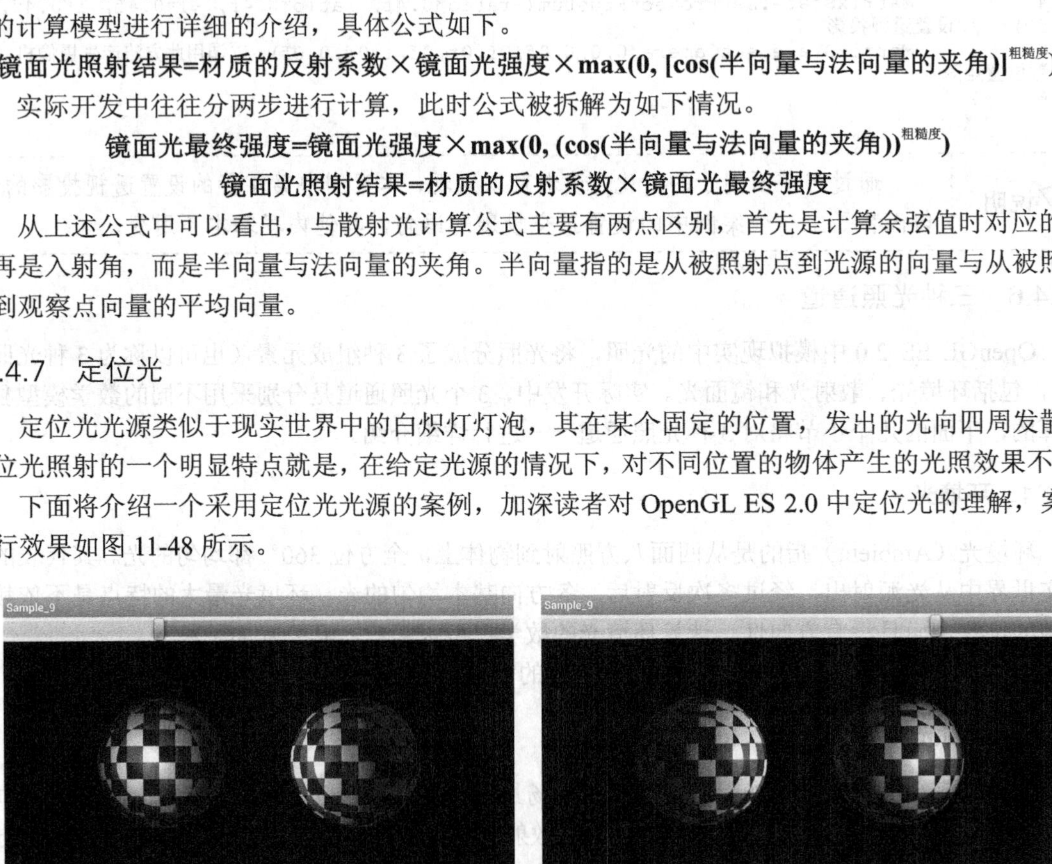

▲图 11-48　Sample11_9 运行效果图

说明 图 11-48 中的拖拉条用来设置光源的位置，其中左图光源更靠近左侧球位置，右侧光源更靠近右侧球。两种情况下两个球的光照效果都是不同的，体现出了定位光的特点。

了解了定位光的基本原理及案例运行效果后，就可以进行案例开发了，主要包括渲染球体的 Ball 类、顶点着色器以及片元着色器，其具体开发步骤如下。

（1）首先需要介绍的是负责按照切分规则生成球面上顶点的坐标，并渲染球体的 Ball 类，主要介绍了图形类的绘制方法，其具体代码框架如下。

代码位置：见随书光盘中源代码/第 11 章/Sample11_9/src/com/bn/sample_9 目录下的 Ball.java。

```
1   package com.bn.sample_9;
2   ……//此处省略了部分类的导入代码，请读者自行查阅随书附带光盘中的源代码
3   public class Ball {
4       ……//此处省略了一些成员变量声明的代码，请读者自行查阅随书附带光盘中的源代码
5       public Ball(MySurfaceView mv) {
6           initVertexData();                    //初始化顶点坐标与着色数据
7           initShader(mv);                      //初始化 shader
8       }
9       public void initVertexData() {           //初始化顶点坐标数据的方法
10          ……//此处省略了初始化顶点数据的方法体，将在下面进行介绍
11      }
12      public void initShader(MySurfaceView mv) {/*此处省略了初始化 shader 的方法体，请
        自行查阅*/}
13      public void drawSelf(){
14          ……//此处省略了的部分代码与前面章节的类似，请读者自行查阅
15          GLES20.glUniformMatrix4fv(muMMatrixHandle, 1, false, MatrixState.
            getMMatrix(), 0);
16          GLES20.glUniform1f(muRHandle, r * UNIT_SIZE);//将半径尺寸传入着色器程序
17          GLES20.glUniform3fv(maLightLocationHandle, 1, MatrixState.
            lightPositionFB);
18          GLES20.glUniform3fv(maCameraHandle, 1, MatrixState.cameraFB);
19          GLES20.glVertexAttribPointer(maPositionHandle, 3, GLES20.GL_FLOAT,
20                  false, 3 * 4, mVertexBuffer);//将顶点位置数据传入渲染管线
21          GLES20.glVertexAttribPointer(maNormalHandle, 3, GLES20.GL_FLOAT, false,
22                  3 * 4, mNormalBuffer);           //将顶点法向量数据传入渲染管线
23          GLES20.glEnableVertexAttribArray(maPositionHandle); //启用顶点位置数据
24          GLES20.glEnableVertexAttribArray(maNormalHandle);   //启用顶点法向量数据
25          GLES20.glDrawArrays(GLES20.GL_TRIANGLES, 0, vCount);//绘制球
26  }}
```

- 第 4 行为 Ball 类中成员变量的声明，这里由于篇幅原因，没有对其进行叙述，有兴趣的读者可自行查看随书附带光盘中的源代码进行了解和学习。
- 第 5～8 行为 Ball 类构造器的声明，该构造器主要为对初始化顶点坐标数据的 initVertexData 方法和初始化 shader 的 initShader 方法。
- 第 13～25 行为 drawSelf 绘制球的方法实现，与前面案例中此方法的主要区别是，多了将法向量数据和光源位置数据送入渲染管线的部分，增加了启用顶点法向量数据的代码。

（2）开发完 Ball 类的框架后，接下来将介绍上一小节省略了的初始化顶点坐标数据 initVertexData 方法，其具体代码开发如下。

代码位置：见随书光盘中源代码/第 11 章/Sample11_9/src/com/bn/sample_9 目录下的 Ball.java。

```
public void initVertexData(){                          //初始化顶点坐标数据的方法
    ArrayList<Float> alVertix = new ArrayList<Float>();//存放顶点坐标的 ArrayList
    final int angleSpan = 10;                          //将球进行单位切分的角度
    for (int vAngle = -90; vAngle < 90; vAngle = vAngle + angleSpan){
    //垂直方向 angleSpan 度一份
      for (int hAngle = 0; hAngle <= 360; hAngle = hAngle + angleSpan){
      //水平方向 angleSpan 度一份
            float x0 = (float) (r * UNIT_SIZE* Math.cos(Math.toRadians(vAngle))
            * Math.cos(Math
```

```
7                       .toRadians(hAngle)));           //获得第一个顶点的 x 值
8               float y0 = (float) (r * UNIT_SIZE* Math.cos(Math.toRadians(vAngle))
                * Math.sin(Math
9                       .toRadians(hAngle)));           //获得第一个顶点的 y 值
10              float z0 = (float) (r * UNIT_SIZE * Math.sin(Math.toRadians
                (vAngle)));
11              float x1 = (float) (r * UNIT_SIZE* Math.cos(Math.toRadians(vAngle))
                * Math.cos(Math
12                      .toRadians(hAngle + angleSpan)));//获得第二个顶点的 x 值
13              float y1 = (float) (r * UNIT_SIZE* Math.cos(Math.toRadians(vAngle))
                * Math.sin(Math
14                      .toRadians(hAngle + angleSpan)));//获得第二个顶点的 y 值
15              float z1 = (float) (r * UNIT_SIZE * Math.sin(Math.toRadians
                (vAngle)));
16              float x2 = (float) (r * UNIT_SIZE* Math.cos(Math.toRadians(vAngle
                + angleSpan))
17                      *Math.cos(Math.toRadians(hAngle + angleSpan)));
                //获得第三个顶点的 x 值
18              float y2 = (float) (r * UNIT_SIZE* Math.cos(Math.toRadians(vAngle
                + angleSpan))
19                      *Math.sin(Math.toRadians(hAngle + angleSpan)));
                //获得第三个顶点的 y 值
20              float z2 = (float) (r * UNIT_SIZE * Math.sin(Math.toRadians(vAngle
                + angleSpan)));
21              float x3 = (float) (r * UNIT_SIZE* Math.cos(Math.toRadians(vAngle
                + angleSpan))
22                      *Math.cos(Math.toRadians(hAngle)));//获得第四个顶点的 x 值
23              float y3 = (float) (r * UNIT_SIZE* Math.cos(Math.toRadians(vAngle+
                angleSpan))
24                      *Math.sin(Math.toRadians(hAngle)));//获得第四个顶点的 y 值
25              float z3 = (float) (r * UNIT_SIZE * Math.sin(Math.toRadians(vAngle
                + angleSpan)));
26              alVertix.add(x1);alVertix.add(y1);alVertix.add(z1);
                //将 x、y、z 坐标值添加到列表中
27              alVertix.add(x3);alVertix.add(y3);alVertix.add(z3);
                //将 x、y、z 坐标值添加到列表中
28              alVertix.add(x0);alVertix.add(y0);alVertix.add(z0);
                //将 x、y、z 坐标值添加到列表中
29              alVertix.add(x1);alVertix.add(y1);alVertix.add(z1);
                //将 x、y、z 坐标值添加到列表中
30              alVertix.add(x2);alVertix.add(y2);alVertix.add(z2);
                //将 x、y、z 坐标值添加到列表中
31              alVertix.add(x3);alVertix.add(y3);alVertix.add(z3);
                //将 x、y、z 坐标值添加到列表中
32          }}
33          vCount = alVertix.size() / 3;//顶点的数量为坐标值数量的 1/3，因为一个顶点有 3 个坐标
34          float vertices[] = new float[vCount * 3];
            //将 alVertix 中的坐标值转存到一个 float 数组中
35          for (int i = 0; i < alVertix.size(); i++) {
36              vertices[i] = alVertix.get(i);                  //将顶点数据放入数组中
37          }
38          ByteBuffer vbb = ByteBuffer.allocateDirect(vertices.length*4);
            //创建顶点坐标数据缓冲
39          vbb.order(ByteOrder.nativeOrder());                 //设置字节顺序
40          mVertexBuffer = vbb.asFloatBuffer();                //转换为 int 型缓冲
41          mVertexBuffer.put(vertices);                        //向缓冲区中放入顶点坐标数据
42          mVertexBuffer.position(0);                          //设置缓冲区起始位置
43          ByteBuffer nbb = ByteBuffer.allocateDirect(vertices.length*4);
            //创建绘制顶点法向量缓冲
44          nbb.order(ByteOrder.nativeOrder());                 //设置字节顺序
45          mNormalBuffer = nbb.asFloatBuffer();                //转换为 float 型缓冲
46          mNormalBuffer.put(vertices);                        //向缓冲区中放入顶点坐标数据
47          mNormalBuffer.position(0);                          //设置缓冲区起始位置
48      }
```

- 第 3 行中的 angleSpan 为将球进行经纬度方向单位切分的角度，角度越小，切分得就越细，绘制出来的形状就越接近于球。
- 第 4～32 行用双层 for 循环将球按照一定的角度跨度沿纬度、经度方向进行切分。每次循环到一组纬度、经度时都将对应顶点看作小四边形的左上侧点，然后按照规律计算出小四边形中

其他 3 个顶点的坐标，最后按照需要将用于卷绕两个三角形的 6 个顶点的坐标依次存入列表。

- 第 33～47 行为首先获得顶点的数量，然后通过 for 循环将顶点坐标数据存入到数组中，最后将顶点坐标数据和法向量存放到对应的缓冲区中。

（3）完成了图形类 Ball 类框架的开发后，接着就可以进行着色器的开发了。本小节首先将进行顶点着色器的开发，具体代码实现如下。

代码位置：见随书光盘中源代码/第 11 章/Sample11_9/assets 目录下的 vertex.sh。

```
1   uniform mat4 uMVPMatrix;                               //总变换矩阵
2   uniform mat4 uMMatrix;                                 //变换矩阵
3   uniform vec3 uLightLocation;                           //光源位置
4   uniform vec3 uCamera;                                  //摄像机位置
5   attribute vec3 aPosition;                              //顶点位置
6   attribute vec3 aNormal;                                //法向量
7   varying vec3 vPosition;                                //用于传递给片元着色器的顶点位置
8   varying vec4 vAmbient;                                 //用于传递给片元着色器的环境光最终强度
9   varying vec4 vDiffuse;                                 //用于传递给片元着色器的散射光最终强度
10  varying vec4 vSpecular;                                //用于传递给片元着色器的镜面光最终强度
11  void pointLight(                                       //定位光光照计算的方法
12      in vec3 normal,                                    //法向量
13      inout vec4 ambient,                                //环境光最终强度
14      inout vec4 diffuse,                                //散射光最终强度
15      inout vec4 specular,                               //镜面光最终强度
16      in vec3 lightLocation,                             //光源位置
17      in vec4 lightAmbient,                              //环境光强度
18      in vec4 lightDiffuse,                              //散射光强度
19      in vec4 lightSpecular                              //镜面光强度
20  ){
21      ambient=lightAmbient;                              //直接得出环境光的最终强度
22      vec3 normalTarget=aPosition+normal;                //计算变换后的法向量
23      vec3 newNormal=(uMMatrix*vec4(normalTarget,1)).xyz-(uMMatrix*vec4
        (aPosition,1)).xyz;
24      newNormal=normalize(newNormal);                        //对法向量规格化
25      vec3 eye= normalize(uCamera-(uMMatrix*vec4(aPosition,1)).xyz);
        //计算从表面点到摄像机的向量
26      vec3 vp= normalize(lightLocation-(uMMatrix*vec4(aPosition,1)).xyz);
        //计算从表面点到光源位置的向量
27      vp=normalize(vp);                                  //规格化 vp
28      vec3 halfVector=normalize(vp+eye);                 //求视线与光线的半向量
29      float shininess=50.0;                              //粗糙度，越小越光滑
30      float nDotViewPosition=max(0.0,dot(newNormal,vp));
        //求法向量与 vp 的点积与 0 的最大值
31      diffuse=lightDiffuse*nDotViewPosition;             //计算散射光的最终强度
32      float nDotViewHalfVector=dot(newNormal,halfVector); //法线与半向量的点积
33      float powerFactor=max(0.0,pow(nDotViewHalfVector,shininess));
        //镜面反射光强度因子
34      specular=lightSpecular*powerFactor;                //计算镜面光的最终强度
35  }
36  void main(){
37      gl_Position = uMVPMatrix * vec4(aPosition,1);
        //根据总变换矩阵计算此次绘制此顶点位置
38      vec4 ambientTemp,diffuseTemp,specularTemp;  //用来接收三个通道最终强度的变量
39      pointLight(normalize(aNormal),ambientTemp,diffuseTemp,specularTemp,
        uLightLocation,
40      vec4(0.15,0.15,0.15,1.0),vec4(0.8,0.8,0.8,1.0),vec4(0.7,0.7,0.7,1.0));
41      vAmbient=ambientTemp;                          //将环境光最终强度传给片元着色器
42      vDiffuse=diffuseTemp;                          //将散射光最终强度传给片元着色器
43      vSpecular=specularTemp;                        //将镜面光最终强度传给片元着色器
44      vPosition = aPosition;                         //将顶点的位置传给片元着色器
45  }
```

- 第 1～10 行为一些全局变量的声明，第 7～10 行为一些传递给片元着色器的易变变量的声明，包括顶点位置、环境光最终强度、散射光最终强度和镜面光最终强度。
- 第 11～35 行为计算 3 种光照通道的最终强度的 pointLight 方法。对于定位光的光照，需计算出从表面点到光源位置的向量。

● 第 36～45 行为顶点着色器的 main 方法，首先根据总变换矩阵计算此次绘制此顶点位置，并通过调用 pointLight 方法来获得最终传给片元着色器的三种光照通道强度，最后将顶点的位置传给片元着色器。

（4）完成顶点着色器的开发后，就可以开发片元着色器了，其代码如下。

代码位置：见随书光盘中源代码/第 11 章/Sample11_9/assets 目录下的 frag.sh。

```
1    precision mediump float;
2    uniform float uR;
3    varying vec3 vPosition;                              //接收从顶点着色器过来的顶点位置
4    varying vec4 vAmbient;                               //接收从顶点着色器过来的环境光分量
5    varying vec4 vDiffuse;                               //接收从顶点着色器过来的散射光分量
6    varying vec4 vSpecular;                              //接收从顶点着色器过来的镜面反射光分量
7    void main(){
8         vec3 color;
9         float n = 8.0;                                  //一个坐标分量分的总份数
10        float span = 2.0*uR/n;                          //每一份的长度
11        int i = int((vPosition.x + uR)/span);           //x 轴方向
12        int j = int((vPosition.y + uR)/span);           //y 轴方向
13        int k = int((vPosition.z + uR)/span);           //z 轴方向
14        int whichColor = int(mod(float(i+j+k),3.0));        //计算所处位置的颜色
15        if(whichColor == 1) {                               //奇数时为红色
16             color = vec3(0.678,0.231,0.129);               //红色
17        }else if(whichColor == 2){                          //偶数时为白色
18             color = vec3(1.0,1.0,1.0);                     //白色
19        }else{
20             color = vec3(0,0.2,0.8);                       //蓝色
21        }
22        vec4 finalColor=vec4(color,0);                      //最终颜色
23        gl_FragColor=finalColor*vAmbient+finalColor*vDiffuse+finalColor*vSpecular;
          //给此片元颜色值
24   }
```

● 第 3～6 行为声明的 4 个易变变量，用于接收从顶点着色器传递过来的 3 种光照的最终强度分量和顶点位置数据。

● 第 7～24 行为片元着色器的 main 方法，首先计算出每一维在立方体内的行列数，并根据所处的不同位置将小块颜色设置成红、白、蓝 3 种颜色，最后综合 3 个通道光的最终强度及片元颜色计算出最终片元的颜色值并传递给管线。

11.4.8 定向光

现实世界中并不都是定位光，例如照射到地面的阳光，光线之间是平行的，这种光称为定向光。定向光照射的明显特点是，在给定光线方向的情况下，场景中不同位置的物体反映出的光照效果完全一致。

了解完定向光的基本特点后，接下来将通过一个案例 Sample11_10 介绍定向光效果的开发，其案例运行效果如图 11-49 所示。

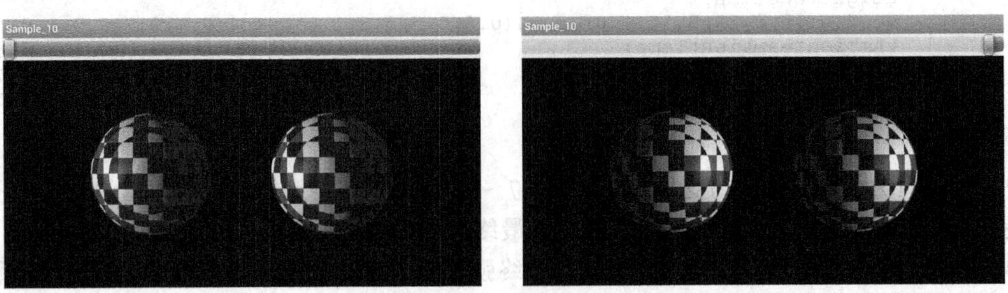

▲图 11-49 Sample11_10 运行效果图

> **说明** 图 11-49 中左侧的图表示定点光方向从左向右照射的情况，右侧的图表示定向光方向从右向左照射的情况。从左右两幅效果图的对比中可以看出，在定向光方向确定的情况下，其对场景中任何物体都产生相同的光照效果。

对比上一个定位光案例，很容易看出两个案例很类似，主要是光源照射的效果不同，一个是从一个方向照射，一个是平行照射。对于本案例中与上一案例相似的内容就不再赘述，这里仅介绍顶点着色器的开发，其具体代码如下。

代码位置：见随书光盘中源代码/第 11 章/Sample11_10/assets 目录下的 vertex.sh。

```
1   uniform mat4 uMVPMatrix;                          //总变换矩阵
2   uniform mat4 uMMatrix;                            //变换矩阵
3   uniform vec3 uLightDirection;                     //光源方向
4   uniform vec3 uCamera;                             //摄像机位置
5   attribute vec3 aPosition;                         //顶点位置
6   attribute vec3 aNormal;                           //法向量
7   varying vec3 vPosition;                           //用于传递给片元着色器的顶点位置
8   varying vec4 vAmbient;                            //用于传递给片元着色器的环境光最终强度
9   varying vec4 vDiffuse;                            //用于传递给片元着色器的散射光最终强度
10  varying vec4 vSpecular;                           //用于传递给片元着色器的镜面光最终强度
11  void directionalLight(                             //定向光光照计算的方法
12      in vec3 normal,                               //法向量
13      inout vec4 ambient,                           //环境光最终强度
14      inout vec4 diffuse,                           //散射光最终强度
15      inout vec4 specular,                          //镜面光最终强度
16      in vec3 lightDirection,                       //定向光方向
17      in vec4 lightAmbient,                         //环境光强度
18      in vec4 lightDiffuse,                         //散射光强度
19      in vec4 lightSpecular                         //镜面光强度
20  ){
21      ambient=lightAmbient;                         //直接得出环境光的最终强度
22      vec3 normalTarget=aPosition+normal;           //计算变换后的法向量
23      vec3 newNormal=(uMMatrix*vec4(normalTarget,1)).xyz-(uMMatrix*vec4
        (aPosition,1)).xyz;
24      newNormal=normalize(newNormal);               //对法向量规格化
25      vec3 eye= normalize(uCamera-(uMMatrix*vec4(aPosition,1)).xyz);
        //计算从表面点到摄像机的向量
26      vec3 vp= normalize(lightDirection);           //规格化定向光方向向量
27      vp=normalize(vp);                             //规格化
28      vec3 halfVector=normalize(vp+eye);            //求视线与光线的半向量
29      float shininess=50.0;                         //粗糙度，越小越光滑
30      float nDotViewPosition=max(0.0,dot(newNormal,vp));
        //求法向量与 vp 的点积与 0 的最大值
31      diffuse=lightDiffuse*nDotViewPosition;                //计算散射光的最终强度
32      float nDotViewHalfVector=dot(newNormal,halfVector); //法线与半向量的点积
33      float powerFactor=max(0.0,pow(nDotViewHalfVector,shininess));
        //镜面反射光强度因子
34      specular=lightSpecular*powerFactor;                   //计算镜面光的最终强度
35  }
36  void main(){
37      gl_Position = uMVPMatrix * vec4(aPosition,1);//根据总变换矩阵计算此次绘制此顶点位置
38      vec4 ambientTemp,diffuseTemp,specularTemp;  //用来接收三个通道最终强度的变量
39      directionalLight(normalize(aNormal),ambientTemp,diffuseTemp,
        specularTemp,uLightDirection,
40      vec4(0.15,0.15,0.15,1.0),vec4(0.8,0.8,0.8,1.0),vec4(0.7,0.7,0.7,1.0));
41      vAmbient=ambientTemp;                         //将环境光最终强度传给片元着色器
42      vDiffuse=diffuseTemp;                         //将散射光最终强度传给片元着色器
43      vSpecular=specularTemp;                       //将镜面光最终强度传给片元着色器
44      vPosition = aPosition;                        //将顶点的位置传给片元着色器
45  }
```

- 第 1～19 行为顶点着色器中一些变量的声明，其中第 3 行将原来定位光光源位置一致变量的声明替换成了定向光方向向量一致变量的声明。
- 第 11～35 行将原来计算定位光光照的 pointLight 方法替换成了计算定向光光照的

directionalLight 方法。上述两个方法主要有两点不同，首先是原来表示定位光光源位置的参数 lightLocation 被换成了表示定向光方向的参数 lightDirection。另一个是计算时所需的光方向向量直接规格化 lightDirection 向量获得，不需要再通过光源位置与被照射点位置进行计算了。

11.4.9　纹理映射

1. 基本知识

前面的知识已经可以渲染出有一定真实感的场景，但场景中物体的颜色还是很单调的，很难满足场景对丰富多彩的现实世界的描述。本节将介绍纹理映射的知识，有了纹理映射以后，3D 场景中的物体真实感将大大地提升。

启用纹理映射功能后，如果把一幅纹理图片应用到相应的几何图形，就要告知渲染系统如何进行纹理映射。告知的方式就是为图元中的顶点指定恰当的纹理坐标，纹理坐标用浮点数来表示，范围从 0.0 到 1.0。图 11-50 给出了纹理映射的基本原理。

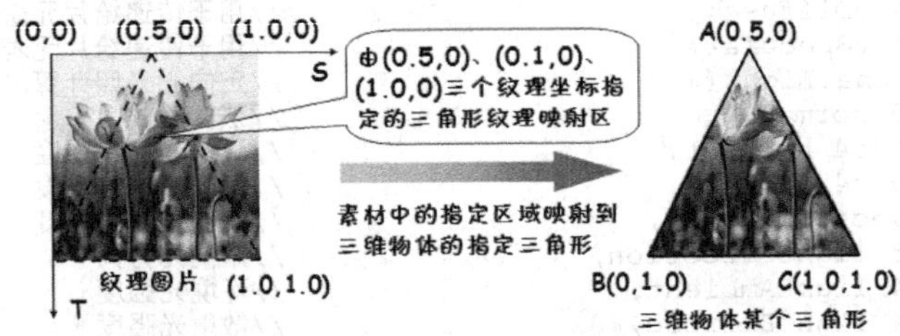

▲图 11-50　纹理映射原理图

（1）图 11-50 中左图的纹理图位于纹理坐标系中。纹理坐标系的原点在左上角，向右为 S 轴，向下为 T 轴，每个轴的取值范围都是 0.0～1.0。不论纹理图的尺寸大小，其横纵坐标的最大值都是 1.0。

（2）右图则是一个三角形图元，3 个顶点 A、B、C 都指定了纹理坐标，3 组纹理坐标正好在右侧的纹理图中确定了需要映射的三角形纹理区域。

> **说明**　纹理图片的宽度和高度必须为 2^n，即 64 × 64、256 × 512 等，否则效果可能会有偏差。

从上述两点可以看出，纹理映射的基本思想就是，首先为图元中的每个顶点指定恰当的纹理坐标，然后通过纹理坐标在纹理图中可以确定选中的纹理区域，最后将选中的纹理区域中的内容根据纹理坐标映射到指定的图元上。

进行纹理映射的过程实际上就是为右侧三角形图元中的每个片元着色，用于着色的颜色要从左侧图中的三角形区域中获取，具体过程如下。

（1）首先图元中的每个顶点都需要在顶点着色器中通过易变变量将纹理坐标注入片元着色器。

（2）然后经过顶点着色器后渲染管线的固定功能部分会根据情况进行插值计算，产生对应到每个片元的用于记录纹理坐标的易变变量值。

（3）最后每个片元在片元着色器中根据其接收到的记录纹理坐标的易变变量值到纹理图中提取出对应位置的颜色即可，提取颜色的过程一般称为纹理采样。

2. 一个简单的案例

介绍完纹理映射的基础知识后，下面来介绍一个将绿草荷花纹理映射到场景中三角形的案例

Sample11_11。本案例采用的纹理如图 11-51 所示，案例运行结果如图 11-52 所示。

▲图 11-51　纹理图片

▲图 11-52　Sample11_11 运行效果图

说明　图 11-52 中左图为程序运行时的初始状态，右图为转了一定角度的效果图。

在了解了本案例的运行效果后，下面来进行程序的开发，主要包括绘制场景的 MySurfaceView 类、图形类 Triangle、顶点着色器和片元着色器，具体开发步骤如下。

（1）首先开发用于场景绘制的 MySurfaceView 类，主要包括其构造器方法和内部继承场景渲染类需要重写的三个方法，具体代码如下。

代码位置：见随书光盘源代码/第 11 章/Sample11_11/src/com/bn/sample_11 目录下的 MySurfaceView.java。

```
package com.bn.sample_11;                                        //声明包名
……//此处省略了部分类的导入代码，读者可自行查阅随书附带光盘中的源代码
public class MySurfaceView extends GLSurfaceView{
    private final float TOUCH_SCALE_FACTOR = 180.0f/320;//角度缩放比例
    private SceneRenderer renderer;                              //场景渲染器
    private float mPreviousX;                                    //上次的触控位置 x 坐标
    private float mPreviousY;                                    //上次的触控位置 y 坐标
    int textureId;                                               //纹理 id
    public MySurfaceView(Context context) {                      //构造器
        super(context);
        this.setEGLContextClientVersion(2);                      //设置使用 OPENGL ES2.0
        renderer=new SceneRenderer();                            //创建场景渲染器
        setRenderer(renderer);                                   //设置渲染器
        setRenderMode(GLSurfaceView.RENDERMODE_CONTINUOUSLY);//设置模式为主动渲染
    }
  @Override
  public boolean onTouchEvent(MotionEvent e){                   //触摸事件回调方法
        ……//此处省略了触摸事件回调方法，读者可自行查阅随书附带光盘中的源代码
  }
    private class SceneRenderer implements GLSurfaceView.Renderer{
        Triangle texTriangle;                                    //创建三角形对象
        @Override
        public void onDrawFrame(GL10 gl){                        //绘制方法
        GLES20.glClear(GLES20.GL_DEPTH_BUFFER_BIT|GLES20.GL_COLOR_
        BUFFER_BIT);
            texTriangle.drawSelf(textureId);                     //绘制纹理矩形
        }
        @Override
        public void onSurfaceChanged(GL10 gl, int width, int height){
            GLES20.glViewport(0, 0, width, height);  //设置视窗大小及位置
            float ratio=(float)width/height;       //计算 GLSurfaceView 的宽高比
            MatrixState.setProjectFrustum(-ratio, ratio, -1, 1, 1, 10);
            //计算产生透视投影矩阵
            MatrixState.setCamera(0, 0, 3, 0, 0, 0, 0f, 1.0f, 1.0f);
            //摄像机 9 参数位置矩阵
        }
        @Override
        public void onSurfaceCreated(GL10 gl, EGLConfig config) {
            GLES20.glClearColor(0,0,0,1.0f);                     //设置屏幕背景色 RGBA
            texTriangle=new Triangle(MySurfaceView.this); //创建三角形对象
            GLES20.glEnable(GLES20.GL_DEPTH_TEST);               //打开深度检测
```

```
39              initTexture();                                  //初始化纹理
40              GLES20.glDisable(GLES20.GL_CULL_FACE);          //关闭背面剪裁
41          }}
43          public void initTexture(){
44              ……//此处省略了初始化纹理的方法，将在下面进行介绍
45      }}
```

● 第 4～8 行为该类中成员变量的声明，其中包括角度缩放比例、场景渲染器的引用、上次的触控位置 *xy* 坐标、纹理 id 等内容。

● 第 9～19 行为本类的构造器方法和触摸事件回调方法，其中设置使用 OpenGL ES 2.0，创建并设置场景渲染器，还将渲染模式设置为主动渲染。由于篇幅原因，在这里触摸事件回调方法不再赘述，读者可自行查阅随书附带光盘中的源代码。

● 第 23～33 行为重写的 onDrawFrame 方法和 onSurfaceChanged 方法。onDrawFrame 的方法中清除深度缓冲和颜色缓冲后，绘制纹理矩形。onSurfaceChanged 方法中设置视窗大小及位置、计算 GLSurfaceView 的宽高比、通过方法计算产生透视投影矩阵、产生摄像机 9 参数矩阵。

● 第 34～45 行为初始化纹理的方法和重写的 onSurfaceCreated 方法。onSurfaceCreated 方法中设置背景色、创建三角形对象、打开深度检测、关闭背面剪裁并调用的初始化纹理的方法。由于偏于原因，初始化纹理的方法将在下面进行介绍。

（2）开发完 MySurfaceView 类的框架后，下面将介绍上面代码中所省略的初始化纹理 initTexture 方法，主要是通过流加载图片，并对纹理进行绑定，具体代码如下。

代码位置：见随书光盘源代码/第 11 章/Sample11_11/src/com/bn/sample_11 目录下的 MySurfaceView.java。

```
1     public void initTexture(){                                        //初始化纹理
2         int[] textures=new int[1];
3         GLES20.glGenTextures(
4                 1,                                                    //产生的纹理 id 的数量
5                 textures,                                             //纹理 id 的数组
6                 0                                                     //偏移量
7         );
8         textureId=textures[0];                                        //获取产生的纹理 Id
9         GLES20.glBindTexture(GLES20.GL_TEXTURE_2D, textureId);  //绑定纹理 Id
10        GLES20.glTexParameterf(GLES20.GL_TEXTURE_2D,                  //设置 MIN 采样方式
11                        GLES20.GL_TEXTURE_MAG_FILTER, GLES20.GL_LINEAR);
12        GLES20.glTexParameterf(GLES20.GL_TEXTURE_2D,                  //设置 MAG 采样方式
13                        GLES20.GL_TEXTURE_MIN_FILTER, GLES20.GL_NEAREST);
14        GLES20.glTexParameterf(GLES20.GL_TEXTURE_2D,                  //设置 S 轴拉伸方式
15                        GLES20.GL_TEXTURE_WRAP_S, GLES20.GL_CLAMP_TO_EDGE);
16        GLES20.glTexParameterf(GLES20.GL_TEXTURE_2D,                  //设置 T 轴拉伸方式
17                        GLES20.GL_TEXTURE_WRAP_T, GLES20.GL_CLAMP_TO_EDGE);
18        InputStream is=this.getResources().openRawResource(R.drawable.flower);
          //通过流加载图片
19        Bitmap bitmap;
20        try{
21                bitmap=BitmapFactory.decodeStream(is);                //从输入流加载图片内容
22        }finally{
23                try{
24                        is.close();                                   //关闭输入流
25                }catch(Exception e){e.printStackTrace();}}
26        GLUtils.texImage2D(
27                GLES20.GL_TEXTURE_2D,//纹理类型，在 OpenGL ES 中必须为 GL10.GL_TEXTURE_2D
28                0,                    //纹理的层次，0 表示基本图像层，可以理解为直接贴图
29                bitmap,               //纹理图像
30                0);                   //纹理边框尺寸
31        bitmap.recycle();             //纹理加载成功后释放图片
32    }
```

● 第 2～17 行为创建一维数组，然后从系统中获取分配的纹理 id，绑定纹理 id，最后对 MIN 采样方式、MAG 采样方式、S 轴拉伸方式和 T 轴拉伸方式进行相应设置。

● 第 18～31 行为通过流将纹理图加载进内存，然后将纹理图加载进显存，并释放内存中的副本。

> **说明** 纹理类型，在 OpenGL ES 中必须为 GL10.GL_TEXTURE_2D。还有最后内存副本的释放请读者务必记住，否则在纹理较多的项目中可能引起内存崩溃。

（3）完成 MySurfaceView 类的开发后，下面将进行图形类 Triangle 的开发，主要包括初始化顶点数据、初始化着色器和图形绘制的方法，具体代码如下。

代码位置：见随书光盘源代码/第 11 章/Sample11_11/src/com/bn/sample_11 目录下的 Triangle.java。

```
1   package com.bn.sample_11;                                   //声明包名
2   ……//此处省略了部分类的导入代码，读者可自行查阅随书附带光盘中的源代码
3   public class Triangle{
4       ……//此处省略了声明变量的代码，读者可自行查阅随书附带光盘中的源代码
5       public Triangle(MySurfaceView mv){                      //构造器
6           initVertexData();                                   //调用初始化顶点数据方法
7           initShader(mv);                                     //调用初始化着色数据方法
8       }
9       public void initVertexData(){                           //初始化顶点数据
10          vCount=3;                                           //顶点个数
11          final float UNIT_SIZE=0.2f;
12          float vertices[]=new float[]{                       //初始化顶点坐标数组
13              0,7*UNIT_SIZE,0,-7*UNIT_SIZE,-7*UNIT_SIZE,0,
14              7*UNIT_SIZE,-7*UNIT_SIZE,0
15          };
16          ByteBuffer vbb=ByteBuffer.allocateDirect(vertices.length*4);
            //创建顶点坐标数据缓冲
17          vbb.order(ByteOrder.nativeOrder());                 //设置字节顺序
18          mVertexBuffer=vbb.asFloatBuffer();                  //转换为 Float 型缓冲
19          mVertexBuffer.put(vertices);                        //向缓冲区中放入顶点坐标数据
20          mVertexBuffer.position(0);                          //设置缓冲区起始位置
21          float texCoor[]=new float[]{                        //初始化顶点纹理坐标数据
22              0.5f,0,0,1,1,1};
23          ByteBuffer cbb=ByteBuffer.allocateDirect(texCoor.length*4);
            //创建顶点纹理坐标数据缓冲
24          cbb.order(ByteOrder.nativeOrder());                 //设置字节顺序
25          mTexCoorBuffer=cbb.asFloatBuffer();                 //转换为 Float 型缓冲
26          mTexCoorBuffer.put(texCoor);                        //向缓冲区中放入顶点着色数据
27          mTexCoorBuffer.position(0);                         //设置缓冲区起始位置
28      }
29      public void initShader(MySurfaceView mv){
30          ……//此处省略初始化着色器的方法，将在下面进行介绍
31      }
32      public void drawSelf(int texId){
33          ……//此处省略了图形绘制的方法，读者可自行查阅随书附带光盘中的源代码
34  }}
```

● 第 5～8 行为该类的构造器方法，在此构造器中分别调用了初始化顶点数据的 initVertexData 方法和初始化着色数据的 initShader 方法。

● 第 9～28 行为初始化顶点数据的 initVertexData 方法的实现，方法中分别给出了顶点坐标数据和顶点纹理坐标数据，并分别将两种数据放入缓冲区。

● 第 29～34 行为初始化着色器的 initShader 方法和图形绘制的 drawSelf 方法的实现，由于篇幅有限，图形绘制的 drawSelf 方法在这里不再赘述，读者可自行查阅随书附带光盘中的源代码。

（4）完成了图形类的框架的开发，接下来开发的是初始化着色器的 initShader 方法，主要为加载顶点着色器和片元着色器的脚本代码，获得各个引用的 id，具体代码如下。

代码位置：见随书光盘源代码/第 11 章/Sample11_11/src/com/bn/sample_11 目录下的 Triangle.java。

```
public void initShader(MySurfaceView mv){                       //初始化着色器方法
    mVertexShader=ShaderUtil.loadFromAssetsFile
```

```
                    ("vertex.sh", mv.getResources());//加载顶点着色器的脚本内容
    mFragmentShader=ShaderUtil.loadFromAssetsFile
                    ("frag.sh", mv.getResources()); //加载片元着色器的脚本内容
    //基于顶点着色器与片元着色器创建程序
    mProgram=createProgram(mVertexShader,mFragmentShader);
    //获取程序中顶点位置属性引用 id
    maPositionHandle=GLES20.glGetAttribLocation(mProgram, "aPosition");
    //获取程序中顶点纹理坐标属性引用 id
    maTexCoorHandle=GLES20.glGetAttribLocation(mProgram, "aTexCoor");
    //获取程序中总变换矩阵引用 id
    muMVPMatrixHandle = GLES20.glGetUniformLocation(mProgram, "uMVPMatrix");
}
```

说明　上述代码中的初始化着色器 initShader 方法的主要作用为加载顶点着色器、片元着色器的脚本代码，基于顶点着色器和片元着色器创建着色程序，从着色程序中获取顶点坐标位置引用、顶点纹理属性引用和总变换矩阵引用。

（5）完成了 Java 代码的开发后，下面将要开发的是顶点着色器，具体代码如下。

代码位置：见随书光盘源代码/第 11 章/Sample11_11/assets 目录下的 vertex.sh 文件。

```
1    uniform mat4 uMVPMatrix;                          //总变换矩阵
2    attribute vec3 aPosition;                         //顶点位置
3    attribute vec2 aTexCoor;                          //顶点纹理坐标
4    varying vec2 vTextureCoord;                       //用于传递给片元着色器的变量
5    void main(){
6        gl_Position=uMVPMatrix*vec4(aPosition,1);//根据总变换矩阵计算此次绘制此顶点位置
7        vTextureCoord=aTexCoor;                       //将接收的纹理坐标传递给片元着色器
8    }
```

说明　第 7 行将被处理顶点的纹理坐标从属性变量 aTexCoor 赋值给了易变变量 vTextureCoord，供渲染管线固定功能部分进行插值计算后传递给片元着色器使用。

（6）完成了顶点着色器的开发后，下面将要开发的片元着色器，具体代码如下。

代码位置：见随书光盘源代码/第 11 章/Sample11_11/assets 目录下的 frag.sh 文件。

```
precision mediump float;                                   //指定默认浮点精度
varying vec2 vTextureCoord;                                //接收从顶点着色器过来的参数
uniform sampler2D sTexture;                                //纹理内容数据
void main(){
    gl_FragColor=texture2D(sTexture,vTextureCoord); //给此片元从纹理中采样出颜色值
}
```

说明　此片元着色器的主要功能为根据接收的记录片元纹理坐标的易变变量中的纹理坐标，调用 texture2D 内建函数，从采样器中进行纹理采样，得到此片元的颜色值。最后，将采样到的颜色值传给内建变量 gl_FragColor，完成片元的着色。

11.5 利用 OpenGL ES 2.0 绘制流体

本书前面 JBox2D 物理引擎一章已经为读者介绍了采用单个粒子进行绘制的流体，由于当时还未学习 OpenGL ES 2.0 的相关知识，采用粒子绘制的流体呈现出离散化的特点，没有自然界中流体的整体感，视觉效果不够好。通过本章前面几节的学习，可以采用 OpenGL ES 2.0 技术绘制出更为逼真的流体，本节将对这方面的知识进行介绍。

11.5.1 流体绘制的策略

本小节将向读者介绍利用 OpenGL ES 2.0 技术绘制流体的基本策略，其中主要包含普通绘制、X 模糊绘制、Y 模糊绘制、去模糊绘制等四个大的阶段，具体情况如图 11-53 所示。

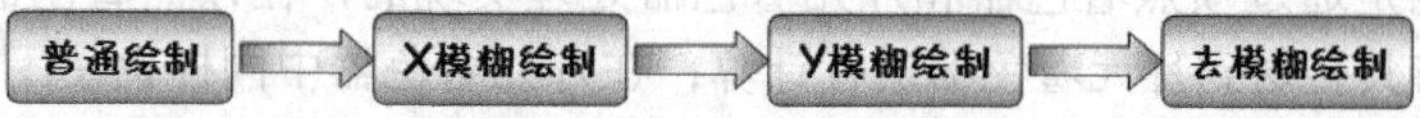

▲图 11-53 绘制原理的流程

从图 11-53 中可以看出，除了最开始的普通绘制阶段外，后继绘制阶段都是基于先导绘制阶段的结果进行进一步绘制处理的，下面将对这四个绘制阶段一一进行介绍，具体内容如下。

1. 普通绘制

普通绘制是指从数据缓冲队列中获取最新一帧画面的粒子的顶点数据，并将这一帧画面中所有粒子的位置缓冲和纹理缓冲等数据传送进渲染管线，通过顶点着色器、片元着色器等一系列处理输出一幅流体纹理，最后将流体纹理通过纹理贴图技术呈现到手持设备的屏幕上。其效果如图 11-54、图 11-55 所示。

说明 纹理贴图的基本思想是将一幅流体纹理用作纹理贴图的内容，通过纹理贴图技术将流体纹理投射到整个场景。在采用 OpenGL ES 2.0 绘制流体过程中均采用了纹理贴图的策略，后面将不再介绍。

▲图 11-54 普通绘制效果 1

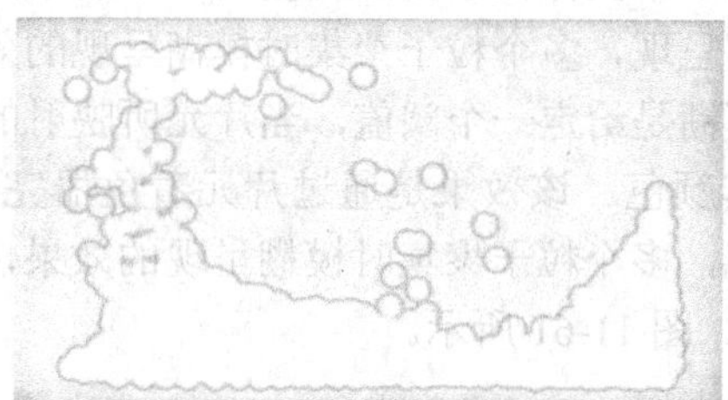

▲图 11-55 普通绘制效果 2

2. X 模糊绘制

模糊处理是数字图像处理的一种，X 模糊是指将单个流体粒子的纹理进行横向模糊，即从纹理中心至纹理左右边缘的透明度是逐渐变化的。

X 模糊效果是通过顶点着色器和片元着色器处理实现的，在顶点着色器中计算 X 模糊后的纹理坐标，并将其传送到片元着色器进行计算；在片元着色器中使用模糊的卷积内核进行卷积计算，最终将 X 模糊后的流体绘制到手持设备的屏幕上，实现了横向模糊效果的滤镜。其效果如图 11-56、图 11-57 所示。

▲图 11-56 X 模糊绘制效果 1

▲图 11-57 X 模糊绘制效果 2

3. Y 模糊绘制

与上述 X 模糊类似，Y 模糊是指将单个流体粒子的纹理进行纵向模糊，即从纹理中心至纹理上下边缘的透明度是逐渐变化的。

Y 模糊效果也是通过顶点着色器和片元着色器处理实现的，在顶点着色器中计算 Y 模糊后的纹理坐标，并将其传送到片元着色器进行计算；在片元着色器中同样也使用了模糊的卷积内核进行卷积计算，最终在手持设备屏幕上绘制出的流体实现了纵向模糊效果。其效果如图 11-58、图 11-59 所示。

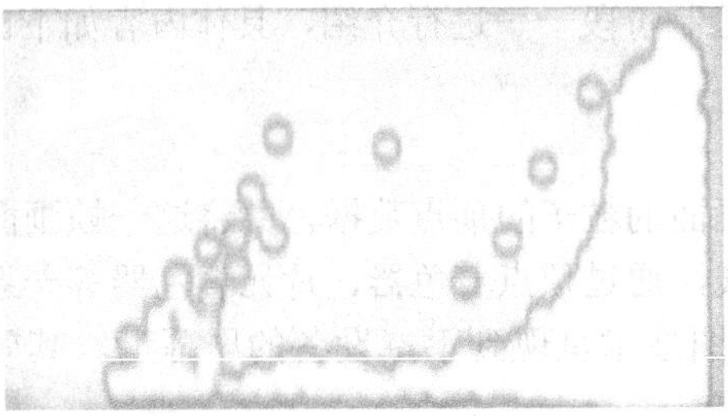

▲图 11-58 Y 模糊绘制效果 1

▲图 11-59 Y 模糊绘制效果 2

4. 去模糊绘制

绘制流体时，如果只进行 X 模糊、Y 模糊处理，而未进行去模糊处理，那么呈现在手持设备屏幕上的单个流体粒子会出现模糊、不清晰的现象，这是违背自然规律的。为了实现单个粒子分离时清晰呈现，多个粒子聚集时模糊呈现的效果，需要对流体粒子再进行去模糊处理。

去模糊是给定一个阈值，当片元所映射的片元透明度小于阈值时，将该片元设为全透明；否则改变其颜色。该效果是通过片元着色器完成的，经过该处理后，不仅实现了单个粒子分离时清晰呈现，多个粒子聚集时模糊呈现的效果，而且还实现了相邻粒子之间粘连的效果。其效果如图 11-60、图 11-61 所示。

▲图 11-60 去模糊绘制效果 1

▲图 11-61 去模糊绘制效果 2

> **说明** 本小节中的所有效果图均以 11.5.2 小节中的简单案例为基础，通过对流体的不同绘制处理而得到的效果图。由于本书正文采用单色灰度印刷的原因，效果图可能看起来不是很清楚，读者可以使用真机运行查看。

11.5.2 一个简单的案例

上面详细地介绍了流体绘制的原理，接下来将给出一个具体的简单案例，便于读者正确理解和掌握该原理的应用，同时，学会该原理也能绘制出更漂亮、更流畅和更逼真的流体。该案例的运行效果如图 11-62、图 11-63 所示。

▲图 11-62 开始时效果图

▲图 11-63 向左晃动时效果图

> **说明** 图 11-62 为案例开始运行时的效果图，此时屏幕上出现矩形面积的蓝色流体。图 11-63 为向左晃动手机时的效果图，此时屏幕上的蓝色矩形流体受加速度传感器的作用向左晃动。

了解完本案例的运行效果后，下面将进一步向读者详细介绍本案例代码的开发。本案例的开发主要包含了流体纹理的普通处理、X 模糊处理、Y 模糊处理、去模糊处理、多线程并发以及加速度传感器等，其具体步骤如下。

（1）首先向读者详细介绍的是本案例的主控制类 MainActivity，在该类中实现了屏幕自适应、初始化物理世界中的粒子系统，声明并创建了设置加速度传感器的类的对象以及声明、创建了显示界面类并跳转到该界面，其具体内容如下。

代码位置：见本书随书光盘中源代码/第 11 章/Sample11_12/src/com/bn 目录下的 MainActivity.java。

```
1   package com.bn;                                          //引入包
2   ……//此处省略了部分类的导入代码，读者可自行查看随书光盘中的源代码
3   public class MainActivity extends Activity{
4   ……//该处省略了声明成员变量的代码，读者可以自行查阅随书光盘中源代码
5       protected void onCreate(Bundle savedInstanceState){
6           super.onCreate(savedInstanceState);
7           mController = new Controller(this);          //创建 Controller 对象
8           ……//该处省略了设置屏幕模式和屏幕自适应的代码，读者可以自行查阅随书光盘中源代码
9           initBoundary();                              //初始化边界方法
10          initParticleSystem();                        //初始化粒子系统方法
11          view=new MySurfaceView(this);                //创建显示界面对象
12          view.requestFocus();                         //获取焦点
13          setContentView(view);                        //跳到显示界面
14      }
15      public void initParticleSystem(){
16          m_particleSystem=mController.world.m_particleSystem;//初始化粒子系统对象
17          m_particleSystem.setParticleRadius(0.6f);  //设置粒子的半径
18          m_particleSystem.setParticleDamping(0.8f); //设置粒子的潮湿因子
19          WaterObject.createWaterRectObject(          //创建矩形流体
20              630, StandardScreenWidth-300,           //矩形流体的位置
21              300,200,                                //矩形流体的半宽、半高
22              0,                                      //粒子的凝聚强度
23              ParticleType.b2_waterParticle,          //粒子类型
24              ParticleGroupType.b2_solidParticleGroup,  //粒子群类型
25              m_particleSystem                        //粒子系统
26      );}
27      ……//该处省略了初始化边界的 initBoundary 方法，较简单，读者可以自行查阅随书光盘中源代码
28      protected void onResume(){                      //重写 onResume 方法
29          super.onResume();
30          mController.onResume();                     //调用 Controller 的 onResume 方法
31          view.onResume();                            //调用 MySurfaceView 的 onResume 方法
32      }
33      protected void onPause(){                       //重写 onPause 方法
34          super.onPause();
35          mController.onPause();                      //调用 Controller 的 onPause 方法
36          view.onPause();                             //调用 MySurfaceView 的 onPause 方法
37  }}
```

● 第 5～14 行为 onCreate 方法，在该方法中创建了 Controller 对象，设置屏幕模式和屏幕自

适应，调用了初始化边界方法和初始化粒子系统方法，创建显示界面对象并跳到该界面。

- 第 15～26 行为初始化粒子系统的方法，该方法主要作用为初始化粒子系统对象，设置粒子系统中粒子的半径、粒子的潮湿因子，以及创建矩形流体。
- 第 28～37 行为系统的 onResume 方法和 onPause 方法，在 onResume 方法中调用了 Controller 类和 MySurfaceView 类的 onResume 方法，在 onPause 方法中调用了 Controller 类和 MySurfaceView 类的 onPause 方法。

（2）介绍完了主控制类 MainActivity 之后，接下来将向读者介绍本案例的常量类 Constant。该类主要用于存放本案例中的静态常量，以供其他类方便地调用这些公共常量。例如物理世界中的一些静态常量、流体粒子的静态常量等，其具体内容如下。

代码位置：见本书随书光盘中源代码/第 11 章/Sample11_12/src/com/bn/util 目录下的 Constant.java。

```
1    package com.bn.util;                                    //引入包
2    ……//此处省略了部分类的导入代码，读者可自行查看随书光盘中的源代码
3    public class Constant{
4         public static final float RATE=30;                 //真实世界与物理世界的比例值
5         public static final boolean PHYSICS_THREAD_FLAG=true;//绘制线程工作标志位
6         public static final float TIME_STEP = 1.0f/60.0f;    //模拟的的频率
7         public static final int ITERA =5;            //迭代越大，模拟越精确，但性能越低
8         public  static Queue<float[]> aq=new LinkedList<float[]>();//物理顶点计算队列
9         public static Queue<float[]> saveQ=new LinkedList<float[]>();//绘制顶点队列
10        public static Object lockA=new Object();           //锁 A
11        public static Object lockB=new Object();           //锁 B
12        public static TextureRect tBack;                   //背景矩形纹理
13        public static TextureRect trX;                     //X 模糊矩形纹理
14        public static TextureRect trY;                     //Y 模糊矩形纹理
15        public static TextureRect tr;                      //最终矩形纹理
16        public static BNWaterObject bnwo;                  //用于绘制一帧粒子画面的对象
17        ……//该处省略了屏幕自适应的相关代码，读者可以自行查阅随书光盘中源代码
18        public static final int WATER_TEX_ONE=256;         //标准纹理图的大小
19        public static final int WATER_TEX_TWO=128;         //X 模糊生成的纹理图的大小
20        public static final float S_MAX=1.0f;              //纹理坐标 S
21        public static final float T_MAX=1.0f;              //纹理坐标 T
22        public static float RADIUS=30.0f;                  //流体纹理图片边长
23        public static float fromScreenXToNearX(float x){//屏幕坐标 x 转换为视口坐标 x
24            return (x-StandardScreenHeight/2)/(StandardScreenWidth/2);
25        }
26        public static float fromScreenYToNearY(float y){//屏幕坐标 y 转换为视口坐标 y
27             return -(y-StandardScreenWidth/2)/(StandardScreenWidth/2);
28        }
29        public static float X_GRAVITY=0;                   //重力加速度 x 方法上的值
30        public static float Y_GRAVITY=0;                   //重力加速度 y 方法上的值
31   }
```

- 第 4～7 行为声明物理世界中用到的静态常量，如真实世界与物理世界的比例值，物理世界模拟的频率，物理世界的迭代值等，迭代值越大，模拟越精确，但性能越低。
- 第 8～16 行为声明连接线程之间的两个队列对象、两把锁，以及用来绘制流体纹理的各个矩形对象和绘制一帧粒子画面的对象。
- 第 18～22 行为声明程序中生成一帧画面的流体纹理图的大小值，绘制的纹理坐标以及单个流体纹理图片的大小。第 23～28 行为屏幕坐标转换为视口坐标的两个方法。第 29～30 行为声明重力加速度 x、y 方向的值。

（3）上面介绍了 Constant 类，下面将向读者详细介绍本案例的重力加速度类 Controller。该类的主要作用为根据手机姿态的改变，获取加速度传感器中的值，来改变物理世界中的重力加速度，使屏幕上的流体根据手机的姿态改变而运动起来。其详细内容如下。

代码位置：见本书随书光盘中源代码/第 11 章/Sample11_12/src/com/bn 目录下的 Controller.java。

```
package com.bn;                                     //引入包
```

```
2    ……//此处省略了部分类的导入代码，读者可自行查看随书光盘中的源代码
3    public class Controller implements SensorEventListener {
4        ……//该处省略了声明成员变量的代码，读者可以自行查阅随书光盘中源代码
5        public Controller(Activity activity) {          //构造器
6            //获取手机的旋转角度并根据角度设置 x,y 方向上的重力加速度
7            switch (activity.getWindowManager().getDefaultDisplay().getRotation()){
8            case Surface.ROTATION_0:                   //旋转角度为 0 时
9                mGravityVec[0] = -GRAVITY;              //设置 x 方向上的重力加速度
10           break;
11           case Surface.ROTATION_90:                  //旋转角度为 90 时
12               mGravityVec[1] = -GRAVITY;              //设置 y 方向上的重力加速度
13           break;
14           case Surface.ROTATION_180:                 //旋转角度为 180 时
15               mGravityVec[0] = GRAVITY;              //设置 x 方向上的重力加速度
16           break;
17           case Surface.ROTATION_270:                 //旋转角度为 270 时
18               mGravityVec[1] = GRAVITY;               //设置 y 方向上的重力加速度
19           break;
20           }
21           //获取 SensorManager 对象
22           mManager = (SensorManager) activity.getSystemService(Activity.SENSOR_
             SERVICE);
23           //获取指定类型的传感器对象
24           mAccelerometer = mManager.getDefaultSensor(Sensor.TYPE_ACCELEROMETER);
25       }
26       protected void onResume(){                      //重写 onResume 方法
27           mManager.registerListener(                  //注册监听器
28               this,                                    //监听器引用
29               mAccelerometer,                         //被监听的传感器引用
30               SensorManager.SENSOR_DELAY_GAME         //传感器采样的频率
31       );}
32       protected void onPause() {                      //重写 onPause 方法
33           mManager.unregisterListener(this);          //注销监听器
34       }
35       public void onSensorChanged(SensorEvent event) {
36           if (event.sensor.getType() == Sensor.TYPE_ACCELEROMETER){
37           float x = event.values[0];                   //获取 x 方向上的加速度值
38           float y = event.values[1];                   //获取 y 方向上的加速度值
39           X_GRAVITY=mGravityVec[0] * x - mGravityVec[1] * y;//设置 x 方向上的加速度
40           Y_GRAVITY=mGravityVec[1] * x +mGravityVec[0] * y;//设置 y 方向上的加速度
41   }}}
```

- 第 5～25 行为 Controller 类的有参构造器，在该构造器中获取手机的旋转角度并根据角度设置 x、y 方向上的重力加速度，获取 SensorManager 对象和获取加速度传感器对象。
- 第 26～34 行为 onResume 方法和 onPause 方法，在 onResume 方法中注册 SensorManager 的监听器，在 onPause 方法中注销该监听器。
- 第 35～41 行为 SensorManager 的 onSensorChanged 方法，在该方法中获取重力加速度值并计算 x、y 方向上相应的加速度。

（4）上面介绍了关于重力加速度类 Controller 的开发过程，接下来将要为读者介绍绘制一帧画面中所有流体粒子的类 BNWaterObject 的开发，本类为封装好的绘制类，其主要功能是初始化纹理数据的方法、初始化着色器以及更新顶点数据的方法。首先介绍本类的基本框架，其具体代码如下。

代码位置：见随书光盘源代码/第 11 章/Sample11_12/src/com/bn/object 目录下的 BNWaterObject.java。

```
package com.bn.object;                                         //声明包名
……//此处省略了部分类的导入代码，读者可自行查阅随书附带光盘中的源代码
public class BNWaterObject {
    ……//此处省略了声明成员变量的代码，读者可自行查阅随书附带光盘中的源代码
    public BNWaterObject(MySurfaceView mv,int texId){          //构造器
        this.mv=mv;
        this.texId=texId;                                       //纹理 id
```

```
8        }
9        public void updateVertexData(float[] data){                //初始化顶点数据
10           vCount=data.length/3;                                  //顶点数量
11           ByteBuffer vbb=ByteBuffer.allocateDirect(data.length*4);
             //创建顶点坐标数据缓冲
12           vbb.order(ByteOrder.nativeOrder());                    //设置字节顺序
13           mVertexBuffer=vbb.asFloatBuffer();                     //转换为 Float 型缓冲
14           mVertexBuffer.clear();                                 //清除缓冲
15           mVertexBuffer.put(data);                               //向缓冲区中放入顶点坐标数据
16           mVertexBuffer.position(0);                             //设置缓冲区起始位置
17           if(initVertexData){                                    //若未初始化纹理数据
18               initTexCoorData();                                 //初始化纹理数据
19               initVertexData=false;                              //标志位置为 false
20       }}
21       public void initTexCoorData(){                             //初始化纹理数据
22           float[] texCoorL=new float[vCount*2];                  //创建数组
23           for(int i=0;i<vCount/6;i++){                           //初始化纹理坐标
24               texCoorL[i*12]=0;texCoorL[i*12+1]=0;texCoorL[i*12+2]=0;
25               texCoorL[i*12+3]=1;texCoorL[i*12+4]=1;texCoorL[i*12+5]=1;
26               texCoorL[i*12+6]=1;texCoorL[i*12+7]=1;texCoorL[i*12+8]=1;
27               texCoorL[i*12+9]=0;texCoorL[i*12+10]=0;texCoorL[i*12+11]=0;
28           }
29           ByteBuffer cbb=ByteBuffer.allocateDirect(texCoorL.length*4);
             //创建纹理坐标数据缓冲
30           cbb.order(ByteOrder.nativeOrder());                    //设置字节顺序
31           mTexCoorBuffer=cbb.asFloatBuffer();                    //转换为 Float 型缓冲
32           mTexCoorBuffer.put(texCoorL);                          //向缓冲区中放入顶点着色数据
33           mTexCoorBuffer.position(0);                            //设置缓冲区起始位置
34       }
35       public void initShader(MySurfaceView mv){
36           ……//此处省略初始化着色器的代码，将在下面进行介绍
37       }
38       public void drawSelfForWater(){
39           ……//此处省略了绘制流体的代码，读者可自行查阅随书附带光盘中的源代码
40   }}
```

- 第 5～8 行为本类的含参构造器，主要功能为初始化 MySurfaceView 类引用和纹理 id。
- 第 9～20 行为更新顶点数据的 updateVertexData 方法。该方法中首先计算顶点数量，然后指定顶点的坐标数据，并将数据写入顶点数据所对应的缓冲区中，并设置缓冲区的起始位置。
- 第 21～34 行为初始化纹理数据的 initTexCoorData 方法。该方法在更新顶点数据的方法中被调用，该方法中需要指定纹理数据，并将纹理数据写入所对应的缓冲区中，并设置缓冲区的起始位置。
- 第 35～40 行为初始化着色器的 initShader 方法和绘制流体的 drawSelfForWater 方法的实现，由于篇幅有限，绘制流体的 drawSelfForWater 方法在这里不再赘述，读者可自行查阅随书附带光盘中的源代码。

（5）开发完 BNWaterObject 类的基本框架后，接下来开发 BNWaterObject 类中的初始化着色器的方法 initShaderForWater，该方法的功能主要是根据指定的顶点着色器和片元着色器创建程序，并从程序中获取相应属性的引用，其具体代码如下。

代码位置：见随书光盘源代码/第 11 章/Sample11_12/src/com/bn/object 目录下的 BNWaterObject.java。

```
public void initShaderForWater(){                        //创建并初始化着色器的方法
    mProgramFoWater=ShaderManager.getShader(0)  //基于顶点着色器与片元着色器创建程序
    maPositionHandleForWater = GLES20.glGetAttribLocation(
        mProgramFoWater, "aPosition");                  //获取程序中顶点位置属性引用
    maTexCoorHandleForWater= GLES20.glGetAttribLocation(
        mProgramFoWater, "aTexCoor");                   //获取程序中顶点纹理坐标属性引用
    muMVPMatrixHandleForWater = GLES20.glGetUniformLocation(
        mProgramFoWater, "uMVPMatrix");                 //获取程序中总变换矩阵引用
}
```

> **说明** 上述代码中的初始化着色器 initShader 方法的主要作用为基于顶点着色器和片元着色器创建着色程序，从着色程序中获取顶点坐标位置引用、顶点纹理属性引用和总变换矩阵引用。

（6）介绍完本案例的绘制流体的 BNWaterObject 类后，接下来将向读者详细介绍用于显示场景的 MySurfaceView 类，该类继承自 GLSurfaceView，并且在该类中通过内部类的形式创建了渲染器。其具体代码如下。

代码位置：见随书光盘源代码/第 11 章/Sample11_12/src/com/bn 目录下的 MySurfaceView.java。

```
1   package com.bn;                                            //声明包名
2   ……//此处省略了部分类的导入代码，读者可自行查阅随书附带光盘中的源代码
3   public class MySurfaceView extends GLSurfaceView {
4     ……//此处省略了成员变量的声明，读者可自行查阅随书附带光盘中的源代码
5     public MySurfaceView(Context context) {                 //构造器
6         super(context);
7         this.activity=(MainActivity)context;
8         this.setEGLContextClientVersion(2);                  //设置使用 OPENGL ES2.0
9         mRenderer = new SceneRenderer();                     //创建场景渲染器
10        setRenderer(mRenderer);                              //设置渲染器
11    setRenderMode(GLSurfaceView.RENDERMODE_CONTINUOUSLY);//设置渲染模式为主动渲染
12    }
13    private class SceneRenderer implements GLSurfaceView.Renderer {
14        int[] frameBufferId=new int[3];                      //动态产生的帧缓冲 id
15        int[] shadowId=new int[3];                           //动态产生的流体纹理 id
16        int[] renderDepthBufferId=new int[3];                //动态产生的渲染缓冲 id
17        float ratio=0;
18        boolean[] isOk={true,true,true};
19        ……//此处省略了 initFRBuffers 方法,将在下面介绍
20        ……//此处省略了普通绘制、XY 模糊绘制和去模糊绘制的代码,将在下面介绍
21        public void onDrawFrame(GL10 gl) {                   //绘制流体
22            generateWaterImage();                            //绘制流体矩形图
23            generateWaterImageX(1,0);                        // x 模糊绘制
24            generateWaterImageY(2,1);                        // y 模糊绘制
25            drawShadowTexture();                             //去模糊绘制
26        }
27        public void onSurfaceChanged(GL10 gl, int width, int height) {
28            GLES20.glViewport(0,0,width,height);             //设置视窗大小及位置
29            ratio = (float) width / height;                  //计算比例值
30        }
31        public void onSurfaceCreated(GL10 gl, EGLConfig config) {
32            GLES20.glClearColor(0,0,0,0);                    //设置屏幕背景色 RGBA
33            TextureManager.loadingTexture(MySurfaceView.this); //初始化纹理
34            ShaderManager.loadingShader(MySurfaceView.this);   //加载着色器
35            MatrixState.setInitStack();                        //初始化变换矩阵
36            ……//此处省略了创建其他类对象的代码，读者可自行查阅随书附带光盘中的源代码
37    }}
38    public void onDraw(){                                    //绘制粒子
39        float[]  tsTempA=null;                               //临时粒子位置存储数组
40        synchronized(lockB) {                                //获取锁
41            while(saveQ.size()>0){                           //获取最新数据
42                  tsTempA=saveQ.poll();
43        }}
44        if(tsTempA!=null){
45            tsTempB=tsTempA;                                 //缓存数据
46        }
47        if(tsTempB!=null){
48            bnwo.updateVertexData(tsTempB);                  //更新顶点数据
49            bnwo.drawSelfForWater();                         //绘制粒子
50  }}}
```

- 第 5～12 行为本类的含参构造器，在该构造器中初始化了 SceneRenderer 类对象，并设置了渲染器且设置渲染模式为主动渲染。
- 第 14～18 行功能为声明私有类 SceneRenderer 的成员变量，用于在一系列绘制中记录帧缓

冲 id、渲染缓冲 id 和纹理 id。

- 第 21～26 行功能为重写 onDrawFrame 方法，在该方法中调用普通绘制、X 模糊绘制、Y 模糊绘制以及最终的去模糊绘制等方法。
- 第 27～30 行功能为重写 onSurfaceChanged 方法，在该方法中设置视口位置和大小。
- 第 31～37 行功能为重写 onSurfaceCreated 方法，在方法中主要完成初始化功能，包括设置屏幕背景颜色、初始化纹理、加载着色器、初始化变换矩阵以及创建并开启相应线程等。
- 第 38～50 行为绘制粒子的方法，在 generateWaterImage 方法内被调用。其功能为从队列 saveQ 中获取最新一帧画面中所有流体粒子的位置数据，并更新顶点数据进行绘制。

（7）上面介绍了 MySurfaceView 类的基本框架，下面将介绍私有类 SceneRenderer 中省略的 generateWaterImage 方法和 initFRBuffers 方法。generateWaterImage 方法主要是通过绘制产生一幅流体纹理用于 X 模糊回贴绘制使用，initFRBuffers 方法主要是初始化帧缓冲和渲染缓冲，其具体代码如下。

代码位置：见随书光盘源代码/第 11 章/Sample11_12/src/com/bn 目录下的 MySurfaceView.java。

```
public void generateWaterImage(){                          //通过绘制产生流体纹理
    initFRBuffers(0,WATER_TEX_ONE,WATER_TEX_ONE);          //初始化帧缓冲和渲染缓冲
    GLES20.glViewport(0,0,WATER_TEX_ONE,WATER_TEX_ONE);  //设置视窗大小及位置
    GLES20.glBindFramebuffer(GLES20.GL_FRAMEBUFFER, frameBufferId[0]);
    GLES20.glBindTexture(GLES20.GL_TEXTURE_2D, shadowId[0]); //绑定纹理
    ……//此处省略了设置纹理采样与拉伸方式的代码，读者可自行查阅随书附带光盘中的源代码
    GLES20.glFramebufferTexture2D(                         //设置自定义帧缓冲的颜色附件
        GLES20.GL_FRAMEBUFFER,
        GLES20.GL_COLOR_ATTACHMENT0,                       //颜色附件
        GLES20.GL_TEXTURE_2D,                              //类型为 2D 纹理
        shadowId[0],                                       //纹理 id
    0                                                      //层次
    );
    GLES20.glTexImage2D(                                   //设置颜色附件纹理图的格式
        GLES20.GL_TEXTURE_2D,
        0,                                                 //层次
        GLES20.GL_RGBA,                                    //内部格式
        WATER_TEX_ONE,                                     //宽度
        WATER_TEX_ONE,                                     //高度
        0,                                                 //边界宽度
        GLES20.GL_RGBA,                                    //格式
        GLES20.GL_UNSIGNED_BYTE,                           //每像素数据格式
        null
    );
    GLES20.glFramebufferRenderbuffer(             //设置自定义帧缓冲的深度缓冲附件
        GLES20.GL_FRAMEBUFFER,
        GLES20.GL_DEPTH_ATTACHMENT,               //深度缓冲
        GLES20.GL_RENDERBUFFER,                   //渲染缓冲
        renderDepthBufferId[0]                    //渲染缓冲 id
);
    GLES20.glClear( GLES20.GL_DEPTH_BUFFER_BIT |
        GLES20.GL_COLOR_BUFFER_BIT);                       //清除深度缓冲与颜色缓冲
    onDraw();                                              //绘制
}
public void initFRBuffers(int id,int width,int height){//初始化帧缓冲和渲染缓冲
    int[] tia=new int[1];                                  //用于存放产生的帧缓冲 id 的数组
    GLES20.glGenFramebuffers(1, tia, 0);                   //产生一个帧缓冲 id
    frameBufferId[id]=tia[0];                              //将帧缓冲 id 记录到成员变量
    if(isOk[id]){                                //若没有产生过深度渲染缓冲对象，则产生一个
        GLES20.glGenRenderbuffers(1, tia, 0); //产生一个渲染缓冲 id
        renderDepthBufferId[id] =tia[0];           //将渲染缓冲 id 记录到成员变量
        GLES20.glBindRenderbuffer(GLES20.GL_RENDERBUFFER,
        renderDepthBufferId[id]);
    GLES20.glRenderbufferStorage(GLES20.GL_RENDERBUFFER,
        GLES20.GL_DEPTH_COMPONENT16, width,height);    //为渲染缓冲初始化存储
        isOk[id]=false;                                    //标志位置为 false
    }
```

```
47        int[] tempIds = new int[1];                          //用于存放产生纹理 id 的数组
48        GLES20.glGenTextures(1,tempIds, 0);                 //产生一个纹理 id
49        shadowId[id]=tempIds[0];          //将产生的纹理 id 记录到流体纹理 id 成员变量
50    }
```

- 第 2～6 行为初始化帧缓冲和渲染缓冲，设置视口，绑定帧缓冲和纹理，此外省略了关于纹理采样和拉伸方式的代码，读者可自行查看随书光盘中的源代码。
- 第 7～30 行对自定义帧缓冲进行各方面设置的代码，首先将自定义帧缓冲的颜色附件设置为纹理图，然后对此纹理图的各方面进行设置，接着设置自定义帧缓冲的深度缓冲附件。
- 第 31～33 行为清除深度缓冲与颜色缓冲，绘制一帧流体画面。
- 第 35～50 行功能为初始化帧缓冲和渲染缓冲的方法。第 36～38 行产生了自定义缓冲的 id，并记录进成员变量以备后面的方法使用。第 39～46 行初始化了用于实现深度缓冲的渲染缓冲对象，并为其初始化了存储。第 47～49 行产生了普通绘制产生的流体纹理所对应的纹理 id，并将其记录到成员变量以备后面的方法使用。

> **提示**　由于 X、Y 模糊绘制产生流体纹理和去模糊绘制的方法与普通绘制的类似，就不再重复介绍。上述方法主要是着色器执行的任务不同，关于一系列绘制流体的着色器的开发将在后面为读者介绍。

（8）上面为读者介绍了 MySurfaceView 类中绘制方法的开发，接下来将为读者介绍物理模拟线程类 PhysicsThread 的开发，该类主要为物理世界服务。在该类中实现了对物理世界的模拟，流体粒子位置的更新等，其具体代码如下。

代码位置：见随书光盘源代码/第 11 章/Sample11_12/src/com/bn/thread 目录下的 PhysicsThread.java。

```
1     package com.example.thread;                                    //导入包
2     ……//此处省略了部分类的导入代码，读者可自行查看随书光盘中的源代码
3     public class PhysicsThread extends Thread{                    //物理计算线程
4         ……//该处省略了声明成员变量的代码，读者可以自行查阅随书光盘中源代码
5         public PhysicsThread(MySurfaceView mv){                   //构造器
6             this.mv=mv;                                           //初始化界面显示类的引用
7         }
8         public void run(){                                        //重写 run 方法
9             while(PHYSICS_THREAD_FLAG){
10                ……//该处省略了线程限速的代码，读者可以自行查阅随书光盘中源代码
11                mv.activity.world.step(TIME_STEP, ITERA,ITERA);  //物理模拟
12                update();                                          //更新粒子位置的方法
13        }}
14        public void update(){                                     //更新方法
15            mv.activity.mController.world.setGravity(new
              Vec2(X_GRAVITY,Y_GRAVITY));//更新
16            b2Position=mv.activity.m_particleSystem.getParticlePositionBuffer();
              //获取粒子位置缓冲
17            if(b2Position==null){                                 //粒子位置缓存为空时
18                return;                                           //返回
19            }
20            countReal=mv.activity.m_particleSystem.getParticleCount();//获取粒子个数
21            float[] buf=new float[countReal*2];                   //流体粒子的位置数组
22            for(int i=0;i<countReal;i++){                         //循环遍历各个粒子
23                buf[i*2]=b2Position[i].x*RATE;                    //将坐标转化为屏幕坐标
24                buf[i*2+1]=b2Position[i].y*RATE;
25            }
26            synchronized(lockA) {                                 //加锁
27                aq.offer(buf);                                    //将位置数据加入到位置队列中
28    }}}
```

- 第 5～7 行功能为本类的含参构造器，其功能为初始化 MySurfaceView 类对象。
- 第 8～13 行功能为重写 run 方法，其功能为进行物理模拟、调用更新流体粒子位置的方法。

● 第 14～28 行功能为从物理世界获取流体粒子位置缓冲并将其存放进队列 aq。首先重新设置 World 对象的重力加速度，再从物理世界获取位置缓冲，并将其转化为屏幕坐标加锁存储进位置队列 aq。

（9）上面介绍了本案例的物理模拟线程 PhysicsThread 类的开发，接下来将为读者介绍本案例的数据生成线程类 SaveThread 的开发，该类主要负责将流体粒子的真实坐标转化为视口坐标，时时刷新流体粒子的位置，提供流体粒子的最新顶点数据，其详细代码如下。

代码位置：见随书光盘源代码/第 11 章/Sample11_12/src/com/bn/thread 目录下的 SaveThread.java。

```
1   package com.example.thread;                                   //导入包
2   ……//此处省略了部分类的导入代码，读者可自行查看随书光盘中的源代码
3   public class SaveThread extends Thread{                       //数据计算线程
4       ……//该处省略了声明成员变量的代码，读者可以自行查阅随书光盘中源代码
5       public SaveThread(MySurfaceView mv){                      //构造器
6           this.mv=mv;                                           //初始化界面显示类的引用
7       }
8       public void run(){                                        //重写 run 方法
9           while(true){                                          //如果标志位为 true，启动线程
10              float[] temp=null;                                //临时位置数据数组
11              synchronized(lockA){                              //获取新数据
12                  while(aq.size()>0){                           //循环遍历位置队列
13                      temp=aq.poll();                           //获取最新位置数据
14              }}
15              if(temp!=null){                                   //如果新数据不为空
16                  tempA=temp;                                   //赋值给缓存上一帧位置数据
17              }
18              if(tempA!=null){                   //缓存位置数据与缓存颜色数据都不为空时
19                  int count=tempA.length/2;      //计算流体粒子的个数
20                  float[] tempB=new float[count*18];//临时存放各个顶点位置数据
21                  for(int i=0;i<count;i++){//获取一个点，并计算出其他五个点的坐标
22                      //计算流体粒子的第一个点的坐标
23                      tempB[i*18]=fromScreenXToNearX(tempA[i*2]-
                        RADIUS*ratio);
24                      tempB[i*18+1]=fromScreenYToNearY(tempA[i*2+1]-
                        RADIUS*ratio);
25                      tempB[i*18+2]=0;
26              ……//该处省略了其他五个点的计算代码，读者可以自行查阅随书光盘中源代码
27                  }
28                  synchronized(lockB)//MySurfaceView{//加锁
29                      saveQ.offer(tempB);            //将顶点数据加入到顶点队列中
30  }}}}}
```

● 第 5～7 行主要为 SaveThread 类的含参构造器，在构造器中初始化界面显示类的引用。

● 第 8～17 行为创建临时位置数据数组，加锁从位置队列 aq 中获取最新位置数据并赋值给临时位置数据数组，如果数据不为 null，则赋值给缓存上一帧位置的数组。

● 第 18～30 行为当缓存位置数据不为空时，则获取一个流体粒子位置数据，并计算出其他五个点的坐标，加锁将顶点数据数组加入到顶点队列 saveQ 中。

（10）介绍完了本案例的 Java 代码的开发之后，接下来介绍本案例的相关着色器。由于流体纹理的 X 模糊、Y 模糊的片元着色器都需要执行相同的任务，因此 X、Y 模糊的片元着色器是相同的。下面首先给出的是 X 模糊绘制的顶点着色器的开发过程，其具体代码如下。

代码位置：见本书随书光盘中源代码/第 11 章/Sample11_12/assets/shader 目录下的 vertex_x.sh。

```
uniform mat4 uMVPMatrix;                                          //总变换矩阵
attribute vec3 aPosition;                                         //顶点位置
attribute vec2 aTexCoor;                                          //顶点纹理坐标
varying vec2 vTextureCoord;                                       //用于传递给片元着色器的变量
varying vec2 vBlurTexCoords[5];                                   //用于传递给片元着色器的变量
void main(){
    gl_Position = uMVPMatrix * vec4(aPosition,1);//根据总变换矩阵计算此次绘制此顶点位置
    vTextureCoord = aTexCoor;                             //将接收的纹理坐标传递给片元着色器
```

```
    const float factor=1.0/ 128.0;                          //模糊比例
    vBlurTexCoords[0] = vTextureCoord + vec2(-2.0 * factor, 0.0);
    //根据模糊比例计算纹理坐标
    vBlurTexCoords[1] = vTextureCoord + vec2(-1.0 * factor, 0.0);
    //根据模糊比例计算纹理坐标
    vBlurTexCoords[2] = vTextureCoord;
    vBlurTexCoords[3] = vTextureCoord + vec2( 1.0 * factor, 0.0);
    //根据模糊比例计算纹理坐标
    vBlurTexCoords[4] = vTextureCoord + vec2( 2.0 * factor, 0.0);
    //根据模糊比例计算纹理坐标
}
```

说明 上述顶点着色器的作用主要是根据顶点位置和总变换矩阵计算 gl_Position，将接收的纹理坐标传递给对应的片元着色器。此外，根据顶点纹理坐标和模糊比例计算 X 模糊后的纹理坐标，并将其传递给 X 模糊的片元着色器。

（11）上面介绍了 X 模糊的顶点着色器的开发过程，接下来将介绍 Y 模糊的顶点着色器的开发过程，Y 模糊顶点着色器的框架与 X 模糊的类似，因此只给出有区别的几处，需要的读者可自行查看随书光盘中的源代码，其具体代码如下。

代码位置：见本书随书光盘中源代码/第 11 章/Sample11_12/assets/shader 目录下的 vertex_y.sh。

```
const float factor=1.0/128.0;                                   //模糊比例
vBlurTexCoords[0] = vTextureCoord + vec2(0.0,-2.0 * factor);//根据模糊比例计算纹理坐标
vBlurTexCoords[1] = vTextureCoord + vec2(0.0,-1.0 * factor);//根据模糊比例计算纹理坐标
vBlurTexCoords[2] = vTextureCoord;
vBlurTexCoords[3] = vTextureCoord + vec2( 0.0,1.0 * factor);//根据模糊比例计算纹理坐标
vBlurTexCoords[4] = vTextureCoord + vec2( 0.0,2.0 * factor);//根据模糊比例计算纹理坐标
```

说明 上述顶点着色器的代码片段的作用主要是根据模糊比例和纹理坐标计算 Y 模糊后的纹理坐标，并将其传递给 Y 模糊的片元着色器，每个顶点执行一次。

（12）上面介绍了 Y 模糊的顶点着色器的核心代码，接下来将介绍 X 模糊与 Y 模糊所共用的片元着色器的开发过程，该着色器主要是通过接收来自顶点着色器的纹理坐标、模糊后的坐标，根据卷积公式计算该片元的最终颜色，其具体代码如下。

代码位置：见本书随书光盘中源代码/第 11 章/Sample11_12/assets/shader 目录下的 frag_water.sh。

```
precision mediump float;                                  //声明精度
varying vec2 vTextureCoord;                               //接收从顶点着色器过来的参数
varying vec2 vBlurTexCoords[5];                           //接收从顶点着色器传过来的参数
uniform sampler2D sTexture;                               //纹理内容数据
void main(){
     vec4 sum = vec4(0.0);                                //存放颜色值的临时变量
     sum += texture2D(sTexture, vBlurTexCoords[0]) * 0.164074;
     sum += texture2D(sTexture, vBlurTexCoords[1]) * 0.216901;
     //进行卷积计算---模糊处理
     sum += texture2D(sTexture, vBlurTexCoords[2]) * 0.23805;
     sum += texture2D(sTexture, vBlurTexCoords[3]) * 0.216901;
     //进行卷积计算---模糊处理
     sum += texture2D(sTexture, vBlurTexCoords[4]) * 0.164074;
     gl_FragColor=sum;                                         //最终颜色值
}
```

说明 上述片元着色器的作用主要为计算每个片元的最终颜色，首先创建临时变量用于存放颜色值，然后通过卷积计算经过模糊后的颜色，将计算后的颜色值作为该片元的最终颜色。这样在显示界面中就可以看到 X、Y 模糊后的效果。

（13）上面介绍了 X、Y 模糊的片元着色器的开发过程，下面将介绍实现去模糊和半透明效果的片元着色器的开发过程，其具体代码如下。

代码位置：见本书随书光盘中源代码/第 11 章/Sample11_12/assets/shader 目录下的 frag_tex.sh。

```
precision mediump float;                               //设置精度
varying vec2 vTextureCoord;                            //接收从顶点着色器过来的参数
uniform sampler2D sTexture;                            //纹理内容数据
void main(){
      vec4 fc=texture2D(sTexture, vTextureCoord);      //给此片元从纹理中采样出颜色值
      if(fc.a<=0.78){                                  //透明度小于等于 0.78 时
            gl_FragColor=vec4(0.0,0.0,0.0,0.0);        //将颜色设置为全透明
      }else{                                           //透明度大于 0.78 时
            gl_FragColor=vec4(0.0,0.8,1.0,0.6);        //重新设置颜色值
}}
```

说明　上述片元着色器的作用主要为从纹理中采样出颜色值，如果颜色值的 a 值小于等于 0.78 时，则将该片元设置为透明；否则重新设置该片元的颜色值。这样在界面中就可以看到半透明的天蓝色流体的效果。

提示　由于本案例中有的类与 JBox2D 物理引擎章节的波浪制造机案例相关类类似，有的着色器与本章前面案例中相应的着色器类似，所以这里就不再赘述，读者可自行查阅随书光盘中的源代码来学习。

11.5.3　流体计算流水线回顾

前面 11.5.2 小节中所介绍的简单案例采用了多线程并发技术，即物理模拟线程、数据生成线程以及数据绘制线程（即绘制线程）并发执行，共同协作来完成流体的绘制，多线程并发技术的采用极大地提高了程序的运行速度，更好地释放出了多核设备的计算潜能，其工作原理如图 11-64 所示。

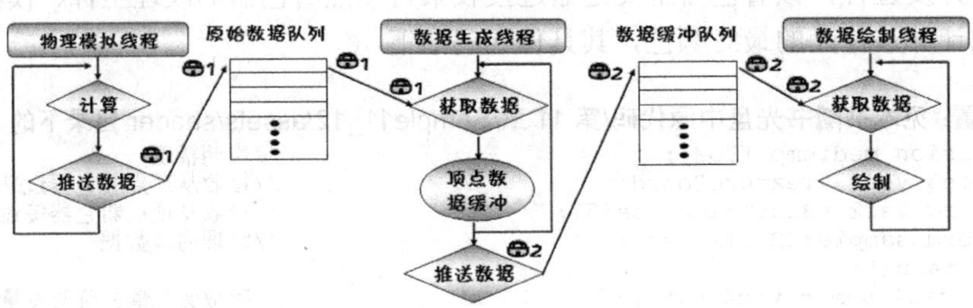

▲图 11-64　计算及流水线架构

从图 11-64 所示的计算及流水线架构中，可以看出工作线程有物理模拟线程、数据生成线程和数据绘制线程。然而多线程之间是如何工作，在多线程并发执行过程中又有哪些需要注意的问题？其具体内容如下。

1. 流水线过程

图 11-64 中各个线程分别负责不同的工作，通过多个线程并发执行，共同协作，提高了程序的运行速度和流体的流畅度，各线程负责的工作如下。

（1）物理模拟线程

物理模拟线程先进行物理世界的模拟计算，因为物理世界的计算量较大，因此将物理模拟计

算与绘制线程分离，可提高程序的帧速率。再通过从物理世界获取粒子位置缓冲数据，并将其物理世界的位置坐标转换为真实世界的位置坐标，最后加锁 1，将转换后的位置坐标数据存储进原始数据队列。

（2）数据生成线程

数据生成线程先加锁 1，遍历原始位置数据队列获取最新一帧画面中所有粒子的位置缓冲数据，再将获取的顶点位置数据转化为视口坐标，最后加锁 2，将其转换后的顶点位置数据存储进数据缓冲队列。

（3）数据绘制线程

数据绘制线程先加锁 2，从数据缓冲队列获取最新一帧画面的顶点位置数据，再将获取的最新的顶点数据送入渲染管线，最后形成一帧纹理绘制到手机屏幕上。

2. 流水线过程应该注意的问题

从图 11-64 中可看到该流水线需要 2 个数据队列，有的读者可能会有一个疑问，为什么要用 2 个队列（流体粒子的原始位置、缓冲绘制），而不是直接遍历绘制所有粒子列表中的粒子即可。

这是因为若是如此，同时就会有物理模拟线程、数据生成线程和绘制线程都要访问所有粒子列表，可能会产生由于无限制并发访问引发的画面撕裂问题。若通过直接加一把锁解决的话，三个线程实际就不是并行了，影响效率。因此，本案例采用了 2 个数据队列和 2 把锁，形成了如图 11-64 所示的流水线，既避免了多线程并发访问带来的问题，又保证了效率。

提示 图 11-64 的流水线中加锁区域涉及的任务很少，执行时间短(也就是临界区小)，使得三个线程几乎不受影响，不影响效率。这是一种常用的多线程开发技巧，读者也可以在自己的项目中采用。

11.6 小结

本章主要介绍了 OpenGL ES 2.0 的开发基础，包括对 OpenGL 以及 OpenGL ES 的简介、3D 的基本知识的介绍、OpenGL ES 的讲解以及利用 OpenGL ES 2.0 绘制流体的知识。OpenGL ES 的讲解又分为旧约与新约两部分，分别介绍了 OpenGL ES 1.x 与 OpenGL ES 2.0 的知识。最后还给出了使用 OpenGL ES 2.0 进行流体绘制的案例，供读者在相关的游戏项目中使用。

第 12 章　滚屏动作类游戏——坦克大战

随着 Android 平台上的软件变得越来越丰富，单机游戏再也无法满足游戏玩家的需求，游戏更加需要玩家之间的交流或者互动。其主要考验玩家的协作能力以及操作技巧，如何准确射中目标、躲避敌军子弹十分必要，而团结协作更是通过关卡重中之重。

本章将向读者介绍 Android 平台上双人联网的滚屏动作类游戏“坦克大战”的设计与实现，希望读者能对 Android 平台下游戏的开发步骤有深入的了解，并学会该类游戏的开发，掌握网络类游戏开发的技巧，从而在游戏开发中有更进一步的理解和提高。

12.1 游戏的背景及功能概述

在开发“坦克大战”游戏之前，首先需要了解该游戏的背景以及功能。本节主要围绕该游戏的背景以及功能进行简单的介绍，通过对坦克大战的简单介绍，相信读者对该游戏有了一个整体的了解，进而为后续的游戏开发工作做好准备。

12.1.1 背景概述

随着近年来 Android 的风靡全球，人们的休闲活动更多地放在了 Android 上。而原来风靡一时的游戏，也逐渐被移植到 Android 上。如热门的射击类游戏坦克大战，因为其画面丰富精美，游戏简单易操作，在各年龄段的用户中都受到了热捧，如图 12-1 和图 12-2 所示。

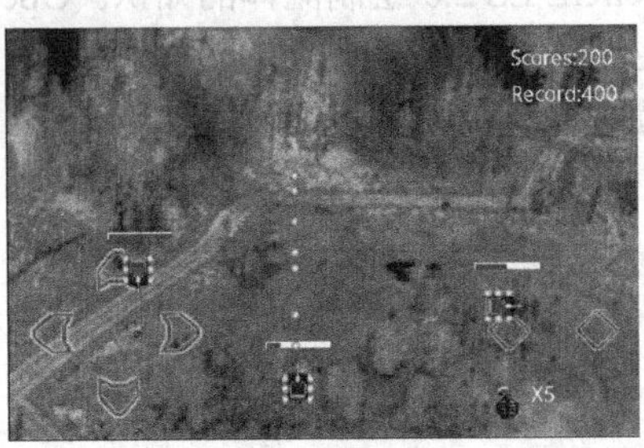

▲图 12-1　坦克大战 1

▲图 12-2　坦克大战 2

本章所介绍的就是一款使用 Java 编写的 Android 端射击类坦克小游戏，与上述游戏不同的是，本游戏为设有服务器的联机游戏。本游戏的画面极大地丰富了游戏的视觉效果，增强了用户体验，而玩法也非常简单。

12.1.2 功能简介

坦克大战游戏主要包括欢迎界面、菜单界面、帮助界面以及游戏界面，其所有界面都在 Surface 中实现。在 Surface 的绘制方法中，根据不同界面的编号进行不同界面的绘制，其触控及返回键的监听同样根据界面编号进行响应。

（1）在 Android 上点击该游戏的图标，运行游戏，首先进入的是游戏的欢迎界面，加载中闪烁几次，效果如图 12-3 所示。

（2）进入欢迎界面后，在该界面中可以看到 4 个菜单按钮，分别为开始游戏、游戏帮助、声音设置等按钮。其效果如图 12-4 所示。

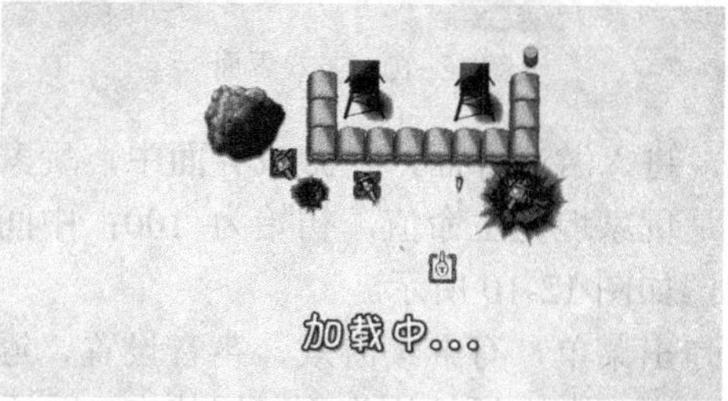

▲图 12-3　欢迎界面

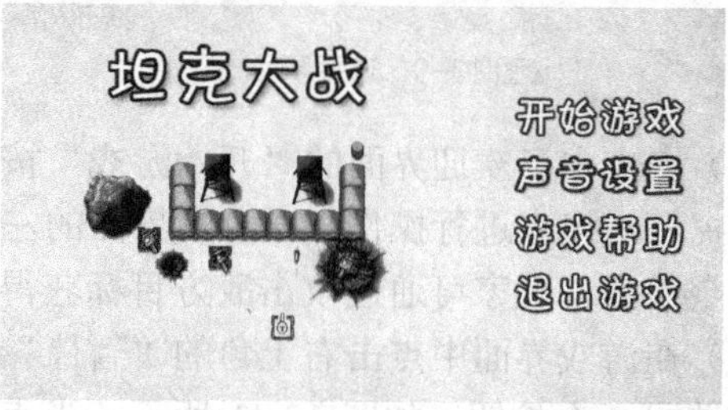

▲图 12-4　菜单界面

（3）在欢迎界面中点击“声音设置”按钮，进入声音设置界面，如图 12-5 所示，在该界面中可以看到，声音和音效的开关。点击打开声音则自动开始播放背景音乐，同时打开音效被关闭音效字样替换。音效指的是按键音效、爆炸音效等。

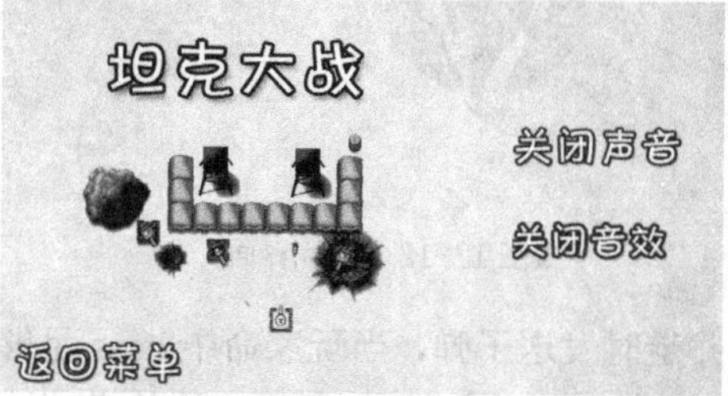

▲图 12-5　声音设置界面

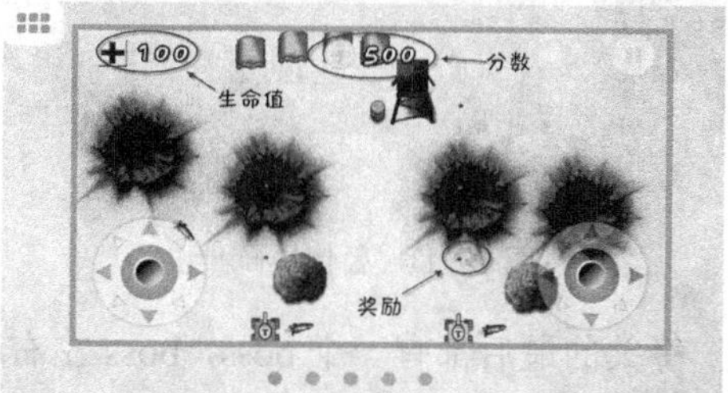

▲图 12-6　帮助界面

（4）当点击了菜单界面的“游戏帮助”按钮后，进入游戏的帮助界面，该界面介绍了游戏的玩法。左右滑动可翻页，点击“返回菜单”按钮返回菜单界面。左右滑动屏幕可以翻页，下方的 5 个蓝色圆点标识了帮助图片的页数，如图 12-6 所示。

▲图 12-7　选关界面 1

▲图 12-8　选关界面 2

（5）当点击了菜单界面的“开始游戏”按钮后，进入游戏的选关界面，被选中的关卡图片变为彩色图片。为了保障游戏正常运行，只能由一个玩家进行选关操作，非房主玩家触控关卡无效并且无开始游戏的按钮，如图 12-7 所示。房主玩家界面如图 12-8 所示。

（6）当服务器未开启或者未与服务器在同一局域网下时，界面中只有等待连接的字样，点击左上角的“返回菜单”按钮返回菜单界面，如图 12-9 所示。

▲图 12-9　选关界面 3

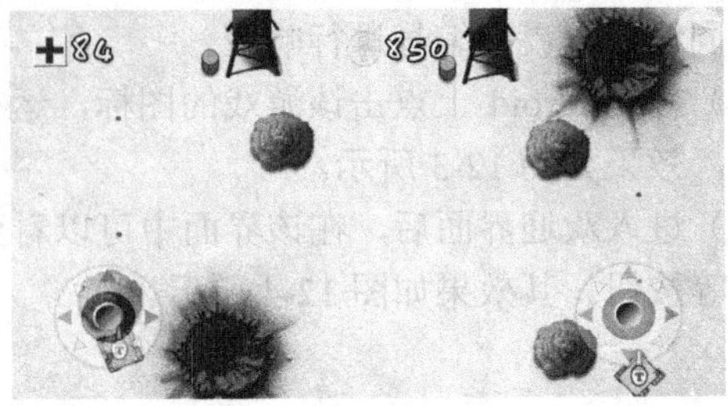

▲图 12-10　游戏界面

（7）当点击了欢迎界面的“开始游戏”按钮后，进入游戏界面，在游戏界面中，玩家需要通过左右摇杆对坦克进行操作。在游戏界面的左上角是玩家坦克生命值，初始为 100；中间是金币标志和金币数，玩家可通过攻击敌方目标获得金币，如图 12-10 所示。

（8）在游戏界面中点击右上角的“暂停”按钮弹出菜单，有继续游戏、声音设置、返回菜单和退出游戏 4 个按钮，如图 12-11 所示。当点击暂停后，左右摇杆均为不可用状态，画面暂停，点击声音设置可以跳转到声音设置的菜单项。

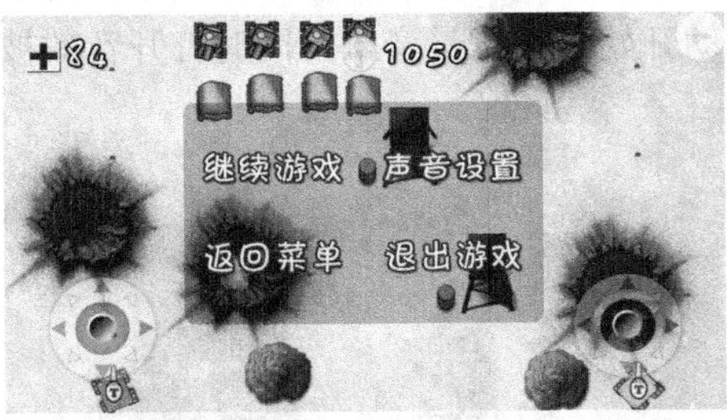

▲图 12-11　暂停界面

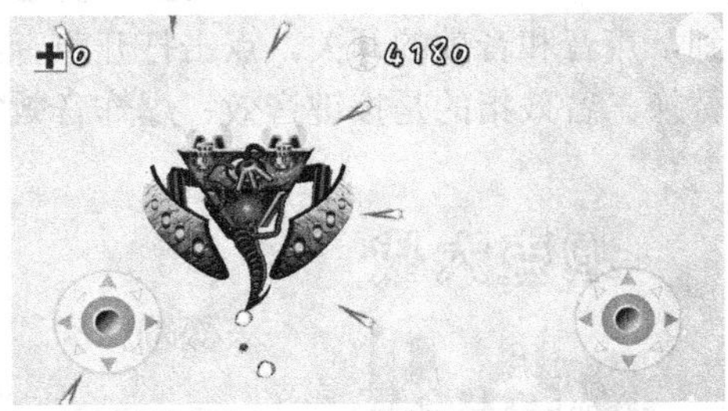

▲图 12-12　boss 界面

（9）每关的最后都有一个 boss，boss 左右移动并定时发送子弹，当玩家命中 boss 足够多次时取得游戏胜利，双方玩家生命值均为 0 时游戏失败，其效果如图 12-12 所示。无论游戏成功还是游戏失败，均会在屏幕中心弹出相应字样，然后自动切换到菜单界面。

12.2　游戏的策划及准备工作

读者对本游戏的背景和基本功能有一定了解以后，本节将着重讲解游戏开发的前期准备工作。策划和前期的准备工作是软件开发必不可少的步骤，它们指明了研发的方向，只有明确的方向才能产生优秀的产品，这里主要包含游戏的策划和游戏中资源的准备。

12.2.1　游戏的策划

本游戏的策划主要包含游戏类型定位、呈现技术以及目标平台的确定等工作。一个好的策划保证了游戏的界面风格、规则玩法、系统功能等一系列的游戏内容易于被大众接受，能在第一时间发觉游戏中所欠缺的、不妥的各方面内容。

1．游戏类型

该游戏的操作方式为触屏，通过操纵两个摇杆来控制坦克的移动方向以及炮筒朝向。坦克每时每刻都在发射子弹，当敌方坦克或物体被击中后会发生爆炸。击毁物体会产生奖励，坦克碰到对应的奖励会增加坦克对应的属性，属于休闲射击类游戏。

2. 运行的目标平台

游戏目标平台为 Android 2.2 及以上平台。

3. 操作方式

本游戏所有关于游戏的操作为触屏操作，玩家通过摇杆控制坦克的移动方向、子弹的发射位置。坦克自动发射子弹，通过控制左右两个摇杆使子弹命中目标。子弹命中目标后产生爆炸，有些目标需要被命中两次，然后在目标位置产生废墟。

4. 音效设计

为了增加游戏的吸引力及玩家的游戏体验，本款游戏中根据界面的效果添加了适当的音效，包括背景音乐、爆炸音效以及发射导弹的音效等。一个好的背景音乐和音效的设置更容易使玩家产生对游戏的代入感，增加游戏性，增加吸引力。

12.2.2 安卓平台下游戏开发的准备工作

上面了解了游戏的策划，本小节将讲解一些开发前做的准备工作，包括搜集和制作图片、声音、字体等。对于相似的、同类型的文件资源应该进行分类，储存在同一文件子目录中，以便于对大量、繁杂的文件资源进行查找、使用。其详细开发步骤如下。

（1）首先为读者介绍的是游戏界面中用到的图片资源，系统将所有图片资源都放在项目文件下的 assets 目录下的 game 文件夹下。如表 12-1 所列，此表展示的是有关于游戏界面中所有物体的图片，图片清单仅用于说明，不必深究。

表 12-1 图片清单

图 片 名	大小（KB）	像素（w×h）	用 途
boss1.png	76.1	880×568	“第一关 boss”图片
boss1bullet.png	0.76	26×55	“第一关 boss 子弹”图片
boss2.png	55.3	963×578	“第二关 boss”图片
boss2bullet.png	1.95	23×80	“第二关 boss 子弹”图片
center.png	1.92	64×64	摇杆图片
decoration.png	81.2	433×276	欢迎界面图片
direction.png	37.1	192×192	摇杆底座图片
enemyBazooka.png	1.40	19×56	敌方坦克导弹图片
enemybody1.png	8.19	51×56	敌方坦克底座 1
enemybody2.png	6.41	51×56	敌方坦克底座 2
enemybody3.png	6.90	51×56	敌方坦克底座 3
enemybody4.png	8.12	51×56	敌方坦克底座 4
enemyBullet.png	2.79	4×9	敌方子弹
enemygun1.png	8.47	66×68	敌方坦克炮筒 1
enemygun2.png	8.81	66×68	敌方坦克炮筒 2
enemygun3.png	8.27	66×68	敌方坦克炮筒 3
enemygun4.png	8.74	66×68	敌方坦克炮筒 4
explosion1.png	116	320×320	大尺寸爆炸
explosion2.png	49.8	160×160	小尺寸爆炸

续表

图 片 名	大小（KB）	像素（w×h）	用　途
fire.png	0.722	32×32	粒子系统图片
levels.png	17.5	40×20	显示帮助图片位置
load.png	11.3	202×53	加载中
lose.png	19.6	265×70	游戏失败
mainbodyg.png	20.6	50×50	绿方玩家坦克底座
mainbodyr.png	20.7	50×50	红方玩家坦克底座
maingun.png	6.28	66×68	玩家坦克炮筒
mark1.png	43.7	140×127	小尺寸废墟
marik2.png	144	280×254	大尺寸废墟
nums.png	26.3	300×50	数字
propsC.png	5.43	40×33	引爆全图敌军
propsH.png	5.66	40×33	增加生命值
propsP.png	5.65	40×33	增加坦克速度
redbox.png	3.67	50×50	生命值图片
score_icon.png	7.86	50×50	分数图片
tankBazooka.png	4.96	19×64	玩家导弹
tankBullet.png	3.09	10×10	玩家子弹
title.png	41.0	348×100	游戏标题
tower.png	14.0	113×110	地方塔楼
tree1.png	16.3	102×101	树木（暗）
tree2.png	16.6	102×101	树木（亮）
wait.png	21.4	270×50	等待网络连接
win.png	12.7	254×70	恭喜胜利

（2）接下来介绍游戏界面中的具体物体图片，本部分介绍程序中各种按钮的图片。程序中所有的菜单按钮都是加载图片实现的，通过加载菜单按钮正常状态和选中状态的图片来实现其按下抬起的效果，具体内容如表 12-2 所列。

表 12-2　按钮图片清单

图 片 名	大小（KB）	像素（w×h）	用　途
back_menu.png	18.8	189×50	返回菜单按钮
back_menu_select.png	17.7	189×50	返回菜单按钮
close_effect.png	10.3	174×50	关闭音效按钮
close_effect_select.png	10.2	174×50	关闭音效按钮
close_music.png	16.6	190×50	关闭声音按钮
close_music_select.png	16.9	200×50	关闭声音按钮
continue_game.png	20.4	189×50	继续游戏按钮
continue_game_select.png	19.3	189×50	继续游戏按钮
exit_game.png	18.9	189×50	退出游戏

续表

图 片 名	大小（KB）	像素（w×h）	用 途
exit_game_select.png	18.0	189×50	退出游戏
help.png	19.6	191×50	游戏帮助按钮
help_select.png	18.5	191×50	游戏帮助按钮
one.png	21.1	200×50	第一关
one_select.png	21.2	200×50	第一关
oneP.png	79.5	320×200	第一关图片
oneP_select.png	184	320×200	第一关图片
open_effect.png	10.1	174×50	打开音效
open_effect_select.png	9.99	174×50	打开音效
open_music.png	16.3	200×50	打开声音
open_music_select.png	15.6	200×50	打开声音
pause.png	1.95	64×64	暂停
pause_select.png	1.67	64×64	暂停
pausebackground.png	4.01	480×300	暂停界面背景
soundset.png	15.1	191×50	声音设置
soundset_select.png	14.2	191×50	声音设置
start_game.png	19.0	191×50	开始游戏
start_game_select.png	18.0	191×50	开始游戏
two.png	20.5	200×50	第二关
two_select.png	21.0	200×50	第二关
twoP.png	49.7	320×200	第二关图片
twoP_select.png	90.6	320×200	第二关图片
gameBackground.png	274	800×480	背景图片
help111.png	503	800×440	帮助 1
help222.png	531	800×440	帮助 2
help333.png	537	800×440	帮助 3
help444.png	431	800×440	帮助 4
help555.png	471	800×440	帮助 5

（3）接下来介绍游戏中用到的声音资源，音效与背景音乐的作用是为了增强玩家的代入感，本游戏对音效的使用略少，有兴趣的读者可自行添加音效。系统将声音资源放在项目目录中的 assets/sound 文件夹下，其详细情况如表 12-3 所列。

表 12-3　　　　声音清单

声音文件名	大小（KB）	格式	用 途	声音文件名	大小（KB）	格式	用 途
background	512	mp3	游戏界面背景音乐	eatprops	8.71	wav	吃掉奖励
grenada	20.3	ogg	爆炸音效	lose	5.49	mp3	游戏失败
rocket_shoot2	5.57	ogg	玩家发射导弹	select	49.5	wav	选择菜单项

说明　本项目中同样需要将所有的图片资源都存在项目的 assets 文件夹下，并且对于不同的文件资源应该进行分类，储存在不同的文件目录中，这是程序员需要养成的一个良好习惯。

12.3 游戏的架构

上一节简单叙述了游戏的策划和前期准备工作，本节将对该游戏的架构进行简单介绍，包括服务器端以及 Android 端，使读者对本游戏的开发有更深层次的认识。构架是任何程序的灵魂，一个好的游戏构架可以极大地减少 bug 的产生，提高游戏的运行速度。

12.3.1 程序结构的简要介绍

网络游戏的基本框架如图 12-13 所示，核心思想是并行操作转变为串行操作，保证了数据在任意时刻只做出一种改变。在这个构架中，Android 客户端只负责根据数据进行界面的绘制以及精灵的摆放，基本运算在服务器端进行，例如碰撞检测。

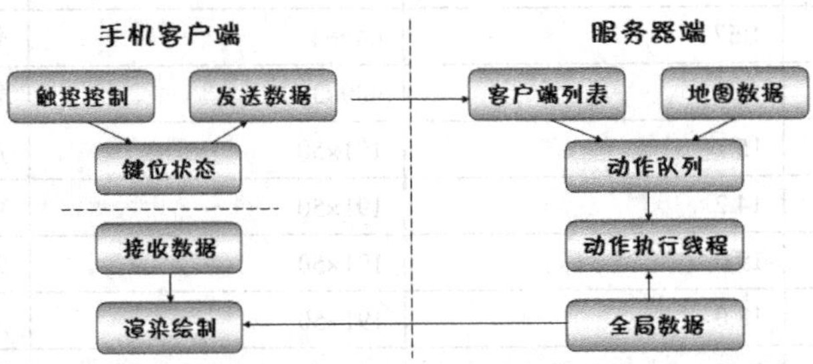

▲图 12-13　网络游戏的基本框架

坦克大战的基本流程为，玩家操控摇杆，开启定时回调方法检测键位状态，将摇杆的 x 方向与 y 方向偏移量发送至服务器。服务器将发送的数据与 Android 客户端列表编号加入动作队列，并且将其他数据改变（如地图偏移、敌军发射子弹）加入动作队列。最后经过处理发回 Android 端。

12.3.2 服务器端的简要介绍

本小节将对服务器端进行简要介绍，服务器端负责游戏的一切计算。但本书为介绍 Android 客户端开发的书籍，所以只对服务器端的重点功能进行简要介绍，如有需要的读者可自行查阅随书附带光盘中的源代码，具体代码如下。

（1）碰撞检测类——Collision

该类为碰撞检测类，其中包含了检测两个物体是否发生碰撞、敌方子弹与玩家坦克碰撞检测以及检测物体是否与其他物体中的一个发生碰撞等，碰撞后出现的爆炸以及奖励也在这个类里添加。正是这些算法才使对游戏的操作按正常逻辑运行。

（2）数据交换类——ServerAgent

该类为数据交换类，主要负责 Android 客户端与服务器端的数据交换，其中包含了发送数据与接收数据方法。发送数据的格式为先发送数据标识字符串，再依次发送具体数据。接收数据时，先判断数据标识，然后判断并进行数据处理。

（3）动作执行类——ActionThread

该类为动作执行类，所有的动作均为 Action 类的子类并重写 doAction 方法，之后由 ActionThread 执行。发生任何一个动作，首先创建一个新的动作子类，然后将动作子类加入

Queue<Action>，动作执行类每次取出一个 Action 并执行 doAction 方法。

12.4 服务器端的开发

从此节开始正式进入游戏的开发过程，网络游戏最重要的环节是服务器端的开发，一切关于游戏的计算都将在服务器端进行。如何接收、发送、处理数据内容，如何进行物理计算，如何更替物体、发射子弹是本节的重点内容。

12.4.1　数据类的开发

首先介绍数据类 GameData 的开发。任何游戏都是由许多数据构成的，作为开发人员，游戏数据一定要放在统一的位置，可以有效地避免开发过程中混乱，便于储存、管理，这就是数据类的意义所在。数据分为两种类型，临时数据和固定数据。

（1）临时数据。这一部分数据的特征是随着游戏的进行而改变的，例如坦克的位置、坦克的生命、敌军的子弹等。这些数据在支撑起游戏的进程的同时，还负责控制游戏中的一些特效，同时保证了游戏的平衡，具体代码如下。

代码位置：见随书光盘源代码/第 12 章/TankServer/src/com/bn/gp/data 目录下的 GameData.java。

```
public class GameData{
    public static int bossHealth=10;                    //boss 生命值
    public static boolean bossFlag=false;               //boss 是否存在的标识
    public static int bossNum=0;                        //第几个 boss
    public static int bossX;                            //boss 的 x 坐标
    public static int bossY;                            //boss 的 y 坐标
    public static int bossDirection=2;                  //boss 行动方向
    public static int bossbulletSpeed=5;                //boss 子弹速度
    public static int timecount=0;                      //boss 子弹发射时间间隔
    public static int redOrGreen;                       //客户端标志位，0 红色，1 绿色
    public static int redX=310;                         //红色坦克 X 坐标
    public static int redY=400;                         //红色坦克 Y 坐标
    public static int greenX=620;                       //绿色坦克 X 坐标
    public static int greenY=400;                       //绿色坦克 Y 坐标
    public static int tankFlag[]={0,0};                 //坦克是否随地图下落标志位
    ……//由于服务器端数据过多，在此不一一列举
}
```

说明　此类包含着各种游戏数据，与游戏有关的一切计算都在此基础上。有些数据可能会使读者不明所以，这些数据都是为解决一些问题服务的，用法各有不同，之后作者将为大家详细讲述。解决问题的方法绝不仅此一种，读者也可自行探索。

（2）固定数据。这一部分数据并不随游戏的进行而改变，程序需要将这部分数据读取并经过计算转化为临时数据，才能使游戏顺利进行。例如在本游戏中，地图游戏、boss 的生命值为固定数据，固定数据一般由设计器设计，具体代码如下。

```
package com.bn.gp.data;
public class LevelData{
    public static int[][] mapData={/*具体数据内容已省略*/};      //地图上的物体
    public static int[][] mapTree={/*具体数据内容已省略*/};      //地图上的地方坦克
    public static int[][] mapTank={/*具体数据内容已省略*/};      //地图上的树
    public static int [] bossHealth={/*具体数据内容已省略*/};   //各关 boss 的生命值
}
```

说明　数据格式一般为 3 个值，即物体编号、x 坐标、y 坐标。具体数据由地图设计器批量产生，请读者自行查阅随书附带光盘中的源代码。

12.4.2　服务线程的开发

上一小节介绍了服务器端数据类的开发，下面介绍服务线程的开发。服务主线程接收 Android 端发来的请求，将请求交给代理线程处理。代理线程按数据内容将数据封装为动作类，并且压入动作队列，等待动作执行线程执行，最后将改变后的数据反馈给 Android 端。

（1）下面首先介绍一下主线程类 ServerThread 的开发，主线程类部分的代码比较短，但却是服务器端最重要的一部分，也是实现服务器功能的基础。每有一个客户端连接到服务器端时，都将会产生一个 ServerAgent 用来接收信息，具体代码如下。

代码位置：见随书光盘源代码/第 12 章/TankServer/src/com/bn/gp/server 目录下的 ServerThread.java。

```
1   package com.bn.gp.server;
2   ……//此处省略了导入类的代码，读者可自行查阅随书附带光盘中的源代码
3   public class ServerThread extends Thread{ //创建一个名为 ServerThread 的继承线程的类
4         boolean flag=false;                     //ServerSocket 是否创建成功的标志位
5         ServerSocket ss;                        //定义一个 ServerSocket 对象
6         public void run(){                      //重写 run 方法
7               try{                              //因用到网络，需要进行异常处理
8                     ss=new ServerSocket(9999); //创建一个绑定到端口 9999 的 ServerSocket 对象
9                     System.out.println("Server Listening on 9999...");
10                    flag=true;
11                    ServerAgent.count=0;        //客户端计数器重置为 0
12              }catch(Exception e){
13                    e.printStackTrace();        //打印错误信息
14              }
15              while(flag){
16                    try{
17                          Socket sc=ss.accept();//接收客户端的请求，返回连接对应的 Socket 对象
18                          System.out.println(sc.getInetAddress()+" connect...");
19                          ServerAgent.flag=true;
20                          new ServerAgent(this,sc).start();     //创建接收线程
21                    }catch(Exception e){
22        }}}
23        public static void main(String args[]){
24              new ServerThread().start();          //开启网络线程
25              new ActionThread().start();          //开启动作执行线程
26  }}
```

- 第 7～14 行为创建连接端口的方法，首先创建一个绑定端口到端口 9999 上的 ServerSocket 对象，然后打印连接成功的提示信息。
- 第 15～22 行为开启服务线程的方法，该方法将接受客户端请求 Socket，成功后调用并启动代理线程对接收的请求进行具体的处理。
- 第 23～26 行为程序启动的方法，是程序的入口，用来开启对应线程。

（2）经过上面的介绍，应经了解了服务器端主线程类的开发方式，下面介绍代理线程 ServerAgent 的开发。首先介绍接收数据部分，服务器端每接收一组数据，先通过数据头判断传入数据的类型，然后接收数据并保存，最后处理数据，具体代码如下。

代码位置：见随书光盘源代码/第 12 章/TankServer/src/com/bn/gp/server 目录下的 ServerAgent.java。

```
package com.bn.gp.server;
……//此处省略了导入类的代码，读者可自行查阅随书附带光盘中的源代码
public class ServerAgent extends Thread{
      ……//此处省略变量定义的代码，请自行查看源代码
      public ServerAgent(ServerThread st,Socket sc){
            this.sc=sc;                              //拿到 Socket 对象，便于关闭、重启服务器
            ServerAgent.st=st;                       //拿到 Server 线程对象，便于重启
            try{
                  din=new DataInputStream(sc.getInputStream()); //创建新数据输入流
```

```
10                dout=new DataOutputStream(sc.getOutputStream());//创建新数据输出流
11           }catch(Exception e){
12                e.printStackTrace();                                   //打印异常
13      }}
14      public void run(){
15           while(flag){                                                //数据接收标志位
16                try{
17                     String msg=readStr(din);                         //读取数据标识
18                     if(msg.startsWith("<#KEY#>")){                  //判断是否为 tank 信息
19                          float leftOffsetX,leftOffsetY,rightOffsetX,rightOffsetY;
20                          leftOffsetX=readFloat(din);                 //读取 float 数据
21                          leftOffsetY=readFloat(din);
22                          rightOffsetX=readFloat(din);                //右摇杆 X 偏移量
23                          rightOffsetY=readFloat(din);
24                          MainTank m=new MainTank(                    //创建坦克动作
25                               redOrGreen,leftOffsetX,leftOffsetY,rightOffsetX,
                                 rightOffsetY);
26                          synchronized(GameData.lock){                //同步方法语句块
27                               aq.offer(m);                           //加入动作执行队列
28                     }}
29                     ……//由于其他 msg 动作代码与上述相似，故省略，读者可自行查阅源代码
30                }catch(Exception e){
31                     closeGame();                                     //关闭服务器的方法
32                     break;
33 }}}}
```

- 第 5～13 行为 ServerAgent 的构造方法，拿到了 Socket 对象，创建了数据的输入输出流，以便重启服务器以及传输、接收数据。
- 第 15～28 行为接收数据的方法。首先根据标志位判断是否能够接收数据。之后接收数据头，根据数据头判断接收到的消息类型。然后将数据依次从数据输入流读取。最后根据数据将需要执行的动作加入动作执行队列。
- 第 30～32 行为异常处理的方法。如果客户端和服务器端连接断开，则执行进行关闭服务器的方法，具体方法在下一部分进行介绍。

（3）下面介绍服务器的关闭方法，需要将 socket 关闭、将数据类内容初始化，最后重新调用 ServerThread 线程将服务器重新启动。服务器的关闭方法并不复杂，主要目的是使游戏成功或者游戏失败时能重新进行游戏，其具体代码如下。

代码位置：见随书光盘源代码/第 12 章/TankServer/src/com/bn/gp/server 目录下的 ServerAgent.java。

```
public static void closeGame() {
     LevelChange.resetLevel();                                  //重置关卡
     flag=false;                                                //接收线程标志位
     st.flag=false;                                             //服务器连接线程标志位
     ulist.clear();                                             //清空客户端列表
     try {
          st.ss.close();                                        //关闭 socket
     } catch (IOException e) {                                  //异常处理
          e.printStackTrace();
     }
     new ServerThread().start();                                //重新打开服务器连接线程
}
```

说明 首先将游戏数据重置，将服务器的循环标志位置否，使网络线程自动关闭。之后将客户端列表清空，关闭 socket。最后将 ServerThread 重新开启。其中将游戏数据重置的方法十分简单，有需要的读者请自行查阅随书附带光盘中的源代码。

（4）上一部分介绍了数据的接受，下面则介绍数据的发送。为了减少不必要的时间，所以发送数据的宗旨是改变什么发送什么。发送数据时一定要在同步方法中进行，保证发送此段数据时不会有其他类型的数据被发送，具体代码如下。

代码位置：见随书光盘源代码/第 12 章/TankServer/src/com/bn/gp/server 目录下的 ServerAgent.java。

```
public static void broadcastTank(){
     for(ServerAgent sa:ulist){                                    //向所有客户端发送
          try{
               synchronized(GameData.lock){
                    sendStr(sa.dout, "<#GAME_TANK#>");            //坦克数据标识符
                    sendInt(sa.dout, GameData.redX);              //红色坦克 X 偏移量
                    sendInt(sa.dout, GameData.redY);              //红色坦克 Y 偏移量
                    sendInt(sa.dout, GameData.greenX);            //绿色坦克 X 偏移量
                    sendInt(sa.dout, GameData.greenY);            //绿色坦克 Y 偏移量
                    sendFloat(sa.dout, GameData.redTankAngle);//红色坦克旋转角度
                    sendFloat(sa.dout, GameData.greenTankAngle);//绿色坦克旋转角度
                    sendFloat(sa.dout, GameData.redGunAngle);//红色坦克炮筒旋转角度
                    sendFloat(sa.dout, GameData.greenGunAngle);//绿色坦克炮筒旋转角度
               }}catch(Exception e){
                    e.printStackTrace();
 }}}
```

说明 此方法为发送坦克移动数据和炮筒旋转数据的方法，将数据标识符、各种数据依次发送。发送数据的数量和接收数据数量必须严格匹配。

12.4.3 碰撞检测类的开发

碰撞检测是游戏的重中之重，双方坦克不能互相碾压，检测子弹是否命中目标都需要碰撞检测。碰撞检测的实现方法有很多，例如计算碰撞两物体的重叠面积，超过重叠面积阈值则判定为两物体碰撞。这一小节介绍碰撞检测的实现。

如图 12-14 所示，两物体的位置关系无非三种，部分重叠、完全重叠、完全不重叠。为了便于计算，将游戏中所有物体近似为矩形。根据平面几何原理，两物体中点之间距离大于两物体外接圆半径之和，是完全不可能重叠的；而小于两物体内接圆半径之和是肯定重叠的。

以上方法用于缩小计算范围，减少计算量，并且涵盖了两物体完全重叠的判断，所以之后的重点是如何判断两物体部分重叠。观察部分重叠的图，不难发现，如果两物体部分重叠，必有边长相交，问题便简化为如何判断两线段相交的问题。

如图 12-15 所示，想判断两直线相交十分简单，只需证明 p1 与 p2 两点在线段 p3p4 两端，并且 p3 与 p4 两点在线段 p1p2 两端即可。证明两点在一条直线两侧需要用到跨立定理。关于两直线相交算法的原理以及跨立定理的内容，有兴趣的读者可查阅相关资料。

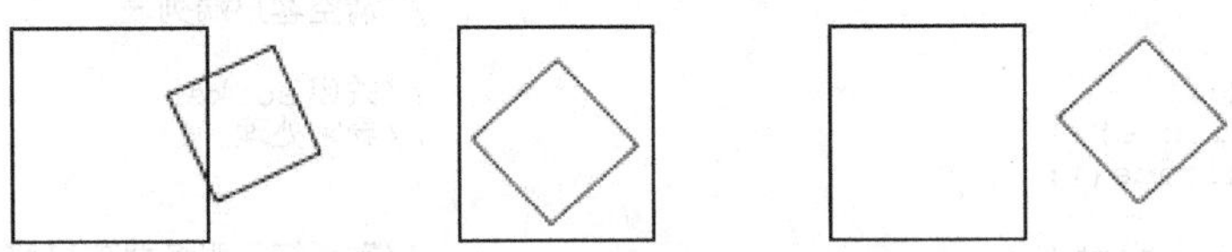

▲图 12-14　两物体的三种位置关系

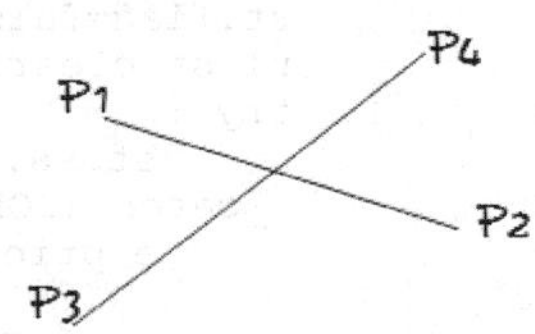

▲图 12-15　两直线相交的判断

（1）检测两物体是否发生碰撞被整合为一个方法，需要提供两物体的 x、y 坐标，旋转角度以及物体编号，返回布尔值。此部分主要负责将碰撞检测所需的数据处理成需要的格式，详细的物理计算将在之后的部分介绍，具体代码如下。

代码位置：见随书光盘源代码/第 12 章/TankServer/src/com/bn/gp/server 目录下的 Collision.java。

```
public static boolean checkCollision(int redX,int redY,int greenX,
          int greenY,float redAngle,float greenAngle,int whichA, int whichB){
     //初始化用于计算的变量
     redAngle=450-redAngle;                                        //换算红方物体角度
```

```
5         greenAngle=450-greenAngle;
6         double redRadian=Math.toRadians(redAngle);              //换算弧度
7         double greenRadian=Math.toRadians(greenAngle);
8         int dx1=redX-greenX;                                     //中心点 x 坐标之差
9         int dy1=redY-greenY;                                     //中心点 y 坐标之差
10        int redSide=redWhich[whichA]/2;                          //计算红色物体半径
11        int greenSide=greenWhich[whichB]/2;
12        //两物体中点之间距离大于两物体外接圆半径和
13        if((dx1*dx1+dy1*dy1)>(redSide+greenSide)*(redSide+greenSide)*2){
          //用距离的平方比较
14              return false;
15        }
16        //两物体中点之间距离小于两物体内接圆半径和
17        if((dx1*dx1+dy1*dy1)<(redSide-greenSide)*(redSide-greenSide)){
          //用距离的平方比较
18              return true;
19        }else{
20              float redPoint[][]=getPoint(redX, redY, redRadian, redSide);
          //计算撞击物体 4 点坐标
21              float greenPoint[][]=getPoint(greenX, greenY, greenRadian, greenSide);
22              for(int i=0;i<4;i++){
23                    for(int j=0;j<4;j++){                                  //检测是否有边长相交
24                          if(checkIntersect(redPoint[i],greenPoint[j],redPoint[i+1],
                            greenPoint[j+1])){
25                                if(checkIntersect(greenPoint[j],redPoint[i],
                                  greenPoint[j+1],redPoint[i+1])){
26                                      return true;
27              }}}}
28              return false;
29   }}
```

● 第 4～13 行计算变量，将数据转化为碰撞检测所需的值，redWhich 与 greenWhich 数组为物体边长的数组，给予对应物体编号可获取边长。

● 第 14～19 行计算两物体中点之间距离，并与两物体外接圆半径之和以及两物体内接圆半径之和进行比较，大于外接圆半径不可能碰撞，小于内接圆半径必然碰撞。

● 第 20～29 行计算两物体是否有边长相交，首先根据物体 x、y 坐标，边长以及旋转角度计算出矩形四顶点的坐标，最后循环检测是否有边长相交。为了方便计算边长是否相交，四顶点坐标数组长度为五，第一个数据与第五个数据为同一点。

（2）这一部分为读者讲解如何计算矩形四顶点的坐标。同样方法不唯一，希望读者能够进一步探索，找到更好的方法。首先通过物体边长计算出外接圆半径，然后通过旋转角度和中心点位置计算出两点坐标，最后利用中心对称原理获得其他两点坐标，具体代码如下。

代码位置：见随书光盘源代码/第 12 章/TankServer/src/com/bn/gp/server 目录下的 Collision.java。

```
private static float[][] getPoint(int X, int Y, double Radian, int Side) {
      //根据中心点坐标、旋转角度、半边长长度计算 4 点坐标
      float Point[][]=new float[5][2];                          //每个顶点有两个值
      double pointRadian=Math.PI/4;
      double redR=Side/Math.sin(pointRadian);
      Point[0][0]=(float) (redR*Math.cos(pointRadian+Radian)+X);//计算第一个点 X 值
      Point[0][1]=(float) (-redR*Math.sin(pointRadian+Radian)+Y);//计算第一个点 Y 值
      Point[1][0]=(float) (redR*Math.cos(Math.PI-pointRadian+Radian)+X);
      //计算第二个点 X 值
      Point[1][1]=(float) (-redR*Math.sin(Math.PI-pointRadian+Radian)+Y);
      //计算第二个点 Y 值
      Point[2][0]=2*X-Point[0][0];                               //第三个点与第一个点中心对称
      Point[2][1]=2*Y-Point[0][1];
      Point[3][0]=2*X-Point[1][0];                               //第四个点与第二个点中心对称
      Point[3][1]=2*Y-Point[1][1];
      Point[4]=Point[0];                                         //5 号点与 1 号点相同，方便后续计算
      return Point;
}
```

> **说明**　根据物体 x、y 坐标，边长以及旋转角度计算出矩形顶点的坐标。由于物体的旋转弧度与三角函数所需弧度不一致，因此引入 pointRadian。为了方便计算边长是否相交，四顶点坐标数组长度为五，第一个数据与第五个数据为同一点。

（3）上一部分讲解了物体四个顶点的计算，下面讲解判断两直线相交方法的基础——跨立定理。跨立定理利用了叉积的性质，选定线段的一点，将线段看为一个向量，并且做出由选定点指向两点的两个向量，用叉积判断这两向量是否在线段两侧。具体代码如下。

代码位置：见随书光盘源代码/第 12 章/TankServer/src/com/bn/gp/server 目录下的 Collision.java。

```
1    private static boolean checkIntersect(float[] s1, float[] p1, float[] s2, float[] p2){
2         //检测 p1 与 p2 是否在 s1s2 所确定直线的两侧
3         float s1x=p1[0]-s1[0];                            //第一组向量 x 坐标
4         float s1y=p1[1]-s1[1];                            //第一组向量 y 坐标
5         float s2x=s2[0]-s1[0];                            //第二组向量 x 坐标
6         float s2y=s2[1]-s1[1];                            //第二组向量 y 坐标
7         float s3x=p2[0]-s1[0];                            //第三组向量 x 坐标
8         float s3y=p2[1]-s1[1];                            //第三组向量 y 坐标
9         float c1=s1x*s2y-s2x*s1y;                         //第一、第二组向量叉积
10        float c2=s2x*s3y-s3x*s2y;                         //第二、第三组向量叉积
11        if(c1*c2>0){                                      //如果叉积同号
12             return true;
13        }
14        return false;
15   }
```

- 第 3～8 行计算三条向量的坐标。传入参数中 s1 与 s2 为线段的端点，p1 与 p2 为两点，则这三条向量为 s1s2、s1p1、s1p2。
- 第 9～14 行用叉积定理判断两向量是否在线段两侧。

12.4.4　动作执行类的开发

动作的实现利用了 Java 的多态性，多态对程序的扩展具有非常大的作用。游戏里所有的物体均为 Action 类的子类，并重写 doAction 方法来实现物体的移动或消失。本小节介绍父类 Action 的开发、动作执行线程以及其中一种物体全部动作的实现。

1. 动作父类

游戏中所有的动作都需要继承动作父类，例如坦克的移动、子弹的发射。通过使用 Action 类的指针指向 Action 类的子类对象，使所有动作可以加入动作队列，同时也必须写动作的执行线程来执行，接下来介绍动作父类和动作的执行线程。

（1）父类 Action 的开发。父类 Action 并没有具体的功能，仅仅是包含一个需要子类重写的抽象方法，同时也使各种不同的动作加入动作队列。具体代码如下。

代码位置：见随书光盘源代码/第 12 章/TankServer/src/com/bn/gp/action 目录下的 Action.java。

```
package com.bn.gp.action;
public abstract class Action{
     public abstract void doAction();                        //执行动作的抽象方法
}
```

（2）动作执行线程，用来将动作队列的动作取出并执行，用队列的方法能保证同一时间只有一个动作进行，保障了程序的稳定。动作执行线程任何时刻都在运转，游戏暂停时只需要停止生成动作的代码即可，具体代码如下。

代码位置：见随书光盘源代码/第 12 章/TankServer/src/com/bn/gp/action 目录下的 ActionThread.java。

```
1   package com.bn.gp.util;
2   ……//此处省略了导入类的代码，读者可自行查阅随书附带光盘中的源代码
3   public class ActionThread extends Thread{
4       public void run(){
5           while(true){
6               Action a=null;                              //声明Action对象
7               synchronized(GameData.lock){                //同步方法拿到lock对象
8                   a=ServerAgent.aq.poll();                //读取动作列表里的动作
9               }
10              if(a!=null){                                //判断动作是否为空
11                  try{
12                      a.doAction();                       //执行动作
13                  }catch(Exception e){
14                      break;                              //发生异常则关闭动作线程
15  }}}}}
```

说明 需要读者注意第 7 行 synchoronized 的使用，这是一个同步方法，执行此语句块的时候，同样持有 GameData.lock 对象的语句块无法被执行。同步方法用来保证同一时间数据只能被一个进程修改，保障了数据的完整性。

2. 玩家坦克子弹动作

此部分以地图上的玩家坦克的子弹为例，详细介绍具体动作子类的实现。其中包括了子弹类、子弹控制类、子弹动作线程。通过这三个类的协同工作，实现了坦克子弹的创建、移动以及消失。此部分将对 3 个类分别进行介绍，具体实现如下。

（1）单个子弹类，包含了子弹的基本信息，即坐标、方向以及威力。同时还有一个子弹动作的方法，玩家坦克子弹动作由每一个子弹的动作组合而成。子弹动作的方法十分简单，通过计算使子弹沿一个固定的方向移动固定的距离，具体代码如下。

代码位置：见随书光盘源代码/第 12 章/TankServer/src/com/bn/gp/server 目录下的 MainBullet.java。

```
1   package com.bn.gp.server;
2   ……//此处省略了导入类的代码，读者可自行查阅随书附带光盘中的源代码
3   public class MainBullet{
4       public float bulletX;                                   //x坐标
5       public float bulletY;                                   //y坐标
6       public float angle;                                     //发射方向
7       public int sort;                                        //子弹伤害值
8       public MainBullet(int bulletX, int bulletY, float angle){//新建子弹构造方法
9           this.bulletX=bulletX+(float) (40*Math.cos(Math.toRadians(450-angle)));
10          this.bulletY=bulletY-(float) (40*Math.sin(Math.toRadians(450-angle)));
11          this.angle=angle;
12      }
13      public void go(){                                       //单个子弹的动作
14          bulletX=bulletX+(float)(GameData.bulletSpeed*Math.cos(Math.toRadians
            (450-angle)));
15          bulletY=bulletY-(float)(GameData.bulletSpeed*Math.sin(Math.toRadians
            (450-angle)));
16  }}
```

- 第 4～7 行为子弹的基本信息，包括坐标、方向以及威力。
- 第 8～12 行为子弹的构造类，用于创造一个新子弹，将子弹信息保存进新子弹中。
- 第 13～16 行为子弹的动作，玩家坦克子弹动作由每一个子弹动作组合而成，动作为让子弹沿着子弹方向根据子弹的速度移动一定距离。

（2）子弹控制类，负责定时产生新子弹，控制每个子弹进行移动，销毁应该消失的子弹，检

测子弹是否撞击到物体。子弹的消失有很多种情况，如撞击到物体、飞出屏幕，需要用不同的判断方法判断，具体代码如下。

代码位置：见随书光盘源代码/第 12 章/TankServer/src/com/bn/gp/server 目录下的 MainBulletControl.java。

```
1    package com.bn.gp.server;
2    ……//此处省略了导入类的代码，读者可自行查阅随书附带光盘中的源代码
3    public class MainBulletControl extends Action{
4        public void doAction(){
5            createBullet();                                          //创建新子弹
6            ArrayList<MainBullet> alTemp;                            //临时子弹列表
7            ArrayList<MainBullet> alDel=new ArrayList<MainBullet>();//待删子弹列表
8            ArrayList<Float> mainbullet=new ArrayList<Float>(); //子弹数据列表
9            synchronized(GameData.lock){
10               alTemp=new ArrayList<MainBullet>(GameData.mainBulletList);
                 //读取子弹列表
11           }
12           for(MainBullet mb:alTemp){
13               mb.go();                              //让每个子弹根据自己的方向前进
14               if(GameData.bossFlag){                //如果 boss 存在检测是否撞击到 boss
15                   int bossX,bossY;
16                   synchronized(GameData.lock){//读取 boss 坐标值
17                       bossX=GameData.bossX;
18                       bossY=GameData.bossY;
19                   }
20                   if(Collision.checkCollision((int)mb.bulletX,(int)mb.
                     bulletY,bossX,bossY,0,0,1,10)){
21                       synchronized(GameData.lock){
22                           GameData.bossHealth--;       //减少 boss 生命值
23                           GameData.explosion.add(25);//子弹撞击到物体发生爆炸
24                           GameData.explosion.add((int)mb.bulletX);
                             //爆炸位置 x 值
25                           GameData.explosion.add((int)mb.bulletY);
                             //爆炸位置 y 值
26                       }
27                       alDel.add(mb);                //加入销毁列表
28                       continue;
29               }}                                    //将出地图的子弹加入销毁列表
30               if(mb.bulletX<0||mb.bulletX>GameData.baseWidth||
31                       mb.bulletY<0||mb.bulletY>GameData.baseHeight){
32                   alDel.add(mb);
33               }                                     //将撞击到物体的子弹加入销毁列表
34               else if(Collision.checkCollision((int)mb.bulletX,
                 (int)mb.bulletY, 0, 1)){
35                   alDel.add(mb);
36               }else{                                //合格子弹加入新列表等待发送和保存
37                   mainbullet.add(mb.bulletX);             //保存子弹 x 坐标
38                   mainbullet.add(mb.bulletY);             //保存子弹 y 坐标
39           }}
40           synchronized(GameData.lock){
41               GameData.mainBullet=mainbullet;                 //重新设置子弹列表
42               for(MainBullet mb:alDel){                       //循环待删子弹列表
43                   GameData.mainBulletList.remove(mb); //将过期子弹销毁
44           }}
45           ServerAgent.broadcastBullet();                      //发送子弹数据
46   }}
```

- 第 4～11 行，将需要的数据读取、拷贝入临时数组，并在拷贝数据时加入同步方法，防止数据中途被改变导致程序错误。创建子弹的方法在之后的部分进行详细介绍。
- 第 12～29 行，为控制所有子弹动作的方法。遍历所有子弹，先让子弹执行子弹动作。判断 boss 是否存在，接着判断子弹是否撞击到 boss 上，如果撞到则减少 boss 的生命值，然后将子弹所在位置加入爆炸效果，并将子弹加入待删除列表。
- 第 30～39 行，分别检测子弹是否移动到地图之外，子弹是否撞击到地图上的物体。如果

两者均无则将子弹的 x、y 坐标加入子弹数据发送列表。

- 第 40～45 行，根据待删除列表将子弹列表中的子弹销毁。最后将子弹信息发送。

（3）子弹控制类。下面主要讲述子弹的创建。创建子弹首先通过计数器判断是否需要创建，然后更改炮筒状态，最后将子弹加入子弹列表。子弹的位置为发射子弹的坦克的位置，角度为坦克炮筒的角度，具体代码如下。

代码位置：见随书光盘源代码/第 12 章/TankServer/src/com/bn/gp/server 目录下的 MainBulletControl.java。

```
1   private void createBullet() {
2       int redState,redTimeCount,redTimeSpan,redHealth;
3       synchronized(GameData.lock){                          //读取数据
4           redState=GameData.redState;                       //炮筒状态
5           redTimeCount=GameData.redTimeCount;               //子弹发射计数器
6           redTimeSpan=GameData.redTimeSpan;                 //子弹发射阈值
7           redHealth=GameData.redHealth;                     //坦克生命值
8       }
9       redState=(redState==0)?0:(redState-1);           //标识炮筒状态，0 为正常状态的炮筒
10      if(redTimeCount==redTimeSpan&&redHealth>0){ //判断是否需要创建红色坦克子弹
11          redTimeCount=0;                            //重置坦克子弹计数器
12          redState=5;
13          MainBullet temp=new MainBullet(GameData.redX,GameData.redY,GameData.
            redGunAngle);
14          synchronized(GameData.lock){
15              GameData.mainBulletList.add(temp);       //将新子弹加入子弹列表
16      }}
17      redTimeCount++;                                       //红色坦克子弹计数器加 1
18      synchronized(GameData.lock){                          //重新保存回数据类
19          GameData.redState=redState;
20          GameData.redTimeCount=redTimeCount;
21  }}
```

- 第 4～8 行从数据类中读取数据。
- 第 9～18 行为创建坦克子弹的主要语句。判断子弹是否需要添加有两个变量，一个值随着时间变大，一个值固定。每次两个值相等时将第一个值置零，并创建新子弹。子弹 x、y 坐标与坦克的坐标一致。
- 第 19～22 行保存数据进数据类。

（4）子弹动作线程。负责定时将坦克子弹的控制者加入动作列表，每隔 20 毫秒加入一次，加入动作列表需要用同步方法，防止发生异常。具体代码如下。

代码位置：见随书光盘源代码/第 12 章/TankServer/src/com/bn/gp/server 目录下的 MainBulletThread.java。

```
package com.bn.gp.server;
……//此处省略了导入类的代码，读者可自行查阅随书附带光盘中的源代码
public class MainBulletThread extends Thread{
    public MainBulletThread(){                                //构造器
        this.setName("MainBullet");                           //给线程设置名称
    }
    public void run(){
        while(GameData.threadFlag){                           //线程状态标志位
            if(GameData.gameState==2){                        //判断是否为游戏状态
                Action a=new MainBulletControl();             //创建坦克子弹控制者
                synchronized(GameData.lock){
                    ServerAgent.aq.offer(a);                  //将动作加入动作列表
            }}
            try{
                Thread.sleep(20);                             //使线程睡眠 20 毫秒
            }catch(Exception e){
                e.printStackTrace();
}}}}
```

说明	子弹移动线程十分简单，如果游戏状态为正在游戏，则每隔 20 毫秒创建一个新的坦克子弹控制者加入动作列表。需要注意的是，切勿将创建类的语句放入同步方法中，类的创建耗时较长，放入同步方法中影响游戏速度。使用同步方法的原则是执行代码的时间尽量短。

12.4.5 状态更新类的开发

由于类似生命值的数据有可能在程序中的许多地方进行更改，所以作者将生命值、分数、游戏状态等数据的发送封装为一个类。其基本原理是该类保存着这些数据，一旦数据类中的数据与该类中的数据不相等，则向客户端发送数据并将该类中的数据进行更改。

（1）状态更新类分为两部分，其中负责发送数据的 Updata 类继承于 Action，同样需要重写 doAction 方法，在其中调用发送数据的方法。状态更新类负责发送两种不同类型的数据，需要传入枚举类型来判断将要发送的数据为什么类型。具体代码如下。

代码位置：见随书光盘源代码/第 12 章/TankServer/src/com/bn/gp/server 目录下的 Update.java。

```
1    package com.bn.gp.server;
2    ……//此处省略了导入类的代码，读者可自行查阅随书附带光盘中的源代码
3    public class Update extends Action{
4         UpdateEnum updateEnum;                                    //枚举类型成员变量
5         public Update(UpdateEnum updateEnum){                     //构造器
6              this.updateEnum=updateEnum;                          //传入更新类型
7         }
8         public void doAction() {
9              switch(updateEnum){                                  //判断类型
10             case date:
11                  ServerAgent.broadcastData();                    //发送生命值数据
12                  break;
13             case gameState:
14                  ServerAgent.broadcastGameState();               //发送游戏状态
15                  break;
16        }}
17        public enum UpdateEnum{                                   //创建枚举类型
18            date,gameState
19   }}
```

- 第 1～7 行导入了相关类，声明了相关变量，并编写了构造类的方法，构造类需要传入一个枚举类型来确定发送什么类型的数据。
- 第 8～16 行为重写 doAction 的方法，根据该类的成员变量 updateEnum 来判断发送什么类型的数据，变量为 date 则发送生命值数据，为 gameState 则发送游戏状态数据。
- 第 17～19 行为定义枚举类型的方法。

（2）状态更新类的第二部分为 UpdataThread 类，功能为定时检测是否有数据发生变化，如果变化则将更新相应数据的 Updata 加入动作列表。具体发送的数据为什么类型，由 Update 构造器中传入的枚举类型确定，具体代码如下。

代码位置：见随书光盘源代码/第 12 章/TankServer/src/com/bn/gp/server 目录下的 UpdateThread.java。

```
public void run(){
     while(GameData.threadFlag){
          if(check()){                                              //检测生命值是否变化
               Action a=new Update(Update.UpdateEnum.date);//父类指针指向子类对象
               synchronized(GameData.lock){
                    ServerAgent.aq.offer(a);                        //加入动作列表
          }}
          if(checkState()){                                         //检测游戏状态是否变化
               Action a=new Update(Update.UpdateEnum.gameState);//父类指针指向子类对象
```

```
            synchronized(GameData.lock){
                ServerAgent.aq.offer(a);                        //加入动作列表
        }}
        try{
            Thread.sleep(200);                                  //使线程休眠 20 毫秒
        }catch(Exception e){                                    //异常处理
            e.printStackTrace();
}}}
```

> **说明** 其中 check 为检测是否更新生命值和分数的方法，checkState 为检测是否更新游戏状态的方法。如果需要更新，将相应的 Updata 类添加进动作列表。具体实现过程十分简单，有需要的读者可自行查阅随书附带光盘中的源代码。

12.5 Android 端的开发

12.5.1 数据类的开发

首先介绍的是游戏中经常用到的数据类 GameData，该类保存了与游戏有关的一切数据，大部分为物体的位置信息，这些信息决定了物体放置的位置，支撑了游戏的正常进行。通过数据对画面进行更新，形成了丰富多彩的游戏界面，其详细代码如下。

代码位置：见随书光盘源代码/第 12 章/Tank/src/com/bn/data 目录下的 GameData.java。

```
package com.bn.data;                              //把 GameData 类纳入 com.bn.data 包中
import java.util.ArrayList;                       //导入 ArrayList 支持类
public class GameData{
    public Object lock=new Object();                        //用于同步方法的对象
    public int redX=-50;                                    //红色坦克的 X 坐标
    public int redY=-50;                                    //红色坦克的 Y 坐标
    public int greenX=-50;                                  //绿色坦克的 X 坐标
    public int greenY=-50;                                  //绿色坦克的 Y 坐标
    public int redGunState=0;                               //红色坦克炮筒的状态
    public int greenGunState=0;                             //绿色坦克炮筒的状态
    public int redHealth=-1;                                //红色坦克的生命值
    public int greenHealth=-1;                              //绿色坦克的生命值
    public int score=-1;                                    //坦克得分
    public int levelNumber=0;                               //关卡编号
    public int loadTime=0;                                  //欢迎界面中的计数器
    public float redTankAngle=0;                            //红色坦克的旋转角度
    public float greenTankAngle=0;                          //绿色坦克的旋转角度
    public float redGunAngle=0;                             //红色坦克炮筒的旋转角度
    public float greenGunAngle=0;                           //绿色坦克炮筒的旋转角度
    public int State=0;                                     //敌方坦克炮筒的状态
    public ArrayList<Float> mainBullet;                     //玩家坦克子弹的数据集合
    public ArrayList<Float> otherBullet;                    //敌方坦克子弹的数据集合
    public ArrayList<Float> mainMissile;                    //玩家坦克导弹的数据集合
    public ArrayList<Float> bossbullet;                     //boss 子弹的数据集合
    public int[] mapData;                                   //地图数据（沙包、塔楼）数组
    public int[] mapTree;                                   //地图数据（树木）数组
    public int[] mapTank;                                   //地图数据（坦克）数组
    public int[] explosion;                                 //爆炸位置的数据数组
    public int[] award;                                     //奖励位置的数据数组
    public int offset=0;                                    //地图偏移量
    public boolean bossFlag=false;                          //boss 是否存在的标志位
    public int bossX=480;                                   //boss 的 X 坐标
    public int bossY=270;                                   //boss 的 Y 坐标
    public int bossNum=1;                                   //boss 编号
    public float ratio=1;                                   //记录屏幕分辨率的换算比例
    public static int redOrGreen;                           //客户端编号
    public final static float baseWidth=960;                //基础分辨率宽度
    public final static float baseHeight=540;               //基础分辨率高度
    public static int state=0;//0——未连接,1——成功连接,2——游戏开始,3——游戏失败
```

```
40         public final static int STATE_UNCONNECTED=0;    //未连接状态编号
41         public final static int STATE_WAITING=1;        //等待连接状态编号
42         public final static int STATE_CONNECTED=2;      //连接中状态编号
43         public final static int EAT=1;                  //得到奖励音效的编号
44         public final static int EXPLOSION=2;            //爆炸音效的编号
45         public final static int LOSE=3;                 //失败音效的编号
46         public final static int SHOOT=4;                //发射导弹音效的编号
47         public final static int SELECT=5;               //按下按钮音效的编号
48         public final static int BACKGROUND=6;           //背景音乐的编号
49         public static int viewState=Game_down;          //当前显示界面编号
50         public final static int Game_down=1;            //加载界面编号
51         public final static int Game_menu=2;            //游戏菜单界面编号
52         public final static int Game_palying=3;         //游戏开始界面编号
53         public final static int Game_pause=4;           //游戏暂停编号
54         public final static int Game_select=5;          //选择关卡界面编号
55         public static boolean GAME_SOUND=true;          //游戏音乐标志位
56         public static boolean GAME_EFFECT=true;         //游戏音效标志位
57         public static int start;                        //游戏帮助界面记录按下位置
58         public static int end;                          //游戏帮助界面记录抬起位置
59         public static int offsetX;                      //游戏帮助界面记录触控偏移量
60         public static int position=0;                   //游戏帮助界面记录图片索引
61         public static int helpNum=5;                    //游戏帮助界面记录图片张数
62     }
```

- 第 4 行声明了同步方法需要获得的对象锁。
- 第 5～34 行声明了游戏中各种数据的变量，其中包括玩家的生命值、得分等玩家信息，玩家坦克的位置、旋转角度。同时还有包含坐标、编号的物体数据信息，以及 boss 的坐标和 boss 编号。这些数据都需要根据相应的规则绘制在屏幕上。
- 第 35～38 行声明了游戏的相关数据，用于标识玩家控制坦克的颜色，同时还利用游戏基础分辨率与屏幕分辨率换算游戏界面的放大比例。
- 第 39～56 行声明了一下游戏中需要的静态常量，将容易混淆的“魔法数字”用容易记忆的“常量名”替换，便于游戏的开发和后续的修改。
- 第 57～61 行声明了帮助界面的相关变量，用于滑动翻页的实现。

12.5.2　TankActivity 类的开发

下面来介绍 TankActivity 类的开发，此程序中 TankActivity 类仅是 Android 程序的入口并负责一些简单的加载功能、触控控制以及一些通用的方法，并不涉及绘制。具体的绘制功能在其中加载的 SurfaceView 中实现，将在后文中进行详细介绍。

（1）首先介绍的是 TankActivity 类中所需的基本变量和方法，读者可以通过这部分介绍大概了解 Activity 类的功能以及各个变量的含义，便于对程序的理解。其中本程序的音效并不多，加载时间较短，为了读者看到加载的效果，延长了 3 秒钟，具体代码如下。

代码位置：见随书光盘源代码/第 12 章/Tank/src/com/bn/tank 目录下的 TankActivity.java。

```
package com.bn.tank;
……//此处省略了导入类的代码，读者可自行查阅随书附带光盘中的源代码
public class TankActivity extends Activity {
    public MySurfaceView mySurfaceView;                          //声明 SurfaceView
    public KeyThread kt;                                         //声明数据发送线程
    SoundPool soundPool;                                         //声明声音池
    MediaPlayer mediaPlayer;                                     //声明音乐播放器
    HashMap<Integer, Integer> soundPoolMap;                      //声明 HashMap
    public static Handler handler;                               //声明 UI 处理者
    int completeFlag=0;                                          //声明音效加载计数器
    protected void onCreate(Bundle savedInstanceState){          //创建程序窗口
        super.onCreate(savedInstanceState);                      //调用父类此方法
        requestWindowFeature(Window.FEATURE_NO_TITLE);           //设置程序无标题
        DisplayMetrics metric = new DisplayMetrics();            //获取屏幕信息
        getWindowManager().getDefaultDisplay().getMetrics(metric);//获取屏幕信息
```

```
16          final int width = metric.widthPixels;                //获取屏幕宽度
17          final int height = metric.heightPixels;              //获取屏幕高度
18          mySurfaceView = new MySurfaceView(this,width,height);//创建新的 SurfaceView
19          kt=new KeyThread(mySurfaceView);                     //创建新的数据发送线程
20          kt.start();                                          //开启数据发送线程
21          initSounds();                                        //调用音效初始化方法
22          setContentView(mySurfaceView);                       //切换显示的 View
23          soundPool.setOnLoadCompleteListener(                 //设置音效加载完成监听
24               new SoundPool.OnLoadCompleteListener() {        //创建音效加载完成监听
25                    public void onLoadComplete(SoundPool soundPool,int
                      sampleId,int status){
26                         completeFlag++;                       //更新音效加载计数器
27                         if(completeFlag==5){                  //如果音效加载完成五个
28                              try {
29                                   Thread.sleep(3000);         //等待 3 秒钟
30                              }catch (Exception e){            //捕获异常
31                                   e.printStackTrace();
32                              }
33                              GameData.viewState=2;            //切换界面
34          }}});
35          handler=new Handler(){                               //创建 UI 处理者
36               public void handleMessage(Message msg){         //接受信息的方法
37                    switch(msg.what){                          //判断信息编号
38                    case 1:   Toast.makeText(TankActivity.this, "连接失败",
39                                   Toast.LENGTH_SHORT).show();//弹出连接失败提示框
40                    case 2:   Toast.makeText(TankActivity.this, "连接断开",
41                                   Toast.LENGTH_SHORT).show();//弹出连接断开提示框
42          }}};}
43     public void exit(){                                       //退出程序的方法
44          kt.broadcastExit();                                  //发送退出信息
45          mediaPlayer.release();                               //释放音乐播放器
46          System.exit(0);                                      //退出程序
47     }
48     public boolean onKeyDown(int keyCode, KeyEvent event) {} //触控监听
49     private void initSounds() {}                              //音效声音初始化方法
50     public void playBackground() {}                           //播放背景音乐
51     public void playSound(int sound, int loop) {}             //播放音效
52  }
```

- 第 1～22 行声明了相关变量和相关类的引用，并且对屏幕的显示进行了相关操作。其中包括了声明网络线程、声音池及 UI 处理者，同时进行了一些对象的创建。
- 第 23～34 行为音效加载完成的监听，因为音乐文件一般较大而且数量可能较多，所以加载时间较长。为了保证游戏中声音的正常播放，需要程序等待音效加载完成再进入下一层界面。SoundPool 每加载一个调用一次加载完成方法，用计数器判断是否全部加载完成。
- 第 35～42 行为 Handler 的实现，Android 为了保障程序的安全性，除了主线程和 UI 线程，其他任何线程都不能对 UI 进行操作，只能通过 handler 进行操作。例如其他的线程需要程序弹出提示框，先发送信息（可以携带数据），根据信息进行处理。
- 第 43～51 行为 TankActivity 类中的其他方法，退出方法较为简单所以直接列出，其他方法将在下一部分进行详细介绍。

（2）上一部分介绍 TankActivity 类的具体框架，下面将介绍程序返回键的实现。由于本程序的所有界面均在同一个 Surface 中进行切换，且每个界面按下返回键实现的功能并不相同，如何处理不同界面间的返回键，其详细的实现代码如下。

代码位置：见随书光盘源代码/第 12 章/Tank/src/com/bn/tank 目录下的 TankActivity.java。

```
public boolean onKeyDown(int keyCode, KeyEvent event){         //物理按键监听
     int gameState=GameData.viewState;                          //获取界面编号
     if(keyCode==KeyEvent.KEYCODE_BACK){                        //判断是否为返回键
          switch(gameState){                                    //switch 判断
          case GameData.Game_load:                              //游戏加载界面
               break;                                           //跳出 switch
          case GameData.Game_menu:                              //游戏菜单界面
```

```
8              return mySurfaceView.menu.onKeyDown(keyCode, event);   //调用方法
9          case GameData.Game_palying:                                 //游戏界面
10             if(GameData.state==4){                                  //暂停状态时
11                 GameData.state=2;                                   //恢复游戏状态
12                 return true;
13             }else if(GameData.state==2){                            //游戏状态时
14                 GameData.state=4;                                   //进入暂停状态
15                 return true;                                        //阻止触控下传
16             }
17             break;
18         case GameData.Game_select:                                  //关卡选择界面
19             GameData.viewState=GameData.Game_menu;                  //跳转到菜单界面
20             break;
21     }}
22     return false;                                                   //监听未处理并下传
23 }
```

说明 不同界面返回键的实现方法比较简单，首先判断是否点击到返回键，之后判断在哪个程序界面，然后进一步判断游戏状态，最后进行处理。其中在第 8 行调用了在 MySurfaceView 中实现的按键处理方法，将代码归类整理可以使代码不冗长、易读懂。

（3）下面读者需要掌握的是声音、音效的加载和播放。加载音乐需要在程序的最初进行，之后在需要的地方进行调用。作者将相关代码进一步整合为播放音乐和音效的代码，只需要给出音效编号即可播放音效，减少代码的重复，具体代码如下。

代码位置：见随书光盘源代码/第 12 章/Tank/src/com/bn/tank 目录下的 TankActivity.java。

```
private void initSounds() {                                           //初始化声音、音效
    AssetManager assetManager = getAssets();                          //获取 assets 管理器
    AssetFileDescriptor temp;                                         //获取文件描述符
    mediaPlayer=new MediaPlayer();                                    //创建音乐播放器
    try{
        temp=assetManager.openFd("sound/background.mp3");   //读取背景音乐文件
        mediaPlayer.setDataSource(                                    //设置音乐播放器数据源
            temp.getFileDescriptor(),                                 //获取文件描述符
            temp.getStartOffset(),                                    //获取文件起始点
            temp.getLength()                                          //获取文件长度
        );
        mediaPlayer.setLooping(true);                                 //设置为循环播放
        mediaPlayer.prepare();                                        //准备播放器
    }catch(Exception e){
        e.printStackTrace();
    }
    mediaPlayer.start();                                              //播放背景音乐
    soundPool=new SoundPool(                                          //创建声音池
        6,                                                            //最大加载数量
        AudioManager.STREAM_MUSIC,                                    //数据流的类型
        100                                                           //采样率转化质量
    );
    soundPoolMap=new HashMap<Integer, Integer>();                     //创建 HashMap
    AssetFileDescriptor descriptor[]=new AssetFileDescriptor[5];//创建文件描述符
    String path[]={                                                   //创建文件路径数组
        "sound/eatprops.wav",                                         //获得奖励音效
        "sound/grenada.ogg",                                          //爆炸音效
        "sound/lose.mp3",                                             //游戏失败音效
        "sound/rocket_shoot2.ogg",                                    //发射导弹音效
        "sound/select.wav"                                            //点击按钮音效
    };
    try {
        for(int i=0;i<5;i++){                                         //循环加载音效
            descriptor[i] = assetManager.openFd(path[i]); //获取文件描述符
            soundPoolMap.put(i+1, soundPool.load(descriptor[i], 1));
            //将音效 id 保存进 HashMap
```

```
36      }}catch (IOException e){
37          e.printStackTrace();
38      }}
```

● 第 2～17 行为初始化音乐播放器的方法，首先拿到用于打开文件的 Assets 管理器，然后通过文件的相对路径读取到文件，最后设置为播放器的文件源。需要注意的是音乐播放器一定要执行 prepare 方法才能进行播放。

● 第 18～38 行为初始化声音池的方法，首先创建声音池并设置其相关属性，之后将所有音效的文件路径放到一个字符串数组中便于之后的循环加载。音效文件加载完成后会返回一个音乐 id，由于此 id 并无规律，所以将其保存在 HashMap 中，设置为便于处理的 key 值。

12.5.3 SurfaceView 类的开发

上一小节已经介绍了 Activity，接下来讲解的是 SurfaceView 类的开发，此类包括屏幕自适应的方法、初始化游戏中物体类方法、打开 Android 端接收数据线程的方法、打开绘制界面线程的方法、游戏中界面的切换方法以及绘制游戏界面的方法实现。

（1）首先我们介绍的是屏幕自适应方法的实现，由于现在市面上手机分辨率有很多种，如 800×480、960×540、1280×720、1280×800 等各不相同。为了使此款游戏适应各种手机的屏幕分辨率，我们写了适应屏幕分辨率的方法。其详细代码如下。

代码位置：见本书随书光盘中源代码/第 12 章/Tank/com/bn/tank 目录下的 MySurfaceView.java。

```
1   package com.bn.tank;
2   ……//此处省略了导入类的代码，需要的读者可参考光盘中的源代码
3   public class MySurfaceView extends SurfaceView implements SurfaceHolder.Callback{
4       ……//此处省略了定义一些常量的相关代码，需要的读者可参考光盘中的源代码
5       public MySurfaceView(TankActivity activity,int width,int height){
6           super(activity);                              //调用父类
7           this.father=activity;                         //获取 Activity 对象
8           getHolder().addCallback(this);                //注册回调接口
9           screenWidth=width;                            //记录屏幕的宽度
10          screenHeight=height;                          //记录屏幕的高度
11          if(screenWidth>screenHeight*16/9){            //如果玩家手机屏幕过宽
12              ratio=screenHeight/GameData.baseHeight;   //获取屏幕高的比例
13              screenHeight=GameData.baseHeight;         //设置屏幕显示的高度
14              screenLeft=(screenWidth/ratio-GameData.baseWidth)/2;
                //设置屏幕左面留白的长度
15              screenWidth=GameData.baseWidth;           //设置屏幕显示的宽度
16          }else{
17              ratio=screenWidth/GameData.baseWidth;     //获取屏幕宽的比例
18              screenWidth=GameData.baseWidth;           //设置屏幕的宽度
19              screenTop=(screenHeight/ratio-GameData.baseHeight)/2;
                //设置屏幕上面留白的长度
20              screenHeight=GameData.baseHeight;         //设置屏幕的高度
21          }
22          gd.ratio=ratio;                               //记录屏幕的比例
23          rectBackground = new RectF(0, 0, screenWidth, screenHeight);
            //绘制矩形的面积
24          back=BitmapIOUtil.getBitmap("gameBackground.png",
            activity.getResources());//绘制背景图
25          Matrix matrix = new Matrix();                 //定义矩阵
26          matrix.setScale(1.2f, 1.2f);                  //矩阵长宽各放大 1.2 倍
27          back=Bitmap.createBitmap(back, 0, 0,
28              back.getWidth(), back.getHeight(), matrix, true);//放大背景长宽各 1.2
29          initObject();                                 //初始化游戏中的物体
30      }
```

● 第 6～22 行为调用父类，获取 Activity 对象，注册回调接口。由于此款游戏是横屏游戏，所以先获取玩家手机屏幕宽度和高度，判断玩家手机长宽比是否满足 16∶9。如果不满足 16∶9，进行屏幕上下或者左右留白。如果满足，游戏画面充满全屏。

● 第 23～28 行为定义一个矩阵，矩阵长宽比各放大 1.2 倍，绘制 1.2 倍的背景图，初始化游戏物体类的方法。下面将为大家介绍初始化物体的方法。

（2）上一部分介绍了游戏的屏幕分辨率的自适应方法，接下来我们介绍游戏中初始化游戏中的物体。初始化游戏中需要绘制的物体包括玩家与敌方的子弹、玩家坦克、摇杆、物体爆炸、BOSS 类、菜单类、欢迎类、选择类。详细代码如下。

代码位置：见本书随书光盘中源代码/第 12 章/Tank/com/bn/tank 目录下的 MySurfaceView.java。

```
1   private void initObject(){
2        Tree t1=new Tree(this,0);                          //初始化树 1
3        Tree t2=new Tree(this,1);                          //初始化树 2
4        Mark m1=new Mark(this,0);                          //初始化坑 1
5        Mark m2=new Mark(this,1);                          //初始化坑 2
6        Barrier b=new Barrier(this);                       //初始化沙包
7        Tower t=new Tower(this);                           //初始化防御塔
8        OtherTank et1=new OtherTank(this,0);               //初始化敌方坦克 1
9        OtherTank et2=new OtherTank(this,1);               //初始化敌方坦克 2
10       OtherTank et3=new OtherTank(this,2);               //初始化敌方坦克 3
11       OtherTank et4=new OtherTank(this,3);               //初始化敌方坦克 4
12       Award ac=new Award(this,0);                        //初始化奖励爆炸
13       Award ah=new Award(this,1);                        //初始化奖励加血
14       Award ap=new Award(this,2);                        //初始化奖励升级
15       thing=new Thing[]{t1,t2,m1,m2,b,b,t,t,et1,et2,et3,et4,ac,ah,ap};
         //父类引用指向子类对象
16       mainBullet=new MainBullet(this);                   //初始化子弹
17       mainTank=new MainTank(this);                       //初始化玩家坦克
18       yaogan=new Yaogan(this);                           //初始化摇杆
19       explosion=new Explosion(this);                     //初始化爆炸
20       about=new OtherView(this);                         //初始化杂项类
21       boss=new Boss(this);                               //初始化 BOSS
22       menu=new MenuView(this);                           //初始化菜单类
23       down=new WelcomeView(this);                        //初始化欢迎类
24       select=new SelectView(this);                       //初始化选择类
25  }
```

● 第 2～15 行为初始化游戏中需要绘制的物体，包括沙包、防御塔、敌方坦克、玩家获得奖励和物体消失产生的坑。让这些物体继承了 Thing 类，这样可以初始化父类数组，把需要绘制的物体添加到初始化中，间接地给物体排序，在下面的物体绘制中调用更加方便。

● 第 16～24 行为初始化子弹、玩家坦克、摇杆、爆炸等游戏界面需要绘制的东西。还初始化了杂项类、BOSS 类、菜单类、欢迎类和选择游戏关卡类。

（3）上一部分介绍了初始化游戏需要绘制的物体，接下来我们介绍游戏中是如何切换游戏界面的。由于 Android 程序中坐标原点在屏幕的左上角，X 轴向右为正方向，Y 轴向下为正方向。这样我们为了自适应屏幕，需要把画布移动设置新的坐标原点。其详细代码如下。

代码位置：见本书随书光盘中源代码/第 12 章/Tank/com/bn/tank 目录下的 MySurfaceView.java。

```
protected void onDraw(Canvas canvas) {                      //绘制游戏画面
     canvas.scale(ratio, ratio);                             //放大画布
     canvas.save();                                          //保存画布
     canvas.translate(screenLeft, screenTop);                //平移到新的原点
     canvas.clipRect(rectBackground);                        //设置裁剪区
     int gameState=GameData.viewState;                       //游戏当前的状态
     switch(gameState){
     case GameData.Game_load:                                //加载界面
          down.draw(canvas);                                 //绘制加载界面
          break;
     case GameData.Game_menu:                                //菜单界面
          menu.draw(canvas);                                 //绘制菜单界面
          break;
     case GameData.Game_palying:                             //游戏界面
          drawSelf(canvas);                                  //绘制游戏界面
          break;
```

```
17          case GameData.Game_select:                                //选关界面
18              select.drawSelf(canvas);                              //绘制选关界面
19              break;
20          }
21          canvas.restore();                                         //恢复画面
22      }
```

- 第 2～5 行为根据玩家手机屏幕大小进行等比例缩放画布的操作，为了玩家更好的游戏体验，同时还对屏幕的上下或者左右进行留白处理，最后设置新的坐标原点和剪裁区。
- 第 6～21 行为根据数据类中的游戏状态值判断当前的游戏状态，是加载界面、菜单界面、游戏界面还是选关界面等，同时绘制出相应的游戏界面。

（4）上一部分介绍了游戏中切换游戏界面的方法，接下来介绍如何改变游戏的触摸监听，每一个界面都有自己的触摸监听方法，根据游戏状态去切换游戏的触摸监听，以达到每个界面都可以实现各自的功能。其详细代码如下。

代码位置：见本书随书光盘中源代码/第 12 章/Tank/com/bn/tank 目录下的 MySurfaceView.java。

```
public boolean onTouchEvent(MotionEvent event){
    int gameState=GameData.viewState;                        //获取游戏状态
    switch(gameState){
        case GameData.Game_load:                             //游戏加载界面
            break;
        case GameData.Game_menu:                             //游戏菜单界面
            menu.onTouchEvent(event);                        //添加菜单界面监听
            break;
        case GameData.Game_palying:                          //游戏中的状态
            mainTouch(event);                                //添加游戏中界面监听
            break
        case GameData.Game_pause:                            //游戏暂停状态
            break;
        case GameData.Game_select:                           //游戏选关界面
            select.onTouchEvent(event);                      //添加选关界面监听
            break;
    }
   return true;
}
```

> **说明** 上述代码为游戏界面添加触摸监听，根据玩家在游戏中的当前状态去更改游戏界面的触摸监听。包括加载界面触摸监听、菜单界面触摸监听、游戏进行时界面触摸监听、暂停界面触摸监听以及选关界面的触摸监听。

（5）上一部分介绍了游戏中切换触摸监听的方法，接下来我们介绍当玩家游戏时的界面监听的方法。由于游戏中我们用到了摇杆，所以我们用的是多点触控监听。包括控制玩家坦克移动摇杆的监听、控制玩家坦克炮筒旋转的摇杆监听和暂停按钮的监听，其详细代码如下。

代码位置：见本书随书光盘中源代码/第 12 章/Tank/com/bn/tank 目录下的 MySurfaceView.java。

```
private void mainTouch(MotionEvent event){                   //游戏中的摇杆触摸监听
        int index=event.getActionIndex();                    //获取当前 action 索引值
        int id=event.getPointerId(index);                    //获取当前触摸坐标索引值
        int pCount=event.getPointerCount();                  //获取当前触摸数量
        float x=changeTouchX(event.getX(index));             //获取触摸点 X 坐标
        float y=changeTouchY(event.getY(index));             //获取触摸点 Y 坐标
        switch (event.getAction()&MotionEvent.ACTION_MASK){       //多点触控
            case MotionEvent.ACTION_DOWN:                    //单点触摸
            case MotionEvent.ACTION_POINTER_DOWN:            //多点触摸
            if(GameData.state==4){                           //游戏为暂停状态
                about.pauseTouchDown(x, y);                  //添加暂停的监听
            }
            if(GameData.state<3&&about.isPause(x, y)){//触摸暂停图片
                GameData.state=4;                            //转到暂停状态
```

```
15              }
16              int temp1=yaogan.isYaoGan(x,y);                  //是否点击到摇杆
17              if(temp1!=0){                                     //如果点击到摇杆
18                   pointNumber[temp1-1]=id;                     //给摇杆赋索引值
19              }
20              break;
21              case MotionEvent.ACTION_MOVE:                     //触摸点移动
22              if(GameData.state==4){                            //暂停状态
23                   about.pauseTouchDown(x, y);                  //暂停触摸监听
24              }
25              for(int i=0;i<pCount;i++){                        //遍历触摸点
26                   int pid=event.getPointerId(i);               //获取触摸点索引值
27                   float xTemp=changeTouchX(event.getX(i));     //获取坐标 X 值
28                   float yTemp=changeTouchY(event.getY(i));     //获取坐标 Y 值
29                   if(pointNumber[0]==pid){                     //如果是左面摇杆
30                        yaogan.changeLeftYaoGan(xTemp, yTemp);  //改变左面摇杆的位置
31                   }else if(pointNumber[1]==pid){               //如果是右面摇杆
32                        yaogan.changeRightYaoGan(xTemp, yTemp); //改变右面摇杆位置
33              }}
34              break;
35              case MotionEvent.ACTION_UP:                       //抬起触摸点
36              case MotionEvent.ACTION_POINTER_UP:               //抬起多点触控
37              if(GameData.state==4){                            //暂停状态
38                   about.pauseTouchUp(x, y);                    //暂停状态
39              }
40              if(pointNumber[0]==id){                           //如果是左摇杆
41                   pointNumber[0]=-1;                           //左摇杆索引值置为-1
42                   yaogan.leftOffsetX=0;                        //左摇杆 X 位移量置为 0
43                   yaogan.leftOffsetY=0;                        //左摇杆 Y 位移量置为 0
44              }else if(pointNumber[1]==id){                     //如果是右摇杆
45                   pointNumber[1]=-1;                           //右摇杆索引值置为-1
46                   yaogan.rightOffsetX=0;                       //右摇杆 X 位移量置为 0
47                   yaogan.rightOffsetY=0;                       //右摇杆 Y 位移量置为 0
48              }
49              break;
50      }}
```

- 第 1～20 行为获取当前动作的索引值、当前触摸点的索引值和数量、游戏界面的触摸点开始监听。如果游戏状态为暂停状态就添加暂停监听。如果在游戏进行时且触摸到暂停图片时则把游戏状态改为暂停状态。如果触摸点在摇杆范围内就把触摸索引值赋给摇杆索引值。
- 第 21～34 行为游戏界面的触摸点移动监听。如果当前状态为暂停状态就添加暂停监听。遍历所有的触摸点，获取触摸点索引值和坐标值，如果摇杆的触摸索引值与遍历的触摸点索引值相同，就改变摇杆位置。
- 第 35～49 行为游戏界面的触摸点抬起监听，当前游戏状态为暂停状态就添加暂停监听。如果抬起时是左摇杆，把左摇杆索引值置为-1，左摇杆坐标偏移量置为 0。如果抬起时是右摇杆，把右摇杆索引值置为-1，右摇杆坐标偏移量置为 0。

（6）上一部分介绍了游戏中摇杆触摸监听方法，接下来介绍游戏进行时绘制游戏界面的方法。绘制开始游戏后的界面物体，如玩家坦克、敌方坦克、滚动的背景、暂停按钮、玩家的摇杆、玩家的生命值、玩家的总得分以及游戏中出现的爆炸效果，其详细代码如下。

代码位置：见本书随书光盘中源代码/第 12 章/Tank/com/bn/tank 目录下的 MySurfaceView.java。

```
private void drawSelf(Canvas canvas){                         //画游戏进行的界面
     int offset;                                              //画面偏移量
     synchronized(gd.lock){                                   //对数据库进行操作添加锁
          offset=gd.offset;                                   //获取游戏的偏移量
     }
     canvas.save();                                           //画背景图片
     canvas.drawBitmap(back, 0, offset-GameData.baseHeight, null);
     //绘制游戏背景
     canvas.drawBitmap(back, 0, offset, null);                //绘制游戏背景
     canvas.restore();                                        //保留画布
```

```
10        int []tempMap;                                      //地图数组
11        int []tempTree;                                     //树数组
12        int []tempTank;                                     //坦克数组
13        int []tempAward;                                    //奖励数组
14        synchronized(gd.lock){                              //对数据库进行操作添加锁
15            tempMap=gd.mapData;                             //地图数组
16            tempTree=gd.mapTree;                            //树数组
17            tempTank=gd.mapTank;                            //坦克数组
18            tempAward=gd.award;                             //奖励数组
19        }
20        if(tempMap!=null){                                  //如果地图数组不为空
21            int count=0;                                    //定义计数器
22            while(count<tempMap.length){                    //遍历地图数组
23                thing[tempMap[count++]].drawSelf(canvas,
24                    tempMap[count++],tempMap[count++],0); //调用方法绘制地图
25        }}
26        if(tempTank!=null){                                 //如果坦克数组不为空
27            int count=0;                                    //定义计数器
28            while(count<tempTank.length){                   //遍历坦克数组
29              thing[tempTank[count++]].drawSelf(canvas,tempTank [count++],
30                      tempTank[count++],tempTank[count++]);
                        //调用方法绘制坦克
31        }}
32        ……//此处省略了绘制奖励和树的相关代码，需要的读者可参考光盘中的源代码
33        explosion.drawSelf(canvas,0,0,0);                   //绘制爆炸
34        yaogan.drawSelf(canvas);                            //绘制摇杆
35        about.drawSelf(canvas);                             //绘制分数和生命
36    }
```

- 第 2～9 行为绘制游戏背景。由于此款游戏地图是不断更新的，玩家感觉坦克是在前进实则是游戏背景和地图在不断地向下移动。想要绘制游戏背景需要先从数据类中获取地图偏移量，然后根据偏移量的大小绘制出两个交替的背景图片。
- 第 10～32 行为绘制游戏开始后的界面。首先从数据类中获取游戏界面需要绘制的数据，包括游戏中的地图数据、坦克数据，游戏中产生的奖励数据，地图中树木数据，如果这些数据有不为空的，则在游戏界面绘制该物体。
- 第 33～35 行为绘制玩家游戏中产生的爆炸效果、玩家的左右摇杆、玩家获得的总分数、玩家的生命值以及绘制游戏进行时的暂停图片。

12.5.4 绘制线程类的开发

由于坦克大战游戏开始后需要实时更新游戏界面，要不断地绘制游戏界面，所以我们需要开发一个绘制线程类定时地去绘制游戏界面。接下来介绍的是绘制线程类的开发，包括开启绘制线程并且开始每隔一定时间绘制一次游戏界面的方法。

下面向大家介绍的是绘制线程类的开发。为了让玩家更加流畅地体验游戏的动态，游戏需要不断地更新游戏界面信息，所以我们开发出绘制线程类，定时地绘制游戏界面，让玩家拥有更好的游戏体验。其详细代码如下。

代码位置：见本书随书光盘中源代码/第 12 章/Tank/com/bn/tank 目录下的 GameViewDrawThread.java。

```
package com.bn.tank;
……//此处省略导入类的代码，读者可自行查阅随书附带光盘中的源代码
public class GameViewDrawThread extends Thread{
    boolean flag = true;                              //开启线程标志位
    int sleepSpan = 20;                               //睡眠的时间
    MySurfaceView mView;                              //定义 SurfaceView 对象
    SurfaceHolder surfaceHolder;                      //定义接口
    public GameViewDrawThread(MySurfaceView mView){
        this.mView = mView;                           //获取 SurfaceView 的引用
```

```
        this.surfaceHolder = mView.getHolder();                    //注册回调接口
    }
    public void run(){                                             //开启绘制线程
        Canvas c=null;                                             //定义画布
        while (this.flag) {                                        //进入线程
            try {
                c = this.surfaceHolder.lockCanvas(null);           //锁定整个画布
                synchronized (this.surfaceHolder) {                //同步方法
                if(this.flag){                                     //如果标志位为 true
                    mView.onDraw(c);                               //绘制界面
                }}}finally {
                if (c != null) {                                   //如果画布不为空
                    this.surfaceHolder.unlockCanvasAndPost(c);//并释放锁
            }}try{
                Thread.sleep(sleepSpan);                           //睡眠指定毫秒数
            }catch(Exception e){
                e.printStackTrace();                               //打印堆栈信息
}}}}
```

说明 游戏中需要实时地更新游戏界面，所以开发了绘制游戏线程类。首先定义了一个线程标志位，设置了睡眠时间，获取 SurfaceView 的引用，注册回调接口。然后开启绘制线程，锁定整个画布，绘制游戏界面，绘制完后释放画布。最后睡眠 20 毫秒后再重新绘制游戏界面，这样即实现了游戏画面的实时更新，也使玩家有更好的游戏体验。

12.5.5 菜单类的开发

上一小节已经介绍了绘制线程类的开发，接下来讲解的是菜单类的开发，此类包括绘制声音设置界面、绘制游戏帮助界面以及绘制游戏初始界面的方法，此类中通过添加触摸监听实现了游戏菜单中的主界面、声音设置界面、帮助界面的转换以及帮助界面通过滑屏切换图片。

（1）首先我们介绍的是帮助界面的绘制方法，帮助界面一共有 5 幅包含帮助信息的图片，我们通过左右滑动屏幕进行逐个浏览。下面会向大家介绍帮助图片的绘制和下面的点提示图片的绘制方法。其详细代码如下。

代码位置：见本书随书光盘中源代码/第 12 章/Tank/com/bn/tank 目录下的 MenuView.java。

```
package com.bn.tank;
……//此处省略导入类的代码，读者可自行查阅随书附带光盘中的源代码
public class MenuView{
    protected void draw(Canvas canvas){                        //绘制菜单界面
        switch(MenuState){                                     //判断菜单状态
            case MENU_HELP:                                    //绘制帮助界面
                int end,start,offsetX,position;                //定义变量
                int distanceX=90;                              //X 方向的位移
                int distanceY=30;                              //Y 方法的位移
                synchronized(father.gd.lock){                  //同步方法
                end=GameData.end;                              //触摸结束坐标
                start=GameData.start;                          //触摸开始坐标
                offsetX=GameData.offsetX;                      //移动距离
                position=GameData.position;                    //帮助位置
                num=GameData.helpNum;                          //帮助的数目
                }
                if(!anim){                                     //如果没有滑动的时候
                    if(end!=0&&start!=0){                      //起始终点坐标不为 0
                        offsetX=end-start;                     //获取滑动偏移量
                    }else{
                        offsetX=0;                             //偏移量定为 0
                }}
                int viewX=offsetX;                             //定义画面偏移量
                if(position==0){                               //如果是第一幅图
                    if(offsetX>0){                             //如果向右滑动
```

```
26                  viewX=0;                         //画面偏移量为 0
27          }}else if(position==num-1){              //如果是最后一张图
28              if(offsetX<0){                       //如果向左滑动
29                  viewX=0;                         //画面偏移量为 0
30          }}
31          canvas.save();                           //保存画布
32          canvas.translate(viewX+distanceX, distanceY);//平移画布
33          canvas.drawBitmap(help[position], 0, 0, null);//绘制帮助图片
34          canvas.restore();                        //还原画布
35          if(offsetX<0)                            //向左滑动
36          {
37              if(position<num-1){                  //如果不是最后一张图
38                  canvas.save();                   //保存画布
39          canvas.drawBitmap(help[position+1],offsetX+GameData.
40          baseWidth+distanceX,distanceY,null);//绘制当前帮助内容图片
41                  canvas.restore();                //还原画布
42          }}else if(offsetX>0){                    //如果向右滑动
43              if(position>0){                      //如果不是第一张
44                  canvas.save();                   //保存画布
45                  canvas.drawBitmap(help[position-1],
46              offsetX-GameData.baseWidth+distanceX,distanceY,
                null);//绘制帮助图片
47                  canvas.restore();                //还原画布
48          }}
49          for(int i=0;i<5;i++){
50              if(i==position){                     //画移动的帮助界面
51                  canvas.save();                   //保存画布
52                  canvas.drawBitmap(helpProgress_select,
                    350+i*50,500,null);//画选择的点
53                  canvas.restore();                //还原画布
54                  continue;
55              }
56              canvas.save();                       //保存画布
57              canvas.drawBitmap(helpProgress,350+i*50,500,null);
                //画其他的点
58              canvas.restore();                    //还原画布
59          }
60          canvas.save();                           //保存画布
61          canvas.drawBitmap(help_back,0,0, null);  //返回主菜单按钮
62          canvas.restore();                        //还原画布
63          synchronized(father.gd.lock){            //同步方法
64          GameData.offsetX=offsetX;                //更改位移量
65          GameData.position=position;              //更改当前的帮助位置
66          }
67          break;
68  }}}
```

- 第 6～16 行为从数据类中获取触摸的起始坐标、结束坐标、移动距离、当前帮助位置以及帮助图片的数目。第 7 行为同步方法，这样做的目的是保护数据类中的变量不会被随时更改，保证了游戏的绘制保持一致。
- 第 17～34 行为判断是否有滑动，如果有滑动则不做任何处理，给偏移量赋为 0。如果滑动结束，则获取滑动的偏移量。并结合当前帮助图片的索引进行判断，如果当前是第一幅图，而玩家向右滑动，或者是最后一幅图，而玩家向左滑动，则还是绘制当前索引的图片。
- 第 35～48 行为如果向左滑动，只要满足不是最后一张，就绘制下一张图片。如果向右滑动，只要满足不是第一张图片，就绘制上一张图片。
- 第 49～66 行为绘制显示帮助的图片的提示点、当前帮助图片的提示点，以及绘制返回菜单的按钮，向数据类中同步位移量，帮助图片的位置信息。

（2）上一部分介绍了帮助界面的帮助图片和提示图片的绘制方法，接下来介绍给主菜单界面添加触摸监听的方法。通过添加的触摸监听可以实现主界面与其他界面之间的切换功能，还能给玩家更好的游戏体验。其详细代码如下。

代码位置：见本书随书光盘中源代码/第 12 章/Tank/com/bn/tank 目录下的 MenuView.java。

```
1     public boolean onTouchEvent(MotionEvent event){
2         float x=father.changeTouchX(event.getX());             //获取触摸坐标 X
3         float y=father.changeTouchY(event.getY());             //获取触摸坐标 Y
4         switch(event.getAction()){
5             case MotionEvent.ACTION_DOWN:                      //当点击屏幕
6                 if(MenuState==MENU_HELP){                      //如果是帮助界面
7                     synchronized(father.gd.lock){              //同步方法
8                         GameData.start=(int) x;                //存入触摸起始点
9                 }}
10                break;
11            case MotionEvent.ACTION_MOVE:                      //触摸点移动
12                switch(MenuState){                             //当前的状态
13                    case MENU_START:                           //菜单初始界面
14                        if(x>menuX&&x<menuX+200){
15                            if(y>menuY&&y<menuY+game[0].getHeight()){
16                                game[0]=start_game_select[0];//更改开始游戏图标
17                            }else if(y>(menuY+distance)
18                                    &&y<(menuY+distance+game[0].
                                      getHeight())){
19                                game[1]=start_game_select[1];//更改声音设置图标
20                            }else if(y>(menuY+distance*2)
21                                    &&y<(menuY+distance*2+game[0].
                                      getHeight())){
22                                game[2]=start_game_select[2];//更改帮助信息图标
23                            }else if(y>(menuY+distance*3)
24                                    &&y<(menuY+distance*3+game[0].
                                      getHeight())){
25                                game[3]=start_game_select[3];//更改退出游戏图标
26                            }else{                                  //如果不在触摸范围
27                                for(int i=0;i<4;i++){
28                                    game[i]=start_game[i];//设置为抬起图片
29                        }}}
30                        break;
31                ……//此处省略了声音设置和帮助界面的相关代码，需要的读者可参考光盘中的源代码
32        break;
33        ……//此处省略了触摸点抬起的动作的相关代码，需要的读者可参考光盘中的源代码
34    }
```

- 第 2～10 行为获取触摸点的坐标值。如果当前为触摸点开始且游戏处于帮助界面，则把触摸点的 X 坐标值存入数据类中，用来作为帮助界面的触摸起始坐标 X 值，以实现在帮助界面滑动屏幕后绘制帮助图片的偏移量的计算。
- 第 11～33 行为触摸点移动时且游戏处于主菜单界面，如果触摸点在开始游戏、声音设置、帮助信息、退出游戏的某个图片上，则改变该图片。由于声音设置和帮助界面的触摸移动方法和主菜单的监听方法类似，在这里就不多解释。

12.5.6　杂项类的开发

上一小节已经介绍了菜单类的开发，接下来介绍的是杂项类的开发。此类包括游戏中绘制玩家的生命值的方法、绘制玩家总分数的方法、绘制游戏暂停界面的方法、绘制暂停后的音乐及音效设置的界面和暂停界面的监听等方法的实现。

（1）首先我们介绍的是开始游戏后根据游戏中的状态去绘制相应界面的方法，其中有准备进入游戏界面的绘制、游戏失败界面的绘制、暂停按钮的绘制、暂停界面绘制的方法，以及绘制游戏中生命值的方法和分数方法。其详细代码如下。

代码位置：见本书随书光盘中源代码/第 12 章/Tank/com/bn/tank 目录下的 OtherView.java。

```
package com.bn.tank;
    ……//此处省略导入类的代码，读者可自行查阅随书附带光盘中的源代码
    public class OtherView{
        ……//此处省略定义各个变量的代码，读者可自行查阅随书附带光盘中源代码
```

```
5        public void drawSelf(Canvas canvas){                        //绘制方法
6            if(GameData.state==1){                                  //如果准备游戏状态
7                canvas.save();                                      //保存画布
8                canvas.translate(screenX, screenY);                 //移动画布
9                paint.setStyle(Style.FILL);                         //设置画笔样式
10               paint.setColor(Color.WHITE);                        //设置画笔颜色
11               canvas.drawText("等待其他用户进入", 0, 0, paint);//绘制等待信息
12               paint.setStyle(Style.STROKE);                       //设置画笔样式
13               paint.setColor(Color.BLACK);                        //设置画笔颜色
14               canvas.drawText("等待其他用户进入", 0, 0, paint);//绘制等待信息
15               canvas.restore();                                   //还原画布
16           }else if(GameData.state==3){                            //游戏失败界面
17               canvas.save();                                      //保存画布
18               canvas.translate(screenX-loseWidth/2,screenY-loseHeight/2);
                 //移动画布
19               canvas.drawBitmap(loseBitmap, 0, 0, null);//绘制失败图片
20               canvas.restore();                                   //还原画布
21           }else if(GameData.state==4){                            //暂停状态
22               if(!soundFlag){                                     //判断是哪个界面
23                   pauseMenu1(canvas);                             //暂停界面
24               }else{
25                   pauseMenu2(canvas);                             //设置音乐界面
26           }}
27           if(GameData.state>=2){                                  //开始游戏后
28               drawHealth(canvas);                                 //绘制玩家生命值方法
29               drawScore(canvas);                                  //绘制玩家分数方法
30           }
31           canvas.save();                                          //保存画布
32           canvas.translate(pauseX-pauseWidth/2,pauseY-pauseHeight/2);
             //移动画布
33           canvas.drawBitmap(pauseSelect, 0, 0, null);             //绘制暂停按钮
34           canvas.restore();                                       //还原画布
35       }
```

- 第 6~15 行为绘制游戏中等待进入游戏界面的等待信息。改变画笔样式颜色，调整画布位置，最后绘制游戏的等待信息。
- 第 16~26 行为当游戏处于失败状态时，绘制游戏失败图片。当游戏处于暂停状态时，判断是暂停界面还是暂停后选择声音的界面，再调用相应的方法，进行绘制。
- 第 27~34 行为当玩家进行游戏时，绘制玩家生命值和玩家分数方法的调用。最后绘制游戏界面中的暂停按钮图片。

（2）上一部分我们介绍了开始游戏后根据游戏的状态进行界面绘制方法的调用。在游戏进行时，游戏界面需要绘制玩家的生命值和两个玩家的总分数。接下来我们介绍游戏中绘制分数的方法和绘制生命值的方法。其详细代码如下。

代码位置：见本书随书光盘中源代码/第 12 章/Tank/com/bn/tank 目录下的 OtherView.java。

```
private void drawScore(Canvas canvas){                        //绘制玩家分数
    int score;                                                //定义一个分数
    synchronized(father.gd.lock){                             //同步方法
        score=father.gd.score;                                //获取玩家分数
    }
    if(score<0){return;}                                      //如果分数为 0 则返回
    canvas.save();                                            //保存画布
    canvas.translate(400, 30);                                //移动画布
    canvas.drawBitmap(scoreBitmap, 0, 0, null);               //绘制分数图片
    canvas.translate(30, 0);                                  //移动画布
    String scoreStr=String.valueOf(score);                    //分数转换成字符串
    for(int i=0;i<scoreStr.length();i++){                     //遍历分数字符串
        int temp=Integer.parseInt(scoreStr.charAt(i)+"");//取出一位字符
        canvas.translate(30, 0);                              //移动画布
        canvas.drawBitmap(nums[temp], 0, 0, null);            //绘制分数
    }
    canvas.restore();                                         //还原画布
}
private void drawHealth(Canvas canvas){                       //绘制生命值
```

```
20          int health;
21          synchronized(father.gd.lock){                             //同步方法
22               health=(GameData.redOrGreen==0)?father.gd.redHealth:father.gd.
                 greenHealth;
23          }
24          if(health<0){return;}                                     //如果生命值为 0
25          canvas.save();                                            //保存画布
26          canvas.translate(40, 30);                                 //移动位置
27          canvas.drawBitmap(healthBitmap, 0, 0, null);              //绘制帮助图片
28          canvas.translate(30, 0);                                  //移动位置
29          String healthStr=String.valueOf(health);                  //生命值类型转换为字符串
30          for(int i=0;i<healthStr.length();i++){                    //遍历生命值字符串
31               int temp=Integer.parseInt(healthStr.charAt(i)+""); //取出一位数字
32               canvas.translate(30, 0);                             //移动位置
33               canvas.drawBitmap(nums[temp], 0, 0, null);           //绘制生命值
34          }
35          canvas.restore();                                         //还原画布
36      }
```

● 第 1～18 行为绘制玩家得分的方法，从数据类中获取玩家的得分。判断分数是否为 0，如果为 0 则返回。如果不为 0 绘制分数图片，根据玩家得分转换成字符串，遍历字符串，取出一位数字，移动画布位置，绘制该数字。

● 第 9～36 行为绘制玩家生命值的方法，从数据类中获取玩家的生命值。判断分数是否为 0，如果为 0 则返回。如果不为 0 绘制分数图片，根据玩家生命值转换成字符串，遍历字符串，取出一位数字，移动画布位置，绘制该数字。

（3）上部分介绍了绘制玩家分数和生命值的方法。由于暂停界面的选择声音界面的绘制和暂停界面方法相似，在这里就不做介绍。接下来介绍绘制暂停界面的方法。其详细代码如下。

代码位置：见本书随书光盘中源代码/第 12 章/Tank/com/bn/tank 目录下的 OtherView.java。

```
private void pauseMenu1(Canvas canvas){                              //绘制暂停界面
        canvas.save();                                               //保存画布
        canvas.translate(screenX, screenY);                          //移动画布
        canvas.drawBitmap(pauseBackground, -backgroundWidth/2,
                  -backgroundHeight/2, null);                        //绘制暂停背景图片
        canvas.save();                                               //保存画布
        canvas.translate(-paddingX, -paddingY);                      //移动画布
        canvas.drawBitmap(((buttonFlag&8)!=8)?continueDefault:continueSelect,
                  -buttonWidth/2, -buttonHeight/2, null);            //绘制继续游戏图片
        canvas.restore();                                            //还原画布
        canvas.save();                                               //保存画布
        canvas.translate(paddingX, -paddingY);                       //移动画布
        canvas.drawBitmap(((buttonFlag&4)!=4)?soundsetDefault:soundsetSelect,
                  -buttonWidth/2, -buttonHeight/2, null);            //绘制选择声音图片
        canvas.restore();                                            //还原画布
        canvas.save();                                               //保存画布
        canvas.translate(-paddingX, paddingY);                       //移动画布
        canvas.drawBitmap(((buttonFlag&2)!=2)?backDefault:backSelect,
                  -buttonWidth/2, -buttonHeight/2, null);            //绘制返回菜单图片
        canvas.restore();                                            //还原画布
        canvas.save();                                               //保存画布
        canvas.translate(paddingX, paddingY);                        //移动画布
        canvas.drawBitmap(((buttonFlag&1)!=1)?exitDefault:exitSelect,
                  -buttonWidth/2, -buttonHeight/2, null);            //绘制退出图片
        canvas.restore();                                            //还原画布
    }
```

说明　上述方法为绘制游戏的暂停界面，包括暂停界面的背景图片、继续游戏图片、声音设置图片、返回游戏图片和退出游戏图片。对于绘制点击前还是点击后的图片我们是通过定义一个整型数去记录当前的点击状态，通过该整型数的二进制运算，获取 4 个图片的绘制信息。我们会在下面的监听方法给出该整型数的处理方法。

（4）上部分介绍了玩家的暂停界面，对于暂停界面的绘制是通过对一个整型数的二进制运算去存储当前应该显示哪幅图片。接下来介绍如何在触摸监听中给该整型数进行二进制运算改变它的值，实现暂停界面的按钮效果。其详细代码如下。

代码位置：见本书随书光盘中源代码/第 12 章/Tank/com/bn/tank 目录下的 OtherView.java。

```
1   public void pauseTouchDown(float tx, float ty){                    //暂停界面点击监听
2           if(!soundFlag){                                            //如果是暂停界面
3               if(Math.abs(tx-(screenX-paddingX))<buttonWidth/2
4                       &&Math.abs(ty-(screenY-paddingY))<buttonHeight/2){
                        //点击继续游戏
5                   buttonFlag=buttonFlag|8;                           //改变该标志位的值
6               }else if(Math.abs(tx-(screenX+paddingX))<buttonWidth/2
7                       &&Math.abs(ty-(screenY-paddingY))<buttonHeight/2){
                        //点击选择声音
8                   buttonFlag=buttonFlag|4;                           //改变该标志位的值
9               }else if(Math.abs(tx-(screenX-paddingX))<buttonWidth/2
10                      &&Math.abs(ty-(screenY+paddingY))<buttonHeight/2){
                        //点击返回菜单
11                  buttonFlag=buttonFlag|2;                           //改变该标志位的值
12              }else if(Math.abs(tx-(screenX+paddingX))<buttonWidth/2&&
13                      Math.abs(ty-(screenY+paddingY))<buttonHeight/2){
                        //点击退出游戏
14                  buttonFlag=buttonFlag|1;                           //改变标志位的值
15              }else{                                                 //如果没有点击
16                  buttonFlag=0;                                      //标志值设为 0
17          }}
18          ……//此处省略暂停后选择声音界面按下监听的代码，读者可自行查阅随书附带光盘中源代码
19  }
20  public void pauseTouchUp(float tx, float ty){                      //暂停界面抬起监听
21          if(!soundFlag){                                            //如果是暂停界面
22              if(Math.abs(tx-(screenX-paddingX))<buttonWidth/2
23                  &&Math.abs(ty-(screenY-paddingY))<buttonHeight/2){
                    //抬起继续游戏
24                  father.father.playSound(GameData.SELECT,0);       //播放选择声音
25                  GameData.state=2;                                  //游戏状态设为游戏中
26              }else if(Math.abs(tx-(screenX+paddingX))<buttonWidth/2
27                      &&Math.abs(ty-(screenY-paddingY))<buttonHeight/2){
                        //抬起选择声音
28                  father.father.playSound(GameData.SELECT,0);       //播放选择声音
29                  soundFlag=true;                                    //更改暂停标志位
30              }else if(Math.abs(tx-(screenX-paddingX))<buttonWidth/2
31                      &&Math.abs(ty-(screenY+paddingY))<buttonHeight/2){
                        //抬起为返回菜单
32                  father.father.playSound(GameData.SELECT,0);       //播放选择声音
33                  father.father.kt.broadcastExit();                  //向服务器发送退出游戏
34                  father.nt.flag=false;                              //更改接收线程标志
35              }else if(Math.abs(tx-(screenX+paddingX))<buttonWidth/2
36                      &&Math.abs(ty-(screenY+paddingY))<buttonHeight/2){
                        //抬起为退出游戏
37                  father.father.playSound(GameData.SELECT,0);       //播放选择声音
38                  father.father.exit();                              //退出游戏
39              }
40              buttonFlag=0;
41          ……//此处省略暂停后选择声音界面抬起监听的代码，读者可自行查阅随书附带光盘中源代码
42  }}
```

- 第 1～19 行为暂停界面添加触摸点开始回调方法，如果点击继续游戏、声音设置、返回菜单、退出游戏图片，更新暂停标志位的值。
- 第 20～42 行为暂停界面添加触摸点移动回调方法，如果抬起为继续游戏图片，更改游戏状态为游戏中。如果抬起为声音设置图片，更改暂停标志位。如抬起为返回菜单图片，向服务器发送退出游戏信息，更改接收线程的标志位。如果抬起为退出游戏图片，退出游戏。最后把按钮标志位置为 0。

12.5.7　物体绘制类的开发

物体绘制的实现同样利用了 Java 的多态性，游戏里所有绘制的物体均为 Thing 类的子类，并重写 drawself 方法来实现物体的绘制。将不同的物体封装为不同的物体类，使程序易读、易懂、易改。本小节介绍父类 Thing 的开发，以及其中一种物体全部绘制的实现。

（1）在具体介绍物体绘制类之前，首先介绍物体绘制时的坐标和物体的坐标的区别。在游戏开发中，为了便于计算，物体的坐标一般为几何中心。但是 canvas 绘制物体时，是以物体的左上角为起点进行绘制。所以一般在绘制物体时，需要用其坐标值减去其边长的一半，如图 12-16 所示。

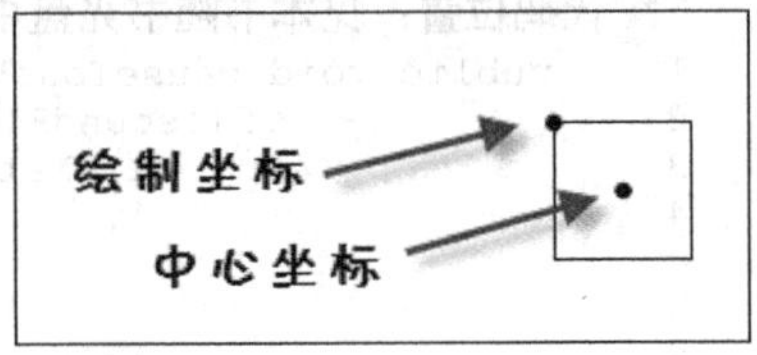

▲图 12-16　绘制坐标和物体坐标

> **说明**　坐标的确定以简便易用为前提，并不具有固定性，通过简单的换算即可完成。希望读者不要被固有思维所束缚，创新是程序的灵魂。

（2）物体父类，父类 Thing 并没有具体的功能，仅仅是包含一个需要子类重写的抽象方法 drawSelf，用于物体的绘制。具体代码如下。

代码位置：见随书光盘源代码/第 12 章/Tank/src/com/bn/object 目录下的 GameData.java。

```
public abstract class Thing{
    public abstract void drawSelf(Canvas canvas,int x,int y,int angle);
//绘制物体的抽象方法
}
```

> **说明**　按物体的不同将其封装为一个类，绘制的方法均在此类中实现，需要绘制物体的地方只需要调用相应物体的 drawSelf 方法即可。

（3）下面来介绍物体绘制类的其中一个子类——爆炸绘制类，此类继承了 Thing 父类，实现了 drawSelf 方法。爆炸效果分为大、小两种，通过爆炸编号进行判断，0～24 号为大范围爆炸，25～49 号为小范围爆炸，具体代码如下。

代码位置：见随书光盘源代码/第 12 章/Tank/src/com/bn/object 目录下的 Explosion.java。

```
package com.bn.object;
……//此处省略了导入类的代码，读者可自行查阅随书附带光盘中的源代码
public class Explosion extends Thing{
    MySurfaceView father;                               //声明 MySurfaceView 的引用
    Bitmap explosion1;                                  //声明爆炸图片的引用
    Bitmap explosion2;                                  //声明爆炸图片的引用
    Bitmap explosion[]=new Bitmap[50];                  //声明分割后爆炸图片的引用
    int size[]=new int[2];                              //保存图片爆炸图片边长
    public Explosion(MySurfaceView father){
        this.father=father;                             //获取引用
        explosion1=BitmapIOUtil.getBitmap("explosion1.png",
                father.father.getResources());  //从 asset 中加载图片
        explosion2=BitmapIOUtil.getBitmap("explosion2.png",
        father.father.getResources());
        size[0]=explosion1.getWidth()/5;                //计算边长
        size[1]=explosion2.getWidth()/5;
        for(int i=0;i<50;i++){                          //循环从爆炸图片中切割图片
            int j=i%25;                                 //计算图片位置
            if(i/25==0){                                //判断切割所需爆炸图
                explosion[i]=Bitmap.createBitmap(explosion1,//切割并保存图片
                        (j%5)*size[0], (j/5)*size[0], size[0], size[0]);
            }else{
                explosion[i]=Bitmap.createBitmap(explosion2,//切割并保存图片
                        (j%5)*size[1], (j/5)*size[1], size[1], size[1]);
```

```
24         }}}
25         @Override
26         public void drawSelf(Canvas canvas, int x, int y, int angle){//绘制物体的方法
27              if(father.gd.explosion==null){                    //如果数据不存在则退出
28                   return;
29              }
30              int temp[];                                       //声明临时数据数组
31              int count=0;                                      //赋值计数器
32              synchronized(father.gd.lock){                         //同步方法
33                   temp=new int[father.gd.explosion.length];//创建长度为数据长度的数组
34                   while(count<father.gd.explosion.length){//循环读取并将计数器加一
35                        temp[count]=father.gd.explosion[count++];
36              }}
37              count=0;                                          //重置计数器并重用
38              while(count<temp.length){
39                   int flag=temp[count]/25;                     //计算并判断爆炸大小
40                   canvas.drawBitmap(explosion[temp[count++]], //按照数据绘制爆炸
41                        temp[count++]-size[flag]/2, temp[count++]-size[flag]/2, null);
42     }}}
```

- 第 1～8 行声明了有关于爆炸的相关变量和引用，用于爆炸的绘制。
- 第 9～24 行用于处理爆炸的图片，主要是将图片读取、剪裁，最后将其保存。爆炸图有两张，每张有 25 幅小图，通过快速换图实现爆炸动画。将读取到的爆炸图按横向顺序编号，之后通过增加编号实现换图，换图的时间间隔由服务器端控制。
- 第 27～36 行用于读取地图数据，地图数据保存在数据类中。为了防止在绘制期间数据出现变动而导致不可预知的错误，需要将数据读取之后再进行绘制，并且将数据的读取、写入部分放入同步方法，保证其只能被单独一个线程调用。
- 第 37～41 行为根据数据绘制物体的操作，通过从服务器发来的爆炸图编号找到对应图片，最后根据 X、Y 坐标将物体绘制在屏幕上。

12.6 辅助工具类

上一节已经介绍了游戏界面的开发过程，接下来讲解的是游戏的辅助类。本程序的辅助类有四个，分别负责摇杆的计算、图片的处理和网络数据的收发。辅助工具也是程序必不可少的一部分，读者应该学会将单独的功能进行整合，为日后的开发、研究提供便利。

12.6.1 图片处理工具类的开发

在 Android 端的开发中，资源文件一般保存在 assets 中，程序可以方便地将资源文件读取。在程序中有大量的图片需要被读取，所以将从 assets 中读取图片的功能整合为一个方法，仅需要传入图片名和 Resources 即可直接获取图片，便于使用。

代码位置：见随书光盘源代码/第 12 章/Tank/src/com/bn/util 目录下的 BitmapIOUtil.java。

```
package com.bn.util;
……//此处省略了导入类的代码，读者可自行查阅随书附带光盘中的源代码
public class BitmapIOUtil {
     static Bitmap bp=null;                                      //声明图片的引用
     public static Bitmap getBitmap(String picName,Resources r){//从Assets中获取图片
          try{
               String path="game/"+picName;                     //整合成图片相对路径
               InputStream in=r.getAssets().open(path);  //获取图片数据输入流
               bp = BitmapFactory.decodeStream(in);             //从流中读取成为图片
          }catch(Exception e){
               System.out.println("出现异常!! ");                  //异常提示
          }
          return bp;                                            //返回位图图片
}}
```

> **说明**　在此方法中，已经设置好图片所在的文件夹，加上文件名便可以组成文件路径。根据图片路径将文件打开为数据输入流，最后利用图像处理工具类中的方法，用数据流中生成图像。

12.6.2　摇杆工具类的开发

本游戏的一切操作均利用摇杆进行，需要用摇杆控制坦克的移动以及炮筒的旋转，所以摇杆的开发是本游戏的重中之重。在摇杆类中，实现了摇杆图片的准备、绘制，以及是否点击到摇杆的判断和摇杆位置的计算，下面进行详细的介绍。

（1）首先介绍的是摇杆类中所需的基本变量和方法，读者可以通过这部分介绍大概了解摇杆类的功能以及各个变量的含义，便于对程序的理解，具体代码如下。

代码位置：见随书光盘源代码/第 12 章/Tank/src/com/bn/util 目录下的 Yaogan.java。

```
1   package com.bn.util;
2   ……//此处省略了导入类的代码，读者可自行查阅随书附带光盘中的源代码
3   public class Yaogan{
4       MySurfaceView father;                                    //传入 SurfaceView 引用
5       Bitmap direction;                                        //摇杆底座图片
6       Bitmap center;                                           //摇杆中心图片
7       public int directionR;                                   //摇杆底座半径
8       public int centerR;                                      //摇杆中心半径
9       public float leftDirectionX;                             //左摇杆底座中心点 X 坐标
10      public float leftDirectionY;                             //左摇杆底座中心点 Y 坐标
11      public float rightDirectionX;                            //右摇杆底座中心点 X 坐标
12      public float rightDirectionY;                            //右摇杆底座中心点 Y 坐标
13      float leftCenterX;                                       //左摇杆中心中心点 X 坐标
14      float leftCenterY;                                       //左摇杆中心中心点 Y 坐标
15      float rightCenterX;                                      //右摇杆中心中心点 X 坐标
16      float rightCenterY;                                      //右摇杆中心中心点 Y 坐标
17      public float leftOffsetX=0;                              //左摇杆 X 偏移量
18      public float leftOffsetY=0;                              //左摇杆 Y 偏移量
19      public float rightOffsetX=0;                             //右摇杆 X 偏移量
20      public float rightOffsetY=0;                             //右摇杆 Y 偏移量
21      public Yaogan(MySurfaceView father){}                    //摇杆构造类
22      public void drawSelf(Canvas canvas){}                    //摇杆绘制方法
23      public void changeLeftYaoGan(float tx, float ty){}   //左摇杆计算方法
24      public void changeRightYaoGan(float tx, float ty){}  //右摇杆计算方法
25      public int isYaoGan(float tx,float ty){}                 //点击到左右摇杆的判断方法
26  }
```

- 第 4～20 行声明了摇杆所需的相关变量。摇杆半径用来判断是否触控到摇杆范围，以及确定图片内中心点的坐标；摇杆底座和摇杆中心的中心点坐标用来确定摇杆在屏幕中的位置；偏移量为摇杆中心点与底座中心点的 X、Y 方向距离。
- 第 21～25 行声明了摇杆所需的相关方法。首先利用勾股定理判断触摸点是否在摇杆盘半径范围内，然后移动事件中调用摇杆计算方法改变摇杆中心的位置，最后根据摇杆中心点坐标进行摇杆的绘制。其中传入 SurfaceView 引用用于获取图片。

（2）上一部分主要为读者展示了摇杆类的大概框架，包括相关变量以及相关方法。下面将为读者讲解具体方法的实现，首先说明的是摇杆的构造类和绘制方法，主要讲解相关变量的计算、图片的读取以及绘制方法，具体代码如下。

代码位置：见随书光盘源代码/第 12 章/Tank/src/com/bn/util 目录下的 Yaogan.java。

```
public Yaogan(MySurfaceView father){
    this.father=father;                                              //拿到引用
    direction=BitmapIOUtil.getBitmap("direction.png",
    father.father.getResources());//摇杆底盘
```

```
4        center=BitmapIOUtil.getBitmap("center.png", father.father.getResources());
         //摇杆中心
5        directionR=direction.getWidth()/2;                          //计算底盘半径
6        centerR=center.getWidth()/2;                                //计算中心半径
7        leftDirectionX=30+directionR;                               //左摇杆 X 坐标
8        leftDirectionY=father.screenHeight-(30+directionR);         //左摇杆 Y 坐标
9        rightDirectionX=father.screenWidth-30-directionR;           //右摇杆 X 坐标
10       rightDirectionY=father.screenHeight-(30+directionR);        //右摇杆 Y 坐标
11    }
12    public void drawSelf(Canvas canvas){
13       canvas.drawBitmap(direction, 30, leftDirectionY-directionR, null);
         //绘制左摇杆底座
14       leftCenterX=leftDirectionX+leftOffsetX;                     //左摇杆中心 X 坐标
15       leftCenterY=leftDirectionY+leftOffsetY;                     //左摇杆中心 Y 坐标
16       float leftYaoganX=leftCenterX-centerR;                      //左摇杆中心绘制坐标
17       float leftYaoganY=leftCenterY-centerR;
18       canvas.drawBitmap(center,leftYaoganX,leftYaoganY, null); //绘制左摇杆中心
19       canvas.drawBitmap(direction, father.screenWidth-2*directionR-30,
20                   rightDirectionY-directionR, null);              //绘制右摇杆底座
21       rightCenterX=rightDirectionX+rightOffsetX;                  //右摇杆中心 X 坐标
22       rightCenterY=rightDirectionY+rightOffsetY;                  //右摇杆中心 Y 坐标
23       float rightYaoganX=rightCenterX-centerR;                    //右摇杆中心绘制坐标
24       float rightYaoganY=rightCenterY-centerR;
25       canvas.drawBitmap(center,rightYaoganX,rightYaoganY, null);//绘制右摇杆中心
26    }
```

- 第 1～11 行为摇杆的构造类，其中读取了摇杆中心和底座的图片，并根据图片边长（图片为正方形）计算半径。之后通过计算确定摇杆位置，左摇杆距左边界、下边界 30 个单位长度，右摇杆距右边界、下边界 30 个单位长度。
- 第 12～26 行为绘制摇杆的方法。首先绘制摇杆底盘，由于绘制时以图片左上角为基准，所以需要用摇杆坐标和其半径进行换算。之后根据摇杆底盘的坐标和摇杆偏移量计算摇杆中心的坐标，最后进行换算和绘制。

（3）接下来向读者讲解触控检测和摇杆偏移量的计算，这是摇杆的核心功能。触控检测通过判断触控点与摇杆中心的距离是否超过摇杆半径来实现，计算摇杆偏移量需要计算当触控移到摇杆之外时，摇杆中心所在的位置，具体代码如下。

代码位置：见随书光盘源代码/第 12 章/Tank/src/com/bn/util 目录下的 Yaogan.java。

```
public void changeLeftYaoGan(float tx, float ty) {
    float x=leftDirectionX,y=leftDirectionY,r=directionR-centerR;
    //获取摇杆盘中心坐标及半径
    float dir=(tx-x)*(tx-x)+(ty-y)*(ty-y);      //勾股定理计算第三边
    if(dir<r*r) {                                //判断是否超出半径
        leftOffsetX=tx-x;                        //触控位置与摇杆盘中心点 X 偏移量Δx
        leftOffsetY=ty-y;                        //触控位置与摇杆盘中心点 Y 偏移量Δy
    }else{
        float angle=(float) Math.atan((ty-y)/(tx-x));//根据Δx 与Δy 计算角度
        if(tx-x>0){                                   //判断Δx 正负
            leftOffsetX=(float) (r*Math.cos(angle));//根据半径、角度计算 x 偏移量
            leftOffsetY=(float) (r*Math.sin(angle));//根据半径、角度计算 y 偏移量
        }else{
            leftOffsetX=(float) (-r*Math.cos(angle));//根据半径、角度计算 x 偏移量
            leftOffsetY=(float) (-r*Math.sin(angle));//根据半径、角度计算 y 偏移量
}}}
public int isYaoGan(float tx,float ty){                 //检测是否点击到摇杆盘
   if(tx<father.screenWidth/2){                          //判断点击位置
        float x=leftDirectionX,y=leftDirectionY,r=directionR;//获取左摇杆坐标及半径
        float dir=(tx-x)*(tx-x)+(ty-y)*(ty-y);           //勾股定理计算第三边
        if(dir<r*r){                                      //判断是否超出半径
            leftOffsetX=tx-x;                             //初始化 X 偏移量
            leftOffsetY=ty-y;                             //初始化 Y 偏移量
            return 1;                                     //返回 1 表示触控左摇杆
        }else{
        float x=rightDirectionX,y=rightDirectionY,r=directionR;
```

```
                //获取左摇杆坐标及半径
26              float dir=(tx-x)*(tx-x)+(ty-y)*(ty-y);      //勾股定理计算第三边
27              if(dir<r*r){                                //判断是否超出半径
28                  rightOffsetX=tx-x;                      //初始化 X 偏移量
29                  rightOffsetY=ty-y;                      //初始化 Y 偏移量
30                  return 2;                               //返回 2 表示触控右摇杆
31          }}
32          return 0;                                       //返回 0 表示未触控摇杆
33      }
```

- 第 1～15 行为改变左摇杆参数的方法，主要操作为改变摇杆的 x、y 方向偏移量，实现摇杆中心的位置改变。首先判断触控点是否移出摇杆范围，移出摇杆范围后，通过根据平面几何的相关知识进行计算，使摇杆中心与摇杆底盘内切。
- 第 16～33 行为检测触控是否在摇杆范围的方法。触控的按下事件需要判断当前触控点是否在摇杆范围内，不在范围内的触控点不能响应触控的移动事件。通过触控点在屏幕的哪一侧来判断有可能点击到哪一侧的摇杆，勾股定理判断是否在范围内。

12.6.3　数据接收工具类的开发

本游戏为网络游戏，将数据发送、接收是游戏中不可或缺的部分，下面为读者讲解数据接收工具类，其中包括了创建连接、接收数据及保存数据。需要注意的是，Android 端在进行网络数据通信时，必须在 AndroidManifest.xml 下添加网络访问权限。详细代码如下。

代码位置：见随书光盘源代码/第 12 章/Tank/src/com/bn/util 目录下的 NetworkThread.java。

```
package com.bn.util;
……//此处省略了导入类的代码，读者可自行查阅随书附带光盘中的源代码
public class NetworkThread extends Thread{
    MySurfaceView father;                                   //传入 SurfaceView 引用
    Socket sc;                                              //声明 Socket
    DataInputStream din;                                    //声明数据输入流
    public DataOutputStream dout;                           //声明数据输出流
    public boolean flag=true;                               //声明线程标志位
    public NetworkThread(MySurfaceView father){             //构造类
        this.father=father;                                 //获取 SurfaceView 引用
    }
    public void run(){                                      //重写线程的 run 方法
        try{
            sc=new Socket();                                //创建新的 Socket
            sc.connect(new InetSocketAddress("192.168.253.1",9999),10000);
            //创建连接
            din=new DataInputStream(sc.getInputStream()); //创建数据输入流
            dout=new DataOutputStream(sc.getOutputStream());//创建数据输出流
            dout.writeUTF("<#CONNECT#>");                   //发送连接成功信息
        }catch(Exception e){
            TankActivity.handler.sendEmptyMessage(1); //发送信息给 Handler
            GameData.viewState=GameData.Game_menu;    //退回菜单界面
            return;                                   //退出线程
        }
        while(flag){                                  //判断标志位
            try{
                String msg=din.readUTF();             //接收 UTF-8 的数据头
                if(msg.startsWith("<#OK#>")){         //检测数据
                    int redOrGreen=din.readInt();     //接收客户端编号
                    int level=din.readInt();          //接收关卡编号
                    synchronized(father.gd.lock){          //同步方法
                        father.gd.levelNumber=level;    //保存关卡编号
                        GameData.redOrGreen=redOrGreen;//保存客户端编号
                        GameData.state=GameData.STATE_WAITING;//更改游戏状态
                    }
            ……//此处省略了其他数据接收的代码，读者可自行查阅随书附带光盘中的源代码
            }}catch(Exception e){
                GameData.state=0;                          //重置游戏状态
                GameData.viewState=GameData.Game_menu;     //更改显示界面
```

```
39                  father.gd=new GameData();              //重新创建数据类
40                  TankActivity.handler.sendEmptyMessage(2);//发送信息给 Handler
41                  break;                                //退出循环
42          }}
43          try{
44              din.close();                              //关闭数据输入流
45              dout.close();                             //关闭数据输出流
46              sc.close();                               //关闭 Socket
47          }catch(Exception e){
48              e.printStackTrace();
49      }}}
```

● 第 1～11 行导入了相关类，声明了相关变量，用于数据的输入、输出以及线程的循环。

● 第 13～23 行创建了 Socket 与数据输入输出流，创建成功则发送 CONNECT 信息。如果创建失败会抛出异常，在异常处理中向 Handler 发送信息、切回菜单界面并退出线程。需要注意的是第 15 行，读者需将 ip 地址改为服务器端所在 ip，10000 控制超时时间，10 秒内连接不上则自动抛出异常断开连接。

● 第 25～41 行为对网络接收到的数据进行处理的相关操作，需要根据 UTF-8 格式的数据头进入相应的处理部分。处理部分的代码基本相似，先建立临时数组用来接收网络数据信息，之后在同步方法中更新数据类中的相应数据。如果网络发生异常，则执行 37～41 行的代码。

● 第 43～48 行为关闭网络相关功能的实现。

12.6.4 数据发送工具类的开发

上一小节讲解了数据的接收处理，下面将向大家讲解数据的发送类，此类主要涉及摇杆操控以及游戏状态操控的传输。主要是将摇杆的 x、y 方向偏移量以及游戏的状态编号发送到服务器端，还要循环发送检测连接信息的数据。

（1）首先介绍的是与此线程类相关的变量、构造类以及其中一种发送数据的方法。相关变量用于控制发送数据的间隔并时刻监测连接是否畅通。发送数据的方法十分简单，利用上一小节中提到的 DataOutputStream 类中的相应方法即可，详细代码如下。

代码位置：见随书光盘源代码/第 12 章/Tank/src/com/bn/util 目录下的 KeyThread.java。

```
1   package com.bn.util;
2   ……//此处省略了导入类的代码，读者可自行查阅随书附带光盘中的源代码
3   public class KeyThread extends Thread{
4       static final int TIME_SPAN=50;                    //设定线程休眠常量
5       MySurfaceView father;                             //传入 SurfaceView 引用
6       public boolean flag=true;                         //线程标志位
7       int gameState=0;                                  //保存游戏状态
8       int testCount=0;                                  //检测连接的计数器
9       public KeyThread(MySurfaceView father){           //构造器
10          this.father=father;                           //获取 SurfaceView 引用
11          gameState=GameData.state;                     //获取游戏状态
12      }
13      public void broadcastExit(){
14          father.gd=new GameData();                     //重新创建数据类对象
15          try{
16              synchronized(father.gd.lock){             //同步方法
17                  father.nt.dout.writeUTF("<#EXIT#>"); //发送退出游戏的信息
18          }}catch (Exception e){                        //异常处理
19              e.printStackTrace();
20  }}}
```

● 第 1～8 行导入了相关类，声明了线程所需的相关变量，包括线程的标志位、休眠时间。发送检测连接是否正常的信息并不需要像发送键位数据一样频繁，所以加入计数器，线程每循环 20 次，发送一次检测连接是否正常的信息。

● 第 9～20 行为构造器和发送退出信息的方法。构造器保存了游戏状态，用于游戏状态改变后进行相应操作，17 行为发送 UTF-8 编码的字符串。

（2）数据发送工具类继承了 Thread 类，是一个单独的线程，需要重写 run 方法。下面将向读者讲解主要 run 方法，其中主要包括了发送检测连接的信息、发送游戏状态改变的信息、发送摇杆改变的信息。具体代码如下。

代码位置：见随书光盘源代码/第 12 章/Tank/src/com/bn/util 目录下的 KeyThread.java。

```
1   public void run(){                                        //重写线程的 run 方法
2       while(flag){                                          //判断线程标志位
3           try{
4               if(gameState!=GameData.state){                //如果游戏状态发生改变
5                   gameState=GameData.state;                 //更新游戏状态
6                   broadcastState(gameState);                //发送游戏状态
7               }
8               if(GameData.state==2){                        //如果游戏状态为正在游戏
9                   if(father.yaogan.leftOffsetX!=0||father.yaogan.
                    leftOffsetY!=0  //判断摇杆
10                          ||father.yaogan.rightOffsetX!=0||father.yaogan.
                            rightOffsetY!=0){
11                      synchronized(father.gd.lock){              //同步方法
12                          father.nt.dout.writeUTF("<#KEY#>");//发送数据头
13                          father.nt.dout.writeFloat(father.yaogan.
                            leftOffsetX);     //发送左摇杆 X
14                          father.nt.dout.writeFloat(father.yaogan.
                            leftOffsetY);     //发送左摇杆 Y
15                          father.nt.dout.writeFloat(father.yaogan.
                            rightOffsetX);  //发送右摇杆 X
16                          father.nt.dout.writeFloat(father.yaogan.
                            rightOffsetY);  //发送右摇杆 Y
17              }}}
18              testCount=(testCount+1)%20;                   //更新连接检测计数器
19              if(testCount==0){                             //如果计数器值为 0
20                  father.nt.dout.writeUTF("<#TEST#>"); //发送检测信息
21              }
22              Thread.sleep(TIME_SPAN);
23          }catch(Exception e){
24              e.printStackTrace();
25  }}}
```

● 第 4～7 行为发送游戏状态的操作，如果当前游戏状态跟本类保存的游戏状态不同时，更新保存的游戏状态并将其发送。

● 第 8～17 行为发送摇杆键位的操作，为了提高游戏速度，需要先判断是否有摇杆值的变化，如果值全部为 0 则不进行发送操作。

● 第 18～21 行为发送检测连接的操作，只发送数据头，不发送任何数据信息。目的是不停地向服务器发送信息，如果发送不成功会抛出异常并进行相应操作。

12.7 地图设计器

在 12.4.1 小节中提到过固定数据，本软件中固定数据的主要内容为地图数据。为了设计简单、明了，均需要开发相应的地图设计器来完成。开发地图设计器需要注意以下几点：简洁、方便、高自由度、所见即所得。下面将为大家介绍地图设计器的使用。

> 提示　由于本书为介绍 Android 客户端开发的书籍，故不进一步对地图设计器的开发进行详细介绍。地图设计器在随书光盘中源代码/第 12 章/地图设计器中，打开 run.bat 文件便打开地图设计器。同时源代码也在此文件夹中，有需要的读者请自行查阅。

（1）打开地图设计器后，首先弹出的是设置地图大小的界面，如图 12-17 所示。本游戏地图长度固定为 960 个单位，宽度可以根据游戏的时长需要自行设计。本游戏 1 秒钟滚动地图 50 个单位，有兴趣的读者可以自己设计的游戏地图。

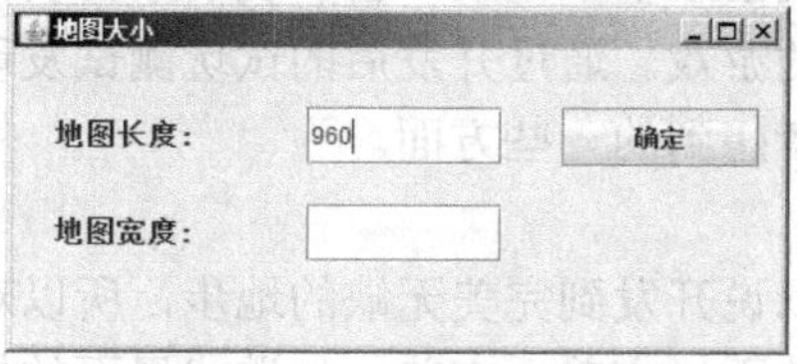

▲图 12-17　设置地图大小

（2）地图设计器如图 12-18 所示，首先需要导入物体元素，物体元素在其中的 res 目录下，需要读者根据物体编号加载元素。加载完元素后，点击地图编辑区的点可以绘制物体，将左键设置区的选项改为删除地图，点击到物体附近可以删除物体。

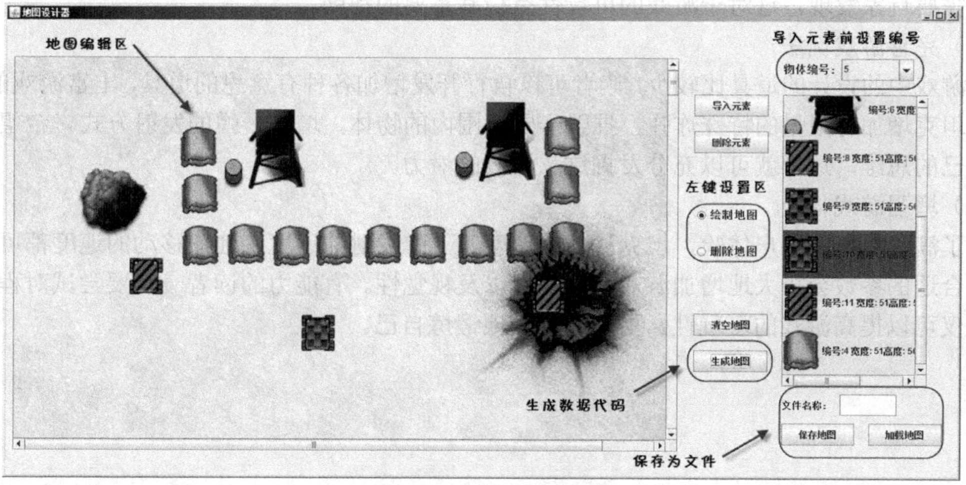

▲图 12-18　设计器主界面

（3）地图编辑完成后，点击生成按钮可以生成如图 12-19 所示的地图数据，将数据拷入 TankServer 中的 LevelData 类中，便可以完成地图的更改。点击保存地图可以将正在编辑的地图保存，点击加载地图可以保存成文件的地图加载，便于修改。

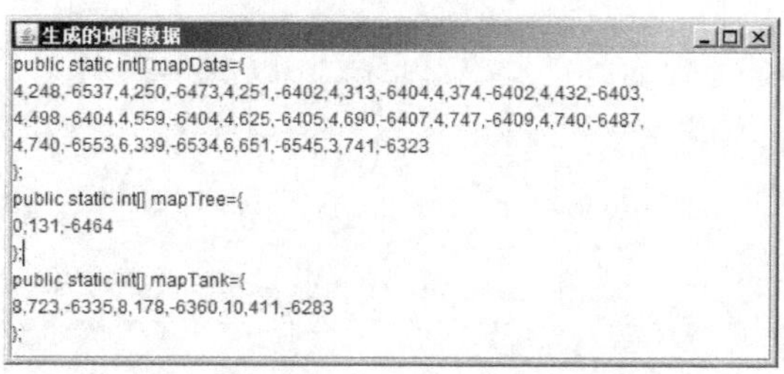

▲图 12-19　生成的地图数据

> **说明**　通过以上 3 部分的讲述，想必读者已经了解了地图设计器的基本用法以及好处。设计方便、所见即所得，能直接生成程序所需的代码。

12.8 游戏的优化及改进

到此为止，坦克大战的开发已经基本完成，也实现了最初设计的功能。但不可能有完美无缺的程序，也不可能有没有 bug 的游戏。通过开发后的试玩测试发现，游戏中仍然存在一些需要优化和改进的地方，下面列举作者想到的一些方面。

（1）优化游戏界面

没有哪一款游戏的界面可以说开发到完美无缺的地步，所以对本游戏的界面，读者可以自行根据自己的想法进行改进，使其更加完善、完美。如游戏界面的搭建、敌方势力的种类、坦克的移动速度和爆炸的特效等都可以进一步完善。

（2）修复游戏 bug

现在众多的 Android 游戏在公测之后也有很多的 bug，需要玩家不断地发现以此来改进游戏。比如本游戏中在接受网络数据过多时会卡顿，虽然我们已经测试改进了大部分问题，但是还有很多 bug 需要玩家发现，这对于游戏的可玩性有极其重要的帮助。

（3）完善游戏玩法

此游戏中的设计的道具比较少，读者可以自行开发增加各种有意思的道具，丰富游戏的体验。例如为坦克增加有限量的特殊炸弹，摧毁一定范围内的物体，增加子弹的发射方式。希望读者能发散自己的思维，这样就可以充分发掘这款游戏的潜力。

（4）增强游戏体验

为了满足更好的用户体验，坦克移动的速度、子弹发射的速度、地图移动的速度都可以进行更改，合适的参数会极大地增加游戏的可玩性以及视觉性。有能力的读者一定要尝试对程序的修改，不仅可以提高游戏的可玩性，更能够有效地锻炼自己。

第13章 网络游戏开发——风火三国网络对战游戏

三国杀游戏一直是比较受欢迎的网络游戏之一，其可玩性强，并且操作简单。本章将通过介绍风火三国网络对战游戏在Android平台上的设计与实现，使读者可以了解到三国杀卡牌类游戏的开发过程。该游戏采用的是联网对战方式，使玩家可以在闲暇之余邀请朋友一起来分享游戏的乐趣。

13.1 游戏背景及功能概述

本节将要对风火三国游戏进行简单的介绍，通过本节的学习，可以使读者对风火三国网络对战游戏有整体了解，知道本章开发案例的具体功能。

13.1.1 背景概述

卡牌作为一种游戏工具，距今已有几百年的历史。关于卡牌游戏的起源有多种说法，现在较被中外学者所普遍接受的观点就是现代卡牌游戏起源于我国唐代一种名叫“叶子戏”的游戏纸牌。

在这几百年的时间里，不断变换的玩法越来越应接不暇，每个国家甚至每个地域都会有自己独特的玩法，这不仅大大促进了卡牌游戏的多样化发展，也促使卡牌成为了大家娱乐生活中必不可缺的一部分。

近年来，大家对卡牌游戏可玩性要求更是越来越高，各种优秀的卡牌游戏层出不穷。其中最普遍且最具代表性的就是扑克牌游戏，其卡牌图片如图13-1所示，还有用于占卜娱乐的塔罗牌游戏，其卡牌图片如图13-2所示，以及休闲小游戏UNO牌，其卡牌图片如图13-3所示，最后是近几年风靡全国的卡牌游戏三国杀，其卡牌图片如图13-4所示。

▲图13-1 扑克游戏卡牌

▲图13-2 塔罗牌卡牌

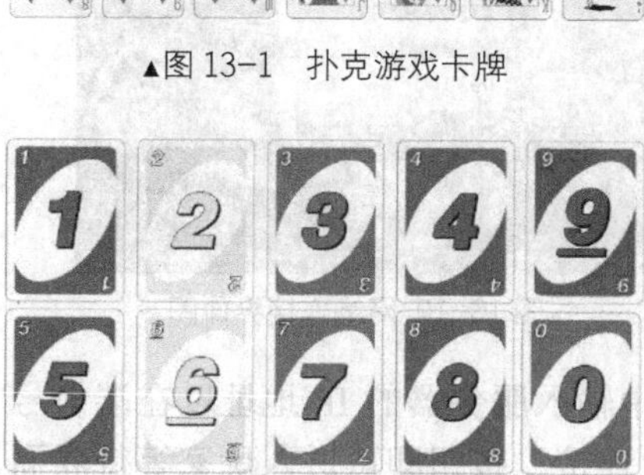

▲图13-3 UNO牌卡牌

▲图13-4 三国杀卡牌

以上这些优秀且受欢迎的卡牌游戏作品已经被广泛呈现于电脑和手机上，方便大家娱乐。本章案例风火三国就是一款基于三国杀卡牌游戏而开发的网络对战式游戏，以中国历史中的三国时期为背景，以卡牌为形式，集合历史、文学、美术等元素于一身。大家在亲身体验的同时，一定会得到多方位的感官享受。

13.1.2 功能简介

本节将要对风火三国卡牌网络对战游戏的功能及操作方法进行简单介绍，使读者对该游戏有一定的感性认识，其具体的操作方法如下。

（1）运行该游戏，首先进入的是游戏欢迎界面，游戏欢迎界面实现了动态显示的效果，如图 13-5 和图 13-6 所示。当欢迎界面结束后，将要进入的是游戏菜单界面，效果如图 13-7 所示。

（2）在游戏菜单界面，单击“帮助”按钮即可进入游戏帮助界面，效果如图 13-8 所示。在主菜单界面，单击“关于”按钮即可进入游戏关于界面，效果如图 13-9 所示。单击“开始游戏”按钮即将进入网络连接界面，效果如图 13-10 所示。单击“退出游戏”按钮可退出游戏。

▲图 13-5 欢迎界面画面 1

▲图 13-6 欢迎界面画面 2

▲图 13-7 游戏菜单界面图

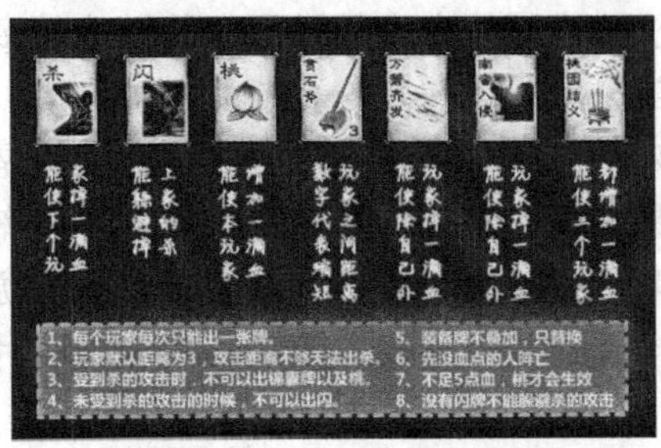

▲图 13-8 游戏帮助界面图

▲图 13-9 关于界面图

▲图 13-10 网络连接界面图

（3）在网络连接界面，玩家可以在 IP 地址文本框中输入服务器的 IP 地址以在端口号文本框中输入服务器端口号，如果玩家人数少于 3 人，单击“连接”按钮即可进入玩家等待界面，效果如图 13-11 所示，反之则进入游戏界面，效果如图 13-12 所示。在网络连接界面单击“返回”按钮可以返回到游戏菜单界面。

（4）在游戏界面玩家单击卡牌后，单击“确定”按钮，同时其他玩家可以在屏幕中央看到该玩家所出的牌。单击“取消”按钮即可放弃出牌的权利，等待其他玩家出牌。

▲图 13-11　玩家等待界面

▲图 13-12　游戏界面

（5）当游戏一方的血点数为 0 后，此玩家为本局的失败者，则会出现“阵亡”界面，效果如图 13-13 所示，而其他两方获胜，会出现“胜利”界面，效果如图 13-14 所示。

▲图 13-13　玩家阵亡界面

▲图 13-14　玩家胜利界面

（6）游戏过程中，玩家可以随时通过单击“返回”按钮退出游戏，同时所有玩家由游戏界面切换到有玩家退出界面，此局游戏结束，效果如图 13-15 所示。

（7）当游戏已经开始后，其他玩家再次连接，则进入玩家已满界面，效果如图 13-16 所示。

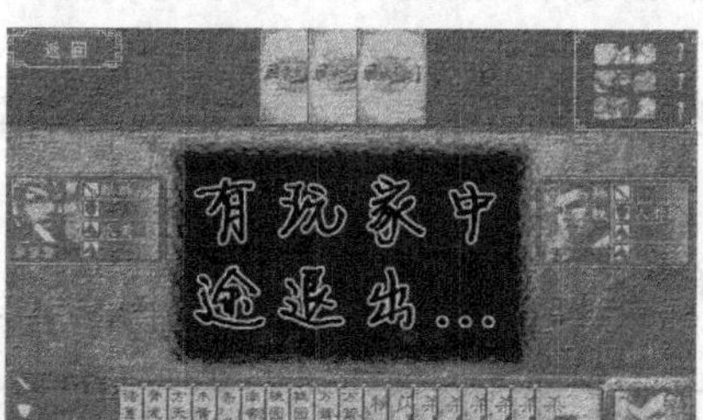

▲图 13-15　有玩家退出界面

▲图 13-16　玩家已满界面

经过上述功能简介，读者已经对该游戏的界面以及操作流程有了大致的了解。下面即将开始具体介绍游戏的策划、准备以及开发。希望读者认真学习。

13.2 游戏策划及准备工作

了解了本案例的运行效果后，本章将介绍游戏的策划及开发前的准备工作，读者可能会感觉学习这些是枯燥的，但是本节所介绍的知识在真实游戏开发过程中作用是极大的。

13.2.1　游戏的策划

接下来对本游戏的策划进行简单介绍，在真实的游戏开发中，该步骤还需要更具体、更细致、更全面。下面将游戏策划分为五个部分，分别为游戏类型的设定、运行的目标平台、操作方式、目标受众以及呈现技术的介绍，具体内容如下所列。

（1）游戏类型

该游戏属于卡牌类游戏的一种，并且采用网络对战方式，可以达到玩家与玩家进行对战的效果，以增强游戏的可玩性。

（2）运行的目标平台

该游戏的目标平台为 Android 2.1 或更高的 Android 版本。

（3）操作方式

该游戏采用屏幕事件进行操作，玩家可使用触控笔单击游戏界面的“确定”按钮来完成出牌操作。如果玩家打算放弃一次出牌权利，可以单击“取消”按钮。游戏中也有部分操作可以通过键盘操控完成。

（4）目标受众

该游戏属于益智游戏，操作简单，规则较少，任何玩家群体都非常容易掌握。游戏的设计新颖，玩法富有创意，使得游戏更加具有吸引力。

（5）呈现技术

该游戏界面采用的是 2D 贴图技术，界面美观，综合了艺术和历史等多方面元素，大大增强了该游戏的可玩性。

13.2.2　Android 平台下游戏开发的准备工作

该游戏开发之前需要做好相应的准备工作，做好细致并且全面的准备工作是每一项工作的良好开始，可以促使游戏开发顺利进行。该游戏的准备工作主要包括如下两个方面。

（1）首先该游戏采用的是 2D 贴图技术，图片素材必不可少。该游戏需要根据游戏界面的设计，为其绘制不同图片素材，以达到游戏效果美观。

（2）其次是为出牌的动作添加个性化声音，增加游戏的可玩性。该游戏主要有两种声音，一种为按钮声音，一种为出牌声音。

首先介绍的是该游戏中所用到的大部分图片资源，如表 13-1 所示。这些图片资源全部存储在随书附带光盘的 res/drawable-nodpi 文件夹下。

表 13-1　　图片清单

图 片 名	大小（KB）	像素（w×h）	用　途
icon.png	31.6	128×128	游戏图标
card2.png	5.88	49×69	卡牌背面图
blood.png	0.321	9×10	血点图片
helpjm.png	133	480×320	游戏帮助界面背景图
back.png	221	480×320	游戏菜单背景图
backg.png	221	480×320	游戏界面背景图
wait.png	308	480×320	等待界面背景图
win.png	320	480×320	胜利界面背景图
die.png	324	480×320	失败界面背景图

续表

图 片 名	大小（KB）	像素（w×h）	用 途
full.png	324	480×320	玩家已满背景图
exit.png	328	480×320	有玩家退出界面图
fc.png	2.15	82×29	确定按钮图
giveup.png	1.59	82×29	取消按钮图
start.png	3.15	95×34	开始游戏按钮图
help.png	2.29	95×34	帮助按钮图
about.png	2.09	95×34	关于按钮图
peopleone.png	2.80	47×45	人物头像 1
peopletwo.png	2.78	47×45	人物头像 2
down1.png	2.84	47×45	人物头像 3

接下来介绍的是该游戏用的卡牌总图的图片资源，该图片为所有牌面的汇总，其中包括 54 张牌面，如表 13-2 所示。这些图片资源存储在光盘的 res/drawable-nodpi 文件夹下。

表 13-2　　图片清单

图 片 名	大小（KB）	像素（w×h）	用 途
cards.png	156	414×441	存储的是一整幅牌面图

最后的介绍是该游戏出牌时所用到的声音文件，如表 13-3 所示。这些声音资源存放在光盘中项目目录 res/raw 文件夹下。

表 13-3　　声音清单

声音文件名	大小（KB）	格 式	用 途
tweet.wav	44	wav	出牌时的声音
sound.wav	5.41	wav	按钮的声音

13.3 游戏的框架

本节将对该游戏的整体架构进行介绍，使读者在整体上对该游戏的设计有一个详细的了解，有益于读者在后面的学习中更容易地理解接收各部分开发的内容。

13.3.1 各个类的简要介绍

为了让读者可以更好地理解各个类的作用，下面将该游戏分成 5 个部分进行整体介绍，而各个类的详细代码将在后面的章节中给出。

1．共有类

（1）SanGuoActivity 主控制类

Activity 的实现类 SanGuoActivity，该类是通过扩展基类 Activity 得到的，是整个游戏的控制器，负责控制欢迎界面、主菜单界面、网络连接界面、输赢界面等界面之间的相互转换，同时还负责对出牌声音的控制，IP 地址、端口号的验证以及客户端代理线程的启动。

（2）常量类 Constant

Constant 为常量类，该类声明了该游戏中的各个类所用到的一些常量，在做游戏的过程中还需要更改一些位置、大小的常量全部存放在常量类中，便于以后根据需要随时更改。

2. 辅助界面类

（1）欢迎界面类 WelcomeView

该类为游戏开始时出现的界面，界面美观大方，采用的是图片渐变技术，给用户不一样的视觉享受，但是在欢迎界面不支持任何键盘或者触控操作。

（2）主菜单类 MainMenuView

该类为游戏主菜单的实现类，主要负责绘制游戏的开始、游戏的帮助、游戏关于以及游戏的退出按钮，监听触摸事件，并做出相应的判断。

3. 游戏界面相关类

（1）游戏界面类 GameView

该类为游戏程序中最主要的类，负责绘制游戏过程中所有的信息，对游戏屏幕进行监控，并控制“确定”出牌按钮和“取消”放弃出牌的功能实现。

（2）界面刷帧类 GameViewDrawThread

该类主要服务于游戏界面，游戏开始时调用该类对游戏界面不断的刷帧，使游戏界面不断更新，以达到动态更新的效果，增强游戏可玩性。

4. 客户代理线程

这部分为客户端代理线程类 ClientAgent，主要负责客户端与服务器的交互工作，需要不断接收发送游戏开始、游戏进行和游戏结束过程中的大量消息，以达到三个玩家互动的效果。

5. 服务器相关类

（1）服务器主类 Server

该服务器主类负责向客户端发送信息，并且控制加入的客户端的个数，控制游戏的开始，控制客户端的发牌以及发送初始化血点信息和初始化装备信息。

（2）服务器代理线程类 ServerAgent。

该类接收客户端发送给服务器的信息，处理信息并作出相应的判断，客户端与服务器的一切信息交互工作全部都是从该类发出的。

（3）发牌类 FPUtil

该类为每个客户端随机生成初始牌的索引值，并且将其存放在以<#START#>开头的字符串中。通过服务器发送给客户端，即可体现随机生成牌的效果。

（4）管理人物装备牌类 CardsUtil

该类主要管理 3 个人物的装备，主要包括武器、防具、加一马、减一马 4 项。该类在运行过程中可根据玩家所出的牌型，为玩家配备不同装备，以达到不同的攻击效果。

（5）初始化人物血点类 MoodUtil

该类主要用来初始化 3 个人物的血点，血点数初始为 5，随着游戏的进行会有所变化。根据玩家所出的牌型，以及配备的装备，玩家血点数会不断更新。

（6）管理人物攻击距离类 FarUtil

该类主要用于管理 3 个人物相互之间的距离变化，以及攻击距离和防御距离的变更，从而根据出牌状况改变血点数。

13.3.2 游戏的框架简介

前面已经对该游戏中用到的所有类进行了介绍，可能读者还是没有完全理解该游戏的架构以及游戏的运行原理。下面分为两个阶段进行，一是游戏开发之前，设计游戏整体框架，二是设计框架完成后，必须对游戏各个类的代码进行逐个的开发。

首先从整体框架进行介绍，使读者对该游戏有基本的了解。游戏总体框架分为 5 个部分，游戏界面相关类是重中之重。其框架如图 13-17 所示。

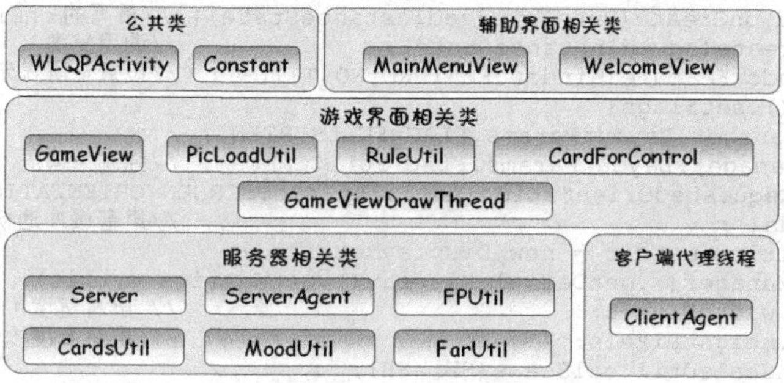

▲图 13-17　游戏框架图

接下来，按照程序运行的顺序介绍各个类的作用以及整体的运行框架，具体步骤如下。

（1）启动游戏，首先被创建的是 SanGuoActivity，而在 SanGuoActivity 中首先运行的是欢迎界面，之后跳转到主菜单界面 MainMenu，并且对菜单界面的按钮进行监听。

（2）进入主菜单界面 MainMenuView，在菜单界面会根据玩家不同的选择执行不同的操作，其中包括“开始游戏”按钮、“关于”按钮、“帮助”按钮以及“退出游戏”按钮。

（3）在主菜单界面单击“开始游戏”按钮进入网络连接界面，网络连接界面中单击“连接”按钮进入游戏等待界面，单击“返回”按钮返回到游戏主菜单界面。

（4）网络连接的同时，由服务器主类 Server 发送给客户端是否可以加入游戏的信息，一旦出错，会提示无法连接。

（5）玩家人数达到指定的人数后服务器主类 Server 发送给信息给客户端代理线程 ClientAgent 并开始游戏，进入 GameView 游戏界面，同时发送随即生成的牌的索引值组成的字符串。

（6）进入游戏界面的同时，启动游戏界面的刷帧线程类 GameViewDrawThread，同时根据得到的牌的索引值组成的字符串由 CardForControl 牌的控制类为每个玩家绘制出牌面。

（7）当玩家出牌时，会根据规则类 RuleUtil 进行判断是否可以出牌。当有玩家中途退出的时候，游戏终止。当有玩家血点为零的时候，游戏结束。

13.4 共有类 SanGuoActivity 的实现

从本节开始将正式进入游戏的开发过程，首先介绍的是游戏的控制器 SanGuoActivity 类，该类的主要作用是在适当的时间初始化相应的用户界面，并根据其他界面的要求切换到需要的界面。

（1）首先介绍的是共有类 SanGuoActivity 的整个框架，只有设计完这个框架才能开发其详细代码，并能更好地理解后续的内容。SanGuoActivity 框架详细代码如下。

代码位置：见随书光盘中源代码/第 13 章/sanguo/src/com/bn/sanguo 目录下的 SanGuoActivity.java。

```
package com.bn.sanguo;                                //声明包名
import java.io.DataInputStream;                       //引入相关的包
 ……//该处省略了部分类的引入代码，读者可自行查看随书光盘的源代码
```

```
4    import android.view.WindowManager;                        //引入相关的包
5    enum WhichView {WELCOMEVIEW,MAIN_MENU,IP_VIEW,GAME_VIEW,
6         WAIT_OTHER,WIN,LOST,EXIT,FULL,ABOUT,HELP}             //枚举所有的界面
7    public class SanGuoActivity extends Activity{             //继承 Activity 的类
8    ……//该处省略了部分类对象的声明，读者可自行查看随书光盘的源代码
9    HashMap<Integer, Integer>  soundPoolMap;                  //创建 HashMap 集合的引用
10   static String cardListStr;                                //创建构成的字符串
11   Handler hd=new Handler(){                                 //创建 Handler 对象 hd
12    ……//该处省略了跳转界面的方法，将在后面的步骤中给出
13   static ScreenScaleResult ssr;
14   static int SW;                                            //声明宽度
15   static int SH;                                            //声明高度
16   public void onCreate(Bundle savedInstanceState){ //重写的 onCreate 方法
17    super.onCreate(savedInstanceState);                      //调用父类
18    requestWindowFeature(Window.FEATURE_NO_TITLE);  //设置全屏显示
19    getWindow().setFlags(
20       WindowManager.LayoutParams.FLAG_FULLSCREEN ,
21       WindowManager.LayoutParams.FLAG_FULLSCREEN); //强制为横屏
22     this.setRequestedOrientation(ActivityInfo.SCREEN_ORIENTATION_LANDSCAPE);
23     initSounds();                                           //声音缓冲池初始化
24    DisplayMetrics metric = new DisplayMetrics();
25    getWindowManager().getDefaultDisplay().getMetrics(metric);
26    SW=metric.widthPixels;                                   // 屏幕宽度（像素）
27    SH=metric.heightPixels;                                  // 屏幕高度（像素）
28    ssr=ScreenScaleUtil.calScale(SW, SH);
29    goToWelcomeView();}                                      //调用该方法
30   public void initSounds(){                                 //声音初始化方法
31   ……//该处省略声音缓冲池初始化方法，将在后面的步骤中给出}
32   public void playSound(int sound, int loop){              //播放声音的方法
33   ……//该处省略播放声音的方法，将在后面的步骤中给出}
34   public boolean onKeyDown(int keyCode,KeyEvent e){//键盘监听方法
35   ……//该处省略键盘监听方法，将在后面的步骤中给出}
36   public void goToWelcomeView(){
37    WelcomeView mySurfaceView = new WelcomeView(this);//创建对象
38     this.setContentView(mySurfaceView);                     //设置跳转
39     curr=WhichView.WELCOMEVIEW; }
40   public void goToMainMenu(){                               //去主界面的方法
41      if(mmv==null) {                                        //对象为空时
42      mmv=new MainMenuView(this); }                          //创建对象
43       setContentView(mmv);                                  //设置界面为 MainMenu 界面
44       curr=WhichView.MAIN_MENU; }
45   public void gotoIpView(){                                 //网络连接界面方法
46   ……//该处省略网络连接界面的方法，将在后面的步骤中给出}
47   public void gotoGameView(){                               //进入游戏界面的方法
48     ameview=new GameView(this);                             //创建对象
49     setContentView(gameview);                               //设置游戏界面
50     curr=WhichView.GAME_VIEW;
51    }}
```

- 第 5～6 行是枚举界面，其在跳转界面时起到非常大的作用。这其中包括菜单界面、网络连接界面、关于界面、帮助界面、等待界面、玩家已满界面、有玩家中途退出界面等。
- 第 11～33 行是接收跳转界面信息的 Handler，同时强制执行横屏，并且初始化声音池以及播放声音的方法，声音池中可存放游戏中所用的声音素材，以方便后续使用。
- 第 34～35 行是该类对手机返回键盘的监听方法，此方法起跳转界面作用。将在后面代码中详细介绍。
- 第 36～50 行是该类首先调用的欢迎界面方法，其次是跳转到主菜单界面的方法，最后是网络连接界面方法，包含要验证 IP 地址及要验证端口的信息。

（2）下面介绍的是接收跳转界面信息的 Handler 的代码，通过此方法实现不同界面之间的转换。将下列代码插入到 SanGuoActivity 类的第 12 行。

代码位置：见随书光盘中源代码/第 13 章/sanguo/src/com/bn/sanguo 目录下的 SanGuoActivity.java。

```
Handler hd=new Handler()                                  //声明消息处理器
{@Override
```

```
3   public void handleMessage(Message msg) {              //重写方法
4    switch(msg.what) {
5      case 0:  setContentView(R.layout.wait);            //进入等待界面
6               curr=WhichView.WAIT_OTHER;                //当前界面为等待界面
7               break;
8    case 1:  gotoGameView();                             //进入游戏界面
9               break;
10   case 2: setContentView(R.layout.win);                //进入你赢了的界面
11             curr=WhichView.WIN;                        //当前界面为胜利界面
12             break;
13   case 3: setContentView(R.layout.die);                //进入你输了的界面
14             curr=WhichView.LOST;                       //当前界面为失败界面
15             break;
16   case 4: setContentView(R.layout.exit);               //进入有玩家退出界面
17             curr=WhichView.EXIT;                       //当前为有玩家退出界面
18             break;
19   case 5: setContentView(R.layout.full);               //人数已满
20             curr=WhichView.FULL;                       //当前为人数已满界面
21             break;
22   case 6: setContentView(R.layout.help);               //进入帮助页面
23             curr=WhichView.HELP;                       //当前界面为帮助界面
24             break;
25   case 7: setContentView(R.layout.about);              //进入关于界面
26             curr=WhichView.ABOUT;                      //当前界面为关于界面
27             break;
28   case 8: goToMainMenu();                              //进入欢迎界面
29             curr=WhichView.WELCOMEVIEW;                //当前界面为欢迎界面
30             break;
31   case 9:                                              //界面弹出 Toast 显示信息
32              Toast.makeText(SanGuoActivity.this,"联网失败，请稍后再试！",
33              Toast.LENGTH_SHORT).show();
34              break;
35   }}};
```

- 第 1～31 行为接收跳转界面信息的 Handler，这部分代码可实现当用户点击指定按钮，客户端就会进行相应的跳转功能。
- 第 5～15 行为处理编号 0-3 的消息的相关代码；当消息编号为 0 时，程序开始游戏进入等待界面；当消息编号为 1 时，程序进入游戏界面；当消息编号为 2 时，程序进入游戏胜利界面；当消息编号为 3 时，程序进入游戏失败界面。
- 第 15～35 行为处理编号 4-8 的消息的相关代码；当消息编号为 4 时，程序进入有玩家退出的界面；当消息编号为 5 时，程序进入玩家已满界面；当消息编号为 6 时，程序进入游戏帮助界面；当消息编号为 7 时，程序进入游戏关于界面；当消息编号为 8 时，游戏启动并进入欢迎界面；当消息编号为 9 时，界面弹出 Toast 显示信息。

（3）下面是声音缓冲池的初始化方法 initSounds 和播放声音方法 playSound 的详细代码。在播放声音时只需要调用播放声音方法 playSound 方法即可，将下列两段代码分别插入到 SanGuoActivity 类的第 23 行和第 25 行。

代码位置：见随书光盘中源代码/第 13 章/sanguo/src/com/bn/sanguo 目录下的 SanGuoActivity.java。

```
1    soundPool = new SoundPool(                              //创建声音缓冲池
2       4,                                                   //同时能最多播放的个数
3       AudioManager.STREAM_MUSIC,                           //音频的类型
4         100                                                //声音的播放质量，目前无效
5    );
6   soundPoolMap = new HashMap<Integer, Integer>();  //创建声音资源 Map
7   soundPoolMap.put(1, soundPool.load(this, R.raw.tweet, 1));//声音资源 id 放进此 Map
8   soundPoolMap.put(2, soundPool.load(this, R.raw.sound, 1));//声音资源 id 放进此 Map
```

- 第 1～5 行为创建声音缓冲池，其中包含三个变量，分别为同时能最多播放的个数、音频的类型和播放质量。
- 第 6～8 行为首先创建用于存储加载声音资源编号的 Map 对象。本案例主要有两个声音资

源，故调用两次 put 方法，将加载后的声音资源编号存入 Map。由于加载后 load 系统返回编号不定，所以将其存入 Map，从而使声音资源按顺序编号。

代码位置：见随书光盘中源代码/第 13 章/sanguo/src/com/bn/sanguo 目录下的 SanGuoActivity.java。

```
1    AudioManager mgr=(AudioManager)this.getSystemService(Context.AUDIO_SERVICE);
2    float streamVolumeCurrent = mgr.getStreamVolume(AudioManager.STREAM_MUSIC);
3    float streamVolumeMax = mgr.getStreamMaxVolume(AudioManager.STREAM_MUSIC);
4    float volume = streamVolumeCurrent / streamVolumeMax;
5    soundPool.play (
6        soundPoolMap.get(sound),                   //声音资源 id
7        volume,                                    //左声道音量
8        volume,                                    //右声道音量
9        1,                                         //优先级
10       loop,                                      //循环次数 -1 带表永远循环
11       0.5f                                       //播放速度 0.5f～2.0f 之间
12   );
```

- 第 1～3 行分别代表初始化的音量控制器，然后通过控制器获取手机的当前音量和最大音量。
- 第 5～11 行为控制播放声音方法的代码，其中第 6 行表示播放固定编号的声音资源，第 7 行和第 8 行为左声道音量和右声道音量。第 9 行为该声音资源的优先级，数值越大优先级越高。第 10 行和第 11 行代表该声音资源的循环次数和播放速率，其中–1 代表永远循环。

（4）下面介绍手机键盘监听 onKeyDown 方法的代码，该部分代码直接关系到用户的切身体验。将下列代码插入到 SanGuoActivity 类的第 27 行。

代码位置：见随书光盘中源代码/第 13 章/sanguo/src/com/bn/sanguo 目录下的 SanGuoActivity.java。

```
1    if(keyCode==4) {                                   //跳到上一个界面的键
2      if(curr==WhichView.WIN||curr==WhichView.LOST||curr==WhichView.EXIT){
3          goToMainMenu();                              //跳转到主菜单界面
4          return true; }
5      if(curr==WhichView.WELCOMEVIEW) {                //不跳转
6          return true;  }
7      if(curr==WhichView.IP_VIEW) {                    //跳转到网络连接界面
8          goToMainMenu();                              //跳转到主菜单界面
9        return true; }
10     if(curr==WhichView.GAME_VIEW){                   //跳转到有玩家退出界面
11         try{
12             ca.dout.writeUTF("<#EXIT#>");            //发送以<#EXIT#>开头的信息
13             }catch (IOException e1) {                //捕获异常
14               e1.printStackTrace();}
15             return true; }                           //返回 true
16      if(curr==WhichView.WAIT_OTHER){                 //不跳转
17             return true; }
18      if(curr==WhichView.MAIN_MENU){                  //如果当前界面为主界面
19             System.exit(0); }                        //退出游戏
20      if(curr==WhichView.FULL){                       //当前界面为人满界面
21             gotoIpView();                            //跳转到网络连接界面
22             return true; }
23      if(curr==WhichView.HELP){                       //当前界面为帮助界面
24             goToMainMenu();                          //跳转到主界面
25             return true; }
26      if(curr==WhichView.ABOUT){                      //当前界面为关于界面
27             goToMainMenu();                          //跳转到主界面
28             return true; }}
29    return false;
```

- 第 1～29 行为当用户点击了返回上一界面的按键的时候，游戏判断如何从一个界面跳转到另一个界面的代码。
- 第 2～4 行表示当前界面为胜利界面，失败界面和退出界面的时候，按下返回键游戏界面将跳转到主菜单面。
- 第 5～6 行表示当前界面为欢迎界面的时候，用户按下返回键，界面不跳转。

- 第 7～9 行表示当前界面为网络连接界面的时候，用户按下返回键，则返回主菜单界面。
- 第 10～15 行表示当前界面为有玩家中途退出的时候，客户端通过服务器发送以<#EXIT#>开头的信息，并结束本轮游戏。
- 第 16～28 行表示等待界面不发生跳转，从主界面返回则选择退出游戏，玩家已满的界面就跳转到网络连接界面，若当前界面为帮助和关于界面则跳转到主菜单界面。

（5）接下来介绍的是调转到网络连接界面的 gotoIpView 方法和对网络连接界面中的按钮进行监听的方法，将下列代码插入 SanGuoActivity 类的第 38 行。

代码位置：见随书光盘中源代码/第 13 章/sanguo/src/com/bn/sanguo 目录下的 SanGuoActivity.java。

```
1   public void gotoIpView(){                                  //跳转到网络连接界面的方法
2   setContentView(R.layout.main);                             //设置布局
3   final Button blj=(Button)this.findViewById(R.id.Button01);//声明连接引用
4   final Button bfh=(Button)this.findViewById(R.id.Button02);//声明返回引用
5   blj.setOnClickListener(                                    //连接监听方法
6    new  OnClickListener(){
7     public void onClick(View v)  {
8       ……//此处省略了连接按钮的监听方法，将在后面的步骤中给出
9    }});
10  bfh.setOnClickListener(                                    //对返回按钮设置监听
11   new  OnClickListener(){
12   public void onClick(View v){                              //重写方法
13    playSound(2, 0);                                         //播放按钮声音
14      goToMainMenu();                                        //返回主菜单界面
15      }
16    }
17  );
18  curr=WhichView.IP_VIEW;                                    //当前的 view 为 IP_VIEW
19  }
```

- 第 1～19 行为跳转到服务器主机 IP 和端口号设置界面的方法，即跳转到网络连接界面。
- 第 3～9 行分别为声明连接引用和声明返回引用，此处省略了连接按钮的方法，将在后面代码中详细给出。
- 第 10～18 行表示对返回按钮的监听。当用户点击返回按钮的时候，播放音效的同时跳转到主菜单界面，并设定当前界面的 WhichView 为 IP_VIEW，方便在页面跳转的时候进行判断。

（6）下面实现的是“连接”按钮的监听方法 onClick，该方法通过对用户输入的 IP 地址和端口号合法性的判断从而实现网络连接。将此代码插入到上述代码的第 8 行。

代码位置：见随书光盘中源代码/第 13 章/sanguo/src/com/bn/sanguo 目录下的 SanGuoActivity.java。

```
public void onClick(View v) {                                 //重写方法
 playSound(2, 0);                                             //播放按钮声音
 final EditText eta=(EditText)findViewById(R.id.EditText01);
 final EditText etb=(EditText)findViewById(R.id.EditText02);
 final String ipStr=eta.getText().toString();                 //取出 IP 地址
 String portStr=etb.getText().toString();                     //取出端口号
 String[] ipA=ipStr.split("\\.");
 if(ipA.length!=4){                                           //判断 IP 地址是否合法
   Toast.makeText (                                           //弹出提示框
         SanGuoActivity.this,
        "服务器 IP 地址不合法",                                  //提示信息
     Toast.LENGTH_SHORT).show();                              //显示时间长短
return;  }                                                    //显示提示信息对话框
 for(String s:ipA) {try{                                      //循环 IP 字符串
 int ipf=Integer.parseInt(s);
 if(ipf>255||ipf<0) {                                         //判断 IP 合法性
     Toast.makeText (                                         //界面弹出 Toast 显示信息
       SanGuoActivity.this,
         "服务器 IP 地址不合法",                                 //提示信息
        Toast.LENGTH_SHORT).show();                           //显示时间长短
          return; }                                           //显示提示信息对话
```

```
22      }catch(Exception e){
23          Toast.makeText (                              //界面弹出 Toast 显示信息
24                SanGuoActivity.this,
25                "服务器 IP 地址不合法!",                    //提示信息
26                Toast.LENGTH_SHORT).show();             //显示时间长短
27          return; }                                     //显示提示信息对话框
28    } try{                                              //捕获异常
29          int port=Integer.parseInt(portStr);           //转换整数
30          if(port>65535||port<0) {                      //判断端口号是否合法
31                Toast.makeText (                        //界面弹出 Toast 显示信息
32                      SanGuoActivity.this,
33                      "服务器端口号不合法!",                //提示信息
34                      Toast.LENGTH_SHORT).show();       //显示时间长短
35                return; }                               //显示提示信息对话框
36    }catch(Exception e){
37                Toast.makeText (                        //界面弹出 Toast 显示信息
38                      SanGuoActivity.this,
39                      "服务器端口号不合法!",                //提示信息
40                      Toast.LENGTH_SHORT).show();       //显示时间长短
41                 return;    }                           //显示提示信息对话框
42     final int port=Integer.parseInt(portStr);          //端口号转换整数
43     new Thread(){
44          @Override
45          public void run(){
46                try{//验证过关后启动代理的客户端线程
47                      Socket sc=new Socket(ipStr,port); //创建 socket 对象
48                      DataInputStream din=new DataInputStream(sc.getInputStream());
49                      DataOutputStream dout=new DataOutputStream
                        (sc.getOutputStream());
50                      ca=new ClientAgent(SanGuoActivity.this,sc,din,dout);
51                      ca.start();
52                }catch(Exception e){
53                      hd.sendEmptyMessage(9);
54                      e.printStackTrace();
55                      return;
56    }}}.start();
57    }
```

- 第 3～6 行表示 IP 文本框和端口号文本框的初始化，并截取字符串取出两个文本框内容，以方便后续进行判断和操作使用。
- 第 8～28 行是对 IP 地址合法性的判断，一是必须满足字符串的个数，二是每个字符串有其固定的长度范围。一旦判断结果为错误，就会弹出 Toast 提示用户重新输入 IP 和端口号。
- 第 29～41 行是对端口号的判断，要求范围在 0～65535 之间。如果超出范围，就会提示用户“服务器端口号不合法”。
- 第 43~56 行是初始化并启动客户端代理线程。通过启动该线程，可以使客户端和服务器进行高效的信息传递。

13.5 辅助界面相关类的实现

前一节介绍了主控制类 SanGuoActivity，相信大家已经初步了解了游戏的基本架构。接下来将要对辅助界面相关类进行介绍，其中包括欢迎界面类和主菜单界面类两部分。

13.5.1 欢迎界面类

（1）首先介绍的是欢迎界面 WelcomeView 类，该类是本游戏的第一个界面。该界面采用了更改透明度以达到动态显示效果的技术，其详细代码如下。

代码位置：见随书光盘中源代码/第 13 章/sanguo/src/com/bn/sanguo 目录下的 WelcomeView.java。

```
package com.bn.sanguo;                                    //声明包名
```

```
2  import android.view.SurfaceView;                           //引入相关类
3  ……//这部分省略了部分类的引入代码，读者可自行查看随书光盘的源代码
4  public class WelcomeView extends SurfaceView implements SurfaceHolder.Callback{
5  SanGuoActivity activity;
6  Paint paint;                                               //画笔
7  int currentAlpha=0;                                        //当前的不透明值
8  int screenWidth=480;                                       //屏幕宽度
9  int screenHeight=320;                                      //屏幕高度
10 int sleepSpan=50;                                          //动画的时延 ms
11 Bitmap[] logos=new Bitmap[2];                              //logo 图片数组
12 Bitmap currentLogo;                                        //当前 logo 图片引用
13 int currentX;                                              //图片 X 坐标
14 int currentY;                                              //图片 Y 坐标
15 public WelcomeView(SanGuoActivity activity) {
16 ……//这部分省略该构造器代码，将在后面详细给出 }
17 public void onDraw(Canvas canvas){                            //绘制黑填充矩形清背景
18 ……//这部分省略绘制方法代码，将在后面详细给出 }
19 public void surfaceChanged(SurfaceHolder arg0, int arg1, int arg2, int arg3) {
20 }
21 public void surfaceCreated(SurfaceHolder holder) {   //创建时被调用
22 ……//这部分省略创建方法代码，将在后面详细给出}
23   public void surfaceDestroyed(SurfaceHolder arg0) { //销毁时被调用
24}}
```

● 第 7～14 行是对该类成员变量的声明，其中包括屏幕高度和宽度，动画时延时间，界面图片的引用，以及欢迎界面图片的 X,Y 坐标等。

● 第 17～19 行是绘制界面方法，首先设置矩形黑色背景，然后进行平面贴图。贴图分为两张，按先后顺序显示，都采用了动画效果，具体代码将在后面详细介绍。

● 第 21～22 行表示开启一个新的线程，在线程里改变透明度的值，并且随时重新绘制。

（2）下面介绍上述欢迎界面类 WelcomeView 中省略的构造器代码，这部分代码通过调用 BitmapFactory 方法加载了欢迎界面的两幅素材图。将下列代码插入上述代码的 16 行。

代码位置：见随书光盘中源代码/第 13 章/sanguo/src/com/bn/sanguo 目录下的 WelcomeView.java。

```
1  super(activity);                                     //调用父类
2  this.activity = activity;
3  this.getHolder().addCallback(this);                  //设置生命周期回调接口的实现者
4  paint = new Paint();                                 //创建画笔
5  paint.setAntiAlias(true);                            //打开抗锯齿
6  logos[0]=BitmapFactory.decodeResource(activity.getResources(),
7          R.drawable.dukea);
8  logos[1]=BitmapFactory.decodeResourc(activity.getResources(),
9         R.drawable.dukeb);                            //加载图片
```

● 第 1～5 行代码实现了设置生命周期回调接口，同时创建画笔。而抗锯齿方法可以使绘制的图片更加圆滑，富有美感。

● 第 6～9 行代码表示通过调用 BitmapFactory 方法加载欢迎界面两幅素材图片。

（3）下面介绍上述欢迎界面类 WelcomeView 中省略的绘制方法 onDraw 的详细代码，这部分将主要介绍如何进行正确贴图。将下列代码插入上述代码的第 18 行。

代码位置：见随书光盘中源代码/第 13 章/sanguo/src/com/bn/sanguo 目录下的 WelcomeView.java。

```
paint.setColor(Color.BLACK);                              //设置画笔颜色
paint.setAlpha(255);                                      //设置透明度
canvas.drawRect(0, 0, screenWidth, screenHeight, paint);//进行平面贴图
if(currentLogo==null)return;
paint.setAlpha(currentAlpha);
ScreenScaleResult ssr=SanGuoActivity.ssr;
canvas.save();
canvas.translate(ssr.lucX,ssr.lucY);
canvas.scale(ssr.ratio, ssr.ratio);
canvas.drawBitmap(currentLogo, currentX, currentY, paint);
canvas.restore();
```

> **说明**　上述代码为绘制界面的方法，主要介绍了正确的贴图步骤。首先设置画笔颜色为黑色，设置透明度，然后进行平面贴图。

（4）下面介绍上述欢迎界面类 WelcomeView 中省略的 surfaceCreated 方法的代码，该方法将开启一个线程随时改变透明度的值并重新绘制，以达到动态显示界面的效果。将下列代码插入到欢迎界面类 WelcomeView 代码的第 22 行。

代码位置：见随书光盘中源代码/第 13 章/sanguo/src/com/bn/sanguo 目录下的 WelcomeView.java。

```
1   new Thread(){
2    public void run(){
3      for(Bitmap bm:logos){
4        currentLogo=bm;
5        currentX=screenWidth/2-bm.getWidth()/2;          //计算图片位置
6        currentY=screenHeight/2-bm.getHeight()/2;        //计算图片位置
7         for(int i=255;i>-10;i=i-10){                    //动态更改图片的透明度值
8           currentAlpha=i;                               //设置透明度
9           if(currentAlpha<0){
10            currentAlpha=0; }
11  SurfaceHolder myholder=WelcomeView.this.getHolder();
12  Canvas canvas = myholder.lockCanvas();                //获取画布
13  try{
14     synchronized(myholder){
15      onDraw(canvas); }                                 //绘制
16    }catch(Exception e){
17      e.printStackTrace();}                             //打印信息
18    finally{
19     if(canvas != null){                                //canvas 不为空时
20     myholder.unlockCanvasAndPost(canvas);} }           //画布解锁
21     try{
22      if(i==255){                                       //若是新图片，多等待一会
23        Thread.sleep(1000); }                           //线程休眠时间
24      Thread.sleep(sleepSpan);
25    }catch(Exception e){
26          e.printStackTrace();                          //打印信息
27      }}}
28       activity.hd.sendEmptyMessage(8);}                //发送消息跳转界面
29      }.start();                                        //线程开启
```

- 第 1～29 行为开启一个新的线程，在线程里面改变透明度的值，并随时根据更改的透明度进行重新绘制，以达到动态显示界面的效果。
- 第 5～10 行表示计算该类绘制界面图片的位置，并更改图片的透明度值，也要判断透明度值是否小于零，如果小于零便设置为零。
- 第 13～29 行表示捕获异常，为避免部分代码出现异常，需要及时捕获并打印异常信息。

13.5.2　主菜单界面类

通过上面的介绍，读者已经基本了解到了欢迎界面的开发，下面开始对辅助界面相关类中的主菜单界面类 MainMenuView 进行介绍。

（1）主菜单界面分为 4 个菜单项，即开始按钮、帮助按钮、关于按钮和退出按钮。四个按钮分别执行不同功能，跳转到不同界面。按钮开发的详细代码如下。

代码位置：见随书光盘中源代码/第 13 章/sanguo/src/com/bn/sanguo 目录下的 MainMenuView.java。

```
package com.bn.sanguo;                                          //声明包名
 import android.view.SurfaceHolder;                             //引入相关包
   ……//这部分省略了部分类的引入代码，读者可自行查看随书光盘的源代码
  public class MainMenuView extends SurfaceView implements SurfaceHolder.Callback{
  SanGuoActivity activity;                                      //主控制类
```

```
6    Paint paint;                                              //创建画笔引用
7    Bitmap bitmapStart;                                       //开始图片
8    Bitmap bitmapHelp;                                        //帮助图片
9    Bitmap bitmapAbout;                                       //关于图片
10   Bitmap bitmapBack;                                        //背景图片
11   Bitmap bitmapOut;                                         //退出图片
12   public MainMenuView(SanGuoActivity activity) {
13        Super(activity);                                     //调用父类
14            this.activity=activity;
15    this.getHolder().addCallback(this);                      //设置回调方法
16        paint=new Paint();                                   //创建新画笔
17   paint.setAntiAlias(true);                                 //打开抗锯齿
18   initBitmap();}                                            //加载图片资源方法的调用
19   public void initBitmap(){                                 //加载图片资源方法
20   ……//该处省略了加载图片的方法代码，将在后面给出}
21   public void onDraw(Canvas canvas){                        //绘制方法
22   ……//该处省略了绘制方法代码，将在后面给出}
23   public boolean onTouchEvent(MotionEvent e){               //发生触摸事件
24   ……//该处省略了触摸事件方法的代码，将在后面给出}
25  public void surfaceChanged(SurfaceHolder holder, int format, int width,int height)
26  { }                                                        //重写方法
27  public void surfaceCreated(SurfaceHolder holder){          //调用刷帧方法
28  this.repaint();}
29  public void surfaceDestroyed(SurfaceHolder holder){ }      //销毁时调用此方法
30  public void repaint(){                                     //刷帧方法
31  SurfaceHolder holder=this.getHolder();
32  Canvas canvas=holder.lockCanvas();                         //锁定整个画布
33   try{
34       synchronized(holder){                                 //给这个方法加锁
35             onDraw(canvas); }
36   }catch(Exception e){
37       e.printStackTrace();                                  //打印堆栈信息
38   }finally{                                                 //最后一定执行
39       if(canvas!=null){                                     //释放画布
40             holder.unlockCanvasAndPost(canvas); }}}}
```

- 第 7～11 行是对该类中所用到的图片资源的声明，其中包括开始、关于、帮助和退出四个按钮的图片资源的声明以及主界面背景图片的声明。
- 第 19～20 行是该类图片加载的方法，在此方法中初始化所用到的四个按钮图片资源和一副背景图资源，其加载过程的详细代码将在后面给出。
- 第 30～40 行是对主菜单界面的重绘方法，锁定整个画布，进行绘制，详细内容请读者见注释部分。

（2）下面介绍上述主菜单界面类 MainMenuView 中省略的加载按钮图片和背景图片的代码，希望大家认真学习这部分用到的加载图片的方法。将下列代码插入到上述代码的第 20 行。

代码位置：见随书光盘中源代码/第 13 章/sanguo/src/com/bn/sanguo 目录下的 MainMenuView.java。

```
bitmapStart=BitmapFactory.decodeResource(                 //加载开始按钮的图片
   getResources(),R.drawable.start);
bitmapHelp=BitmapFactory.decodeResource(                  //加载帮助按钮的图片
   getResources(), R.drawable.help);
bitmapAbout=BitmapFactory.decodeResource(                 //加载关于按钮的图片
   getResources(), R.drawable.about);
bitmapOut=BitmapFactory.decodeResource(                   //加载退出按钮的图片
   getResources(), R.drawable.out);
bitmapBack=BitmapFactory.decodeResource(                  //加载背景的图片
  getResources(), R.drawable.back);
```

说明 上述代码表示加载主菜单中开始、帮助、关于和退出四个按钮图片素材，以及背景图片素材。只有先通过调用 BitmapFactory 方法加载才可以对其进行绘制。

（3）下面介绍上述主菜单界面类 MainMenuView 中省略的绘制方法 onDraw 的代码，在该方法中绘制了背景和按钮图片，将下列代码插入到上述代码的 22 行。

代码位置：见随书光盘中源代码/第 13 章/sanguo/src/com/bn/sanguo 目录下的 MainMenuView.java。

```
1  ScreenScaleResult ssr=SanGuoActivity.ssr;
2  canvas.save();
3  canvas.translate(ssr.lucX,ssr.lucY);                    //绘制图转换横纵坐标
4  canvas.scale(ssr.ratio, ssr.ratio);
5  canvas.drawBitmap(bitmapBack,                           //绘制背景图片
6      BACK_XOFFSET,BACK_YOFFSET, paint);
7  canvas.drawBitmap(bitmapStart,                          //绘制开始按钮
8     BUTTON_START_XOFFSET, BUTTON_START_YOFFSET, null);
9  canvas.drawBitmap(bitmapHelp,                           //绘制帮助按钮
10     BUTTON_HELP_XOFFSET, BUTTON_HELP_YOFFSET, null);
11 canvas.drawBitmap(bitmapAbout,                          //绘制关于按钮
12     BUTTON_ABOUT_XOFFSET, BUTTON_ABOUT_YOFFSET, null);
13 canvas.drawBitmap(bitmapOut,                            //绘制退出按钮
14     BUTTON_OUT_XOFFSET, BUTTON_OUT_YOFFSET, null);
15 canvas.restore();
```

- 第 1～15 行代码是对该类所用到的图片的绘制，其中有背景图片和开始、关于、退出、帮助四幅按钮图片。
- 第 5～6 行为绘制背景图片的代码，这部分的绘制起点为两个固定的 X，Y 坐标，通过常量类 Constant 进行初始化定义。
- 第 7～14 行即为绘制四个按钮的具体代码，其中用到的绘制位置都是常量类里定义的常量。

（4）下面介绍主菜单界面类 MainMenuView 中省略的触摸事件 onTouchEvent 方法的代码，将下列代码插入到上述代码的第 24 行。

代码位置：见随书光盘中源代码/第 13 章/sanguo/src/com/bn/sanguo 目录下的 MainMenuView.java。

```
int x=(int) (e.getX());                                //获取单击 X 坐标
int y=(int) (e.getY());                                //获取单击 Y 坐标
ScreenScaleResult ssr=SanGuoActivity.ssr;
int[] ca=ScreenScaleUtil.touchFromTargetToOrigin(x, y, ssr);
x=ca[0];
y=ca[1];
switch(e.getAction()){                                 //选择分支
 case MotionEvent.ACTION_DOWN:
  if(x>BUTTON_START_XOFFSET&&                          //对开始按钮的监听
      x<BUTTON_START_WIDTH+BUTTON_START_XOFFSET        //点击在开始按钮范围内
     &&y>BUTTON_START_YOFFSET&&
     y<BUTTON_START_YOFFSET+BUTTON_START_HEIGHT){
         activity.playSound(2, 0);                     //播放按钮声音
        activity.gotoIpView();}                        //跳转到网络连接界面
  if(x>BUTTON_HELP_XOFFSET&&                           //对帮助按钮的监听
      x<BUTTON_HELP_XOFFSET+BUTTON_HELP_WIDTH          //点击在帮助按钮范围内
      &&y>BUTTON_HELP_YOFFSET&&
     y<BUTTON_HELP_YOFFSET+BUTTON_HELP_HEIGHT){
        activity.playSound(2, 0);                      //播放按钮声音
       activity.hd.sendEmptyMessage(6); }              //发送跳转界面消息
  if(x>BUTTON_ABOUT_XOFFSET&&                          //对关于按钮的监听
      x<BUTTON_ABOUT_XOFFSET+BUTTON_ABOUT_WIDTH        //点击在关于按钮范围内
      &&y>BUTTON_ABOUT_YOFFSET&&
       y<BUTTON_ABOUT_YOFFSET+BUTTON_ABOUT_HEIGHT){
         activity.playSound(2, 0);                     //播放按钮声音
        activity.hd.sendEmptyMessage(7); }             //发送跳转界面信息
  if(x>BUTTON_OUT_XOFFSET&&                            //对退出按钮的监听
        x<BUTTON_OUT_XOFFSET+BUTTON_OUT_WIDTH          //点击在退出按钮范围内
          &&y>BUTTON_OUT_YOFFSET&&
        y<BUTTON_OUT_YOFFSET+BUTTON_OUT_HEIGHT){
           activity.playSound(2, 0);                   //播放按钮声音
         System.exit(0);  }                            //退出
  break; }return true;
```

● 第 1～6 行为获取用户点击手机屏幕时的 X、Y 坐标，方便后续判断是哪个按钮，从而使得客户端进行相应操作。

● 第 9～26 行为当用户选择开始、帮助、关于三个按钮的时候，播放音效的同时发送跳转界面的 msg，然后游戏界面就会进行相应的跳转。

● 第 27～33 行代码表示点击了退出游戏按钮，播放音效的同时，游戏如何实现退出功能，并且跳出该选择分支。

13.6 游戏界面相关类的实现

前面已经对主菜单界面开发进行了基本的介绍，从本节开始将进入游戏开发中最重要的部分，即游戏界面的开发。本节需要分步进行讲解，首先要对游戏界面框架进行初步介绍，然后再通过对相关类的学习，逐步完成整个游戏界面的开发。

13.6.1 游戏界面框架

游戏界面为本节的重点，本节将分步进行详细介绍。游戏界面相关类关系及其复杂，使用框架图可以使读者更容易加深理解。然而只理解框架是纸上谈兵，不切实际，在后面将给出游戏界面相关类的详细代码。下面开始对游戏界面相关类的框架进行介绍，如图 13-18 所示。

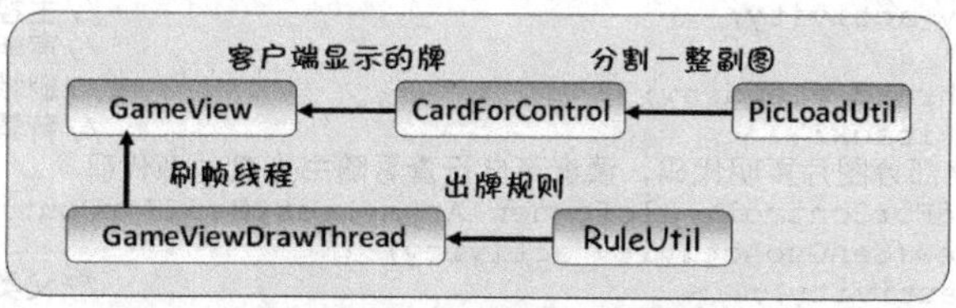

▲图 13-18 游戏界面的框架

上述游戏界面的框架介绍了每个类的相互关系。这个框架由 5 个类构成，每个类都服务于 GameView 类，下面分别介绍其具体的功能。

（1）首先初始化 GameView，调用 GameViewDrawThread 刷帧线程类不断地刷帧绘制界面。

（2）在初始化 GameView 的同时调用 PicLoadUtil 分割总牌图得到所有牌的数组，然后会通过 CardForControl 牌的控制类绘制出每个客户端的牌。

（3）当玩家选中牌，单击“确定”按钮时，调用 RuleUtil 规则类判断此牌是否可以打出，如果不合规则，将会提示相应错误的信息。

介绍 GameView 游戏界面框架代码之前，同样需要做好准备工作，下面为常量类的两个方法，其与游戏界面类有着密切的关系，其详细代码如下。

代码位置：见随书光盘中源代码/第 13 章/sanguo/src/com/bn/sanguo 目录下的 Constant.java。

```
public static int[][] MAP_CARDS={                    //代表每张卡牌的索引值
 {1,2,3,4,5,6},
 {7,8,9,10,11,12},                                   //牌图分为 9 行 6 列
 {13,14,15,16,17,18},
 {19,20,21,22,23,24},
 {25,26,27,28,29,30},
 {31,32,33,34,35,36},
 {37,38,39,40,41,42},
 {43,44,45,46,47,48},
 {49,50,51,52,53,54}
 };
   public static int[] fromNumToAB(int num){         //生成对应图标的 X Y 坐标
```

```
13    int[] result=new int[2];                                   //创建数组
14    outer:for(int i=0;i<MAP_CARDS.length;i++){                 //代表标志的循环
15        for(int j=0;j<MAP_CARDS[0].length;j++){                //里层 for 循环
16            if(MAP_CARDS[i][j]==num){                          //判断 num 与索引中哪个相等
17                result[0]=i;
18                result[1]=j;
19                break outer;                                   //返回 for 前的 out 位置
20    }}}
21   return result; }                                            //返回 result
```

● 第 2～10 行为卡牌的索引值，每张卡牌都有自己固定的索引值，这样方便后续对其判定操作。

● 第 12～21 行为根据牌的索引值，计算该牌对应的坐标值。通过循环操作，可以为固定位置上的卡牌确定一个二维数组的坐标值。

接下来，将要对游戏界面 GameView 类的开发代码进行具体介绍，这部分是游戏界面最重要的部分，其详细代码如下。

（1）首先要介绍的是游戏界面 GameView 框架，该框架对读者进行后续学习有铺垫作用，同时对该游戏的呈现和运行起到重要作用，其详细代码如下。

代码位置：见随书光盘中源代码/第 13 章/sanguo/src/com/bn/sanguo 目录下的 GameView.java。

```
package com.bn.sanguo;                                               //声明包名
import android.view.SurfaceHolder;                                   //引入相关包
//该处省略了部分类的引入代码，请读者自行查看随书光盘的源代码
public class GameView extends SurfaceView implements SurfaceHolder.Callback{
  SanGuoActivity activity;                                           //主控制类
  Paint paint;                                                       //声明画笔引用
  GameViewDrawThread viewdraw;                                       //刷帧线程类
  static Bitmap iback;                                               //背景图片
  ……//这部分省略部分图片声明代码，读者可自行查看随书光盘的源代码
  ArrayList<CardForControl> alcfc=new ArrayList<CardForControl>();
  public GameView(SanGuoActivity activity) {
         super(activity);                                            //父类调用
         this.activity=activity;
         this.getHolder().addCallback(this);
     paint=new Paint();                                              //创建新画笔
     paint.setAntiAlias(true);   }                                   //打开抗锯齿
  public static void initBitmap(Resources r){                        //加载图片方法
       ……//该处省略图片资源初始化方法，读者可自行查看随书光盘源代码}
  public static void initCards(Resources r){                         //分割牌图的方法
  Bitmap srcPic=PicLoadUtil.LoadBitmap(r,R.drawable.cards);
  cards=PicLoadUtil.splitPic(6, 9, srcPic, CARD_WIDTH, CARD_HEIGHT); }
  public boolean onTouchEvent(MotionEvent e) {                       //触摸事件
          ……//该处省略该类的触摸事件，将在后面的步骤中给出}
  public void initCardsForControl(String cardListStr){ //牌的控制方法
       ……//该处省略牌的控制对象方法，将在后面的步骤中给出}
  public void onDraw(Canvas canvas){                                 //主绘制方法
          ……//该处省略了绘制界面的方法，将在后面的步骤中给出}
  public void surfaceChanged(SurfaceHolder holder,
  int format, int width, int height){}
  public void surfaceCreated(SurfaceHolder holder){
        initCardsForControl(SanGuoActivity.cardListStr);//调用控制牌对象的方法
        if(viewdraw==null) {
              viewdraw=new GameViewDrawThread(this);
              viewdraw.flag=true;
              viewdraw.start();}}                                    //开启刷帧线程
  public void surfaceDestroyed(SurfaceHolder holder){                //重写销毁方法
        boolean reatry=true;                                         //设定 reatry 为 true
        viewdraw.flag=false;
        while(reatry){                                               //当 reatry 为 true 时
              try{
                    viewdraw.join();                                 //此线程等待
                    reatry=false;                                    //改变 reatry 为 false
              }catch(InterruptedException e){                        //捕获异常
                    e.printStackTrace();}}}
```

```
45   public void repaint(){                                    //重绘方法
46       SurfaceHolder surfaceholder=this.getHolder();
47       Canvas canvas=surfaceholder.lockCanvas();             //锁定画布
48       try{
49           synchronized(surfaceholder){
50               onDraw(canvas); }}                            //调用 onDraw 方法
51       catch(Exception e){
52           e.printStackTrace(); }                            //打印信息
53       finally{
54          if(canvas!=null){
55           surfaceholder.unlockCanvasAndPost(canvas); }}}} //画布解锁
```

- 第 8～9 行是该类用到的所有图片资源的声明。其中包括背景图、卡牌图、身份图标、人物头像、各种按钮图、各种装备文字图以及血点图等。
- 第 17～18 行是该类的图片加载方法，在此方法中初始化所用到的图片资源，其中包括背景图、卡牌背景图、若干按钮图片、身份图片、血点图片、提示自己和别人出牌的图片，以及三个玩家的身份图和装备图。这些图片是通过调用 BitmapFactory 方法加载的，前面已经详细介绍过。
- 第 19～20 行是该类调用 initCards 方法分割总牌图为单张牌。由于总牌图是卡牌旋转 90 度构成，方法中需要进行详尽的切割。
- 第 45～55 行为该类的重新绘制界面的方法，此方法同时被刷帧线程类调用。

（2）接下来介绍的是该类触摸事件 onTouchEvent 方法的代码，此方法为该类重点，直接关系到用户的切身体验，将下列代码插入到 GameView 类的第 23 行。

代码位置：见随书光盘中源代码/第 13 章/sanguo/src/com/bn/sanguo 目录下的 GameView.java。

```
  int x=(int)(e.getX());                                     //触控点 X 坐标
  int y=(int)(e.getY());                                     //触控点 Y 坐标
  ScreenScaleResult ssr=SanGuoActivity.ssr;
  int[] ca=ScreenScaleUtil.touchFromTargetToOrigin(x, y, ssr);
  x=ca[0];
  y=ca[1];
  int one=activity.ca.oneMoodNum;                            //一号玩家血点
  int two=activity.ca.twoMoodNum;                            //二号玩家血点
  int three=activity.ca.threeMoodNum;                        //三号玩家血点
  int far;                                                   //初始化玩家距离
  if((activity.ca.selfNum-1)<=0){                            //如果是一号玩家
      far=activity.ca.onefartwo;                             //距离即为一号二号距离
   }else if((activity.ca.selfNum+1)>3){                      //如果是三号玩家
      far=activity.ca.threefarone;                           //距离即为三号一号距离
  }else{far=activity.ca.twofarthree; }                       //二号玩家距离即为二号三号距离
      switch(e.getAction())        {
        case MotionEvent.ACTION_DOWN:
   if(x>CARD_SMALL_XOFFSET&&x<CARD_BIG_XOFFSET              //点击自己卡牌的范围内
      &&y>DOWN_Y-MOVE_YOFFSET&&y<CARD_LEFT_YOFFSET&&activity.ca.perFlag){
      int size=alcfc.size();                                 //设订 size 大小
      for(int i=size-1;i>=0;i--){
        CardForControl cfcTemp=alcfc.get(i);                 //得到在点击范围内的牌的引用
           if(cfcTemp.isIn(x, y)){                           //判断是哪张牌并向上移动
              break; } } }                                   //跳出该 if 语句
if(x>LEFT_RETURN_XOFFSET&&x<LEFT_RETURN_XOFFSET+BUTTON_RETURN_WIDTH
   &&y>LEFT_RETURN_YOFFSET&&y<LEFT_RETURN_YOFFSET+BUTTON_RETURN_HEIGHT){
    try{                                                     //点击返回按钮
    activity.playSound(2, 0);                                //播放声音
    activity.ca.dout.writeUTF("<#EXIT#>");                   //输出<#EXIT#>信息
   }catch (IOException e1) {                                 //捕获异常
   e1.printStackTrace();}}                                   //打印错误信息
  if(x>RIGHT_FCARD_XOFFSET&&x<RIGHT_FCARD_XOFFSET+BUTTON_FCARD_WIDTH
  &&y>RIGHT_FCARD_YOFFSET&&y<RIGHT_FCARD_YOFFSET+BUTTON_RETURN_HEIGHT)
  {……//此处省略“确定”出牌按钮的方法，将在后面给出}
  if(x>RIGHT_GIVEUP_XOFFSET&&x<RIGHT_GIVEUP_XOFFSET+BUTTON_GIVEUP_WIDTH
  &&y>RIGHT_GIVEUP_YOFFSET&&y<RIGHT_GIVEUP_YOFFSET+BUTTON_GIVEUP_HEIGHT) {
  {……//此处省略“取消”放弃出牌按钮的方法，将在后面给出}
  return true; }
```

● 第 1～10 行为触摸屏幕时获得的触摸点的 x 坐标和 y 坐标，同时为 3 家血点赋值，方便后面代码中使用。

● 第 11～15 行是根据当前玩家编号，通过服务器和客户端的发送接收数据，以得到 3 个玩家之间的不同的距离，以便后续进行操作使用。

● 第 16～24 行是点中某张牌时的处理代码，若卡牌对象的标志位为 true 时，卡牌绘制时会向 y 轴正方向移动一定距离。

● 第 25～31 行为返回按钮代码，点击该按钮，会退出游戏。同时其他客户端程序界面会显示有玩家中途退出界面。

● 第 32～37 行省略了该处开发的两个按钮的代码，其中包括确认出牌按钮，放弃出牌按钮，将在后面给出，请读者详细学习。

（3）接下来介绍的是触摸事件 onTouchEvent 方法中省略的“确定”出牌按钮的代码，该部分的开发关系到游戏进行中最重要的动作——出牌。将下列代码插入到触摸事件 onTouchEvent 方法代码的第 34 行。

代码位置：见随书光盘中源代码/第 13 章/sanguo/src/com/bn/sanguo 目录下的 GameView.java。

```
1  if(activity.ca.perFlag) {
2    String lastCards=activity.ca.lastCards;          //上一个玩家出的牌
3    String currCards="";
4    ArrayList<CardForControl> currSelected=new ArrayList<CardForControl>();
5    for(CardForControl cfc:alcfc) {
6      if(cfc.flag){
7        currSelected.add(cfc); }}    //遍历手中的点击到的牌并且将牌号存入 String 中
8     for(CardForControl cfc:currSelected){
9        currCards=currCards+","+cfc.num; }
10    if(currCards.length()>0){                       //若有出牌，去掉前导逗号
11      currCards=currCards.substring(1);}
12      int Card=Integer.parseInt(currCards);         //整数化当前牌值
13     if(Card>=0&&Card<=15){                         //如果出牌为装备牌
14        try {                                       //要更改玩家距离
15          activity.ca.dout.writeUTF("<#FAR#>"+Card+","+far);
16          } catch (IOException e2) {                //捕获异常
17            e2.printStackTrace();}}
18          if(activity.ca.selfNum==activity.ca.lastNum){
19    ……//此处省略若别人不要又轮到自己出牌的代码，在后面步骤中给出
20     } else {                                       //若不是自己则按照规则出牌
21   try {if(RuleUtil.rule(lastCards, currCards,far)){ //检查牌是否合规则
22          try {                                     //发送<#PLAY#>消息
23              activity.ca.dout.writeUTF("<#PLAY#>"+currCards);
24      activity.ca.perFlag=false;                    //设定标志位为 false
25              activity.playSound(1,0);              //播放声音
26              int n;
27   if(lastCards!=null&currCards!=null) {
28     ……//此处省略上家下家出牌都不为空的代码，在后面步骤中给出
29   }else {
30     ……//此处省略上家下家出牌不都为空的代码，在后面步骤中给出
31   } } catch (IOException e1) {                     //捕获异常
32           e1.printStackTrace();}
33  }else{                                            //否则弹出 Toast 对话框
34       Toast.makeText(activity,"不合规则，不允许出牌！",Toast.LENGTH_SHORT).show();
35     }} catch (IOException e1) {                    //捕获异常
36                e1.printStackTrace();   }}}
```

● 第 2～3 行为获取上家出的牌，转换成字符串，设定当前玩家出牌为空，同时顶一个 ArrayList，方便存储当前玩家选定的牌。

● 第 8～17 行遍历手中的点击到的牌并且将牌号存入 String 中。同时根据装备牌发消息给服务器，更改玩家距离。

● 第 18～19 行为上家放弃出牌机会的出牌方法，篇幅有限，这里不再赘述，将在后面进行

详尽介绍。

- 第 20~36 行为正常出牌过程中的出牌方法。这其中包括两种，一种是上家下家出牌都不为空，一种是本家出牌可能为空的情况。

（4）接下来介绍的是“确定”出牌按钮的代码中省略的其他玩家放弃牌权后自己出牌的情况，将下列代码插入到上述确定出牌代码的第 19 行。

代码位置：见随书光盘中源代码/第 13 章/sanguo/src/com/bn/sanguo 目录下的 GameView.java。

```
1   if(RuleUtil.ruleSelf(currCards,far)) {                //判断牌是否合法
2    try {
3    activity.ca.dout.writeUTF("<#PLAY#>"+currCards);
4    activity.ca.perFlag=false;
5    activity.playSound(1, 0);                             //播放声音
6    int currCard=Integer.parseInt(currCards);
7    if(currCard>=25&currCard<=28){                        //如果使用桃
8    activity.ca.dout.writeUTF("<#PLUSMOOD#><#TAO#>"+      //为该玩家加一滴血
9                         one+","+two+","+three);}
10          if(currCard>=16&currCard<=21) {                //如果使用攻击锦囊牌
11            activity.ca.dout.writeUTF("<#PLUSMOOD#><#PLUS#>"+
12                        one+","+two+","+three);}         //为玩家减血
13     if(currCard>=22&currCard<=24) {                     //如果使用桃园结义锦囊
14              activity.ca.dout.writeUTF("<#PLUSMOOD#><#ALLADD#>"+
15                        one+","+two+","+three); }
16   for(CardForControl cfc:currSelected) {                //将发的牌从 ArrayList 中移除
17        alcfc.remove(cfc); }
18        for(int i=0;i<alcfc.size();i++){                 //玩家手中还有的牌的 x 位移量
19            alcfc.get(i).xOffset=DOWN_X+MOVE_SIZE*i; }
20        activity.ca.dout.writeUTF("<#COUNT#>"+alcfc.size()
21                               +","+activity.ca.selfNum);
22   } catch (IOException e1) {
23            e1.printStackTrace();}
24  }else  {                                               //否则弹出 Toast 对话框
25   Toast.makeText(activity,"不合规则，不允许出牌！",Toast.LENGTH_SHORT).show();
26  }
```

- 第 1~26 行为用户点击“确定”出牌按钮的代码中的一种情况，其他玩家放弃牌权后自己出牌的代码。
- 第 3~6 行为客户端发送以<#PLAY#>开头的消息，并且播放音效，同时将要出的牌整型化，方便后续使用。
- 第 7~15 行为根据玩家出的牌，进行相应的操作。如果使用桃，发送以<#PLUSMOOD#><#TAO#>开头的信息，判断是否为该玩家加一滴血。如果使用攻击锦囊牌，发送以<#PLUSMOOD#><#PLUS#>开头的信息，判断是否为该玩家减一滴血。如果使用桃园结义锦囊，发送以<#PLUSMOOD#><#ALLADD#>开头的信息，为其他两个玩家加一滴血。
- 第 16~25 行为从自己的牌中移除所出的牌，如果不合规则，就会显示 Toast 信息，提示玩家出牌不合规则。

（5）接下来介绍的是“确定”出牌按钮代码中省略的上家下家出牌都不为空的情况，将下列代码插入到上述确定出牌代码的第 28 行。

代码位置：见随书光盘中源代码/第 13 章/sanguo/src/com/bn/sanguo 目录下的 GameView.java。

```
int lastCard=Integer.parseInt(lastCards);              //将上家牌整型化
int currCard=Integer.parseInt(currCards);              //把本家牌整型化
if(lastCard>=33&lastCard<=54) {                        //如果上家为杀
     if(currCard>=29&currCard<=32) {                   //本家出闪则可以避免掉血
n=0;}else{                                             //否则发送信息
   activity.ca.dout.writeUTF("<#PLUSMOOD#>"+one+","+two+","+three);
   }}
     if(currCard>=16&currCard<=21) {                   //如果是攻击锦囊牌
   activity.ca.dout.writeUTF("<#PLUSMOOD#><#PLUS#>"+one+","+two+","+three);
```

```
10    }                                                     //发送信息
11   if(currCard>=22&currCard<=24) {                       //如果使用桃园结义锦囊
12   activity.ca.dout.writeUTF("<#PLUSMOOD#><#ALLADD#>"+one+","+two+","+three);
13    }
14   if(currCard>=25&currCard<=28) {                       // 如果使用桃
15       activity.ca.dout.writeUTF("<#PLUSMOOD#><#TAO#>"+one+","+two+","+three);
16    }                                                    //检查玩家血点并加血
17    for(CardForControl cfc:currSelected) {               //将发的牌从存牌的 ArrayList 中移除
18         alcfc.remove(cfc); }
19   for(int i=0;i<alcfc.size();i++) {                     //玩家手中还有的牌的 X 位移量
20       alcfc.get(i).xOffset=DOWN_X+MOVE_SIZE*i; }
21  activity.ca.dout.writeUTF("<#COUNT#>"+alcfc.size()+","+activity.ca.selfNum);
```

- 第 1～2 行为整型化上家所出的牌和本家所出的牌的索引值，方便后续使用。
- 第 3～7 行为判断如果上家出杀，则本家该如何处理的代码。如果本家出闪，则可以躲避杀的攻击，否则就要通过客户端服务器的交互，使玩家掉一滴血。
- 第 8～10 行为当玩家出牌为攻击型锦囊牌的时候，要使除了本家外的其他两家都各自掉一滴血。
- 第 11～13 行为当玩家出牌为桃园结义锦囊牌的时候，就要为三个玩家同时加一滴血。
- 第 14～16 行为当玩家出牌为桃的时候，要向服务器发送消息，检查是否为玩家加一滴血。
- 第 17～21 行为将发的牌从存牌的 ArrayList 中移除，同时将用到的牌的 X 轴位移量，会使玩家出牌后，剩余的牌进行定向移动，这样能保证游戏界面的美感。

（6）接下来介绍的是“确定”出牌按钮代码中省略的上家下家出牌不都为空的情况，将下列代码插入到上述确定出牌代码的第 30 行。

代码位置：见随书光盘中源代码/第 13 章/sanguo/src/com/bn/sanguo 目录下的 GameView.java。

```
1   int currCard=Integer.parseInt(currCards);                //整数化本家牌
2   if(currCard>=25&currCard<=28) {                          // 如果使用桃
3     activity.ca.dout.writeUTF("<#PLUSMOOD#><#TAO#>"+one+","+two+","+three);}
4   if(currCard>=16&currCard<=21) {                          //如果使用攻击牌
5     activity.ca.dout.writeUTF("<#PLUSMOOD#><#PLUS#>"+one+","+two+","+three); }
6   if(currCard>=22&currCard<=24) {                          //如果使用桃园结义锦囊牌
7     activity.ca.dout.writeUTF("<#PLUSMOOD#><#ALLADD#>"+one+","+two+","+three); }
8   for(CardForControl cfc:currSelected) {                   //将发的牌从存牌中移除
9     alcfc.remove(cfc); }
10  for(int i=0;i<alcfc.size();i++){                         //玩家手中还有的牌的 X 位移量
11     alcfc.get(i).xOffset=DOWN_X+MOVE_SIZE*i; }            //发送<#COUNT#>信息
12  activity.ca.dout.writeUTF("<#COUNT#>"+alcfc.size()+","+activity.ca.selfNum);
```

- 第 1 行为整型化本家要出的牌，方便后续使用。
- 第 2～3 行为如果使用桃，发送以<#PLUSMOOD#><#TAO#>开头的消息，判断是否为该玩家增加一滴血点。
- 第 4～5 行为如果使用攻击牌，发送以<#PLUSMOOD#><#PLUS#>开头的消息，判断是否为下一个玩家减一滴血。
- 第 6～7 行为如果使用桃园结义锦囊牌，发送以<#PLUSMOOD#><#ALLADD#>开头的消息，判断是否为大家增加一滴血点。
- 第 8～12 行为移除本家手中所出的牌，并且发送<#COUNT#>信息。

（7）接下来介绍的是触摸事件 onTouchEvent 方法中省略的“取消”出牌按钮的代码，用户点击这个按钮将放弃出牌的权利。将下列代码插入到触摸事件 onTouchEvent 方法代码的第 37 行。

代码位置：见随书光盘中源代码/第 13 章/sanguo/src/com/bn/sanguo 目录下的 GameView.java。

```
if(activity.ca.perFlag) {
if(activity.ca.lastNum==activity.ca.selfNum||activity.ca.lastNum==-1) {
      Toast.makeText(activity,"不合规则，不允许放弃！",Toast.LENGTH_SHORT).show();
         return true; }                                  //显示 Toast 消息
```

```
5  int lastCard=Integer.parseInt(activity.ca.lastCards);
6  if(lastCard>=33&lastCard<=54) {                   //如果上家出杀
7  Toast.makeText(activity,"不允许躲避杀的攻击！请迎战！",Toast.LENGTH_SHORT).show();
8    return true; }                                  //不允许放出牌
9    for(CardForControl cfc:alcfc) {                 //遍历玩家手中的牌 设定标志位
10           cfc.flag=false;
11       }try {
12           activity.ca.dout.writeUTF("<#NO_PLAY#>");//发送信息
13           activity.ca.perFlag=false;              //更改标志位，让出牌权
14       } catch (IOException e1) {                  //捕获异常
15           e1.printStackTrace();}}
```

- 第1～15行为用户点击放弃出牌按钮的时候，进行相应处理的代码。
- 第2～4行为当前玩家为第一个出牌的人，就不允许放弃出牌，或者，自己出牌后其他两家都放弃出牌，不允许放弃。此时，第一个人出一张牌，才可以使游戏进行下去。
- 第5～8行为整型化上家所出的牌，如果上家出了杀牌，本家是不允许放弃的，会显示Toast提示信息，提示“不允许躲避杀的攻击！请迎战！”。

（8）接下来介绍的是GameView框架代码中省略的牌的控制对象initCardsForControl方法的代码，将下列代码插入到GameView框架的第25行。

代码位置：见随书光盘中源代码/第13章/sanguo/src/com/bn/sanguo目录下的GameView.java。

```
1  alcfc.clear();                                    //首先清空alcfc
2    String[] cardNums=cardListStr.split("\\,");
3    int c=cardNums.length;                          //定义牌的长度
4    int numsTemp[]=new int[18];
5    for(int i=0;i<c;i++){                           //把牌整型化
6        numsTemp[i]=Integer.parseInt(cardNums[i]);}
7    Arrays.sort(numsTemp);                          //进行排序
8    for(int i=0;i<c;i++){
9        int num=numsTemp[i];
10           int[] ab=Constant.fromNumToAB(num);      //转换坐标
11 CardForControl cc=new CardForControl(cards[ab[0]][ab[1]],DOWN_X+MOVE_SIZE*i,num);
12           alcfc.add(cc); }
```

- 第1～12行介绍了牌的控制对象initCardsForControl方法的代码。该方法会将每个玩家手里的牌进行统一控制，方便管理。
- 第2～11行为定义牌的长度的同时，把牌面索引整型化，并对每个玩家手里的牌进行排序，然后将牌转换成坐标形式的二维数值，方便后续使用。

（9）接下来介绍的是GameView框架代码中省略的绘制界面方法onDraw的代码，界面中有很多必要又美观的元素都是通过下列代码进行绘制的。将下列代码插入到GameView框架的第27行。

代码位置：见随书光盘中源代码/第13章/sanguo/src/com/bn/sanguo目录下的GameView.java。

```
super.onDraw(canvas);
ScreenScaleResult ssr=SanGuoActivity.ssr;
canvas.save();
canvas.translate(ssr.lucX,ssr.lucY);
  canvas.scale(ssr.ratio, ssr.ratio);                      //设置背景图片
  canvas.drawBitmap(iback, BACK_XOFFSET, BACK_YOFFSET, paint);
  for(int i=0;i<3;i++){                                    //上面的卡牌
      canvas.drawBitmap(card2, UP_X,UP_Y,paint);
      UP_X=UP_X+30;  }  UP_X=180;
  canvas.drawBitmap(personface[0],                         //右侧上角身份图片
     RIGHT_UP_HEAD1_XOFFSET, RIGHT_UP_HEAD1_YOFFSET, paint);
  canvas.drawBitmap(personface[1],
    RIGHT_UP_HEAD2_XOFFSET, RIGHT_UP_HEAD2_YOFFSET, paint);
 canvas.drawBitmap(personface[2],
    RIGHT_UP_HEAD3_XOFFSET, RIGHT_UP_HEAD3_YOFFSET, paint);
 canvas.drawBitmap(life,LIFE1_XOFFSET,LIFE1_YOFFSET,paint);//人物存活情况
 canvas.drawBitmap(life,LIFE2_XOFFSET,LIFE2_YOFFSET,paint);//1代表存活
 canvas.drawBitmap(life,LIFE3_XOFFSET,LIFE3_YOFFSET,paint);
```

```
19  canvas.drawBitmap(out,                                              //左上角的按钮
20    LEFT_RETURN_XOFFSET, LEFT_RETURN_YOFFSET,paint);
21  canvas.drawBitmap(fcard, RIGHT_FCARD_XOFFSET,
22        RIGHT_FCARD_YOFFSET,paint);                                   //确定
23  canvas.drawBitmap(giveup, RIGHT_GIVEUP_XOFFSET,
24       RIGHT_GIVEUP_YOFFSET,paint);                                   //取消
25  for(CardForControl cc:alcfc){ //循环手中的排得控制量并且绘制自己手中的牌
26    cc.drawSelf(canvas);}
27  if((activity.ca.selfNum-1)<=0){                         //绘制玩家头像和血点图片
28  ……//这部分省略了一号玩家绘制头像和血点代码，在后面步骤中给出
29   }else if((activity.ca.selfNum+1)>3){
30  ……//这部分省略了三号玩家绘制头像和血点代码，请读者自行查看随书光盘源代码
31   }else{
32  ……//这部分省略了二号玩家绘制头像和血点代码，请读者自行查看随书光盘源代码}
33  if(activity.ca.perFlag){                                //绘制自己还是别人出牌的提示
34   canvas.drawBitmap(own, TIP_OWN_XOFFSET, TIP_OWN_YOFFSET, paint);
35  }else{
36    canvas.drawBitmap(other, TIP_OWN_XOFFSET, TIP_OTHER_YOFFSET, paint); }
37  if((activity.ca.selfNum-1)<=0){
38   ……//这部分省略了一号玩家的界面上需要绘制的 3 家的装备图的代码，将在后面给出
39   }else if((activity.ca.selfNum+1)>3){
40  ……//这部分省略了绘制三号玩家装备图的代码，请读者自行查看随书光盘源代码
41   }else{
42   ……//这部分省略了绘制二号玩家装备图的代码，请读者自行查看随书光盘源代码 }
43    String lastTemp=activity.ca.lastCards;                    //获取上家出牌字符串
44    if(lastTemp!=null){                                       //若不为空
45    String[] saTemp=lastTemp.split("\\,");
46    for(int i=0;i<saTemp.length;i++){
47         int nTemp=Integer.parseInt(saTemp[i]);          //整型化牌索引
48         int[] abTemp=Constant.fromNumToAB(nTemp);     //进行排序
49         canvas.drawBitmap(
50              cards[abTemp[0]][abTemp[1]],               //按指定位置绘制
51              MIDDLE_CARD1_XOFFSET+i*MIDDLE_CARD_SPAN,
52         MIDDLE_CARD1_YOFFSET,
53              paint);}
54  canvas.restore();}
```

- 第 6～18 行为绘制游戏界面的背景图片，绘制游戏界面上方的 3 张卡牌反面图片，增加界面美观，绘制游戏界面右上角 3 家身份标识图。同时绘制了 3 个玩家的存活状况。
- 第 19～24 行为绘制了游戏界面上的 3 个按钮图片，分别是返回按钮、确定出牌按钮和取消出牌按钮。
- 第 25～32 行为绘制每个玩家手中不同的牌。同时绘制了 3 个玩家不同的头像，包括孙权，刘备和曹操。也绘制了每个玩家的血点图片。
- 第 33～42 行为绘制了游戏界面左上角提示是自己出牌还是别人出牌的标志，同时绘制了每个玩家的装备文字图。

（10）接下来介绍绘制玩家头像和血点的代码，在这部分代码里将同样用到常量类来初始化定义每幅图的绘制起点，将下列代码插入到绘制界面方法 onDraw 代码的第 28 行。

代码位置：见随书光盘中源代码/第 13 章/sanguo/src/com/bn/sanguo 目录下的 GameView.java。

```
canvas.drawBitmap(down1, LEFT_DOWN_X, LEFT_DOWN_Y,paint);//绘制当前玩家头像
canvas.drawBitmap(people1, LEFT_X, LEFT_Y,paint);           //绘制上家玩家头像
canvas.drawBitmap(people2,
      RIGHT_PERSON_XOFFSET, RIGHT_PERSON_YOFFSET,paint);  //绘制下家玩家头像
for(int i=0;i<activity.ca.threeMoodNum;i++){                 //绘制上家玩家血点
      canvas.drawBitmap(blood, UP_MOOD_X+i*MOOD_MOVE,UP_MOOD_Y,paint); }
UP_MOOD_X=5;
for(int i=0;i<activity.ca.oneMoodNum;i++){                   //绘制当前玩家血点
      canvas.drawBitmap(blood, ME_MOOD_X+i*MOOD_MOVE,ME_MOOD_Y,paint); }
 ME_MOOD_X=425;
  for(int i=0;i<activity.ca.twoMoodNum;i++){                 //绘制下家玩家血点
        canvas.drawBitmap(blood, DOWN_MOOD_X+i*MOOD_MOVE,DOWN_MOOD_Y,paint); }
  DOWN_MOOD_X=373;
```

- 第 1～13 行绘制了部分游戏界面所需的元素。根据 3 个玩家客户端的不同，每个人绘制的位置都不同。
- 第 1～4 行为绘制 3 个玩家的头像，分别为当前玩家、上家和下家的头像。3 个头像分别为刘备、孙权和曹操的头像。
- 第 5～13 行绘制了 3 个玩家的血点，由于每个客户端都要显示 3 个玩家的血点，所以要根据当前客户端进行判断。

（11）接下来介绍绘制玩家装备文字的代码，在这里为了保证游戏可玩性，每个玩家客户端都要绘制其他两个玩家的装备文字图。将下列代码插入到绘制界面方法 onDraw 代码的第 38 行。

代码位置：见随书光盘中源代码/第 13 章/sanguo/src/com/bn/sanguo 目录下的 GameView.java。

```
1  canvas.drawBitmap(words[activity.ca.onewuqi],
2                  ME_WUQI_X,ME_WUQI_Y,paint);                //绘制当前玩家武器
3  canvas.drawBitmap(words[activity.ca.onefangju],           //绘制当前玩家防具
4                    ME_FANGJU_X,ME_FANGJU_Y,paint);
5  canvas.drawBitmap(words[activity.ca.oneplushorse],        //绘制当前玩家加一马
6                    ME_PLUSHORSE_X,ME_PLUSHORSE_Y,paint);
7  canvas.drawBitmap(words[activity.ca.onejianhorse],        //绘制当前玩家减一马
8                    ME_JIANHORSE_X,ME_JIANHORSE_Y,paint);
9  canvas.drawBitmap(words[activity.ca.twowuqi],             //绘制下家武器
10                   DOWN_WUQI_X,DOWN_WUQI_Y,paint);
11 canvas.drawBitmap(words[activity.ca.twofangju],           //绘制下家防具
12                   DOWN_FANGJU_X,DOWN_FANGJU_Y,paint);
13 canvas.drawBitmap(words[activity.ca.twoplushorse],        //绘制下家加一马
14                   DOWN_PLUSHORSE_X,DOWN_PLUSHORSE_Y,paint);
15 canvas.drawBitmap(words[activity.ca.twojianhorse],        //绘制下家减一马
16                   DOWN_JIANHORSE_X,DOWN_JIANHORSE_Y,paint);
17 canvas.drawBitmap(words[activity.ca.threewuqi],           //绘制上家武器
18                   UP_WUQI_X,UP_WUQI_Y,paint);
19 canvas.drawBitmap(words[activity.ca.threefangju],         //绘制上家防具
20                   UP_FANGJU_X,UP_FANGJU_Y,paint);
21 canvas.drawBitmap(words[activity.ca.threeplushorse],      //绘制上家加一马
22                   UP_PLUSHORSE_X,UP_PLUSHORSE_Y,paint);
23 canvas.drawBitmap(words[activity.ca.threejianhorse],      //绘制上家减一马
24                   UP_JIANHORSE_X,UP_JIANHORSE_Y,paint);
```

- 第 1～8 行为绘制当前玩家的武器、防具、加一马以及减一马的图片。其中 words[]为当前玩家所出的装备牌号的索引，索引对应装备文字图，即可绘制上相应的装备文字图。
- 第 9～24 行为绘制下家和上家的装备文字图，根据 3 个玩家客户端的不同，每个人装备的绘制位置不同。每个客户端都绘制出 3 个玩家的装备，这样有助于游戏的进行。

13.6.2 界面刷帧线程类

界面刷帧线程类随着 GameView 的创建被启动，游戏界面运行时调用此界面刷帧类，不断地重新绘制界面，GameView 游戏界面退出后销毁此界面刷帧线程类。界面刷帧线程类服务于游戏界面，接下来将进行详细介绍，其代码如下所示。

代码位置：见随书光盘中源代码/第 13 章/sanguo/src/com/bn/sanguo 目录下的 GameViewDrawThread.java。

```
package com.bn.sanguo;                                      //声明包名
import static com.bn.sanguo.Constant.*;                     //引入相关包
public class GameViewDrawThread extends Thread{             //此类继承 Thread 线程类
  GameView gameview;                                        //声明 GameView 引用
  boolean flag=true;                                        //设置标志位为 true
  public GameViewDrawThread(GameView gameview){             //此类的构造器
            this.gameview=gameview;}
  public void run(){                                        //继承线程类的重写方法
            while(flag){
               gameview.repaint();                          //调用此方法定时刷帧
```

```
        try{                                      //捕获异常
            Thread.sleep(sleeptime);              //线程休眠
        }catch(Exception e){
            e.printStackTrace();                  //打印信息
}}}}
```

> 说明　该类的作用是每隔一段时间重新绘制游戏界面，由于游戏界面时刻变化，必须开启一个刷帧线程类为 GameView 游戏界面重新绘制，达到操作方式与界面的相统一。

13.6.3 牌图分割类

牌图分割类为一个工具类，功能是把一张总牌图分割成单张牌，对得到的每张牌的图再顺时针旋转 90 度并返回结果，总牌图如图 13-19 所示。

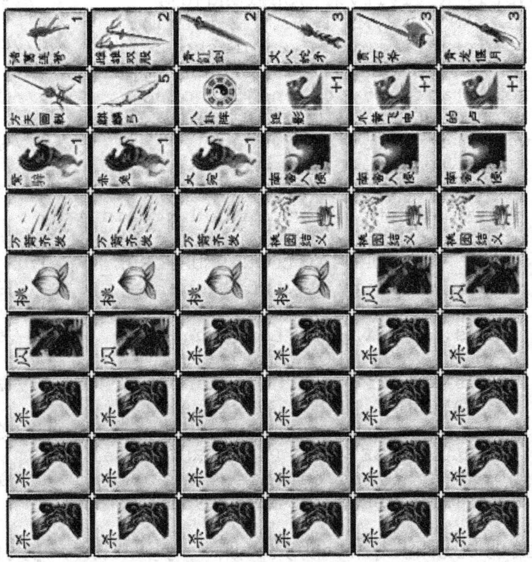

▲图 13-19　总牌图

（1）接下来开始对工具类 PicLoadUtil 进行详细的介绍。由于游戏过程中，每张牌都需要独立操作，所以要对其进行分割。其详细代码如下所示。

代码位置：见随书光盘中源代码/第 13 章/sanguo/src/com/bn/sanguo 目录下的 PicLoadUtil.java。

```
package com.bn.sanguo;                                        //声明包名
import android.content.res.Resources;                         //相关类的引入
……//该处省略了部分类的引入代码，读者可自行查看随书光盘的源代码
public class PicLoadUtil{                                     //从资源中加载一幅图片
   public static Bitmap LoadBitmap(Resources res,int picId){
   Bitmap result=BitmapFactory.decodeResource(res, picId);
   return result;}
   public static Bitmap scaleToFit(Bitmap bm,int dstWidth,int dstHeight){
   float width = bm.getWidth();                               //图片宽度
   float height = bm.getHeight();                             //图片高度
   float wRatio=dstWidth/height;
   float hRatio=dstHeight/width;
   Matrix m1 = new Matrix();                                  //创建矩阵 m1
   m1.postScale(wRatio, hRatio);
   Matrix m2= new Matrix();                                   //创建矩阵 m2
   m2.setRotate(90, dstWidth/2, dstHeight/2);
   Matrix mz=new Matrix();
   mz.setConcat(m1, m2);
      Bitmap bmResult = Bitmap.createBitmap(bm, 0, 0, (int)width,
```

```
20                             (int)height, mz, true);          //声明位图
21  return bmResult;}
22  public static Bitmap[][] splitPic                             //图片分割方法
23      ……//该处省略图片分割方法代码，将在后面给出}}
24    return result;}                                              //返回结果值
25 }
```

- 第 4～7 行为从资源中加载一幅图片，该图片为总牌图，在游戏中采取的方法为将总牌图分割开来，每个玩家分得同等的牌，然后进行游戏。
- 第 9～21 行为获取此图片的宽度和高度，通过此类的功能，把此图分割为单张牌后再顺时针旋转 90 度图片，然后把这 54 张图片存入二维数组中。
- 第 22～23 行为将此图片分割的方法，此处省略其代码，将在后面具体给出。

（2）下面介绍牌图分割方法 splitPic 的代码，该处采用简单的数学计算，将整幅图按照固定列数和行数进行剪裁分割。将下列代码插入到上述代码的第 23 行。

代码位置：见随书光盘中源代码/第 13 章/sanguo/src/com/bn/sanguo 目录下的 PicLoadUtil.java。

```
1   (int cols,                                                   //切割的行数
2    int rows,                                                   //切割的列数
3    Bitmap srcPic,                                              //被切割的图片
4    int dstWitdh,                                               //切割后调整的目标宽度
5    int dstHeight){                                             //切割后调整的目标高度
6        final float width=srcPic.getWidth();                    //图片宽度
7        final float height=srcPic.getHeight();                  //图片高度
8        final int tempWidth=(int)(width/cols);                  //每列宽度
9        final int tempHeight=(int)(height/rows);                //每列高度
10       Bitmap[][] result=new Bitmap[rows][cols];               //声明数组
11       for(int i=0;i<rows;i++){
12           for(int j=0;j<cols;j++){
13                   Bitmap tempBm=Bitmap.createBitmap(       //图片资源
14                   srcPic, j*tempWidth, i*tempHeight,tempWidth, tempHeight);
15                   result[i][j]=scaleToFit(tempBm,dstWitdh,dstHeight);
```

- 第 1～5 行为调取图片分割方法时候传入的参数，其中包括切割的行数和列数、图片索引，以及切割调整后的目标宽度和目标高度。
- 第 6～15 行为对总牌图进行分割的简单数学计算方法，通过固定的列数和行数，对总牌图进行分割。

13.6.4 牌的控制类

这部分我们要介绍牌的控制类 CardForControl，该类随着游戏界面 GameView 的创建被启动。运行过程中，通过标志位的判断决定每个玩家游戏界面的绘制情况，其详细代码如下。

代码位置：见随书光盘中源代码/第 13 章/sanguo/src/com/bn/sanguo 目录下的 PicLoadUtil.java。

```
package com.bn.sanguo;                                           //声明包名
import static com.bn.sanguo.Constant.*;                          //引入相关包
import android.graphics.Bitmap;
import android.graphics.Canvas;                                  //引入相关包
public class CardForControl {
Bitmap bitmapTmp;                                                //牌的 Bitmap
int xOffset;                                                     //牌的 X 轴偏移量
boolean flag=false;                                              //是否出牌的标志
int num;                                                         //0-53 牌号
public CardForControl(Bitmap bitmapTmp,int xOffset,  int num){   //构造器
     this.bitmapTmp=bitmapTmp;
     this.xOffset=xOffset;
     this.num=num;   }
public void drawSelf(Canvas canvas){                             //绘制方法
     if(!flag) {
          canvas.drawBitmap(bitmapTmp, xOffset, DOWN_Y, null);//绘制牌
     }else{
```

```
18              canvas.drawBitmap(bitmapTmp, xOffset, DOWN_Y-MOVE_YOFFSET, null);}
                                                          //绘制弹出的牌
19      }
20      public boolean isIn(int x,int y){                    //判定要出的是哪张牌
21          boolean result=false;                            //初始值为 false
22          int yUp=(flag)?DOWN_Y-MOVE_YOFFSET:DOWN_Y;
23          if(x>xOffset&&x<xOffset+CARD_WIDTH              //判断单击范围
24              && y>yUp&&y<yUp+CARD_HEIGHT){
25              flag=!flag;
26              result=true;                                 //标志位设为 true
27          }
28          return result;                                   //返回结果
29  }}
```

● 第 6～9 行为声明牌图的 Bitmap，牌的 X 轴偏移量，偏移量用来绘制出牌后，其他牌偏移的距离。同时声明是否出牌的标志和牌图的索引。

● 第 14～19 行为绘制方法，如果出牌标志位为 false 则绘制手中的牌，否则还要绘制弹出的牌。

● 第 20～29 行为判断要出的是哪张牌，获取用户单击手机屏幕的位置，判断是哪张牌，同时设定标志位为 true。

13.6.5　出牌规则类

如果想要了解该游戏出牌的规则，首先要了解牌的种类以及游戏的玩法。下面将介绍一下该卡牌网络对战游戏的牌面和基本玩法。该游戏的卡牌种类分为 3 种，其样式如图 13-20 所示。

● 基本牌，包括杀、闪和桃。

● 锦囊牌，包括南蛮入侵、桃园结义和万箭齐发。

● 装备牌，包括防具（八卦阵）、攻击牌（诸葛连弩，青虹剑等）、加一马（的卢、绝影、爪黄飞电）和减一马（赤兔、大宛、紫骍）。

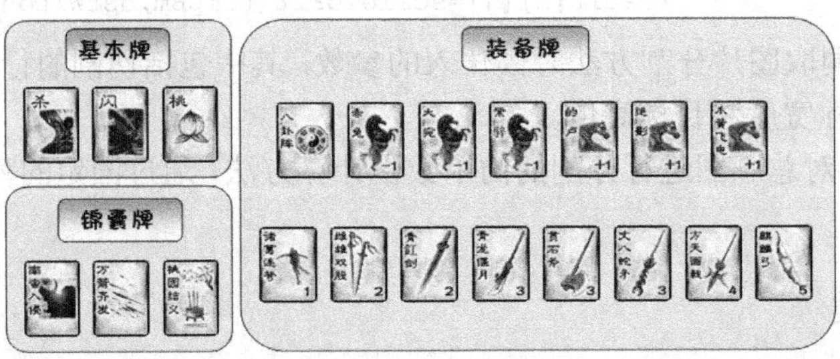

▲图 13-20　风火三国牌种

下面将介绍一下风火三国卡牌的牌面寓意和功能，该游戏使用的牌面分为 3 种，其中包括 3 种用于基本操作的基本牌，3 种升级操作的锦囊牌和 15 种攻击防御必备的装备牌。每种牌有各自特定的使用方法和作用效果。这 3 种牌的使用方法以及牌面介绍如图 13-21 所示。

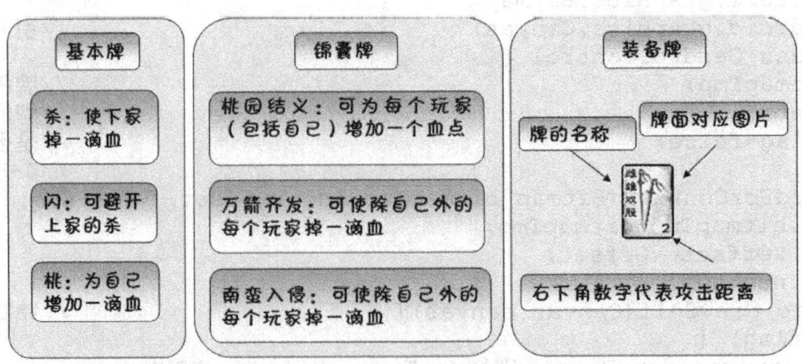

▲图 13-21　风火三国牌面介绍

下面将要介绍一下出牌规则，出牌规则是本游戏的重中之重。正因为有一定的规则，游戏才能顺利进行下去，并且让大家感受到游戏的特点和乐趣。风火三国网络对战游戏的具体规则如下。

- 每个玩家每次只能出一张牌。
- 玩家默认距离为 3，攻击距离达不到就无法出杀。
- 受到杀的攻击时，不可以出锦囊牌以及桃。
- 未受到杀的攻击的时候，不可以出闪。
- 装备牌分为防具、武器、加一马和减一马 4 种，不可以重复叠加，只会替换。
- 使用桃的时候，只可以在本人血点少于 5 的时候加血。
- 每个人 5 个血点，最先没有血点的人阵亡。

通过对上述规则的了解，大家很容易就看出游戏的规则较少，并不难理解。但是出牌规则代码的开发是游戏的重中之重。下面将继续学习规则开发的内容，其详细代码如下。

代码位置：见随书光盘中源代码/第 13 章/sanguo/src/com/bn/sanguo 目录下的 RuleUtil.java。

```
1 package com.bn.sanguo;                                    //声明包名
2 import java.io.DataInputStream;                           //引入相关包
3 public class RuleUtil{
4   public static final int N_A=5;                          //不支持
5   public static boolean ruleSelf(String curr){ //检查是否符合出牌条件
6   String[] sa=curr.split("\\,");
7   int[] cards=new int[sa.length];
8   for(int i=0;i<sa.length;i++){
9        try{
10       cards[i]=Integer.parseInt(sa[i]);
11       if(cards[i]>=29&cards[i]<=32){                     //未受到杀，不能出闪
12            return false; }                               //否则返回 false
13     } catch(Exception e){
14          return false; } }
15    if(sa.length>1){                                      //一次同时只允许出一张牌
16       return false;}                                     //否则返回 false
17     return true; }
18  public static boolean rule(String last,String curr) throws IOException{
19    if(last==null){                                       //如果上家为空
20         if(ruleSelf(curr)){                              //如果该玩家出牌正确，返回 false
21              return true;
22         }else{
23              return false; } }                           //否则返回 false
24   if(curr.length()==0){                                  //如果出牌长度为 0
25         return false; }                                  //返回 false
26      int lastCard=Integer.parseInt(last)                 //将上家牌转换为整型
27     int currCard=Integer.parseInt(curr);                 //将本家牌转换为整型
28     if(lastCard<33||lastCard>54) {                       //未受到杀，不能出闪
29          if(currCard>=29&currCard<=32){
30               return false; }}                           //否则返回 false
31     if(lastCard>=33&lastCard<=54){                       //判断是否符合规则
32        if(currCard>=25&currCard<=28) {                   //如果上家出杀，不能出桃
33        return false;                                     //否则返回 false
34    }else if(currCard>=22&currCard<=24) {                 //如果上家出杀，不能出桃园结义
35       return false;                                      //否则返回 false
36  }else if(currCard>=16&currCard<=21) {                   //如果上家出杀，不能出万箭齐发、南蛮入侵
37  return false;                                           //否则返回 false
38  }}
39  return true;}}
```

- 第 5～17 行为检查上家出牌为空的时候，本家出牌是否符合条件，或者是本家为第一个玩家的时候，出牌是否符合条件。
- 第 11～12 行为第一个出牌的人不可以出闪，因为未受到杀的攻击。牌型要求，闪可以躲掉杀的一次攻击，所以第一个人不可以出闪。一轮攻击下来，第一个获得牌权的人也不可以出闪。
- 第 15～16 行为出牌不可以超过一张，否则返回错误消息，提示用户不合规则。

● 第 31～37 行为检查出牌，上家若是出杀，本家不可以出桃和锦囊牌。由于这是一个实质性攻击，而桃和锦囊牌不可以作为攻击的回应和防备，所以不允许。

13.7 客户端代理线程

客户端代理线程类的功能是接收服务器发送来的消息并对其进行相应的判断和操作。下面将其开发代码详细给出，为后续的学习做好准备。

（1）首先开始对客户端代理线程 ClientAgent 的框架进行基本的介绍，该框架需要读者仔细阅读，为后续的学习做好铺垫，其详细代码如下。

代码位置：见随书光盘中源代码/第 13 章/sanguo/src/com/bn/sanguo 目录下的 ClientAgent.java。

```
1 package com.bn.sanguo;                              //引入相关包
2 import java.io.DataInputStream;                     //引入相关类
3 ……//该处省略部分相关包的引入，读者可自行查看随书光盘的源代码
4  public class ClientAgent extends Thread{
5     SanGuoActivity father;                          //主控制类
6     Socket sc;
7     DataInputStream din;                            //声明输入流
8     DataOutputStream dout;                          //声明输出流
9     boolean flag=true;
10    int selfNum=0;                                  //自己的玩家编号
11    String lastCards;                               //上一次打的牌
12    boolean perFlag;                                //出牌权标志
13    int oneMoodNum=0;                               //一号玩家初始化血点
14    int twoMoodNum=0;                               //二号玩家初始化血点
15    int threeMoodNum=0;                             //三号玩家初始化血点
16    int onewuqi=0;                                  //一号玩家武器初始化索引值
17    int onefangju=0;                                //一号玩家防具初始化索引值
18    int oneplushorse=0;                             //一号玩家加一马初始化索引值
19    int onejianhorse=0;                             //一号玩家减一马初始化索引值
20    ……//该处省略部分武器防具装备初始化数值，请读者自行查看随书光盘的源代码
21    int onefartwo=0;
22     ……//该处省略部分玩家之间距离的初始化数值，请读者自行查看随书光盘的源代码
23    int lastNum=-1;                                 //上一次出牌的玩家编号
24    int shangjiaCount=18;                           //上家牌数
25    int xiajiaCount=18;                             //下家牌数
26    public ClientAgent(SanGuoActivity father,Socket sc,
27          DataInputStream din,DataOutputStream dout){
28    ……//该处省略了构造器里面的代码，请读者自行查看随书光盘的源代码}
29    public void run(){
30       ……//该处省略了线程重写方法，将在后面的步骤中给出}}
```

● 第 5～8 行为声明主控制类，并声明输入流和输出流。

● 第 10～25 行为声明当前玩家编号，定义上一次玩家出的牌，初始化每个玩家血点索引，初始化 3 个玩家的装备索引，同时还要定义上家和下家的牌数。

● 第 26～30 行为省略了构造器里的代码，同时开启客户端代理线程，该线程通过协议与服务器交互，并控制游戏的全部工作过程，其详细代码将在后面给出。

（2）下面介绍客户端代理线程类的重写 run 方法的代码，该线程不断接收发送客户端与服务器之间的消息，是该游戏的重要基础。作将下面的代码放在 ClientAgent 类的第 30 行。

代码位置：见随书光盘中源代码/第 13 章/sanguo/src/com/bn/sanguo 目录下的 ClientAgent.java。

```
while(flag){                                          //flag 标志位为 true 时
try{
   final String msg=din.readUTF();                    //将输入流转换为字符串
   System.out.println("msg:"+msg);
   if(msg.startsWith("<#ACCEPT#>")){                  //msg 以<#ACCEPT#>开头
      String numStr=msg.substring(10);                //截取字符串
      selfNum=Integer.parseInt(numStr);}              //字符串转换为整型
```

```
8       else if(msg.startsWith("<#START#>")){                    //msg 以<#START#>开头
9   new Thread(){                                               //开启一个新线程
10  public void run(){                                          //重写 run 方法
11  GameView.initBitmap(father.getResources());                 //初始化加载图片的方法
12  GameView.initCards(father.getResources());                  //初始化得到卡牌的方法
13  SanGuoActivity.cardListStr=msg.substring(9);                //截取字符串
14  father.hd.sendEmptyMessage(1);}
15  }.start();}
16  else if(msg.startsWith("<#ONEMOOD#>")){                     //msg 得到一号玩家血点数
17  oneMoodNum=Integer.parseInt(msg.substring(11));}
18   ……//该处省略了二号和三号玩家血点数的获取代码，与一号玩家重复，请读者自行查看随书光盘源代码
19  else if(msg.startsWith("<#ONEWUQI#>")){                     //msg 得到一号玩家武器索引值
20  onewuqi=Integer.parseInt(msg.substring(11));}               //整型化武器牌索引值
21  ……//该处省略部分三个玩家的装备防具加一马以及减一马的代码，读者可自行查看随书光盘的源代码
22  else if(msg.startsWith("<#ONEFARTWO#>")){                   //一号和二号玩家距离数值
23  onefartwo=Integer.parseInt(msg.substring(13));}             //整型化距离数值
24  ……//该处省略部分三个玩家之间的距离的类似重复代码，读者可自行查看随书光盘的源代码
25   else if(msg.startsWith("<#YOU#>")){                        //获得牌权
26      perFlag=true;
27 }else if(msg.startsWith("<#CURR#>")){                        //  <#CURR#>+玩家编号
28  lastNum=Integer.parseInt(msg.substring(8));
29 }else if(msg.startsWith("<#CARDS#>")){                       //得到上一次玩家出的牌的信息
30  lastCards=msg.substring(9);
31 }
32 ……//这部分省略 run 方法后半部分代码，将在后面给出
33 }
```

- 第 5～7 行为接收到以<#ACCEPT#>开头的信息，截取字符串并发出相应信息。
- 第 8～15 行为接收到以<#START#>开头的信息，得到该信息得知将要开始游戏，初始化图片加载的方法和初始化得到卡牌的方法，并发送信息。
- 第 16～18 行为接收到 3 个玩家血点的信息，得到 3 家血点的信息。得到信息后存储下来，方便其他类使用。
- 第 19～24 行为接收到 3 家武器、防具、加一马和减一马的信息，将截取的字符串转换为整型，并发送相应的消息。同时接收到 3 个玩家之间的距离的消息，将截取的字符串转换为整型，并发送相应的消息。
- 第 25～26 行为接收到以<#YOU#>开头的信息，得到该信息的客户端，将其出牌标志位设置为 true，即代表其为第一个出牌的玩家。
- 第 27～28 行为接收到以<#CURR#>开头的信息，并将出牌玩家的编号赋值给 lastNum，方便后续使用。
- 第 29～31 行为接收到以<#CARDS#>开头的信息，并将上次玩家出牌的编号赋值给 lastCards，即得到玩家上次出的牌。

（3）下面介绍上述 run 方法省略的后半部分代码，将下面的代码放在客户端代理线程类的重写 run 方法代码的第 32 行。

代码位置：见随书光盘中源代码/第 13 章/sanguo/src/com/bn/sanguo 目录下的 ClientAgent.java。

```
else if(msg.startsWith("<#COUNT#>")){                          //得到以<#COUNT#>为开头的信息
        String temps=msg.substring(9);                          //截取字符串
        String[] ta=temps.split("\\,");                         //分割字符串
        int tempNum=Integer.parseInt(ta[1]);                    //将 ta[1]转换为整型
        int tempCount=Integer.parseInt(ta[0]);                  //将 ta[2]转换为整型
        if(tempNum!=selfNum){                                   //判断二者是否相等
            int ifShang=((tempNum+1)>3)?1:(tempNum+1);//tempNum 值是否大于 2
            if(ifShang==selfNum){                               //如果出牌的上家是自己
                shangjiaCount=tempCount;}
                int ifXia=((tempNum-1)==0)?3:(tempNum-1);
                if(ifXia==selfNum){                             //如果自己为下家
                    xiajiaCount=tempCount;
    } }     }
 else if(msg.startsWith("<#FINISH#>")){                        //得到游戏结束的信息
```

```
15   int tempNum=Integer.parseInt(msg.substring(10)); //截取字符串
16   if(tempNum==selfNum){                             //判断二者是否相等
17       father.hd.sendEmptyMessage(3);                //发送消息
18   }else{
19       father.hd.sendEmptyMessage(2);                //发送消息
20   }this.father.gameview.viewdraw.flag=false;   //设置绘制标志位为 false
21       this.flag=false;
22       this.din.close();                        //关闭输入流
23       this.dout.close();                       //关闭输出流
24       this.sc.close();}                        //关闭网络套接字
25   else if(msg.startsWith("<#EXIT#>")){         //得到有玩家退出游戏结束
26       father.hd.sendEmptyMessage(4);           //发送消息
27       this.father.gameview.viewdraw.flag=false;//设置绘制标志位为 false
28       this.flag=false;                         //当前类的循环标志位为 false
29       this.din.close();                        //关闭输入流
30       this.dout.close();                       //关闭输出流
31       this.sc.close();}                        //关闭网络套接字
32   else if(msg.startsWith("<#FULL#>")){         //得到玩家已满的信息
33       father.hd.sendEmptyMessage(5);
34       this.father.gameview.viewdraw.flag=false;  //设置标志位为 false
35       this.flag=false;                         //当前类的循环标志位为 false
36       this.din.close();                        //关闭输入流
37       this.dout.close();                       //关闭输出流
38       this.sc.close();                         //关闭网络套接字
39    }}catch(Exception e){                       //捕获异常
40           e.printStackTrace();                 //打印信息
41   }
```

- 第 1～13 行为接收到以<#COUNT#>开头的信息，并判断出牌玩家和要出牌玩家的关系。
- 第 14～24 行为接收到以<#FINISH#>开头的信息，即得到游戏正常结束，并发送信息。同时根据<#FINISH#>后携带的数字，判断赢家输家，每个客户端跳转到不用界面。
- 第 25～31 行为接收到以<#EXIT#>开头的信息，得知有玩家退出游戏，从而导致该局游戏结束，关闭程序虚拟服务器端线程，并且关闭输入/输出流和网络套接字。
- 第 32～38 行为接收到以<#FULL#>开头的信息，得到玩家已满的消息，无法加入游戏。本游戏设定玩家为 3 人，一旦再有人连接入网，将不可以参与游戏。

13.8 服务器相关类

前面已经介绍了辅助界面相关类和游戏界面相关类，从本节开始将要介绍该游戏的基础，即服务器的开发。由于该游戏是联网对战方式，所以游戏开发过程中最基础的就是服务器类。

13.8.1 服务器主类

服务器端的开发是该游戏里的重中之重，所以分块进行。首先进行服务器主类 Server 的开发，服务器主类是该网络对战游戏的最基础的部分。具体步骤如下。

（1）该类为服务器主类 Server，大家在学习服务器的时候，一定要了解服务器的基本原理和使用方法。首先介绍其基本框架，详细代码如下。

代码位置：见随书光盘中源代码/第 13 章/SanGuoAgent/src/com/bn 目录下的 Server.java。

```
package com.bn;                               //声明包名
import java.io.*;                             //引入相关包
import java.net.*;                            //引入相关包
public class Server{
 static int count=0;                          //玩家数量
 static ServerAgent player1;                  //客户端 1
 static ServerAgent player2;                  //客户端 2
 static ServerAgent player3;                  //客户端 3
 static ServerAgent currPlayer;               //当前玩家
```

```
10 public static void main(String args[]) throws Exception{//main 方法
11  ServerSocket ss=new ServerSocket(9999);              //创建套接字
12  System.out.println("L“stening on 9999...")”          //打印提示
13  while(true){
14   Socket sc=ss.accept();
15   DataInputStream din=new DataInputStream(sc.getInputStream());     //输入流
16   DataOutputStream dout=new DataOutputStream(sc.getOutputStream()); //输出流
17   ……//该处省略了该类判断语句的代码，将在后面给出。
18  }}
```

- 第 10～18 行为 main 方法，是程序执行的主体，在程序一开始执行。
- 第 11 行创建了服务器端套接字 ServerSocket 对象，并打开了 9999 端口。
- 第 13～18 行为监听 9999 端口的方法，创建了 Socket 对象，同时也创建了输入流对象 din 和输出流对象 dout，用于接收和传送信息。

（2）服务器主类 Server 中省略的判断部分代码如下，这部分为服务器主类的重要部分，将下列代码插入到 Server 类代码的第 17 行。

代码位置：见随书光盘中源代码/第 13 章/SanGuoAgent/src/com/bn 目录下的 Server.java。

```
1   if(count==0){                                        //进来的是第一个人
2     System.out.println("<“ACCEPT#>1")”                 //打印提示
3     dout.writeUTF("<“ACCEPT#>1")”                      //将<#ACCEPT#>1 写入输出流
4     player1=new ServerAgent(sc,din,dout);              //创建 player1 对象
5     player1.start();                                   //开启代理线程 player1
6     count++;                                           //count+1
7  }else if(count==1){                                   //进来的是第二个人
8     System.out.println("<“ACCEPT#>2")”                 //打印提示
9     dout.writeUTF("<“ACCEPT#>2")”                      //将<#ACCEPT#>2 写入输出流
10        player2=new ServerAgent(sc,din,dout);          //创建 player2 对象
11        player2.start();                               //开启代理线程 player2
12        count++;                                       //count+1
13 }else if(count==2){                                   //进来的是第三个人
14    System.out.println("<“ACCEPT#>3")”                 //打印提示
15    dout.writeUTF("<“ACCEPT#>3")”                      //将<#ACCEPT#>3 写入输出流
16    player3=new ServerAgent(sc,din,dout);              //创建 player3 对象
17    player3.start();                                   //开启代理线程 player3
18    count++;                                           //count+1
19    String[] cards=FPUtil.newGame();                   //调用发牌方法
20    player1.dout.writeUTF(cards[0]);                   //player1 将 cards[0]写入输出流
21    player2.dout.writeUTF(cards[1]);                   //player2 将 cards[1]写入输出流
22    player3.dout.writeUTF(cards[2]);                   //player3 将 cards[2]写入输出流
23    String[] moods=MoodUtil.checkmood();               //给三家默认血点信息
24    player1.dout.writeUTF(moods[0]);                   //给玩家一分配一号玩家血点
25    player1.dout.writeUTF(moods[1]);                   //给玩家一分配二号玩家血点
26    player1.dout.writeUTF(moods[2]);                   //给玩家一分配三号玩家血点
27    ……//该处省略了给三家分配初始化血点的代码，读者可自行查看随书光盘的源代码
28    player1.dout.writeUTF("<“WUQI#>0")”                //给三家默认装备图片信息
29    player2.dout.writeUTF("<“WUQI#>0")”
30    player3.dout.writeUTF("<“WUQI#>0")”
31    ……//该处省略了给三家分配初始化装备的代码，读者可自行查看随书光盘的源代码
32    player1.dout.writeUTF("<“ONEFARTWO#>3")”           //给三家默认距离信息
33    player2.dout.writeUTF("<“TWOFARTHREE#>3")”
34    player3.dout.writeUTF("<“THREEFARONE#>3")”
35    player1.dout.writeUTF("<“YOU#>")”                  //给玩家 1 牌权
36    currPlayer=player1;                                //当前玩家为玩家 1
37    }else if(count==3){                                //客户端人数已满
38    System.out.println("<“FULL#>")”                    //打印提示
39    dout.writeUTF("<“FULL#>")”                         //将<#FULL#>写入到输出流中
40    dout.close();                                      //关闭输出流
41    din.close();                                       //关闭输入流
42    sc.close();                                        //关闭网络套接字
43  }
```

- 第 1～6 行验证的是第一个客户端连接服务器时，并且将消息<#ACCEPT#>1 写入到输出流中，同时启动线程代理客户端线程 player1。

- 第 7～12 行验证的是第二个客户端连接服务器时，并且将消息<#ACCEPT#>2 写入到输出流中，同时启动线程代理客户端线程 player2。
- 第 13～34 行验证的是第 3 个客户端连接服务器时，并且将消息<#ACCEPT#>3 写入到输出流中，同时启动线程代理客户端线程 player3。同时将 FPUtil 类生成的 3 个字符串发送给 3 个客户端，同时将发牌的权利给 player1。并且将 MoodUtil 类生成的 3 个字符串分发给 3 个客户端 ，以及为 3 个客户端初始化装备索引。同时为 3 个玩家分配默认距离信息。
- 第 37～43 行验证的是第四个客户端连接服务器时，由于人数已达上限，则会发送给该客户端以<#FULL#>开头的消息，并且关闭输入、输出流和网络套接字。

13.8.2 服务器代理线程

前面已经对服务器主类进行了详细的介绍，接下来要对服务器代理线程进行介绍。该类随着客户端连接服务器而启动，在运行的过程中不断地接收消息和转发消息，当客户端退出后即刻被销毁。

（1）首先对服务器代理线程 ServerAgent 类的基本框架进行介绍，该类对服务器与客户端的交互有至关重要的作用，不仅起到传送接收消息的功能，也起到推进游戏进行的作用。详细代码如下。

代码位置：见随书光盘中源代码/第 13 章/SanGuoAgent/src/com/bn 目录下的 ServerAgent.java。

```
1  package com.bn;                                              //声明包名
2  import java.io.*;                                            //引入相关包
3  ……//该处省略了部分引入的相关类，读者可自行查看随书光盘的源代码
4  public class ServerAgent extends Thread{                     //创建继承 Thread 类
5     Socket sc;                                                //网络套接字
6     DataInputStream din;                                      //输入流
7     DataOutputStream dout;                                    //输出流
8     boolean flag=true;                                        //循环标志位
9     ……//该处省略了部分声明变量的代码，读者可自行查看随书光盘中的源代码
10    public ServerAgent(Socket sc,DataInputStream din,DataOutputStream dout){
11    ……//该处省略了构造器代码，读者可自行查看随书光盘中的源代码
12    }
13    public void run(){                                        //重写 run 方法
14          while(flag){                                        //当标志位为 flag 时
15             try{
16                String msg=din.readUTF();                     //获取输入流中的字符串
17                System.out.println(msg);
18                if(msg.startsWith("<#PLAY#>")){               //<#PLAY#>开头的信息
19       ……//该处省略收到<#PLAY#>消息后服务器做出的判断代码，将在后面给出
20       }else if(msg.startsWith("<#COUNT#>")){                 //<#COUNT#>开头的信息
21        ……//该处省略收到<#COUNT#>消息后服务器做出的判断代码，将在后面给出
22       }   else if(msg.startsWith("<#FAR#>")){                //<#FAR#>开头的消息
23       ……//该处省略收到<#FAR#>消息后服务器做出的判断代码，将在后面给出
24       }else if(msg.startsWith("<#PLUSMOOD#>")){              //<#PLUSMOOD#>开头的信息
25       ……//该处省略收到<#PLUSMOOD#>消息后服务器做出的判断代码，将在后面给出
26         }else if(msg.startsWith("<#NO_PLAY#>")){             //<#NO_PLAY#>开头的信息
27       ……//该处省略收到<#NO_PLAY#>消息后服务器做出的判断代码，将在后面给出
28                }else if(msg.startsWith("<#EXIT#>"))  {       //<#EXIT#>开头的信息
29       ……//该处省略收到<#EXIT#>消息后服务器做出的判断代码，将在后面给出
30                  }catch(Exception e) {                       //捕获异常
31                        e.printStackTrace();
32    }}}}
```

- 第 4 行表示的是继承 Thread 类，表示是一个线程的类。服务器代理线程需要为游戏随时提供数据交互和信息交流，以方便游戏照常运行。
- 第 10～12 行表示构造器，使当前类的成员变量与构造器中传入的对象相等。
- 第 13～32 行表示重写的 run 方法，继承 Thread 类的线程必须重写 run 方法。其中包括大量信息的接收，以及接收后的相应操作，将在后面详细讲解。

- 第 18～29 行表示客户端传给服务器的消息，代理服务器接收信息并做出相应的判断。

（2）下面详细介绍一下客户端与服务器传送及接收信息的时序问题，这部分有助于读者了解客户端与服务器的交互工作细节，其协议时序图如图 13-22 所示。

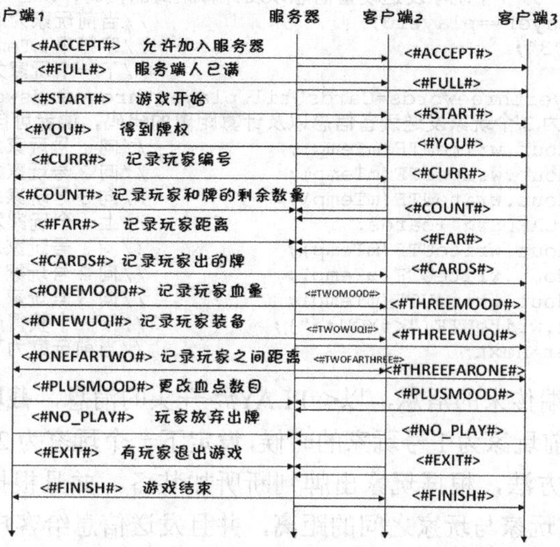

▲图 13-22　服务器客户端协议时序图

- 玩家的血量信息需要分开记录。3 个玩家的血量信息分别为<#ONEMOOD#>，<#TWOMOOD#> 和<#THREEMOOD#>。
- 记录玩家装备索引值中，分别包括 3 个玩家每个人的武器值信息<#ONEWUQI#>、<#TWOWUQI#>和<#THREEWUQI#>，防具值信息<#ONEFANGJU#>、<#TWOFANGJU#>和<#THREEFANGJU#>，"加一马"信息<#ONEPLUSHORSE#>、<#TWOPLUSHORSE#>、<#THREEPLUSHORSE#>，"减一马"信息<#ONEJIANHORSE#>、<#TWOJIANHORSE#>和<#THREEJIANHORSE#>。
- 记录玩家之间的距离的信息包括<#ONEFARTWO#>、<#ONEFARTHREE#>、<#TWOFARONE#>、<#TWOFARTHREE#>、<#THREEFARONE#>和<#THREEFARTWO#>。
- 更改血点数目<#PLUSMOOD#>的信息中，包括使用杀的时候的信息<#PLUSMOOD#>，使用桃时候的信息<#PLUSMOOD#><#TAO#>，使用锦囊牌万箭齐发等时候的<#PLUSMOOD#><#PLUS#>，以及使用锦囊牌桃园结义时候的<#PLUSMOOD#><#ALLADD#>。

（3）以<#PLAY#>开头的消息是游戏开始的标志，客户端向服务器发送该游戏信息的同时，将指定下一个玩家，并且为每个玩家做好接下来的准备工作。相关处理代码如下，将下列代码插入到 ServerAgent 类代码的第 19 行。

代码位置：见随书光盘中源代码/第 13 章/SanGuoAgent/src/com/bn 目录下的 ServerAgent.java。

```
  String cards=msg.substring(8);                              //得到截取的字符串
  int card=Integer.parseInt(cards);                           //整数化当前玩家出的牌
  ServerAgent next=null;                                      //下一个代理客户端为空
  String mTemp="<#CURR#>";                                    //字符串<#CURR#>
  if(currPlayer==player1) {                                   //当前玩家为 player1
    mTemp=mTemp+"1";                                          //字符串 mTemp 变为<#CURR#>1
    next=player2;                                             //下一个玩家为 player2
String[] playeronewords=CardsUtil.playeronecardswords(cards);
……//该处省略了为三个玩家发送装备信息的代码，读者可自行查看随书光盘的源代码
  if(card>=0&&card<=15) {                                     //如果该牌为装备牌
  String[] onefar=FarUtil.playerOneFar(cards);//调用 FarUtil 中的方法
```

```
12   player1.dout.writeUTF(onefar[0]);                //更改玩家一号和二号的距离
13            player1.dout.writeUTF(onefar[1]);
14   }}else if(currPlayer==player2) {                  //当前玩家为 player2
15     mTemp=mTemp+"2";                                //字符串 mTemp 变为<#CURR#>2
16     next=player3;                                   //下一个玩家为 player3
17     String[] playertwowords=CardsUtil.playertwocardswords(cards);
18      ……//该处省略了为 3 个玩家发送装备信息以及计算距离的代码，读者可自行查看随书光盘的源代码
19   }else if(currPlayer==player3) {                   //当前玩家为 player3
20      mTemp=mTemp+"3";                               //字符串 mTemp 变为<#CURR#>3
21     next=player1;                                   //下一个玩家为 player1
22      String[] playerthreewords=CardsUtil.playerthreecardswords(cards);
23    ……//该处省略了为 3 个玩家发送装备信息以及计算距离的代码，读者可自行查看随书光盘的源代码}
24         player1.dout.writeUTF(mTemp);               //向 1 号玩家发送消息
25         player2.dout.writeUTF(mTemp);               //向 2 号玩家发送消息
26         player3.dout.writeUTF(mTemp);               //向 3 号玩家发送消息
27         mTemp="<#CARDS#>"+cards;                    //上一个玩家发的牌的信息
28         player1.dout.writeUTF(mTemp);               //向 1 号玩家发送消息
29         player2.dout.writeUTF(mTemp);               //向 2 号玩家发送消息
30         player3.dout.writeUTF(mTemp);               //向 3 号玩家发送消息
31         next.dout.writeUTF("<#YOU#>");              //下一个获得牌权
32         currPlayer=next;                            //当前玩家为下一个玩家
```

- 第 1 行得到客户端传来的消息，以<#PLAY#>开头的消息，截取字符串。
- 第 5～13 行为当前玩家为 1 号玩家的时候，设定下一个玩家为 2 号，并且通过调用 CardsUti 的 playeronecardswords 方法，根据玩家出牌判断所加装备，并且根据装备牌，调用 FarUtil 的 playerOneFar 方法，更改玩家与玩家之间的距离，并且发送信息给客户端。
- 第 14～18 行为当前玩家为 2 号玩家的时候，设定下一个玩家为 3 号，判断所加装备以及更改距离都与 1 号玩家相似，不再赘述。
- 第 19～23 行为当前玩家为 3 号玩家的时候，设定下一个玩家为 1 号，判断所加装备以及更改距离都与 1 号玩家相似，不再赘述。
- 第 24～30 行为向客户端发送信息，方便客户端进行相应操作。不同的玩家接收不同的信息，增加可玩性。

（4）以<#COUNT#>开头的消息发送所出的牌号和当前玩家的标志位。其详细处理的代码如下，将下列代码插入到 ServerAgent 类代码的第 21 行。

代码位置：见随书光盘中源代码/第 13 章/SanGuoAgent/src/com/bn 目录下的 ServerAgent.java。

```
player1.dout.writeUTF(msg);              //player1 发送以<#COUNT#>开头的消息
player2.dout.writeUTF(msg);              //player2 发送以<#COUNT#>开头的消息
player3.dout.writeUTF(msg);              //player3 发送以<#COUNT#>开头的消息
```

说明 代理服务器接收客户端发送的以<#COUNT#>开头的消息，并且发送给每个客户端该信息。

（5）以<#FAR#>开头的消息的代码如下，该类代码用来管理任意两个玩家之间的距离，将下列代码插入到 ServerAgent 类代码的第 23 行。

代码位置：见随书光盘中源代码/第 13 章/SanGuoAgent/src/com/bn 目录下的 ServerAgent.java。

```
String cardandfars=msg.substring(7);                    //获取<#FAR#>消息的字符串
String[] cardandfar=cardandfars.split("\\,");           //分割字符串
int card=Integer.parseInt(cardandfar[0]);               //整型化牌的数值
int far=Integer.parseInt(cardandfar[1]);                //整型化玩家距离的数值
if(currPlayer==player1) {                               //如果是一号玩家
          if(card>=1&&card<=8) {                              //如果是武器牌
              onewuqicount++;                                 //索引值加一
          if(onewuqicount==1) {                               //索引值为 1 代表第一次加装备
              String[] onewuqi=FarUtil.playerOneFar(card,far); //调用计算距离方法
              String onewuqifars=onewuqi[2].substring(7); //得到距离更改值
```

```
11          int onewuqia=Integer.parseInt(onewuqifars); //整型化距离更改值
12          onewuqifar=onewuqia;                        //记录武器距离更改值
13          player1.dout.writeUTF(onewuqi[0]);          //向客户端发送距离信息
14          player1.dout.writeUTF(onewuqi[1]);          //向客户端发送距离信息
15      }else {                                         //如果不是第一次加武器装备
16          far=far+onewuqifar;                         //要把第一次更改的修正回来
17          String[] onewuqiother=FarUtil.playerOneFar(card,far);//然后再进行距离计算
18          String onewuqiotherfars=onewuqiother[2].substring(7);//得到距离更改值
19          int onewuqiothera=Integer.parseInt(onewuqiotherfars); //整型化距离更改值
20          player1.dout.writeUTF(onewuqiother[0]);     //向客户端发送距离信息
21          player1.dout.writeUTF(onewuqiother[1]);     //向客户端发送距离信息
22          onewuqifar=onewuqiothera;                   //记录这一次距离更改值
23              System.out.println("111111wuqi1"+onewuqiother[0]);
24      }}else if(card>=10&&card<=12){                  //如果装备牌是加一马牌
25    ……//该处省略了加一马牌的代码，由于与武器牌类似，不再赘述，读者可自行查看随书光盘源代码
26        }else if(card>=13&&card<=15){                 //如果装备牌是减一马牌
27    ……//该处省略了减一马牌的代码，由于与武器牌类似，不再赘述，读者可自行查看随书光盘源代码
28        }else if(currPlayer==player2){                //如果是二号玩家
29  ……//该处省略了二号玩家的代码，由于与一号玩家类似，不再赘述，读者可自行查看随书光盘源代码
30  }else if (currPlayer==player3){                     //如果是三号玩家
31  ……//该处省略了三号玩家的代码，由于与一号玩家类似，不再赘述，读者可自行查看随书光盘源代码
32  }}
```

- 第 1～4 行功能为从客户端传来信息中获取到当前玩家与下家的距离以及当前玩家所出的牌的索引值。
- 第 5～27 行为当前玩家为 1 号玩家的情形。由于二号玩家和三号玩家的代码与一号玩家完全类似，篇幅有限，不再赘述，读者可自行查看随书光盘源代码。
- 第 6～14 行为所出牌为武器装备牌，根据所出的牌，更改玩家攻击距离。同时如果玩家替换了武器装备，也要根据替换的牌来重新计算玩家距离。
- 第 24～27 行为玩家出的牌是加一马和减一马牌的情形。代码与武器牌的处理类似，由于篇幅有限，不再赘述。

（6）以<#PLUSMOOD#>开头的消息的代码如下，该类主要介绍如何处理玩家减少一滴血的状况。将下列代码插入到 ServerAgent 类代码的第 25 行。

代码位置：见随书光盘中源代码/第 13 章/SanGuoAgent/src/com/bn 目录下的 ServerAgent.java。

```
String[] result=new String[]{                                //定义返回结果集字符串
    "<#ONEMOOD#>","<#TWOMOOD#>","<#THREEMOOD#>"
};
if(msg.length()==17){                                        //获得的消息长度为 17 时
……//该处省略了判断以<#PLUSMOOD#>开头的信息的代码，将在后面给出
}else if(msg.length()==24){                                  //获得的消息长度为 24 时
……//该处省略了判断以<#PLUSMOOD#><#TAO#>开头的信息的代码，将在后面给出
}else if(msg.length()==25){                                  //获得的消息长度为 25 时
……//该处省略了判断以<#PLUSMOOD#><#PLUS#>开头的信息的代码，将在后面给出
 }else if(msg.length()==27){                                 //<#PLUSMOOD#><#ALLADD#>
  int count=0;                                               //即为桃园结义锦囊牌
  String allplus=msg.substring(22);                          //截取字符串
  String[] all=allplus.split("\\,");                         //分割字符串
  int oneallplus=Integer.parseInt(all[0]);                   //定义一号血点
  int twoallplus=Integer.parseInt(all[1]);                   //定义二号血点
  int threeallplus=Integer.parseInt(all[2]);                 //定义三号血点
  if(oneallplus!=5){                                         //如果一号玩家血点不为 5
  oneallplus++;}                                             //为其加一个血点
  if(twoallplus!=5){                                         //如果二号玩家血点不为 5
   twoallplus++;}                                            //为其加一个血点
  if(threeallplus!=5){                                       //如果三号玩家血点不为 5
     threeallplus++;}                                        //为其加一个血点
  result[0]=result[0]+oneallplus;                            //构造字符串
  result[1]=result[1]+twoallplus;                            //构造字符串
  result[2]=result[2]+threeallplus;                          //构造字符串
  player1.dout.writeUTF(result[0]);                          //player1 发送一号玩家血数
  player1.dout.writeUTF(result[1]);                          //player1 发送二号玩家血数
  player1.dout.writeUTF(result[2]);                          //player1 发送三号玩家血数
```

```
29   player2.dout.writeUTF(result[0]);                         //player2 发送一号玩家血数
30   player2.dout.writeUTF(result[1]);                         //player2 发送二号玩家血数
31   player2.dout.writeUTF(result[2]);                         //player2 发送三号玩家血数
32   player3.dout.writeUTF(result[0]);                         //player3 发送一号玩家血数
33   player3.dout.writeUTF(result[1]);                         //player3 发送二号玩家血数
34   player3.dout.writeUTF(result[2]);                         //player3 发送三号玩家血数
35 }
```

- 第 1～3 行定义返回结果集字符串。<#ONEMOOD#>，<#TWOMOOD#>和<#THREEMOOD#>分别记录了三个玩家不同的血点数量。
- 第 4～9 行为获得消息为<#PLUSMOOD#>开头的，即杀牌。为<#PLUSMOOD#><#TAO#>开头的，即桃牌。为<#PLUSMOOD#><#PLUS#>开头的，即攻击类锦囊牌，万箭齐发等。
- 第 10～35 行为当获得的消息为以<#PLUSMOOD#><#ALLADD#>开头的时候，即为桃园结义的锦囊牌，要为 3 家同时更改血数，并且发送给客户端消息。

（7）以<#PLUSMOOD#>开头的消息代码如下，该段代码用来更改玩家血点，同时判断是否玩家已无血点阵亡。将下列代码插入到上述代码的第 5 行。

代码位置：见随书光盘中源代码/第 13 章/SanGuoAgent/src/com/bn 目录下的 ServerAgent.java。

```
1 String mood=msg.substring(12);                               //截取字符串
2 String[] moods=mood.split("\\,");                            //分割字符串
3 int onemood=Integer.parseInt(moods[0]);                      //定义一号玩家血点
4 int twomood=Integer.parseInt(moods[1]);                      //定义二号玩家血点
5 int threemood=Integer.parseInt(moods[2]);                    //定义三号玩家血点
6 int currNumTemp=-1;                                          //currNumTemp 初始值为-1
7 if(currPlayer==player1) {                                    //如果出牌一家为 1 号上家
8      threemood--;                                            //三号玩家血点减一
9      if(threemood==0){                                       //如果血点为 0
10       currNumTemp=3;                                        //currNumTemp 为 3
11       Server.count=0;                                       //服务器记录连接的人数清零
12       player1.dout.writeUTF("<#FINISH#>"+currNumTemp);//player1 发送结束消息
13       player2.dout.writeUTF("<#FINISH#>"+currNumTemp);//player2 发送结束消息
14       player3.dout.writeUTF("<#FINISH#>"+currNumTemp);//player3 发送结束消息
15   ……//该处省略一局游戏结束，关闭输入输出流和网络套接字的代码，读者可自行查看随书光盘源代码
16   }} else if(currPlayer==player2) {                         //如果出牌一家为 2 号上家
17          onemood--;                                         //一号玩家血点减一
18          if(onemood==0) {                                   //如果血点为 0
19   ……//该处省略发送结束消息，关闭输入输出流和网络套接字的代码，读者可自行查看随书光盘源代码
20    }}else if(currPlayer==player3) {                         //如果出牌一家为 3 号上家
21      twomood--;                                             //二号玩家血点减一
22      if(twomood==0) {                                       //如果血点为 0
23   ……//该处省略发送结束信息，关闭输入输出流和网络套接字的代码，读者可自行查看随书光盘源代码
24 }}
25  result[0]=result[0]+onemood;                               //构造结果集字符串
26  result[1]=result[1]+twomood;                               //构造结果集字符串
27  result[2]=result[2]+threemood;                             //构造结果集字符串
28  player1.dout.writeUTF(result[0]);                          //player1 发送一号玩家血点数目消息
29  player1.dout.writeUTF(result[1]);                          //player1 发送二号玩家血点数目消息
30  player1.dout.writeUTF(result[2]);                          //player1 发送三号玩家血点数目消息
31  player2.dout.writeUTF(result[0]);                          //player2 发送一号玩家血点数目消息
32  player2.dout.writeUTF(result[1]);                          //player2 发送二号玩家血点数目消息
33  player2.dout.writeUTF(result[2]);                          //player2 发送三号玩家血点数目消息
34  player3.dout.writeUTF(result[0]);                          //player3 发送一号玩家血点数目消息
35  player3.dout.writeUTF(result[1]);                          //player3 发送二号玩家血点数目消息
36  player3.dout.writeUTF(result[2]);                          //player3 发送三号玩家血点数目消息
```

- 第 1～6 行截取消息的字符串，得到 3 个玩家的现时血点数目。同时定义 currNumTemp 初值，这样方便接下来给 3 家发送游戏结束时候的输赢情况。
- 第 7～15 行为当前玩家为 1 号玩家的情况，减一滴血的同时，如果血量减为 0，将发送游戏结束的消息，关闭输入输出流和网络套接字。
- 第 16～24 行为当前玩家为 2、3 号玩家的情况，由于代码与一号玩家类似，且篇幅有限，不再赘述。

- 第 25～27 行为构造发送消息的结果集字符串。分别为 3 个字符串末尾添加上相应玩家的血点情况，发送给客户端。
- 第 28～36 行为 3 个玩家客户端发送每个人的血点情况。由于每个玩家的游戏界面都要显示其他两个玩家的血点情况，所以每个人都要得到 3 个玩家的血点信息。

（8）以<#PLUSMOOD#><#TAO#>开头的消息代码如下，该方法主要介绍当玩家使用桃的时候，如何处理血点变化。将下列代码插入到以<#PLUSMOOD#>开头的消息代码的第 7 行。

代码位置：见随书光盘中源代码/第 13 章/SanGuoAgent/src/com/bn 目录下的 ServerAgent.java。

```
1  String tao=msg.substring(19);                          //截取字符串
2  String[] taos=tao.split("\\,");                        //分割字符串
3  int onetao=Integer.parseInt(taos[0]);                  //获得一号玩家血点
4  int twotao=Integer.parseInt(taos[1]);                  //获得二号玩家血点
5  int threetao=Integer.parseInt(taos[2]);                //获得三号玩家血点
6  if(currPlayer==player1){                               //如果出牌一家为 1 号上家
7          if(threetao!=5){                               //血量不足 5
8                 threetao++;                             //为其加一滴血
9   }}else if(currPlayer==player2){                       //如果出牌一家为 2 号上家
10         if(onetao!=5){                                 //血量不足 5
11                onetao++;                               //为其加一滴血
12   }}else if(currPlayer==player3){                      //如果出牌一家为 3 号上家
13             if(twotao!=5){                             //血量不足 5
14               twotao++;                                //为其加一滴血
15  }}
16  result[0]=result[0]+onetao;                           //构造结果集字符串
17  result[1]=result[1]+twotao;                           //构造结果集字符串
18  result[2]=result[2]+threetao;                         //构造结果集字符串
19  player1.dout.writeUTF(result[0]);                     //player1 发送一号玩家血点数目消息
20  player1.dout.writeUTF(result[1]);                     //player1 发送二号玩家血点数目消息
21  player1.dout.writeUTF(result[2]);                     //player1 发送三号玩家血点数目消息
22  player2.dout.writeUTF(result[0]);                     //player2 发送一号玩家血点数目消息
23  player2.dout.writeUTF(result[1]);                     //player2 发送二号玩家血点数目消息
24  player2.dout.writeUTF(result[2]);                     //player2 发送三号玩家血点数目消息
25  player3.dout.writeUTF(result[0]);                     //player3 发送一号玩家血点数目消息
26  player3.dout.writeUTF(result[1]);                     //player3 发送二号玩家血点数目消息
27  player3.dout.writeUTF(result[2]);                     //player3 发送三号玩家血点数目消息
```

- 第 1～5 行为服务端接收到以<#PLUSMOOD#><#TAO#>开头的消息，截取字符串，得到 3 个玩家血点信息。
- 第 6～14 行为根据出牌玩家的上家的号码，对其进行血点的处理。由于桃这张牌会为玩家增加一个血点，但如果血点已经为 5，则不再增加血点。
- 第 16～27 行为构造结果集字符串，并发送给 3 家 3 个人血点的信息。

（9）以<#PLUSMOOD#><#PLUS#>开头的消息代码如下，该方法主要介绍当玩家受到锦囊牌攻击时，如何处理血点的变化。将下列代码插入到以<#PLUSMOOD#>开头的消息代码的第 7 行。

代码位置：见随书光盘中源代码/第 13 章/SanGuoAgent/src/com/bn 目录下的 ServerAgent.java。

```
int currNum=-1;                                        //定义 currNum 初值为-1
String plusmood=msg.substring(20);                     //截取字符串
String[] plusmoods=plusmood.split("\\,");              //分割字符串
int oneplus=Integer.parseInt(plusmoods[0]);            //获得现时一号玩家血量
int twoplus=Integer.parseInt(plusmoods[1]);            //获得现时二号玩家血量
int threeplus=Integer.parseInt(plusmoods[2]);          //获得现时三号玩家血量
if(currPlayer==player1){                               //出牌一家为 1 号玩家的上家
  oneplus--;                                           //其他两家减少血量
  twoplus--;
……//该处省略了判断除 1 号玩家外的两个玩家血量的代码，将在后面给出
   }else if(currPlayer==player2){                      //出牌一家为 2 号玩家的上家
        twoplus--;                                     //其他两家减少血量
        threeplus--;
  ……//该处省略了判断除 2 号玩家外的两个玩家血量的代码，由于与 1 号玩家代码相似，不再赘述
    }else if(currPlayer==player3){                     //出牌一家为 3 号玩家的上家
```

```
16          oneplus--;                                    //其他两家减少血量
17          threeplus--;
18       ……//该处省略了判断除 3 号玩家外的两个玩家血量的代码，由于与 1 号玩家代码相似，不再赘述
19          }
20   result[0]=result[0]+oneplus;                         //构造结果集字符串
21   result[1]=result[1]+twoplus;                         //构造结果集字符串
22   result[2]=result[2]+threeplus;                       //构造结果集字符串
23   player1.dout.writeUTF(result[0]);                    //player1 发送一号玩家血点数目消息
24   player1.dout.writeUTF(result[1]);                    //player1 发送二号玩家血点数目消息
25   player1.dout.writeUTF(result[2]);                    //player1 发送三号玩家血点数目消息
26   player2.dout.writeUTF(result[0]);                    //player2 发送一号玩家血点数目消息
27   player2.dout.writeUTF(result[1]);                    //player2 发送二号玩家血点数目消息
28   player2.dout.writeUTF(result[2]);                    //player2 发送三号玩家血点数目消息
29   player3.dout.writeUTF(result[0]);                    //player3 发送一号玩家血点数目消息
30   player3.dout.writeUTF(result[1]);                    //player3 发送二号玩家血点数目消息
31   player3.dout.writeUTF(result[2]);                    //player3 发送三号玩家血点数目消息
```

- 第 1 行定义了 currNum 初值为-1，随后，将根据输赢情况不同，为它赋予不同的数值。最后发送给客户端，客户端根据收到的 currNum 值，判断输赢情况。
- 第 3～6 行根据客户端传来的消息，得到 3 个玩家现时的血量情况。
- 第 7～19 行分别为当前玩家为 1 号玩家、2 号玩家和 3 号玩家的时候，如何处理该牌实现的效果。
- 第 20～22 行为构造发送给客户端消息的字符串。每个字符串末尾都要加上相应玩家的血点信息。
- 第 23～31 行向 3 个玩家发送消息。由于每个玩家的游戏界面都要显示其他两个玩家的血点情况，所以每个人都要得到 3 个玩家的血点信息。

（10）下面介绍当玩家受到锦囊牌攻击时，如何处理除一号玩家外，其他两个玩家的血量问题，将下列代码插入到上述代码的第 10 行。

代码位置：见随书光盘中源代码/第 13 章/SanGuoAgent/src/com/bn 目录下的 ServerAgent.java。

```
1  if(oneplus==0&&twoplus!=0) {                                 //如果一号玩家血量为 0
2    currNum=1;                                                 //currNum 值为 1
3        Server.count=0;                                        //服务器记录连接的人数清零
4        player1.dout.writeUTF("<#FINISH#>"+currNum);           //player1 发送信息
5              player2.dout.writeUTF("<#FINISH#>"+currNum);     //player2 发送信息
6              player3.dout.writeUTF("<#FINISH#>"+currNum);     //player3 发送信息
7     ……//该处省略了一局游戏结束，关闭输入输出流和网络套接字的代码，读者可自行查看随书光盘的源代码
8     }else if(twoplus==0&&oneplus!=0) {                        //如果二号玩家血量为 0
9     currNum=2;                                                //currNum 值为 2
10    Server.count=0;                                           //服务器记录连接的人数清零
11    player1.dout.writeUTF("<#FINISH#>"+currNum);              //player1 发送信息
12    player2.dout.writeUTF("<#FINISH#>"+currNum);              //player2 发送信息
13    player3.dout.writeUTF("<#FINISH#>"+currNum);              //player3 发送信息
14  ……//该处省略了一局游戏结束，关闭输入输出流和网络套接字的代码，读者可自行查看随书光盘的源代码
15    }else if(oneplus==0&&twoplus==0){                         //如果两家血量都为 0
16    Server.count=0;                                           //服务器记录连接的人数清零
17    player1.dout.writeUTF("<#FINISH#>"+1);                    //player1 发送信息
18    player2.dout.writeUTF("<#FINISH#>"+2);                    //player2 发送信息
19    player3.dout.writeUTF("<#FINISH#>"+0);                    //player3 发送信息
20    ……//该处省略了一局游戏结束，关闭输入输出流和网络套接字的代码，读者可自行查看随书光盘的源代码
21    }
```

- 第 1～21 行为判定是否由于锦囊牌的攻击掉血而结束游戏的代码，由于锦囊牌南蛮入侵和万箭齐发会同时攻击两个人，所以要考虑另外两家的血量情况，分为三种，要为每一种都做出处理。
- 第 1～7 行表示如果一号玩家血量为 0 而二号玩家血量不为 0 的时候，设定 currNum 值为 1，清空服务器记录的连接人数，并向 3 家发送游戏结束信息。
- 第 8～21 行为其他两种情况，一是二号血量为 0 而一号不为 0，二是一号和二号玩家血量都为 0 的情况，由于篇幅有限，请读者自行查看随书光盘的源代码。

（11）以<#NO_PLAY#>开头的消息代码如下，该段代码用来处理玩家取消出牌后的情况，将下列代码插入到 ServerAgent 类代码的第 27 行。

代码位置：见随书光盘中源代码/第 13 章/SanGuoAgent/src/com/bn 目录下的 ServerAgent.java。

```
1 ServerAgent next=null;                                   //下一个玩家为空
2         if(currPlayer==player1){                         //如果当前玩家为1
3              next=player2;                               //下一个玩家就为2
4         }else if(currPlayer==player2){                   //如果当前玩家为2
5              next=player3;                               //下一个玩家为3
6         }else if(currPlayer==player3){                   //如果当前玩家为3
7              next=player1;    }                          //下一个玩家为1
8         next.dout.writeUTF("<#YOU#>");                   //给下一个玩家牌权
9         currPlayer=next;                                 //当前玩家更改为下一个玩家
```

● 第 1～9 行代码为客户端点击放弃按钮之后，服务器端接收<#NO_PLAY#>的消息，并且判断下一个玩家是谁。

● 第 2～8 行为当前玩家为 1，2，3 的时候，下一个玩家为 2，3，1，并且给下一个玩家牌权。

（12）以<#EXIT#>开头的消息代码如下，该段代码用来处理当有玩家退出后，游戏结束的情况，将下列代码插入到 ServerAgent 类代码的第 29 行。

代码位置：见随书光盘中源代码/第 13 章/SanGuoAgent/src/com/bn 目录下的 ServerAgent.java。

```
1  Server.count=0;                                  //服务器端玩家的数量归零
2  player1.dout.writeUTF("<#EXIT#>");               //player1 发送<#EXIT#>信息
3  player2.dout.writeUTF("<#EXIT#>");               //player2 发送<#EXIT#>信息
4  player3.dout.writeUTF("<#EXIT#>");               //player3 发送<#EXIT#>信息
5  player1.flag=false;                              //player1 的标志位为 false
6  player1.dout.close();                            //关闭输出流
7  player1.din.close();                             //关闭输入流
8  player1.sc.close();                              //关闭套接字
9  player2.flag=false;                              //player2 的标志位为 false
10 player2.dout.close();                            //关闭输出流
11 player2.din.close();                             //关闭输入流
12 player2.sc.close();                              //关闭套接字
13 player3.flag=false;                              //player3 的标志位为 false
14 player3.dout.close();                            //关闭输出流
15 player3.din.close();                             //关闭输入流
16 player3.sc.close();                              //关闭套接字
```

● 第 1 行为当客户端发送<#EXIT#>的消息，服务器端接收消息，并将玩家的数量归零。

● 第 2～4 行为代理服务器接收客户端发送的以<#EXIT#>开头的消息，得知本局结束，并发送给每一个客户端以<#EXIT#>开头的信息。

● 第 5～16 行为为三个客户端都关闭程序虚拟服务器端线程，并且关闭输入流输出流和网络套接字。

13.8.3 发牌类

前面已经对公共类、辅助界面类、游戏界面相关类、服务器类、代理服务器类的开发进行了介绍，本节将要介绍的是发牌类，这里最重要的一点就是发牌的随机性。该方法的详细代码如下。

代码位置：见随书光盘中源代码/第 13 章/SanGuoAgent/src/com/bn 目录下的 FPUtil.java。

```
package com.bn;                                          //声明包名
import java.util.*;                                      //引入相关包
public class FPUtil{                                     //创建公共类
public static String[] newGame(){                        //静态返回值为 String[]方法
    ArrayList<Integer> cards=new ArrayList<Integer>(); //创建 ArrayList 对象
    for(int i=0;i<54;i++){                               //for 循环
         cards.add(i); }                                 //将 i 添加到 ArrayList
  Collections.shuffle(cards);                            //随机更改指定列表序列
  String[] result=new String[]{                          //创建 String[]数组
```

```
10              "<#START#>","<#START#>","<#START#>" };
11     for(int i=0;i<54;i++){                            //for 循环
12          int k=i%3;                                   //k 为 i 对 3 求余所得的余数
13          int c=i/3;                                   //c 为 i/3 所得的除数
14          result[k]=result[k]+cards.get(i)+","; }
15          for(int i=0;i<3;i++){                        //for 循环
16               result[i]=result[i].substring(0,result[i].length()-1); }//截取子字符串
17          return result; }                             //返回结果集
18     public static void main(String[] args){} }
```

- 第 5～7 行创建了一个 ArrayList 对象，其存储的是 Integer 对象。同时通过 for 循环，将循环所得到的数字存储在 ArrayList 对象里。
- 第 8 行为使用指定的随机源，随即更改指定列表的序列。所有序列更改发生的可能性都是相等的，假定随即源是公平的。
- 第 9～14 行为创建一个 String 一维数组，并且开始存储字符串，将随即牌类添加到对应的字符串数组 result 中。
- 第 15～17 行为通过截取字符串，去除每个字符中间用于间隔的逗号，并赋值给原先对应的字符串数组中。

13.8.4　初始化血点类

前面已经对游戏开始的一个重要工作——发牌进行了介绍，现在将介绍初始化血点类，该方法的详细代码如下。

代码位置：见随书光盘中源代码/第 13 章/SanGuoAgent/src/com/bn 目录下的 MoodUtil.java。

```
1  package com.bn;                                        //声明包名
2  import java.util.*;                                    //导入相关包
3  public class MoodUtil{                                 //创建公共类
4    public static String[] checkmood(){                  //静态返回值为 String[]方法
5     int onemood=5;                                      //初始化一号玩家血点为 5
6     int twomood=5;                                      //初始化二号玩家血点为 5
7     int threemood=5;                                    //初始化三号玩家血点为 5
8     String[] result=new String[]{                       //创建 string 字符串
9     "<#ONEMOOD#>","<#TWOMOOD#>","<#THREEMOOD#>"};
10    result[0]=result[0]+onemood;                        //构造结果集
11    result[1]=result[1]+twomood;                        //构造结果集
12    result[2]=result[2]+threemood;                      //构造结果集
13    return result; }                                    //返回结果集
14    public static void main(String[] args){} }
```

- 第 5～7 行初始化三个玩家的血点，由于游戏人物及界面绘制设定，初始的时候给三个玩家分配 5 个血点。
- 第 8～12 行创建返回结果集的 string 字符串。同时将血点数值添加到对应的字符串数组 result 中，消息重组后再发送给客户端进行使用。
- 第 13 行返回结果集。以<#ONEMOOD#>，<#TWOMOOD#>和<#THREEMOOD#>开头的字符串，后面携带每个人的血点数量。

13.8.5　判断装备牌类

通过前面的介绍，大家已经基本了解了部分初始化类的开发。下面将介绍判断装备牌类，该类将根据每个玩家所出的装备牌，在游戏界面上绘制出相应的装备文字，其详细代码如下。

代码位置：见随书光盘中源代码/第 13 章/SanGuoAgent/src/com/bn 目录下的 CardUtil.java。

```
1  package com.bn;                                        //声明包名
2  import java.util.*;                                    //引入相关包
3  public class CardsUtil{                                //创建公共类
```

```
4      public static String[] playeronecardswords(String cards){     //一号玩家
5      String[] result=new String[]{                             //创建字符串
6      "<#ONEWUQI#>","<#ONEFANGJU#>","<#ONEPLUSHORSE#>","<#ONEJIANHORSE#>"};
7        int cardword=Integer.parseInt(cards);                   //整型转换
8        if(cardword>=1&cardword<=8){                            //判断武器牌
9            result[0]=result[0]+cardword;
10     }else if(cardword==9) {                                   //判断防具牌
11           result[1]=result[1]+cardword;
12     }else if(cardword>=10&cardword<=12){                      //判断加一马
13           result[2]=result[2]+cardword;
14         }else if(cardword>=13&cardword<=15){                  //判断减一马
15       result[3]=result[3]+cardword; }
16   return result; }                                            //返回结果集
17   public static String[] playertwocardswords(String cards){     //二号玩家
18     ……//该处省略了该方法的代码，由于和一号玩家类似，不再赘述，读者可自行查看随书光盘源代码}
19   public static String[] playerthreecardswords(String cards){   //三号玩家
20     ……//该处省略了该方法的代码，由于和一号玩家类似，不再赘述，读者可自行查看随书光盘源代码}
21   public static void main(String[] args){    }}
```

- 第 1～16 行为判断一号玩家的装备牌，根据玩家所出的牌面，进行分支判定，不同的装备牌就会返回不同的装备索引。
- 第 5～15 行为判断的过程，由客户端传送来的牌的索引经过整型转换，再发送到客户端，进行界面绘制。
- 第 17～21 行为判断二号和三号玩家的装备牌的代码，由于代码类似篇幅有限，不再赘述。

13.8.6 管理玩家距离类

下面将开始讲解玩家距离类，玩家距离的管理是该游戏的重要部分，直接关系到本网络对战游戏的顺利进行，其详细代码如下。

代码位置：见随书光盘中源代码/第 13 章/SanGuoAgent/src/com/bn 目录下的 FarUtil.java。

```
1  package com.bn;                                                //声明包名
2  import java.util.*;                                            //引入相关包
3  public class FarUtil{                                          //创建公共类
4   public static String[] playerOneFar(int cards,int far){ //一号玩家
5   int onetotwo=3;                                               //初始化距离 3
6   int onetothree=3;                                             //初始化距离 3
7   int n=0;                                                      //记录更改距离索引值
8   int card=cards;                                               //获得玩家出牌
9    String[] result=new String[]{                                //创建字符串
10   "<#ONEFARTWO#>","<#ONEFARTHREE#>", "<#FAR#>"  };
11  if(card==1){                                                  //该类武器牌减少距离 1
12        onetotwo=onetotwo-1;
13        onetothree=onetothree-1;
14        n=1;                                                    //记录更改距离为 1
15  }else if(card==2||card==3){                                   //该类武器牌减少距离 2
16        onetotwo=onetotwo-2;
17        onetothree=onetothree-2;
18        n=2;                                                    //记录更改距离为 2
19   ……//这部分省略部分牌面的处理方法，由于和上述代码类似不再赘述，读者可自行查看随书光盘源代码
20  }else if(card>=13&card<=15){                                  //该类马牌减少距离 1
21        onetotwo=onetotwo-1;
22        onetothree=onetothree-1;
23        n=1; }                                                  //记录更改距离为 1
24 result[0]=result[0]+onetotwo;                                  //构造结果集
25 result[1]=result[1]+onetothree;                                //构造结果集
26 return result; }                                               //返回结果集
27 public static String[] playerTwoFar(String cards){
28   ……//该处省略二号玩家距离处理代码，由于和上述代码类似，不再赘述，读者可自行查看随书光盘的源代码}
29 public static String[] playerThreeFar(String cards){
30   ……//该处省略三号玩家距离处理代码，由于和上述代码类似，不再赘述，读者可自行查看随书光盘的源代码}
31  public static void main(String[] args){    }}
```

- 第 5～6 行初始化一号玩家与二号和三号玩家的距离为 3，省略的其他玩家距离类也同样。

- 第 9～23 行构造结果集字符串，同时进行判断，玩家出牌是何种武器就会进行相应的距离的处理。更改玩家之间距离的同时，就会推动游戏更好的进行。
- 第 24～26 行开始构造并返回结果集。<#ONEFARTWO#>，<#ONEFARTHREE#>以及<#FAR#>，分别代表玩家之间的距离，和本次装备牌更改的距离数值。
- 第 27～30 行为处理二号玩家和三号玩家距离的代码，与一号玩家代码类似，不再赘述。

13.9 小结

至此，本游戏的功能已经基本开发完全，但是有许多的地方可以提升并且完善。有兴趣的读者可以按照下面列出的几点对本游戏进行优化，这样更有助于读者对知识的理解和吸收。

（1）锦囊牌的增加

该游戏还可以加入更多的牌型，大家可以自行发挥想象，加入更多美观又有文艺风范的牌。玩家可根据自己的喜好，为游戏增加更多的可玩性。玩家出各种锦囊的时候，可以有不同的动画效果。

（2）添加更加人性化的声音

该游戏未对每个人物每张特定的牌添加特定的声音效果，玩家可根据自己的喜好设置特定的声音。

（3）出牌时间限制

该游戏并未对出牌时间加以限定，玩家可根据自己的喜好，添加上特定的出牌时间，这样可以增加游戏的可玩性。

第 14 章　物理传感器游戏——哇！重力球

本章介绍的是一个采用物理传感器的游戏。Android 平台下支持物理传感器的开发，物理传感器的引入，极大地丰富了游戏的操控方式，使开发人员有更多选择来开发出更真实的游戏，进而使用户获得更好的游戏体验。

14.1 游戏背景及功能概述

本节主要介绍游戏的相关开发背景和功能，这样可以使读者对游戏有一个整体的印象，从而更好地理解游戏的开发过程。

14.1.1 游戏背景概述

从游戏的内容来看，本游戏属于一个闯关游戏，但操控方式却与传统的按键游戏明显不同，采用了物理传感器进行操作。

游戏中通过控制小球移动来躲避障碍物，最终到达过关点。控制小球移动的就是物理传感器，通过物理传感器，玩家可以用甩、摇、转等方式代替传统的按键操控，操作更加多样，游戏也更加新潮。

14.1.2 游戏功能简介

介绍详细的开发步骤之前，首先对整个游戏的功能和玩法进行一些介绍。游戏中，小球受到重力的作用而移动，用户通过旋转手机来控制小球躲避障碍和陷阱，最终到达指定位置过关。

（1）运行游戏，首先进入游戏界面，显示游戏的 Logo，然后自动跳转到主界面。主界面包括三个按钮，分别是“游戏开始”、“历史记录”和“设置”。点击“游戏开始”进入模式选择界面，点击“历史记录”进入历史记录界面，点击“设置”进入设置界面。主界面背景上半部分是游戏名字，左侧是一个小球在障碍物上划过的图案，如图 14-1 所示。

（2）进入模式选择界面后，界面内有三个按钮，分别对应两种游戏模式和返回按钮，背景和主界面背景一样，如图 14-2 所示。

▲图 14-1　主界面

▲图 14-2　模式选择界面

（3）点击任意一种游戏模式进入选关界面，选关界面初始第一关没有加锁，其余关被锁住不能进入，当上一关成功过关，下一关锁会自动打开，如图 14-3 所示。

▲图 14–3　选关界面

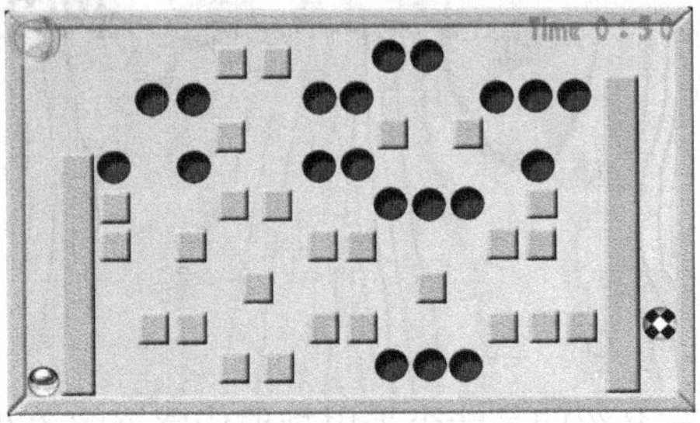
▲图 14–4　游戏界面

（4）单击任意一个解锁的关，即进入游戏界面。在游戏界面，玩家通过旋转手机来控制小球移动，绕过障碍物，躲开陷阱。障碍物为木块墙壁，陷阱为普通的洞和会突然打开的洞，如图 14-4 和图 14-5 所示。小球掉进洞后，过关失败，游戏进入跳转界面。

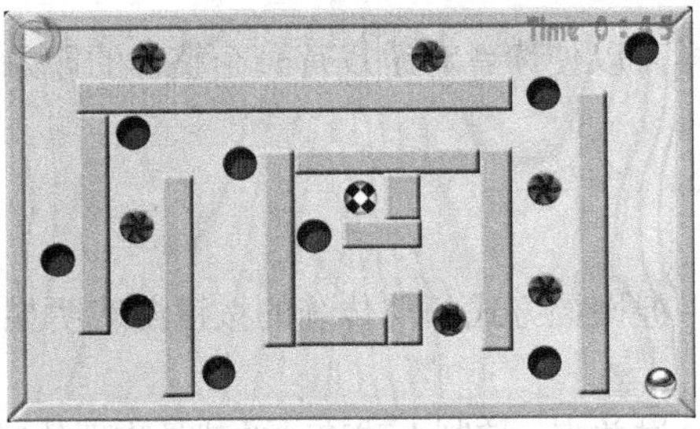
▲图 14–5　游戏界面

▲图 14–6　跳转界面

（5）跳转界面有 3 个按钮，从左向右依次对应返回主界面、重新开始和下一关，如图 14-6 所示。

（6）主界面中点击历史记录即进入历史记录界面，此界面记录两种游戏模式下每关的锁的状态、是否过关和过关的时间，背景是在主界面背景上加了一个透明的卷轴，如图 14-7 所示。

（7）主界面中点击设置按钮即进入设置界面，设置界面可以分别对游戏的背景音乐、音效、振动进行设置，点击相应的按钮就可以切换当前的设置状态，点击下面的返回按钮就返回主界面，如图 14-8 所示。

▲图 14–7　历史记录界面图

▲图 14–8　设置界面

游戏主界面中点击手机的返回键会退出游戏，在模式选择界面、选关界面、历史记录界面、设置界面上点击返回键会返回上一界面，在游戏界面点击返回按钮会进入跳转界面，在跳转界面点击返回按钮会进入到主界面。

14.2 游戏的策划和准备工作

介绍完游戏的背景和功能后，将介绍游戏的策划和准备工作。在正式开发游戏前进行细致的策划能让开发人员对游戏有总体的把握，理清逻辑关系，使游戏开发过程更加顺利。

14.2.1 游戏的策划

本游戏属于动作通关类游戏，主要依靠操作吸引玩家，因此基本不需要设计剧情。在开发前主要需要策划游戏各个界面的功能、关卡的设计等。

1. 界面切换

游戏中共有 8 个界面。欢迎界面是游戏开始的第一个界面；主界面是最为核心的一个界面，是连接其他所有界面的枢纽；历史记录界面负责显示游戏的历史记录，包括是否解锁、是否过关和过关时间；设置界面负责整个游戏中的背景音乐、音效和振动效果的控制；模式选择界面可以选择计时或练习模式；选关界面显示每一关是否解锁，点击解锁的关卡即可进入游戏界面；从游戏界面可以进入跳转界面，从跳转界面可以进入主界面或者游戏界面。

2. 关卡设计

设计关卡是十分重要的，在设计关卡时要遵循这样的原则：游戏的难度和复杂性随着关数的增加而增加。本游戏共分 6 关，通过不同的障碍和陷阱组合而成。

3. 目标受众

本游戏操作简单，易于上手，适合各个年龄阶段的玩家快速掌握。

4. 目标平台

本游戏的目标平台为 Android 2.1。

5. 呈现技术

本游戏采用了 JBox2D 物理引擎，游戏中的物理碰撞更加真实，游戏运行也更快。同时为了增加游戏界面真实性，游戏界面共有 4 个图层，各图层分别独立绘制。

14.2.2 游戏的准备工作

完成游戏策划以后，就要对策划时已经确定的游戏中用到的资源进行搜集，在本游戏中，主要搜集的资源是游戏中用到的图片和声音。游戏中用到的图片资源如表 14-1 所示。将搜集的图片按表中数据进行组织后，放置到项目的 assets 目录下。

游戏中用到的音乐资源如表 14-2 所示。将搜集的音乐资源按表中数据进行组织后，放置到项目的 assets 目录下。

游戏中用到的音效资源如表 14-3 所示。将搜集的音效资源按表中数据进行组织后，放置到项目的 res\raw 目录下。

将游戏中需要的图片和声音资源全部准备完毕后，游戏开发的准备工作完成，下面将开始逐步介绍游戏的架构和详细开发的步骤。

表 14-1　　游戏中用到的图片及说明

图 片 名	大小（KB）	像素（w×h）	用　途	图 片 名	大小（KB）	像素（w×h）	用　途
ball_1.png	7	40×40	小球	timeLimited.png	20	340×95	限时模式
bg.jpg	253	800×480	球洞	num_hs_0.png～num_hs_9.png	4	20×40	数字
top.png	8	800×23	上边框	num_0.png～num_9.png	4	20×40	数字
start.png	7	64×64	开始	music_short.png	12	100×100	主界面
right.png	7	20×475	右边框	his1.png～his9.png	5	120×40	历史关数
hisna.png	4	60×40	未过关	music_long.png	21	230×95	音乐图片
minute.png	4	40×40	秒	hole_close_flash.png	16	40×600	变化的洞
next.png	11	100×100	下一关	history_bg.png	530	800×480	卷轴
pause.png	6	170×95	暂停	his_practice.png	6	160×40	练习模式
main2.png	26	345×90	历史记录	ball_hole.png	6	40×40	球洞
main1.png	27	345×90	开始游戏	fall_hole.png	36	64×1024	落洞动画
say3.png	52	250×250	鼓励图片	his_time.png	6	160×40	计时模式
time.png	4	80×40	time 图	his_lock.png	6	160×40	锁
title1.png	63	400×129	游戏名称	his_back.png	10	120×60	历史返回
left.png	7	23×479	左边框	practice.png	20	340×95	练习模式
box.png	287	880×482	大木块	goback.png	15	255×85	返回
close.png	13	170×95	关闭	maohao.png	3	20×40	冒号
open.png	13	170×95	打开	bottom.png	9	800×24	下边框
goal.png	6	40×40	终点图片	restart.png	12	100×100	重新开始
main3.png	21	345×90	设置	vibrate.png	24	230×95	振动
gv_bg.jpg	19	800×480	游戏背景				

表 14-2　　游戏中用到的音乐资源及说明

音乐文件	大小（KB）	格　式	用　途
main.mp3	150	mp3	非游戏界面声音
game.mp3	374	mp3	游戏界面背景音

表 14-3　　游戏中用到的音效资源及说明

音效文件	大小（KB）	格　式	用　途
hole_sound.ogg	12	ogg	落洞声音
ping_sound.ogg	7	ogg	过关声音
wall_sound.ogg	5	ogg	撞墙声音

14.3 游戏的架构

本节将详细介绍游戏架构，将整个项目拆分成一个个模块，细化介绍。首先介绍游戏的总体架构，然后介绍类架构，帮助读者理清开发思路。

14.3.1 游戏的总体架构

游戏的总体架构是指从全局看游戏共有几个总的功能模块，本游戏中主要包括表示层模块、JBox2D 物理引擎模块和工具辅助模块，各模块的功能机构如图 14-9 所示。

（1）表示层模块负责的是整个游戏的绘制工作，包括对非游戏界面的绘制和游戏界面的绘制。

（2）JBox2D 物理引擎模块是整个游戏非常重要的部分，游戏的主体由其构成，包括刚体的创建和刚体运动的模拟，创建的刚体有边框、木块、洞和小球，本章主要介绍的物理传感器就是作用于小球，控制其运动的。

（3）工具辅助模块主要是辅助前台界面实现某些功能。主要包括计时模块、数据库模块、图片处理模块、声音模块。计时模块负责游戏界面时间的显示，数据库模块负责游戏记录和设置信息的存储，图片处理模块负责图片的加载、切分、拼合、缩放、旋转等，声音模块负责声音资源的加载和播放。

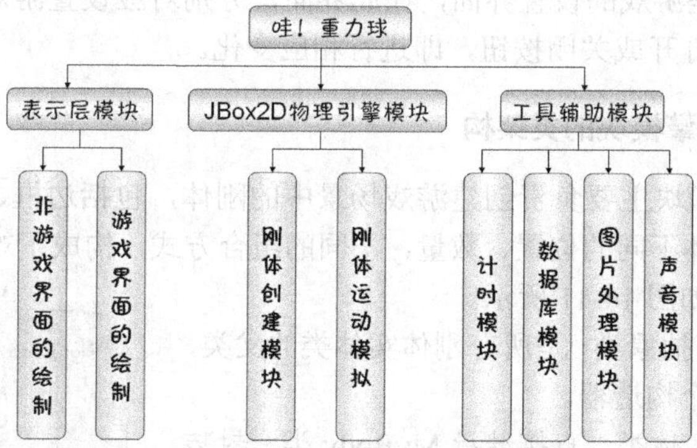

▲图 14-9　总体架构图

14.3.2 游戏的类架构

介绍完游戏的总体架构后，就要对游戏具体的类的架构进行介绍，游戏中的类都可以归于各个模块中，开发人员在开发时，也是根据每个模块中需要实现的功能来建立类的，所以，了解清楚类的架构，可以帮助读者理解开发过程。

1. 表示层模块的类架构

表示层模块包括所有的界面类，负责绘画和切换图片的线程和主控制类 Activity，所涉及的类非常多，这些类互相配合，共同完成与前台界面显示相关的工作，具体的类的架构如图 14-10 所示。

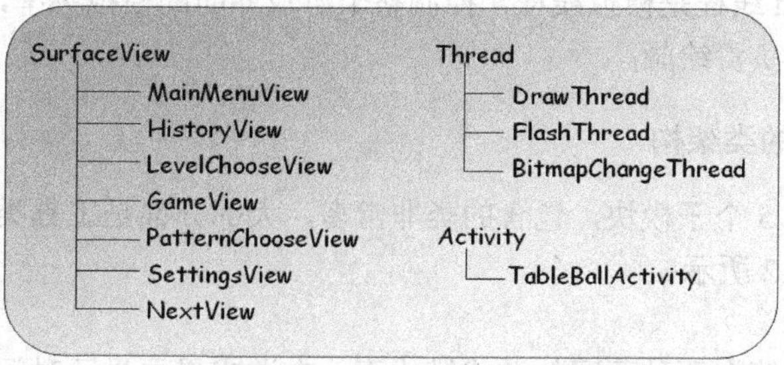

▲图 14-10　表示层模块的类架构

（1）MainMenuView 以及下面的所有的界面类都继承自 SurfaceView，MainMenuView 是游戏的主界面，负责向下一级跳转，是整个游戏界面跳转的枢纽，也是进入界面和退出界面。

（2）PatternChooseView 是游戏模式选择界面，这个界面内完成选择游戏模式的工作，向下就跳转到了选关界面。

（3）LevelChooseView 是游戏的选关界面，关卡会被加锁，在上一关成功过去后，下一关会自动解锁，在此界面完成选关工作后，即进入游戏界面。

（4）GameView 是游戏界面，也是整个游戏最核心的界面，在此界面显示的最多，包括各种刚体图案、背景、时间和控制按钮等。游戏场景、时间图案和控制按钮要分层绘制，互不影响。

（5）NextView 是跳转界面。此界面是游戏界面退出后的下一界面，负责向主界面或者游戏界面跳转，完成中转功能。

（6）HistoryView 是游戏的历史记录界面，此界面内记录了游戏每一关的锁的状态，是否过关的状态，和过关的最短纪录。界面最下层为界面背景，然后是透明卷轴图案，最上层是游戏信息。

（7）SettingsView 是游戏的设置界面，在此界面，分别对应设置游戏的背景音乐、音效和振动的打开与关闭，点击打开或关闭按钮，即进行相应变化。

2. JBox2D 物理引擎模块的类架构

JBox2D 物理引擎模块主要负责创建游戏场景中的刚体，包括边框、木块、普通的洞、变化的洞、小球等。这些刚体不同的位置、数量，不同的组合方式，构成了难度不同的关卡，JBox2D 物理引擎模块的类架构如图 14-11 所示。

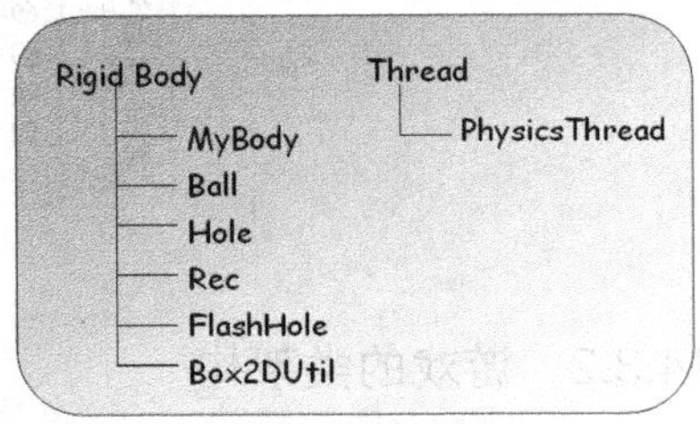

▲图 14-11　刚体类架构

（1）MyBody 为一个抽象类，是所有刚体实体类的父类，为球和方块分别提供一个构造器。

（2）Ball 为小球的实体类，直接继承 MyBody 类，封装了小球刚体的信息、小球的图片资源和小球的绘画方法。

（3）Hole 为球洞类，继承自 Ball 类，封装了球洞刚体的信息和球洞的图片，其重写了父类的 drawself 方法，是大小不会变化的洞。

（4）Rec 是长方体木块的类，继承自 MyBody 类，游戏场景中所有的不同大小的木块都由这个类生成，封装了木块刚体的信息、宽高和贴图。

（5）FlashHole 为大小可变化的洞的类，游戏场景中有两种洞。一种是普通的静态的洞，即 Ball 类；还有一种就是本类，FlashHole 类继承自 Hole 类，内部封装类球洞刚体的信息、球洞的贴图、球洞起作用的时间和不起作用的时间。

（6）Box2DUtil 为生成游戏场景中的洞、木块、小球的类，内部定义了生成每种不同物体的方法，定义了每种刚体的自身属性，如密度、摩擦、反弹补偿等。

（7）PhysicesThread 线程是模拟线程，控制整个游戏界面的模拟频率，也就是游戏的流畅度，此线程只负责模拟，不负责绘画。

3. 工具辅助模块的类架构

工具辅助模块包含 5 个子模块，包含的类非常多，大部分都是工具类，帮助其他模块实现功能，其类架构如图 14-12 所示。

（1）计时模块

本模块主要负责计算在两种不同的游戏模式下，在游戏界面显示时间。其中限时模式下为一分钟倒计时，练习模式下为从零开始计时。PlayTime1 为两种计时模式的父类，父类的绘画方法规定了前台显示的格式。PlayTimeCount1 为计时模式，PlayTimeExercise 为练习模式，两种模式下都给出了自己的线程来计算时间的变化。

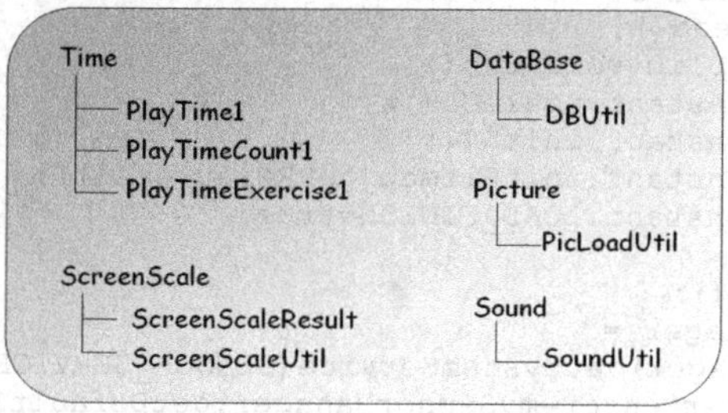

▲图 14-12 工具模块类架构

（2）全屏自适应模块

本模块主要负责游戏的全屏自适应工作。ScreenScaleUtil 为计算缩放情况的工具类，ScreenScaleResult 类为其服务，两者共同完成缩放工作，实现游戏全屏功能。

（3）数据库模块

本模块负责数据的存储工作，对数据库的操作都封装在 DBUtil 类中。在 DBUtil 类中提供了建立数据库的方法，以及对游戏中的数据信息的写入方法和读取方法，存储的信息主要包括，对游戏界面过关信息的存取和声音、振动设置信息的存取。

（4）图片处理模块

本模块负责图片处理工作，生成程序中需要的 Bitmap。在 PicLoadUtil 类中封装了对图片的加载、缩放、旋转、切割等一系列方法，用来生成所需的 Bitmap，前台所显示的所有画面都是用这个类进行处理的。

（5）声音模块

本模块负责游戏中播放声音与音效的工作，对声音的控制方法都封装在 SoundUtil 类中。在 SoundUtil 类中封装了声音的加载、播放和停止方法，程序中背景音乐使用 MediaPlayer 播放，音效则利用声音池技术。

14.4 主控制类——TableBallActivity 类的开发

Android 程序中，Activity 是最重要的类之一。在本游戏中，TableBallActivity 继承自 Activity 类，为本游戏的主控制类，本节将具体介绍 TableBallActivity 的开发。

（1）主控制类代码非常多，下面首先搭建主控制类的框架，以帮助读者理解。主控制类代码如下。

代码位置：见随书光盘中源代码\第 14 章\TableBall\src\com\wl\tableball\game 目录下的 TableBallActivity.java。

```
package com.wl.tableball.game;//声明包名
……//此处省略了本类中导入类的代码，读者可以自行查阅随书光盘中的源代码
enum WhichView{                                              //声明界面类型枚举类
GAME_VIEW,MAIN_MENU_VIEW,GOTO_NEXT_VIEW,After_Play_View,
After_Settings_View,After_History_View,After_Play_Choose_View}
public class TableBallActivity extends Activity {            //声明主控制类
    WhichView curr;                                          //当前的界面
      ……//此处省略了本类中成员变量的声明，读者可以自行查阅随书光盘中的源代码
      public void onCreate(Bundle savedInstanceState) {
          super.onCreate(savedInstanceState);
          requestWindowFeature(Window.FEATURE_NO_TITLE);     //设置为全屏
```

```
12          getWindow().setFlags(WindowManager.LayoutParams. FLAG_FULLSCREEN ,
13          WindowManager.LayoutParams. FLAG_FULLSCREEN);
14           setVolumeControlStream(AudioManager.STREAM_MUSIC);//声音控制
15          setRequestedOrientation(ActivityInfo.SCREEN_ORIENTATION_LANDSCAPE);
16              ……//此处省略了本方法中的部分代码，读者可以自行查阅随书光盘中的源代码
17              new Thread(){
18                   public void run(){
19                   Constant.scaleCL();                          //初始化坐标
20                   Constant.initDB();                           //初始化数据库
21                   Constant.initBitmap(getResources());         //初始化图片
22                   Constant.LOAD_FINISH=true;                   //指定标志位
23                   }
24              }.start();                                        //开启线程
25          mySensorManager =
26           (SensorManager)getSystemService(SENSOR_SERVICE);  //获得传感器管理器
27          accelerometerSensor=mySensorManager.getDefaultSensor(
28          Sensor.TYPE_ACCELEROMETER);                           //传感器为加速度传感器
29          vibrator=(Vibrator)getSystemService(VIBRATOR_SERVICE); //获得振动服务对象
30          ……//此处省略了本方法中的部分代码，读者可以自行查阅随书光盘中的源代码
31      }
32      ……//此处省略了开发传感器监听器的代码，将在后面进行介绍
33      ……//此处省略了跳转到游戏中部分界面的方法，将在后面进行介绍
34      ……//此处省略了本类中消息接收的代码，将在后面进行介绍
35      ……//此处省略了本类中按键监听方法，将在后面进行介绍
36      ……//此处省略了重写的 onResume 与 onPause 方法，将在下面进行介绍
37  }
```

- 第 3～5 行为界面类型枚举类，枚举了本游戏中所有界面，主要作用是标识当前所在的界面，并作出相应的跳转。
- 第 11～15 行为设置游戏的屏幕显示模式，如设置为全屏、横屏模式。
- 第 17～19 行为初始化游戏资源，包括数据库资源、图片资源和声音资源。
- 第 20～23 行为获取传感器管理器并设置游戏的物理传感器为加速度传感器。

（2）游戏的界面跳转依靠消息的传递，在 Activity 中的消息接收者通过判断接收消息而执行相应的方法，来实现界面跳转的功能。消息接收的相关代码如下。

代码位置：见随书光盘中源代码\第 14 章\TableBall\src\com\wl\tableball\game 目录下的 TableBallActivity.java。

```
1       public Handler hd=new Handler(){//初始化消息接收者
2              @Override
3              public void handleMessage(Message msg){
4                  switch(msg.what){ //根据收到的信息判断
5                      case 0:
6                              gotoGameView(); break;          //返回到 gameview
7                  ……//此处省略了本类中成员变量的声明，读者可以自行查阅随书光盘中的源代码
8       }}};
```

- 第 1～3 行为初始化 Handler 并重写 HandleMessage 方法，接收传来的消息。
- 第 4～8 行为对接收的消息进行判断，根据不同的消息跳转到不同的界面。本游戏中界面较多，由于篇幅所限，这里只对一个界面的跳转进行介绍，其他界面使用的方法是一样的，读者可自行查阅光盘中的源代码。

（3）本游戏中使用到了加速度传感器，以重力感应作为游戏的操控方式，下面介绍传感器监听器的开发，相关代码如下。

代码位置：见随书光盘中源代码\第 14 章\TableBall\src\com\wl\tableball\game 目录下的 TableBallActivity.java。

```
private SensorEventListener mySensorListener = new SensorEventListener(){
                                                        //传感器监听器
       public void onAccuracyChanged(Sensor sensor, int accuracy) {}
                                                        //重写监听器方法
       public void onSensorChanged(SensorEvent event) {    //重写监听器方法
```

```
            float[] values=event.values;                     //获取监听器返回的数组
            Constant.GRAVITYTEMP=new Vec2(
                  Constant.GRAVITY*values[1],
                  Constant.GRAVITY*values[0]);               //计算出重力在屏幕上的投影方向
            if(gv!=null){ gv.ballActivate();}                //唤醒小球
    }};
```

> **说明** 对传感器监听器的开发主要是对 onSensorChanged 方法的重写，在方法内计算出重力在屏幕上的投影方向及大小，将其赋值给静态变量 GRAVITYTEMP，用于游戏控制。

（4）这里对典型的跳转方法进行介绍，其余跳转方法基本相同，就不再一一介绍。相关代码如下。

代码位置：见随书光盘中源代码\第 14 章\TableBall\src\com\wl\tableball\game 目录下的 TableBallActivity.java。

```
public void gotoMainMenuView() {                        //进入开始界面
  curr=WhichView.MAIN_MENU_VIEW;                        //设置当前界面为 MainMenuView
        mmv=new MainMenuView(this);                     //初始化 MainMenuView 对象
  setContentView(mmv);                                  //进入 MainMenuView
  }
```

> **说明** 游戏中界面的跳转是通过 Activity 里的 setContentView 方法实现的。

（5）接下来开发对按键的监听，监听音量键和返回键的触控，相关代码如下。

代码位置：见随书光盘中源代码\第 14 章\TableBall\src\com\wl\tableball\game 目录下的 TableBallActivity.java。

```
1    public boolean onKeyDown(int keyCode, KeyEvent event)  { //重写 onKeyDown 方法
2      switch (keyCode) {                                      //判断按键
3        case KeyEvent.KEYCODE_VOLUME_UP:                      //增大音量键
4          audio.adjustStreamVolume(
5              AudioManager.STREAM_MUSIC,
6              AudioManager.ADJUST_RAISE,                      //增大
7              AudioManager.FLAG_PLAY_SOUND | AudioManager.FLAG_SHOW_UI);
8          return true;
9        case KeyEvent.KEYCODE_VOLUME_DOWN:                    //降低音量键
10         audio.adjustStreamVolume(
11             AudioManager.STREAM_MUSIC,
12             AudioManager.ADJUST_LOWER,                      //降低
13             AudioManager.FLAG_PLAY_SOUND | AudioManager.FLAG_SHOW_UI);
14         return true;
15       case 4:                                               //返回键
16         if(curr==WhichView.MAIN_MENU_VIEW)  {               //如果当前是 MainMenuView
17           ……//此处省略了本方法中的部分代码，读者可以自行查阅随书光盘中的源代码
18           DBUtil.updateSetting(a, b, c);                    //存储设置信息
19           System.exit(0);//退出
20         } else if(curr==WhichView.GAME_VIEW){               //如果是 GameView
21               hd.sendEmptyMessage(2);}                      //跳转
22           ……//此处省略了本方法中的部分代码，读者可以自行查阅随书光盘中的源代码
23       default: break;                                       //最后执行 break
24     }
25     return super.onKeyDown(keyCode, event);
26   }
```

- 第 3～8 行为对音量增大键的监听，若此键按下，则音量增大。
- 第 9～14 行为对音量减小键的监听，若此键按下，则音量减小。
- 第 15～25 行为对返回键的监听，若在 MainMenuView 中按返回键，则存储游戏信息，退出游戏；若在 GameView 中按下返回键，则进行界面跳转。其余界面方法大致类似，读者可自

行查阅光盘源代码。

（6）接下来开发 onResume 方法和 onPause 方法，这两个方法都是继承 Activity 类后重写的方法，相关代码如下。

代码位置：见随书光盘中源代码\第 14 章\TableBall\src\com\wl\tableball\game 目录下的 TableBallActivity.java。

```
1    protected void onPause() {                                     //重写 onPause 方法
2        super.onPause();                                           //调用父类方法
3        mySensorManager.unregisterListener(mySensorListener);//取消注册监听器
4    }
5    protected void onResume() {                                    //重写 onResume 方法
6        super.onResume();                                          //调用父类方法
7        mySensorManager.registerListener(                          //注册监听器
8                mySensorListener,                                  //监听器对象
9                accelerometerSensor,                               //传感器类型
10               SensorManager.SENSOR_DELAY_GAME
11   );}
```

- 第 1～4 行为继承重写的 onPause 方法，该方法在程序进入暂停时执行，取消注册传感器监听器。
- 第 5～11 行为继承重写的 onResume 方法，该方法在程序重新运行时执行，这时注册传感器监听器。

14.5 界面相关类

本游戏中包含多个界面类，一个好的界面类要求布局合理、美观，还要与游戏内容适应。好的界面类能让玩家在刚进入游戏就被吸引住，接下来就开始开发各个界面相关类。

14.5.1 主界面类 MainMenuView

在本游戏中，主界面类也是游戏的欢迎界面，界面内显示了游戏的名称、游戏的大概内容、游戏包含的大致功能。

（1）下面先介绍主界面主体框架的开发，开发人员需要根据界面的功能来设计主界面类的方法，主界面代码框架如下。

代码位置：见随书光盘中源代码\第 14 章\TableBall\src\com\wl\tableball\game 目录下的 MainMenuView.java。

```
package com.wl.tableball.game;
……//此处省略了本类中导入类的代码，读者可以自行查阅随书光盘中的源代码
public class MainMenuView extends SurfaceView implements SurfaceHolder.Callback{
 TableBallActivity tableBallActivity; Paint paint;       //获取 Activity，创建画笔
  public MainMenuView(TableBallActivity tableBallActivity){     //构造器
      super(tableBallActivity);                                  //调用父类方法
      this.tableBallActivity=tableBallActivity;                  //创建主控制类对象
      this.getHolder().addCallback(this);                        //生命周期回调接口实现者
      paint=new Paint();                                         //创建画笔
      paint.setAntiAlias(true);                                  //允许透明
  }
  public void draw(Canvas canvas){                               //绘画方法
      super.draw(canvas);                                        //执行父类方法
      canvas.translate(Constant.screenScaleResult.lucX, Constant.screenScaleResult.lucY);
      canvas.scale(Constant.screenScaleResult.ratio, Constant.screenScaleResult.ratio);
      canvas.drawBitmap(TP_ARRAY[0], xyoffset[0][0], xyoffset[0][1],paint);
                                                                   //绘制背景
      canvas.drawBitmap(TP_ARRAY[29], xyoffset[29][0], xyoffset[29][1],paint);
```

```
                                                    //绘制名字
18     canvas.drawBitmap(TP_ARRAY[1], xyoffset[1][0], xyoffset[1][1],paint);
                                                    //play 按钮
19     canvas.drawBitmap(TP_ARRAY[15], xyoffset[15][0], xyoffset[15][1],paint);
                                                    //历史记录按钮
20     canvas.drawBitmap(TP_ARRAY[16], xyoffset[16][0], xyoffset[16][1],paint);
                                                    //设置按钮
21   }
22   ……//此处省略了触摸监听方法，将在下面进行介绍
23   ……//此处省略了 surfaceCreated 方法，将在下面进行介绍
24   public void surfaceChanged(SurfaceHolder holder, int format, int width,
25     int height) {}                               //重写界面变化时执行的方法
26   public void surfaceDestroyed(SurfaceHolder holder) {}//重写界面销毁时执行的方法
27  }
```

- 第 3～11 行为主界面类的构造器，在构造器内，创建主控制类对象，设置生命周期回调接口实现者，创建画笔并允许透明。
- 第 12～21 行为继承重写的绘画方法，方法内依次绘制主界面的背景、游戏的名称和 3 个按钮。
- 第 24～27 行为继承 SurfaceView 后重写的两个方法，分别在界面变化和销毁时被调用。本程序没有用到，所以方法体为空。

（2）主界面中有 3 个图片按钮，对这 3 个图片按钮需要进行监听，相关代码如下。

代码位置：见随书光盘中源代码\第 14 章\TableBall\src\com\wl\tableball\game 目录下的 MainMenuView.java。

```
public boolean onTouchEvent(MotionEvent e){                 //设置触控监听
    int currentNUm=e.getAction();                           //获取动作
    float x=e.getX();float y=e.getY();                      //触控的 x、y 坐标
    switch(currentNUm){
      case MotionEvent.ACTION_DOWN:                         //如果是按下
          if(x>xyoffsetEvent[1][0]&&                        //如果触摸的是开始按钮
            x<xyoffsetEvent[1][0]+TP_ARRAY[1].getWidth()*Constant.screenScale
            Result.ratio&&
            y>xyoffsetEvent[1][1]&&
            y<xyoffsetEvent[1][1]+TP_ARRAY[1].getHeight()*Constant.screenScale
            Result.ratio){
            tableBallActivity.hd.sendEmptyMessage(3);       //返回到模式选择界面
          }else if(x>xyoffsetEvent[15][0]&&                 //如果触摸历史记录按钮
            x<xyoffsetEvent[15][0]+TP_ARRAY[15].getWidth()*Constant.screenScale
            Result.ratio&&
            y>xyoffsetEvent[15][1]&&
            y<xyoffsetEvent[15][1]+TP_ARRAY[15].getHeight()*Constant.
            screenScale Result.ratio){
            tableBallActivity.hd.sendEmptyMessage(5);       //返回到历史记录界面
          }else if(x>xyoffsetEvent[16][0]&&                 //如果触摸的是设置按钮
            x<xyoffsetEvent[16][0]+TP_ARRAY[16].getWidth()*Constant.screenScale
            Result.ratio&&
            y>xyoffsetEvent[16][1]&&
            y<xyoffsetEvent[16][1]+TP_ARRAY[16].getHeight()*Constant.
            screenScale Result.ratio){
            tableBallActivity.hd.sendEmptyMessage(4);       //返回到设置界面
          }
      break;
      }
      return true;
}
```

> **说明** 触摸监听方法监听 3 个图片按钮。方法内获得触控动作，获取屏幕触控的坐标值，然后分别判断触控位置是否在每个图片按钮范围内。如果在其范围内，则执行相应的响应方法，跳转到目标界面。

（3）在程序跳转到此界面后，就要在屏幕上绘制图案、显示界面信息和进行声音设置，这个功能是写在 surfaceCreated 方法里的。方法的相关代码框架如下。

代码位置：见随书光盘中源代码\第 14 章\TableBall\src\com\wl\tableball\game 目录下的 MainMenuView.java。

```
public void surfaceCreated(SurfaceHolder holder) {  //重写界面新建时执行的方法
    if(Constant.bg_music_sound){                     //如果声音按钮打开
        if(Constant.from_nextview){                  //如果是从跳转界面而来
         YINYUE1=true;                               //背景音乐标志位置为 true
         this.tableBallActivity.soundutil.stop_bg_sound(); //停止播放背景音乐
         this.tableBallActivity.soundutil.play_bg_sound();//开始停止播放背景音乐
        }}
    Constant.from_nextview=false;                        //标志位置为 false
    Canvas canvas=holder.lockCanvas();                   //获取画布
    try{
        synchronized(holder){ draw(canvas);}             //绘画
    }catch(Exception e){ e.printStackTrace();}
    finally{
        if(canvas!=null){                                //若画布不为空
      holder.unlockCanvasAndPost(canvas);                //释放画布
}}}
```

说明 surfaceCreated 方法为继承 SurfaceView 后重写的 surfaceCreated 方法，此方法在界面创建时执行，依次执行播放背景音乐方法和绘画方法。如果程序是从游戏界面退出到主界面的背景音乐需要切换；反之，则不需要切换背景音乐。

14.5.2 模式选择界面类 PatternChooseView

模式选择界面类为选择游戏模式的界面，两种游戏模式分别为计时模式和练习模式，通过界面内的按钮来完成相应的工作。

（1）模式选择界面类完成设置游戏模式的功能，为游戏界面提供赋值。模式选择界面的框架代码如下。

代码位置：见随书光盘中源代码\第 14 章\TableBall\src\com\wl\tableball\game 目录下的 PatternChooseView.java。

```
package com.wl.tableball.game;
……//此处省略了本类中导入类的代码，读者可以自行查阅随书光盘中的源代码
public class PatternChooseView extends SurfaceView implements SurfaceHolder.Callback{
  ……//此处省略了本案例中部分成员变量的声明，读者可以自行查阅随书光盘中的源代码
  ……//此处省略了本类构造器，读者可以自行查阅随书光盘中的源代码
 public void draw(Canvas canvas){                            //绘画方法
     super.draw(canvas);
     canvas.translate(Constant.screenScaleResult.lucX, Constant.screenScale
     Result.lucY);
     canvas.scale(Constant.screenScaleResult.ratio, Constant.screenScaleResult.
     ratio);
     canvas.drawBitmap(TP_ARRAY[0],xyoffset[0][0], xyoffset[0][1],paint);
                                                             //绘制背景
     canvas.drawBitmap(TP_ARRAY[29], xyoffset[29][0], xyoffset[29][1],paint);
                                                             //绘制名字
     canvas.drawBitmap(TP_ARRAY[17],xyoffset[17][0], xyoffset[17][1],paint);
                                                             //绘制计时模式
     canvas.drawBitmap(TP_ARRAY[18],xyoffset[18][0], xyoffset[18][1],paint);
                                                                 //绘制练习模式
     canvas.drawBitmap(TP_ARRAY[19],xyoffset[19][0], xyoffset[19][1],paint);
                                                             //绘制返回模式
  }
  ……//此处省略了触摸监听方法，将在下面进行介绍
  public void surfaceCreated(SurfaceHolder holder) {  //重写 surfaceCreated 方法
     Canvas canvas=holder.lockCanvas();                      //获取画布
```

```
19        try{
20          synchronized(holder){ draw(canvas);}                    //调用绘画方法
21        }catch(Exception e){ e.printStackTrace();}               //获取异常
22        finally{
23          if(canvas!=null){ holder.unlockCanvasAndPost(canvas); }      //释放画布
24      }}
25        ……//此处省略了本类中的部分方法，读者可以自行查阅随书光盘中的源代码
26    }
```

- 第 6～15 行为绘画方法，依次绘画界面的背景、游戏名称、两种模式按钮、返回按钮图案。
- 第 17～24 行为继承 SurfaceView 后重写的方法，该方法在界面创建时被执行，首先获取画布，绘制界面，然后再释放画布。

（2）模式选择界面的主要功能是设置游戏模式，此功能在模式界面的触摸监听方法中，监听方法代码如下。

代码位置：见随书光盘中源代码\第 14 章\TableBall\src\com\wl\tableball\game 目录下的 PatternChooseView.java。

```
public boolean onTouchEvent(MotionEvent e){                  //触摸监听
    int currentNUm=e.getAction();                            //获取动作
    float x=e.getX();float y=e.getY();                       //触摸的 x、y 坐标
    switch(currentNUm){                                      //判断动作
      case MotionEvent.ACTION_DOWN:                          //如果是按下
          if(x>xyoffsetEvent[17][0]&&                        //如果触摸的是限时模式按钮
            x<xyoffsetEvent[17][0]+TP_ARRAY[17].getWidth()*Constant.screenScale
            Result.ratio&&
            y>xyoffsetEvent[17][1]&&
            y<xyoffsetEvent[17][1]+TP_ARRAY[17].getHeight()*Constant.screen
            ScaleResult.rati){
            Constant.PLAY_MODEL=Constant.PLAY_MODEL1;      //设置为模式 1
            tableBallActivity.hd.sendEmptyMessage(6);      //返回到选关界面
          }
          else if(x>xyoffsetEvent[18][0]&&                  //如果触摸的是练习模式按钮
           x<xyoffsetEvent[18][0]+TP_ARRAY[18].getWidth()*Constant.screenScale
           Result.ratio&&
           y>xyoffsetEvent[18][1]&&
           y<xyoffsetEvent[18][1]+TP_ARRAY[18].getHeight()*Constant.screenScale
           Result.ratio){
           Constant.PLAY_MODEL=Constant.PLAY_MODEL2;       //设置为模式 2
           tableBallActivity.hd.sendEmptyMessage(6);       //返回到选关界面
          }
          else if(x>xyoffsetEvent[19][0]&&                  //如果触摸的是返回按钮
           x<xyoffsetEvent[19][0]+TP_ARRAY[19].getWidth()*Constant.screenScale
           Result.ratio&&
           y>xyoffsetEvent[19][1]&&
           y<xyoffsetEvent[19][1]+TP_ARRAY[19].getHeight()*Constant.
           screenScaleResult.ratio){
           tableBallActivity.hd.sendEmptyMessage(1);       //返回到主界面
          }
          break;
    }
    return true;
}
```

说明　触摸监听方法，监听两种模式按钮和返回按钮是否被按下，分别执行这每个按钮触摸后执行的方法。程序根据判断玩家触控屏幕的 x、y 坐标是否在某个图片按钮的范围内，判定此按钮是否被按下。如果模式按钮被按下，则设置当前模式为相应的模式，并跳转到选关界面。如果返回按钮被按下，则跳回主界面。

14.5.3 选关界面 LevelChooseView

选关界面显示游戏的关卡，选取相应的关卡进入游戏界面。第一关锁的初始状态为打开，其

余关卡按钮初始状态为被锁住状态，当某一关成功过关，下一关的锁打开，锁图案消失，触控监听起作用。选关界面的代码如下。

（1）首先介绍选关界面类的主体框架开发，具体代码如下。

代码位置：见随书光盘中源代码\第 14 章\TableBall\src\com\wl\tableball\game 目录下的 LevelChooseView.java。

```
package com.wl.tableball.game;
……//此处省略了本类中导入类的代码，读者可以自行查阅随书光盘中的源代码
public class LevelChooseView extends SurfaceView implements SurfaceHolder.Callback{
  ……//此处省略了本案例中部分成员变量的声明，读者可以自行查阅随书光盘中的源代码
  ……//此处省略了本类构造器，读者可以自行查阅随书光盘中的源代码
  public void surfaceCreated(SurfaceHolder holder) { //重写 surfaceCreated 方法
      Canvas canvas=holder.lockCanvas();                              //获取画布
      try{
        synchronized(holder){ draw(canvas);}                          //调用绘画方法
      }catch(Exception e){ e.printStackTrace();}                      //获取异常
      finally{
        if(canvas!=null){ holder.unlockCanvasAndPost(canvas);  }      //释放画布
  }}
……//此处省略了绘画，将在下面进行介绍
……//此处省略了触摸监听方法，将在下面进行介绍
.....//此处省略了本类中的部分方法，读者可以自行查阅随书光盘中的源代码
}
```

说明 选卡界面内要完成界面的绘制、对触摸的监听、对数据库的查询等。界面绘制方法是在重写父类的 surfaceCreated 方法中调用的，绘制时首先要获取画布，在绘制完成后不要忘记释放画布。

（2）接下来开发主体框架中调用的绘画方法，绘画方法中会用到数据库的查询，下面给出绘画方法的相关代码。

代码位置：见随书光盘中源代码\第 14 章\TableBall\src\com\wl\tableball\game 目录下的 LevelChooseView.java。

```
    public void draw(Canvas canvas){                                   //绘制方法
        super.draw(canvas);
        canvas.translate(Constant.screenScaleResult.lucX, Constant.screenScaleResult.lucY);
        canvas.scale(Constant.screenScaleResult.ratio, Constant.screenScaleResult.ratio);
        canvas.drawBitmap(TP_ARRAY[0],xyoffset[0][0], xyoffset[0][1],paint);        //绘制背景
        canvas.drawBitmap(LEVEL_ARRAY[0],xyoffset[20][0], xyoffset[20][1],paint);   //绘制第一关
        canvas.drawBitmap(LEVEL_ARRAY[1],xyoffset[21][0], xyoffset[21][1],paint);   //绘制第二关
        if(DBUtil.getLock(Constant.PLAY_MODEL, 1)==0){                 //获取锁的状态
         canvas.drawBitmap(HISTORY_ARRAY[10],xyoffset[21][0]+40, xyoffset[21][1]+30,
         paint);//绘制锁
        }
        ……//此处省略了其他关卡按钮的绘制，读者可以自行查阅随书光盘中的源代码
        canvas.drawBitmap(TP_ARRAY[19],xyoffset[19][0], xyoffset[19][1],paint);     //绘制返回按钮
    }
```

说明 绘画方法中，依次绘制了界面背景、6 个关卡的按钮和返回按钮。6 个关卡，除第一关锁的状态一直为打开外，其余五关都需要查询数据库来确定本关状态，然后根据状态画出关卡图，所以 3、4、5、6 关的绘制方法与第 2 关基本相同。

（3）与数据库相关的同样还有触摸监听方法，要根据锁的状态确定触摸是否有效，下面给出触摸监听方法。

代码位置：见随书光盘中源代码\第 14 章\TableBall\src\com\wl\tableball\game 目录下的 LevelChooseView.java。

```
    public boolean onTouchEvent(MotionEvent e){                            //触摸监听
        int currentNUm=e.getAction();                                      //获取动作
        float x=e.getX();float y=e.getY();                                 //触控的 x、y 坐标
        switch(currentNUm){                                                //判断动作
          case MotionEvent.ACTION_DOWN:                                    //若动作为按下
              if(x>xyoffsetEvent[20][0]&&                                  //若触控第一关按钮
              x<xyoffsetEvent[20][0]+LEVEL_ARRAY[0].getWidth()*Constant.screen
              ScaleResult.ratio&&
              y>xyoffsetEvent[20][1]&&
              y<xyoffsetEvent[20][1]+LEVEL_ARRAY[0].getHeight()*Constant.screen
              ScaleResult.ratio){
                Constant.LEVEL=0;                                          //当前为第一关
                tableBallActivity.hd.sendEmptyMessage(0);                  //进入第一关
              } else if(x>xyoffsetEvent[21][0]&&                           //若触控第二关按钮
              x<xyoffsetEvent[21][0]+LEVEL_ARRAY[1].getWidth()*Constant.screen
              ScaleResult.ratio&&
              y>xyoffsetEvent[21][1]&&
              y<xyoffsetEvent[21][1]+LEVEL_ARRAY[1].getHeight()*Constant.screen
              ScaleResult.ratio) {
                if(DBUtil.getLock(Constant.PLAY_MODEL, 1)==1){
                                                                //从数据库获取当前关卡锁的状态
                    Constant.LEVEL=1;                                      //当前为第二关
                    tableBallActivity.hd.sendEmptyMessage(0);              //进入第二关
              }}
              ...../此处省略了其他关按钮的监听代码，读者可以自行查阅随书光盘中的源代码
              else if(x>xyoffsetEvent[19][0]&&                             //若触控返回按钮
              x<xyoffsetEvent[19][0]+TP_ARRAY[19].getWidth()*Constant.screenScale
              Result.ratio&&
              y>xyoffsetEvent[19][1]&&
              y<xyoffsetEvent[19][1]+TP_ARRAY[19].getHeight()*Constant.screenScale
              Result.ratio){
                tableBallActivity.hd.sendEmptyMessage(3);        //返回到模式选择界面
              }
              break;
          }
        return true;
    }
```

说明 触摸监听方法，监听屏幕的虚拟按钮是否被按下。若某一关按钮被触控，则首先从数据库读取这一关锁是否打开。若打开则设置当前关的关数，并跳转到游戏界面；若锁未打开，则触控没有效果；若返回按钮被按下，则跳转回模式选择界面。

14.5.4 历史记录界面 HistoryView

历史记录界面显示游戏信息，主要是到数据库中查找信息，然后根据查到的信息作出相应的显示。在历史记录界面，每一关有 3 种状态，分别为未解锁、解锁但未过关、已过关。历史记录界面的相关代码如下所示。

（1）首先介绍历史记录界面的代码框架的开发，通过框架理解历史记录界面类方法，相关代码如下。

代码位置：见随书光盘中源代码\第 14 章\TableBall\src\com\wl\tableball\game 目录下的 HistoryView.java。

```
package com.wl.tableball.game;
……//此处省略了本类中导入类的代码，读者可以自行查阅随书光盘中的源代码
public class HistoryView extends SurfaceView implements SurfaceHolder.Callback{
```

```
4       ……//此处省略了本案例中部分成员变量的声明，读者可以自行查阅随书光盘中的源代码
5       public HistoryView(TableBallActivity tableBallActivity ) {  //构造器
6           super(tableBallActivity);
7           this.tableBallActivity=tableBallActivity;                  //获取主控制类对象
8           this.getHolder().addCallback(this);           //设置实现生命周期回调接口实现者
9           paint=new Paint();                                          //画笔
10          paint.setAntiAlias(true);                                   //允许透明
11          history=DBUtil.searchAll();                                 //查找数据库
12      }
13      public void draw(Canvas canvas){                                //绘画方法
14          super.draw(canvas);
15          canvas.translate(Constant.screenScaleResult.lucX,
            Constant.screenScaleResult.lucY);
16          canvas.scale(Constant.screenScaleResult.ratio,
            Constant.screenScaleResult.ratio);
17          canvas.drawBitmap(TP_ARRAY[0],xyoffset[0][0], xyoffset[0][1],paint);
                                                                        //绘制背景
18          canvas.drawBitmap(TP_ARRAY[28],xyoffset[28][0], xyoffset[28][1],paint);
                                                                        //绘制透明卷轴
19          canvas.drawBitmap(TP_ARRAY[39],xyoffset[39][0], xyoffset[39][1],paint);
                                                                        //绘制返回按钮
20          canvas.drawBitmap(HISTORY_ARRAY[6], 130,60, paint);         //计时模式图案
21          canvas.drawBitmap(HISTORY_ARRAY[7], 430,60, paint);         //练习模式图案
22        ……//此处省略了绘画的部分代码，将在下面进行介绍
23      }
24      public boolean onTouchEvent(MotionEvent e){                     //触摸监听
25          int currentNUm=e.getAction();                               //获取动作
26          float x=e.getX();float y=e.getY();                          //触摸的 x、y 坐标
27          switch(currentNUm){
28            case MotionEvent.ACTION_DOWN:
29                if(x>Constant.xyoffsetEvent[39][0]&&              //如果触摸的是返回按钮
30                  x<Constant.xyoffsetEvent[39][0]+
31                           TP_ARRAY[39].getWidth()*Constant.screenScaleResult.ratio&&
32                  y>Constant.xyoffsetEvent[39][1]&&
33                  y<Constant.xyoffsetEvent[39][1]+
34                           TP_ARRAY[39].getHeight()*Constant.screenScaleResult.ratio){
35                    tableBallActivity.hd.sendEmptyMessage(1);         //返回主界面
36                }
37                break;
38          }
39          return true;
40      }
41      public void surfaceCreated(SurfaceHolder holder) {  //重写 surfaceCreated 方法
42          Canvas canvas=holder.lockCanvas();                          //获取画布
43          try{
44            synchronized(holder){ draw(canvas);}                      //调用绘画方法
45          }catch(Exception e){ e.printStackTrace();}                  //获取异常
46          finally{
47            if(canvas!=null){ holder.unlockCanvasAndPost(canvas);  }//释放画布
48      }}
49      ……//此处省略了本类中的部分方法，将在下面进行介绍
50  }
```

- 第 5～12 行为历史记录界面类构造器，在构造器中获得主控制类对象，设置生命周期回调接口实现者，获取了画笔，允许透明，查找数据库获得了数据库信息。
- 第 17～23 行为绘制方法，依次绘制界面背景、透明卷轴图案、返回按钮、游戏模式名称和关卡名称。
- 第 24～40 行为触摸监听方法，监听触控位置坐标是否在返回按钮的范围内，若在，则说明返回按钮被按下，跳转到主界面。
- 第 41～48 行为继承 SurfaceView 后重写的 surfaceCreated 方法，该方法在界面创建时被调用，拿到画布，调用绘画方法绘制界面，绘画完成后释放画布。

（2）数据库中有可能没有游戏过关信息的记录，这包括两种情况：未解锁和未过关。对于这两种情况的处理代码如下。

代码位置：见随书光盘中源代码\第 14 章\TableBall\src\com\wl\tableball\game 目录下的 HistoryView.java。

```
    for(int i=0;i<HIS_NUM.length-5;i++){
     canvas.drawBitmap(HISTORY_ARRAY[i], 130, 110+50*i, paint); //左侧每一关
     canvas.drawBitmap(HISTORY_ARRAY[i], 430, 110+50*i, paint); //右侧每一关
    }
    for(int i=0;i<2;i++){                                         //两种模式
      for(int j=0;j<6;j++){                                       //6关
         if(DBUtil.getLock(i, j)==0){                             //若锁未开
          canvas.drawBitmap(HISTORY_ARRAY[10],                    //锁的bitmap
                                Constant.historypostion[i][j][0], //x坐标
                                Constant.historypostion[i][j][1], //y坐标
                                 paint);                          //画笔
         } else if(DBUtil.getTimeplay(i, j)==0){                  //锁开且为过关
          canvas.drawBitmap(HISTORY_ARRAY[9],                // n/a的bitmap
                                Constant.historypostion[i][j][0], //x坐标
                                Constant.historypostion[i][j][1], //y坐标
                                 paint);                          //画笔
    }}}
```

说明 查找数据库，遍历两种模式下每一关的游戏信息，判断锁是否打开。若未打开，则在当前关卡显示锁的图案；若锁打开，但过关时间为零，则当前关显示 N/A 的图案，表示没有过关记录。

（3）若数据库中的有过关时间的记录，那么就要以一定的格式显示出来，实现这部分功能的相关代码如下。

代码位置：见随书光盘中源代码\第 14 章\TableBall\src\com\wl\tableball\game 目录下的 HistoryView.java。

```
    for(int[] result:history){                                  //对数据库信息遍历
      int number=result[2];                                     //过关时间
      if(number==0){continue;}                                  //若未过关则跳过
      String s=""+number;                                       //转化为String类型
      int length=s.length();                                    //获取时间的位数
      int num_3=number/100;int num_2=number%100/10;int num_1=number%10;
                                                                //百、十、个位数字
         if(length>2){                                          //若时间位数大于2
         canvas.drawBitmap(TP_NUMPIC[num_3],                    //绘制百位数字
         Constant.historypostion[result[0]][result[1]][0]-20,//绘制位置
         Constant.historypostion[result[0]][result[1]][1],
         paint);                                                //画笔
         }
         if(length>1){                                          //若时间位数大于1
           canvas.drawBitmap(TP_NUMPIC[num_2],                  //绘制十位数字
               Constant.historypostion[result[0]][result[1]][0]+20-20,//绘制位置
               Constant.historypostion[result[0]][result[1]][1],
               paint);                                          //画笔
      }
         if(length>0){                                          //时间位数至少一位
           canvas.drawBitmap(TP_NUMPIC[num_1],                  //绘制个位图案
                    Constant.historypostion[result[0]][result[1]][0]+40-20,
                                                                //绘制位置
                    Constant.historypostion[result[0]][result[1]][1],
                    paint);                                     //画笔
         }
         canvas.drawBitmap(HISTORY_ARRAY[8],                    //绘制“秒”字
                    Constant.historypostion[result[0]][result[1]][0]+70-20,
                                                                //绘制位置
                    Constant.historypostion[result[0]][result[1]][1],
```

说明 HistoryView 类的构造器中完成了获取数据库中全部信息的工作，得到了一个 ArrayList，这部分代码为遍历 ArrayList 中获取每一关过关时间，然后得到时间的位数，并取出每一位，且用对应的图片显示出来。

14.5.5 设置界面 SettingsView

设置界面完成对游戏声音和振动的设置工作，具体包括对背景音乐的设置，对游戏音效的设置和对手机振动的设置。

（1）首先进行设置界面框架的开发，理解界面的搭建和组织方法。框架代码如下。

代码位置：见随书光盘中源代码\第 14 章\TableBall\src\com\wl\tableball\game 目录下的 SettingsView.java。

```
1   package com.wl.tableball.game;
2   ……//此处省略了本类中导入类的代码，读者可以自行查阅随书光盘中的源代码
3   public class SettingsView extends SurfaceView implements SurfaceHolder.Callback{
4    ……//此处省略了本案例中部分成员变量的声明，读者可以自行查阅随书光盘中的源代码
5     public SettingsView(TableBallActivity tableBallActivity ) {
6         super(tableBallActivity);
7         this.tableBallActivity=tableBallActivity;       //获取主控制类对象
8         this.getHolder().addCallback(this);             //设置生命周期回调接口实现者
9         paint=new Paint();                              //创建画笔
10        paint.setAntiAlias(true);                       //允许透明
11    }
12    public void draw(Canvas canvas){
13        super.draw(canvas);
14        canvas.translate(Constant.screenScaleResult.lucX, Constant.
          screenScaleResult.lucY);
15        canvas.scale(Constant.screenScaleResult.ratio, Constant.
          screenScaleResult.ratio);
16        canvas.drawBitmap(TP_ARRAY[0],xyoffset[0][0], xyoffset[0][1],paint);
                                                          //绘制背景
17        canvas.drawBitmap(TP_ARRAY[23],xyoffset[23][0], xyoffset[23][1],paint);
                                                          //音乐
18        canvas.drawBitmap(TP_ARRAY[24],xyoffset[24][0], xyoffset[24][1],paint);
                                                          //音效
19        canvas.drawBitmap(TP_ARRAY[25],xyoffset[25][0], xyoffset[25][1],paint);
                                                          //振动
20        ……//此处省略了绘画的部分代码，将在下面进行介绍
21        canvas.drawBitmap(TP_ARRAY[19],xyoffset[19][0], xyoffset[19][1],paint);
                                                          //返回
22    }
23    public void surfaceCreated(SurfaceHolder holder) {  //重写 surfaceCreated 方法
24        Canvas canvas=holder.lockCanvas();               //获取画布
25        try{
26          synchronized(holder){ draw(canvas);}           //调用绘画方法
27        }catch(Exception e){ e.printStackTrace();}       //获取异常
28        finally{
29          if(canvas!=null){ holder.unlockCanvasAndPost(canvas);  }     //释放画布
30    }}
31    ……//此处省略了本类中的触摸监听方法，将在下面进行介绍
32    ……//此处省略了本类中的重绘方法，将在下面进行介绍
33  }
```

- 第 5～11 行为本类构造器，在构造器中获得 Activity 引用，设置生命周期回调接口实现者，创建画笔并允许透明。
- 第 12～22 行为绘画方法，依次绘制背景、音乐图片、音效图片、振动图片、3 个状态按钮和返回按钮。
- 第 23～30 行为继承 SurfaceView 后重写的方法，此方法在界面创建时被调用，获取到画布，绘制界面，然后再将画布释放。

（2）设置界面对游戏的控制体现在 3 个按钮上，下面就开发 3 个控制按钮，相关的代码如下。

代码位置：见随书光盘中源代码\第 14 章\TableBall\src\com\wl\tableball\game 目录下的 SettingsView.java。

```
        if(!YINYUE_CLOSE){                                          //如果音乐开
          canvas.drawBitmap(TP_ARRAY[26],xyoffset[26][0], xyoffset[26][1],paint);
                                                                    //打开
        }else{
          canvas.drawBitmap(TP_ARRAY[27],xyoffset[26][0], xyoffset[26][1],paint);
```

```
                                                              //关闭
    }
    if(YINXIAO_OPEN)                                          {//如果音效开
      canvas.drawBitmap(TP_ARRAY[26],
          xyoffset[26][0], xyoffset[26][1]-(xyoffset[23][1]-xyoffset[24][1]),
                                                              //绘制位置
          paint);                                             //打开
      }else{
          canvas.drawBitmap(TP_ARRAY[27],
            xyoffset[26][0], xyoffset[26][1]-(xyoffset[23][1]-xyoffset[24][1]),
                                                              //绘制位置
            paint);                                           //关闭
      }
    if(ZHENDONG_OPEN){                                        //如果振动开
      canvas.drawBitmap(TP_ARRAY[26],
          xyoffset[26][0], xyoffset[26][1]-2*(xyoffset[23][1]-xyoffset[24][1]),
                                                              //绘制位置
          paint);                                             //打开
    }else{
      canvas.drawBitmap(TP_ARRAY[27],
          xyoffset[26][0], xyoffset[26][1]-2*(xyoffset[23][1]-xyoffset[24][1]),
                                                              //绘制位置
          paint);                                             //关闭
    }
```

> **说明** 按钮有两种状态，绘制前首先查找对应标志位的状态，得到每种设置是打开还是关闭，然后就可以将相应的图片绘制出来。

（3）点击每种状态的按钮，状态切换，这些功能写在触摸监听方法中。触摸监听方法相关代码如下。

代码位置：见随书光盘中源代码\第 14 章\TableBall\src\com\wl\tableball\game 目录下的 SettingsView.java。

```
public boolean onTouchEvent(MotionEvent e){                   //触摸监听方法
    int currentNUm=e.getAction();                             //获取动作
    float x=e.getX();float y=e.getY();                        //获取触控坐标 x，y
    switch(currentNUm){
      case MotionEvent.ACTION_DOWN:                           //动作为按下
          if(x>xyoffsetEvent[26][0]&&                         //音乐按钮按下
            x<xyoffsetEvent[26][0]+TP_ARRAY[26].getWidth()*   //按钮位置
                  Constant.screenScaleResult.ratio&&
            y>xyoffsetEvent[26][1]&&
            y<xyoffsetEvent[26][1]+TP_ARRAY[26].getHeight()*
                  Constant.screenScaleResult.ratio){
                if(!Constant.YINYUE_CLOSE){                   //如果音乐开
                  this.tableBallActivity.soundutil.stop_bg_sound();
                                                              //停止背景音乐播放
                  Constant.bg_music_sound=false;              //标志位置为 false
                }else if(Constant.YINYUE_CLOSE){              //如果音乐关
                  this.tableBallActivity.soundutil.play_bg_sound();
                                                              //开始播放背景音乐
                  Constant.bg_music_sound=true;               //标志位置为 true
                }
                this.repaint();                               //重绘界面
          } else if(x>xyoffsetEvent[26][0]&&                  //如果音效打开按钮
                x<xyoffsetEvent[26][0]+TP_ARRAY[26].getWidth()*//按钮位置
                      Constant.screenScaleResult.ratio&&
                y>xyoffsetEvent[26][1]-(xyoffsetEvent[23][1]-xyoffsetEvent
                [24][1])&&
                y<xyoffsetEvent[26][1]-(xyoffsetEvent[23][1]-xyoffsetEvent
                [24][1])+
                      TP_ARRAY[26].getHeight()*Constant.screenScaleResult. ratio){
                YINXIAO_OPEN=!YINXIAO_OPEN;                   //标志位置反
                this.repaint();                               //重绘
          }else if(x>xyoffsetEvent[26][0]&&                   //如果振动打开按钮
                x<xyoffsetEvent[26][0]+TP_ARRAY[26].getWidth()*  //按钮位置
```

```
30                          Constant.screenScaleResult.ratio&&
31                  y>xyoffsetEvent[26][1]-2*(xyoffsetEvent[23][1]-xyoffsetEvent[24]
                    [1])&&
32                  y<xyoffsetEvent[26][1]-2*(xyoffsetEvent[23][1]-xyoffsetEvent[24]
                    [1])+
33                     TP_ARRAY[26].getHeight()*Constant.screenScaleResult.ratio){
34                  ZHENDONG_OPEN=!ZHENDONG_OPEN;                  //标志位置反
35                  this.repaint();                                //重绘
36              }else if(x>xyoffsetEvent[19][0]&&
37                  x<xyoffsetEvent[19][0]+TP_ARRAY[19].getWidth()*
38                          Constant.screenScaleResult.ratio&&   //如果触摸的是返回
39                  y>xyoffsetEvent[19][1]&&                       //按钮位置
40                  y<xyoffsetEvent[19][1]+TP_ARRAY[19].getHeight()*
41                          Constant.screenScaleResult.ratio){
42                  tableBallActivity.hd.sendEmptyMessage(1);      //返回主界面
43                  }
44                  break;
45          }
46          return true;
47      }
```

● 第 6～19 行为对音乐按钮的监听。MediaPlayer 是非常耗电的，所以不用时应该关闭。如果当前的音乐播放标志位表示打开，则应该调用停止播放方法；如果当前为停止，就应该调用开始播放方法。执行完相应的方法后，切换图片，进行界面的重绘。

● 第 20～35 行为对音效按钮和振动按钮的监听，这两个按钮按下，只需将相应的标志位置反，然后重绘界面即可。

● 第 36～43 行为对返回按钮的监听，按返回键，就会发送消息，跳转到主界面。

（4）在点击相应的设置按钮后，会切换图片，这时就要对界面进行重绘，重绘方法的相关代码如下。

代码位置：见随书光盘中源代码\第 14 章\TableBall\src\com\wl\tableball\game 目录下的 SettingsView.java。

```
public void repaint(){                                      //重绘方法
    SurfaceHolder holder=this.getHolder();                  //获取 holder
    Canvas canvas = holder.lockCanvas();                    //获取画布
    try{
        synchronized(holder){draw(canvas);}                 //绘制界面
    }catch(Exception e){e.printStackTrace();}
    finally{
        if(canvas != null){holder.unlockCanvasAndPost(canvas);}//释放画布
}}
```

> **说明**　重绘方法要先获取 holder，锁住画布，然后调用绘画方法来绘制界面，在绘制完成后还要将画布释放。

14.6　工具辅助类

为了实现程序中的功能，需要很多工具辅助方法，在开发时将相关的方法组织到一起就构成了一个个的工具类。工具类自己并不能实现什么具体的效果，但它是程序后台的支撑。

14.6.1　数据库类 DBUtil

游戏中有很多地方用到了数据库，如游戏信息过关信息的存储、在历史记录界面和选关界面解锁等，这些地方都调用了数据库的插入或者查询方法，这些方法都是提前写好封装在 DBUtil 类中的，下面就介绍 DBUtil 类的开发。

（1）首先介绍 DBUtil 类框架的开发，根据所需的功能，开发相应的方法，下面给出 DBUtil

类的框架代码。

代码位置：见随书光盘中源代码\第 14 章\TableBall\src\com\wl\tableball\util 目录下的 DBUtil.java。

```
1   package com.wl.tableball.util;
2   ……//此处省略了本类中导入类的代码，读者可以自行查阅随书光盘中的源代码
3   public class DBUtil {
4     public static SQLiteDatabase createOrOpenDatabase(){
5         ……//此处省略了向数据库插入过关数据方法的方法体，将在下面介绍
6     }
7     public static void closeDatabase(SQLiteDatabase sld){
8         ……//此处省略了向数据库插入过关数据方法的方法体，将在下面介绍
9     }
10    public static void insert(int model,int gate,int timeplay,int lock){
11        ……//此处省略了向数据库插入过关数据方法的方法体，将在下面介绍
12    }
13    public static Integer getTimeplay(int model,int gate){
14        ……//此处省略了从数据库查询过关数据方法的方法体，将在下面介绍
15    }
16    public static Integer getLock(int model,int gate){
17        ……//此处省略了从数据库查询是否过关方法的方法体，将在下面介绍
18    }
19    public static void upDateTime(int model,int gate,int timeplay){
20        ……//此处省略了更新数据库数据方法的方法体，将在下面介绍
21    }
22    public static ArrayList<int[]> searchAll(){
23        ……//此处省略了从数据库查询游戏数据方法的方法体，将在下面介绍
24    }
25    public static void insertSetting(int yinyue,int yinxiao,int zhendong){
26        ……//此处省略了向数据库插入设置数据方法的方法体，将在下面介绍
27    }
28    public static void updateSetting(int yinyue,int yinxiao,int zhendong){
29        ……//此处省略了更新数据库设置数据方法的方法体，将在下面介绍
30    }
31    public static int[] SearchSetting(){
32        ……//此处省略了从数据库查询设置数据方法的方法体，将在下面介绍
33    }
34  }
```

- 第 4～9 行为创建或打开数据库方法和关闭数据库的方法，创建数据库方法完成对数据库表的创建，根据游戏中的需求设计字段名，用以存储相应的游戏信息。
- 第 10～24 行为对游戏中历史记录信息的操作，游戏中涉及的对数据库的操作为增、改和查，无删除功能。具体分为向历史记录表中插入过关信息方法，查询某关的过关时间的方法，查询某关锁的方法，查询历史记录表中全部信息的方法。
- 第 25～33 行为对游戏设置信息的操作，游戏中涉及的对数据库的操作为增、改、查，无删除功能。具体分为向设置信息表中插入数据的方法，更新设置信息表的方法，查询设置信息表全部信息的方法。

（2）下面进行数据库创建、打开方法和关闭数据库方法的开发。创建或打开方法中，除建立数据库外，还要建立两个表，分别存储历史记录信息和设置信息。具体代码如下。

代码位置：见随书光盘中源代码\第 14 章\TableBall\src\com\wl\tableball\util 目录下的 DBUtil.java。

```
public static SQLiteDatabase createOrOpenDatabase(){      //打开或创建方法
    SQLiteDatabase sld=null;                               //数据库对象
    try{sld=SQLiteDatabase.openDatabase(
          "/data/data/com.wl.tableball.game/gamedb",       //数据库所在路径
          null,                                            //游标工厂
          SQLiteDatabase.OPEN_READWRITE|
              SQLiteDatabase.CREATE_IF_NECESSARY           //读写，若不存在则创建
      );
      String sql="create table if not exists timerecord(
            model integer,gate integer,timeplay integer,lock integer);";
                                                           //创建表的 sql 语句
```

```
11          sld.execSQL(sql);                                          //执行语句
12          sql="create table if not exists setting
13            (yinyue integer,yinxiao integer,zhendong integer);"; //创建表的 sql 语句
14          ld.execSQL(sql);                                           //执行语句
15        }
16        catch(Exception e){e.printStackTrace();}
17            return sld;                                              //返回数据库对象
18     }
19     public static void closeDatabase(SQLiteDatabase sld){         //关闭数据库的方法
20        try{sld.close();}                                          //关闭数据库
21        catch(Exception e){e.printStackTrace();}
22     }
```

- 第 3～8 行为打开数据库方法，依次指明数据库的所在路径、游标工厂和数据库的访问模式，本程序中访问模式为读写，若不存在则创建数据库。
- 第 9～14 行为创建两个表的方法。历史记录表的 4 个字段名分别表示游戏模式、第几关、过关时间、锁的状态；设置信息表的 3 个字段名分别表示为背景音乐状态、音效状态、振动状态。
- 第 19～22 行为关闭数据库的方法，关闭数据库为游戏退出前执行的最后方法。

（3）在每一关第一次过关成功时，执行插入过关数据方法，方法代码如下。

代码位置：见随书光盘中源代码\第 14 章\TableBall\src\com\wl\tableball\util 目录下的 DBUtil.java。

```
    public static void insert(int model,int gate,int timeplay,int lock){
                                                            //插入获取的通知信息
        SQLiteDatabase sld=null;                            //初始化数据库对象
        try{
          sld=createOrOpenDatabase();                       //打开数据库
          String sql="insert into timerecord values
               ("+model+","+gate+","+timeplay+","+lock+");";    //插入 sql 语句
         sld.execSQL(sql);                                  //执行 sql 语句
        } catch(Exception e){e.printStackTrace();}          //异常处理
        finally{
            try{closeDatabase(sld);}catch(Exception e){e.printStackTrace();}
                                                            //关闭数据库
    }
```

说明 执行数据插入方法，首先打开数据库，获取数据库对象，然后执行 sql 语句，最后要将数据库关闭。

（4）下面开发从数据库中查找过关时间的方法，该方法用于过关时判断当前过关时间是否小于历史最短时间，若小于，才更新数据。查找每一关过关时间的代码如下。

代码位置：见随书光盘中源代码\第 14 章\TableBall\src\com\wl\tableball\util 目录下的 DBUtil.java。

```
    public static Integer getTimeplay(int model,int gate){  //从数据库获取过关时间
        SQLiteDatabase sld=null;                            //初始化数据库对象
        int timeplay=0;                                     //过关时间
        try{
          sld=createOrOpenDatabase();                       //打开数据库
          String sql="select timeplay from timerecord where model =
                "+model+"  and gate ="+gate;                //查找的 sql 语句
          Cursor cur=sld.rawQuery(sql, new String[]{});     //获取游标
          while(cur.moveToNext()){                          //遍历结果集
              timeplay=cur.getInt(0);                       //取得时间
          }
          cur.close();                                      //关闭游标
        }catch(Exception e){e.printStackTrace();}
        finally{
            try{closeDatabase(sld);}                        //关闭数据库
           catch(Exception e){e.printStackTrace();}
        }
        return timeplay;                                    //返回过关时间
    }
```

说明 执行数据查询方法，首先打开数据库，获取数据库对象，然后执行 sql 语句，得到游标和结果集，对结果集进行遍历，就得到所需的过关时间。将数据库关闭，过关时间返回。

（5）与查找时间相似，程序还需要获取每一关锁的状态，来判断这一关是否可以进入。获取锁状态的方法代码如下。

代码位置：见随书光盘中源代码\第 14 章\TableBall\src\com\wl\tableball\util 目录下的 DBUtil.java。

```
public static Integer getLock(int model,int gate){                  //获取锁的状态
  SQLiteDatabase sld=null;                                           //初始化数据库对象
  int lock=0;                                                        //锁
  try{
    sld=createOrOpenDatabase();                                      //打开数据库
    String sql="select lock from timerecord where model =
        "+model+"  and gate ="+gate;                                 //查找的 sql 语句
    Cursor cur=sld.rawQuery(sql, new String[]{});                    //获取游标
    while(cur.moveToNext()){                                         //遍历结果集
      lock=cur.getInt(0);                                            //得到结果
    }
    cur.close();                                                     //关闭游标
  }catch(Exception e){e.printStackTrace();}
  finally{
    try{closeDatabase(sld);}                                         //关闭数据库
    catch(Exception e){e.printStackTrace();}
  }
  return lock;                                                       //返回锁
}
```

说明 执行查询锁的状态的方法，首先打开数据库，获取数据库对象，然后执行 sql 语句，得到游标和结果集，对结果集进行遍历，就得到所需的结果。将数据库关闭，过关时间返回。

（6）前面介绍 getTimePlay 方法时提到，若当前时间比历史最短过关时间还要短的话，就要执行数据更新方法，下面介绍数据更新方法的开发，相关代码如下。

代码位置：见随书光盘中源代码\第 14 章\TableBall\src\com\wl\tableball\util 目录下的 DBUtil.java。

```
public static void upDateTime(int model,int gate,int timeplay){//更新过关时间方法
  SQLiteDatabase sld=null;                                         //获取数据库对象
  try{
    sld=createOrOpenDatabase();                                    //打开数据库
    String sql="update timerecord set timeplay=
          "+timeplay+" where model="+model+" and gate="+gate+";";//更新的 sql 语句
    sld.execSQL(sql);                                              //执行 sql 语句
  }catch(Exception e){e.printStackTrace();}
  finally{
      try{closeDatabase(sld);}                                     //关闭数据库
      catch(Exception e){e.printStackTrace();}
}
```

说明 执行数据更新方法，首先打开数据库，获取数据库对象，然后执行 sql 语句，最后要将数据库关闭。

（7）接下来介绍获取历史记录全部信息方法的开发，在历史记录界面显示全部过关信息时用到该方法，方法代码如下。

代码位置：见随书光盘中源代码\第 14 章\TableBall\src\com\wl\tableball\util 目录下的 DBUtil.java。

```
public static ArrayList<int[]> searchAll(){                    //获取历史记录全部信息
    SQLiteDatabase sld=null;                                    //初始化数据库对象
    ArrayList<int[]> list=new ArrayList<int[]>();               //存储全部信息的容器
    try{
      sld=createOrOpenDatabase();                               //打开数据库
      String sql="select * from timerecord";                    //查找的 sql 语句
      Cursor cur=sld.rawQuery(sql, new String[]{});             //执行语句，获取游标
      while(cur.moveToNext()){                                  //遍历结果集
          int result[]=new int[4];
          result[0]=cur.getInt(0);                              //通知 ID
          result[1]=cur.getInt(1);                              //通知名称
          result[2]=cur.getInt(2);                              //通知内容
          result[3]=cur.getInt(3);                              //通知锁
          list.add(result);                                     //将结果放入容器
      }
      cur.close();                                              //关闭游标
    }catch(Exception e){e.printStackTrace();}
    finally{
        try{closeDatabase(sld);}                                //关闭数据库
        catch(Exception e){e.printStackTrace();}
    }
    return list;                                                //返回容器
}
```

说明 首先打开数据库，执行查找语句获得结果集，用游标对结果集进行遍历，然后将获得的每一条历史记录的数据分别存入数组，再将数组放入容器。遍历结束后，历史记录表中的全部信息就全部放入了容器中，将游标关闭，数据库关闭，返回容器。

（8）程序在第一次初始化时，要对设置信息表进行插入操作，插入信息方法的相应代码如下。

代码位置：见随书光盘中源代码\第 14 章\TableBall\src\com\wl\tableball\util 目录下的 DBUtil.java。

```
public static void insertSetting(int yinyue,int yinxiao,int zhendong){
                                                                //插入数据方法
    SQLiteDatabase sld=null;                                    //数据库对象
    try{
      sld=createOrOpenDatabase();                               //打开数据库
      String sql="insert into setting values
            ("+yinyue+","+yinxiao+","+zhendong+");";            //插入语句
     sld.execSQL(sql);                                          //执行插入语句
    } catch(Exception e){e.printStackTrace();}
    finally{
    try{closeDatabase(sld);}                                    //关闭数据库
   catch(Exception e){e.printStackTrace();}
}
```

说明 执行数据插入方法，首先打开数据库，获取数据库对象，然后执行 sql 语句，最后要将数据库关闭。

（9）接下来开发更新设置信息的方法，此方法在每次退出程序前执行，保存当前的设置状态，以便下次运行游戏时读取设置信息。具体代码如下。

代码位置：见随书光盘中源代码\第 14 章\TableBall\src\com\wl\tableball\util 目录下的 DBUtil.java。

```
public static void updateSetting(int yinyue,int yinxiao,int zhendong){
                                                                //更新设置信息的方法
    SQLiteDatabase sld=null;                                    //数据库对象
    try{
      sld=createOrOpenDatabase();                               //打开数据库
      String sql="update setting set yinyue=
            "+yinyue+",yinxiao="+yinxiao+",zhendong="+zhendong+";";
```

```
                                                            //更新设置信息语句
        sld.execSQL(sql);                                   //执行更新语句
      }catch(Exception e){e.printStackTrace();}
      finally{
          try{closeDatabase(sld);}catch(Exception e){e.printStackTrace();}
                                                            //关闭数据库
  }
```

说明 设置信息只有一条记录，每次退出程序时整体更新。打开数据库，执行更新设置信息的sql语句，更新完成后关闭数据库。

（10）最后开发读取设置信息的方法，此方法在程序每次开始运行时被调用，取出上次游戏的设置，方法的相关代码如下。

代码位置：见随书光盘中源代码\第14章\TableBall\src\com\wl\tableball\util目录下的DBUtil.java。

```
  public static int[] SearchSetting(){                     //读取设置信息代码
      SQLiteDatabase sld=null;                             //数据库对象
      int result[]=new int[3];
      try{
        sld=createOrOpenDatabase();                        //打开数据库
        String sql="select * from setting";                //查找方法
        Cursor cur=sld.rawQuery(sql, new String[]{});      //获取游标
        while(cur.moveToNext()){                           //遍历结果集
            result[0]=cur.getInt(0);                       //通知ID
            result[1]=cur.getInt(1);                       //通知名称
            result[2]=cur.getInt(2);                       //通知内容
        }
        cur.close();                                       //关闭游标
      }catch(Exception e){e.printStackTrace();}
      finally{
        try{closeDatabase(sld);}                           //关闭数据库
        catch(Exception e){e.printStackTrace();}
      }
      return result;                                       返回结果数组
  }
```

说明 首先打开数据库，执行sql语句，获取结果集和游标，然后对结果集进行遍历，将得到的设置信息存入到结果数组中，最后关闭游标，关闭数据库，将结果数据返回。

14.6.2 声音工具类SoundUtil

程序中的声音有两种类别，一种是背景音乐，另一种是游戏音效。SoundUtil类中封装了两种声音处理方法，下面就详细介绍这个类的开发。

（1）首先开发声音工具类的主体框架，根据所需的功能设计方法，框架代码如下。

代码位置：见随书光盘中源代码\第14章\TableBall\src\com\wl\tableball\util目录下的SoundUtil.java。

```
package com.wl.tableball.util;
……//此处省略了本类中导入类的代码，读者可以自行查阅随书光盘中的源代码
public class SoundUtil{
  public MediaPlayer mp;                                    //MediaPlayer对象
  SoundPool soundPool;                                      //声音池
  HashMap<Integer, Integer> soundPoolMap;                   //存放音效的图
  TableBallActivity tableBallActivity;
  public SoundUtil(TableBallActivity tableBallActivity){    //构造器
      this.tableBallActivity=tableBallActivity;             //获取主控制类对象
  }
  ……//此处省略了初始化音效资源方法的代码，将在下面给出
  ……//此处省略了播放音效方法的代码，将在下面给出
```

```
……//此处省略了播放背景音乐方法的代码，将在下面给出
……//此处省略了关闭背景音乐方法的代码，将在下面给出
}
```

说明　播放游戏音效要用到声音池技术，首先要对音效资源预加载，放入 Map 中以供调用，然后给出音效的播放方法。播放背景音乐用 MediaPlayer，因为不用时需要停止，所以，给出背景音乐的播放方法和停止方法。

（2）接下来开发音效资源的初始化方法和播放音效的方法，相关代码如下。

代码位置：见随书光盘中源代码\第 14 章\TableBall\src\com\wl\tableball\util 目录下的 SoundUtil.java。

```
1    public void initSounds(){                                    //声音缓冲池的初始化
2        soundPool = new SoundPool(                               //创建声音缓冲池
3            6,                                                   //同时能最多播放的个数
4            AudioManager.STREAM_MUSIC,                           //音频的类型
5            100                                                  //声音的播放质量，目前无效
6        );
7        soundPoolMap = new HashMap<Integer, Integer>();          //创建声音资源 Map
8        soundPoolMap.put(0,                                      //声音资源 id
9        soundPool.load(                                          //加载声音资源
10           tableBallActivity,                                   //Activity 引用
11           R.raw.hole_sounds,                                   //进洞音效
12           1));                                                 //优先级，暂不考虑
13       soundPoolMap.put(1, soundPool.load(tableBallActivity, R.raw.wall_sound,
         1));//撞木头音效
14       soundPoolMap.put(2, soundPool.load(tableBallActivity, R.raw.ping_sounds,
         1));//过关音效
15   }
16   public void playEffectsSound(int sound, int loop) {          //播放音效的方法
17       AudioManager mgr = (AudioManager)
18           tableBallActivity.getSystemService(Context.AUDIO_SERVICE);
                                                                  //获取声音管理器
19       float streamVolumeCurrent =
20           mgr.getStreamVolume(AudioManager.STREAM_MUSIC);      //当前音量
21       float streamVolumeMax =
22           mgr.getStreamMaxVolume(AudioManager.STREAM_MUSIC);   //最大音量
23       float volume = streamVolumeCurrent / streamVolumeMax;    //音量比
24       soundPool.play(
25           soundPoolMap.get(sound),                             //声音资源 id
26           volume,                                              //左声道音量
27           volume,                                              //右声道音量
28           1,                                                   //优先级
29           loop,                                                //循环次数 -1 代表永远循环
30           1f                                                   //回放速度 0.5f～2.0f
31           );
32   }
```

- 第 1～15 行为音效资源的初始化方法，创建声音池缓冲，然后将 3 个音效加载进声音池，再将加载好的资源放入 Map，以供调用。
- 第 16～32 行为音效的播放方法，获取声音管理器，然后获取当前音量、最大音量，得到当前音量比例，调用音效的播放方法。

（3）接下来开发游戏背景音乐的播放和停止方法，相关代码如下。

代码位置：见随书光盘中源代码\第 14 章\TableBall\src\com\wl\tableball\util 目录下的 SoundUtil.java。

```
public void play_bg_sound(){                                  //播放背景音乐
    if(Constant.YINYUE_CLOSE){                                //判断设置中音乐是否打开
     AssetManager assetManager = tableBallActivity.getAssets();
                                                              //通过 assets 加载音乐
     try {
       mp = new MediaPlayer();                                //初始化 MediaPlayer
       String s;
       if(Constant.YINYUE1){                                  //选择播放的音乐
```

```
8                s="main.mp3";                          //主界面音乐
9           }else{
10               s= "game.mp3";                         //游戏界面音乐
11          }
12          AssetFileDescriptor fileDescriptor= assetManager.openFd(s);
                                                        //指定声音资源
13          mp.setDataSource(fileDescriptor.getFileDescriptor(), //设置播放器资源
14          fileDescriptor.getStartOffset(), fileDescriptor.getLength());
                                                        //获取资源的开始位置和长度
15          mp.setLooping(true);                        //循环播放
16          mp.prepare();mp.start();                    //先准备再播放
17      } catch (IOException e) {e.printStackTrace();}
18    Constant.YINYUE_CLOSE=false;                      //标志位置反
19  }}
20  public void stop_bg_sound(){                        //停止播放方法
21      if(!Constant.YINYUE_CLOSE&&mp!=null){
22          mp.stop();mp.release();                     //停止播放并释放 MediaPlayer
23          Constant.YINYUE_CLOSE=true;                 //更改标志位
24  }}
```

- 第 1～19 行为播放背景音乐的方法，创建 AssetManager，创建 MediaPlayer，然后将选定的音乐资源加载给 MediaPlayer，设置播放模式为循环播放，先准备，然后就可以开始播放了。
- 第 20～24 行为停止音乐播放的方法，首先根据标志位判断方法是否应被调用，停止播放，然后将 MediaPlayer 对象释放。

14.6.3　图片工具类 PicLoadUtil

在整个程序中，每个界面都有很多贴图，这些贴图都是由图片工具类中的方法进行处理的，有的图片只是经过了加载方法就可以，还有的图片要经过缩放、旋转、切割、拼接等方法处理后才是所需的目标图片，下面就依次开发 PicLoadUtil 类中的各个方法。

（1）图片加载方法的开发。图片加载方法是最基础的图片处理方法，所有的图片都是这个方法加载进来的，下面给出方法代码。

代码位置：见随书光盘中源代码\第 14 章\TableBall\src\com\wl\tableball\util 目录下的 PicLoadUtil.java。

```
public static Bitmap loadBM(Resources res,String fname){    //加载图片方法
    Bitmap result=null;                                     //定义一个 Bitmap
    try{
        InputStream in=res.getAssets().open(fname);         //创建输入流
        int ch=0;                                           //临时存储变量
        ByteArrayOutputStream baos = new ByteArrayOutputStream();
                                                            //字符数组输出流
        while((ch=in.read())!=-1){                          //遍历读取图片
            baos.write(ch);                                 //存入输出流
        }
        byte[] buff=baos.toByteArray();                     //将图片加载成二进制数组
        baos.close();in.close();                            //关闭输入/输出流
        result=BitmapFactory.decodeByteArray(buff, 0, buff.length);
                                                            //生成目标 Bitmap
    }
    catch(Exception e){e.printStackTrace();}
    return result;                                          //将 Bitmap 返回
}
```

说明　加载方法接收的两个参数为资源和名称，方法执行时首先创建输入流，将 assets 目录下指定名称的图片资源加载进来，然后创建字符数组输出流，将输入流中的读入信息写入输出流，并转化成字符数组存储，这时加载资源过程完毕，关闭输入/输出流，生成结果 Bitmap 并将其返回。

（2）接下来开发图片的缩放方法，程序中需要的缩放方式有两种，一种是按比例缩放，另一

种是按大小缩放，两个方法实质相同。方法代码如下。

代码位置：见随书光盘中源代码\第 14 章\TableBall\src\com\wl\tableball\util 目录下的 PicLoadUtil.java。

```
public static Bitmap scaleToFitXYRatio(Bitmap bm,float xRatio,float yRatio){
                                                    //缩放图片的方法
    float width = bm.getWidth();                    //图片宽度
    float height = bm.getHeight();                  //图片高度
    Bitmap bmResult=Bitmap.createScaledBitmap(
        bm,                                         //传进来的 Bitmap
        (int)(width*xRatio),                        //目标宽度
        (int)(height*yRatio),true);                 //目标高度
    return bmResult;                                //返回 Bitmap
}
public static Bitmap scaleBitmap(Bitmap bm,int width,int height){ //缩放图片的方法
    Bitmap bmResult=Bitmap.createScaledBitmap(bm, width, height,true);
                                                    //得到 Bitmap
    return bmResult;//将结果返回
}
```

说明 第一个方法为按比例缩放的方法，接收的参数为被操作的 Bitmap、方向缩放比、y 缩放比 3 个参数，在方法中得到待处理 Bitmap 的宽和高，进行计算得出目标宽高，就可以执行相应缩放构造方法，得到目标大小的 Bitmap。第二个方法原理相同，直接就从参数接收到了所需目标的宽和高。

（3）接下来开发图片缩放方法，此方法用于将一张大图平均切割，方法代码如下。

代码位置：见随书光盘中源代码\第 14 章\TableBall\src\com\wl\tableball\util 目录下的 PicLoadUtil.java。

```
    public static Bitmap[ ]splitPic(                //根据行、列切割图片
        int cols,                                   //切割的列数
        int rows,                                   //切割的行数
        Bitmap srcPic,                              //被切割的图片
        int dstWitdh,                               //切割后调整的目标宽度
        int dstHeight                               //切割后调整的目标高度
        ) {
        final float width=srcPic.getWidth();        //原始总宽度
        final float height=srcPic.getHeight();      //原始总高度
        final int tempWidth=(int)(width/cols);      //目标单位宽度
        final int tempHeight=(int)(height/rows);    //目标单位高度
        Bitmap[ ] result=new Bitmap[rows][cols];    //结果数组
        for(int i=0;i<rows;i++){
            for(int j=0;j<cols;j++){
                Bitmap tempBm=Bitmap.createBitmap(
                    srcPic,                         //原始 Bitmap
                    j*tempWidth,                    //第几列
                    i*tempHeight,                   //第几行
                    tempWidth,                      //宽度
                    tempHeight);                    //高度
                result[i][j]=scaleToFit(tempBm,dstWitdh,dstHeight);
                                                    //将 Bitmap 放入数组
        }}
        return result;                              //将数组返回
}
```

说明 切割图片方法接收 5 个参数，分别为切割的行数、列数、被切割的图片 Bitmap、切割后每张图的目标宽和高。在方法内得到待切割 Bitmap 的宽和高，计算得出切割后每张子图的宽高，然后通过设置图片的起始位置，得到切割后的图片，调用缩放方法进行缩放即可得到目标子图。

（4）游戏界面的所有的木块图片实际是用一张图片生成的，其中就用到了图片的拼接。拼接方法的相关代码如下。

代码位置：见随书光盘中源代码\第 14 章\TableBall\src\com\wl\tableball\util 目录下的 PicLoadUtil.java。

```
1    public static Bitmap combineRec(                          //拼接图片方法
2        Bitmap srcPic,                                        //被操作的图片
3        float dstWitdh,                                       //目标宽度
4        float dstHeight                                       //目标高度
5      ) {
6      final float width=srcPic.getWidth();                    //原始宽度
7      final float height=srcPic.getHeight();                  //原始高度
8      Bitmap result[]=new Bitmap[4];//结果数组
9     result[0]=Bitmap.createBitmap(srcPic, 0, 0,(int)dstWitdh-7, (int)dstHeight-7);
                                                               //左上部分
10     result[1]=Bitmap.createBitmap(srcPic, (int) (width-7), 0,7, (int)dstHeight-7);
                                                               //右边
11    result[2]=Bitmap.createBitmap(srcPic, 0, (int) (height-7),(int)dstWitdh-7,
       7);                                                     //下边
12     result[3]=Bitmap.createBitmap(srcPic, (int)width-7, (int)height-7, 7, 7);
                                                               //右下角
13     Bitmap bm=Bitmap.createBitmap((int)dstWitdh, (int)dstHeight,Config.ARGB_
       8888 );
14     Canvas canvas= new Canvas(bm);                          //创建画布
15     Paint paint; paint=new Paint();                         //创建画笔
16     paint.setAntiAlias(true);                               //允许透明
17     canvas.drawBitmap(result[0], 0, 0, paint);              //绘制左上部分
18     canvas.drawBitmap(result[1], dstWitdh-7, 0, paint);     //绘制右边
19     canvas.drawBitmap(result[2], 0, dstHeight-7, paint);    //绘制下边
20     canvas.drawBitmap(result[3], dstWitdh-7, dstHeight-7, paint);//绘制右下角
21     return bm;                                              //返回结果 Bitmap
22   }}
```

- 第 2～5 行为方法的参数列表，拼接方法接收 3 个参数，分别为待处理的 Bitmap、目标图片的宽度、目标图片的高度。
- 第 6～12 行为获取被拼接的 4 个子图，首先获得待处理 Bitmap 的宽和高，然后从待处理图片中截出 4 部分，准备对这 4 幅子图进行拼接。
- 第 13～21 行为拼接过程。首先创建一个空的目标大小的 Bitmap，拿到画布和画笔，然后分别将 4 张截出的子图绘制到空的 Bitmap 上，拼接就完成了。

14.6.4 时间相关类

在游戏界面中，需要显示时间，具体来说，游戏中的时间有两种，一种是正计时，另一种是倒计时。本小节就具体介绍时间相关类的开发实现。

1. 时间父类 PlayTime1

由于游戏中有两种计时模式，这两种计时模式有一些属性是相同的，如显示方法，所以，在开发时让两种计时模式类继承自一个父类 PlayTime1。父类代码如下。

代码位置：见随书光盘中源代码\第 14 章\TableBall\src\com\wl\tableball\model 目录下的 PLayTime1.java。

```
package com.wl.tableball.model;
……//此处省略了本类中导入类的代码，读者可以自行查阅随书光盘中的源代码
public class PlayTime1 {
    GameView gameview;                                         //游戏界面对象
    int runTime=-1;                                            //游戏时间
    int index_m1;                                              //分钟索引
    int index_s0;                                              //秒数十位索引
    int index_s1;                                              //秒数个位索引
    public PlayTime1(GameView gameview){                       //构造器
        this.gameview=gameview;                                //获取 GameView 对象
    }
    public void drawself(Canvas canvas,Paint paint){           //获取画布、画笔
        canvas.drawBitmap(Constant.TP_ARRAY[37], 600, 5, paint);//绘制"TIME"
        canvas.drawBitmap(Constant.TP_NUMGAME[index_m1], 685, 5, paint);//绘制分钟
        canvas.drawBitmap(Constant.TP_ARRAY[38], 710, 5, paint);     //绘制冒号
```

```
        canvas.drawBitmap(Constant.TP_NUMGAME[index_s0], 735, 5, paint);
                                                        //绘制秒数的十位
        canvas.drawBitmap(Constant.TP_NUMGAME[index_s1], 760, 5, paint);
                                                        //绘制秒数的个位
    }
    public int getRunTime(){                            //获取运行时间
        return this.runTime;
}}
```

说明　父类中提供两个静态方法：drawself 方法为绘制方法，规定了显示格式，依次绘制“TIME”、分钟数、冒号、秒数；getRunTime 方法返回开始游戏后的时间。

2. 限时模式时间类 PlayTimeCount1

限时模式时间是在选择限时游戏模式后进入游戏界面显示的时间，是一分钟倒计时，相关代码如下。

代码位置：见随书光盘中源代码\第 14 章\TableBall\src\com\wl\tableball\model 目录下的 PlayTimeCount1.java。

```
1    package com.wl.tableball.model;
2    ……//此处省略了本类中导入类的代码，读者可以自行查阅随书光盘中的源代码
3    public class PlayTimeCount1 extends PlayTime1{
4      int countTime=1*60;                                   //计时的时间，60 是秒
5      public PlayTimeCount1(GameView gameview){             //构造器
6          super(gameview);
7          TimeGoThread timegothread=new TimeGoThread();     //创建线程对象
8          timegothread.start();                             //开启线程
9      }
10     private class TimeGoThread extends Thread{
11         @Override
12         public void run() {                               //重写的 run()方法
13          while(runTime<countTime&&gameview.heroislive){   //有时间且未结束
14              if(!gameview.isGamePause){                   //未暂停
15                runTime++;
16                index_m0=((countTime-runTime)/60)%60/10;   //练习模式下的 10 分位
17                index_m1=((countTime-runTime)/60)%60%10;   //练习模式下的分位
18                index_s0=(countTime-runTime)%60/10;        //练习模式下的 10 秒位
19                index_s1=(countTime-runTime)%60%10;        //练习模式下的秒位
20              }
21              try {
22                Thread.sleep(1000);                        //线程睡眠 1 秒
23              } catch (InterruptedException e) {e.printStackTrace();}
24           }
25           if(runTime>=countTime){
26             gameview.heroislive=false;                    //游戏结束标志位置 false
27             try {
28                Thread.sleep(1000);                        //线程睡眠 1 秒
29             } catch (InterruptedException e) {e.printStackTrace();}
30             gameview.DRAW_THREAD_FLAG=false;//gameview    //画的线程停止
31             PlayTimeCount1.this.gameview.tableBallActivity.hd.sendEmptyMessage
               (2);                                          //跳转
32   }}}}
```

- 第 5～9 行为 PLayTimeCount1 类的构造器，构造器内创建了一个线程对象，然后调用线程的 start 方法启动线程。
- 第 12～31 行为重写线程的 run 方法，在未到结束时间前，获得当前游戏开始后运行的时间，并依次计算出剩余时间的分钟数和秒数，将得到每一位赋值给相应的索引，以到达换图的目的，每次切换图片线程睡眠 1 秒。若结束时间已到，就先将线程睡眠 1 秒，再将线程标志位置反并进行界面跳转。

3. 练习模式时间类 PlayTimeExercise1

限时模式时间是在选择练习游戏模式后进入游戏界面显示的时间，是从零开始的计时，相关代码如下。

代码位置：见随书光盘中源代码\第 14 章\TableBall\src\com\wl\tableball\model 目录下的 PlayTimeExercise1.java。

```
1    package com.wl.tableball.model;
2    ……//此处省略了本类中导入类的代码，读者可以自行查阅随书光盘中的源代码
3    public class PlayTimeExercise1 extends PlayTime1{
4          public PlayTimeExercise1(GameView gameview){             //构造器
5                super(gameview);
6                TimeGoThread timegothread=new TimeGoThread();     //创建线程对象
7                timegothread.start();                            //开启线程
8          }
9          private class TimeGoThread extends Thread{               //换图的线程
10               @Override
11               public void run() {                              //重写 run 方法
12                     while(gameview.heroislive){                //游戏未结束
13                           if(!gameview.isGamePause){           //未暂停
14                                 runTime++;
15                                 index_m0=(runTime/60)%60/10;    //练习模式下的 10 分位
16                                 index_m1=(runTime/60)%60%10;    //练习模式下的分位
17                                 index_s0=runTime%60/10;         //练习模式下的 10 秒位
18                                 index_s1=runTime%60%10;         //练习模式下的秒位
19                           }
20                           try {
21                                 Thread.sleep(1000);             //线程睡眠 1 秒
22                           } catch (InterruptedException e) {e.printStackTrace();}
23   }}}}
```

- 第 4～8 行为 PLayTimeExercise1 类的构造器，构造器内也创建了一个线程对象，然后调用线程的 start 方法启动线程。
- 第 12～23 行为重写线程的 run 方法，在未到结束时间前，获得当前游戏开始后运行的时间，并依次计算出开始后时间的分钟数和秒数，将得到每一位赋值给相应的索引，以达到换图的目的，每次切换图片线程睡眠 1 秒。若结束时间已到，就先将线程睡眠 1 秒，再将线程标志位置反并进行界面跳转。

14.7 刚体类

游戏采用了 JBox2D 物理引擎，在游戏界面内，参与碰撞的球、球洞、木块都是刚体，采用 JBox2D 物理引擎，使游戏运行更加流畅，本节就详细介绍游戏内每种刚体的开发。

14.7.1 刚体父类 MyBody

游戏中所有的刚体都继承自 MyBody 类，对刚体类的开发首先从这个类开始，下面就给出 MyBody 类的源代码。

代码位置：见随书光盘中源代码\第 14 章\TableBall\src\com\wl\tableball\model 目录下的 MyBody.java。

```
package com.wl.tableball.model;
……//此处省略了本类中导入类的代码，读者可以自行查阅随书光盘中的源代码
public abstract class MyBody {
      public Bitmap bitmap;//刚体图
      public Body body;//刚体
      GameView gameview;//GameView 对象
      float width; float height;//目标宽度和高度
      float x;float y;//刚体中心的 x、y 坐标
      public MyBody(Body body, Bitmap bitmap,GameView gameview){//洞构造器
```

```
10              this.body = body;//获得刚体
11              this.bitmap = bitmap;//获得刚体图
12              this.gameview=gameview;//获得游戏界面对像
13          }
14          public MyBody(Body body, float width,float height,Bitmap bitmap) {//木块构造器
15              this.body = body;//获得刚体
16              this.bitmap = bitmap;//获得刚体图
17              this.height=height;//获得刚体的高度
18              this.width=width;//获得刚体的宽度
19          }
20          public  void drawself(Canvas canvas,Paint paint){//绘画方法
21              x=body.getPosition().x;//刚体中心 x 坐标
22              y=body.getPosition().y;//刚体中心 y 坐标
23              if(bitmap==null){return;}
24              canvas.save();//保存画布
25              Matrix m3=new Matrix();//创建矩阵
26          m3.setTranslate(x-bitmap.getWidth()/2, y-bitmap.getHeight()/2);//平移
27              canvas.drawBitmap(bitmap, m3, paint);//绘画刚体图
28              canvas.restore();回复画布
29          }
30          ……//此处省略响应方法，读者可以自行查阅随书光盘中的代码
31      }
```

- 第 9～12 行为 MyBody 类对洞的构造器，在构造器内获得球洞的刚体 body、刚体对应的贴图和游戏界面对象。
- 第 14～19 行为 MyBody 类对木块的构造器，在构造器内获得木块的刚体 body、刚体对应的贴图、游戏界面对象和刚体宽高。
- 第 20～29 行为绘画方法。首先获取刚体的中心坐标，再根据刚体的宽和高折算出刚体左上角坐标，构建相应的平移矩阵，绘制刚体图。

14.7.2 球洞类 Hole

游戏中每一关都有很多球洞，这些球洞本质上都是圆形刚体，然后在刚体位置贴图。同时通过切换刚体贴图，来表示小球进洞动画。下面介绍 Hole 类的开发，具体代码如下。

代码位置：见随书光盘中源代码\第 14 章\TableBall\src\com\wl\tableball\model 目录下的 Hole.java。

```
package com.wl.tableball.model;
……//此处省略了本类中导入类的代码，读者可以自行查阅随书光盘中的源代码
public class Hole extends Ball{
  boolean flag=false;                                        //连续切换球洞标志位
  Bitmap bitmapother=Constant.TP_ARRAY[5];                   //球洞 Bitmap
……//此处省略了本类中构造器代码，读者可以自行查阅随书光盘中的源代码
  public  void drawself(Canvas canvas,Paint paint){           //旋转球洞绘制方法
      super.drawself(canvas, paint);
      if(flag){
        canvas.save();                                       //保存画布
        angle=body.getAngle();                               //旋转角度
        canvas.rotate((float)angle+Constant.ROTEANGLE+Constant.ROTEANGLEOFFSET, x, y);
                                                             //旋转
        Matrix m3=new Matrix();                              //创建矩阵
       m3.setTranslate(x-bitmapother.getWidth()/2, y-bitmapother.getHeight()/2);
                                                             //平移
        canvas.drawBitmap(bitmapother, m3, paint);           //平移贴图
        canvas.restore();                                    //恢复画布
  }}
  public void doAction(){                                    //球和洞碰撞响应方法
      BitmapChangeThread bitmapchanagethread=
           new BitmapChangeThread(this);                     //刷新球落洞动画
      bitmapchanagethread.start();                           //启动线程
      flag=true;                                             //标志位置 true
  }
  private class BitmapChangeThread extends Thread{           //换图线程
      Hole ball;
      int i=0;
```

```
27        BitmapChangeThread(Hole ball){                          //构造器
28            this.ball=ball;
29        }
30        @Override
31        public void run() {                                       //重写 run 方法
32            while(i<15){                                          //15 张图
33                ball.bitmapother=Constant.BALL_IN_HOLE[i][0];   //换图
34                i++;
35                try {
36                    Thread.sleep(20);                             //线程睡眠
37                } catch (InterruptedException e){e.printStackTrace();}
38            }
39            ball.bitmapother=null;                                //临时存储置空
40            flag=false;                                           //换图完毕
41    }}}
```

● 第 7～17 行为给球洞刚体贴图的方法，方法将画布和画笔作为参数接收进来，首先保存画布，然后对画布旋转平移，绘制图案，最后恢复画布，这样球洞贴图完成。

● 第 18～23 行为响应碰撞方法。在方法内创建换图的线程对象，并启动线程，并将是否正在换图的标志位置 true。

● 第 24～41 行为切换图片的线程，每隔 20 毫秒切换一张球洞图，通过切换球洞图片模拟小球落洞的动画。

14.7.3 变化的洞 FlashHole 类

游戏为了增加可玩性和游戏难度，设置了一会打开、一会关闭的洞，本小节就来介绍变化的洞的开发，具体代码如下。

代码位置：见随书光盘中源代码\第 14 章\TableBall\src\com\wl\tableball\model 目录下的 FlashHole.java。

```
package com.wl.tableball.model;
……//此处省略了本类中导入类的代码，读者可以自行查阅随书光盘中的源代码
public class FalshHole extends Hole{
  int timeDeadSpan;                                          //洞闭合时间
  int timeLiveSpan;                                          //洞打开时间
  public boolean isFlashLive=true;                           //是否可以掉下去
  FalshHole(                                                 //构造器
        Body body,Bitmap bitmap,                             //刚体和对应的图片
        int timeLiveSpan,int timeDeadSpan,                   //存活时间和死亡时间
        GameView gameview){                                  //游戏界面对象
     super(body,bitmap,gameview);
     this.timeDeadSpan=timeDeadSpan;                         //获得死亡时间
     this.timeLiveSpan=timeLiveSpan;                         //获得存活时间
     FlashThread flashThread=new FlashThread();              //控制碰撞标志位的线程
     flashThread.start();                                    //开启线程
  }
  private class FlashThread extends Thread{
     public void run() {
       while(gameview.heroislive){                           //球未进洞
         if(!gameview.isGamePause){                          //未暂停
           isFlashLive=false;                                //碰撞响应标志位置 false
           for(int i=1;i<=Constant.TRUE_FLASHHOLE.length*2-1;i++){
               while(gameview.isGamePause){
                 try {
                     Thread.sleep(1000);                     //按了暂停球就定在这里
                 } catch (InterruptedException e) {e.printStackTrace();}
           }
           if(i<=14){
               bitmap=Constant.TRUE_FLASHHOLE[i-1];         //逐渐打开
           }else{
               bitmap=Constant.TRUE_FLASHHOLE[27-i];        //逐渐关闭
           }
           try {
               Thread.sleep(timeDeadSpan*1000/
                      (Constant.TRUE_FLASHHOLE.length*2));//换图时间间隔
```

```
36              } catch (InterruptedException e) {e.printStackTrace();}
37              }
38              isFlashLive=true;                                    //图片换完，继续响应
39              bitmap=Constant.TP_ARRAY[5];                         //洞的图
40              try {
41                Thread.sleep(timeLiveSpan*1000);                   //线程睡眠
42              } catch (InterruptedException e) {e.printStackTrace();}
43            }
44          else if(gameview.isGamePause){                           //按了暂停按钮进行睡眠
45              try {
46                Thread.sleep(1000);                                //线程睡眠 1 秒
47              } catch (InterruptedException e) {e.printStackTrace();}
48    }}}}}
```

- 第 7～16 行为 FlashHole 类的构造器，获得球洞响应碰撞的时间和不响应碰撞的时间，创建一个控制线程对象，并启动线程。
- 第 17～47 行为 FlashThread 线程，线程内完成对球洞进行换图，模拟变化，并控制球洞是否响应碰撞方法。

14.7.4 创建刚体的工具类

游戏中对所有刚体的创建方法都封装在 Box2DUtil 类中，包括每种刚体的属性信息也都在这个类中定义，接下来具体介绍 Box2DUtil 类的开发。

（1）因为这个类中方法比较多，所以，首先完成对类框架的开发，根据具体要创建的刚体类划分出不同的方法。框架代码如下。

代码位置：见随书光盘中源代码\第 14 章\TableBall\src\com\wl\tableball\model 目录下的 Box2DUtil.java。

```
package com.wl.tableball.model;
……//此处省略了本类中导入类的代码，读者可以自行查阅随书光盘中的源代码
public class Box2DUtil {
      public static Ball createBall{
            ……//此处省略了创建小球方法的代码，将在下边给出
      }
      public static Hole createHole{
            ……//此处省略了创建球洞方法的代码，将在下边给出
      }
      public static Rec creatRec{
            ……//此处省略了创建木块方法的代码，将在下边给出
      }
      public static FalshHole createFalshHole{
            ……//此处省略了创建变化的球洞的方法的代码，将在下边给出
      }
}
```

说明 游戏中的刚体类别共有 4 种，分别是会动的小球、静态的洞、木块和变化的洞。类中对应 4 种刚体，分别给出了各自不同的创建方法，返回各自的实体对象。

（2）接下来开发创建会动的小球类，小球是游戏中的主要操控对象，方法代码如下。

代码位置：见随书光盘中源代码\第 14 章\TableBall\src\com\wl\tableball\model 目录下的 Box2DUtil.java。

```
public static Ball createBall(
            World world,                                   //世界
            float x,float y,float radius,                  //小球圆心坐标和半径
            boolean isStatic,                              //是否静态
            Bitmap bitmap,GameView gameview){              //图片和游戏界面对象
      CircleDef ballshapdef=new CircleDef();               //创建圆形刚体
      if(isStatic){                                        //静态
            ballshapdef.density=0;                         //密度为 0
      }else{
            ballshapdef.density=1.0f;                      //密度为 1
```

```
11                }
12                ballshapdef.friction=0f;                                 //摩擦力
13                ballshapdef.restitution=Constant.ball_restitution;  //反弹补偿
14                ballshapdef.radius=radius-Constant.BODYOFF;             //半径
15                BodyDef bodydef=new BodyDef();                          //初始化 body
16                Vec2 v=new Vec2(x,y);                                   //圆心坐标
17                bodydef.position.set(v);                                //添加
18                Body body=world.createBody(bodydef);                    //刚体放进世界
19                body.createShape(ballshapdef);
20                body.setMassFromShapes();                               //设置质量
21                return new Ball(body,bitmap,gameview);                  //返回 MyBall
22        }
```

● 第 2~5 行为方法的参数列表，依次接收世界，小球圆心的 x 和 y 坐标、小球半径、静态标志位、对应刚体图和游戏界面对象。

● 第 6~20 行为定义小球刚体的属性值，包括密度、摩擦、反弹补偿、半径和位置等，小球为非静态，最后将小球刚体放入世界中。

（3）接下来开发静态的球洞类创建方法，方法最终返回一个 Hole 对象，将所有信息封装在里面。方法代码如下。

代码位置：见随书光盘中源代码\第 14 章\TableBall\src\com\wl\tableball\model 目录下的 Box2DUtil.java。

```
1       public static Hole createHole(
2               World world,                                             //世界
3               float x,float y,float radius,                            //圆心及半径
4               boolean isStatic,                                        //静态标志位
5               Bitmap bitmap,GameView gameview){                        //游戏界面对象
6           CircleDef ballshapdef=new CircleDef();                       //形状
7           if(isStatic){
8               ballshapdef.density=0;
9           }else{
10              ballshapdef.density=1.0f;                                //密度
11          }
12          ballshapdef.friction=0f;                                     //摩擦力
13          ballshapdef.restitution=Constant.ball_restitution;           //反弹补偿
14          ballshapdef.radius=radius-Constant.BODYOFF;                  //半径
15          BodyDef bodydef=new BodyDef();                               //初始化 body
16          Vec2 v=new Vec2(x,y);                                        //圆心坐标
17          bodydef.position.set(v);                                     //添加位置
18          Body body=world.createBody(bodydef);                         //创建 body
19          body.createShape(ballshapdef);                               //获得形状
20          body.setMassFromShapes();                                    //设置质量
21          return new Hole(body,bitmap,gameview);                       //返回 MyBall
22      }
```

● 第 2~5 行为方法的参数列表，依次接收世界，球洞圆心的 x 和 y 坐标、球洞半径、静态标志位、对应刚体图和游戏界面对象。

● 第 6~20 行为定义球洞刚体的属性值，包括密度、摩擦、反弹补偿、半径和位置等，球洞为静态刚体，最后将球洞刚体放入世界中。

（4）游戏中的障碍除了球洞，还有很多的木块，下面就介绍创建木块刚体方法的开发，相关的代码如下。

代码位置：见随书光盘中源代码\第 14 章\TableBall\src\com\wl\tableball\model 目录下的 Box2DUtil.java。

```
public static Rec creatRec(
        World world,                                                    //世界
        float x,float y,                                                //中心
        float halfweight,float halfHeight,                              //半宽半高
        boolean isStatic ,                                              //静态标志位
        Bitmap bitmap,GameView gameview){
    PolygonDef recshap=new PolygonDef();                                //多边形
    recshap.setAsBox(halfweight+Constant.BODYOFF, halfHeight+Constant.BODYOFF);
                                                                        //矩形
```

```
9          if(isStatic){
10             recshap.density=0;}
11         else{
12             recshap.density=1.0f;                              //密度
13         }
14         recshap.friction=0f;                                   //摩擦
15         recshap.restitution=0.2f;                              //反弹补偿
16         BodyDef bodydef=new BodyDef();
17         Vec2 v=new Vec2(x,y);
18         bodydef.position.set(v);                               //指定位置
19         Body body=world.createBody(bodydef);                   //创建 body
20         body.createShape(recshap);                             //获得形状
21         body.setMassFromShapes();                              //质量
22         return new Rec(body,bitmap,gameview);                  //返回 MyRec
23     }
```

● 第 2~6 行为创建木块刚体方法的参数列表，方法接收的参数依次为世界、刚体中心的 x 和 y 坐标，刚体的半高半宽、静态标志位、木块纹理贴图和游戏界面对象。

● 第 7~8 行为创建多边形刚体，指定此多边形为矩形，并给出矩形刚体的半宽半高。

● 第 9~15 行为设置矩形刚体的密度、摩擦力和反弹补偿。

● 第 16~22 行为创建一个刚体，设置刚体的位置，将上面设置的属性信息赋值给刚体，并将刚体放入世界。

（5）游戏中还有另外一种洞，洞口时而打开，时而关闭，只有当洞口打开时，小球才会掉进去，下面就介绍变化的洞的开发，具体代码如下。

代码位置：见随书光盘中源代码\第 14 章\TableBall\src\com\wl\tableball\model 目录下的 Box2DUtil.java。

```
1          public static FalshHole createFalshHole(
2                          World world,                                    //世界
3                          float x,float y,float radius,                   //圆心及半径
4                          boolean isStatic,                               //静态标志位
5                          Bitmap bitmap,                                  //刚体贴图
6                          int timeDeadSpan,                               //洞不起作用的时间
7                          int timeLiveSpan,                               //洞起作用的时间
8                          GameView gameview){                             //游戏界面对象
9              CircleDef ballshapdef=new CircleDef();                      //圆形形状
10             if(isStatic){
11                 ballshapdef.density=0;
12             }else{
13                 ballshapdef.density=1.0f;                               //密度
14             }
15             ballshapdef.friction=0f;                                    //摩擦力
16             ballshapdef.restitution=Constant.ball_restitution;          //反弹补偿
17             ballshapdef.radius=radius-Constant.BODYOFF;                 //半径
18             ballshapdef.isSensor=true;                                  //这样球可以穿过
19             BodyDef bodydef=new BodyDef();                              //初始化 body
20             Vec2 v=new Vec2(x,y);                                       //圆心坐标
21             bodydef.position.set(v);                                    //添加
22             Body body=world.createBody(bodydef);                        //创建 body
23             body.createShape(ballshapdef);                              //获得形状
24             body.setMassFromShapes();                                   //设置质量
25             return new FalshHole(body,bitmap,timeDeadSpan,timeLiveSpan,gameview);
                                                                           //返回 MyBall
26         }
```

● 第 2~8 行为方法接收的参数，依次为世界、圆心坐标 x 和 y、刚体贴图、洞不起作用的时间和起作用的时间、游戏界面对象。

● 第 9~18 行为创建形状 CircleDef，并指定其属性值，指定其可以穿过，即无碰撞反弹，这样当洞口关闭时，小球可以从洞上经过。

● 第 19~25 行为创建刚体，获得形状、位置、质量。

14.8 游戏界面相关类

游戏中最重要的地方体现在游戏界面，对各种资源的控制、游戏过程的控制，前台界面的控制等都在游戏界面完成，本节就对游戏界面和与游戏界面紧密相关的几个类的开发进行介绍。

14.8.1 游戏界面 GameView

游戏界面显示整个游戏场景，负责很多的工作，包括初始化游戏资源、绘画场景、控制声音、控制线程、控制监听器等，下面就详细介绍 GameView 的开发。

（1）首先开发游戏界面的框架，根据游戏需要构建每一个方法，框架的代码如下。

代码位置：见随书光盘中源代码\第 14 章\TableBall\src\com\wl\tableball\game 目录下的 GameView.java。

```
1    package com.wl.tableball.game;
2    ……//此处省略了引入代码，读者可以自行查阅随书光盘中的源代码
3    public class GameView extends SurfaceView  implements SurfaceHolder.Callback{
4    public TableBallActivity tableBallActivity;//Activity 对象
5    ……//此处省略了初始化成员变量和声明对象，读者可以自行查阅随书光盘中的源代码
6    public  boolean DRAW_THREAD_FLAG=true;//绘制线程工作标志位
7    public GameView(TableBallActivity tableBallActivity) {
8        super(tableBallActivity);
9        this.getHolder().addCallback(this);              //设置为生命周期回调接口实现者
10       this.tableBallActivity=tableBallActivity;        //Activity 对象
11       paint=new Paint();paint.setAntiAlias(true);      //创建画笔，并设置透明
12       holelist=new ArrayList<MyBody>(); reclist=new ArrayList<MyBody>();
                                                          //初始化列表
13       herolist=new ArrayList<MyBody>();falshholelist=new ArrayList<FalshHole>();
14       loadGameData();                                  //调用初始化游戏资源方法
15       initContactListener();                           //初始化碰撞监听
16       physicsthread=new PhysicsThread(this);           //创建模拟线程对象
17       drawthread=new DrawThread(this);                 //创建绘画线程对象
18       physicsthread.start();drawthread.start();        //开启模拟线程和绘画线程
19   }
20   ……//此处省略了唤醒方法代码，读者可以自行查阅随书光盘中的源代码
21   ……//此处省略了初始化游戏资源方法代码，将在下面给出
22   ……//此处省略了监听方法代码，将在下面给出
23   ……//此处省略了绘画方法代码，将在下面给出
24   ……//此处省略了部分方法代码，读者可以自行查阅随书光盘中的源代码
25   public void surfaceCreated(SurfaceHolder holder) {
26       if(Constant.bg_music_sound){
27           Constant.YINYUE1=false;
28           this.tableBallActivity.soundutil.stop_bg_sound();   //停止主界面音乐
29           this.tableBallActivity.soundutil.play_bg_sound();   //播放游戏音乐
30   }}
31   ……//此处省略了部分继承重写方法代码，读者可以自行查阅随书光盘中的源代码
32   ……//此处省略了重绘方法代码，读者可以自行查阅随书光盘中的源代码
33   }
```

- 第 7～18 行为 GameView 类的构造器，在构造器内设置生命周期回调者，获取 Activity 对象，创建画笔并设置为允许透明，初始化 4 个列表，调用初始化游戏资源方法，初始化碰撞监听方法，创建模拟线程对象和绘画线程对象，并开启线程。
- 第 26～30 行继承 SurfaceView 后重写的 surfaceCreated 方法，在方法内完成切换音乐的工作，具体为切换音乐标志位置 false，调用停止播放音乐方法，再调用播放音乐方法。

（2）接下来就开发初始化游戏方法，初始化方法中包含对游戏中标志位的初始化、对游戏中用到的世界进行初始化、对每一关卡图片资源的初始化、对游戏场景的初始化等。初始化方法具体的源代码如下。

代码位置：见随书光盘中源代码\第 14 章\TableBall\src\com\wl\tableball\game 目录下的 GameView.java。

```
1    public void loadGameData(){                              //初始化游戏资源
2      heroislive=true;                                       //初始化小球的状态
3      DRAW_THREAD_FLAG=true;                                 //绘画线程标志位
4      isGamePause=false;                                     //暂停标志位
5      aabb=new AABB();                                       //创建包围盒子
6      aabb.lowerBound.set(-100.0f,-100.0f);
7      aabb.upperBound.set(1000.0f,1000.0f);                  //指定包围盒子上下界
8      boolean doSleep=true;
9      world=new World(aabb,Constant.GRAVITYTEMP,doSleep);    //创建世界
10     if(Constant.LEVEL!=Constant.TEMPLEVEL){                //来自不同关
11         Constant.initBoxBitmap1(getResources());           //初始化木块图片
12       }
13         Constant.TEMPLEVEL=Constant.LEVEL;
14         for(int i=0;i<Constant.bhoffset[Constant.LEVEL].length;i++){ //添加静态洞
15           holelist.add(Box2DUtil.createHole(               //添加洞口到洞列表
16           world,                                           //世界
17           Constant.bhoffset[Constant.LEVEL][i][0],         //圆心坐标 x
18           Constant.bhoffset[Constant.LEVEL][i][1] ,        //圆心坐标 y
19           Constant.R,                                      //半径
20           true,                                            //静态标志位
21           Constant.TP_ARRAY[5],                            //球洞图片
22           this));
23         }
24         for(int i=0;i<Constant.xyScale[Constant.LEVEL].length;i++){
25           reclist.add(Box2DUtil.creatRec(world,            //添加木块到木块列表
26               Constant.xycenter[Constant.LEVEL][i][0], Constant.xycenter[Constant.
               LEVEL][i][1],
27               Constant.xyScale[Constant.LEVEL][i][0]*50, Constant.xyScale[Constant.
               LEVEL][i][1]*50,
28               true, Constant.BOX_TP_ARRAY1[i],this));
29         }
30         Random random=new Random();                        //获得随机数
31         for(int i=0;i<Constant.flashHolePositon[Constant.LEVEL].length;i++){
32          falshholelist.add(                                //添加会闪的洞到相应的列表
33               Box2DUtil.createFalshHole(
34                 world,
35                 Constant.flashHolePositon[Constant.LEVEL][i][0],
36                 Constant.flashHolePositon[Constant.LEVEL][i][1], Constant.R,
                                                                  //圆心坐标和半径
37                 true, Constant.TP_FLASHHOLE[1][0],             //图片资源
38                 1+random.nextInt(10) ,1+random.nextInt(10),    //有效时间
39                 this) );
40             }
41         myball=Box2DUtil.createHole(world,                     //添加过关洞
42               Constant.ballendplace[Constant.LEVEL][0], Constant.ballendplace
               [Constant.LEVEL][1],
43               Constant.R,true,Constant.TP_ARRAY[10],this);
44         herolist.add(myball);                                  //向小球列表添加目标球洞
45         myball=Box2DUtil.createBall(world,
46               Constant.ballstartplace[Constant.LEVEL][0], Constant.ballstartplace
               [Constant.LEVEL][1],
47               Constant.R,false,Constant.TP_ARRAY[6],this);
48         herolist.add(myball);                                  //向小球列表添加小球
49         if(Constant.PLAY_MODEL==Constant.PLAY_MODEL1){
50               playtime=new PlayTimeCount1(this);               //选择计时模式
51          }else{
52               playtime=new PlayTimeExercise1(this);            //练习模式
53     }}
```

- 第 2～4 行为恢复游戏界面标志位，这些标志位在游戏中控制某些判定方法的执行，在游戏开始时应把标志位重置。
- 第 5～12 行为初始化世界和初始化木块图片资源。游戏中，每一关中所用到的图片只有木块图片是不同的，所以，每一关中对于图片的初始化只需要对木块图重新初始化。
- 第 14～48 行为对游戏界面的布局，通过调用 Box2DUtil 类中的创建方法创建刚体，并将

刚体放入相应的列表中。

- 第 49～52 行为创建时间类对象，通过对当前选择的模式进行判断，创建相应模式的时间类对象。

（3）游戏界面涉及的监听器有两种：一种是触摸监听，监听暂停按钮的触控；另一种是对刚体的碰撞监听。下面就来开发监听器方法，具体代码如下。

代码位置：见随书光盘中源代码\第 14 章\TableBall\src\com\wl\tableball\game 目录下的 GameView.java。

```
1      void initContactListener(){                                //碰撞监听
2        ContactListener contactlistener=new ContactListener(){ //创建监听器对象
3            public void add(ContactPoint arg0) {                //重写 add 方法
4              CollisionAction.doAction(                         //碰撞检测处理
5                  GameView.this,
6                  arg0.shape1.getBody(),                        //获取其中一个碰撞者
7                  arg0.shape2.getBody(),                        //获取另一个碰撞者
8                  arg0.position.x, arg0.position.y,             //碰撞点
9                  arg0.normal, arg0.velocity                    //速度
10             );
11           }
12           .....//此处省略了部分方法代码，读者可以自行查阅随书光盘中的源代码
13       };
14       world.setContactListener(contactlistener);              //碰撞监听添加到世界中
15     }
16     public boolean onTouchEvent(MotionEvent e){               //触摸监听
17       int currentNUm=e.getAction();                           //获取动作
18       float x=e.getX();float y=e.getY();                      //触摸位置
19       switch(currentNUm){
20           case MotionEvent.ACTION_DOWN:                       //按下
21             if(x>Constant.xyoffsetEvent[30][0]&&              //返回暂停范围
22                 x<Constant.xyoffsetEvent[30][0]+
23                       TP_ARRAY[19].getWidth()*Constant.screenScaleResult.ratio&&
24                 y>Constant.xyoffsetEvent[30][1]&&
25                 y <Constant.xyoffsetEvent[30][1]+
26                       TP_ARRAY[19].getHeight()*Constant.screenScaleResult.ratio){
27                 isGamePause=!isGamePause;                     //标志位置反
28                 repaint();                                    //重绘
29           }
30           break;
31     }}
```

- 第 1～15 行为刚体之间的碰撞监听方法，获取碰撞时两个参与碰撞的刚体和碰撞位置的 x、y 坐标。并将碰撞监听器添加到世界中。
- 第 16～31 行为屏幕的触摸监听方法，获取屏幕的触控位置坐标，并判定触摸位置是否在暂停按钮的范围内，若在，则响应触控方法，将暂停标志位置反，执行重绘方法。

（4）添加完刚体后，就要开发在屏幕上呈现的绘画方法，方法的代码如下。

代码位置：见随书光盘中源代码\第 14 章\TableBall\src\com\wl\tableball\game 目录下的 GameView.java。

```
     public void onDraw(Canvas canvas) {                             //绘画方法
         if(canvas==null){ return; }
         canvas.save();                                              //保存画布
         canvas.translate(Constant.screenScaleResult.lucX, Constant.screenScale
         Result.lucY);                                               //平移
         canvas.scale(Constant.screenScaleResult.ratio, Constant.screenScale
         Result.ratio);                                              //缩放
         canvas.drawBitmap(Constant.TP_ARRAY[3], 0.0f, 0.0f, paint); //绘制背景
         for(MyBody mybodytemp:holelist){
             mybodytemp.drawself(canvas, paint);                     //绘制洞
         }
         for(MyBody mybodytemp:falshholelist){
             mybodytemp.drawself(canvas, paint);                     //绘制会动的洞
         }
         for(MyBody mybodytemp:reclist){
             mybodytemp.drawself(canvas, paint);                     //绘制木块
```

```
        }
        for(MyBody mybodytemp:herolist){
            mybodytemp.drawself(canvas, paint);                    //绘制小球和过关点
        }
        canvas.drawBitmap(TP_ARRAY[40], 0, 0, paint);              //绘制 4 条边
        canvas.drawBitmap(TP_ARRAY[41], 0, 457, paint);
        canvas.drawBitmap(TP_ARRAY[42], 0, 0, paint);
        canvas.drawBitmap(TP_ARRAY[43], 779, 3, paint);
        playtime.drawself(canvas, paint);                              //绘制时间
        if(isGamePause){
            canvas.drawBitmap(Constant.TP_ARRAY[30], 1, 1, paint); //暂停按钮
        }else{
           canvas.drawBitmap(Constant.TP_ARRAY[36], 1, 1, paint);
                                                                       //重新开始按钮
        }
        canvas.restore();                                              //恢复画布
    }
```

说明　整个绘画过程可以总结为保存画布、变换画布、绘画、恢复画布。绘画的具体过程为先绘制界面背景，然后调用刚体对象的 drawSelf 方法，绘制归纳刚体，最后将时间和暂停按钮绘制出来。

14.8.2　碰撞响应类 CollisionAction

CollisionAction 类中只封装了一个方法，就是刚体碰撞的 doAction 方法，在这个方法中，分别对小球撞木块、小球进洞、游戏过关进行相应，下面就依次开发类中的各种响应。

（1）首先开发小球刚体与木块刚体碰撞的响应方法，方法代码如下。

代码位置：见随书光盘中源代码\第 14 章\TableBall\src\com\wl\tableball\game 目录下的 CollisionAction.java。

```
for(MyBody mytempbody:gameview.reclist){                          //对撞墙的监听
  if(mytempbody.body==body1||mytempbody.body==body2){             //获得一个碰撞对象
    float jiaoduYZ=Vec2.dot(angle, velocity)/(angle.length()*velocity.length());
                                                                  //获得碰撞角度
      if(YINXIAO_OPEN&&                                           //音效打开
         velocity.length()>Constant.COLLISIONVELOCITY&&           //对碰撞速度限制
         Math.abs(jiaoduYZ)>0.717){                               //对碰撞角度限制
         gameview.tableBallActivity.soundutil.playEffectsSound(1, 0);//播放撞墙声音
      }
      return;
}}
```

说明　对所有的木块刚体进行遍历，根据碰撞的速度、角度进行判定，播放撞墙的音乐。

（2）接下来开发小球进洞响应方法，具体代码如下。

代码位置：见随书光盘中源代码\第 14 章\TableBall\src\com\wl\tableball\game 目录下的 CollisionAction.java。

```
for(MyBody mytempbody:gameview.holelist){
  if(mytempbody.body==body1||mytempbody.body==body2){            //对小球进洞的监听
      Constant.ROTEANGLE=(float)Math.toDegrees(Math.atan2(angle.y, angle.x));
      if(ZHENDONG_OPEN){                                          //振动标志位开
        gameview.tableBallActivity.vibrator.vibrate(
           Constant.COLLISION_SOUND_PATTERN,-1);                  //振动
      }
      if(YINXIAO_OPEN){                                           //音效标志位开
        gameview.tableBallActivity.soundutil.playEffectsSound(0, 0);//播放进洞音
      }
      gameview.heroislive=false;                                  //会动小球停止
      mytempbody.doAction();                                      //执行动画方法
      gameview.herolist.get(1).bitmap=null;                       //将小球图置空
```

```
        try {
          Thread.sleep(1000);                                    //睡眠 1 秒
        } catch (InterruptedException e) {e.printStackTrace();}
        gameview.DRAW_THREAD_FLAG=false;                         //绘画线程停止
        gameview.tableBallActivity.hd.sendEmptyMessage(2);       //跳转界面
        return;
  }}
```

说明　对球洞列表进行遍历，小球落洞，振动一下，播放小球进洞音效，再将小球状态标志位置 false，执行切换球洞图片的方法，将小球图片置空，线程睡眠 1 秒，让动画播放完毕后跳转界面。

（3）接下来开发小球进洞时变化的洞的响应方法，具体代码如下。

代码位置：见随书光盘中源代码第 14 章\TableBall\src\com\wl\tableball\game 目录下的 CollisionAction.java。

```
     for(FalshHole mytempbody:gameview.falshholelist){           //对小球进洞的监听
       if(mytempbody.isFlashLive&&                                 //当前可以落洞
            (mytempbody.body==body1||mytempbody.body==body2)){ //获取参与碰撞洞
         Constant.ROTEANGLE=(float)Math.toDegrees(Math.atan2(angle.y, angle.x));
         if(ZHENDONG_OPEN){
             gameview.tableBallActivity.vibrator.vibrate(
                    Constant.COLLISION_SOUND_PATTERN,-1);      //振动
         }
         if(YINXIAO_OPEN){
             gameview.tableBallActivity.soundutil.playEffectsSound(0, 0);
                                                                   //播放进洞音
         }
         gameview.heroislive=false;                                //会动小球停止
         mytempbody.doAction();                                    //执行动画方法
         gameview.herolist.get(1).bitmap=null;                     //将图片置空
         try {
             Thread.sleep(1000);                                   //睡眠 1 秒
         } catch (InterruptedException e)  {e.printStackTrace();}
         gameview.DRAW_THREAD_FLAG=false;                          //绘画的线程停止
         gameview.tableBallActivity.hd.sendEmptyMessage(2);//界面跳转
         return;
     }}
```

说明　该方法与小球进普通洞基本相同，但变化的洞有时打开有时关闭，所以要对球洞当前状态进行判定。小球进洞后振动一下，将小球图片置空，执行动画方法，待动画播放完后停止绘画线程，并进行界面跳转。

（4）最后开发对小球过关的监听，即小球进入目标球洞，相关代码如下。

代码位置：见随书光盘中源代码第 14 章\TableBall\src\com\wl\tableball\game 目录下的 CollisionAction.java。

```
 if(gameview.herolist.get(0).body==body1||
   gameview.herolist.get(0).body==body2){                      //目标球洞参与碰撞
     if(YINXIAO_OPEN){
       gameview.tableBallActivity.soundutil.playEffectsSound(2, 0);//播放过关音效
     }
     gameview.heroislive=false;                                  //小球死亡
       gameview.tableBallActivity.vibrator.vibrate(
           Constant.COLLISION_SOUND_PATTERN,-1);                 //振动一下
       gameview.herolist.get(0).doAction();                      //执行动画方法
       gameview.herolist.get(1).bitmap=null;                     //球洞图片置空
       if(
           gameview.playtime.getRunTime()<DBUtil.getTimeplay(//过关时间小于最短时间
                  Constant.PLAY_MODEL, Constant.LEVEL)||
                  DBUtil.getTimeplay(Constant.PLAY_MODEL, Constant.LEVEL)==0){
                  DBUtil.upDateTime(Constant.PLAY_MODEL,
                  Constant.LEVEL, gameview.playtime.getRunTime());  //更新数据库
```

```
17          }
18          if(DBUtil.getLock(Constant.PLAY_MODEL, Constant.LEVEL+1)==0&&
19              Constant.LEVEL!=5){                       //下一关未解锁且当前不是最后一关
20              DBUtil.insert(Constant.PLAY_MODEL, Constant.LEVEL+1, 0, 1);//下一关解锁
21          }
22          try {
23              Thread.sleep(1000);                                   //线程睡眠一秒
24          } catch (InterruptedException e) {e.printStackTrace();}
25          gameview.DRAW_THREAD_FLAG=false;                          //绘画的线程停止
26          gameview.tableBallActivity.hd.sendEmptyMessage(2);        //界面跳转
27          return;
28  }}
```

- 第 1～2 行为从小球列表中取出球洞刚体，并判断此刚体是否为参与碰撞的两个刚体之一，若是，则说明小球进洞了。
- 第 3～10 行为播放过关音效，小球有效标志位置 false，播放进洞动画，并将球洞图片置空。
- 第 11～21 行，从数据库中取回信息，若当前关卡没有过关记录，或者此次过关时间小于历史记录时间，就更新历史记录时间，若下一关未解锁，则解锁下一关。
- 第 22～26 行，睡眠线程 1 秒后，停止绘画游戏界面的线程，并进行界面跳转。

14.8.3 游戏界面绘画线程 DrawThread

游戏中的绘画线程是独立出来的，只完成游戏界面的绘制工作，由绘画标志位控制。绘画线程的相关代码如下。

代码位置：见随书光盘中源代码\第 14 章\TableBall\src\com\wl\tableball\game 目录下的 DrawThread.java。

```
package com.wl.tableball.game;
public class DrawThread extends Thread{                               //绘画线程
    GameView gameview;
    public DrawThread(GameView gameview){                             //构造器
        this.gameview=gameview;                                       //获取游戏界面对象
    }
    public void run() {                                               //重写的 run 方法
        while(gameview.DRAW_THREAD_FLAG){                             //绘画线程标志位
            if(!gameview.isGamePause){                                //暂停标志位
                gameview.repaint();                                   //重绘方法
            }
            try {
                Thread.sleep(15);                                     //线程睡眠 15 毫秒
            } catch (InterruptedException e) {e.printStackTrace();}
        }
        gameview.DRAW_THREAD_FLAG=true;                               //标志位置 true
}}
```

> **说明** 绘画线程开始执行后每隔 15 毫秒调用一次游戏界面的重绘方法，绘制游戏界面。绘制线程由标志位控制，若要停止线程，只要将标志位置成 false 就可以。

14.9 游戏的优化与改进

至此，本游戏的开发介绍已经完毕，虽然在开发过程中已经对游戏进行了很多优化，但游戏中还是有一些不足，我们在这里列出了几个方面。

- 游戏美工的改进

在游戏开发时，我们已经对美工做了一些工作，让整体界面比较美观，但还是可以改进的，通过对游戏中的图案进行美化和布局，让游戏更具吸引力。

- 游戏音乐的改进

一个好的背景音乐，更贴合游戏过程，也更悦耳动听，能让游戏整体增色不少，让玩家在游戏过程中更愉快。

- 游戏界面的改进

在游戏界面中，我们只是添加了 3 种过关的障碍和陷阱，读者可以根据自己的理解向里面添加更多、更有意思的障碍，通过合理布局，得到丰富多样的关卡，增强游戏体验。

第 15 章　塔防游戏——炫彩塔防

当前移动互联网迅速发展，人们的生活逐渐趋于多元化，以智能手机为代表的电子产品越来越受到人们的追捧，手机游戏渐渐成为了人们休闲娱乐的一种方式。本游戏是一款基于 Android 系统下开发的休闲益智类塔防游戏，下面就详细讲解该塔防游戏的开发过程。

15.1 游戏背景及功能概述

本小节将对塔防游戏的背景及功能进行简单介绍，使读者对本游戏的开发有一个整体的认知，方便读者快速理解并掌握本游戏的开发技术。

15.1.1　游戏背景概述

塔防类游戏是目前市场上比较流行的策略类塔防战游戏，玩家需以合理阵型放置防御塔，便于防御塔用最大的杀伤力防御怪物的入侵，本类游戏中最为出名的是 Hidden Path Entertainment 开发的《防御觉醒》，及 Com2us 开发的《终极塔防》也得到了塔防迷们的好评，游戏界面如图 15-1 和图 15-2 所示。

▲图 15-1 《防御觉醒》游戏画面

▲图 15-2 《终极塔防》游戏画面

本章介绍的塔防游戏也沿用了比较流行的守城玩法，入侵的怪物有自己的生命值，玩家通过将不同类型的炮塔放在合理位置以防御不断入侵的怪物，用以完成守城任务，当城池的怪物入侵数量达到规定数量时游戏失败。

15.1.2　游戏功能介绍

本节将对炫彩塔防游戏的功能及操作方法进行简单介绍，使读者对本塔防游戏有一个整体的了解，方便读者对后面章节知识的深入学习，下面将分步骤介绍该游戏的简单玩法。

（1）运行该游戏，首先进入 5 个按钮选项主菜单界面——开始游戏、继续游戏、游戏方法、关于游戏和退出游戏，效果如图 15-3 所示。

（2）主菜单界面由一组操作菜单组成，单击游戏方法菜单按钮，系统就会进入软件的游戏方法界面，将会对该游戏软件的玩法作一个简单介绍，游戏方法界面的效果如图 15-4、图 15-5 和图 15-6 所示。

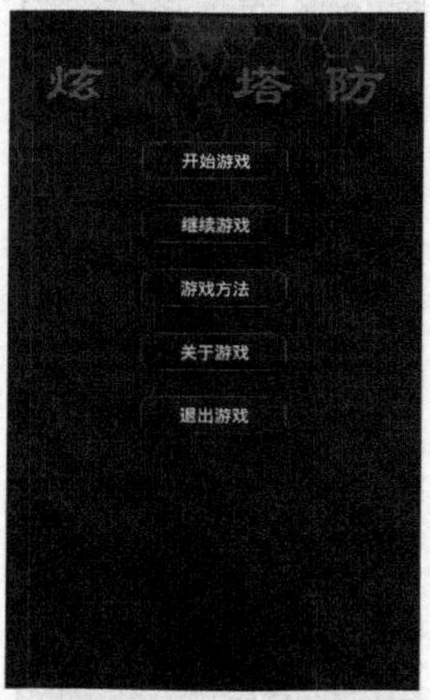

▲图 15-3　主界面

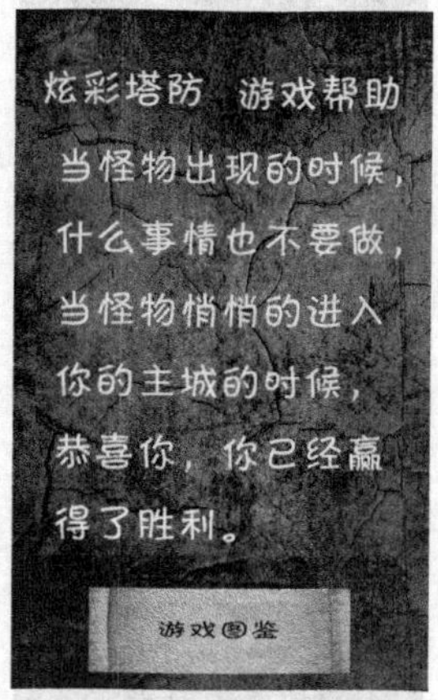

▲图 15-4　游戏方法界面

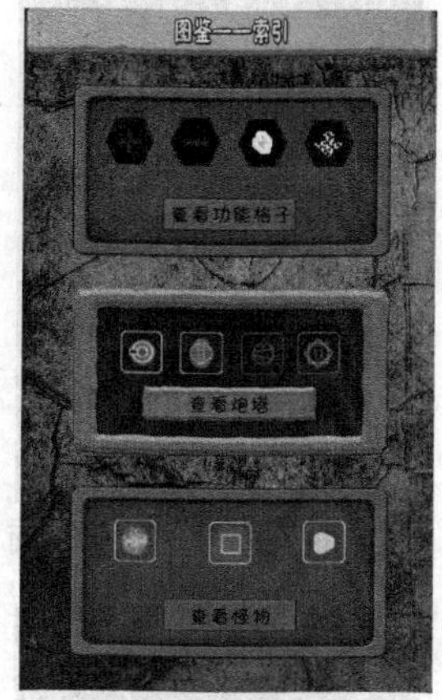

▲图 15-5　游戏图鉴界面

（3）在主界面中单击关于游戏按钮系统就会进入本游戏的关于游戏界面，界面呈现给玩家该游戏的开发团队信息，效果如图 15-7 所示。

（4）在主界面中单击开始游戏按钮系统就会进入本游戏的关卡列表界面，列表中展示的是精心设计的 20 个不同的游戏关卡，效果如图 15-8 所示。

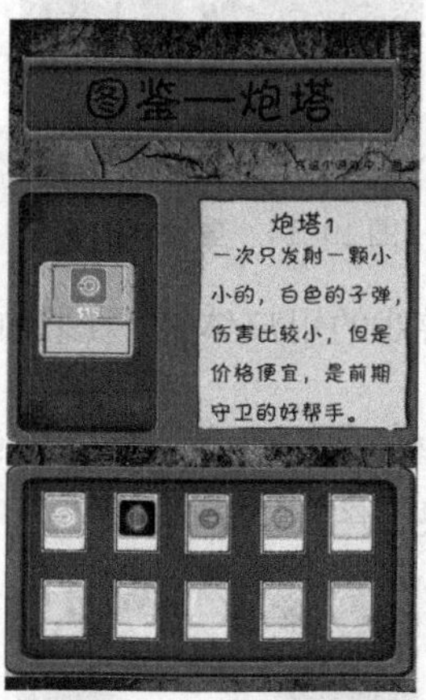

▲图 15-6　炮塔图鉴界面

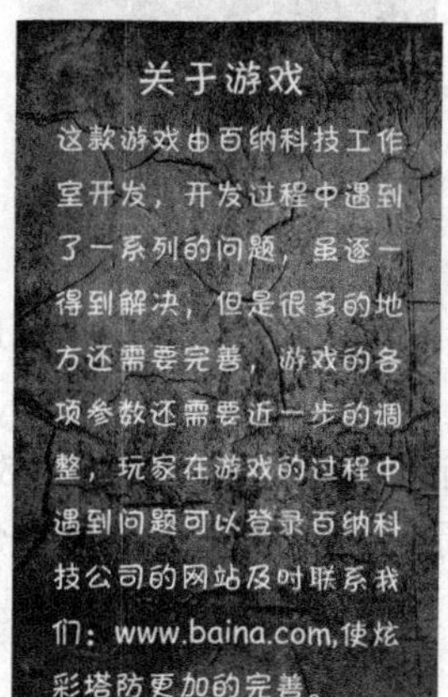

▲图 15-7　关于游戏界面

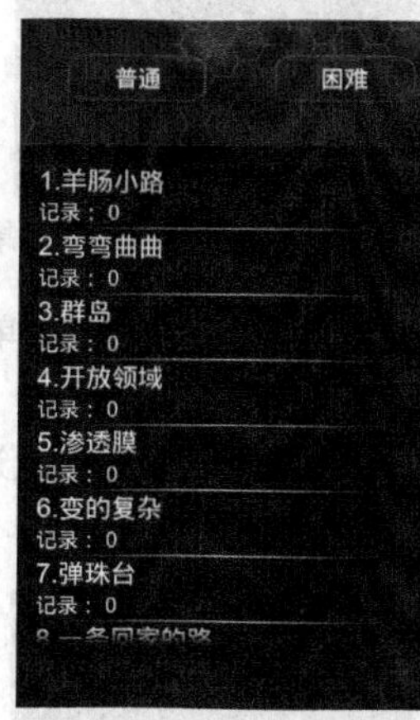

▲图 15-8　关卡列表界面

（5）在关数列表界面单击相应的关数就可以进入游戏界面，玩家可以享受游戏的乐趣。游戏界面的上方包括金钱数、怪物的回合数和暂停按钮，界面的下方包含菜单选项和 4 种可拖动炮塔的图标，游戏界面的初始化效果如图 15-9 所示。

（6）本游戏主要是通过建塔来阻止怪物入侵主城，游戏中炮塔的效果如图 15-10 所示。

（7）本游戏采用手拖动放置炮塔的方式，在有障碍物的地方不准放塔，在可以放炮塔的地方系统将会以白色的圆圈提示玩家，此处可以放置炮塔，操作过程的效果如图 15-11 所示。

（8）本游戏采用 2D 游戏开发技术，游戏中可以看到炮塔只能建造在空闲的地方，而该点一旦建造炮塔后怪物将不能再走该位置，如图 15-12 所示。

（9）游戏中每击杀一个怪物将会获得系统奖励的相应金钱，使用金钱可以升级炮塔，随着炮塔的升级其威力逐步增强，效果如图 15-13 所示。

▲图 15-9　游戏初始化界面

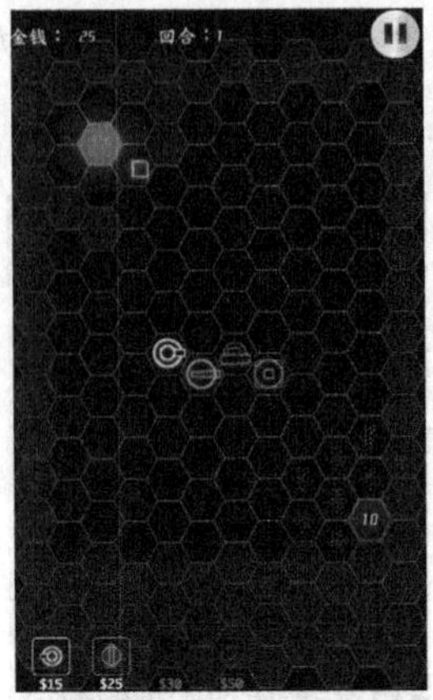
▲图 15-10　炮塔效果

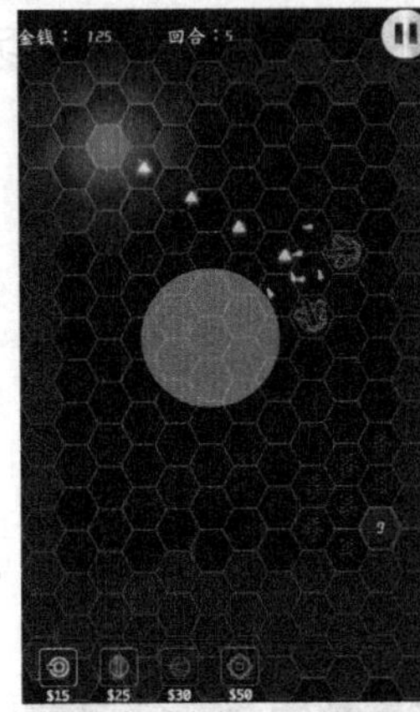
▲图 15-11　炮塔拖动界面

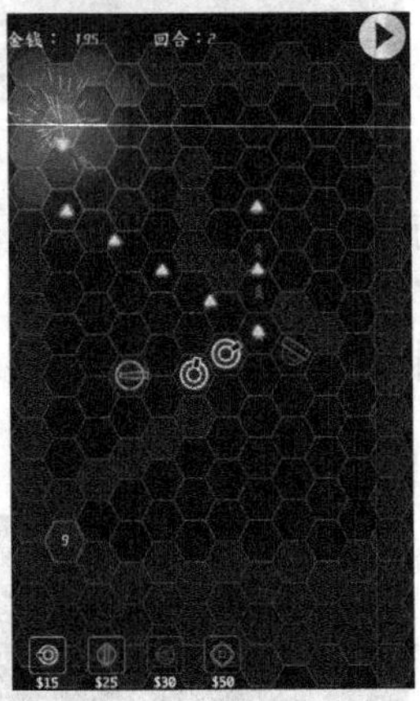
▲图 15-12　游戏界面 2D 效果

▲图 15-13　炮塔升级效果

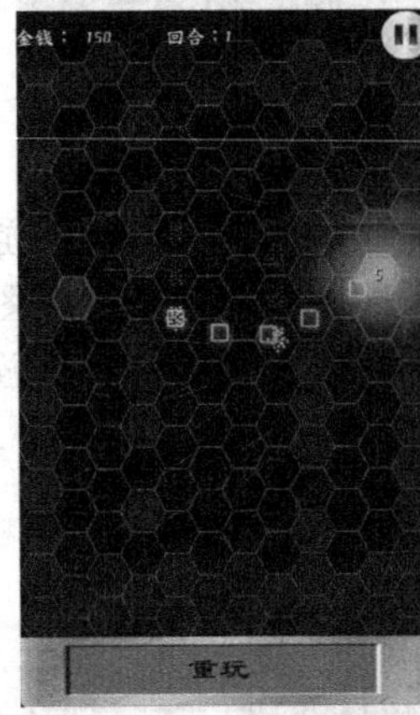

▲图 15-14　重玩游戏效果

（10）触摸界面右上方的菜单按钮玩家可以暂停游戏，以增加游戏的用户体验，效果如图 15-12 所示。

（11）单击弹出的菜单重玩选项可以重玩当前的游戏，效果如图 15-14 所示。游戏中导弹追踪怪物的效果如图 15-15 和图 15-16 所示。主城血量为 0 时爆炸效果如图 15-17 所示。

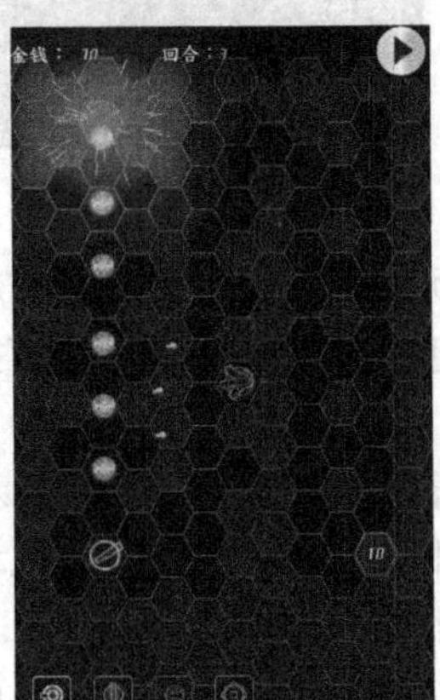
▲图 15-15　游戏效果（1）

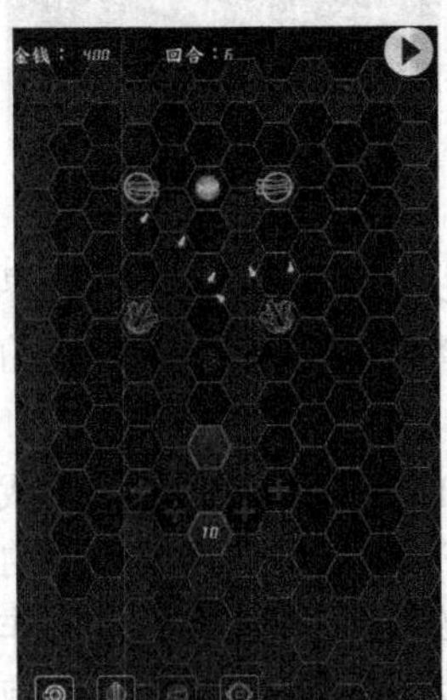
▲图 15-16　游戏效果（2）

▲图 15-17　游戏效果（3）

（12）按返回按钮，就可以退出游戏，此时游戏已经自动保存进度，当进入主界面时单击继续游戏，玩家可以继续上次存档时的游戏进度继续游戏。

15.2 游戏的策划及准备工作

读者对本游戏的背景和基本功能有一定了解以后，本节将着重讲解游戏开发的前期准备工作，这里主要包含游戏的策划和游戏中资源的准备。

15.2.1 游戏的策划

本游戏的策划主要包含游戏类型定位、呈现技术，以及目标平台的确定等工作。

（1）游戏类型

该游戏的所有操作都为触屏完成，通过摆放炮塔阻止怪物入侵主城，而且游戏中怪物是动态自动寻找路线，增加了游戏的可玩性，属于休闲益智类游戏。

（2）运行目标平台

游戏目标平台为Android2.2及以上版本。由于本游戏中计算量比较大，CPU运算速度较慢的设备运行游戏时游戏效果会比较差。

（3）操作方式

本游戏所有关于游戏的操作都是触屏操作，玩家可以拖动炮塔进行塔的放置，同时触摸当前炮塔显现炮塔操作图层，可以进行炮塔操作。

（4）呈现技术

游戏完全采用2D技术开发，将来的升级版本可以考虑用3D技术进行渲染，增强玩家的游戏感。

（5）算法

游戏采用广度优先A*算法来完成怪物的自动寻路过程，难度相对于四边形地图且路线固定的塔防游戏来说比较大。

15.2.2 Android平台下游戏开发的准备工作

上面了解了游戏策划，本节将做一些开发前的准备工作，包括搜集和制作图片、声音等，其详细开发步骤如下。

（1）首先为读者介绍的是本游戏中除游戏界面外所要用到的图片资源，系统将所有图片资源都放在项目文件下的res/drawable-nodpi文件夹下，如表15-1所列。

表15-1 其他界面图片清单

图 片 名	大小（KB）	像素（w×h）	用 途
icon_free.png	4.04	72×72	游戏的图标
btn_true.png	1.75	86×51	游戏界面的按钮
btn_false.png	2.32	86×51	游戏界面的按钮
guanyuyouxi.png	168	480×800	关于游戏点击后呈现的画面
back.png	197	480×800	菜单界面背景
blooddown.png	12.5	240×270	介绍减血格子文字
bloodup.png	12.5	240×270	介绍加血格子文字
speedup.png	12.5	240×270	介绍加速格子文字
speeddown.png	12.5	240×270	介绍减速格子文字
directiontxt.png	13.2	240×270	介绍方向标的文字

续表

图 片 名	大小（KB）	像素（w×h）	用　途
monster1txt.png	12.2	240×270	介绍怪物的文字
monster2txt.png	12.2	240×270	介绍怪物的文字
monster3txt.png	12.2	240×270	介绍怪物的文字
tower1txt.png	12.2	240×270	介绍炮塔的文字
tower2txt.png	12.2	240×270	介绍炮塔的文字
tower3txt.png	12.2	240×270	介绍炮塔的文字
tower4txt.png	12.2	240×270	介绍炮塔的文字
youxifangfa.png	182	480×800	游戏方法点击后呈现该图像
lookgezis.png	4.6	156×38	查看格子按钮图
lookmonsters.png	4.43	156×38	查看怪物按钮图
looktowers.png	8.83	206×42	查看塔按钮图
showalldisplays.png	431	480×800	游戏图鉴界面
tujian.png	49.8	300×100	图鉴图标
tujiangongnenggezi.png	265	480×800	功能格子图鉴界面
tujianmonsters.png	272	480×800	怪物图鉴界面
tujiantower.png	274	480×800	炮塔图鉴界面
xinfeng.png	837	480×800	游戏帮助界面

（2）接下来为读者介绍的图片资源为游戏中所要见到的图片资源，系统将该部分图片资源放在项目文件下的 res/drawable-nodpi 文件夹下，如表 15-2 所列。

表 15-2　　游戏界面图片清单

图 片 名	大小（KB）	像素（w×h）	用　途
button_0.png	2	64×64	第一座塔的按钮
button_1.png	2.44	64×64	第二座塔的按钮
button_2.png	2.62	64×64	第三座塔的按钮
button_3.png	2.95	64×64	第四座塔的按钮
continueplay.png	4.43	64×64	继续游戏按钮
pause.png	4.63	64×64	暂停游戏按钮
bn_creep_purple.png	3.39	48×48	紫色怪物的图片
bn_creep_red.png	1.40	32×32	红色怪物的图片
bn_creep_yellow.png	1.19	32×32	黄色怪物的图片
damage_cell.png	1.33	32×32	使怪物减少生命值
black_cell.png	4.52	48×48	障碍物
defen.png	1.51	32×16	界面上的金钱图标
bn_directional_n.png	0.544	32×32	使怪物按特定的方向行走
bn_directional_ ne.png	0.544	32×32	使怪物按特定的方向行走
bn_directional_ nw.png	0.544	32×32	使怪物按特定的方向行走
bn_directional_ s.png	0.544	32×32	使怪物按特定的方向行走

续表

图 片 名	大小（KB）	像素（w×h）	用 途
bn_directional_ se.png	0.544	32×32	使怪物按特定的方向行走
bn_directional_ sw.png	0.544	32×32	使怪物按特定的方向行走
bn_spawn_cell.png	4.49	48×48	地图的起点
bn_end_cell.png	4.53	50×50	地图的终点
mainmenu.png	6.39	240×80	主菜单按钮
red_put.png	0.49	16×16	标记点击位置是否可以放塔
replay.png	8.96	480×80	重新开始的按钮图标
bn_rocket.png	0.424	16×16	第三座塔的子弹图标
scorenumber0~9.png	0.325	10×13	显示当前游戏得分
set.png	7.21	240×80	保存游戏图标
bn_slow_cell.png	0.614	32×32	地图上减速图标
bn_tower_white.png	6.75	192×48	第一座塔的图标
bn_tower_green.png	8.32	192×48	第二座塔的图标
bn_tower_red.png	13	192×48	第三座塔的图标
bn_tower_blue.png	10.5	192×48	第四座塔的图标
boom4.png	72.7	480×480	爆炸效果图
boom6.png	18.2	240×240	爆炸效果图
boom10.png	17.4	480×480	爆炸效果图
gameover.png	2.7	128×64	游戏结束文字
guanqiadefen.png	1.62	128×64	游戏得分文字
gundongtxt.png	7.12	900×40	横条文字

（3）接下来介绍游戏中用到的声音资源，系统将声音资源放在项目目录中的 res/raw 文件夹下，其详细情况如表 15-3 所列。

表 15-3　　声音清单

声音文件名	大小（KB）	格 式	用 途
bnbg_music.mp3	1.686	mp3	背景音乐
bnbt_press.mp3	4	mp3	点击按钮产生声音
jiguang.mp3	24	mp3	第二座塔发射音效
bn_creepdie_0.mp3	15	mp3	怪物一死亡音效
bn_creepdie_1.mp3	14	mp3	怪物二死亡音效
bn_creepdie_2.mp3	23	mp3	怪物三死亡音效
bn_gameover.mp3	51	mp3	游戏结束音效
bn_rocket_hit.mp3	28	mp3	子弹三爆炸音效
bn_gun.mp3	26	mp3	塔一发射音效
bn_rocket_launch.mp3	30	mp3	塔三发射音效
bn_swish.mp3	8	mp3	选择关卡音效
bn_start.mp3	84	mp3	怪物出现音效

续表

声音文件名	大小（KB）	格　式	用　途
targetbozha.mp3	29	mp3	目标爆炸音效
tower_delete.wav	2	wav	塔删除之后音效
tower_choice.wav	8	wav	放置塔的音效
towerupdate.mp3	73	mp3	升级塔产生音效
vectory.mp3	113	mp3	胜利时音效

15.3 游戏的架构

上一小节实现了游戏的策划和前期准备工作，本节将对该游戏的架构进行简单介绍，包括核心算法、界面相关类、辅助线程类和工具类，使读者对本游戏的开发有更深层次的认识。

15.3.1 各个类的简要介绍

为了让读者能够更好地理解各个类的作用，下面将其分成 5 部分进行介绍，而各个类的详细代码将在后面的章节中相继开发。

1. 框架类及核心类

（1）Activity 的实现类 MainGameActivity

该类是通过扩展 Activity 得到的，是整个游戏的控制器，也是整个游戏的程序入口。

（2）Activity 的实现类 ListViewActivity 及 StartGameActivity

Activity 的实现类 ListViewActivity、StartGameActivity 分别用来呈现不同的界面窗口。ListViewActivity 类中包含游戏用到的数据库查询、插入等数据库操作方法，ListViewActivity 类中包含游戏用到的 20 个游戏关卡和相应关卡的最高纪录。

（3）Activity 的实现类 AboutGameActivity 及 YouXiFangfaActivity

Activity 的实现类 AboutGameActivity、YouXiFangfaActivity 分别用来呈现不同的界面窗口。AboutGameActivity 类显现的界面用于介绍开发的团队等；YouXiFangfaActivity 类显现的界面用于介绍游戏的玩法。

（4）游戏核心算法 Game 类

该类是应用广度优先 A*算法根据六边形地图编写的，用于为怪物寻找从起点到终点的最佳路径，涉及人工智能的知识，是该游戏开发的核心类。

（5）放置与升级炮塔的 TowerAdder、Update 类

由于放置塔和升级塔的工作比较繁琐，所以，从 GameSurfaceView 类中抽取代码形成了 TowerAdder、Update 类，二者分别负责处理放置炮塔、升级炮塔的所有触控和绘制的工作。

2. 界面相关类

（1）游戏界面运行类 GameSurfaceView

该类为游戏程序中呈现界面最主要的类，主要负责游戏资源的加载、整个游戏画面的绘制和游戏触控事件的处理。

（2）游戏地图绘制类 LBX

该类为游戏程序中次主要的类，主要负责游戏画面地图的绘制和地图功能对象的产生，该类

可以根据不同关卡绘制不同游戏地图，产生不同地图功能对象。

（3）游戏方法界面类 YouxifangfaSurfaceView

该类为玩家点击主界面游戏方法按钮之后呈现的界面，根据用户的不同点击呈现相应的界面来展示本游戏的具体游戏方法。

3. 线程辅助类

（1）DrawMonsterThread 类

继承自 Thread 类，用于调用 GameSurfaceView 中 repaint 方法对游戏界面进行重绘。

（2）CreateMonster 类

继承自 Thread 类，用来控制怪物的产生，包括怪物的数量、产生怪物的种类、产生怪物的时间间隔和怪物的生命值。

（3）BulletRunThread 类

继承自 Thread 类，用来调用所有子弹移动的方法，从而控制整个游戏中子弹的移动。

（4）MonsterRunThread 类

继承自 Thread 类，用来调用所有怪物行走的方法，从而控制整个游戏中怪物的行走。

（5）UtilThread 类

继承自 Thread 类，用来控制游戏结束时城池、怪物，以及炮塔的爆炸和游戏结束界面的呈现顺序，可以给玩家一种结束动画的感觉。

4. 接口及实体对象类

（1）接口 BulletInterface、Capability、Monster、Tower 类

4 个接口分别用来描述子弹、地图、怪物、炮塔 4 个抽象实体。

（2）Monster_Laser、Monster_Missile 和 Monster_Wave 类

以上都是实现了 Monster 接口的怪物类，用来描述不同的怪物。

（3）Tower_Laser、Tower_Missile、Tower_Shell、Tower_Wave 类

以上都是实现了 Tower 接口的炮塔类，用来描述不同的炮塔。

（4）Bullet_Laser、Bullet_Missile、Bullet_Shell、Bullet_Wave 类

以上都是实现了 BulletInterface 接口的子弹类，用来描述不同的子弹。

（5）Blood_Down、Blood_Up、Go_Direction、Speed_Up、Speed_Down 类

以上都是实现了 Capability 接口的地图功能类，用来描述不同的地图功能格子。

5. 工具及常量类

（1）工具类 UpdateBitmap、Sound

UpdateBitmap 类用来处理游戏中的图片，如调节图片亮度就调用该类中相应静态方法 liangDu，Sound 类用于加载游戏中的所有音效。

（2）常量类 Constants、Map

以上类是用来存放整个游戏过程中用到的常量及 20 个关卡的地图。

（3）游戏自适应屏幕

ScreenScaleResult、ScreenScaleUtil 两个类完成对其他分辨率设备的自适应，使游戏可以运行于不同分辨率的 Android 设备。

（4）保存游戏类 SerializableGame

该类用于退出游戏后，以便以后继续上次进度进行游戏，这种功能的实现需要每个参与游戏

存储的类都实现 Serializable 接口，对相关对象的存取做相应处理。

（5）游戏的爆炸效果类 Utils

Utils 类用来控制整个游戏中的爆炸效果，分别有 3 种：第一种是怪物出现的时候有一个向内收敛的爆炸，同时爆炸点亮度提升；第二种是怪物死亡的时候，呈现向四周扩散的十几条线段；第三种是主城池被怪物入侵时候向四周扩散的爆炸，是本游戏中最为绚丽的爆炸效果。

15.3.2　游戏框架简介

上一小节已经对该游戏中所用到的类进行了简单介绍，可能读者还没有理解游戏的架构及游戏的运行过程。接下来本小节将从游戏的整体架构上进行介绍，使读者对本游戏有更好的理解，其框架如图 15-18、图 15-19 和图 15-20 所示。

▲图 15-18　游戏框架

> **说明**　图 15-18 中列出的为框架及核心类、游戏界面类和线程辅助类，其各自功能后续将详细介绍，读者这里不必深究。

图 15-19 是本游戏开发中用到的工具及常量类，这些类用于加载图片、存储游戏进度、控制游戏声音、自适应屏幕等一系列操作。

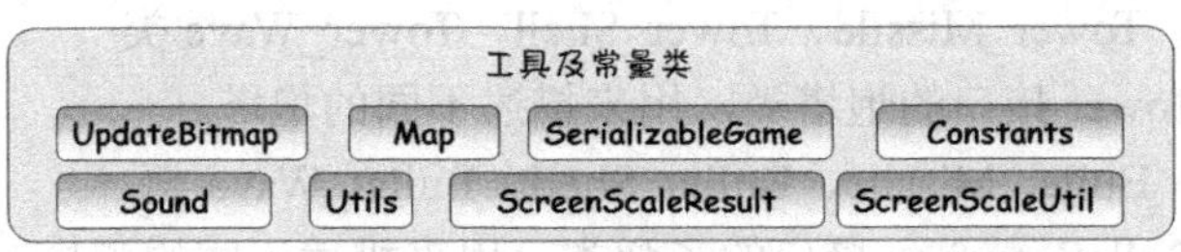

▲图 15-19　工具及常量类

图 15-20 是本游戏开发中用到的接口及实体对象类，包括子弹相关类、怪物相关类、炮塔相关类和地图功能相关类。

▲图 15-20　接口及实体对象类

接下来按照程序运行的顺序逐步介绍各个类的作用及整体的运行框架，使读者更好地掌握本游戏的开发步骤，其详细步骤如下。

（1）启动游戏，首先创建的是 MainGameActivity，显现的是整个游戏的主菜单界面。

（2）在主菜单界面玩家会看到 5 个菜单按钮——开始游戏、继续游戏、游戏方法、关于游戏和退出游戏，单击不同按钮系统会切换到相应 Activity。

（3）玩家单击开始游戏按钮进入游戏关数选择列表；玩家单击游戏方法按钮，就会进入游戏的游戏方法界面 YouXiFangfaActivity；当玩家单击关于游戏按钮，系统就会进入关于游戏界面 AboutGameActivity；如果单击继续游戏按钮就会接着上次存档的游戏继续。

（4）当进入游戏界面时，玩家可以通过建造炮塔来阻挡怪物入侵主城，当入侵的怪物数量为 10 时，塔防游戏失败，系统会跳转到游戏失败界面。

15.4 游戏辅助界面

从本节开始将进入游戏的开发过程，首先介绍的是游戏的主菜单 MainGameActivity 类，该类的主要作用是，根据玩家的触控切换到玩家需要的界面。

15.4.1 主菜单界面

通过前面章节的学习可知，主界面由 5 个选择按钮组成，本小节为读者开发的就是主菜单类 MainGameActivity，其具体的开发步骤如下。

（1）首先开发的是该主菜单界面的布局描述文件 main.xml，玩家通过点击不同按钮可以切换到不同 Activity，其详细代码如下。

代码位置：见本书随书光盘中源代码/第 15 章/ColorfulHexdefence/res/layout 目录下的 main.xml。

```
<?xml version="1.0" encoding="utf-8"?>                  <!--版本号和编码方式-->
<LinearLayout xmlns:android="http://schemas.android.com/apk/res/android"
    android:orientation="vertical"                      <!--对齐方式-->
    android:layout_width="fill_parent"                  <!--宽充满父类控件-->
    android:layout_height="fill_parent"                 <!--高充满父类控件-->
    android:background="@drawable/home_background"      <!--背景图片-->
    >
     <Button android:id="@+id/start"                    <!--按钮编号-->
           android:background="@drawable/newgame_selector"<!--按钮背景图片-->
           android:layout_gravity="center_horizontal"   <!--按钮对齐方式-->
           android:layout_marginTop="150dip"            <!--按钮上侧空白间距-->
           android:layout_width="190dip"                <!--按钮的宽度 -->
           android:layout_height="50dip"                <!--按钮的高度-->
           android:text="@string/start"                 <!--文本-->
           android:textColor="#ffffff"                  <!--文本颜色-->
           android:textSize="20dip" />                  <!--文本字体大小-->
     <Button android:id="@+id/exit"                     <!--退出按钮编号-->
           android:background="@drawable/newgame_selector"<!--退出按钮编号-->
           android:layout_gravity="center_horizontal"   <!--退出按钮对其方式-->
           android:layout_marginTop="25dip"         <!--退出按钮上侧空白间距-->
           android:layout_width="190dip"            <!--退出按钮宽度-->
           android:layout_height="50dip"            <!--退出按钮高度-->
           android:text="@string/exit"              <!--文本-->
           android:textColor="#ffffff"              <!--文本颜色-->
           android:textSize="20dip" />              <!--文字大小-->
</LinearLayout>
```

说明 该界面的布局比较简单，在一个充满整个屏幕竖直排列的 LinearLayout 控件中间均匀放置了 5 个按钮。

（2）接下来开发的是与布局文件 main.xml 对应的 Java 代码实现类 MainGameActivity，其详细开发代码如下。

代码位置：见本书随书光盘中源代码/第 15 章/ColorfulHexdefence/src/com/baina/tower/allactivity 目录下的 MainGameActivity.java。

```
1  package com.baina.tower.allactivity;
2  import android.app.Activity;
3  ……//此处省略了部分类的引入代码，读者可以自行查阅随书光盘的源代码
4  public class MainGameActivity extends Activity {
5    Button start;                                          //开始按钮
6    public static Sound sound;                             //游戏音乐
7    GameSurfaceView gameView;                              //进行游戏界面
8   @Override
9   public void onCreate(Bundle savedInstanceState) {
10      super.onCreate(savedInstanceState);
11      requestWindowFeature(Window.FEATURE_NO_TITLE);      //设置无标题
12       getWindow().setFlags(WindowManager.LayoutParams.FLAG_FULLSCREEN ,
13       WindowManager.LayoutParams.FLAG_FULLSCREEN);       //设置为全屏模式
14       //设置为竖屏模式
15       setRequestedOrientation(ActivityInfo.SCREEN_ORIENTATION_PORTRAIT);
16       sound = new Sound(this);                           //创建 Sound 对象
17      setContentView(R.layout.main);                      //设置当前界面显示
18       ……//开始游戏按钮的开发代码此处省略，读者可以自行参看光盘
19      Button continueBtn = (Button)findViewById(R.id.continuegame); //继续游戏按钮
20      continueBtn.setOnClickListener(new Button.OnClickListener(){  //按钮添加监听
21    public void onClick(View v){
22        if(!SerializableGame.check(MainGameActivity.this)){  //检查游戏存档是否存在
23            return;
24        }
25        if(sound.mp==null){                               //创建音乐
26            sound.mp =  MediaPlayer.create(MainGameActivity.this, R.raw.bg_music) ;
27        }
28        Bundle bundle = new Bundle();
29        Intent intent = new Intent(MainGameActivity.this,StartGameActivity.class);
30        bundle.putInt("mapNum", 100);
31        intent.putExtra("bundle", bundle);                //绑定数据
32        MainGameActivity.this.startActivity(intent);      //启动 Activity
33        sound.playMusic(Constants.BUTTON_PRESS, 0)  ;     //播放音乐
34        sound.mp.start();                                 //开始音乐
35        }});
36     ……//关于游戏、游戏方法、退出游戏等按钮此处省略代码，读者可以自行参看光盘
37     final int MENU_GENDER=1;
38     final int MAIN_GROUP=2;                              //外层总菜单项组的编号
39     @Override
40     public boolean onCreateOptionsMenu(Menu menu){
41      //关于单选菜单项组，菜单若编组就是单选菜单项组
42      SubMenu subMenuGender = menu.addSubMenu(MAIN_GROUP,
43      MENU_GENDER,0,R.string.about);
44      return true;
45     }
46     //单选或复选菜单项选中状态变化后的回调方法
47     public boolean onOptionsItemSelected(MenuItem mi){
48      switch(mi.getItemId()){
49        case MENU_GENDER:
50            Intent intent = new Intent(MainGameActivity.this,AboutGameActivity.class);
51            MainGameActivity.this.startActivity(intent);      //启动 Activity
52        break;
53            }
54            return true;
55  }}
```

- 第 5～7 行为成员变量的声明。第 11～15 行为对游戏界面进行全屏显示并且强制为竖屏模式。
- 第 19～35 行是对继续游戏按钮增加监听，点击后玩家可以继续上次存档时的游戏进度继续游戏。
- 第 37～55 行为添加菜单键的功能，当玩家点击菜单键会弹出关于游戏按钮，点击后界面切换到关于游戏 AboutGameActivity 界面。

15.4.2 游戏关卡界面

上一节详细介绍了游戏主界面类 MainGameActivity，接下来将要开发的是点击开始游戏按钮之后切换到的另一个 Activity 继承类 ListViewActivity，该类的作用是呈现 20 个关卡，用户根据自己喜好自行选择相应关卡进行游戏。

（1）首先开发的是该游戏中的布局描述文件 listviewactivitymain.xml，玩家通过点击自己喜爱的关卡进行游戏，其详细开发代码如下。

代码位置：见本书随书光盘中源代码/第 15 章/ColorfulHexdefence/res/layout 目录下的 listviewactivitymain.xml。

```
<?xml version="1.0" encoding="utf-8"?>                <!--版本号和编码方式-->
<LinearLayout xmlns:android="http://schemas.android.com/apk/res/android"
  android:background="@drawable/back"                   <!-- LinearLayout 背景图片-->
  android:orientation="vertical"                        <!--对齐方式-->
  android:layout_width="fill_parent"                    <!--宽充满父类控件-->
  android:layout_height="fill_parent">                  <!--高充满父类控件-->
  <!—此处省略 LinearLayout ，读者可以参看光盘-->
<LinearLayout
  android:orientation="horizontal"                      <!--控件对齐方式-->
  android:layout_width="fill_parent"                    <!--控件充满父类控件-->
  android:layout_marginTop="20dip"                      <!--控件上侧空白间距-->
  android:layout_height="600px">                        <!--控件高度-->
<ListView  android:id="@+id/ListView01"                 <!--控件编号-->
  android:layout_width="fill_parent"                    <!--控件充满父类控件-->
  android:layout_height="wrap_content"                  <!--控件自适应-->
  android:divider="@drawable/jblineshape"               <!--分割线-->
  android:dividerHeight="1sp"                           <!--分割线高度-->
  android:choiceMode="singleChoice"                     <!--单选模式-->
  android:layout_weight="1"                             <!--控件 weight-->
  android:cacheColorHint="#00000000" >                  <!--控件 cacheColorHint -->
</ListView></LinearLayout>
</LinearLayout>
```

说明 该界面的布局是在一个充满整个屏幕竖直排列的 LinearLayout 控件中间放置了两个按钮，在两个按钮下方放置了关卡选择列表 ListView，玩家可以点击相应关数进行游戏。

（2）接下来开发的是与布局描述文件 listviewactivitymain.xml 相对应的 ListViewActivity 类的 Java 代码实现，首先开发 ListViewActivity 类中关于数据库操作的代码。

代码位置：见本书随书光盘中源代码/第 15 章/ColorfulHexdefence/src/com/baina/tower/allactivity 目录下的 ListViewActivity.java。

```
public void createOrOpenDatabase(){
  try{
      sld=SQLiteDatabase.openDatabase(
      "/data/data/com.baina.tower.allactivity/mydb",  //数据库所在路径
      null,                                            //CursorFactory
      SQLiteDatabase.OPEN_READWRITE|SQLiteDatabase.CREATE_IF_NECESSARY );
      //如果不存在数据库表格就创建表格
      String sql="create table if not exists hextower(gamecount integer primary key
                                              ,gname varchar(20),points integer) ";
      sld.execSQL(sql);                                //执行创建数据库的 sql 语句
  }catch(Exception e){
    e.printStackTrace();}                              //异常信息打印
    int result = 0;                                    //记录数据库插入的条数
    String sql3 = "select count(gamecount) from hextower ";
    Cursor cur=sld.rawQuery(sql3, null);               //返回游标
    if(cur.moveToNext()){
      result = cur.getInt(0);}                         //得到数据库中记录的条数
    if(result!=20){                                    //如果不为 20 条，插入 20 条
```

```
19        for(int i=1; i<21; i++){
20           String sql = "insert into hextower values ("+i+",'',0)";//执行插入的 sql 语句
21           sld.execSQL(sql); }}                                   //执行 sql 语句
22        cur.close();}                                              //关闭游标
23     public void closeDatabase() {                                 //关闭数据库的方法
24       try{
25          sld.close();
26       }catch(Exception e){
27          e.printStackTrace();}}                                   //异常信息打印
28     public void update(int gamecount , int points){
29       try{
30          String sql2="update hextower set points=? where gamecount = ?";
31         sld.execSQL(sql2,new Object[]{points,gamecount+1});  //执行数据库更改语句
32       }catch(Exception e){
33          e.printStackTrace();}}                                    //异常信息打印
34      public int query(int count){                                  //查询的方法
35        int temp = 0;
36        try{
37         String sql="select * from hextower where gamecount =?";
38         Cursor cur=sld.rawQuery(sql, new String[]{count+""});//返回游标
39         while(cur.moveToNext()){                                   //游标移动到第一条记录上
40           temp = cur.getInt(cur.getColumnIndex("points"));}     //得到 points
41         cur.close();                                               //关闭游标
42          }catch(Exception e){
43            e.printStackTrace();}                                   //异常信息打印
44      return temp;
45    }
```

● 第 1～22 行为数据库的创建、表的建立、用于记录游戏 20 个关卡的最高得分等功能的实现代码。如果是第一次创建数据库则向数据库中添加 20 条记录，用于记录 20 个关卡的信息。

● 第 23～27 行为关闭数据库的方法。第 28～33 行为更改数据库的方法。传入的值分别为关卡号和得分。第 34～45 行为查询数据库的方法。

（3）步骤（2）中开发的数据库操作仅仅限制于 ListViewActivity 中，玩家进入游戏会切换到 StartGameActivity，切换时系统则会调用 ListViewActivity 的 onDestroy 方法，所以，在 StartGameActivity 中不能修改数据库，这里借助于组件 ContentProvider，其详细代码如下。

代码位置：见本书随书光盘中源代码/第 15 章/ColorfulHexdefence/src/com/baina/tower/allactivity 目录下的 DatabaseContentProvider.java。

```
package com.baina.tower.allactivity;
import android.content.ContentProvider;
……//此处省略了部分类的引入代码，读者可以自行查阅随书光盘的源代码
public class DatabaseContentProvider  extends ContentProvider{
  private static final UriMatcher um;                          //用于匹配的 UriMatcher
  static{                                                      //静态语句块
    um=new UriMatcher(UriMatcher.NO_MATCH);                    //创建 UriMatcher
    um.addURI("com.baina.hextower", "tower/#", 1);    }        //增加 Uri，用于修改数据库
  SQLiteDatabase sld;                                          //创建数据库对象
@Override
public int delete(Uri uri, String selection, String[] selectionArgs) { //删除数据
  return 0;}
@Override
public String getType(Uri uri) {                               //得到 Uri 类型
  return null;}
@Override
public Uri insert(Uri uri, ContentValues values) {             //插入数据的方法
  return null;}
@Override
public boolean onCreate() {                                    //打开数据库的方法
  sld=SQLiteDatabase.openDatabase(                             //打开数据库
    "/data/data/com.baina.tower.allactivity/mydb",             //数据库所在路径
      null,                                                    //CursorFactory
      SQLiteDatabase.OPEN_READWRITE|                           //数据库读写数据源
      SQLiteDatabase.CREATE_IF_NECESSARY                       //若不存在则创建
  return false;}
```

```
27   @Override
28   public Cursor query(Uri uri, String[] projection, String selection,//查询数据的方法
29     String[] selectionArgs, String sortOrder) {
30     return null;}
31   @Override
32   public int update(Uri uri, ContentValues values, String selection, //修改数据的方法
33     String[] selectionArgs) {
34       switch(um.match(uri)){
35         case 1:
36           long rowid = ContentUris.parseId(uri);          //得到行号
37           String where = "gamecount = "+rowid;            //组合 sql 语句
38           sld.update(
39           "hextower", values, where,                      //表名，修改的值，修改的关卡号
40             selectionArgs);}
41     return 0;                                            //返回所修改行号
42 }}
```

> **说明** 以上代码是关于数据库的操作，包含了数据库的创建、删除、修改、添加、查询等一系列的功能。当游戏界面 MainGameActivity 切换到游戏关卡列表界面 ListViewActivity 时，系统会自动地查询相应关数的最高分数，极大地方便了游戏的数据库查询分数的功能。

- 第 5～8 行为初始化对象，其中第 8 行为增加 Uri，当存在 Uri 与之匹配时就会执行程序中对应的数据库操作。
- 第 10～18 行是操作数据库的方法，继承于 ContentProvider 类，读者可以根据自己的需要去实现该类中相应的方法即可。
- 第 20～26 行是数据库的创建方法。第 32～42 行是继承于 ContentProvider 类重写的查询和修改数据库的方法，用于修改每个关卡的最高得分。

（4）分析完布局文件和数据库代码，下面给出呈现关卡类 ListViewActivity 中的 Java 代码，其是操控整个游戏界面地图编号等的核心类，首先开发界面中两个按钮的 Java 代码，其中省略了 ListViewActivity 类中的适配器及监听代码，其详细代码如下。

代码位置：见本书随书光盘中源代码/第 15 章/ColorfulHexdefence/src/com/baina/tower/allactivity 目录下的 ListViewActivity.java。

```
package com.baina.tower.allactivity;
import com.baina.tower.constant.Constants;
……//此处省略了部分类的引入代码，读者可以自行查阅随书光盘的源代码
public class ListViewActivity extends Activity {
  SQLiteDatabase sld;                                          //数据库对象
  Button kunNan;                                               //困难按钮的引用
  Button puTong;                                               //普通按钮的引用
  //初始化所有关卡名资源字符串的数组
  int[] msgIds={R.string.number1,R.string.number2,R.string.number3,
    R.string.number4,R.string.number5,R.string.number6,
    R.string.number7,R.string.number8,R.string.number9,
    R.string.number10,R.string.number11,R.string.number12,
    R.string.number13,R.string.number14,R.string.number15,
    R.string.number16,R.string.number17,R.string.number18,
    R.string.number19,R.string.number20, };
 @Override
 public void onCreate(Bundle savedInstanceState) {
  super.onCreate(savedInstanceState);
  requestWindowFeature(Window.FEATURE_NO_TITLE);              //设置为无标题
  getWindow().setFlags(WindowManager.LayoutParams.FLAG_FULLSCREEN ,
  WindowManager.LayoutParams.FLAG_FULLSCREEN);                //设置为全屏显示
  //设置为竖屏模式
  setRequestedOrientation(ActivityInfo.SCREEN_ORIENTATION_PORTRAIT);
  createOrOpenDatabase();                                     //创建数据库
  setContentView(R.layout.listviewactivitymain);              //设置显示界面
```

```
26      puTong = (Button)findViewById(R.id.putong)  ;            //初始化普通按钮
27      puTong.setOnClickListener(new Button.OnClickListener(){//普通按钮监听事件
28     @Override
29     public void onClick(View v){                          //点击事件回调方法
30       if(MainGameActivity.sound.mp==null){
31         MainGameActivity.sound.mp =                       //初始化 mediaplayer
32           MediaPlayer.create(ListViewActivity.this, R.raw.bg_music);} //创建背景音乐
33       MainGameActivity.sound.playMusic(Constants.sf_swish, 0); //播放按钮被点击音乐
34       puTong.setText("普通（设定）");                         //设置普通按钮显示文字
35       kunNan.setText("困难");                                //设置困难按钮显示文字
36       Constants.MASTERNUM1BLOOD = 30;                       //设置怪物 1 初始血量
37       Constants.MASTERNUM2BLOOD = 35;                       //设置怪物 2 初始血量
38       Constants.MASTERNUM3BLOOD = 45;                       //设置怪物 3 初始血量
39       Constants.INCREASE_BLOOD1 = 30;                       //设置怪物 1 每回合增加的血量
40       Constants.INCREASE_BLOOD2 = 35;                       //设置怪物 2 每回合增加的血量
41       Constants.INCREASE_BLOOD3 = 45;                       //设置怪物 3 每回合增加的血量
42       }});
43       kunNan = (Button)findViewById(R.id.kunnan);                //初始化困难按钮
44       kunNan.setOnClickListener(new Button.OnClickListener(){    //困难按钮监听事件
45     @Override
46     public void onClick(View v){                          //点击事件回调方法
47       if(MainGameActivity.sound.mp==null){                //如果为空初始化 mediaplayer
48         MainGameActivity.sound.mp =  MediaPlayer.create(        //创建背景音乐
49           ListViewActivity.this, R.raw.bg_music) ;}              //播放背景音乐
50         MainGameActivity.sound.playMusic(Constants.sf_swish, 0) ; //播放按钮被点击音乐
51         puTong.setText("普通");                              //设置普通按钮显示文字
52         kunNan.setText("困难（设定）");                        //设置困难按钮显示文字
53         Constants.MASTERNUM1BLOOD = 40;                     //设置怪物 1 初始血量
54         Constants.MASTERNUM2BLOOD = 45;                     //设置怪物 2 初始血量
55         Constants.MASTERNUM3BLOOD = 55;                     //设置怪物 3 初始血量
56         Constants.INCREASE_BLOOD1 = 40;                     //设置怪物 1 每回合增加的血量
57         Constants.INCREASE_BLOOD2 = 45;                     //设置怪物 2 每回合增加的血量
58         Constants.INCREASE_BLOOD3 = 55;}                    //设置怪物 3 每回合增加的血量
59       }}) ; }
```

- 第 5～15 行为一些成员变量声明。第 17～23 行为设置界面的代码，前面已经介绍，这里不再赘述。
- 第 26～42 行是设置普通按钮的点击事件监听，点击后会改变常量类内的相关值，以及改变普通按钮和困难按钮文字显示。
- 第 43～59 行是设置困难按钮的点击事件监听，点击后和普通按钮作用相同。

（5）接下来开发的是 ListView 控件的适配器及监听的 Java 代码，功能为取出数据库中相关信息，玩家通过点击 ListView 控件进入相应的关卡进行游戏，其详细代码如下。

代码位置：见本书随书光盘中源代码/第 15 章/ColorfulHexdefence/src/com/baina/tower/allactivity 目录下的 ListViewActivity.java。

```
ListView lv=(ListView)this.findViewById(R.id.ListView01);     //初始化 ListView
BaseAdapter ba=new BaseAdapter(){                          //为 ListView 准备适配内容
LayoutInflater inflater=LayoutInflater.from(ListViewActivity.this);//初始化 inflater
public int getCount() {                                    //得到选项数量的方法
  return msgIds.length;}                                   //总共 20 个选项
public Object getItem(int arg0) { return null; }           //系统方法，需要时重写
public long getItemId(int arg0) { return 0;}               //系统方法，需要时重写
public View getView(int arg0, View arg1, ViewGroup arg2){
  LinearLayout ll = (LinearLayout)(inflater.inflate( //初始化 LinearLayout
  R.layout.row, null).findViewById(R.id.LinearLayout_row));
  TextView tv=(TextView)ll.getChildAt(0);                  //得到 tv 的子控件
  tv.setText(getResources().getText(msgIds[arg0])); //设置关卡内容
  TextView tv1=(TextView)ll.getChildAt(1);                 //得到 tv1 的子控件
  //设置每个关卡最高得分
  tv1.setText(getResources().getText(R.string.highpoint)+" "+query(arg0+1));
  return ll; }};                                           //设置控件
  lv.setAdapter(ba);                                       //为 ListView 设置内容适配器
  lv.setOnItemClickListener(                               //设置选项被单击的监听器
  new OnItemClickListener(){
```

```
20        public void onItemClick(AdapterView<?> arg0, View arg1, int arg2, long arg3) {
21          if(MainGameActivity.sound.mp==null){                    //如果 mediaplayer 为空
22            MainGameActivity.sound.mp = MediaPlayer.create(  //初始化 mediaplayer
23            ListViewActivity.this, R.raw.bg_music);}    //设置背景音乐
24          MainGameActivity.sound.mp.start();                      //播放背景音乐
25          MainGameActivity.sound.playMusic(Constants.sf_swish, 0);//播放选项被点击的音乐
26          Bundle bundle = new Bundle();                          //创建 Bundle 对象
27          //创建 Intent(开始游戏)
28          Intent intent = new Intent(ListViewActivity.this,StartGameActivity.class);
29          int highpoint = query(arg2+1);                         //查询本关卡最高分
30          bundle.putInt("mapNum", arg2);                         //传递关卡号
31          bundle.putInt("highpoint",highpoint);                  //将最高分加入 Bundle
32          intent.putExtra("bundle", bundle);                     //将 bundle 加入 Intent
33          ListViewActivity.this.startActivity(intent); //启动 StartGameActivity
34        }});
35      lv.setPadding(20, 20, 20, 20);                             //ListView 的相关设置
36      lv.setBackgroundColor(Color.BLACK);                        //设置 lv 控件的背景颜色
37    }
```

- 第 1～17 行为初始化 ListView 对象，设置该 ListView 显示的内容为数据库中提取的数据、关卡名及对应关数游戏玩家的最高得分纪录。
- 第 18～34 行为 ListView 点击事件的代码实现，当玩家点击某关游戏后，开始音乐并且传递相关值给 StartGameActivity。第 35～36 行为对 ListView 的呈现进行相关的设置。

15.4.3 关于游戏界面

前面已经详细介绍了 MainGameActivity 类及 ListViewActivity 类界面的开发，接下来开发的是 AboutGameActivity 类及 YouXiFangfaActivity 类，相对于 MainGameActivity 类及 ListViewActivity 类的开发，这两个类的开发要简单得多。

（1）首先开发的是关于游戏 AboutGameActivity 类的布局描述文件 AboutGameActivity.xml，其详细开发代码如下。

代码位置：见本书随书光盘中源代码/第 15 章/ColorfulHexdefence/res/layout 目录下的 aboutgame.xml。

```
<?xml version="1.0" encoding="utf-8"?>                    <!--版本号和编码方式-->
<LinearLayout xmlns:android="http://schemas.android.com/apk/res/android"
  android:orientation="vertical"                          <!--控件对齐方式-->
  android:layout_width="fill_parent"                      <!--控件充满父类控件-->
  android:layout_height="fill_parent"                     <!--控件充满父类控件-->
  android:background="@drawable/guanyuyouxi">             <!--控件背景颜色-->
</LinearLayout>
```

> **说明** 该界面的布局是将充满整个屏幕的 LinearLayout 控件背景设置为 guanyuyouxi.png。此界面开发比较简单，读者可以自行进行开发，实现更绚丽的效果。

（2）接下来开发与布局文件 AboutGameActivity.xml 相对应的 Java 类 AboutGameActivity.java，其详细代码如下所示。

代码位置：见本书随书光盘中源代码/第 15 章/ColorfulHexdefence/src/com/baina/tower/allactivity 目录下的 AboutGameActivity.java。

```
package com.baina.tower.allactivity;
import android.app.Activity;
……//此处省略了部分类的引入代码，读者可以自行查阅随书光盘的源代码
public class AboutGameActivity extends Activity {              //继承 Activity
  public void onCreate(Bundle savedInstanceState){
    super.onCreate(savedInstanceState);                        //调用父类方法
    requestWindowFeature(Window.FEATURE_NO_TITLE);             //请求屏幕
    getWindow().setFlags(WindowManager.LayoutParams.FLAG_FULLSCREEN ,
    WindowManager.LayoutParams.FLAG_FULLSCREEN);               //设置为全屏模式
```

```
    //设置为竖屏模式
    setRequestedOrientation(ActivityInfo.SCREEN_ORIENTATION_PORTRAIT);
    this.setContentView(R.layout.aboutgame);                    //设置界面
}}
```

> **说明** 游戏方法界面类 YouXiFangfaActivity 的开发与关于游戏界面类 AboutGameActivity 的开发完全相同，这里不再赘述，读者可以自行查阅光盘。

15.5 游戏算法及主界面相关类

前面的章节介绍了游戏辅助界面类和相关数据库的操作，本节将对游戏软件的界面进行开发，包括游戏算法、地图、怪物、炮塔、子弹、地图功能、游戏界面和游戏线程的开发步骤，使读者对本游戏理解透彻。

15.5.1 游戏核心算法类——Game

游戏中的怪物为自动寻找最佳路径，这里从算法效率考虑，采用大部分塔防游戏选择的广度优先 A*算法，下面将详细分析该算法。

（1）读者可以先自行查阅资料对广度优先路径搜索算法 BFS 有比较深入的了解，这里只作简要解释。该算法的基本思路是站在首节点上，依次访问所有连接到首节点的节点，再以访问到的节点作为首节点继续访问所有连接到该首节点的节点，直到访问到目标节点为止。

（2）A*算法是一种启发式搜索算法，是利用一个启发因子评估每次寻找到的路线的优劣，再决定向哪个节点走，因此需要为 BFS 算法的优先队列设置比较器 AstarComparator。

（3）AstarComparator 类为优先队列 PriorityQueue（读者不必着急，后面的开发将会对 PriorityQueue 队列进行详细介绍）的比较器，该比较器使得寻找的路径节点总是朝着目标节点靠近，提高了路径搜索的效率。

（4）对于六边形地图，每一个六边形周围都有 6 个六边形，该六边形中心点与相邻 6 个六边形中心点的距离都是相等的，所以每个节点的相邻下一个节点都有 6 个节点，依次类推就可以访问地图当中全部的节点。

（5）六边形地图平铺到手机屏幕上时会因为奇数行和偶数行的不同有一个 0.866*边长的错位才能保证铺满屏幕，这也是六边形地图相对于传统四边形地图绘制的难度所在。后面地图的绘制过程会给出详细介绍，读者可以仔细揣摩绘制过程。

（6）Game 类中实现的算法就是按如图 15-21 的样式来编写的，六边形中对应的数字为二维数组中对应的位置，通过树状图的方式完成全地图的遍历。有关树状图的知识，读者可以自行查阅相关书籍，由于篇幅有限这里不再进行详细讲解，后边的开发中还会重点分析该图。

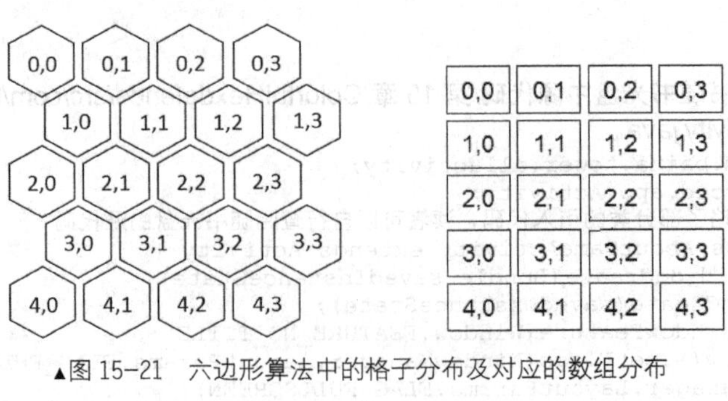

▲图 15-21　六边形算法中的格子分布及对应的数组分布

> **提示** 为了使读者彻底理解 BFS 算法，首先需要充分掌握 Java 中集合框架的基本知识及使用技巧，才能根据需要任意更改算法，使怪物更加智能化。

1. Game 类的核心方法

下面开发 Game 类中的自动搜索路径算法，虽然该算法代码量不大，读者仍需仔细体会其中的运行原理，详细代码如下所示。

代码位置：见本书随书光盘中源代码/第 15 章/ColorfulHexdefence/src/com/baina/tower/game 目录下的 Game.java。

```
PriorityQueue<int[][]> astarQueue=
 new PriorityQueue<int[][]>(100,new AStarComparator(this));   //A*用优先级队列
HashMap<String,int[][]> hm=new HashMap<String,int[][]>();      //结果路径记录
//0 未去过，1 去过
int[][] visited=new int[Map.MAP_DATA[0].length][Map.MAP_DATA[0][0].length];
boolean pathFlag=false;                                        //true 找到了路径
……//此处省略了和该算法无关的相关变量，读者可以自行查阅随书光盘的源代码
public int[] source=Map.source[mapNum];                        //出发点 col,row
public int[] target= Map.target[mapNum];                       //目标点 col,row
int[][][] sequenceZ={                                          //寻进方向
  {{0,1} {-1,1},{1,0},{-1,0},{0,-1},{-1,-1},},                 //偶数行寻进方向
  {{1,1}, {1,0},{0,1},{-1,0},{1,-1},{0,-1},}};                 //奇数行寻进方向
//路径搜索算法
public synchronized HashMap<String, int[][]> BFSAStar(int[][] map_temp,int x, int y) {
 boolean flag=true;                                            //算法开始标记为 true
 int[][] start={{x,y},{x,y}};                                  //开始状态记录初始点
 astarQueue.offer(start);                                      //从队列中取出点
 int count=0;                                                  //表示所走的步数
 while(flag){                                                  //进入寻找路线循环
  int[][] currentEdge=astarQueue.poll();                       //从队首取出边
  int[] tempTarget=currentEdge[1];                             //取出此边的目的点
  //判断目的点是否去过，若去过则直接进入下次循环
  if(visited[tempTarget[1]][tempTarget[0]]!=0){
   continue; }
  count++;                                                     //增加一步
  //标识目的点为访问过
  visited[tempTarget[1]][tempTarget[0]]=visited[currentEdge[0][1]][currentEdge[0][0]]+1;
  //记录此临时目的点的父节点
  hm.put(tempTarget[0]+":"+tempTarget[1],new int[][]{currentEdge[1],currentEdge[0]});
  if(tempTarget[0]==target[0]&&tempTarget[1]==target[1]){      //判断有否找到目的点
   break;}                                                     //找到则退出循环
  int currCol=tempTarget[0];                                   //将所有可能的边(列)入优先级队列
  int currRow=tempTarget[1];                                   //将所有可能的边(行)入优先级队列
  int[][] sequence=null;                                       //创建保存 6 个方向的数组
  if(currRow%2==0){                                            //根据奇数、偶数的不同赋值
   sequence=sequenceZ[0];
  }else{
   sequence=sequenceZ[1];}
   for(int[] rc:sequence){                                     //循环 6 个方向
    int i=rc[1];
    int j=rc[0];
    //判断是否该点在地图内，且该点可以到达
    if(i==0&&j==0){continue;}
    //判断是否将当前路径加入优先队列
    if(currRow+i>=0&&currRow+i<Map.MAP_DATA[0].length
    &&currCol+j>=0&&currCol+j<Map.MAP_DATA[0][0].length
    &&map_temp[currRow+i][currCol+j]!=1){
     int[][] tempEdge={{tempTarget[0],tempTarget[1]},{currCol+j,currRow+i}};
     astarQueue.offer(tempEdge);                               //将该小段路线存入优先队列
 }}}
 pathFlag=true;                                                //得到路线，标记为 true
```

```
52      return hm;                                          //返回结果路径
53  }
```

- 第 1～2 行为创建一个优先队列 PriorityQueue 对象用来存放搜索路径的各个节点。该优先队列可以依据每个节点与目标点的距离进行排序，距离近的会排到前面，使得搜索的路线总是朝着最近的方向延伸。
- 第 3 行为用来存放最终结果路径的集合。第 6 行为标记该点是否已经参与过搜索。第 6 行为是否找到路线的标记位。第 8～9 行为起点终点的坐标。
- 第 10～12 行为创建存放 6 个方向的数组，如图 15-21 所示，当以奇数行的某个六边形为中心，周围的 6 个六边形相对于此六边形在二维数组中的坐标差值就是该数组的值。
- 第 14 行为寻路算法参数分别是：所要寻找最佳路径的地图和起点。算法 synchronized 的使用是必要的，该方法同时只能有一个调用者，被多者同时调用会由于变量的改变导致错误。
- 第 15～18 行是对循环寻找路径节点的准备，包括设置起始节点、设置标志位等。第 19～31 行为取出一小步路径的目标点，判断是否走过并记录该节点，并且标记该节点为已访问，若到达目标节点就结束循环。
- 第 32～50 行是为该节点选择可以继续寻找下一个节点的方向点。第 51～52 行是路径搜索成功后设置相应标记位、返回路径集合。

2. 优化算法——AstarComparator 类

AstarComparator 类为优先队列 PriorityQueue 的比较器，该比较器使得寻找的路径节点总是朝着目标节点靠近，提高了路径搜索的效率，其详细代码如下所示。

代码位置：见本书随书光盘中源代码/第 15 章/ColorfulHexdefence/src/com/baina/tower/ utils 目录下的 AStarComparator.java。

```
1    package com.baina.tower.utils;
2    import java.io.Serializable;
3    ……//此处省略部分引入包类，读者可自行查阅光盘
4    public class AStarComparator implements Comparator<int[][]>{
5      Game game;                                                   //Game 对象的引用
6    public AStarComparator(Game game){
7      this.game=game;}                                         //初始化 Game 对象
8    public int compare(int[][] o1,int[][] o2){                 //比较二者距离目标点的距离
9      int[] t1=o1[1];
10     int[] t2=o2[1];
11     int[] target=game.target;                                //目标点坐标
12     //门特卡罗距离的计算，计算当前点和目标点之间的距离
13     int a=game.getVisited(o1[0][1], o1[0][0])+Math.abs(t1[0]-target[0])+Math.abs(t1
       [1]-target[1]);
14     int b=game.getVisited(o2[0][1], o2[0][0])+Math.abs(t2[0]-target[0])+Math.abs(t2
       [1]-target[1]);
15     //增加方向标节点和目标点之间的距离，使怪物尽量绕开方向标
16     if(game.map_tower[o1[0][1]][o1[0][0]]>=6 && game.map_tower[o1[0][1]][o1[0][0]]
       <=11){
17       a+=2;}
18     if(game.map_tower[o2[0][1]][o2[0][0]]>=6 && game.map_tower[o2[0][1]][o2[0][0]]
       <=11){
19       b+=2;}
20     return a-b;                                                  //返回比较值
21   }}
```

- 第 5～7 行为成员变量的声明及初始化。
- 第 8～21 行为对 Comparator 接口中 compare 方法的实现，具体功能为比较两个点距离目标点的距离，并将比较的结果返回。
- 第 16～19 行用来处理地图上的功能格子，使得算法尽可能绕过功能格子进行搜索。

15.5.2 游戏界面相关类

上面讲解了游戏的核心算法——Game 类的开发过程，当 Game 类开发完成以后，随即就进入到了游戏过程界面的开发，下面将分步骤介绍游戏界面的开发过程。

1. 地图绘制类——LBX

（1）首先介绍 LBX.java 类的框架，这里读者只需要了解程序的执行过程即可，后面将会对其进行详细讲解，读者不必深究，其详细代码如下。

代码位置：见本书随书光盘中源代码/第 15 章/ColorfulHexdefence/src/com/baina/tower/utils 目录下的 LBX.java。

```
1   import com.baina.tower.view.GameSurfaceView;
2   ……//此处省略了部分类的引入代码，读者可以自行查阅随书光盘中的源代码
3   public class LBX{
4   ……//此处省略了部分成员变量，读者可以自行查阅光盘中的源代码
5     public LBX(Bitmap black,GameSurfaceView mv){
6       Init(black,mv);
7       PositionInit();
8       InitLBX();
9     }
10    public void InitLBX(){
11    ……//此处省略了初始化六边形路径
12    }
13    public void Init(Bitmap black,GameSurfaceView mv){
14    ……//此处省略了成员变量的初始化
15    }
16    public void drawSelf(Canvas canvas,Paint paint,float xOffset,float yOffset,int[]
      color){
17    ……//此处省略六边形的绘制
18    }
19    public void drawMap(Canvas canvas,Paint paint){
20    ……//此处省略六边形的绘制
21    }
22    public void PositionInit(){
23    ……//此处省略六边形地图功能格子的初始化代码，后面将进行详细讲解
24    }
25    public static float[] getPosition(int row,int col){ //根据行列给定六边形中心点坐标
26      return new float[]{tempC[row][col],tempR[row][col]}; //由给定数组坐标得到屏幕坐标
27    }
28    public static int[] getRowcol(float x, float y){    //根据屏幕坐标确定所处格子
29      int row =Math.round( (x-xGlobalOffset)/(a+b));    //由 x 确定 row
30      float yStart=(row%2==0)?xStartA:xStartB;
31      int col = Math.round((y-yStart-yGlobalOffset)/(2*h)); //由 y 确定 col
32      if(row>11 || col >14 || row<0|| col <0){         //如果不在地图内则返回(0,0)点
33        return new int[]{0,0};}
34        return new int[]{row,col};                     //返回数组坐标
35  }}
```

- 第 5～9 行为 LBX 类的构造器，进行变量的初始化。第 10～21 行为初始化六边形路径，成员变量及六边形的绘制方法，比较简单，这里不再详细讲解，读者可自行参阅光盘中源程序。
- 第 22～24 行为初始化地图功能格子位置的方法，后面将进行详细介绍。
- 第 25～27 行为由数组行列得到屏幕像素点坐标的方法。
- 第 28～35 行为根据屏幕像素点坐标确定该点处于哪个六边形中的方法。

（2）接下来列出 LBX 类中的成员变量，用于存储地图的相关数据，代码中已经给出详细注解，具体实现代码如下所示。

代码位置：见本书随书光盘中源代码/第 15 章/ColorfulHexdefence/src/com/baina/tower/utils 目录下的 LBX.java。

```
final static float yGlobalOffset=60;                      //地图全局总 y 偏移量
final static float xGlobalOffset=25;                      //地图全局总 x 偏移量
```

```
    final static float xStartA=0;                     //奇数行偏移 0
    final static float xStartB=0+h;                   //偶数行偏移 h
    private static float [][]tempR;                   //六边形 y 屏幕坐标
    private static float [][]tempC;                   //六边形 x 屏幕坐标
    GameSurfaceView mv;                               //GameSurfaceView 引用
    Path mPatha = new Path();                         //多边形路径-三角形
    Bitmap black;                                     //障碍图片
    Bitmap start_bit;                                 //开始位置图片
    Bitmap blood_up;                                  //加血图片
    Bitmap blood_down;                                //减速图片
    Bitmap speed_up;                                  //加速图片
    Bitmap speed_down;                                //减速图片
    Bitmap turn_num1;                                 //控制怪行走的方向一
    Bitmap turn_num2;                                 //控制怪行走的方向二
    Bitmap turn_num3;                                 //控制怪行走的方向三
    Bitmap turn_num4;                                 //控制怪行走的方向四
    Bitmap turn_num5;                                 //控制怪行走的方向五
    Bitmap turn_num6;                                 //控制怪行走的方向六
    Bitmap end_bit;                                   //目标点图片
    public int mapNum;                                //地图编号
    int start[];                                      //开始点的数组坐标
    int end[];                                        //目标点的数组坐标
    CapabilityList capability_list;                   //地图功能格子集合
    Thread tt;                                        //绘制出发点的动画的线程
    public float[] temp3;                             //处理相关功能的临时数组
    public float[] temp2;                             //处理相关功能的临时数组
```

说明　以上变量用来处理游戏呈现界面的地图绘制及相关对象的生成，从变量的数量说明了 LBX 类开发的难度，下面将进行详细讲解。

（3）本游戏的关数选择列表是一个可以上下滑动的 ListView，选择相应的关卡会切换到不同地图，这里只简要介绍 Map 类中的第 10 关地图。

代码位置：见本书随书光盘中源代码/第 15 章/ColorfulHexdefence/src/com/baina/tower/constant 目录下的 Map.java。

```
//每关地图都是三维数组中的一个二维数组
{{1,1,1,1,1,1,1,1,1,1,1,1,1,1,1},         //这里的每个数字代表一个六边形
{1,0,0,0,0,0,1,0,0,0,0,0,1,1,1},          //1 为障碍物
{1,1,1,0,0,0,0,0,8,7,0,0,1,1,1},          //0 为空格子
{1,0,0,0,0,0,0,9,5,6,0,0,1,1,1},          //2 是减速格子
{1,0,0,0,0,0,0,0,7,11,0,0,1,1,1},         //3 是加速格子
{1,0,0,0,0,0,0,0,0,0,0,0,1,1,1},          //4 是减血格子
{1,0,0,0,8,7,0,0,0,0,0,0,1,1,1},          //5 是加血格子
{1,0,0,9,4,9,0,0,0,0,0,0,1,1,1},          //6～11 是控制怪物行走方向的格子
{1,0,0,0,10,11,0,0,0,0,3,3,1,1,1},        //绘制时系统根据地图编号绘制相应的
{1,0,0,0,0,0,0,0,0,0,3,0,3,1,1,1},        //地图功能格子，每个格子都会对怪物
{1,0,0,0,0,0,1,0,0,0,3,3,1,1,1},          //行走产生一定的影响，读者若不理解也不必着急
{1,1,1,1,1,1,1,1,1,1,1,1,1,1,1}}          //后面对其进行详细讲解
```

说明　六边形地图样式如图 15-21 所示。地图数组中的 0 为怪物可以通过此点，1 为怪物不可以通过此点，2 是减速格子，3 是加速格子，4 是减血格子，5 是加血格子，6～11 是控制怪物行走方向的格子。

（4）接下来开发初始化地图数组，该数组中存放本关卡游戏的所有地图格子的屏幕坐标，初始化同时创建相关地图功能对象，其详细代码如下。

代码位置：见本书随书光盘中源代码/第 15 章/ColorfulHexdefence/src/com/baina/tower/utils 目录下的 LBX.java。

```
public void PositionInit(){
  //创建数组，用来处理功能格子的相关问题
```

```
3      tempR = new float[Map.MAP_DATA[0].length][Map.MAP_DATA[0][0].length];
4      //创建数组，用来处理功能格子的相关问题
5      tempC = new float[Map.MAP_DATA[0].length][Map.MAP_DATA[0][0].length];
6      for(int i=0; i<Map.MAP_DATA[0].length; i++){                    //循环地图数组
7        for(int j=0; j<Map.MAP_DATA[0][0].length; j++){
8          float yStart=(i%2==0)?xStartA:xStartB;                      //初始化 y 偏移
9          float yOffset=yStart+j*2*h+yGlobalOffset;                   //确定该点 y 坐标
10         float xOffset =i *(a+b)+xGlobalOffset;                      //确定该点 x 偏移
11         //将行列的屏幕坐标存于静态数组中
12         tempR[i][j]=yOffset;
13         tempC[i][j]=xOffset;
14         switch(MAP_DATA[mapNum][i][j]) {                            //判断地图数组中数字
15           case 1:break;                                             //1 不做任何工作
16           //将减速格子对象加入列表
17           case 2: capability_list.add(new Speed_Down(speed_down,i,j)); break;
18           //将加速格子对象加入列表
19            case 3: capability_list.add(new Speed_Up(speed_up,i,j));break;
20            //将减血格子对象加入列表
21            case 4:capability_list.add(new Blood_Down(blood_down,i,j));break;
22            //将加血格子对象加入列表
23            case 5: capability_list.add(new Blood_Up(blood_up,i,j));break;
24            //将控制方向格子对象加入列表
25            case 6:capability_list.add(new Go_Direction(turn_num1,i,j,6));break;
26            //地图控制方向的格子编号所代表的方向为：
27            //          6
28            //     11        7
29            //     10        8
30            //          9
31          //将控制方向格子对象加入列表
32            case 7:capability_list.add(new Go_Direction(turn_num2,i,j,7)); break;
33            //将控制方向格子对象加入列表
34            case 8:capability_list.add(new Go_Direction(turn_num3,i,j,8)); break;
35            //将控制方向格子对象加入列表
36            case 9: capability_list.add(new Go_Direction(turn_num4,i,j,9));break;
37            //将控制方向格子对象加入列表
38            case 10: capability_list.add(new Go_Direction(turn_num5,i,j,10)); break;
39            //将控制方向格子对象加入列表
40            case 11:capability_list.add(new Go_Direction(turn_num6,i,j,11)); break;
41     }}}}
```

- 第 2～5 行为创建存储屏幕坐标数组。第 8～13 行为循环该数组初始化 x 偏移和 y 偏移。
- 第 14～41 行为计算该数组坐标点对应于屏幕的像素点，并将该屏幕像素点记录在数组中，以及将创建地图功能对象加入列表。

2. 游戏界面绘制类——GameSurfaceView

上面讲解了 LBX 类的实现过程，当地图相关对象创建完成以后，接着就进入到了 GameSurfaceView 类的开发，其用于整个游戏界面的绘制。

（1）首先开发 GameSurfaceView 类的框架，这里只需要简单了解即可，不必深究，后面将会对其进行详细介绍，具体代码如下。

代码位置：见本书随书光盘中源代码/第 15 章/ColorfulHexdefence/src/com/baina/tower/view 目录下的 GameSurfaceView.java。

```
package com.baina.tower.view;
import com.baina.tower.utils.UpdateBitmap;
……//此处省略了部分类的引入代码，读者可以自行查阅随书光盘的源代码
// GameSurfaceView 实现生命周期回调接口，由系统创建/销毁
public class GameSurfaceView extends SurfaceView implements SurfaceHolder.Callback{
    StartGameActivity activity;
    ……//此处省略该类成员变量，读者可以自行查阅随书光盘的源代码
    public boolean isLiang = false;                        //怪物进入目的点的时候亮一下
    public GameSurfaceView(StartGameActivity activity) {
    ……//该类的构造器，功能为确定屏幕规格、是否读取游戏存储，代码此处省略
    }
```

```
12      public boolean onKeyDo(int keyCode, KeyEvent event) {
13         ……//键盘输入监听方法，代码此处省略
14      }
15         @Override
16         public boolean onTouchEvent(MotionEvent event) {
17         ……//屏幕触摸后系统调用方法的实现，代码此处省略
18         }
19         public void onDraw(Canvas canvas) {
20         ……//游戏界面绘制方法，代码此处省略
21         }
22         public void gameComingToOver(){                          //游戏快结束时调用的方法
23         gameisover=ture;                                         //设置 gameisover 为 true
24         new UtilThread(this,3).start();                          //创建爆炸线程，播放爆炸动画
25         }
26         public void boomTM(){
27         ……//画面爆炸的方法，代码此处省略
28         }
29         public void gameOver() {
30         ……//游戏结束后调用，结束线程，销毁游戏界面，代码此处省略
31         }
32         public void surfaceChanged(SurfaceHolder arg0, int arg1, int arg2, int arg3) {
33         ……//屏幕尺寸改变时调用，此处没有代码实现，如有需要读者可以自行实现
34         }
35         public void pauseOrContinueThreads() {
36         ……//游戏的暂停与结束，这里处理游戏线程的暂停与结束，代码此处省略
37         }
38         public void replay() {
39         ……//重玩的方法，重新初始化 GameSurfaceView 对象
40         }
41         public Bitmap[] getButton(){
42         ……//得到相关图片，代码此处省略
43         }
44         public Bitmap[] getLBXBit(){
45         ……//得到相关图片，代码此处省略
46         }
47         public void surfaceCreated(SurfaceHolder holder) {   //创建时被调用
48         ……//游戏界面创建调用、功能初始化变量、开启线程或者直接读取游戏进度，代码此处省略
49         }
50         public void repaint() {
51         ……//重绘界面，代码此处省略
52         }
53         public void surfaceDestroyed(SurfaceHolder arg0) {   //销毁时被调用
54         ……//停止线程，代码此处省略
55   }}
```

- 第 6～8 行为创建相关对象，用来控制整个游戏界面的呈现。第 9～11 行为该类的构造器，进行初始化画笔及设置屏幕模式等一些操作。第 12～14 行为玩家按下菜单键时调用的方法，这里呈现的是生成重玩菜单选项。
- 第 16～18 行为整个游戏界面触摸方法的代码实现，由于内容较多，开发到了另外一个类 TowerAdder 中，稍后将对 TowerAdder 类进行详细讲解。
- 第 19～21 行是整个游戏的绘制方法。第 26～28 行为播放爆炸动画的方法。第 29～31 行为结束游戏的方法。第 32～34 行为游戏界面改变时系统的回调方法，第 35～40 行是游戏的暂停、重新开始方法。
- 第 41～46 行为得到界面相关图片的方法。第 47～49 行在界面创建时调用，进行变量的初始化、开启线程等操作。第 50～52 行是重绘界面方法。第 53～55 行为界面销毁时系统的回调方法，主要用于停止线程等操作。

（2）接下来开发 GameSurfaceView 类的构造器，用于设置屏幕自适应、初始化画笔和读取游戏存档进度，具体实现代码如下所示。

代码位置：见本书随书光盘中源代码/第 15 章/ColorfulHexdefence/src/com/baina/tower/view 目录下的 GameSurfaceView.java。

```
  public GameSurfaceView(StartGameActivity activity) { // GameSurfaceView构造器
    super(activity);                                    //调用父类构造器
    //用于存放屏幕缩放结果的 ScreenScaleResult 类
    screenScaleResult = ScreenScaleUtil.calScale(Constants.PMX1,Constants.PMY1);
    Constants.LOX = screenScaleResult.lucX;             //存储画布横向偏移
    Constants.LOY = screenScaleResult.lucY;             //存储画布纵向偏移
    Constants.RADIO = screenScaleResult.ratio;          //存储画布缩放率
    this.activity = activity;                           //保留 activity 的引用
    this.getHolder().addCallback(this);                 //设置生命周期回调接口的实现者
    paint = new Paint();                                //创建画笔
    paint.setAntiAlias(true);                           //打开抗锯齿
    mapNum = activity.mapNum;                           //初始化游戏关卡地图编号
    if(mapNum == 100){                                  //是否读取游戏进度
      huiFu = true;                                     //设置继续游戏标志位为 true
      try {                                             //以下是读取游戏存储进度
        in = this.getContext().openFileInput("game.ytl");//打开 game.ytl 文件，没有则创建
        oin = new ObjectInputStream(in);                //创建读取流
        this.life = oin.readInt();                      //得到目标点生命
        this.mapNum = oin.readInt();                    //得到关卡号
        this.boshu = oin.readInt();                     //得到该关卡游戏回合
        this.boShuCount =oin.readInt();                 //得到该回合中怪物的数量
        } catch (Exception e) {                         //捕获文件读取中的异常
          e.printStackTrace();}}                        //打印异常信息
     this.setFocusable(true);                           //设置焦点为 true
     this.setFocusableInTouchMode(true);                //设置为可以触控模式
  }
```

说明　由于创建 GameSurfaceView 实例时系统会调用该类的 onCreate 方法，所以，该类中构造器代码量相对较少，大部分功能代码都放在了 GameSurfaceView 类的 onCreate 方法体中。

（3）接下来开发 GameSurfaceView 类中的 onCreate 方法体，功能为创建游戏所需对象及线程，其详细代码如下所示。

代码位置：见本书随书光盘中源代码/第 15 章/ColorfulHexdefence/src/com/baina/tower/view 目录下的 GameSurfaceView.java。

```
  public void surfaceCreated(SurfaceHolder holder) {   //游戏界面创建时被调用
      deFen = BitmapFactory.decodeResource(this.getResources(),  R.drawable.defen);
      ……//此处省略大部分图片的初始化
      gameOver=BitmapFactory.decodeResource(this.getResources(),R.drawable.gameover);
      game = new Game(this);                            //创建 Game 对象
      socre = new Score(this);                          //创建分数对象
      master_list = new MonsterList(this);              //创建怪物列表
      tower_list = new TowerList();                     //创建塔列表
      capability_list = new CapabilityList(this);       //创建地图功能列表
      update = new Update();                            //创建升级塔对象
      lbx = new LBX(black,this);                        //创建地图对象
      tft = new BulletRunThread(tower_list);            //创建子弹走线程
      ta = new TowerAdder(this);                        //创建触控类
      cm = new CreateMonster(master_list, this, creep_red);//创建定时产生怪物的线程
      cm.start();                                       //开启产生怪物的线程
      boShuCount = Constants.MASTER_COUNT;              //初始化每一波怪物的个数
      mrt = new MonsterRunThread(this);                 //创建怪物行走线程并开始线程
      mrt.start();                                      //启动怪物行走线程
      dmt = new DrawMonsterThread(this);                //创建刷帧线程，定时绘制界面
      dmt.start();                                      //开启刷帧线程
  }
```

> **说明**　本方法的作用为初始化游戏界面所需要的图片，创建控制游戏所需的对象，开启游戏线程等操作。需要强调除绘制线程外，其他线程都是以循环列表的方式来控制整个游戏的怪物、塔、子弹。这里还省略了关于游戏存储及恢复游戏的代码，读者先不用去深究游戏的存储问题。

（4）接下来开发触控事件实现方法 touchEvent，玩家通过触摸不同位置执行不同的事件响应，具体实现代码如下所示。

代码位置：见本书随书光盘中源代码/第 15 章/ColorfulHexdefence/src/com/baina/tower/game 目录下的 TowerAdder.java。

```
1    public boolean touchEvent(MotionEvent event){                //触摸事件的回调方法
2      float x = event.getX();                                    //记录当前像素点坐标
3      float y = event.getY();                                    //记录当前像素点坐标
4      switch(event.getAction()) {                                //判断当前事件类型
5        case MotionEvent.ACTION_DOWN:                            //假如当前事件类型是按下
6        ……//这里省略处理的按下事件，这里不再讲解，读者自行查阅
7        case MotionEvent.ACTION_MOVE:                            //假如当前事件类型是移动
8        //若当前还没有判定为移动动作，则需要执行判断逻辑
9        if(flagMove!=true && isDown ==true) {
10         //计算 x 方向的移动差
11         float dx=Math.abs(event.getX()/Constants.RADIO-Constants.LOX-position_botton[0]);
12          //计算 y 方向的移动差
13         float dy=Math.abs(event.getY()/Constants.RADIO-Constants.LOY-position_botton[1]);
14         if(dx>MOVE_THRESHOLD||dy>MOVE_THRESHOLD) {//若大于阈值则判定为移动动作
15           flagMove=true;
16         }}else{
17         if(isDown) {
18           //用于不同的分辨率时触摸数据的还原，还原触摸点的横坐标
19           position_botton[0]=x/Constants.RADIO-Constants.LOX;
20          //用于不同的分辨率时触摸数据的还原，还原触摸点的纵坐标
21           position_botton[1]=y/Constants.RADIO-Constants.LOY;
22          //计算当前触摸点所处的六边形
23           int[] temp1 = LBX.getRowcol(x/Constants.RADIO-Constants.LOX,
24           (y - Constants.FINGERTOTARGET)/Constants.RADIO-Constants.LOY);
25          //判断移动之后是否移出先前所处的格子，移出后赋值
26           if(temp1[0]!=move_Button_Pre[0] || temp1[1]!=move_Button_Pre[1]) {
27             move_Button_Pre[0]=temp1[0];                       //记录当前点
28             move_Button_Pre[1]=temp1[1];                       //记录当前点
29            //根据六边形的位置，计算此六边形的中心点的位置
30             move_Button = LBX.getPosition(temp1[0], temp1[1]);
31              //判断当前点是否可以放置炮塔
32             if(isEmpty(temp1[0], temp1[1]) && !game.isGetInWay(temp1[0], temp1[1])){
33               putRed = false;                                  //该标记位用于处理塔可以放置否
34              }else{
35                putRed = true;                                  //该标记位用于处理塔可以放置否
36              }}}}
37         break;
38         case MotionEvent.ACTION_UP:                            //假如当前事件类型是抬起
39         ……//这里省略手指抬起的事件处理代码，由于内容简单读者自行查阅源代码即可
40   }
```

- 第 2～3 行为记录当前触控点坐标。第 4 行为判断当前触控类型，分别为 ACTION_DOWN, ACTION_MOVE,ACTION_UP 三种类型。
- 第 5～6 行为 ACTION_DOWN 事件的处理代码，此处省略，读者可以自行查阅。第 9～15 行为判断动作事件的移动幅度大于阈值则认为该动作为移动事件。
- 第 17～32 行为移动事件的处理代码。第 18～21 行将触控位置与屏幕自适应进行计算，得到最终触控点坐标。第 23 行是根据屏幕坐标得到地图数组中的位置。第 26～36 行是处理当前触控点是否可以放置炮塔，若该点为障碍物或者该点让怪物无法到达终点，则此处不可以放置炮塔。
- 第 38～39 行为 ACTION_UP 事件的代码，内容相对简单，读者可以自行查阅光盘。

（5）接下来开发 GameSurfaceView 类中的绘制方法 onDraw，其作用是绘制整个游戏场景，其详细代码如下。

代码位置：见本书随书光盘中源代码/第 15 章/ColorfulHexdefence/src/com/baina/tower/view 目录下的 GameSurfaceView.java。

```
public void onDraw(Canvas canvas) {                          //GameSurfaceView 界面绘制方法
  canvas.save();                                             //保存画布
  canvas.translate(Constants.LOX,Constants.LOY); //根据计算的 LOX、LOY 的值平移画布
  canvas.scale(Constants.RADIO, Constants.RADIO);//根据计算的 RADIO 的值平移画布
  ……//这里省略部分画面的绘制，由于内容简单读者自行查阅源代码即可
  capability_list.draw(canvas);                              //绘制地图功能格子
  master_list.draw(canvas);                                  //怪物列表的绘制
  ta.draw(canvas);                                           //绘制放置塔时的移动图
  tower_list.draw(canvas);                                   //绘制塔列表
  canvas.restore();                                          //恢复画布
}
```

说明 以上是一帧画面呈现的所有内容，具体呈现代码这里不再详细进行开发，此处只讲解大体绘画框架及比较重要的方法体。读者可以自行查阅随书光盘中附带的源代码。怪物、塔、地图功能的列表类后面将会涉及，这里读者不必深究。

（6）下面开发的是 GameSurfaceView 类中的 surfaceDestroyed 方法体，用于清空所有游戏相关对象，停止线程和关闭音乐，其详细代码如下所示。

代码位置：见本书随书光盘中源代码/第 15 章/ColorfulHexdefence/src/com/baina/tower/view 目录下的 GameSurfaceView.java。

```
public void surfaceDestroyed(SurfaceHolder arg0) {   // SurfaceView 销毁时被调用
  //清空所有集合，重置所用到的对象里的变量
  activity.executeDatebase();                        //将游戏得分存入数据库
  game.clearState();                                 //清空算法类各数据
  master_list.clear();                               //清空怪物列表
  tower_list.clear();                                //清空塔列表
  cm.setFlag(false);                                 //设置线程标志位为 false，停掉线程
  mrt.setFlag(false);                                //设置线程标志位为 false，停掉线程
  dmt.setFlag(false);                                //设置线程标志位为 false，停掉线程
  tft.setFlag(false);                                //设置线程标志位为 false，停掉线程
  try {                                              //捕获异常
    dmt.join();                                      //保证该在关闭页面时全部执行完成
    mrt.join();                                      //保证该在关闭页面时全部执行完成
    tft.join();                                      //保证该在关闭页面时全部执行完成
    cm.join();                                       //保证该在关闭页面时全部执行完成
  } catch (InterruptedException e) {                 //捕获异常
    e.printStackTrace();}                            //打印异常信息
  if(MainGameActivity.sound.mp!=null){               //关闭背景音乐
    MainGameActivity.sound.mp.release();             //释放 mediaplayer 资源
    MainGameActivity.sound.mp = null;                //设置播放器引用为空
}}
```

说明 当 GameSurfaceView 对象销毁时系统回调该方法，进行保存游戏数据、清空各对象的值、停止正在运行的线程、停止音乐等操作。

（7）下面开发的是 GameSurfaceView 类中的 boomTM 方法体，用于处理游戏结束时画面的爆炸效果，其详细代码如下所示。

代码位置：见本书随书光盘中源代码/第 15 章/ColorfulHexdefence/src/com/baina/tower/view 目录下的 GameSurfaceView.java。

```
public void boomTM(){                                  //处理游戏结束时爆炸效果
  for(int i=0; i<master_list.size(); i++){            //循环怪物列表
```

```
      Monster monster = master_list.get(i);                //得到怪物对象
      float[] te = monster.getCurrentPoint();              //得到怪物屏幕坐标
       int color =Color.WHITE;                             //初始化画笔颜色
       if(monster instanceof Monster_Triangle)color =Color.YELLOW;
       else if(monster instanceof Monster_Square)color =Color.RED;
       else if(monster instanceof Monster_Square)color =Color.RED;
       Utils utila = new Utils(1,te[0], te[1], 100,color,this,10); //创建爆炸对象
       utils.add(utila);                                   //将该对象加入爆炸列表
       utila.start();}                                     //启动线程
    for(int i=0; i<tower_list.size(); i++){                //循环怪物列表
       int color =Color.WHITE;                             //初始化画笔颜色
       Tower tower = tower_list.get(i);                    //得到炮塔对象
       if(tower instanceof Tower_Shell)color =Color.WHITE;
       else if(tower instanceof Tower_Laser)color =Color.GREEN;
       else if(tower instanceof Tower_Missile)color =Color.RED;
       else if(tower instanceof Tower_Wave)color =Color.BLUE;
       float[] te = tower.getXY();                         //得到炮塔屏幕坐标
       Utils utila = new Utils(1,te[0], te[1], 100,color,this,12); //创建爆炸对象
       utils.add(utila);                                   //将该对象加入爆炸列表
       utila.start();}                                     //启动线程
    tower_list.clear();                                    //清空炮塔列表
    master_list.clear();                                   //清空怪物列表
    cm.setFlag(false);                                     //将线程标志位设置为 false
    mrt.setFlag(false);                                    //将线程标志位设置为 false
    tft.setFlag(false);                                    //将线程标志位设置为 false
    new UtilThread(this,2).start();     //调用游戏出现 gamevoer 画面，之后游戏彻底结束
}
```

说明 该方法为游戏结束时将所有怪物以及所有炮塔爆炸，具体步骤就是获取怪物、炮塔列表中的对象，根据它们的位置创建爆炸对象，并将该对象加入爆炸列表中，然后清空所有列表，停止除刷帧以外的所有线程，至此游戏结束。

15.5.3 怪物类——Monster_Square

本游戏主要任务是阻止怪物入侵主城，所以怪物是游戏的主体，为了实现怪物的动态效果，需要开发怪物的行走、辨别方向等模块，下面将分步骤详细介绍这方面知识。

（1）首先开发 Monster_Square 类的成员变量，用于存储怪物当前位置、生命、路径和辅助其他功能的标志位等，其详细代码如下。

代码位置：见本书随书光盘中源代码/第 15 章/ColorfulHexdefence/src/com/baina/tower/monsters 目录下的 Monster_Square.java。

```
        boolean live = true;                              //怪物存活标志位
        int bs;                                           //怪物行走路线步数
        boolean inCapability;                             //行进障碍物的标志位
        boolean flag_controlDirection;                    //方向障碍物的标志位
        int x;                                            //怪物位于大地图中的行数
        int y;                                            //怪物位于大地图中的列数
        int nextX;                                        //怪物下一步位于大地图中的行数
        int nextY;                                        //怪物下一步位于大地图中的列数
        public Bitmap creep;                              //用于绘制的图片
        public GameSurfaceView mv;                        //GameSurfaceView 引用
        public Paint paint;                               //画笔引用
        public Game game;                                 //算法类 Game 引用
        HashMap<String,int[][]> hm;                       //存放行进路径的 HashMap
        ArrayList<int[]>path;                             //存放简化后路径
        //怪物初始化的行进速度
        static int UNIT_SPEED = Constants.MASTER1_UNIT_SPEED;
        int BScount = 0;                                     //行进一大步中的若干小步
        float pianyiX;                                       //水平偏移量
        float pianyiY;                                       //竖直偏移量
        int location[]=new int[2];                           //解决怪物跳动数组
        boolean currentRunning = false;                      //当前是否行走
```

```
public float currentPointX;                          //记录当前怪物像素点
public float currentPointY;                          //记录当前怪物像素点
float totalBlood = Constants.MASTERNUM1BLOOD    ;   //怪物当前血量
float currentBlood = Constants.MASTERNUM1BLOOD;      //怪物总血量
int bloodTime = 0;                                   //血条存在时间
boolean isSpeed_Up = false;                          //加速标志位
boolean isSpeed_Down = false;                        //减速标志位
boolean isGo_Direction = false;                      //方向标志位
int speedCount = 0;                                  //速度
ArrayList<int[]> visited  = new ArrayList<int[]>(); //以访问点的集合
boolean anmiStart=false;                             //爆炸动画标志位
int anmiIndex=0;                                     //爆炸动画索引
public Bitmap[] baoZhaShuZu;                         //爆炸动画图片数组
```

说明 这些常量在 Monster_Square 类中的作用极其重要，解决了怪物跳动、怪物平缓后退、怪物爆炸、怪物沿方向标行走、怪物环形寻路等一系列问题，读者应仔细理解。

（2）上面实现了 Monster_Square 类的成员变量代码，接下来将开发 Monster_Square 类的有参构造器，初始化了一系列 Monster_Square 对象参数，其详细代码如下。

代码位置：见本书随书光盘中源代码/第 15 章/ColorfulHexdefence/src/com/baina/tower/monsters 目录下的 Monster_Square.java。

```
1  public Monster_Square(GameSurfaceView mv,Bitmap creep,float totalBlood){
2    this.totalBlood = totalBlood;                     //初始化总血量
3    this.currentBlood=totalBlood;                     //初始化当前血量
4    this.mv = mv;                                     //GameSurfaceView
5    baoZhaShuZu = new Bitmap[]{mv.baoZha1,mv.baoZha2, //初始化爆炸图片数组
6    mv.baoZha3,mv.baoZha4,mv.baoZha5,mv.baoZha6};     //初始化爆炸图片数组
7    x = Map.source[mv.mapNum][0];                     //怪物位于地图行数
8    y = Map.source[mv.mapNum][1];                     //怪物位于地图列数
9    nextX =Map.source[mv.mapNum][0];                  //怪物下一步位于地图行数
10   nextY = Map.source[mv.mapNum][1];                 //怪物下一步位于地图列数
11   paint = new Paint();                              //初始化画笔
12   paint.setAntiAlias(true);                         //设置画笔
13   paint.setStyle(Style.FILL);                       //设置画笔风格
14   this.creep = creep;                               //初始化怪物图片
15   game = mv.game;                                   //为行走路径算法类引用赋值
16   currentPointX = LBX.getPosition(y, x)[0];         //初始化怪物当前横坐标像素点
17   currentPointY = LBX.getPosition(y, x)[1];         //初始化怪物当前纵坐标像素点
18   findWay();                                        //初始化时调用寻找路径的方法
19 }
```

说明 Monster_Square 类的有参构造器中初始化了一系列怪物的基本参数，并在第 17 行调用了自动寻路的方法，使怪物在屏幕上显现出来时就自动寻找路径，寻路方法将在后面介绍。

（3）以上实现了 Monster_Square 类的有参构造器，接下来介绍 Monster_Square 类实现的整体框架代码，具体各模块功能的实现后续开发，其详细代码如下。

代码位置：见本书随书光盘中源代码/第 15 章/ColorfulHexdefence/src/com/baina/tower/monsters 目录下的 Monster_Square.java。

```
package com.baina.tower.monsters;
import java.io.Externalizable;
……//此处省略部分引入包类，读者可自行参见随书光盘代码
public class Monster_Square implements Monster,Externalizable{
  public Monster_Square(){}          //实现 Externalizable 接口，提供无参构造器
  public void draw(Canvas canvas){}              //省略方法本体，具体实现代码后面将详细介绍
  public void run(){}                            //省略方法本体，具体实现代码后面将详细介绍
  public ArrayList<int[]> getPath(){}            //省略方法本体，具体实现代码后面将详细介绍
  public void findWay(){}                        //省略方法本体，具体实现代码后面将详细介绍
  public void updateWay(int row , int col){}     //省略方法本体，具体实现代码后面将详细介绍
```

```
11 public boolean isLive(){                              //怪物是否存活的方法
12   return live;}                                       //返回怪物是否存活标志位
13 public int[] getLocation(){                           //得到怪物当前位置的方法
14   return location;}                                   //返回坐标数组
15 public float[] getCurrentPoint(){                     //得到当前坐标的方法
16   return new float[]{currentPointX,currentPointY};} //返回怪物中心坐标像素点的数组
17 public void setLive(boolean live){                    //设置怪物存活的方法
18   this.live=live;}                                    //设置怪物存活的标志位
19 public boolean decreaseBlood(float damage){           //怪物减血方法
20   if(!anmiStart){                                     //动画没有开始执行以下代码
21    currentBlood -= damage;                            //怪物血量减少
22    bloodTime = 30;                                    //设置怪物血量存在时间
23   if(currentBlood>totalBlood){                        //如果怪物当前血量大于总血量
24     currentBlood = totalBlood;}                       //设置怪物当前血量为血量的最高值
25   if(currentBlood<=0){                                //怪物血量低于 0 时认为怪物阵亡
26     //创建爆炸对象（此对象为一个线程，线程执行完毕后自行停止）
27     Utils util = new Utils(1,currentPointX,currentPointY,20,Color.RED,mv,4);
28      mv.utils.add(util);                              //将爆炸对象加入爆炸列表
29      util.start();                                    //启动当前爆炸线程
30     //播放怪物阵亡时的声音
31    MyMainActivity.sound.playMusic(Constants.sf_creep_die_0, 0);
32    anmiStart = true;}}                                //怪物阵亡动画标志位为 true
33   return true;}                                       //怪物血量减少后返回 true
34 public float getMasterLength(){                       //得到怪物当前血条长度的方法
35   return Constants.MASTER1_BODY_WIDTH;}               //返回怪物血条长度
36 public void setSpeedUp(){                             //设置怪物加速的方法
37   BScount+=1;}                                        //增加行进一大步中的若干小步
38 public void setSpeedDown(){                           //设置怪物减速的方法
39   if(speedCount%3==0){                                //判断 speedCount 是否为 3 的倍数
40    BScount-=1;}                            //speedCount 为 3 倍数，BScount 减少
41   speedCount++;}                                      //speedCount 增加
42 public void setVisited(int x,int y){                  //设置怪物已经走过的点的方法
43   visited.add(new int[]{x,y});}                       //向集合中加入怪物已经过的点
44 public boolean isInCapability(){                      //判断怪物是否走进地图功能格子的方法
45   return inCapability;}                               //返回位于地图中功能格子的标志位
46 public void setInCapability(boolean temp){            //设置怪物在地图功能格子内的方法
47   this.inCapability = temp;}                          //设置功能格子
48 //反序列化，依次写入以下变量
49 public void readExternal(ObjectInput input) throws IOException,ClassNotFound
   Exception{
50   this.live = input.readBoolean();
51   ……//之后省略部分反序列化代码
52   this.anmiStart = input.readBoolean();
53   this.anmiIndex = input.readInt();}
54 //序列化，依次读出以下变量
55 public void writeExternal(ObjectOutput output) throws IOException{
56   output.writeBoolean(live);
57   ……//此处之后省略部分序列化代码
58   output.writeBoolean(anmiStart);
59   output.writeInt(anmiIndex);
60 }}
```

- 第 5 行为 Monster_Square 类的无参构造器，Monster_Square 类的有参构造器已在上面给出，这里不再赘述。有参构造器在 Monster_Square 初始化时调用，无参构造器在反序列化时自动调用，如果 Monster_Square 类中省略无参构造器，反序列化失败。
- 第 6 行为绘制当前怪物、怪物血量以及怪物爆炸动画，这里怪物的血量颜色会根据血量的多少进行变化，使得绘制更加美观合理。
- 第 7～10 行为怪物行走、寻找路径、更新路径等方法，此处已省略方法体，后面将分步骤详细讲解。第 17～33 行为一些标志位简单的设置，以及血量减少的方法，比较简单，这里不再赘述。
- 第 48～60 行为保存游戏时需要序列化的变量，恢复游戏时需要恢复的变量，读者可自行细读。

（4）上面实现了 Monster_Square 类的框架代码，接下来将开发怪物的行走。为此开发了 run 方法，通过这个方法可以实现怪物的行走，其详细代码如下。

代码位置：见本书随书光盘中源代码/第 15 章/ColorfulHexdefence/src/com/baina/tower/monsters 目录下的 Monster_Square.java。

```
1   public void run(){
2     if(!anmiStart){                                         //没有播放动画
3       if(BScount>=UNIT_SPEED){                              //步数超出设定范围
4         BScount = 0;                                        //步数归零
5         currentRunning= false;                              //行走标志位置假
6         pianyiX=0;pianyiY=0;}                               //偏移量置零
7         if(currentRunning){                                 //当前正在行走
8           float[] p1=LBX.getPosition(y, x);                 //怪物像素点坐标
9           float[] p2=LBX.getPosition(nextY, nextX);         //怪物下一步像素点坐标
10          pianyiX = (p2[0]-p1[0])/UNIT_SPEED*BScount        //横坐标偏移量
11          pianyiY = (p2[1]-p1[1])/UNIT_SPEED*BScount        //纵坐标偏移量
12          currentPointX = p1[0]+pianyiX;                    //怪物当前的横坐标
13          currentPointY = p1[1]+pianyiY;                    //怪物当前的纵坐标
14          BScount++;}                                       //步数增加
15        else{ if(bs>0){                                     //总步数大于零
16            int[] tempa = path.get(bs);                     //当前步数的横纵坐标
17            this.x = tempa[0];                              //对 x 赋值
18            this.y = tempa[1];                              //对 y 赋值
19            float[] pp=LBX.getPosition(y, x);               //得到怪物像素点数组
20            currentPointX = pp[0]+pianyiX;                  //得到怪物当前像素点坐标
21            currentPointY = pp[1]+pianyiY;                  //得到怪物当前像素点坐标
22            int[] tempc = path.get(bs-1);                   //下一步的横/纵坐标
23            nextX = tempc[0];                               //对 nextX 赋值
24            nextY = tempc[1];                               //对 nextY 赋值
25            location[0] = nextX;                            //对 location[0]赋值
26            location[1] = nextY;                            //对 location[1]赋值
27            bs--;                                           //总步数减少
28            currentRunning = true;                          //行走标志位置真
29            float[] p1=LBX.getPosition(y, x);               //得到怪物像素点坐标
30            float[] p2=LBX.getPosition(nextY, nextX);       //得到怪物像素点坐标
31            pianyiX = (p2[0]-p1[0])/UNIT_SPEED*BScount;     //横坐标偏移量
32            pianyiY = (p2[1]-p1[1])/UNIT_SPEED*BScount;     //纵坐标偏移量
33            currentPointX = p1[0]+pianyiX;                  //怪物的横坐标
34            currentPointY = p1[1]+pianyiY;                  //怪物的纵坐标
35            BScount++;                                      //一大步中若干小步增加
36          }else{ if(!anmiStart){                            //没有播放动画
37            live = false;                                   //怪物置死
38            if(mv.life > 0){                                //主城生命大于零
39              mv.life--;                                    //主城生命减少
40              mv.isLiang = true;                            //图片亮度标志位置真
41                //根据目标点的行和列计算目标点的像素点位置
42              float temp[] = LBX.getPosition(game.target[1],game.target[0];
43                //创建怪物爆炸线程
44              Utils util = new Utils(3,temp[0],temp[1],70,Color.RED,mv,14);
45              mv.utils.add(util);                           //将爆炸线程加入爆炸列表
46              util.start();                                 //启动爆炸线程
47                //播放怪物进入主城时，主城爆炸的声音
48              MyMainActivity.sound.playMusic(Constants.targetbaozha, 0) ;
49          }}}}}else{
50          if(anmiIndex<baoZhaShuZu.length-1){               //动画没有播放完
51            Constants.sleep(10);                            //休息 10 毫秒
52            anmiIndex=anmiIndex+1;                          //爆炸数组中图片的索引
53          } else{                                           //动画播放完
54            setLive(false);                                 //怪物置死
55            mv.getScore += Constants.KILLMASTER1GETSCORE;   //当前剩余的钱数
56             mv.totalScore += Constants.KILLMASTER1GETSCORE; //消灭的怪物的钱数
57  }}}
```

- 第 3~6 行为怪物 Monster_Square 类一大步中的若干小步，如果已经走完若干小步，则若干小步置零，行走标志位置假，怪物的横纵坐标的偏移量置零。
- 第 7~14 行为怪物 Monster_Square 类在行走当中若干小步增加，怪物 Monster_Square 类的像素点坐标不断偏移增加，使得怪物不断运动。
- 第 15~28 行为怪物 Monster_Square 类行走完若干小步，在存储的路径集合内取得怪物当

前点和下一大步的点，总步数减少并将怪物的行走标志位设置为真。

- 第 29～35 行为设置怪物 Monster_Square 类横纵坐标偏移量和当前像素点坐标，使怪物在转折点继续行走。第 36～57 行为怪物侵入，主城播放爆炸动画以及爆炸声音，主城的生命减少。
- 第 2～35 行整体解决了怪物的跳动问题，将取点和行走分开，怪物必须走完当前的若干小步，才可以继续在路径集合中取点，怪物不用理会集合中的点，只需取用。以上代码设计的效果是怪物的路径被炮塔挡住后，怪物有一个后退的效果，更加自然合理。

（5）怪物的行走已经开发完成，要使怪物在炮塔挡住去路时会重新寻找路径，就需要开发控制怪物自动寻路的方法 findWay，其具体代码如下。

代码位置：见本书随书光盘中源代码/第 15 章/ColorfulHexdefence/src/com/baina/tower/monsters 目录下的 Monster_Square.java。

```
public void findWay(){                                          //怪物自动寻路方法
  try{
    //调用寻找路径算法,得到怪物的行走路径
    hm = (HashMap<String,int[][]>)(game.BFSAStar(game.getMap_Tower(),nextX,nextY));
  }catch(Exception e){}
    getPath();                                                  //得到路径集合
    game.clearState();                                          //清除算法类数据
    sGo_Direction = false;                                      //方向标志位置假
}
```

说明　通过 findWay 方法得到了地图更新后怪物的新路径，通过计算将 Map 中的数据转换到路径集合 ArrayList 中，恰当地调用 findWay 方法就可以看到怪物在行走过程中被炮塔挡住去路时自动转弯寻找正确的方向。

（6）上面的几个步骤开发了怪物行走和更新怪物行走路线方法，但是，路径点从 Map 到 ArrayList 中需要一个转化过程，为此，Monster_Square 类中开发了 getPath 方法，其详细代码如下。

代码位置：见本书随书光盘中源代码/第 15 章/ColorfulHexdefence/src/com/baina/tower/monster 目录下的 Monster_Square.java。

```
public ArrayList<int[]> getPath(){                              //路径转换方法
  int[] target = new int[]{game.target[0],game.target[1]};//主城坐标
  path = new ArrayList<int[]>();                                //ArrayList 路径集合
  while(true){                                                  //循环转换路径
    int[][]temp = hm.get(target[0]+":"+target[1]);              //取得路径中转折点
    path.add(temp[0]);                                          //将转折点加入集合
    if(temp[1][0]==this.nextX && temp[1][1]==nextY){            //取得开始点时
      path.add(temp[1]);                                        //将开始点加入集合
      break;}                                                   //方法结束，跳出循环
    target=temp[1];}                                            //目标点
  bs = path.size()-1;                                           //总步数
  return path;                                                  //返回路径集合
}
```

说明　通过 Map 中的键 key 不断地取得相对应的值 value，并将值 value 加入 ArrayList 集合中。循环结束时，切记加入怪物开始点坐标，否则怪物就会丢失一段路径。

（7）上面实现了怪物的一些开发代码，接下来开发怪物沿地图功能格子方向行走的方法，为此，Monster_Square 类中开发了 updateWay 方法，实现代码如下。

代码位置：见本书随书光盘中源代码/第 15 章/ColorfulHexdefence/src/com/baina/tower/monsters 目录下的 Monster_Square.java。

```
public void updateWay(int row,int col){                         //更新怪物行进路径的方法
  flag_controlDirection = true;                                 //方向标志位置真
```

```
3     if(isGo_Direction)return;                                    //行进标志位假时返回
4     isGo_Direction = true;                                       //行进标志位置真
5     path = new ArrayList<int[]>();                               //创建路径集合
6     path.add(new int[]{location[0]+col,location[1]+row});        //路径集合中加入当前点
7     path.add(location);                                          //路径集合加入目标点
8     bs = path.size() - 1;                                        //怪物行进总步数
9   }
```

说明 当怪物走入地图功能格子时执行该方法，第 5~8 行为更新怪物行走路线，将路线加入到 path 中，玩家就可以看到怪物沿地图功能格子方向行走。

（8）上面代码实现了怪物沿着地图功能方向行走，假如怪物被方向标围住了，怪物既要沿着方向标行走又要找到正确的路径，为解决这个问题开发了 findWay2 方法，其详细代码如下。

代码位置：见本书随书光盘中源代码/第 15 章/ColorfulHexdefence/src/com/baina/tower/monsters 目录下的 Monster_Square.java。

```
public void findWay2(){
  isGo_Direction = false;                                            //方向标志位置假
  if(!flag_controlDirection)return;                                  //标志位为假返回
  //创建、存储、复制地图的二维数组
  int[][] temp = new int[game.map_tower.length][game.map_tower[0].length];
  //循环复制地图，存储进 temp 二维数组
  for(int i=0; i<game.map_tower.length; i++){                       //对行循环
    for(int j=0; j<game.map_tower[0].length; j++){                  //对列循环
      temp[i][j] = game.map_tower[i][j];}}                          //对 temp 元素赋值
  for(int i=0; i<visited.size(); i++){                              //设置已经访问过的点
  temp[visited.get(i)[0]][visited.get(i)[1]] = 1;}                  //已经访问过的点为 1
  try{                                                               //捕获异常
    //调用 game 中的路径搜索算法，重新寻找路径
    hm = (HashMap<String,int[][]>)(game.BFSAStar(temp,nextX, nextY));
  }catch(Exception e){                                               //捕获异常
    visited.clear();                                                 //清空以访问点集合
    game.clearState();                                               //清空算法类相关集合
    findWay();}                                                      //寻找路径
    getPath();                                                       //获取路径
    game.clearState();                                               //清空算法类相关集合
    flag_controlDirection = false;                                   //方向标志位置假
}
```

说明 上面两个方法恰当结合可以实现很酷炫的效果，给人眼前一亮的感觉，这也是怪物 Monster_Square 类代码量如此大的原因。怪物 Monster_Square 类代码希望读者好好研读。其余怪物类代码大体相似，具体代码读者请参看光盘。

15.5.4 炮塔类——Tower_Shell

上一节完成了游戏中怪物的开发，下面开发本游戏的另外一个主角——炮塔。该游戏分为 4 种类型的炮塔，类型不同，攻击范围有所区别，各自的价格也不同，当然发射的炮弹也不相同，这里首要开发炮塔类——Tower_Shell。

（1）首先介绍 Tower_Shell 类的成员变量，其详细代码如下。

代码位置：见本书随书光盘中源代码/第 15 章/ColorfulHexdefence/src/com/baina/tower/towers 目录下的 Tower_Shell.java。

```
boolean flag = true;                                                 //标志位
public int currentPrice = Constants.TOWER1CURRENTPRICE[0];     //当前炮塔价格
float x;                                                             //塔中心点坐标
float y;                                                             //塔中心点坐标
float shotR=Constants.TOWER1_R[0];                                   //炮塔射击半径
public  Bitmap bitmap;                                               //炮塔图片
```

```
    public GameSurfaceView mv;                                  //GameSurfaceView 引用
    public Paint paint;                                          //画笔引用
    public ArrayList<Monster> master_list;                       //怪物列表
    float yAngle;                                                //炮塔旋转角度
    public BulletList bulletList = new BulletList();             //子弹列表
    int limitCount = 20;                                         //子弹发射间隔时间
    public int[] rowCol  = new int[2];                           //炮塔的行和列
    public Bitmap all;                                           //升级后炮塔图片
    public int currentState = 1;                                 //当前炮塔级数
    boolean playDongHua = false;                                 //升级炮塔标志位
    float shanXingAngle = 0;
```

> **说明**　这些成员变量用于记录炮塔位置、角度和级别等参数，实现了炮塔旋转、发射子弹、炮塔升级等一系列的功能，读者应该仔细理解。

（2）上面实现了 Tower_Shell 类的成员变量代码，接下来将开发 Tower_Shell 类的有参构造器——初始化 Tower_Shell 类中相关变量，其详细开发代码如下。

代码位置：见本书随书光盘中源代码/第 15 章/ColorfulHexdefence/src/com/baina/tower/towers 目录下的 Tower_Shell.java。

```
public Tower_Shell(float x, float y, Bitmap bitmap, GameSurfaceView mv) {
  super();
  this.x = x;                                                      //炮塔中心点坐标
  this.y = y;                                                      //炮塔中心点坐标
  rowCol = LBX.getRowcol(x, y);                                    //炮塔行和列数组
  this.bitmap = Bitmap.createBitmap(bitmap, 0, 0, 48, 48);         //初始化图片
  this.all = bitmap;                                               //初始化升级图片
  this.mv = mv;                                                    //初始化引用
  paint = mv.paint;                                                //初始化画笔
  master_list = mv.master_list;                                    //初始化怪物列表
}
```

（3）上面实现了 Tower_Shell 类的有参构造器，接下来开发 Tower_Shell 类实现的整体框架代码，具体各模块功能的实现后继开发，其详细代码如下。

代码位置：见本书随书光盘中源代码/第 15 章/ColorfulHexdefence/src/com/baina/tower/towers 目录下的 Tower_Shell.java。

```
package com.baina.tower.towers;
……//此处省略部分引入包类，读者可自行参见随书光盘代码
public class Tower_Shell implements Tower,Externalizable{
  public Tower_Shell(){};                           //无参构造器与有参构造器
  public Tower_Shell(float x, float y, Bitmap bitmap, GameSurfaceView mv) {};
  public void draw(Canvas canvas) {}                //省略方法本体，具体实现代码后面将详细介绍
  public void upDateSelf() {}                       //省略方法本体，具体实现代码后面将详细介绍
  public void DrawShanXing(){                       //绘制炮塔升级扇形
    while(true){                                    //进入循环
      playDongHua = true;                           //播放动画标志位设置为 true
      shanXingAngle = shanXingAngle + 5;            //扇形角度增加
      Constants.sleep(10);                          //休息 10 毫秒
      if(shanXingAngle>=360)      {                 //一圈绘制完毕
        shanXingAngle = 0;                          //扇形角度归零
        break;                                      //退出扇形绘制
   }}}
  public void findMaster() {}                       //省略方法本体，具体实现代码后面将详细介绍
  public Monster getNearestMaster(ArrayList<Monster> al){}
  public void findJD(float cx,float cy) {}          //省略方法本体，具体实现代码后面将详细介绍
  public void fire(Monster a) {                     //发射子弹
    if(limitCount%Constants.TOWER1_SHOOTTIME==0 && a.isLive() ){
     //如果处于射击时间并怪物此时还生存，则发射子弹并且播放声音
     MyMainActivity.sound.playMusic(Constants.sf_minigun_soft, 0) ;
     bulletList.add(new Bullet_Shell(x,y,a,currentState)); }//将该子弹加入子弹列表中
     limitCount ++;}                                         //处理发射时间的变量
  public BulletList getBullet() {
```

```
27      return bulletList; }                                      //返回子弹列表
28    public int[] getRowCol() {
29      return rowCol; }                                          //返回炮塔行和列
30    public int getCurrentState() {
31      return currentState; }                                    //返回炮塔当前级数
32    public float[] getXY() {
33      return new float[]{x,y};}                                 //返回炮塔像素点坐标
34    public void sell(){                                         //卖掉炮塔之后操作总分
35      mv.getScore += Constants.TOWER1CURRENTPRICE[currentState-1]; }
36    public float getR() {
37      return shotR; }                                           //返回该塔射击半径
38    public int getCurrentUpdatePrice() {
39      return Constants.UPDATETOWER1[currentState]; }//返回升级钱数
40    public void readExternal(ObjectInput input) throws IOException,ClassNotFound
      Exception{
41      this.flag = input.readBoolean();                          //读出序列化的 flag 数据
42      ……//此处省略部分反序列化代码，功能为依次读出序列化的变量
43      this.shanXingAngle = input.readFloat();}                  //读出序列化的 shanXingAngle 数据
44    @Override
45    public void writeExternal(ObjectOutput output) throws IOException{
46      output.writeBoolean(flag);                                //写入序列化的 flag 数据
47      ……//此处省略部分序列化代码，功能为依次写入序列化的变量
48      output.writeFloat(shanXingAngle);                         //写入序列化的 shanXingAngle 数据
49  }}
```

- 第 4 行为 Tower_Shell 类的无参构造器，由于实现了 Externalizable 接口进行序列化，反序列化时必须提供无参构造器，否则反序列化失败。假若实现 Serializable 接口进行序列化，则不必提供无参构造器。
- 第 5 行为 Tower_Shell 类的有参构造器。
- 第 6 行为炮塔的绘制以及炮塔升级动画的绘制。升级动画为绘制角度不断增大的扇形，待到绘制完毕扇形消失。
- 第 7 行为炮塔自动升级的方法。第 8～16 行为控制扇形绘制角度的函数。第 17～25 行为发射子弹的一系列方法，后面将进行介绍。
- 第 26～39 行为一些简单的函数，程序注释已经写好，读者可自行查看功能。第 45～49 行为 Tower_Shell 类的序列化和反序列化，方便游戏存储。

（4）上面实现了炮塔 Tower_Shell 类的框架代码，接下来将开发炮塔寻找怪物的方法。为此开发了方法 findMaster，通过这个方法可以实现炮塔的自动寻找怪物，其详细代码如下。

代码位置：见本书随书光盘中源代码/第 15 章/ColorfulHexdefence/src/com/baina/tower/towers 目录下的 Tower_Shell.java。

```
1   public void findMaster(){
2     ArrayList<Monster> al = new ArrayList< Monster >(); //创建寻找怪物列表
3     Monster m = null;                                    //声明怪物引用
4     for(int i=0; i<master_list.size(); i++){             //循环怪物列表
5     Monster a = master_list.get(i);                      //取得一个怪物
6     float[] point = a.getCurrentPoint();                 //得到怪物当前像素点坐标
7     if((point[0]-x)*(point[0]-x)+(point[1]-y)*(point[1]-y)<shotR*shotR&&a.isLive()){
8       al.add(a);  }}                                     //将怪物加入炮塔攻击范围列表
9     m = getNearestMaster(al);                            //得到攻击范围内最近的怪物
10    if(m == null){  return; }                            //怪物不存在时寻找怪物方法结束
11    findJD(m.getCurrentPoint()[0],m.getCurrentPoint()[1]); //计算怪物与炮塔角度
12    if(bulletList.size()==0){                            //如果子弹列表为空
13      if(!playDongHua){                                  //如果没有播放动画
14      fire(m);                                           //发射子弹
15  }}}
```

- 第 2 行为创建怪物列表，存储炮塔攻击范围内所有的怪物。第 3 行为声明距离炮塔最近的怪物的引用。第 4～8 行为循环怪物列表查看怪物是否在炮塔的攻击范围内，在炮塔的攻击范围内则加入 al 列表，不在则不进行任何的处理。

● 第 9 行为根据列表得到距离炮塔最近的怪物的引用，此方法将在后面讲到。第 10 行判断当前怪物是否为空，如果为空则不进行炮弹发射。

● 第 11 行为计算目标怪物和炮塔之间的角度，方便炮塔旋转对准怪物发射炮弹。第 12～15 行为传递怪物引用，发射炮弹。

（5）以上开发了炮塔寻找怪物，接下来开发处理炮塔打击最近怪物的方法 getNearestMaster，其详细实现代码如下。

代码位置：见本书随书光盘中源代码/第 15 章/ColorfulHexdefence/src/com/baina/tower/towers 目录下的 Tower_Shell.java。

```
1   public Monster getNearestMaster(ArrayList<Monster> al){
2     float distance = 1000000;                              //初始炮塔和怪物的距离
3     Monster m = null;                                      //最近的怪物引用
4     for(int i = 0;i<al.size();i++){                        //循环炮塔攻击范围列表
5       Monster a = al.get(i);                               //得到怪物
6       float[] point = a.getCurrentPoint();                 //得到当前怪物像素点坐标
7       //计算怪物与炮塔的距离，随后判断该怪物是否位于炮塔射程范围
8       float temp = (point[0]-x)*(point[0]-x)+(point[1]-y)*(point[1]-y);
9       if(temp<distance){
10        distance = temp;                                   //记录距离近的距离
11        m = a; }}                                          //记录距离近的怪物
12      return m;                                            //返回距离最近的怪物
13  }
```

● 第 2 行为声明炮塔和怪物之间距离，初始 distance = 1000000 是为了方便记录第一个怪物和炮塔之间的距离，否则可能丢弃前几个怪物和炮塔之间距离的计算。

● 第 4～11 行为循环取得怪物，计算和炮塔之间的距离，并且比较和上一个怪物的距离，保留最近的距离以及怪物的引用。第 12 行为返回距离炮塔最近的怪物的引用。

（6）上面几个步骤实现了炮塔的寻找怪物并得到最近怪物，接下来开发炮塔根据怪物位置寻找角度的方法 findJD，其详细代码如下。

代码位置：见本书随书光盘中源代码/第 15 章/ColorfulHexdefence/src/com/baina/tower/towers 目录下的 Tower_Shell.java。

```
public void findJD(float cx,float cy){
  float xspan=cx-x;                                          //计算怪物和炮塔的横向距离差
  float yspan=cy-y;                                          //计算怪物和炮塔的纵向距离差
  yAngle=(float)Math.toDegrees(Math.atan(xspan/yspan));    //计算角度
  if(yspan<=0){
    yAngle=(float)-Math.toDegrees(Math.atan(xspan/yspan));//进行角度矫正
  } else{
    yAngle=-(-180+(float)Math.toDegrees(Math.atan(xspan/yspan))); }//角度矫正
  yAngle-=90;                                                //角度矫正
}
```

说明　通过这个方法可以计算出怪物处于不同位置时炮塔对准怪物需要旋转的角度，这样就可以看到游戏运行时炮塔跟随着最近的怪物旋转炮筒，更加形象逼真。

（7）上面介绍完了炮塔的发射旋转角度问题，接下来介绍炮塔的绘制问题。由于炮塔是随着怪物的行走而旋转，这里用矩阵的相关知识实现炮塔图片的旋转，详细代码如下。

代码位置：见本书随书光盘中源代码/第 15 章/ColorfulHexdefence/src/com/baina/tower/towers 目录下的 Tower_Shell.java。

```
public void draw(Canvas canvas) {
  Matrix m1=new Matrix();                                              //初始化矩阵
  m1.setTranslate(x-bitmap.getWidth()/2,y-bitmap.getHeight()/2);      //矩阵平移
  m1.preRotate(yAngle, bitmap.getWidth()/2, bitmap.getHeight()/2);    //矩阵旋转
  canvas.drawBitmap(bitmap, m1,null);                                  //绘制炮塔
```

```
6        bulletList.draw(canvas);                              //绘制子弹
7        if(playDongHua) {                                     //如果播放升级的动画
8         paint.setColor(Color.WHITE);                         //设置画笔颜色
9         paint.setAlpha(180);                                 //设置画笔透明度
10        paint.setStyle(Style.FILL_AND_STROKE);               //设置画笔风格
11        RectF oval2=new RectF(x-bitmap.getWidth()/2+5,y -bitmap.getHeight()/2+5,
12        x+bitmap.getWidth()/2-5 ,y+bitmap.getHeight()/2-5 );  //设置检测矩形
13        canvas.drawArc(oval2, 200, shanXingAngle, true, paint); //画扇形
14     } }
```

说明 第 3～5 行为平移旋转矩阵绘制炮塔代码。第 6 行为子弹的绘制，后面将详细介绍。第 7～13 行为炮塔升级动画的绘制，通过设置一些画笔参数，不断绘制扇形即可，比较简单，这里不再赘述。

（8）接下来开发炮塔升级的代码，这个方法在点击炮塔升级按钮后调用，会有一段播放升级动画的效果，并且炮塔的一系列属性得到加强。具体实现代码如下。

代码位置：见本书随书光盘中源代码/第 15 章/ColorfulHexdefence/src/com/baina/tower/towers 目录下的 Tower_Shell.java。

```
    public void upDateSelf() {                                   //炮塔升级方法
     switch(currentState){                                       //当前炮塔级数
      case 1:                                                    //1 级炮塔
        if(mv.getScore>=Constants.UPDATETOWER1[1]){              //钱数足够升级
          DrawShanXing();                                        //绘制升级动画
          MyMainActivity.sound.playMusic(Constants.towerupdate, 0) ;//播放升级完毕音乐
          playDongHua = false;                                   //升级标志位置假
          bitmap = bitmap.createBitmap(all, 48, 0, 48, 48); //炮塔换图
          currentState = currentState + 1;                       //炮塔级数增加
          currentPrice = Constants.TOWER1CURRENTPRICE[currentState-1]; //炮塔价钱增加
          shotR = Constants.TOWER1_R[currentState-1];    //炮塔射击范围变大，伤害变大
          mv.getScore -= Constants.UPDATETOWER1[1];      //总钱数减少
          }else{
           mv.canUpgrade = false; }                              //是否升级标志位置假
          break;
        ……//此处省略其他级别炮塔的升级代码，与一级炮塔基本相同，请读者查阅源程序
      case 4 :
                 break;
    } }
```

说明 upDateSelf 方法让炮塔升级生动形象。随着炮塔的升级，炮塔一系列的属性得到加强，消灭怪物更加游刃有余。另外 3 个炮塔代码类似，但炮弹却各不相同，不同的炮塔配合起来可以达到最佳的效果。

15.5.5 子弹相关类

1. 子弹 Bullet_Shell 类

前几节内容实现了游戏中最重要的两个主要角色，而怪物和炮塔类的开发设计，下面讲解的是连接两个角色的桥梁——炮弹类，玩家通过摆放炮塔发射炮弹射杀怪物，炮弹共分为 4 种，每一种炮弹的功能各不相同，接下来开发这部分内容。

（1）首先开发炮弹 Bullet_Shell 类的整体框架代码，方便读者对 Bullet_Shell 类的开发有一个整体的理解和把握，其具体实现代码如下。

代码位置：见本书随书光盘中源代码/第 15 章/ColorfulHexdefence/src/com/baina/tower/bullet 目录下的 Bullet_Shell.java。

```
    package com.baina.tower.bullet;
    import java.io.Serializable;
```

```
3     ……//省略部分引入类，读者可自行查阅光盘
4   public class Bullet_Shell implements BulletInterface{    //实现子弹接口
5    Monster master;                                          //要打击怪物的引用
6    Paint paint;                                             //接口的引用
7    float yAngle;                                            //子弹自动寻找怪物角度
8    private float currentX;                                  //当前子弹横坐标
9    private float currentY;                                  //当前子弹纵坐标
10    private float speed = 8;                                //子弹发射速度
11    private boolean live=true;                              //子弹是否存活
12    int damage = 0;                                         //子弹伤害
13    int currentState;                                       //子弹级数
14    GameSurfaceView mv;                    //GameSurfaceView 的引用
15   public Bullet_Shell(float bumbX,float bumbY,Monster a ,int currentState){
16    this.mv = mv;                                           //初始化 mv
17    this.currentX = bumbX;                                  //初始化子弹横坐标
18    this.currentY = bumbY;                                  //初始化子弹纵坐标
19    master = a;                                             //初始化怪物
20    paint = new Paint();                                    //初始化画笔
21    paint.setAntiAlias(true);                               //设置画笔
22    paint.setColor(Color.WHITE);                            //设置画笔颜色
23    this.currentState = currentState;                       //子弹级数
24    damage = Constants.BULLETNUMBER1DAMAGE[currentState-1];}//子弹伤害
25   public void drawSelf(Canvas canvas){                     //子弹绘制方法
26    Matrix m1=new Matrix();                                 //初始化矩阵
27    //平移矩阵，用于存储子弹行进过程中的平移信息
28    m1.setTranslate(currentX-mv.bulletShell.getWidth()/2, currentY-mv.bulletShell.
      getHeight()/2);
29    //旋转矩阵，用于存储子弹行进过程中的旋转信息
30    m1.preRotate((float)Math.toDegrees(yAngle),
31    mv.bulletShell. getWidth()/2, mv.bulletShell.getHeight()/2);
32    canvas.drawBitmap(mv.bulletShell,m1,null);}            //绘制子弹
33   //省略子弹飞行方法体，后面将对其进行详细介绍
34   public void run(){}
35   public boolean isLive(){                                 //子弹是否存活的方法
36    return live;                                            //返回子弹存活标志位
37   }}
```

> **说明**　第 5～14 行为一些变量的声明。第 15～24 行为炮弹 Bullet_Shell 类的构造器。第 25～32 行为炮弹的绘制方法。第 34 行为炮弹飞行的方法。第 35～37 行为返回炮弹是否存活的标志位。

（2）上面实现了炮弹 Bullet_Shell 类的整体框架，使读者对子弹 Bullet_Shell 类的开发有了一个简单的了解，接下来开发炮弹的行走，具体实现方法 run 的代码如下。

代码位置：见本书随书光盘中源代码/第 15 章/ColorfulHexdefence/src/com/baina/tower/bullet 目录下的 Bullet_Shell.java。

```
public void run(){                                          //子弹飞行方法
  if(master.isLive()){                                      //子弹存活
    float xspan=master.getCurrentPoint()[0]-currentX;       //子弹与怪物水平间距
    float yspan=master.getCurrentPoint()[1]-currentY;       //子弹与怪物竖直间距
    if(xspan*xspan+yspan*yspan<20){                         //子弹与怪物距离小于 20
      live = false;                                         //设置子弹死亡
      if(!master.decreaseBlood(damage)){                    //怪物无血时
        master.setLive(false);}                             //设置怪物死亡
      return;}                                              //返回
    if( xspan == 0 ){                                   //子弹与怪物水平间距为零时
      if( master.getCurrentPoint()[1] >= this.currentY)     //子弹需要下移
        xspan = 0.0000001f;                             //重新设置水平间距
      else  xspan = -0.0000001f;}                       //子弹需要上移，重新设置水平间距
    if( yspan == 0 ){                                   //竖直间距为零
      if( master.getCurrentPoint()[0] >= this.currentX)     //子弹需要下移
        yspan = 0.0000001f;                             //重新设置竖直间距
      else  yspan = -0.0000001f;}                       //子弹需要上移，重新设置竖直间距
    if( xspan>0 && yspan>0)                             //第一象限
```

```
19        yAngle = (float)Math.atan(Math.abs(yspan/xspan));   //计算 yAngle
20      else if( xspan<0 && yspan>0)                          //第二象限
21        yAngle = (float)Math.PI-(float)Math.atan(Math.abs(yspan/xspan));
22      else if( xspan<0 && yspan<0)                          //第三象限
23        yAngle =(float)Math.PI+(float)Math.atan(Math.abs(yspan/xspan));
24      else                                                  //第四象限
25        yAngle = (float)(2*Math.PI)-(float)Math.atan(Math.abs(yspan/xspan));}
26      if(this.currentX<0||this.currentY<0||currentX>Constants.PMX||currentY>
        Constants.PMY)
27        this.live=false;                                    //子弹飞出屏幕设置子弹死亡
28        currentX+=speed*Math.cos(yAngle);                   //子弹水平行进一步
29        currentY+=speed*Math.sin(yAngle);                   //子弹竖直行进一步
30    }
```

● 第 2～9 行为检测炮弹飞行过程中和绑定怪物的距离，当距离小于 20 个像素时，炮弹爆炸消失。怪物在炮弹的打击下血量不断减少，当血量小于零时怪物消失。

● 第 10～17 行为矫正炮弹飞行过程中和怪物的水平、竖直间距。当水平或竖直间距为零时，重新设置水平或竖直间距数值。避免后面代码通过水平、竖直间距计算炮弹飞行角度时除零问题。

● 第 18～25 行为炮弹飞行过程中自动计算与怪物之间角度的方法。通过求得竖直间距和水平间距的 atan 值，分为 4 个象限求得炮弹飞行的角度，读者可在算术纸上自行演算。

● 第 26～30 行为炮弹飞出屏幕，则设置炮弹死亡。

2. 子弹 Bullet_Laser 类

上面开发了炮弹 Bullet_Shell 类，接下来将开发炮弹 Bullet_Laser 类，相对于炮弹 Bullet_Shell 类，炮弹 Bullet_Laser 类的功能代码更加复杂。

（1）首先开发炮弹 Bullet_Laser 类的整体框架代码，使读者对这个类的整体功能有个初步了解，具体实现代码如下。

代码位置：见本书随书光盘中源代码/第 15 章/ColorfulHexdefence/src/com/baina/tower/bullet 目录下的 Bullet_Laser.java。

```
package com.baina.tower.bullet;
import java.io.Serializable;
……//省略部分引入类，读者可自行查阅光盘
public class Bullet_Laser implements BulletInterface{      //实现子弹接口
  Monster master;                                          //绑定怪物引用
  Paint paint;                                             //画笔引用
  private float currentX;                                  //一级子弹当前坐标
  private float currentY;                                  //一级子弹当前坐标
  private boolean live = true;                             //子弹是否存活标志位
  int damage;                                              //子弹伤害
  float damageX;                                           //一级子弹水平伤害范围
  float damageY;                                           //一级子弹竖直伤害范围
  private float currentX2;                                 //三级子弹当前坐标
  private float currentY2;                                 //三级子弹当前坐标
  float damageX1;                                          //二级子弹水平伤害范围
  float damageY1;                                          //二级子弹竖直伤害范围
  private float currentX1;                                 //二级子弹当前坐标
  private float currentY1;                                 //二级子弹当前坐标
  float damageX2;                                          //三级子弹水平伤害范围
  float damageY2;                                          //三级子弹竖直伤害范围
  private float currentX3;                                 //四级子弹当前坐标
  private float currentY3;                                 //四级子弹当前坐标
  float damageX3;                                          //四级子弹水平伤害范围
  float damageY3;                                          //四级子弹竖直伤害范围
  MonsterList list;                                        //怪物列表
  float yAngle;                                            //子弹和怪之间的角度
  int currentState;                                        //子弹当前级数
 public Bullet_Laser(float bumbX, float bumbY, Monster a, MonsterList master_list,
 int currentState){
  this.currentX = bumbX;                                   //初始化子弹坐标
```

```
30      this.currentY = bumbY;                                  //初始化子弹坐标
31      master = a;                                             //所绑定怪物的引用
32      paint = new Paint();                                    //初始化画笔
33      paint.setAntiAlias(true);                               //设置画笔
34      paint.setStrokeWidth(2);                                //设置画笔
35      list = master_list;                                     //初始化怪物列表
36      this.currentState = currentState;                       //初始化子弹级数
37      damage = Constants.BULLETNUMBER2DAMAGE[currentState-1];}//初始化子弹伤害
38    //省略方法体，后面将进行详细介绍
39    public void drawSelf(Canvas canvas){}
40    //省略方法体，后面将进行详细介绍
41    public void go() {}
42    //省略方法体，后面将进行详细介绍
43    public void isInLine(){}
44    //省略方法体，后面将进行详细介绍
45    public boolean isInRect(int number, float startX, float startY, float endX, float
      endY, Monster mm) {}
46    public boolean isLive() {                                 //子弹是否存活的方法
47      return live;}                                           //返回子弹是否存活标志位
48    public void run() {}                                      //空实现，无代码
49    }
```

- 第 5～27 行为一些变量的声明。第 28～37 行为炮弹 Bullet_Laser 类的构造器。
- 第 38～45 行为炮弹 Bullet_Laser 类的核心方法，分别实现的功能为，不同级数炮弹的绘制，炮弹的飞行，检测射线上的怪物，检测射线矩形等。4 个方法相互配合，效果很酷炫。
- 第 46～49 行为两个简单方法，其中 run()方法是空实现，只为了实现父类的方法，这里不再赘述。

（2）上面实现了 Bullet_Laser 类的整体框架代码，读者对 Bullet_Laser 类的开发有了简单的了解，接下来开发炮弹 Bullet_Laser 类的行走方法，具体实现方法 go 的代码如下。

代码位置：见本书随书光盘中源代码/第 15 章/ColorfulHexdefence/src/com/baina/tower/bullet 目录下的 Bullet_Laser.java。

```
public void go() {                                          //怪物行走方法
  if (master.isLive()) {                                    //如果怪物存活
    float x1 = currentX;                                    //炮塔当前横坐标
    float y1 = currentY;                                    //炮塔当前纵坐标
    float x2 = master.getCurrentPoint()[0];                 //怪物当前横坐标
    float y2 = master.getCurrentPoint()[1];                 //怪物当前纵坐标
    float tempX = 0;                                        //求两点坐标
  if (Math.abs(x1 - x2) <= 1) {                             //炮塔和怪物横坐标距离小于一像素时
    if (y2 > y1) {                                          //怪物在炮塔下方
      damageX = x1;                                         //设置射线终点横坐标
      damageY = Constants.PMY;                              //设置射线终点纵坐标
    } else {                                                //怪物在炮塔上方
      damageY = 0;                                          //设置射线终点横坐标
      damageX = x1;}                                        //设置射线终点纵坐标
    } else if (x2 - x1 > 1) {                               //怪物在炮塔右面
      tempX = Constants.PMX;                                //设置 tempX 为屏幕宽度
      damageY = (tempX - x1) / (x2 - x1) * (y2 - y1) + y1; //设置射线终点纵坐标
      damageX = tempX;                                      //设置射线终点横坐标
    } else if (x2 - x1 < -1) {                              //怪物在炮塔左面
      tempX = 0;                                            //设置 tempX 为零
      damageY = (tempX - x1) / (x2 - x1) * (y2 - y1) + y1; //设置射线终点纵坐标
      damageX = tempX;      }                                       //设置射线终点横坐标
    float xspan=master.getCurrentPoint()[0]-currentX; //怪物和炮塔横坐标间距
    float yspan=master.getCurrentPoint()[1]-currentY; //怪物和炮塔纵坐标间距
    if( xspan == 0 ){                                       //怪物和炮塔横坐标间距为零
      if( master.getCurrentPoint()[1] >= this.currentY)     //子弹需要下移
        xspan = 0.0000001f;                                 //设置水平间距
      else xspan = -0.0000001f;}                            // 子弹需要上移，设置水平间距
    if( yspan == 0 ){                                       //怪物和炮塔竖直间距为零
      if( master.getCurrentPoint()[0] >= this.currentX)     //子弹需要下移
        yspan = 0.0000001f;                                 //设置竖直间距
      else yspan = -0.0000001f;}                            //子弹需要上移，设置竖直间距
```

```
33      if( xspan>0 && yspan>0 ){                          //计算子弹发射角度
34        yAngle = (float)Math.atan(Math.abs(yspan/xspan));//第一象限
35      switch(currentState){                              //子弹当前状态
36        case 1: break;                                   //默认值
37        case 2:
38          damageX1=damageX+2;damageY1=damageY-2;         //设置伤害范围
39          currentX1=currentX+2;currentY1=currentY-2;     //设置当前坐标
40          damageX2=damageX-2; damageY2=damageY+2;        //设置伤害范围
41          currentX2=currentX-2;currentY2=currentY+2;     //设置当前坐标
42        break;
43        case 3:
44          damageX1=damageX-3;damageY1=damageY+3;         //设置伤害范围
45          currentX1=currentX-3;currentY1=currentY+3;     //设置当前坐标
46          damageX2=damageX+3; damageY2=damageY-3;        //设置伤害范围
47          currentX2=currentX+3;currentY2=currentY-3;     //设置当前坐标
48          damageX3=damageX;damageY3=damageY;             //设置伤害范围
49          currentX3=currentX;currentY3=currentY;         //设置当前坐标
50        break;
51        case 4: break;}}
52      else if( xspan<0 && yspan>0 ){
53        ……//第二象限，代码大体类似第一象限代码，这里省略
54        yAngle = (float)Math.PI-(float)Math.atan(Math.abs(yspan/xspan));}
55      else if( xspan<0 && yspan<0 ) {
56        ……//第三象限，代码大体类似第一象限代码，这里省略
57        yAngle =(float)Math.PI+(float)Math.atan(Math.abs(yspan/xspan));}
58      else {
59        ……//第四象限，代码大体类似第一象限代码，这里省略
60        yAngle = (float)(2*Math.PI)-(float)Math.atan(Math.abs(yspan/xspan));
61    }}}
```

- 第 3～22 行为根据怪物和炮塔的相对位置来计算射线的终点坐标。
- 第 23～61 行为通过计算怪物和炮塔的横、纵坐标间距来划分其所在的象限，从而求得射线发射的角度。再通过当前射线的级数来设置射线的范围伤害以及射线的条数，从而达到炮弹 Bullet_Laser 升级后的华丽效果。

（3）接下来要实现的是判断所有怪物是否位于射线上，如果在射线范围内，则执行相应掉血方法持续掉血，具体实现方法 isInRect 代码如下。

代码位置：见本书随书光盘中源代码/第 15 章/ColorfulHexdefence/src/com/baina/tower/bullet 目录下的 Bullet_Laser.java。

```
public boolean isInRect(int number, float startX, float startY, float endX, float
endY, Monster mm) {
  float x2 = mm.getCurrentPoint()[0];                  //怪物横坐标
  float y2 = mm.getCurrentPoint()[1];                  //怪物纵坐标
  float[] f1 = new float[2];                           //初始化数组
  float[] f2 = new float[2];                           //初始化数组
  float distance2 = 0;                                 //初始化距离
  //假如怪物在激光子弹形成的矩形内
  if (x2 >= startX && x2 <= endX && y2 >= endY && y2 <= startY) {
  switch (number) {                                    //激光的种类
    case 1:                                            //第一种激光
      f1 = new float[] { startX - x2, startY - y2 };//射线起点到怪物所形成的向量
      f2 = new float[] { endX - x2, endY - y2 };    //射线终点到怪物所形成的向量
      //计算射线的长度
      distance2 = (startX - endX) * (startX - endX) + (startY - endY) * (startY - endY);
    break;
    case 2:                                            //第二种激光
      f1 = new float[] { endX - x2, startY - y2 };  //射线终点到怪物所形成的向量
      f2 = new float[] { startX - x2, endY - y2 };  //射线起点到怪物所形成的向量
      //计算射线的长度
      distance2 = (endX - startX) * (endX - startX) + (endY - startY) * (endY - startY);
    break;
    case 3:                                            //第三种激光
      f1 = new float[] { endX - x2, endY - y2 };    //射线终点到怪物所形成的向量
      f2 = new float[] { startX - x2, startY - y2 };//射线起点到怪物所形成的向量
      //计算射线的长度
```

```
26          distance2 = (startX - endX) * (startX - endX) + (startY - endY) * (startY - endY);
27        break;
28        case 4:                                              //第四种激光
29          f1 = new float[] { startX - x2, endY - y2 };   //射线起点到怪物所形成的向量
30          f2 = new float[] { endX - x2, startY - y2 };   //射线终点到怪物所形成的向量
31          //计算射线的长度
32          distance2 = (startX - endX) * (startX - endX) + (startY - endY) * (startY - endY);
33        break;}
34        //计算由 3 个点构成的三角形的面积
35      float mianJi2 = (f1[0] * f2[1] - f1[1] * f2[0])* (f1[0] * f2[1] - f1[1] * f2[0]);
36      float juLi2 = mianJi2 / distance2;                 //利用向量判断怪物和直线的距离
37      float masterR = mm.getMasterLength();              //怪物图片的长度
38        if (masterR*masterR >= juLi2){                   //判断怪物是否在直线上
39          return true;                                   //怪物在直线上
40        }else { return false;        }}                  //怪物不在直线上
41        return false;                                    //怪物不在矩形内
42    }
```

- 第 3～6 行为初始化相关变量。第 8～33 行为根据 4 个不同方向的射线计算射线长度。
- 第 35 行为计算射线起点到怪物形成的向量，以及射线终点到怪物形成的向量，通过向量的叉积计算三角形的面积。
- 第 36～42 行为通过计算射线在手机屏幕中的长度，从而可以求得三角形的高。最后利用公式计算怪物到射线的距离，比较高和距离可知怪物是否在射线上。

（4）上面开发了炮弹 Bullet_Laser 类的行走以及矩形检测等方法，接下来开发 isInLine 方法，如果怪物在射线上则掉血，其详细代码如下所示。

代码位置：见本书随书光盘中源代码/第 15 章/ColorfulHexdefence/src/com/baina/tower/bullet 目录下的 Bullet_Laser.java。

```
public void isInLine() {                                          //判断怪物是否在激光上
  if (list.size() <= 0)                                           //怪物列表为零
    return;                                                       //返回，结束
  float x1 = currentX;                                            //当前子弹横坐标
  float y1 = currentY;                                            //当前子弹纵坐标
  for (int i = 0; i < list.size(); i++) {                         //循环怪物列表
    Monster mm = list.get(i);                                     //得到一个怪物引用
    if (x1 <= damageX && y1 >= damageY) {                         //射线的方向是右上角
      if (isInRect(1, x1, y1, damageX, damageY, mm)) {            //如果怪物在射线上
        if (!mm.decreaseBlood(damage))                            //怪物减血
        mm.setLive(false);}}                                      //设置怪物死亡
    else if (x1 >= damageX && y1 >= damageY) {                    //射线的方向是左上角
      if(isInRect(2, damageX, y1, x1, damageY, mm)) {             //如果怪物在射线上
        if (!mm.decreaseBlood(damage))                            //怪物减血
          mm.setLive(false);}}                                    //设置怪物死亡
    else if (x1 >= damageX && y1 <= damageY) {                    //射线的方向是左下角
      if (isInRect(3, damageX, damageY, x1, y1, mm)) {            //如果怪物在射线上
        if (!mm.decreaseBlood(damage))                            //怪物减血
          mm.setLive(false);}}                                    //设置怪物死亡
    else if (x1 <= damageX && y1 <= damageY) {                    //射线的方向是右下角
      if (isInRect(4, x1, damageY, damageX, y1, mm)){             //如果怪物在射线上
        if (!mm.decreaseBlood(damage))                            //怪物减血
          mm.setLive(false);}}}}                                  //设置怪物死亡
}
```

说明　此段代码为循环怪物列表得到每一个怪物引用，通过射线的方位传递不同的参数调用 isInRect()方法。判断怪物列表中哪些怪物在射线上，在射线上的怪物依次掉血，血量为零时，怪物死亡。最后炮弹的绘制方法比较简单，这里不再赘述，读者可自行参阅光盘查看代码。

15.5.6 地图功能类——Blood_Up

上面完成了怪物、炮塔和炮弹 3 个实体类，这里将开发最后一个实体地图功能类，地图功能共有 10 种，虽然功能不同，但是实现方法是一样的，这里只为读者开发 Blood_Up 类，其他类的开发程序基本相同，详细代码如下所示。

代码位置：见本书随书光盘中源代码/第 15 章/ColorfulHexdefence/src/com/baina/tower/mapCapability 目录下的 Blood_Up.java。

```
1   package com.baina.tower.mapCapability;
2   ……//此处省略了部分类的引入代码，读者可以自行查阅随书光盘的源代码
3   import com.baina.tower.utils.UpdateBitmap;
4   public class Blood_Up implements Capability{
5     int x;                                                  //数组坐标
6     int y;                                                  //数组坐标
7     boolean isInIt;                                         //怪物是否走入该格子
8     boolean isDraw;                                         //是否调高亮度
9     float pointX;                                           //屏幕的坐标
10    float pointY;                                           //屏幕的坐标
11    int damage = -2;                                        //加血的值
12    transient Bitmap bitmap;                                //图片对象用于序列化
13    public Blood_Up(Bitmap bitmap,int x, int y){            //构造器
14     //省略成员变量的初始化，读者可以自行查阅随书光盘的源代码
15    }
16    public void go(MonsterList master_list) {               //定时调用该方法
17     for(int i=0; i<master_list.size(); i++){               //循环怪物列表
18      Monster master = master_list.get(i);                  //得到当前怪物
19      float[] temp = master.getCurrentPoint();              //怪物屏幕坐标
20      if((temp[0]-pointX)*(temp[0]-pointX)+(temp[1]-pointY)*(temp[1]-pointY)<=Map.
    b*Map.b){
21       master.decreaseBlood(damage);                        //若在格子内则加血
22       isInIt = true;                                       //设置怪物进入格子标记位
23       isDraw = true; } }                                   //设置调高亮度标记位
24     if(!isInIt){ isDraw = false;      }                    //恢复相关标记位
25     isInIt = false; }                                      //恢复相关标记位
26    public void draw(Canvas canvas,Paint paint) {           //绘制当前格子
27     if(isDraw){                                            //是否调高亮度
28      canvas.drawBitmap(UpdateBitmap.liangDu(bitmap,6f),    //绘制高亮度图片
29                pointX-bitmap.getWidth()/2, pointY-bitmap.getHeight()/2, paint);
30      }else{                                                //
31      canvas.drawBitmap(bitmap, pointX-bitmap.getWidth()/2,//绘制该功能格子图片
32                pointY-bitmap.getHeight()/2, paint);
33  } } }
```

- 第 5～12 行为声明该类的成员变量。第 13～15 行为 Blood _Up 类的构造器，作用为初始化成员变量。
- 第 16～25 行为 Blood_Up 类的主要方法，用于检测是否有怪物走入自己的格子中，如果走入则让怪物加血，并且将当前格子的图片亮度调高。第 26～33 行为该格子的绘制，如果怪物进入则绘制高亮度图片。

15.5.7 怪物生成线程——CreateMonster

深入了解了核心算法及主界面相关类之后，接下来开发控制整个游戏的 4 个线程类，作用分别为控制游戏中怪物、炮塔和炮弹的运动，刷新界面。这里开发的是生成怪物的线程，该线程用于控制游戏中怪物的生成，保证每波怪物都能按规定的数量产生，其详细开发代码如下所示。

代码位置：见本书随书光盘中源代码/第 15 章/ColorfulHexdefence/src/com/baina/tower/threads 目录下的 CreateMonster.java。

```
package com.baina.tower.threads;
……//此处省略了部分类的引入代码，读者可以自行查阅随书光盘的源代码
public class CreateMonster extends Thread{
```

```
4      public boolean pause = false;                  //线程暂停的标志位
5      public boolean flag = true;                    //线程循环标记位
6      public int isFirst = 1;                        //假如是恢复游戏，则第一次的时候不进行延迟
7      MonsterList list;                              //怪物列表引用
8      GameSurfaceView mv;                            //游戏主界面引用
9      Bitmap creep;                                  //怪物图片
10     public int count ;                             //怪物数量
11     public CreateMonster(MonsterList list, GameSurfaceView mv,Bitmap creep){}
12       public void run(){                           //重写父类 run 方法
13         mv.playDongHua = true;                     //怪物生成前的动画标志位
14         while(mv.playDongHua){                     //控制动画循环
15           Constants.sleep(20);                     //睡眠 20 毫秒
16           if(!pause){                              //如果游戏不是暂停则增加扇形角度
17             mv.shanXingAngle+=1.2f;
18             if(mv.shanXingAngle>=360f){            //若此时角度大于 360
19               mv.playDongHua=false;                //将标志位设置为 false
20               break;                               //退出循环
21         }}}
22         while(flag){                               //产生怪物的循环
23           if(count<1){   break;}                   //如果怪物数量满足退出循环
24           try{                                     //捕获异常
25             if(!pause){                            //非暂停则执行相关操作
26               if(mv.boshu%Constants.CYCLE==1){//第二波怪物的执行方法
27                     //播放产生怪物时的背景音乐
28                 MainGameActivity.sound.playMusic(Constants.SPAWN_START, 0);
29                 mv.drawStartDemo = true; //绘制怪物出现时的动画标志位
30                 //生成怪物对象，并将其加入怪物列表中
31                 list.add(new Monster_Square(mv,creep,Constants.MASTERNUM1BLOOD
32                             +(mv.boshu-1)*Constants.INCREASE_BLOOD1));
33                 count--;                           //怪物数量减 1
34               }else if(mv.boshu%Constants.CYCLE== 2){ //第三波怪物的执行方法
35                 ……//此处省略其他怪物产生的代码，与第二波怪物的生成相同，读者查阅源码
36               }
37                   //起点坐标
38               float temp[] = LBX.getPosition(mv.game.source[1], mv.game.source[0]);
39                   //创建爆炸对象
40               Utils util = new Utils(2,temp[0], temp[1], 40,Color.WHITE,mv,16);
41               mv.utils.add(util);                  //爆炸列表中加入该爆炸对象
42               util.start();}                       //启动该线程
43               Thread.sleep(Constants.CREATE_TIME_SPAN); //线程休眠
44             }catch(Exception e){
45               e.printStackTrace();                 //打印错误信息
46         }}
47         while(list.size()!=0)Constants.sleep(1000);}//当怪物列表非空，线程休眠 1 秒
48         mv.threadIsDie = true; }                   //设置线程相关标记位
49         public void setFlag(boolean flag) {        //设置线程相关标记位
50           ……//此处省略将标记位设置为 flag
51   }}
```

- 第 1～10 行为导入相关包、成员变量的声明和构造器中成员变量的初始化。第 12～21 行为线程开始阶段的休眠，用于游戏初期即怪物生成之前，玩家放置塔防。
- 第 22～46 行为该线程的循环部分，作用是每隔规定时间产生一定数量怪物并且开始音乐、绘制开始动画和将怪物加入列表。
- 第 43 行为控制怪物产生之后与下一次产生怪物的时间。

> **提示**　本游戏的开发有 6 个线程，其中最为重要的是怪物的生成，上面已经了解了详细的开发步骤，另外的线程分别是刷帧、爆炸效果、怪物移动和子弹移动线程等，开发过程就是在 run 方法的循环体中写入游戏界面重绘方法、怪物子弹的移动方法即可。这里不再详细介绍，读者可以自行查阅随书光盘的源代码。

15.5.8　爆炸类——Utils

上面几小节已经基本完成了游戏的开发，但是为了追求游戏画面更加酷炫的效果，增加了爆

炸类 Utils。游戏中玩家可以看到产生怪物时、怪物被消灭时、主城被入侵时都会有爆炸的效果，极大地提高了视觉的感染力，接下来将进行这部分内容的开发。

（1）首先介绍 Utils 类实现的整体框架代码，方便读者对 Utilsl 类的开发有一个整体的理解和把握，具体各模块功能的实现后面进行开发，其详细代码如下。

代码位置：见本书随书光盘中源代码/第 15 章/ColorfulHexdefence/src/com/baina/tower/utils 目录下的 Utils.java。

```
1   package com.baina.tower.utils;
2   ……//此处省略了部分类的引入代码，读者可以自行查阅随书光盘的源代码
3   public class Utils extends Thread{
4     float x;                                              //生成爆炸的 x 坐标
5     float y;                                              //生成爆炸的 y 坐标
6     int type;                                             //爆炸的编号
7     GameSurfaceView msv;                                  //SurfaceView 引用
8     Bitmap bmp;float scale=1f;float scale2=0;             //爆炸效果图、放大缩小参数
9     public boolean flag = true;                           //线程控制标记位
10    ArrayList<Xian> list;                                 //存放线条
11    int color;                                            //线条颜色
12    float width = Constants.PMX1;                         //屏幕的宽
13    float length = Constants.PMY1;                        //屏幕的高
14    float speed;                                          //线条移动速度
15    //下面方法只给出名称，后边将会一一讲解每个方法体中的程序部分
16    public Utils(int type, float x, float y,int count,int color,GameSurfaceView
      msv,float speed){};//构造器
17    private void createXian3(float x, float y,int count,int color,float speed){};
                                                                //为列表添加线段
18    private void createXian2(float x, float y,int count,int color){};//为列表添加线段
19    public void drawBoom(Canvas canvas, Paint paint) {};  //绘制线段
20    private void changePosition3(){};                     //改变线段位置
21    private void changePosition2(){};                     //改变线段位置
22    public void run(){                                    //重写 Thread 的 run 方法
23      while(flag){                                        //while 循环
24        if(!msv.cm.pause){                                //判断游戏是否暂停
25          switch(type){                                   //判断爆炸效果类型
26            case 1: changePosition3();break;              //根据不同类型进行线段位移
27            case 2: changePosition2();break;
28            case 3: changePosition3();break;}}
29        try{ Thread.sleep(20);}                           //线程进入睡眠
30        catch(Exception e){ e.printStackTrace();}}}       //捕获异常
31    public static Bitmap small(Bitmap bmp,float scale) {}; //改变图片尺寸的方法
32    private class Xian{                                   //控制每个线条的内部类
33    ……//此处省略内部类中变量、方法
34  }}
```

● 第 4～16 行为该类的成员变量与构造器，构造器的作用为初始化成员变量。第 17～21 行为控制爆炸线条移动与绘制的方法，这里线条移动的方法功能是循环线段列表，并调用每个线段的 move 方法，由于代码比较简单，读者可以自行查看光盘中源代码。

● 第 22～30 行为重写了父类的 run 方法，该方法的功能就是控制整个爆炸列表中所有线条的移动。

● 第 31 行为改变图片尺寸的方法，第 32 行是爆炸的内部类，用于处理每个线条。

（2）上面实现了 Utilse 类的框架代码，接下来将首先开发线条类，即上述代码中的内部类，该内部类除了基本的变量之外还有移动与绘制的方法，其详细代码如下。

代码位置：见本书随书光盘中源代码/第 15 章/ColorfulHexdefence/src/com/baina/tower/utils 目录下的 Utils.java。

```
private class Xian{
  float xx1;                                  //线段的起点 x 坐标
  float xy1;                                  //线段的起点 y 坐标
  float xx2;                                  //线段的终点 x 坐标
  float xy2;                                  //线段的终点 y 坐标
```

```
    float span;                                                     //线段长度
    float JD;                                                       //线段与水平的角度
    float speed=7;                                                  //线段移动速度
    public Xian(float xx,float xy,float span,float JD,int color,float speed){
                                                                    //构造器
      if(type == 3 ){
        ……//此处省略其他类型爆炸的成员变量初始化
      }else if(type == 2){                                          //判断爆炸类型
        this.xx1 = xx + (float)(Math.cos(JD)*120);                  //根据爆炸位置计算起点
        this.xy1 = xy + (float)(Math.sin(JD)*120);                  //根据爆炸位置计算起点
        this.span = span;                                           //线段长度赋值
        this.JD = JD+(float)Math.PI;                                //计算实际角度
        this.speed = speed;                                         //移动速度赋值
        xx2 = xx1 + (float)Math.cos(JD)*span;                       //根据起点计算终点 x
        xy2 = xy1 + (float)Math.sin(JD)*span;                       //根据起点计算终点 y
    }}
    public void move(){                                             //爆炸的线段移动方法
      if(type == 3 || type == 1){                                   //判断爆炸类型
        ……//此处省略其他类型爆炸线段的移动
      }else if(type == 2){                                          //判断爆炸类型
        speed-=0.09f;                                               //每次移动都给予减速效果
        span-=0.48f;                                                //变化线段长度
        xx1 +=(float)Math.cos(JD)*speed;                            //根据速度计算下次起点坐标
        xy1 +=(float)Math.sin(JD)*speed;                            //根据速度计算下次起点坐标
        xx2 = xx1 + (float)Math.cos(JD)*span;                       //根据起点计算终点 x
        xy2 = xy1 + (float)Math.sin(JD)*span;                       //根据起点计算终点 y
    }}
    public void drawSelf(Canvas canvas,Paint paint){                //绘制线段的方法
      paint.setStrokeWidth(0.8f);                                   //设置线条宽度
      paint.setAlpha(255);                                          //设置画笔为不透明
      canvas.drawLine(xx1, xy1, xx2, xy2, paint);                   //绘制线段
    }
```

说明 该内部类中的变量与方法都只与当前创建的线段对象有关，这里的移动与绘制方法具体哪里调用，后边将会详细讲解，这里只需要了解每个方法是如何执行的即可。

（3）上面实现了 Utils 类中内部类的代码，接下来将开发在 Utils 中创建爆炸线条，并且将所有线条对象加入列表中的方法 createXian2 和绘制爆炸效果的方法，其详细代码如下。

代码位置：见本书随书光盘中源代码/第 15 章/ColorfulHexdefence/src/com/baina/tower/utils 目录下的 Utils.java。

```
private void createXian2(float x, float y,int count,int color){    //创建爆炸线条
  list = new ArrayList<Xian>();                                     //初始化存放线条列表
  for(int i=0; i<count; i++){                                       //循环所要创建的线段数
    list.add(new Xian(x,y,25,(float)(Math.random()*2*Math.PI),color,
                     (float)(Math.random()*3)+3));                  //创建对象并加入列表中
  }}
public void drawBoom(Canvas canvas, Paint paint) {                  //绘制整个爆炸效果
  if(type == 3){                                                    //判断类型
   ……//此处省略了其他类型的线条绘制
   }else if(type == 2){                                             //判断类型
     if(scale > 0){                                                 //判断图片尺寸大小
       if(!msv.cm.pause){ scale-=0.18f;}        //若游戏暂停则停止大小变化
       Bitmap temp = small(msv.boom2,scale);                        //根据 scale 创建图片
       canvas.drawBitmap(temp, x-temp.getWidth()/2, y-temp.getHeight()/2, paint);}
       paint.setColor(color);                                       //设置画笔颜色
       for(int i=0; i<list.size(); i++){                            //循环线段列表
         list.get(i).drawSelf(canvas, paint);}                      //得到线段对象并绘制
   }else if(type == 1){                                             //判断类型
   ……//此处省略了其他类型的线条绘制
}}}
```

> **说明**　第 1～6 行为创建线段对象，且将其加入线段列表中的方法。第 7～20 行为绘制整个爆炸的方法，执行过程为，首先判断当前爆炸类型，然后根据类型进行图片缩放、线条的相关绘制。开发到这里我们就可以看出某个点需要爆炸即根据该点坐标创建爆炸对象，启动该线程，然后在 SurfaceView 绘制的方法体中加入爆炸的绘制就可以呈现爆炸效果。

15.5.9　屏幕自适应相关类

上述基本完成了游戏的开发，但是不同 Android 设备的屏幕分辨率是不同的，游戏要想更好地运行在不同的平台上就要解决屏幕自适应的问题。屏幕自适应的解决方案有很多种，本游戏中采用缩放画布的方式进行屏幕的自适应。下面将分步骤介绍屏幕自适应的开发过程。

（1）首先介绍屏幕缩放工具类 ScreenScaleUtil 的开发，该类用于计算画布缩放等一系列的参数，用于完成屏幕的自适应，其详细代码如下。

代码位置：见本书随书光盘中源代码/第 15 章/ColorfulHexdefence/src/com/baina/tower/view 目录下的 ScreenScaleUtil.java。

```
package com.baina.tower.view;
public class ScreenScaleUtil{                                    //计算缩放情况的工具类
  static final float sHpWidth=800;                               //原始横屏的宽度
  static final float sHpHeight=480;                              //原始横屏的高度
  static final float whHpRatio=sHpWidth/sHpHeight;               //原始横屏的宽高比
  static final float sSpWidth=480;                               //原始竖屏的宽度
  static final float sSpHeight=800;                              //原始竖屏的高度
  static final float whSpRatio=sSpWidth/sSpHeight;               //原始竖屏的宽高比
public static ScreenScaleResult calScale(float targetWidth,float targetHeight){
                                                                 //目标宽度和高度
  ScreenScaleResult result=null;                                 //屏幕缩放的结果类
  ScreenOrien so=null;                                           //屏幕横竖屏相关的类
  if(targetWidth>targetHeight){                                  //判断是横屏还是竖屏
    so=ScreenOrien.HP;                                           //初始化目标为横屏
  }else{
    so=ScreenOrien.SP;}                                          //初始化目标为竖屏
  if(so==ScreenOrien.HP){                                        //进行横屏结果的计算
    float targetRatio=targetWidth/targetHeight;                  //计算目标的宽高比
      //若目标宽高比大于原始宽高比，则以目标的高度计算结果
    if(targetRatio>whHpRatio){
      float ratio=targetHeight/sHpHeight;                        //计算画布的缩放比
      float realTargetWidth=sHpWidth*ratio;                      //真实手机中画布宽度
      float lcuX=(targetWidth-realTargetWidth)/2.0f;             //画布左上角横坐标
      float lcuY=0;                                              //画布左上角纵坐标
      result=new ScreenScaleResult((int)lcuX,(int)lcuY,ratio,so); //结果存放进对象
      //若目标宽高比小于原始宽高比，则以目标的宽度计算结果
    }else{
      float ratio=targetWidth/sHpWidth;                          //计算画布的缩放比
      float realTargetHeight=sHpHeight*ratio;                    //真实手机中画布高度
      float lcuX=0;                                              //画布左上角横坐标
      float lcuY=(targetHeight-realTargetHeight)/2.0f;           //画布左上角纵坐标
      result=new ScreenScaleResult((int)lcuX,(int)lcuY,ratio,so);}} //结果存放进对象
  if(so==ScreenOrien.SP){                                        //进行竖屏结果的计算
    float targetRatio=targetWidth/targetHeight;                  //计算目标的宽高比
      //若目标宽高比大于原始宽高比，则以目标的高度计算结果
    if(targetRatio>whSpRatio){
      float ratio=targetHeight/sSpHeight;                        //计算画布的缩放比
      float realTargetWidth=sSpWidth*ratio;                      //真实手机中画布宽度
      float lcuX=(targetWidth-realTargetWidth)/2.0f;             //画布左上角横坐标
      float lcuY=0;                                              //画布左上角纵坐标
      result=new ScreenScaleResult((int)lcuX,(int)lcuY,ratio,so); //结果存放进对象
      //若目标宽高比小于原始宽高比，则以目标的宽度计算结果
    }else{
      float ratio=targetWidth/sSpWidth;                          //计算画布的缩放比
      float realTargetHeight=sSpHeight*ratio;                    //真实手机中画布高度
```

```
45       float lcuX=0;                                          //画布左上角横坐标
46       float lcuY=(targetHeight-realTargetHeight)/2.0f;      //画布左上角纵坐标
47       result=new ScreenScaleResult((int)lcuX,(int)lcuY,ratio,so);}}}//结果存放进对象
48     return result;                                           //返回结果对象
49   }}
```

- 第 3～8 行为声明游戏标准屏（分为横屏和竖屏）的宽度、高度以及宽高比。
- 第 12～15 行为判断当前屏幕是横屏还是竖屏。第 16～31 行为当屏幕为横屏时计算画布缩放比以及画布左上角点坐标。第 32～47 行为当屏幕为竖屏时计算画布缩放比以及画布左上角点坐标。
- 第 48 行将计算结果以对象 ScreenScaleResult 返回。

（2）上面实现了 ScreenScaleUtil 类的开发，接下来将开发的是 ScreenScaleResult 类，该类用于存储 ScreenScaleUtil 类计算的一系列结果，极大地方便了后续代码的取用，其详细代码如下。

代码位置：见本书随书光盘中源代码/第 15 章/ColorfulHexdefence/src/com/baina/tower/view 目录下的 ScreenScaleResult.java。

```
package com.baina.tower.view;
enum ScreenOrien{HP, SP }                                      //表示横屏以及竖屏的枚举值
public class ScreenScaleResult{                                //缩放计算的结果
  int lucX;                                                    //画布左上角 x 坐标
  int lucY;                                                    //画布左上角 y 坐标
  public float ratio;                                          //画布缩放比例
  ScreenOrien so;                                              //横竖屏情况
public ScreenScaleResult(int lucX,int lucY,float ratio,ScreenOrien so){//构造器
  this.lucX=lucX;                                              //初始化画布左上角 x 坐标
  this.lucY=lucY;                                              //初始化画布左上角 y 坐标
  this.ratio=ratio;                                            //初始化画布、画布缩放比例
  this.so=so;}                                                 //初始化横、竖屏情况
public String toString(){                                      //重写 toString()方法
  return "lucX="+lucX+", lucY="+lucY+", ratio="+ratio+", "+so;      //返回相关值
}}
```

说明 ScreenScaleResult 类用于存放 ScreenScaleUtil 类的计算结果，包括画布左上角 x 坐标、画布右上角 y 坐标、画布缩放比例、横竖屏情况等。将结果封装成对象方便变量的取用，因为取用时不用再进行重复计算，读者应该掌握这种优化程序的思想。

（3）完成了 ScreenScaleUtil 及 ScreenScaleResult 类的开发，下面就需要在 StartGameActivity 类中获取屏幕的宽和高，并将计算的相关数据存储到常量类 Constants 中，具体开发代码如下。

代码位置：见本书随书光盘中源代码/第 15 章/ColorfulHexdefence/src/com/baina/tower/allactivity 目录下的 StartGameActivity.java。

```
WindowManager windowManager = this.getWindowManager();   //得到屏幕管理者
Display display = windowManager.getDefaultDisplay();     //得到默认的 Display 对象
Constants.PMX1 = display.getWidth();                     //得到屏幕的宽度
Constants.PMY1 = display.getHeight();                    //得到屏幕的高度
```

说明 上面 4 句代码位置在 StartGameActivity 类的 OnCreate()方法中。当 StartGameActivity 对象切换到 GameSurfaceView 界面时获取当前设备的屏幕宽度和高度，用于在 GameSurfaceView 中进行计算实现屏幕的自适应。

（4）在获得了屏幕的宽和高后，为了完成 GameSurfaceView 界面的屏幕自适应，需要在 GameSurfaceView 类初始化时计算画布左上角点坐标以及画布的缩放比，具体代码如下。

代码位置：见本书随书光盘中源代码/第 15 章/ColorfulHexdefence/src/com/baina/tower/view 目录下的 GameSurfaceView.java。

```
//进行画布相关计算,使游戏画面适应不同的分辨率的设备
screenScaleResult = ScreenScaleUtil.calScale(Constants.PMX1,Constants.PMY1);
```

```
Constants.LOX = screenScaleResult.lucX;                    //存储画布左上角 x 坐标
Constants.LOY = screenScaleResult.lucY;                    //存储画布左上角 y 坐标
Constants.RADIO = screenScaleResult.ratio;                 //存储画布的缩放率
```

说明 上面 4 句代码位置在 GameSurfaceView 类的构造器中。当 GameSurfaceView 初始化时利用工具类 ScreenScaleUtil 进行计算，用于获取画布的缩放比、画布左上角点 x 坐标、画布左上角点 y 坐标等参数，并将参数存放在常量类 Constants 中。

（5）以上 4 个步骤完成了游戏界面绘制前的一系列有关画布的计算，这时只需要在绘制游戏界面时调用以下代码即可完成屏幕自适应，具体代码如下所示。

代码位置：见本书随书光盘中源代码/第 15 章/ColorfulHexdefence/src/com/baina/tower/view 目录下的 GameSurfaceView.java。

```
canvas.save();                                                    //绘制前保存画布
canvas.translate(Constants.LOX, Constants.LOY);                   //进行画布的平移
canvas.scale(Constants.RADIO, Constants.RADIO);                   //进行画布的旋转
……//此处省略了相关绘制代码，读者可以自行查阅随书光盘的源代码
canvas.restore();                                                 //绘制完毕后恢复画布
```

说明 以上代码位置在 GameSurfaceView 类的 onDraw()方法中。当 GameSurfaceView 界面进行绘制时保存画布，进行画布的平移、旋转等相关操作来填充整个屏幕，绘制完毕后一定要恢复画布，否则可能影响下一次的绘制。

（6）此时已经完成了游戏界面的屏幕自适应，但是要让游戏界面先前的触摸菜单继续对玩家的触摸操作产生反应，就要完成触摸范围的屏幕自适应，具体实现的代码如下所示。

代码位置：见本书随书光盘中源代码/第 15 章/ColorfulHexdefence/src/com/baina/tower/game 目录下的 TowerAdder.java。

```
x<(Constants.BUTTON_TOWER_POSITION_X+Constants.BUTTON_TOWER_LENGTH
 +Constants.LOX)*Constants.RADIO                           //进行自适应屏幕的相关计算
&& x>(Constants.BUTTON_TOWER_POSITION_X+Constants.LOX)*Constants.RADIO
&& y<(Constants.PMY+Constants.LOY)*Constants.RADIO    //还原触摸有效范围
&& y >(Constants.PMY-Constants.BUTTON_TOWER_LENGTH+Constants.LOY)*Constants.RADIO
```

说明 以上代码位置在 TowerAdder 类的 touchEvent 方法中。当游戏玩家触摸菜单选项的时候，由于画布的平移和旋转，触摸有效位置已经发生了变化，必须还原有效触摸位置触控才可以生效，读者开发自适应屏幕程序的时候一定要注意这一点。

15.6 游戏的优化及改进

到此为止，塔防游戏——炫彩塔防已经基本开发完成，也实现了最初设计的功能。但是，通过开发后的试玩测试发现，游戏中仍然存在一些需要优化和改进的地方，下面列举作者想到的一些方面。

- 优化游戏界面

没有哪一款游戏的界面不可以更加完美和绚丽，所以对本游戏的界面，读者可以根据自己的想法进行改进，使其更加完美。如地图的搭建、炮弹爆炸的效果和游戏结束时界面效果等都可以进一步完善。

- 修复游戏 Bug

现在众多的网络游戏在公测之后也有很多的 Bug，需要玩家不断地发现以此来改进游戏。本游戏中怪物寻找路径过程中会碰到各种各样的问题，虽然已经测试改进了大部分问题，但是还有很多 Bug 需要玩家发现，这对于游戏的可玩性有极其重要的帮助。

- 完善游戏玩法

此游戏的玩法还是比较单一，读者可以自行完善，增加更多的玩法使其更具吸引力。在此基础上读者也可以进行创新来给玩家焕然一新的感觉，充分发掘这款游戏的潜力。

- 增强游戏体验

为了满足更好的用户体验，怪物的血量，炮塔的攻击力等一系列参数读者可以自行调整，合适的参数会极大地增加游戏的可玩性。

第 16 章　策略游戏——大富翁

策略游戏允许玩家自由控制、管理和使用游戏中的人物、资源，并通过较为自由的手段对抗敌人以达到游戏所要求的目标，取得游戏的胜利。“大富翁”便是一个典型的策略游戏，游戏中玩家通过掷骰子控制人物的行走，借助卡片、神明等工具，达到建筑房子收取利息的目的。

本章将向读者介绍 Android 平台的策略游戏“大富翁”，希望读者能对 Android 平台下游戏的开发步骤有深入的了解，同时也掌握开发大型 RPG 游戏常使用的设计模式与实现思路。

16.1 游戏的背景及功能概述

在开发“大富翁”游戏之前，首先需要了解该游戏的背景以及功能。本节主要围绕该游戏的背景以及功能进行简单的介绍，通过对大富翁的简单介绍，使读者对该游戏有一个整体的了解，进而为后续的游戏开发工作做好准备。

16.1.1　背景概述

之前的策略游戏玩法比较单一，游戏结果一般是统一国家或开拓殖民地，后来逐步发展成游戏方法比较固定的模拟类游戏，模拟类游戏通过模拟现实生活的世界或过去的世界，在游戏中充分利用自己的智慧来建立住宅用地和商业用地等。

本章所介绍的就是一款使用 Java 编写的 Android 端游戏大富翁，在本游戏中，玩家可以通过购买土地、使用各种卡片、借助神明、买卖股票、买彩票和银行贷款等方式扩展自己的资产，并通过陷害、拍卖和强制占有他人土地等方式迫使敌人破产成为最后的赢家。

16.1.2　功能简介

大富翁游戏主要包括加载界面、菜单界面、声音设置界面、帮助界面以及游戏界面等，其所有界面都在 Surface 中实现。在 Surface 的绘制方法中，根据不同界面的编号进行不同界面的绘制，其触控及返回键的监听同样根据界面编号进行响应。

（1）在手机上点击该游戏的图标，运行游戏，首先进入的是游戏的欢迎界面，本界面让玩家选择是否开启音效，效果如图 16-1 所示。

（2）进入欢迎界面后，点击“否”或“是”按钮，进入加载界面，其效果如图 16-2 所示。在该界面中可以看到加载框在不断地旋转，旋转一段时间后进入其他界面。

（3）待加载界面加载完毕后进入主菜单界面，在本界面设有“来玩吧”、游戏设定、游戏说明、关于游戏、退出游戏以及背景音乐设置等按钮，效果如图 16-3 所示。点击“设置”按钮进入游戏设定界面，本界面可进行背景音乐的选定，声音设置的效果如图 16-4 所示。

（4）点击主菜单界面的“来玩吧”按钮，进入游戏菜单界面。该界面包括开新游戏、继续游戏、读取进度等按钮，其效果如图 16-5 所示。点击“开新游戏”按钮进入人物设定界面，如

图 16-6 所示。

▲图 16-1　欢迎界面

▲图 16-2　加载界面

▲图 16-3　主菜单界面

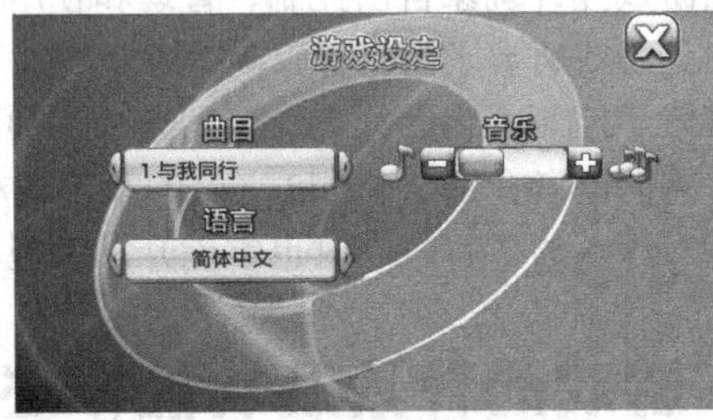

▲图 16-4　声音设置界面

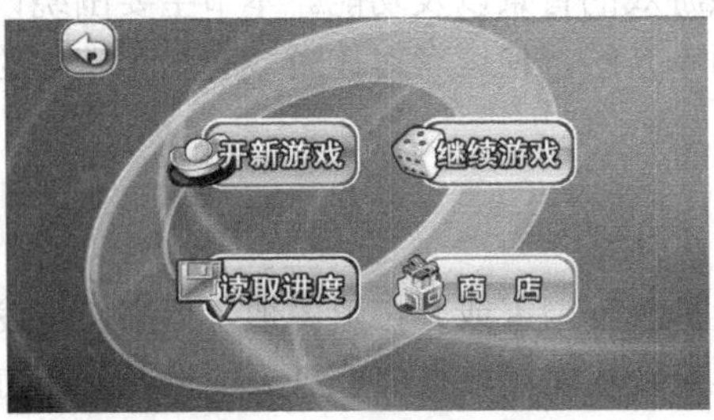

▲图 16-5　游戏菜单界面

▲图 16-6　人物设定界面

（5）当选定人物后点击界面右上角按钮进入游戏主界面，在本界面中，玩家需要通过右下角骰子对操作人物进行操控。在游戏界面的左上角是当期日期显示，初始为 2014/01/01，效果如图 16-7 所示。

（6）点击游戏主界面最右侧的第一个按钮进入使用卡片界面，通过选中指定卡片对自己或敌人实施，达到想要实现的目的，如图 16-8 所示。

▲图 16-7　游戏界面

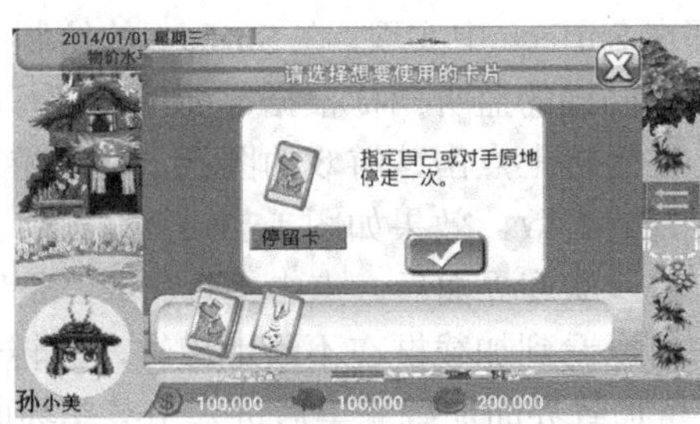

▲图 16-8　卡片界面

（7）点击游戏主界面最右侧的第二个按钮进入股票界面后，在本界面玩家可以查看股票的买进与卖出以及持有股票数信息等，其效果如图 16-9、图 16-10 所示。

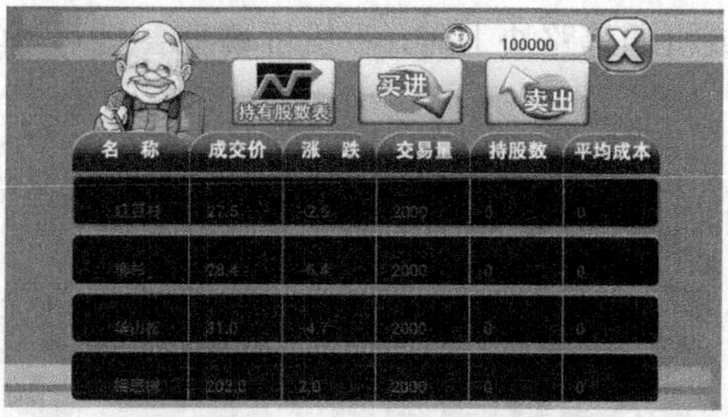

▲图 16-9　股票界面

▲图 16-10　人物股票查看界面

（8）点击游戏主界面最右侧的第三个按钮进入人物信息查看界面，在该界面可以对本游戏中所有人物信息进行查看，包括总资产、土地状况、股票持股等，其效果如图 16-11、图 16-12 所示。

▲图 16-11　人物资产查看界面

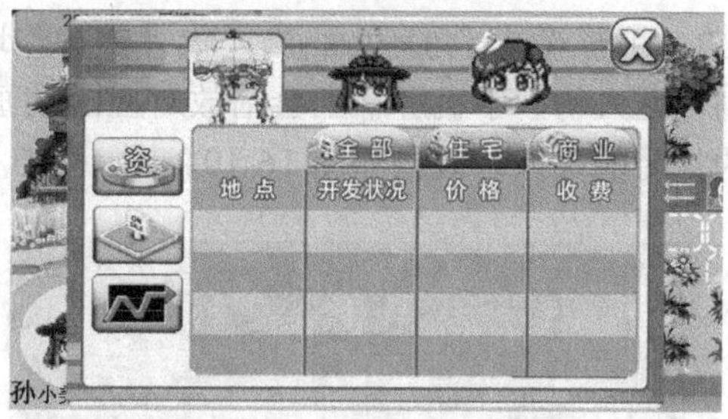

▲图 16-12　人物土地查看界面

（9）游戏主界面最右侧的第四个按钮为设置选单、存储以及读取，主要功能为游戏的存档、读取以及选单，如图 16-13、图 16-14 所示。

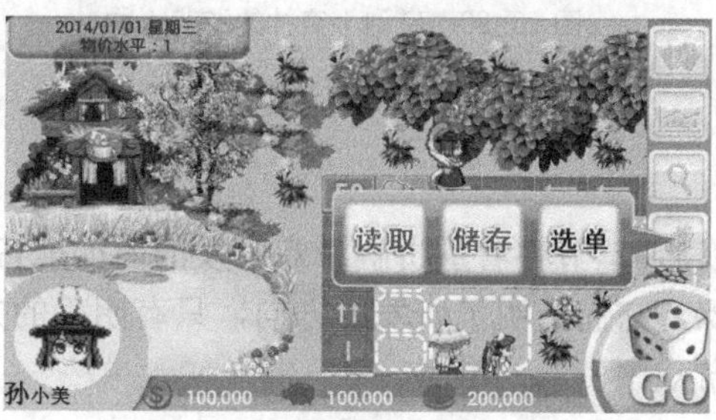

▲图 16-13　游戏进度存取按钮

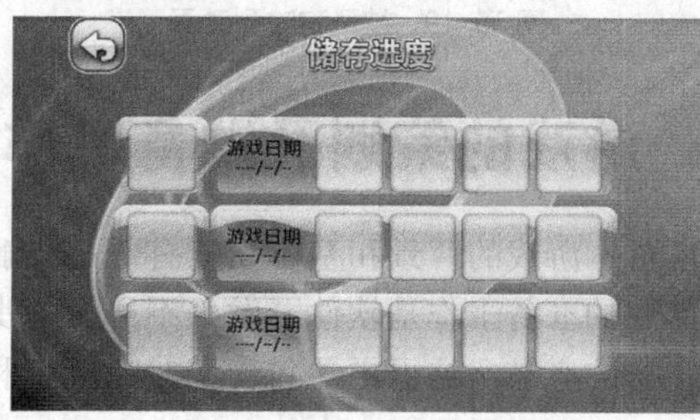

▲图 16-14　游戏进度存储界面

（10）在游戏进行过程中，人物会进行获得点数以及土地购买等操作，获得点数时或购地时会出现相应的对话框显示在手机屏幕上，供玩家了解资产变换情况，其效果如图 16-15、图 16-16 所示。

▲图 16-15　获得点数对话框

▲图 16-16　购地提示框

（11）在游戏进行过程中，当人物行走在新闻或机遇等路块上时，手机屏幕上会显示新闻和对应机遇的提示框，效果如图 16-17、图 16-18 所示。

▲图 16-17　新闻提示框

▲图 16-18　机遇提示框

（12）在游戏进行过程中，当人物行走在路块上时，可能会遇到神明或者恶狗等可遇人物，如果遇到可遇人物，手机屏幕上会播放对应的动画。如果遇到神明，相应的游戏人物头顶便会有碰撞到的神明的头像。效果如图 16-19、图 16-20 所示。

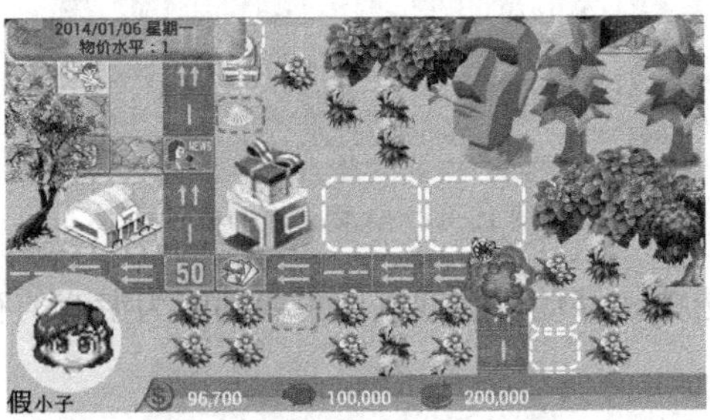

▲图 16-19　被恶狗咬到动画

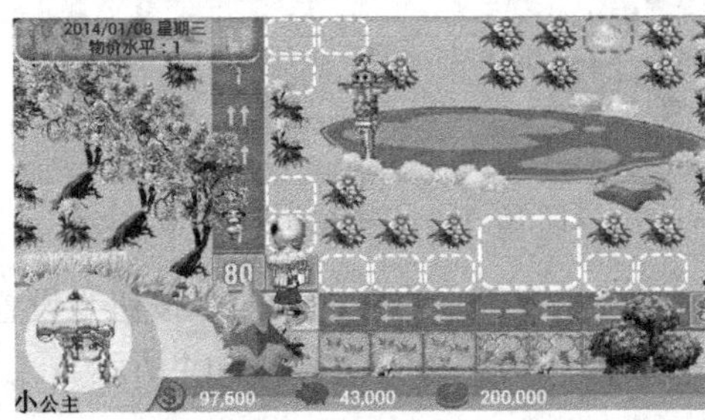

▲图 16-20　碰到小穷神的游戏人物

16.2 游戏的策划及准备工作

读者对本游戏的背景和基本功能有一定了解以后，本节将着重讲解游戏开发的前期准备工作。策划和前期的准备工作是软件开发必不可少的步骤，它们指明了研发的方向，只有明确的方向才能产生优秀的产品，这里主要包含游戏的策划和游戏中资源的准备。

16.2.1　游戏的策划

游戏策划是指对游戏中主要功能的实现方案进行确定的过程，大型游戏需要缜密的策划才可以开发，如对呈现方式、目标平台、操作方式以及音效设计等内容的设计。

（1）地图设计器

本游戏的地图界面采用图元技术，由于本游戏中的地图元素不仅仅只有通过与否那么简单，因此开发该游戏时必须使用地图设计器，否则在设计地图及地图元素时将很难进行。地图设计器可以使用第三方产品，也可以自己开发，本游戏的地图设计器便是自己开发的。

（2）运行的目标平台

游戏目标平台为 Android 2.2 及以上平台。

（3）操作方式

本游戏属于策略类游戏，相关的操作都为触屏操作，在游戏中点击 Go 图标掷骰子，人物会根据骰子点数移动相应的步数。游戏菜单及各种控制面板的弹出也是通过点击屏幕上的按钮来实现的。

（4）背景音乐设计

为了增加游戏的吸引力及玩家的游戏体验，本款游戏中根据界面的效果添加了适当的背景音乐。一个好的音乐设置更容易使玩家产生对游戏的代入感，增加游戏性，增加吸引力。

（5）呈现技术

本游戏采用的游戏视角为正 90 度 2.5D 俯视视角，同时由于地图的尺寸超过了手机屏幕的尺寸，还需要在游戏中实现滚屏功能。

16.2.2 安卓平台下游戏开发的准备工作

上面了解了游戏的策划，本小节将讲解一些开发前做的准备工作，包括搜集和制作图片、声音等。对于相似的、同类型的文件资源应该进行分类，储存在同一文件子目录中，以便对大量繁杂的文件资源进行查找以及使用等。其详细开发步骤如下。

（1）首先为读者介绍的是设计地图时用到的图片资源，系统将所有图片资源都放在项目文件下的 assets 目录下的 pic 文件夹下。如表 16-1 所列，此表展示的是有关于设计地图中所有物体的图片，图片清单仅用于说明，不必深究。

表 16-1　　图片清单

图 片 名	大小（KB）	像素（w×h）	用　途
bank.png	5.15	64×48	银行图片
card.png	5.72	64×48	卡片
croad.png	6.77	64×48	地图道路 1
croad1.png	7.01	64×48	地图道路 2
ct.png	120	356×249	地图周边环境 1 图片
ct1.png	87.3	480×197	地图周边环境 2 图片
dian3.png	3.73	60×48	地图上获得 30 点图片
dian5.png	3.24	60×48	地图上获得 50 点图片
dian8.png	3.56	60×48	地图上获得 80 点图片
grass.png	2.78	64×48	地图上草坪 1
grass1.png	14.7	146×83	地图上草坪 2
grass2.png	48.8	213×133	地图上草坪 3
hua.png	70.4	180×220	地图周边环境花 1 图片
hua1.png	7.14	57×77	地图周边环境花 2 图片
hua2.png	7.54	65×54	地图周边环境花 3 图片
jianyu.png	127	341×464	监狱图片
mof.png	9.29	64×48	地图上魔法屋图片
park.png	84.3	240×269	地图上公园图片
news.png	5.41	64×48	地图上新闻图片
road1~4.png	6.93	64×48	道路图片
room.png	16.0	124×85	地图周边建筑
room1~3.png	8.16	64×74	地图周边建筑
rroad.png	7.00	64×48	道路

续表

图 片 名	大小（KB）	像素（w×h）	用　途
rroad1.png	6.81	64×48	道路
tou.png	14.5	141×203	地图周边环境图片
yy.png	5.76	64×48	地图上的道路图片
yj.png	5.12	64×48	地图上买彩票图片
tree.png	4.71	64×48	地图上森林图片
tree1~ tree2.png	21.0	107×214	地图上森林图片
yiyuan.png	58.7	246×202	医院
kp.png	31.5	128×145	商店
shop.png	5.89	64×48	地图上商店图片
xw.png	6.26	64×48	地图上卡片商店前的图片
wh.png	5.07	64×48	地图上出现意外图片
save.png	5.74	64×48	地图上获得卡片图片
qfrb.png	6.54	128×96	建大房子土地图片

（2）接下来为读者介绍的是建房子用到的图片资源，系统将所有图片资源都放在项目文件下的 assets 目录下的 pic 文件夹下。如表 16-2 所列，此表展示的是有关于建房子需用到的所有物体的图片，图片清单仅用于说明，不必深究。

表 16-2　　图片清单

图 片 名	大小（KB）	像素（w×h）	用　途
atb0.png	5.58	64×49	小土地 1 图片
atbb.png	6.04	128×96	大土地 1 图片
atb1~5.png	9.71	64×74	房子 1 图片
dpark.png	20.7	128×102	建公园图片
droom.png	186	680×340	大房子上可建的建筑
droom0.png	23.8	125×120	选择建公园
droom1.png	24.0	128×120	选择建加油站
droom2.png	22.5	127×120	选择建实验室
droom3.png	25.8	130×120	选择建购物中心
droom4.png	26.7	134×120	选择建旅馆
dshop1~5.png	20.5	128×89	购物中心
hotel1~5.png	17.2	128×88	旅馆
jf.png	3.42	128×96	清除地图上的建筑 1
jf1.png	3.02	68×48	清除地图上的建筑 2
lou1~4.png	165	500×341	建房子
lt1~5.png	655	860×484	地图上的不可建房的土地
jy.png	5.05	64×48	操作人物购买卡片
xzk.png	3.01	64×48	选中小房子
xzk1.png	3.66	128×96	选中大房子

续表

图 片 名	大小（KB）	像素（w×h）	用 途
yesorno.png	23.5	200×74	是否选择图标
yjy1~5.png	31.4	128×140	实验室
jiayouzhan.png	22.4	128×90	加油站
qfr0~5.png	5.90	64×50	小房子 2 图片
sxm0~5.png	5.50	64×50	小房子 3 图片
stop1.png	9.21	64×65	障碍物

（3）接下来为读者介绍的是一些显示对话框图片资源，系统将所有图片资源都放在项目文件下的 assets 目录下的 pic 文件夹下。如表 16-3 所列，此图片清单仅用于说明，不必深究。

表 16-3　　　　图片清单

图 片 名	大小（KB）	像素（w×h）	用 途
aliencome.png	151	500×409	新闻 1
bank1~4.png	53.2	500×164	银行对话框
benefit_bank.png	167	500×400	新闻 2
change_sitting.png	168	500×409	新闻 3
cpn.png	20.3	350×116	彩票对话框
dialog_back.png	44.7	500×164	一般对话框 1
dialog_back1.png	45.1	400×128	获得卡片对话框
dialog_back2.png	47.4	400×128	使用卡片对话框
stop_loans.png	161	500×405	新闻 9
land_away.png	155	500×406	新闻 6
landlord.png	162	500×413	新闻 7
free_house.png	155	500×408	新闻 5
pay_tax.png	147	500×401	新闻 8
traffic_jam.png	168	500×406	新闻 11
typhoond_house.png	168	500×409	新闻 12
tornado_destory.png	168	500×399	新闻 10
fortune01~13.png	110	300×291	意外获得
fired_house.png	169	500×401	新闻 4
shares.png	170	500×404	新闻 13

（4）接下来为读者介绍的是一些播放动画段的图片资源，系统将所有图片资源都放在项目文件下的 assets 目录下的 pic 文件夹下。具体内容如表 16-4 所列。

表 16-4　　　　图片清单

图 片 名	大小（KB）	像素（w×h）	用 途
ambulance.png	27.2	256×128	救护车图片
bada1~4.png	29.9	157×157	大穷神
badb0~5.png	29.0	150×150	小衰神

续表

图 片 名	大小（KB）	像素（w×h）	用　途
badc1~4.png	20.3	125×158	大衰神
badd1~3.png	14.6	128×128	小穷神
bade3~5.png	19.9	128×128	恶魔
dice.png	150	498×600	骰子转动图片
dog1~4.png	15.2	100×100	狗咬动画
emcard.png	108	1894×160	恶魔摧毁房子动画图片
fire0~6.png	7.64	75×57	火燃烧动画图片
cp1~3.png	39.9	178×108	彩票摇号动画
loading0.png	5.65	166×165	加载动画 1 图片
loading1.png	6.01	165×166	加载动画 2 图片
luckya1~4.png	15.3	130×59	土地公
luckyb1~4.png	37.7	120×166	大财神
luckyc0~4.png	30.2	155×155	大福神
luckyd1~5.png	21.6	120×159	小财神
luckye1~10.png	26.5	122×168	小天使
luckyf1~6.png	46.2	125×231	小福神
policecar.png	29.9	256×128	警车
wind1.png	103	460×249	龙卷风侵袭动画段
ww.png	47.6	480×71	机器娃娃行走动画段
rw.png	23.3	384×384	人物走动动画段
rw1~2.png	21.2	384×384	人物走动动画段
ship.png	302	1080×760	飞船动画

（5）接下来将介绍的是各种按钮和背景图片资源，系统将所有图片资源都放在项目文件下的 assets 目录下的 pic 文件夹下。如表 16-5 所列，此图片清单仅用于说明，不必深究。

表 16-5　　图片清单

图 片 名	大小（KB）	像素（w×h）	用　途
island.png	16.8	82×85	存取进度界面显示地图图片
jix.png	31.3	232×91	继续游戏按钮
kapianzero.png	8.52	85×85	跳转到使用卡片界面按钮
kuangjia.png	7.49	720×74	股票选中框
load.png	655	860×484	存取进度界面背景图片
loading.png	36.4	860×484	加载界面背景图片
lx0~2.png	322	854×480	银行存款最多胜利界面
magic01~13.png	275	450×426	魔法屋
menu.png	708	860×484	主菜单界面背景图
music.png	18.2	101×81	播放音乐图标
other.png	297	700×730	游戏帮助信息

续表

图 片 名	大小（KB）	像素（w×h）	用 途
other0.png	39.2	787×52	帮助界面按钮
cardback.png	5.06	45×35	向前选择卡片
cardgo.png	5.20	44×35	向后选择卡片
cardshop.png	285	675×450	卡片商店
cardshopbuy.png	283	675×450	从卡片商店买卡片
cardshopsale.png	288	675×450	从卡片商店卖卡片
about.png	104	593×299	关于图片
alliance.png	25.5	200×93	同盟标志
anniu.png	3.38	56×53	进度滑动图片
back.png	11.7	75×73	返回按钮
bmenu.png	19.0	80×303	游戏界面菜单
buyin.png	126	863×485	买进股票
buyout.png	136	863×485	卖出股票
caipiao1.png	273	720×382	买彩票
caipiao2.png	3.27	40×42	选中股票号
caipiao3.png	0.912	50×50	选中彩票灰色框
card00.png	14.5	80×95	选中卡片
cq.png	3.38	493×243	彩票号
daikuan.png	144	550×415	银行贷款图片 1
daikuan2.png	200	550×414	银行贷款图片 2
date.png	16.5	300×57	显示日期背景图
dilly.png	263	700×818	帮助界面神明人物功能说明
dilly0.png	38.9	783×51	帮助界面按钮
gamedate.png	17.3	117×84	存取进度界面显示日期图片
go.png	37.2	160×162	掷骰子 go 图片
go1.png	41.9	160×162	使用乌龟卡后掷骰子 go 图片
help.png	239	860×485	帮助界面背景图片
usehongka01~02.png	90.4	860×484	对股票使用卡片
welcome.png	654	860×480	欢迎界面图片
win.png	669	860×478	游戏最终胜利界面
read.png	31.1	232×90	读取进度图标
save1.png	610	860×484	存储进度界面背景图片
sheduletip.png	78.1	600×298	进度是否覆盖图标
shezhi.png	41.6	420×120	切换到存取界面的图标
shop1.png	24.6	229×91	卡片商店
show_sharescontents.png	8.14	700×62	显示股票信息框
slider.png	4.65	60×37	调节音乐大小按钮

续表

图 片 名	大小（KB）	像素（w×h）	用 途
sound.png	92.4	860×484	是否开启声音界面背景图片
start.png	34.3	241×93	开始游戏按钮
prize.png	169	510×418	彩票开奖
system.png	249	700×528	游戏帮助信息
system0.png	39.2	786×52	帮助界面按钮
tikuanji.png	169	550×415	提款界面图片
usecard.png	199	525×273	卡片类型
usecard00~ usecard01.png	15.1	85×104	使用卡片
check.png	138	700×480	查看土地信息

（6）在一款真正的游戏中最不可或缺的是人物对象，接下来将介绍一些不同人物的图片资源，系统将所有图片资源都放在项目文件下的 assets 目录下的 pic 文件夹下。具体内容如表 16-6 所列。

表 16-6 图片清单

图 片 名	大小（KB）	像素（w×h）	用 途
tou0~2.png	17.8	100×107	人物头像
tou0_1~ tou2_1.png	12.5	100×100	人物头像
tou01~ tou21.png	5.08	30×32	人物头像
people0~2.png	50.3	155×212	人物图片
people0_1~ people2_1.png	9.58	80×80	人物头像
person1.png	9.67	158×39	人物头像
figure0~2.png	13.9	82×88	人物头像
cx.png	39.9	50×740	特殊人物
sun1~3.png	42.6	860×171	人物下面头像
smgod.png	49.2	57×734	特殊人物头像
choose.png	350	860×484	选中人物
lookinfo01~ lookinfo06.png	203	850×478	查看所有人物信息
lookshares.png	43.9	860×483	查看人物持股信息背景图
zhadan0.png	7.66	64×63	炸弹

（7）接下来介绍游戏中用到的声音资源，主要是一些背景音乐，背景音乐的加入是为了增强游戏的可玩性。由于本案例中没有使用音效，有兴趣的读者可自行添加音效。系统将声音资源放在项目目录中的 assets/sound 文件夹下，其详细情况如表 16-7 所列。

表 16-7 声音清单

声音文件名	大小（KB）	格 式	用 途
midi01	8.11	mid	游戏背景音乐
midi07	11.1	mid	游戏背景音乐
rich08	56.6	mid	游戏背景音乐
rich16	63.9	mid	游戏背景音乐
rich20	81.6	mid	游戏背景音乐

说明　本项目中同样需要将所有的图片资源都存储在项目的 assets 文件夹下，并且对于不同的文件资源应该进行分类，储存在不同的文件目录中，这是程序员需要养成的一个良好习惯。

16.3 游戏的架构

本节将对本游戏的架构进行简单介绍，因为本游戏设计的类较多，且这些类有些具有相同特征或实现相同的功能，而有些则通过协作服务于同一个模块。架构是整个程序的灵魂，设计好游戏的架构可以使开发的过程更加规范，提高游戏的运行速度，少走弯路等。

16.3.1 程序结构的简要介绍

为了便于读者对本游戏的学习和理解，在介绍本游戏案例之前，需要介绍本游戏的框架结构，因此本小节将对游戏功能模块的结构做一个简单的介绍。本游戏包括四个模块：前台表示模块、游戏实体模块、数据存取模块以及工具类模块，具体框架结构如图 16-21 所示。

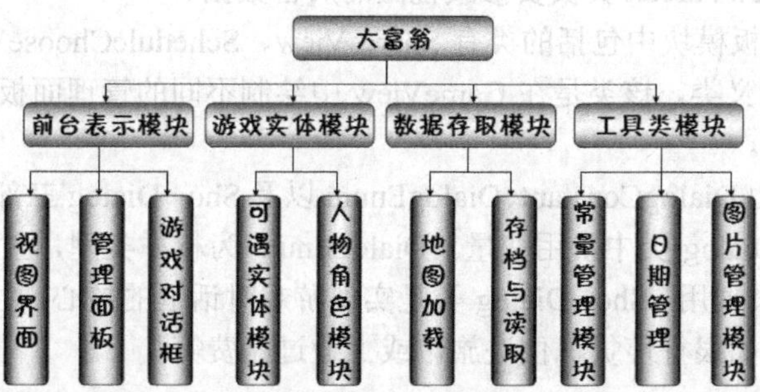

▲图 16-21　大富翁的基本框架

（1）前台表示模块主要用于游戏画面的渲染，其中包括视图界面、管理面板和游戏对话框 3 个模块。视图界面主要在游戏过程中出现，诸如加载界面、菜单界面、人物设定等视图；管理面板包括选用卡片、买卖股票、查看资产等界面，目的在于方便玩家查看游戏数据；游戏对话框负责在游戏进行中向玩家显示购地、收缴过路费等信息。

（2）游戏实体模块主要用于后台游戏逻辑，包括人物角色模块和可遇实体模块。人物角色模块主要负责控制人物的移动以及检测是否与地图中可遇实体发生碰撞；可遇实体模块是地图上那些可以被人物遇到并激发一系列动作的实体，如遇到银行存取款、遇到卡片屋买卖卡片等。

（3）数据存取模块包括地图加载模块和游戏的存档与读取模块。地图加载主要是将从地图设计器获得的地图信息文件加载到游戏中并生成地图矩阵的过程；游戏存档与读取模块用于将游戏的状态保存到文件并在需要的时候读取到游戏中。

（4）工具类模块将自身的静态成员或者方法提供给游戏中的其他类使用。本游戏中的工具类包括对常量进行统一管理的 ConstantUtil 类、用于统一管理图片资源的 PicManager 类、用于设置日期的 DateUtil 类以及本游戏中在地图上买卖房子和加盖摧毁房子的 Room 类等。

16.3.2 游戏各个类的简要介绍

前一小节通过基本框架图和文字叙述的方式对本游戏的总体架构进行了详细的介绍，在了解了本游戏中的功能模块之后，本小节将对实现这些功能模块的具体类进行简单的说明，包括前台表示模块类结构、游戏实体模块类结构、数据存取模块类结构、游戏工具类类结构。具体内容如下。

1．前台表示模块的类结构

首先为读者介绍前台表示模块的类结构，了解了前台表示模块各个类之间的关系，便于读者更好地熟悉和掌握各个类的功能，其结构如图 16-22 所示。

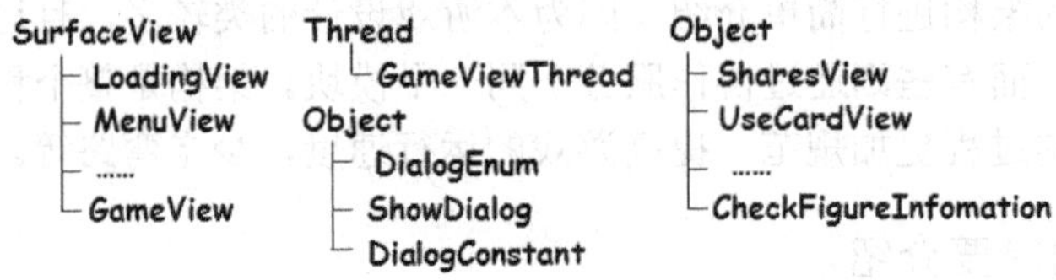

▲图 16-22　前台表示模块的类结构

（1）LoadingView、MenuView 和 GameView 等一系列继承自 SurfaceView 的视图是组成游戏视图界面模块的主要部分，这些视图分别用来显示不同的内容，如游戏加载、菜单、设置音乐等。继承 Thread 的 GameViewThread 类负责修改视图的后台数据。

（2）游戏的管理面板模块中包括的类有 SharesView、ScheduleChooseView 以及 UseCardView 等继承自 Object 的自定义类，该类是在 GameView 中绘制不同的管理面板，主要功能是为玩家提供股票、卡片等的信息。

（3）游戏对话框是由 DialogConstant、DialogEnum 以及 ShowDialog 三部分组成，DialogConstant 类主要用于声明 ShowDialog 类中常用变量。DialogEnum 为枚举类型，主要功能为声明枚举类型的标识供 ShowDialog 类调用。ShowDialog 类是实现游戏对话框的核心，主要功能是为 GameView 显示游戏的提示信息，如银行停贷、住进旅馆或上缴过路费等。

2．游戏实体模块的类结构

通过前面前台表示模块的介绍，相信读者已经了解前台表示模块的类结构。下面将继续为读者介绍本游戏的游戏实体模块的类结构，该模块包括地图的可遇实体和人物角色模块，这两个子模块的类结构如图 16-23 所示。

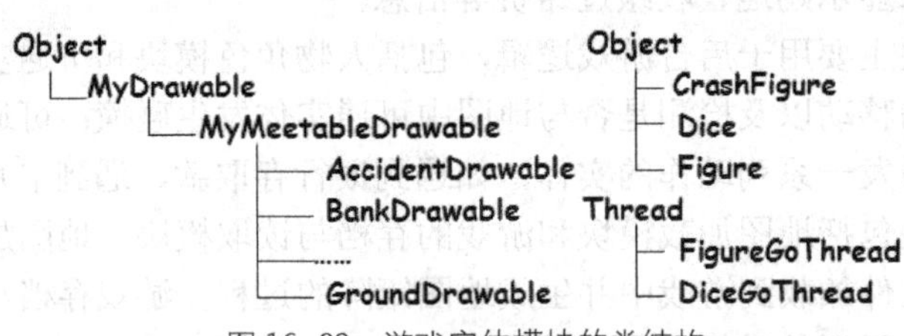

▲图 16-23　游戏实体模块的类结构

（1）本游戏地图中要绘制的图元用 MyDrawable 对象表示，MyDrawable 对象分为两种。第一种很简单，功能仅仅是进行图元绘制。第二种不但具有绘制图元的功能，还可以与特殊人物对象相遇，在相遇之后可以触发特定的操作。这种可遇的实体对象均继承自 MyMeetableDrawable 类，该类为继承自 MyDrawable 的抽象类。游戏将会在地图中所有的可遇实体创建一个相应的 MyMeetableDrawable 对象，例如人物在地图上遇到银行时，BankDrawable 对象会调用相关的方法来与玩家进行交互。

（2）游戏中重要的实体对象分别是 Figure 对象、Dice 对象和 CrashFigure 对象。Figure 对象中封装了人物的属性，如人物拥有的卡片、持有的股票、购买的彩票以及所拥有的房子等。Dice对象中封装了骰子的基本信息，例如骰子的起点坐标、骰子的动画帧等。CrashFigure对象中封装了特殊人物的属性，如神明的id、神明在地图的位置以及是否被碰撞等。

（3）继承自Thread类的FigureGoThread和DiceGoThread分别为Figure和Dice的辅助线程。DiceGoThread负责播放骰子的帧画面，实现骰子滚动掷数的功能。FigureGoThread类负责根据掷出的骰子点数将人物移动指定的距离，同时进行可遇检查随时更新人物的个人数据等。

3. 数据存取模块的类结构

前面为读者介绍了游戏实体模块的类结构，便于读者对游戏实体模块各个类的功能进行了解。下面将继续为读者介绍数据存取模块所涉及的类，其类结构如图16-24所示。

（1）GameData和GameData2类实现的功能类似，都是加载存放在assets中的地图信息文件，根据其内容创建游戏地图的MyDrawable二维数组。二者所不同的是，GameData负责加载并生成下层平铺层的地图，而GameData2类负责加载并生成上层平铺层的地图，地图中的可遇实体对象位于上层平铺层。

（2）Layer类为继承自Object的自定义类，该类用于维护一个图层的绘制矩阵（MyDrawable矩阵）和不可通过矩阵。MeetableLayer类继承自Layer类，其除了进行和Layer相同的工作外，还负责维护该图层的可遇矩阵，人物移动到某个位置后通过该可遇矩阵来判断是否与地图中的可遇实体发生相遇。

（3）SerializableGame类的主要功能是存储游戏状态和加载已存储的游戏，该类提供了用于实现这些功能的静态方法以及检测游戏是否存过档的方法。

4. 游戏工具类的类结构

游戏工具类模块比较简单，其结构如图16-25所示，主要涉及的类为ConstantUtil、PicManager、DateUtil以及Room，下面将为读者详细地介绍三个类的主要功能。

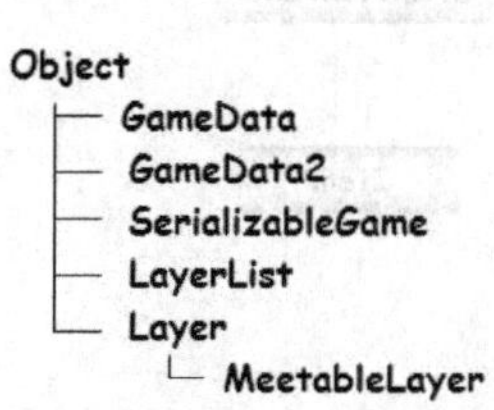

▲图16-24　数据存取模块的类结构

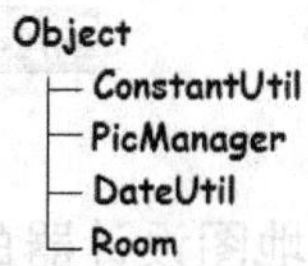

▲图16-25　游戏工具类的类结构

ConstantUtil类的功能在前面的章节已经提及过，主要是对游戏中用到的常量进行统一管理。PicManager类中封装了从Assets文件中读取图片并存放在HashMap集合中的方法，另外也封装了从HashMap集合中获得指定图片的方法。DateUtil类的主要功能是获得某日期经过n天后的日期，并将其转换为指定形式返回。Room类中封装了在地图中加盖一层房屋、摧毁一层房屋以及强占土地等方法。

16.4 地图设计器的开发

在该类游戏的开发中，地图设计器的使用是必不可少的，又因为考虑到本游戏的特殊性，第三方地图设计并不能满足需求，所以，需要自行开发特定的地图设计器。本节将对大富翁游戏的地图设计器进行介绍，该地图设计器会为后面的游戏开发提供地图信息文件。

16.4.1　地图设计器的开发设计思路

首先对本游戏地图设计器的设计思路进行简单介绍，使读者增加对本游戏地图设计器的理解，其具体的步骤如下。

（1）开发元素设计模块，该模块负责设计该层地图中所用到的所有元素，例如，泥土道路、混凝土公路、土地、医院、监狱、树木以及草坪等，包括设计其在该层地图中的占位点、不可通过点以及可通过点等属性。

（2）开发元素保存功能，能够将设计好的元素列表保存到指定文件中，下次重新启动设计器时可以直接加载保存过的元素列表，无须再从头重新设计。

（3）开发层设计模块，该模块负责使用之前设计好的元素来设计地图的某一层，进入该模块前应该已经设计好所有元素并加载到元素列表中。

（4）开发层的保存功能，使用同样的技术将设计好的开发层信息保存到文件中，下次加载回来后可继续进行设计。

（5）地图信息文件的生成，产生包含该层所有信息的文件，该文件即为地图文件，将该文件存放到 Android 项目中的 assets 文件下，游戏便可以读取其信息。

16.4.2　地图设计器的框架介绍

该地图设计器分为两部分，一部分是该层地图中元素的设计，包括设计占位点、不可通过点以及可通过点，而另一部分是该层地图的设计，使用前一部分设计好的地图元素来设计该层地图。地图设计器的框架如图 16-26 所示。

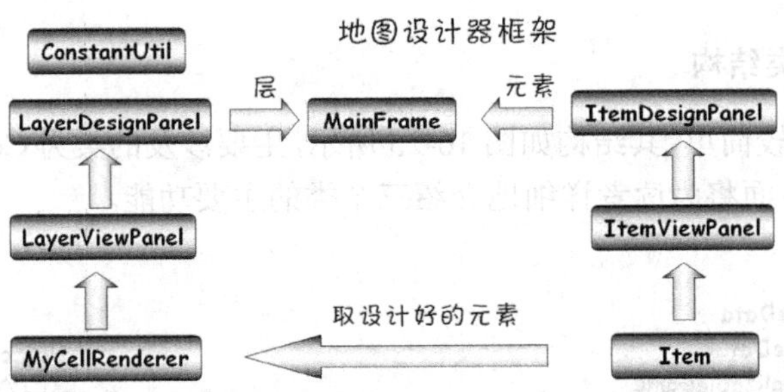

▲图 16-26　地图设计器框架图

16.4.3　底层地图设计器的开发步骤

本游戏中的地图设计器的开发步骤包含两个部分，一个为底层地图设计的开发步骤，另一个为上层地图设计的开发步骤。这两部分的不同点如下。

（1）底层地图都是不可遇的实体，如公路、草坪以及泥土路等。而上层地图为可遇或不可遇的实体，如医院、池塘、树木等。

（2）底层地图的设计可使用“全部铺上当前选中”按钮。

（3）生成的底层地图信息文件为 maps.so，生成的底层地图信息文件为 mapsu.so。

由于篇幅有限，两部分的开发又基本相同，在读者掌握了一部分的开发后，另一部分的开发就显得简单多了，所以，下面主要向读者详细介绍底层地图设计的开发步骤，上层地图设计的开发，读者可自行查看随书光盘中的地图设计器的源代码进行学习。底层地图设计器的开发步骤如下。

（1）框架的搭建。首先创建一个普通的 Java 项目，然后搭建元素设计界面。在该界面中，有导入图片、保存元素、设置占位行列、设置不可通过、保存元素列表、加载元素列表、删除元素以及设置可遇行列等按钮，其效果如图 16-27 所示。

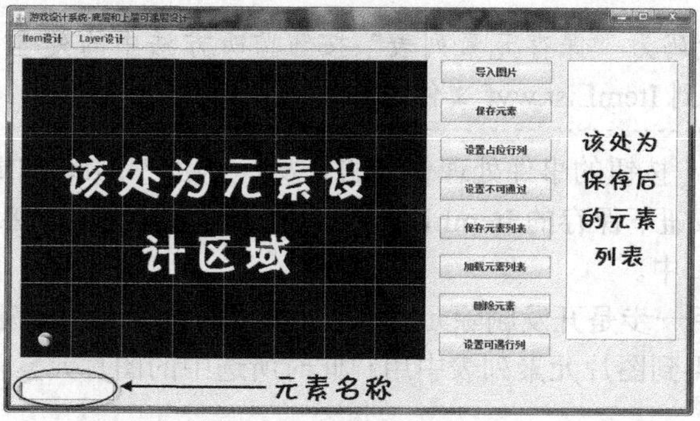

▲图 16-27　元素设计界面

（2）首先实现的是用户从外面导入一张图片进来的功能，即开发“导入图片”按钮的事件处理。当用户单击“导入图片”按钮时，应该弹出文件选择窗口，在文件选择窗口中选择一张图片，并将该图片显示到元素设计区域的左下角。

（3）开发“设置占位行列”、“设置不可通过”以及“设置可遇行列”按钮的监听事件。此时当用户通过“导入图片”按钮导入一张图片后，便可以通过这三个按钮来设置该图片的占位点和不可通过点或者可通过点。效果如图 16-28 所示。

（4）开发完设置图片元素各个属性功能后，就可以开发“保存元素”按钮的监听事件。实现的功能为根据用户设置的占位点和不可通过点或者可遇点的信息创建一个 Item 对象，并且将该对象添加到元素列表中，如图 16-29 所示。

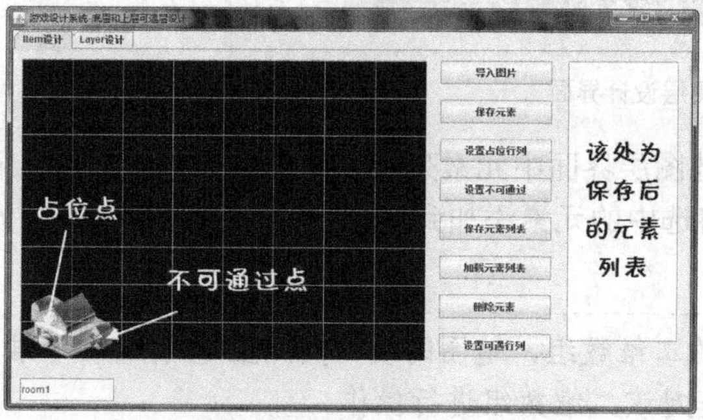

▲图 16-28　房屋 1 元素的设计

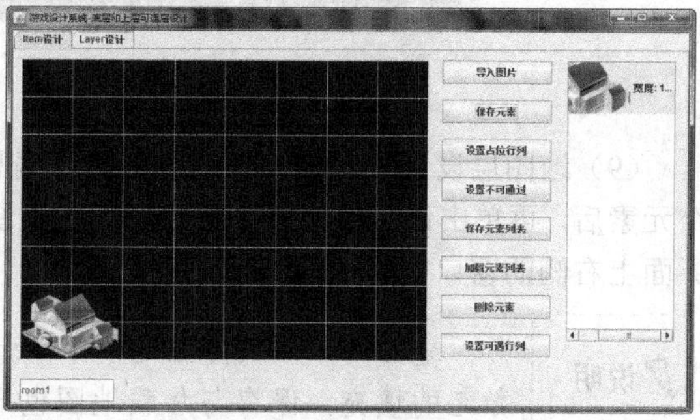

▲图 16-29　保存元素

（5）开发“保存元素列表”按钮的代码。当用户点击“保存元素列表”按钮时将元素列表序列化即可，但前提是 Item 类实现了 Externalizable 接口并实现了接口中的 writeExternal(ObjectOutput out)和 readExternal(ObjectInput in)方法，保存的代码如下。

代码位置：见随书光盘源代码/第 16 章/地图设计工具/ItemDesignPanel.java。

```
ArrayList<Item> alItem=new ArrayList<Item>();                    //成员变量，用于存放 Item
if(e.getSource()==jbSaveList){                                   //保存元素列表
   status=5;                                                     //将界面的状态值置成 5
   try{
      FileOutputStream fout=new FileOutputStream("ItemList.wyf"); //创建文件流
      ObjectOutputStream oout=new ObjectOutputStream(fout);       //序列化流
      oout.writeObject(alItem);                                   //将元素列表 alItem 序列化
      oout.close();                                               //关闭相关流
      fout.close();
   }catch(Exception ea){                                          //捕获异常
      ea.printStackTrace();                                       //打印异常信息
}}
```

说明 该段代码为“保存元素列表”按钮监听方法中的处理代码，只需将元素列表 allItem 保存到 ItemList.wyf 文件中即可。

（6）“加载元素列表”按钮的事件处理代码的开发。当用户单击“加载元素列表”按钮时，应该从“保存元素列表”按钮下保存的 ItemList.wyf 文件中读取数据，直接恢复元素列表 allItem，并将其显示到元素列表窗口中。

（7）元素模块的最后一步是开发删除元素功能，即“删除元素”按钮的事件处理代码的开发。该功能主要实现的是先得到图片元素列表中用户此时所选中的图片元素，然后将该图片元素从图片列表 allItem 中删除。

（8）搭建地图层设计界面，效果如图 16-30 所示。

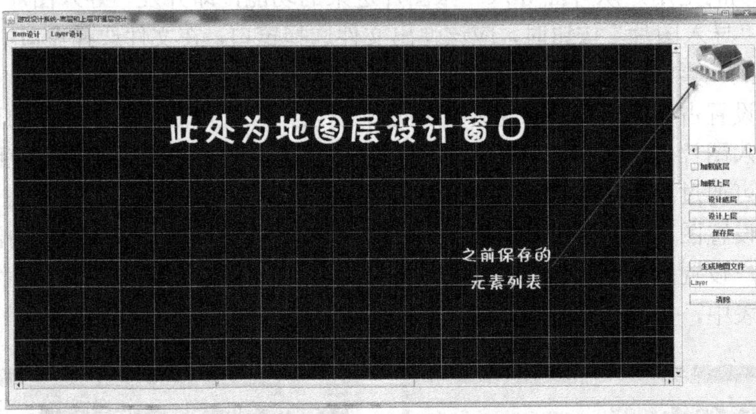

▲图 16-30　地图层设计界面

（9）地图层设计界面搭建完后，就可以编写地图层界面中元素列表的事件监听方法。选中某个元素后，再单击该界面上右侧的设计窗口，便将选中的元素添加到后台的 Item 数组中，并在该界面上右侧的窗口中显示。

说明 地图的一层实际上是一个 Item 的二维数组，地图的设计实际上是对 Item 二维数组的填充。保存与加载地图也只是对该二维数组进行操作。

（10）接下来开发保存层与加载层的处理代码，即“加载底层”、“加载上层”以及“加载层”按钮的开发。保存时将 Item 的二维数组 itemArray 序列化到指定的文件中，而加载时从相应保存的文件中读取 itemArray 二维数组，并恢复界面的显示。

（11）开发完保存层与加载层的事件监听后，接下来就要开发“设计上层”按钮和“设计底层”按钮的监听事件。当用户单击“设计上层”按钮时，地图层设计窗口设计的为上层地图，生成的地图文件名为 mapsu.so，反之则为底层地图，生成的地图文件名为 maps.so。

（12）“生成地图文件”按钮的事件监听，该监听包含两部分，一部分为对底层地图的监听，一部分为对上层地图的监听，由于这两部分的代码极为相似，所以这里只向读者详细介绍生成底层地图文件的实现代码，其代码如下，读者只需将该代码插入到“生成地图文件”按钮的监听方法中即可。

代码位置：见随书光盘源代码/第 16 章/地图设计工具/LayerDesignPanel.java。

```
if(e.getSource()==jbCreate){                          //单击生成地图文件按钮
    try{                                              //捕获异常
        FileOutputStream fout = null;                 //声明文件流
```

```
4          DataOutputStream dout = null;                              //声明数据流
5          if(pp==1){                                                 //生成底层地图
6              fout = new FileOutputStream("maps.so");                //初始化文件流
7              dout = new DataOutputStream(fout);                     //初始化数据流
8              int totalBlocks=0;                                     //计数器
9              for(int i=0; i<ConstantUtil.Row; i++){
10                 for(int j=0; j<ConstantUtil.Col; j++){             //循环
11                     Item item=itemArray1[i][j];
12                     if(item != null){
13                         totalBlocks++;                             //计算有多少个 Item 对象
14             }}}
15             dout.writeInt(totalBlocks);                            //写入不空块的数量
16             for(int i=0; i<ConstantUtil.Row; i++){
17                 for(int j=0; j<ConstantUtil.Col; j++){             //对地图数组循环
18                  Item item=itemArray1[i][j];                       //得到地图中该位置的元素
19                  if(item != null){
20                         int w = item.w;                            //元素的图片宽度
21                         int h = item.h;                            //元素的图片高度
22                         int col = item.col;                        //元素的地图列
23                         int row = item.row;                        //元素的地图行
24                         int pCol = item.pCol;                      //元素的占位列
25                         int pRow = item.pRow;                      //元素的占位行
26                         String leiMing = item.leiMing;             //类名
27                         int [][] notIn = item.notIn;               //不可通过
28                         int [][] keYu = item.keYu;                 //可遇矩阵
29                         int outBitmapInxex=0;                      //计算图片下标
30                         if(leiMing.equals("grass")){               //是草地时
31                             outBitmapInxex=0;
32                         }else if(leiMing.equals("croad")) {        //是公路 1 时
33                             outBitmapInxex=1;
34                         }
35                     ……//此处图片下标的计算与上述相似，故省略，请自行查阅随书光盘中的源代码
36                         dout.writeByte(outBitmapInxex);            //记录图片下标
37                         dout.writeByte(0);         //记录可遇标志 0-不可遇 底层都不可遇
38                         dout.writeByte(w);                         //图片宽度
39                         dout.writeByte(h);                         //图片高度
40                         dout.writeByte(col);                       //总列数
41                         dout.writeByte(row);                       //总行数
42                         dout.writeByte(pCol);                      //占位列
43                         dout.writeByte(pRow);                      //占位行
44                         int bktgCount=notIn.length;                //不可通过点的数量
45                         dout.writeByte(bktgCount);                 //写入不可通过点的数量
46                         for(int k=0; k<bktgCount; k++){            //写入不可通过矩阵
47                         dout.writeByte(notIn[k][0]);
48                         dout.writeByte(notIn[k][1]);
49         }}}}}
50             dout.close();                                          //关闭数据流
51             fout.close();                                          //关闭文件流
52         }catch(Exception ea) {                                     //捕获异常
53             ea.printStackTrace();                                  //打印异常信息
54     }}
```

- 第 3~4 行功能为声明文件流和声明数据流，用于写入文件信息。
- 第 6~8 行功能为初始化文件流，初始化数据流已经定义计数器变量，用于计算 Item 对象的个数。
- 第 9~15 行为循环遍历整个地图层设计窗口中的方格，计算出有多少个 Item 对象，并且把不空块的数量写入到数据流中。
- 第 18~35 行功能为先得到地图中该位置的元素，在该元素不为空时，则定义了设置该元素的各个属性，并从 Item 对象中获取各个属性值并赋值。
- 第 36~49 行功能为将各个元素的信息写入到输出流中，即保存到 maps.so 文件中。
- 第 50~54 行功能为关闭数据流和关闭文件流以及捕获异常并打印异常信息。

说明　此处写入的顺序需要与之后在 Android 游戏中读取的顺序完全相同。需要将生成的 maps.so 文件复制到需要的项目中的 assets 文件夹下才可使用，由于篇幅有限，而地图设计器的代码又比较长，所以感兴趣想要仔细研究的读者可自行查阅随书附带光盘中的源代码。

16.5 Activity 和游戏工具类的开发

前面章节已经为读者介绍了本游戏的整体框架，接下来将正式进入游戏的开发，首先介绍的是主控制类 Activity 及游戏工具相关类。主控制类 Activity 的功能是设置屏幕自适应以及切换到指定界面，游戏工具类主要是为游戏提供相应的常量以及工具方法等，具体内容如下。

16.5.1 主控制类——ZActivity 的开发

首先介绍的是主控制类 ZActivity 的开发，该类主要是进行界面的切换与控制，根据收到 Handler 消息的不同做出不同的操作。首先进入是否开启音效界面，在显示此界面之前先获得屏幕大小使其自适应相应的屏幕分辨率，然后初始化地图数据资源，其具体代码如下。

代码位置：见随书光盘源代码/第 16 章/Zillionaire/src/com/game/zillionaire/activity 目录下的 ZActivity.java。

```
package com.game.zillionaire.activity;
……//此处省略了导入类的代码，读者可自行查阅随书附带光盘中的源代码
public class ZActivity extends Activity {
    ……//此处省略了一些定义变量的代码，读者可自行查阅随书附带光盘中的源代码
    public Handler myHandler = new Handler(){          //用来更新 UI 线程中的控件
        public void handleMessage(Message msg) {
            if(msg.what == 0){                         //进入游戏菜单界面
                if(menuView!= null){
                    menuView.drawThread.setFlag(false); //停止线程
                    menuView = null;                   //将 MenuView 的引用置空
                }
                if(chooseView!=null){
                    chooseView.drawThread.setFlag(false);    //停止线程
                    chooseView=null;                   //将选择人物界面的引用置空
                }
                initGameMenuView();                    //切换到游戏菜单界面
            }
        ……//此处省略了其他 Handler 消息接收的代码，读者可自行查阅随书附带光盘中的源代码
    };
    @SuppressWarnings("deprecation")
    @Override
    protected void onCreate(Bundle savedInstanceState){
        super.onCreate(savedInstanceState);
        ……//此处省略了屏幕自适应的代码，读者可自行查阅随书附带光盘中的源代码
        soundView = new SoundView(this);               //声音界面
        sm=new SoundManager(this);                     //声音管理类
        this.setContentView(soundView);                //先切到简单的声音开关界面
        GameData.resources=this.getResources();        //为 GameData 静态变量赋值
        GameData.initMapImage();                       //加载地图图片名
        GameData.initMapData(this);                    //加载地图数据
        ……//此处省略了初始化上层地图数据的代码，读者可自行查阅随书附带光盘中的源代码
    }
    public void initLoadingView(){                     //加载界面
        loadingView=new LoadingView(this);             //给加载界面的对象赋值
        setContentView(loadingView);                   //跳到主加载界面
    }
    ……//此处省略了跳转到其他界面的方法代码，读者可自行查阅随书附带光盘中的源代码
    public boolean onKeyDown(int keyCode, KeyEvent event) {   //按键监听
        if(keyCode==KeyEvent.KEYCODE_BACK){            //返回按钮
            if(gameView!=null){                        //从游戏界面退出
```

```
41                sm.mp.stop();                           //停止播放音乐
42                sm.mp.release();                        //将 Mediaplayer 对象释放掉
43                gameView=null;                          //将 GameView 的引用置空
44                this.finish();                          //结束程序的运行
45                System.exit(0);                         //退出程序
46                return true;
47            }
48            if(menuView!=null){                         //从主菜单界面退出
49                menuView=null;                          //将 MenuView 的引用置空
50                this.finish();                          //结束程序的运行
51                System.exit(0);                         //退出程序
52                return true;
53        }}
54        return super.onKeyDown(keyCode, event);         //返回父类的布尔类型
55  }}
```

- 第 5～19 行为 Handler 消息接收对象，在 handleMessage 方法中，根据得到消息类型的不同执行不同的操作或调用不同的方法。在此只介绍切换到游戏菜单界面的功能实现，切换到其他界面的方法与之类似，请读者自行查看随书附带光盘中的源代码。
- 第 25～27 行为本程序首先进入的是是否开启声音界面，在本程序中，播放声音的功能由 SoundManager 类来实现，并将播放声音的 Mediaplayer 对象创建在本 ZActivity 类中，这里由于篇幅原因，对此不再一一赘述，读者若有兴趣可自行查阅随书光盘中的源代码进行学习。
- 第 28～31 行为对呈现地图所需进行初始化资源的操作，先对地图图片名进行加载，以方便在 Gameview 中对其进行绘制，然后对地图资源进行加载。
- 第 38～55 行为重写的按键监听方法，当有按键被按下时，做出相应的响应。当从 GameView 界面中退出游戏时，停止播放音乐，将 Mediaplayer 对象释放掉，然后退出程序，但从 MenuView 菜单界面退出时，直接退出程序。

说明 本 ZActivity 类代码虽长，但由于许多代码的功能实现都类似，在此就不一一赘述，读者若有兴趣，可自行查看随书附带光盘中的源代码进行了解和学习。

16.5.2 常量工具类 ConstantUtil 的开发

前面已经对本游戏的主控制类 Activity 进行了简单的介绍，接下来将对本类中的工具类——ConstantUtil 常量类进行简单介绍。该类中封装了本游戏中所用到的常量，将常量封装到一个常量类中的好处是便于管理和维护，实现的具体代码如下。

代码位置：见随书光盘源代码/第 16 章/Zillionaire/src/com/game/zillionaire/util 目录下的 ConstantUtil.java。

```
package com.game.zillionaire.util;                                   //导入包
……//此处省略导入类的代码，读者可自行查阅随书附带光盘中的源代码
public class ConstantUtil{
     public static final int SCREEN_WIDTH = 480;                     //屏幕宽度
     public static final int SCREEN_HEIGHT =854;                     //屏幕高度
     public static final int TILE_SIZE_X=64;                         //地图图元的大小
     public static final int TILE_SIZE_Y=48;                         //地图图元的大小
     public static final int MAP_ROWS = 31;                          //地图有多少行
     public static final int MAP_COLS = 31;                          //地图有多少列
     public static final int FIGURE_ANIMATION_SEGMENTS = 8;//人物总共的动画段个数
     ……//此处省略人物类中部分常量声明的代码，读者可自行查看
     public static final int Dice_ANIMATION_SEGMENTS=6;   //骰子总共的动画段个数
     ……//此处省略骰子类中部分常量声明的代码，读者可自行查看
     public static final int DIALOG_WORD_SIZE = 23;                  //对话框中文字的大小
     ……//此处省略对话框中文字所用部分常量声明的代码，读者可自行查看
     public static String translateString(String string){           //字符串转换方法
          String str=null;                                           //声明字符串类变量
          StringBuffer sbb=new StringBuffer(string.trim());//创建 StringBuffer 对象
          if(sbb.length()<3){                                   //当长度小于 3 时直接返回
```

```
20            str=string;                                        //为 String 类变量赋值
21            return str;                                        //返回 String 类变量
22        }                                                      //否则就添加 "," 用来分割
23        str=sbb.substring(sbb.length()-3, sbb.length());
24        str=","+str;                                           //添加","
25        str=sbb.substring(0,sbb.length()-3)+str;               //组合字符串
26        sbb=null;                                          //将 StringBuffer 类对象置空
27        return str;                                        //返回 String 类变量
28    }
29    public static HashMap<Bitmap,Integer> hm;//神明中用于记录 Bitmap 和 int 的 HashMap 引用
30    ……//此处省略神明类部分常量声明的代码，读者可自行查看
31    public static int[] CardsPriceInt={30,30,25,35,20,25,35,25,30,25,30,
      //每个卡片所需的点数
32            25,35,30,35,25,35,25,30,25,30};
33    ……//此处省略 card 卡片类中部分常量声明的代码，读者可自行查看
34    public static int PMX1=0;                                  //当前设备的宽高
35    ……//此处省略屏幕自适应部分常量声明的代码，读者可自行查看
36    public static int SheduleChooseViewSelected=-1;            //选择个数
37    ……//此处省略 SerializableGame 类中部分常量声明的代码，读者可自行查看
38    public static final int AllianceCard_RecoverGame_Left_X=620;      //起点 x
39    ……//此处省略 AllianceCard 等卡片类中部分常量声明的代码，读者可自行查看
40    public static int BankDrawable_Slide_Left_X=240;//BankDrawable 类左边起点 x
41    ……//此处省略 BankDrawable 等可遇实体类部分常量声明的代码，读者可自行查看
42    public static int GameView_Go_Left_X=700;        //GameView 中 Go 图标左起点 x
43    ……//此处省略 GameView 等前台表示模块类部分常量声明的代码，读者可自行查看
44 }
```

- 第 4～5 行功能为声明标准分辨率下屏幕的宽度和屏幕的高度。
- 第 6～9 行功能为定义地图图元的宽度、高度以及大地图的总行数和总列数。
- 第 10～15 行功能为定义 Dice 类、Figure 类以及本游戏所有对话框中的常量。
- 第 16～28 行功能为将指定的字符串转化为特定形式字符串。创建 StringBuffer 对象，根据 StringBuffer 对象的长度组装字符串并返回。
- 第 29～44 行功能对 CrashFigure、GameView 以及 UsedCard 等各个类中所用到的常量进行定义。

> **说明**　此类包含着本游戏中各个类所需的常量以及字符串转换的静态方法，由于篇幅限制，在此不再赘述，有兴趣的读者可自行查阅随书附带光盘中的源代码。

16.5.3　日期管理类 DateUtil 的开发

上一小节介绍了本游戏的第一个工具类 ConstantUtil 的开发，下面将继续为读者介绍第二个工具类 DateUtil 的开发。本类的主要功能为获得某日期后的 n 天的日期、根据日期计算出当时是星期几，并将整合好的年、月、日、星期返回等，具体代码如下。

代码位置：见随书光盘源代码/第 16 章/Zillionaire/src/com/game/zillionaire/util 目录下的 DateUtil.java。

```
package com.game.zillionaire.util;                            //导入包
……//此处省略导入类的代码，读者可自行查阅随书附带光盘中的源代码
public class DateUtil{
    public static Date getDateAfter(Date d,int day){//获得某日期后的 n 天的日期
        Calendar now =Calendar.getInstance();          //获得当前日历对象
        now.setTime(d);                                //将日期对象设定到日历对象
        now.set(Calendar.DATE,now.get(Calendar.DATE)+day);
        //将 day 天后的日期设为当前日期
        return now.getTime();                       //获得当前日期对象
    }
    public static String getWeekAndYMD(Date date){
        SimpleDateFormat sdf = new SimpleDateFormat("yyyy/MM/dd");   //创建对象
        String s1 = sdf.format(date);          //这里得到 1999/03/26 这个格式的日期
        sdf = new SimpleDateFormat("EEEE");//创建 SimpleDateFormat 类对象，并初始化
```

```
14        String week = sdf.format(date);           //根据日期取得星期几
15        String result=s1+" "+week;                //指定字符串的格式，日期+“ ”+星期
16        return result;                            //返回指定字符串
17    }
18    public static int getDate(String str){
      //根据年份、月份、日期和星期获得日期，并将其转化为 int 返回
19        String strs=str.substring(8, 10);         //获得索引值为 8、9 所对应的字符串
20        int result=Integer.parseInt(strs);        //将字符串转化为数字
21        return result;                            //返回指定数字
22    }
23    public static void drawString(Canvas canvas,String string){//绘制日期的方法
24        Paint paint = new Paint();                    //创建画笔对象
25        paint.setARGB(255, 42, 48, 103);              //设置字体颜色
26        paint.setAntiAlias(true);                     //抗锯齿
27        paint.setTextSize(20);                        //设置文字大小
28        paint.setFakeBoldText(true);                  //字体加粗
29        int lines = string.length()/22+(string.length()%22==0?0:1);
          //求出需要画几行文字
30        for(int i=0;i<lines;i++){                     //遍历所有的行
31            String str="";                            //声明字符串引用
32            if(i == lines-1) {                        //如果是最后一行
33                str = string.substring(i*22);
34            }else{                                    //如果不是最后一行
35                str = string.substring(i*22, (i+1)*22);
36            }
37            canvas.drawText(str,60,20+DIALOG_WORD_SIZE*i,paint);//绘制字符串
38            canvas.drawText("物价水平：1",90,20+DIALOG_WORD_SIZE,paint);
              //绘制字符串
39 }}}
```

- 第 4～9 行为根据指定日期 d 和 day 天来获得 day 天后日期的方法。首先创建 Calendar 对象，然后将 Date 类对象设定到 Calendar 类对象，最后将 day 天后的日期设为当前日期并返回。
- 第 10～17 行为根据指定日期计算出当前是星期几，并将整合好的年、月、日以及星期等以字符串形式返回。首先创建 SimpleDateFormat 类对象，将日期以特定格式赋给 String 变量。然后重新创建 SimpleDateFormat 类对象，并获得当前日期为星期，最后将组合好日期和星期的字符串返回。
- 第 18～22 行功能为根据年份、月份、日期和星期获得日期，并将其转化为 int 返回程序启动的方法。首先获得索引值为 8、9 所对应的字符串，将其转化为 int 变量返回。
- 第 23～39 行为绘制指定字符串的方法。通过创建画笔，设置画笔属性在指定位置绘制字符串。

16.5.4 图片管理类 PicManager 的开发

上一小节介绍了日期管理类 DateUtil，本小节将继续为读者介绍本游戏中第三个工具类 PicManager 的开发。该类主要功能为从 assets 文件中读取图片并存放在 HashMap 集合中的方法，并根据图片名称从 HashMap 集合中获得指定图片，具体代码如下。

代码位置：见随书光盘源代码/第 16 章/Zillionaire/src/com/game/zillionaire/util 目录下的 PicManager.java。

```
package com.game.zillionaire.util;                  //导入包
……//此处省略导入类的代码，读者可自行查阅随书附带光盘中的源代码
public class PicManager{
    static long min=0;                                   //图片被加载后存放在集合中的时间
    static int count=0;                                  //图片序号
    static boolean isCirculate=true;                     //是否循环标志位
    static HashMap<String,MyBitmap> picList=new HashMap<String,MyBitmap>();
    //创建对象
    public static Bitmap getPic(String picName,Resources r){ //获取图片
        Bitmap result=null;                              //声明 Bitmap 引用
        isCirculate=true;                                //标志位置 true
        while(isCirculate){                              //判断是否循环
            if(picList.get(picName)!=null){              //获得指定的 MyBitmap 对象
```

```
13                result=picList.get(picName).bm; //获得指定 Bitmap 对象
14                picList.get(picName).date=System.nanoTime();
                  //设置图片进入集合的当前时间
15                isCirculate=false;                //标志位置 false
16            }else{
17                Loading(picName,r);               //从 assets 文件获得指定图片资源
18        }}
19        return result;                            //返回指定的 Bitmap 对象
20    }
21    public static void Loading(String picName,Resources r){//加载图片的方法
22        MyBitmap bitmap = new MyBitmap();         //创建 MyBitmap 类对象
23        if(picList.size()<100){//如果 picList 中的图片数量小于 100 时，加载指定图片
24            try{
25                String path="pic/"+picName+".png";   //获得图片路径
26                InputStream in= r.getAssets().open(path);    //创建输入流
27                bitmap.bm=BitmapFactory.decodeStream(in);    //加载图片
28                bitmap.date=System.nanoTime();//设置 MyBitmap 对象存在时的时间
29                picList.put(picName, bitmap);//将键值存进 HashMap 对象中
30            }catch (IOException e){               //捕获异常
31                e.printStackTrace();
32        }}else{                                   //先删除其他图片，再加载指定的图片
33            Iterator<Entry<String, MyBitmap>> iter = picList.entrySet().
              iterator();//创建迭代器
34            while(iter.hasNext()){                //如果存在下一个对象
35                Map.Entry entry = (Map.Entry) iter.next();
                  //获得迭代器的下一个 MyBitmap 对象
36                if(count==0){                     //如果是第一个 MyBitmap 对象
37                    min=((MyBitmap)entry.getValue()).date;
                      //将 MyBitmap 对象的 date 赋予 min
38                    count++;                      //图片编号加 1
39                }else{
40                    if(min>((MyBitmap)entry.getValue()).date){
41                        min=((MyBitmap)entry.getValue()).date;//为 min 赋值
42            }}}
43            picList.remove(min);                  //从 picList 删除 min 对应的键值对
44            try{
45                String path="pic/"+picName+".png";       //获得图片路径
46                InputStream in= r.getAssets().open(path);//获得图片路径
47                bitmap.bm=BitmapFactory.decodeStream(in);//加载图片
48                bitmap.date=System.nanoTime();   //设置 MyBitmap 对象存在时的时间
49                picList.put(picName, bitmap);   //将键值存进 HashMap 对象中
50            }catch (IOException e){                   //捕获异常
51                e.printStackTrace();                  //打印异常信息
52  }}}}
```

- 第 4～7 行功能为声明本类的成员变量。long 类型的变量 min 用于记录 Bitmap 类型对象存在时的时间，int 类型的变量 count 表示 MyBitmap 类对象的编号，boolean 类型的变量 isCirculate 用于判断是否继续循环，创建 HashMap 类型的集合用于存放 MyBitmap 对象。
- 第 8～20 行表示获取图片的方法。遍历 picList 对象，如果 picList 对象中存在指定的图片则返回 Bitmap 对象，如果不存在则调用 Loading 方法从 assets 文件下读取指定图片资源。
- 第 21～52 行功能为从 assets 文件获得指定图片资源。如果 picList 中的图片数量小于 100，则通过获得图片路径、创建输入流加载指定的图片资源。否则，通过 Iterator 类对象从 picList 集合中删掉最早被加载的 MyBitmap 类对象，然后从 assets 文件加载指定的图片资源。如果捕获异常，则打印异常信息。可以根据手机的实际情况更改允许加载的图片数量。

16.6 数据存取模块的开发

上一节介绍了 Activity 和游戏工具类的开发，接下来将向读者详细介绍游戏中用到的数据的存取模块的开发。该模块的主要功能为对游戏中所用到的数据进行存储与读取，主要包括游戏中地图文件的加载以及游戏存档的恢复等。

16.6.1 地图层信息的封装类

本节主要对地图层信息的封装类 Layer、地图的上层类 MeetableLayer 以及地图层的管理类 LayerList 进行详细的介绍，使读者了解本游戏中的数据管理方式。下面首先向读者具体介绍地图底层 Layer 类的开发，其详细内容如下。

1. 地图底层 Layer 类的介绍

地图层 Layer 类为地图底层的封装类，除了存储表示地图信息的 MyDrawable 类型 mapMatrix 数组外，还提供了可通过矩阵的计算方法 getNotIn()，同时，该封装类 Layer 也实现了序列化，即实现了 Serializable 接口，其具体代码如下。

代码位置：见随书光盘中源代码/第 16 章/ Zillionaire/src/com/game/zillionaire/map 目录下的 Layer.java。

```
1   package com.game.zillionaire.map;
2   import java.io.Serializable;                          //引入相关类
3   import com.game.zillionaire.activity.ZActivity;       //引入相关类
4   import android.content.res.Resources;                 //引入相关类
5   public class Layer implements Serializable{           //实现 Serializable 接口
6       private static final long serialVersionUID = 8356764959284943179L;
        //持久化版本序列号
7       private MyDrawable[][] mapMatrix;                 //表示地图的二维数组
8       public Layer(){}                                  //空构造器
9       public Layer(ZActivity at,Resources resources){   //构造器
10          GameData.initMapData(at);                     //初始化底层地图数据
11          this.mapMatrix = GameData.mapData;            //获取底层地图信息
12      }
13      public MyDrawable[][] getMapMatrix(){             //mapMatrix 的 get 方法
14          return mapMatrix;                             //返回底层地图信息的二维数组
15      }
16      public int[][] getNotIn(){                        //得到不可通过矩阵
17          int[][] result = new int[31][31];             //创建一个 int 型的二维数组
18          for(int i=0; i<mapMatrix.length; i++){
19              for(int j=0; j<mapMatrix[i].length; j++){ //循环遍历底层地图二维数组
20                  int x = mapMatrix[i][j].col - mapMatrix[i][j].refCol;
21                  int y = mapMatrix[i][j].row + mapMatrix[i][j].refRow;
22                  int[][] notIn = mapMatrix[i][j].noThrough;
23                  for(int k=0; k<notIn.length; k++){
24                  result[y-notIn[k][1]][x+notIn[k][0]] = 1;//不可通过点置 1
25          }}}
26          return result;                                //返回不可通过矩阵
27  }}
```

- 第 7 行为表示地图的二维数组，该二维数组中存放的是 MyDrawable 对象。
- 第 8～12 行为该类的两个构造器，因为需要将该类的对象进行序列化，所以，必须有第 8 行的空构造器，第 9 行的有参构造器中对该层地图信息进行初始化。
- 第 13～15 行为获取底层地图信息的二维数组方法，用于获取底层地图数据。
- 第 16～27 行方法的作用是计算该层地图的可通过矩阵，通过对地图数组进行循环，得到每个 MyDrawable 对象，然后得到 MyDrawable 所有的不可通过点，并记录到 int 型数组中。

2. 地图上层 MeetableLayer 类的介绍

该类继承自 Layer，为地图上层的封装类，除了包含下层同样的信息外，还包含了计算地图上层的可遇矩阵，即 initMapMatrixForMeetable()方法，和检测人物是否碰到可遇物体 check(Figure figure)方法，其具体实现代码如下。

代码位置：见随书光盘中源代码/第 16 章/ Zillionaire/src/com/game/zillionaire/map 目录下的 MeetableLayer.java。

```
1   package com.game.zillionaire.map;                     //导入包
```

```
2    ……//此处省略了导入类的代码，读者可自行查阅随书附带光盘中的源代码
3    public class MeetableLayer extends Layer implements Serializable{//实现 Serializable 接口
4      ……//此处省略变量定义的代码，请自行查看源代码
5      public MeetableLayer(){}                                   //空构造器
6      public MeetableLayer(ZActivity at,Resources resources){    //构造器
7        super(at, resources);
8        GameData2.initMapData(at);                               //初始化上层地图数据
9        this.mapMatrixMeetable = GameData2.mapData;              //获取上层地图信息
10       initMapMatrixForMeetable();                              //计算可遇矩阵
11     }
12     public MyDrawable[][] getMapMatrix(){          //mapMatrixMeetable 的 get 方法
13       return mapMatrixMeetable;                    //返回上层地图信息的二维数组
14     }
15     public void initMapMatrixForMeetable(){        //计算可遇矩阵 mapMatrixForMeetable
16       mapMatrixForMeetable=new MyMeetableDrawable[31][31];   //初始化可遇矩阵
17       for(int i=0;i<mapMatrixMeetable.length;i++){
18         for(int j=0;j<mapMatrixMeetable[i].length;j++){ //循环遍历上层地图二维数组
19           if(mapMatrixMeetable[i][j]!=null){              //实际地图上对应的位置不为空时
20             int x=mapMatrixMeetable[i][j].col-mapMatrixMeetable[i][j].refCol;
21             int y=mapMatrixMeetable[i][j].row+mapMatrixMeetable[i][j].refRow;
22             int[][] meetableMatrix=mapMatrixMeetable[i][j].meetableMatrix;
23             for(int k=0; k<meetableMatrix.length; k++){       //为可遇矩阵赋值
24         mapMatrixForMeetable[y-meetableMatrix[k][1]][x+meetableMatrix[k][0]]=
           mapMatrixMeetable[i][j];
25     }}}}}
26     public MyMeetableDrawable check(Figure figure){           //检测是否遇上
27       int col = figure.col;                                   //获取人物的列数
28       int row = figure.row;                                   //获取人物的行数
29       if(mapMatrixForMeetable[row][col]!=null&&mapMatrixForMeetable[row]
         [col].da==3){
30         return mapMatrixForMeetable[row][col];                //返回所站位置的可遇物
31       }
32       switch(figure.direction%4){                             //还是先按方向查看
33         case 0:                                               //向下
34         case 3:                                               //向上
35           if(mapMatrixForMeetable[row][col-1]!=null&&figure.father.notInMatrix[row]
             [col-1]!=0)  {//左检测
36             if(mapMatrixForMeetable[row][col-1].da==2&&mapMatrixForMeetable[row]
               [col-1].k<5){
37               return mapMatrixForMeetable[row][col-1];        //返回检测到的为小土地
38             }else if(mapMatrixForMeetable[row][col-1].da==1){//左边检测到的为大土地
39
if(mapMatrixForMeetable[row][col-1].zb==0||mapMatrixForMeetable[row][col-1].zb==1){
40                 if(mapMatrixForMeetable[row][col-1].k<0){     //该土地等级小于 0
41                   return mapMatrixForMeetable[row][col-1];
42               }}else{                                         //检测物为其他房屋
43                 if(mapMatrixForMeetable[row][col-1].k<4){     //该土地等级小于 4
44                   return mapMatrixForMeetable[row][col-1];
45         }}}}else if(mapMatrixForMeetable[row][col+1]!=null&&figure.father.
           notInMatrix[row][col+1]!=0){
46             if(mapMatrixForMeetable[row][col+1].da==2&&mapMatrixForMeetable
               [row][col+1].k<5){
47               return mapMatrixForMeetable[row][col+1];   //返回右边检测到的为小土地
48             }else if(mapMatrixForMeetable[row][col+1].da==1){//右边检测到的为大土地
49               if(mapMatrixForMeetable[row][col+1].zb==0||mapMatrixForMeetable
                 [row][col+1].zb==1)
50                 if(mapMatrixForMeetable[row][col+1].k<0){     //该土地等级小于 0
51                   return mapMatrixForMeetable[row][col+1]; {//返回检测物为公园或者加气站
52               }}else{                                         //检测物为其他房屋
53                 if(mapMatrixForMeetable[row][col+1].k<4){//该土地等级小于 4
54                   return mapMatrixForMeetable[row][col+1];
55           }}}}
56         break;
57         ……//此处省略了其他 3 个方向的计算代码，读者可自行查阅随书附带光盘中的源代码
58       }
59       return null;                                     //如果没有检测到则返回 null 值
60   }}
```

- 第 5~11 行为该类的两个构造器。空构造器实现了该类对象的序列化，有参构造器实现了

对上层地图信息的初始化并计算其可遇矩阵。

- 第 12～14 行为获取上层地图信息的二维数组方法，用于获取上层地图数据。
- 第 15～25 行为计算可遇矩阵的方法，同样是对上层地图的二维数组进行循环，得到每个可遇的实体 MyMeetableDrawable 对象，然后，根据其占位点以及在上层地图中的位置进行可遇矩阵的计算，得到可遇矩阵 mapMatrixForMeetable。
- 第 27～31 行功能为获取人物的行列数，并且检测人物所站位置是否为可遇，如果可遇，则返回该可遇实体，不再进行检测，反之，则继续进行下面人物上下左右的检测。
- 第 32～58 行为按着人物的上下左右四个方向进行是否可遇检测。首先从人物处于上下方向时，对人物的左右方向进行检测，如果人物的左边有可遇的实体，则返回人物左边的可遇实体。反之，则按同样的方法进行人物的右边检测。
- 第 59 行为如果检测完人物的上下左右方向都没有可遇实体，则返回 null 值。

3. 地图层管理类 LayerList 的介绍

介绍完了底层地图类 Layer 和上层地图类 MeetableLayer 后，就可以来介绍地图层管理类 LayerList，该类为本游戏开发来管理各个地图层的。LayerList 类包含了各个地图层的引用以及计算得到总不可通过矩阵的方法，其具体实现代码如下。

代码位置：见随书光盘中源代码/第 16 章/ Zillionaire/src/com/game/zillionaire/map 目录下的 MeetableLayer.java。

```
1   package com.game.zillionaire.map;
2   ……//此处省略了导入类的代码，读者可自行查阅随书附带光盘中的源代码
3   public class LayerList implements Serializable{              //实现 Serializable 接口
4       private static final long serialVersionUID = -6325921004729216060L;
        //持久化版本序列号
5       public ArrayList<Layer> layers = new ArrayList<Layer>();//存储 Layer 的容器
6       public LayerList(){}                                      //空构造器
7       public LayerList(ZActivity at,Resources resources){       //构造器
8           this.init(at,resources);                              //调用初始化资源方法
9       }
10      public void init(ZActivity at,Resources resources){       //初始化资源
11          Layer l = new Layer(at,resources);                    //创建 Layer 对象
12          layers.add(l);                                        //添加底层地图
13          MeetableLayer ml = new MeetableLayer(at,resources); //创建MeetableLayer 对象
14          layers.add(ml);                                       //添加上层地图
15      }
16      public int[][] getTotalNotIn(){                           //得到总不可通过矩阵
17          int[][] result = new int[31][31];
18          for(Layer layer : layers){                            //对所有层进行循环
19              int[][] tempNotIn = layer.getNotIn();             //获得各个层的不可通过矩阵
20              for(int i=0; i<tempNotIn.length; i++){
21                  for(int j=0; j<tempNotIn[i].length; j++){     //对不可通过矩阵进行循环
22                      result[i][j] = result[i][j] | tempNotIn[i][j];
                        //或运算，得到总不可通过点
23          }}}
24          return result;                                        //返回总不可通过矩阵
25  }}
```

- 第 5 行为容器存储列表，存储的是各个地图层的引用。
- 第 7～9 行为该类的构造器方法，在该方法中调用初始化方法初始化相关资源。
- 第 10～15 行为初始化方法，在该方法中初始化底层以及上层地图，并将 MeetableLayer 对象的引用存储到 layers 容器中。
- 第 16～25 行为计算总不可通过矩阵的方法，需要对每层地图进行循环，得到每层地图的不可通过矩阵，然后对各个层的不可通过矩阵进行或运算，得到总不可通过矩阵。

16.6.2 数据存取相关类的介绍

本小节将要介绍的是与数据存取相关的 3 个类，包括 GameData 类、GameData2 类和 SerializableGame 类。其中 GameData 类主要的作用是读取底层地图的数据，GameData2 类的主要作用是读取上层地图的数据，SerializableGame 类则主要是负责游戏存档的存储和读取。

1. GameData 类的介绍

GameData 类的主要作用是读取底层地图的数据，具体负责读取之前底层地图设计器所生成的地图文件中的地图信息，并将其分析成游戏中可用的信息，其代码如下。

代码位置：见随书光盘源代码/第 16 章/Zillionaire/src/com/game/zillionaire/map 目录下的 GameData.java。

```
package com.game.zillionaire.map;                           //声明包名
……//此处省略了导入类的代码，读者可自行查阅随书附带光盘中的源代码
public class GameData{                                      //各种 MyDrawable 对象初始化
      public static Resources resources;                    //resources 的引用
      static String grassBitmap;                            //草地图片名称
      ……//此处省略了部分图片引用的声明，读者可自行查阅随书附带光盘中的源代码
      static String[] bitmaps;                              //图片数组
      public static MyDrawable [][] mapData;                //地图矩阵
      public static void initMapImage(){                    //初始化图片资源的方法
            grassBitmap ="grass";                           //初始化图片名称
            ……//此处省略了部分图片的初始化代码，读者可自行查阅随书附带光盘中的源代码
            bitmaps=new String[]{                           //初始化图片名称数组
                  grassBitmap,                              //草地图片
                  ……//此处省略了部分图片的初始化代码，读者可自行查阅随书附带光盘中的源代码
      };}
      public static void initMapData(ZActivity at){              //初始化地图数组
            mapData = new MyDrawable [31][31];
            try{
                  InputStream in=resources.getAssets().open("maps.so");//得到输入流
                  DataInputStream din = new DataInputStream(in);//得到数据流
                  int totalBlocks = din.readInt();               //读取实体总共的个数
                  for(int i=0; i<totalBlocks; i++){
                        int outBitmapInxex = din.readByte();//图片的下标
                        int kyf=din.readByte();                  //可遇否，0—不可遇
                        int w = din.readByte();                  //图元的宽度
                        int h = din.readByte();                  //图元的高度
                        int col = din.readByte();                //总列数
                        int row = din.readByte();                //总行数
                        int pCol = din.readByte();               //占位列
                        int pRow = din.readByte();               //占位行
                        int bktgCount=din.readByte();            //不可通过点的数量
                        int[][] notIn=new int[bktgCount][2];
                        int indext=-1;                           //临时变量
                        if(outBitmapInxex==0){
                              indext=0;
                        }
                  if(outBitmapInxex==1||outBitmapInxex==2||outBitmapInxex==3||
                  outBitmapInxex==4){
                              indext=1;                          //正常公路
                        }elseif(outBitmapInxex==5||outBitmapInxex==6||
                                                 outBitmapInxex==7||outBitmapInxex==8){
                              indext=2;                               //泥石路
                        }
                        for(int j=0; j<bktgCount; j++){               //读入不可通过点
                              notIn[j][0] = din.readByte();
                              notIn[j][1] = din.readByte();
                        }
                        mapData[row][col]=new MyDrawable(
                                    at,                               //ZActivity 的引用
                                    bitmaps[outBitmapInxex],          //图片
                                    bitmaps[outBitmapInxex],          //图片
                                    ((kyf==0)?false:true),            //可遇否标志位
```

```
52                                      w,h,col,row,pCol,pRow,notIn,indext,0//其他信息
53                  );}
54                  din.close();                                    //关闭数据流
55                  in.close();                                     //关闭输入流
56              } catch (IOException e){ e.printStackTrace();       //捕获异常
57      }}}
```

- 第 4～7 行为图片资源的引用，主要是声明图片名称的字符串变量。第 8 行为底层地图的二维矩阵，其他类需要绘制或需要使用底层地图时，必须从此处获得。
- 第 9～14 行为初始化图片资源的方法，在方法中先将所有图片名称字符串初始化，然后再将图片名称字符串存放到数组中方便管理。
- 第 16～57 行为读取地图信息的方法。在该方法中首先创建 MyDrawable 的二维数组用来表示底层地图，然后通过 getAssets()方法打开输入流，并从文件中读取地图信息。此处读取的顺序必须与地图设计器设计地图时的保存顺序完全相同，存储的顺序见 16.4.3 小节中的代码。读取完信息后，根据这些信息创建 MyDrawable 对象并存储到地图数组中。

说明 GameData2 类的实现与 GameData 类的基本相同，其不同点在于 GameData2 读取的是 mapsu.so 文件中的信息。由于本书篇幅有限，因此不再赘述，读者可自行查阅随书附带光盘中的源代码。在初始化地图信息之前，需要提前将地图设计器生成的底层地图文件 maps.so 文件中的信息存放到项目目录中的 assets 文件夹下，如果 assets 文件夹不存在可手动创建。

2. SerializableGame 类的介绍

SerializableGame 类是用于保存与读取游戏存档的类，该类中包含将游戏的当前状态进行存档、读取存档文件恢复游戏状态、检测存档文件是否存在以及保存、读取存储信息字符串的 5 个方法，其中保存、读取存储信息字符串的方法主要负责记录存档数。其开发步骤如下。

（1）首先搭建 SerializableGame 类的框架。其中存储游戏当前状态的 saveGameStatus 方法和读取存档文件恢复游戏状态的 loadingGameStatus 方法将在后面给出。具体代码如下。

代码位置：见随书光盘源代码/第 16 章/Zillionaire/src/com/game/zillionaire/map 目录下的 SerializableGame.java。

```
package com.game.zillionaire.map;                                   //声明包名
……//此处省略了部分类的引入代码，读者可自行查看随书光盘中的源代码
public class SerializableGame {
        public SerializableGame(){}                                 //空构造器
        public static void saveGameStatus(GameView gameView){       //保存游戏的方法
              ……//此处省略了游戏保存的代码，将在后面给出
        }
        public static void saveSaveString(GameView gameView){
             ……//此处省略了与游戏保存类似的保存字符串信息的代码，请自行查阅
        }
        public static void loadingGameStatus(GameView gameView){ //加载游戏的方法
              ……//此处省略了游戏加载的代码，将在后面给出
        }
        public static void loadSaveString(GameView gameView){
             ……//此处省略了与游戏加载类似的读取字符串信息的代码，请自行查阅
        }
        public static boolean check(ZActivity h){                  //检查文件是否存在
              try{
                    h.openFileInput("zil00.111");                  //打开 zil00.111 文件流
                    h.openFileInput("zil01.111");                  //打开 zil01.111 文件流
                    h.openFileInput("zil02.111");                  //打开 zil02.111 文件流
                    h.openFileInput("zil04.111");                  //打开 zil04.111 文件流
              }catch(Exception e){                                 //当捕获异常时
                    return false;                                  //返回 false
              }
```

```
26        return true;                                          //能正常打开时返回 true
27    }}
```

- 第 5～16 行为存取游戏状态的相关方法，其中包括保存游戏状态的 saveGameStatus 方法、读取游戏状态的 loadingGameStatus 方法、保存存储信息字符串的 saveSaveString 方法和读取存储信息字符串的 loadSaveString 方法。省略代码的方法将在下面介绍。
- 第 17～26 行为检查文件是否存在的 check 方法，打开相应的文件流，能正常打开则返回 true。

（2）在上面对 SerializableGame 类框架的介绍代码中省略了 saveGameStatus 方法的具体内容，下面将对 saveGameStatus 方法进行完善，其具体开发代码如下。

```
1    public static void saveGameStatus(GameView gameView){      //保存游戏的方法
2        OutputStream out = null;                               //输出流
3        ObjectOutputStream oout = null;                  //声明 ObjectOutputStream 的引用
4        String temp="";                                  //字符串变量
5        int indext=0;                                    //索引变量
6        try{
7              if(ConstantUtil.changeNum==0){             //当存储到第一个文件时
8                    temp="zi100.111";                    //设置文件名
9                    indext=0;                            //设置该文件名所对应的索引值
10             }else if(ConstantUtil.changeNum==1){       //当存储到第二个文件时
11                   temp="zi101.111";                    //设置文件名
12                   indext=1;                            //设置该文件名所对应的索引值
13             }else if(ConstantUtil.changeNum==2){       //当存储到第三个文件时
14                   temp="zi102.111";                    //设置文件名
15                   indext=2;                            //设置该文件名所对应的索引值
16             }
17             out = gameView.getContext().openFileOutput(temp, indext);//打开文件流
18             oout = new ObjectOutputStream(out);
19             oout.writeObject(gameView.layerList);             //保存地图层
20             oout.writeObject(gameView.figure);                //保存操纵人物
21             oout.writeObject(gameView.figure1);               //保存系统人物 1
22             oout.writeObject(gameView.figure2);               //保存系统人物 2
23             oout.writeInt(gameView.tempStartRow);             //屏幕在大地图中的行数
24             oout.writeInt(gameView.tempStartCol);             //屏幕在大地图中的列数
25       }catch(Exception e){ e.printStackTrace();
26       }finally{
27             try{
28                   oout.close();                               //关闭文件流
29                   out.close();                                //关闭输出流
30             }catch(Exception e){e.printStackTrace();
31    }}}
```

- 第 6～16 行为设置存储信息的文件名和索引值。首先确定玩家点击的游戏存档位置，如果点击的位置为存储界面的第一行，则将游戏的当前状态存入第一个文件，然后设置第一个文件的文件名和相对应的索引值。
- 第 17～24 行为保存游戏的相关信息，其中包括保存游戏中的地图层、游戏中的 3 个人物和屏幕在大地图中的行列数等信息。第 17～18 行为打开文件流和创建输出流。

> **说明** 该方法只是通过 ObjectOutputStream 将需要存储的游戏数据写入相对应的文件中，但前提是被序列化的各个类必须实现 Externalizable 或 Serializable 接口。实现 Externalizable 接口的类还必须实现接口中的两个抽象方法来完成数据的存储和读取。

（3）接下来是对本类中的 loadingGameStatus 方法的介绍，包括读取地图层、人物对象、屏幕在大地图中的行列数和 Activity 的引用。其具体代码如下。

```
public static void loadingGameStatus(GameView gameView){  //加载游戏的方法
    InputStream in = null;                               //输入流
    ObjectInputStream oin = null;                        //声明 ObjectInputStream 的引用
    String temp1="";                                     //字符串变量
```

```
5        try{
6          temp1="zil0"+ConstantUtil.SheduleChooseViewSelected+".lll";//文件名
7          in = gameView.getContext().openFileInput(temp1);   //得到输入流
8          oin = new ObjectInputStream(in);                   //初始化数据流
9          gameView.figure.ht.flag=false;                     //停止操纵人物的 ht 线程
10         gameView.figure.ht.isGameOn=false;
11         gameView.figure.ht.interrupt();
12         gameView.figure1.ht.flag=false;                    //停止系统人物 1 的 ht 线程
13         gameView.figure1.ht.isGameOn=false;
14         gameView.figure1.ht.interrupt();
15         gameView.figure2.ht.flag=false;                    //停止系统人物 2 的 ht 线程
16         gameView.figure2.ht.isGameOn=false;
17         gameView.figure2.ht.interrupt();
18         gameView.layerList=(LayerList) oin.readObject();   //读取地图层
19         gameView.figure = (Figure) oin.readObject();       //读取操纵人物对象
20         gameView.figure1 = (Figure) oin.readObject();      //读取系统人物 1 对象
21         gameView.figure2 = (Figure) oin.readObject();      //读取系统人物 2 对象
22         gameView.tempStartRow = oin.readInt();             //屏幕在大地图中的行数
23         gameView.tempStartCol = oin.readInt();             //屏幕在大地图中的列数
24         gameView.meetableChecker = (MeetableLayer)gameView.layerList.layers.get(1);
25         gameView.figure.father = gameView;                 //给 Activity 的引用赋值
26         gameView.figure.setBitmap();                       //获取图片信息
27         gameView.figure.hgt = new FigureGoThread(gameView,gameView.figure);
28         gameView.figure1.father = gameView;                //给 Activity 的引用赋值
29         gameView.figure1.setBitmap();                      //获取图片信息
30         gameView.figure1.hgt = new FigureGoThread(gameView,gameView.figure1);
31         gameView.figure2.father = gameView;                //给 Activity 的引用赋值
32         gameView.figure2.setBitmap();                      //获取图片信息
33         gameView.figure2.hgt = new FigureGoThread(gameView,gameView.figure2);
34         gameView.activity.myHandler.sendEmptyMessage(10);//向主 activity 发送 Handler 消息
35       }catch(Exception e){ e.printStackTrace();
36       }finally{
37           try{
38                 oin.close();                              //关闭数据流
39                 in.close();                               //关闭输入流
40           }catch(Exception e){ e.printStackTrace();       //捕获异常
41   }}}
```

- 第 5～17 行为初始化相关输入流。首先确定玩家选择读取的游戏存档位置，如果玩家查看的是第一行的存储，则设置加载文件为第一个文件名，然后得到输入流并初始化数据流。第 9～17 行为停止所有相关线程。
- 第 18～34 行为从对应的文件中读取之前存储的游戏信息，并将其恢复到游戏中。其中包括读取地图信息、恢复 3 个人物的相关信息、给 Activity 的引用赋值并恢复人物线程等。第 34 行为向主 activity 发送 Handler 消息，切换到 GameView 界面，继续游戏。
- 第 35～41 行为捕获并处理异常。当捕获到异常时，打印异常信息，最后关闭流。

16.7 人物角色模块的开发

在本章中曾对游戏的实体模块进行了简单的介绍，本小节将对实体模块之一——人物角色模块的开发进行介绍，该模块涉及的类有 Figure、Dice、CrashFigure、FigureGoThread 、DiceGoThread 等。下面将对该模块进行详细的介绍。

16.7.1 Figure 类的代码框架

Figure 类是呈现人物角色实体部分的主要类，本游戏中涉及 3 个 Figure 类的对象，一个操作人物和两个系统人物，本小节先来简单地介绍 Figure 类的代码框架。

（1）首先介绍 Figure 类中一些成员变量的声明，Figure 类中的成员变量大多记录与该人物有关的信息，如在地图上的位置、是否碰到可遇物体以及所拥有的土地和房子数目等。具体代码实现如下。

代码位置：见随书光盘源代码/第 16 章/Zillionaire/src/com/game/zillionaire/figure 目录下的 Figure.java。

```
1    package com.game.zillionaire.figure;
2    ……//此处省略了导入类的代码，读者可自行查阅随书附带光盘中的源代码
3    public class Figure implements Externalizable{
4        public GameView father;          //Activity 引用
5        public int direction = -1;       //英雄的移动方向
6        int currentFrame = 0;            //当前英雄的动画段的当前动画帧，从零开始
7        public int col;               //英雄的定位点在大地图中的列，定位点为下面的格子的中心
8        public int row;               //英雄的定位点在大地图中的行，定位点为下面的格子的中心
9        public int x;                    //英雄『中心点』的 x 坐标，用于绘制
10       public int y;                    //英雄『中心点』的 y 坐标，用于绘制
11       int width;                                   //英雄的宽度
12       int height;                                  //英雄的高度
13       public int[] CardNum={15,9,-1,-1,-1,-1,-1,-1,-1,-1,
14             -1,-1,-1,-1,-1,-1,-1,-1,-1,-1};        //人物已购买的卡片
15       static Bitmap [][] figureAnimationSegments;  //存放人物所有动画段的图片
16       static Bitmap [][] figureAnimationSegments1; //存放人物所有动画段的图片
17       static Bitmap [][] figureAnimationSegments2; //存放人物所有动画段的图片
18       static Bitmap [][] figureAnimationSegments3; //存放人物所有动画段的图片
19       public int startRow;                         //屏幕在大地图中的行数
20       public int startCol;                         //屏幕在大地图中的列数
21       public int offsetX ;      //屏幕定位点在大地图上的 x 方向偏移，用来实现无级滚屏
22       public int offsetY ;      //屏幕定位点在大地图上的 y 方向偏移，用来实现无级滚屏
23       public int topLeftCornerX;                   //人物 X 坐标
24       public int topLeftCornerY;                   //人物 Y 坐标
25       public int k;                                //房子标志
26       public int ss;                               //土地主人标志
27       public int count=0;                          //记录各个人物的土地数
28       public int Bitmapindext=0;                   //人物图片的索引
29       public int day=0;                            //人物消失的天数
30       public MoneyHZ mhz;                          //资金
31       public int zdDay=0;                          //头顶炸弹的步数
32       public boolean isWG=false;                   //判断是否使用了乌龟卡
33       public boolean isZD=false;                   //判断头上是否戴有炸弹
34       public boolean isDreaw=true;                 //人物是否存在
35       public MessageEnum figureFlag; //人物标志，用于辨别人物是玩家操控还是系统操控
36       public boolean isHero=true;    //是否绘制英雄的标志位，默认是 true 表示绘制
37       public int id;                 //表示英雄碰撞到的神明的类型
38       public ArrayList<Integer> mp=new ArrayList<Integer>(); //存放买的彩票
39       public int isWhere=-1;                       //判断人物是在哪里
40       public boolean isStop=false;                 //判断人物是否停止前进
41       public MyMeetableDrawable previousDrawable;//记录上一个碰到的可遇 Drawable 对象引用
42       public int[][] room={{-1,-1},{-1,-1},{-1,-1},{-1,-1},{-1,-1},{-1,-1}};
         //六个地区
43       public HashMap<Integer,Integer> mps=new HashMap<Integer,Integer> ();//持股数
44       public HashMap<Integer,String> mpsName=new HashMap<Integer,String>();//股票名称
45       public HashMap <Integer,Double> mpsCost=new HashMap<Integer,Double>();//成本
46       public ArrayList<Bitmap []> animationSegment = new ArrayList<Bitmap []>();
         //存放英雄所有的动画
47       public HeroThread ht;                        //负责英雄动画换帧的线程
48       public FigureGoThread hgt;                   //负责英雄走路的线程
49       public String[] figureNames= {"孙小美","小公主","假小子"}; //所有人物姓名
50       public String figureName;                    //人物姓名
51       public String headBitmapName;                //人物头像图片名
52       public String[] headBitmapNames={"tou0","tou2","tou1"}; //头像
53       public String tImageName;
54       public String[] tImageNames={"sun1","sun3","sun2"};//游戏主界面显示正在游戏人物信息
55       public String touName;
56       public String[] touNames={"tou01","tou11","tou21"}; //人物头像
57       ……//此处省略的构造器、初始化图片方法以及一些成员方法，将在随后的步骤中介绍
58   }
```

- 第 7～12 行为声明的人物在地图上的位置变量引用，如人物定位点在地图中的行与列，人物中心点在屏幕上的 x、y 坐标，以及人物图片的宽度和高度。
- 第 13～14 行为创建的人物在初始化时带有的卡片类型对象，一张为停留卡，一张为遥控骰子卡，其卡片类的实现将在后面的管理模块中进行介绍。

● 第 15～18 行为声明存放的所有人物的所有动画段的图片引用，包括一个操作人物、两个系统人物，以及一个机器娃娃的动画段的图片。

● 第 25～27 行为声明人物土地的标志及房子归属某个人物的标志等变量，以及定义用于标志土地和房子所属以及每个人物对象所拥有的土地数等。

● 第 38 行为创建一个存放购买的彩票信息列表对象，对于彩票类的功能实现，由于篇幅原因，就不做叙述，感兴趣的读者可自行查阅随书附带光盘中的源代码进行了解和学习。

● 第 49～56 行为声明的一些人物姓名及人物头像图片名的成员变量，对于三个人物，玩家可以自行通过选择喜欢的人物为操作人物来进行游戏，未被选中的两个人物则为系统人物。

（2）上面详细地介绍了 Figure 类里的一些成员变量，下面将介绍 Figure 类的构造器和成员方法的代码框架，即上一段代码第 57 行省略的代码，具体代码实现如下。

代码位置：见随书光盘源代码/第 16 章/Zillionaire/src/com/game/zillionaire/figure 目录下的 Figure.java。

```
1   public Figure(){};                                              //空构造器
2   public Figure(GameView father,int col,int row,int startRow,int startCol,int
    offsetX,int offsetY,int k,
3           MessageEnum figureFlag,int direction,int Bitmapindext){/*构造器：初始化
            成员变量*/}
4   public void setBitmap(){/*方法：初始化人物对象图片*/}
5   public void initAnimationSegment(Bitmap [][] segments){/*方法：初始化动画段列表*/}
6   public void addAnimationSegment(Bitmap [] segment){
7       //方法：向动画段列表中添加动画段，该方法会在初始化动画段列表中被调用
8   }
9   public void setAnimationDirection(int direction){/*方法：设置方向，同时也是动画段索引*/}
10  public void startAnimation(){/*方法：开始换帧动画*/}
11  public void drawSelf(Canvas canvas,int startRow,int startCol,int offsetX,int
    offsetY){
12      //方法：在屏幕上绘制自己，根据传入的屏幕定位 row 和 col 计算出相对坐标画出
13  }
14  public void nextFrame(){/*方法：换帧*/}
15  public void startToGo(int steps){
16      //方法：激活英雄的走路线程，传入格子数使其开动
17  }
18  public class HeroThread extends Thread{
19      //内部线程类：负责定时更改英雄的动画帧，但是不负责改变动画段
20  }
21  public void writeExternal(ObjectOutput out) throws IOException {/*存档*/}
22  public void readExternal(ObjectInput in) throws IOException,
    ClassNotFoundException{/*读取*/}
23  ……//此处省略一些成员变量的 set 和 get 方法，读者可自行查阅随书附带光盘中的源代码
```

● 第 1～3 行为两个构造器，第一个为空构造器，用于将 Figure 类的对象进行序列化，第二个构造器为有参构造器，用于初始化一些成员变量为其赋值。

● 第 11～13 行为在屏幕上绘制人物的方法，根据传入的屏幕定位 row 和 col 计算出相对坐标画出相应的动画段，在此方法中先判断走的方向有没有该方向的动画段，若没有则不绘制。

● 第 18～20 行为实现的一个内部线程类，负责定时更改英雄的动画帧，其具体实现请读者自行查看随书光盘中的源代码进行了解和学习。

● 第 21～22 行为对 Externalizable 接口的方法 writeExternal 和 readExternal 的实现，用于保存人物的基本信息和再次继续游戏时读取人物信息。

说明　以上代码只是简要叙述一些成员方法，主要实现了对人物变换、走动时所需方法的初始化，其具体方法的实现由于篇幅原因不再赘述，读者可自行查看随书附带光盘中的源代码进行了解和学习。

16.7.2 Dice 类的代码框架

本游戏的关键之处在于玩家是通过掷骰子来进行游戏的，人物根据掷的骰子的点数来前进相应的地图格子数。玩家通过控制操作人物，点击掷骰子的图标来进行游戏，系统人物通过随机掷骰子来进行游戏。所以接下来将对 Dice 类进行详细的介绍。具体代码如下。

代码位置：见随书光盘源代码/第 16 章/Zillionaire/src/com/game/zillionaire/figure 目录下的 Dice.java。

```
1   package com.game.zillionaire.figure;                          //声明包名
2   ……//此处省略了导入类的代码，读者可自行查阅随书附带光盘中的源代码
3   public class Dice{
4       ……//此处省略了一些变量声明的代码，读者可自行查阅随书附带光盘中的源代码
5       public Dice(GameView gameView){
6           father=gameView;                                      //给 GamView 对象赋值
7           dgt=new DiceGoThread(this);                           //给骰子走的线程对象赋值
8           dgt.start();                                          //开启骰子走的线程
9       }
10      public void setBitmap(int x, int y){
11          Bitmap tempBmp=null;                                  //创建一个 Bitmap 对象
12          while(tempBmp==null){
13              tempBmp=PicManager.getPic("dice",father.activity.getResources());
                //加载骰子动画的大图
14          }
15          bmpDice=new Bitmap[Dice_ANIMATION_SEGMENTS][Dice_ANIMATION_FRAMES];
16          for(int i=0;i<6;i++){                   //对大图进行切割，转换成 Bitmap 的二维数组
17              for(int j=0;j<5;j++){
18                  bmpDice[i][j] = Bitmap.createBitmap(tempBmp, j*Dice_WIDTH,
19                  i*Dice_HEIGHT,Dice_WIDTH, Dice_HEIGHT);
20          }}
21          this.x = x;                                           //给骰子的 x 坐标赋值
22          this.y = y;                                           //给骰子的 y 坐标赋值
23          dgt.setMoving(true);                                  //设置是否走路标志位
24          if(father.indext!=-1){
25              this.bitmaps= bmpDice[father.indext];             //获得换帧动画
26              bitmap = bitmaps[0];                              //第一张图
27              flag=true;                                        //绘制骰子
28      }}
29      public void draw(Canvas canvas){                          //绘制方法
30          canvas.drawBitmap(bitmap, x, y, null);
31      }
32      public boolean nextFrame(){                   //换帧：成功返回 true，否则返回 false
33          if(k < bitmaps.length){                   //符合换帧条件
34              bitmap = bitmaps[k];                  //获得被画的图片
35              this.x-=40;                           //改变骰子的 x 坐标
36              if(k<3){
37                  this.y-=30;                       //改变骰子的 y 坐标
38              }else{
39                  this.y+=30;                       //改变骰子的 y 坐标
40              }
41              k++;                                  //改变索引值
42              return true;
43          }
44          return false;                             //停止换帧
45  }}
```

- 第 5～9 行为 Dice 类的构造器，通过构造器进行对变量的一些初始化等，首先给 GamView 对象赋值，然后给骰子走的线程对象赋值，最后开启骰子走的线程。
- 第 10～28 行为初始化一些骰子动画的图片资源，先获得骰子动画的大图，通过 Bitmap 的 createBitmap 方法对大图进行切割获得骰子的每一面图片。只要骰子开始走就将绘制骰子标志置为 true 并为换帧动画的对象赋值。
- 第 32～44 行为给动画换帧的方法，用于定时更新骰子不同的位置，当换帧时的帧数小于 3 时将骰子的位置向下移动，大于 3 时向上移动。

> **说明** 由于骰子转动时需线程的控制，所以 Dice 类还有一个辅助工具类 DiceGoThread，其主要实现了根据骰子点数控制人物走动的步数，这里由于篇幅原因就不做叙述，感兴趣的读者可以自行查看随书附带光盘中的源代码进行详细的了解和学习。

16.7.3 FigureGoThread 类的代码框架

FigureGoThread 是 Figure 类的重要辅助线程，其功能包括每一格子进行无极移动、检查是否需要滚屏、检查是否需要拐弯以及检测英雄停留的当下位置及其位置左右有没有什么可遇实体等。FigureGoThread 类由多个方法共同实现，所以接下来将分步骤对其进行介绍。

（1）首先介绍的是 FigureGoThread 类中的构造器和一些成员方法，其中 FigureGoThread 类还声明了一些成员变量，这里由于篇幅原因就不做叙述，读者可自行查看随书附带光盘中的源代码进行了解和学习，对于成员方法的具体实现将在接下来的内容中一一介绍，在此只讲解代码框架。具体代码如下。

代码位置：见随书光盘源代码/第 16 章/Zillionaire/src/com/game/zillionaire/thread 目录下的 FigureGoThread.java。

```
1   package com.game.zillionaire.thread;
2   ……//此处省略了导入类的代码，读者可自行查阅随书附带光盘中的源代码
3   public class FigureGoThread extends Thread {
4       ……//此处省略了一些变量声明的代码，读者可自行查阅随书附带光盘中的源代码
5       public FigureGoThread(){}//空构造器
6       public FigureGoThread(GameView gv,Figure figure){
7           super.setName("==HeroGoThread");
8           this.gv = gv;                              //给 GameView 对象赋值
9           this.figure=figure;                        //给 Figure 对象赋值
10          this.flag = true;                          //设置走的标志
11      }
12      public void run(){/*线程执行方法*/}
13      public void setSteps(int steps){/*方法：设置需要走的步数*/}
14      public void setMoving(boolean isMoving){/*方法：设置是否走路标志位*/}
15      public void checkIfRollScreen(int direction){/*方法：检查是否需要滚屏*/}
16      public int checkIfTurn(){/*方法：检查是否需要拐弯*/}
17      public boolean checkIfMeet(){/*方法：是否遇到可遇实体*/}
18      public void setMoney(MyMeetableDrawable mmd,int id){/*方法：上交过路费*/}
19      public boolean isCrash(Figure fg,CrashFigure cf,GameView gv){/*方法：判断是否碰撞神明*/}
20  }
```

> **说明** 第 13～19 行实现了设置人物每次走的步数，并对是否需要滚屏、是否需要拐弯以及英雄停留的当下位置及其位置左右有没有什么可遇实体等进行检测，同时判断人物所到之处是否需要上交过路费以及是否碰撞到神明等功能。对于第 13～14 行、第 18 行省略了的方法，其由于代码实现比较简单，就不做叙述，读者可自行查看随书附带光盘中的源代码。

（2）接下来将介绍上一段代码第 12 行省略的线程执行的 run 方法，其实现了每一格子进行无极移动以及检测是否遇到障碍物等的功能，具体代码实现如下。

代码位置：见随书光盘源代码/第 16 章/Zillionaire/src/com/game/zillionaire/thread 目录下的 FigureGoThread.java。

```
public void run(){                                  //线程执行方法
  while(flag){                                      //进入循环
    qq:while(isMoving){                             //开始行走
      for(int i=0;i<steps;i++){                     //对每一格子进行无极移动
```

```
5           int moves=0;                          //求出这个格子需要几个小步来完成
6           if(figure.direction%4==1||figure.direction%4==2){
7               moves = TILE_SIZE_X/FIGURE_MOVING_SPANX;
                //求出这个格子需要几个小步来完成
8           }else{
9               moves = TILE_SIZE_Y/FIGURE_MOVING_SPANY;
                //求出这个格子需要几个小步来完成
10          }
11          int hCol = figure.col;                          //英雄当前在大地图中的列
12          int hRow = figure.row;                          //英雄当前在大地图中的行
13          int destCol=hCol;                               //目标格子列数
14          int destRow=hRow;                               //目标格子行数
15          switch(figure.direction%4){/*此处省略设置英雄的方向和动画段的代码，请读者自行
            查看*/}
16          int destX=destCol*TILE_SIZE_X+TILE_SIZE_X/2+1; //目的点 x 坐标转换成中心点
17          int destY=destRow*TILE_SIZE_Y+TILE_SIZE_Y/2+1; //目的点 y 坐标转换成中心点
18          int hx = figure.x;                              //获得人物所在位置 x 坐标
19          int hy = figure.y;                              //获得人物所在位置 y 坐标
20          for(int j=0;j<moves;j++){          //从下面开始无级从一个格子走到另一个格子
21              if(hx<destX){                               //计算英雄的 x 位移
22                  figure.x = hx+j*FIGURE_MOVING_SPANX;
23                  figure.col = figure.x/TILE_SIZE_X;      //及时更新英雄的行列值
24                  checkIfRollScreen(figure.direction); //检测是否滚屏
25              }else if(hx>destX){
26                  figure.x = hx-j*FIGURE_MOVING_SPANX;
27                  figure.col = figure.x/TILE_SIZE_X;      //及时更新英雄的行列值
28                  checkIfRollScreen(figure.direction); //检测是否滚屏
29              }
30              if(hy<destY){                               //计算英雄的 y 位移
31                  figure.y = hy+j*FIGURE_MOVING_SPANY;
32                  figure.row = figure.y/TILE_SIZE_Y;      //及时更新英雄的行列值
33                  checkIfRollScreen(figure.direction); //检测是否滚屏
34              }else if(hy>destY){
35                  figure.y = hy-j*FIGURE_MOVING_SPANY;
36                  figure.row = figure.y/TILE_SIZE_Y;      //及时更新英雄的行列值
37                  checkIfRollScreen(figure.direction); //检测是否滚屏
38              }
39              ……//此处省略线程睡眠的代码，请读者自行查看随书附带光盘中的源代码
40              figure.x = destX;                           //修正 x 坐标
41              figure.y = destY;                           //修正 y 坐标
42              figure.col = destCol;                       //修改英雄的占位格子列
43              figure.row = destRow;                       //修改英雄的占位格子行
44              if(figure.offsetX<FIGURE_MOVING_SPANX){     //修正 offsetX
45                  figure.offsetX = 0;                     //舍去
46              }else if(figure.offsetX>TILE_SIZE_X- FIGURE_MOVING_SPANX){//进位
47                  if(figure.startCol + GAME_VIEW_SCREEN_COLS < MAP_COLS -1){
48                      figure.offsetX=0;        //屏幕定位点在大地图上的 x 方向偏移
49                      figure. startCol +=1;   //更改屏幕在大地图中的列数
50              }}
51              if(figure.offsetY<FIGURE_MOVING_SPANY){         //修正 offsetY
52                  figure.offsetY = 0;                         //舍去
53              }else if(figure.offsetY>TILE_SIZE_Y-FIGURE_MOVING_SPANY){//进位
54                  if(figure.startRow + GAME_VIEW_SCREEN_ROWS < MAP_ROWS -1){
55                      figure.startRow+=1;     //更改屏幕在大地图中的行数
56                      figure.offsetY = 0;     //屏幕定位点在大地图上的 y 方向偏移
57              }}
58              ……//此处省略的代码将在接下来的小节中介绍
59      }}
```

- 第 6～10 行为判断人物行走的方向是向上向下还是向左向右，并计算出当前这个格子需要几个小步来完成。
- 第 20～38 行为开始无级从一个格子走到另一个格子，每次移动时先判断当前位置和目的位置的大小关系，以此确定对人物的当前位置做加法还是减法计算，由此来及时更新人物所在的行列值和 x、y 位置坐标，最后检测是否需要滚屏。
- 第 40～43 行为对当前人物的 x、y 坐标以及其在地图中的行列值进行修正的代码。原因是人物移动步径不能整除图元的大小，在执行完无极移动后，人物所处的位置可能不在目的格子的

中心，因此需要进行修正。

- 第 44～57 行为对人物在屏幕上的 offsetX 和 offsetY 进行修正的代码。其原因同样是因为，人物的移动步径不能整除图元的大小。当当前的偏移量小于人物的移动步径（向左或向右滚屏后的结果），则将该偏移量进位，修改相应的 startRow 或 startCol，并将偏移量置零。

（3）在这里将介绍上一段代码中第 58 行省略的代码开发，其主要是检测在路上是否碰到可遇物，如炸弹、神明以及机器娃娃等，具体代码如下。

代码位置：见随书光盘源代码/第 16 章/Zillionaire/src/com/game/zillionaire/thread 目录下的 FigureGoThread.java。

```
1          try{                                        //检测是否碰到障碍物、炸弹和机器娃娃
2               for(Card cd:gv.card){
3                    if(cd.row==figure.row&&cd.col==figure.col){
4                         if(gv.isWW){
5                              gv.card.remove(cd);          //删除用过的卡片
6                              break;
7                         }else{
8                              if(cd.indext==0){            //障碍物
9                                   i=steps-1;              //停止前进
10                                  break;
11         }}}}}catch(Exception e){}
12         figure.direction = checkIfTurn();                //检查是否需要拐弯
13         if(figure.isZD){                                 //头上带有炸弹
14              police=new PoliceCarAnimation(figure);
15              figure.zdDay--;                             //步数减一
16              if(figure.zdDay<=0){
17                   figure.isZD=false;                     //头上的炸弹消失
18                   police.startAnimation();
19                   police.isAmbulance=true;
20                   figure.day=3;                          //住进医院 3 天
21                   figure.father.showDialog.day=3;
22                   this.setMoving(false);                 //停止走动
23         continue qq;
24    }}}                                   //到此走完了指定的格子数，应该检查有没有遇到东西了
25    this.setMoving(false);                                //停止走动
26    figure.setAnimationDirection(figure.direction%4);//设置动画段为相应的静止态
27    ……//此处省略线程睡眠的代码，请读者自行查看随书附带光盘中的源代码
28    if(gv.isWW){                                          //机器娃娃行走不用进行检测
29         gv.isWW=false;                                   //恢复机器娃娃行走标志
30         if(gv.isFigure==0){                              //操作人物
31              gv.isFigure=2;                              //换到系统人物的线程
32         }else{
33              gv.isFigure--;                              //换到上一个人物的线程
34         }
35         this.gv.setOnTouchListener(gv);             //返回监听
36         this.gv.setStatus(0);                       //重新设置 GameView 的状态 0 为待命状态
37         gv.gvt.setChanging(true);                   //启动变换人物的线程
38    }else if(figure.isDreaw){                        //人物在屏幕上时进行碰撞检测
39         for(CrashFigure cf:gv.cfigure){             //特殊人物检测
40              if(isCrash(figure,cf,gv)){             //如果碰撞到神明
41                   cf.myDrawable.flag=false;         //判断路面上是否有物体
42                   break;
43         }}
44         if(isDog){                                  //碰到狗
45              isDog=false;                           //没有碰到狗
46         }else{
47              if(figure.isDreaw&&(!checkIfMeet())){//人物没有遇到可遇的东西
48                   this.gv.setOnTouchListener(gv); //返回监听
49                   this.gv.setStatus(0);    //重新设置 GameView 的状态 0 为待命状态
50                   gv.gvt.setChanging(true);   //启动变换人物的线程
51    }}}}
52         ……//此处省略线程空转等待的代码，请读者自行查看随书附带光盘中的源代码
```

- 第 1～11 行为检测是否使用机器娃娃卡片开路，扫清前进路上的一切可遇实体，并将使用过的卡片从列表中删掉。当遇到的物体为障碍物时，停止前进。

- 第 13～24 行为人物头上带有炸弹时，当人物走了一定步径后，炸弹爆炸开启救护车营救线程，住进医院 3 天，并将当前人物的走动标志设为 false，停止走动。
- 第 28～37 行为当前为机器娃娃行走时，不用进行检测，并当机器娃娃行走完毕后切换到下一个人物游戏，同时返回游戏主界面的监听，启动变换人物的线程。
- 第 38～43 行为进行神明碰撞检测，当碰到神明后就将判断路面上是否有物体的标志设置为 false，即不再绘制被碰撞过的神明对象。
- 第 44～51 行为碰到狗后不再进行土地碰撞检测，若未碰到狗则执行其他碰撞 checkIfMeet 检测方法，若没有遇到可遇的东西则返回监听，同时启动变换人物的线程。

（4）接下来将继续介绍第一段代码中第 15 行省略的检查是否需要滚屏的方法，通过传入的当前人物方向参数来进行判断，具体代码如下。

代码位置：见随书光盘源代码/第 16 章/Zillionaire/src/com/game/zillionaire/thread 目录下的 FigureGoThread.java。

```
1    public void checkIfRollScreen(int direction){          //方向，下 0，左 1，右 2，上 3
2       int figureX = figure.x;                              //获得人物的 x 坐标
3       int figureY = figure.y;                              //获得人物的 y 坐标
4       int tempOffsetX =figure.offsetX;                     //获得人物 x 的偏移量
5       int tempOffsetY =figure.offsetY;                     //获得人物 y 的偏移量
6       switch(direction%4){
7          case 0:                                           //向下检查
8            if(figureY - figure.startRow*TILE_SIZE_Y -tempOffsetY + ROLL_SCREEN_SPACE_DOWN
                               >=SCREEN_HEIGHT){              //检查是否需要下滚
10                 if(figure.startRow + GAME_VIEW_SCREEN_ROWS < MAP_ROWS -1){
11                       figure.offsetY += FIGURE_MOVING_SPANY;   //更新人物 x 偏移量
12                       if(figure.offsetY > TILE_SIZE_Y){    //需要进位
13                             figure.startRow += 1;         //更新屏幕在大地图中的行数
14                             figure.offsetY = 0;           //更新人物 y 偏移量
15           }}}
16         break;
17         case 1:                                           //向左检查
18           if(figureX - figure.startCol*TILE_SIZE_X - tempOffsetX <= ROLL_SCREEN_
             SPACE_LEFT){
19                 if(figure.startCol > 0){                   //startCol 还够减
20                       figure.offsetX -= FIGURE_MOVING_SPANY;//向左偏移英雄步进的像素数
21                       if(figure.offsetX < 0){
22                             figure.startCol -=1;          //更新屏幕在大地图中的列数
23                             figure.offsetX = TILE_SIZE_X-FIGURE_MOVING_SPANX;
                               //有待商议
24                 }}else if(figure.offsetX > FIGURE_MOVING_SPANX){//如果格子数不够减
26                             figure.offsetX -= FIGURE_MOVING_SPANX;
                               //向左偏移英雄步进的像素数
26           }}
27         break;
28         ……//此处省略向上向右检测的代码，请读者自行查看随书附带光盘中的源代码
29   }}
```

- 第 7～16 行为向下检查是否需要向下滚屏，若符合进位条件就滚屏并定时更新屏幕定位点在大地图上的 y 与 x 方向偏移和行数。
- 第 17～27 行为向左检查是否需要向左滚屏，当 startCol 变量值还足够实现滚屏时，向左偏移人物步进的像素数，并当 x 方向的偏移量不够时，更新屏幕在大地图中的列数，并重新赋予一个新的 x 偏移量；反之，当更新的格子数不够时，只更新偏移量。

> **说明**　这里主要讲述的是向四个方向实现无极滚屏的功能，在此只介绍向下和向左滚屏的方式，其他方向的滚屏方式与之类似，就不再一一赘述，而对于 FigureGoThread 类中的 checkIfTurn 判断检测是否需要拐弯的方法，也由于篇幅原因不做叙述，读者若感兴趣，可以自行查看随书附带光盘中的源代码进行详细的了解和学习。

（5）由于本游戏是一款娱乐性极强的经营类游戏，游戏人物在路上行走时可遇到许多神明，如大福神、小穷神等，大福神可助玩家买房免费，盖房加倍、小穷神会多收一半过路费等。所以接下来将介绍碰到神明，播放相应动画段的代码实现，具体代码如下。

代码位置：见随书光盘源代码/第 16 章/Zillionaire/src/com/game/zillionaire/thread 目录下的 FigureGoThread.java。

```
1    public boolean isCrash(Figure fg,CrashFigure cf,GameView gv){
2        if(figure.row==cf.x&&figure.col==cf.y){          //符合神明碰撞条件
3            idGod=cf.id;                                 //神明 ID
4            switch(idGod){
5                case 0:                                  //大财神
6                case 3:                                  //小财神
7                    gv.aa=new CaiGodAnimation(gv);       //获得播放神明动画的对象
8                    gv.aa.isAngel=true;                  //设置标志位为 true
9                    gv.aa.startAnimation();              //启动动画
10                   gv.isFigureMove=true;                //播放特殊人物动画
11                   gv.aa.setClass(figure.figureFlag);   //设置碰撞时的英雄类型
12                   figure.id=cf.id;                     //记录碰撞神明的类型
13                   gv.aa.setBitmapnum(figure.id);       //指定播放相应动画
14                   gv.temp=gv.date+days;                //设置神明存活期
15                   gv.cfigure.remove(cf);               //碰撞后从列表中删除
16                   return true;
17               case 1:                                  //大福神
18               case 5:                                  //小福神
19                   gv.aa=new FuGodAnimation(gv);        //获得播放神明动画的对象
20                   gv.aa.isAngel=true;                  //设置标志位为 true
21                   gv.aa.startAnimation();              //启动动画
22                   gv.isFigureMove=true;                //播放特殊人物动画
23                   gv.aa.setClass(figure.figureFlag);   //设置碰撞时的英雄类型
24                   figure.id=cf.id;                     //记录碰撞神明的类型
25                   gv.aa.setBitmapnum(figure.id);       //指定播放相应动画
26                   gv.temp=gv.date+days;                //设置神明存活期
27                   int tempcount=0;                     //记录卡片张数
28                   for(int i:this.gv.figure.CardNum){   //遍历人物的卡片类型
29                       if(i==-1){                       //没有卡片
30                           break;
31                       }
32                       tempcount++;                     //记录一共有多少张卡片
33                   }
34                   if(idGod==1){                        //大福神
35                       if(tempcount<19){                //如果人物卡片数不足 19 张
36                           for(int i=0;i<2;i++){        //获得两张卡片
37                               fg.CardNum[tempcount+i]=(int)
                                 (Math.random()*21);
38                           }}}
39                   else if(idGod==5){                   //小福神
40                       if(tempcount<20){                //获得一张卡片
41                           fg.CardNum[tempcount]=(int) (Math.random()*21);
42                       }}
43                   gv.cfigure.remove(cf);               //碰撞后从列表中删除
44                   return true;
45               ……//其他碰撞神明的功能实现代码与之类似，故省略，请读者自行查看
46           }}
47           return false;
48   }
```

● 第 5～16 行为遇到大财神和小财神，先获得播放神明动画的对象，随后启动动画开始播放，并记录碰撞时是玩家还是系统人物和碰撞神明的类型，同时设置神明存活期，并将被碰撞过的神明对象从列表中删除。

● 第 17～44 行为遇到大福神和小福神，与财神显灵减免过路费不同的是福神不仅可以买地免费，盖房加倍，还可以获得卡片，如遇到的是大福神则随机获得两张卡片，而小福神获得一张卡片。同时开启播放相应的神明动画段，并将被碰撞过的神明对象从列表中删除。

> **说明** 特殊人物一共有 12 个对象，在此只列举了其中的四个，其他的特殊人物及其功能实现与之类似，故不再赘述。对于 FigureGoThread 类中实现人物与可遇实体对象碰撞的方法——checkIfMeet()，这里由于篇幅原因不再赘述，读者若感兴趣，可自行查看随书附带光盘中的源代码进行了解和学习。

16.8 表示层界面模块的开发

前面已经介绍了人物角色的相关类，接下来将介绍的是前台表示层的界面，主要是游戏界面类 GameView、工具类 GameViewUtil 和辅助线程类 GameViewThread 类。其中 GameViewThread 类主要负责定时更新 GameView 的状态，GameViewUtil 为 GameView 类的辅助绘制类。

16.8.1 游戏界面 GameView 的框架介绍

本小节将介绍的是本游戏中最主要的界面——游戏绘制界面 GameView 类。该界面通过借助工具类 GameViewUtil 实时绘制游戏过程中的所有游戏信息。其开发步骤如下。

（1）首先搭建 GameView 的框架，方便读者整体把握该类。其中的 onDraw 绘制方法和 onTouch 重写的监听器实现方法的具体代码将在后面给出。具体开发代码如下。

代码位置：见随书光盘源代码/第 16 章/Zillionaire/src/com/game/zillionaire/view 目录下的 GameView.java。

```
package com.game.zillionaire.view;                                  //声明包名
……//此处省略了导入类的代码，读者可自行查阅随书附带光盘中的源代码
@SuppressLint("SimpleDateFormat")
public class GameView extends SurfaceView implements
    SurfaceHolder.Callback,View.OnTouchListener{
    @Override
    protected void finalize() throws Throwable{
        super.finalize();
    }
    ……//此处省略了成员变量的声明，将在后面给出
    public GameView(ZActivity activity){                            //构造器
        ……此处省略了构造器中对各种资源的初始化的代码，读者可自行查看随书光盘中的源代码
    }
    public void initMap(){                                          //初始化地图
        ……此处省略了地图资源的初始化的代码，读者可自行查看随书光盘中的源代码
    }
    public void onDraw(Canvas canvas){                              //绘制屏幕
        ……//此处省略了屏幕的绘制代码，将在后面给出
    }
    public void setCurrentDrawable(MyMeetableDrawable currentDrawable){
        this.currentDrawable = currentDrawable;
    }
    public void setStatus(int status){                      //设置 GameView 的状态
        this.status = status;
    }
    @Override
    public void surfaceChanged(SurfaceHolder holder, int format, int width, int
    height){
    }
    @Override
    public void surfaceCreated(SurfaceHolder holder) {//当 View 被创建时被调用
        ……//此处省略了相关线程启动的代码，读者可自行查看随书光盘中的源代码
    }
    @Override
    public void surfaceDestroyed(SurfaceHolder holder) {//当 View 被摧毁时被调用
        this.drawThread.setIsViewOn(false);
    }
    public class DrawThread extends Thread{                 //刷帧线程
```

```
39            ……//此处省略了线程中绘制代码，读者可自行查看随书光盘中的源代码
40      }
41          @Override
42          public boolean onTouch(View view, MotionEvent event){//重写的监听器实现方法
43              ……//此处省略了事件监听方法的实现代码，将在后面给出
44  }}
```

- 第 12～14 行为 GameView 的构造器，主要是对各种资源的初始化。包括给 ZActivity 的引用赋值、创建系统人物和操纵人物、初始化后台线程和刷帧线程等。
- 第 15～17 行为初始化地图信息及图片资源，在初始化地图资源时，需要从 LayerList 的一个对象中读取地图信息，获得总不可通过矩阵，获得地图上层信息。
- 第 18～20 行为各种信息的绘制方法，由于此方法比较复杂，因此 onDraw 方法将在后面进行介绍。第 24～26 行为设置 GameView 的状态。
- 第 38～40 行为刷帧线程。第 41～44 行为重写的屏幕事件监听方法，根据玩家单击屏幕的事件进行相应的处理。包括选单、菜单、读取和存储等功能的监听。

说明 游戏界面 GameView 类中用到了工具类 GameViewUtil，该类包括一些绘制方法和部分游戏信息的绘制。由于篇幅有限，GameViewUtil 类将不再进行赘述，读者可自行查阅随书光盘中的源代码。

（2）下面给出的是 GameView 类中成员变量的声明，包括人物类引用的声明、线程类引用的声明、骰子坐标变量的声明和各种标志位变量的声明。其具体代码如下。

代码位置：见随书光盘源代码/第 16 章/Zillionaire/src/com/game/zillionaire/view 目录下的 GameView.java。

```
public ZActivity activity;                          // ZActivity 类的引用
public SharesView shares;                           //股票索引
public ShowDialog showDialog;                       //信息对话框
public DrawThread drawThread;                       //刷帧的线程
public GameViewThread gvt;                          //后台修改数据的线程
public LayerList layerList;                         //所有的层
MyMeetableDrawable [][] meetableMatrix;             //存放大地图的可遇矩阵
public MyMeetableDrawable currentDrawable;   //记录当前碰到的可遇 Drawable 对象引用
public MeetableLayer meetableChecker;        // meetableChecker 的引用
public int [][] notInMatrix=new int[MAP_ROWS][MAP_COLS];//存放整个大地图的不可通过矩阵
public ArrayList<CrashFigure> cfigure = new ArrayList<CrashFigure>();//存放碰撞人物
public ArrayList<Card> card = new ArrayList<Card>();          //存放道具物体
public int status = 0;                         //绘制时的状态，0 正常游戏，1,英雄在走动
Paint paint;                                   //画笔
public static Resources resources;             //声明资源对象引用
public int currentSteps;                       //记录本次掷骰子需要走几步
public Figure figure;                          //操作人物
public Figure figure1;                         //系统人物 1
public Figure figure2;                         //系统人物 1
public Figure figure0=null;                    //实际人物
public int isFigure;                           //判断人物对象
static Bitmap[] bmpFigure;           //存放英雄的图片，分为静态和动态，代表英雄静止还是走路
public int indext=0;                           //骰子图片的索引
public int diceX=-100;                         //骰子的 X 坐标
public int diceY=-100;                         //骰子的 Y 坐标
public Dice di;                                //骰子类
public boolean isDraw=false;     //是否绘制 GO 图标的标志位  --false 绘制  --true 不绘制
public boolean isYuanBao=true;//是否显示元宝的标志位 ---true 是第一帧 --false 不是第一帧
boolean isFrist=true;        //是否为第一个标志位 ---true 是第一帧      --false 不是第一帧
public boolean isSheZhi=false; //是否显示设置图标的标志位，默认为 false,表示不查看设置
public boolean isMenu=true;      //是否显示主菜单的标志位，true 显示     false 不显示
public boolean isDrawAlliance=false;                  //是否绘制同盟卡的标志位
public boolean isDialog=false;                        //是否绘制对话框
public BankLiXi blx;                                  //blx 的引用
public int tempStartRow=0;                            //记录本次绘制时的定位行
public int tempStartCol=0;                            //记录本次绘制时的定位列
```

```
public int tempOffsetX=0;                          //记录本次绘制时的 x 偏移
public int tempOffsetY=0;                          //记录本次绘制时的 y 偏移
public int[] room={-1,-1,-1,-1,-1,-1};             //六个地区
public boolean isGoTo=true;                        //判断人物是否前进
public int date=01;                                //1 号
public CaiPiaoWinning caiPiaoWinning;              //CaiPiaoWinning 类的引用
public int count=0;                                //计天数
public int count1=0;                               //买卖股票计数
public int count2=0;                               //系统人物卖股票
public MeetableAnimation aa;                       //MeetableAnimation 类的引用
public int temp=0;                                 //用于记录碰撞神明的生存期
public boolean isWW=false;                         //绘制机器娃娃
public boolean isWeekend=false;                    //判断是否是周末
public UseCardView useCard;                        //卡片界面类
MagicHouseDrawable magic;                          //魔法屋类
AccidentDrawable accident;                         //机遇类
CheckFigureInfomation checkFigureInfo;             //CheckFigureInfomation 类的引用
WinView winView;                                   //WinView 类的引用
RedCard cr;                                        //获得使用卡片的引用
public ChangeSitting cs;                           //新闻交换位置工具类
public GameViewUtil gvu;                           //GameViewUtil 类的引用
public ArrayList<Integer> mpCP=new ArrayList<Integer>(); //用于存放彩票
public boolean isFigureMove=false;                 //是否播放特殊人物动画
```

> **说明**　代码中各个成员变量的含义可见后面的注释，主要是对各个类引用的声明、各种绘制标志位的声明和绘制坐标变量的声明。其中还包括存放整个大地图的不可通过矩阵的二维数组的声明。

16.8.2　游戏界面绘制方法 onDraw 的介绍

上一小节介绍了 GameView 的框架，接下来将对其进行完善。首先是对 onDraw 绘制方法的完善，该方法主要负责界面的绘制工作，包括地图、菜单界面和利界面等。具体完善步骤如下。

（1）该方法的框架如下，根据游戏状态值的不同绘制不同的界面，包括买卖股票界面、彩票中奖界面、月底银行发红界面和人物胜利界面等。具体代码如下。

代码位置：见随书光盘源代码/第 16 章/Zillionaire/src/com/game/zillionaire/view 目录下的 GameView.java。

```
public void onDraw(Canvas canvas){                               //绘制屏幕
    if(canvas==null){                                            //canvas 为空，返回
        return;
    }
    gvu.initBitmap();                                            //初始化图片
    CrashFigure.initBitmap(this.getResources());
    if(!figure.isWG){
        gvu.go=gvu.gos[0];                                       //初始化骰子图片
    }
    canvas.save();                                               //保存画布状态
    canvas.translate(ConstantUtil.LOX, ConstantUtil.LOY);//自适应屏幕
    canvas.scale(ConstantUtil.RADIO, ConstantUtil.RADIO);
    canvas.clipRect(0,0,1280,720);                               //限定绘制区域
    ……//此处省略了游戏主界面的绘制工作，代码将在后面给出
    try{
        for(Card cd:card){                                       //遍历道具列表
            cd.onDraw(canvas);                                   //绘制卡片物体
    }}catch(Exception e){}
    if(isFigureMove&&aa!=null&&aa.isAngel){                      //播放特殊人物动画
        aa.drawGod(canvas);
    }
    if(status==2){                                               //绘制股票
        shares.onDraw(canvas);
    }else{
        shares.sd.initDetails();                                 //随机改变股票成交价
```

```
26          }
27          if(date==15){                                              //绘制彩票中奖
28               caiPiaoWinning.drawCaiPiaoWinningF(canvas);
29          }
30          if(date==5&&count1==0&&figure0.k!=0){                      //系统人物购买股票
31               if(shares.sd.systemBuy()){
32                    ……//此处省略了系统人物买股票的代码，读者可自行查看随书光盘中的源代码
33          }}else if(date!=5){
34               count1=0;
35          }
36          if(date==25&&count2==0&&figure0.k!=0){                     //系统人物卖股票
37          if(shares.sd.systemSale()){
38               ……//此处省略了系统人物卖股票的代码，读者可自行查看随书光盘中的源代码
39          }}else if(date!=25){
40               count2=0;
41          }
42          if(date==28){                                              //绘制月底银行发红利
43               blx.drawDialog(canvas);
44          }
45          if(!isFigureMove&&showDialog!=null&&isDialog){             //绘制相应的对话框
46               showDialog.drawDialog(canvas);
47          }
48          gvu.drawAlliance(canvas);                                  //绘制同盟标志
49          if(RedCard.days+3<date&&RedCard.isCardRed){                //卡片生效的期限
50               shares.sd.Byperson(shares.isshares);
51          }else{
52               RedCard.isCardRed=false;                              //使用红卡标志位
53               shares.sd.Up=false;                                   //是否使用红卡
54               shares.sd.Low=false;                                  //是否使用黑卡
55          }
56          magic.drawPoliceCar(canvas, this, figure, figure1, figure2);//绘制警车/救护车
57          accident.drawShip(canvas, this, figure, figure1, figure2);  //绘制飞船
58          if(status==3){                                             //使用卡片
59               useCard.onDraw(canvas);
60          }
61          if(status==4){                                             //查看英雄信息
62               checkFigureInfo.onDraw(canvas);
63          }
64          if(useCard.cd!=null&&useCard.cd.isDrawCard){
65               useCard.cd.onDraw(canvas);
66          }
67          if(figure.mhz.zMoney>=300000){                             //操纵人物胜利
68               winView.onDraw(canvas,figure);                        //绘制界面
69          }else if(figure1.mhz.zMoney>=300000){                      //系统人物 1 胜利
70               winView.onDraw(canvas,figure1);                       //绘制界面
71          }else if(figure2.mhz.zMoney>=300000){                      //系统人物 2 胜利
72               winView.onDraw(canvas,figure2);                       //绘制界面
73          }
74          canvas.restore();                                          //恢复画布
75     }
```

- 第 5~9 行为初始化图片。包括调用 initBitmap 方法初始化游戏部分图片，初始化骰子图片。第 10~13 行为保存画布状态，设置屏幕自适应并限制绘制区域。
- 第 15~60 行为绘制各种信息，包括绘制卡片、股票、彩票、同盟卡、飞船和救火车等信息，同时还包括绘制月底银行发红利的界面等。
- 第 61~73 行为关于人物的绘制。包括查看英雄的信息、判断操纵人物和系统人物的总资产等。当人物的总资产满足 30 万元则绘制该人物的胜利界面。第 74 行为恢复画布状态。

> **说明** 该方法在绘制前先保护现场，然后进行各种信息的绘制，最后又恢复现场，避免了该部分绘制代码对其他部分造成影响。由于篇幅有限，上面省略了关于系统人物买卖股票的相关代码，读者可自行查看随书光盘中的源代码。

（2）上面介绍的是 onDraw 的框架，仅仅了解 onDraw 方法的框架是不够的，还需要知道其具

体代码。这里将介绍其中省略的游戏主界面的绘制代码。

代码位置：见随书光盘源代码/第 16 章/Zillionaire/src/com/game/zillionaire/view 目录下的 GameView.java。

```
if(isWW){                                                  //绘制机器娃娃
      tempStartRow =figure0.startRow;                      //记录本次绘制时的定位行
      tempStartCol = figure0.startCol;                     //记录本次绘制时的定位列
      tempOffsetX = figure0.offsetX;                       //记录本次绘制时的 x 偏移
      tempOffsetY = figure0.offsetY;                       //记录本次绘制时的 y 偏移
}else{
      Room.isGotoWhere(this);                              //选取参考点
}
cs.isCSitting();                                           //新闻交换人物位置
int hCol = figure.x/TILE_SIZE_X;                           //计算操作人物中心点位于哪个格子
int hRow = figure.y/TILE_SIZE_Y;                           //计算操作人物中心点位于哪个格子
int hCol1 = figure1.x/TILE_SIZE_X;                         //计算系统人物 1 中心点位于哪个格子
int hRow1 = figure1.y/TILE_SIZE_Y;                         //计算系统人物 1 中心点位于哪个格子
int hCol2 = figure2.x/TILE_SIZE_X;                         //计算系统人物 2 中心点位于哪个格子
int hRow2 = figure2.y/TILE_SIZE_Y;                         //计算系统人物 2 中心点位于哪个格子
for(int i=-1; i<=GAME_VIEW_SCREEN_ROWS; i++){              //绘制底层
     if(tempStartRow+i<0||tempStartRow+i>MAP_ROWS){//如果多画的那一行不存在，就继续
          continue;
     }
     for(int j=-1; j<=GAME_VIEW_SCREEN_COLS; j++){
          if(tempStartCol+j  <0  || tempStartCol+j>MAP_COLS){
          //如果多画的那一列不存在，就继续
               continue;
          }
          Layer l = (Layer)layerList.layers.get(0);                 //获得底层的图层
          MyDrawable[][] mapMatrix=l.getMapMatrix();
          if(mapMatrix[i+tempStartRow][j+tempStartCol] != null){
               mapMatrix[i+tempStartRow][j+tempStartCol].drawSelf
               (canvas,activity,i,j,tempOffsetX,tempOffsetY);
}}}
while(cfigure.size()<10){
     ……//此处省略了在地图中添加碰撞人物的代码，读者可自行查看随书光盘中的源代码
}
for(int i=-1; i<=GAME_VIEW_SCREEN_ROWS; i++){                       //绘制上层
     if(tempStartRow+i < 0 || tempStartRow+i>MAP_ROWS){//如果多画的那一行不存在就继续
          continue;
     }
     for(int j=-1; j<=GAME_VIEW_SCREEN_COLS; j++){
          ……//此处省略了绘制上层的代码，读者可自行查看随书光盘中的源代码
          if(hRow-tempStartRow == i && hCol-tempStartCol == j&&figure.isHero){
          //绘制操纵人物
               if(figure.isDreaw){
                    figure.drawSelf(canvas,tempStartRow,tempStartCol,
                    tempOffsetX,tempOffsetY);
                    gvu.drawFigure(canvas,figure);          //绘制人物头上的物体
                    if(date>temp){
                         CrashFigure.isMeet1=false;         //是否碰到神明标志位
                         figure.id=-1;                      //英雄碰撞到的神明的类型
                         temp=0;                            //碰撞神明的生存期
                    }
                    if(CrashFigure.isMeet1&&figure.id<=10){
                         canvas.drawBitmap
                         (hm1.get(figure.id),figure.topLeftCornerX+20,figure.
                         topLeftCornerY-30, null);
          }}}
          ……//此处省略了与操纵人物相同的系统人物的绘制代码，请自行查阅
          if(isWW){
               ……//此处省略了绘制机器娃娃的代码，读者可自行查看随书光盘中的源代码
          }
          if(mapMatrix[i+tempStartRow][j+tempStartCol]  != null&&
                    mapMatrix[i+tempStartRow][j+tempStartCol].da==1&&
                    mapMatrix[i+tempStartRow][j+tempStartCol].ss!=-1){
          ……//此处省略了绘制大土地上的房子代码，读者可自行查看随书光盘中的源代码
 }}}
```

```
61    for(int i=-1; i<=GAME_VIEW_SCREEN_ROWS; i++){
62       ……//此处省略了碰撞人物绘制的代码，读者可自行查看随书光盘中的源代码
63    }
64    gvu.drawDate(canvas);                                    //绘制日期
65    gvu.drawTouImage(canvas);                                //绘制屏幕最下方的头像
66    if(!isFigureMove&&!isDialog&&currentDrawable != null){//判断是否需要绘制可遇实体的对话框
67          isDraw=true;                                       //不绘制 GO 图标
68          isMenu=false;                                      //不绘制菜单
69          isYuanBao=false;                                   //不显示元宝图标
70          currentDrawable.drawDialog(canvas, figure0);
71    }
72    if(!isFigureMove&&!isDialog&&di.flag){                   //绘制骰子
73          di.draw(canvas);
74    }
75    if(!isDialog){
76          gvu.drawMenu(canvas);                              //绘制游戏主界面菜单
77          gvu.drawGo(canvas);                                //绘制 Go
78    }
```

- 第 1～8 行为绘制机器娃娃，如果绘制机器娃娃则记录本次绘制时的定位行列和 x、y 偏移量。否则选取参考点。第 9 行为当新闻播报为龙卷风侵袭时，调用 ChangeSitting 类中的 isGotoWhere 方法来随机交换人物位置。第 10～15 行为计算人物中心点位于哪个格子，包括计算操纵人物和系统人物 1、2 的中心点的位置。
- 第 16～29 行为绘制地图底层。首先判断多画的行列是否存在，不存在则继续，获得底层的图层，获得 MyDrawable 类的矩阵，并绘制出相关信息。
- 第 33～60 行为绘制地图上层。首先判断多画的行列是否存在，不存在则继续，然后绘制操纵人物，包括绘制人物头上的物体，设置是否碰到神明标志位、英雄碰撞到的神明的类型和碰撞神明的生存期等。由于篇幅有限，此处还省略了系统人物的绘制、机器娃娃和大土地上房子的绘制，读者可自行查看随书光盘中的源代码。
- 第 64～77 行为关于游戏主界面的一些绘制，包括日期、屏幕最下方的头像、骰子、游戏主界面和 GO 图标的绘制等。同时还有设置是否绘制 GO 图标、菜单和元宝图标的标志位。

16.8.3 游戏界面屏幕监听方法 onTouch 的介绍

上一小节介绍了游戏界面的绘制方法，但是玩家还不能操控游戏，本节将对屏幕事件监听方法 onTouch 方法进行介绍，使玩家能够与游戏进行交互，其具体代码如下。

代码位置：见随书光盘源代码/第 16 章/Zillionaire/src/com/game/zillionaire/view 目录下的 GameView.java。

```
public boolean onTouch(View view, MotionEvent event){          //屏幕事件监听
     int x=ScreenTransUtil.xFromRealToNorm((int)event.getX());//屏幕自适应得到 X 坐标
     int y=ScreenTransUtil.yFromRealToNorm((int)event.getY());//屏幕自适应得到 Y 坐标
     if(event.getAction()==MotionEvent.ACTION_DOWN){       //捕捉屏幕被按下的事件
          if((!isDraw)&&x>=ConstantUtil.GameView_Go_Left_X
               &&x<=ConstantUtil.GameView_Go_Right_X&&y>=ConstantUtil.
               GameView_Go_Up_Y
               &&y<=ConstantUtil.GameView_Go_Down_Y){          //手触碰 GO 图标时
               gvu.isGoDice(figure);                           //操作人物掷骰子
          }else if(isMenu&&x>ConstantUtil.GameView_TheIcon_Left_X
               &&x<=ConstantUtil.GameView_TheIcon_Right_X
               &&y>=ConstantUtil.GameView_TheFistIcon_Up_Y
               &&y<=ConstantUtil.GameView_TheFistIcon_Down_Y){//菜单中第一个图标
               int cardCount=0;
               for(int index:figure.CardNum){
                    if(index!=-1){                              //如果索引值等于-1
                         cardCount++;                           //计数器加 1
               }}
               if(cardCount>0){                                 //如果 20 张不全为-1
               isDraw=true;                                     //不绘制 GO 图标
               isMenu=false;                                    //不绘制菜单
```

```
21                  this.isYuanBao=false;
22                  status=3;                                              //绘制卡片显示
23                  this.setOnTouchListener(useCard);
24              }}
25              ……//此处省略了菜单中其他 3 个图标的相关代码，读者可自行查看随书光盘中的源代码
26              else if(isSheZhi&&isMenu&&x>ConstantUtil.GameView_Save_Left_X
27                  &&x<=ConstantUtil.GameView_Save_Right_X
28                  &&y>=ConstantUtil.GameView_Up_Y&&y<=ConstantUtil.GameView_
                    Down_Y){//存储
29                  isSheZhi=false;                                        //是否显示设置图标
30                  Message msg1 = this.activity.myHandler.obtainMessage(12);
31                  this.activity.myHandler.sendMessage(msg1);     //向主 activity 发送
                    Handler 消息
32              }else if(isSheZhi&&isMenu&&x>ConstantUtil.GameView_ChooseMenu_Left_X
33                  &&x<=ConstantUtil.GameView_ChooseMenu_Right_X
34                  &&y>=ConstantUtil.GameView_Up_Y&&y<=ConstantUtil.GameView_
                    Down_Y){//选单
35                  isSheZhi=false;                                    //是否显示设置图标
36                  Message msg1 = this.activity.myHandler.obtainMessage(0);
37                  this.activity.myHandler.sendMessage(msg1);
                    //向主 activity 发送 Handler 消息
38                  if(activity.sm.mp.isPlaying()){   //返回主界面--关闭停止播放音乐
39                      activity.sm.mp.stop();
40                      activity.sm.mp.release();
41              }}else if(isSheZhi&&isMenu&&x>ConstantUtil.GameView_ReadShedule_Left_X
42                  &&x<=ConstantUtil.GameView_ReadShedule_Right_X
43                  &&y>=ConstantUtil.GameView_Up_Y&&y<=ConstantUtil.GameView_
                    Down_Y){//读取
44                  isSheZhi=false;
45                  Message msg1 = this.activity.myHandler.obtainMessage(11);
46                  this.activity.myHandler.sendMessage(msg1);
                    //向主 activity 发送 Handler 消息
47              }}
48          return true;
49      }
```

- 第 2～3 行为获得屏幕被按下的 X、Y 坐标。为了避免因分辨率不同而产生的事件处理不对应问题，需要在获得 X、Y 坐标后调用 ScreenTransUtil 类的 xFromRealToNorm 方法和 yFromRealToNorm 方法，转化为屏幕自适应下的坐标。
- 第 5～8 行为单击 GO 图标时的处理代码。当手触碰到 GO 图标时，设置操纵人物投骰子。第 9～25 行为点击菜单图标时的处理代码。首先判断玩家点击的是哪个图标，如果点击的是查看已购买卡片图标，则获得已购买卡片的数量，将绘制 GO 图标、菜单的标志置为 false，跳转到显示已购买卡片的界面。
- 第 26～47 行为玩家点击设置图标后的处理代码。玩家点击设置图标后出现菜单界面，包括存储、选单和读取三个按钮。点击存储按钮可将当前的游戏状态存档，点击读取按钮可继续之前存档的游戏，点击选单按钮可选择返回主界面。

> **说明**　onTouch 方法主要是对屏幕事件的监听并进行相对应的事件处理。由于篇幅有限，菜单界面的其他三个图标的处理不再赘述，读者可自行查看随书光盘中的源代码。

16.8.4　后台线程 GameViewThread 的开发

本小节将要介绍的是后台线程 GameViewThread 类，其主要负责定时读取 GameView 的状态，如果当前为待命状态则切换到人物使其产生动画。其具体代码如下。

代码位置：见随书光盘源代码/第 16 章/Zillionaire/src/com/game/zillionaire/thread 目录下的 GameViewThread.java。

```
package com.game.zillionaire.thread;                        //声明包名
import com.game.zillionaire.view.GameView;                  //引入 GameView 类
```

```
3      public class GameViewThread extends Thread{
4           GameView gv;                                             //游戏视图类的引用
5           int sleepSpan = 180;                                     //休眠时间
6           int waitSpan = 1500;                                     //空转时的等待时间
7           public boolean flag;                                     //线程是否执行标志位
8           boolean isChanging;                                      //是否需要换骰子动画
9           public GameViewThread(){}                                //空构造器
10          public GameViewThread(GameView gv){
11               super.setName("==GameViewThread");
12               this.gv = gv;                                       //初始化 GameView 类的引用
13               flag = true;                                        //初始化线程标志位
14          }
15          public void run(){                                       //线程执行方法
16               while(flag){                                        //线程正在执行
17                    while(isChanging){                             //如果需要换骰子动画
18                         if(gv.isDialog||gv.isFigureMove||gv.isWW){
                           //出现对换框时，则不变换人物
19                              gv.status=1;
20                         }
21                         if(gv.status==0){                         //需要换人物
22                              try{
23                                   Thread.sleep(sleepSpan);  //线程睡眠时间
24                              }catch(Exception e){e.printStackTrace();}
25                              if(gv.isFigure==0){                  //如果为操纵人物
26                                   gv.isFigure=1;                  //设置下一个为系统人物 1
27                                   gv.isMenu=false;                //不绘制菜单
28                                   try{
29                                        Thread.sleep(500);         //线程睡眠时间
30                                   }catch(Exception e){e.printStackTrace();}
31                                   gv.gvu.isGoDice(gv.figure1);    //系统人物 1 掷骰子
32                              }else if(gv.isFigure==1){            //如果为系统人物 1
33                                   gv.isFigure=2;                  //设置下一个为系统人物 2
34                                   gv.isMenu=false;                //不绘制菜单
35                                   try{
36                                        Thread.sleep(500);         //线程睡眠时间
37                                   }catch(Exception e){e.printStackTrace();}
38                                   gv.gvu.isGoDice(gv.figure2);    //系统人物 2 掷骰子
39                              }else if(gv.isFigure==2){            //如果为系统人物 2
40                                   gv.isFigure=0;                  //设置下一个为操纵人物
41                                   if(gv.isGoTo&&gv.figure.isDreaw&&(!gv.isWW)){
42                                        gv.isDraw=false;           //绘制 GO 图标
43                                        gv.isYuanBao=true;         //显示元宝图标
44                                        gv.isMenu=true;            //绘制菜单
45                                   }else{
46                                        try{
47                                             Thread.sleep(500);    //线程睡眠时间
48                                        }catch(Exception e){e.printStackTrace();}
49                                        gv.gvu.isGoDice(gv.figure);//操作人物掷骰子
50                                   }
51                                   gv.count++;           //当人物全部走过之后，计数器加 1
52                         }}}
53                         gv.setStatus(1);                //设置 GameView 的状态
54                         this.setChanging(false);        //调用 setChanging 方法
55                    }
56                    try{
57                         Thread.sleep(waitSpan);         //不需要换骰子时线程的空转等待时间
58                    }catch(Exception e){e.printStackTrace();
59          }}}
60          public void setChanging(boolean isChanging){    //设置是否需要换骰子
61               this.isChanging = isChanging;
62     }}
```

● 第 4~8 行为相关变量的声明，其中包括游戏视图 GameView 类引用的声明、休眠时间和空转时的等待时间变量的赋值、线程是否执行标志位和是否需要换骰子标志位变量的声明等。

● 第 15~59 行为线程执行 run 方法。当线程正在执行并需要换骰子动画时，如果出现对换框则不变换人物，否则需要换人物。换人物时将判断当前人物并设置下一个人物，如果当前人物为操纵人物则绘制 GO 图标、显示元宝图标和绘制菜单，如果当前人物是系统人物则不绘制菜单。

最后设置 GameView 的状态并调用 setChanging 方法。

- 第 60～62 行为设置是否需要换骰子的方法。根据入口参数设置是否需要换骰子动画。

> **说明**　GameViewThread 类是后台线程，其主要作用是通过定时读取 GameView 的状态来设置游戏当前运动的人物，并根据人物的不同设置是否绘制菜单界面。

16.9 地图中可遇实体模块的开发

游戏中人物每次走完指定骰子数的地图格子后，都将检测当前位置是否与地图上的可遇实体发生了相遇，本节就来简单介绍可遇实体对象的开发，其中涉及的类主要有 MyDrawable、MyMeetableDrawable，以及继承自 MyMeetableDrawable 的各个子类。

16.9.1 绘制类——MyDrawable 的开发

MyDrawable 是 MyMeetableDrawable 的父类，游戏中不可遇的地图元素如道路、花等均是 MyDrawable 类的对象。在本游戏中，MyDrawable 的宽度和高度可以是地图图元大小（64×48）的任意倍数，如代表商业用地的大小为 128×96，占地图中四个格子。

当 MyDrawable 的大小超过 64×48 时，就需要为其指定参考点，在绘制 MyDrawable 时将根据其参考点和在地图中所占的行和列进行绘制。在本游戏中，参考点用相对于 MyDrawable 左下角的行和列指定，图 16-31 说明了如何基于参考点来绘制 MyDrawable。

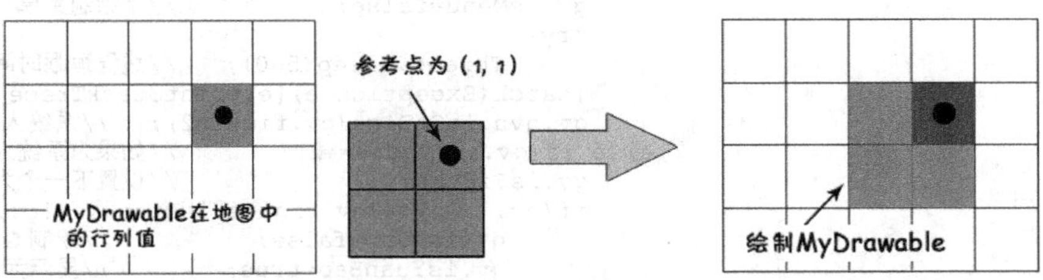

▲图 16-31　在地图中绘制 MyDrawable 示意图

在图 16-31 中，要绘制的 MyDrawable 在地图中占 2 行 2 列，其中定位点位于右上角的那个格子，相对于左下角的坐标为(1,1)。在绘制 MyDrawable 时，将参考点所在的格子对到 MyDrawable 在地图中所占的行和列即可。

同时，由于 MyDrawable 的大小可能超过一个地图格子的尺寸，在表示其可通过情况时，不可以用 0 和 1 简单概括。因为有些 MyDrawable 可能部分位置可通过，其他位置不可通过，这时需要将 MyDrawable 内部所有不可通过的点记录下来。如图 16-31 的 MyDrawable，如果其上边两个图元不可通过，下面两个可通过，则其不可通过点为（0,1）和（1,1），同样是相对于 MyDrawable 左下角的坐标。

下面将介绍的是 MyDrawable 类的开发，其代码框架如下。

代码位置：见随书光盘源代码/第 16 章/Zillionaire/src/com/game/zillionaire/map 目录下的 MyDrawable.java。

```
package com.game.zillionaire.map;                              //声明包名
……//此处省略了导入类的代码，读者可自行查阅随书附带光盘中的源代码
public class MyDrawable implements Externalizable{
    ……//此处省略了定义变量的代码，读者可自行查阅随书附带光盘中的源代码
    public MyDrawable(){}                                       //无参构造器
   public MyDrawable(ZActivity at,String bpName,String dbpName,boolean meetable,
```

```
          int width,
7         int height,int col,int row,int refCol,int refRow,int [][] noThrough,int
          indext,int da){
8             this.at=at;                                       //给 Activity 类赋值
9             this.bpName=bpName;                               //给自身的图片赋值
10            this.dbpName=dbpName;                             //附加的图片赋值
11            ……//此处省略的代码与上述代码大致相同，故省略，请自行查看源代码
12        }
13        public void drawSelf(Canvas canvas,ZActivity at,int screenRow,int screenCol,
          int offsetX,int offsetY){
14            Bitmap bmpSelf=null;                              //定义 Bitmap 对象
15            while(bmpSelf==null){
16                if(bpName==null){return;}                     //如果图片名称为空，则返回
17                bmpSelf=PicManager.getPic(bpName,at.getResources());//获得图片引用
18            }
19            int x= (screenCol-refCol)*TILE_SIZE_X;//求出自己所拥有的块数中左上角块的 x 坐标
20            int y =screenRow*TILE_SIZE_Y+(refRow+1)*TILE_SIZE_Y-bmpSelf.getHeight();
21            bitmapx= x-offsetX;                               //获得绘制图片的 x 坐标
22            bitmapy=y-offsetY;                                //获得绘制图片的 y 坐标
23            canvas.drawBitmap(bmpSelf,bitmapx, bitmapy, null); //根据 x、y 坐标画图片
24        }
25        public void writeExternal(ObjectOutput out) throws IOException {}
26        public void readExternal(ObjectInput in) throws IOException,
          ClassNotFoundException {}
27    }
```

- 第 5～12 行为本类的构造器方法，其中包含无参构造器和有参构造器。在此构造器中，将 MyDrawable 的主要成员变量初始化，部分相似代码省略。
- 第 13～24 行为该类的绘制方法，该方法首先通过将要绘制到屏幕上的行和列以及参考点的位置计算出 MyDrawable 左上角的 x 和 y 坐标，然后减去各自的偏移量进行绘制。
- 第 25～26 行为 Externalizable 接口中 writeExternal 和 readExternal 方法的实现，主要服务于游戏存档和读取模块的，由于存储和读取的内容在上面已经进行了详细介绍，这里不再赘述。

16.9.2 抽象类——MyMeetableDrawable 的开发

MyMeetableDrawable 为抽象类，其子类对象代表地图中的可遇实体，要想让 MyMeetable Drawable 具有可遇的特性，除了要继承 MyDrawable 外，还需要实现 View.OnTouchListener、Externalizable 接口。游戏中当英雄与可遇实体发生相遇时，可遇实体对象将会用自己替换掉 GameView 的 View.OnTouchListener 监听器以执行相应的任务。MyMeetableDrawable 类的具体代码如下。

代码位置：见随书光盘源代码/第 16 章/Zillionaire/src/com/game/zillionaire/map 目录下的 MyMeetableDrawable.java。

```
package com.game.zillionaire.map;                                  //声明包名
……//此处省略了导入类的代码，读者可自行查阅随书附带光盘中的源代码
public abstract class MyMeetableDrawable extends MyDrawable
implements View.OnTouchListener,Externalizable {
    ……//此处省略了定义变量的代码，读者可自行查阅随书附带光盘中的源代码
    public MyMeetableDrawable(){}                                  //无参构造器
    public void writeExternal(ObjectOutput out) throws IOException{}
    public void readExternal(ObjectInput in) throws IOException,
    ClassNotFoundException{}
    public MyMeetableDrawable(ZActivity at,String bmpSelf,String dbitmap,int
    col,int row,
                            int width,int height,int refCol,int refRow,int [][] noThrough,
                             boolean meetable,
                             int [][] meetableMatrix,int da,String bmpDialogBack){
        super(at,bmpSelf,dbitmap,meetable,width,height,col,row,refCol,refRow,
        noThrough,0,da);
        this.meetableMatrix = meetableMatrix;                      //给可遇矩阵赋值
        this.bmpDialogBack = bmpDialogBack;                        //给文字背景图片赋值
```

```
15        }
16        public abstract void drawDialog(Canvas canvas,Figure figure);
          //在游戏屏幕上绘制对话框的方法
17        public void drawString(Canvas canvas,String string,int location_x,int
          location_y){
18            Paint paint = new Paint();
19            paint.setARGB(255, 42, 48, 103);                     //设置字体颜色
20            paint.setAntiAlias(true);                            //打开抗锯齿
21            paint.setTextSize(DIALOG_WORD_SIZE);                 //设置文字大小
22            int lines = string.length()/DIALOG_WORD_EACH_LINE+
23                (string.length()%DIALOG_WORD_EACH_LINE==0?0:1);//求出需要画几行文字
24            for(int i=0;i<lines;i++){
25                String str="";
26                if(i == lines-1){                                //如果有不够一行的文字
27                    str = string.substring(i*DIALOG_WORD_EACH_LINE);
28                }else{                                           //如果有够一行的文字
29                    str = string.substring(i*DIALOG_WORD_EACH_LINE,
30                                    (i+1)*DIALOG_WORD_EACH_LINE);
31                }
32                canvas.drawText(str, location_x, location_y+DIALOG_WORD_SIZE*i,
                  paint);//画文字
33        }}
34        public void drawTitleString(Canvas canvas,String string){     //画标题文字
35            Paint paint = new Paint();                           //创建画笔
36            paint.setARGB(255, 42, 48, 103);                     //设置字体颜色
37            paint.setAntiAlias(true);                            //抗锯齿
38            paint.setTextSize(28);                               //设置文字大小
39            canvas.drawText(string, 625, 110, paint);            //绘制文字
40        }
41        @Override
42        public boolean onTouch(View view, MotionEvent event) {return false;}//重写方法
43    }
```

- 第 6～15 行为该类的构造器方法和存储、读取方法。在有参构造器中，主要进行了对 MyMeetableDrawable 类的主要成员变量初始化。存储、读取方法的代码在这里进行了省略，因为上面已经进行了详细介绍，读者可自行查阅随书附带光盘中的源代码。
- 第 16 行为抽象方法 drawDialog，因为不同的可遇实体需要执行的逻辑不同，所以要绘制的对话框也不尽相同，继承 MyMeetableDrawable 类的各个子类则需要独立实现该方法。
- 第 17～33 行为 drawString 方法，该方法负责将接收到的字符串对象绘制到指定的 Canvas 对象中，继承 MyMeetableDrawable 类的各个子类在实现 drawDialog 方法时将会调用到此方法。
- 第 34～40 行为 drawTitleString 方法，此方法和 drawString 大致相同，是用来绘制标题文字的。
- 第 41～42 行为实现 View.OnTouchListener 接口的 onTouch 方法，在该类中只是提供了空实现，继承于此类的各个子类将会对该方法进行具体的实现。

16.9.3　土地类——GroundDrawable 类

前面的小节对 MyDrawable 和 MyMeetableDrawable 类进行了介绍，游戏中真正与人物相遇的是 MyMeetableDrawable 的子类对象，如 GroundDrawable、AccidentDrawable 等。

不同的可遇实体执行不同的业务逻辑，但其都是通过重写 MyMeetableDrawable 类中的抽象方法 drawDialog 和实现 View.OnTouchListener 接口的 onTouch 方法来完成与玩家交互的。本小节将以 GroundDrawable 为例来说明地图可遇实体的开发过程，具体代码如下。

代码位置：见随书光盘源代码/第 16 章/Zillionaire/src/com/game/zillionaire/meetdrawable 目录下的 GroundDrawable.java。

```
package com.game.zillionaire.meetdrawable;                       //声明包名
……//此处省略了导入类的代码，读者可自行查阅随书附带光盘中的源代码
public class GroundDrawable extends MyMeetableDrawable implements Serializable{
```

```
4        ……//此处省略了定义变量的代码，读者可自行查阅随书附带光盘中的源代码
5        public GroundDrawable(){}                                //无参构造器
6        public GroundDrawable(ZActivity at,String bmpSelf,String dbitmap,String
         bmpDialogBack,
7                  boolean meetable,int width,int height,int col,int row,int
                   refCol,
8                  int refRow,int [][] noThrough,int [][] meetableMatrix,int da){
9            super(at,bmpSelf,dbitmap, col, row, width, height, refCol, refRow,
             noThrough, meetable,
10                 meetableMatrix, da,bmpDialogBack);
11       }
12       @Override
13       public void drawDialog(Canvas canvas, Figure figure){    //绘制对话框
14           tempFigure = figure;                                 //给 Figure 对象赋值
15           bmpDialogBacks[0]=PicManager.getPic("sgd",tempFigure.father.
             activity.getResources());
16           bmpDialogBacks[1]=PicManager.getPic("lou1",tempFigure.father.
             activity.getResources());
17           ……//此处省略了与上述相似的代码，读者可自行查阅随书附带光盘中的源代码
18           pp=setDialogMessage();                           //土地所在的地区标志
19           if(kk==0){                                       //绘制操作人物的购买土地对话框
20               if(flagg){                                   //绘制小土地对话框
21                   drawDialog0(canvas);
22               }else{      drawDialog1(canvas);             //绘制大土地对话框
23           }}else{                                          //系统人物购买土地
24               String showString=dialogMessage[pp];         //定义 String 对象
25               isGD(showString);
26               if(isGet){                                   //可以购买土地
27                   isJS=false;
28                   addRoom();                               //加盖房子
29                   value+=tempFigure.mhz.result/2;          //过路费增加
30                   if(tempFigure.father.aa!=null){          //如果头上戴有神明
31                       GodGround();                         //根据神明的特性建房
32                   }else{                                   //如果没有神明
33                       tempFigure.mhz.cutMoney(0);          //现金减少
34                   }
35                   recoverGame();                           //恢复游戏
36               }else{                                       //如果不能购买土地
37                   if(count>=8){
38                       count=0;
39                       recoverGame();                       //返回游戏
40                   }
41                   canvas.drawBitmap(dialogBack, 200, 60, null);//画背景框
42                   Paint paint=initPaint();
43                   paint.setTextSize(26);                   //设置文字大小
44                   canvas.drawText("资金不足，不能购买该土地",240,130,paint);
45                   if(k<0){                                 //土地还原
46                       this.ss=-1;
47                       this.kk=-1;
48                   }
49                   count++;                                 //计数器加 1
50       }}}
51       public Paint initPaint(){/*初始化画笔*/}
52       public void drawDialog0(Canvas canvas){/*画第一个对话框*/}
53       public void drawString0(Canvas canvas,String string){/*绘制给定的字符串到对话
         框 1 上*/}
54       public void drawDialog1(Canvas canvas){/*画第二个对话框*/}
55       public void drawString1(Canvas canvas,String string){/*绘制给定的字符串到对话
         框 2 上*/}
56       public int setDialogMessage(){/*设置土地所在的地区标志*/}
57       @Override
58       public boolean onTouch(View view, MotionEvent event){}
59       public void GodGround(){/*头上有特殊人物的方法*/}
60       public void recoverGame(){/*返回游戏*/}
61   }
```

- 第 5～11 行为本类的构造器方法，其中包含无参构造器和有参构造器。在此构造器中，将 GroundDrawable 类的主要成员变量初始化，部分相似代码省略。

- 第 12～23 行为本类的绘制方法，首先给 Figure 对象赋值，然后对本类中用到的图片进行加载，图片加载的工具类在上面进行了介绍，这里不再赘述，接着如果是操作人物购买土地，则绘制相应对话框。如果购买的是住宅用地，则调用第一个对话框的绘制方法；如果购买的是商业用地，则调用第二个对话框的绘制方法。
- 第 24～50 行为系统人物购买土地的方法，如果有足够的钱来购置土地，则加盖房子，并扣除金钱，如果系统人物头上有神明，则根据神明的特性进行相应处理，如果没有神明，则直接扣除金钱并建造房子，之后则返回游戏。如果没有足够的钱，则绘制相应对话框，并将土地还原。
- 第 51～60 行为初始化画笔、画对话框和需要显示的文字，设置土地所在的地区标志、重写的 onTouch 方法、人物头上有神明的处理以及返回游戏等方法，由于篇幅有限，省略的代码请读者自行查阅随书附带光盘中的源代码。

16.9.4　可遇实体对象的调用流程

在上一小节中以 GroundDrawable 为例介绍了 MyMeetableDrawable 子类对象的开发，本小节将介绍可遇实体对象在游戏中的调用流程。英雄从检查是否与可遇实体相遇到结束与可遇实体的交互之间要经过如下的流程。

（1）调用 FigureGoThead 类的 CheckIfMeet 方法判断是否相遇。

（2）如果人物与某个可遇实体相遇，用可遇实体对象的监听方法替换掉 GameView 的 View.OnTouchListener 监听器，并进行设置让 GameView 调用可遇实体对象的 drawDialog 方法。

（3）可遇实体对象与玩家交互完毕后，调用可遇实体对象的 recoverGame 方法恢复游戏。

由于篇幅有限，不能对所有的流程进行详细的介绍，下面将主要介绍的是，GroundDrawable 类中购置完土地后，需要调用的返回游戏方法，具体代码如下。

代码位置：见随书光盘源代码/第 16 章/Zillionaire/src/com/game/zillionaire/meetdrawable 目录下的 GroundDrawable.java。

```
public void recoverGame(){                                  //返回游戏
      tempFigure.father.setCurrentDrawable(null);       //置空记录引用的变量
      tempFigure.father.setOnTouchListener(tempFigure.father); //返还监听器
      tempFigure.father.setStatus(0);                   //重新设置 GameView 为待命状态
      tempFigure.father.gvt.setChanging(true);          //启动变换人物的线程
      ……//此处省略的代码不尽相同，读者可自行查阅随书附带光盘中的源代码
}
```

> **说明**　上述代码为 GroundDrawable 类中的返回游戏方法。置空记录引用的变量、返还监听器、重新设置 GameView 为待命状态以及启动变换人物的线程等，不同的类会有一些不同，因为同时要将该类用到的变量还原。读者可自行查阅随书附带光盘中的源代码。

16.10　管理面板模块的开发

上一节对地图中可遇实体模块的开发进行了简单的介绍，本节将对游戏过程中的各个管理面板界面进行简单的介绍，这些管理面板的主要作用即操作人物使用卡片、购买股票、查看各个人物的相关信息以及对游戏的存储和读取等，由于篇幅有限，本节将主要介绍操作人物对卡片的使用，其他功能不再赘述，读者可自行查阅随书附带光盘中的源代码。

（1）下面将对卡片界面框架的搭建以及部分方法进行简单的介绍，具体代码如下。

代码位置：见随书光盘源代码/第 16 章/Zillionaire/src/com/game/zillionaire/card 目录下的 UseCardView.java。

```
package com.game.zillionaire.card;                                //声明包名
……//此处省略了导入类的代码，读者可自行查阅随书附带光盘中的源代码
public class UseCardView implements View.OnTouchListener{
    ……//此处省略了定义变量的代码，读者可自行查阅随书附带光盘中的源代码
    public UseCardView(GameView gameView){                       //构造器
        this.gameView=gameView;                                  //给 GameView 对象赋值
    }
    public void onDraw(Canvas canvas){                           //绘制方法
        background=PicManager.getPic("usecard01",gameView.activity.
        getResources());
        ……//此处省略加载其他图片的代码，与上述相似，请自行查阅
        canvas.drawBitmap(background, 100, 20, null);  //画背景图片
        for(int index:gameView.figure.CardNum){        //遍历在商店购买了卡片的数组
            if(index!=-1){                              //如果不等于-1(已购买卡片)
                count++;                                //计数器加 1
        }}
        int temp=count+cardGOIndex;                     //当前需要画的图片的最大值
        if(count>6){                                    //如果卡片大于 6 张
            ……//此处省略计算是否向前或向后翻的代码，请自行查阅
            for(int i=temp-6;i<temp;i++){               //循环画最后的六张卡片
                int x=203+k*80;                         //横坐标变换值
                canvas.drawBitmap(useCard[gameView.figure.CardNum[i]], x,
                320, null);
                k++;                                    //变量自加
            }
            if(!isDraw){                                //默认选中第一个
                canvas.drawBitmap(select, 203, 312, null);    //画选中框
                canvas.drawBitmap(useCard[gameView.figure.CardNum
                [count-6]], 300, 140, null);
                drawString(canvas,cardFunction[gameView.figure.CardNum
                [count-6]],9,420,170);
                drawString(canvas,cardName[gameView.figure.CardNum
                [count-6]],4,300,267);
            }else{                                      //根据点击选择相应卡片
                functionIndex=temp+selectIndex-6;//赋值给实现相应卡片功能的索引值
                int width=(selectIndex)*80+203;  //横坐标变换值
                ……//此处省略的代码与上述相似，读者可自行查阅随书附带光盘中的源代码
        }}else{                                         //如果拥有的卡片小于 6 张
            ……//此处省略的代码与上述相似，读者可自行查阅随书附带光盘中的源代码
    }}
    public boolean onTouch(View view,MotionEvent event){       //重写方法
        int x=ScreenTransUtil.xFromRealToNorm((int)event.getX());//得到点击的 X 坐标
        int y=ScreenTransUtil.yFromRealToNorm((int)event.getY());//得到点击的 Y 坐标
        if(event.getAction() == MotionEvent.ACTION_DOWN){         //动作为按下时
            if(/*此处省略符合坐标的代码*/){                      //点击关闭对话框图标
                ……//此处省略返回游戏的代码，读者可自行查阅随书附带光盘中的源代码
            }else if(/*此处省略符合坐标的代码*/){                //点击使用此卡片图标
                gameView.status=0;                               //回到正常游戏状态
                CardFunction();                                  //执行卡片功能
                for(int i=functionIndex;i<gameView.figure.CardNum.length-1;
                i++){
                    gameView.figure.CardNum[i]=gameView.figure.
                    CardNum[i+1];
                }
                gameView.figure.CardNum[gameView.figure.CardNum.
                length-1]=-1;
                selectIndex=0;
            }else if(/*此处省略符合坐标的代码*/){                //点击第一张卡片
                selectIndex=0;                                   //卡片索引值为 0
                isDraw=true;                                     //允许画对应卡片的图片
            }
            ……//此处省略选择其他卡片的代码，读者可自行查阅随书附带光盘中的源代码
        }
        return true;
    }
    public void CardFunction(){                                  //执行相应的卡片功能
```

```
59            switch(gameView.figure.CardNum[functionIndex]){
60                case 0:                                              //使用天使卡
61                    cd=new AngelCard(gameView,useCard[0]);
62                    this.gameView.setOnTouchListener(cd);
63                break;
64                ……//此处省略卡片功能的代码，读者可自行查阅随书附带光盘中的源代码
65        }}
66        public void setUsedCard(UsedCard ud){this.cd=ud;}              //使用卡片
67        public void drawString(Canvas canvas,String string,int instance,int x,int y){
68            ……//此处省略绘制文字的方法，读者可自行查阅随书附带光盘中的源代码
69    }}
```

- 第 5~7 行为本类的构造器方法。通过构造器对本类的各个变量进行相应的初始化。
- 第 8~35 行为本类的绘制方法。首先需要加载该类运行时需要的图片，然后遍历卡片数组，用变量自加来计算操作人物共有卡片的张数，根据张数的大小，进行相应的处理。如果张数大于 6，则绘制最后 6 张图片，允许向前翻看其他卡片，如果张数小于 6，则直接绘制拥有的卡片。在没有选择卡片的情况下，默认选中第一张卡片，并显示其相应的介绍，如果选中其他卡片，则显示其他的卡片信息。由于篇幅有限，部分代码进行了省略。
- 第 58~65 行为执行卡片相应功能的方法，创建对应的卡片类后，将游戏的监听器设置为相应卡片类。由于代码大致相似，所以这里不再赘述。
- 第 66~69 行为使用相应卡片的设置方法以及绘制文字方法，由于绘制文字的方法在上面进行过简单的介绍，这里不再进行赘述，读者可自行查阅随书附带光盘中的源代码。

（2）上面主要介绍了卡片界面的搭建以及实现使用卡片功能的部分代码，由于篇幅有限，下面则具体选择一张卡片，即天使卡进行详细说明，具体代码如下。

代码位置：见随书光盘源代码/第 16 章/Zillionaire/src/com/game/zillionaire/card 目录下的 AngelCard.java。

```
package com.game.zillionaire.card;                                  //声明包名
……//此处省略了导入类的代码，读者可自行查阅随书附带光盘中的源代码
public class AngelCard extends UsedCard{
    public AngelCard(GameView gv, Bitmap bitmap){                    //构造器
        super(gv, bitmap);                                           //调用父类构造器
    }
    @Override
    public boolean onTouch(View view, MotionEvent event){
        int x=ScreenTransUtil.xFromRealToNorm((int)event.getX());//得到点击的 X 坐标
        int y=ScreenTransUtil.yFromRealToNorm((int)event.getY());//得到点击的 Y 坐标
        ……//此处省略获得人物身边是否有土地的代码，请自行查阅
            if(/*此处省略符合坐标的代码*/){                              //不使用卡片
                recoverGame();                                       //返回游戏
            }else if(/*此处省略符合坐标的代码*/){                        //使用卡片
                setTS();                                             //使用天使卡
                recoverGame();                                       //返回游戏
            }}
        return true;
    }
    public void setTS(){                                             //使用天使卡
        for(int i=md.col; i>=0; i--){                                //向左搜索
            Layer l = (Layer)gv.layerList.layers.get(1);
            MyDrawable[][] mapMatrix=l.getMapMatrix();
            if((i-gv.tempStartCol)>=0&&(i-gv.tempStartCol)<=GAME_VIEW_
            SCREEN_ROWS){
                MyDrawable mm=mapMatrix[md.row][i];
                if(!(setRoom(mm))){                                  //判断是否加盖房屋
                    break;
        }}}
        ……//此处省略向左、右和下面搜索的代码，请自行查阅
    }
    public boolean setRoom(MyDrawable mm){                           //是否加盖房屋
        if(mm!= null&&mm.ss!=-1){
            if(mm.da==2){                                            //旁边有小土地
```

```
34                      if(mm.k<5){
35                          mm.k++;                               //层数加 1
36                          mm.bpName=GroundDrawable.bitmaps[mm.kk][mm.k];
37                          count++;                              //可加盖的房屋栋数加 1
38                          return true;
39                      }
40                  }else if(mm.da==1){                           //旁边有大土地
41                      ……//此处省略加盖大土地的代码，请自行查阅
42              }}
43              return false;
44      }}
```

● 第 4～19 行为本类的构造器方法和重写的 onTouch 方法。通过构造器对本类的各个变量进行初始化，天使卡的主要作用是对一条街的房子进行加盖，如果选择使用天使卡，则首先获取地图，对房子的图片进行赋值。如果不使用卡片，则返回游戏。

● 第 20～30 行为使用天使卡后，对人物的周围房屋上、下、左、右四个方向进行搜索，如果有符合条件的房屋，则将进行加盖。

● 第 31～43 行为判断是否需要加盖房屋，如果有住宅用地并且没有盖到最高层，则进行加盖。如果有商业用地，并且已经选择了商业类型，则进行加盖。

说明 该类继承自 UsedCard 类，由于 UsedCard 类比较简单，这里不再进行介绍。在本类中，由于篇幅有限，部分与地图有关的代码没有进行详细介绍，读者可自行查阅。

16.11 游戏的优化及改进

到此为止，大富翁的开发已经基本完成，也实现了最初设计的功能。但不可能有完美无缺的程序，也不可能有没有 bug 的游戏。通过开发后的试玩测试发现，游戏中仍然存在一些需要优化和改进的地方，下面列举作者想到的一些方面。

（1）优化游戏界面

没有哪一款游戏的界面可以说开发到完美无缺的地步，所以对本游戏的界面，读者可以自行根据自己的想法进行改进，使其更加完善、完美。如地图的设计、可遇实体对象的增加、更多卡片功能等。

（2）修复游戏 bug

现在众多的 Android 游戏在公测之后也有很多的 bug，需要玩家不断地发现以此来改进游戏。如本游戏中调用线程过多后可能导致一时的人物行走混乱。虽然我们已经测试改进了大部分问题，但是还有很多 bug 是需要玩家发现，这对于游戏的可玩性有极其重要的帮助。

（3）完善游戏玩法

此游戏中设计的人物能够借助的工具比较少，读者可以自行开发增加各种有意思的道具，丰富游戏的体验。例如使人物具有某种特殊的属性，能够充分借助自己的本领，迫使他人破产，取得游戏胜利等，这样就可以充分发掘这款游戏的潜力。

（4）增强游戏体验

为了满足更好的用户体验，神明的数量、房屋的加盖、可遇实体对象的数量都可以进行更改，合适的参数会极大地增加游戏的可玩性以及视觉性。有能力的读者可以尝试对程序进行修改，不仅可以提高游戏的可玩性，更能够有效地锻炼自己。

第 17 章　休闲类游戏——切切乐

由于生活节奏越来越快，人们的生活压力也越来越大。为了缓解压力，人们在空闲时间会玩一些手机休闲类游戏，因此手机休闲类游戏开始风靡。休闲类游戏就是指一些上手很快，无须长时间进行，可以随时停止的游戏，该类游戏具有较高的娱乐性。

本章将介绍一个作者自己开发的休闲类游戏——切切乐。通过对该游戏在手机平台下的设计与实现，使读者对手机平台下使用 OpenGL ES 2.0 渲染技术开发游戏的步骤有更加深入的了解，并学会使用 OpenGL ES 2.0 渲染技术开发该类游戏，从而在以后的游戏开发中有更进一步的提高。

17.1 游戏的背景及功能概述

开发“切切乐”游戏之前，读者首先需要了解一下该游戏的背景及功能。本节将主要围绕该游戏基于在短时间内缓解玩家压力的开发背景和手切割木板达到目标面积的功能两部分进行简单的介绍，希望通过作者的介绍可以使读者对该游戏有一个整体、基本的了解，进而为之后游戏的开发做好准备。

17.1.1　背景描述

下面首先向读者介绍一些市面上比较流行的休闲类游戏，如开心消消乐、五子连珠和别踩白块儿等，如图 17-1、图 17-2 和图 17-3 所示为游戏中的截图。这几款游戏的玩法以及游戏内容虽然均不相同，但其都是非常容易上手的休闲类游戏，可玩性很强。

▲图 17-1　开心消消乐游戏截图

▲图 17-2　五子连珠游戏截图

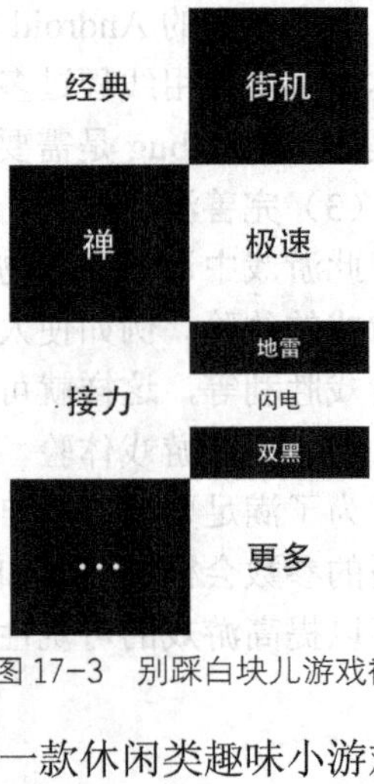

▲图 17-3　别踩白块儿游戏截图

在本章中，作者将使用 OpenGL ES 2.0 渲染技术开发手机平台上的一款休闲类趣味小游戏。本游戏的玩法简单，同时游戏中还增加了利用 OpenGL ES 2.0 渲染技术渲染的各种酷炫的特效及换帧动画，极大地丰富了游戏的视觉效果，增强了用户体验。

17.1.2 功能介绍

“切切乐”游戏主要包括欢迎界面、设置背景音乐和声音特效界面、帮助界面、选择系列界面、选择系列关卡界面以及游戏界面。接下来对该游戏的部分界面以及运行效果进行简单介绍。

（1）运行该游戏，进入欢迎界面。该界面中包括四个菜单按钮，分别为“选项”、“开始”、“帮助”以及“退出”按钮，还包括游戏主题名称“切切乐”，如图 17-4 所示。

（2）点击“选项”按钮将进入设置游戏背景音乐和声音特效界面，玩家可以在该界面设置游戏背景音乐以及声音特效的开关。设置完毕后只需点击该界面右上角的返回按钮即可回到欢迎界面，如图 17-5 和图 17-6 所示。

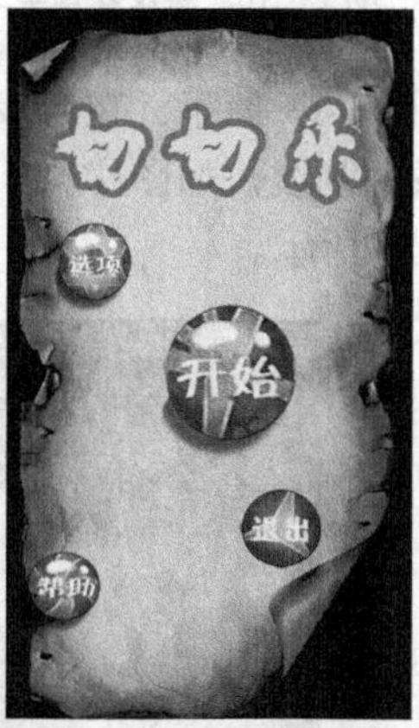

▲图 17-4　**欢迎界面**

▲图 17-5　设置界面 1

▲图 17-6　设置界面 2

（3）点击“帮助”按钮将进入游戏帮助界面，该界面主要介绍游戏玩法，读者可左右抹动图片进行翻页查看，在了解具体玩法之后可点击界面右上角返回按钮回到欢迎界面，如图 17-7 和图 17-8 所示。

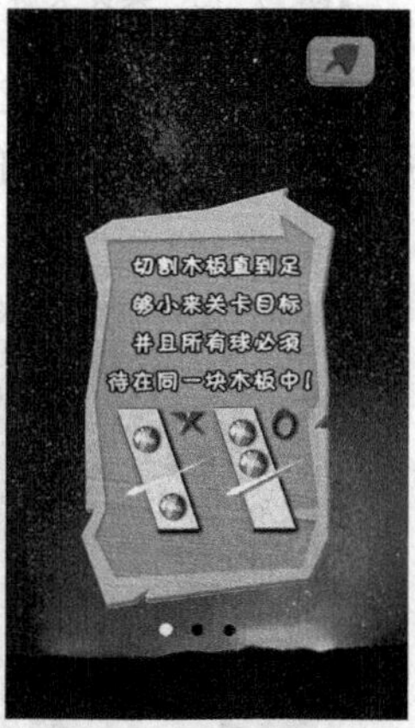

▲图 17-7　帮助界面 1

▲图 17-8　帮助界面 2

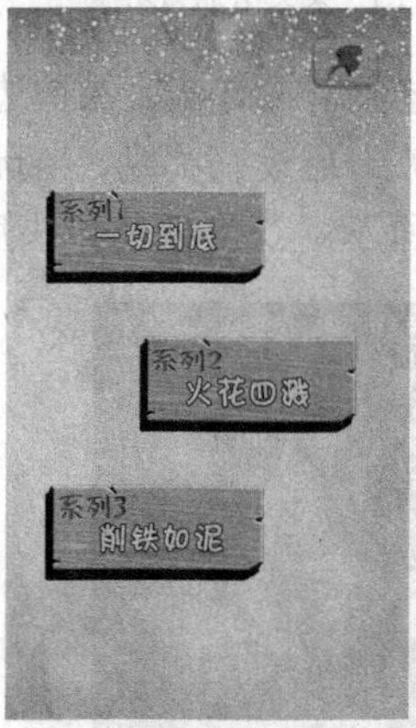

▲图 17-9　选择系列界面

（4）点击“开始”按钮后将进入选择游戏系列界面，在该场景中包括本游戏中三个不同系列的选择菜单项，点击该界面右上角返回按钮即可回到欢迎界面，如图 17-9 所示。点击不同系列菜单项即可进入对应的选择系列关卡界面，点击该界面右上角返回按钮即可回到选择系列界面，如图 17-10、图 17-11 及图 17-12 所示。

▲图 17-10　选择系列关卡界面 1

▲图 17-11　选择系列关卡界面 2

▲图 17-12　选择系列关卡界面 3

（5）点击选择系列关卡界面的任意一关进入游戏界面，如图 17-13 所示。在游戏界面中，玩家可以用手指切割木板使其面积不断减小，在切割时会出现一条切割线，如图 17-14 所示。切割线不能切到球，如果切割成功，瞬间会出现一条刀光，如图 17-15 所示。

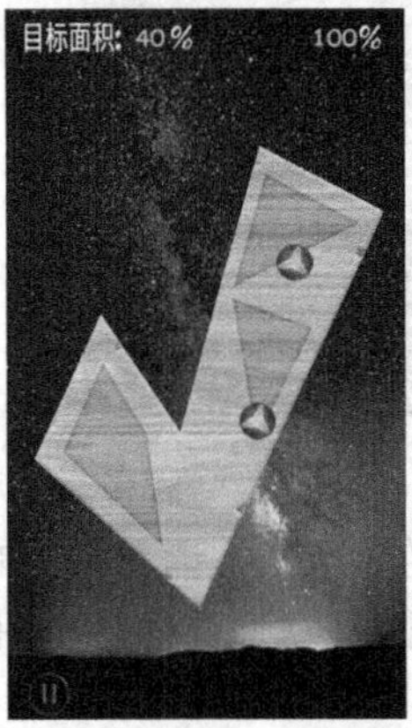

▲图 17-13　某关卡游戏界面 1

▲图 17-14　某关卡游戏界面 2

▲图 17-15　某关卡游戏界面 3

（6）某些关卡设有金属保护边来防止玩家的切割，当玩家切到保护边时会出现火花，如图 17-16 所示。某些关卡还设有奖励，当玩家完成某些目标就会获得一次强力切割金属保护边的红色斧头，如图 17-17 所示。获得红色斧头后便可切割金属保护边，如图 17-18 所示。

▲图 17-16　某关卡游戏界面 4

▲图 17-17　某关卡游戏界面 5

▲图 17-18　某关卡游戏界面 6

提示 图 17-16 为玩家切到最下面的保护边时出现火花时的效果图，图 17-17 为玩家获得红色斧头奖励时的效果图，获得奖励时红色斧头会从界面的中心点飞到界面右上角位置，图 17-18 为玩家用红色斧头奖励强力切割金属保护边时的效果图。建议读者用真机运行此案例进行观察，效果更好。

（7）玩家还可点击游戏界面左下角的“暂停”按钮进入游戏暂停界面。在暂停界面中玩家可以选择继续游戏、重玩，以及返回选关界面选择其他关卡，如图 17-19 所示。当玩家切割木板剩余面积小于等于目标面积时即可顺利过关，弹出恭喜过关界面，如图 17-20 所示。

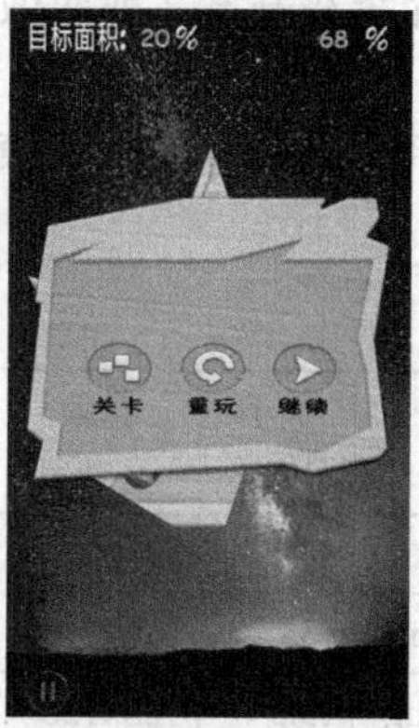

▲图 17-19　暂停游戏界面

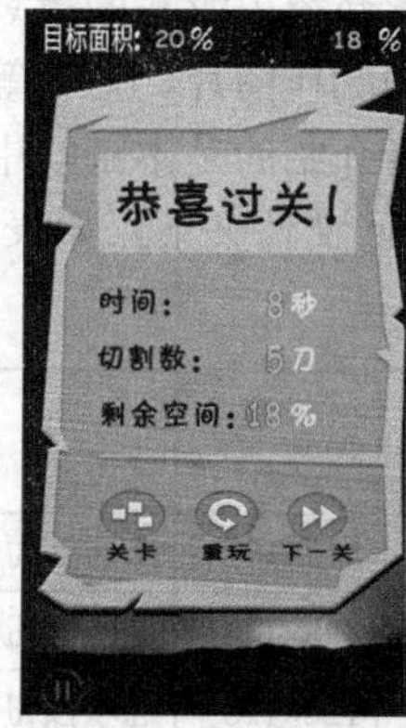

▲图 17-20　游戏过关界面 1

17.2 游戏的策划及准备工作

上一节中向读者介绍了本游戏的开发背景及其基本功能，对其有一定了解之后，本节着重向读者介绍游戏开发的前期准备工作。主要包括游戏策划中游戏类型定位、呈现技术、操作方式、音效设计、运行目标平台等工作的确定和游戏开发中所需图片资源、声音资源的准备工作。

17.2.1 游戏的策划

本小节是对游戏的策划这一准备工作的简单介绍。在实际的游戏开发过程中会涉及很多方面，而本游戏的策划主要包括对游戏类型定位、运行目标平台、呈现技术、操作方式和游戏中音效设计等工作的确定。下面将向读者一一介绍。

（1）游戏类型定位

本游戏的操作为触屏，通过手指滑动来切割木板。在游戏过程中玩家应避开四处滚动的小球，来完成关卡目标。如果不小心切到小球，会自动重新开始本关卡。游戏设计关卡分为 3 个系列，每个系列有两关，增加了游戏的趣味性。主要是考验玩家的操作能力和注意力，属于休闲类游戏。

（2）运行的目标平台

本游戏目标平台为 Android 2.2 或者更高的版本，同时手机必须有 GPU（显卡），因为使用 OpenGL ES 2.0 的绘制工作是在 GPU 上完成的。

（3）采用的呈现技术

本游戏以 OpenGL ES 2.0 作为游戏呈现技术，同时添加了下雪特效、声音特效，使得游戏更吸引玩家。游戏中的刀光、火花特效极大地增加了游戏的真实感以及玩家的游戏体验。

（4）操作方式

本游戏所有关于游戏的操作为触屏，操作简单，容易上手。玩家可把自己的手指想象成为一把锋利的刀，通过手指的滑动来切割木板以完成关卡目标，并保证在切割期间不会触及到四处滚动的小球。完成关卡目标即可顺利过关。

（5）音效设计

为了增加玩家的体验，本游戏根据界面的效果添加了适当的音效，例如，旋律优美的背景音乐、点击菜单按钮时的切换音效、切割木板时的切割音效、切到金属保护边时的火花飞溅音效、游戏失败重新开始的音效和游戏胜利顺利过关的音效等。

17.2.2 手机平台下游戏的准备工作

上一小节向读者介绍了游戏的策划，本小节将向读者介绍在开发之前应做的一些准备工作，其中主要包括搜集和制作图片、声音等，其具体步骤如下。

（1）首先为读者介绍的是本游戏中用到的图片资源，系统将所有图片资源都放在项目文件下的 assets 目录下的 pic 文件夹下，如表 17-1 所列。

表 17-1 图片清单

图 片 名	大小（KB）	像素（w×h）	用 途	图 片 名	大小（KB）	像素（w×h）	用 途
bg_01.png	762	512×1024	欢迎界面背景	zhanting.png	4.92	32×32	暂停按钮
option_a.png	24.4	128×128	选项按钮 1	suspend_bg.png	133	256×256	暂停后弹出的底板
option_b.png	24	128×128	选项按钮 2	guanQia_a.png	13.5	128×128	关卡按钮 1
play_a.png	25.1	128×128	开始游戏按钮 1	guanQia_b.png	12.8	128×128	关卡按钮 2
play_b.png	23.9	128×128	开始游戏按钮 2	replay_a.png	17.9	128×128	重玩按钮 1
exit_a.png	24.2	128×128	退出按钮 1	replay_b.png	17.2	128×128	重玩按钮 2
exit_b.png	25.4	128×128	退出按钮 2	resume_a.png	14.6	128×128	继续按钮 1
help_a.png	25.9	128×128	帮助按钮 1	resume_b.png	14.3	128×128	继续按钮 2
help_b.png	25.5	128×128	帮助按钮 2	next_a.png	6.9	64×64	下一关按钮 1
choose.png	614	512×1024	设置选项底板	next_b.png	6.61	64×64	下一关按钮 2
musicOn.png	8.27	256×64	背景音乐开	lable1.png	12.3	128×32	目标面积
musicOff.png	12.2	256×64	背景音乐关	lable2.png	3.54	32×32	剩余面积的%
soundOn.png	8.31	256×64	声音特效开	win.png	205	256×512	过关后弹出的底板
soundOff.png	12	256×64	声音特效关	light.png	9	32×512	刀光图片
help.png	654	512×1024	帮助界面底板	line.png	3.44	4×512	切割线图片
tip1.png	271	256×512	帮助提示图片 1	number.png	9.1	128×32	数字图片
tip2.png	258	256×512	帮助提示图片 2	tiebuff.png	13.5	64×64	强力切割斧头
tip3.png	271	256×512	帮助提示图片 3	spark_0.png	17.7	256×256	火花图片 0
point_white.png	2.97	16×16	白点图片	spark_1.png	9.09	64×64	火花图片 1
level_bg.jpg	155	512×1024	选择系列界面背景	spark_2.png	7.8	64×64	火花图片 2
set1-2.png	635	512×1024	系列 1 选择关卡背景	spark_3.png	9.34	64×64	火花图片 3
set2-2.png	634	512×1024	系列 2 选择关卡背景	spark_4.png	7.57	64×64	火花图片 4
set3-2.png	634	512×1024	系列 3 选择关卡背景	spark_5.png	7.56	64×64	火花图片 5
set1_a.png	143	512×256	系列 1 木板 1	spark_6.png	7.54	64×64	火花图片 6
set1_b.png	125	512×256	系列 1 木板 2	spark_7.png	7.55	64×64	火花图片 7

续表

图片名	大小（KB）	像素（w×h）	用途	图片名	大小（KB）	像素（w×h）	用途
set2_a.png	131	512×256	系列 2 木板 1	spark_8.png	7.34	64×64	火花图片 8
set2_b.png	134	512×256	系列 2 木板 2	spark_9.png	7.3	64×64	火花图片 9
set3_a.png	128	512×256	系列 3 木板 1	spark_10.png	7.21	64×64	火花图片 10
set3_b.png	132	512×256	系列 3 木板 2	spark_11.png	6.1	64×64	火花图片 11
snow.png	1.21	32×32	下雪粒子系统图片	spark_12.png	12.2	128×64	火花图片 12
s_01_a.png	10.5	64×128	系列 1 关卡 1 图标	s_01.png	78	256×512	系列 1 关卡 1 木板
s_02_a.png	9.97	64×128	系列 1 关卡 2 图标	s_02.png	72	256×512	系列 1 关卡 2 木板
s_03_a.png	9.42	64×128	系列 2 关卡 1 图标	s_03.png	66.5	256×512	系列 2 关卡 1 木板
s_04_a.png	12.3	64×128	系列 2 关卡 2 图标	s_04.png	109	256×512	系列 2 关卡 2 木板
s_05_a.png	10.4	64×128	系列 3 关卡 1 图标	s_05.png	71.9	256×512	系列 3 关卡 1 木板
s_06_a.png	9.89	64×128	系列 3 关卡 2 图标	s_06.png	84.7	256×512	系列 3 关卡 2 木板
gg.png	152	512×1024	游戏界面背景	dartsmall.png	5.92	32×32	滚动的小球
back.png	14	128×64	返回按钮				

（2）接下来介绍本游戏中需要用到的声音资源，作者将声音资源拷贝在项目文件下的 assets 目录下的 sound 文件夹中，其详细具体音效资源文件信息如表 17-2 所列。

表 17-2　　声音清单

声音文件名	大小（KB）	格式	用途	声音文件名	大小（KB）	格式	用途
background.ogg	805	ogg	背景音乐	switchpane.ogg	21.2	ogg	点击按钮切换音效
click.ogg	6.21	ogg	点击按钮音效	gamesucc.ogg	86.9	ogg	游戏过关音效
cut.ogg	9.08	ogg	切割木板音效	gamefail.ogg	85.2	ogg	游戏失败音效
peng. ogg	8.75	ogg	切到金属边缘音效				

17.3 游戏的架构

上一节介绍了本游戏的策划和前期的准备工作，本节将对游戏“切切乐”的整体架构进行简单介绍。通过对本节的学习，读者对该游戏的设计思路以及架构会有整体的把握和一定的了解，以便对后面游戏的具体代码的开发有更加清晰深刻的认识，并且可以很快掌握。

17.3.1 各个类的简要介绍

为了让读者能够更好地理解各个类的作用，下面将其分成显示界面类、计算几何物理引擎辅助工具类、绘制相关类、粒子系统下雪特效相关类和着色器 5 部分进行简单的功能介绍，而各个类的详细代码将在后面的章节中相继开发。

1. 显示界面类

（1）显示界面类 MySurfaceView

该类为本游戏的显示界面类，主要包括欢迎界面、设置选项界面、帮助界面、选关界面等非游戏界面的初始化、相关方法的声明和相关界面的内部类的声明等。由于各个界面的创建、绘制和实现功能等工作都在该类中进行，为了使程序结构清晰并易于维护，所以创建了各个界面的内部类，读者在学习过程中应格外注意该类并应仔细体会。

（2）自定义游戏欢迎界面内部类 MainTouchTask

该类为玩家进入游戏界面首先看到的欢迎布景呈现类。该界面中包括了几个界面的入口菜单项，其中包括“开始”、“选项”、“帮助”和“退出”4 个界面入口，点击相应菜单项即可进入与菜单项对应的界面中。整个画面效果清晰简单。

（3）自定义游戏帮助界面内部类 HelpTouchTask

该类为游戏帮助界面的实现类，玩家通过左右抹动界面上的提示图了解游戏的具体规则和玩法，同时点击在屏幕右上方的“返回”菜单项，程序会切换到游戏欢迎界面。

（4）自定义游戏选项设置界面内部类 OptionTouchTask

该类为游戏选项设置界面的实现类。该界面中玩家通过点击相应选项可以开启或者关闭背景音乐或声音特效。设置完毕可点击屏幕右上角的“返回”菜单项切换到欢迎界面。

（5）自定义游戏选择系列界面内部类 SelectTouchTask

该类为游戏选择系列界面的实现类，主要向玩家直观地显示游戏的 3 个不同系列，由于本游戏包含 3 个系列，所以有 3 个系列菜单。玩家可以选择任意一个系列来进入相应的选择系列关卡界面。还可点击屏幕右上角“返回”菜单项切换到欢迎界面。

（6）自定义游戏选择系列第一大关界面内部类 FirstLevelTouchTask

该类为游戏选择系列第一大关界面的实现类，玩家通过点击任意一个系列进入相应的选择系列关卡界面。该界面包括该系列关卡的图标，玩家可以点击任一关卡图标来进入相应关卡的游戏界面。还可点击屏幕右上角“返回”菜单项切换到选择系列界面。另外 SecondLevelTouchTask、ThirdLevelTouchTask 为自定义游戏选择系列其余两大关的布景内部类。

（7）自定义游戏界面内部类 GameViewTouchTask

该类为游戏界面的实现类，玩家在游戏界面中可以通过手指滑动切割木板以完成关卡目标，并保证在切割期间不触及到四处滚动的小球。完成关卡目标即可顺利过关。在某些游戏关卡会出现金属保护边来阻止玩家的切割，但也有可能会切出强力切割斧头，使用该斧头可以强力切割金属保护边。玩家可以点击屏幕左下角暂停按钮来选择其他关卡、重玩或继续。

2. 计算几何物理引擎辅助工具类

（1）自定义常量类 Constant

该类封装着游戏中用到的大部分常量，其中包括各个界面按钮的坐标、数据模拟的频率、标准屏幕的宽高度和缩放计算结果等常量，同时还包括屏幕与视口坐标之间转化的相应方法。通过封装这些常量，可方便对其管理与维护。

（2）自定义粒子系统雪的常量类 ParticleConstant

该类封装着游戏中选关界面粒子系统下雪特效用到的常量，包括粒子的起始颜色、终止颜色、目标混合因子、源混合因子、混合方式和单个粒子半径等常量。

（3）记录关卡数据辅助类 MyFCData

该类负责记录每一关的关卡数据。其中包括各个关卡胜利需要达到的目标面积、木板相应形状的各个顶点数组和球刚体的所有数据等。通过将每一关关卡数据剥离出来可方便地对代码进行管理和维护。

（4）计算几何工具类 GeoLibUtil

该类封装了根据顶点数据创建多边形的方法、将凸多边形和多边形数据转化成三角形数据的方法以及将 C2DPolygon 对象转换成顶点数组的方法。该类可方便地获得绘制多边形所需的数据。

（5）物理计算工具类 GeometryConstant

该类封装了把屏幕部分切分成两部分的方法、创建切分后的两个多边形对象的方法。同时该类还包括计算球的中心到线段的距离的方法、判断多边形木块飞走方向和位移的方法。

（6）切分多边形工具类 isCutUtil

该类封装了判断是否划到木板所对应的多边形的方法，该方法还用到了判断手划过的线段与图形中的线段是否相交和获得两条线段的交点的工具方法。该类还包括获得切分后的经过合并等操作的多边形列表的方法，该方法还用到了判断切分的具体是哪个多边形的方法。

（7）修复 bug 辅助类 MyPatchUtil

该类主要功能是通过将两个多边形合并成一个多边形的方法修复该游戏的存在的一个 bug，该 bug 是在切割之后不该飞走的木板却飞走了。通过该类对此 bug 的修复，使该游戏更加具有真实性和可玩性。

（8）物理引擎相关类

这些类中将圆形物体的创建与绘制、线形物体的创建与绘制等进行封装。通过对这些物体的封装，在开发游戏中可方便地使用，从而使开发的游戏更加具有真实性。同时还包括碰撞过滤相关类。

3. 绘制相关类

（1）自定义绘制矩形物体类 BNObject

该类封装了初始化矩形物体的顶点数据和纹理坐标数据的方法，绘制火花、图形和木块飞走的 3 个方法，初始化数据和绘制方法相结合完成了矩形物体的绘制。同时该类还包括初始化着色器的方法。

（2）自定义绘制多边形物体类 BNPolyObject

该类封装了初始化多边形物体的顶点数据和纹理坐标数据的方法，绘制木块飞走和图形的方法。其中绘制木块飞走的方法中有根据手指切割的方向来绘制不同的木块飞走的动作，增加了游戏的真实性。

4. 粒子系统下雪特效相关类

这些类中将矩形物体的绘制与粒子的产生进行封装。通过对粒子最大生命周期、生命期步进、起始颜色、终止颜色、目标混合因子、初始位置、当前索引和更新物理线程休息时间等属性的设置，并初始化顶点数据和纹理数据进行绘制，实现下雪的效果。

5. 着色器

由于本游戏的画面绘制使用的是 OpenGL ES 2.0 渲染技术，所以需要着色器的开发。着色器包括顶点着色器和片元着色器，在绘制画面前首先要加载着色器，加载完着色器的脚本内容并放进集合，根据绘制物体的不同来选择相应的着色器。

17.3.2 游戏框架简介

上一小节已经对该游戏中所用到的类进行了简单介绍，可能读者还没有理解游戏的架构以及游戏的运行过程。接下来本小节将从游戏的整体架构上进行介绍，使读者对本游戏有更进一步的了解，首先给出的是游戏框架图，如图 17-21 所示。

> **说明** 图 17-21 中列出了“切切乐”游戏框架图，通过该图可以看出游戏主要由游戏界面、计算几何辅助工具类、绘制类及下雪特效和物理引擎相关工具类等构成，其各自功能后续将向读者详细介绍。

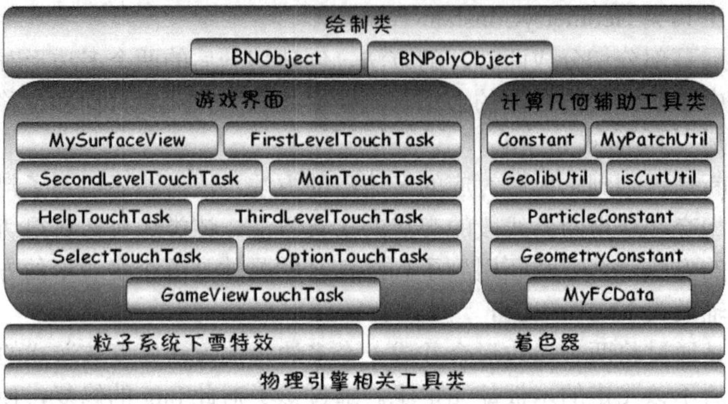

▲图 17-21 游戏框架图

接下来按照程序运行的顺序逐步介绍各个类的作用以及整体的运行框架，使读者更好地掌握本游戏的开发步骤，其详细步骤如下。

（1）启动游戏，首先在 MyActivity 类中设置屏幕为全屏且为竖屏模式，然后创建声音管理类 SoundManager 的对象以及主布景类 MySurfaceView 的对象，最后跳转到 MySurfaceView 类。

（2）进入 MySurfaceView 类首先会初始化游戏中的菜单界面、游戏中所需的所有图片资源和一些相关的方法。然后默认进入欢迎界面。

（3）在欢迎界面中，玩家会看到“开始”、“选项”、“帮助”、“退出”4 个菜单。点击不同菜单项程序会进入到菜单项对应的界面中，切换界面主要是通过 MySurfaceView 类的 onTouchEvent 方法确定选中的菜单项来调用相应的内部类实现的。

（4）当玩家点击“帮助”菜单项时，将切换到“帮助”界面，帮助图片可以左右抹动。因此向右抹动帮助图片可以翻到下一张图片，向左抹动可以翻到上一张图片。

（5）在打开本游戏时，玩家如果想要设置游戏声音的开关，可点击欢迎界面中的“选项”菜单。点击后可切换到选项设置界面，玩家可以在该界面设置游戏背景音乐以及声音特效的开关。

（6）当玩家点击“开始”菜单项时，将进入到“选择系列”界面，在该界面中主要包括 3 个系列菜单项，点击相应的菜单项进入该系列选择系列关卡界面。此外，该布景中还有下雪粒子系统效果。

（7）在选择系列关卡界面中，当玩家点击不同关卡图标时，将切换到该关卡游戏界面。该界面中主要初始化游戏中滚动的小球、切割物体、关卡目标面积、剩余面积。

（8）进入游戏场景后，玩家用手指切割木板并保证在切割过程中不会切到四处滚动的小球，当达到该关卡目标面积时则过关。过关后会弹出显示“恭喜过关”的木板，该木板记录玩家过关所用时间、切割刀数和剩余空间。还有“关卡”、“重玩”和“下一关”3 个菜单项，点击相应的菜单项就会执行相关操作。如果不慎切到四处滚动的小球则游戏失败，此时程序会自动重新开始本关卡。

（9）进入系列 2 和系列 3 的关卡的游戏场景中，设置了一些金属保护边来阻止玩家的切割，当玩家切到保护边会出现火花。系列 3 关卡中玩家一次切割不少于 25%会获得强力切割斧头的奖励，使用该奖励可以强力切割金属保护边。

（10）在游戏界面中的左下角位置还有一个暂停菜单项，点击后，当前游戏场景会暂停并且在屏幕中央出现一个暂停木板，该木板中包括“关卡”、“重玩”和“继续”3 个菜单项，点击相应的菜单项就会执行相关操作。

17.4 显示界面类

本节主要介绍的是游戏的显示界面类 MySurfaceView，该类的主要作用是重写触摸事件的回调方法 onTouch 方法，并且包括创建场景渲染器，加载图片、声音以及着色器等资源，对各个 BNObject 对象进行绘制等工作，其具体的开发步骤如下。

（1）首先介绍的是显示界面类 MySurfaceView 的框架，该框架中主要介绍了 MySurfaceView 类的构造器方法、触摸回调 onTouchEvent 方法、各个界面内部类的创建和场景渲染器 SceneRenderer 的创建以及初始化资源、绘制界面等方法，其具体代码如下。

代码位置：见随书光盘中源代码/第 17 章/FastCut/src/com/bn/fastcut 目录下的 MySurfaceView.java。

```
package com.bn.Fastcut;                                //声明包名
……//此处省略了导入类的代码，读者可自行查阅随书附带光盘中的源代码
public class MySurfaceView extends GLSurfaceView{
    private SceneRenderer mRenderer;                   //场景渲染器
    MyActivity activity;                               //创建 Activity 对象
    ……//此处省略了一些定义变量的代码，读者可自行查阅随书附带光盘中的源代码
    public MySurfaceView(MyActivity activity){         //有参构造器
        super(activity);                               //实现 activity 中的所有方法
        this.activity=activity;
        this.setEGLContextClientVersion(2);            //设置使用 OPENGL ES2.0
        mRenderer = new SceneRenderer();               //创建场景渲染器
        setRenderer(mRenderer);                        //设置渲染器
        setRenderMode(GLSurfaceView.RENDERMODE_CONTINUOUSLY);//设置模式为主动渲染
    }
    @Override
    public boolean onTouchEvent(MotionEvent e){        //触摸事件回调方法
        switch(switchIndex){
        case MainFrame:                                //主界面内的触摸事件
            MainTouchTask main=new MainTouchTask();//创建主界面内部类的对象
            main.doTask(e);break;                      //调用主界面内的方法
        ……//此处省略了其他界面内部类对象的创建代码，与上述代码相似，读者可自行查阅
        }
        return true;                                   //允许触摸
    }
    class MainTouchTask{
        void doTask(MotionEvent e){/*此处省略了实现主界面内触摸方法的代码*/}}
    ……//此处省略了其他界面内部类的创建代码，与上述代码相似，读者可自行查阅
    class GameViewTouchTask{
        void doTask(MotionEvent e){/*此处省略了实现游戏界面内触摸方法的代码*/}}
    private class SceneRenderer implements GLSurfaceView.Renderer {//场景渲染器类
        public void onDrawFrame(GL10 gl){/*此处省略绘制场景的方法，将在下面进行介绍*/}
        public void onSurfaceChanged(GL10 gl, int width, int height){
            ……//此处省略了 onSurfaceChanged 方法的代码，读者可自行查阅
        }
        public void onSurfaceCreated(GL10 gl, EGLConfig config){
            ……//此处省略了 onSurfaceCreated 方法的代码，读者可自行查阅
    }}
    public void HelpTip(int tipIndex,boolean isLeftSliding){/*此处省略了帮助界面切换图片方法*/}
    public void initArrayList()     {/*此处省略了加载 BNObject 对象列表的方法*/}
    public void initStepOne()        {/*此处省略了第一步加载的方法*/}
    ……//此处省略了其他加载资源的方法，与上个方法相似，读者可自行查阅
    public void drawFirstView()      {/*此处省略了绘制开始界面或者选关界面的方法*/}
    ……//此处省略了其他界面的绘制方法，与上个方法相似，读者可自行查阅
    public void initSnow()           {/*此处省略了初始化雪纹理图的方法*/}
    public void initGameView(){/*此处省略了重新开始游戏的初始化方法*/}
    public void setPressSoundEffect(String music){/*此处省略了播放按键音的方法*/}
    public int getAreaPercent()      {/*此处省略了切割多边形所占百分比的方法*/}
    public void addBall(float[][] ballData)     {/*此处省略了添加球刚体的方法*/}
    public void deleteBall()         {/*此处省略了删除球刚体的方法*/}
    ……//此处省略了添加和删除包围框的代码，与球刚体相似，读者可自行查阅
    public boolean worldStep(){/*此处省略了判断是否物理世界模拟的方法*/}
}
```

● 第 7～14 行为显示界面类 MySurfaceView 的有参构造器方法，在此构造器中，实现了 Activity 中的所有方法，并且给创建的 Activity 对象赋值，同时设置使用 OpenGL ES 2.0，然后创建并设置了场景渲染器，最后设置渲染模式为主动渲染。

● 第 16～24 行为显示界面类的触摸事件回调 onTouchEvent 方法，主要实现了游戏中各个界面的触摸事件，给每个界面都创建了内部类，在每个界面的内部类中实现触摸事件的回调，由于创建的代码大致相同，在这里不再赘述，读者可自行查阅随书附带光盘中的源代码。

● 第 25～29 行为创建各个界面的内部类实现触摸事件的回调方法，由于篇幅有限，对相似的代码进行了省略，部分界面内部类创建的代码，将在下面进行简单的介绍。

● 第 30～37 行为创建内部场景渲染器，通过重写 onDrawFrame 方法实现各个界面的绘制工作，由于篇幅有限，此方法的代码将在下面进行简单介绍，重写 onSurfaceChanged 方法和 onSurfaceCreated 方法的代码在这里不再赘述，读者可自行查阅随书附带的光盘。

● 第 38～51 行为上述类中用到的各种方法，主要包括各个界面加载 BNObject 对象、绘制各个界面、添加刚体和删除刚体、播放音效和重新开始游戏等方法。

（2）上面主要介绍了 MySurfaceView 类的大体框架和构造器、触摸回调等方法，下面将介绍的是游戏界面内部类的创建，用来实现游戏界面的触摸事件回调方法，主要包括动作为按下、抬起和移动时需要进行的相应的动作，其具体代码如下。

代码位置：见随书光盘中源代码/第 17 章/FastCut/src/com/bn/fastcut 目录下的 MySurfaceView.java。

```
class GameViewTouchTask{                                          //游戏界面内部类
     void doTask(MotionEvent e){
          switch(e.getAction()){
          case MotionEvent.ACTION_DOWN:                           //当动作为按下时
               if(isPause&&x>Constant.ChooseLevel_Left&&x<Constant.
               ChooseLevel_Right
          &&y>Constant.ChooseLevel_Top&&y<Constant.ChooseLevel_Buttom){
          //暂停界面选择关卡
                    BNObject object=MyFCData.ChangeLable(300, 1000,200, 200,
                    "guanQia_b.png");
                    synchronized(lockB){                          //加锁
                         GameData.get(5).remove(1);               //删除 BNObject 对象
                         GameData.get(5).add(1,object);           //添加 BNObject 对象
               }}
               ……//此处省略了暂停界面和胜利界面内的触摸方法，和上述代码相似，读者可自行查阅
               break;
          case MotionEvent.ACTION_MOVE:                           //当动作为移动时
               Knifefire=null;                                    //火花绘制对象置为空
               isCutRigid=false;                                  //默认没有切到刚边
               if(!isPause&&!isWin&&!isCut){                      //允许切木块时
                    if(Math.abs(x-mxe)<=10||Math.abs(y-mye)<=10){ //不绘制虚线
                         isLine=false;                  //是否画线的标志位设为 false
                         isCutRigid=false;              //是否切到刚边的标志位设为 false
                    }else{                              //允许绘制虚线
                         line=new BNObject(x,y,mxe,mye, TextureManager.
                         getTextures("line.png"),
                              ShaderManager.getShader(0),true,0);
                    isLine=true;                        //绘制切割线
               }}
               break;
          case MotionEvent.ACTION_UP:                   //当动作为抬起时
               ……//此处省略了将变量还原的代码，读者可自行查阅
               if(!isCutUtil.isCutPolygon(MySurfaceView.this,
               //如果切到了多边形并且允许切木块
                                   GameData.get(2).get(0).cp,x, y, lxe,
                                   lye)&&!isCut){
                    if(isCutRigid){                               //如果切到了刚边
                         synchronized(lockA){                     //加锁
                              Knifefire=new BNObject(intersectPoint[0],
                              intersectPoint[1],150,150,
```

```
34                                    TextureManager.getTextures("spark_1.png"),
                                      //纹理图片名称
35                                    ShaderManager.getShader(0));//创建火花对象
36                                isLine=false;                    //绘制切割线
37                            }
38                        setPressSoundEffect("peng.ogg");     //播放音效
39                }}
40            if(!isCut&(pauseOne==0&&lxe>Constant.PauseLable_Left&&lxe
              <Constant.PauseLable_Right
41            &&lye>Constant.PauseLable_Top&&lye<Constant.PauseLable_Buttom){
              //绘制暂停界面
42                    pauseOne=1;                        //暂停界面只允许按一次
43                    setPressSoundEffect("click.ogg");  //播放音效
44                    isPause=true;                   //绘制暂停界面的标志位设为true
45                    isFirstPause=true;              //暂停界面旋转出来
46                    synchronized(lockA){alFlyPolygon.clear();}//清空飞走的多边形列表
47                    pauseTime=System.currentTimeMillis();//暂停界面停留的时间
48                }
49                ……//此处省略了暂停界面和胜利界面内的触摸方法，和上述代码相似，读者可自行查阅
50                if(!isPause&&!isWin&&!isCut&&x!=lxe&&y!=lye){/*此处省略了切割多边
                  形的代码*/}
51                isLight=false;                                //停止绘制刀光
52                break;
53    }}}
```

● 第 5～13 行为动作为按下时，要将暂停界面和胜利界面内的选择关卡、重玩以及下一关按钮换成深色纹理图，由于代码相似，读者可自行查阅随书附带光盘中的源代码。

● 第 14～26 行为动作为移动时，首先将变量都还原，然后判断是否画分割线，如果长度过短，则不绘制分割线，如果允许画分割线，则创建切割线对象用来绘制。

● 第 27～52 行为动作为抬起时，首先将变量都还原，然后判断如果允许切割并且切到了多边形，则继续判断是否切到了刚边，如果切到了刚边，则加锁后，创建火花的绘制对象，同时播放音效。之后则绘制暂停界面，并且在点击了暂停界面和胜利界面内的选择关卡、重玩以及下一关按钮时进行相应的动作，部分相似代码省略，读者可自行查阅随书附带光盘中的源代码，接下来省略了切割多边形的代码，以及胜利界面的判断，下面将进行简单介绍。

（3）上面主要介绍了游戏界面创建的内部类，由于篇幅有限，上面省略的切割多边形的代码将在这里进行简单介绍，主要包括剩余多边形和切割多边形的判断、胜利界面的判断等，其具体代码如下。

代码位置：见随书光盘中源代码/第 17 章/FastCut/src/com/bn/fastcut 目录下的 MySurfaceView.java。

```
if(!isPause&&!isWin&&!isCut&&x!=lxe&&y!=lye){          //允许切多边形
    //判断是否划到了多边形
    if(!isCutUtil.isCutPolygon(MySurfaceView.this,GameData.get(2).get(0).cp,x,
    y, lxe, lye))
    {return;}                                    //如果没有切到多边形，则直接返回
    ……//此处省略创建刀光绘制对象的代码，读者可自行查阅随书附带光盘中的源代码
    ArrayList<C2DPolygon>lastPolygons=isCutUtil.getCutPolysArrayList
    (MySurfaceView.
          this,GameData.get(2), x, y, lxe, lye);
              //获得切分后的经过合并等操作的多边形列表
    C2DPoint[]pointLocation=MyFCData.getBallPosition(alBNBall);//获得各个球的位置
    for(int i=0;i<pointLocation.length;i++){                 //遍历球的位置
        if(GeometryConstant.lengthPointToLine((float)pointLocation[i].x,
            (float)pointLocation[i].y, x, y, lxe, lye)<=50){
                //切割线的距离如果小于球的半径
            ……//此处省略重新开始游戏的代码，读者可自行查阅随书附带光盘中的源代码
    }}
    synchronized(lockA){alFlyPolygon.clear();}         //将飞走的物体列表清空
    for(C2DPolygon cp:lastPolygons){                   //遍历 C2DPolygon 对象
        int kk=0;                                      //定义变量记录球的个数
        for(int i=0;i<pointLocation.length;i++){
```

```
18                  if(cp.Contains(pointLocation[i]))       //该多边形内如果有球
19                      {kk++;}}                            //变量自加 1
20              if(kk==alBNBall.size()){                    //如果该多边形区域内有两个球
21                  isPlayWin=true;
22                  AreaSize=(float)cp.GetArea();           //获得多边形的面积
23                  cpData=GeoLibUtil.fromC2DPolygonToVData(cp);  //获得多边形顶点数据
24                  isJudgePolygon = true;                  //允许删除或者创建包围框
25                  isJudgeBall=false;                      //不允许删除或者创建球
26                  GeometryConstant.judgeDirection(cp,x, y, lxe, lye);
                    //判断多边形木块飞走的方向
27                  ……//此处省略了创建多边形绘制对象和剩余面积绘制对象的代码，读者可自行查阅
28                  if(CheckpointIndex>=4){                      //允许获得斧头道具
29                      if(kniftNum==1){beforeArea=100;}         //如果是第一次切多边形
30                      if(beforeArea-getAreaPercent()>25){
                        //如果一次切掉的多边形面积大于 25%
31                          beforeKnifeNum=kniftNum;             //记录当前的刀数
32                          axe=newBNObject(540,960,200,200,
33                          TextureManager.getTextures("tiebuff.png"),
                            ShaderManager.getShader(0));
34                          for(int i=0;i<MyFCData.dataBool[CheckpointIndex].
                            length;i++){
35                                MyFCData.dataBool[CheckpointIndex][i]=true;
                                  //刚边允许切
36                          }
37                      }
38                      beforeArea=getAreaPercent();             //记录当前面积
39                      if(kniftNum-beforeKnifeNum==1){          //下一刀即可使用斧头
40                          ……//此处省略用完斧头后变量还原的代码，读者可自行查阅
41                  }}
42                  int goal=Integer.parseInt(MyFCData.goal[CheckpointIndex]);//目标面积
43                  if(goal>=getAreaPercent()){                  //胜利
44                      isCut=true;                              //不允许切多边形
45                      gameTime=(int)((System.currentTimeMillis()-gameST-
                        pauseTime)/1000);
46                      if(gameTime<1){gameTime=1;} //如果时间小于 1 秒，则默认为 1 秒
47                      ……//此处省略删除球刚体和重新创建球刚体的代码，读者可自行查阅
48                      setPressSoundEffect("gamesucc.ogg"); //播放游戏胜利音效
49                  }
50              }else if(kk==0){                                 //木块飞走
51                  ……//此处省略创建飞走的木块绘制对象的代码，读者可自行查阅
52              }else if(kk==1){
53                  ……//此处省略画闪烁线的代码，读者可自行查阅
54          }}
55      }
```

- 第 1～13 行为允许切割多边形的情况下，首先判断手划过时，是否切到了多边形，如果没有切到多边形或者只切到了多边形的一条边，则直接返回，接着需要判断的是手划过多边形时是否切到了球，如果小于球半径则默认为切到了球，则重新开始游戏。由于篇幅原因，重新开始游戏等代码省略，读者可自行查阅随书附带光盘中的源代码。
- 第 14～41 行为遍历切割后的多个多边形，判断每个多边形内球的个数，如果有某个多边形内具有的球个数正好等于总球数，则获得其面积，并重新创建包围框，如果当前关数为第五关或者第六关，则应进一步判断切割面积是否大于 25%，允许获得斧头道具，帮助切割刚边。
- 第 42～49 行为切割多边形的面积大于目标面积时，认为是游戏胜利，在游戏胜利时，则让球缓慢停下来，并且多边形不能再进行切割，同时播放游戏胜利的音效。
- 第 50～54 行为某个多边形内只有一个球或者没有球的情况，如果某个多边形内只有一个球，则让切割线闪烁两次，用来提示玩家，如果没有球，则此多边形可以飞走，直至消失。由于篇幅原因，对创建木块飞走的绘制对象和闪烁线的设置代码进行了省略，读者可自行查阅。

（4）关于游戏界面内部类的创建代码在上面已经基本介绍完毕，下面将介绍的是内部场景渲染器需要重写的 onDrawFrame 方法，其中主要实现的是对各个界面的 BNObject 对象进行绘制的

功能，调用绘制界面的部分方法在下面将会进行介绍，具体代码如下。

代码位置：见随书光盘中源代码/第 17 章/FastCut/src/com/bn/fastcut 目录下的 MySurfaceView.java。

```
1    public void onDrawFrame(GL10 gl){
2        drawWinBuffer();                                      //对胜利界面进行缓冲
3        GLES20.glClear( GLES20.GL_DEPTH_BUFFER_BIT | GLES20.GL_COLOR_BUFFER_BIT);
4        if(!isStartGame){initArrayList();}                    //初始化各个界面的资源
5        if(BackGroundMusic&&!(switchIndex.equals(SwitchIndex.GameViewFrame))&&
         (!isOpen)){
6            activity.sm.StartBackGroundSound();isOpen=true;}    //开启背景音乐
7        if(isOpen&&(switchIndex.equals(SwitchIndex.GameViewFrame)||
         (!BackGroundMusic))){
8            activity.sm.EndBackGroundSound();isOpen=false;}     //关闭背景音乐
9        if(switchIndex.equals(SwitchIndex.GameViewFrame)){
10           drawGameView();                                     //绘制游戏界面
11       }else{
12           drawFirstView ();                              //绘制开始界面或者选关界面
13       }
14       if(isCutRigid&&Knifefire!=null)
15           {drawFire();}                                  //绘制火花
16       if(isOwnAxe){                                      //绘制获得斧头道具
17           if(tieCount>150){
18               isCut=false;                               //允许划多边形
19               axe=new BNObject(980,500,120,120,TextureManager.getTextures
                 ("tiebuff.png"),
20                                   ShaderManager.getShader(0));
21               axe.drawSelf();                            //绘制斧头对象
22           }else{
23               isCut=true;                                //不允许划多边形
24               tieCount++;
25               MatrixState.pushMatrix();                  //保护场景
26               MatrixState.translate(tieCount*0.003f, tieCount*0.003f, 0);//平移
27               MatrixState.scale((1f-tieCount*0.002f),(1f-tieCount*0.002f),1);
                 //缩放
28               axe.drawSelf();
29               MatrixState.popMatrix();                          //恢复场景
30       }}
31       if(!isOwnAxe&&isCutOne){                                  //使用了斧头
32           ……//此处省略斧头平移和缩放的代码，与上述代码相似，读者可自行查阅
33           if(tieCount>300){isCutOne=false;}              //斧头使用完后，则直接消失
34   }}
```

● 第 1～8 行为内部场景渲染器需要重写的 onDrawFrame 方法，首先清除深度缓冲与颜色缓冲，在游戏开始之前，加载游戏中所需要的所有纹理图资源，并根据是否播放背景音乐的标志位和是否处于游戏界面来进行相应的背景音乐设置。

● 第 9～33 行为判断当前处于哪个界面，进行相应的绘制工作，如果切到刚边，还需要绘制火花效果，在第五关或者第六关的时候，还可能需要绘制斧头道具，并且有缩放和平移的效果。由于篇幅原因，相似的代码不再赘述，读者可自行查阅随书附带光盘中的源代码。

（5）上面主要介绍了内部场景渲染器类中重写的 onDrawFrame 方法，其中调用的资源加载方法和绘制界面方法将在下面进行简单介绍，具体代码如下。

代码位置：见随书光盘中源代码/第 17 章/FastCut/src/com/bn/fastcut 目录下的 MySurfaceView.java。

```
public void initArrayList(){                          //加载资源方法
    if(step==8){
        initStepEight();                              //加载火花图片
        isStartGame=true;                             //资源加载完可以开始游戏
        return;                                       //返回
    }else if(step==1){                                //加载首界面资源图
        initStepOne();                                //0 首界面
        step++;                                       //变量自加
    }
    ……//此处省略其他界面的加载代码，与上述代码相似，读者可自行查阅
}
```

```
12    public void initStepOne(){                                    //初始化首界面的方法
13        TextureManager.loadingTexture(MySurfaceView.this,0,9);    //加载前 9 张图片
14        bn=new BNView(540,960,1080,1920,                          //创建 BNView 对象
15            TextureManager.getTextures("bg_01.png"),ShaderManager.
              getShader(0));
16        tempArrayList.add(bn.getBNObject());                      //将 BNObject 对象添加进列表
17        ……//此处省略其他 BNObject 对象的创建方法，与上述代码相似，读者可自行查阅
18    }
19    public void drawFirstView (){                                 //绘制开始界面或者选关界面
20        synchronized(lockC){
21            if(switchIndex.equals(SwitchIndex.HelpFrame)){        //如果当前是帮助界面
22                for(int i=0;i<alBNPO.get(switchIndex.ordinal()).size();i++){
23                    if(i==1||i==2||i==3){
24                        GLES20.glEnable(GLES20.GL_SCISSOR_TEST);//开启剪裁测试
25                        GLES20.glScissor(                         //设置剪裁区域
26                            (int)Constant.fromStandardScreenXToRealScreenX
                              (190),
27                            (int)Constant.fromStandardScreenXToRealScreenX
                              (300),
28                            (int)Constant.fromStandardScreenSizeToReal
                              ScreenSize(700),
29                            (int)Constant.fromStandardScreenSizeToReal
                              ScreenSize(1150)
30                        );
31                        alBNPO.get(switchIndex.ordinal()).get(i).drawSelf();
                          //绘制帮助提示
32                    }else{
33                        GLES20.glDisable(GLES20.GL_SCISSOR_TEST);//关闭剪裁测试
34                        alBNPO.get(switchIndex.ordinal()).get(i).drawSelf();
                          //绘制帮助界面内其他内容
35            }}}else{
36                for(BNObject bn:alBNPO.get(switchIndex.ordinal())){
37                    bn.drawSelf();                                //绘制其他界面
38            }}}
39            if(isDrawSnow){                                       //允许绘制雪花
40                for(int i=0;i<fps.size();i++){fps.get(i).drawSelf();}//绘制雪花
41    }}
```

- 第 1～11 行为加载资源图的总方法，从首界面开始，按顺序分别加载资源图，最后加载完火花纹理图之后，则允许开始游戏。部分相似代码省略，读者可自行查阅。
- 第 12～18 行为加载首界面资源的方法，主要通过创建 BNObject 对象，并将其添加进列表之中，达到加载的效果，由于代码大致相似，在此不再赘述。
- 第 19～40 行为绘制开始界面或者选关界面的方法，如果处于帮助界面，在绘制帮助提示时则应该打开剪裁测试，并设置剪裁区域，其他界面则直接遍历列表对象进行绘制。绘制方法其实有很多，但是由于篇幅原因，只对此方法进行详细讲解，其他方法读者可自行查阅。

（6）上面主要介绍的是资源加载方法和绘制界面方法，下面将介绍的是创建雪花粒子系统的对象方法、重新开始游戏的方法、播放游戏音效的方法、获得切割多边形后的面积百分比方法，以及添加球刚体、删除球刚体的方法，实现的具体代码如下。

代码位置：见随书光盘中源代码/第 17 章/FastCut/src/com/bn/fastcut 目录下的 MySurfaceView.java。

```
public void initSnow(){                                          //初始化雪
    fps.clear();                                                 //清空雪花列表
    int count=ParticleConstant.START_COLOR.length;               //雪花种类的个数
    fpfd=new ParticleForDraw[count];                             //4 组绘制着，4 种颜色
    for(int i=0;i<count;i++){                                    //创建粒子系统
        ParticleConstant.CURR_INDEX=i;
        fpfd[i]=new ParticleForDraw(ParticleConstant.RADIS[ParticleConstant.
        CURR_INDEX],
                    ShaderManager.getShader(1),TextureManager.getTextures
                    ("snow.png"));
        //创建对象,将雪花的初始位置传给构造器
        fps.add(new ParticleSystem(ParticleConstant.positionFireXZ[i][0],
                                    ParticleConstant.positionFireXZ[i][1],
```

```
                                              fpfd[i]));
12    }}
13    public void initGameView(){                                      //重新开始游戏
14         Synchronized(lockD){
15              deleteBall();                                          //删除球刚体
16              addBall(MyFCData.ballData);}                           //添加球刚体
17         synchronized(lockA){alFlyPolygon.clear();}                  //飞走的列表清空
18         cpData=MyFCData.data[CheckpointIndex];        //将多边形顶点数据赋给 float 数组
19         isJudgePolygon=true;                                  //允许删除或者创建包围框
20         isJudgeBall=true;                                     //允许删除或者创建球刚体
21         ArrayList<ArrayList<BNObject>> bn=new ArrayList<ArrayList<BNObject>>();
           //临时列表
22         ArrayList<BNObject> tempArrayList=new ArrayList<BNObject>();
23         tempArrayList=MyFCData.getLableObject();              //获得游戏界面的 lable 对象
24         bn.add(tempArrayList);                                //将其添加进列表中
25         ……//此处省略了创建其他绘制对象的代码，与上述代码相似，读者可自行查阅
26         isOwnAxe=false;                                       //是否有斧头道具
27         gameTime=0;                                           //游戏时间置为 0
28         ……//此处省略了其他变量还原的代码，与上述代码相似，读者可自行查阅
29    }
30    public void setPressSoundEffect(String music) {                  //播放按键音
31         if(SoundEffect){activity.sm.playSound(music,0);               //播放音效
32    }}
33    public int getAreaPercent(){                                     //获得切割的百分比
34         if(AreaSize==0.0f){AreaPercent=100;}
35         else{AreaPercent=(int) (AreaSize/AllArea*AreaPercent);}    //计算百分比
36         return AreaPercent;                                         //返回结果
37    }
38    public void addBall(float[][] ballData){                         //添加球刚体
39         alBNBall.clear();                                           //清空球列表
40         alBNBall=MyFCData.getBall(MySurfaceView.this,world,ballData);//获得球列表
41    }
42    public void deleteBall(){                                        //删除球刚体
43         for(int i=0;i<BallBody.size();i++) {        //销毁 alBNBody 列表中的包围框 Body
44              world.destroyBody(BallBody.get(i));}
45         BallBody.clear();                                           //清空刚体列表
46    }
```

- 第 1～12 行为初始化雪粒子系统的方法，根据常量类中的雪花的开始颜色判断雪花种类的个数，循环创建雪花对象，并同雪花的初始位置一起送入 ParticleSystem 类的构造器中，最后将其添加进列表中，关于雪花粒子系统的类将在后面进行介绍。
- 第 13～29 行为重新开始游戏的方法，相当于重新绘制游戏界面，首先删除球刚体并且添加新的球刚体，清空飞走的多边形列表，获得初始的多边形顶点数据，然后创建各个需要绘制的对象，并添加进列表中，最后将各个变量还原，部分创建绘制对象的代码省略，读者可自行查阅。
- 第 30～46 行为播放按键音方法、获得切割后多边形的面积百分比方法、添加球刚体和删除球刚体的方法，由于代码比较简单，这里不再赘述。到这里，MySurfaceView 类大致介绍完毕了，由于篇幅有限，部分方法并没有进行介绍，读者可自行查阅随书附带光盘中的源代码。

17.5 辅助工具类

上一节已经把游戏的所有场景的开发过程介绍完毕，接下来讲解的是游戏的辅助相关工具类。这些辅助相关工具类提供了记录关卡数据和常量的类，还提供了游戏开发中的一些重要的辅助方法，下面就对这些类的开发进行详细的介绍。

17.5.1 工具类

本小节将要介绍的是游戏界面的工具类，主要包括常量工具类和物理引擎工具类。常量工具类主要用来记录触控坐标、实现屏幕自适应等，物理引擎工具类主要用来生成物理形状，由于篇

幅原因，只对这些类进行了简单的介绍，开发的代码如下。

1. 常量工具类

下面主要介绍的是该游戏的常量工具类，主要包括游戏中各个界面中选项的触控坐标以及实现屏幕自适应功能的常量类 Constant 和实现下雪特效功能的属性设置常量类 ParticleConstant，本小节将对 Constant 类和 ParticleConstant 类的开发进行详细的介绍。

（1）首先向读者介绍的是游戏的常量类 Constant，该类封装了游戏中用到的常量，将常量封装到一个常量类的好处是便于管理，主要包括各个界面中的触控坐标和屏幕自适应的方法，其具体代码如下。

代码位置：见随书光盘中源代码/第 17 章/FastCut/com/bn/util/constant 目录下的 Constant.java。

```
1   package com.bn.util.constant;                                    //声明包名
2   ……//此处省略导入类的代码，读者可自行查阅随书附带光盘中的源代码
3   public class Constant{
4       public static float PauseLable_Left=50;              //游戏界面暂停按钮的触控坐标
5       public static float ChooseLevel_Left=100;            //暂停界面选关按钮的触控坐标
6       public static float ReStart_Left=450;                //暂停界面重玩按钮的触控坐标
7       public static float Continue_Left=700;               //暂停界面继续按钮的触控坐标
8       public static float WinChooseLevel_Left=100;         //胜利界面选关按钮的触控坐标
9       public static float WinReStart_Left=450;             //胜利界面重玩按钮的触控坐标
10      public static float WinNext_Left=700;                //胜利界面下一关按钮的触控坐标
11      ……此处省略了其他相关常量的声明，读者可自行查阅随书附带光盘中的源代码
12      public static float StandardScreenWidth=1080;   //标准屏幕的宽度
13      public static float StandardScreenHeight=1920;  //标准屏幕的高度
14      public static float ratio=StandardScreenWidth/StandardScreenHeight;
        //标准屏幕宽高比
15      public static ScreenScaleResult ssr;            //缩放计算结果
16      public static final float RATE = 10;            //屏幕到现实世界的比例 10px: 1m;
17      public static final boolean DRAW_THREAD_FLAG=true;  //绘制线程工作标志位
18      public static final float TIME_STEP = 1.0f/60.0f;           //模拟的频率
19      public static final int ITERA = 10;             //迭代越大，模拟越精确，但性能越低
20      public static final int Vec_ITERA=6;            //速度迭代
21      public static final int POSITON_ITERA=2;        //位置迭代
22      public static float fromPixSizeToNearSize(float size){
23          return size*2/StandardScreenHeight;         //屏幕大小到视口大小
24      }
25      public static float fromScreenXToNearX(float x){//屏幕 x 坐标到视口 x 坐标
26          return (x-StandardScreenWidth/2)/(StandardScreenHeight/2);
27      }
28      public static float fromScreenYToNearY(float y){//屏幕 y 坐标到视口 y 坐标
29          return -(y-StandardScreenHeight/2)/(StandardScreenHeight/2);
30      }
31      public static float fromRealScreenXToStandardScreenX(float rx){
32          return (rx-ssr.lucX)/ssr.ratio;             //实际屏幕 x 坐标到标准屏幕 x 坐标
33      }
34      public static float fromRealScreenYToStandardScreenY(float ry){
35          return (ry-ssr.lucY)/ssr.ratio;             //实际屏幕 y 坐标到标准屏幕 y 坐标
36      }
37      public static float fromStandardScreenXToRealScreenX(float rx){
38          return rx*ssr.ratio+ssr.lucX;               //标准屏幕 x 坐标到实际屏幕 x 坐标
39      }
40      public static float fromStandardScreenYToRealScreenY(float ry){
41          return ry*ssr.ratio+ssr.lucY;               //标准屏幕 y 坐标到实际屏幕 y 坐标
42      }
43      public static float fromStandardScreenSizeToRealScreenSize(float size){
44          return size*ssr.ratio;                      //标准屏大小到实际屏大小
45  }}
```

- 第 4～11 行为游戏中菜单项坐标范围的声明，其中包括游戏界面的暂停按钮、选项设置界面中设置背景音乐和声音特效的按钮以及胜利界面中选关按钮、重玩按钮、下一关按钮等。由于篇幅有限，其他界面的常量声明在此不再赘述，读者可自行查看随书光盘中的源代码。

- 第 12～15 行为标准屏幕宽高度的声明、标准屏幕宽高比和缩放计算结果。第 22～44 行为标准屏幕到实际屏幕、屏幕到视口的坐标转化。
- 第 16～21 行为物理世界中常量的声明，其中包括屏幕到现实世界的比例、绘制线程工作标志位、模拟频率、速度迭代和位置迭代等。

（2）然后给出的是游戏选关界面中下雪特效用到的工具类 ParticleConstant，该类主要是对粒子系统中粒子的混合方式、最大生命周期等属性的设置。其具体代码如下。

代码位置：见随书光盘中源代码/第 17 章/FastCut/com/bn/util/constant 目录下的 ParticleConstant.java。

```
package com.bn.util.constant;                                    //声明包名
……//此处省略导入类的代码，读者可自行查阅随书附带光盘中的源代码
public class ParticleConstant{                                   //粒子系统-雪
      public static float distancesFireXZ=0f;                    //雪的初始总位置
      public static float[][] positionFireXZ={{0,distancesFireXZ},
      {0,distancesFireXZ}};
      public static int CURR_INDEX=0;                            //当前索引
      public static final float[][] START_COLOR={{0.9f,0.9f,0.9f,1.0f},{0.9f,0.9f,
      0.9f,1.0f}};    //起始颜色
      public static final float[][] END_COLOR={{1.0f,1.0f,1.0f,0.0f},{1.0f,1.0f,
      1.0f,0.0f}};    //终止颜色
      public static final int[] SRC_BLEND={                      //源混合因子
         GLES20.GL_SRC_ALPHA,GLES20.GL_SRC_ALPHA
      };
      public static final int[] DST_BLEND={                      //目标混合因子
            GLES20.GL_ONE_MINUS_SRC_ALPHA,GLES20.GL_ONE_MINUS_SRC_ALPHA
      };
      public static final int[] BLEND_FUNC={                     //混合方式
            GLES20.GL_FUNC_ADD,GLES20.GL_FUNC_ADD
      };
      public static final float[] RADIS={0.018f,0.013f};         //单个粒子半径
      public static final float[] MAX_LIFE_SPAN={4f,4f};         //粒子最大生命期
      public static final float[] LIFE_SPAN_STEP={0.02f,0.02f};//粒子生命周期步进
      public static final float[] X_RANGE={0.7f,0.6f};      //粒子发射的 X 左右范围
      public static final int[] GROUP_COUNT={1,2,3};        //每次喷发发射的数量
      public static final float[] VY={-0.005f,-0.004f};     //粒子 Y 方向升腾的速度
      public static final int[] THREAD_SLEEP={15,15}; //粒子更新物理线程休息时间
}
```

说明　该类主要是下雪特效用到的粒子系统的常量类，其中包括对粒子最大生命周期、生命周期步进、粒子发射范围、单个粒子半径、混合方式、目标混合因子、起始颜色、终止颜色、当前索引、初始位置和粒子更新物理线程休息时间等属性的声明。

2. 物理引擎工具类 Box2DUtil

下面主要介绍的是该游戏中使用到的物理引擎工具类，其中 createEdge 方法用来创建多边形的包围框，避免球飞出多边形外，createCircle 方法用来创建球刚体，可在多边形内运动，开发步骤如下。

（1）首先介绍的是创建包围框刚体的 createEdge 方法，通过传入的参数，首先在世界中创建刚体对象，之后结合摩擦系数、恢复系数和密度等参数，创建刚体物理描述，并通过刚体和刚体物理描述相结合，返回 Body 刚体对象，具体代码实现如下。

代码位置：见随书光盘源代码/第 17 章/FastCut/src/com/bn/util/box2d 目录下的 Box2DUtil.java。

```
package com.bn.util.box2d;
……//此处省略了导入类的代码，读者可自行查阅随书附带光盘中的源代码
public class Box2DUtil {                                  //生成物理形状的工具类
      public static Body createEdge(                      //创建直线
            float[] data,                                 //物体顶点数据
```

```
6         World world,                                           //世界
7         boolean isStatic,                                      //是否静止
8         float density,float friction,float restitution,//密度、摩擦系数、恢复系数
9         int index                                              //ID
10     ){
11        BodyDef bd=new BodyDef();                              //创建刚体描述
12        if(isStatic){                                          //设置是否为可运动刚体
13            bd.type=BodyType.STATIC;                           //静止状态
14        }else{
15            bd.type=BodyType.DYNAMIC;                          //运动状态
16        }
17        float positionX=(data[0]+data[2])/2;                   //获得 x 坐标
18        float positionY=(data[1]+data[3])/2;                   //获得 y 坐标
19        bd.position.set(positionX/RATE,positionY/RATE);            //设置位置
20        Body bodyTemp = null;                                  //创建刚体对象
21        while(bodyTemp==null){
22            bodyTemp = world.createBody(bd);                   //在世界中创建刚体
23        }
24        bodyTemp.setUserData(index);                           //在刚体中记录对应的包装对象
25        EdgeShape ps=new EdgeShape();                          //创建刚体形状
26        ps.set(new Vec2((data[0]-positionX)/RATE,(data[1]-positionY)/RATE),
          new Vec2((
27            data[2]-positionX)/RATE,(data[3]-positionY)/RATE));
28        FixtureDef fd=new FixtureDef();                        //创建刚体物理描述
29        fd.friction =friction;                                 //设置摩擦系数
30        fd.restitution = restitution;                          //设置能量损失率（反弹）
31        fd.density=density;                                    //设置密度
32        fd.shape=ps;                                           //设置形状
33        if(!isStatic){                                         //将刚体物理描述与刚体结合
34            bodyTemp.createFixture(fd);
35        }else{
36            bodyTemp.createFixture(ps, 0);     //创建密度为 0 的 PolygonShape 对象
37        }
38        return bodyTemp;                               //返回刚体对象
39    }}
```

- 第 5～9 行创建边界框物体 createEdge 方法的参数列表，包括物体的顶点数据、物理世界的对象引用，是否静止的标志位以及用户数据的 ID 等。
- 第 11～24 行为 createEdge 方法的功能实现。首先创建刚体描述对象，并判断刚体描述对象是否为静止的，然后通过计算获得坐标值并设置刚体描述对象的位置、在世界中创建刚体，最后给刚体描述对象的用户数据赋予 ID。
- 第 25～38 行为先创建刚体对象，并设置其在物理世界中的位置，然后设置其密度、摩擦系数、恢复系数、形状等属性值，最后将刚体物理描述与刚体结合，并返回该刚体的对象。

（2）上面主要介绍了创建包围框刚体的 createEdge 方法，那么接下来将继续介绍 Box2DUtil 类中创建球刚体的方法 createCircle 的实现，与上个方法不同的是，由于球刚体要进行绘制工作，所以最后返回的是 BNObject 对象，具体代码实现如下。

代码位置：见随书光盘源代码/第 17 章/FastCut/src/com/bn/util/box2d 目录下的 Box2DUtil.java。

```
public static BNObject createCircle(                         //创建圆形
    MySurfaceView mv,                                        //MySurfaceView 对象的引用
    float x,float y,                                         //坐标
    float radius,                                            //半径
    World world,                                             //世界
    int programId,                                           //程序 ID
    int texId,                                               //纹理名称
    float density,float friction,float restitution, //密度、摩擦系数、恢复系数
    int index                                                //ID
){
    BodyDef bd=new BodyDef();                                //创建刚体描述
    bd.type=BodyType.DYNAMIC;                                //设置是否为可运动刚体
    bd.position.set(x/RATE,y/RATE);                          //设置位置
    Body bodyTemp=null;                                      //创建刚体对象
    while(bodyTemp==null){
```

```
16            bodyTemp= world.createBody(bd);                    //在世界中创建刚体
17      }
18      CircleShape cs=new CircleShape();                       //创建刚体形状
19      cs.m_radius=radius/RATE;                                //获得刚体的半径
20      FixtureDef fd=new FixtureDef();                         //创建刚体物理描述
21      fd.density = density;                                   //设置密度
22      fd.friction = friction;                                 //设置摩擦系数
23      fd.restitution =restitution;                            //设置能量损失率（反弹）
24      fd.shape=cs;                                            //设置形状
25      bodyTemp.createFixture(fd);                             //将刚体物理描述与刚体结合
26      return new BNObject(mv,bodyTemp, x, y, radius*2, radius*2, texId,ShaderManager.
27            getShader(programId),index);                      //返回 BNObject 对象
28  }
```

- 第 4～9 行创建小球物体 createCircle 方法的参数列表，包括 MySurfaceView 对象的引用、小球的位置和半径、物理世界的对象引用、着色器程序 ID、纹理 ID 以及用户数据的 ID 等。
- 第 11～18 行为 createCircle 方法的功能实现。首先是创建刚体描述、设置为可运动刚体并设置刚体的位置，然后在世界中创建刚体。
- 第 19～27 行为首先创建刚体形状，其次在设置圆形物体的半径后创建刚体物理描述对象，设置其密度、摩擦系数、恢复系数和形状等，并将刚体物理描述与刚体结合，由于需要在游戏界面中绘制球刚体，所以创建圆形的方法返回的是 BNObject 对象。

17.5.2 辅助类

本小节将要介绍的是游戏界面辅助工具类，主要包括记录关卡数据工具类 MyFCData、切分多边形工具类 isCutUtil、修复 bug 辅助类 MyPatchUtil、计算几何工具类 GeoLibUtil 和物理计算工具类 GeometryConstant 等，由于篇幅原因，只对这些类进行了简单的介绍，开发的代码如下。

1. 记录关卡数据工具类 MyFCData

在关卡多的游戏中，会需要许多数据。如果不将关卡数据封装为一个类而直接用，会使开发成本增加，开发效率大大降低。因此，作者将游戏中用到的一些数据封装到了 MyFCData 类中。接下来将对该类的代码框架做一个简要的介绍，包括一些静态的成员变量和成员方法，具体代码如下。

代码位置：见随书光盘源代码/第 17 章/FastCut/src/com/bn/util/constant 目录下的 MyFCData.java。

```
package com.bn.util.constant;
……//此处省略了导入类的代码，读者可自行查阅随书附带光盘中的源代码
public class MyFCData{
      public static String[] gamePicName;                      //目标面积
      public static float[][] data;                            //物体原始数据
      public static boolean[][] dataBool;                      //判断多边形的边是否可切
      public static float[][] ballData;//球基本数据:位置、半径、密度、摩擦力、恢复系数、速度
      public static float[] getData(float[] boxData,int i){}//获得创建包围框的顶点数据
      public static C2DPoint[] getBallPosition(ArrayList<BNObject> alBNBall){}
      //获得球的位置
      public static ArrayList<Body> getBody(World world,float[] bodydata){}
      //获得物体世界里的边刚体
      public static ArrayList<BNObject> getPauseView(){}//根据具体数据获得 Object 对象
      public static ArrayList<BNObject> getBall(MySurfaceView mv,World
      world,float[][] ballBaseData){}
      public static BNObject ChangeLable(float x,float y, float width,float
      height,String texName){}
      public static ArrayList<BNObject> WinView(){}              //胜利界面
      public static ArrayList<BNObject> getCurrentData(int cur,float x,float y,
      float width,float height){}
      public static ArrayList<BNObject> getData(int level){}    //获得原始面积数据
      public static ArrayList<BNObject> getLableObject(){}
      //获得游戏界面的一些基本 lable
}
```

说明 上述记录关卡数据工具类 MyFCData 中主要介绍了一些游戏运行界面内用到的成员变量和成员方法，由于篇幅原因，对这些变量的赋值和方法实现的功能就不再赘述。有兴趣的读者可自行查看随书附带光盘中的源代码进行了解和学习。

2. 切分多边形工具类 isCutUtil

接下来介绍的是将木块切分成两部分并卷绕为多边形的类 isCutUtil。该类主要介绍了判断是否切到了多边形的方法和将两个切分区域中的多边形经过判断、整合等步骤返回多边形列表的方法，其中借助了判断线段与线段是否相交以及求交点等方法，开发的具体步骤如下。

（1）首先需要开发的是 isCutUtil 类的代码框架，该框架中主要声明了一系列将要使用的成员变量和成员方法，主要包括判断线段与线段是否相交、求两条线段的交点、判断是否划到了多边形以及获得切分区域已经进行分类的多边形列表等方法，实现的具体代码如下。

代码位置：见随书光盘源代码/第 17 章/FastCut/src/com/bn/util/constant 目录下的 isCutUtil.java。

```
package com.bn.util.constant;
……//此处省略了导入类的代码，读者可自行查阅随书附带光盘中的源代码
public class isCutUtil{
      public static boolean isIntersect(float x1,float y1,float x2,float y2,float
      x3,float y3,float x4,float y4)
      {/*此处省略了判断线段与线段是否相交的方法，将在下面进行介绍*/}
      public static float[] getIntersectPoint(float x1,float y1,float x2,float
      y2,float x3,float y3,float x4,float y4)
      {/*此处省略了求两条线段的交点方法，将在下面进行介绍*/}
      public static boolean isCutPolygon(MySurfaceView mv,C2DPolygon cp,
                              float x1,float y1, float x2,float y2)
      {/*此处省略了判断是否划到了多边形的方法，将在下面进行介绍*/}
      public static ArrayList<C2DPolygon> getCutPolysArrayList(MySurfaceView mv,
                                    ArrayList<BNObject> alBNPO, float lxs,float lys,
                                    float lxe,float lye)
      {/*此处省略了获得切分区域已经进行分类的多边形列表的方法，将在下面进行介绍*/}
      public static ArrayList<C2DPolygon> getLastPolysArrayList(MySurfaceView mv,
      ArrayList<
      C2DPolygon> onePolygon, ArrayList<C2DPolygon> tempPolygon,float lxs,float
      lys,float lxe,float lye)
      {/*此处省略了经过合并操作等返回的最终多边形列表的方法，将在下面进行介绍*/}
}
```

说明 上述成员方法实现的功能分别为判断手划过的线段与图形中的线段是否相交、获得两条线段的交点、判断是否划到了多边形、获得切分区域已经进行分类的多边形列表以及经过合并等操作返回的最终多边形列表，下面将对这些方法一一进行讲解。

（2）上一小节介绍了 isCutUtil 类的代码框架的开发，接下来将详细介绍其中方法的功能实现，首先介绍判断手划过的线段与图形中的线段是否相交的 isIntersect 方法，其具体代码如下。

代码位置：见随书光盘源代码/第 17 章/FastCut/src/com/bn/util/constant 目录下的 isCutUtil.java。

```
public static boolean isIntersect(float x1,float y1,float x2,float y2,float x3,
float y3,float x4,float y4){
     if(x1==x2||x3==x4){                                         //x1=x2 或者 x3=x4
          return false;                                          //直接返回 false
     }
     float k1 = (float)(y1-y2)/(float)(x1-x2);                  //求第一条直线的斜率
     float b1 = (float)(x1*y2 - x2*y1)/(float)(x1-x2);
     float k2 = (float)(y3-y4)/(float)(x3-x4);                  //求第二条直线的斜率
     float b2 = (float)(x3*y4 - x4*y3)/(float)(x3-x4);
```

```
    if(k1==k2){                                          //如果斜率相同
        return false;                                    //直接返回 false
    }else{                                               //如果斜率不同
        float x = (float)(b2-b1) / (float)(k1-k2);       //计算交点 x 值
        if((((x+0.1)>=x1)&&((x-0.1)<=x2))||(((x+0.1)>=x2)&&(x-0.1)<=x1)){
        //差 0.1 即认为相等
            if((((x+0.1)>=x3)&&((x-0.1)<=x4))||(((x+0.1)>=x4)&&(x-0.1)<=x3)){
                return true;                             //满足条件即为相交
        }}
    return false;                                        //不满足则返回 false
}}
```

说明 上面介绍的是判断手划过的线段与图形中的线段是否相交的方法，通过传入的八个坐标值确定两条线段，分别求其斜率和偏移值，如果斜率相同，则平行不可能相交，如果斜率不同，则计算交点 x 坐标值判断其是否在两条线段的范围之内（差 0.1 相当于模糊计算），满足条件，即可认为是相交。

（3）介绍完判断手划过的线段与图形中的线段是否相交的 isIntersect 方法，接下来将继续介绍 isCutUtil 类中的获得两条线段的交点的 getIntersectPoint 方法，具体代码如下。

代码位置：见随书光盘源代码/第 17 章/FastCut/src/com/bn/util/constant 目录下的 isCutUtil.java。

```
public static float[] getIntersectPoint(float x1,float y1,float x2,float y2,float
x3,float y3,float x4,float y4){
    float[] result=new float[2];                         //创建存放交点坐标的对象
    result[0] = (((x1 - x2) * (x3 * y4 - x4 * y3) - (x3 - x4) * (x1 * y2 - x2 * y1))
        / ((x3 - x4) * (y1 - y2) - (x1 - x2) * (y3 - y4)));//获得交点的 x 坐标
    result[1] = ((y1 - y2) * (x3 * y4 - x4 * y3) - (x1 * y2 - x2 * y1) * (y3 - y4))
        / ((y1 - y2) * (x3 - x4) - (x1 - x2) * (y3 - y4)); //获得交点的 y 坐标
    return result;
}
```

说明 在上述求两条线段交点的 getIntersectPoint 方法中，通过传入的参数，确定两线段，根据端点值来进行一系列的计算获得这两线段的交点坐标。

（4）上面简单地介绍了判断线段是否相交的 isIntersect 方法以及求得线段交点的 getIntersectPoint 方法，下面将介绍的是判断手划过的区域是否划到了多边形的 isCutPolygon 方法，在此方法中，除了要判断是否划到了多边形，还需要进行相应的处理，具体代码如下。

代码位置：见随书光盘源代码/第 17 章/FastCut/src/com/bn/util/constant 目录下的 isCutUtil.java。

```
public static boolean isCutPolygon(MySurfaceView mv,C2DPolygon cp,float x1,float
y1,float x2,float y2){
    ……//此处省略了声明变量的代码，读者可自行查阅随书附带光盘中的源代码
    for(int j=0;j<polygonData.length/2;j++){
        float[] data=MyFCData.getData(polygonData,j);   //获取一条边的 x、y 坐标
        isIntersect[boolCount]=isIntersect(x1, y1, x2, y2, data[0], data[1],
        data[2], data[3]);
        if(isIntersect[boolCount]){                      //如果线段与线段相交
            for(int k=0;k<MyFCData.data[indexTemp].length/2;k++){
            //循环最初数据的数组
                    if(((int)data[0]==MyFCData.data[indexTemp][k*2])&&((int)
                    data[1]==MyFCData.
                            data[indexTemp] [k*2+1])){
                    //如果第一个 x 坐标在最初数据里能够找到
                        index[0]=k;                      //记录此点在最初数据中的位置
                        findCount++;                     //计数器加 1
                    }
                    if(((int)data[2]==MyFCData.data[indexTemp][k*2])&&((int)
                    data[3]==MyFCData.
```

```
14                                     data[indexTemp] [k*2+1])){
                                       //如果第二个 x 坐标在最初数据里能够找到
15                                index[1]=k;                   //记录此点在最初数据中的位置
16                                findCount++;                  //计数器加 1
17                        }}
18                        if(findCount>0&&findCount%2==0){      //如果计数器是偶数个
19                            if(index[0]>index[1]){            //如果前一个位置比较大
20                                if(index[1]==0){
21                                    if(!MyFCData.dataBool[indexTemp][index[0]]){
                                      //如果切到了刚边
22                                        mv.isCutRigid=true;   //将标志位设为 true
23                                        mv.intersectPoint=getIntersectPoint(x1, y1,
                                          x2, y2,//获得交点坐标
24                                        data[0], data[1], data[2], data[3]);
25                                        return false;    //不能切割，直接返回 false
26                                }}else{
27                                    if(!MyFCData.dataBool[indexTemp][index[1]]){
                                      //如果切到了刚边
28                                        mv.isCutRigid=true;        //将标志位设为 true
29                                        mv.intersectPoint=getIntersectPoint(x1, y1,
30                                        x2, y2,data[0], data[1], data[2], data[3]);
31                                        return false;          //不能切割，直接返回 false
32                        }}}else{                               //如果后一个位置比较大
33                            if(!MyFCData.dataBool[indexTemp][index[0]]){//如果切到了刚边
34                                mv.isCutRigid=true;            //将标志位设为 true
35                            mv.intersectPoint=getIntersectPoint(x1, y1, x2, y2, data[0],
                              data[1], data[2], data[3]);
36                                return false;                 //不能切割，直接返回 false
37                        }}
38                        findCount=0;                          //将变量还原
39                    }else{findCount=0;}                       //将变量还原
40                    if(isIntersect[boolCount]==false){falseCount++;}    //计算 false 值
41                    boolCount++;                               //数组变量自加 1
42            }
43            if((falseCount==isIntersect.length)||(falseCount==isIntersect.
              length-1)){return false;}
44            else{return true;}                                 //切到木块
45    }
```

- 第 3～17 行为遍历多边形顶点数据，调用 MyFCData 类中的 getData 方法根据顶点数据和索引值转换成一条线段的两个顶点坐标值，判断手划过的线段与该多边形线段是否相交，如果相交，则循环最原始多边形的顶点数据，若当前多边形线段的顶点 x 坐标与原始多边形顶点 x 坐标相等，则记录该点在原始数据中的位置，并将计数器加 1。
- 第 18～39 行为判断之前计数器的个数是否为偶数，如果计数器大于 0 并且为偶数个，则判断之前两个索引位置中较小的 dataBool 值是否为 false，如果为 false 值，则认为切到了刚边，将标志位设为 true，并计算交点，同时直接返回 false。
- 第 40～44 行为没有切到刚边时，则判断两条线段是否相交，如果没有相交，则计数器加 1。经过多边形数据的循环之后，判断计数器的个数，如果全部是 false，或者只有一个 true，则应该是没有切到多边形或者只切到了一个边，则直接返回 false，否则认为切到了多边形。

（5）上面主要介绍的是判断手是否划到了多边形的 isCutPolygon 方法，下面将介绍的是获得切分区域已经进行分类的多边形列表的 getCutPolysArrayList 方法，相当于游戏界面内成功切割多边形后，需要最终进行判断的多边形列表，具体代码如下。

代码位置：见随书光盘源代码/第 17 章/FastCut/src/com/bn/util/constant 目录下的 isCutUtil.java。

```
public static ArrayList<C2DPolygon> getCutPolysArrayList(MySurfaceView mv,
        ArrayList<BNObject> alBNPO,float lxs,float lys,float lxe,float lye){
    ArrayList<C2DPolygon> onePolygon=new ArrayList<C2DPolygon>();
    ArrayList<C2DPolygon> tempPolygon=new ArrayList<C2DPolygon>();
    ArrayList<ArrayList<float[]>> tal=GeoLibUtil.calParts(lxs, lys, lxe,lye);
```

```
        //分成两个多边形区域
        C2DPolygon[] cpA=GeoLibUtil.createPolys(tal);   //创建两个多边形
        for(C2DPolygon cpTemp:cpA){
            ArrayList<C2DHoledPolygon> polys = new ArrayList<C2DHoledPolygon>();
            cpTemp.GetOverlaps(alBNPO.get(0).cp, polys, new CGrid());
            if(polys.size()==1){                          //如果该区域内只有一个多边形
                    onePolygon.add(polys.get(0).getRim());  //直接加进列表中
            }else{                                        //如果该区域内有多个多边形
                for(C2DHoledPolygon chp:polys){           //将多个多边形加进列表中
                    tempPolygon.add(chp.getRim());
        }}}
        ArrayList<C2DPolygon> result=getLastPolysArrayList(mv,onePolygon,
        tempPolygon,lxs, lys, lxe,lye);
        return result;
}
```

上述获得切分区域已经进行分类的多边形列表的 getCutPolysArrayList 方法，通过手指滑动的起始点和终止点将屏幕分成两个多边形区域，并通过调用 GeoLibUtil 类中的 createPolys 方法来创建两个多边形对象，遍历列表，如果该区域内只有一个多边形，则直接加入列表，否则添加到临时列表中，最后通过调用 getLastPolysArrayList 方法来获得最终的多边形对象列表。

（6）上面介绍的 getCutPolysArrayList 方法中调用了 getLastPolysArrayList 方法用来合并多边形，获得最终的多边形列表，下面将对该方法进行简单的介绍，具体代码如下。

代码位置：见随书光盘源代码/第 17 章/FastCut/src/com/bn/util/constant 目录下的 isCutUtil.java。

```
public static ArrayList<C2DPolygon> getLastPolysArrayList(MySurfaceView mv,
ArrayList<C2DPolygon>
                onePolygon,ArrayList<C2DPolygon> tempPolygon,float lxs,float lys,
                float lxe,float lye){
        ArrayList<C2DPolygon> lastPolygons=new ArrayList<C2DPolygon>();
        //最终切分多边形的列表
        ArrayList<C2DPolygon> canCombineP=new ArrayList<C2DPolygon>();
        //可以进行合并多边形的列表
        if(tempPolygon.size()>0){                         //如果一个区域内有多个多边形
            for(C2DPolygon cp:tempPolygon){               //遍历 C2DPolygon 对象
                if(isCutPolygon(mv,cp, lxs, lys, lxe, lye)){  //如果划到了该多边形
                    lastPolygons.add(cp);                 //将该多边形放进最终列表中
                }else{
                    canCombineP.add(cp);                  //没划到的多边形放进允许合并的列表中
            }}
            if(canCombineP.size()>0){                     //如果存在能够合并的多边形
                C2DPolygon cc=new C2DPolygon();           //创建 C2DPolygon 对象
                for(int i=0;i<canCombineP.size();i++){//遍历能够合并的多边形列表
                    if(i==0){cc=onePolygon.get(0);}
                    cc=MyPatchUtil.getCombinePolygon(//合并多边形
            MyPatchUtil.getPolygonData(canCombineP.get(i), canCombineP.get(i).
            IsClockwise()),
                                MyPatchUtil.getPolygonData(cc, cc.IsClockwise()),
            MyPatchUtil.getPolygonData(canCombineP.get(i), canCombineP.get(i).
            IsClockwise()).length,
                                MyPatchUtil.getPolygonData(cc,cc.IsClockwise()).
                                length);}
                    lastPolygons.add(cc);                 //将合并后的多边形添加进列表里面
            }else{                                        //如果不存在能够合并的多边形
                lastPolygons.add(onePolygon.get(0)); //即直接添加进最终列表中
        }}else{                                           //如果一个区域内只有一个多边形
            for(int i=0;i<onePolygon.size();i++){
                lastPolygons.add(onePolygon.get(i)); //直接添加进最终列表中
        }}
```

```
28        return lastPolygons;                              //返回最终列表
29    }
```

- 第 5～11 行为判断一个区域内如果有多个多边形，则遍历多边形对象，判断是否划到了多边形，如果划到了多边形，则将该多边形直接放入最终列表中，否则放进允许合并的列表中。
- 第 12～28 行为判断允许合并的列表中是否有多边形对象，如果有，则遍历列表，调用 MyPatchUtil 类中的 getCombinePolygon 方法进行合并，并将其添加进最终列表中，如果没有，则直接放进最终列表中，并返回最终列表。

3. 修复 bug 辅助类 MyPatchUtil

上一部分主要介绍了切分多边形的工具类 isCutUtil，对各个方法进行了简单的介绍。下面则主要介绍的是修复 bug 辅助类 MyPatchUtil，此类中主要包括根据多边形对象获得顶点数组方法以及将两个多边形合并成一个多边形的方法，实现的具体代码如下。

代码位置：见随书光盘源代码/第 17 章/FastCut/src/com/bn/util/constant 目录下的 MyPatchUtil.java。

```
package com.bn.util.constant;                                    //声明包名
……//此处省略了导入类的代码，读者可自行查阅随书附带光盘中的源代码
public class MyPatchUtil {                                        //补丁类
     //根据多边形获取 Point 数组
     public static Point[] getPolygonData(C2DPolygon cp,boolean IsClockwise){
          ArrayList<C2DPoint> pointCopyIn=new ArrayList<C2DPoint>();
          //创建 C2DPoint 对象列表
          cp.GetPointsCopy(pointCopyIn);                          //将数据加进列表
          int numsCpTemp=pointCopyIn.size();                     //获得列表的长度
          Point[] pArray=new Point[numsCpTemp];                   //创建 Point 数组
          if(IsClockwise){                                        //顺时针向顶点数组赋值
               for(int j=0;j<numsCpTemp;j++){
                    C2DPoint tempCP1=pointCopyIn.get(numsCpTemp-1-j);
                    pArray[j]=new Point((int)tempCP1.x,(int)tempCP1.y);
               }
          }else{                                                  //逆时针向顶点数组赋值
               for(int j=0;j<numsCpTemp;j++){
                    C2DPoint tempCP1=pointCopyIn.get(j);
                    pArray[j]=new Point((int)tempCP1.x,(int)tempCP1.y);
          }}
          Point[] answer=new Point[100];                          //创建 Point 数组对象
          for(int j=0;j<numsCpTemp;j++){
               answer[j] = pArray[j];                             //将数据保存至 answer 数组中
          }
          return pArray;
     }
     //将两个多边形合并成一个多边形
     public static C2DPolygon getCombinePolygon(Point[] pArray1,Point[] pArray2,
     int num1,int num2){
          ……//此处省略了声明变量的代码，读者可自行查阅随书附带光盘中的源代码
          for(int ii=0;ii<num1;ii++){                             //对当前答案数组进行遍历
               boolean flag = false;                              //标志位
               for(int jj=0;jj<num2;jj++){                        //对当前多边形的点数组进行遍历
                    if(pArray1[ii].equals(pArray2[jj])){
                    //若当前答案点与多边形的当前点相同
                         flag = true;
                         indexAnswer++;
                         tempAnswer[indexAnswer]=pArray1[ii];
                         //把当前点加入 tempAnswer 中
                         int indexii=0;
                         //将 indexii 赋值为多边形的当前点的索引的上一索引
                         if(jj==0){ //若当前点的索引是 0，则将 indexii 赋值为数组长度-1
                         indexii = num2-1;
                         }else{indexii = jj - 1;}
                         if(pArray1[(ii+1)%num1].equals(pArray2[indexii])){
                              for(int kk=(jj+1)%num2;;kk=(kk+1)%num2){
                              //遍历 pArray2 数组
```

```
43                                  if(pArray2[kk].equals(pArray2[indexii]))
                                    //这个是 for 循环的终止条件
44                                  {break;}
45                                  indexAnswer++;
46                                  tempAnswer[indexAnswer]=pArray2[kk];
                                    //将点添加到答案数组中
47                  }}}}
48                  if(flag == false){
49                      indexAnswer++;                              //答案数组加 1
50                      tempAnswer[indexAnswer]=pArray1[ii]; //给临时答案数组赋值
51              }}
52              ArrayList<C2DPoint> c2d=new ArrayList<C2DPoint>(); //创建 C2DPoint 列表
53              for(int p=0;p<tempAnswer.length;p++){              //遍历 Point 数组
54                  if(tempAnswer[p]!=null){
55                      c2d.add(new C2DPoint(tempAnswer[p].x,tempAnswer[p].y));
                        //将点加进列表中
56              }}
57              C2DPolygon gon=new C2DPolygon();                  //创建多边形对象
58              gon.Create(c2d,true);                             //创建多边形
59              return gon;                                       //返回多边形
60      }}
```

- 第 3～25 行为根据多边形获取 Point 数组的方法，通过传入的 C2DPolygon 对象，将顶点数据放进 ArrayList<C2DPoint>对象列表中，通过传入的标志位，判断多边形为顺时针或者逆时针，并将 ArrayList<C2DPoint>对象转换成 Point 数组对象，最后返回结果。
- 第 27～51 行为通过对当前答案数组进行遍历，若当前答案点与多边形的当前点是相同的，把当前点加入 tempAnswer 数组中。若当前点的索引是 0，则将 indexii 赋值为数组长度–1，否则将 indexii 赋值为多边形的当前点的索引的上一索引。若当前点的下一点与多边形的当前点的上一点是相同的，则将多边形的部分点添加到 tempAnswer 数组中。
- 第 52～59 行为创建 ArrayList<C2DPoint>对象，将 tempAnswer 数组中值添加到 ArrayList<C2DPoint>列表中，之后创建多边形对象，最后将结果返回。

4. 计算几何工具类 GeoLibUtil

上一部分主要介绍的是修复 bug 辅助类 MyPatchUtil，对该类中的方法进行了简单的介绍。下面将介绍的是计算几何工具类 GeoLibUtil，主要包括根据顶点创建多边形、将凸多边形数据转换成三角形数据、将 C2DPolygon 对象转换成顶点数组等方法，开发的具体步骤如下。

（1）首先需要开发的是 GeoLibUtil 类的代码框架，该框架中主要声明了一系列将要使用的成员变量和成员方法，主要包括根据顶点数据创建多边形、创建切分后的两个多边形对象、将凸多边形数据转换成三角形数据和切分多边形等方法，实现的具体代码如下。

代码位置：见随书光盘源代码/第 17 章/FastCut/src/com/bn/util/constant 目录下的 GeoLibUtil.java。

```
package com.bn.util.constant;                                      //声明包名
……//此处省略了导入类的代码，读者可自行查阅随书附带光盘中的源代码
public class GeoLibUtil{
        ……//此处省略了声明变量的代码，读者可自行查阅随书附带光盘中的源代码
        public static C2DPolygon createPoly(float[] polyData){
                ……//此处省略了根据顶点数据创建多边形的方法，将在下面进行介绍
        }
        public static C2DPolygon[] createPolys(ArrayList<ArrayList<float[]>> alIn){
                ……//此处省略了创建切分后的两个多边形对象的方法，将在下面进行介绍
        }
        public static ArrayList<Float> fromConvexToTris(ArrayList<float[]> points){
                ……//此处省略了将凸多边形数据转换成三角形数据的方法，将在下面进行介绍
        }
        public static float[] fromAnyPolyToTris(float[] vdata){
                ……//此处省略了将多边形数据转成三角形顶点数据的方法，将在下面进行介绍
        }
        public static float[] fromC2DPolygonToVData(C2DPolygon cp){
```

```
        ……//此处省略了将 C2DPolygon 对象转换成顶点数组的方法，将在下面进行介绍
    }
    public static ArrayList<ArrayList<float[]>> calParts(float sx,float sy,float
    ex,float ey){
        ……//此处省略了切分多边形的方法，将在下面进行介绍
    }
}
```

> **说明** 上述成员方法中主要介绍了根据顶点数据创建多边形的方法、创建切分后的两个多边形对象的方法、将凸多边形数据转换成三角形数据的方法、将多边形数据转成三角形顶点数据的方法、将 C2DPolygon 对象转换成顶点数组的方法以及切分多边形的方法，下面将进行简单介绍。

（2）上面主要介绍了 GeoLibUtil 类的代码框架，下面则将详细介绍 GeoLibUtil 类中的成员方法，首先介绍的是根据顶点数据创建多边形的方法和创建切分后的两个多边形对象的方法，具体代码如下。

代码位置：见随书光盘源代码/第 17 章/FastCut/src/com/bn/util/constant 目录下的 GeoLibUtil.java。

```
1   public static C2DPolygon createPoly(float[] polyData){      //根据顶点数据创建多边形
2       ArrayList<C2DPoint> al=new ArrayList<C2DPoint>();      //创建 C2DPoint 列表对象
3       for(int i=0;i<polyData.length/2;i++){                  //遍历顶点数据
4           C2DPoint tempP=new C2DPoint(polyData[i*2],polyData[i*2+1]);
            //创建 C2DPoint 对象
5           al.add(tempP);                                     //将 C2DPoint 对象放入 ArrayList 中
6       }
7       C2DPolygon p = new C2DPolygon();                       //创建 C2DPolygon 对象
8       p.Create(al, true);                                    //创建可选的重新排序的多边形点
9       return p;                                              //返回多边形
10  }
11  public static C2DPolygon[] createPolys(ArrayList<ArrayList<float[]>> alIn){
    //创建切分后的两个多边形对象
12      for(ArrayList<float[]> p:alIn){                        //遍历列表对象
13          cps[index]=new C2DPolygon();                       //创建多边形对象
14          ArrayList<C2DPoint> al=new ArrayList<C2DPoint>();  //创建 C2DPoint 列表
15          for(float[] fa:p){
16              C2DPoint tempP=new C2DPoint(fa[0],fa[1]);      //创建 C2DPoint 对象
17              al.add(tempP);                                 //将其添加进列表
18          }
19          cps[index].Create(al, true);                       //创建多边形
20          index++;                                           //变量自加 1
21      }
22      return cps;                                            //返回结果
23  }
```

- 第 1～10 行为根据顶点数据创建多边形的方法，通过传入的一维数组，将其转换成 C2DPoint 对象，并将其添加进列表中，之后创建 C2DPolygon 对象，并将结果返回。
- 第 11～23 行为创建切分后的两个多边形对象的方法，根据传入的 ArrayList<ArrayList<float[]>>对象，遍历列表，循环创建多边形对象，并将多边形对象列表返回。

（3）上面介绍了根据顶点数据创建多边形和创建切分后的两个多边形对象两个方法，下面则将介绍将凸多边形数据转换成三角形数据、将多边形数据转成三角形顶点数据和将 C2DPolygon 对象转换成顶点数组 3 个方法，具体代码如下。

代码位置：见随书光盘源代码/第 17 章/FastCut/src/com/bn/util/constant 目录下的 GeoLibUtil.java。

```
//将凸多边形数据转换成三角形数据
public static ArrayList<Float> fromConvexToTris(ArrayList<float[]> points){
    ArrayList<Float> result=new ArrayList<Float>();
    int count=points.size();
    for(int i=0;i<count-2;i++){
```

```
6           float[] d1=points.get(0);                    //获得三角形的第一个顶点数据
7           float[] d2=points.get(i+1);                  //获得三角形的第二个顶点数据
8           float[] d3=points.get(i+2);                  //获得三角形的第三个顶点数据
9           result.add(d1[0]);result.add(d1[1]);   //将三角形的第一个顶点数据放进列表中
10          result.add(d2[0]);result.add(d2[1]);   //将三角形的第二个顶点数据放进列表中
11          result.add(d3[0]);result.add(d3[1]);   //将三角形的第三个顶点数据放进列表中
12        }
13        return result;                                 //返回数据
14    }
15    public static float[] fromAnyPolyToTris(float[] vdata){//将多边形数据转成三角形顶点数据
16        C2DPolygon cp=createPoly(vdata);         //将多边形的顶点数据组成 C2DPolygon 对象
17        ArrayList<C2DPolygon> subAreas = new ArrayList<C2DPolygon>();
18        cp.ClearConvexSubAreas();                              //清除凸子区域
19        cp.CreateConvexSubAreas();                             //创建凸子区域
20        cp.GetConvexSubAreas(subAreas);                        //获得凸子区域
21        ArrayList<Float> resultData=new ArrayList<Float>();
22        for(C2DPolygon cpTemp:subAreas){                       //遍历 C2DPolygon 对象
23            ArrayList<float[]> points=new ArrayList<float[]>();
24            ArrayList<C2DPoint> alp=new ArrayList<C2DPoint>();
25            cpTemp.GetPointsCopy(alp); //将多边形的顶点数据拷贝到 ArrayList<C2DPoint>中
26            for(C2DPoint p:alp){
27                float[] fa=new float[]{(float)p.x,(float)p.y};
28                points.add(fa);                        //将 C2DPoint 转换为 float 数组
29            }
30            ArrayList<Float> tempConvex=fromConvexToTris(points);
31            for(Float f:tempConvex){resultData.add(f);}
              //将三角形顶点数据放进 ArrayList<Float>中
32        }
33        float[] result=new float[resultData.size()];//将 ArrayList<Float>转成一维数组
34        for(int i=0;i<resultData.size();i++){result[i]=resultData.get(i);}
35        return result;
36    }
37    public static float[] fromC2DPolygonToVData(C2DPolygon cp){
    //将 C2DPolygon 对象转换成顶点数组
38        ArrayList<float[]> points=new ArrayList<float[]>();
          //创建 ArrayList<float[]>对象
39        ArrayList<C2DPoint> alp=new ArrayList<C2DPoint>();
          //创建 ArrayList<C2DPoint>对象
40        cp.GetPointsCopy(alp);                     //将多边形的顶点数据拷贝到列表中
41        for(C2DPoint p:alp){                       //遍历 ArrayList<C2DPoint>对象
42            float[] fa=new float[]{(float)p.x,(float)p.y};
43            points.add(fa);                        //将 C2DPoint 转换为 float 数组
44        }
45        float[] result=new float[points.size()*2];
46        for(int i=0;i<points.size();i++){    //将 ArrayList<float[]>对象转换成 float[]
47            float[] p=points.get(i);
48            result[i*2]=p[0];
49            result[i*2+1]=p[1];
50        }
51        return result;                         //返回一维数组
52    }
```

- 第 1～14 行为将凸多边形数据转换成三角形数据的方法，将传入的 ArrayList<float[]>对象转换成 ArrayList<Float>对象，将三角形的顶点数据放入列表中。
- 第 15～36 行为将多边形数据转成三角形顶点数据的方法，首先将多边形的顶点数据组成 C2DPolygon 对象，获得 C2DPolygon 对象的凸子区域列表后，遍历列表，将多边形的顶点数据拷贝到 ArrayList<C2DPoint>中，然后通过调用 fromConvexToTris 方法将其转换成 ArrayList<Float>对象，最后将其转换成一维数组，并返回结果。
- 第 37～52 行为将 C2DPolygon 对象转换成顶点数组的方法，首先通过调用 GetPointsCopy 方法，将多边形的顶点数据放进 ArrayList<C2DPoint>对象中，然后将 ArrayList<C2DPoint>对象转换成 ArrayList<float[]>对象，最后转换成一维数组，并返回结果。

（4）上面简单介绍了将凸多边形数据转换成三角形数据、将多边形数据转成三角形顶点数据等方法，下面则介绍本类中的最后一个方法，切分多边形的 calParts 方法，实现的具体代码如下。

代码位置：见随书光盘源代码/第 17 章/FastCut/src/com/bn/util/constant 目录下的 GeoLibUtil.java。

```
    public static ArrayList<ArrayList<float[]>> calParts(float sx,float sy,float ex,float ey){        //切分多边形
        float t=(xmin-sx)/(ex-sx);                              //求 0～1 线段与传入切割线的交点
        float y=(ey-sy)*t+sy;
        if(y>ymin&&y<ymax){
            jd1Index=currIndex;                                 //将当前值赋给索引值
            al.add(new float[]{xmin,y});                        //将交点加进 ArrayList<float[]>中
            currIndex++;                                        //变量自加
        }
        al.add(new float[]{xmin,ymax});                         //将点加进 ArrayList<float[]>中
        ……//此处省略计算 1～2、2～3、3～0 线段与传入切割线交点的代码，与上述相似，读者可自行查阅
        ArrayList<float[]> p1=new ArrayList<float[]>();         //卷绕第一个多边形
        int startIndex=jd1Index;                                //将值赋给开始的索引值
        while(true){
            p1.add(al.get(startIndex));//将列表添加进 ArrayList<ArrayList<float[]>>中
            if(startIndex==jd2Index){break;}                    //循环结束条件
            startIndex=(startIndex+1)%al.size();                //赋值
        }
        ……//此处省略卷绕第二个多边形的代码，与上述代码相似，读者可自行查阅
        ArrayList<ArrayList<float[]>> result=new ArrayList<ArrayList<float[]>>();
        //创建列表对象
        result.add(p1);                                         //将第一个多边形加进列表中
        result.add(p2);                                         //将第二个多边形加进列表中
        return result;                                          //返回结果
    }
```

说明　上述方法主要实现的是切分多边形的功能，首先通过传入的切割线参数，计算各个边与分割线的交点，之后用这些点卷绕多边形，然后将其添加进列表中，最后将其返回。由于篇幅原因，部分相似的代码进行了省略，读者可自行查阅随书附带光盘中的源代码。

5. 物理计算工具类 GeometryConstant

上面介绍的是计算几何工具类 GeoLibUtil，下面将介绍的是物理计算工具类 GeometryConstant，主要包括求球心到线段的距离的方法、判断木块飞走的方向的方法以及木块飞走的位移的方法，主要实现了切割多边形后，木块需要飞走的方向和位移等功能，具体代码如下。

代码位置：见随书光盘源代码/第 17 章/FastCut/src/com/bn/util/constant 目录下的 GeometryConstant.java。

```
package com.bn.util.constant;                                          //声明包名
……//此处省略了导入类的代码，读者可自行查阅随书附带光盘中的源代码
public class GeometryConstant{
    ……//此处省略了声明变量的代码，读者可自行查阅随书附带光盘中的源代码
    //求球的中心到线段的距离
    public static float lengthPointToLine(float x,float y,float xs,float ys,float xm,float ym){
        if(((y-ys)*(ym-ys)+(x-xs)*(xm-xs)>0)&&((y-ym)*(ys-ym)+(x-xm)*(xs-xm)>0)){//夹角为锐角
            lengthpointToline=(float) (Math.abs(x*(ym-ys)-y*(xm-xs)-xs*(ym-ys)+ys*(xm-xs))/
                          Math.sqrt((ym-ys)*(ym-ys)+(xm-xs)*(xm-xs)));
        }else{                                                     //夹角为钝角
            float length1=(x-xs)*(x-xs)+(y-ys)*(y-ys);             //求长度 1
            float length2=(x-xm)*(x-xm)+(y-ym)*(y-ym);             //求长度 2
            if(length1<=length2){                                 //如果长度 1 小于长度 2
                lengthpointToline=(float)Math.sqrt(length1); //将长度 1 开方
            }else{                                                //如果长度 2 小于长度 1
                lengthpointToline=(float)Math.sqrt(length2); //将长度 2 开方
        }}
        return lengthpointToline;                                 //将距离返回
```

```
19        }
20        //判断多边形木块飞走的方向
21        public static void judgeDirection(C2DPolygon cp,float Xd,float Yd,float
          Xu,float Yu){
22            if(Math.abs(Yd-Yu)<100) {                          //横切
23                if(middle_y>0) {                               //在重心下面
24                    cutDirection=2;                            //判断位置在下面
25                }else{                                         //在重心上面
26                    cutDirection=1;                            //判断位置在上面
27            }}else if(Yd<Yu) {                                 //从上到下切
28                if(Xu>=Xd) {                                   //斜右下
29                    if(middle_x>0) {                           //在重心右边
30                        cutDirection=4;                        //判断位置在右边
31                    }else{
32                        cutDirection=3;                        //判断位置在左边
33                }}else {                                       //斜左下
34                    if(middle_x>0) {                           //在重心右边
35                        cutDirection=4;                        //判断位置在右边
36                    }else{
37                        cutDirection=3;                        //判断位置在右边
38                }}
39            }else {                                            //从下到上切
40                ……//此处省略了从上到下切的代码，与上述代码相似，读者可自行查阅
41        }}}}
42        public static float calculateDisplacement(int index,int t){//计算球上抛或下落的位移
43            if(index==1) {                                     //向上走
44                diaplacement=vi*t+a*t*t/2;                     //计算位移
45            }else if(index==2) {                               //向下落
46                if(t>10){                                      //如果变量大于 10
47                    vi=0.03f;
48                    a=-0.002f;
49                    diaplacement=vi*t+a*t*t/2-0.3f;            //向上弹并下落的位移
50                }else{                                         //如果变量小于 10
51                    vi=0.02f;
52                    a=-0.002f;
53                    diaplacement=-(vi*t+a*t*t/2);              //向下落的位移
54            }}else{
55                ……//此处省略向左或者向右位移计算的代码，与上述代码相似，读者可自行查阅
56            }
57            return diaplacement;
58    }}
```

- 第 6～19 行为计算球心到线段距离的方法，如果球中心与开始触摸点的向量与球中心与触摸移动点的向量夹角和球中心与触摸移动点的向量与球中心与开始触摸点的向量夹角均为锐角，则可以直接计算距离，如果有任何一个夹角为钝角，则需要分别求出距离并进行判断，将距离短的进行开方，计算出距离，并将结果返回。
- 第 21～41 行为判断木块飞走方向的方法，判断如果是横切，继续判断在重心的上方或者下方，若是纵切，则判断如果是从上往下切，在重心的左边或者是右边，如果是从下往上切，也要判断是在重心的左边或者右边。由于篇幅原因，从下到上切的代码与从上到下的代码大致相似，故进行了省略，读者可自行查阅随书附带光盘中的源代码。
- 第 42～58 行为计算木块飞走的位移的方法，首先要判断球是向上走还是向下落，如果是向上走，则直接计算位移，如果是向下落，则首先向下落一点，然后向上走一点，然后再向下落，由于篇幅原因，向左走或者向右走的代码进行了省略，读者可自行查阅随书附带光盘中的源代码。

17.6 绘制相关类

前面已经对整个游戏的界面显示类 MySurfaceView 的开发进行了介绍。本节将对游戏界面的绘制模块进行详细的介绍，主要包括 BNObject 和 BNPolyObject 两个绘制类，该模块主要是基于 OpenGL ES 2.0 技术来实现游戏界面的绘制。

17.6.1 BNObject 绘制类的开发

本小节介绍的 BNObject 类是所有绘制类的父类，该类由五个不同参数的构造器、一个初始化顶点数据的方法、两个初始化着色器的方法和三个实现呈现图形绘制的方法组成，这里由于篇幅原因，只对部分方法进行介绍，具体开发步骤如下。

（1）首先介绍的是 BNObject 类中的构造器方法，主要包括球绘制时带有刚体参数的构造器、绘制切割线需要旋转角度的构造器和绘制普通矩形对象的构造器，具体代码如下。

代码位置：见随书光盘源代码/第 17 章/FastCut/src/com/bn/object 目录下的 BNObject.java。

```
package com.bn.object;
……//此处省略了导入类的代码，读者可自行查阅随书附带光盘中的源代码
public class BNObject{
    ……//此处省略了一些定义变量的代码，读者可自行查阅随书附带光盘中的源代码
    public BNObject(MySurfaceView mv,Body body,float x,float y,float picWidth,float picHeight,int texId,
            int programId,int index){
        this.mv=mv;                          //给 MySurfaceView 的对象赋值
        this.x=x;                            //需要平移的 x 坐标
        this.y=y;                            //需要平移的 y 坐标
        this.body=body;                      //获得 Body 对象
        mv.BallBody.add(body);               //将 body 对象添加到 MySurfaceView 中的列表
        this.body.setUserData(index);               //设置 body 对象的 ID
        this.texId=texId;                           //获得对应的纹理 ID
        this.programId=programId;                   //获得对应的程序 ID
        initVertexData(picWidth,picHeight);         //初始化顶点数据
    }
    public BNObject(float sx,float sy,float ex,float ey,int texId,int programId,boolean isLine,int index){
        float length=(float)Math.sqrt((ex-sx)*(ex-sx)+(ey-sy)*(ey-sy)); //线条的长度
        float halfx=0;                                  //线条的半宽
        float halfy=0;                                  //线条的半高
        this.isLine=isLine;                             //绘制线条的标志位
        this.angle=(float)Math.toDegrees(Math.atan((ex-sx)/(ey-sy))); //获得需旋转的角度
        if(sx<=ex&&sy<=ey){                             //左上斜向右下
            halfx=sx+Math.abs(ex-sx)/2;
            halfy=sy+Math.abs(ey-sy)/2;
        }else if(sx>=ex&&sy>=ey){                       //右下斜向左上
            halfx=ex+Math.abs(ex-sx)/2;
            halfy=ey+Math.abs(ey-sy)/2;
        }else if(sx>=ex&&sy<=ey){                       //右上斜向左下
            halfx=ex+Math.abs(ex-sx)/2;
            halfy=sy+Math.abs(ey-sy)/2;
        }else if(sx<=ex&&sy>=ey){                       //左下斜向右上
            halfx=sx+Math.abs(ex-sx)/2;
            halfy=ey+Math.abs(ey-sy)/2;
        }
        this.x=Constant.fromScreenXToNearX(halfx); //将屏幕 x 转换成视口 x 坐标
        this.y=Constant.fromScreenYToNearY(halfy); //将屏幕 y 转换成视口 y 坐标
        this.texId=texId;                               //获得对应的纹理 ID
        this.programId=programId;                       //获得对应的纹理 ID
        this.index=index;
        if(index==0){                                   //切割线
            initVertexData(8,length);                   //初始化顶点数据
        }else{                                          //刀光
            initVertexData(50,length);                  //初始化顶点数据
    }}
    public BNObject(float x,float y,float picWidth,float picHeight,int texId,int programId){
        this.x=Constant.fromScreenXToNearX(x);          //将屏幕 x 转换成视口 x 坐标
        this.y=Constant.fromScreenYToNearY(y);          //将屏幕 y 转换成视口 y 坐标
        this.texId=texId;                               //获得对应的纹理 ID
        this.programId=programId;                       //获得对应的纹理 ID
        initVertexData(picWidth,picHeight);             //初始化顶点数据
```

```
52      }
53      ……/*此处省略的其他方法将在接下来的小节中介绍*/
54  }
```

- 第 5～16 行为 BNObject 的一个构造器，主要为创建物理世界中的刚体对象，如被切割多边形的边框和移动的小球。这里由于需实时绘制刚体对象，所以将刚体对象的屏幕坐标至视口坐标的转换在 drawSelf 方法中实现。
- 第 17～45 行为 BNObject 的又一个构造器，主要实现的是创建切割多边形时的切割线和刀光对象。首先获得线条的长度和偏离 y 方向的角度，然后通过计算获得绘制线条的坐标，最后将屏幕坐标转换成视口坐标并将线条宽高度传给初始化顶点数据的 initVertexData()方法。
- 第 46～52 行为 BNObject 的第三个构造器，其实现的是最基本矩形对象的创建的功能，如游戏的背景图和一些按钮等。

> **说明** 由于 OpenGL 在未经过任何变换前是将物体绘制到视口中心，并且为标量对象，没有任何方向可言，所以在绘制切割线和刀光时，需先获得切割线条的位置和旋转的角度。本 BNObject 类中还有两个构造器，这里由于篇幅原因，就不再一一赘述。

（2）接下来将介绍 BNObject 类中的 initVertexData 方法，其功能为初始化顶点数据，主要包括初始化顶点坐标数据和顶点纹理坐标数据。具体代码实现如下。

代码位置：见随书光盘源代码/第 17 章/FastCut/src/com/bn/object 目录下的 BNObject.java。

```
1   public void initVertexData(float width,float height){           //初始化顶点数据
2       vCount=4;                                                   //顶点个数
3       float degree=1;                                             //切割线条纹理图片的 T 值
4       width=Constant.fromPixSizeToNearSize(width);                //屏幕宽度转换成视口宽度
5       height=Constant.fromPixSizeToNearSize(height);              //屏幕高度转换成视口高度
6       if(isLine&&index==0){                                       //绘制线条
7           degree=height;                                          //切割线条纹理图片的 T 值
8       }
9       float vertices[]=new float[]{                               //初始化顶点坐标数据
10          -width/2,height/2,0,-width/2,-height/2,0,width/2,height/2,0,width/2,
            -height/2,0};
11      ByteBuffer vbb=ByteBuffer.allocateDirect(vertices.length*4);
        //创建顶点坐标数据缓冲
12      vbb.order(ByteOrder.nativeOrder());                         //设置字节顺序
13      mVertexBuffer=vbb.asFloatBuffer();                          //转换为 Float 型缓冲
14      mVertexBuffer.put(vertices);                                //向缓冲区中放入顶点坐标数据
15      mVertexBuffer.position(0);                                  //设置缓冲区起始位置
16      float[] texCoor=new float[12];                              //初始化纹理坐标数据
17      if(isLine){                                                 //切割线条
18          texCoor=new float[]{
19              0,0,0,degree,1,0,1,degree,1,0,0,degree};
20      }else if(!isArea){                                          //其他图形的纹理坐标
21          texCoor=new float[]{
22              0,0,0,1,1,0,1,1,1,0,0,1};
23      }else{                                                      //切割面积数据
24          float rate=0.1f*num;
25          texCoor=new float[]{
26              0+rate,0,0+rate,1,1*0.1f+rate,0,1*0.1f+rate,1,1*0.1f+rate,
                0,0+rate,1};
27      }
28      ByteBuffer cbb=ByteBuffer.allocateDirect(texCoor.length*4);
        //创建顶点纹理坐标数据缓冲
29      cbb.order(ByteOrder.nativeOrder());                         //设置字节顺序
30      mTexCoorBuffer=cbb.asFloatBuffer();                         //转换为 Float 型缓冲
31      mTexCoorBuffer.put(texCoor);                                //向缓冲区中放入顶点着色数据
32      mTexCoorBuffer.position(0);                                 //设置缓冲区起始位置
33  }
```

- 第 2～8 行为首先给定顶点个数，并声明切割线条纹理图片的 T 值，然后将屏幕宽高度转

换成视口宽高度，最后当满足绘制切割线条的条件时，给切割线条纹理图片的 T 变量赋值。

- 第 9～15 行为初始化顶点的坐标数据。首先指定顶点的坐标数据，然后将数据写入到对应的缓冲区中，并设置缓冲区的起始位置。
- 第 16～32 行为初始化顶点的纹理坐标数据。首先获得顶点的纹理坐标数据，然后创建顶点纹理坐标的数据缓冲，并设置字节顺序，将数据缓冲转换为 Float 型缓冲，最后将顶点着色数据放入到缓冲区中，并设置缓冲区的起始位置。

> **说明**　OpenGL ES 中支持的绘制方式大致分 3 类，包括点、线段和三角形。每类中包括一种或多种具体的绘制方式。本游戏只使用了三角形绘制方式，具体为三角形条带法和三角形卷绕法。在 BNObject 类中采用的绘制方式为三角形条带法，该方式将一系列的顶点按顺序组成三角形进行绘制。

（3）上面介绍完 initVertexData 初始化顶点数据的方法后，接下来将介绍初始化着色器的 initShader 方法，本 BNObject 类中包括两个初始化着色器的方法，这里由于篇幅原因，只对其中一个 initShader 方法进行介绍，具体代码实现如下。

代码位置：见随书光盘源代码/第 17 章/FastCut/src/com/bn/object 目录下的 BNObject.java。

```java
public void initShader(boolean isFly) {                        //绘制木块飞走多边形的着色器
     maPositionHandle = GLES20.glGetAttribLocation(programId, "aPosition");
     maTexCoorHandle= GLES20.glGetAttribLocation(programId, "aTexCoor");
     muMVPMatrixHandle = GLES20.glGetUniformLocation(programId, "uMVPMatrix");
     muSjFactor=GLES20.glGetUniformLocation(programId, "sjFactor");//衰减因子
}
```

> **说明**　在上述初始化着色器的 initShader 方法中，首先获取程序中顶点位置属性引用 id 和顶点纹理坐标属性引用 id，再获取程序中总变换矩阵引用 id，最后获取程序中衰减因子引用 id（该衰减因子实现被切割了的木块消失的特效）。

（4）接下来将继续开发该类中的绘制方法 drawSelf，由于不同物体的绘制不尽相同，所以在 BNObject 类中共有 3 个 drawSelf 方法来实现物体的绘制，在此只介绍其中的一个，其他方法读者可以自行查看随书附带光盘中的源代码。具体代码如下。

代码位置：见随书光盘源代码/第 17 章/FastCut/src/com/bn/object 目录下的 BNObject.java。

```java
public void drawSelf(){                                         //绘制图形
     if(!initFlag){
          initShader();                                         //初始化着色器
          initFlag=true;                                        //将标志位置为已初始化着色器
     }
     GLES20.glEnable(GLES20.GL_BLEND);                          //打开混合
     GLES20.glBlendFunc(GLES20.GL_SRC_ALPHA,GLES20.GL_ONE_MINUS_SRC_ALPHA);
     GLES20.glUseProgram(programId);                            //制定使用某套 shader 程序
     if(body!=null){
          x=body.getPosition().x*RATE;                          //根据刚体获得 x 坐标
          y=body.getPosition().y*RATE;                          //根据刚体获得 y 坐标
          ballPositionX=x;                                      //获得小球的 x 坐标
          ballPositionY=y;                                      //获得小球的 y 坐标
          x=Constant.fromScreenXToNearX(x);                     //将屏幕 x 转换成视口 x 坐标
          y=Constant.fromScreenYToNearY(y);                     //将屏幕 y 转换成视口 y 坐标
     }
     MatrixState.pushMatrix();                                  //保护场景
     MatrixState.translate(x,y, 0);                             //平移
     if(isLine){                                                //绘制切割线条
          MatrixState.rotate(angle, 0, 0, 1);                   //旋转
     }
```

```
22      GLES20.glUniformMatrix4fv(                       //将最终变换矩阵传入 shader 程序
23          muMVPMatrixHandle, 1, false, MatrixState.getFinalMatrix(), 0);
24      GLES20.glVertexAttribPointer(                    //为画笔指定顶点位置数据
25          maPositionHandle,3, GLES20.GL_FLOAT,false,3*4,mVertexBuffer);
26      GLES20.glVertexAttribPointer(                    //为画笔指定顶点纹理坐标数据
27          maTexCoorHandle,2,GLES20.GL_FLOAT,false,2*4,mTexCoorBuffer);
28      GLES20.glEnableVertexAttribArray(maPositionHandle); //允许顶点位置数据数组
29      GLES20.glEnableVertexAttribArray(maTexCoorHandle); //允许顶点纹理坐标数据数组
30      GLES20.glActiveTexture(GLES20.GL_TEXTURE0);       //指定纹理单元
31      GLES20.glBindTexture(GLES20.GL_TEXTURE_2D,texId);  //绑定纹理
32      GLES20.glDrawArrays(GLES20.GL_TRIANGLE_STRIP,0,vCount);//绘制纹理矩形--条带法
33      GLES20.glDisable(GLES20.GL_BLEND);               //关闭混合
34      MatrixState.popMatrix();                         //恢复场景
35  }
```

- 第 2～5 行为初始化着色器的代码，每次绘制物体时只初始化一次着色器，避免渲染管线中残留一些先前的渲染数据，使正确的数据绘制出来的图形达不到想要的效果。
- 第 6～16 行为首先打开混合，并设置混合因子，然后制定使用某套 shader 程序。最后实时获取球刚体的位置坐标，并将其从屏幕坐标转换成视口坐标。
- 第 17～23 行为先保护场景，然后将场景平移到需绘制物体的地方，若此次绘制的是切割线条，则需要旋转矩阵来实现相应的切割效果。最后将最终变换矩阵传入 shader 程序。
- 第 24～27 行为通过调用 GLES20 类的 glVertexAttribPointer 方法，将顶点坐标数据及顶点纹理坐标数据传送进渲染管线，以备渲染时在顶点着色器中使用。
- 第 28～34 行为首先通过调用 GLES20 类的 glEnableVertexAttribArray 方法，启用顶点位置数据以及启用顶点纹理坐标数据，然后为该物体指定纹理单元并绑定纹理，并通过三角形条带法来绘制图形。最后关闭混合并恢复场景。

17.6.2 BNPolyObject 绘制类的开发

上一小节已经介绍了所有绘制类的父类 BNObject 的开发，接下来将对其子类 BNPolyObject 进行介绍，由于 BNPolyObject 类的代码框架和父类 BNObject 基本相似，那么本小节只介绍一些与 BNObject 类不同的功能开发。主要是 initVertexData 和 drawSelf 方法。

（1）首先介绍的是初始化顶点数据的 initVertexData 方法，其主要是初始化被切割物体的顶点数据。由于传递给 initVertexData 方法的是多边形对象的多个顶点数据，所以需将其切分成一个个三角形对象，然后获得相应的三角形顶点数据。具体代码实现如下。

代码位置：见随书光盘源代码/第 17 章/FastCut/src/com/bn/object 目录下的 BNPolyObject.java。

```
public void initVertexData(float[] vData,float yswidth,float ysheight){
//初始化顶点坐标与着色数据的方法
    float[] dd= GeoLibUtil.fromAnyPolyToTris(vData);      //将多边形切分成三角形组
    vCount=dd.length/2;
    float vertices[]=new float[vCount*3];
    for(int i=0;i<vCount;i++){
        vertices[i*3]= Constant.fromScreenXToNearX(dd[i*2]);      //x 坐标
        vertices[i*3+1]=Constant.fromScreenYToNearY(dd[i*2+1]); //y 坐标
        vertices[i*3+2]=0;                                       //z 坐标
    }
    ……/*此处将顶点坐标数据送到缓冲区的代码与之前的类似，故不再赘述*/
    float texCoor[]=new float[vCount*2];
    for(int i=0;i<vCount;i++) {
        texCoor[i*2]=dd[i*2]/yswidth;                    //纹理 s 坐标
        texCoor[i*2+1]=dd[i*2+1]/ysheight;               //纹理 t 坐标
    }
    ……/*此处将顶点纹理坐标数据送到缓冲区的代码与之前的类似，故不再赘述*/
}
```

说明 在上述初始化顶点坐标与着色数据的方法中，首先通过调用 GeoLibUtil 类中的 fromAnyPolyToTris 方法将多边形切分成三角形组获得相应的顶点坐标数据，然后通过计算获得物体的顶点纹理坐标，最后分别将数据送入缓冲区中。

（2）接下来将介绍绘制木块飞走的 drawSelf 方法，该方法主要实现了飞走的木块在消失前向上跳跃及慢慢消失的功能，通过传入的衰减因子，改变纹理图的透明度。具体代码如下。

代码位置：见随书光盘源代码/第 17 章/FastCut/src/com/bn/object 目录下的 BNPolyObject.java。

```
1    public void drawSelf(float sj){                        //绘制木块飞走逐渐消逝的方法
2         if(!initFlag){
3              initShader(true);                            //初始化着色器
4              initFlag=true;
5         }
6         if(count>15){                                     //当木块跳跃的动作结束后，开始计算衰减因子
7              sj=sj-0.04f*(count-16);
8         }
9         if(sj<0.7){
10             GLES20.glEnable(GLES20.GL_BLEND);                        //打开混合
11             GLES20.glBlendFunc(GLES20.GL_SRC_ALPHA,GLES20.GL_ONE);  //设置混合因子
12        }
13        GLES20.glUseProgram(programId);                   //制定使用某套 shader 程序
14        MatrixState.pushMatrix();                         //保护场景
15        count++;
16        if(GeometryConstant.cutDirection==1) {            //上面
17             MatrixState.translate(0, GeometryConstant.calculateDisplacement
               (1,count), 0);
18        } else if(GeometryConstant.cutDirection==2){      //下面
19             MatrixState.translate(0,  GeometryConstant.calculateDisplacement
               (2,count), 0);
20        } else if(GeometryConstant.cutDirection==3){      //左面
21             MatrixState.translate( GeometryConstant.calculateDisplacement
               (3,count),
22                  GeometryConstant.calculateDisplacement(1,count), 0);
23        } else if(GeometryConstant.cutDirection==4) {     //右面
24             MatrixState.translate( GeometryConstant.calculateDisplacement
               (4,count),
25                  GeometryConstant.calculateDisplacement(1,count), 0);
26        }
27        MatrixState.rotate(-count*0.5f, 0, 0, 1);         //旋转
28        GLES20.glUniformMatrix4fv(muMVPMatrixHandle, 1, false, MatrixState.
          getFinalMatrix(), 0);
29        GLES20.glUniform1f(muSjFactor, sj);               //将衰减因子传入 shader 程序
30        ....../*此处省略的代码与之前的类似，故不再赘述*/
31        GLES20.glDrawArrays(GLES20.GL_TRIANGLES, 0, vCount);     //绘制纹理矩形
32        if(sj<0.7){
33             GLES20.glDisable(GLES20.GL_BLEND);           //关闭混合
34        }
35        MatrixState.popMatrix();                          //恢复场景
36   }
```

- 第 6～12 行实现当木块跳跃的动作结束后，开始计算衰减因子的功能，并且当衰减因子小于 0.7 时开启混合，同时设置混合因子。
- 第 15～26 行为首先获得被切木块位于哪个方向，然后通过调用 GeometryConstant 方法中的 calculateDisplacement 方法计算出飞走木块向上跳跃的距离，并通过调用 MatrixState 类中的 rotate 方法使木块在飞走的过程中有一定的旋转效果。
- 第 28～34 行为首先将最终变换矩阵传入 shader 程序，然后将衰减因子传入 shader 程序，并按三角形卷绕的方式绘制纹理矩形。最后当衰减因子小于 0.7 时关闭混合。其中第 30 行省略的代码与之前的类似，若读者想要进一步了解和学习，请自行查看随书附带光盘中的源代码。

> **说明**　本游戏还有一个 BNView 绘制类，主要用于一些辅助界面的绘制，如开始界面、选项界面、选关界面及帮助界面等，这里由于篇幅原因就不再赘述。

17.7　雪花粒子系统的开发

很多游戏场景中都会采用火焰或雪花等作为点缀，以增强游戏的真实性来吸引玩家。而目前最流行的实现火焰、雪花等效果的就是粒子系统技术。本游戏中选项界面里就有利用粒子系统开发的非常真实酷炫的下雪特效，接下来将向读者介绍如何利用粒子系统实现下雪的功能。

17.7.1　基本原理

用粒子系统实现下雪效果的基本思想非常简单，将下雪场景看作由一系列运动的粒子叠加而成。系统定时在固定的区域内生成新的粒子，粒子生成后不断按照一定的规律运动并改变自身的颜色。当粒子运动满足一定条件后，粒子消亡。对单个粒子而言，其生命周期过程如图 17-22 所示。

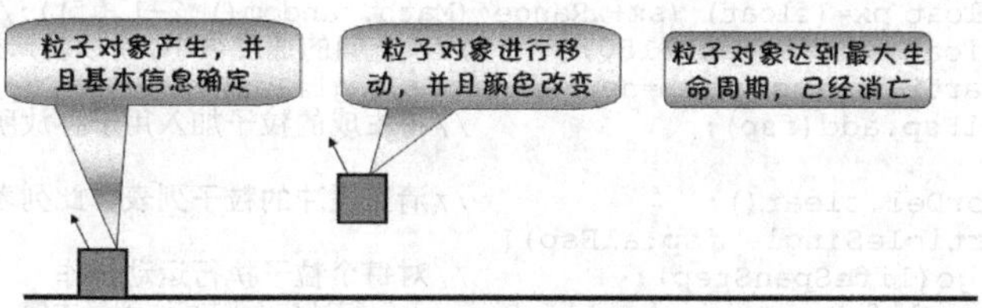

▲图 17-22　粒子对象的生命过程

实际粒子系统的开发中，开发人员需要根据目标特效的需求设置粒子的各项属性，实现真实地模拟出火焰、烟雾、下雪等不同的效果。例如，本游戏中下雪特效的开发，只有给定粒子合适的初始位置、运动速度、尺寸、最大生命期等属性，才可以实现真实的下雪特效。

17.7.2　开发步骤

上一小节介绍了用粒子系统实现下雪特效的基本原理，本小节将对其基本开发步骤进行简要的介绍。下雪特效主要包括总控制类 ParticleSystem、代表单个粒子的 ParticleSingle 类和常量类 ParticleConstant。常量类已在上面的小节中做过介绍，本小节就不再赘述，具体内容如下所列。

（1）首先介绍的是雪花粒子系统的总控制类 ParticleSystem。由于每个 ParticleSystem 类的对象代表一个粒子系统，所以本类中用一系列的成员变量来存储对应粒子系统的各项信息。这里由于篇幅原因，只对 drawSelf 方法和 update 方法进行介绍，具体代码实现如下。

代码位置：见随书光盘源代码/第 17 章/FastCut/src/com/bn/util/snow 目录下的 ParticleSystem.java。

```
public void drawSelf(){
    GLES20.glEnable(GLES20.GL_BLEND);                       //开启混合
    GLES20.glBlendEquation(blendFunc);                      //设置混合方式
    GLES20.glBlendFunc(srcBlend,dstBlend);                  //设置混合因子
    alFspForDrawTemp.clear(); //清空为绘制工作服务的粒子列表，为添加当前的粒子做准备
    synchronized(lock){                              //加锁保证添加和清空不同时进行
        for(int i=0;i<alFspForDraw.size();i++){
            alFspForDrawTemp.add(alFspForDraw.get(i));      //复制粒子
    }}
    MatrixState.pushMatrix();                               //保护场景
    MatrixState.translate(positionX, 1, positionZ);         //执行平移变换
    for(ParticleSingle fsp:alFspForDrawTemp){               //循环绘制每个粒子
        fsp.drawSelf(startColor,endColor,maxLifeSpan);
    }
```

```
15          GLES20.glDisable(GLES20.GL_BLEND);                           //关闭混合
16          MatrixState.popMatrix();                                     //恢复场景
17      }
```

● 第 2～4 行为进行绘制粒子系统前的一些必要设置，首先开启混合，然后根据初始化得到的混合方式与混合因子进行混合相关参数的设置。

● 第 5～9 行将转存粒子列表中的粒子复制进直接服务于绘制工作的粒子列表，为下面的粒子绘制工作做准备。要特别注意的是，为防止两个不同的线程同时对一个列表执行读写代理的问题，这里采用同步互斥技术。

● 第 10～17 行为首先保护场景，进行平移变换，然后遍历整个直接服务于绘制工作的粒子列表，绘制其中的每个粒子，最后恢复场景。

（2）介绍完总控制类 ParticleSystem 中的绘制方法，接下来将对更新整个粒子系统的所有信息的 update 方法进行开发，具体代码的实现如下。

代码位置：见随书光盘源代码/第 17 章/FastCut/src/com/bn/util/snow 目录下的 ParticleSystem.java。

```
1   public void update(){                                      //更新粒子系统的方法
2         for(int i=0;i<groupCount;i++){                       //喷发新粒子
3               float px=(float) (sx+xRange*(Math.random()*2-1.0f));//在中心附近产生粒子的位置
4               float vx=(sx-px)/150;          //x 方向的速度很小，所以就产生了拉长的火焰粒子
5               ParticleSingle fsp=new ParticleSingle(px,0.01f,vx,vy,fpfd);//创建粒子对象
6               alFsp.add(fsp);                //将生成的粒子加入用于存放所有粒子的列表中
7         }
8         alFspForDel.clear();                 //清空缓冲的粒子列表，此列表存储需要删除的粒子
9         for(ParticleSingle fsp:alFsp){
10           fsp.go(lifeSpanStep);             //对每个粒子执行运动操作
11           if(fsp.lifeSpan>this.maxLifeSpan){//粒子生存时间达到最大值，添加到需要删除的粒子列表
12                alFspForDel.add(fsp);
13        }}
14        for(ParticleSingle fsp:alFspForDel){        //删除过期粒子
15              alFsp.remove(fsp);
16        }
17        synchronized(lock){                         //获取访问锁
18              alFspForDraw.clear();                 //清空转存粒子列表
19              for(int i=0;i<alFsp.size();i++){//循环将所有粒子列表中的粒子添加到转存粒子列表中
20                    alFspForDraw.add(alFsp.get(i));
21  }}}
```

● 第 2～7 行的功能为产生一批新的粒子，粒子的初始位置在指定的中心点附近随机产生，因此，根据粒子初始位置偏离中心位置 x 坐标的差值确定粒子 x 方向的速度。速度大小与偏离中心点的距离线性相关，偏离越远，速度越大。

● 第 8～16 行的功能为将超过生命期上限的粒子从所有粒子列表中删除。但直接在遍历所有粒子列表的循环中执行删除会带来问题，故这里首先遍历所有粒子列表中的粒子，将符合删除条件的粒子加入删除列表中，最后遍历删除列表，执行最后删除。

● 第 17～21 行为将更新后的所有粒子列表中的粒子复制进转存粒子列表。这与前面绘制方法中将转存粒子列表中的粒子复制进直接服务于绘制工作的粒子列表是呼应的，正好形成了粒子数据从计算线程到绘制线程的流水线。

（3）下面介绍的是代表单个粒子的 ParticleSingle 类，其负责存储单个特定粒子的信息。这里由于篇幅原因，只对 go 方法和 drawSelf 方法进行介绍。具体代码开发如下。

代码位置：见随书光盘源代码/第 17 章/FastCut/src/com/bn/util/snow 目录下的 ParticleSingle.java。

```
public void go(float lifeSpanStep){                    //移动粒子，并增长粒子生命期的方法
     y=y+vy;                                           //计算粒子新的 y 坐标
     lifeSpan+=lifeSpanStep;                           //增加粒子的生命期
}
public void drawSelf(float[] startColor,float[] endColor,float maxLifeSpan){
     MatrixState.pushMatrix();                         //保护现场
```

```
7        MatrixState.translate(x, y, 0);                    //执行平移变换
8        float sj=(maxLifeSpan-lifeSpan)/maxLifeSpan;       //衰减因子在逐渐变小，最后变为 0
9        fpfd.drawSelf(sj,startColor,endColor);             //绘制单个粒子
10       MatrixState.popMatrix();                           //恢复现场
11   }
```

- 第 1～4 行为定时调用用以运动粒子及增大粒子生命期的 go 方法。
- 第 5～11 行为绘制单个粒子的 drawSelf 方法，首先根据粒子当前的生命期与最大允许生命周期计算出总衰减因子，然后调用粒子绘制对象的 drawSelf 方法完成粒子的绘制。

> **说明** 本小节关于下雪特效的实现借助了 ParticleForDraw 和 ParticleConstant 两个类。对于 ParticleForDraw 类，其为最基本的雪花粒子绘制类，与之前介绍的 BNObject 类的功能实现类似，这里由于篇幅原因，不再赘述。

17.8 本游戏中的着色器

在本节之前，该游戏的功能和技术基本介绍完毕，接下来将对游戏中用到的相关着色器进行介绍，本游戏一共使用了 3 套着色器，一套是一般图形绘制的着色器，一套是飞走木块绘制的着色器，还有一套是实现下雪特效的着色器。下面就对其进行详细的介绍。

（1）着色器分为顶点着色器和片元着色器。顶点着色器是一个可编程的处理单元，功能为执行顶点的变换、光照、材质的应用与计算等顶点的相关操作，其每个顶点执行一次。接下来首先介绍的是一般图形绘制的顶点着色器，其详细代码如下。

代码位置：见随书光盘源代码/第 17 章/FastCut/assets/目录下的 vertex.sh。

```
uniform mat4 uMVPMatrix;                                    //总变换矩阵
attribute vec3 aPosition;                                   //顶点位置
attribute vec2 aTexCoor;                                    //顶点纹理坐标
varying vec2 vTextureCoord;                                 //用于传递给片元着色器的变量
void main(){
   gl_Position = uMVPMatrix * vec4(aPosition,1);//根据总变换矩阵计算此次绘制此顶点位置
   vTextureCoord = aTexCoor;                                //将接收的纹理坐标传递给片元着色器
}
```

> **说明** 该顶点着色器的作用主要为根据顶点位置和总变换矩阵计算此次绘制此顶点位置 gl_Position，每顶点执行一次，并将接收的纹理坐标传递给片元着色器。

（2）介绍完了一般图形绘制的顶点着色器的开发后，接下来将介绍一般图形绘制的片元着色器的开发。片元着色器是用于处理片元值及其相关数据的可编程片元，其可以执行纹理的采样、颜色的汇总、计算雾的颜色等操作，每片元执行一次。具体代码实现如下。

代码位置：见随书光盘源代码/第 17 章/FastCut/assets/目录下的 frag.sh。

```
precision mediump float;                                    //给出浮点精度
varying vec2 vTextureCoord;                                 //接收从顶点着色器过来的参数
uniform sampler2D sTexture;                                 //纹理内容数据
void main(){
    gl_FragColor = texture2D(sTexture, vTextureCoord);//给此片元从纹理中采样出颜色值
}
```

> **说明** 该片元着色器的作用主要为根据从顶点着色器传递过来的参数 vTextureCoord 和从 Java 代码部分传递过来的 sTexture 计算片元的最终颜色值，每片元执行一次。

（3）由于飞走木块绘制的顶点着色器与 vertex.sh 相同，就不再介绍，并且因为飞走的木块需慢慢消失，所以在第二套着色器中的片元着色器中增加了乘以衰减因子的代码。那么接下来将继续介绍该部分片元着色器的开发，其详细代码如下。

代码位置：见随书光盘源代码/第 17 章/FastCut/assets/目录下的 frag_fly.sh。

```
precision mediump float;                                  //给出浮点精度
uniform float sjFactor;                                   //衰减因子
uniform sampler2D sTexture;                               //纹理内容数据
varying vec2 vTextureCoord;                               //接收从顶点着色器过来的参数
void main(){
   gl_FragColor=texture2D(sTexture, vTextureCoord)*sjFactor;
   //此片元从纹理中采样出颜色值*衰减因子
}
```

说明　该片元着色器与上述片元着色器相比，增加了从 Java 代码部分传递过来的衰减因子的代码，该衰减因子主要用于实现木块飞走时逐渐消失的功能。

（4）本游戏中一般图形绘制的着色器和飞走木块绘制的着色器已经介绍完了，接下来将介绍实现下雪特效的顶点着色器，具体代码如下。

代码位置：见随书光盘源代码/第 17 章/FastCut/assets/目录下的 vertex_snow.sh。

```
uniform mat4 uMVPMatrix;                          //总变换矩阵
attribute vec3 aPosition;                         //顶点位置
attribute vec2 aTexCoor;                          //顶点纹理坐标
varying vec2 vTextureCoord;                       //用于传递给片元着色器的纹理坐标变量
varying vec3 vPosition;                           //用于传递给片元着色器顶点位置的变量
void main(){
     gl_Position = uMVPMatrix * vec4(aPosition,1);//根据总变换矩阵计算此次绘制此顶点位置
     vTextureCoord = aTexCoor;                    //将接收的纹理坐标传递给片元着色器
     vPosition=aPosition;                         //将接收的顶点坐标传递给片元着色器
}
```

说明　与普通的顶点着色器相比，上述实现下雪特效的顶点着色器中主要增加了将顶点坐标传给片元着色器的相关代码。

（5）介绍完下雪特效的顶点着色器后，接下来将继续介绍下雪特效的片元着色器的开发，与其他片元着色器相比，该片元着色器增加了许多从 Java 代码部分传过来的变量，具体代码如下。

代码位置：见随书光盘源代码/第 17 章/FastCut/assets/目录下的 frag_snow.sh。

```
precision mediump float;                              //给出浮点精度
uniform vec4 startColor;                              //起始颜色
uniform vec4 endColor;                                //终止颜色
uniform float sjFactor;                               //衰减因子
uniform float bj;                                     //半径
uniform sampler2D sTexture;                           //纹理内容数据
varying vec2 vTextureCoord;                  //接收从顶点着色器传递过来的纹理坐标参数
varying vec3 vPosition;                      //接收从顶点着色器传递过来的顶点参数
void main(){
    vec4 colorTL = texture2D(sTexture, vTextureCoord);//进行纹理采样
    vec4 colorT;                                      //颜色变量
    float disT=distance(vPosition,vec3(0.0,0.0,0.0)); //计算当前片元与中心点的距离
    float tampFactor=(1.0-disT/bj)*sjFactor;          //计算片元颜色插值因子
    vec4 factor4=vec4(tampFactor,tampFactor,tampFactor,tampFactor);
    colorT=clamp(factor4,endColor,startColor);        //进行颜色插值
    colorT=colorT*colorTL.a;                 //结合采样出的透明度计算最终颜色
    gl_FragColor=colorT;                     //将计算出来的片元颜色传给渲染管线
}
```

说明　上述实现下雪特效的片元着色器，实现了在计算出片元颜色插值因子后，通过在起始颜色与终止颜色间进行线性插值，并结合纹理采样颜色的透明度得出最终的片元颜色的功能，并且在计算颜色插值时需要的起始终止颜色，通过 Java 传递过来。

着色器管理类

在大多数游戏程序中，开发人员为了提高代码的可读性，通常把一些功能代码集中管理起来，封装成一个管理类，如本游戏中的着色器管理类、纹理 id 管理类、声音管理类。本小节将对着色器管理类进行介绍，具体代码如下。

代码位置：见随书光盘源代码/第 17 章/FastCut/com/bn/util/manager 目录下的 ShaderManager.java。

```
1    public class ShaderManager{
2        ……//此处省略了导入类的代码，读者可自行查阅随书附带光盘中的源代码
3        static String[][] programs={{"vertex.sh","frag.sh"},{"vertex_snow.sh",
     "frag_snow.sh"},
4            {"vertex.sh","frag_fly.sh"}};                    //所有着色器的名称
5        static HashMap<Integer,Integer> list=new HashMap<Integer,Integer>();
     //存放程序 ID
6        public static void loadingShader(MySurfaceView mv){  //加载着色器
7          for(int i=0;i<programs.length;i++){
8              //加载顶点着色器的脚本内容
9              String mVertexShader=ShaderUtil.loadFromAssetsFile(programs[i][0],
               mv.getResources());
10             //加载片元着色器的脚本内容
11             String mFragmentShader=ShaderUtil.loadFromAssetsFile(programs[i][1],
               mv.getResources());
12             //基于顶点着色器与片元着色器创建程序
13             int mProgram = ShaderUtil.createProgram(mVertexShader,
               mFragmentShader);
14             list.put(i, mProgram);                   //将程序 ID 存放到 HashMap 集合中
15       }}
16       public static int getShader(int index){        //获得某套程序
17         int result=0;
18         if(list.get(index)!=null){                   //如果列表中有此套程序
19             result=list.get(index);                  //获得 ID
20         }
21         return result;
22   }}
```

- 第 6～15 行为加载着色器的 loadingShader()方法。循环遍历着色器 programs 数组，通过 ShaderUtil 调用 loadFromAssetsFile 方法加载顶点着色器和片元着色器。
- 第 16～21 行为获得某套程序的 getShader()方法，通过给定着色器 programs 数组的索引来获得相应的程序 id。

说明　本游戏中其他的管理类由于篇幅原因就不再赘述，如声音管理类、纹理 id 管理类，有兴趣了解的读者，请自行查看随书附带光盘中的源代码进行学习。

17.9 游戏的优化及改进

到此为止，休闲类游戏——切切乐，已经基本开发完成，也实现了最初设计的使用 OpenGL ES 2.0 渲染、下雪特效、声音特效等。但是通过多次试玩测试发现，游戏中仍然存在一些需要优化和改进的地方，下面列举了作者想到需要改善的一些方面。

（1）优化游戏界面

没有哪一款游戏的界面不可以更加完美和绚丽，所以对本游戏的界面，读者可以自行根据自

己的想法进行改进，例如可以在游戏界面切割木板时添加更多炫酷的动作，使其更加完美。如游戏场景的搭建、游戏切换场景效果等都可以进一步完善。

（2）修复游戏 bug

现在众多的手机游戏在公测之后也有很多的 bug，需要玩家不断地发现以此来改进游戏。作者已经将目前发现的所有 bug 修复完全，但是还有很多 bug 是需要玩家发现，这对于游戏的可玩性具有极其重要的帮助。

（3）完善游戏玩法

此游戏的玩法还是比较单一，仅仅停留在单调的操作过关，读者可以自行完善，例如设置一些游戏道具等，增加更多的玩法使其更具吸引力。在此基础上读者也可以进行创新来给玩家焕然一新的感觉，充分发掘这款游戏的潜力。

（4）增强游戏体验

为了满足更好的用户体验，游戏的速度、添加切割线和刀光特效的细节等一系列参数读者可以自行调整，合适的参数会极大地增加游戏的可玩性。读者还可在切换场景时增加更加炫丽的效果，使玩家对本款游戏印象更加深刻，使游戏更具有可玩性。

17.10 小结

本章借开发“切切乐”游戏为主题，向读者介绍了使用 OpenGL ES 2.0 渲染技术开发休闲类游戏的全过程。学习完本章后，读者应该对该类游戏的开发有了比较深刻的了解，为以后的开发工作打下坚实的基础。

第 18 章　休闲类游戏——3D 冰球

伴随着生活节奏的加快，能有效缓解压力的手机休闲类游戏受到人们越来越多的关注。说到休闲类游戏，其实就是指一些玩家可以很快上手，不需要长时间进行，可以随时停止的游戏。同时该类游戏具有较高的娱乐性，可以切实地做到让玩家在碎片化的时间里放松心情。

本章将介绍一个作者自己开发的休闲类游戏——3D 冰球。通过对该游戏在手机平台下的设计与实现，使读者对手机平台下使用 OpenGL ES 2.0 渲染技术开发 3D 游戏的步骤有更加深入的了解，并学会基本的 3D 游戏程序的开发，从而在以后的游戏开发中有进一步的提高。

18.1 游戏的背景及功能概述

开发“3D 冰球”游戏之前，读者首先需要了解一下该 3D 游戏的开发背景和功能。本节将主要围绕该 3D 游戏基于在短时间内缓解玩家压力的开发背景和手指拖动球槌击打冰球进入对方球门的功能两部分进行简单的介绍，希望通过作者的介绍可以使读者对该 3D 游戏有一个整体、基本的了解，进而为之后的游戏的开发做好准备。

18.1.1　背景描述

下面首先向读者介绍一些市面上比较流行的休闲类游戏，如全民学画画、英雄难过棍子关和疯狂保龄球等，如图 18-1、图 18-2 和图 18-3 所示为游戏中的截图。其中疯狂保龄球为 3D 休闲游戏。这几款游戏的玩法以及游戏内容虽然不同，但其都是非常容易上手的休闲类游戏，同时都具有很强的可玩性。

▲图 18-1　“全民学画画”游戏截图

▲图 18-2　“英雄难过棍子关”游戏截图

▲图 18-3　“疯狂保龄球”游戏截图

在本章中，作者将使用 OpenGL ES 2.0 渲染技术开发手机平台上的一款 3D 休闲类趣味小游戏。本游戏的玩法简单，同时游戏中还增加了利用 OpenGL ES 2.0 渲染技术渲染的各种酷炫的特效及截图技术，极大地丰富了游戏的视觉效果，增强了用户体验。

18.1.2　功能介绍

“3D 冰球”游戏主要包括资源加载界面、主界面、桌台和冰球的设置界面、模式及难度选择界面和游戏界面。接下来将对该游戏的部分界面以及运行效果进行简单的介绍。

（1）运行该游戏，进入加载界面。该界面主要是显示游戏资源正在加载中，不断转动的圈圈显示着加载资源的快慢。如图 18-4 所示。游戏加载完成后将直接进入主界面。

（2）游戏主界面主要是 3D 游戏场景的显示和一些游戏开关，如图 18-5 所示。在开始游戏前旋转摄像机观察冰球和桌台所在的房间，可以看到房间的四面墙壁和地板。游戏开关包括开始游戏按钮、设置按钮和声音、震动开关。点击小喇叭可以控制是否开启声音特效，点击震动按钮可以控制冰球进门时是否开启震动特效。如图 18-6 所示。

▲图 18-4　加载界面

▲图 18-5　主界面 1

▲图 18-6　主界面 2

（3）点击设置按钮将进入桌台和冰球的设置界面，如图 18-7 所示。在桌台设置界面中，点击左右箭头设置桌台的颜色，点击返回按钮将返回主界面。点击击打工具和冰球按钮将进入其具体设置界面，如图 18-8 所示，在玩家球槌和冰球的设置界面中，玩家可以根据自己的喜好设置颜色，为了便于区分，尽量不要选择相同的颜色，还可以点击返回按钮回到桌台设置界面。

（4）点击开始游戏按钮将进入模式及难度选择界面，如图 18-9 所示。该选择界面主要包括经典模式、计时模式两种游戏模式的切换以及该模式下简单、中等、困难 3 种游戏难度的选择。

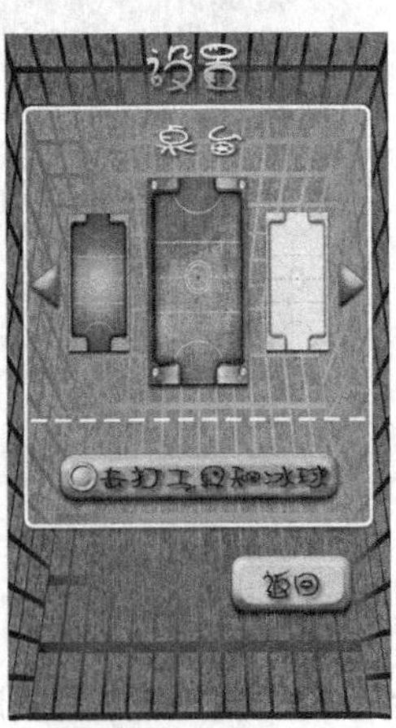

▲图 18-7　设置界面 1

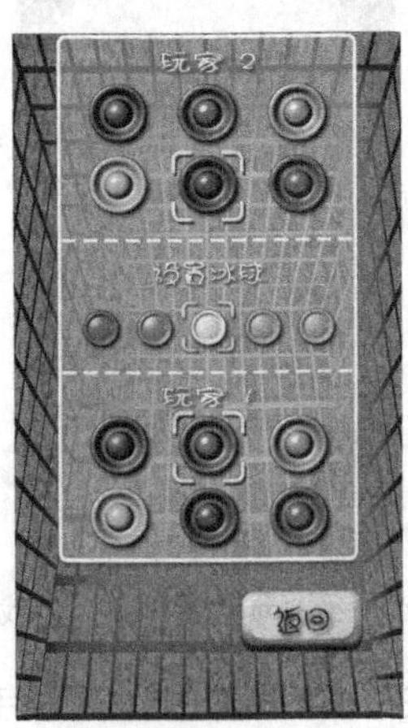

▲图 18-8　设置界面 2

▲图 18-9　选择界面

（5）点击经典模式按钮切换游戏模式，点击简单按钮选择游戏难度，然后进入游戏界面，如图 18-10 所示。该界面主要包括左上角的切换视角按钮、右上角的上方成绩显示区以及暂停按钮、桌台上的开始按钮。点击开始按钮屏幕左上角会出现截屏按钮，点击截屏按钮将保存当前游戏界面并提示图片保存成功，如图 18-11 所示。点击视角切换按钮将游戏视角切换到俯视，如图 18-12 所示。

▲图 18–10　游戏界面 1

▲图 18–11　游戏界面 2

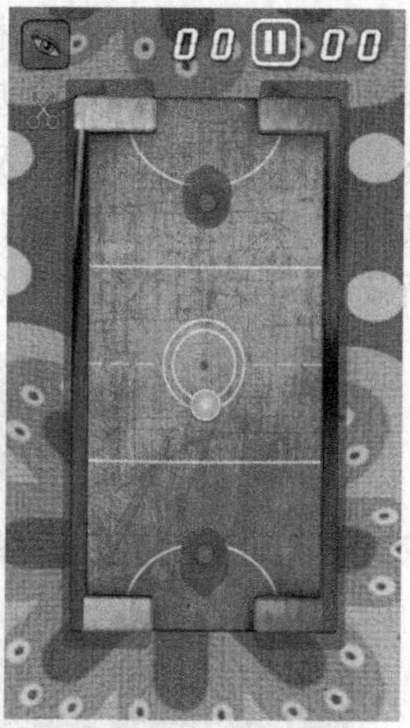

▲图 18–12　游戏界面 3

> **提示**　图 18-11 为本游戏的默认视角，当玩家开始游戏后，在前后拖动蓝色球槌的过程中摄像机的位置和目标点也会随之改变，使玩家可以更好地观察到槌球击打冰球，即蓝色球槌向前击打冰球会感觉到桌台向后运动。图 18-12 为玩家切换视角为俯视后进行游戏，在俯视状态下摄像机则没有任何变化。建议读者用真机运行此案例进行观察，效果更好。

（6）开始游戏后，玩家就可以用手指触碰并拖动蓝色球槌去击打黄色冰球，使其避开对方红色球槌的防守进入门洞而得分，如图 18-13 所示。当冰球和球槌相撞时会出现球槌颜色的粒子特效，如图 18-14 所示。如果冰球运动过程中碰到桌台四周会出现白色粒子特效、逐渐扩大并逐渐减弱的光圈和不断闪烁并逐渐消失的桌边，如图 18-15 所示。

▲图 18–13　游戏界面 4

▲图 18–14　游戏界面 5

▲图 18–15　游戏界面 6

提示　图 18-14 为黄色冰球碰撞到蓝色球槌时出现的蓝色星星的效果图，图 18-15 为黄色冰球碰撞到桌台边缘时出现不断扩大的光圈的效果图，并且伴随着大量的白色星星，同时被撞的桌台边缘也会有金色亮线不断闪烁。建议读者用真机运行此案例进行观察，效果更好。

（7）点击暂停按钮，将切换到暂停界面，如图 18-16 所示。该界面包括重玩按钮、返回游戏按钮和返回主菜单按钮。点击重玩按钮当前成绩将清零，游戏恢复到开始状态。点击返回游戏按钮将继续当前的游戏。点击返回主菜单按钮将返回到模式及难度选择界面。

（8）玩家也可以在模式及难度选择界面选择计时模式开始游戏，如图 18-17 所示。计时模式与经典模式的差别即在屏幕右上角多了一个计时器，随着玩家点击开始按钮开始游戏，游戏时间将逐渐减少，如果时间减到 0 则停止游戏，根据比分判断输赢，如图 18-18 所示。

▲图 18-16　游戏界面 7

▲图 18-17　游戏界面 8

▲图 18-18　游戏界面 9

（9）经典模式下，当玩家或电脑任何一方最先获得 7 分，将提示玩家游戏胜利或游戏失败，并切换到相应的胜利界面或失败界面。如图 18-19 所示。计时模式下，当计时结束后得分最多的一方获得胜利，同样会显示失败或者胜利界面，如图 18-20 所示。

（10）当玩家处于模式及难度选择界面，可以点击手机返回键回到游戏主界面。当玩家处于游戏主界面，也可以点击手机返回键退出游戏，点击一次返回键将提示“再按一次退出游戏”，如图 18-21 所示，连续两次点击将直接退出游戏。

▲图 18-19　失败界面

▲图 18-20　胜利界面

▲图 18-21　退出游戏提示界面

18.2 游戏的策划及准备工作

上一节中向读者介绍了本游戏的开发背景及其基本功能，对其有了一定了解之后，本节将着重向读者介绍在开发本游戏时的前期准备工作。主要包括游戏策划中的游戏类型定位、呈现技术、操作方式、音效设计等工作的确定和游戏开发中所需 3D 模型、着色器资源、图片资源、声音资源的准备工作。

18.2.1 游戏的策划

本小节是对游戏的策划这一准备工作的简单介绍。在实际的游戏开发过程中会涉及很多方面，而本游戏的策划主要包括对游戏类型定位、运行的目标平台、采用的呈现技术、操作方式和游戏中音效设计等工作的确定。下面将向读者一一介绍。

（1）游戏类型定位

本游戏是一款 3D 的手机游戏，属于休闲类游戏。在游戏的主界面及游戏界面开始游戏之前，摄像机不停旋转观察着桌台、冰球、球槌及它们所在的房间，摄像机的转场可以看到房间的四边墙壁，增加了游戏的立体感，同样可以提示玩家本游戏是一款 3D 游戏。

（2）运行的目标平台

本游戏目标平台为 Android 2.2 或者更高的版本，同时手机必须有 GPU（显卡），因为使用 OpenGL ES 2.0 的绘制工作是在 GPU 上完成的。

（3）采用的呈现技术

本游戏以 OpenGL ES 2.0 作为游戏呈现技术，同时添加了星星特效、碰撞特效、光圈特效和亮线特效，使得游戏更吸引玩家。游戏中的星星、光圈特效极大地增加了游戏的真实感以及玩家的游戏体验。

（4）操作方式

本游戏所有关于游戏的操作为触屏，操作简单，容易上手。玩家通过手指滑动来拖动球槌去击打冰球。在游戏过程中玩家应拖动球槌或上前击打冰球使其进入对方门洞而得分，或设法阻止冰球进入我方门洞而使对方得分。最先获得 7 分将赢得胜利或者在限定时间内获得高分获得胜利。玩家可以点击暂停按钮重玩本局游戏，也可以返回模式及难度选择界面重新选择模式或难度。

（5）音效设计

为了增加玩家的体验，本游戏根据游戏的效果添加了适当的音效，例如，冰球和球槌相撞时的音效、冰球和桌台边缘碰撞的音效、冰球进入门洞的音效等。同时本游戏增加了冰球进入门洞时的震动效果，玩家在主界面可以选择开启或关闭音效和震动。

18.2.2 手机平台下游戏的准备工作

上一小节向读者介绍了游戏的策划，本小节将向读者介绍在开发之前应做的一些准备工作，其中主要包括搜集和制作图片、声音、设计和制作 3D 模型以及着色器等，其具体步骤如下。

（1）首先为读者介绍的是本游戏中用到的图片资源，系统将所有图片资源都放在项目文件下的 assets 目录下的 pic 文件夹下，如表 18-1 所列。

（2）接下来介绍本游戏中需要用到的声音资源，作者将声音资源拷贝在项目文件下的 assets 目录下的 sound 文件夹中，其详细具体音效资源文件信息如表 18-2 所列。

（3）接下来介绍本游戏中需要用到的 3D 模型，作者将模型资源拷贝在项目文件下的 assets 目录下的 model 文件夹中，其详细具体模型资源文件信息如表 18-3 所列。

表 18-1 图片清单

图片名	大小（KB）	像素（w×h）	用途	图片名	大小（KB）	像素（w×h）	用途
loading.png	11.2	64×64	加载界面背景图 1	classic 1.png	18.4	256×128	经典模式按钮 1
load.png	19.7	256×64	加载界面背景图 2	classic 2.png	16.6	256×128	经典模式按钮 2
bg.png	16.6	128×64	3D 冰球字体	timed 1.png	18.8	256×128	计时模式按钮 1
player 1.png	26.4	256×128	开始游戏按钮 1	timed 2.png	16.1	256×128	计时模式按钮 2
player 2.png	25.5	256×128	开始游戏按钮 2	easy 1.png	21.6	256×128	简单按钮 1
settings 1.png	22.1	256×128	设置按钮 1	easy 2.png	20.7	256×128	简单按钮 2
settings 2.png	20.7	256×128	设置按钮 2	medium 1.png	21.3	256×128	中等按钮 1
shock 1.png	8.87	64×64	开启震动按钮	medium 2.png	19.7	256×128	中等按钮 2
shock 3.png	9.33	64×64	关闭震动按钮	hard 1.png	21.8	256×128	困难按钮 1
sound 1.png	8.32	64×64	开启音效按钮	hard 2.png	20.2	256×128	困难按钮 2
no sound 1.png	8.17	64×64	关闭音效按钮	start 1.png	22.7	256×128	开始按钮
setting.png	19.1	256×64	设置字体	eye.png	7.26	64×64	默认视角图标
table-hockey.png	14	256×64	桌台字体	eye1.png	8.08	64×64	俯视视角图标
d-b-1.png	42.3	128×256	设置桌台颜色 1	screenshot1.png	5.12	32×32	截图图标
d-b-2.png	65.2	128×256	设置桌台颜色 2	time 1.png	19.8	256×64	计时数字图 1
d-b-3.png	61.2	128×256	设置桌台颜色 3	time 2.png	15.4	256×64	计时数字图 2
d-b-4.png	42.5	128×256	设置桌台颜色 4	time.png	4.34	64×64	计时框
paddles and puck 1.png	19.4	256×64	击打工具和冰球按钮 1	pause 1.png	5.45	64×64	暂停图标 1
paddles and puck 2.png	20.5	256×64	击打工具和冰球按钮 2	pause 2.png	4.71	64×64	暂停图标 2
back 1.png	11	128×64	返回按钮 1	tablePic1.png	6.8	64×64	桌柱颜色 1
back 2.png	10.3	128×64	返回按钮 2	tablePic2.png	8.44	64×64	桌柱颜色 2
jt l 2.png	4.92	32×64	左箭头	tablePic3.png	7.92	64×64	桌柱颜色 3
jt r 2.png	4.98	32×64	右箭头	tablePic4.png	5.67	64×64	桌柱颜色 4
bg 2.png	999	512×1024	设置界面背景	pause.png	30.6	256×128	暂停字体
bai_03.png	7.62	512×512	设置界面白色边框 1	restart 1.png	22.7	256×128	重玩按钮 1
bg 3.png	6.61	256×512	设置界面白色边框 2	restart 2.png	20.8	256×128	重玩按钮 2
player 1.png	8.72	128×32	玩家 1 字体	resume 1.png	26.8	256×128	返回主菜单按钮 1
player 2.png	9.17	128×32	玩家 2 字体	resume 2.png	25.6	256×128	返回主菜单按钮 2
change puck.png	21.1	256×64	设置冰球字体	resume 3.png	28.3	256×128	返回游戏 1
2.png	4.82	64×64	颜色选中框大	resume 4.png	27.2	256×128	返回游戏 2
1.png	3.77	32×32	颜色选中框小	computerwin.png	20	128×64	进球了字体
bg_blue.png	2.94	128×128	设置球颜色 1	failed.png	24.3	256×128	失败字体
bg_yellow.png	2.94	128×128	设置球颜色 2	win.png	26.5	256×128	胜利字体
bg_blue2.png	2.94	128×128	设置球颜色 3	particle_red.png	3.47	32×32	星星粒子颜色 1
bg_green.png	2.94	128×128	设置球颜色 4	particle_green.png	3.48	32×32	星星粒子颜色 2

续表

图 片 名	大小（KB）	像素（w×h）	用 途	图 片 名	大小（KB）	像素（w×h）	用 途
bg_pink.png	2.94	128×128	设置球颜色 5	particle_purple.png	3.19	32×32	星星粒子颜色 3
bg_orange.png	2.94	128×128	设置球颜色 6	particle_blue2.png	3.79	32×32	星星粒子颜色 4
bg_purple.png	2.94	128×128	设置球颜色 7	particle_blue1.png	3.22	32×32	星星粒子颜色 5
bg_red.png	3.09	128×128	设置球颜色 8	particle_yellow.png	4.03	32×32	星星粒子颜色 6
s1.png	4.76	32×32	冰球显示 1	particle_pink.png	3.0	32×32	星星粒子颜色 7
s2.png	4.7	32×32	冰球显示 2	round.png	12.7	128×128	光圈图片
s3.png	4.69	32×32	冰球显示 3	snow.png	1.21	32×32	雪花图片
s4.png	4.67	32×32	冰球显示 4	light.png	5.76	256×64	亮线图片
s5.png	4.79	32×32	冰球显示 5	nb1.png	15.5	256×32	数字图 1
p1.png	10.4	64×64	球槌显示 1	nb5.png	15	256×32	数字图 2
p2.png	10.3	64×64	球槌显示 2	game 1.png	460	512×1024	桌台颜色 1
p3.png	9.62	64×64	球槌显示 3	game 2.png	825	512×1024	桌台颜色 2
p4.png	10.3	64×64	球槌显示 4	game 3.png	635	512×1024	桌台颜色 3
p5.png	9.74	64×64	球槌显示 5	game 4.png	101	512×1024	桌台颜色 4
p6.png	10.4	64×64	球槌显示 6	skybox.png	471	512×512	游戏房间壁纸
difficulty.png	11.2	256×64	难度字体				

表 18-2 声音清单

声音文件名	大小（KB）	格式	用 途	声音文件名	大小（KB）	格式	用 途
jq.ogg	50	ogg	进球时的音乐	puckWallSound.mp3	4.96	mp3	球撞桌沿的音乐
puckBeaterSound.mp3	2.1	mp3	两球相撞的音乐				

表 18-3 模型清单

模型文件名	大小（KB）	格式	用 途	模型文件名	大小（KB）	格式	用 途
ball.obj	124	obj	冰球模型	hockey.obj	46.3	obj	球槌模型
line.obj	2.46	obj	亮线模型	skybox.obj	1.49	obj	房间模型
table.obj	108	obj	桌台模型	zhuzi.obj	17.3	obj	桌柱模型

（4）最后来介绍本游戏中需要用到的着色器资源，作者将着色器资源拷贝在项目文件下的 assets 目录下的 shader 文件夹中，其详细具体着色器资源文件信息如表 18-4 所列。

表 18-4 着色器清单

着色器文件名	大小（字节）	格式	用 途	着色器文件名	大小（字节）	格式	用 途
frag.sh	297	sh	基础绘制	vertex.sh	408	sh	基础绘制
frag_fly.sh	267	sh	物体渐变	vertex_fly.sh	386	sh	物体渐变
frag_line.sh	627	sh	桌边亮线	vertex_line.sh	2155	sh	桌边亮线
frag_shadow.sh	771	sh	物体和影子	vertex_shadow.sh	2991	sh	物体和影子
frag_snow.sh	690	sh	粒子系统	vertex_snow.sh	436	sh	粒子系统

18.3 游戏的架构

上一节介绍了本游戏的策划和前期的准备工作，本节将对游戏“3D 冰球”的整体架构进行简单介绍，主要包括对各个类的简要介绍和游戏框架简介。通过对本节的学习，读者对本游戏的设计思路及架构会有一个整体的把握和了解，便于对后面游戏的具体代码开发有更加深入的认识，以便很快掌握。

18.3.1　各个类的简要介绍

为了让读者能够更好地理解本游戏中各个类的作用，本小节将其分成显示界面类、物理引擎相关类、工具类、线程类、绘制相关类、粒子系统相关类和着色器七部分进行简单的功能介绍，而对于各个类的详细代码将在后面的章节中相继开发。

1. 显示界面类

（1）显示界面类 MySurfaceView

该类是本游戏的显示界面类，继承自 GLSurfaceView。该类的主要作用是实现当前界面的触摸事件以及进行当前界面的绘制工作、监听手机返回键并对其进行相应的处理以及显示提示信息等，该类主要是对当前界面进行处理。同时该类是本游戏中非常重要的显示界面类。

（2）加载界面类 LoadingView

该类为本游戏的加载界面类，主要是加载游戏中所要用到的所有图片资源、声音资源、3D 模型资源以及初始化各个界面类。其中 3D 模型资源包括冰球、球槌、亮线、光圈、粒子系统、桌台和桌柱以及这些实物所在的房间等模型的顶点信息和纹理信息。在游戏开始前就将所用资源加载完毕，避免了游戏开始后在加载模型、声音、图片等资源时浪费时间导致游戏出现卡顿，使玩家有更好的游戏体验，读者在学习过程中应该注意到这一点并仔细体会。

（3）主界面类 MainView

该类为玩家在经过加载界面后首先看到的欢迎布景呈现类。该界面中包括“3D 冰球”游戏名称标识以及开始游戏、设置、音效和震动 4 个按钮。点击开始游戏按钮将进入游戏模式及难度选择界面，点击设置按钮将进入设置桌台背景界面，点击小喇叭将开启或关闭音效，点击震动按钮将开启或关闭手机震动。同时本界面的背景为动态不停旋转的游戏房间，用到了摄像机转场类 TransitionView。

（4）设置桌台背景类 ChooseBgView

该类为设置游戏中所用桌台背景的界面的实现类，玩家可通过点击左右箭头选择桌台的背景图，也可点击击打工具和冰球按钮进入设置冰球颜色界面，即 ChooseColorView。在设置冰球颜色界面中，玩家可以设置冰球和玩家球槌的颜色。在两个界面中，玩家均可点击返回按钮回到上一层界面。

（5）选择游戏模式和难度类 OptionView

该类为选择游戏的模式及难度界面的实现类，该界面中包括经典模式、计时模式、简单、中等和困难 5 个按钮。点击经典模式按钮游戏将开启经典模式，点击计时模式游戏则将进入倒计时模式。无论玩家选择哪种游戏模式，该模式下都有简单、中等和困难 3 个难度可供选择，然后将进入游戏界面。

（6）游戏界面类 GameView

该类为玩家拖动球槌打击冰球的游戏界面的实现类。该界面包括视角切换按钮、暂停游戏按钮、开始按钮和双方分数显示以及动态游戏房间背景。在玩家点击开始前，界面将一直处于摄像机转场状态，当玩家点击开始按钮后，屏幕左上角将出现截图按钮，摄像机视角固定可看到放在房间里的冰球及所在桌台。开始游戏后，玩家可点击视角切换按钮切换游戏视角，然后用手指触摸屏幕拖动球槌去击打冰球使其进入对方门洞而得分并在屏幕上方显示，同时玩家也可点击暂停按钮暂停游戏。

（7）暂停界面类 PauseView

该类为暂停界面的实现类，该界面中包括了重玩、返回游戏和返回主菜单 3 个按钮，点击重玩按钮将重新开始游戏，点击返回游戏按钮将继续之前的游戏，点击返回主菜单按钮将回到模式及难度选择界面。另外 GameOverView 类为游戏结束时出现的成绩提示框，该界面将提示玩家胜利或失败。

2. 物理引擎相关类

（1）物理形状生成类 Box2DUtil

该类为生成物理形状的工具类，其中包括创建矩形刚体并返回其刚体对象的 createBox 方法、创建圆形刚体并返回其刚体对象的 createCircle 方法以及创建边刚体的 createEdge 方法。创建刚体对象时，不仅设置了其形状、可否运动，还对该刚体的密度、摩擦系数和恢复系数等方面进行了物理描述。通过对创建刚体方法的封装，在开发游戏中可方便地使用，从而使开发的游戏更加具有真实性。

（2）监听碰撞处理类 Box2DDoAction

该类为碰撞监听并对其进行处理的工具类，该类封装了冰球进入门洞碰到洞口刚体的 doAction 方法和冰球运动碰撞到桌台四周边缘刚体的 doCrashAction 方法。doAction 方法为检测到游戏胜利后将冰球的速度置零、开启手机震动并播放进球音效以及播放粒子特效等，doCrashAction 方法为检测到冰球与桌台四周碰撞后将绘制光圈的标志位置 true 并播放碰撞音效。MyContactListener 类为自定义监听类，该类继承自物理引擎的监听类 ContactListener。

（3）鼠标关节类 MyMouseJoint

该类为自定义的鼠标关节类，主要包括鼠标关节对象的声明、物理世界类对象的声明、创建鼠标关节描述等。鼠标关节描述包括对关节 id、是否允许碰撞、关节关联的刚体、刚体世界目标点、约束可以施加给移动候选体的最大力和阻尼系数等方面的设置，最后将该鼠标关节添加到物理世界中。鼠标关节的使用避免了直接设置球槌的位置而带来球槌运动的不自然。

3. 工具类

（1）加载 obj 模型的工具类 LoadUtil

该类为从 obj 文件中加载携带顶点信息的物体，并自动计算每个顶点的平均法向量的工具类。该类主要是从存放在项目下的 obj 文件中读入物体的顶点坐标、纹理坐标并计算出其平均法向量，然后创建 LoadedObjectVertexNormalTexture 类的对象并返回。该类是实现加载 3D 物体的重要工具类。

（2）坐标转化工具类 IntersectantUtil

该类封装了从屏幕坐标到世界坐标系的对应方法。该类首先是通过在屏幕上的触控位置，计算对应的近平面上坐标，以便求出 AB 两点在摄像机坐标系中的坐标，然后是将 AB 两点在摄像机中坐标系中的坐标乘以摄像机矩阵的逆矩阵，以便求得 AB 两点在世界坐标系中的坐标，从而实现屏幕触控位置到世界坐标系中对应坐标的转化。该类是实现准确控制 3D 物体位置的工具类。GetPositionUtil 类主要包括计算交点坐标和获得限制后的坐标两个方法，避免球槌或冰球运动范围脱离桌台。

（3）游戏模式相关类

该相关类主要包括攻击模式 AttackUtil 类和防守模式 GuardUtil 类。AttackUtil 类主要是确定球槌与冰球运动轨迹的相交目标点，计算冰球到达对方门洞的位置，实现槌球运动到该位置，并击打冰球，然后控制球槌运动回洞口进行防守。GuardUtil 类主要是实现对冰球的防守，跟随冰球而运动。游戏模式相关类实现了电脑的人工智能，使之可以与玩家对抗。

（4）截图工具类 ScreenShot

该类封装了截取当前屏幕图像并保存到指定路径下的方法。该类主要是开启一个新的线程，将当前的图像按照指定的图片格式、品质，然后以输出流的形式保存到指定目录下。如果保存成功则提示“保存成功，文件名为”，否则提示“保存失败！”。

4. 线程类

（1）物理线程类 PhysicalThread

该类是本游戏的物理线程类，主要是进行物理迭代。如果当前速率过快将强制线程进行休息，然后对电脑和玩家的球槌位置进行计算、设置，不断更新数据，并当冰球速度过快时对其进行限制。物理线程类是本游戏中非常重要的一个类，实现了物体的正常碰撞和运动。

（2）球运动线程类 BallGoThread

该类是本游戏的球运动线程类。在该类中，创建了一个新的线程与物理线程同时开启。首先获得当前冰球的位置值并加锁保证数据的一致性，然后切换到指定的游戏模式，判断上一局是谁赢得游戏并指定玩家或电脑开局，最后判断如果游戏胜利并且红球与球碰撞时，给予冰球一定的冲量。将该类从 PhysicalThread 类中分离出来，可以很好地控制球槌的速度，同时保证了代码的清晰度。

5. 绘制相关类

（1）自定义绘制矩形物体类 BN2DObject

该类封装了初始化矩形物体的顶点数据和纹理坐标数据的方法、初始化着色器的方法，绘制旋转物体、不旋转物体以及分数 3 个方法。初始化数据和绘制方法相结合完成了矩形物体的绘制。该类实现了游戏中所有 2D 物体的绘制，同时包括加载界面中旋转的加载圆圈的绘制。BN3DObject 类为自定义绘制含有衰减因子的物体的绘制类。游戏中渐变光圈的绘制使用的即是本类。

（2）自定义 3D 物体绘制类 GameObject

该类为 3D 物体的绘制类，包括构造器和 drawSelf 绘制方法。drawSelf 方法主要是接收是否绘制影子、物体所在位置和影子的位置等信息，然后调用 3D 物体绘制方法进行绘制。LoadedObjectVertexNormalTexture 类为 3D 物体的主绘制类，其中包括初始化 3D 物体顶点坐标、顶点法向量坐标、纹理坐标和着色器的方法，还包括绘制桌边亮线、桌台以及房间等 3D 物体的方法。

6. 粒子系统相关类

粒子系统相关类包括工具类 ParticleConstant 类、绘制类 ParticleForDraw 类、代表单个粒子的 ParticleSingle 类以及粒子总控制类 ParticleSystem 类。这些类中将矩形物体的绘制与粒子的产生进行封装。通过对粒子最大生命周期、生命期步进、起始颜色、终止颜色、目标混合因子、初始位置、当前索引和更新物理线程休息时间等属性的设置，并初始化顶点数据和纹理数据进行绘制，实现星星的效果。

7. 着色器

由于本游戏的画面绘制使用的是 OpenGL ES 2.0 渲染技术，所以需要着色器的开发。着色器包括顶点着色器和片元着色器，在绘制画面前首先要加载着色器，加载完着色器的脚本内容并放进集合，根据绘制物体的不同来选择相应的着色器。

18.3.2 游戏框架简介

上一小节已经对该游戏中所用到的类进行了简单介绍，可能读者还没有理解游戏的架构以及游戏的运行过程。接下来本小节将从游戏的整体架构上进行介绍，使读者对本游戏有更进一步的了解，首先给出的是游戏框架图，如图 18-22 所示。

▲图 18-22 游戏框架图

> **说明** 图 18-22 中列出了“3D 冰球”游戏框架图，通过该图可以看出游戏主要由游戏界面、工具类、线程类、绘制类及星星特效、着色器和物理引擎相关类等构成，其各自功能后续将向读者详细介绍。

接下来按照程序运行的顺序逐步介绍各个类的作用以及整体的运行框架，使读者更好地掌握本游戏的开发步骤，其详细步骤如下。

（1）启动游戏，首先在 MyActivity 类中设置屏幕为全屏且为竖屏模式，然后创建声音管理类 SoundManager 的对象以及主布景类 MySurfaceView 的对象，最后跳转到 MySurfaceView 类。

（2）进入 MySurfaceView 类首先会进行渲染器的创建，在内部类渲染器的 onSurfaceChanged 方法中设置当前界面为加载界面，然后将进入到加载界面。

（3）在加载界面中，玩家会看到“加载中……”的提示文字和随着加载速度而转动的圆圈。当加载游戏中所用到的图片资源、3D 模型资源以及界面的初始化工作完毕，将跳转到游戏的主界面。

（4）在游戏主界面中，玩家会看到“开始游戏”和“设置”按钮，开启或关闭音效、震动的按钮，以及游戏名称“3D 冰球”。主界面的背景为动态的游戏房间，玩家可以清楚地感受到本游戏为 3D 游戏。

（5）当玩家点击设置按钮，游戏将进入设置界面。在该界面中，玩家可以点击左右箭头来设置桌台的背景，点击返回按钮返回到游戏主界面，也可以点击击打工具和冰球按钮进入其设置界面。

（6）在击打工具和冰球设置界面中，玩家可点击喜欢的图标和颜色对冰球和球槌进行设置，也可以点击返回按钮回到桌台设置界面。

（7）当玩家点击开始游戏按钮，游戏将跳转到模式及难度选择界面。该界面包括经典模式、计时模式、简单、中等和困难 5 个按钮。玩家可选择游戏模式，然后点击具体某一难度，游戏将进入游戏界面。

（8）在游戏界面中，背景依然为动态的游戏房间，同时还包括开始按钮。点击开始按钮后，玩家即可拖动球槌进行游戏。当前游戏模式如果为经典模式，屏幕右上角将显示游戏双方的成绩，最先获得 7 分的一方获得胜利。当前游戏模式如果为计时模式，屏幕右上角将在经典模式的基础上增加一个计时器，当时间结束时，得分多的一方将获得胜利。

（9）在游戏过程中，玩家可点击屏幕左上角的切换视角图标切换游戏视角，或者点击截屏图标保存当前游戏状态，或者点击屏幕右上角的暂停按钮暂停游戏。

（10）在暂停界面中，玩家可以点击重玩按钮重玩该游戏，点击返回游戏按钮继续当前游戏，点击返回主菜单按钮回到模式及难度选择按钮。

（11）当游戏胜利或失败时，将进入其对应界面。在该界面中包括“重玩”和“返回主菜单”2 个按钮，玩家点击重玩按钮将重新开始游戏，点击返回主菜单按钮将跳转到模式及难度选择界面。

18.4 显示界面类

本节将介绍的是游戏的界面类代码，由于该游戏用到的界面很多，这里只选择显示界面 MySurfaceView 类、加载界面 LoadingView 类、主界面 MainView 类、转场界面 TransitionView 类以及游戏界面 GameView 类进行简单的介绍。

18.4.1 显示界面 MySurfaceView 类

本小节主要介绍的是游戏的显示界面类 MySurfaceView，该类的主要作用是实现当前界面的触摸事件以及进行当前界面的绘制工作、监听手机返回键进行相应的处理以及显示提示信息等，该类主要是对当前界面进行处理，而其他界面的内容将在下面介绍，具体代码如下。

代码位置：见随书光盘中源代码/第 18 章/3DHockey/src/com/bn/happyhockey 目录下的 MySurfaceView.java。

```
package com.bn.happyhockey;                                  //声明包名
……//此处省略了导入类的代码，读者可自行查阅随书附带光盘中的源代码
public class MySurfaceView extends GLSurfaceView{
      public BNAbstractView currView;                        //创建当前界面的对象
      ……//此处省略了定义其他变量的代码，读者可自行查阅随书附带光盘中的源代码
      public MySurfaceView(MainActivity activity){
            super(activity);                                 //实现 Activity 类的所有功能
            this.activity=activity;                          //对 Activity 对象进行赋值
            this.setEGLContextClientVersion(2);              //设置使用 OPENGL ES2.0
            mRenderer = new SceneRenderer();                 //创建场景渲染器
            setRenderer(mRenderer);                          //设置渲染器
            setRenderMode(GLSurfaceView.RENDERMODE_CONTINUOUSLY);//设置主动渲染
            screenShot=new ScreenShot(this);                 //创建截屏类对象
      }
      public boolean onTouchEvent(MotionEvent e){            //触摸回调方法
            if(currView==null){return false;}                //如果当前界面为空，则不能触摸
            return currView.onTouchEvent(e);                 //返回当前界面类的触摸方法
      }
      public boolean onKeyDown(int keyCode, KeyEvent event){    //返回上一界面方法
            if (keyCode == KeyEvent.KEYCODE_BACK)  {           //如果点击了手机的返回键
                  if(currView==optionView){                  //如果当前界面是选项界面
                        currView=mainView;                   //则返回到主界面
                  }else if(currView==mainView){exit();}//如果当前界面是主界面，则退出游戏
                  ……//此处省略返回其他界面的代码，读者可自行查阅随书附带光盘中的源代码
                  return true;
            }
            return super.onKeyDown(keyCode, event);          //返回结果
      }
      private void exit(){                                   //退出游戏方法
```

```
30          if (isExit == false) {                    //如果允许退出的标志位为 false
31              isExit = true;                        //准备退出
32          Toast.makeText(this.getContext(),"再按一次退出游戏", Toast.LENGTH_
            SHORT). show();
33              new Handler().postDelayed(new Runnable(){//
34                  public void run(){isExit = false; }
35              }, 2500);                             //显示提示框
36          }else{
37              android.os.Process.killProcess(android.os.Process.myPid());
                //退出游戏
38      }}
39      private class SceneRenderer implements GLSurfaceView.Renderer{//场景渲染器
40          public void onDrawFrame(GL10 gl) {
41              if(screenShot.saveFlag) {             //如果已经点击截屏按钮
42              screenShot.saveScreen((int)(Constant.StandardScreenWidth*
                Constant.ssr.ratio),
43                      (int)(Constant.StandardScreenHeight*Constant.
                        ssr.ratio));//保存图片
44                  screenShot.setFlag(false);        //允许截屏的标志位设为 false
45              }
46      GLES20.glClear( GLES20.GL_DEPTH_BUFFER_BIT|GLES20.GL_COLOR_BUFFER_BIT);
47              currView.drawView(gl);                //对当前界面进行绘制
48          }
49          public void onSurfaceChanged(GL10 gl, int width, int height) {
50              ……//此处省略设置视窗大小及位置等代码，读者可自行查阅
51          }
52          public void onSurfaceCreated(GL10 gl, EGLConfig config){
53              ……//此处省略初始化着色器、设置背景颜色等代码，读者可自行查阅
54      }}}
```

- 第 6～14 行为显示界面类 MySurfaceView 的有参构造器方法，在此构造器中，实现了 Activity 中的所有方法，并且给创建的 Activity 对象赋值，同时设置使用 OpenGL ES 2.0，然后创建并设置了场景渲染器、设置渲染模式为主动渲染，最后创建了截屏工具类的对象。
- 第 15～18 行为显示界面类的触摸事件回调 onTouchEvent 方法，主要对当前界面类的触摸事件进行处理，如果当前界面为空，则直接返回 false。下面将会介绍部分界面的触摸方法的代码。
- 第 19～28 行为给手机的返回键添加监听的方法，如果点击了手机的返回键，则返回到当前界面的上一界面，如如果当前处于选项界面，点击返回键后则直接返回到主界面等。
- 第 29～38 行为退出游戏的方法，如果当前处于主界面，连续两次点击手机的返回键，在进行相应的提示后，则将直接退出游戏。
- 第 39～54 行为创建内部场景渲染器，通过重写 onDrawFrame 方法实现当前界面的绘制工作以及对截屏图片进行保存等。由于篇幅有限，重写 onSurfaceChanged 方法和 onSurfaceCreated 方法的代码在这里不再赘述，读者可自行查阅随书附带的光盘。

18.4.2 加载界面 LoadingView 类

上一小节主要介绍了游戏的显示界面类 MySurfaceView，通过该类即可进行各个界面的绘制以及界面的触摸等，本小节中主要介绍的是加载界面类 LoadingView，该类主要用来分步加载整个游戏中用到的所有图片资源和模型资源，实现的具体代码如下。

代码位置：见随书光盘中源代码/第 18 章/3DHockey/src/com/bn/view 目录下的 LoadingView.java。

```
package com.bn.view;                                       //声明包名
……//此处省略了导入类的代码，读者可自行查阅随书附带光盘中的源代码
public class LoadingView extends BNAbstractView{
    List<BN2DObject> al=new ArrayList<BN2DObject>();      //存放 BNObject 对象
    ……//此处省略了定义其他变量的代码，读者可自行查阅随书附带光盘中的源代码
    public LoadingView(MySurfaceView mv){
        this.mv=mv;                                        //给 MySurfaceView 类对象赋值
        initView();                                        //初始化图片资源
    }
```

```
10        public void initView(){
11             TextureManager.loadingTexture(mv, 0, 2);  //初始化纹理资源
12             al.add(new BN2DObject(                       //加载界面背景图
13                       1080/2,1920/2,300,300,               //位置及大小
14                       TextureManager.getTextures("loading.png"),ShaderManager.
                         getShader(0)));
15             al.add(new BN2DObject(                       //加载界面加载图
16                       540,600, 900,300,                    //位置及大小
17                       TextureManager.getTextures("load.png"),ShaderManager.
                         getShader(0)));
18             isLoading =true;                            //允许开始加载其他资源
19        }
20        public void initOtherView(){                    //加载其他资源及界面等
21             if(step<50){
22                  TextureManager.loadingTexture(mv, 2*step+2, 2);//初始化所有纹理资源
23             }else{
24                  if(step==50){mv.mainView=new MainView(mv);}    //加载主界面
25                  ……//此处省略加载其他界面的代码，读者可自行查阅
26                  else if(step==261){
27                       mv.currView=mv.mainView;       //资源和界面加载完毕，则跳转到主界面
28                       isLoading =false;              //不再继续加载资源
29                       return;
30             }}
31             step++;                                  //步数自加
32        }
33        public boolean onTouchEvent(MotionEvent e) {return false;}//没有触摸回调事件
34        public void drawView(GL10 gl) {                //绘制界面
35             for(int i=0;i<al.size();i++){
36                  if(i==0){al.get(i).drawSelf(1);        //绘制可以旋转的加载图片
37                  }else{al.get(i).drawSelf(0);           //绘制其他图片
38             }}
39             if(isLoading){initOtherView();             //加载其他纹理资源等
40   }}}
```

- 第 3～9 行为定义加载界面以及其构造器，构造器中主要是调用了加载资源的 initView 方法。该游戏中的每个界面都继承于 BNAbstractView 类，主要是便于管理，由于父类 BNAbstractView 类的代码比较简短，有兴趣的读者可自行查阅随书附带光盘中的源代码。
- 第 10～32 行为加载界面的加载资源方法以及加载其他界面资源的方法，在 initView 方法中主要创建了两个 BN2DObject 对象以便进行绘制，在 initOtherView 方法中，首先加载了所有的纹理资源，之后便加载各个界面，最后退出该方法，并进入游戏的主界面。
- 第 33～40 行为加载界面内的触摸事件回调方法和绘制方法，由于加载界面内不需要触控，则 onTouchEvent 方法直接返回 false。在 drawView 方法中，遍历列表，分别进行绘制。

18.4.3　主界面 MainView 类

上一小节主要介绍了游戏的加载界面类 LoadingView，在该类中主要进行了纹理资源的加载以及各个界面的初始化等工作，本小节则将继续介绍游戏的主界面类 MainView，该类中主要包括通过玩家选择按钮进行相应处理等工作，实现具体代码如下。

代码位置：见随书光盘中源代码/第 18 章/3DHockey/src/com/bn/view 目录下的 MainView.java。

```
package com.bn.view;                                          //声明包名
……//此处省略了导入类的代码，读者可自行查阅随书附带光盘中的源代码
public class MainView extends BNAbstractView{
     ……//此处省略了定义变量的代码，读者可自行查阅随书附带光盘中的源代码
     public MainView(MySurfaceView mv){
          this.mv=mv;                                          //给 MySurfaceView 类对象赋值
          initView();                                          //初始化图片资源
     }
     public void initView(){
          al.add(new BN2DObject(550,300,800,300,             //创建背景图对象
               TextureManager.getTextures("bg.png"),ShaderManager.getShader(0)));
```

```
12           ……//此处省略创建其他 BN2DObject 对象的代码，与上述相似，读者可自行查阅
13      }
14      public boolean onTouchEvent(MotionEvent e) {
15          float x=Constant.fromRealScreenXToStandardScreenX(e.getX());
            //标准屏幕 x 坐标
16          float y=Constant.fromRealScreenYToStandardScreenY(e.getY());
            //标准屏幕 y 坐标
17          switch(e.getAction()){
18              case MotionEvent.ACTION_DOWN:                  //当动作为按下时
19                  if(x>PLAYER_Left&&x<PLAYER_Right&&y>PLAYER_Top&&y<PLAYER_
                    Bottom){
20                          BN2DObject bo=new BN2DObject(550,1100, 600,250,//换成选中图片
21                          TextureManager.getTextures("1-player 2.png"),ShaderManager.
                            getShader(0));
22                          synchronized(lock){       //加锁
23                                  al.remove(1);     //移除对应的 BN2DObject 对象
24                                  al.add(1,bo);     //将对应的 BN2DObject 对象添加进列表
25                          }
26                  ……//          此处省略了点击其他按钮时换图片的代码，与上述相似，读者可自行查阅
27                  }
28                  break;
29                  case MotionEvent.ACTION_UP:               //当动作为抬起时
30                  if(x>PLAYER_Left&&x<PLAYER_Right&&y>PLAYER_Top&&y
                    <PLAYER_Bottom){
31                          mv.currView=mv.optionView;        //跳到选关界面
32                          //将选中图片改成显示图片
33                          BN2DObject bo=new BN2DObject(550,1100, 600,250,//换成选中图片
34                          TextureManager.getTextures("1-player 1.png"),ShaderManager.
                            getShader(0));
35                          synchronized(lock){       //加锁
36                                  al.remove(1);     //移除对应的 BN2DObject 对象
37                                  al.add(1,bo);     //将对应的 BN2DObject 对象添加进列表
38                  }}
39                  ……//此处省略了点击其他按钮后换图片的代码，与上述相似，读者可自行查阅
40                  break;
41          }return true;
42      }
43      public void drawView(GL10 gl){                               //绘制方法
44          mv.transitionView.drawView(gl);                          //绘制转场界面
45          synchronized(lock){
46              for(BN2DObject bo:al){bo.drawSelf(0);}//绘制各个 BN2DObject 对象
47  }}}
```

- 第 3～13 行为定义主界面及其构造器，构造器中主要是给 MySurfaceView 类对象赋值，以便下面代码中使用，还调用了 initView 方法加载图片资源。在 initView 方法中，主要通过创建各个 BN2DObject 类对象并添加进列表中，方便进行界面的绘制。
- 第 14～42 行为主界面的触摸事件回调方法，在该方法中，首先获得标准屏幕下触摸点的坐标值，然后则判断手的动作，如果动作为按下时，则将显示的图片转换成选中的图片，如果动作为抬起时，则还原成原来的图片，并进行相应的处理。由于代码大致相同，则不再赘述。
- 第 43～47 行为主界面类的绘制方法，主要是对 BN2DObject 对象的绘制。进入主界面就会看到游戏界面内的转场，转场界面的代码将在下面进行介绍。

18.4.4 转场界面 TransitionView 类

上一小节主要介绍了游戏的主界面类 MainView，该类中主要包括通过玩家选择按钮进行相应处理等工作，本小节将介绍的是在游戏的主界面和选项界面等都使用到了的转场界面类 TransitionView，增加 3D 的真实效果，实现的具体代码如下。

代码位置：见随书光盘中源代码/第 18 章/3DHockey/src/com/bn/view 目录下的 TransitionView.java。

```
package com.bn.view;                                          //声明包名
……//此处省略了导入类的代码，读者可自行查阅随书附带光盘中的源代码
public class TransitionView extends BNAbstractView{
```

```
4       ……//此处省略了定义变量的代码，读者可自行查阅随书附带光盘中的源代码
5           public TransitionView(MySurfaceView mv){
6               this.mv=mv;                              //给 MySurfaceView 类对象赋值
7               initView();                              //初始化资源方法
8           }
9           public void initView(){                      //初始化资源方法
11              TextureManager.loadingTexture(mv, 49, 37); //初始化纹理资源
12              Vec2 gravity = new Vec2(0.0f,0.0f);      //设置重力加速度
13              world = new World(gravity);              //创建物理世界
14              skyTexId=TextureManager.getTextures("skybox.png");//获得天空盒的纹理 id
15              Body tempBody=Box2DUtil.createCircle(0.0f, -6f, 0.9f, world, 1.0f, 0.5f,
                0f,-1);
16              body.add(tempBody);                      //将 Body 对象添加进列表中
17              hongjdz=new GameObject(                  //创建电脑控制的球对象
18                      mv.hittingtool,TextureManager.getTextures("bg_red.png"),
                        0.9f*2,tempBody);
19              ……//此处省略了创建其他刚体的代码，与上述相似，读者可自行查阅
20          }
21          public boolean onTouchEvent(MotionEvent e){return false;}     //触摸回调方法
22          public void drawView(GL10 gl){
23              //调用此方法计算产生透视投影矩阵
24              MatrixState3D.setProjectFrustum(-left, right, -top, bottom, near, far);
25              //调用此方法产生摄像机 9 参数位置矩阵
26              MatrixState3D.setCamera(cameraX,cameraY,cameraZ,0f,0f,targetZ,
                upX,upY,upZ);
27              LookAroundCamera();                      //设置摄像机，环视房间
28              MatrixState3D.pushMatrix();              //保护现场
29              GLES20.glEnable(GLES20.GL_DEPTH_TEST);   //开启深度检测
30              MatrixState3D.setLightLocation(0, 100, 0);       //设置灯光位置
31              MatrixState3D.pushMatrix();                      //保护现场
32              MatrixState3D.setLightLocation(0, 10, 10);       //设置灯光位置
33              MatrixState3D.translate(0, -6, 0);               //向 y 轴负方向平移
34              MatrixState3D.scale(30,30,30);                   //缩放
35              mv.sky.drawSelf(skyTexId,0,0.0f);                //绘制天空盒
36              MatrixState3D.popMatrix();                       //恢复现场
37              ……//此处省略了其他模型的绘制方法，与上述相似，读者可自行查阅
38              GLES20.glDisable(GLES20.GL_DEPTH_TEST);          //关闭深度检测
39              MatrixState3D.popMatrix();                       //恢复现场
40          }
41          public void LookAroundCamera(){                      //设置摄像机方法
42              cameraX =(float)Math.sin(degree*3.1415926535898/180)*cameraLimit;
                //当前摄像机值
43              cameraZ =(float)Math.cos(degree*3.1415926535898/180)*cameraLimit;
44              tempx=(float)Math.sin(degree*3.1415926535898/180)*tempLimit;
                //中间计算值
45              tempz=(float)Math.cos(degree*3.1415926535898/180)*tempLimit;
46              upX=tempx-cameraX;                               //计算 up 向量值
47              upZ=tempz-cameraZ;
48              degree+=0.3f;                                    //角度自加
49          }
50          public void drawPillar(float translateX,float translateY,float translateZ)
            {   //绘制柱子
51              ……//此处省略了绘制柱子的代码，和上述绘制代码相似，读者可自行查阅
52          }
53          public void drawObject(int index,float tlheight,float shadowPosition) {
            //绘制 GameObject 对象
54              MatrixState3D.pushMatrix();                      //保护现场
55              MatrixState3D.translate(0, tlheight, 0);         //向 y 轴平移
56          hongjdz.drawSelf(index,tempHong.x,tempHong.y,shadowPosition);
            //绘制 GameObject 对象
57              MatrixState3D.popMatrix();                       //恢复现场
58              ……//此处省略了其他 GameObject 对象的绘制代码，与上述相似，读者可自行查阅
59      }}
```

- 第 3～20 行为游戏转场类的构造器和初始化资源方法，构造器方法中主要给 MySurfaceView 类对象赋值，在初始化资源方法中主要是获得各个图片的纹理 id，创建物理世界，并且在物理世界中创建了 3 个刚体，通过加载 obj 模型，创建 GameObject 对象，由于代码大致相

同，这里不再赘述。GameObject 类的代码十分简单，读者可自行查阅随书附带光盘中的源代码。

- 第 21～40 行为游戏转场类的触摸回调方法和绘制方法，由于转场界面不能没有触摸事件，所以直接返回 false，在绘制方法中，首先设置透视投影矩阵，并设置摄像机的 9 参数矩阵，通过不断改变摄像机的 9 参数，实现场景的变换，在保护现场后，打开深度检测，进行各个物体的绘制，分别有天空盒、桌台、桌柱、冰球以及其影子的绘制等，最后关闭深度检测，恢复现场。
- 第 41～59 行为计算摄像机的参数方法、绘制桌柱方法和绘制冰球的方法，根据每次转换度数的增加，计算摄像机的位置，通过中间值的计算求得摄像机的 up 向量，不断更新全局变量，即可达到转场的效果。绘制冰球时，同时需要绘制冰球的影子，这一点在着色器中有所体现，由于绘制物体的代码大致相同，有部分代码进行了省略，读者可自行查阅随书附带光盘中的源代码。

18.4.5 游戏界面 GameView 类

上一小节介绍的是游戏转场界面类 TransitionView，该类主要实现了游戏界面内的转场功能，增加了 3D 的真实效果，本小节将介绍本游戏中最重要的一个界面类，即游戏界面类，在该类中，主要实现了游戏界面内各个物体的绘制，以及玩家控制的球的移动、碰撞及碰撞特效等，实现的具体步骤如下。

（1）首先介绍的是游戏界面类的大致框架，由于该类的代码比较长，各个方法的功能代码将在下面进行简单的介绍，框架的具体代码如下。

代码位置：见随书光盘中源代码/第 18 章/3DHockey/src/com/bn/view 目录下的 GameView.java。

```
package com.bn.view;                              //声明包名
……//此处省略了导入类的代码，读者可自行查阅随书附带光盘中的源代码
public class GameView extends BNAbstractView{
    ……//此处省略了定义变量的代码，读者可自行查阅随书附带光盘中的源代码
    public GameView(MySurfaceView mv){
        this.mv=mv;                              //给 MySurfaceView 类对象赋值
        initView();                              //初始化资源方法
    }
    public void initPhy(){/*此处省略初始化 GameObject 对象资源方法的代码，读者可自行查阅*/}
    public void initView(){/*此处省略初始化图片资源方法的代码，读者可自行查阅*/}
    public boolean onTouchEvent(MotionEvent e){ /*此处省略触摸回调方法的代码，下面将介绍*/}
    public void drawView(GL10 gl){ /*此处省略绘制方法的代码，下面将简单介绍*/}
    public void MoveCamera(){/*此处省略移动摄像机的代码，下面将简单介绍*/}
    public void LookAroundCamera(){/*此处省略摄像机转场的代码，读者可自行查阅*/}
    public void ChangeViewCamera(){/*此处省略摄像机俯视或斜视转换的代码,读者可自行查阅*/}
    public void draw2DImage(){/*此处省略 BN2DObject 对象的绘制代码，读者可自行查阅*/}
    public void drawPillar(float translateX,float translateY,float
    translateZ){//此处省略绘制柱子代码}
    public void updateData(){/*此处省略更新位置的代码，下面将简单介绍*/}
    public void drawLine(){/*此处省略绘制亮线特效的代码，读者可自行查阅*/}
    public void drawRotateLine(float translateX,float translateZ,float scaleX,
    float scaleZ,float angle)
    {/*此处省略绘制可以旋转亮线的代码，读者可自行查阅*/}
    public void drawTranslateLine(float translateX,float translateZ,float
    scaleX,float scaleZ)
    {/*此处省略绘制不旋转亮线的代码，读者可自行查阅*/}
    public void judgeDirection(float currentBallX,int index){/*此处省略绘制亮线位置的代码*/}
    public void drawRound(){/*此处省略绘制光圈特效的代码，读者可自行查阅*/}
    public void drawPauseView(){/*此处省略绘制暂停界面的代码，读者可自行查阅*/}
    public void drawWinView(){/*此处省略绘制胜利界面的代码，读者可自行查阅*/}
    public void drawObject(int index,float tlheight,float shadowPosition){
    //此处省略绘制刚体的代码}
    public void JudgeGameWin(){/*此处省略判断游戏胜利的代码，读者可自行查阅*/}
    public void resetCamera(int count){/*此处省略重置摄像机的代码，读者可自行查阅*/}
```

```
    public void initGameView(){/*此处省略重新发球的代码，读者可自行查阅*/}
    public void ReStartGame(){/*此处省略重新开始游戏的代码，读者可自行查阅*/}
}
```

> **说明** 上面给出的是游戏界面类 GameView 的代码框架，该类中主要有初始化资源方法、触摸回调方法、总绘制方法、设置摄像机参数方法、绘制 BN2DObject 对象的方法、更新刚体位置的方法、绘制亮线特效的方法、绘制光圈特效的方法、绘制暂停界面和胜利界面的方法和重新开始游戏方法等，由于篇幅有限，大部分绘制代码又十分相似，故进行了部分省略，读者可自行查阅随书附带光盘中的源代码。

（2）上面主要介绍了游戏界面类 GameView 的代码框架，下面则将对部分省略了代码的方法进行简单的介绍，首先介绍的是游戏界面类 GameView 的触摸回调 onTouchEvent 方法和总绘制的 drawView 方法，主要用来处理游戏界面内的触摸事件，并对各个物体进行绘制，具体代码如下。

代码位置：见随书光盘中源代码/第 18 章/3DHockey/src/com/bn/view 目录下的 GameView.java。

```
public boolean onTouchEvent(MotionEvent e){
    if(isMove&&!isPause&&!GameOver){                              //允许触控
        float x=Constant.fromRealScreenXToStandardScreenX(e.getX());//标准屏幕 x 坐标
        float y=Constant.fromRealScreenYToStandardScreenY(e.getY());//标准屏幕 y 坐标
        switch (e.getAction()){
        case MotionEvent.ACTION_DOWN:                             //当动作为按下时
            if(!Start_Game&&x>=StartGame_Left&&x<=StartGame_Right&&y>=
            StartGame_Top &&y<=StartGame_Buttom&&threadCount==0){
                ……//此处省略开启线程和创建对象的代码，读者可自行查阅
            }
            if(!Start_Game&&x>=StartGame_Left&&x<=StartGame_Right&&
            y>=StartGame_Top&&y<=StartGame_Buttom){
                ……//此处省略开始游戏时的代码，读者可自行查阅
            }
            if(mv.screenShot.isAllowed&&!mv.screenShot.saveFlag&&Start_
            Game&&x>=ScreenShot_Left&&x<=ScreenShot_Right
                &&y>=ScreenShot_Top&&y<=ScreenShot_Buttom){
                mv.screenShot.setFlag(true);}    //将截屏的标志位设为 true
                float[] result=GetPositionUtil.limitPositionResult(x,y);
                //计算本地坐标系上的坐标
                Vec2 locationWorld0=new Vec2(result[0],result[1]);
                //创建 Vec2 对象
            if(Start_Game&&lanjdz.gt.getFixtureList().testPoint
            (locationWorld0)){
                isTouch=true;                             //允许创建鼠标关节
                MyAction ac=new ActionDown(1+"",true,lanjdz.gt,lanjdz.gt,
                locationWorld0,2200.0f*lanjdz.gt.getMass(),500.0f,0.0f,0);
                synchronized(lock){doActionQueue.offer(ac);}
                //将创建鼠标关节添加进队列中
            }
            ……//此处省略点击视角图片时的代码，读者可自行查阅
        break;
        case MotionEvent.ACTION_MOVE:                             //当动作为移动时
            float mx=Constant.fromRealScreenXToStandardScreenX(e.getX());
            //标准屏幕 x 坐标
            float my=Constant.fromRealScreenYToStandardScreenY(e.getY());
            //标准屏幕 y 坐标
            if(Start_Game&&isTouch){                      //如果允许移动鼠标关节
                result=GetPositionUtil.limitPositionResult(mx,my);//计算交点
                Vec2 locationWorld1=new Vec2(result[0],result[1]);
                //创建 Vec2 对象
                MyAction ac=new ActionMove(locationWorld1,1);
                synchronized(lock){doActionQueue.offer(ac);}
                //将移动鼠标关节添加进队列中
            }
        break;
```

```
39        case MotionEvent.ACTION_UP:                         //当动作为抬起时
40                isTouch=false;                              //不再需要鼠标关节
41                MyAction ac=new ActionUp(2);
42                synchronized(lock){doActionQueue.offer(ac);}
                  //将销毁鼠标关节添加进队列中
43                ……//此处省略点击暂停按钮时的代码，读者可自行查阅
44        break;
45        }
46    }else if(isPause){return pv.onTouchEvent(e); //切换到暂停界面内的触摸回调方法
47    }else if(GameOver){return gov.onTouchEvent(e);}//切换到游戏结束界面的触摸回调方法
48    return true;
49  }
```

- 第 2～28 行为游戏界面类的触摸回调方法，首先需要判断是否允许存在触控事件，当动作为按下时，则首先判断如果是第一次开始游戏，则开启物理线程和球走线程，并创建需要用到的工具类的对象，同时记录开始的时间，并重置摄像机。然后则将触控点的坐标转换成本地坐标系的坐标，判断如果触摸到刚体，则允许创建鼠标关节，将动作放进动作队列中，等待物理线程处理，计算交点坐标的工具类会在下面进行介绍，由于篇幅有限，部分代码省略。
- 第 29～37 行为动作为移动时，获取移动点的坐标，然后判断是否存在鼠标关节，如果存在，即可移动鼠标关节，即移动刚体，将动作同样添加进动作队列中，等待物理线程进行处理。
- 第 39～49 行为动作为抬起时，则销毁物理世界内的所有刚体，同样的，将动作添加进动作队列中。如果现在处于暂停界面或者游戏结束界面，则应该转换到该界面的触摸回调方法中，进行相应的处理。由于篇幅有限，省略了部分代码，读者可自行查阅随书附带光盘中的源代码。

（3）上面主要介绍了游戏界面类的触摸回调方法，下面将继续介绍的是游戏界面类 GameView 的总绘制方法和部分局部绘制方法，具体代码如下。

代码位置：见随书光盘中源代码/第 18 章/3DHockey/src/com/bn/view 目录下的 GameView.java。

```
public void drawView(GL10 gl){                                    //绘制方法
    //调用此方法计算产生透视投影矩阵
    MatrixState3D.setProjectFrustum(-left, right, -top, bottom, near, far);
    //调用此方法产生摄像机 9 参数位置矩阵
    MatrixState3D.setCamera(cameraX,cameraY,cameraZ,0f,0f,targetZ,upX,upY,upZ);
    MoveCamera();                                                 //移动摄像机
    LookAroundCamera();                                           //设置摄像机，环视房间
    ChangeViewCamera();                                           //转换角度（俯视/斜视）
    MatrixState3D.pushMatrix();                                   //保护现场
    GLES20.glEnable(GLES20.GL_DEPTH_TEST);                        //开启深度检测
    MatrixState3D.setLightLocation(0, 100, 0);                    //设置灯光位置
    ……//此处省略绘制天空盒等的代码，与转场界面类的内容相同，读者可自行查阅
    updateData();                                                 //更新刚体位置数据
    if(Start_Game&&!computer_win&&!player_win){                   //如果已经开始游戏
        if(cu.judgeIfTouch(tempLan,tempBall)){                    //判断球之间是否发生碰撞
            cu.lanApplyBall(tempBall,tempLan);                    //给冰球一定冲量
            cu.doCrashAction(1,"puckBeaterSound.mp3");//播放粒子特效等
    }}
    drawLine();                                                   //绘制亮线
    if(drawTranslateLine){
        drawTranslateLine(translateX,translateZ,scaleX,scaleZ);//绘制需要平移的亮线
    }
    if(drawRotateLine){
        drawRotateLine(translateX,translateZ,scaleX,scaleZ,angle);
        //绘制需要旋转的亮线
    }
    GLES20.glDisable(GLES20.GL_DEPTH_TEST);                        //关闭深度检测
    drawRound();                                                   //绘制光圈
    if(Start_Game){su.drawSnow(index);}                            //绘制雪花粒子特效
    MatrixState3D.popMatrix();                                     //恢复现场
    draw2DImage();                                                 //绘制 BN2DObject 对象
    drawWinView();                                                 //绘制游戏结束界面
    drawPauseView();                                               //绘制暂停界面
```

```
33         if(Start_Game){JudgeGameWin();}                          //判断游戏是否胜利
34     }
35     public void updateData(){                                    //更新刚体位置
36         synchronized(lockA){                                     //加锁
37             while(positionQueue.size()>0) {                      //如果对列的长度大于 0
38                 float[][] result=positionQueue.poll();           //取出一个元素
39                     tempLan=new Vec2(result[0][0],result[0][1]);//给蓝球位置进行重新赋值
40                     tempHong=new Vec2(result[1][0],result[1][1]);//给红球位置进行重新赋值
41                     tempBall=new Vec2(result[2][0],result[2][1]);//给冰球位置进行重新赋值
42     }}
```

- 第 1～8 行为游戏界面类的总绘制方法，首先设置透视投影矩阵和摄像机的 9 参数矩阵，如果没有开始游戏，则将处于游戏的转场界面，如果开始游戏，处于斜视的视角，则摄像机参数将会根据玩家控制球的位置进行前后移动的变化，如果点击切换视角的图标，则将处于俯视，但是摄像机将不会再变化。
- 第 9～34 行为开启深度检测后，将进行物体的绘制，由于绘制的代码大致相似，这里将不再进行赘述。绘制方法中还需要实时地判断玩家控制的球与冰球是否相撞以及游戏是否胜利、是否绘制暂停界面等，并进行相应的处理。
- 第 35～42 行为更新刚体位置的方法，加锁后，从位置队列中取元素，直到取完，即获得位置是物理线程更新后的最新位置，获取位置后，即可进行绘制。

说明　游戏界面内用到了许多工具类方法，比如判断刚体与刚体是否相撞和计算交点坐标等，这些工具类将会在下面进行简单介绍。由于游戏界面内的绘制方法非常多，这里只选择了部分方法进行介绍，其余的代码大致相似，读者可自行查阅随书附带光盘中的源代码。

18.5 辅助工具类

上一节主要介绍了该游戏用到的部分界面类，接下来要进行介绍的是游戏的辅助相关工具类。其中主要包括工具类、辅助类和线程类。工具类主要是用来记录触控坐标常量和特效属性，辅助类主要是用来计算交点和加载模型，线程类主要是用来实现物理模拟和电脑控制球。

18.5.1 工具类

本小节将要介绍的是游戏界面的工具类，主要包括常量工具类和物理引擎工具类。其中常量工具类主要是记录触控坐标常量和粒子系统下雪特效属性等，物理引擎工具类主要是实现在物理世界中创建刚体并对刚体进行监听等。由于篇幅原因，只对这些类进行了简单的介绍，开发的代码如下。

1. 常量工具类

下面主要介绍的是该游戏的常量工具类，主要包括游戏中各个界面中选项的触控坐标以及实现屏幕自适应功能的常量类 Constant 和实现下雪特效功能的属性设置常量类 ParticleConstant，下面将对 Constant 类和 ParticleConstant 类的开发进行简单的介绍。

（1）首先向读者介绍的是游戏的常量类 Constant，该类封装了游戏中用到的常量，将常量封装到一个常量类的好处是便于管理，主要包括各个界面中的触控坐标和屏幕自适应的方法，其具体代码如下。

代码位置：见随书光盘中源代码/第 18 章/3DHockey/src/com/bn/constant 目录下的 Constant.java。

```
package com.bn.constant;                                        //声明包名
……//此处省略了导入类的代码，读者可自行查阅随书附带光盘中的源代码
public class Constant{
    public static float left=0.5625f;                              //透视投影设置参数
    public static float PLAYER_Left=250;                           //开始游戏按钮 x 最小值
    public static float PLAYER_Right=850;                          //开始游戏按钮 x 最大值
    ……//此处省略了其他相关常量的声明，读者可自行查阅随书附带光盘中的源代码
    public static final float TIME_STEP = 1.0f/60.0f;             //模拟的频率
    public static final int ITERA = 5;      //迭代越大，模拟越精确，但性能越低
    public static float StandardScreenWidth=1080;                  //标准屏幕的宽度
    public static float StandardScreenHeight=1920;                 //标准屏幕的高度
    public static float ratio=StandardScreenWidth/StandardScreenHeight;
    //标准屏幕宽高比
    public static ScreenScaleResult ssr;                           //缩放计算结果
    public static float fromPixSizeToNearSize(float size){   //屏幕尺寸到视口尺寸
        return size*2/StandardScreenHeight;
    }
    public static float fromScreenXToNearX(float x){       //屏幕 x 坐标到视口 x 坐标
        return (x-StandardScreenWidth/2)/(StandardScreenHeight/2);
    }
    public static float fromScreenYToNearY(float y){       //屏幕 y 坐标到视口 y 坐标
        return -(y-StandardScreenHeight/2)/(StandardScreenHeight/2);
    }
    public static float fromRealScreenXToStandardScreenX(float rx){
        return (rx-ssr.lucX)/ssr.ratio;       //实际屏幕 x 坐标到标准屏幕 x 坐标
    }
    public static float fromRealScreenYToStandardScreenY(float ry){
        return (ry-ssr.lucY)/ssr.ratio;       //实际屏幕 y 坐标到标准屏幕 y 坐标
}}
```

说明 上面介绍的是常量工具类 Constant 类，主要包括各个界面中每个按钮或者图标的触控坐标的范围、游戏中用到的全局常量的定义以及标准屏幕到实际屏幕坐标的转换、屏幕到视口坐标的转换等。由于篇幅有限，且大部分的代码都十分相似，故省略，读者可自行查阅随书附带光盘中的源代码。

（2）上面主要介绍了该游戏的常量类，接下来给出的是游戏界面中冰球碰撞时产生的粒子特效用到的工具类 ParticleConstant，该类主要是对粒子系统中粒子的混合方式、最大生命周期等属性进行了设置。实现的具体代码如下。

代码位置：见随书光盘中源代码/第 18 章/3DHockey/com/bn/util/snow 目录下的 ParticleConstant.java。

```
package com.bn.util.snow;                                        //声明包名
……//此处省略了导入类的代码，读者可自行查阅随书附带光盘中的源代码
public class ParticleConstant{
    public static int CURR_INDEX=0;
    public static final float[][] START_COLOR={                  //开始颜色
        {0.9f,0.9f,0.9f,1.0f},                                   //淡黄白色
        {0.9f,0.9f,0.9f,1.0f},                                   //淡黄白色
        {0.9f,0.9f,0.9f,1.0f},                                   //淡黄白色
        ……//此处省略了其他起始颜色的代码，读者可自行查阅
    };
    public static final float[][] END_COLOR=                     //终止颜色
        {{1.0f,1.0f,1.0f,0.0f},{1.0f,1.0f,1.0f,0.0f},{1.0f,1.0f,1.0f,0.0f}};
        //白色
    public static final int[] SRC_BLEND=                         //源混合因子
        {GLES20.GL_SRC_ALPHA,GLES20.GL_SRC_ALPHA,GLES20.GL_SRC_ALPHA};
    public static final int[] DST_BLEND=                         //目标混合因子
        {GLES20.GL_ONE_MINUS_SRC_ALPHA,GLES20.GL_ONE_MINUS_SRC_ALPHA,
        GLES20.GL_ONE_MINUS_SRC_ALPHA};
    public static final int[] BLEND_FUNC=                        //混合方式
        {GLES20.GL_FUNC_ADD,GLES20.GL_FUNC_ADD,GLES20.GL_FUNC_ADD};
    public static final float[] RADIS={0.22f,0.18f,0.15f};     //单个粒子半径
```

```
    public static final float[] MAX_LIFE_SPAN={4f,3.5f,3.8f};//粒子最大生命期
    public static final float[] LIFE_SPAN_STEP={0.1f,0.05f,0.08f};//粒子生命周期步进
    public static final float[] X_RANGE={1f,1.3f,0.7f}; //粒子发射的 x 左右范围
    public static final int[] GROUP_COUNT={7,5,8};    //每次喷发发射的数量
    public static final float[] VY={-0.1f,-0.12f,-0.08f};//粒子 Y 方向升腾的速度
    public static final int[] THREAD_SLEEP={15,15,15};//粒子更新物理线程休息时间
}
```

说明 该类主要是游戏界面内碰撞时产生粒子特效时用到的粒子系统的常量类，其中包括对粒子最大生命周期、生命周期步进、粒子发射范围、单个粒子半径、混合方式、目标混合因子、起始颜色、终止颜色、当前索引、初始位置和粒子更新物理线程休息时间等属性的声明。

2. 物理引擎工具类

上一部分主要介绍的是该游戏用到的部分常量工具类，下面主要介绍的是该游戏中使用到的物理引擎工具类 Box2DUtil 类和 Box2DDoAction 类，由于冰球的碰撞是靠物理引擎实现的，所以物理引擎工具类主要实现的是在物理世界中创建刚体并对刚体进行监听，实现的代码如下。

（1）首先介绍的是生成物理形状的工具类 Box2DUtil，在该类中，主要有创建矩形刚体的 createBox、创建圆形刚体的 createCircle 和创建直线刚体的 createEdge 3 个方法，具体代码如下。

代码位置：见随书光盘中源代码/第 18 章/3DHockey/com/bn/util/box2d 目录下的 Box2DUtil.java。

```
package com.bn.util.box2d;                                    //声明包名
……//此处省略了导入类的代码，读者可自行查阅随书附带光盘中的源代码
public class Box2DUtil {                                      //生成物理形状的工具类
    public static Body createBox(                             //创建矩形刚体
        float x,float y,                                      //x、y 坐标
        World world,                                          //世界
        float halfWidth,float halfHeight,                     //半宽、半高
        boolean isStatic,                                     //是否为静止的
        int index){
        BodyDef bd=new BodyDef();                             //创建刚体描述
        if(isStatic){                                         //判断是否为可运动刚体
            bd.type=BodyType.STATIC;                          //设置刚体为静止的
        }else{
            bd.type=BodyType.DYNAMIC;                         //设置刚体为运动的
        }
        bd.position.set(x, y);                                //设置位置
        Body bodyTemp= world.createBody(bd);                  //在世界中创建刚体
        bodyTemp.setUserData(index);                          //设置数据
        PolygonShape ps=new PolygonShape();                   //创建刚体形状
        ps.setAsBox(halfWidth, halfHeight);                   //设定边框
        FixtureDef fd=new FixtureDef();                       //创建刚体物理描述
        fd.density = 1.0f;                                    //设置密度
        fd.friction = 0.05f;                                  //设置摩擦系数
        fd.restitution = 0f;                                  //设置恢复系数
        fd.shape=ps;                                          //设置形状
        if(!isStatic){                                //将刚体物理描述与刚体结合
            bodyTemp.createFixture(fd);
        }else{
            bodyTemp.createFixture(ps, 0);
        }
        return bodyTemp;                                      //返回 Body 对象
    }
    public static Body createCircle(                          //创建圆形刚体
        float x,float y,float radius,World world,float density,float friction,
        float restitution,int index){
        ……//此处省略了创建圆形刚体的代码，与上个方法相似，读者可自行查阅
    }
    public static void createEdge(float[] data,World world){      //创建边刚体
        ……//此处省略了创建边刚体的代码，与上个方法相似，读者可自行查阅
}}
```

- 第 5～9 行为创建矩形刚体 createBox 方法的参数列表，包括物体的 x 和 y 坐标、物理世界的对象引用、矩形的半宽和半高值以及是否为静止的标志位等。
- 第 10～18 行为 createBox 方法的功能实现。首先创建刚体描述对象，并判断刚体描述对象是否为静止的，然后通过计算获得坐标值并设置刚体描述对象的位置、在世界中创建刚体，最后给刚体描述对象的用户数据赋予 id。
- 第 19～31 行为先创建刚体对象，并设置其在物理世界中的位置，然后设置其密度、摩擦系数、恢复系数、形状等属性值，最后将刚体物理描述与刚体结合，并返回该刚体的对象。

说明：上面主要对创建矩形刚体的 createBox 方法进行了简单的介绍，由于篇幅有限，并且创建刚体的代码都大致相同，故对创建圆形刚体和边刚体的代码进行了省略，读者可自行查阅。

（2）上面主要介绍了生成物理形状的工具类 Box2DUtil，下面则继续介绍监听物理碰撞，进行相应处理的 Box2DDoAction 类，实现的具体代码如下。

代码位置：见随书光盘中源代码/第 18 章/3DHockey/com/bn/util/box2d 目录下的 Box2DDoAction.java。

```java
package com.bn.util.box2d;                                          //声明包名
……//此处省略了导入类的代码，读者可自行查阅随书附带光盘中的源代码
public class Box2DDoAction {
    public static void doAction(GameView gv,Body bodyA,Body bodyB,//判断游戏是否胜利
                                    List<Body> boxBody,GameObject ball){
        for(int i=0;i<boxBody.size();i++){                      //遍历两个胜利区域的刚体
            if((bodyA.equals(ball.gt)||bodyB.equals(ball.gt))&&
            //如果球与胜利区域发生碰撞
                    (bodyA.equals(boxBody.get(i))||bodyB.equals(boxBody.
                    get(i)))){
                ball.gt.setLinearVelocity(new Vec2(0,0));//球的速度设为 0
                if(i==0){                                       //如果与玩家区域碰撞
                    GameView.computer_win=true;                 //判断为电脑赢
                    if(MainView.isShock){                       //如果允许振动
                        VibratorUtil.Vibrate(gv.mv.activity, 500);
                        //振动 500ms
                    }
                    gv.cu.doCrashAction(1,"jq.ogg");//播放粒子特效，并播放胜利音效
                }else if(i==1){                                 //如果与电脑区域发生碰撞
                    GameView.player_win=true;                   //判断为玩家赢
                    if(MainView.isShock){                       //如果允许振动
                        VibratorUtil.Vibrate(gv.mv.activity, 500);
                        //振动 500ms
                    }
                    gv.cu.doCrashAction(2,"jq.ogg");
                    //播放粒子特效，并播放胜利音效
    }}}}
    public static void doCrashAction(Body bodyA,Body bodyB,//判断是否与边框发生碰撞
                                        List<Body> boxBody,GameObject ball,
                                        GameView gv){
        for(int i=0;i<boxBody.size();i++){                          //遍历包围框刚体
            if((bodyA.equals(ball.gt)||bodyB.equals(ball.gt))&&
            //如果球与包围框发生碰撞
                    (bodyA.equals(boxBody.get(i))||bodyB.equals
                    (boxBody.get(i)))){
                if(i==0||i==1||i==2||i==3){                 //如果是上下四个包围框
                    GameView.moveY=true;                    //移动光圈位置的标志位设为 true
                }
                GameView.drawRound=true;                    //绘制光圈的标志位设为 true
                GameView.drawRoundOK=true;
                GameView.drawLightning=true;                //绘制亮线的标志位设为 true
                gv.cu.doCrashAction(0, "puckWallSound.mp3");
                //播放粒子特效，播放胜利音效
    }}}}
```

- 第 4～22 行为判断游戏是否胜利的方法，一旦冰球发生了碰撞，即开始进行判断，如果冰球与玩家控制的胜利区域发生了碰撞，则可以认为是电脑胜利，如果冰球与电脑控制的胜利区域发生了碰撞，则可以认为是玩家胜利，在胜利时，在允许的情况下，即可以振动 500ms 并且播放胜利的音效以及粒子特效。播放声音和粒子特效的代码，在这里不再赘述。
- 第 23～35 行为判断冰球是否与包围框发生碰撞的方法，一旦冰球发生了碰撞，即开始进行判断，如果冰球与包围框发生了碰撞，即可绘制光圈、绘制亮线、播放声音以及播放粒子特效等。

18.5.2 辅助类

上一小节主要介绍了该游戏中用到的常量工具类，本小节将要介绍的是该游戏中游戏界面用到的计算交点坐标辅助类、加载模型辅助类 LoadUtil、截屏辅助类 ScreenShot 和攻击模式辅助类 AttackUtil 等。由于篇幅原因，只对这些类进行了简单的介绍，开发的代码如下。

1. 计算交点坐标辅助类

下面主要介绍的是计算交点坐标的辅助类 GetPositionUtil 类和 IntersectantUtil 类，该类主要是用来根据屏幕上的触控位置，计算对应的近平面上坐标，再乘以摄像机矩阵的逆矩阵，求出在世界坐标系中的坐标，然后计算出与屏幕的交点坐标，实现的具体代码如下。

（1）首先介绍的是计算交点坐标的工具类 IntersectantUtil 类，该类主要是用来根据屏幕上的触控位置，计算对应的近平面上坐标，以便求出摄像机坐标系中的坐标，再乘以摄像机矩阵的逆矩阵，求出在世界坐标系中的坐标，实现的具体代码如下。

代码位置：见随书光盘中源代码/第 18 章/3DHockey/com/bn/constant 目录下的 IntersectantUtil.java。

```
package com.bn.constant;                                //声明包名
public class IntersectantUtil {                         //计算交点工具类
    public static float[] calculateABPosition(
        float x,float y,                                //触屏 x、y 坐标
        float w,float h,                                //屏幕宽度和高度
        float left,float top,                           //视角 left 值、top 值
        float near,float far){                          //视角 near 值、far 值
        float x0=x-w/2;                                 //求视口的坐标中心在原点时，触控点的坐标
        float y0=h/2-y;
        float xNear=2*x0*left/w;                        //计算对应的 near 面上的 x 坐标
        float yNear=2*y0*top/h;                         //计算对应的 near 面上的 y 坐标
        float ratio=far/near;
        float xFar=ratio*xNear;                         //计算对应的 far 面上的 x 坐标
        float yFar=ratio*yNear;                         //计算对应的 far 面上的 y 坐标
        float ax=xNear;                                 //摄像机坐标系中 A 的 x 坐标
        float ay=yNear;                                 //摄像机坐标系中 A 的 y 坐标
        float az=-near;                                 //摄像机坐标系中 A 的 z 坐标
        float bx=xFar;                                  //摄像机坐标系中 B 的 x 坐标
        float by=yFar;                                  //摄像机坐标系中 B 的 y 坐标
        float bz=-far;                                  //摄像机坐标系中 B 的 z 坐标
        float[] A = MatrixState3D.fromPtoPreP(new float[] { ax, ay, az });
        //求世界坐标系坐标
        float[] B = MatrixState3D.fromPtoPreP(new float[] { bx, by, bz });
        return new float[] {                            //返回最终的 A、B 两点坐标
            A[0],A[1],A[2],B[0],B[1],B[2]};
}}
```

说明 上面主要介绍的是计算交点坐标的工具类 IntersectantUtil 类，在该类中主要是通过在屏幕上的触控位置，计算对应的近平面上坐标，以便求出 A、B 两点在摄像机坐标系中的坐标，然后将 A、B 两点在摄像机中坐标系中的坐标乘以摄像机矩阵的逆矩阵，最后即求得 A、B 两点在世界坐标系中的坐标。

（2）接下来继续介绍的是计算交点坐标的工具类 GetPositionUtil 类，在该类中，主要利用 IntersectantUtil 类中的 calculateABPosition 方法确定的两个点的坐标计算出与屏幕的交点，并对计算出来的坐标进行一定的限制，防止球超出包围框，具体代码如下。

代码位置：见随书光盘中源代码/第 18 章/3DHockey/com/bn/constant 目录下的 GetPositionUtil.java。

```
package com.bn.constant;                                          //声明包名
……//此处省略了导入类的代码，读者可自行查阅随书附带光盘中的源代码
public class GetPositionUtil{                                     //计算交点工具类
    public static float[] get3DPosition(float x,float y){         //获取交点坐标
        float[] result=new float[2];
        float[] AB=IntersectantUtil.calculateABPosition(          //计算两个点的坐标
                x, y,                                             //触控点 x、y 坐标
                Constant.StandardScreenWidth,Constant.StandardScreenHeight,
                //屏幕长宽度
                left,top                                          //视角 left 值、top 值
                near,far);                                        //视角 near 值、far 值
      float mt=(float)AB[1]/(float)(AB[1]-AB[4]);                 //计算斜率
      result[0]=AB[0]+(AB[3]-AB[0])*mt;                           //计算 x 位移
      result[1]=AB[2]+(AB[5]-AB[2])*mt;                           //计算 z 位移
      return result;                                              //返回结果
    }
    public static float[] limitPositionResult(float x,float y){//获得坐标限制后的
        float[] result = get3DPosition(x , y);                    //获得交点坐标
        if(result[0]<=-3.45f){                                    //不超过左边框
            result[0]=-3.45f;
        }else if(result[0]>=3.64f){                               //不超过右边框
            result[0]=3.64f;
        }
        if(result[1]<=0.88f){                                     //不超过中心线
            result[1]=0.88f;
        }else if(result[1]>=8f){                                  //不超过底部圆
            result[1]=8f;
        }
        return result;                                            //返回结果
}}
```

说明　上面主要介绍的是计算交点坐标的工具类 GetPositionUtil 类，该类中主要有两个方法，一个方法是获取与屏幕的交点坐标，通过调用 IntersectantUtil 类中的 calculateABPosition 方法，获取直线上的两个点，从而计算出交点坐标；另一个方法是对得到的交点坐标进行限制，避免超出包围框。

2. 加载模型辅助类 LoadUtil

上一部分主要介绍的是计算交点坐标的辅助类 GetPositionUtil 类和 IntersectantUtil 类，接下来将介绍的是加载模型的辅助类 LoadUtil，该类主要是从 obj 文件中加载携带顶点信息的物体，并自动计算每个顶点的平均法向量，最后返回 3D 物体对象用来绘制，实现的具体代码如下。

代码位置：见随书光盘中源代码/第 18 章/3DHockey/com/bn/constant 目录下的 LoadUtil.java。

```
package com.bn.constant;                                          //声明包名
……//此处省略了导入类的代码，读者可自行查阅随书附带光盘中的源代码
public class LoadUtil {
    public static LoadedObjectVertexNormalTexture loadFromFile
    //从 obj 文件中加载物体方法
        (String fname, Resources r,MySurfaceView mv){
    ……//此处省略的是成员变量定义的代码，读者可自行查阅随书附带光盘中的源代码
    try{
        InputStream in=r.getAssets().open(path);
        InputStreamReader isr=new InputStreamReader(in);
        BufferedReader br=new BufferedReader(isr);
        String temps=null;
```

```
12                  while((temps=br.readLine())!=null) {
                    //扫描文件，根据行类型的不同执行不同的处理逻辑
13                  String[] tempsa=temps.split("[ ]+");  //用空格分割行中的各个组成部分
14                        if(tempsa[0].trim().equals("v")){   //此行为顶点坐标行
15                     alv.add(Float.parseFloat(tempsa[1]));//将 x 坐标加进顶点列表中
16                     alv.add(Float.parseFloat(tempsa[2]));//将 y 坐标加进顶点列表中
17                     alv.add(Float.parseFloat(tempsa[3]));//将 z 坐标加进顶点列表中
18                  }else if(tempsa[0].trim().equals("vt")){  //此行为纹理坐标行
19                     alt.add(Float.parseFloat(tempsa[1]));//将 s 坐标加进纹理列表中
20                     alt.add(1-Float.parseFloat(tempsa[2]));//将 t 坐标加进纹理列表中
21                  }else if(tempsa[0].trim().equals("vn")){//此行为法向量行
22                     aln.add(Float.parseFloat(tempsa[1]));//将 x 坐标加进法向量列表中
23                     aln.add(Float.parseFloat(tempsa[2]));//将 y 坐标加进法向量列表中
24                     aln.add(Float.parseFloat(tempsa[3]));//将 z 坐标加进法向量列表中
25                  }else if(tempsa[0].trim().equals("f")) {  //此行为三角形面
26                     int index=Integer.parseInt(tempsa[1].split("/")[0])-1;
                       //计算第 0 个顶点索引
27                     float x0=alv.get(3*index);                //获取此顶点的 x 坐标
28                     float y0=alv.get(3*index+1);              //获取此顶点的 y 坐标
29                     float z0=alv.get(3*index+2);              //获取此顶点的 z 坐标
30                     alvResult.add(x0);                        //将 x 坐标添加进列表中
31                     alvResult.add(y0);                        //将 y 坐标添加进列表中
32                     alvResult.add(z0);                        //将 z 坐标添加进列表中
33                          ……//此处省略计算第 1 和 2 个顶点的代码，读者可自行查阅
34                     int indexTex=Integer.parseInt(tempsa[1].split("/")[1])-1;
                       //顶点纹理坐标
35                     altResult.add(alt.get(indexTex*2));
36                     altResult.add(alt.get(indexTex*2+1));
37                          ……//此处省略计算第 1 和第 2 纹理坐标的代码，读者可自行查阅
38                     int indexN=Integer.parseInt(tempsa[1].split("/")[2])-1;
                       //计算顶点法向量
39                     float nx0=aln.get(3*indexN);              //获取此顶点的 x 向量
40                     float ny0=aln.get(3*indexN+1);            //获取此顶点的 y 向量
41                     float nz0=aln.get(3*indexN+2);            //获取此顶点的 z 向量
42                     alnResult.add(nx0);
43                     alnResult.add(ny0);
44                     alnResult.add(nz0);
45                          ……//此处省略计算第 1 和第 2 法向量的代码，读者可自行查阅
46                  }}
47                  int size=alvResult.size();                   //生成顶点数组
48                  float[] vXYZ=new float[size];
49                  for(int i=0;i<size;i++){
50                     vXYZ[i]=alvResult.get(i);                 //将列表转换成数组形式
51                  }
52                  ……//此处省略生成纹理坐标和法向量的代码，读者可自行查阅
53                  if(fname.equals("line.obj")) {               //如果是亮线的模型
54                     lo=new LoadedObjectVertexNormalTexture//则使用可以渐变的着色器
55                                (mv,vXYZ,nXYZ,tST,ShaderManager.getShader(4));
56                  }else{                                       //创建 3D 物体对象
57                     lo=new LoadedObjectVertexNormalTexture
58                                (mv,vXYZ,nXYZ,tST,ShaderManager.getShader(1));
59         }}catch(Exception e){e.printStackTrace();}
60         return lo;                                            //返回 3D 物体对象
61      }}
```

● 第 4～24 行为加载 3D 模型的方法，首先要扫描整个文件，根据行类型的不同执行不同的处理逻辑，若为顶点坐标行则提取出此顶点的 X、Y、Z 坐标添加到原始顶点坐标列表中，若为纹理坐标行则提取 ST 坐标并添加进原始纹理坐标列表中。由于篇幅有限，对声明变量的代码进行了省略，读者可自行查阅。

● 第 25～46 行为若此行为三角形面，计算第 0 个、第 1 个和第 2 个顶点的索引，并获取此顶点的 X、Y、Z 3 个坐标，然后将坐标添加进列表中，再分别获取 3 个顶点的纹理坐标和法向量，并分别添加进列表中，由于篇幅有限，对部分代码进行了省略，读者可自行查阅。

● 第 47～61 行为生成顶点数组、纹理坐标数组、法向量坐标数组，最后创建 3D 物体对象，并返回。由于篇幅有限，对相似的代码进行了省略，读者可自行查阅随书附带光盘中的源代码。

3. 截屏辅助类 ScreenShot

上一部分主要介绍的是加载模型辅助类 LoadUtil，下面主要介绍的是游戏界面内用到的截屏辅助类 ScreenShot，在游戏界面内，有一个类似剪刀形状的图标，即是截屏图标，在点击该图标后，将允许截屏的标志位设为 true，即可截屏，并将图片保存到 sdcard 下的 HappyHockey 目录下，具体代码如下。

代码位置：见随书光盘中源代码/第 18 章/3DHockey/com/bn/constant 目录下的 ScreenShot.java。

```
1   package com.bn.constant;                                         //声明包名
2   ……//此处省略了导入类的代码，读者可自行查阅随书附带光盘中的源代码
3   public class ScreenShot{                                         //截屏类
4       ……//此处省略定义变量的代码，读者可自行查阅随书附带光盘中的源代码
5       public ScreenShot(MySurfaceView mv){this.mv=mv;}             //构造器
6       public synchronized void setFlag(boolean flag){saveFlag=flag;}//设置截屏标志位
7       public void saveScreen(final int screenWidth,final int screenHeight){
8           isAllowed=false;                                         //不允许截屏
9           matrix.reset();                                          //重置矩阵
10          matrix.setRotate(180);                                   //旋转 180 度
11          matrix.postScale(-1, 1);                                 //缩放图片
12          final ByteBuffer cbbTemp = ByteBuffer.allocateDirect(screenWidth*
            screenHeight*4);
13          GLES20.glReadPixels(0, 0, screenWidth, screenHeight, GLES20.GL_RGBA,
            //读取
14                                   GLES20.GL_UNSIGNED_BYTE, cbbTemp);
15      new Thread(){                                                //创建线程对象
16          public void run(){
17              Bitmap bm =Bitmap.createBitmap(screenWidth, screenHeight,
                Config.ARGB_8888);
18              bm.copyPixelsFromBuffer(cbbTemp);
19              bm=Bitmap.createBitmap(bm, 0, 0, screenWidth, screenHeight,
                matrix, true);
20              try{
21                  File sd=Environment.getExternalStorageDirectory();//获取路径
22                  String path=sd.getPath()+"/HappyHockey";         //定义路径
23                  File file=new File(path);                        //创建File对象
24                  if(!file.exists()){file.mkdirs();       //如果文件夹不存在，则创建
25                  File myFile = File.createTempFile("ScreenShot"+count,".png",
                    file);
26                  FileOutputStream fout=new FileOutputStream(myFile);
27                  BufferedOutputStream bos = new BufferedOutputStream(fout);
28                  bm.compress(Bitmap.CompressFormat.PNG,100,bos);   //生成图片
29                  bos.flush();
30                  bos.close();                             //关闭流
31                  mv.handler.sendEmptyMessage(0);          //发送消息，保存图片成功
32                  isAllowed=true;                          //允许截屏
33                  count++;                                 //变量自加
34              }catch(Exception e){
35                  e.printStackTrace();
36                  mv.handler.sendEmptyMessage(1);          //发送消息，保存图片失败
37      }}}.start();                                         //开启线程
38  }}
```

- 第 4～14 行为截屏工具类的截屏方法，首先定义该截屏类的构造器，给 MySurfaceView 类的对象赋值，之后定义是否允许截屏的标志位，如果允许截屏，即可将该方法的标志位设为 true。最后是该工具类的截屏方法，首先将要保存的图片翻转 180 度，并对图片进行缩放处理，之后便创建 ByteBuffer 类的对象，利用 GLES20 读取图片。
- 第 15～37 行为开启线程，利用 ByteBuffer 对象创建 Bitmap 对象，并在 sdcard 目录下，创建 HappyHockey 文件夹，将图片存入文件夹内，同时发送保存图片成功的消息。

4. 攻击模式辅助类 AttackUtil

上一部分主要介绍的是截屏辅助工具类 ScreenShot，接下来将主要介绍的是电脑控制的球在

运动过程中，属于攻击模式的辅助类 AttackUtil，该类主要实现了冰球运动到电脑控制区域后，电脑控制的球将会进行攻击，将球打进对方的洞里，实现的具体步骤如下。

（1）首先介绍的是攻击模式辅助类 AttackUtil 的代码框架，由于该类的代码稍长，所以会分成两个部分进行讲解，框架实现的具体代码如下。

代码位置：见随书光盘中源代码/第 18 章/3DHockey/com/bn/constant 目录下的 AttackUtil.java。

```
package com.bn.constant;                                          //声明包名
……//此处省略了导入类的代码，读者可自行查阅随书附带光盘中的源代码
public class AttackUtil{                                          //进攻模式工具类
    ……//此处省略定义变量的代码，读者可自行查阅随书附带光盘中的源代码
  public AttackUtil(GameView gv){this.gv=gv;}                     //构造器方法
      public void AttackMode(){/*此处省略了进攻模式的代码，下面将简单介绍*/}
      public void GoToTarget(){/*此处省略前往目标点的代码，下面将简单介绍*/}
      public void RecordCoordinate(){/*此处省略记录当前坐标值的代码，下面将简单介绍*/}
      public void ToLeftUp(float mx,float my){/*此处省略球向左上移的代码，下面将简单介绍*/}
      public void ToRightDown(float mx,float my){/*此处省略球向右下移的代码，读者可自行查阅*/}
      public void ToLeftDown(float mx,float my){/*此处省略球向左下移的代码，读者可自行查阅*/}
      public void ToRightUp(float mx,float my){/*此处省略球向右上移的代码，读者可自行查阅*/}
      public void GoBackToOrigon(){/*此处省略球返回中心点的代码，下面将简单介绍*/}
      public void RightBackToOrigon(float mx,float my){
      //此处省略返回原点代码，读者可自行查阅}
      public void LeftBackToOrigon(float mx,float my){/*此处省略返回原点代码，读者可自行查阅*/}
      public void arriveAtTarget(){/*此处省略到达目标点的代码，下面将简单介绍*/}
      public void SpeedUp(){/*此处省略给球冲量的代码，下面将简单介绍*/}
      public boolean judgeIfTouch(Vec2 p){/*此处省略判断球是否碰撞的代码，读者可自行查阅*/}
      public float[] limitCoordinate(float mx,float my){/*此处省略限制坐标的代码，读者可自行查阅*/}
      public Vec2 getPlayerPosition(float mx,float my){/*此处省略计算目标点代码，下面将简单介绍*/}
      public void apply(){/*此处省略给球冲量的代码，下面将简单介绍*/}
      public Vec2 Attack(float sx,float sy,float ex,float ey){
      //此处省略获取球速度代码，读者可自行查阅}
}
```

说明：上面主要介绍的是攻击模式辅助类 AttackUtil 的代码框架，下面进行介绍的主要有开始进攻模式的方法、记录当前坐标的方法、前往目标点的方法、到达目标点的方法以及到达目标点后给球添加冲量的方法等，由于篇幅有限，部分方法将不会讲解，读者可自行查阅随书附带光盘中的源代码。

（2）上面主要介绍了攻击模式辅助类 AttackUtil 的代码框架，下面将介绍该类的部分方法，如开始进攻模式的 AttackMode 方法、记录当前坐标的 RecordCoordinate 方法以及前往目标点的 GoToTarget 方法等，实现的具体代码如下。

代码位置：见随书光盘中源代码/第 18 章/3DHockey/com/bn/constant 目录下的 AttackUtil.java。

```
public void AttackMode(){                                         //进攻模式 红球移动
    if(attackCount%4==1){                                         //记录第一个冰球的位置
        Vec2 ballP=new Vec2(0,0);                                 //创建 Vec2 对象
        synchronized(gv.bt.ActionLockB){                          //加锁
            ballP=new Vec2(gv.bt.ballP[0][0],gv.bt.ballP[0][1]);  //获取位置
        }
        attackX1=ballP.x;                                         //给 x 坐标赋值
        attackZ1=ballP.y;                                         //给 y 坐标赋值
        attackCount++;                                            //变量自加
    }else if(attackCount%4==2){                                   //记录第二个冰球的位置
```

```
11          ……//此处省略记录第二个球位置的代码，与上述相似，读者可自行查阅
12      }else if(attackCount%4==3){                                  //确定目标点 记录坐标
13          RecordCoordinate();                                      //记录位置
14          GoToTarget();                                            //前往目标点
15      }else if(attackCount%4==0){
16          GoBackToOrigon();                                        //返回原点
17  }}
18  public void RecordCoordinate(){                                  //记录当前的坐标值
19      if(allowRecordC){                                            //允许记录坐标
20          attackX3=(float)((tx/t)*(float)(attackX2-attackX1)+(float)attackX2);
            //计算目标点
21          attackZ3=(float)((tx/t)*(float)(attackZ2-attackZ1)+(float)attackZ2);
22          attackX3=getPlayerPosition(attackX3,attackZ3).x;     //找到最佳位置
23          attackZ3=getPlayerPosition(attackX3,attackZ3).y;
24          ……//此处省略获得球位置的代码，读者可自行查阅
25          float distance=(float)Math.sqrt(                     //计算两点之间的距离
26              (attackX4-attackX3)*(attackX4-attackX3)+(attackZ4-attackZ3)*
                (attackZ4-attackZ3));
27          float cos=Math.abs(attackX4-attackX3)/distance;      //计算余弦值
28          float sin=Math.abs(attackZ4-attackZ3)/distance;      //计算正弦值
29          float step=distance/oneDistance;                     //计算步数
30          integerStep=(int)step;                               //得到整数步数
31          extraStep=step-integerStep;                          //多余的不足 1 的步数
32          extraX=(extraStep*oneDistance)*cos;                  //多余走的 x 值
33          extraY=(extraStep*oneDistance)*sin;                  //多余走的 y 值
34          if(integerStep!=0){
35              attackVX=Math.abs(attackX4-attackX3-extraX)/integerStep;
                //每步 x 要走的位移
36              attackVY=Math.abs(attackZ4-attackZ3-extraY)/integerStep;
                //每步 y 要走的位移
37          }
38          allowRecordC=false;                                      //允许记录设为 false
39  }}
40  public void GoToTarget(){                                        //前往目标点
41      if(stepCount<integerStep){                                   //先走整数步数
42          if(attackX5>=attackX3&&attackZ5>=attackZ3){              //球向左上移
43              ToLeftUp(attackVX,attackVY);
44          }else if(attackX5<=attackX3&&attackZ5<=attackZ3){        //球向右下移
45              ToRightDown(attackVX,attackVY);
46          }else if(attackX5>attackX3&&attackZ5<attackZ3){          //球向左下移
47              ToLeftDown(attackVX,attackVY);
48          }else if(attackX5<attackX3&&attackZ5>attackZ3){          //球向右上移
49              ToRightUp(attackVX,attackVY);
50          }
51          stepCount++;
52      }else if(extraStep!=0) {                                     //走剩余的距离
53          ……//此处省略的代码和上述相同，读者可自行查阅
54  }}
```

● 第 1～17 行为开始进攻模式的 AttackMode 方法，如果当前计数器除以 3 取余后的值等于 1，则记录当前冰球的位置作为第一个点；如果等于 2，即记录当前冰球的位置作为第二个点；如果等于 3，即可在记录当前各个球的坐标以及计算目标点后，前往目标点；如果等于 4，则返回到原点。

● 第 18～32 行为记录当前的坐标值的 RecordCoordinate 方法，通过前两步记录的两个点，用来求出目标点，然后获得电脑控制球的位置，并计算球位置和目标点的距离，由于每步走的距离是相同的，所以需要求出共走多少步，如果不能整除，将剩余步数进行记录。

● 第 40～54 行为前往目标点的 GoToTarget 方法，首先走整数步数，根据目标点和球的位置判断球走的方向，并调用不同的方法，走完整数步数后，再继续走剩余的步数，如果到达了目标点或者中途球和冰球进行了碰撞，即可重新开始记录，进行下一轮计算。

（3）上面介绍了攻击模式辅助类的部分方法，接下来则继续介绍球向坐上走的 ToLeftUp 方法、获取能将球打进对方洞的位置的 getPlayerPosition 方法以及给予球一定冲量的 apply 方法，具体代码如下。

代码位置：见随书光盘中源代码/第 18 章/3DHockey/com/bn/constant 目录下的 AttackUtil.java。

```
1    public void ToLeftUp(float mx,float my){                    //球向左上移
2        attackX4-=mx;attackZ4-=my;                              //x 和 y 均向左移
3        attackX4=limitCoordinate(attackX4,attackZ4)[0];         //对 x 坐标进行限制
4        attackZ4=limitCoordinate(attackX4,attackZ4)[1];         //对 y 坐标进行限制
5        MyAction ma=new ActionMoveToTarget(attackX4,attackZ4,6); //创建 MyAction 对象
6        synchronized(gv.bt.ActionLock){gv.bt.ActionMoveQueue.offer(ma);}
         //将事务添加对队列中
7        if(attackX4<=attackX3&&attackZ4<=attackZ3){            //到达目标点
8            isUp=true;                                          //向上走的标志位设为 false
9            arriveAtTarget();                                   //进行相应处理
10       }else if(judgeIfTouch(gv.hongjdz.gt.getPosition())){   //或者已经碰撞
11           isUp=true;                                          //向上走的标志位设为 false
12           arriveAtTarget();                                   //进行相应处理
13   }}
14   public Vec2 getPlayerPosition(float mx,float my){          //获取球的最佳位置
15       ……//此处省略定义变量的代码，读者可自行查阅随书附带光盘中的源代码
16       do{                                                     //判断确定的直线上篮球是否存在
17           xr1=(float)(Math.pow(-1, (int)(Math.random()*2))*Math.random()*0.9f);
             //随机产生的 x 值
18           destination=new Vec2((float) (Math.random()*4-1.6f),(float)
             (Math.random()+8.5f));
19           if(ballL.x<xr1){                                    //直线方向\
20               rake=-(ballL.y-destination.y)/(ballL.x-destination.x);//计算斜率
21           }else{                                              //直线方向/
22               rake=(ballL.y-destination.y)/(ballL.x-destination.x);//计算斜率
23           }
24       }while(Math.abs((player.y-rake*player.x))<0.01f&&Math.abs(ballL.x-
         player.x)>1.6f);//洞口位置
25       float k=(ballL.y-destination.y)/(ballL.x-destination.x);       //计算斜率
26       float b=ballL.y-k*ballL.x;                                      //计算偏移量
27       float x1=0;
28       x1=ballL.x+(float)Math.sqrt((1.55*1.55)/(1+k*k));              //求出 x 值
29       float y1=x1*k+b;                                                //求出 y 值
30       Vec2 result=new Vec2(x1,y1);
31       return result;                                                  //返回 Vec2 对象
32   }
33   public void apply(){                                                //给予球一定冲量
34       Vec2 ballL=new Vec2();
35       synchronized(gv.bt.ActionLockB){                                //加锁
36           ballL.x=gv.bt.ballP[1][0];                                  //获得球的 x 坐标
37           ballL.y=gv.bt.ballP[1][1];                                  //获得球的 y 坐标
38       }
39       Vec2 attckV=Attack(ballL.x,ballL.y,destination.x,destination.y);//获得进攻速度
40       float m=gv.ball.gt.getMass()*5;                                 //获得物体的质量
41       attckV=new Vec2(m*attckV.x*10,m*attckV.y*10);
42       gv.ball.gt.applyLinearImpulse(attckV,ballL, true);              //给球冲量，让球加速
43   }
```

- 第 1～13 行为球向左上移的方法，球在当前位置移动到目标点时，需要判断球要走路线的方向，然后调用不同的方法，球向左上移的时候，则 x 和 y 坐标各每次减去一定值，并创建事务对象加进队列中，等待物理线程处理。如果一旦到达目标点或者发生了碰撞，则返回到原点。
- 第 14～32 行为获得球的最佳位置的方法，球在不同的位置击打冰球，会将球打到不同的地方，由于想要让冰球进对方的洞，所以需要根据当前另一个球的位置，扫描不同的直线，从而确定一条直线，并且计算出直线与直线的交点，从而确定球的最佳位置。
- 第 33～43 行为给予球一定的冲量的方法，首先通过从队列中不断取出元素，获得冰球最新的位置，然后获得球的进攻速度，并根据球的速度和球的位置给予球一定的冲量。

18.5.3　线程类

上一小节主要介绍的是该游戏用到的辅助工具类，本小节将主要介绍的是该游戏中用到的物理线程类 PhysicalThread 和球走线程类 BallGoThread。其中物理线程类主要实现了定时物理模拟

的功能，球走线程类主要是用来服务电脑控制的球。具体开发的代码如下。

1. 物理线程类 PhysicalThread

首先进行介绍的是物理线程类 PhysicalThread 类，该类中主要实现了定时物理模拟的功能，在物理进行一次模拟后，及时地处理事务队列中的不同事务，处理完事务后，还需要及时地更新刚体的位置，以便在 GameView 类中进行刚体的正确绘制，具体代码如下。

代码位置：见随书光盘中源代码/第 18 章/3DHockey/com/bn/util/thread 目录下的 PhysicalThread.java。

```
package com.bn.util.thread;                                    //声明包名
……//此处省略了导入类的代码，读者可自行查阅随书附带光盘中的源代码
public class PhysicalThread extends Thread{
    ……//此处省略了定义变量的代码，读者可自行查阅随书附带光盘中的源代码
    public PhysicalThread(GameView gv){this.gv=gv;}             //构造器
    public void run(){                                          //run 方法
        while(flag){
            if(GameView.player_win||GameView.computer_win||
            //如果游戏处于非游戏界面
                gv.GameOver||gv.isPause||gv.switchView){isWorldStep=false;}
                //不进行物理模拟
            else{isWorldStep=true;}                             //进行物理模拟
            if(isWorldStep){                                    //允许物理模拟
                long currTimeStamp=System.nanoTime();           //获取当前时间
                if((currTimeStamp-lastTimeStamp)<spanMin){      //如果速率过快
                    try {Thread.sleep(10);                      //休眠 10 毫秒
                    } catch (InterruptedException e){e.printStackTrace();}
                    //打印异常信息
                    continue;                                   //终止本次循环
                }
                lastTimeStamp=currTimeStamp;                    //将当前时间赋值给起始时间
                gv.world.step(TIME_STEP,ITERA, ITERA);          //物理模拟
                setLanBall();                                   //对玩家控制球进行计算
                setHongBall();                                  //对电脑控制球进行计算
                updatePosition();                               //更新刚体位置
                ……//此处省略获得冰球速度和允许最大速度的代码，读者可自行查阅
                limitBallSpeed(ballSpeed,maxSpeed);             //限制冰球速度
                gv.lanjdz.gt.setLinearVelocity(new Vec2(0,0));
                //玩家控制球的速度为 0
                gv.hongjdz.gt.setLinearVelocity(new Vec2(0,0));
                //电脑控制球的速度为 0
    }}}
    public void limitBallSpeed(Vec2 ballSpeed,float maxSpeed){/*此处省略限制冰球
    速度的方法*/}
    public void setHongBall(){
        ArrayList<MyAction> ac=new ArrayList<MyAction>();       //创建列表对象
        MyAction ma=null;
        if(GameView.player_win||GameView.computer_win||gv.GameOver){
        //如果游戏胜利或结束
            ……//此处省略清空队列的代码，读者可自行查阅
        }
        synchronized(gv.bt.ActionLock){                         //加锁
            while(gv.bt.ActionMoveQueue.size()>0){              //如果队列的长度大于 0
                ma=gv.bt.ActionMoveQueue.poll();                //取出元素
                ac.add(ma);                                     //将事务加进列表中
        }}
        if(ac.size()>0){                                        //如果列表长度大于 0
            for(MyAction mc:ac){                                //遍历列表中的事务
                if(mc.index==6){                                //如果事务的索引值为 6
        Vec2 target=transformPosition(new Vec2(mc.targetX,mc.targetY),
        gv.ball.gt.getPosition());
                    target.x=gv.cu.limitC(target.x,target.y,-7.5f,
                    -0.75f)[0];//限制目标点 x 坐标
                    target.y=gv.cu.limitC(target.x,target.y,-7.5f,
                    -0.75f)[1];//限制目标点 y 坐标
```

```
46                    gv.hongjdz.gt.setTransform(target,0);//将球强制移动到目标点
47            }}}
48            Vec2 target=transformPosition(gv.hongjdz.gt.getPosition(),gv.ball.gt.
              getPosition());
49            target.x=gv.cu.limitC(target.x,target.y,-7.5f,-0.75f)[0];//限制目标点 x 坐标
50            target.y=gv.cu.limitC(target.x,target.y,-7.5f,-0.75f)[1];//限制目标点 y 坐标
51            gv.hongjdz.gt.setTransform(target,0);              //将球强制移动到目标点
52        }
53        public void setLanBall(){/*此处省略计算玩家控制球的方法，读者可自行查阅*/}
54        public void updatePosition(){/*此处省略更新刚体位置的方法，读者可自行查阅*/}
55        public Vec2 transformPosition(Vec2 position,Vec2 ballPosition){/*此处省略计
          算目标点的方法*/}
56        public void setTransform(float sy){/*此处省略强制移动刚体的方法，读者可自行查阅*/}
57        public void destroyBody(){/*此处省略销毁刚体的代码，读者可自行查阅*/}
58    }
```

- 第 6～17 行为物理线程类继承自 Thread 类重写的 run 方法，该线程一旦经过开启，即循环运行，如果游戏处于胜利、结束或者暂停界面时，即可不再进行物理模拟。进入了物理模拟循环后，如果发现线程速度过快，即应该休眠 10 毫秒，并退出本次循环。
- 第 18～27 行为进行物理模拟，进行一次物理模拟后直到下一次物理模拟之前，物理世界是不会发生任何改变的，所以应该在这个阶段进行处理事务队列的工作。分别调用处理玩家控制球、电脑控制球、更新位置等方法，进行对物理世界进行操纵。
- 第 29～52 行为处理电脑控制球事务队列的方法，首先应该加锁，将事务队列中的事务一次全部取出来，加进列表中，这样可以减少加锁时间。如果有事务，则判断事务的索引值，并进行处理。如果需要强制改变电脑控制的球的位置，则先应该进行判断，再进行强制移动。

说明　上面介绍的物理线程类 PhysicalThread 中，主要是用来定时进行物理模拟，以便更新物理世界，由于篇幅有限，处理玩家控制球事务队列的方法、强制移动刚体以及销毁刚体的方法，将不进行介绍，读者可自行查阅随书附带光盘中的源代码。允许创建的事务类的代码都十分简单，主要是通过改变索引值和传入的参数，即可创建不同的事务，在这里不再赘述。

2. 球走线程类 BallGoThread

上面主要介绍的是物理线程类 PhysicalThread 类，下面将介绍的是球走线程类 BallGoThread 类，该类中是用来服务电脑控制的球，进行切换防守模式、让电脑控制的球先发球等工作，具体代码如下。

代码位置：见随书光盘中源代码/第 18 章/3DHockey/com/bn/util/thread 目录下的 BallGoThread.java。

```
package com.bn.util.thread;                                   //声明包名
……//此处省略了导入类的代码，读者可自行查阅随书附带光盘中的源代码
public class BallGoThread extends Thread{
    ……//此处省略了定义变量的代码，读者可自行查阅随书附带光盘中的源代码
    public BallGoThread(GameView gv){                         //构造器
        this.gv=gv;
        au=new AttackUtil(gv);                                //创建攻击模式类对象
        gu=new GuardUtil(gv);                                 //创建防守模式类对象
    }
    public void run(){                                        //重写 run 方法
        while(flag){
            while(ballGO){                                    //如果标志位为 true
                ……//此处省略获得冰球的位置的代码，读者可自行查阅
                ChangeMode(ballPosition,-1.5f);               //切换模式
                if(gv.CWin){hongFirst();}                     //电脑控制的球先发球
                if(go&&au.judgeIfTouch(gv.hongjdz.gt.getPosition())){
                //电脑控制的球发球
                    if(gv.hongjdz.gt.getPosition().x<0){//如果向右击打冰球
```

```
18                  gv.ball.gt.applyLinearImpulse(new Vec2(0.2f,0.4f),ballPosition,
                    true);
19                                      }
20                                      ……//此处省略的是向左或直线击打冰球时的代码，读者可自行查阅
21                              }
22                          ……//此处省略根据级别确定休眠时间的代码，读者可自行查阅
23                          try{Thread.sleep(sleepTime);}                    //休眠一定的时间
24                          catch (InterruptedException e){e.printStackTrace();}
                            //打印异常信息
25                      }
26                      ……//此处省略线程睡眠一秒的代码，和上述代码相似，读者可自行查阅
27      }}
28      public void ChangeMode(Vec2 ballPosition,float distance){//切换模式方法
29          if(ballPosition.y<=distance){                    //如果冰球的 z 坐标小于-1.5
30              au.AttackMode();                             //开启进攻模式
31          }else{                                           //如果冰球的 z 坐标大于-1.5
32              gu.GuardMode();                              //开启防守模式
33              au.attackCount=1;                            //攻击模式从头开始
34              au.allowRecordC=true;                        //重新记录坐标
35      }}
36      public void hongFirst(){                             //电脑控制球先发球
37          while(gv.CWin&&gv.Start_Game){          //如果电脑控制球先发球，并已经开始游戏
38              CCount++;                                    //计数器加 1
39              if(CCount>160){                              //如果停留了一段时间
40                  au.allowRecordC=true;                    //允许记录坐标
41                  au.attackCount=1;                        //计数器置为 1
42                  go=true;                                 //向前击打冰球的标志位设为 true
43                  au.AttackMode();                         //开启进攻模式
44                  gv.CWin=false;                           //标志位设为 false
45                  CCount=0;                                //计数器归 0
46              }else if(CCount>80&&CCount<150){
47                  gv.isMove=true;                          //玩家允许移动球
48      }}}}
```

- 第 5～9 行为球走线程类 BallGoThread 类的构造器方法，主要是给 GameView 类的对象进行赋值，并且创建进攻模式类和防守模式类的对象。
- 第 10～27 行为球走线程类继承自 Thread 类重写的 run 方法，如果线程标志位设为 true，则首先需要从位置队列中取出最新的冰球的位置，然后调用切换防守模式的方法，接下来判断，如果电脑控制的球先发球，则根据球碰撞的位置，给予球一定的冲量，并让线程进行休眠。
- 第 28～48 行为切换防守模式的方法和电脑控制球先发球的方法，在切换防守模式的方法中，主要通过判断当前冰球的位置，如果冰球的 z 坐标小于–1.5f，则应该立刻切换为进攻模式，防止球进洞内，如果冰球的 z 坐标大于–1.5f，则切换到防守模式，并将进攻模式的变量置为初始值。而在电脑控制的球先发球的方法中，主要通过电脑控制的球向前移动，击打冰球实现的。

18.6 绘制相关类

前面已经对整个游戏用到的界面显示类和工具辅助类的开发进行了简单的介绍，本节将对游戏界面的绘制模块进行简单介绍，有 BN2DObject 类、BN3DObject 类以及碰撞特效的绘制类 ParticleForDraw，由于该游戏中需要引入 3D 模型，所以将会有对应的绘制类 LoadedObjectVertexNormalTexture 类，由于篇幅有限，下面将选择部分绘制类进行简单介绍，具体代码如下。

18.6.1 3D 模型绘制类的开发

本小节主要介绍的是 3D 模型绘制类 LoadedObjectVertexNormalTexture，该类由五个不同参数的构造器、一个初始化顶点数据的方法、两个初始化着色器的方法和两个实现图形绘制的方法组成，这里由于篇幅原因，只对部分方法进行介绍，具体步骤如下。

（1）首先介绍的是 LoadedObjectVertexNormalTexture 类中的构造器方法以及初始化顶点数据方法和初始化着色器的方法，绘制方法将在下面进行介绍，实现的具体代码如下。

代码位置：见随书光盘源代码/第 18 章/3DHockey/src/com/bn/object 目录下的 LoadedObjectVertexNormalTexture.java。

```
1   package com.bn.object;                                    //声明包名
2   ……//此处省略了导入类的代码，读者可自行查阅随书附带光盘中的源代码
3   public class LoadedObjectVertexNormalTexture{
4       ……//此处省略了定义变量的代码，读者可自行查阅随书附带光盘中的源代码
5       public LoadedObjectVertexNormalTexture(MySurfaceView mv,float[] vertices,
6       float[] normals,float texCoors[],int mProgram){ //构造器方法
7           initVertexData(vertices,normals,texCoors); //初始化顶点坐标与着色数据
8           this.mProgram=mProgram;                        //赋值
9       }
10    public void initVertexData(float[] vertices,float[] normals,float texCoors[]){
    //初始化顶点与着色数据
11          vCount=vertices.length/3;
12          ByteBuffer vbb = ByteBuffer.allocateDirect(vertices.length*4);
13          vbb.order(ByteOrder.nativeOrder());            //设置字节顺序
14          mVertexBuffer = vbb.asFloatBuffer();           //转换为 Float 型缓冲
15          mVertexBuffer.put(vertices);                   //向缓冲区中放入顶点坐标数据
16          mVertexBuffer.position(0);                     //设置缓冲区起始位置
17          ByteBuffer cbb = ByteBuffer.allocateDirect(normals.length*4);
18          cbb.order(ByteOrder.nativeOrder());            //设置字节顺序
19          mNormalBuffer = cbb.asFloatBuffer();           //转换为 Float 型缓冲
20          mNormalBuffer.put(normals);                    //向缓冲区中放入顶点法向量数据
21          mNormalBuffer.position(0);                     //设置缓冲区起始位置
22          ByteBuffer tbb = ByteBuffer.allocateDirect(texCoors.length*4);
23          tbb.order(ByteOrder.nativeOrder());            //设置字节顺序
24          mTexCoorBuffer = tbb.asFloatBuffer();          //转换为 Float 型缓冲
25          mTexCoorBuffer.put(texCoors);              //向缓冲区中放入顶点纹理坐标数据
26          mTexCoorBuffer.position(0);                    //设置缓冲区起始位置
27      }
28      public void initShader(){                          //初始化 shader
29          maPositionHandle = GLES20.glGetAttribLocation(mProgram, "aPosition");
            //顶点位置属性
30          maNormalHandle= GLES20.glGetAttribLocation(mProgram, "aNormal");
            //顶点颜色属性
31          muMVPMatrixHandle = GLES20.glGetUniformLocation(mProgram, "uMVPMatrix");
32          muMMatrixHandle = GLES20.glGetUniformLocation(mProgram, "uMMatrix");
            //旋转矩阵
33          maLightLocationHandle=GLES20.glGetUniformLocation(mProgram,
            "uLightLocation");
34          maTexCoorHandle= GLES20.glGetAttribLocation(mProgram, "aTexCoor");
            //顶点纹理属性
35          maCameraHandle=GLES20.glGetUniformLocation(mProgram, "uCamera");
            //摄像机位置
36          muIsShadow=GLES20.glGetUniformLocation(mProgram, "isShadow");
            //绘制阴影属性
37          maShadowPosition=GLES20.glGetUniformLocation(mProgram,
            "shadowPosition");
38          muProjCameraMatrixHandle=GLES20.glGetUniformLocation(
39                          mProgram, "uProjCameraMatrix");
                          //投影、摄像机组合矩阵引用
40      }
41      public void initShader(boolean isDamping){
        //此处省略初始化有参着色器方法，读者可自行查阅}
42      public void drawSelf(int texId,float sj){/*此处省略绘制方法，下面将简单介绍*/}
43      public void drawSelf(int texId,int isShadow,float shadowPosition){ /*此处省
        略绘制方法*/}
44  }
```

● 第 5～9 行为 LoadedObjectVertexNormalTexture 类的构造器方法，通过传入的 MySurfaceView 类的对象、顶点坐标数据、顶点法向量数据、顶点纹理坐标以及渲染管线着色器程序 id 等参数，在构造器方法中，调用了初始化顶点与着色数据的方法。

● 第 10～27 行为初始化顶点与着色数据的方法，首先计算出顶点个数，然后创建顶点坐标数据缓冲，通过设置字节顺序、转换为 Float 型缓冲、向缓冲区放入顶点坐标数据以及设置缓冲区起始位置完成顶点坐标数据的初始化，顶点纹理数据和顶点法向量数据的初始化与前面相似。

● 第 28～40 行为初始化着色器的方法，该方法中主要是获取程序中顶点位置属性引用、顶点颜色属性引用、程序中总变换矩阵引用、位置、旋转变换矩阵引用、光源位置引用、顶点纹理坐标属性引用、摄像机位置引用以及是否绘制阴影属性引用等，另一个初始化着色器方法在这里进行了省略，代码基本相似，读者可自行查阅随书附带光盘中的源代码。

（2）上面主要介绍的是 LoadedObjectVertexNormalTexture 类的构造器方法、初始化顶点数据方法以及初始化着色器的方法，下面接下来则介绍该类的绘制方法，主要是利用初始化着色器时初始的变量用来进行 3D 模型的绘制工作，具体代码如下。

代码位置：见随书光盘源代码/第 18 章/3DHockey/src/com/bn/object 目录下的 LoadedObjectVertexNormalTexture.java。

```
1   public void drawSelf(int texId,int isShadow,float shadowPosition){
2       if(!initFlag){                                    //如果标志位为 false
3           initShader();                                 //初始化着色器
4           initFlag=true;                                //标志位设为 true
5       }
6       GLES20.glUseProgram(mProgram);                    //制定使用某套着色器程序
7       MatrixState3D.pushMatrix();                       //保护现场
8       GLES20.glEnable(GLES20.GL_BLEND);                 //打开混合
9       GLES20.glBlendFunc(GLES20.GL_SRC_ALPHA,GLES20.GL_ONE_MINUS_SRC_ALPHA);
10      GLES20.glUniformMatrix4fv(muMVPMatrixHandle, 1, false, MatrixState3D.
        getFinalMatrix(), 0);
11      GLES20.glUniformMatrix4fv(muMMatrixHandle, 1, false, MatrixState3D.
        getMMatrix(), 0);
12      GLES20.glUniform3fv(maLightLocationHandle, 1, MatrixState3D.
        lightPositionFB);
13      GLES20.glUniform3fv(maCameraHandle, 1, MatrixState3D.cameraFB);
14      GLES20.glUniform1i(muIsShadow, isShadow);         //是否绘制阴影属性传入程序
15      GLES20.glUniform1f(maShadowPosition, shadowPosition);//将阴影位置属性传入程序
16      GLES20.glUniformMatrix4fv(              //将投影、摄像机组合矩阵传入着色器程序
17          muProjCameraMatrixHandle,1,false,MatrixState3D.getViewProjMatrix(),0);
18      GLES20.glVertexAttribPointer(           //将顶点位置数据传入渲染管线
19          maPositionHandle,3,GLES20.GL_FLOAT,false,3*4,mVertexBuffer);
20      GLES20.glVertexAttribPointer(           //将顶点法向量数据传入渲染管线
21              maNormalHandle,3,GLES20.GL_FLOAT, false,3*4,mNormalBuffer);
22      GLES20.glVertexAttribPointer(           //为画笔指定顶点纹理坐标数据
23              maTexCoorHandle,2,GLES20.GL_FLOAT,false,2*4,mTexCoorBuffer);
24      GLES20.glEnableVertexAttribArray(maPositionHandle);     //启用顶点位置数据
25      GLES20.glEnableVertexAttribArray(maNormalHandle);       //启用法向量位置数据
26      GLES20.glEnableVertexAttribArray(maTexCoorHandle);      //启用纹理位置数据
27      GLES20.glActiveTexture(GLES20.GL_TEXTURE0);         //绑定纹理
28      GLES20.glBindTexture(GLES20.GL_TEXTURE_2D, texId);
29      GLES20.glDrawArrays(GLES20.GL_TRIANGLES, 0, vCount);//绘制加载的物体
30      GLES20.glDisable(GLES20.GL_BLEND);                //关闭混合
31      MatrixState3D.popMatrix();                        //恢复现场
32  }
```

● 第 1～15 行为 LoadedObjectVertexNormalTexture 类的绘制方法，进行绘制工作之前，首先调用初始化着色器方法进行着色器的初始化，然后制定使用哪一套着色器程序，保护现场后，打开混合方式，设置混合因子，将最终变换矩阵等属性传入着色器程序。

● 第 16～32 行为将投影、摄像机组合矩阵、顶点位置数据、顶点法向量数据以及顶点纹理坐标数据等内容传入渲染管线，并启用顶点位置、法向量位置和纹理位置，最后绑定纹理，绘制已经加载的 3D 模型，关闭混合后并恢复场景。

说明　上面已经对 LoadedObjectVertexNormalTexture 类的大部分代码进行了讲解，由于篇幅有限，模型能够渐变的初始化着色器的方法和绘制方法的代码不再赘述，读者可自行查阅。

18.6.2 BN3DObject 绘制类的开发

上一小节主要介绍了 LoadedObjectVertexNormalTexture 绘制类的部分方法，本小节将对 BN3DObject 绘制类的部分方法进行简单介绍，由于代码大部分相似，所以这里只选择 BN3DObject 类的初始化顶点数据方法和该类的绘制方法，具体代码如下。

代码位置：见随书光盘源代码/第 18 章/3DHockey/src/com/bn/object 目录下的 BN3DObject.java。

```
package com.bn.object;                                          //声明包名
……//此处省略了导入类的代码，读者可自行查阅随书附带光盘中的源代码
public class BN3DObject{
     ……//此处省略了定义变量的代码，读者可自行查阅随书附带光盘中的源代码
     public BN3DObject(float picWidth,float picHeight,int texId,int programId){
          this.texId=texId;                                     //纹理 id
          this.mProgram=programId;                              //程序 id
          initVertexData(picWidth,picHeight);                   //初始化顶点数据
     }
     public void initVertexData(float width,float height){      //初始化顶点数据
          vCount=4;                                             //顶点个数
          float vertices[]=new float[]{                         //初始化顶点坐标数据
          -width/2,height/2,0,-width/2,-height/2,0,width/2,height/2,0,width/2,
          -height/2,0};
          ByteBuffer vbb=ByteBuffer.allocateDirect(vertices.length*4);
          //创建顶点坐标数据缓冲
          vbb.order(ByteOrder.nativeOrder());                   //设置字节顺序
          mVertexBuffer=vbb.asFloatBuffer();                    //转换为 Float 型缓冲
          mVertexBuffer.put(vertices);                          //向缓冲区中放入顶点坐标数据
          mVertexBuffer.position(0);                            //设置缓冲区起始位置
          float[] texCoor=new float[12];                        //初始化纹理坐标数据
          texCoor=new float[]{0,0,0,1,1,0,1,1,1,0,0,1};
          ByteBuffer cbb=ByteBuffer.allocateDirect(texCoor.length*4);
          //创建顶点纹理坐标数据缓冲
          cbb.order(ByteOrder.nativeOrder());                   //设置字节顺序
          mTexCoorBuffer=cbb.asFloatBuffer();                   //转换为 Float 型缓冲
          mTexCoorBuffer.put(texCoor);                          //向缓冲区中放入顶点着色数据
          mTexCoorBuffer.position(0);                           //设置缓冲区起始位置
     }
     public void initShader(boolean isDamping){/*此处省略初始化着色器的方法，读者可自
     行查阅*/}
     public void drawSelf(float sj){//绘制方法
          if(!initFlag){
               initShader(true);                                //初始化着色器
               initFlag=true;
          }
          GLES20.glUseProgram(mProgram);                        //制定使用某套 shader 程序
          MatrixState3D.pushMatrix();                           //保护场景
          GLES20.glEnable(GLES20.GL_BLEND);                     //打开混合
          GLES20.glBlendFunc(GLES20.GL_SRC_ALPHA,GLES20.GL_ONE);//设置混合因子
          GLES20.glUniform1f(muSjFactor, sj);                   //将衰减因子传入 shader 程序
          GLES20.glUniformMatrix4fv(                        //将最终变换矩阵传入 shader 程序
               muMVPMatrixHandle, 1, false, MatrixState3D.
               getFinalMatrix(), 0);
          GLES20.glVertexAttribPointer (                        //为画笔指定顶点位置数据
               maPositionHandle,3, GLES20.GL_FLOAT,false,3*4,
               mVertexBuffer);
          GLES20.glVertexAttribPointer(                         //为画笔指定顶点纹理坐标数据
               maTexCoorHandle,2,GLES20.GL_FLOAT,false,2*4,
               mTexCoorBuffer);
          GLES20.glEnableVertexAttribArray(maPositionHandle);//允许顶点位置数据数组
          GLES20.glEnableVertexAttribArray(maTexCoorHandle);
          GLES20.glActiveTexture(GLES20.GL_TEXTURE0);//绑定纹理
```

```
47              GLES20.glBindTexture(GLES20.GL_TEXTURE_2D,texId);
48              GLES20.glDrawArrays(GLES20.GL_TRIANGLE_STRIP, 0, vCount);//绘制纹理矩形
49              GLES20.glDisable(GLES20.GL_BLEND);                  //关闭混合
50              MatrixState3D.popMatrix();                          //恢复场景
51      }}
```

● 第 5～9 行为 BN3DObject 绘制类的构造器方法，该方法通过传入的图片宽度和高度用来进行初始化顶点数据的工作，通过传入的纹理 id 用来进行绑定纹理的工作，通过传入的程序 id 用来进行获取各个变量属性的引用的工作。

● 第 10～26 行为该绘制类的初始化顶点数据的方法。由于该类绘制的都是长方形，所以顶点数是固定的为 4，通过设置字节顺序、转换为 Float 型缓冲、向缓冲区放入顶点坐标数据等完成顶点坐标数据的初始化，顶点纹理数据初始化与前面相似。

● 第 28～51 行为该绘制类的绘制方法，进行绘制工作之前，首先调用初始化着色器方法进行着色器的初始化，然后制定使用哪一套着色器程序，保护现场后，打开混合方式，设置混合因子，将衰减因子和最终变换矩阵传入着色器程序，为画笔指定顶点位置和顶点纹理数据，允许顶点位置数据数组和顶点纹理数据数组，最后绑定纹理并进行绘制，在关闭混合后恢复场景。

说明 该游戏的绘制类到这里已经基本介绍完毕了，在这里主要选择了两个绘制类进行了简单的介绍，如果读者感兴趣的话，可以查阅随书附带的光盘查看其他绘制类进行学习。

18.7 粒子系统的开发

很多游戏场景中都会采用火焰或雪花等作为点缀，以增强游戏的真实性来吸引玩家。而目前最流行的实现火焰、雪花等效果的就是粒子系统技术。本游戏中选项界面里就有利用粒子系统开发的非常真实酷炫的粒子特效，本节将向读者介绍如何开发粒子系统。

18.7.1 基本原理

粒子系统的基本思想非常简单，将碰撞特效看作由一系列运动的粒子叠加而成。系统定时在固定的区域内生成新的粒子，粒子生成后不断按照一定的规律运动并改变自身的颜色。当粒子运动满足一定条件后，粒子消亡。对单个粒子而言，其生命周期过程如图 18-23 所示。

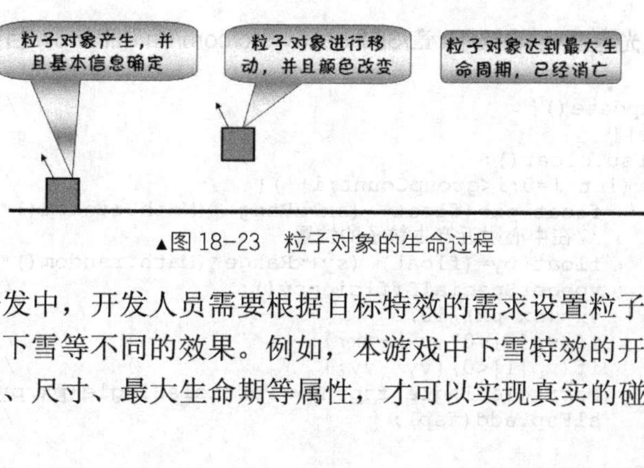

▲图 18-23 粒子对象的生命过程

实际粒子系统的开发中，开发人员需要根据目标特效的需求设置粒子的各项属性，实现真实地模拟出火焰、烟雾、下雪等不同的效果。例如，本游戏中下雪特效的开发，只有给定粒子合适的初始位置、运动速度、尺寸、最大生命期等属性，才可以实现真实的碰撞特效。

18.7.2 开发步骤

上一小节介绍了用粒子系统实现碰撞特效的基本原理，本小节将对其基本开发步骤进行简要的介绍。碰撞特效主要包括总控制类 ParticleSystem、代表单个粒子的 ParticleSingle 类、常量类

ParticleConstant 和绘制类 ParticleForDraw。本小节将主要介绍 ParticleSystem 类和 ParticleSingle 类，具体代码如下。

（1）首先介绍的是粒子系统的总控制类 ParticleSystem。由于每个 ParticleSystem 类的对象代表一个粒子系统，所以本类中用一系列的成员变量来存储对应粒子系统的各项信息。这里由于篇幅原因，只对 drawSelf 方法和 update 方法进行介绍，具体代码实现如下。

代码位置：见随书光盘源代码/第 18 章/3DHockey/src/com/bn/util/snow 目录下的 ParticleSystem.java。

```
public void drawSelf(float[] startColor,float[] endColor){          //绘制方法
     alFspForDrawTemp.clear();                                       //清空列表
     synchronized(lock){                                             //加锁
          for(int i=0;i<alFspForDraw.size();i++){                    //遍历列表
               alFspForDrawTemp.add(alFspForDraw.get(i));            //加进列表中
     }}
     MatrixState3D.pushMatrix();                                     //保护场景
     GLES20.glEnable(GLES20.GL_BLEND);                               //开启混合
     GLES20.glBlendEquation(blendFunc);                              //设置混合方式
     GLES20.glBlendFunc(srcBlend,dstBlend);                          //设置混合因子
     MatrixState3D.translate(positionX, 0, positionZ);               //平移
     if(gv.downCount%2==1){                                          //随视角的切换改变
          MatrixState3D.rotate(-120, 1, 0,0);                        //旋转
     }
     for(ParticleSingle fsp:alFspForDrawTemp){                       //遍历列表
          fsp.drawSelf(gv,startColor,endColor,maxLifeSpan);          //绘制
     }
     GLES20.glDisable(GLES20.GL_BLEND);                              //关闭混合
     MatrixState3D.popMatrix();                                      //恢复现场
}
```

说明　上面主要介绍了粒子系统的总控制类 ParticleSystem 的绘制方法，首先开启混合，然后根据初始化得到的混合方式与混合因子进行混合相关参数的设置。将转存粒子列表中的粒子复制进直接服务于绘制工作的粒子列表。要特别注意的是，为防止两个不同的线程同时对一个列表执行读写，这里采用同步互斥技术。最后遍历整个直接服务于绘制工作的粒子列表，绘制其中的每个粒子。

（2）介绍完总控制类 ParticleSystem 中的绘制方法，接下来将对更新整个粒子系统的所有信息的 update 方法进行开发，具体代码的实现如下。

代码位置：见随书光盘源代码/第 18 章/3DHockey/src/com/bn/util/snow 目录下的 ParticleSystem.java。

```
public void update(){                                              //更新粒子信息
     if(isOne){
          alFsp.clear();
          for(int i=0;i<groupCount;i++){                           //喷发新粒子
               float px=(float) (sx+xRange*(Math.random()*2-1.0f));
               //在中心附近产生粒子的位置
               float py=(float) (sy+xRange*(Math.random()*2-1.0f));
               vp=getSpecialEfficiency();                          //获取冰球的速度
               vx=(sx-px)/10;
               if(vp[0]<0){vx=-vx;}                                //如果冰球的 x 速度小于 0
               if(vp[1]<0){vy=-vy;}                                //如果冰球的 y 速度小于 0
               ParticleSingle fsp=new ParticleSingle(px,py,vx,vy,fpfd);
               alFsp.add(fsp);                                     //将粒子加进列表中
          }
          isOne=false;
     }
     alFspForDel.clear();                                          //清空缓冲的粒子列表
     for(ParticleSingle fsp:alFsp){
          fsp.go(lifeSpanStep);                                    //对每个粒子执行运动操作
```

```
            if(fsp.lifeSpan>this.maxLifeSpan){alFspForDel.add(fsp);}
            //将粒子加进删除列表中
        }
        for(ParticleSingle fsp:alFspForDel){alFsp.remove(fsp);}//删除过期粒子
        if(alFsp.size()<1){gv.isSnow=false;}                    //如果粒子数小于1，则不再绘制
        synchronized(lock){                                     //更新绘制列表
            alFspForDraw.clear();
            for(int i=0;i<alFsp.size();i++){alFspForDraw.add(alFsp.get(i));}
    }}
```

说明 上面介绍的是总控制类 ParticleSystem 类的更新粒子信息的方法，首先产生一批新的粒子，粒子的初始位置在指定的中心点附近随机产生，根据粒子初始位置偏离中心位置 x 坐标的差值确定粒子 x 方向的速度。速度大小与偏离中心点的距离线性相关，偏离越远，速度越大。然后删除超过生命期上限的全部粒子，最后将更新后的所有粒子列表中的粒子复制进转存粒子列表，形成粒子数据从计算线程到绘制线程的流水线，其中获取冰球速度和位置的 getSpecialEfficiency 方法不再赘述。

（3）下面介绍的是代表单个粒子的 ParticleSingle 类，其负责存储单个特定粒子的信息。这里由于篇幅原因，只对 go 方法和 drawSelf 方法进行介绍。具体代码开发如下。

代码位置：见随书光盘源代码/第 18 章/3DHockey/src/com/bn/util/snow 目录下的 ParticleSingle.java。

```
1   public void go(float lifeSpanStep){                          //粒子进行移动的方法
2       z=z+vz;                                                   //z 坐标变化
3       x=x+vx;                                                   //x 坐标变化
4       lifeSpan+=lifeSpanStep;                                   //增加存在时间
5   }
6   public void drawSelf(GameView gv,float[] startColor,float[] endColor,float
    maxLifeSpan){
7       MatrixState3D.pushMatrix();                               //保护现场
8       MatrixState3D.translate(x,0,z);                           //粒子平移
9       float sj=(maxLifeSpan-lifeSpan)/maxLifeSpan;//衰减因子在逐渐的变小，最后变为 0
10      if(sj==0){gv.isSnow=false;}                               //不再进行绘制粒子
11      fpfd.drawSelf(sj,startColor,endColor);                    //绘制单个粒子
12      MatrixState3D.popMatrix();                            //恢复现场
13  }
```

- 第 1～5 行为定时调用用以运动粒子及增大粒子生命期的 go 方法。
- 第 6～13 行为绘制单个粒子的 drawSelf 方法，首先根据粒子当前的生命期与最大允许生命周期计算出总衰减因子，然后调用粒子绘制对象的 drawSelf 方法完成粒子的绘制。

说明 本小节关于碰撞特效的实现借助了 ParticleForDraw 和 ParticleConstant 两个工具类。对于 ParticleForDraw 类，其为最基本的雪花粒子绘制类，与之前介绍的 BNObject 类的功能实现类似，这里由于篇幅原因，不再赘述，而 ParticleConstant 常量类在上面已经进行了介绍。

18.8 本游戏中的着色器

在本节之前，该游戏的功能和技术基本介绍完毕，本节将对游戏中用到的相关着色器进行介绍，本游戏一共使用了五套着色器，主要包括进行基本绘制的着色器、绘制粒子系统的着色器、绘制物体及其阴影的着色器、绘制亮线模型的着色器以及绘制物体渐变的着色器。下面选择部分进行简单介绍。

（1）着色器分为顶点着色器和片元着色器。顶点着色器是一个可编程的处理单元，功能为执

行顶点的变换、光照、材质的应用与计算等顶点的相关操作，其每个顶点执行一次。接下来首先介绍的是基本图形绘制的顶点着色器，其详细代码如下。

代码位置：见随书光盘源代码/第 18 章/3DHockey/assets/shader 目录下的 vertex.sh。

```
uniform mat4 uMVPMatrix;                                  //总变换矩阵
attribute vec3 aPosition;                                 //顶点位置
attribute vec2 aTexCoor;                                  //顶点纹理坐标
varying vec2 vTextureCoord;                               //用于传递给片元着色器的变量
void main(){
   gl_Position = uMVPMatrix * vec4(aPosition,1);//根据总变换矩阵计算此次绘制此顶点位置
   vTextureCoord = aTexCoor;                        //将接收的纹理坐标传递给片元着色器
}
```

说明　该顶点着色器的作用主要为根据顶点位置和总变换矩阵计算此次绘制此顶点位置 gl_Position，每顶点执行一次，并将接收的纹理坐标传递给片元着色器。

（2）介绍完了基本图形绘制的顶点着色器的开发后，接下来将介绍基本图形绘制的片元着色器的开发。片元着色器是用于处理片元值及其相关数据的可编程片元，其可以执行纹理的采样、颜色的汇总、计算雾的颜色等操作，每片元执行一次。具体代码实现如下。

代码位置：见随书光盘源代码/第 18 章/3DHockey/assets/shader 目录下的 frag.sh。

```
precision mediump float;                                    //给出浮点精度
varying vec2 vTextureCoord;                                 //接收从顶点着色器过来的参数
uniform sampler2D sTexture;                                 //纹理内容数据
void main(){
     gl_FragColor=texture2D(sTexture, vTextureCoord);//给此片元从纹理中采样出颜色值
}
```

说明　该片元着色器的作用主要为根据从顶点着色器传递过来的参数 vTextureCoord 和从 Java 代码部分传递过来的 sTexture 计算片元的最终颜色值，每片元执行一次。

（3）上面主要介绍的是一套基本图形绘制的着色器，下面将介绍能够实现绘制物体及其阴影的功能的一套着色器，首先介绍的是顶点着色器，该着色器中由计算定位光光照的方法和主方法组成，根据传入的值的不同判断绘制物体或是阴影，具体代码如下。

代码位置：见随书光盘源代码/第 18 章/3DHockey/assets/shader 目录下的 vertex_shadow.sh。

```
……//此处省略变量定义的代码，读者可自行查阅随书附带光盘中的源代码
void pointLight(                                   //定位光光照计算的方法
      in vec3 normal,                              //法向量
      inout vec4 ambient,                          //环境光最终强度
      inout vec4 diffuse,                          //散射光最终强度
      inout vec4 specular,                         //镜面光最终强度
      in vec3 lightLocation,                       //光源位置
      in vec4 lightAmbient,                        //环境光强度
      in vec4 lightDiffuse,                        //散射光强度
      in vec4 lightSpecular                        //镜面光强度
){
      ambient=lightAmbient;                      //直接得出环境光的最终强度
      vec3 normalTarget=aPosition+normal;  //计算变换后的法向量
      vec3 newNormal=(uMMatrix*vec4(normalTarget,1)).xyz-(uMMatrix*vec4
      (aPosition,1)).xyz;
      newNormal=normalize(newNormal);          //对法向量规格化
      vec3 eye= normalize(uCamera-(uMMatrix*vec4(aPosition,1)).xyz);
      //计算从表面点到摄像机向量
      vec3 vp= normalize(lightLocation-(uMMatrix*vec4(aPosition,1)).xyz);
      vp=normalize(vp);                            //格式化 vp
      vec3 halfVector=normalize(vp+eye);       //求视线与光线的半向量
      float shininess=50.0;                              //粗糙度，越小越光滑
      float nDotViewPosition=max(0.0,dot(newNormal,vp));
```

```
       //求法向量与 vp 的点积与 0 的最大值
22     diffuse=lightDiffuse*nDotViewPosition;           //计算散射光的最终强度
23     float nDotViewHalfVector=dot(newNormal,halfVector); //法线与半向量的点积
24     float powerFactor=max(0.0,pow(nDotViewHalfVector,shininess));
       //镜面反射光强度因子
25     specular=lightSpecular*powerFactor;              //计算镜面光的最终强度
26  }
27  void main(){
28     if(isShadow==1) {                                //绘制本影，计算阴影顶点位置
29        vec3 A=vec3(0.0,shadowPosition,0.0);
30        vec3 n=vec3(0.0,1.0,0.0);                     //投影平面法向量
31        vec3 S=uLightLocation;                        //光源位置
32        vec3 V=(uMMatrix*vec4(aPosition,1)).xyz;//经过平移和旋转变换后的点的坐标
33        vec3 VL=S+(V-S)*(dot(n,(A-S))/dot(n,(V-S)));  //求得的投影点坐标
34        gl_Position = uMProjCameraMatrix*vec4(VL,1);
          //根据总变换矩阵计算此次绘制此顶点位置
35        pointLight(normalize(aNormal),ambient,diffuse,specular,
          uLightLocation,
36                 vec4(0.3,0.3,0.3,0.3),vec4(0.7,0.7,0.7,0.3),vec4(0.3,0.3,
                   0.3,0.3));
37     }else{
38        gl_Position = uMVPMatrix * vec4(aPosition,1);
          //根据总变换矩阵计算此次绘制此顶点位置
39        pointLight(normalize(aNormal),ambient,diffuse,specular,
          uLightLocation,
40                 vec4(0.3,0.3,0.3,1.0),vec4(0.7,0.7,0.7,1.0),vec4
                   (0.3,0.3,0.3,1.0));
41     }
42     vTextureCoord = aTexCoor;                  //将接收的纹理坐标传递给片元着色器
43  }
```

- 第 2～11 行为定位光光照计算的方法的参数列表，其中主要传入的参数有法向量、环境光最终强度、散射光最终强度、镜面光最终强度、光源位置、环境光强度、散射光强度和镜面光强度。
- 第 12～26 行为定位光光照计算的方法，首先直接即可得出环境光的最终强度，然后通过计算变换后的法向量，对法向量进行规格化，计算从表面点到摄像机的向量、计算从表面点到光源位置的向量 vp，求法向量与 vp 的点积与 0 的最大值，即可获得散射光的最终强度。最后通过法线与半向量的点积计算出镜面光的最终强度。
- 第 27～43 行为顶点着色器的主方法，如果传入的索引值为 1，即通过投影平面法向量、光源位置、经过变换后的点的坐标球的投影点坐标，根据变换矩阵计算此次绘制此顶点位置。如果传入的索引值不为 1，则根据总变换矩阵计算此次绘制此顶点位置，最后将纹理坐标传递给片元着色器。

（4）上面主要介绍了能够实现绘制物体及其阴影的功能的顶点着色器，下面将介绍的是该整套着色器的另一部分，即片元着色器，实现的具体代码如下。

代码位置：见随书光盘源代码/第 18 章/3DHockey/assets/shader 目录下的 frag_shadow.sh。

```
precision mediump float;                    //给出默认的浮点精度
uniform highp int isShadow;                 //阴影绘制标志
uniform sampler2D sTexture;                 //纹理内容数据
varying vec4 ambient;                       //从顶点着色器传递过来的环境光最终强度
varying vec4 diffuse;                       //从顶点着色器传递过来的散射光最终强度
varying vec4 specular;                      //从顶点着色器传递过来的镜面光最终强度
varying vec2 vTextureCoord;
void main(){
     if(isShadow==0){                       //绘制物体本身
       vec4 finalColor=texture2D(sTexture, vTextureCoord);    //物体本身的颜色
        //综合 3 个通道光的最终强度及片元的颜色计算出最终片元的颜色并传递给管线
        gl_FragColor = finalColor*ambient+finalColor*specular+finalColor*diffuse;
     }else{                                              //绘制阴影
       gl_FragColor = vec4(0.2,0.2,0.2,0.5);             //片元最终颜色为阴影的颜色
}}
```

> **说明** 该片元着色器主要的变量有阴影是否绘制的标志、纹理内容数据、环境光的最终强度、散射光的最终强度和镜面光的最终强度。在主方法中，如果传入的索引值为 0，即绘制物体本身，需要传递给管线的片元的颜色要综合 3 个通道光的最终强度及片元的颜色计算出来，而如果索引值不为 0，即绘制物体的阴影，片元的最终的颜色，即为引用的颜色，在这里是给定的。本节主要想介绍的着色器基本已经结束了，感兴趣的读者可以自行查阅随书附带光盘中的源代码进行学习。

18.9 游戏的优化及改进

到此为止，休闲类游戏——3D 冰球，已经基本开发完成，也实现了最初设计的使用 OpenGL ES 2.0 渲染、星星特效、声音特效等。但是通过多次试玩测试发现，游戏中仍然存在一些需要优化和改进的地方，下面列举了作者想到需要改善的一些方面。

（1）优化游戏界面

没有哪一款游戏的界面不可以更加丰富和绚丽，所以对于本游戏的界面，读者可以不断扩充想法自行改进，例如可以在游戏界面冰球碰撞桌边或球槌时添加更多出彩的动作特效，使其更加完美，如游戏房间可以添加一些花草、书籍等物体，使游戏房间更加真实。

（2）修复游戏 bug

现在众多的手机游戏在公测之后也有很多的 bug，需要玩家不断地发现以此来改进游戏。作者已经将目前发现的所有 bug 修复完全，但是还有很多 bug 是需要玩家发现和改进的，只有不断地进步，才可以大大提高游戏的可玩性。

（3）完善游戏玩法

此游戏的玩法还是比较单一，仅仅停留在单调的进球得分获得胜利，读者可以自行完善，例如设置一些游戏道具等，增加更多的玩法使其更具吸引力。在此基础上读者也可以进行创新来给玩家焕然一新的感觉，充分发掘这款游戏的潜力。

（4）增强游戏体验

为了满足更好的用户体验，游戏中冰球的速度、星星特效等细节的一系列参数读者可以自行调整，合适的参数会极大地增加游戏的可玩性。读者还可在切换场景时增加更加炫丽的效果，使玩家对本款游戏印象更加深刻，使游戏更具有可玩性。

18.10 小结

本章借开发“3D 冰球”游戏为主题，向读者介绍了使用 OpenGL ES 2.0 渲染技术开发休闲 3D 类游戏的全过程。学习完本章并结合本章光盘中“3D 冰球”的游戏项目之后，读者应该对该类游戏的开发有了比较深刻的了解，为以后的开发工作打下坚实的基础。